최상의 상수도 서비스를 제공하기 위한 국가자격

정수시설 운영관리사

한권으로 끝내기

1권 수처리공정, 수질분석 및 관리

시대에듀

머리말 PREFACE

정수시설운영관리사는 각종 수질오염으로 인한 먹는물에 대한 불신을 해소하기 위하여 새로 도입된 국가자격으로서, 선진화된 고도의 전문성으로 모든 국민에게 최상의 상수도 서비스를 제공하여 낙후되어 있는 생활환경을 개선시켜 줄 수 있는 유망한 직업이다.

환경부는 생활환경 개선에 대한 국민들의 관심이 높아진 것을 감안하여 이러한 환경욕구에 부응하고자 안전한 수돗물의 공급, 정확한 정보제공의 확대 등 혁신적인 제도 개선을 위한 대책의 일환으로 선진화에 따른 정수장운영 인력의 능력향상과 전문성을 확보하기 위하여 "정수시설운영관리사" 국가자격제도를 도입하여, 관련 인력의 수급을 원활히 하고자 하였다.

이에 따라 일반수도사업자는 정수시설의 효율적인 운영·관리를 위해 정수시설의 규모 등을 고려하여 정수시설운영관리사를 의무배치하여 관리하게 됨에 따라 수도분야 인력의 전문성이 강화될 것으로 기대된다. 또한, 다중이용 건축물과 학교를 포함한 공공시설, 저수조 청소가 의무화된 아파트, 유해물질 용출 우려가 있는 급수시설 등에 배치될 것으로도 전망하고 있다.

이에 시대에듀는 수험생들의 효과적인 학습을 돕기 위해 다음과 같은 특징을 가진 도서를 발간하게 되었다.

첫째, 출제기준에 맞는 관련 자료를 종합적으로 분석한 핵심이론 및 적중예상문제로 구성하였다.
둘째, 복잡한 암기 내용을 간단명료하게 도표·그림화하여 쉽게 이해할 수 있도록 하였다.
셋째, 과년도 + 최근 기출문제를 수록하였다.

본서가 새로운 분야에 도전하는 수험생 여러분에게 최종합격의 길잡이가 되기를 바라며, 끝으로 정수처리환경 개선에 힘써 깨끗한 환경보존을 위해 노력하는 전문가로 거듭나길 바란다.

편저자 씀

시험 안내 INFORMATION

응시자격

구 분	응시자격 조건
1급	• 이공계 대학 졸업 후 수도시설의 설치나 유지관리 분야에서 2년 이상 실무에 종사한 자 • 이공계 전문대학 졸업 후 수도시설의 설치나 유지관리 분야에서 4년 이상 실무에 종사한 자 • 고등학교 졸업 후 수도시설의 설치나 유지관리 분야에서 5년 이상 실무에 종사한 자 • 정수시설운영관리사 2급 취득 후 수도시설의 설치나 유지관리 분야에서 2년 이상 실무에 종사한 자 • 정수시설운영관리사 3급 취득 후 수도시설의 설치나 유지관리 분야에서 4년 이상 실무에 종사한 자 • 학점인정 등에 관한 법률 제8조에 따라 이공계 대학 졸업자와 같은 수준 이상의 학력을 인정받은 자로서 수도시설의 설치나 유지관리 분야에서 2년 이상 실무에 종사한 자 • 학점인정 등에 관한 법률 제8조에 따라 이공계 전문대학 졸업자와 같은 수준 이상의 학력을 인정받은 자로서 수도시설의 설치나 유지관리 분야에서 4년 이상 실무에 종사한 자
2급	• 이공계 대학 졸업 이상의 학력을 가진 자 • 이공계 전문대학 졸업 후 수도시설의 설치나 유지관리 분야에서 2년 이상 실무에 종사한 자 • 고등학교 졸업 후 수도시설의 설치나 유지관리 분야에서 3년 이상 실무에 종사한 자 • 정수시설운영관리사 3급 취득 후 수도시설의 설치나 유지관리 분야에서 2년 이상 실무에 종사한 자 • 수도시설의 설치나 유지관리 분야에서 5년 이상 실무에 종사한 자 • 학점인정 등에 관한 법률 제8조에 따라 이공계 대학 졸업자와 같은 수준 이상의 학력을 인정받은 자 • 학점인정 등에 관한 법률 제8조에 따라 이공계 전문대학 졸업자와 같은 수준 이상의 학력을 인정받은 자로서 수도시설의 설치나 유지관리 분야에서 2년 이상 실무에 종사한 자
3급	• 이공계 전문대학 졸업 이상의 학력을 가진 자 • 고등학교 졸업 후 수도시설의 설치나 유지관리 분야에서 1년 이상 실무에 종사한 자 • 수도시설의 설치나 유지관리 분야에서 3년 이상 실무에 종사한 자 • 학점인정 등에 관한 법률 제8조에 따라 이공계 전문대학 졸업자와 같은 수준 이상의 학력을 인정받은 자

시험과목 및 시험방법

제1차 시험(객관식 4지택일형)과 제2차 시험(주관식 논문 및 단답형)으로 구분하여 같은 날 시행

구 분	시험과목	등 급	시험과목	시험시간	문항수
제1차		1 · 2 · 3급	1 · 2 · 3 · 4과목 (4개 과목)	120분 (9:30~11:30)	과목당 20문항 (총 80문항)
제2차	1. 수처리공정 2. 수질분석 및 관리 3. 설비운영 (기계, 장치 또는 계측기 등) 4. 정수시설 수리학	1 · 2급	1 · 2과목 (2개 과목)	120분 (13:00~15:00)	1급 : 16문항
					2급 : 14문항
			3 · 4과목 (2개 과목)	120분 (15:30~17:30)	1급 : 16문항
					2급 : 16문항
		3급	1 · 2 · 3 · 4과목 (4개 과목)	120분 (13:00~15:00)	과목당 8문항 (총 32문항)

합격기준 (제1 · 2차 시험 공통)

매 과목 100점 만점에 40점 이상, 전 과목 평균 60점 이상 득점한 자

목차 CONTENTS

제1과목 | 수처리공정

제1장 수처리공정 일반 ... 3
적중예상문제 ... 19

제2장 혼화 · 응집 ... 43
적중예상문제 ... 51

제3장 침 전 ... 64
적중예상문제 ... 77

제4장 여 과 ... 90
적중예상문제 ... 107

제5장 미생물제어(소독처리) ... 117
적중예상문제 ... 128

제6장 배출수(슬러지)처리 및 관리 ... 143
적중예상문제 ... 158

제7장 미량 유 · 무기 물질제어 ... 170
적중예상문제 ... 195

제2과목 | 수질분석 및 관리

제1장 시험분석 기초 및 기기분석법 ... 211
적중예상문제 ... 249

제2장 수질항목별 측정방법 ... 289
적중예상문제 ... 317

제3장 먹는물 수질관리 방법 ... 332
적중예상문제 ... 351

제4장 수질관련법규 ... 368
적중예상문제 ... 424

정수시설운영관리사

제 1 과목

수처리공정

- 제1장　수처리공정 일반
- 제2장　혼화·응집
- 제3장　침 전
- 제4장　여 과
- 제5장　미생물제어(소독처리)
- 제6장　배출수(슬러지)처리 및 관리
- 제7장　미량 유·무기 물질제어

정수시설운영관리사
www.sdedu.co.kr

CHAPTER 01 수처리공정 일반

01 수원과 수질

1. 수 원

(1) 수원의 종류와 특성

① 천수(빗물)
  ㉠ 천수는 우수를 주로 하며 강우 등을 포함한 강수를 총칭하는 것이며 천연의 증류수로 순수에 가깝다.
  ㉡ 천수에 함유된 불순물은 비의 응결핵인 미세한 부유물질 외에 해수가 날려서 대기 중에 함유된 염화물질이다.
  ㉢ 빗물은 칼슘 등의 미네랄을 별로 함유하지 않으므로 연수로서 순수에 가까운 것이 특징이다.

② 하천수
  ㉠ 보통 하천수는 수량이 풍부하나 계절에 따라서 유량이 현저히 변화한다.
  ㉡ 하천수는 다소 오탁하나 유역의 토질이나 유입 오·폐수 등의 정도에 따라 다르며 호우 시나 고수위의 경우에는 유수 중의 부유물질과 세균수가 증가한다.
  ㉢ 하천의 자정작용은 호수에 비하여 느리고 오염이 유수에 의하여 멀리까지 미치게 되는 것도 하천수의 특징이며 자정작용에는 충분한 시간이 필요하다.

③ 호소수 및 저수지수
  ㉠ 저수지도 그 성질이 호소와 거의 같으므로 저수지수도 여기에 포함되는 것으로 볼 수 있다.
  ㉡ 호소수는 하천수보다 자정작용이 큰 것이 특징이며 오염물질의 확산이 연안에서 가까운 부분에 한정되고 호소중심까지는 하천수의 유입에 의하여 연안에 따라 운반되는 것 외에는 바람에 의한 흐름에 따라 확산이 일어나며 보통 하천수의 수질보다 양호하다.

④ 복류수
  ㉠ 하천이나 호소 또는 연안부의 모래, 자갈 중에 함유되어 있는 지하수를 말한다.
  ㉡ 복류수의 수질은 그 원류인 하천이나 호소의 수질, 자연여과, 지층의 토질이나 그 두께 그리고 원류의 거리 등에 따라 변화한다. 그러나 대체로 양호한 수질을 얻을 수 있어 그대로 상수원으로 사용하는 경우가 많으며 또는 정수공정에서 침전지를 생략하는 경우도 있다.

⑤ 우물물(지하수)
  ㉠ 우물은 보통 불투수층 이내 정도까지의 깊이의 것을 얕은 우물 그리고 그 이하 깊이의 것을 깊은 우물이라고 한다.

ⓒ 지하수는 지층 내의 정화작용에 의하여 거의 무균상태인 양질의 물이 되나 얕은 우물의 경우에는 정화작용이 불완전한 경우가 있으며 대장균군이 출현하는 때도 있다.
　　ⓒ 깊은 우물은 수온도 연간을 통해 대체로 일정하고 물의 성분도 많은 변화가 없으며 양질이나, 보통 경도가 높은 경우가 많으며 깊은 층에서는 산소가 부족하여 황산염이 황화수소(H_2S)로, 질산이 암모니아(NH_3)로 환원되는 등 환원작용을 일으키는 때도 있다.
　⑥ 용천수
　　㉠ 용천수는 지하수가 종종 자연적으로 지표에 나타난 것으로 그 성질도 지하수와 비슷하다.
　　ⓒ 용천수는 얕은 층의 물이 솟아나오는 경우가 많으므로 수질이 불량할 때도 있다.
　　ⓒ 바위틈이나 석회암 사이로 나오는 물은 대지의 정화작용 없이 그대로 나올 가능성이 있으므로 주의할 필요가 있다.
　⑦ 해수 : 도서지역에서는 해수를 담수화 목적으로 상수의 수원으로 사용할 수 있으며 장래에는 연안 지역, 특히 담수수원이 부족한 지역에서도 해수가 상수원으로 이용될 수 있다.

(2) 수원의 선정과 구비요건

　① 수원의 선정
　　㉠ 수원으로서 구비요건을 갖추어야 한다.
　　　• 최대갈수기에서도 계획취수량의 확보가 가능해야 하고 수질도 경제적인 정수가 가능하도록 될 수 있는 한 양호하여야 한다.
　　　• 현재뿐만 아니라 장래에도 계속 충족하여야 한다.
　　ⓒ 수리권 확보가 가능한 곳이어야 한다 : 한 수원의 물은 생활용수, 농업용수, 공업용수, 발전용수 등 그 용도가 여러 가지이므로 수리권을 명백히 해두어야 한다.
　　ⓒ 상수도시설의 건설 및 유지관리가 용이하며 안전·확실하여야 한다.
　　㉢ 상수도시설의 건설비 및 유지관리비가 가능한 저렴해야 한다.
　　㉣ 장래의 확장을 고려할 때 유리한 곳이어야 한다.
　　㉤ 상수도 보호구역의 지정, 수질오염방지 및 관리에 무리가 없는 지점이어야 한다.
　② 수원의 구비요건
　　㉠ 수량이 풍부하여야 한다. 최대갈수기에도 계획취수량의 확보가 가능해야 한다.
　　ⓒ 수질이 좋아야 한다.
　　ⓒ 가능한 한 높은 곳에 위치하여야 한다.
　　㉢ 상수소비지에서 가까운 곳에 위치하여야 한다. 건설비와 운영비면에서 경제적이어야 한다.

(3) 수질오염

　① 수질오염의 정의 : 물은 자연정화 능력이 있어 자연적인 오염이나 적은 정도의 오염은 수질을 크게 변화시키지 않는다. 그러나 오염물질의 유입량이 증가하여 수역이 지니고 있는 자연정화 능력을 초과하게 되면 수계의 수질을 크게 변화시켜, 물의 이용가치가 떨어지고 생물이나 인간에게 피해를 주게 되는데, 이런 현상을 수질오염(Water Pollution)이라 한다.

② **수질오염의 원인** : 수질오염은 가정의 생활하수와 공장 폐수, 농·축산 폐수, 농약·비료 등에 들어 있는 여러 가지 유기물이나 중금속·독성물질 등에 의해 일어난다. 이 중에서도 가장 큰 비중을 차지하는 것은 가정의 생활하수이다.

③ **수질오염의 지표**

  ㉠ 단위 : mg/L, ppm(part per million), ppb(part per billion)

  ㉡ 탁도(Turbidity) : 물의 탁하고 청정한 정도로 단위는 '도', 'NTU'를 사용한다.

  ㉢ 부유물질(Suspended Solids) : 육안으로 식별되는 물에 부유하는 유·무기물질을 말한다.

  ㉣ 색도(Color) : 색의 정도로 색도 1도는 백금 1mg을 함유하는 색도표준액을 정제수 1L에 용해시켰을 때 나타나는 색상이다.

  ㉤ 수소이온농도(pH) : pH 7.0(중성), pH 7.0 미만(산성), pH 7.0 초과(알칼리성)

  ㉥ 용존산소(DO ; Dissolved Oxygen) : 물속에 녹아 있는 산소량으로 대기 중의 산소는 수중으로 용해되어 수중의 용존산소를 생성하며, 일부는 조류의 광합성에 의해 공급된다.

  ㉦ 생물화학적 산소요구량(BOD ; Biochemical Oxygen Demand) : 수중의 유기물이 호기성 세균에 의해 분해되어 오염물질이 안정화되는 과정에서 요구되는 산소량으로 수중의 유기물량에 비례하여 수중 산소소비량은 증가한다.

  ㉧ 화학적 산소요구량(COD ; Chemical Oxygen Demand) : 물속의 유기물을 일정한 조건에서 화학적으로 산화제로 산화시켜 소모된 산화제의 양으로 수중 유기물량을 추정한다.

  ㉨ 질소화합물
  - 수중에 존재하는 질소화합물의 형태 및 산화과정에 의한 지표이다.
  - 유기성 질소(Org-N) → 암모니아성 질소(NH_3-N) → 아질산성 질소(NO_2^--N) → 질산성 질소(NO_3^--N)

  ㉩ 대장균군
  - 대장균(장내세균)은 인간의 장내에서 기생하는 세균으로 유당을 분해하여 산과 가스를 생성하는 호기성균이다.
  - 대장균의 검출은 분뇨오염을 암시하며, 곧 병원성 세균에 의한 오염가능성을 시사한다.

  ㉪ 경도(Hardness) : 물의 세기 정도로 물속에 용존하고 있는 이산화칼슘, 이산화망간, 이산화철 등의 2가 양이온 금속이온의 함량을 이에 대응하는 $CaCO_3$ mg/L으로 환산표시한 값이다.

  ㉫ 알칼리도(Alkalinity) : 알칼리도는 산을 중화시키는 능력으로 물속에 존재하는 수산화이온(OH^-), 탄산이온(CO_3^{2-}), 중탄산이온(HCO_3^-) 등에 의해 나타나며, 0.01N-H_2SO_4로 적정하여 소비된 양을 탄산칼슘($CaCO_3$)의 당량으로 환산(mg/L)한다.

  ㉬ 산도(Acidity) : 산도는 물속에 있는 강산, 탄산, 유기산 등을 중화시키는 데 필요한 알칼리의 양이다. 산도를 측정하는 데는 0.02N-NaOH로 적정하여 소비된 양을 탄산칼슘($CaCO_3$)의 당량으로 환산(mg/L)한다.

ⓗ 기타 수질오염의 기준이 되는 지표 생물

수 질	기준(BOD)	지표생물
1급수	1ppm 이하	옆새우, 플라나리아, 열목어
2급수	3ppm 이하	꺽지, 피라미, 은어, 장구벌레, 갈겨니
3급수	6ppm 이하	붕어, 잉어, 미꾸라지, 거머리
4급수	6ppm 이상	실지렁이, 깔따구, 종벌레

(4) 오염물질이 생물에 미치는 영향

① 부유물질 : 고령토, 광산폐기물, 불용성 유기고형물질
② 열오염 : 화력발전소 또는 원자력발전소에서 방류되는 냉각수 → 수온 상승 → 용존산소 감소 → 병원성 미생물 급증 → 수인성 전염병 발생
③ 유류 : 현대 화석연료의 유류로 대체하여 석유소비 증가 → 해양에서 원유채취 증가 → 해양수송 증가 → 유류의 해양유출 사고 증가
④ 부영양화(Eutrophication) : 호수 등의 비교적 정체된 수역에 하수, 폐수 혹은 농경지 유출수로부터 질소, 인의 유입 → 수중 플랑크톤의 과도 번식 → 용존산소 급격히 감소 → 수생생물 사멸

[소호의 종류]

구 분	형 태	특 징
빈영양호		• 낮은 영양염류 • 생산과 소비균형 • 종의 다양성이 높음 • 고급어종
중영양호		• 중간 정도의 영양염류 • 생산성 증가 시작
부영양호		• 높은 영양염류 • 생산성 증가 • 종의 다양성이 낮음 • 어류사멸
늪지대		• 수심이 낮아짐 • 생산량 증가 • 제한된 생물만 생존 가능
육 지		부영양화가 극도로 진행되면 호소가 가속적으로 얕아지고 여러 식물이 번식하여 최종적으로는 호수 소멸

⑤ 적조현상(赤潮現象) : 바다나 호수 속으로 질소(N)와 인(P)을 많이 함유한(생활하수나 비료 성분 등) 영양염류가 과다하게 유입되고, 해수의 온도가 21~26℃를 나타내면(주로 6월 중순에서 9월 하순) 수중에 특정 조류가 이상 증식하여 물의 색깔이 붉게 변하는 현상이다.
⑥ 녹조현상(綠潮現象) : 영양염류의 과다로 호수에 녹조류가 대량으로 번식하여 물빛이 녹색으로 변하는 것을 녹조현상이라고 한다.

[유독물질이 인체에 미치는 영향]

유독물질	인체에 미치는 영향
수은(Hg)	중추신경계장애, 시력감퇴
카드뮴(Cd)	골연화증, 급성위장염
크롬(Cr)	피부점막자극, 부패, 폐암, 위장염
비소(As)	체중감소, 발암, 지각장애, 빈혈, 구토, 부종, 피부청색화
시안(CN)	흉부 및 복부중압감, 현기증, 호흡기 기능저하, 체온저하 사망
납(Pb)	골수의 헤모글로빈 생성 방해, 직업병 유발
폴리클로리네이티드바이페닐(PCB)	구강점막 색소침착, 수족마비, 성호르몬파괴, 발암
유기인	두통, 전신권태, 언어장애, 동공축소

2. 수질(Water Quality)

(1) 용어의 해설

① ppm(parts per million)
  ㉠ 오염물의 무게, 부피의 비를 $1/10^6$로 나타내며, 오염물의 양, 처리효율 등을 표현한다.
  ㉡ $1mg/L = 1mg/kg = 1ppm$
② ppb(parts per billion)
  ㉠ 오염물의 무게, 부피비를 $1/10^9$로 나타내며, 미량의 오염물을 표현한다.
  ㉡ $1\mu g/L = 1\mu g/kg = 1ppb$
③ SS(Suspended Solids) : 수중에 현탁해 있는 부유물질로 슬러지 용량 결정에 중요한 인자이다.

(2) 수원의 수량 및 수질조사

① 일반사항 : 안정된 급수를 확보하기 위해서는 안정된 취수가 가능한 수원을 확보하는 것이 기본이 된다.
  ㉠ 저수시설은 풍수 시의 물을 저류하고 강수량의 변동을 흡수하여 취수의 안정을 꾀하는 시설이므로 그 설치에 있어서는 입지조건, 저수용량, 계획취수량 및 개발비에 대해서 충분한 검토가 필요하다.
  ㉡ 저수시설의 설치장소는 저류수의 수질이 가능한 한 청정하고 장래에도 오염의 우려가 적은 장소가 바람직하다.

ⓒ 건설에 있어서는 그것이 주변환경에 미칠 영향을 충분히 검토하고 주변지역 등에 환경 악화를 초래하지 않도록 배려하여야 한다.

분 류	저수방법	비 고
댐	계곡 또는 하천을 콘크리트나 토석 등의 구조물로 막고 풍수 시 하천수를 저류하고 방류량을 조절하여 하천의 유효한 이용을 꾀한다.	소양강, 안동, 충주, 남강, 합천, 섬진강, 주암, 대청, 운문, 영천댐
호소	호소에서 하천에 유출하는 유출구에 가동보나 수문을 설치하고 호소수위를 인위적으로 변동시켜 이의 상하한 범위를 유효 저수용량으로 할 수 있다.	-
유수지	과거에는 치수 측면에서만 생각했던 유수지를 이용하여 유수지 바닥을 깊이 파는 등에 의해서 이수용량을 확보할 수 있다.	-
하구둑	하구부근에 둑을 설치하여 과거에는 바닷물이 강물과 혼합되어 이용불가능하던 하천수를 이용가능하도록 한다.	안성천, 삽교천, 영산강, 금강, 낙동강 하구둑
유지(溜池)	본래 농업용으로 만들었으나 준설 등의 재개발에 의해서 상수도용으로 사용할 수 있다.	-
지하댐	지하의 대수층 내에 차수벽을 설치하여 상부에서 흐르는 지하수를 막아서 저류하는 동시에 하부에서 스며드는 바닷물의 침입을 막는다.	-

[주요저수시설의 비교]

구 분	전용댐	다목적댐	하구둑 등 저류를 목적으로 하는 둑
개발수량	작은 규모가 많다.	대량의 개발수량이 기대된다.	• 일반적으로 중소규모의 개발이 기대된다. • 하구둑의 경우 둑의 조작으로 하류의 유지용수를 확보한다. • 이 물을 새로운 이용수량으로 사용이 가능하다.
저류수의 수질	자체관리로 비교적 양호한 수질을 유지할 수 있다.	공동관리 또는 하천관리자가 관리하므로 상수도 사업자의 의향이 충분히 반영되도록 그리고 가능한 한 양호한 수질을 유지하기 위한 노력이 필요하다.	하구둑의 경우 염소이온농도에 주의를 요한다.
설치지점	작은 하천에 축조하는 경우가 많다.	비교적 유량이 많은 하천에 홍수 조절과 겸해서 건설하는 경우가 많다.	하구둑의 경우 수요지 가까운 하천의 하구에 설치하여 농업용수에 바닷물의 침해방지 기능을 겸하는 경우가 많다.
경제성	일반적으로 비싸다.	댐지점으로 유리한 지점이 적어서 비교적 고가이다.	일반적으로 댐보다 저렴하다.
기 타	• 상수도사업자의 고도의 기술이 요구된다. • 일반적으로 규모가 작아서 비교적 환경에 영향이 적다.	일반적으로 규모가 크고 수몰지역도 넓어서 환경에 영향이 크고 건설에 장기간이 소요된다.	하류의 어업에 대한 배려와 둑상류의 이수, 치수상의 배려 등이 중요한 사항이다.

② 하천표류수의 유량 및 수질조사
  ㉠ 수량과 수위
    • 갈수량, 갈수위 : 1년 중에서 355일 동안 이보다 내려가지 않는 수량과 그때의 수위
    • 저수량, 저수위 : 1년 중에 275일은 이보다 이하로 내려가지 않는 수량과 그때의 수위
    • 평수량, 평수위 : 1년 중에서 하천의 수량과 수위가 185일 이상 유지될 때의 유량과 수위
    • 풍수량, 풍수위 : 1년 중에 95일 동안 이보다 이하로 내려가지 않는 수량과 그때의 수위
    • 홍수량, 홍수위 : 홍수기간 중에 지속되는 하천의 유량과 수위를 뜻하며 댐이나 취수시설 등의 수중구조물의 설계에 영향을 미치기 때문에 수위 수문자료로서 중요한 의의를 갖는다.
    • 최대갈수량, 최대갈수위 : 하천의 유량과 수위에 관한 자료 중에서 가장 낮은 값을 말하며 이들에 관한 자료는 계획취수량과의 비교를 위한 근본기준이 되므로 상수도 시설의 계획상 대단히 중요한 위치를 차지한다.
    • 최대홍수량, 최대홍수위 : 취수시설의 설계를 위하여 필요한 자료이다.
    • 기준갈수량, 기준갈수위 : 수리사용허가, 하천종합개발계획 등에 있어서 기준이 되는 갈수량과 그 수위를 말한다. 보통 과거 10년간의 각 연도의 갈수유량 가운데 최소의 것과 그 수위(20년간에서는 제2위, 30년간에서는 제3위의 것)를 뜻한다.
    • 계획고수량, 계획고수위 : 취수계획에 있어서 대상이 되는 홍수의 유량과 그 수위로서 취수시설의 안전계산, 구조물 제원을 결정하는 데 필요한 것이다. 보통 하천관리자가 공사실시기본계획 등에서 결정하는 것이므로 하천관리자와 충분한 협의가 필요하다.
  ㉡ 수리권 : 상류나 하류에서 기득권을 가지고 하천수가 사용되는 경우 취수시설을 신설하게 되면 이들 기득권에 대한 침해가 되어 법적 문제로 번진다든가 아니면 많은 비용을 들여서 준비한 상수도계획을 포기하여야 할 경우가 생길 수 있으므로 수원으로 선정될 하천에 관한 수리권을 사전에 상세히 파악하여 둘 필요가 있다.
  ㉢ 수 질
    • 강우와 탁도의 관계 : 강우와 탁도의 관계를 정확히 파악하는 것은 특히 정수설비의 계획에 중요하다. 일반적으로 최대의 탁도는 최대홍수 시에 함께 발생하는데 그 정도나 지속시간이 항상 일정한 값을 갖는 것이 아니므로 이를 신중히 파악할 필요가 있다. 이들 자료는 침사지, 침전지, 응집시설의 설계를 위하여 필요한 자료이며 슬러지량의 추정을 위해 필요한 자료이다.
    • 연간의 수질변화 : 하천표류수를 수원으로 할 경우에는 암모니아성 질소, 아질산성 질소, 질산성 질소, 염소이온, 화학적 산소요구량, 대장균군, 철, 망간, 경도, 증발잔유물, pH, 냄새, 맛, 외관, 색도, 탁도, 생물화학적 산소요구량(BOD), 알칼리도, 미생물, 산도(유리탄산), 기타 무기성 혹은 유기성 독성물질의 농도에 관해 조사하여야 한다.

③ 하천표류수의 유량측정방법
  ㉠ 하천수위의 측정
    • 하천수위라 함은 임의의 기준면으로부터의 하천표류수 표면의 표고를 뜻하는데 기준면으로서 평균해면을 취하는 경우도 있으나 하천바닥보다 조금 더 낮은 기준면을 택하는 경우도 있다.
    • 하천수위를 측정하는 계기를 수위표라 하며 보통수위표와 자기수위계로 크게 나눌 수 있다.
      − 보통수위표 중에서 가장 간단한 것은 준척수위계로 눈금이 매겨진 자를 교각이나 제방 기타 구조물에 고정시켜 자의 눈금과 일치하는 하천의 수위를 측정하는 것이다.
      − 자기수위계는 부자식, 공기방울식, 압력식, 전기식 등 여러 가지가 있으나 현재 우리나라에는 부자식이 주로 이용되고 있다.
  ㉡ 유속의 측정 : 유속측정은 역학적 원리를 이용한 계기에 의한 방법과 화학적 및 전기적인 원리를 사용하는 방법으로 크게 나눌 수 있으며 실제 유량측정을 위해서는 보통 기계적인 방법을 많이 채택한다. 기계적인 계기에는 회전식 계기, 동력식 계기, 부표식 계기가 있으며 가장 많이 사용되는 것은 회전식 유속계이다.
  ㉢ 하천유량의 측정 : 하천 수위측정점에서의 유량측정을 위해서는 그 관측점에서의 평균 유속을 결정하기 위하여 충분한 수의 점유속을 유속계로 측정하여야 한다. 이와 같이 얻어진 평균유속을 통수단면적에 곱하면 그 단면을 통과하는 유량을 얻을 수 있다.
④ **지하수 수원의 조사** : 자유면 지하수 및 피압지하수의 경우에는 시험용 굴착 및 전기검층을 실시하여 적당한 채수층을 결정하고 양수시험을 실시하여 수량과 수질을 조사하여야 한다.

[비저항과 지층의 토질]

지질구조		비저항(Ω/m)
지하수		80~100
지표수		80~200
충적층	점토	10~200
	모래	100~600
	사력(砂礫)	100
홍적층	로움(Loam)	100
	모래·자갈	300
상호 섞인 지층	자갈이 대부분인 경우	120~250
	모래 + 모래질 점토가 대부분인 경우	80~120
	점토 + 모래질 점토가 대부분인 경우	20~80
신 제3기층	사암	50~500
	혈암	20~200
	역암	100~500
화성암류	의회암	20~200
	용암	500~100,000
	안산암	100~2,000
	화강암	1,000~10,000

㉠ **복류수의 경우**
- 갈수 시에 있어서 하천표류수와 제내 혹은 제외의 복류수와의 관계, 그리고 호소 부근과 옛 하천부지에서의 복류수의 상태 등을 조사한다.
- 근처에 얕은우물 혹은 집수매거가 있는 경우에는 그것의 수량, 수질 및 지질구조 등을 조사한다.
- 복류수 예정 취수지점에서는 반드시 시험굴착을 행하여 지하구조를 조사하고 양수시험에 의거하여 갈수 시 및 홍수 시의 수량 및 수질 등을 조사한다.

㉡ 용천수의 경우 : 수량, 수질 및 수온의 변화상태를 상당한 기간에 걸쳐 조사하여야 한다.

⑤ **지하수 채수층의 결정**
㉠ 굴착 중에 각 지층의 표본을 깊이에 따라 채취하여, 특히 대수층을 관찰함으로써 지층 입자의 크기, 형상의 색깔 등을 상세히 조사한다.
㉡ 굴착 종료 직후에 전기검층을 실시하여 각 지층에 맞는 비저항곡선도를 작성한다.
㉢ 굴착 중 물빠짐의 유무를 조사하고 가능한 한 물이 빠지는 현상이 일어나는 장소를 확인하여야 한다.

(3) 지하수 시험

① **지하수의 양수시험**
㉠ 양수시험은 최대갈수기 중에 최소한 1주일간 연속하여 실시하여야 한다.
㉡ 얕은 우물의 경우에는 구경 60mm 이상, 깊은 우물의 경우에는 구경 150mm 이상인 시험용 우물을 설치한다. 부득이한 경우에는 각각의 구경을 150mm 혹은 100mm까지 사용해도 좋다.

② **지하수의 경제양수량** : 경제양수량은 양수시험으로부터 구한 최대양수량의 70% 이하가 되어야 한다.

③ **우물의 적정양수량** : 우물의 적정양수량을 판정하기 위해서는 단계양수시험을 실시하여야 한다.
㉠ 일반적인 지하수에 대해서는 최대양수량의 70% 이내로 양수하여야 하나 특히 깊은 우물의 경우에는 단계양수시험을 실시하여 적정양수량을 결정하여야 한다.
㉡ 적정양수량이란 어떤 우물에서 현저한 우물손실의 증가나 지하수층의 물리적 성질에 이상변화를 생기게 하지 않는 범위의 양수량을 말한다.
㉢ 단계시험은 양수량을 몇 개의 단계로 나누어 먼저 가장 낮은 양수량으로 양수를 몇시간 계속하여 수위가 안정되면 그 다음으로 높은 양수량으로 증가시켜서 다시 수위가 안정될 때까지 사용한다. 일반적으로 최초에는 양수량을 점차로 증가시키는 단계강화측정법과 그 다음에 양수량을 단계적으로 감소시키는 단계상승측정법을 함께 사용한다.
㉣ 상수도시설에서는 적정양수량을 한계양수량의 약 80%로 하고 경제양수량은 적정양수량보다 10% 적게 해서 한계양수량의 약 70%로 하는 것이 좋다.

02 정수공정의 개요

1. 수도의 개념

(1) 광의의 수도 개념

수도란 상수도, 중수도, 하수도를 총칭하는 개념으로 자연수계의 물을 인간에게 공급하는 상수도와 재이용하는 중수도, 사용 후 방류하는 하수도를 모두 포함한다. 여기에는 물을 처리하는 공정뿐만 아니라 공급하고 방류하기 위한 모든 관망도 포함한다.

(2) 협의의 수도 개념

대부분의 경우 수도라 함은 위에 말한 듯이 상수도로 한정하는 경우가 많다. 따라서 수도수라고 하면 상수도에 의해 공급되는 물을 말한다.

(3) 수도의 효과

① 양질의 음용수 및 생활용수를 공급함으로써 위생적인 생활환경 조성
② 도시에서의 소화용수 확보
③ 공공용수 및 산업용수의 확보

(4) 수도의 구성

일반적으로 수도는 수원·취수·도수·정수·송수·배수 및 급수 등을 구성요소로 한다.

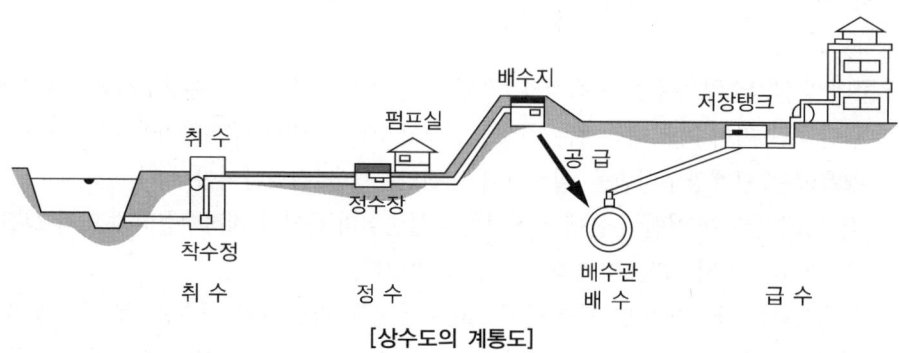

[상수도의 계통도]

① **수원(Water Source)** : 수돗물의 원료로 되는 물, 즉 원수의 수원으로서 지표수원과 지하수원(복류수원 포함)이 대부분이다.
② **취수(Water Acquisition)** : 물을 필요한 양만큼 취하는 것으로 수원이 하천수이거나 호소수이거나 또는 지하수인지에 따라서 취수방법은 다르다. 취수된 물은 될 수 있는 한 양질인 것이 좋다.
③ **저수(Water Storage)** : 1년 중 어떤 시기에 그 하천의 유량이 필요 수량을 만족할 수 없는 경우에는 수량조절을 위해 댐을 축조해서 저수할 필요가 있다.
④ **도수(Water Conduit)** : 수원에서 취수한 원수를 정화하기 위해서 정수시설에 보내는 것을 말한다.
⑤ **정수(Water Purification)** : 음용에 적합하지 않은 원수의 수질을 음용에 맞는 물로 개선하는 것이다. 원수를 정수하기 위한 대표적인 시설은 침사지, 침전지, 혼화지, 여과지, 소독지로 분류된다.
⑥ **송수(Water Transmission)** : 정수장에서 수요지까지 정화된 물을 보내는 것이다. 일반적으로 물은 수요지 내에 세워진 배수지에 일단 저장되므로 송수는 저수장에서 배수지까지를 가리킨다. 정화된 물은 정수(Clear Water)라고 한다.
　㉠ 자연유하식 : 수원, 정수장, 배수지의 상호 고저차를 이용한 이송방식으로 거리가 길어 건설비가 많이 드나, 도수나 송수가 확실하며 유지관리가 쉽고 유지비가 싼 것이 장점이다.
　㉡ 펌프압송식 : 도수로가 짧아 건설비가 절감되는 이점이 있으나 펌프를 가동하기 위한 전력소모 등으로 유지관리비가 많이 들고 정전 시 도수와 송수가 불안한 단점이 있다.
⑦ **배수(Water Distribution)** : 소요되는 수압과 동시에 물을 수요자에게 분배하는 것이며, 이 범위는 배수지에서 수요지까지의 거의 모든 곳의 아래에 매설된 배수관까지를 가리킨다. 대표적인 배수시설로는 배수지, 배수탑, 고가수조 등이 있다.
⑧ **급수(Water Supply)** : 배수관까지 분기해서 각 수요자에게 물을 공급하는 것으로 급수방식에는 직결식과 탱크식 급수법이 있으며 공급하는 대상과 대상 높이에 따라 결정된다.

[지표수 상수계통]

수 원	취수시설	도수시설	정수시설	송수시설	배수시설	급수시설
하천수 호소수 저수지수	취수탑 취수문 취수관	침사지 도수관거	착수정 ↓ 침전지(보통, 약품) ↓ 여과지(완속, 급속) ↓ 염소소독지 ↓ 정수지	송수관로	배수지 배수탑 고가탱크 배수관	급수관

2. 정수처리시설의 개요

(1) 정수시설을 계획할 때의 조사

① 신설 및 확장의 경우
  ㉠ 정수장 입지계획 시 고려사항
   • 상수도시설 전체에 대한 배치계획을 고려한다.
   • 위생적인 환경이어야 한다.
   • 재해에 대하여 안전하여야 한다.
   • 용지는 필요한 면적과 형상이 확보되어야 한다.
   • 시설물 유지관리에 편리한 위치이어야 한다.
   • 기타 도시계획상의 규제나 법규에 제한을 받지 않는지 또는 주변은 장래에 어떤 발전이 예상되는지, 문화재 등의 매장물, 유적 등도 사전에 충분히 조사하여야 한다.
  ㉡ 정수계획을 위한 조사 : 현재 및 장래에 대한 원수 수질조건의 파악 및 각 처리시설에 대한 처리특성, 배출수처리방식, 관리방식 등에 대한 충분한 조사가 필요하다.
  ㉢ 건설계획을 위한 조사
   • 지형조사 : 정수시설의 배치계획, 공사용 가설계획 및 도로계획, 토공계획, 시공공정 등을 작성하기 위한 지형측량을 실시한다.
   • 지질조사 : 구조물의 기초설계 및 내진설계를 위하여 보링조사, 재하시험(필요할 경우), 토질시험, 지하수위측정 등을 행한다.

② 개량 및 교체의 경우 : 상기 신설 및 확장의 조사항목에 추가하여 신구시설의 연계 및 통합을 위한 조사
  ㉠ 개량, 교체시설의 선정 및 시공방법
  ㉡ 기존시설의 능력감소를 보완하기 위한 대책
  ㉢ 공사에 따른 진동 및 분진 등이 유지관리에 미치는 영향
  ㉣ 부지 내에서 시설의 배치관계
  ㉤ 시설 간의 수위관계
  ㉥ 신구시설의 유지관리 방식의 통합성

(2) 계획정수량과 시설능력

① 계획정수량은 계획 1일 최대급수량을 기준으로 하고 여기에 작업용수, 잡용수, 기타 손실수량을 고려하여 결정한다.
  ㉠ 작업용수 : 침전지 배출오니, 여과지의 세척용수 또는 모래세척용수, 약품용 해수, 염소주입용 압력수, 기기의 냉각수 및 시설의 청소용수 등
  ㉡ 잡용수 : 정수장 내 급수, 청소용수 및 분수용수

② 정수시설은 계획정수량을 적정하게 처리할 수 있는 능력이 있어야 한다. 그리고 개량, 개체 시에도 정수능력을 확보하기 위하여 예비능력을 갖는 것이 바람직하다.

(3) 정수방법 및 정수시설의 선정

① **간이처리방식** : 원수수질이 양호하고 대장균군 50(100mL, MPN) 이하, 일반세균 500(1mL) 이하, 기타 항목이 정수수질기준 등에 상시 적합할 경우에 채택한다. 일반적으로 수질이 양호한 지하수를 수원으로 하는 경우에 적용하는 방식으로 정수처리방법 중에서 가장 단순하며 처리공정은 다음과 같다.

> 원수 → 착수정 → 염소주입점 → 정수지(배수지) → 송수

② **완속여과방식** : 원수의 수질은 비교적 양호하며 대장균군 1,000(100mL, MPN) 이하, 생물화학적 산소요구량(BOD) 2mg/L 이하, 최고탁도 10도 이하인 경우에는 완속여과방식으로 할 수 있다. 이와 같은 원수는 지하수, 부영양화가 진행되지 않는 댐수, 호소수, 오염이 진행되지 않는 하천수 등에서 원수 중에 소량의 탁질 및 미량의 유기물질 제거를 목적으로 하는 처리방법으로 적합하며 공정은 다음과 같다.

> (약품주입)
> 원수 → 착수정 → 침전지 → 완속여과지 → 염소주입점 → 정수지(배수지) → 송수

③ **급속여과방식** : 원수 수질이 간이처리방식 및 완속여과방식으로 정화할 수 없는 경우에는 급속여과방식이 적합하다. 이 방식은 약품침전지, 급속여과지, 소독시설로 구성되고 현탁물질을 처음부터 약품처리에 의해 응집시켜 플록을 침전지에서 효율적으로 침전 제거하고 다음에 급속여과지에서 제거하는 방식이다.

④ **고도정수시설**
  ㉠ 냄새의 처리 목적 : 포기(Aeration), 생물처리, 활성탄처리, 오존처리
  ㉡ Trichloroethylene 등의 제거 : Stripping처리, 활성탄처리
  ㉢ 암모니아성 질소(NH_3-N)의 제거 : 염소처리, 생물처리
  ㉣ 트라이할로메탄(Trihalomethane)을 감소하는 경우 : 중간염소처리, 활성탄처리, 결합염소처리
  ㉤ 철, 망간의 제거를 목적으로 하는 경우 : 전염소처리, 망간접촉여과, 철박테리아 이용법, 포기
  ㉥ 음이온 계면활성제를 제거하는 경우 : 생물처리, 활성탄처리, 오존처리
  ㉦ 색도를 제거하는 경우 : 활성탄처리, 오존처리
  ㉧ 침식성 유리탄산을 제거하는 경우 : 포기, 알칼리제 처리
  ㉨ 생물을 제거하는 경우 : 마이크로스트레이너, 2단 응집처리, 다층여과, 약품처리

(4) 배출수처리

① 배출수처리시설은 정수처리시설로 발생하는 배출수를 처리 및 처분하는 데 충분한 기능과 능력을 갖추어야 한다.
② 배출수처리시설의 방법은 정수처리시설과의 관계, 원수수질, 배출수의 양과 질, 슬러지의 성상, 유지관리, 용지면적, 건설비, 지역의 환경을 고려하여 적절한 방식을 선정하여야 한다.

(5) 정수시설의 배치계획

① 시설의 계획에 있어서는 착수, 응집, 침전, 여과, 소독 등의 시설이 각기 제기능을 충분히 발휘할 수 있고 정수장 전체 시설과의 조화와 효율화를 기하며 유지관리상 편리한 위치에 배치한다.
② 처리계열은 가능한 한 독립된 2 이상의 계열로 분할하는 것이 바람직하다(시설용량이 중·소규모인 경우에는 기능별로 계열의 기능이 발휘할 수 있도록 한다).
③ 각 시설 간에 수위결정을 위한 손실수두는 수리계산이나 실험에 의하여 결정한다.
  ㉠ 완속여과지 방식의 경우 착수정으로부터 침전지, 여과지까지의 전체 손실수두는 1~2m로 한다.
  ㉡ 급속여과 방식의 경우에는 고도정수처리 등을 하지 않는 통상적인 응집, 침전, 여과까지의 시설전체의 손실수두는 3.0~5.5m 정도가 된다.
④ 정수장 내의 화장실, 오수저류시설 및 폐기물 수집소 등은 정수시설에 대하여 위생상의 문제가 없도록 구조와 배치에 유의하여야 한다.

(6) 수질관리

정수장에서는 설정된 목표에 적합하도록 정수의 수질관리를 하기 위하여 필요한 수질시험설비를 설치한다.
① 확실한 수질관리를 하기 위해서는 수원으로부터 급수전에 이르기까지 각 과정에 대하여 이화학시험, 미생물시험 및 생물시험의 각 수질시험을 행하고 그 결과를 상수도시설의 운영관리에 반영시켜 각종 조작을 적절히 하는 것이 필요하다.
② 정수처리에 있어서는 원수, 침전수, 여과수, 정수 등 각 처리과정의 수질을 측정하고 처리효과를 확인하는 동시에 그 결과를 정수처리 약품주입의 조정이나 정수처리방법의 개선 등에 반영시킨다.
③ 수질의 연속측정과 기록이 가능한 자동수질 모니터링 설비를 정수시설, 배수시설 및 급수장치 등의 적당한 위치에 배치하는 것이 요망된다.

(7) 시설의 개량, 교체

① 기존 정수처리시설의 성능, 안정성 및 운전관리상의 합리성을 상실하지 않고 새로운 시설의 능력이 발휘될 수 있도록 한다.
② 가동 중인 시설의 능력감소에 대한 대응방안을 미리 준비하고 공사시행으로 인하여 가동 중인 기존시설에 대한 영향이 최소화되도록 대책을 강구하여야 한다.
③ 원수의 수질이 악화되어 적절한 정수처리를 할 수 없게 될 염려가 있을 때에는 필요한 시설을 증설, 개량, 교체하여야 한다.

[시설의 개량의 방법과 유의할 점]

시설명	방 법	유의할 점
착수정	외벽을 높임	수면동요를 흡수할 면적이 필요함
응집, 플록 형성지	• 급속교반의 변경 • 응집기의 개량	• 응집, 플록형성의 효과 확인 • 여유공간의 유무, 구조상 안전성 • 유지관리의 용이 등
침전지	• 경사판 등의 설치 • 정류벽 유출시설의 개량 • 슬러지 제거기의 개량 • 기타 시설의 개량	• 효과의 확인 및 여유공간의 유무 • 구조상의 안전성 및 슬러지의 재부상
여과지	• 여과층의 2층화 • 여과유량 조절기능의 교체 • 세척장치의 개량	• 여과 및 세척효과의 확인 • 여유공간의 유무 및 여재의 유출
약품주입장치	• 약품의 변경 • 주입기의 개량	• 효과의 확인, 법령상의 제약 • 저장장소의 확인, Range의 변경
전기, 기계	• 설비의 교체 • 용량의 증가	• 계장, 제어와의 관계 • 전력용량의 유무 • 유지관리의 변경
계 장	• 시스템의 변경 • 설비의 교체 등	• 제어의 효과와 신뢰성 • 유지관리의 변경 • 여유공간의 유무
케이블, 관로, 공동구	• 단면증대 • 본수의 증가	• 신호, 정격용량의 확보 • 유량, 손실수두의 확보 • 점검, 피난의 안전 확보
배출수처리	• 방식의 배경 • 기기의 교체 등	• 처리능력과 케이크의 질 • 여유공간의 유무 • 유지관리의 변경 • 분리수의 반응

(8) 안전대책

정수시설은 자연재해, 기기의 사고, 수질사고 등에 대하여 안전대책을 강구하여야 한다.

① **재해대책** : 지진 시의 안전성, 화재대책, 호우 시의 배수, 강풍 시의 대책, 염해대책, 설해대책 등이 있다.

② 시스템으로서의 안전대책, 기기의 고장 및 사고대책, 수질사고대책 등이 있다.

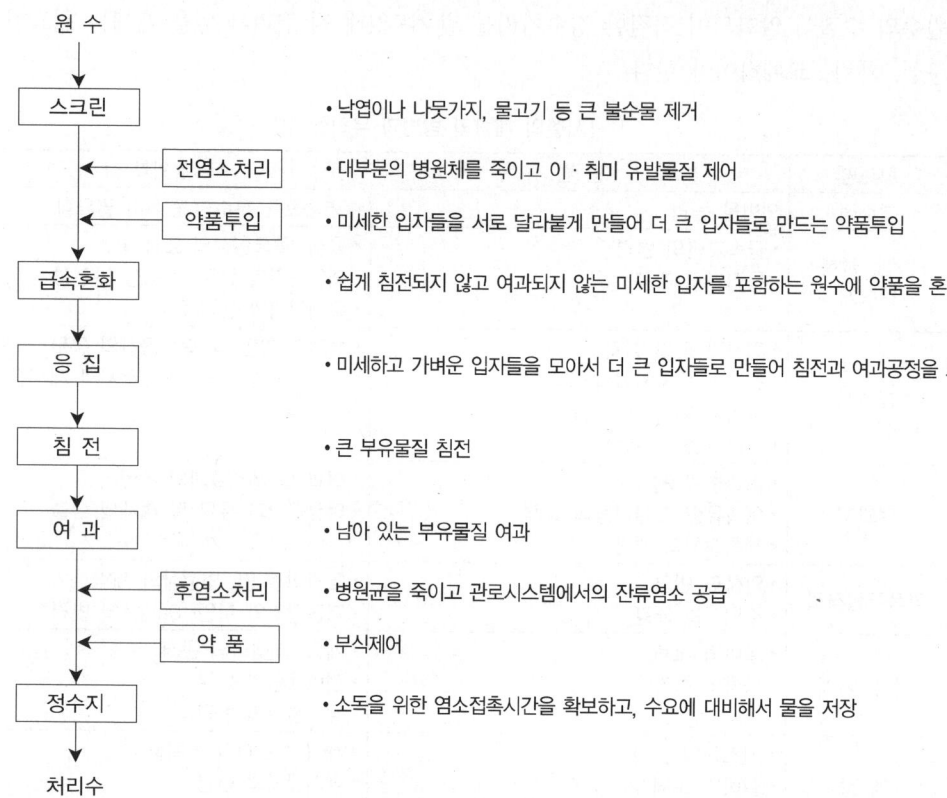

[일반적인 급속여과 정수공정]

CHAPTER 01 적중예상문제(1차)

제1과목 수처리공정

01 다음 용어의 해설 중 옳지 않은 것은?

① 도수 – 지표수 또는 지하수를 배출시키는 것
② 송수시설 – 정수시설로부터 배수구역 시점까지 정수를 보내는 시설
③ 배수시설 – 배수지 또는 배수펌프를 기점으로 하여 급수장치까지의 시설
④ 급수 – 소비자에게 직접 물을 공급하는 것

해설 도수는 수원에서 취수한 원수를 정화하기 위해 정수시설(정수장)에 보내는 과정이다.

02 다음 중 도수(Conveyance of Water)시설에 대한 설명으로 알맞은 것은?

① 상수원으로부터 원수를 취수하는 시설이다.
② 원수를 음용 가능하도록 처리하는 시설이다.
③ 배수지로부터 급수관까지 정수를 수송하는 시설이다.
④ 취수원으로부터 원수를 정수시설까지 보내는 시설이다.

해설 ④ 수원에서 취수한 원수를 정수시설까지 수송하는 시설을 말한다.
① 취수시설, ② 정수시설, ③ 배수시설

03 저수지의 수(水)에 대한 특징을 설명한 것으로 거리가 가장 먼 것은?

① 수량변동이 크다.
② 수질이 하천수에 비해 균일하다.
③ 조류의 발생우려가 있다.
④ 장래 오염의 위험성이 있다.

해설 계절적으로 수량변동이 적다.

정답 1 ① 2 ④ 3 ①

04 수원(水源)에 관한 설명 중 틀린 것은?
① 용천수는 지하수가 자연적으로 지표로 솟아나온 것으로 그 성질은 대개 지표수와 비슷하다.
② 심층수는 대지의 정화작용으로 인해 무균 또는 이에 가까운 것이 보통이다.
③ 복류수는 어느 정도 여과된 것이므로 지표수에 비해 수질이 양호하며, 대개의 경우 침전지를 생략할 수 있다.
④ 천층수는 지표면에서 깊지 않은 곳에 위치함으로써 공기의 투과가 양호하여 산화작용이 활발하게 진행된다.

해설 용천수
피압지하수면이 지표면 상부에 있을 경우 지하수가 자연적으로 지표로 솟아나오는 것을 말한다. 피압면 지하수와 성질이 대개 비슷하며 청정하고 세균도 적다. 다만, 많은 수량을 얻을 수 없어 상수도 수원으로 이용하는 일은 드물다. 우리나라의 경우 제주도에서 많이 볼 수 있다.

05 다음 중 성층화의 원인과 가장 밀접한 요소는?
① 경 도   ② 온 도
③ 녹조현상   ④ 미생물

해설 호수나 저수지의 성층화는 수심에 따른 온도변화로 발생되는 물의 밀도 차이에 의해 발생한다.

06 다음 중 호수의 부영양화를 일으키는 주된 물질은?
① 산 소   ② 수 은
③ 인   ④ 카드뮴

해설 부영양화의 원인물질은 주로 질소(N)와 인(P)이다.

07 다음은 수원선정 시의 고려사항이다. 잘못된 것은?
① 수질이 좋아야 한다.
② 수량이 풍부하여야 한다.
③ 가능한 한 낮은 곳에 위치하여야 한다.
④ 유속이 빠르지 않고 계절별 수량변동이 적어야 한다.

해설 가능한 한 높은 곳에 위치하여야 한다.

08 BOD값이 크다는 것은 무엇을 의미하는가?

① 미생물 분해가 가능한 물질이 많다.
② 영양염류가 풍부하다.
③ 용존산소가 풍부하다.
④ 무기물질이 충분하다.

해설 생물화학적 산소요구량(BOD)은 수중 유기물질이 20℃에서 호기성 미생물의 작용으로 5일간 분해될 때 소비되는 산소량으로 수중에 포함된 유기물질의 함유 정도를 나타내는 지표로 활용된다.

09 하천에 오수(汚水)가 유입될 때 하천의 자정작용 중 최초의 분해지대에서 BOD가 감소하는 주원인은?

① 유기물의 침전
② 미생물의 번식
③ 온도의 변화
④ 탁도의 증가

해설 분해지대에서는 호기성 미생물의 번식에 의해 BOD가 감소하게 된다.

10 호수 내에 조류(Algae)가 많이 있을 때 pH의 변화는?

① 하강한다.
② 상승한다.
③ 하강하다가 상승한다.
④ 상승하다가 하강한다.

해설 호수 내 조류는 이산화탄소를 흡수하여 pH를 9~10까지 상승시킨다.

정답 8 ① 9 ② 10 ②

11 저수지의 수원에서 부영양화를 방지하기 위한 대책으로 잘못된 것은?

① 영양염류의 공급
② 황산구리의 투여
③ N, P의 유입 방지
④ 고도하수처리의 도입

해설 부영양화는 영양염류의 과다공급 때문에 일어난다.

12 다음 오염물질과 인체에 관한 영향을 설명한 것 중 옳지 않은 것은?

① 페놀 - 설사, 구토
② 인 - 구토, 마비
③ 수은 - 미나마타병
④ 포스겐 - 간염

해설 포스겐(Phosgene)은 무색의 질식성 유독가스로 재채기, 호흡곤란의 증상이 나타난다.

13 다음 중 투수계수가 가장 낮은 토양은 어느 것인가?

① 자갈(Gravel)   ② 모래(Sand)
③ 미사(Silt)   ④ 점토(Clay)

해설 자연 상태의 토양은 토양입자 + 물 + 공기로 구성되어 있다. 토양입자가 적고 공기량이 많으면(다져지지 않은 느슨한 상태의 토양) 물이 잘 통과하는, 즉 투수계수가 높은 토양이다. 지하수의 흐름에 대한 저항 정도를 나타내는 투수계수는 점토가 가장 낮다.

14 다음 중 먹는물의 수질기준에 부적합한 것은?

① 납은 0.01mg/L를 넘지 아니할 것
② 페놀은 0.005mg/L를 넘지 아니할 것
③ 경도는 100mg/L를 넘지 아니할 것
④ 황산이온은 200mg/L를 넘지 아니할 것

해설 ③ 경도는 1,000mg/L(수돗물의 경우엔 300mg/L, 먹는염지하수 및 먹는해양심층수의 경우 1,200mg/L)를 넘지 아니할 것. 다만, 샘물 및 염지하수의 경우에는 적용하지 아니한다(먹는물 수질기준 및 검사 등에 관한 규칙 별표 1).

정답 11 ① 12 ④ 13 ④ 14 ③

15 호소(湖沼)의 부영양화에 관한 다음 설명 중 틀린 것은?
    ① 부영양화의 주원인물질은 질소와 인 성분이다.
    ② 부영양화를 판단할 수 있는 가장 일반적인 지표기준은 투명도이다.
    ③ 조류의 영향으로 물에 맛과 냄새가 발생된다.
    ④ 부영양화된 호소에서는 조류의 성장이 왕성하여 수심이 깊은 곳까지 용존산소농도가 높다.

    해설 ④ 수심이 깊은 곳은 조류의 사체 등으로 인한 침전물로 용존산소의 농도가 감소한다.

16 대장균군(Coliform Group)이 수질지표로 이용되는 이유로 적합하지 않은 것은?
    ① 소화기 계통의 전염병균이 대장균군과 같이 존재하기 때문에 적합하다.
    ② 병원균보다 검출이 용이하다.
    ③ 검출속도가 빠르기 때문에 적합하다.
    ④ 소화기 계통의 전염병균보다 저항력이 약하므로 적합하다.

    해설 소화기 계통의 전염병균보다 살균에 대한 저항력이 크므로 대장균의 유무에 의해 다른 병원균의 유무를 판단하는 간접지표로 사용된다.

17 오염된 호수의 심층수에 대한 설명으로 옳은 것은?
    ① 수온 및 수질의 일변화가 심하다.
    ② 플랑크톤 농도가 높다.
    ③ 낮은 용존산소로 인해 수중생물의 서식에 좋지 않다.
    ④ 재폭기가 활발하다.

    해설 심층수에는 용존산소가 부족하여 혐기성 상태를 유지한다.

정답 15 ④ 16 ④ 17 ③

18 다음 중 부영양화된 호수나 저수지에서 나타나는 현상은?
① 각종 조류의 광합성 증가로 인하여 호수 심층의 용존산소가 증가한다.
② 조류사멸에 의해 물이 맑아진다.
③ 바닥에 인, 질소 등 영양염류의 증가로 송어, 연어 등 어종이 증가한다.
④ 냄새, 맛을 유발하는 물질이 증가한다.

해설 조류가 과도하게 번식되어 맛·냄새가 발생한다.

19 급수방식에 대한 다음 설명 중 옳지 않은 것은?
① 급수방식은 직결식과 저수조식으로 나누며 이를 병행하기도 한다.
② 배수관의 관경과 수압이 충분할 경우는 직결식을 사용한다.
③ 수압은 충분하나 수량이 부족할 경우는 직결식을 사용하는 것이 좋다.
④ 배수관의 수압이 부족할 경우 저수조식을 사용하는 것이 좋다.

해설 직결식은 배수관의 관경과 수압, 사용수량이 충분할 경우 사용한다.

20 용존산소 부족곡선(DO Sag Curve)에서 산소의 복귀율(회복속도)이 최대로 되었다가 감소하기 시작하는 점은?
① 임계점   ② 변곡점
③ 파괴점   ④ 오염 직후

해설 용존산소 부족곡선(DO Sag Curve)에서 산소의 복귀율(회복속도)이 최대로 되었다가 감소하기 시작하는 점은 변곡점이다.

21 다음 중 일반적인 정수과정으로서 가장 타당한 것은?
① 스크린 → 혼화 → 응집침전 → 여과 → 살균
② 이온교환 → 응집침전 → 스크린 → 혼화 → 살균
③ 응집침전 → 이온교환 → 혼화 → 살균 → 스크린
④ 스크린 → 살균 → 혼화 → 이온교환 → 응집침전

해설 일반적인 정수과정
스크린 → 혼화 → 응집침전 → 여과 → 소독(살균)

22 다음 상수의 도수 및 송수에 관한 설명 중 틀린 것은?
① 도수 및 송수방식은 에너지의 공급원 및 지형에 따라 자연유하식과 펌프가압식으로 나눌 수 있다.
② 도수는 수원에서 취수한 원수를 정수처리하기 위하여 정수장으로 이송하는 단계를 말한다.
③ 펌프가압식은 수원이 급수구역과 가까울 때와 지하수를 수원으로 할 때 적당하다.
④ 자연유하식은 평탄한 지형에서 유리한 방식이다.

해설 자연유하식은 수원의 위가 높고, 도수로가 길 때 유리한 방식이다.

23 다음 중 정수장에서 매일 1회 이상 검사하여야 하는 항목은?(단, 광역상수도 및 지방상수도의 경우)
① 탁 도
② 일반세균
③ 질산성 질소
④ 과망간산칼륨 소비량

해설 수질검사의 횟수(먹는물 수질기준 및 검사 등에 관한 규칙 제4조)
광역상수도 및 지방상수도의 경우 - 정수장에서의 검사
냄새, 맛, 색도, 탁도, 수소이온농도, 잔류염소는 매일 1회 이상 검사를 하여야 한다.

24 부영양화에 대한 특징을 설명한 것으로 알맞지 않은 것은?
① 사멸된 조류의 분해작용에 의해 표수층에서부터 용존산소가 줄어든다.
② 조류합성에 의한 유기물의 증가로 COD가 증가한다.
③ 일단 부영양화가 발생되면 회복되기 어렵다.
④ 주로 수심이 낮은 곳에서 잘 나타난다.

해설 사멸된 조류의 분해작용에 의해 심층수에서부터 용존산소가 줄어든다.

정답 22 ④ 23 ① 24 ①

25 다음의 상수도시설 배치에서 순서가 잘못된 것은?

① 수원 → 취수 → 침사 → 침전 → 여과 → 소독 → 배수
② 수원 → 취수 → 정수 → 배수
③ 침사지 → 약품혼합 → 침전 → 급속여과지 → 염소소독조 → 배수지
④ 수원 → 취수 → 배수 → 소독 → 정수

[해설] 수원 → 취수 → 소독 → 정수 → 배수

26 다음 중 수원지에서부터 각 과정까지의 상수계통도를 옳게 나타낸 것은?

① 수원 → 취수 → 도수 → 배수 → 정수 → 송수 → 급수
② 수원 → 취수 → 배수 → 정수 → 도수 → 송수 → 급수
③ 수원 → 취수 → 도수 → 송수 → 정수 → 배수 → 급수
④ 수원 → 취수 → 도수 → 정수 → 송수 → 배수 → 급수

[해설] 상수계통도
수원 → 취수 → 도수 → 정수 → 송수 → 배수 → 급수

27 정수장시설의 착수정에 관한 설명으로 옳지 않은 것은?

① 2지 이상 분할하는 것이 원칙이다.
② 체류시간은 1.5분 이상으로 한다.
③ 수심은 3~5m 정도로 한다.
④ 고수위와 주변 벽체 상단 간에는 30cm 이상의 여유를 두어야 한다.

[해설] 고수위와 주변 벽체 상단 간에는 60cm 이상의 여유를 두어야 한다.

28 다음 중 지하수의 취수시설이 아닌 것은?

① 집수매거
② 취수틀
③ 얕은 우물
④ 깊은 우물

[해설] 취수틀은 하천수, 호소 및 저수지의 취수시설이다.

정답 25 ④ 26 ④ 27 ④ 28 ②

29 호수의 부영양화에 대한 설명으로 옳지 않은 것은?

① 부영영화는 정체성 수역의 상층에서 발생하기 쉽다.
② 부영양화된 수원의 상수는 냄새로 인하여 먹는물로 부적당하다.
③ 부영양화로 식물성 플랑크톤의 번식이 증가되어 투명도가 저하된다.
④ 부영양화로 생물활동이 활발하여 깊은 곳의 용존산소가 풍부해진다.

해설 ④ 수심이 깊은 곳은 혐기성 분해로 인해 용존산소가 부족해진다.

30 하천에서의 수질개선의 일환으로 용존산소량을 증대시키기 위한 방법으로 옳지 않은 것은?

① 희석을 위한 저수지 방류량 증대
② 하상퇴적물의 준설
③ 유량확보를 위한 위어(보)의 설치
④ 수중에 폭기시설 설치

해설 **용존산소량을 증대시키기 위한 방법**
• 하천의 유량 증가
• 수중에 폭기시설 설치
• 하상퇴적물 준설
• 하천의 유속 증대
• 비점오염원의 감소

31 호수나 저수지에 대한 설명으로 옳지 않은 것은?

① 봄에는 순환을 이룬다.
② 여름에는 성층을 이룬다.
③ 성층을 이룰 때는 DO구배와 수온구배가 서로 다른 모양을 나타낸다.
④ 성층현상은 제일 윗층에 순환대, 변천대, 정체대의 순으로 형성된다.

해설 성층을 이룰 때는 DO구배와 수온구배가 동일한 모양을 나타낸다.

정답 29 ④ 30 ③ 31 ③

32 도·송수관로 내 최대유속을 정하는 이유로 옳지 않은 것은?
① 관로 내면의 마모를 방지하기 위하여
② 관로 내 침전물의 퇴적을 방지하기 위하여
③ 양정에 소모되는 전력비를 절감하기 위하여
④ 수격작용이 발생할 가능성을 낮추기 위하여

해설 관로 내 침전물의 퇴적을 방지하기 위해서는 관로 내 최소유속을 제한해야 한다. 이때 최대유속은 0.6m/s이다.

33 다음 중 적조현상에 직접적으로 영향을 주는 요인과 가장 거리가 먼 것은?
① 수온의 상승
② 플랑크톤농도의 증가
③ 정체수역의 염분농도 상승
④ 하천유입수의 오염도 증가

해설 ③ 정체수역의 염분농도 저하

34 정수장에서 송수를 받아 해당 배수구역으로 배수하기 위한 배수지에 대한 설명(기준)으로 틀린 것은?
① 유효용량은 시간변동조정용량과 비상대처용량을 합한 것으로 한다.
② 유효용량은 급수구역의 계획 1일 최대급수량의 6시간분 이상을 표준으로 한다.
③ 배수지의 유효수심은 3~6m 정도를 표준으로 한다.
④ 고수위로부터 배수지 상부 슬래브까지는 30cm 이상의 여유고를 가져야 한다.

해설 유효용량은 급수구역의 계획 1일 최대급수량의 최소 12시간분 이상을 표준으로 한다.

35 수질성분이 '부식'에 미치는 영향을 잘못 기술한 것은?

① 높은 알칼리도는 착염의 형성으로 구리와 납의 부식을 감소시킨다.
② 암모니아는 착화물 형성을 통해 구리, 납 등의 금속용해도를 증가시킬 수 있다.
③ Ca는 $CaCO_3$로 침전하여 부식을 보호하고 부식속도를 감소시켜 준다.
④ 높은 총용존고형물은 전도도와 부식속도를 증가시킨다.

해설 ① 높은 알칼리도는 착염의 형성으로 구리와 납의 부식을 증가시킨다.

36 다음 수질오염방지시설 중 화학적 처리시설에 해당하는 것은?

① 응집시설
② 증류시설
③ 농축시설
④ 살균시설

해설 수질오염방지시설(물환경보전법 시행규칙 별표 5)
• ①, ②, ③은 물리적 처리시설에 해당한다.
• 화학적 처리시설 : 화학적 침강시설, 중화시설, 흡착시설, 살균시설, 이온교환시설, 소각시설, 산화시설, 환원시설, 침전물 개량시설

37 특정수질유해물질에 해당되지 않는 것은?

① 1,1-다이클로로에틸렌
② 셀레늄과 그 화합물
③ 트라이클로로메탄
④ 구리와 그 화합물

해설 특정수질유해물질(물환경보전법 시행규칙 별표 3)

정답 35 ① 36 ④ 37 ③

38 무성생식의 하나인 출아에 의해서 번식하는 곰팡이로 넓은 범위의 온도 및 pH에 적응 가능한 것은?

① 조상균류   ② 불완전균류
③ 담자균류   ④ 효모

해설 효모는 출아에 의해 증식하는 타원형·구형인 단세포 균류이다.

39 지구상에 분포하는 담수수량 중 빙하(만년설 포함) 다음으로 많은 비율을 차지하고 있는 것은?

① 하천수   ② 지하수
③ 대기수분   ④ 토양수

해설 지구상의 물의 분포(담수)
빙하 > 지하수 > 호수 > 토양수분 > 대기수분 > 습지 > 하천

40 상수도 취수관거의 취수구에 관한 설명으로 틀린 것은?

① 유사시설(Sand Pit)은 갈수수위보다 높게 부설하여 모래유입을 방지한다.
② 원칙적으로 관거의 상류부에 제수문 또는 제수밸브를 설치한다.
③ 전면에 수위조절판이나 스크린을 설치한다.
④ 철근 콘크리트구조로 한다.

해설 최대갈수위 때에도 계획취수량을 확보할 수 있도록 취수관거의 유입구 상단이 갈수위 때보다 30cm 낮게 취수구를 위치시켜야 한다.

41 하천의 생물화학적 산소요구량(mg/L)에 대한 환경수질기준으로 적절한 것은?(단, 이용목적별 적용대상 : 생활환경기준, 나쁨등급)

① 3mg/L 이하   ② 6mg/L 이하
③ 8mg/L 이하   ④ 10mg/L 이하

해설 환경수질기준(나쁨등급)
- pH : 6.0~8.5
- BOD : 10mg/L 이하
- DO : 2mg/L 이상
- SS : 쓰레기 등이 떠있지 않을 것

42 지하수 취수시설(복류수 포함)인 집수매거에 관한 설명 중 틀린 것은?

① 집수매거의 단면은 원형 또는 장방형으로 한다.
② 집수공에서의 유입속도가 3m/min 이하가 되어야 한다.
③ 집수매거의 매설깊이는 5m가 기준이다.
④ 집수매관의 유출끝에서의 유속은 1m/s 이하가 되어야 한다.

해설 집수공에서의 유입속도가 3cm/s 이하가 되어야 한다.

43 미생물 중 세균(Bacteria)에 관한 특징과 가장 거리가 먼 것은?

① 원시적 엽록소를 이용하여 부분적인 탄소동화작용을 한다.
② 용해된 유기물을 섭취하며 주로 세포분열로 번식한다.
③ 곰팡이와 함께 수중생태계의 1차 분해자이다.
④ 환경인자(pH, 온도)에 민감하며 열보다 낮은 온도에서 저항성이 높다.

해설 ① 세균은 엽록소가 없어 탄소동화작용을 하지 못한다.

44 다음 중 해수의 특성이라고 볼 수 없는 것은?

① pH는 약 8.2 정도이며 Bicarbonate의 완충용액이다.
② 해수의 주요성분 농도비는 일정하다.
③ 해수의 Mg/Ca비는 담수보다 높다.
④ 80% 이상의 질소는 유기질소의 형태를 갖는다.

해설 ④ 해수 중 질소의 대부분은 무기질소의 형태로 존재한다.

정답 42 ② 43 ① 44 ④

45 특정수질유해물질이 아닌 물질로만 구성된 것은?

① 브롬화합물, 바륨화합물, 플루오린화합물
② 니켈과 그 화합물, 색소, 셀레늄과 그 화합물
③ 사염화탄소, 인화합물, 망간과 그 화합물
④ 구리와 그 화합물, 색소, 세제류

해설 특정수질유해물질(물환경보전법 시행규칙 별표 3)
- 구리와 그 화합물
- 비소와 그 화합물
- 시안화합물
- 6가크롬 화합물
- 테트라클로로에틸렌
- 폴리클로리네이티드바이페닐
- 벤 젠
- 다이클로로메탄
- 1,2-다이클로로에탄
- 1,4-다이옥산
- 염화비닐
- 브로모폼
- 나프탈렌
- 에피클로로하이드린
- 펜타클로로페놀
- 비스(2-에틸헥실)아디페이트
- 납과 그 화합물
- 수은과 그 화합물
- 유기인 화합물
- 카드뮴과 그 화합물
- 트라이클로로에틸렌
- 셀레늄과 그 화합물
- 사염화탄소
- 1,1-다이클로로에틸렌
- 클로로폼
- 다이에틸헥실프탈레이트(DEHP)
- 아크릴로나이트릴
- 아크릴아미드
- 폼알데하이드
- 페 놀
- 스티렌
- 안티몬

46 성층현상에 관한 설명으로 알맞지 않은 것은?

① 수심에 따른 온도변화로 인해 발생되는 물의 밀도차에 의해 발생된다.
② 봄, 가을에는 저수지의 수직혼합이 활발하여 분명한 열밀도층의 구별이 없어진다.
③ 성층현상이 일어나는 겨울에는 수심에 따른 수질이 균일하며 양호한 편이다.
④ 겨울과 여름에는 수직운동이 없어 정체현상이 생기며 수심에 따라 온도와 용존산소농도의 차이가 크고 겨울보다 여름이 더 뚜렷하게 나타난다.

해설 성층현상이 일어나는 겨울에도 수심에 따라 온도와 용존산소농도에 차이가 생긴다.

47 다음 중 부영양화를 억제하는 방법과 가장 거리가 먼 것은?

① 비료나 합성세제의 사용을 줄인다.
② 축산폐수의 유입을 막는다.
③ 과잉번식된 조류(Algae)는 황산망간($MnSO_4$)을 살포하여 제거 또는 억제할 수 있다.
④ 하수처리장에서 질소와 인을 제거하기 위해 고도처리공정을 도입하여 질소, 인의 호소유입을 막는다.

해설 과잉번식된 조류(Algae)는 황산구리($CuSO_4$), 염화구리($CuCl_2$), 염소(Cl_2) 등을 살포하여 제거 또는 억제할 수 있다.

48 다음은 물에 대한 설명이다. 틀린 것은?

① 고체 상태에서는 수소결합에 의해 육각형의 결정구조로 되어 있다.
② 기화열이 크기 때문에 생물의 효과적인 체온조절이 가능하다.
③ 융해열이 크기 때문에 생물체의 결빙이 쉽게 일어나지 않는다.
④ 광합성의 수소수용체로서 호흡의 최종산물이다.

해설 ④ 광합성의 수소공여체로서 호흡의 최종산물이다.

49 호수의 영양상태를 평가하기 위해 사용되는 지표(변수)와 가장 거리가 먼 것은?

① SD(투명도)
② 전도율
③ 1차 생산성
④ BOD

해설 호수의 영양상태를 평가하기 위해 사용되는 지표(변수)
총인(T-P), 총질소(T-N), SD(투명도), DO, 전도율, pH, SS, COD, 알칼리도, 클로로필-a, 1차 생산성

정답 47 ③ 48 ④ 49 ④

50 하천의 자정작용에 관한 기술로 옳지 않은 것은?
① 하천의 자정작용은 일반적으로 겨울철보다 여름철에 더 활발하다.
② 하천의 자정작용 중에는 물리적 작용과 미생물에 의한 분해 및 화학적 작용도 포함된다.
③ 하천에서 활발한 분해가 일어나는 지대는 혐기성 세균이 호기성 세균으로 교체되며, 균류(Fungi)는 사라진다(Whipple의 4지대 기준).
④ 수온이 상승하면 자정계수(f)는 커진다.

해설 수온이 상승하면 재폭기계수에 비해 탈산소계수의 증가율이 높기 때문에 자정계수($f = \dfrac{\text{재폭기계수}}{\text{탈산소계수}}$)는 감소한다.

51 다음 급수량에 관한 설명 중 옳지 않은 것은?
① 계획 1일 최대급수량 = 계획 1인 1일 최대급수량 × 계획급수인구
② 계획 1일 평균급수량(대도시) = 계획 1일 최대급수량 × 0.5
③ 1인 1일 평균급수량 = 1년간 총급수량 / (급수인구 × 365일)
④ 1인 1시간 평균급수량 = 1일 평균급수량 / 24시간

해설 ② 계획 1일 평균급수량(대도시) = 계획 1일 최대급수량 × 0.85

52 하천의 재폭기(Reaeration)계수가 0.2/day, 탈산소계수가 0.1/day이면 이 하천의 자정계수는?
① 0.1
② 0.2
③ 0.5
④ 2

해설 하천의 자정계수(f) = $\dfrac{\text{재폭기계수}(K_2)}{\text{탈산소계수}(K_1)} = \dfrac{0.2}{0.1} = 2$

50 ④ 51 ② 52 ④

CHAPTER 01 적중예상문제(2차)

제1과목 수처리공정

01 다음은 급수계통에 관한 것이다. 괄호 안에 적당한 말을 넣으시오.

> 수원에서 취수한 물을 정수장까지 공급하는 것을 (   )시설이라 하고, 수질을 요구되는 정도로 정화시키는 시설을 (   )시설이라 하며, 정수된 물을 배수지까지 보내는 데 필요한 시설을 (   )시설이라 한다.

02 다음 반응에서 괄호 안에 알맞은 말을 쓰시오.

> 단백질 → (   ) → NH_3-N → NO_2^--N → NO_3^--N

03 다음 괄호 안에 알맞은 말을 넣으시오.

> 물의 밀도는 (   )℃에서 최대로 온도의 증가나 감소에 따라 그 값이 감소되고 압력이 증가할 때에는 그 값이 커진다.

04 상수를 충족시키기 위한 필요 요소를 쓰시오.

05 일반수도의 종류를 쓰시오.

06 개수로와 관수로의 근본적인 차이점은 무엇인가?

07 취수지점(수원)으로부터 소비자까지 전달되는 일반적 상수도의 구성을 순서대로 쓰시오.

08 상수도 수원으로서 요구되는 조건은 무엇인가?

09 수질검사에서 대장균을 검사하는 이유는?

10 상수도 수원의 종류를 쓰고, 각각을 논하시오.

11 수질오염방지시설 중 화학적 처리시설에는 어떠한 것들이 있는가?

12 청정지역에서 다음 오염물질의 배출허용기준을 쓰시오.

- PCB 함유량
- 페놀류 함유량
- 아연 함유량
- 색 도
- 카드뮴 함유량

13 특정수질유해물질을 아는 대로 쓰시오.

14 에탄(C_2H_6) 2g이 완전 산화하는 데 필요한 이론적 산소량은?

15 초산의 이온화 상수는 25℃에서 1.75×10^{-5}이다. 25℃에서 0.015M 초산용액의 pH는 얼마인가?

16 인구 20만의 중·소도시에 계획급수를 하고자 한다. 계획 1인 1일 최대 급수량을 350L로 하고 급수보급률을 80%라 할 때 계획 1일 최대 급수량은?

17 탈산소계수가 0.1/day인 하천의 어떤 지점에서의 평균 BOD가 30ppm이었다. 그 지점에서 3일 지난 후의 BOD는?

18 만류로 흐르는 수도관에서 조도계수 $n = 0.01$, 동수경사 $I = 0.001$, 관경 $D = 5.08$m일 때 유량은?(단, Manning 공식을 적용할 것)

19 하수의 20℃, 5일 BOD가 200mg/L일 때 최종 BOD의 값은?(단, 자연대수(e)를 사용할 때의 탈산소계수 $k = 0.20$/day)

20 다음 침사지의 제원을 쓰시오.

- 침사지 내 유속
- 유효수심
- 여유고
- 바닥의 구배

21 저수지 내 부영양화의 방지대책을 3가지 쓰시오.

22 하천의 재폭기(Reaeration)계수가 0.2/day, 탈산소계수가 0.1/day이면 이 하천의 자정계수는?

CHAPTER 01 정답 및 해설

제1과목 수처리공정

01 도수, 정수, 송수

02 단백질 → 아미노산 → NH_3-N → NO_2^--N → NO_3^--N
  ※ 질산화 과정
  단백질 → 아미노산[분자 내에 아미노기($-NH_2$)와 카르복실기($-COOH$)를 갖는 화합물] → 알부미노이드(Albuminoid)성 질소 → 암모니아성 질소 → 아질산성 질소 → 질산성 질소

03 4

04 상수과정
  조건(급수량, 수질, 수압) 취수 → 도수 → 정수(침전, 여과, 살균) → 배수 → 급수

05 광역상수도, 지방상수도, 간이상수도

06 자유수면의 유무

07 수원 → 취수 → 도수 → 정수장 → 송수 → 배수지 → 배수 → 급수 → 소비자

08 상수도 수원으로서 요구되는 조건
  • 수량이 풍부할 것
  • 수질이 양호할 것
  • 위치가 수돗물 소비지에 가까울 것
  • 주위에 오염원이 없고 가능한 높은 곳일 것
  • 수리학적으로 가능한 한 자연유하식을 이용할 수 있는 곳일 것

09 대장균 검사는 수인성 전염병균의 존재 여부를 판단하는 간접적 지표로 활용되기 때문이다.

10 수원의 종류와 특성

- **천수(빗물)**
  - 천수는 우수를 주로 하며 강우 등을 포함한 강수를 총칭하는 것이며 천연의 증류수로 순수에 가깝다.
  - 천수에 함유된 불순물은 비의 응결핵인 미세한 부유물질 외에 해수가 날려서 대기 중에 함유된 염화물질이다.
  - 빗물은 칼슘 등의 미네랄을 별로 함유하지 않으므로 연수로서 순수에 가까운 것이 특징이다.
- **하천수**
  - 보통 하천수는 수량이 풍부하나 계절에 따라서 유량이 현저히 변화한다. 하천수는 다소 오탁하나 유역의 토질이나 유입 오·폐수 등의 정도에 따라 다르며 호우 시나 고수위의 경우에는 유수 중의 부유물질과 세균수가 증가한다.
  - 하천의 자정작용은 호수에 비하여 느리고 오염이 유수에 의하여 멀리까지 미치게 되는 것도 하천수의 특징이며 자정작용에는 충분한 시간이 필요하다.
- **호소수 및 저수지수**
  - 저수지도 그 성질이 호소와 거의 같으므로 저수지수도 여기에 포함되는 것으로 볼 수 있다.
  - 호소수는 하천수보다 자정작용이 큰 것이 특징이며 오염물질의 확산이 연안에서 가까운 부분에 한정되고 호소중심까지는 하천수의 유입에 의하여 연안에 따라 운반되는 것 외에는 바람에 의한 흐름에 따라 확산이 일어나며 보통 하천수의 수질보다 양호하다.
- **복류수** : 하천이나 호소 또는 연안부의 모래, 자갈 중에 함유되어 있는 지하수를 말한다. 복류수의 수질은 그 원류인 하천이나 호소의 수질, 자연여과, 지층의 토질이나 그 두께 그리고 원류의 거리 등에 따라 변화한다. 그러나 대체로 양호한 수질을 얻을 수 있어 그대로 상수원으로 사용하는 경우가 많으며 또는 정수공정에서 침전지를 생략하는 경우도 있다.
- **우물물(지하수)**
  - 우물은 보통 불투수층 이내 정도까지의 깊이의 것을 얕은 우물, 그 이하 깊이의 것을 깊은 우물이라고 한다.
  - 지하수는 지층 내의 정화작용에 의하여 거의 무균상태인 양질의 물이 되나 얕은 우물의 경우에는 정화작용이 불완전한 경우가 있으며 대장균군이 출현하는 때도 있다.
  - 깊은 우물은 수온도 연간을 통해 대체로 일정하고 물의 성분도 많은 변화가 없으며 양질이나, 보통 경도가 높은 경우가 많으며 깊은 층에서는 산소가 부족하여 황산염이 황화수소(H_2S)로, 질산이 암모니아(NH_3)로 환원되는 등 환원작용을 일으키는 때도 있다.
- **용천수**
  - 용천수는 지하수가 종종 자연적으로 지표에 나타난 것으로 그 성질도 지하수와 비슷하다.
  - 용천수는 얕은 층의 물이 솟아나오는 경우가 많으므로 수질이 불량할 때도 있다.
  - 바위틈이나 석회암 사이로 나오는 물은 대지의 정화작용 없이 그대로 나올 가능성이 있으므로 주의할 필요가 있다.
- **해수** : 도서지역에서는 해수를 담수화 목적으로 상수의 수원으로 사용할 수 있으며 장래에는 연안지역, 특히 담수수원이 부족한 지역에서도 해수가 상수원으로 이용될 수 있다.

11 수질오염방지시설 중 화학적 처리시설(물환경보전법 시행규칙 별표 5)
화학적 침강시설, 중화시설, 흡착시설, 살균시설, 이온교환시설, 소각시설, 산화시설, 환원시설, 침전물 개량시설

12
- PCB 함유량 : 불검출
- 페놀류 함유량 : 1mg/L 이하
- 아연 함유량 : 1mg/L 이하
- 색도 : 200도 이하
- 카드뮴 함유량 : 0.02mg/L 이하

※ 물환경보전법 시행규칙 별표 13

13 특정수질유해물질(물환경보전법 시행규칙 별표 3)
- 구리와 그 화합물
- 비소와 그 화합물
- 시안화합물
- 6가크롬 화합물
- 테트라클로로에틸렌
- 폴리클로리네이티드바이페닐
- 벤 젠
- 다이클로로메탄
- 1,2-다이클로로에탄
- 1,4-다이옥산
- 염화비닐
- 브로모폼
- 나프탈렌
- 에피클로로하이드린
- 펜타클로로페놀
- 비스(2-에틸헥실)아디페이트
- 납과 그 화합물
- 수은과 그 화합물
- 유기인 화합물
- 카드뮴과 그 화합물
- 트라이클로로에틸렌
- 셀레늄과 그 화합물
- 사염화탄소
- 1,1-다이클로로에틸렌
- 클로로폼
- 다이에틸헥실프탈레이트(DEHP)
- 아크릴로나이트릴
- 아크릴아미드
- 폼알데하이드
- 페 놀
- 스티렌
- 안티몬

14
$$C_2H_6 + \frac{7}{2}O_2 \rightarrow 2CO_2 + 3H_2O$$
30g   3.5×32g
2g x

$$\therefore x = \frac{2 \times 3.5 \times 32}{30} = 7.467g$$

15 반응식 : $CH_3COOH \rightarrow H^+ + CH_3COO^-$

이온화 상수 $K = \dfrac{[H^+][CH_3COO^-]}{[HNO_3]} = \dfrac{[H^+][H^+]}{[0.015]} = 1.75 \times 10^{-5}$

$[H^+]^2 = 0.015 \times 1.75 \times 10^{-5} = 0.0000002625$

$[H^+] = \sqrt{2.625 \times 10^{-7}} = 0.0005123$

$\therefore \text{pH} = -\log[H^+] = -\log[0.0005123] = 3.29$

16 계획 1일 최대급수량 = 계획 1인 1일 최대급수량 $\times$ 급수인구 $\times$ 급수보급률
$= 350\text{L/인} \cdot \text{day} \times 200{,}000 \times 0.80 = 56{,}000{,}000 \text{L/day} = 56{,}000 \text{m}^3/\text{day}$

17 BOD 잔존량 $L_t = L_a \times 10^{-kt} = 30 \times 10^{-0.1 \times 3} \fallingdotseq 15\text{ppm}$

18 $Q = AV = \dfrac{\pi \times D^2}{4} \times \dfrac{1}{n} R^{\frac{2}{3}} I^{\frac{1}{2}}$

$= \dfrac{\pi \times 5.08^2}{4} \times \dfrac{1}{0.01} \left(\dfrac{5.08}{4}\right)^{\frac{2}{3}} (0.001)^{\frac{1}{2}} = 75.1 \text{m}^3/\text{s}$

19 $y = L_a(1 - e^{-kt})$

$200 = L_a(1 - e^{-0.2 \times 5})$

$L_a = \dfrac{200}{(1 - e^{-0.2 \times 5})} \fallingdotseq 316 \text{mg/L}$

20 침사지의 제원
- 침사지 내 유속 : 2~7cm/s
- 유효수심 : 3~4m
- 여유고 : 0.6~1m
- 바닥의 구배 : 종방향 1/100, 횡방향 1/50

21 부영양화 방지대책
- 질소(N), 인(P) 등의 영양염류의 유입방지
- 황산구리 또는 염화구리 투입
- 고도처리

22 하천의 자정계수 $f = \dfrac{\text{재포기계수}(K_2)}{\text{탈산소계수}(K_1)} = \dfrac{0.2}{0.1} = 2$

CHAPTER 02 혼화 · 응집

01 혼화(Coagulation)

1. 혼화와 응집의 개요

(1) 혼화와 응집의 공정 개요

① 혼화란 원수에 응집약품을 섞어 신속하고 균일하게 교반시킴으로써 콜로이드 입자의 표면전하를 중화시키는 공정이며, 혼화과정에서 불안정화된 콜로이드들로 생성된 미세한 플록들이 서로 결합하여 침전이 용이한 큰 입자로 만드는 과정이다.

② 혼화와 응집은 특히 침전불가 고형물이나 물속의 색도를 발생시키는 불순물을 제거하기 위한 것으로서 혼화공정에서는 응집제가 입자들을 불안정화시켜 서로 결합할 수 있도록 만들어주며 응집공정에서는 혼화공정에서 생성된 미소 플록을 큰 플록으로 만들어 준다.

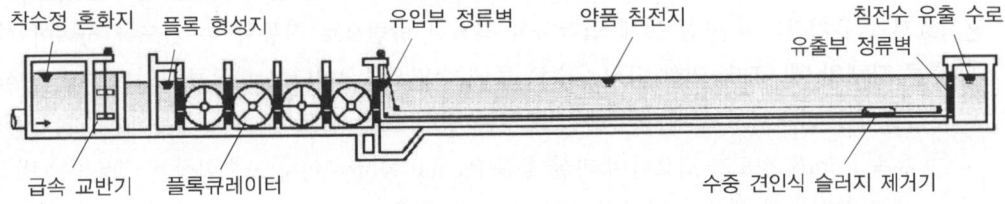

[혼화지, 응집지, 침전지의 단면]

(2) 교반(Mixing)이론

① 교반강도(Velocity Gradient) : 유체 내에서 교반강도와 입자운동 간의 관계

$$\frac{P}{V} = \text{Shear Rate}\left(\frac{dv}{dy}\right) \text{Shear Force}\left(\mu\frac{dv}{dy}\right)$$

$$G = \frac{dv}{dy} = \sqrt{\frac{P}{\mu V}}$$

- V : Volume of Reactor(m^3)
- P : Power Input(N · m/s)
- μ : Viscosity of Water(N · s/m^2)
- G : Velocity Gradient(s^{-1})

② 혼화공정 시 교반강도가 미치는 영향 : 응집제의 확산시간, 응집제와 콜로이드 간의 접촉(플록형성 공정-Fine Floc 간의 Collision)
③ 교반조 내에서의 흐름 패턴

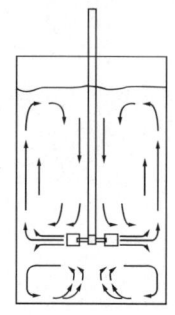
[Radial Flow Impeller]

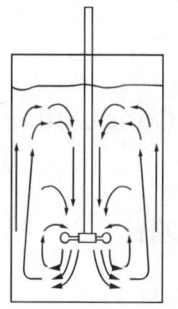
[Axial Flow Impeller]

2. 혼화지

(1) 혼화장치

혼화지에는 응집제를 주입한 다음 즉시 급속교반을 할 수 있는 혼화장치를 설치한다. 혼화장치는 혼화효과와 유지관리의 방침 등에 입각하여 적절한 방법으로 작동할 수 있도록 하여야 한다.

① 수류 자체의 에너지에 의한 방식 : 수로 중에 수평우류식이나 상하우류식의 조류판을 설치하여 수류방향을 급변시켜 크게 난류를 일으키는 방식 또는 관로 중에 난류를 일으키는 방식
  ㉠ 유속 1.5m/s 정도가 필요하며 파샬 플룸(Partial Flume)이나 도수현상을 이용하는 방식, 노즐에서 분사류에 의해서 난류를 일으키는 방식 등이 있다.
  ㉡ 수류 자체에 의한 혼화방식은 기계적 작동부분이 없으므로 고장이 없고 유지관리가 용이하나 설비에 탄력성이 없고 미리 정해진 유량범위 내에서만 적용된다.

② 외부로부터 기계적 에너지를 작동시키는 방식
  ㉠ 플래시 믹서(Flash Mixer) 형식 : 가장 많이 사용되며 연직축의 주위에 붙은 수개의 회전익이 주변속도 1.5m/s 이상으로 회전하여 혼화한다. 회전속도를 변화시켜 교반강도를 조절할 수 있고 유량변화에 대한 적응성이 좋으나 기계고장이 많다.
  ㉡ 펌프확산 방식 : 원수의 일부를 펌프로 가압하여 나머지 원수와 충돌시켜 혼화하는 방법으로 유지관리상 문제는 적으나 플래시 믹서 방식에 비하여 일반적으로 소요동력이 크다.
  ㉢ 기타 : 양수펌프의 임펠러를 이용한 교반이나 공기교반 방식 등도 있다.

(2) 혼화시간

응집제의 혼화시간은 신속하고 균일한 혼화가 되면 계획정수량에 대하여 1분 내외가 바람직하나 수질 및 현장조건에 따라 pH 조절제의 혼화와 연관하여 조정할 수 있다.

(3) 혼화지의 구조

혼화지는 수류 전체가 동시에 회전하거나 단락류를 발생하지 않는 구조로 한다.
① 기계교반방식의 혼화지는 수조 중의 물이 교반익의 운동에 따라 동시에 함께 회전하지 않도록 하기 위하여 원형조보다는 사각형의 조가 유리하다.
② 측벽에 직각으로 조류판을 설치하면 회전운동을 줄이고 수조 중의 속도경사를 크게 할 수 있다.
③ 혼화지의 유입수와 유출수는 단락류가 발생하지 않는 구조로 하고 효과적으로 혼화할 수 있도록 한다.

3. 응집제(Coagulants)

응집제는 주응집제와 응집보조제로 구분되고 주응집제는 콜로이드입자들을 불안정화시켜 서로 결합이 가능하도록 만들어 주며, 응집보조제는 주응집제에 의해 생성된 플록을 좀더 크고 강한 강도를 갖도록 하여 침전성을 증가시키는 데 사용된다.

(1) 혼화와 응집효과에 영향을 주는 요인

응집에 영향을 미치는 인자로는 수온, pH, 알칼리도, 탁도, 색도 등이 있다.
① 응집제 주입량 : 점토질(Settleable Floc), 유기물(Filterable Floc)
② pH
　㉠ pH 5~6 : 흡착-전하중화(DOC Removal Increase)
　㉡ pH 7~8 : Sweep Coagulation(응집)
③ 콜로이드농도 및 용존유기물질농도 : 콜로이드농도 및 크기, DOC종류(Humic or Fulvic)
④ 이온농도
　㉠ 음이온 : PO_4^{3-}(Phosphate), $SiO(OH)_3^{3-}$(Silicate), SO_4^{2-}(Sulfate) - 낮은 pH
　㉡ 양이온 : Ca^{2+}, Mg^{2+}(전하 중화 역할) - 넓은 pH
⑤ 교반강도(Velocity Gradient)
⑥ Zeta Potential : ±10mV 유지, 응집제어 감시기능으로 이용(SCD)
⑦ 온도의 영향 : 저온 시 영향은 다음과 같다.
　㉠ 점도가 증가하면서 침전효율이 저하
　㉡ 플록이 작게 형성되는 특성으로 전환
　㉢ 수화반응 및 응결반응의 속도감소
⑧ 알칼리도 : 알칼리도가 증가할수록 응집제 소모량 증가, DOC 제거율 감소
⑨ Seeding Effects
　㉠ Bentonite, Fly Ash
　㉡ 정수(원수보다 10% 정도 낮아야 함)

(2) 응집제의 종류

① 응집제는 금속염(황산알루미늄, 염화제2철 등)과 합성 또는 유기폴리머가 주로 사용된다.
② 수처리에서 주로 사용되는 폴리머는 작은 단위(Carboxyl, Amino, Sulfonic Groups)의 이온화 가능물질들을 포함하고 있으며, 통상적으로 폴리머 혹은 폴리일렉트로라이트(Polyelectrolites)라고 한다.
③ 폴리머 중 양(+)으로 하전된 작은 단위체를 '양이온(Cationic)폴리머', 음(-)으로 하전된 단위체를 '음이온(Anionic)폴리머', 충전하가 0에 가까운 그룹들의 폴리머를 '비이온(Non-ionic)폴리머'라고 한다.
④ 양이온폴리머는 음으로 하전된 입자들을 흡착해서 중화시키는 능력이 있고 양이온, 음이온 및 비이온폴리머들은 입자 간 가교를 형성하여 입자 간 결합을 촉진하게 된다.
⑤ 응집제는 황산알루미늄, PAC($[Al_2(OH)_nCl_{6-n}]_m$), PACS가 가장 많이 쓰이며, 수처리에서 사용되는 양이온폴리머는 주응집제[명반(Alum), 철염(Fe염)] 및 응집보조제로도 사용된다. 음이온 및 비이온폴리머는 응집보조제나 여과보조제로 효과가 높은 것으로 알려져 있다.

[수처리에 사용되는 응집제]

응집제	화학식	주응집제	보조응집제
황산알루미늄	$Al_2(SO_4)_3 \cdot 14H_2O$	×	
황산제1철	$FeSO_4 \cdot 7H_2O$	×	
황산제2철	$Fe(SO_4)_3 \cdot 9H_2O$	×	
염화철	$FeCl_3 \cdot 6H_2O$	×	
양이온폴리머	Various	×	×
수산화칼슘	$Ca(OH)_2$	×[a]	×
산화칼슘	CaO	×[a]	×
알루미늄나트륨	$Na_2Al_2O_4$	×[a]	×
벤토나이트	Clay		×
탄산칼슘	$CaCO_3$		×
음이온폴리머	Various		×

참고 ×[a]는 Softening 공정에서만 사용되는 주요응집제

(3) 주요응집제의 특성

① 황산알루미늄
  ㉠ 가격이 저렴하다.
  ㉡ 모든 현탁물질에 유효하다.
  ㉢ 독성이 없으므로 대량주입이 가능하다.
  ㉣ 결정은 부식성이 없어 취급이 용이하다.
  ㉤ 철염과 같이 바닥이나 벽면에 붉은 색의 흔적을 남기지 않는다.
  ㉥ 철염에 비해 플록이 가볍고, 알칼리도가 필요하며, 적정 응집 pH 폭이 좁은 것이 단점이다.

② 폴리염화알루미늄(Poly Aluminum Chloride)
  ㉠ 응집 및 플록 형성이 황산알루미늄보다 현저히 빠르다.
  ㉡ pH, 알칼리도 저하가 황산알루미늄의 1/2 이하이다.
  ㉢ 탁질제거 효과가 현저하며, 과량으로 주입하여도 효과가 떨어지지 않는다.
  ㉣ 저온수에서도 응집효과가 우수하다.

[황산알루미늄과 폴리염화알루미늄의 비교]

액체 황산알루미늄(LAS)	폴리염화알루미늄(PAC)
무색의 점성이 있는 산성 액체	무색 또는 담황갈색의 산성 액체
20℃에서 비중 1.3, 점도 20cPs	20℃에서 비중 1.2, 점도 4.9cPs
모든 탁질에 유효	모든 탁질에 매우 유효
콘크리트 철에 부식성(10% 용액의 pH 2.4)	콘크리트 철에 부식성이 매우 큼(10% 용액의 pH 3.8)
저장 중에 응집능력의 저하 없음	장기간 저장하면 응집능력 저하
저온이 되면 동결현상(Al_2O_3 8.3% 최저)	동결현상 거의 없음
저수온, 고탁도 시 응집보조제 필요	저수온, 고탁도 시 응집보조제 불필요
적정주입률의 범위 좁음(최적 pH 5.5~7.5)	적정주입률의 범위 넓음(최적 pH 6~9)
처리비용 • 저탁도 시 : LAS < PAC • 고탁도 시 : LAS > PAC	액상의 황산알루미늄과 혼합하면 침전물 생성(혼합저장 불가)

③ 알칼리제의 특성
  ㉠ 투입 목적
    • 알칼리도가 낮은 원수처리 시
    • 고탁도 시 다량의 응집제 사용에 따른 응집에 필요한 알칼리도의 보충
    • 부식방지를 위한 pH 조정
  ㉡ 알칼리제 주입 시 반응
    • 가성소다(NaOH, 수산화나트륨)

$$Al_2(SO_4)_3 + 6NaOH \rightarrow 2Al(OH)_3 + 3Na_2SO_4$$

    • 소석회[$Ca(OH)_2$, 수산화칼슘]

$$Al_2(SO_4)_3 + 3CaOH_2 \rightarrow 2Al(OH)_3 + 3CaSO_4$$

    • 소다회(Na_2CO_3, 탄산나트륨)

$$Al_2(SO_4)_3 + 3Na_2CO_3 \rightarrow 2Al(OH)_3 + 3Na_2SO_4 + 3CO_2$$

ⓒ 알칼리제 주입률 계산식

$$W = (A_2 + K \times R) - A_1 \times F$$

- W : 알칼리제 주입률(ppm)
- A_1 : 원수 중의 알칼리도(ppm)
- A_2 : 처리수 중 남아 있어야 할 알칼리도(ppm)
- K : 사용응집제 1ppm당 알칼리도의 감소율
- R : 응집제 주입률(ppm)
- F : 알칼리도를 1ppm 상승시키는 데 필요한 알칼리제의 양(ppm)

ⓓ 응집제 1mg/L 주입에 따른 알칼리도의 감소량

종류	알칼리도의 감소량(mg/L)
고형 황산알루미늄(Al_2O_3 16%)	0.45
액체 황산알루미늄(Al_2O_3 8%)	0.24
폴리염화알루미늄(Al_2O_3 10%, 염기도 50%)	0.15

참고 염소 1mg/L 주입에 따른 알칼리도 감소량 : 1.41mg/L

ⓔ 알칼리도 1mg/L 상승시키는 데 필요한 알칼리제의 양

종류	알칼리도의 양(mg/L)
소석회[$Ca(OH)_2$ 72%]	0.77
소다회(Na_2CO_3 99%)	1.06
액체 가성소다(NaOH 45%)	1.78
액체 가성소다(NaOH 20%)	4.00

02 응집(Flocculation)

1. 플록형성지

(1) 위 치

성장한 플록이 침전지에 도달하는 사이에 유동되거나 외부로부터 영향을 받으면 파괴될 염려가 있으므로 플록형성지는 혼화지와 침전지의 사이에 위치하고 침전지에 붙여서 설치하여야 한다.

(2) 형 상

형상은 직사각형이 표준이며 플록큐레이터(Flocculator)를 설치하거나 또는 저류판을 설치한 유수로로 하는 등 유지관리면을 고려하여 효과적인 방법을 선정한다.

(3) 체류시간

플록형성지의 체류시간은 보통 20~30분이 적당하며 너무 짧으면 교반에너지를 충분히 투입하였다 하더라도 플록형성의 효과가 크게 저하하고 반대로 체류시간이 너무 길면 형성된 플록이 침강되거나 파괴되는 경우가 생긴다.

(4) 구 조

① 플록형성지는 단락류나 정체가 생기지 않으면서 충분하게 교반될 수 있는 구조로 한다.
② 단락류나 정체부분이 생기는 것을 방지하기 위하여 플록형성지에 저류벽이나 정류벽 등을 적절하게 설치한다.
③ 플록형성지에서 발생한 슬러지나 스컴이 쉽게 배출 또는 제거될 수 있는 구조로 한다.

[응집지의 점검사항]

일상점검		정기점검		정기정비	
주 기	내 용	주 기	내 용	주 기	내 용
수 시	• 정격전류 이내 여부 • 진동, 이상음 여부 • 이상한 냄새 여부 • 기름누출 여부 • 축부온도정상 여부	수 시	• 윤활유보충 및 교환	2~5년	• 감속(변속)기 분해 정비 • 구동부연결부품 교환 • 교반날개 조정 • 불량도장 확인
		1~2년	• 패들뒤틀림・이완 • 베어링 마모조사 • 교반날개 변형, 부식		

2. 플록의 형성(Floc Formation)

(1) 플록형성의 효율

플록형성의 효율은 입자간 충돌률 또는 충돌의 효율성에 의해 결정된다. 응집의 목적은 침전공정과 여과과정에서 제거가 가능하도록 플록을 적절한 크기, 밀도, 강도(Toughness)를 갖도록 성장시키는 것으로 가장 적절한 플록의 크기는 여과공정의 형태(직접여과, 완속여과)에 따라 대략 0.1~3mm의 범위이다.

(2) 플록형성 이론

플록은 깨지기 쉬우므로 낮은 전단 혼합에서 성장한다. 최적의 플록형성을 위한 교반(Mixing) 시 Energy Input(패들 크기, 간격, 속도 등)

$$P = \frac{C_D A \rho v^3}{2}$$

$$G = \sqrt{\frac{P}{\mu V}}$$

- P : 동력 요구량(W)
- C_D : Mixer의 Drag Coefficient
- A : 패들의 면적(m^2)
- ρ : 유체의 밀도(kg/m^2)
- v : 패들의 상대속도(m/s, 0.7~0.8m/s 범위)
- G : 속도경사(1/s)
- μ : 동역학적 점성계수($N \cdot s/m^2$)
- V : 반응조 체적(m^2)

CHAPTER 02 적중예상문제(1차)

제1과목 수처리공정

01 침사지는 하수 중의 직경 0.2mm 이상의 비부패성 무기물 및 입자가 큰 부유물을 제거하기 위한 시설이다. 효율적인 침사지 설계를 위한 내용으로 적절하지 않은 것은?

① 침사지의 평균유속은 3m/s를 표준으로 한다.
② 침사지의 체류시간은 30~60초를 표준으로 한다.
③ 침사지의 형상은 직사각형, 정사각형 등으로 한다.
④ 오수 침사지의 경우 표면부하율은 1,800$m^3/m^2 \cdot day$ 정도로 한다.

[해설] 침사지의 평균유속은 0.3m/s를 표준으로 한다.

02 침사지에 대한 설명 중 틀린 것은?

① 일반적으로 하수 중의 지름 0.2mm 이상의 비부패성 무기물 및 입자가 큰 부유물질을 제거하기 위한 것이다.
② 침사지의 지수는 단일지수를 원칙으로 한다.
③ 펌프 및 처리시설의 파손방지를 위해 펌프 및 처리시설의 앞에 설치한다.
④ 합류식에서 우천 시 계획하수량을 처리할 수 있는 용량이 확보되어야 한다.

[해설] 침사지의 지수는 2지 이상으로 한다.

03 응집제의 하나인 황산알루미늄의 장점이 아닌 것은?

① 다른 응집제에 비해 가격이 저렴하다.
② 독성이 없어 다량으로 주입할 수 있다.
③ 결정은 부식성이 없어 취급이 용이하다.
④ 플록생성 시 적정 pH폭이 넓다.

[해설] 플록생성 시 적정 pH폭이 좁은 단점이 있다.

정답 1 ① 2 ② 3 ④

04 탁질을 제거하기 위한 응집제로서, 정수처리공정에서 사용되지 않는 약품은?

① PAC(폴리염화알루미늄) ② 황산반토
③ 황산철   ④ 활성탄

해설 활성탄은 맛과 냄새가 발생할 경우 사용하는 약품이다.

05 정수에 주입되는 약품 중 응집제가 아닌 것은?

① 소석회
② PAC
③ 액체황산알루미늄
④ 고형황산알루미늄

해설 응집제의 종류
- 황산알루미늄[$Al_2(SO_4)_3$]
- 폴리염화알루미늄(PAC)
- PSO(Poly Sulfate Organic)
- PASS(Poly Aluminum Sulfate Silicate)
- PAHCS(Poly Aluminum Hydroxide Chloride Silicate)
- 염화제1철($FeCl_2$)
- 염화제2철($FeCl_3$)
- 황산제2철[$Fe_2(SO_4)_3$]
- 폴리머

06 플록형성지 내에서 플록형성시간은 계획정수량에 대하여 몇 분간을 표준으로 하는가?

① 10~30분   ② 20~40분
③ 40~50분   ④ 50~60분

해설 플록형성지 내에서 플록형성시간은 계획정수량에 대하여 20~40분간을 표준으로 한다.

07 정수시설에서 사용되는 응집약품에 대한 설명으로 틀린 것은?
① 응집제로는 명반이 있다.
② 알칼리제로는 소다회가 있다.
③ 보조제로는 활성규산이 있다.
④ 첨가제로는 소금이 있다.

해설 응집용 약품은 응집제, 응집보조제, 알칼리제(pH조절제) 등이 있으며 첨가제는 포함되지 않는다.

08 공장폐수에 무기응집제를 넣어 반응시킬 때 콜로이드의 안정도는 Zeta전위에 따라 결정되는데, 이를 나타내는 식은?(단, δ = 전하가 영향을 미치는 전단표면 주위의 층의 두께, q = 단위면적당 전하, D = 매개체의 도전상수)

① $\pm \dfrac{\delta q D}{4\pi}$
② $\pm \dfrac{\delta q}{4\pi D}$
③ $\pm \dfrac{4\pi \delta q}{D}$
④ $\pm \dfrac{4\pi q D}{\delta}$

09 응집지(정수시설) 내 급속혼화시설의 급속혼화방식으로 바르게 묶인 것은?

| ㉠ 공기식 | ㉡ 수류식 |
| ㉢ 기계식 | ㉣ 펌프확산에 의한 방법 |

① ㉠, ㉡
② ㉠, ㉢
③ ㉡, ㉢
④ ㉡, ㉢, ㉣

해설 급속혼화시설의 급속혼화방식에는 수류식, 기계식, 펌프확산방법 등이 있다.

10 침사지에 관한 설명으로 틀린 것은?

① 표면부하율은 200~500mm/min을 표준으로 한다.
② 지내 평균유속은 2~7cm/s를 표준으로 한다.
③ 지의 상단높이는 지내 월류설비가 없을 때 고수위보다 30cm 정도의 여유고를 둔다.
④ 지의 유효수심은 3~4m를 표준으로 하고, 퇴사심도를 0.5~1m로 한다.

해설 ③ 지의 상단높이는 고수위보다 0.6~1m의 여유고를 둔다.

11 콜로이드(Colloid)용액이 갖는 일반적인 특성이 아닌 것은?

① 광선을 통과시키면 입자가 빛을 산란하여 빛의 진로를 볼 수 없게 된다.
② 콜로이드입자가 분산매 및 다른 입자와 충돌하여 불규칙한 운동을 하게 된다.
③ 콜로이드입자는 질량에 비해서 표면적이 크므로 용액 속에 있는 다른 입자를 흡착하는 힘이 크다.
④ 콜로이드용액의 콜로이드입자는 양이온 또는 음이온을 띠고 있다.

해설 광선을 통과시키면 입자가 빛을 산란하여 빛의 진로를 볼 수 있게 된다(틴들현상).

12 상수취수시설 중 침사지 내 평균유속의 표준범위로 적절한 것은?

① 2~7cm/s
② 7~15cm/s
③ 15~20cm/s
④ 20~30cm/s

해설 상수취수시설 중 침사지 내 평균유속은 2~7cm/s를 표준으로 한다.

13 다음 중 응집에 관한 내용으로 틀린 것은?

① 응집제를 가하는 목적은 콜로이드의 반발력을 감소시키고자 함이다.
② 제타전위는 반대전하의 이온이나 콜로이드를 가하면 감소된다.
③ 반대전하의 2가 이온은 1가 이온보다 적어도 50배, 그리고 3가 이온은 1,000배나 더 효과적이다.
④ 친수성 콜로이드의 부착수는 고농도인 염류에 의해 증가되어 염석효과를 일으키며, 염석의 효과도는 음이온보다 양이온의 성질에 의존한다.

해설 친수성 콜로이드는 물과 강하게 결합하는 것으로 비누, 가용성 녹말, 가용성 단백질, 단백질 분해생성물, 혈청, 우뭇가사리, 아라비아 고무, 펙틴 및 합성세제 등이다. 물에 쉽게 분산되며 안정도는 콜로이드가 가지고 있는 약한 전하량보다 용매에 대한 친화성에 의존하여 수용액으로부터 이들을 제거하기 곤란해진다.

14 수용액상의 전기전도도에 대한 설명으로 알맞지 않은 것은?

① 수용액의 전기전도도는 수중에 녹아 있는 이온의 양과 각 이온의 전기를 운반하는 속도에 의해 지배된다.
② 전기전도도는 수용액의 비저항을 의미한다.
③ 같은 물질이라도 측정온도가 다르면 전기전도도가 다르다.
④ 전하를 띠지 않는 물질은 물에 많이 녹아 있어도 전기전도도에 영향을 주지 않는다.

해설 전기전도도는 용액의 전류를 운반할 수 있는 정도를 말한다.

15 소량의 전해질에서도 쉽게 응집이 일어나는 것으로, 주로 무기물질의 콜로이드인 것은?

① 서스펜션 콜로이드
② 에멀션 콜로이드
③ 친수성 콜로이드
④ 소수성 콜로이드

해설 주로 무기물질의 콜로이드인 소수성 콜로이드는 소량의 전해질에서도 쉽게 응집이 일어나는데, 이는 전하를 갖는 콜로이드입자가 반대부호의 이온을 가진 전해질을 흡착하여 전기적으로 중성이 되기 때문이다.

정답 13 ④ 14 ② 15 ④

16 상수처리를 위한 약품침전지의 구조로 옳지 않은 것은?

① 슬러지의 퇴적심도로 30cm 이상을 고려한다.
② 유효수심은 3~5.5m로 한다.
③ 각 지마다 독립하여 사용 가능한 구조로 하여야 한다.
④ 고수위에서 침전지 벽체 상단까지의 여유고는 60cm 정도로 하여야 한다.

해설 고수위에서 침전지 벽체 상단까지의 여유고는 30cm 이상으로 한다.

17 친수성 콜로이드에 관한 설명으로 알맞지 않은 것은?

① 수막 또는 수화수를 형성시킨다.
② 물속에 서스펜션(Suspension)으로 존재한다.
③ 매우 큰 분자 또는 이온상태로 존재한다.
④ 물과 쉽게 반응한다.

해설 친수성 콜로이드는 물속에서 에멀션 상태로 존재한다.

18 조류제거를 위하여 살포하는 황산구리의 투입량 결정 시 고려되는 인자와 관련이 없는 것은?

| ㉠ pH | ㉡ 수 온 |
| ㉢ 용존산소 | ㉣ 알칼리도 |

① ㉠
② ㉡
③ ㉢
④ ㉣

해설 황산구리의 투입량 결정 시 고려되는 인자는 pH, 수온, 알칼리도 등이다.

19 급속교반조나 혼화지 등의 설계 시 필요한 G값(속도구배)을 구할 때, 직접적으로 고려되는 것을 모두 고르면?(단, 기계식 교반을 위한 속도경사식 기준)

| ㉠ 소요동력   ㉡ 혼합조 부피 |
| ㉢ 물의 점성   ㉣ 체류시간 |

① ㉠, ㉡
② ㉡, ㉢
③ ㉠, ㉡, ㉢
④ ㉡, ㉣

해설 $G = \sqrt{\dfrac{P}{\mu V}}$

- P : 소요동력
- μ : 물의 절대점성계수
- V : 혼합조의 용적

20 다음 응집제 중 알칼리도를 가장 크게 감소시키는 것은?(단, 응집제 1mg/L 주입 기준)
① 황산알루미늄(액체 Al_2O_3 8%)
② 황산알루미늄(고형 Al_2O_3 15%)
③ 폴리염화알루미늄(Al_2O_3 염기도 30%)
④ 폴리염화알루미늄(Al_2O_3 염기도 40%)

해설 폴리염화알루미늄(PAC)보다 황산알루미늄이, 액체보다 고체 황산알루미늄이 알칼리도를 크게 감소시킨다.

21 응집제의 특성으로 바르지 않은 것은?
① 황산알루미늄 - 형성된 플록이 비교적 가볍고 적정 pH폭이 매우 넓어 광범위하게 적용되고 있다.
② 염화제2철 - 형성 플록이 무겁고 침강이 빠르며 부식성이 강하다.
③ 황산제1철 - pH와 알칼리도가 높은 물에서 주로 사용하며 부식성이 강하다.
④ PAC - 플록형성속도가 빠르며 저온 열화(劣化)하지 않는다.

해설 황산알루미늄
형성된 플록이 비교적 가볍고 적정 pH폭이 좁은 단점이 있다.

22 국내 혼화지의 설계기준은 대부분 상수도 시설기준에 의하는데, 다음 중 틀린 것은?
① 혼화지에는 응집제를 주입한 후 즉시 급속교반을 할 수 있는 혼화장치를 설치하여야 한다.
② 혼화장치는 혼화효과와 유지관리의 방침 등에 입각하여 적절한 방법으로 작동할 수 있도록 하여야 한다.
③ 응집제의 혼화시간은 신속·균일한 혼화 시 계획정수량에 대하여 10분 내외가 바람직하다.
④ 혼화지는 수류 전체가 동시에 회전하거나 단락류를 발생하는 일이 없도록 구조에 유의하여야 한다.

[해설] 응집제의 혼화시간은 신속·균일한 혼화 시 계획정수량에 대하여 1분 내외가 바람직하다. 단, 수질 및 현장조건에 따라 pH 조절제의 혼화와 연관하여 조절할 수 있다.

CHAPTER

02 적중예상문제(2차)

제1과목 수처리공정

01 크기가 1μm 이하이며, 보통 음의 전하를 갖고, 장기간 분산된 상태로 유지하고 있는 물질로서 입자 서로 간에 반발력이 작용하여 결합하거나 침전되지 않는 물질은?

02 만약 원수의 온도가 갑자기 변화하였다면, 운영근무자는 어떠한 변화를 고려할 수 있는가?

03 다음 괄호 안에 알맞은 말을 넣으시오.

> 물속에 부유되어 있는 입자표면에는 2개 층의 이온층을 형성하고 있는데 (   )이라고 부르는 내부층은 두께가 약 5nm이며 수화된 양이온 또는 수화되지 않은 음이온의 크기에 따라 달라진다.

04 혼화와 응집공정 간의 차이점은 무엇인가?

05 정수처리 시 응집처리에 미치는 다음 영향인자에 대하여 논하시오.

- 수 온
- pH
- 알칼리도

06 콜로이드의 일반적 특성을 기술한 내용이다. 괄호 안에 알맞은 말을 넣으시오.

콜로이드는 부유와 용존의 중간상태(0.001~0.1)로 여과에 의해 제거되지도 않고 침전하지도 않는다. 콜로이드는 입자 간에 밀어내는 힘 (   )과 서로 끌어당기는 힘 (   ), 그리고 중력에 의해 평형이 유지되기 때문이다. 콜로이드로부터 멀어질수록 어느 한면이 분리되려는 경향이 있는데 이면을 전단면이라고 하며 전단면에서의 전하량을 (   )라고 한다.

07 수원지에서 조류(Algae)의 발생을 방지하기 위해 주로 쓰는 약품 중 가장 많이 쓰이는 약품은 무엇인가?

08 정수에 주입되는 약품 중 응집제의 종류를 열거하시오.

09 응집보조제로 사용되는 55% NaOH를 25%로 희석하여 사용할 때 희석수 2,500L를 만들 경우 NaOH량과 희석수는 각각 얼마의 양으로 희석하여야 하는가?

10 조류제거를 위하여 살포하는 황산구리의 투입량 결정 시 고려되는 인자는 무엇인가?

11 정수장 입지계획 시 고려사항을 간략히 설명하시오.

12 응집침전을 실시할 때 기온이 현저히 낮게 되면 유출수의 수질이 악화되는데 그 이유는 무엇인가?

CHAPTER 02 정답 및 해설

제1과목 수처리공정

01 콜로이드

박테리아나 미세 점토와 같은 작은 입자들은 쉽게 침전하지 않으며 침전이 가능한 큰 사이즈로 만들기 위해서는 처리가 필요하다. 이러한 작은 입자들을 난침전성 고형물 또는 콜로이드성 물질이라고 한다.

02 원수의 온도가 갑자기 변화하였다면 응집제의 투입량을 조절하고, 급속혼화기나 응집기의 교반강도를 조절한다.

03 고정층(Stern Layer)

제타 전위(Zeta Potential)

용액에 분산되어 있는 입자는 그 표면극성기의 해리와 이온의 흡착에 의해 전기적으로 음 또는 양으로 대전하고 있다. 따라서, 입자 주위에는 계면전하를 중화하기 위해 과잉으로 존재하는 반대부호를 가진 이온과 소량의 동일한 전하를 지닌 이온이 확산적으로 분포하고 있으므로 전기이중층(Electric Double Layer)이 형성된다. 이러한 전기이중층은 계면에서 수화이온의 반경과 거의 동일한 곳에 존재하는 면(Stern Plane)에 의해 두 부분으로 나누어진다. Stern Plane을 기준으로 하여 내부영역은 고정층(Stern Layer), 외부영역은 이온확산층(Diffuse Layer)으로 정의된다. 외부층에는 양이온과 음이온이 각각 균형을 이루어 존재하는 용액이 대부분을 차지하고 있다.

04 혼화란 원수에 응집약품을 섞어 신속하고 균일하게 교반시켜 콜로이드 입자의 표면전하를 중화시키는 공정이며 혼화과정에서 불안정화된 콜로이드들로 생성된 미세한 플록들이 서로 결합하여 침전이 용이한 큰 입자로 만드는 과정을 응집이라 구분한다.

05
- 수온 : 수온이 높아지면 물의 점도가 저하되어 이온의 확산이 빨라지고 응집제의 화학반응이 촉진되어 응집효과도 좋아진다. 수온이 낮아지면 플록형성에 요하는 시간이 길어지고, 응집제 사용량도 많아진다.
- pH : pH는 알칼리도와 관련이 있으며, 응집반응을 지배한다. 수산화알루미늄의 용해도는 pH 5.5~7.5 범위를 벗어나면 급격히 증가하며, 색도가 높은 물일 때는 pH 5 전후가 최적이다.
- 알칼리도 : 금속수산화물의 플록을 생성하는 데 충분한 알칼리도가 필요하다. 수중에 알칼리도가 부족하면 인위적으로 첨가해 줄 필요가 있으나 너무 과도하면 응집제 소비량이 증대하여 비경제적이다.

06 Repulsive Force(반발력), Van der Waals Force(인력), Zeta Potential(제타 전위)

07 조류(Algae)의 발생을 방지하기 위해 황산구리($CuSO_4$)를 사용한다.

08 응집제의 종류
- 황산알루미늄
- 폴리염화알루미늄(PACl)
- PSO(Poly Sulfate Organic)
- PASS(Poly Aluminum Sulfate Silicate)
- PAHCS(Poly Aluminum Hydroxide Chloride Silicate)
- 염화제1철($FeCl_2$)
- 염화제2철($FeCl_3$)
- 황산제2철[$Fe_2(SO_4)_3$]
- 폴리머

09 25 : 30 비율로 희석하여야 한다.
- NaOH량 $= 2,500 \times \dfrac{25}{55} = 1,136L$
- 희석수량 $= 2,500 \times \dfrac{30}{55} = 1,364L$

10 황산구리의 투입량 결정 시 고려되는 인자는 pH, 수온, 알칼리도 등이다.

11 정수장 입지계획 시 고려사항
- 수도시설 전체의 배치와 고저를 고려하여 경제적이고 관리하기 좋은 위치일 것
- 염려가 적은 위생적인 환경일 것
- 재해를 받을 염려가 적고 배수하기 좋은 환경일 것
- 형상이 좋고 충분한 면적의 용지를 확보할 것
- 유지관리상 유리한 위치일 것
- 건설 및 장래에 확장하기에 유리한 곳일 것

12 수온이 낮으면 입자의 계면특성이 변하고 응집제의 용해도가 떨어지며 유체의 점성도가 증가한다. 그러므로 플록형성에 요하는 시간이 길어지고 응집제의 사용량도 많아진다.

# CHAPTER 03 침전

01 침전이론

1. 침강법칙

(1) Stokes 법칙

입자의 침강속도는 직경의 제곱에 비례하므로 입자가 커질수록 침강속도는 커진다. 입자의 침강속도가 커지면 Stokes식의 사용이 어려우므로 Allen식이나 Newton식을 사용한다.

$$v_s = \frac{g}{18}\left(\frac{\rho_s - \rho}{\mu}\right)d^2$$

$$= \frac{g}{18}(S_s - 1)\frac{d^2}{\nu}$$

- v_s : 입자의 속도(cm/s)
- μ : 점성계수(g/cm·s = 1poise)
- ρ_s : 입자의 밀도(g/cm³)
- ρ : 액체의 밀도(g/cm³)
- d : 입자의 직경(cm)
- S_s : 입자의 비중(무차원)
- ν : 동점성계수(cm²/s = 1stokes)

(2) Allen's 이론

$$2 < Re < 500$$

$$v_s = \left[\left(\frac{4}{225}\right)\left(\frac{(\rho_s - \rho)^2 g^2}{\mu \rho}\right)\right]^{\frac{1}{3}} d$$

(3) Newton's 이론

$$v_s = \sqrt{\frac{4}{3} \times \frac{dg}{C_D} \times \frac{\rho_s - \rho}{\rho}} \quad \text{또는} \quad v_s = \sqrt{\frac{4}{3} \times \frac{dg}{C_D} \times (S_s - 1)}$$

- v_s : 침강속도(m/s)
- C_D : 항력계수(레이놀즈수의 함수)
- d : 입자의 직경(m)
- g : 중력가속도(m/s²)
- ρ : 물의 밀도(kg/cm³)
- ρ_s : 입자의 밀도(kg/cm³)
- S_s : 입자비중

(4) Hazen 이론

매우 얕은 침전지에서 연속류인 경우

$$a = \frac{C}{Q} = \frac{b \cdot d}{Q}, \quad t = \frac{d}{v}$$

- a : 체류시간
- Q : 단위시간당 유입량
- C : 침전지 용량
- b : 침전지 표면적
- d : 침전지 깊이
- t : 침전시간
- v : 침전속도

위의 식에서

$$y = \frac{a}{t} = \frac{(bd/Q)}{d/v} = \frac{bv}{Q} = \frac{v}{(Q/b)}$$

제거율에 관계되는 침전제거율은 침전지의 깊이에는 관계가 없고 얕은 침전지는 표면적이 같은 깊은 침전지와 침전효과가 동일하다.

2. 침전의 형태

(1) Ⅰ형 침전 : 독립침전

부유물질입자의 농도가 낮은 상태에서 응결되지 않은 독립입자의 침전으로, 침전은 입자 상호 간에 아무런 방해가 없이 단지 유체나 입자의 특성에 의해서만 영향을 받게 된다. 비중이 큰 무거운 독립입자의 침전이 통상 독립침전에 속하며 Stokes 법칙이 적용되는 침전의 형태로 침사지, 보통침전지에서 이루어진다.

(2) Ⅱ형 침전 : 응결침전

부유물입자의 저농도에서 침전 입자 상호 간에 서로 다른 입자의 영향을 받지 않고 자유침전이 이루어지며 입자의 대소차에 따라 큰 입자에 의하여 입자 간 충돌이 발생하고 입자끼리 합체를 이루어 더욱 커진 1개의 입자로 성장하여 침전하는 형태로 약품침전지에서 이루어진다.

(3) Ⅲ형 침전 : 지역침전, 방해침전, 간섭침전

Ⅰ, Ⅱ형 침전 다음에 발생하는 단계로 부유물질의 농도가 큰 경우 가까이 위치한 입자들의 침전은 서로 방해를 받으므로 침전속도는 점차 감소하게 되며 침전하는 부유물과 상등수 간에 뚜렷한 경계면이 생긴다. 생물학적 처리인 2차 침전지의 침전형태이다.

(4) Ⅳ형 침전 : 압축침전

침전된 입자들이 그 자체의 무게로 계속 압축을 가하여 입자들이 서로 접촉한 사이로 물이 빠져나가 계속 농축이 되는 현상으로 2차 침전지 및 농축조의 저부에서 침전하는 형태이다.

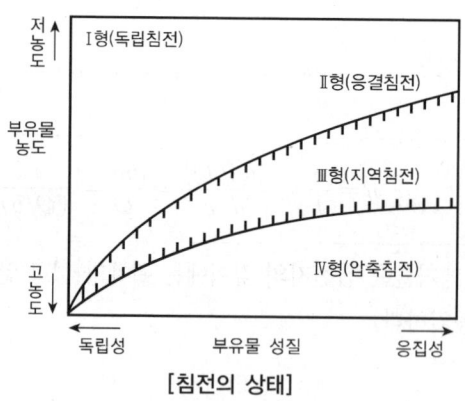

[침전의 상태]

02 침전법

1. 보통침전법

(1) 개요

① 보통침전법은 원수 중의 부유물질이 단독 입자이고 그 입자의 크기, 밀도를 알고 있을 때 Stokes 법칙 등의 이론으로 침전속도와 침전시간을 구할 수 있다.

② 보통침전으로 제거되는 부유물질의 입자크기는 0.01mm이며 대부분이 무기질이다. 비중(S_s)은 2.65이며, 1/100mm 입자의 침전속도는 10℃에서 6.86×10^{-3} cm/s이다.

$$v_s = \frac{g}{18}\left[\frac{(\rho_s - \rho)}{\mu}d^2\right] = \frac{g}{18}(S_s - 1)\frac{d^2}{\nu}$$

$$= \frac{981}{18} \times (2.65 - 1) \times \frac{(0.001)^2}{0.013101} = 6.86 \times 10^{-3} \text{cm/s}$$

침전지 유효수심이 3m이면
$300/6.86 \times 10^{-3} = 43,706.4\text{s} = 12.14\text{h}$

따라서, 보통침전에서의 침전시간은 보통 12시간을 표준으로 한다.

(2) 설계

① 침전시간(체류시간 : Detention Time)의 결정 : 보통 12시간, 응결제 사용 시 8시간 소요
② 침전지의 용량결정

$$C = \frac{Q}{24}a, \text{ 소요용량} = 1/24 \times 1일 \text{ 최대사용수량} \times \text{침전시간}$$

- C : 소요용량
- Q : 1일 최대사용수량
- a : 침전시간(체류시간)

$$A = \frac{C}{h}$$

- A : 침전지의 소요수면적
- h : 침전지의 유효수심

(3) 침전효과(부유물질의 제거율)

보통침전법의 침전효과는 부유물질의 제거율로 나타내며 탁도, 세균 등도 상당히 제거된다.

$$제거율(부하율) \quad y = \frac{a}{t} = \frac{bd/Q}{d/v} = \frac{bv}{Q} = \frac{v}{Q/b}$$

> **참고** 침전지의 오니퇴적물 제거 : 연 1~2회(유효수심의 유지)

(4) 표면부하율

침전지에 유입되는 유량 Q를 침전지의 표면적(또는 침전지의 바닥면적) A로 나눈 것으로 침전지에서 100% 제거 가능한 가장 작은(침강속도가 가장 느린) 입자의 침강속도를 의미한다.

$$A = \frac{Q}{V_s}$$

- A : 침전지의 수평단면적(표면적)
- V_s : 입자의 침전속도
- Q : 유량

$$V_o = \frac{Q}{A} = \frac{V/t}{A} = \frac{AH/t}{A} = \frac{H}{t}$$

- V_o : 표면부하율
- V : 침전지 내 유속
- H : 수심
- t : 체류시간

(5) 침전효율

침전효율이란 침전지에 유입된 탁질이 몇 %가 제거되는가를 표시하는 것이다.

$$E = \frac{V_s}{V_o} \times 100 = \frac{V_s}{(Q/A)} \times 100$$

2. 약품침전법(응집침전)

(1) 개 요
보통침전법으로 제거하지 못하는 미세한 부유물질이나 콜로이드성 물질, 미생물 및 비교적 분자가 큰 용해성 물질 등을 약품을 사용하여 침전이 가능하도록 대형의 플록(Floc)을 형성시켜 침전제거하는 방법을 약품침전(응집침전)법이라 한다. 약품침전법은 탁도제거, 색도제거, 세균제거의 효과는 있으나 일시경도가 영구경도로 바뀌는 역효과도 될 수 있다.

(2) 응집제
① 응집제의 종류 : 응집제는 황산알루미늄, 폴리염화알루미늄(PAC ; Poly Aluminum Chloride) 등의 알루미늄염이 주로 사용된다. 그 외에 황산제1철, 황산제2철, 염화제2철 등의 철염과 외국에서는 유기고분자 응집제(Polymer)를 사용하기도 한다.

② 주입량
  ㉠ 주입률은 원수수질에 따라 실험에 의하며, 원수수질의 변화에 따라 적시에 적절하게 조정하는 것이 바람직하다.
  ㉡ 응집제를 용해시키거나 희석하여 사용할 때의 농도는 주입량과 취급상 용이함을 고려하여 정한다. 다만, 희석배율은 가능한 한 적게 하고, 희석지점은 가능한 한 주입지점과 가까이 설치하는 것이 바람직하다.
  ㉢ 주입량은 처리수량과 주입률로 산출한다.

③ 주입지점 : 혼화방법에 따라 다를 수 있으나 관내 설치 혼화기, 낙차지점 또는 회전익의 근접지역이나 유입관의 중심부 등 주입과 동시에 신속한 교반이 이루어질 수 있는 지점이어야 한다.

(3) pH 조정제
① pH 조정제의 종류 : pH 조정제로는 원수의 pH를 높이기 위하여 소석회, 소다회 및 액체 가성소다 등을 쓸 수 있으며 부영양화 등의 이유로 높아진 원수의 pH를 낮추기 위해서는 황산 등의 산성 약품을 쓸 수도 있다.

② 주입량
  ㉠ 주입률은 원수의 알칼리도, pH 및 응집제의 주입률 등을 참고로 하여 정한다.
  ㉡ pH 조정제를 용해 또는 희석하여 사용할 때의 농도는 주입량이 적절하고 취급이 용이하도록 정한다.

(4) 응집보조제

① **종류** : 응집보조제는 원수의 수질에 따라 플록형성과 침전 및 여과의 효과를 높이는 데 적합하고 위생적으로 지장이 없는 것이어야 한다. 응집보조제로는 활성 규산과 수도용 알긴산소다가 사용되고 있으며, 외국에서는 그 밖의 여러 가지 합성 유기고분자 응집제가 사용되기도 한다.

② **주입량**
  ㉠ 응집보조제의 필요 여부는 자 테스트의 결과에 따라 판단하나 통상 활성 규산은 SiO_2로서 1~5mg/L, 알긴산소다는 0.2~2mg/L의 범위로 주입된다.
  ㉡ 활성 규산은 활성화가 과대하면 응고하여 주입장치를 막히게 하므로 SiO_2 기준으로 0.5% 정도, 알긴산소다는 1% 이하로 희석하여 사용한다.
  ㉢ 주입량은 처리수량과 주입률로 산출한다.

③ **주입지점** : 실험으로 정하고 혼화가 잘되는 지점으로 한다.

(5) 주입설비

① 주입장치의 용량은 최소주입량에서 최대주입량까지 안정하게 주입할 수 있고 또한 여유가 있어야 한다. 최소주입량과 최대주입량과의 약품의 종류에 따라 차이가 있으나 수배에서 수십배까지 광범위하며 처리수량 변화에 적응할 수 있도록 복수조합으로 한다.

② 주입방식은 사용약품의 종류와 성상에 따라 적정하게 주입할 수 있는 방식을 선정한다.

[약품의 주입방식]

약품의 종류		주입방식	비 고
응집제	액체 Alum	습 식	알루미나(Al_2O_3) 농도 6~8% 사용
	PAC	습 식	알루미나(Al_2O_3) 농도 10~11% 사용
	고형 Alum	습 식	고형 Alum은 수용액으로 주입하며, 용해방법은 배치식으로 일정 농도의 용액으로 하는 방식과 용해농도에 따른 비중차를 이용한 연속용해장치에 의한 방법이 있다. 전자의 방식은 큰 수개의 용해조에 교반장치가 장치된 것이 필요하고 후자는 큰 용해조가 필요하지 않으나 연속적으로 일정농도로 하기 위한 구조로 하여야 한다.
알칼리제	가성소다	습 식	일반적으로 20~25%로 희석하여 사용한다.
	소석회	건식 또는 습식	소석회는 건식주입기를 사용하거나 일정농도의 석회유로 하여 용량계량펌프로 주입한다.
	소다회	건식 또는 습식	소다회는 세립상의 것을 건식으로 주입할 때와 배치식으로 일정 농도의 수용액으로 하여 주입하는 경우가 있다.
응집보조제	활성 규산	습 식	규산소다용액(SiO_2 1.5%)을 활성화한 후 SiO_2 0.5% 정도의 용액으로 희석·사용된다.
	알긴산소다	습 식	

(6) 응집의 공정, 설비, 조작

① 응집침전의 공정

응집제의 주입 → 혼화 → 교반 → 침전
(약품주입설비) (혼화지) (플록형성지) (약품침전지)

② **약품주입설비** : 설비형식, 약품농도, 주입률, 주입장소 등을 고려한다.
  ㉠ 주입장치
   - 습식(용액)
   - 건식(분말) : 주입량 급속증대 가능, 구조 간단
   - 액상황산반토
   - 약액농도 : 5~10%
   - 주입 : 자연유하, 펌프인젝터
  ㉡ 주입장소 : 혼화지 입구 등 급속히 혼화(교반)되기 쉬운 장소에서 주입한다.
  ㉢ 주입률 : Jar-test(응집교반시험)와 원수수질에 따라 결정한다.

> **더 알아보기**
>
> **응집교반실험(Jar-test)**
> 응집제의 사용량 중 최대의 양호한 플록형성이 가능하도록 적정 주입량을 실험하는 장치로, 응집제는 주로 황산알루미늄이 사용되며 매우 간편하여 정수장에서 널리 사용된다. 응집반응에 영향을 미치는 인자는 pH, 응집제 선택, 수온, 물의 전해질 농도, 콜로이드의 종류와 농도 등이 있지만 약품 교반실험을 하여 최적 pH나 응집제의 양을 조절해 주는 것이 좋다.
>
> **Jar-test의 방법**
> - 처리하는 물을 6개의 비커에 동일량(500mL 또는 1L)으로 채운다.
> - 교반회전수를 120~140rpm으로 급속교반시켜 pH를 최적범위(6)로 조절한다.
> - pH 조절을 위한 약품과 응집제를 짧은 시간 내에 주입한다.
> - 교반 시 회전속도를 20~70rpm으로 감소시키고, 10~30분간 완속교반하여 플록이 생기는 시간을 기록한다.
> - 플록 생성시간과 상태를 기록하면서 약 30~60분간 침전시켜, 상등수를 분석한다.

③ 혼화지
  ㉠ 기계교반식(Flash Mixer Impeller) : Puddle식, Propeller식
  ㉡ 우류식(迂流式) : 수평 또는 수직의 저류벽, 완속혼화에 의한 Floc 형성, 수평우류식, 상하우류식

03 약품침전지

1. 개요

(1) 목적

약품침전지는 약품주입, 혼화 및 플록형성의 단계를 거쳐 크고 무겁게 성장한 플록의 대부분을 침전분리작용에 의하여 제거함으로써 후속되는 급속여과지에 걸리는 부담을 경감하기 위하여 설치한다.

(2) 기능

① **침전기능** : 주입된 탁질을 가장 효과적으로 침전시키는 일로서 침전지에서 침전효율을 나타내는 가장 기본적인 지표로서는 표면부하율(Surface Loading)을 사용한다.
② **완충기능** : 침전지로부터 유입된 원수의 수량과 수질은 연간 큰 변동을 나타낸다. 침전지는 이들에 의한 탁질의 변동을 흡수하여 여과지의 부담을 될수록 일정하게 유지할 수 있도록 하여야 한다.
③ **슬러지배출기능** : 침전기능을 충분히 확보하기 위하여 침전지에는 그 구조에 알맞은 슬러지 배출설비를 설치하여야 한다.

2. 구성 및 구조

(1) 지수

① 원칙적으로 2지 이상으로 한다.
② 청소, 검사 및 수리 등의 경우를 고려하여 침전지의 수를 2지 이상으로 한다.
③ 단시간 동안 침전지를 생략하고 혼화지에서 여과지로 직접 조작을 해도 무방한 원수조건인 경우 측관을 설치하고 예외로 1지를 운영할 수도 있다.

(2) 배치

① 배치는 각 침전지에 균등하게 유출입될 수 있도록 수리적으로 고려하여 결정한다.
② 도수거, 혼화지, 플록형성지, 침전지 및 침전수거 등 일련의 시설의 배치를 결정하는 데 있어서 수량배분이 균일하게 되도록 수로구조, 정류설비 및 유출입 밸브의 설치 등 수리학적인 구조상의 고려를 하여야 한다.

(3) 구조

각 지마다 독립하여 사용 가능한 구조로 하여야 한다. 지의 청소, 수리 및 검사를 할 때 유출, 유입 및 슬러지 배출 등의 각 설비가 1지마다 독립하여 사용할 수 있도록 구성하고 가동 중인 타 지에 영향을 주어서는 안 된다.

(4) 형 상
침전지의 형상은 직사각형으로 하고 길이는 폭의 3~8배를 표준으로 한다.

(5) 수 심
유효수심은 3~5.5m로 하고 슬러지 퇴적심도로서 30cm 이상을 고려하되 슬러지 제거설비와 침전지의 구조상 필요한 경우에는 합리적으로 조정할 수 있다.

(6) 여유고
고수위에서 침전지 벽체 상단까지의 여유고는 30cm 이상으로 한다.

(7) 지 저
① 지저에는 슬러지 배제에 편리하도록 배수구를 향하여 경사지게 한다.
② 인력으로 배출하는 경우에는 배수구를 향하여 1/300~1/200 정도의 경사를 둔다.
③ 기계적으로 수집하여 배출할 경우에는 인력으로 배출해야 할 슬러지의 양이 적으므로 경사를 1/1,000~1/500 정도의 경사를 둔다.

3. 용량 및 평균유속

(1) 용 량
① 용량은 용량효율 등을 고려하여 계획정수량의 3~5시간분을 표준으로 한다.
② 침전지에서 필요로하는 체류시간은 원수의 수질, 응집의 성과, 침전지의 정류 정도 및 수온 등에 크게 차이가 난다.
③ 침전의 특성은 일반적으로 침전시간을 길게 할수록 침전효과는 양호해지나 너무 용량을 증가시켜도 그 비율에 따라 효과가 높아지는 것은 아니다.
④ 지(池) 내의 수류의 흔들림이나 단락류 등에 의한 용량효율 감소도 크므로 침전 효율감소 및 수질변동으로 인한 침전능력에 대한 여유를 보아 3~5시간 정도를 기준으로 하는 것이 일반적인 표준이다.

(2) 평균유속
약품침전지 내의 평균유속은 0.4m/min 이하를 표준으로 한다.

4. 정류설비 및 유출설비

① 정류설비는 지 내에서 편류나 밀도류를 발생시키지 않고 제거율을 높이기 위한 시설이다.
② 유입구는 침전지의 전횡단면에 가능한 한 균등하게 유입되도록 그 위치 및 구조를 정한다.
③ 유입부에는 정류벽 등을 설치하여 지의 횡단면에 균등하게 유입되도록 한다. 정류벽은 유입단에서 1.5m 이상 떨어져서 설치한다.
④ 지 내에 필요에 따라 도류벽이나 중간 정류벽을 설치한다.
⑤ 정류벽에서 정류공의 총면적은 유수단면적의 6% 정도를 표준으로 한다.
⑥ 유출설비는 지 내의 유황을 교란시키지 않는 구조로 한다.

5. 슬러지 배출설비

① 슬러지 배출방식은 침전지의 구조와 유지관리, 슬러지의 성상 등을 고려하여 적당한 것이어야 한다.
② 기계적으로 슬러지를 끌어모을 때는 침전지 바닥에 호퍼(Hopper)나 밸브를 설치하는 등으로 수압에 의한 슬러지 배출 또는 펌프에 의한 슬러지 배출이 원활하게 될 수 있는 구조로 하여야 한다.
③ 침전지에 물을 빼고 슬러지를 배출할 경우에는 필요에 따라 슬러지 배출을 위하여 압력수를 이용할 수 있는 설비를 설치하는 것이 바람직하다.
④ 배슬러지 밸브는 정전 등의 사고가 있을 때 열림상태에 있지 않도록 한다.

> **더 알아보기**
>
> 슬러지 배출설비의 설계원칙
> - 원활하고 고장없이 작동할 수 있을 것
> - 슬러지 양에 알맞은 능력을 가질 것
> - 소량으로 농도가 높은 슬러지 배출이 가능할 것

6. 월류관, 배출수관 및 슬러지 배출관

① 약품침전지에는 필요에 따라 월류관을 설치한다.
② 약품침전지에는 배출수관을 설치하는 외에 필요에 따라서 슬러지 배출관을 설치하여야 한다.
③ 배출수 및 슬러지 배출관의 관경은 시간 및 수량에 따라 과부족이 없도록 한다.
④ 배출수 및 슬러지 배출관의 토구는 상시배출이 가능하고 오염수가 역류하지 않는 장소여야 한다.

7. 경사판 등의 침전지

① 원수수질, 처리수질의 목표 및 침전지의 형식 등을 고려하여 침강장치의 종류와 형식을 정한다.
② 침전지 유입부에는 경사판 등의 침강장치에 균등하게 유입되도록 하고, 단락류를 방지하기 위하여 유효한 조치를 강구한다.
③ 기타 설비에 대하여는 약품침전지의 기준에 준해야 한다.
④ 수평류식 경사판이나 상향류식 침강장치를 직사각형의 침전지에 설치하는 경우에는 경사판 하단과 침전지 바닥과의 간격은 1.5m 이상으로 하고 경사판의 끝에서 침전지 유입부벽과 유출부벽의 거리는 각각 1.5m 이상이 되도록 설치하는 것이 바람직하다. 또한, 상향류식 침강하부의 입구에서 평균유속은 70cm/min 이하가 되도록 하는 것이 바람직하다.
⑤ 경사판을 설치할 때는 경사판에 쌓인 슬러지를 제거시키기 위한 장치를 설치하거나 경사판의 중간에 통로를 주어 청소하는 사람이 통행할 수 있도록 해야 한다.
⑥ 경사판 등의 침강장치는 지진이나 침전지를 비울 때에 경사판에 쌓인 슬러지의 무게로 인하여 경사판이 파손되는 경우가 없도록 적절한 조치를 강구한다.

8. 고속응집침전지

(1) 목 적

고속응집침전지는 기성 플록의 존재하에서 새로운 플록을 형성시키는 것으로 응집침전지의 효율을 향상시키는 것을 목적으로 하며 원리 및 기구상으로 슬러리 순환형, 슬러리 블랑켓형 및 양자의 복합형이 있다.

(2) 고속응집침전지를 선택할 때 고려사항

① 원수탁도는 10NTU 이상이어야 한다.
② 최고탁도는 1,000NTU 이하인 것이 바람직하다.
③ 탁도 및 수온의 변동이 적어야 한다.
④ 처리수량의 변동이 적어야 한다.

(3) 고속응집침전지의 지수 및 구조

① 용량은 계획정수량의 1.5~2.0시간분으로 한다.
② 표면부하율은 40~60mm/min을 표준으로 한다.
③ 슬러지 배출설비는 지 내의 잉여슬러지를 수시로 또는 상시 연속으로 충분하게 배출할 수 있는 구조로 한다.
④ 침전지를 청소하거나 고장인 경우에도 정수처리에 지장이 없는 침전지의 지수로 한다.

[침전공정에서의 일상점검사항]

공정성능감시	위 치	주 기	가능한 운영근무자의 행동
탁 도	유출, 유입부	1회/2시간	• 수질변화가능 시 샘플링 횟수 증가 • Jar-test 수행 • 필요한 공정변화(응집제 변경, 투입량 조정, 교반강도 조절) • 공정변화 후의 결과검토
온 도	유입부	가 끔	
육안관찰	**위 치**	**주 기**	**가능한 운영근무자의 행동**
U플록의 침강특성	앞 1/2 유입부	1회/8시간	• Jar-test 수행 • 필요한 공정변화(응집제 변경, 투입량 조정, 교반강도 조절) • 공정변화 후의 결과검토
플록의 분포	유입부	1회/8시간	
침전수의 탁도	유출위어(침전수로)	1회/8시간	
공정감시(슬러지) 설비상태	**위 치**	**주 기**	**가능한 운영근무자의 행동**
소음, 진동	각 부문	1회/8시간	• 작은 문제를 교정 • 주요문제점을 다른 사람에게 알림
누설(Leakage)	각 부문	1회/8시간	
과열(Overheating)	각 부문	1회/8시간	
슬러지제거 설비운영	**위 치**	**주 기**	**가능한 운영근무자의 행동**
정상운영절차수행	침전지	공정조건에	운영주기를 조정
슬러지상태관찰	침전지	공정조건에	• 슬러지가 묽으면 운영주기를 줄이고, 너무 진하거나 부피가 커서 배출구를 막으면 운영주기를 늘림 • 슬러지가 혐기성이면 운영주기를 늘림
설비감시	**위 치**	**주 기**	**가능한 운영근무자의 행동**
침전지의 수위 및 라운더위어를 넘는 물의 깊이 관찰	각 부문	1회/8시간	• 비정상적인 상황의 보고 • 유속을 변화시키거나 라운더를 조정 • 침전지 표면의 장애물 제거
침전지수면 관찰	각 부문	1회/8시간	
침전지와 라운더에 조류의 부착체크	각 부문	1회/8시간	

CHAPTER 03 적중예상문제(1차)

제1과목 수처리공정

01 스토크스법칙이 가장 잘 적용되는 침전형태는?
① 단독침전
② 응집침전
③ 지역침전
④ 압축침전

해설 ① 스토크스법칙은 독립(단독)침전형태에서 적용한다.

02 스토크스법칙을 이용하여 설계하는 시설은 다음 중 어느 것인가?
① 혼화지
② 응집지
③ 여과지
④ 침전지

해설 스토크스법칙은 보통 침전지의 설계공식으로 사용된다.

03 침전에 관한 스토크스의 법칙에 대한 설명으로 잘못된 것은?
① 침강속도는 입자와 액체의 밀도차에 비례한다.
② 침강속도는 겨울철이 여름철보다 크다.
③ 침강속도는 입자의 크기가 클수록 크다.
④ 침강속도는 중력가속도에 비례한다.

해설 침강속도는 온도에 비례하므로 여름철이 겨울철에 비해 크다.

정답 1 ① 2 ④ 3 ②

04 스토크스의 침강속도를 구하는 식은?(단, v_s는 침강속도, ρ_s 및 ρ는 토립자 및 물의 밀도, g는 중력가속도, μ는 점성계수, d는 토립자의 입경)

① $v_s = \left(\dfrac{\rho_s - \rho}{18\mu}\right)gd^3$
② $v_s = \left(\dfrac{\rho_s - \rho}{18\mu}\right)gd^{1.5}$
③ $v_s = \left(\dfrac{\rho_s - \rho}{18\mu}\right)gd^{2.5}$
④ $v_s = \left(\dfrac{\rho_s - \rho}{18\mu}\right)gd^2$

해설 스토크스의 침강속도식
$$v_s = \left(\dfrac{\rho_s - \rho}{18\mu}\right)gd^2$$

05 다음 중 스토크스법칙의 기본 가정이 아닌 것은?

① 입자의 크기가 일정하다.
② 입자가 구형이다.
③ 물의 흐름은 층류상태이다.
④ 입자 간 응집성을 고려한다.

해설 스토크스법칙은 입자의 속도, 크기, 밀도, 비중 등을 전제로 한다.

06 다음 약품침전지의 구조에 관한 설명 중 틀린 것은?

① 침전지의 수는 원칙적으로 2지 이상으로 한다.
② 각 침전지마다 독립적으로 사용 가능한 구조로 한다.
③ 직사각형 침전지의 경우 폭은 길이의 3~5배를 표준으로 한다.
④ 유효수심 외에 30cm 이상의 퇴적 공간을 둔다.

해설 직사각형 침전지의 경우 길이는 폭의 3~8배 정도로 한다.

07 정수 시 보통침전지의 용량은 계획정수량에 대하여 몇 시간분을 표준으로 하는가?
① 3시간 ② 5시간
③ 8시간 ④ 10시간

해설 정수 시 보통침전지의 용량은 계획정수량에 대하여 8시간분을, 약품침전지의 경우에는 3~5시간분을 표준으로 한다.

08 침전지의 효율을 높이기 위한 사항으로 틀린 것은?
① 침전지의 표면적을 크게 한다.
② 침전지 내 유속을 크게 한다.
③ 유입부에 정류벽을 설치한다.
④ 지(池)의 길이에 비하여 폭을 좁게 한다.

해설 침전지 내 유속과 침전속도를 작게 한다.

09 다음 중 다른 입자들의 영향을 받지 않고 독립적으로 침전하는 유형은?
① Ⅰ형 침전
② Ⅱ형 침전
③ Ⅲ형 침전
④ Ⅳ형 침전

해설
• Ⅰ형 침전 : 독립침전
• Ⅱ형 침전 : 응결침전
• Ⅲ형 침전 : 지역(간섭)침전
• Ⅳ형 침전 : 압축침전

10 입자의 침강속도에 대한 설명 중 틀린 것은?

① 수온이 높을수록 침강속도는 느리다.
② 침강속도는 입자직경의 제곱에 비례한다.
③ 입자의 밀도가 클수록 침강속도는 빨라진다.
④ 점성계수가 작을수록 침강속도는 빨라진다.

해설 수온이 높으면 점성계수가 작아지므로 침강속도는 빨라지게 된다(Stokes 법칙).

11 정수장에서 혼화, 플록형성, 침전이 하나의 반응조 내에서 이루어지는 침전지는?

① 보통침전지
② 약품침전지
③ 경사판침전지
④ 고속응집침전지

해설 고속응집침전설비는 플록 형성을 기존 플록의 존재하에서 하며, 침전조작을 하나의 장치 안에 넣어 짧은 체류시간 내에 수행하는 장치이다.

12 1일 22,000m³를 정수처리하는 정수장에서 고형 황산알루미늄을 평균 25mg/L씩 주입할 때 필요한 응집제의 양은 얼마인가?

① 250kg/day
② 320kg/day
③ 480kg/day
④ 550kg/day

해설 적정응집제의 양 = 황산알루미늄의 평균주입량농도 × 1일 처리수량
= $0.025kg/m^3 \times 22,000m^3/day = 550kg/day$

정답 10 ① 11 ④ 12 ④

13 이상적인 침전지에서 유량 Q = 12,000m³/day, 침전속도 V_s = 0.1cm/s, 표면적 A = 80m², 수심 h = 5m일 때 침전효율은?

① 50.4%   ② 57.4%
③ 66.0%   ④ 73.5%

해설 침전효율 $E = \dfrac{V_s}{V_o} \times 100$

표면부하율 $V_o = \dfrac{Q}{A} = \dfrac{12{,}000\text{m}^3/\text{day}}{80\text{m}^2} = 150\text{m/day} = 0.174\text{cm/s}$

∴ $E = \dfrac{0.1}{0.174} \times 100 = 57.4\%$

14 유효수심이 3.2m, 체류시간이 2.7시간인 침전지의 수면적 부하는 얼마인가?

① 20.25m/day
② 28.44m/day
③ 11.19m/day
④ 31.22m/day

해설 $Q/A = H/t$ = 3.2m/2.7h = 1.185m/h = 28.44m/day

15 침전지의 수심이 4m이고, 체류시간이 2시간일 때 이 침전지의 표면부하율은?

① 12m³/m² · day
② 24m³/m² · day
③ 36m³/m² · day
④ 48m³/m² · day

해설 표면부하율 $= \dfrac{Q}{A} = \dfrac{H}{t} = \dfrac{4}{2/24} = 48\text{m}^3/\text{m}^2 \cdot \text{day}$

정답 13 ② 14 ② 15 ④

16 침전지의 유효수심이 4m, 침전시간 8시간, 1일 최대사용 수량이 600m³일 때 침전지의 소요 표면적은 얼마인가?

① 33m²
② 42m²
③ 50m²
④ 62m²

해설 침전지 면적 $A = \dfrac{Q}{V}$

$Q = \dfrac{600}{24} = 25\text{m}^3/\text{h}$

$V = \dfrac{H}{t} = \dfrac{4}{8} = 0.5\text{m/h}$

$\therefore A = \dfrac{25}{0.5} = 50\text{m}^2$

17 깊이 3m, 표면적 500m²인 어떤 수도용 침전지에서 1,000m³/h의 유량이 유입된다. 독립침전임을 가정할 때 100% 제거할 수 있는 침전지의 최소 침강속도는?

① 0.5m/h
② 1.0m/h
③ 1.5m/h
④ 2.0m/h

해설 침전지의 침강속도

$V_o = \dfrac{Q}{A} = \dfrac{1{,}000\text{m}^3/\text{h}}{500\text{m}^2} = 2.0\text{m/h}$

18 하수처리장의 1차 처리시설인 침전지에서 BOD 부하의 30%가 처리되고, 2차 처리시설에서 90%가 처리된다면 전체 BOD제거율은?

① 82%
② 86%
③ 89%
④ 93%

해설
- 1차 침전지의 제거율이 30%이므로 미제거된 BOD = 1.0 − 0.3 = 0.7
- 2차 침전지에서 제거율이 90%이므로 0.7 × 0.9 = 0.63(= 63%)
- ∴ 전체 BOD제거율 = 0.3 + 0.63 = 0.93(= 93%)

CHAPTER 03 적중예상문제(2차)

제1과목 수처리공정

01 침전지 성능의 육안 관찰과 실험실 측정의 수행 정도를 쓰시오.

02 침전공정의 일상적인 운영에서 어떤 기록들이 관리되어야 하는지 설명하시오.

03 침전지에서 플록이 침전하지 않고 월류하는 원인에 대해 3가지 이상 약술하시오.

04 어느 정수장에 하루 10,000m^3의 원수가 유입한다. 정수장 침전지의 깊이는 3m, 표면부하율은 40$m^3/m^2 \cdot day$일 때, 이 침전지의 표면적과 체류시간은 얼마인가?(계산과정 포함)

05 침전지의 표면부하율에 대하여 설명하시오.

06 Stokes 법칙이 가장 잘 적용되는 침전형태를 쓰시오.

07 상수원수를 취수하여 정수처리할 경우의 처리방법을 쓰시오.

08 역세척과 함께 여재표면에 고압으로 정수를 분사시키는 표면세척의 주된 목적을 쓰시오.

09 약품침전 시 점토(Clay)와 같은 콜로이드를 넣어주는 이유를 쓰시오.

10 응집침전 시 황산반토 최적주입량이 20ppm, 유량이 500m³/h에 필요한 5% 황산반토용액의 주입량은 얼마인가?

11 원수의 알칼리도 50ppm, 탁도가 500ppm일 때 황산알루미늄의 소비량은 50ppm이다. 수량이 48,000m³/day일 때 5% 용액의 황산알루미늄은 1일에 얼마나 필요한가?(단, 액체의 비중을 1로 본다)

12 이상적인 침전지에서 유량 Q = 12,000m³/day, 침전속도 V_s = 0.1cm, 표면적 A = 80m², 수심 h = 5m일 때 침전효율은?

13 하수처리장 침전지의 수심이 3m이고, 표면부하율이 36m³/m² · day일 때 침전지에서의 체류시간은 얼마인가?

14 유효수심이 3.2m, 체류시간이 2.7시간인 침전지의 수면적 부하는 얼마인가?

15 침전지의 유효수심이 4m, 침전시간 8시간, 1일 최대사용 수량이 600m³일 때 침전지의 소요 표면적은 얼마인가?

16 침전의 제거효율을 나타내는 식을 쓰시오.

17 침전지에서 제거효율을 대략적으로 측정하는 데 어떤 수질 지시값을 이용하는지 쓰시오.

18 어느 정수장에 하루 10,000m³의 원수가 유입한다. 침전지 표면적이 250m²이고 깊이가 3m라면 침전지 용량은?

19 상수처리과정 중에서 약품응집을 위해서 알럼[$Al_2(SO_4)_3 \cdot 14H_2O$]이 많이 사용되는데, 이 응집제는 응집을 위해서 알칼리도를 소비한다. 이 알럼 1mg/L당 얼마만큼의 알칼리도(mg/L as $CaCO_3$)를 소비하는가?

20 상수의 정수과정에서 황산알루미늄을 응집제로 사용하여 정수하면 경도는 어떻게 변하는지 쓰시오.

제1과목 수처리공정

03 정답 및 해설

01 침전지 성능의 육안 관찰과 실험실 측정은 일상적으로 수행되어져야 하고, 적어도 8시간 근무조마다 1번씩은 수행되어야 하고, 수질이 바뀌는 조건일 때에는 더 자주 수행해야 한다.

02 침전공정의 일상적인 운영에 대한 공정성능 및 수질특성에 대해 기록·관리를 해야 한다.
- 유·출수입의 탁도 및 유입수의 온도
- 생산물량 및 슬러지(Sludge)의 생성부피
- 공정설비성능 등

03 플록이 침전하지 않고 월류하는 원인은 응집불량, 단회로 발생, 밀도류 발생, 바람, 낮은 월류위어 부하율, 조류 등이 있다.
- 단락류 : 침전지 내에서는 물이 정상적인 유로를 통과하지 않아 적정체류시간보다 빨리 유출부에 물이 도달하는 현상을 말하며 짧은 침전시간으로 인하여 플록이 유출되는 원인이 된다.
- 밀도류 : 밀도류는 침전지 내에서 비중이 서로 다른 유체가 수층별로 흐르는 현상으로 장마철에 고탁도의 원수가 유입되어 침전지로 유입되는 수중의 고형 현탁물 농도가 침전지 내의 물보다 높을 때 밀도차에 의하여 밀도류가 발생되며 침전효율이 저하된다.
- 바람의 영향 : 바람에 의해 단락류가 발생되기도 하는데, 이런 현상이 나타나는 시설에서는 침전지 수표면에 저류벽을 설치하면 바람에 의한 영향 및 바람에 날리는 이물질들의 유입 등을 방지할 수 있다.

04 소요표면적 = 10,000/40 = 250m²
침전지 부피 = 750m²
체류시간 = (750/10,000) × 24 = 1.8시간

05 표면부하율이란 침전지에 유입되는 유량 Q를 지의 표면적(또는 침전지 바닥면적) A로 나눈 것으로 침전지 설계 시 중요한 인자로 사용되고 있다.
즉, 표면부하율 $V_o = Q/A$로 표현된다. 표면부하율은 침전지에서 정확히 100% 제거 가능한 가장 작은 (침강속도가 가장 느린) 입자의 침강속도를 의미한다.

06 독립(단독)침전형태

07 상수원수의 처리방법

구 분	BOD	수질처리방법
상수원수 1급	1	여과 등에 의한 간이 처리
상수원수 2급	3	침전여과 등에 의한 일반적 정수처리
상수원수 3급	6	전처리 등을 거친 고도의 정수처리

08 표면세척은 압력정수를 분사하여 여과층의 표면을 세척하는 것으로 여층 내의 교상물질로 된 머드볼의 발생을 방지하기 위함이다.

09 응집효율을 높이기 위하여 점토와 같은 콜로이드를 넣어준다.

10 황상반토 최적주입량 20ppm = 20mg/L = 20g/m³ = 20mL/m³이므로,
20mL/m³ × 500m³/h = 10,000mL/h
∴ 10,000mL/h/0.05 = 200,000mL/h = 200L/h

11 황산알루미늄의 소비량 50ppm = 50mg/L = 0.050kg/m³
1일 황산알루미늄의 주입량 = 48,000m³/day × 0.050kg/m³ = 2,400kg/day/0.05
= 48,000kg/day = 48m³/day

12 침전효율 $E = \dfrac{V_s}{V_o} \times 100$

표면부하율 $V_o = \dfrac{Q}{A} = \dfrac{12,000 \text{m}^3/\text{day}}{80 \text{m}^2} = 150\text{m/day} \times \dfrac{100\text{cm}}{\text{m}} \times \dfrac{\text{day}}{86,400\text{s}} = 0.174\text{cm/s}$

∴ $E = \dfrac{0.1}{0.174} \times 100 = 57.4\%$

13 체류시간 $t = \dfrac{\text{침전지의 수심}(H)}{\text{표면부하율}(Q/A)} = \dfrac{3\text{m}}{36\text{m}^3/\text{m}^2 \cdot \text{day}} = \dfrac{1}{12}\text{day} = 2\text{h}$

14 $Q/A = H/t = 3.2\text{m}/2.7\text{h} = 1.185\text{m/h} = 28.44\text{m/day}$

15 침전지 면적

$$A = \frac{Q}{V}$$

$$Q = 600 \text{m}^3/\text{day} = \frac{600}{24} = 25 \text{m}^3/\text{h}$$

$$V = \frac{H}{t} = \frac{4}{8} = 0.5 \text{m/h} \quad \therefore A = \frac{25}{0.5} = 50 \text{m}^2$$

16 침전제거효율

$$E = \frac{V_s}{V_o} = \frac{V_s}{Q/A} = V_s \frac{A}{Q}$$

- V_o : 최소입자의 침강속도
- V_s : 입자의 침전속도
- Q/A : 표면부하율
- Q : 유량
- A : 침강면적

17 원수수질 탁도에 급격한 변화가 발생하였다면 즉각 여과공정의 효율을 검증해야 한다. 현재의 여과제거효율과 최근의 여과제거효율을 비교하면 비교적 신속히 여과공정의 효율변화를 측정할 수 있다. 침전지 입구와 출구에서의 탁도측정은 제거효율을 대략적으로 알 수 있게 한다.

18 침전지 용량 = $250 \text{m}^2 \times 3\text{m} = 750 \text{m}^3$

19 $Al_2(SO_4)_3 + 6HCO_3^- \rightarrow 2Al(OH)_3 + 3SO_4^{2-} + 6CO_2(g)$: Closed System

$Al_2(SO_4)_3 \cdot 14H_2O$ = 분자량 594g, Alk = mg/L $CaCO_3$ = 40(mg/mmol)HCO_3^- as Alk

$$\frac{6 \text{mmol } HCO_3^- \times 40 \text{mg/mmol Alk}}{594 \text{mg/mmol}} \times \frac{50}{40} = 0.5 \frac{\text{mg/L Alk as } CaCO_3}{\text{mg/L Alum}}$$

20 황산알루미늄을 이용한 원수의 응집반응

$Al_2(SO_4)_3 + 3Ca(HCO_3)_2 \rightarrow 2Al(OH)_3\downarrow + 3CaSO_4 + 6CO_2$

응집 결과 중탄산염인 $Ca(HCO_3)_2$가 황산염 $3CaSO_4$으로 되어 일시경도가 영구경도로 되지만 총경도에는 변화가 없다.

CHAPTER 04 여과

01 개요

1. 정의

여과법(Filtration)은 원수를 다공질층을 통해 현탁액을 유입시켜 부유물질, 침전으로 제거되지 않은 미세한 입자를 제거할 때 가장 효과적인 정수방법으로 침전지의 전처리여과로 사용되는 완속여과법과 약품침전지와 부유물 접촉 여과지의 전처리로 사용되는 급속여과법이 있다.

2. 제거 메커니즘

① 여재에서의 침전
② 부 착
③ 생물학적 작용(Biological Action)
④ 흡수(Absorption)
⑤ 거름작용(Straining)

3. 여 재

① 단일여재(모래)
② 이중모래(모래, 안트라사이트)
③ 다중·혼합여재(모래, 안트라사이트, 석류석)

02 완속여과법

1. 완속여과의 일반사항

(1) 정 의

완속여과법은 원수의 연평균 탁도가 10도 이하, 생물화학적 산소요구량(BOD)이 3mg/L 이하, 대장균 군(100mL, MPN) 5,000 이하의 경우에 채용된다. 완속여과는 사층을 통해서 원수를 천천히 침투유하시키는 방법으로 여과속도는 10m/day 이하의 저속이지만, 보통 4~5m/day이다.

(2) 완속여과법의 원리

① **여별효과(Straining)** : 여과효과 발현의 주체
  ㉠ 사층에 의한 단순한 기계적 억류작용
  ㉡ 여층의 표면에서 일어남
  ㉢ 여과막(Filter Film)

② **흡착과 침전(Adsorption, Sedimentation)**
  ㉠ 모래표면을 통과한 미세물질이 여층 중의 공극을 유하하면서 플록형성과 공극 내에서의 침전작용, 모래표면에 흡착현상으로 여층에 억류됨
  ㉡ 수온이 낮으면 물의 점성이 커져 여과효과가 나빠짐(플록화가 어렵고 물의 전단력으로 흡착입자가 떨어짐)

③ **생물학적 작용(Biological Activity) – 생물피막** : 이상물(泥狀物) 중에 있는 생물 간의 생존경쟁에 의해 세균류의 경감, 모래에 교상물질(膠狀物質)로 부착한 미생물이 점성이 커져 콜로이드, 세균 같은 미세물질을 흡착제거

④ **산화작용(Oxidation)** : 사면(砂面)상의 수중에 있는 광합성을 하는 플랑크톤이 풍부한 산소를 물에 공급하여 철, 망간 등을 산화시켜 제거한다.

> **참고**
> • 여별효과, 흡착과 침전 : 급속여과, 완속여과에서 발휘
> • 생물학적 작용, 산화작용 : 완속여과에서만 발휘

(3) 완속여과의 특징

① 세균 제거율(98~99.5%)이 탁월하다.
② 약품의 소요가 불필요하며, 유지관리비가 저렴하다.
③ 처리수의 수질이 양호하다.
④ 여과지의 면적이 넓고, 건설비가 많이 든다.
⑤ 탁도가 높거나 심하게 오염된 원수에는 부적당하다.
⑥ 인력으로 여재를 청소하기 때문에 경비가 많이 들고, 오염의 염려가 크다.
⑦ 여과지 면적에 비해 처리할 수 있는 용량이 적기 때문에 대규모 처리에는 부적합하다.

2. 완속여과지의 설계

(1) 구조 및 형상

① 여과지의 깊이는 하부집수장치의 높이에 자갈층과 모래층 두께, 모래면 위의 수심과 여유고를 더하여 2.5~3.5m를 표준으로 한다.
② 여과지의 형상은 직사각형을 표준으로 한다.
③ 배치는 몇 개의 여과지를 접속시켜 1열이나 2열로 하고 그 주위는 유지관리상 필요한 공간을 둔다.
④ 주위벽의 상단은 지반보다 15cm 이상 높여서 여과지 내로 오염수나 토사 등의 유입을 방지하여야 한다.
⑤ 한랭지에서는 여과지의 물이 동결될 우려가 있는 경우나 또한 공중에서 날아드는 오염물질로 물이 오염될 우려가 있는 경우에는 여과지를 복개한다.

(2) 여과속도

완속여과지의 여과속도는 4~5m/day를 표준으로 한다.

[모래층의 손실수두]

여과속도(m/day)	90cm 두께의 청정한 모래의 손실수두(cm)			
	모래의 유효경(mm)			
	0.30	0.35	0.40	0.45
0.935	1.22	0.91	0.61	0.61
1.870	2.74	2.13	1.52	1.22
2.805	3.96	3.04	2.44	1.83
3.740	5.49	3.96	3.04	2.44
4.675	6.71	4.88	3.66	3.04
5.610	8.23	6.10	4.57	3.66
6.545	9.45	7.01	5.49	4.27
7.480	9.73	7.92	6.10	4.88

참고
- 모래층 두께가 1.00m인 경우의 손실수두는 표의 수치에 90/100을 곱하여 구한다.
- 이 표는 수온이 10℃일 때의 수치이다.

(3) 여과면적 및 여과지수

① 완속여과지의 여과면적은 계획정수량을 여과속도로 나누어 구한다.
② 여과지의 수는 예비지를 포함하여 2지 이상으로 하고 10지마다 1지 비율로 예비지를 둔다.

(4) 모래층의 두께 및 여과모래
① 모래층의 두께는 70~90cm를 표준으로 한다.
② 여과모래의 품질
    ㉠ 외관은 먼지, 점토질 등의 불순물이 없을 것
    ㉡ 유효경은 0.3~0.45mm일 것
    ㉢ 균등계수는 2.0 이하일 것
    ㉣ 세척탁도는 30도 이하일 것
    ㉤ 강열감량은 0.7% 이하일 것
    ㉥ 산가용률은 3.5% 이하일 것
    ㉦ 비중은 2.55~2.65의 범위일 것
    ㉧ 마멸률은 3% 이하일 것
    ㉨ 최대경은 2.0mm 이하일 것

(5) 자갈층의 두께 및 여과자갈
① 자갈층의 두께는 40~60cm를 표준으로 한다.
② 여과자갈은 최대경 60mm, 최소경 3mm의 것을 4층으로 체로 분류하여 조립자를 하층에 세립자를 상층에 순서대로 부설하여야 한다.

[두께 자갈의 평균과 자갈층]

층별(4층의 경우)	자갈의 평균경(mm)	자갈층 두께(cm)
1층	3~4	8~10
2층	10~20	8~10
3층	20~30	12~15
4층	60	12~15

③ 여과자갈은 그 형상이 구형에 가깝고 경질청정하며 질이 균등한 것이 좋으며 먼지, 점토질 등의 불순물을 포함하여서는 안 된다.

(6) 하부집수장치
① 하부집수장치는 여과지의 모든 부분에서 균등하게 여과할 수 있는 구조로 배치한다.
② 하부집수장치와 바닥에는 배수를 고려하여 필요한 경사를 둔다.
    ㉠ 하부집수장치의 저부경사의 주거는 1/200, 지저는 1/150 정도로 한다.
    ㉡ 지저경사는 주거를 향하여 1/150 정도로 한다.

(7) 수심 및 여유고
① 여과지의 모래면 위의 수심은 90~120cm를 표준으로 한다.
② 고수위에서 여과지 상단까지의 여유고는 30cm 정도로 한다.

(8) 조절정

① 조절정에는 유량조절장치를 설치한다.
② 유량조절장치에는 여과손실수두계, 여과속도 및 여과수량 지시계 외에 필요한 관이나 밸브류를 설치한다.
③ 유량조절장치는 여과지 내에 부(−)수두가 발생하지 않는 구조로 한다.
④ 조절정은 지(地) 내 여과수가 오염되지 않는 구조로 하고 필요에 따라서 건물을 설치해야 한다.

(9) 여과수의 역송장치

① 조절정에 연결되는 여과수의 역송장치를 설치한다.
② 인접 여과지의 여과수를 이용하는 경우에 유출관이나 우회관을 역송장치로 이용해야 한다.

(10) 유입설비

① 여과지에 접하여 유입측에 유입주관을 설치하고 여기에 연결되는 유입지관에는 제수문이나 제수밸브를 설치한다.
② 유입지관은 여과지의 크기에 따라 1~2개소 설치하고 그 관경은 평균유속 50cm/s 정도가 되도록 한다(실제로는 30~60cm/s가 많다).
③ 유입부의 주위에는 모래면 보호설비를 설치한다.

(11) 월류관

완속여과지에 월류관을 설치하는 경우에는 본장 약품침전지의 월류관, 배출수관 및 슬러지 배출관에 준한다.

(12) 배수관

① 모래면의 상부에 있는 배수관의 관경은 배출시간을 3~4.5시간으로 하며 모래면 하부에 있는 배수관의 관경은 1~1.5시간 정도로 배수할 수 있도록 정한다.
② 배수관의 토출구는 상시 배수할 수 있으며 오염수가 역류되지 않는 장소에 설치한다.
③ 상시 배수할 수 없을 경우에는 배출펌프와 배수조를 설치한다.
④ 펌프를 사용하는 경우 배수조의 크기는 배수량의 4분간 분량 이상으로 한다.

(13) 세사설비

① 여과지에 가까운 곳으로 모래의 반입과 출입에 편리한 장소에 보충용 깨끗한 모래 및 걷어낸 오사를 각각 저장할 수 있는 저장조를 설치한다.
② 정수장 내에서 걷어낸 오사를 세척할 경우에는 세사장치 외에 적당한 수량과 수압을 가진 세척수압관, 세척배출수 침전조 등 필요한 설비를 설치한다.

03 급속여과법

1. 급속여과의 일반사항

(1) 정 의

급속여과법은 원수에 황산반토 등의 응집제를 가해서 약품의 작용으로 침전을 시키고 침전수를 모래 여과하여 물을 정화하는 방법이다. 여과작용이 여과 모래층의 내부 깊은 곳까지 응집한 미세 플록을 보내서 사립자 표면과 미세 플록과의 응집 또는 부착한 미세 플록과 후속 플록과의 상호 응집이 층 내부에서 이루어져 불순물의 제거가 진행된다.

(2) 급속여과의 원리

① 급속여과는 여재 입자에 접촉하는 과정에서 물리적 또는 수리학적 제인자에 지배되며 생물학적 작용은 무시한다.
② 여과작용은 거의 5~15cm 정도에서 일어난다.
③ 여과속도는 여과층이 60cm 정도의 두께이고 여과재의 유효경이 0.45~0.55mm 정도이면 120m/day가 표준이지만 고속여과(High Rate Filtration)에서는 180~200m/day 정도이다.

> **참고** 여층의 두께가 60cm 정도로 필요한 이유는 여층이 일정한 강도를 유지하고 물을 여러 번 전체에 고루 흐르게 하여 여과작용을 균일하게 하기 위함이다.

④ 응집여과에 의하여 대부분의 부유물을 제거한 후 모래 여과에 의하여 나머지 부유물을 제거하고 다시 염소로서 소독한다.

(3) 급속여과의 특징

① 설치면적을 적게 차지하여, 건설비가 적게 소요된다.
② 인력이 적게 소요되며, 자동 제어화가 가능하다.
③ 여과 시 손실수두가 크다.
④ 탁도가 다소 높은 원수의 처리에 적당하다.
⑤ 세균처리에 있어서는 확실성이 적다.
⑥ 기계적으로 여재를 청소하기 때문에 경비가 많이 드나 청소시간이 짧아 오염의 염려가 적어진다.

(4) 역세척 방법(Back Washing)

급속여과의 사층 세정은 역세척 방법을 일반적으로 사용한다. 급속여과에서는 폐쇄가 빨리 일어나므로 역세척을 기계적으로 하여 단시간 내에 여과기능을 회복하는 것이 특징이다.

① 모래층을 기계적으로 교반한 후 물을 역류시키는 방법

② 공기로 모래층을 교란시킨 후 역세척하는 방법 또는 공기와 물을 동시에 분출시켜 역세척하는 방법
③ 물만으로 역세척하는 방법

2. 급속여과지의 설계

(1) 개 요
급속여과지는 원수 중의 현탁물질을 약품에 의하여 응집시키고 분리하는 급속여과방식의 여과지를 총칭하며 급속여과지에서는 원수 중의 현탁물질을 응집한 후 입상층에 비교적 빠른 속도로 물을 통과시켜 여재에 부착시키거나 여층에 체거름 작용에 의하여 탁질을 제거한다.

(2) 구조 및 방식
① 여층구성에 따라 단층과 다층
② 사용여재에 따라 모래만 사용하거나 비중이 다른 여재의 병용
③ 수류의 방향에 따라 하향류와 상향류
④ 여과속도에 따라 120~150m/day의 것과 그 이상의 속도로 여과가 가능한 것
⑤ 수리적으로 중력식과 압력식
⑥ 형태적으로 개방형과 밀폐형
⑦ 여과수량의 시간변화에 따라 정속여과, 감쇄여과
⑧ 여과수량의 조절방식에 따라 유량제어형, 수위제어형, 자연평형형
⑨ 세척수의 공급방식에 따라 세척펌프로 공급하는 형식과 여과지, 정수지의 물 또는 다른여과지에서 공급하는 형식
⑩ 처리할 원수의 종류에 따라 응집·침전처리한 물을 여과하는 일반적인 방식과 응집처리만 한 물을 처리하는 직접여과방식

(3) 여과면적과 지수 및 형상
① 여과면적은 계획정수량을 여과속도로 나누어 계산한다.
② 여과지수는 예비지를 포함하여 2지 이상으로 하고 10지를 넘을 경우에는 여과지수의 1할 정도를 예비지로 설치하는 것이 바람직하다.
③ 여과지 1지의 여과면적은 $150m^2$ 이하로 한다.
④ 형상은 직사각형을 표준으로 한다.

(4) 여과유량조절

① **정압여과방식** : 여과를 지속하면 여층에 탁질이 억류됨에 따라 여층 내의 유로단면적은 감소하고 투수성이 낮아진다. 따라서 여층의 상류측 수위와 하류측 수위, 즉 여층에 걸리는 압력차가 일정하면 여층의 폐쇄에 따라 여과유량이 서서히 감소하는 방식으로 상한을 정하지 않아 수량관리상 지장을 초래한다.

② **정속여과방식** : 일반적으로 광범위하게 사용되고 있는 방식으로 유량제어형과 수위제어형, 자연평형형의 3가지 방식이 있다.

　㉠ 유량제어형 : 여과수류 출구측에 계량장치와 유량조절장치를 설치해서 여과 초기에는 조절장치가 큰 손실수두를 발생시켜 여과유량을 제어하고 여과가 진행됨에 따라 여층의 폐쇄가 진행되어 여층 내 손실수두가 증가한 만큼 밸브를 열어 조절장치에서의 손실수두를 감소시키는 것이다. 즉 여과유량을 일정하게 유지하는 방법으로 여과모래면에서 유입거 수위까지 고저차를 비교적 작게 할 수 있으나 장치가 복잡하고 높은 손실수두 시 부압발생에 의한 수질악화를 초래할 가능성을 내포한다.

　㉡ 수위제어형 : 여과지의 수위를 검지하고 그 신호를 유량조절기에 전달하여 정속여과를 유지하는 것으로 비교적 얕은 사면 위의 수심으로 하는 것은 가능하나 기구가 복잡해진다.

　㉢ 자연평형형 : 유출측에서 사면보다 높은 위치에 위어를 설치하여 여과지 자체의 사면상의 수심이 서서히 높아질 때 여층의 폐쇄에 따른 통수량의 감소를 방지하여 일정한 여과유량을 얻는 방법으로 유출측의 여과속도 조절 없이 정속여과가 가능하고 여층 내 부압발생의 위험은 적으나 여과지가 깊어지는 단점을 갖는다.

③ **감쇄여과방식** : 상한을 정하지 않는 정압여과방식에서는 수량관리상의 지장이 있으므로 상한을 어느 한도로 억제(유출부에 고정된 조절부 설치)하고 어느 정도의 여과속도로 저하할 때까지 여과를 지속하는 방식으로 다수의 여과지를 갖는 경우에만 적용할 수 있으며 구조가 간단하고 필요한 수두가 작으며 여층폐쇄에 따라 자연적으로 유량이 감소되므로 탁질의 누출위험이 작은 것이 장점이다. 그러나 여과지수가 작은 경우에는 여과속도 감쇄에 따라 유량관리가 어렵고 여과지 휴지와 복귀에 따른 여과속도 등의 변동과 수위변동이 크게 된다는 것이 단점이다.

(5) 여과속도

① 여과속도는 120~150m/day를 표준으로 한다.
② 여층의 유효경이 큰 여재로 여층의 두께가 깊게 구성된 경우에는 여과속도를 그 이상으로 할 수 있다.
③ 응집 및 침전처리가 특히 양호한 경우에는 이를 초과하는 여과속도를 적용하는 것도 가능하나 실제의 원수를 사용해 적용하고자 하는 정수 프로세스를 충분히 고려한 후에 실험하여 결정하는 것이 안전하며 적절하다.

(6) 여층의 두께 및 여재
① 사층의 두께는 60~120cm의 범위로 한다.
② 여과사는 석영질이 많고 견고하고 균일한 모래로서 편평하거나 약한 모래와 먼지 또는 점토 등의 불순물이 적은 것이어야 한다.
③ 여과사의 유효경은 0.45~0.7mm의 범위 내에 있어야 한다.
④ 여과사의 균등계수는 1.7 이하로 한다.
⑤ 신규로 투입하는 여과사의 세척탁도는 30도 이하이어야 한다(가공한 망간사의 경우 제외).
⑥ 신규로 투입하는 여과사의 강열감량은 0.7% 이내이어야 한다.
⑦ 신규로 투입하는 여과사의 염산가용률은 3.5% 이내이어야 한다.
⑧ 여과사의 비중은 2.55~2.65의 범위에 있어야 한다.
⑨ 여과사의 마모율은 3% 이내여야 한다.
⑩ 여과사의 최대경은 2mm 이내여야 하고 최소경은 0.3mm 이상이어야 하며 부득이한 경우에도 최대경을 초과하거나 또는 최소경에 미달하는 것이 1% 이하여야 한다.

(7) 자갈층의 두께 및 여과자갈
① 여과자갈은 그 형상이 구형에 가깝고 경질이며 청정하고 균질인 것이 좋으며 먼지나 점토질 등의 불순물을 포함하지 않아야 한다.
② 여과자갈의 입경과 자갈층의 두께는 하부집수장치에 적합하도록 결정한다.

하부집수장치	최소경(mm)	최대경(mm)	층 수	전층두께(mm)	여층구성의 예
스트레이너형 및 휠라형 (Wheeler Ball)	2	50	4층 이상	300~500	(4층인 경우) 1층 입경 2~5mm 두께 100mm 2층 입경 5~10mm 두께 100mm 3층 입경 10~15mm 두께 100mm 4층 입경 15~30mm 두께 150mm
유공관형	2	25	4층 이상	500	(4층인 경우) 1층 입경 2~5mm 두께 100mm 2층 입경 5~9mm 두께 100mm 3층 입경 9~16mm 두께 150mm 4층 입경 16~25mm 두께 150mm
유공블록형	2	20	4층	200	(4층인 경우) 1층 입경 2~3.5mm 두께 50mm 2층 입경 3.5~7mm 두께 50mm 3층 입경 7~13mm 두께 50mm 4층 입경 13~20mm 두께 50mm

③ 여과자갈은 조립여과자갈을 하층에, 세립여과자갈을 상층에 배치하는 것을 표준으로 하며 입도가 큰 순서대로 깔아야 한다.

(8) 수심 및 여유고
① 여과지 여재표면상의 수심은 여과 중에 부압을 발생시키지 않는 수심 이상으로 한다.
② 고수위로부터 여과지 상단까지의 여유고는 30cm 정도로 한다.

(9) 하부집수장치
① 하부집수장치는 균등하고 유효하게 여과되고 세척될 수 있는 구조로 한다.
② 여과지에는 여과재의 지지, 여과수의 집수 및 역세척수의 균등배분 등의 기능을 함께 가진 하부집수장치를 설치한다.
③ 하부집수장치의 선정에는 여과지 세척방식을 고려하여야 하며 공기세척방식을 병용하는 경우에는 이에 맞는 장치를 선정하여야 한다.

(10) 세척방식
① **여과층의 세척방법** : 역류세척과 표면세척을 합한 방식을 표준으로 하고 여과층이 유효하게 세척되는 것이어야 하며 필요에 의해 공기세척을 조합할 수 있다.
  ㉠ 표면세척과 역세척을 조합한 표준적인 방법으로 여과층 표면의 탁질을 수류에 의한 전단력으로서 파괴하고 다음에 여과층에 유동상태가 될 때까지 세척속도를 높여 여과재 상호 간의 충돌, 마찰이나 수류에 의한 전단력으로 부착 탁질을 떨어뜨려 여과층에 배출시키는 방법
  ㉡ 공기세척과 역세척을 조합한 방법으로서 상승기포의 미진동에 의하여 부착 탁질을 떨어뜨린 다음에 비교적 저속도의 역세척으로 여과층으로부터 배출시키는 방법
② **표면세척**
  ㉠ 표면세척은 여과층 표면부에 억류된 탁질을 강한 수류의 전단력으로 파쇄할 수 있어야 한다. 즉, 역세척만으로 여과층 표면부에 탁질이 남고 세척효과가 나쁘며 오랫동안 여과층 표면의 여과재에 진흙과 같은 물질이 축적되어 여과층의 탁질억류용량이 감소되고 결국은 머드볼이 생성된다. 이와 같은 결점을 보완하기 위하여 역세척 외에 표면세척을 병용한다.
  ㉡ 표면세척장치
    • 고정식 : 수평관 자체에 천공하여 살수시키는 것과 수평관으로부터 수직관을 분지시켜 그 선단에 다수의 구멍을 만들고 분출노즐을 붙여 살수시키는 것이 있다.
    • 회전식 : 수직회전축의 하단에 붙인 수평회전관의 측면 및 선단의 공에서 살수시키고 그 압력에 의해서 수평회전관을 회전시키는 것이다.
③ **역세척**
  ㉠ 표면세척에 의하여 파쇄된 탁질을 여과층으로부터 배출함으로써 억류되어 있는 탁질을 여과재로부터 분리하고 또 트로프까지 월류시키는 데 필요하고 충분한 역세척 속도와 균등한 수류분포가 유지되도록 하여야 한다.

    ⓛ 역세척은 2단계로 되어 있으며 1단계는 역세척수에 의한 여과재 상호의 충돌, 마찰이나 수류의 전단력으로 부착탁질을 떨어뜨리는 단계이며 2단계는 여과층상에 배출된 이들 탁질을 트로프(Trough)로 배출시키는 단계이다.
  ④ 공기세척 : 공기세척방식에는 팽창이 없는 공기와 물 동시세척방식(Simultaneous Air and Water Washing without Expansion)과 공기 세척 후 물 연속세척방식(Washing with Air and Water in Succession)이 있다.

(11) 세척수량

① 세척에는 염소가 잔류하고 있는 정수를 사용하여야 한다.
② 세척에 필요한 수량, 수압 및 시간은 충분한 세척효과를 얻을 수 있도록 한다.

[세척수량, 수압 및 시간의 표준]

구 분	표면세척과 병용하는 경우		역세척만의 경우
	고정식	회전식	
• 표면분사 수압(m) 　- 동 수량(m^3) 　- 동 시간(분)	15~20 0.15~0.20 4~6	30~40 0.05~0.10 4~6	–
• 역세척 수압(m) 　- 동 수량(m^3) 　- 동 시간(분)	1.6~3.0 0.6~0.9 4~6	1.6~3.0 0.6~0.9 4~6	1.6~3.0 0.6~0.9 4~6

(12) 세척탱크 및 세척펌프 등

세척수와 공기를 공급하기 위한 세척탱크, 세척펌프 및 송풍기는 세척에 필요한 수량, 수압 및 공기량을 확보할 수 있도록 한다.

① 세척탱크
  ㉠ 세척탱크의 용량은 적어도 1지를 세척할 수 있는 물을 저장할 수 있는 크기로 하고 여과지 수가 20지를 넘는 경우에는 2지 이상을 동시에 세척할 수 있는 것으로 하는 것이 바람직하다.
  ㉡ 수심은 될 수 있는 대로 얕게 하여 세척수압의 변화를 적게 하는 것이 바람직하다.
  ㉢ 탱크에는 유입관, 유출관, 월류관, 배수관 및 만수경보장치 등을 설치한다.
  ㉣ 세척탱크의 양수펌프는 30분~1시간 동안 탱크를 가득 채울 수 있는 용량으로 하고 반드시 예비를 설치해야 한다.
② 역세척펌프
  ㉠ 세척수를 직송할 때의 역세척펌프의 용량은 필요한 세척수량을 충분히 송수할 수 있어야 한다.
  ㉡ 송수펌프의 양정은 세척배관, 밸브, 유량조절기, 하부집수장치, 모래층 및 여과층 등의 손실수두에 펌프조 수위와 트로프 상단의 고저차를 가산한 것에 다소 여유를 두어 트로프로부터 역세척수가 충분히 유출할 수 있도록 결정해야 한다.

ⓒ 계절에 따라 수온차가 큰 지역에서는 역세척 속도를 변경하는 것을 고려하여 역세척펌프 용량을 결정해야 한다.
ⓓ 역세척펌프에는 반드시 예비를 둔다.
③ 표면세척펌프
ⓐ 표면세척에 필요한 수량은 역세척에 비해 적기 때문에 장내용 압력급수의 이용을 먼저 검토하고 이것을 이용하지 못할 경우에는 전용펌프를 설치한다.
ⓑ 세척펌프의 양정은 세척배관, 펌프 및 노즐 등의 손실수두, 펌프조 수위와 노즐상단의 고저차 및 표면분사수압을 가산하여 결정한다.
ⓒ 펌프조 및 예비 등 고려방법은 역세척펌프와 같으며 펌프의 역지밸브가 고장난 경우 여과지의 물이 역류하므로 사이펀을 설치한다.
④ 세척용 송풍기
ⓐ 송풍기는 1~2대로 1지의 소요풍량에 대응할 수 있으며 고장 등에 대비해 예비를 설치한다.
ⓑ 공기배관은 여과지 내 물이 들어가지 않도록 여과지 수면보다 높은 위치에 설치하던가 배관을 수위보다 높게 올렸다가 내리도록 하고 공기흡입측에는 필터 소음기를 설치해 소음, 진동대책을 고려한 부속기구를 설치해야 한다.

(13) 세척배출수거 및 트로프

① 세척배출수거 및 트로프의 크기는 최대배출수량에 약 20% 여유를 둔 수량을 배출할 수 있어야 하고 트로프의 상단에서 완전히 월류하는 상태가 유지되는 용량이어야 한다.
② 트로프는 내식성, 내구성 및 내압성이 큰 재질로 만들어야 하고 트로프의 상단은 완전히 수평으로 동일한 높이로 견고하게 설치한다.
③ 세척할 때에 여재가 유출되지 않도록 월류하는 트로프 상단의 간격은 1.5m 이하로 하고 여과모래 층의 표면으로부터 높이는 40~70cm로 한다.

(14) 급속여과지의 배관 및 밸브류

① 급속여과지의 배관구경과 거의 단면은 유속과 손실수두를 고려하여 적절히 정한다.

[급속여과지 내의 배관의 유속]

구 분	유속(m/s)		주의사항
	평 균	범 위	
유입관거	0.60	0.50~0.75	-
유출관거	1.00	0.60~1.50	유량조절기의 표준량으로 관경을 정한다.
세척관	-	-	
본 관	2.00	1.50~3.00	각 지의 세척압력을 될 수 있는대로 같게 한다.
지 관	2.50	2.00~3.50	압력수실이 있으면 세척수 균등분포 유도
세척배출수관	2.00	1.50~3.00	빨리 배제하기 위해 충분한 크기로 한다.

② 관과 밸브류는 확실히 고정하고, 수선할 때에 분해할 수 있는 구조로 해야 하며 구조물에 신축이음을 설치한 부분에는 관에도 반드시 신축이음관을 설치한다.
③ 밸브는 여과공정과 세척공정을 완전하게 절체할 수 있도록 한다.
④ 밸브는 긴급할 때에 안전측으로 작동하는 것이어야 한다.
⑤ 여과수가 세척배출수 등으로 오염될 우려가 없는 구조로 한다.

(15) 다층여과지

① 다층여과지는 밀도와 입경이 다른 복수의 여과재를 사용하여 수류방향으로 큰 입경으로부터 가는 입경으로 구성된 역입도 여과층을 구성하여 모래단층 여과지에 비하여 여과기능을 보다 합리적·효율적으로 발휘하기 위한 여과지이다.
② 다층여과지의 특징
    ㉠ 내부여과의 경향이 강하므로 여과층의 단위체적당 탁질억류량이 커서 여과효율이 높다.
    ㉡ 탁질억류량에 대한 손실수두가 적어 여과지속시간이 길다.
    ㉢ 여과속도를 크게 할 수 있다.
    ㉣ 여과수량에 대한 역세척 수량의 비율이 작다.
    ㉤ 고속여과로 여과면적을 작게 할 수 있다.
③ 여재의 품질은 충분한 여과기능과 여과층 구성을 유지할 수 있고 위생적이어야 한다.
④ 총여과층 두께는 60~80cm를 표준으로 한다.
⑤ 여과층의 구성은 충분한 여과효과를 얻을 수 있도록 하며, 역세척 후에도 상하의 여재 간에 층분리가 되도록 충분한 역세척속도 확보 및 적절한 입경구성이 이루어져야 한다.

[이층여과지의 표준 여과층]

구 분	안트라사이트		여과사		총여층두께
	여층두께	유효경	여층두께	유효경	
경우 1	200~300	0.9~1.4	300~400	0.45~0.6	600
경우 2	200~400		300~500		700
경우 3	300~500		300~500		800

⑥ 지지층에 관하여는 자갈층의 두께와 여과자갈에 준한다. 다만, 최하층에 입경이 가장 작은 여재를 사용하는 경우에는 여재의 누출방지에 유의해야 한다.
⑦ 여과속도는 240m/day 이하를 표준으로 한다.
⑧ 세척방식은 여재의 경계부와 여과층의 내부에 억류되어 있는 탁질을 효율적으로 제거할 수 있어야 한다.

(16) 자연평형형 여과지
  ① 자연평형형 여과지는 자동여과지라고도 하며 유입수량과 유출수량이 자연적으로 평형을 이루는 방식이다. 형식으로 자기역류세척형, 역류세척탱크보유형, 역류세척장치이동형, 지별제어형으로 나눌 수 있으며 같은 형식 중에서도 여러 가지 방식이 있다.
  ② 유입량의 제어는 사이펀이나 밸브 등 확실한 방법으로 한다.
  ③ 군 제어를 하는 여과지는 확실하게 역세척할 수 있도록 여과지의 수가 적절해야 한다.
  ④ 지별식(개별식)으로 제어를 할 경우에는 역세척 방식에 적절하여야 한다.
  ⑤ 모래면 위의 수심변화에 충분히 대처할 수 있는 구조로 한다.

(17) 직접여과
  ① 직접여과는 저탁도 원수를 대상으로 소량의 응집제를 주입한 후 플록형성과 침전처리를 하지 않고 여과를 하는 것이다. 응집제를 주입하고 단기간의 플록형성까지만 시킨 후 여과하는 경우도 있다.
  ② 원수 수질이 양호하고 장기적으로 안정되어 있어야 한다.
  ③ 응집과 여과의 관리가 적절하고 충분한 수질감시가 이루어져야 한다.
  ④ 원수 수질이 악화되는 경우에는 일반적인 응집·침전과 급속여과방식으로 대처할 수 있는 설비를 갖춘다.

> **더 알아보기**
>
> Air Binding
> 여상(濾床) 내에 부압(負壓)이 발생하면 수중의 용존산소가 분리되어 여상 내에 기포로 집적되는 현상
>
> Break Through
> 여층 중에 억류된 플록이 파괴되어 여과수와 같이 유출되는 현상

04 막여과

1. 개 요

막여과는 화학반응도 모양변화도 수반하지 않고 압력차에 의하여 막에 물을 통과시켜 현탁물질이나 콜로이드를 물리적으로 분리하는 공정이다.

(1) 정밀여과·한외여과

  탁질제거, 세균제거를 목적으로 사용되는 막여과

(2) 나노여과

한외여과막과 역삼투막의 중간에 위치하는 삼투막을 이용하며 분리대상은 분자량이 최대 수백 정도까지의 저분자물질이며, 용해성 물질 제거의 한 방식이다. 나노여과의 주된 기능은 소독부산물, 농약·냄새물질, 바이러스, 기타 염류 등의 제거이다.

2. 막의 종류

(1) 정밀여과막(MF ; Micro Filtration)

종래 맴브레인 필터라고 불리는 여과막을 이용하는 것으로 $0.01 \sim 10\mu m$ 정도의 구멍 직경을 가지고 있다. 정수처리에 사용되는 막은 일반적으로 $0.1 \sim 0.30\mu m$ 정도이며, 이 구멍크기보다 큰 콜로이드, 현탁입자, 균체의 제거에 이용될 수 있다.

(2) 한외여과막(UF ; Ultra Filtration)

정수처리에 이용되는 막의 분리대상은 분자량 1만~200만 정도의 고분자량물질, 콜로이드, 단백질 등이며 이보다 작은 분자량의 물질이나 이온 등은 분리할 수 없다.

(3) 나노여과(NF ; Nano Filtration)

한외막여과와 역삼투막의 중간에 위치하는 삼투막을 이용하는 것으로, 분리대상은 분자량이 최대 수백 정도까지의 저분자물질이다.

3. 막 모듈의 종류

(1) 수납방식에 따른 분류

① 케이싱 수납방식 : 막 요소[막과 그 지지체 및 유로재(遊路材) 등의 부재를 일체화한 것]를 케이싱에 설치하여 막 모듈로써 사용하는 것을 말한다. 일반적으로는 펌프로 케이싱 내에 막 공급수를 압력 주입함으로써 여과를 한다.

② 조침적(槽沈績) 방식 : 조침적 방식에 이용되는 막 모듈은 외압식의 관형 막이나 중공사막 및 평막을 케이싱과 같은 압력용기에는 넣지 않고 그대로 조에 침적하여 수위차나 흡인펌프를 이용하여 여과하는 것이다.

(2) 막 종류에 따른 분류
① **중공사형** : 정밀여과막이나 한외여과막의 외경수 mm 아래까지의 미세 중공섬유를 이용한 것으로 모듈을 구성한다. 통상 수천 가닥에서 수십만 가닥 가까이 모듈이 구성된다.
② **평막형** : 평막과 막 지지판에 의하여 가압부와 여과실을 상호조합하여 다층으로 한 것으로, 평막을 원판모양으로 하여 회전시키는 형식이다.
③ **모노리스형(마르틸틴형)** : 기둥모양으로 성형한 지지체에 복수의 유로를 설치하고 그 내벽 면에 여밀층을 형성한 것으로, 재질은 세라믹계이다.
④ **스파이럴형** : 평막을 봉지모양으로 성형한 것을 유로를 확보하기 위하여 간극재를 끼워 김말이 모양으로 성형한 것으로, 막에 대한 통수방향에 따라 외압식과 내압식이 있다.
   ㉠ 외압식 : 유체를 막 면의 외측에서 내측으로 통수하는 것
   ㉡ 내압식 : 유체를 막 면의 내측에서 외측으로 통수하는 것

4. 막여과법

(1) 전량여과방식
① 막 공급수의 전량을 여과하는 방법이다.
② 모래여과와 마찬가지로 정기적으로 세정을 한다.
③ 비용적으로 보면 전량여과방식은 교차흐름 여과방식과 같은 평형류를 필요로 하지 않으므로 동력비는 적다.

(2) 교차흐름 여과방식
① 막 면에 대하여 평행하는 흐름을 만듦으로써 막 공급수 중의 현탁물질이나 콜로이드가 막 면에 퇴적하는 현상을 억제하면서 여과하는 방법이다.
② 막 면에 수직으로 물을 흐름을 만들며 마찬가지로 막 면의 퇴적을 제어하는 것도 있다.
③ 교차흐름 여과방식은 일반적으로 막 면 유속이 높은 만큼 비용이 증가하므로 처리수량이나 세정효과와의 관계에서 경제적인 막 면 유속을 설계할 필요가 있다.

> **더 알아보기**
>
> **막의 운전제어방식**
> • 정류량제어 : 막 차압을 제어하여 막 여과유량이 정류량이 되도록 하는 방법으로 막 여과에서는 일반적인 방법이다.
> • 정압제어 : 막 차압을 일정하게 유지하여 여과하는 방법으로 여과저항, 수온에 따라 막 여과유량이 변동한다.

5. 막 세정방식

(1) 역압세정방식
여과방향과 반대편에서 막 여과수를 통수하여 역세하는 방법

(2) 공기세정방식
외압식의 중공사(絲), 평막 또는 관형막에 있어서 막을 상승하는 기포로 막을 요동시키거나 상승 기포의 전단력을 이용하여 막 표면에 부착한 물질을 털어 떨어뜨리는 방법

(3) 공기압세정방식
외압식 중공사막에 있어서 막 내면에 공기압을 걸어 막의 면을 팽창시키고 막 내부의 여과수로 세정하는 방법

(4) 포기세정
원수를 높은 유속으로 막 면을 통과시켜 막 면의 부착물을 씻어 흘리는 방법

(5) 복 합
역압세정과 공기세정이 조합된 경우가 많다.

CHAPTER 04 적중예상문제(1차)

제1과목 수처리공정

01 침사지에서 제거되는 취수한 물 속에 포함된 모래입자의 일반적인 크기와 체류시간으로서 적당한 것은?

① 입자크기 : 0.1~0.2mm, 체류시간 : 10~20초
② 입자크기 : 0.1~0.2mm, 체류시간 : 10~20분
③ 입자크기 : 0.04~0.05mm, 체류시간 : 10~20초
④ 입자크기 : 0.04~0.05mm, 체류시간 : 10~20분

해설 침사지
- 입자크기 : 0.1~0.2mm
- 체류시간 : 10~20분

02 여과모래 선정 시 주요 고려사항이 아닌 것은?

① 균등계수
② 유효경
③ 마모율
④ 인장강도

해설 여과모래 선정 시 고려사항
균등계수, 유효경, 마모율, 최대경, 최소경, 비중, 강열감량 등

03 급속여과방식의 정수방법에서는 전처리로서 응집제의 투입이 불가피하다. 다음 중 응집제로 적절하지 않은 것은?

① 염화제2철
② 황산알루미늄
③ 수산화나트륨
④ 황산제1철

해설 수산화나트륨(NaOH)은 pH 첨가제이다.

정답 1 ② 2 ④ 3 ③

04 정수의 완속여과에 대한 설명 중 틀린 것은?

① 부유물질 외에 세균제거도 가능하다.
② 급속여과에 비해 넓은 부지면적을 필요로 한다.
③ 여과속도는 4~5m/day를 표준으로 한다.
④ 전처리로서 응집침전과 같은 약품처리가 필수적이다.

해설 전처리로서 응집침전과 같은 약품처리가 필수적인 공정은 급속여과이다.

05 급속여과지의 여과속도는 얼마를 표준으로 하는가?

① 4~5m/day
② 30~50m/day
③ 60~90m/day
④ 120~150m/day

해설 급속여과지의 여과속도는 120~150m/day를 표준으로 한다.

06 급속여과에서 탁질누출현상이 일어나기까지의 순서로 옳은 것은?

① Air Binding → 부수압 → Scour → 탁질누출현상
② Air Binding → Scour → 부수압 → 탁질누출현상
③ 부수압 → Scour → Air Binding → 탁질누출현상
④ 부수압 → Air Binding → Scour → 탁질누출현상

해설 탁질누출현상
공기장애가 일어나면 모래층 내의 간극이 작아져 유속이 빨라지게 되고 유속이 어느 한도 이상이 되면 여과층 중에 역류되어 있던 플록이 파괴되어 여과수와 같이 유출되는 현상을 말한다.

07 다층여과에 대한 설명 중 옳지 않은 것은?

① 전체 여층을 유효하게 사용한다.
② 여과저항의 상승을 크게 한다.
③ 여과시간을 길게 지속시킨다.
④ 입경이 크고 비중이 작은 여재를 상층부에 둔다.

해설 여과층 전체에서 여과되므로 여과저항의 상승을 작게 한다.

08 정수처리를 위한 급속여과지에 관한 설명으로 틀린 것은?

① 중력식을 표준으로 한다.
② 여과면적은 계획정수량을 여과속도로 나누어 계산한다.
③ 1지의 여과면적은 250m² 이하로 한다.
④ 여과속도는 120~150m/day를 표준으로 한다.

해설 1지의 여과면적은 150m² 이하로 한다.

09 정수처리를 위한 완속여과지의 표준 여과속도 범위는?

① 3~4m/day
② 4~5m/day
③ 5~6m/day
④ 6~8m/day

해설 완속여과지의 표준 여과속도 범위는 4~5m/day이다.

10 상수도에서 적용되는 급속여과지의 여과모래에 관한 설명으로 옳지 않은 것은?

① 모래층 두께는 60~120cm의 범위로 한다.
② 여과모래의 유효경은 0.3~0.45mm이다.
③ 여과모래의 최대경은 2mm 이내이다.
④ 여과모래의 균등계수는 1.7 이하로 한다.

해설 여과모래의 유효경은 0.45~1.0mm이다.

11 정수를 위한 급속여과지에 관한 설명으로 틀린 것은?

① 여과면적은 계획정수량을 여과속도로 나누어 계산한다.
② 1지의 여과면적은 100m² 이하로 한다.
③ 여과사의 유효경은 0.45~0.7mm 범위 이내이어야 한다.
④ 여과속도는 120~150m/day를 표준으로 한다.

해설 1지의 여과면적은 150m² 이하로 한다.

정답 8 ③ 9 ② 10 ② 11 ②

12 1일 처리수량이 30,000m³인 정수처리장의 급속여과시설을 120m/day의 여과속도로 5개의 여과지를 설치하고자 한다. 이때 급속여과지 1개의 소요면적은?

① 50m²
② 62m²
③ 83m²
④ 100m²

해설 $Q = AV$에서 $A = \dfrac{Q}{V} = \dfrac{30{,}000\text{m}^3/\text{day}}{120\text{m}/\text{day}} = 250\text{m}^2/5\text{개} = 50\text{m}^2/\text{개}$

13 1일 60,000ton의 처리용량을 가진 정수처리장의 급속여과시설에 120m/day 여과속도 기준으로 10개의 여과지를 설치하고자 한다. 여과지 한 개당 소요면적은?(단, 여유 여과지를 2개 설치한다)

① 42.5m²
② 50.0m²
③ 62.5m²
④ 75.0m²

해설 여과지 면적 $A = \dfrac{Q}{V} = \dfrac{60{,}000}{120} = 500\text{m}^2$

∴ 여과지 1개 면적 = 500/10 = 50m²

14 여과지의 수위가 일정하도록 유입 또는 유출밸브를 조절하는 정수위여과에서 여과시간과 여과수량의 관계를 나타낸 곡선은?

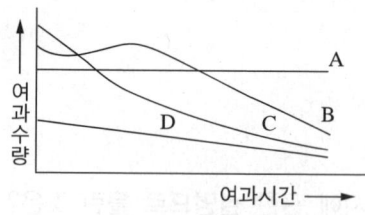

① A곡선
② B곡선
③ C곡선
④ D곡선

해설 C : 정압여과(정수위여과) – 여과수량은 여층의 상류층 수위와 하류층 수위, 즉 여층에 걸리는 압력차를 일정하게 하는 방식으로 서서히 감소한다.
A : 정속여과
B : 감쇄여과

CHAPTER 04 적중예상문제(2차)

제1과목 수처리공정

01 여과공정에서 입자를 제거하는 메커니즘에 대해 3가지 이상 열거하시오.

02 모래여과와 이중여재여과의 운영상의 가장 큰 차이점을 쓰시오.

03 여과제거효율을 빨리 측정할 수 있는 방법을 기술하시오.

04 여과속도에 의해 통상적으로 분류되는 여과방식 2가지를 쓰시오.

05 조류가 여과에 미치는 영향을 2가지 이상 약술하시오.

06 여과지의 수두손실에 영향을 미치는 인자를 3가지 이상 쓰시오.

07 Air Binding현상의 원인과 이로 인해 야기되는 문제점을 기술하시오.

08 일반적으로 여과지의 여과지속시간이 짧아지는 원인을 4가지 이상 쓰시오.

09 역세척은 여과기능을 지속시키는 데 매우 중요한 요소이다. 역세척 방법 3가지를 서술하시오.

10 다음의 조건에서 급속여과지 1지의 역세척에 소요되는 물량을 구하시오.

> - 표면세척 : 시간 2분, 수량 $0.5m^3/m^2 \cdot min$
> - 역세척 : 시간 5분, 수량 $0.8m^3/m^2 \cdot min$
> - 여과지 면적 : $100m^2/지$

11 여과모래 선정 시 주요 고려사항을 쓰시오.

12 급속여과지의 탁질누출(파과 : Breakthrough)현상을 억제하기 위한 대책에는 어떤 것이 있는가?

13 탁질누출현상에 대해 간략히 설명하시오.

14 정수처리를 위한 완속여과지의 표준여과속도 범위를 쓰시오.

15 1일 60,000ton의 처리용량을 갖는 정수처리장의 급속여과시설을 120m/day 여과속도 기준으로 10개의 여과지를 설치하고자 한다. 여과지 한 개당 소요면적은?(단, 여유 여과지를 2개 설치한다)

16 급속사여과지에서 'Specific Deposit'를 정의하시오.

17 완속여과의 기능을 간략히 설명하시오.

CHAPTER 04 정답 및 해설

제1과목 수처리공정

01 제거 메커니즘
- 여재에서의 침전
- 부 착
- 생물학적 작용(Biological Action)
- 흡수(Absorption)

02 모래여과는 여재입자의 크기가 작기 때문에 역세척을 자주 해주어야 하고, 이중여재여과는 높은 수두손실을 유발하지 않지만 높은 여과율을 나타낸다.

03 현재의 여과제거효율과 최근의 여과제거효율을 비교하면 비교적 신속히 여과공정의 효율변화를 측정할 수 있다. 만약 여과제거효율이 감소하고 있다면 혼화와 응집공정에서 적절한 약품이 투입되고 있는지 조사해봐야 하며, 이러한 평가는 실험실에서 자-테스트를 수행하여 알 수 있다.

04 여과법에는 보통침전지의 전처리여과로 사용되는 완속여과법과 약품침전지와 부유물접촉여과지의 전처리로 사용되는 급속여과법이 있다.

05 조류가 여과에 미치는 영향
- 여과지속시간 단축
- 역세척 빈도증가
- 여과전처리 효율 저하
- 정수생산량 감소

06 여과지의 수두손실에 영향을 미치는 인자로는 여과지의 깊이, 여과속도, 물의 점도, 모래입자의 크기 등이 있다.

07 Air Binding현상
- 원인 : 여과가 진행되면서 손실수두가 상승하는데 여과지 전체의 압력차가 겨우 통수능력을 유지할 때 폐색이 일어난 부분에서 국부적으로 대기압보다 얕은 부분이 발생할 수 있다. 이러한 부압에 의해 수중의 용존가스가 유리되고 이들이 여과층 중에 집적하여 기포를 발생하게 된다.
- 문제점 : 여재유실의 원인이 되고 통수단면적을 감소시켜 정상적인 여과지 운영이 곤란하게 된다.

08 여과지속시간이 짧아지는 원인
- 여재의 세립자가 여층표면에 과다 퇴적
- 여재의 유효경이 여속에 비하여 매우 작을 때
- 여과지 유입수에 플록이나 부유물질이 너무 많을 때
- 여층이 오탁되어 있거나 머드볼이 많을 때
- 여층을 폐색시키는 조류가 수원에 대량 발생할 때
- Air Binding현상이 발생할 때
- 폴리머의 과잉 주입

09 역세척 방법(Back Washing) 중 급속여과의 사층세정은 역세정 방법을 일반적으로 사용한다. 급속여과에는 폐쇄가 빨리 일어나므로 역세척을 기계적으로 하여 단시간 내에 여과기능을 회복하는 것이 특징이다.
- 모래층을 기계적으로 교반 후 물을 역류시키는 방법
- 물만으로 역세척하는 방법
- 공기로 모래층을 교란시킨 후 역세척하는 방법 또는 공기와 물을 동시에 분출시켜 역세척하는 방법

10 역세물량(Q_T) = 표면세척량($Q_1 \times T_1$) + 역세척수($Q_2 \times T_2$)
    = {(2×0.5) + (5×0.8)} ×100 = 500m³/지

11 여과모래 선정 시 주요 고려사항으로는 균등계수, 유효경, 마모율, 최대경, 최소경, 비중, 강열감량 등이 있다.

12 탁질누출방지법
- 공기장애 방지
- 고분자응집제 사용
- 여과지 사면상의 수심을 크게 하여 부압방지

13 탁질누출현상
공기장애가 일어나면 모래층 내의 간극이 작아져 유속이 빨라지게 되고 유속이 어느 한도 이상이 되면 여과층 중에 역류되어 있던 플록이 파괴되어 여과수와 같이 유출되는 현상을 말한다.

14 완속여과지의 표준 여과속도 범위는 4~5m/day이다.

15 여과지 면적 $A = \dfrac{Q}{V} = \dfrac{60,000}{120} = 500\text{m}^2$ ∴ 여과지 1개 면적 = 500/10 = 50m²

16 $$\text{Specific Deposit}(\sigma) = \frac{\text{Volume(Deposit)}}{\text{Volume(Deposit)} + \text{Volume(Pores)} + \text{Volume(Media)}}$$

즉, 여과지의 총부피에 대한 여과된 물질의 부피를 말한다.

17 완속여과의 기능
- 여별효과(Straining) : 여층표면에서 일어나며 부유물질을 걸러내는 작용
- 산화작용(Oxidation) : 모래층 표면 위의 수중에 산소가 공급되어 산화반응이 일어나고, 특히 철, 망간의 제거작용
- 생물학적 작용 : 시간이 지남에 따라 모래 표면에 생물막이 형성되어 소정의 미생물 반응이 일어나며 급속여과지에서는 기대할 수 없다.
- 흡착과 침전 : 수온이 낮을수록 흡착효과가 낮은데 그 이유는 수온이 낮으면 물의 점성이 커져서 플록화가 어렵고 일단 흡착된 입자도 물의 전단력으로 모래입자 표면으로부터 떨어져 하부로 이동하기 때문이다.

CHAPTER 05 미생물제어(소독처리)

제1과목 수처리공정

01 전염소처리법

1. 개요

염소는 통상 소독을 목적으로 여과 후에 주입되는 것이나 여과 전에 처리과정 시 물에 염소를 주입하는 방법을 전염소처리법이라 한다. 전염소처리는 원수가 심하게 오염되어 세균, 암모니아성 질소와 각종의 유기물을 포함하여 침전, 여과의 정수만으로는 제거되지 않는 경우나 철, 망간을 제거할 목적으로 한다.

2. 전염소처리의 목적

① 물의 세균을 감소시켜서 안정을 높이며 침전지나 여과지의 내부를 위생적으로 유지한다.
② 조류, 세균 등이 다수 서식하고 있을 때 사멸시키고 번식을 방지하기 위해서이다.
③ 원수 중에 용존하고 있는 철, 망간을 산화 제거하기 위해서이다.
④ 암모니아성 질소, 황화수소, 아질산성 수소, 페놀류, 유기물을 산화 제거하기 위해서이다.

3. 전염소처리를 실시하는 경우

① 일반세균이 1mL 중 5,000 이상 또는 대장균이 100mL 중 2,500 이상 존재할 때
② 조류, 소형동물, 철박테리아 등이 다수 서식하고 있어 이들을 사멸시키고, 번식을 방지하고자 할 때
③ 철, 망간이 용존하고 염소소독에 의하여 탁도, 색도가 증가하는 경우, 불용성 물질을 산화물로 제거할 때
④ 암모니아성 질소(NH_3-N), 황화수소(H_2S), 유기물 등을 산화시킬 때

> **참고** 이론상 암모니아성 질소 1mg/L에 대해서는 7.6mg/L의 염소가 필요하다.

4. 전염소처리 시 고려사항

① 전염소처리로 황화수소, 하수, 조류에 기인되는 냄새의 제거에는 효과가 있지만 종류에 따라서는 염소에 의하여 맛, 냄새를 오히려 강하게 하거나 새로운 냄새물질을 발생시키는 경우가 있다.
② 원수 중에 부식질 등의 유기물이 존재하면 염소와 반응하여 THM(트라이할로메탄)이 생성되는 경우가 있으므로 응집, 침전으로 부식질을 어느 정도 제거한 후 중간염소처리를 하는 것이 바람직하다.

5. 중간염소처리

① 중간염소처리는 일반적으로 다음의 경우에 실시하며 침전지와 여과지 사이에서 염소를 주입한다.
② 트라이할로메탄 전구물질을 생성하는 물질이 원수에 다량 존재할 때
③ 분말활성탄을 정수처리 전 단계(착수정~혼화지)에서 투입할 때

02 염소살균법

1. 정의

수도수에서 염소살균은 가장 일반적으로 사용되며, 살균 이외에도 산화제로 수처리에 널리 이용되고 있다. 염소는 강력한 살균력을 가지고 있어 소화기 계통 전염성 병원균에 유효하며 짧은 시간에 여과수 중의 세균을 사멸시킨다. 또한 염소는 살균제인 동시에 강력한 산화제이기 때문에 수중에 유기물 또는 세균 등이 존재하면 염소는 살균과 산화가 종료될 때까지 소비가 계속된다.

2. 염소살균의 특징

(1) 장점

① 가격이 저렴하며, 조작이 간단하고 살균력이 강하다.
② 살균 이외에도 산화제로 이용되며 소독효과가 우수하다.
③ 수중에서 유리잔류염소와 결합잔류염소 형태로 존재하며, 소독의 잔류효과가 우수하다.
④ 대량의 수처리 적용이 용이하다.
⑤ 염소의 소독 효과는 반응시간, 온도 및 염소를 소비하는 물질의 양에 따라 좌우된다.

(2) 단 점
① 염소살균은 발암물질인 트라이할로메탄(THM)을 생성시킬 가능성이 있다.
② 물속에 페놀류가 있을 시 염소와 페놀이 반응하여 클로로페놀을 형성, 강한 악취를 발생한다.

3. 소독처리의 원리

(1) 살균반응
염소를 물에 투입하면 화학반응이 일어나, 이 반응결과 생성된 차아염소산(HOCl)과 차아염소산이온(OCl^-) 물질이 살균작용을 하게 된다.

(2) 잔류염소(Residual Chlorine)
① 유리잔류염소(Free Residual Chlorine) : HOCl(차아염소산), OCl^-(차아염소산이온)
② 결합잔류염소(Combined Residual Chlorine)
   ㉠ 결합잔류염소의 생성과정

   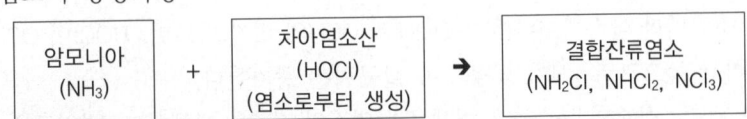

   암모니아(NH_3) + 차아염소산(HOCl)(염소로부터 생성) → 결합잔류염소(NH_2Cl, $NHCl_2$, NCl_3)

   ㉡ 살균력 : 유리잔류염소 > 결합잔류염소
   ㉢ 소독의 잔류효과는 유리잔류염소보다 오래 지속된다.

4. 염소의 주입량 결정

(1) 염소요구량
염소요구량은 물에 가한 염소주입량과 일정한 접촉시간이 경과한 후 남아 있는 잔류염소량과의 차이다. 물의 염소요구량은 염소가 수중의 유기물, 철, 망간, 암모니아성 질소 및 유기성 질소 등에 의해 염소가 소비되어지는 것이다.

염소주입량 - 잔류염소 = 염소요구량

(2) 염소주입량
① 염소주입량 = 염소주입률 × 처리수량
② 염소주입률 = 물의 염소요구량 + 수도시설의 염소소비량 + 수도꼭지 잔류염소량
③ 수도꼭지 잔류염소기준 : 염소주입량(염소요구량 + 잔류염소량)은 평상시 관말에서 유리잔류염소량이 항상 0.2mg/L(결합잔류염소 1.5mg/L) 이상이 되도록 주입해야 한다. 그러나 다음의 경우에는 유리잔류염소량을 0.4mg/L(결합잔류염소 1.8mg/L) 이상으로 강화해야 한다.

㉠ 소화기 계통의 수인성 전염병이 유행할 때
㉡ 단수 후 급수를 다시 개시할 때 또는 감수압일 때
㉢ 홍수로 원수수질이 현저히 악화됐을 때
㉣ 정수작업에 이상이 있을 때
㉤ 수도전 계통을 통한 오염의 염려가 있을 때

5. 염소의 살균효과

(1) 염소의 살균력에 영향을 미치는 인자

염소의 살균을 좌우하는 인자로는 pH, 수온, 접촉시간, 알칼리도 또는 산도, 산화 가능 물질, 산소화합물, 암모니아 및 아민, 미생물의 성질, 유효염소의 형, 염소의 농도 등이 있으며 그들 사이에는 상호관계가 있다. 즉, 온도, 반응시간, 염소의 농도가 증가하면 살균력은 증가한다.

① **염소의 농도 및 접촉시간** : 농도가 높을수록, 접촉시간이 길수록 살균력이 증가한다.
② **수온** : 수온이 높을수록 살균력은 증가한다.
③ **pH** : pH에 따라 물속에 존재하는 HOCl과 OCl^-의 비가 다르며, HOCl이 OCl^-에 비하여 살균력이 80배 이상 높으므로 pH가 낮을수록 살균력은 증가한다.
④ **불순물 농도** : 물속의 불순물은 미생물과 염소의 접촉을 방해하고, 병원균을 보호하므로 살균효과를 감소시킨다.

(2) 염소의 살균력

① 살균력은 차아염소산(HOCl) > 차아염소산이온(OCl^-) > 클로라민 순서로 높다.
② 물의 pH가 낮은 쪽이 살균효과가 높다.
③ 접촉시간이 길수록 살균효과는 커진다.
④ 염소의 농도가 증가하면 살균력도 증가한다.
⑤ 혐기성 세균에 대해서는 염소는 효력이 없다.
⑥ 수온이 높을수록 염소 및 클로라민의 살균력은 증대한다.
⑦ 산도는 살균효과를 증대하고 알칼리도는 살균효과를 감소한다.
⑧ 산화 가능성 물질은 살균효과를 감소한다.

> **더 알아보기**
>
> **부활현상**
> 부활현상이란 염소소독할 때에는 세균이 사멸되었다가 일정시간이 경과하여 수중에 염소성분이 없어지면 다시 증가하는 현상이다. 그 원인은 불분명하나 염소소실로 아포성 세균이 증식하면 세균을 잡아먹는 수중생물이 없어지고 조류가 사멸되어 영양원이 됨으로써 세균이 증식하는 것으로 본다.

6. 기타 소독제

(1) 클로라민

암모니아를 포함하고 있는 물에 염소를 주입하면 염소와 암모니아질소가 결합하여 클로라민이 생성되는데 이 클로라민을 결합염소 또는 결합잔류염소라 한다. 클로라민의 특징을 살펴보면 다음과 같다.
① 차아염소산보다 살균력이 약하여 주입량이 많이 요구되며, 접촉시간이 30분 이상 필요하다.
② 트라이할로메탄(THM)과 소독부산물(DBP)의 형성을 억제한다.
③ 생물막에 침투하여 미생물 재성장에 대한 잠재성을 억제한다.
④ 살균 후 물에 맛과 냄새를 주지 않고 살균작용이 오래 지속된다.
⑤ 클로라민은 세균이나 바이러스에 대한 소독력이 비교적 약하나 후염소처리로서 사용할 수 있다.

(2) 이산화염소

① 유럽 및 미국의 일부에서 소독용으로 사용하고 있다.
② 살균력이 뛰어나고 염소보다 소독부산물 생성이 적다.
③ 강한 폭발성 등으로 취급이 용이하지 않아 많이 보급되어 있지 않다.
④ 발생과 동시에 사용하여야 하며 보관성이 약하다.

(3) 오 존

① 선진국에서는 많이 사용하고 있다.
② 살균력이 매우 우수하고 염소보다 소독부산물 발생이 적다.
③ 브로메이트(BR_3) 등 소독부산물이 생성되며, 잔류성이 없다.
④ 초기 시설설치비가 많이 소요되고 유지관리비가 고가이다.

(4) UV(자외선)

① 최근 선진국에서 원생동물(지아디아 등)의 효과적인 대처수단의 하나로 많이 도입되고 있는 추세인데, 국내에서는 주로 간이소독용으로 이용되고 있다.
② 지아디아나 크립토스포리디움과 같은 포낭 미생물에 대하여 살균력이 우수한 것으로 밝혀지고 있다.
③ 소독부산물 발생이 없으며 잔류성이 없다.
④ 물속에 부유물이 있을 경우 소독효과는 현저히 감소한다.

> **더 알아보기**
>
> **트라이할로메탄(THM)**
> 트라이할로메탄은 정수처리나 폐수처리의 염소주입공정에서 발생하는 발암성 물질로 자연계에서 유래한 부식질계 유기물과 주입된 유리탄소가 반응하여 생성된다. 폐수의 염소처리에서 생긴 THM은 상수도 수원에 유출되어 문제를 야기시키므로 클로라민을 사용한 소독에서는 THM이 생기지 않고 파괴점을 넘지 않도록 염소처리를 하는데 전염소처리를 하지 않고 약품침전과 침전 및 활성탄흡착으로 처리하는 것이 좋다.

7. 소독능(CT)

(1) 정 의

① 물속의 병원성 미생물을 소독(제거 또는 불활성화)하기 위해서 소독제의 종류에 따라 농도와 접촉시간을 고려하여 소독공정을 구성하고 소독을 실시하는 것을 'CT값이 고려된 소독처리'라고 한다.

② CT에서 C(mg/L)는 접촉시간 이후 유출지점의 소독제 농도를, T(min)는 소독제의 접촉시간을 나타내며, 요구되는 CT값은 처리대상 미생물, 처리목표효율, 물의 온도, pH, 소독제 종류 등에 따라 각기 다르게 정해진다.

(2) CT값의 향상 방안

① 소독력이 강한 대체소독제를 사용한다(예 오존, UV 등).
② 접촉시간을 길게 한다.
  ㉠ 정수지 내 도류벽을 설치하여 체류시간을 향상시킨다.
  ㉡ Diffuse를 설치하여 투입된 소독제가 골고루 확산되게 한다.
  ㉢ 정수지 수위를 가능한 높게 유지하여 운영한다.
  ㉣ 정수장 운영을 24시간 균일하게 한다.

03 소독(살균)설비

1. 염소제의 종류, 주입량 및 주입장소

(1) 염소제의 종류

① 액화염소는 염소가스를 액화하여 용기에 충전한 것으로 염소가스는 공기보다 무겁고 자극성 냄새를 가진 가스로서 독성이 강하므로 취급에 주의를 요한다.
② 차아염소산나트륨은 유효염소농도가 5~12% 정도의 담황색 액체로 알칼리성이 강하다.
③ 차아염소산칼슘(고도표백분 포함) 분말, 과립, 정제가 있으며 유효염소농도는 60% 이상으로 보전성이 좋다.

[염소제의 품질 표준]

구 분	액화염소 (KS M 1103)	수도용 차아염소산나트륨	고도표백분	
			1호	2호
유효염소	99.5% 이상	5% 이상	70% 이상	60% 이상
유리알칼리	–	2% 이하	–	–
불용해분	–	0.01% 이하	–	–
수은(Hg)	–	0.2ppm 이하	–	–
비소(As)	–	1ppm 이하	–	–
납(Pb)	–	1ppm 이하	–	–

(2) 주입량

① 물의 염소소비량, 염소요구량, 관로 등에 의한 소비량을 고려하여 급수 전후에서의 잔류염소농도가 먹는물 수질기준에 적합하도록 결정한다.
② 유리잔류염소로 0.2mg/L(결합잔류염소로 1.5mg/L) 이상, 소화기계 전염병 유행 시나 관 범위의 단수 후 급수를 개시할 때 등에는 유리잔류염소 0.4mg/L(결합잔류염소로 1.8mg/L) 이상으로 하는 것이 수도법에 의한 먹는물 수질기준, 수질검사방법, 건강진단 및 위생상의 조치에 관한 규정에 포함되어 있다.
③ 염소제를 용해 또는 희석하여 사용할 때의 농도는 주입량과 취급성 등을 고려하여 결정한다.
④ 주입량은 처리수량과 주입률로부터 산출된다.

(3) 주입장소

① 주입장소는 착수정, 염소혼화지, 정수지 입구 등 잘 혼화되는 장소로 한다.
② 정수장 외에서 염소의 재주입이 필요한 경우에는 배수지, 관로시설 등에 추가 주입설비를 설치하는 것이 바람직하다.

2. 저장설비와 주입설비

(1) 저장설비
① 액화염소의 저장량은 항상 1일 사용량의 10일분 이상으로 한다.
② 액화염소의 용기에 의한 저장설비
  ㉠ 용기는 100kg, 1ton들이의 것을 사용하며 법령에 의한 각종 검사에 합격하고 등록증명서가 첨부된 것이어야 한다.
  ㉡ 용기는 40℃ 이하로 유지하고 직접 가열해서는 안 된다.
  ㉢ 용기를 고정하기 위하여 용기가대를 설치하고 1ton 용기를 사용할 경우에는 용기의 반출입을 위한 장치를 설치한다.
③ 액화염소의 저장설비조건
  ㉠ 저장조에 의한 저장설비는 액화염소 수입용 공기원 장치를 설치하여야 한다.
  ㉡ 저장 본체는 법령에 따라 각종 검사에 합격한 것이어야 한다.
  ㉢ 저장은 비보랭식으로 밸브 등의 조작을 위한 조작대를 설치한다.
  ㉣ 저장조는 2기 이상 설치하고 그 중 1기는 예비로 한다.
④ 액화염소의 저장실
  ㉠ 실내온도는 10~30℃를 유지하는 것이 바람직하고 출입구 등으로부터 직사일광이 용기에 직접 닿지 않는 구조로 한다.
  ㉡ 내화성으로 하고 안전한 위치에 설치한다.
  ㉢ 습기가 많은 장소는 피하고 외부로부터 밀폐 가능한 구조로 하며 두 방향에 문을 설치하거나 환기장치를 설치하여야 한다.
  ㉣ 저장조를 설치한 저장실의 출입구는 기밀구조로 하고 이중으로 문을 설치하는 것이 바람직하다.
  ㉤ 누출된 액화염소의 확산을 방지하는 구조로 한다.
  ㉥ 염소주입기실과 분리하고 용기의 반출입이 편리한 위치로서 감시하기 쉬운 곳에 설치한다.
⑤ 차아염소산나트륨의 저장설비
  ㉠ 저장조 또는 용기로 저장하고 2기 이상 설치한다.
  ㉡ 저장조 또는 용기는 직사일광이 닿지 않는 통풍이 좋은 장소에 설치한다.
  ㉢ 저장조 주위에는 방액제 또는 피트를 설치한다.
  ㉣ 저장실은 필요에 따라 환기장치 또는 냉방장치를 설치한다.
  ㉤ 저장실 바닥은 경사를 주고 내식성 모르타르 등을 시공한다.

(2) 주입설비

① 염소제의 주입설비
- ㉠ 용량은 최대부터 최소 주입량까지 안전하고 정확하게 주입 가능한데 평상시는 기계용량의 60~80%의 범위 내에서 조작하는 것이 가장 안전하고 확실하다.
- ㉡ 구조는 내부식성, 내마모성이 높고 보수가 용이하게 한다.
- ㉢ 배치는 보수·점검이 편리하도록 한다.

② 액화염소의 주입설비
- ㉠ 사용량이 20kg/h 이상인 시설에는 원칙적으로 기화기를 설치한다.
- ㉡ 염소주입기실은 지하실이나 통풍이 나쁜 장소를 피하고 가능한 주입점에 가깝거나 주입점 수위보다 높게 한다.
- ㉢ 염소주입기실은 내진·내화성으로 하고 한랭 시에도 실내온도가 항상 15~20℃로 유지되도록 간접보온장치를 설치한다.
- ㉣ 주입기실 면적은 주입설비의 조작에 지장이 없는 넓이로 한다.
- ㉤ 주입량 및 잔재량을 검사하기 위하여 계량설비를 철저히 하여야 한다.
- ㉥ 적당한 작동압을 유지할 수 있도록 기계용에 따른 용기를 선정하여 설비하여야 한다.

③ 차아염소산나트륨 용액의 주입장치
- ㉠ 주입장치는 자연유하방식의 경우 주입에 필요한 위치수두를 확보한다.
- ㉡ 주입장치는 가능한 주입점에 가까운 장소로 실내에 설치한다.

3. 염소주입제어

염소의 주입제어는 수동정량제어, 유량비례제어 및 잔류염소제어가 있으며 시설의 규모 및 유지관리 방법에 따라 적절한 방식을 선정한다.

(1) 수동정량제어

처리수량과 염소요구량의 변화가 적고 염소요구량이 거의 일정량인 경우의 제어방법

(2) 유량비례제어

처리수량은 변화하나 수질의 변화가 적어 염소요구량이 거의 일정할 때 처리수량의 변화에 따라 염소량을 주입하는 방법

(3) 잔류염소제어

처리수량과 염소요구량이 변화하는 경우 일정잔류염소를 기준으로 하여 주입량을 제어하는 방법

4. 이산화염소 주입설비

(1) 이산화염소의 효과

① 소독력에서는 오존과 이산화염소가 양호하지만 오존은 잔류성이 없으며, 이산화염소는 잔류효과도 양호하다.
② 페놀화합물을 분해하며 정수의 이취미와 색도의 제거에도 효과적이고 클로로페놀까지도 어느 정도 제거 가능하다.
③ 염소로부터 생성된 황화수소(H_2S)나 R-SH 등 황화합물로 인한 냄새제거가 가능하다.
④ THM 생성반응을 일으키지는 않으나 Chlorite, Chlorate 등의 무기음이온이 생성되며 이들 부산물은 유해한 것으로 밝혀져 주입량, 부산물 발생량 등에 주의하여야 한다.
⑤ 액상 이산화염소용액을 사용할 경우 유효성분과 제조과정에서 발생되어 함유될 수 있는 유해물질을 확인해야 하며 인체유해성이 없어야 한다.

(2) 이산화염소의 주입량

염소와 같은 소독효과를 얻기 위한 이산화염소 주입량은 염소주입량의 반으로 보고 있다. 즉, 1mg/L의 이산화염소는 2mg/L의 염소와 같은 효과가 있다.

5. 염소 안전관리

(1) 염소주입기실 및 저장실 근처의 안전한 장소에 보안용구를 상비하고, 또 적절한 상태로 유지되도록 한다.

① 방독마스크
  ㉠ 공기호흡기 또는 송기식 마스크 3개 이상
  ㉡ 격리식 방독마스크(전면고농도형) 3개 이상
  ㉢ 공기 또는 산소 예비용기 3개 이상
② 보호구
  ㉠ 보호의(고무제) 2벌 이상
  ㉡ 보호장갑 및 보호장화(고무제) 2켤레 이상
  ㉢ 안전모 2모 이상
③ 비상시 공구
  ㉠ 누출방지용 안전캡
  ㉡ 너트 및 패킹류
  ㉢ 연전(鉛栓) 또는 목전(木栓)
  ㉣ 맹플랜지

　　　　ⓜ 철선 및 테이프류
　　　　ⓑ 응급수리용 공구

(2) 재해설비 및 배관
　① 재해설비
　　　㉠ 저장량 1,000kg 미만의 시설에는 염소가스의 누출에 대비하여 중화 및 흡수용의 제해제를 상비하고 가스누출검지 경보설비를 설치하는 것이 바람직하다.
　　　㉡ 저장량 1,000kg 이상의 시설에는 염소가스의 누출에 대비하여 가스누출검지경보설비, 중화반응탑, 중화제저장조, 배풍기 등을 갖춘 중화장치를 설치한다.
　　　㉢ 중화장치의 능력은 누출된 염소가스를 충분히 중화하여 무해하게 만들 수 있어야 한다.
　② 배관 기타
　　　㉠ 염소(액화염소, 염소수)용 배관 및 차아염소산나트륨용 배관은 내압력, 내산성의 재료를 사용하고 점검이 용이한 방법으로 배관한다.
　　　㉡ 저장실, 주입기 실내에 설치하는 전기기구 등의 금속류는 내산처리를 한 것이어야 한다.

CHAPTER 05 적중예상문제(1차)

제1과목 수처리공정

01 병원균 등의 세균을 완전히 제거하기 위하여 사용되는 정수방법은?

① 응 집
② 소 독
③ 여 과
④ 침 전

해설 소독(살균)은 병원균 등의 세균을 완전히 제거하기 위한 정수처리방법이다.

02 수돗물의 염소처리에서 유리잔류염소의 농도를 0.4mg/L 이상으로 강화해야 할 경우에 해당되지 않는 것은?

① 소화기 계통의 수인성 전염병이 유행할 때
② 정수작업에 이상이 있을 때
③ 단수 후 급수를 다시 개시할 때
④ 철, 망간의 성분이 함유되어 있을 때

해설 ①·②·③ 이외에도 홍수로 원수수질이 현저히 악화됐을 때, 수도전 계통을 통한 오염의 염려가 있을 때에는 유리잔류염소량은 0.4mg/L 이상, 결합잔류염소량은 1.8mg/L 이상 주입하여야 한다.

03 염소소독을 위한 염소투입량 시험결과가 그림과 같다. 결합염소(클로라민)가 분해되는 구간과 파괴점(Break Point)으로 옳은 것은?

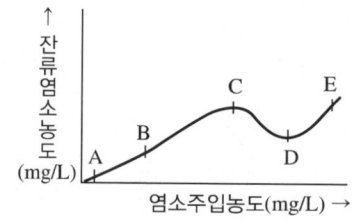

① AB구간, C
② BC구간, D
③ CD구간, D
④ AB구간, D

해설 **염소주입과 잔류염소**
- AB구간 : 환원성 무기·유기성분에 의해 염소가 소비되는 구간
- BC구간 : 결합잔류염소(클로라민)의 형성
- CD구간 : 결합잔류염소(클로라민)의 분해
- DE구간 : 유리잔류염소의 지속구간
- D구간 : 불연속점·파괴점(Break Point)

정답 1 ② 2 ④ 3 ③

04 염소가 수중의 여러 가지 불순물과 작용한 후에도 HOCl이나 OCl⁻로 존재하는 염소를 무엇이라 하는가?

① 유리잔류염소
② 결합잔류염소
③ 결합유효염소
④ 염소요구량

해설 유리잔류염소
물을 염소로 소독했을 때, 하이포아염소산과 하이포아염소산이온의 형태로 존재하는 염소를 말한다. 또한 클로라민(Chloramine)과 같은 결합잔류염소를 포함해서 말하는 경우도 있으며, 염소를 투입하여 30분 후에 잔류하는 염소의 양을 ppm으로 표시한다.

05 염소의 살균능력을 순서대로 표시한 것으로 옳은 것은?

① HOCl > OCl⁻ > 클로라민
② 클로라민 > OCl⁻ > HOCl
③ 클로라민 > HOCl > OCl⁻
④ OCl⁻ > 클로라민 > HOCl

06 염소소독 시 살균력이 증가되는 온도와 pH의 조건은?

① pH와 수온이 높을 때
② pH는 낮고 수온이 높을 때
③ pH는 높고 수온이 낮을 때
④ pH와 수온이 낮을 때

해설 염소의 살균력은 pH는 낮고 수온이 높을 때 증가한다.

07 다음 설명 중 정수처리 시 염소살균제의 주입에 관한 내용으로 옳지 않은 것은?

① 주입량은 처리수량과 주입률로 산출한다.
② 주입률은 급수전수가 평상시 기준으로 유리잔류염소량이 1.0ppm 이상 되도록 한다.
③ 주입률은 급수전수가 평상시 기준으로 결합잔류염소량이 1.5ppm 이상 되도록 한다.
④ 물의 염소소비량을 측정하여 주입률 산정에 포함하도록 한다.

해설 ② 주입률은 급수전수가 평상시 기준으로 유리잔류염소 0.2ppm 이상 되도록 한다.

정답 4 ① 5 ① 6 ② 7 ②

08 염소살균의 장점이 아닌 것은?
① 살균력이 뛰어나다.
② 설비 및 주입방법이 비교적 간단하다.
③ 트라이할로메탄의 생성을 방지할 수 있다.
④ 비용이 비교적 저렴하다.

해설 ③ 염소살균은 발암물질인 트라이할로메탄(THM)을 생성시킬 가능성이 있다.

09 다음 중 전염소처리법의 목적에 적합하지 않은 것은?
① 원수 내의 철과 망간을 제거한다.
② 세균이나 NH_3-N 등을 제거한다.
③ 적정 잔류염소를 유지한다.
④ 이취의 원인인 유기물을 제거한다.

해설 전염소처리의 목적
• 조류 및 세균번식 방지
• NH_3-N, NO_2-N, 황화수소, 페놀류, 유기물 산화 분해

10 전염소처리로 제거할 수 없는 것은?
① 철(Fe)
② 망간
③ 페놀류
④ 트라이할로메탄

해설 트라이할로메탄은 염소소독으로 인해 발생하는 발암성 물질이다.

11 다음 중 음용수 소독 시 클로라민을 이용한 소독방법이 유리염소보다 더 좋은 점은 어느 것인가?
   ① 소독력이 강하다.
   ② 잘 휘발된다.
   ③ 맛과 냄새가 강하다.
   ④ 살균작용이 오래 지속된다.

   해설 클로라민을 이용한 소독법은 살균 후 물에 맛과 냄새를 주지 않고 살균작용이 오래 지속된다.

12 다음 중 염소소독에 대한 설명으로 적합하지 않은 것은?
   ① ClO_2소독에 비하여 바이러스 사멸효과가 나쁘다.
   ② pH가 높아지면 살균력이 감소된다.
   ③ 암모니아가 존재하는 경우 결합잔류염소로 존재한다.
   ④ 처리수의 총용존고형물을 감소시키는 효과가 있다.

   해설 ④ 처리수의 총용존고형물이 증가한다.

13 용수의 소독에 사용할 수 있는 소독제에 관한 설명으로 가장 거리가 먼 것은?
   ① 이산화염소의 소독력은 강하나 페놀류화합물 처리 시에는 맛과 냄새의 유발로 사용을 제한한다.
   ② 아이오딘을 소독제로 사용하는 것을 제한하는 이유는 고가의 비용 때문이다.
   ③ 태양광의 파장이 커질수록(길어질수록) 살균효과는 감소한다.
   ④ 물을 멸균하기 위한 은(Ag)의 투여량은 $1\mu g \sim 0.5 mg/L$ 정도로 알려져 있다.

   해설 ① 이산화염소의 소독력은 염소보다 강하고 페놀류화합물을 분해하며, 처리 시에는 맛과 냄새, 색도 제거에도 효과적이다.

14 처리수량이 6,000m³/day인 정수장에서 염소를 6mg/L의 농도로 주입할 때 잔류염소농도가 0.2mg/L이었다. 염소요구량은?(단, 염소의 순도는 75%)

① 52.5kg/day   ② 46.4kg/day
③ 38.5kg/day   ④ 32.5kg/day

해설 염소요구량 = 염소요구농도 × 유량 × 1순도(%)
= (6mg/L − 0.2mg/L) × 6,000m³/day × 1/0.75
= 5.8g/m³ × 6,000m³/day × 1/10³kg × 1/0.75
= 46.4kg/day

15 30,000m³/day 물을 염소소독하여 잔류염소농도를 0.2mg/L로 유지하고자 한다. 이 물에 1mg/L의 염소를 주입하였을 때 잔류염소가 0.5mg/L이었다면 이 경우 하루에 필요한 소요염소량은?

① 7kg/day   ② 14kg/day
③ 21kg/day   ④ 28kg/day

해설
- 염소주입량 = 주입염소농도 × 물공급량
- 주입염소농도 = 염소요구량 + 잔류염소량 = 0.5mg/L + 0.2mg/L = 0.7mg/L(= g/m³)
- ∴ 염소주입량 = 0.7g/m³ × 30,000m³/day = 21,000g/day

16 종말 침전지에서 유출되는 수량이 5,000m³/day이다. 여기에 염소처리를 하기 위해 유출수에 100kg/day의 염소를 주입한 후 잔류염소의 농도를 측정하였더니 0.5mg/L이었다. 염소요구량(농도)은?(단, 염소는 Cl_2 기준)

① 16.5mg/L   ② 17.5mg/L
③ 18.5mg/L   ④ 19.5mg/L

해설 염소요구량 = 염소주입량 농도 − 잔류염소농도
= (100kg/day ÷ 5,000m³/day) − 0.5mg/L
= 0.02kg/m³ − 0.5mg/L
= 20mg/L − 0.5mg/L
= 19.5mg/L

CHAPTER 05 적중예상문제(2차)

제1과목 수처리공정

01 정수처리에서 염소소독을 실시할 경우 물이 산성일수록 살균력이 커지는 이유를 쓰시오.

02 염소소독을 위한 염소투입량 시험결과가 그림과 같다. 결합염소(클로라민)가 분해되는 구간과 파괴점(Break Point)을 쓰시오.

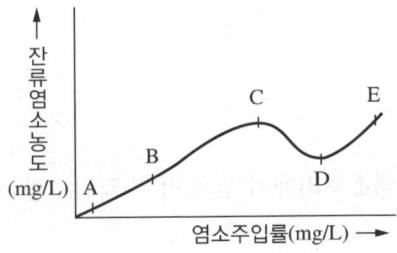

03 세균이 염소소독 후 일단 사멸되었다가 시간이 경과한 후 재차 증식하는 현상과 그 원인을 약술하시오.

04 다음 괄호 안에 적당한 말을 순서대로 쓰시오.

> 물속에서 산화가 가능한 오염물이 존재하면, 염소를 주입시킬 경우 주입된 염소의 전부 또는 일부가 오염물을 산화시키기 위하여 소모된 양을 (　)이라 하며 남아 있는 양을 (　)라 한다.

05 살균능력을 순서대로 쓰시오.

- 클로라민
- OCl^-
- $HOCl$
- O_3

06 염소소독을 위한 염소주입률과 잔류염소농도와의 관계에서 형성되는 파괴점(Break Point)에 대해 서술하시오.

07 정수처리방법인 중간염소처리에서 염소의 주입위치를 쓰시오.

08 염소소독에 영향을 미치는 인자 4가지 이상을 쓰고 각각에 대해 설명하시오.

09 처리수량이 6,000㎥/day인 정수장에서 염소를 6mg/L의 농도로 주입할 때 잔류염소농도가 0.2m/L이었다. 염소요구량은?(단, 염소의 순도는 75%)

10 30,000m³/day의 물을 염소소독하여 잔류염소농도를 0.2mg/L로 유지하고자 한다. 이 물에 1mg/L의 염소를 주입하였을 때 잔류염소가 0.5mg/L였다면 이 경우 하루에 필요한 소요염소량은?

11 1일 물 공급량은 5,000m³/day이다. 이 수량을 염소처리하고자 60kg/day의 염소를 주입한 후 잔류염소농도를 측정하였더니 0.2mg/L이었을 때 염소요구량은?

12 상수 원수에 포함된 암모니아성 질소를 파괴점 염소주입법에 의하여 제거할 때 이론적으로 암모니아성 질소(NH_3-N) 1ppm에 대하여 염소(Cl_2)가 7.6ppm이 필요한 것으로 알려져 있다. 만약, 암모니아성 질소의 농도가 5ppm이고 유량이 1,000m³/day인 원수를 처리하려면 얼마만큼의 염소가 필요하겠는가?

13 소독능(CT)의 개념을 설명하고 정수처리공정에서 소독능을 향상시킬 수 있는 방법을 기술하시오.

14 유리잔류염소의 구성물질 2가지를 쓰시오.

15 100,000m³/day의 처리수 살균에 50kg/day의 염소가 소비되었다. 이때, 10분 후 잔류염소농도는 0.3mg/L이라면 염소주입농도(mg/L)와 염소요구량(mg/L)은?

16 물에 주입된 염소의 농도와 남아 있는 염소의 농도의 차이를 무엇이라고 하는가?

17 염소요구량 이상으로 염소(Cl_2)를 주입하게 되면 물속에 잔류염소가 존재하게 된다. 잔류염소는 유리잔류염소와 결합잔류염소로 구성되는데 유리잔류염소의 구성성분은 어떠한 것이 있는가?

18 다음 그림은 염소주입곡선이다. 그림을 보고 다음 물음에 답하시오.

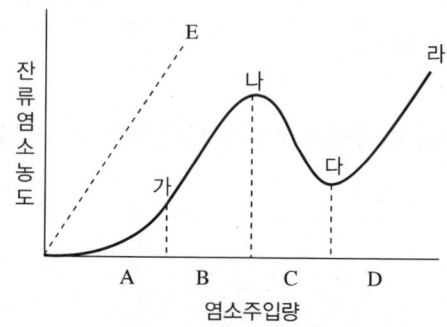

(1) A, B, C, D구역 내에서 존재하는 염소화합물들을 모두 화학식으로 쓰시오.
(2) 암모니아의 파괴반응이 일어나는 구역은 어느 곳인가?
(3) E선은 염소요구량이 얼마인가?
(4) 파괴점(Break Point)은 어느 지점에 있는가?

19 상수처리의 염소소독과정에서 생성되는 발암물질인 THM과 HAA는 자연유기물질과 염소의 반응과정에서 생성되는데, 이 자연유기물질(NOM ; Natural Organic Matter)에 대해서 설명하고, 그 제거에 대해서 논하시오.

20 염소의 파괴점 주입에 대하여 설명하시오.

21 소독방법의 선정 시 고려사항을 쓰시오.

22 수중의 박테리아를 살균하기 위하여 오존을 0.5mg/L 농도로 주입하였다. 살균반응이 Chick의 법칙을 따를 때 반응속도상수 K(밑수 10)가 2.5×10^{-2}/s라 할 때 수중의 박테리아가 99.9% 사멸될 때까지 소요되는 접촉시간(s)을 구하시오.

정답 및 해설

제1과목 수처리공정

01 물이 산성일수록 수중의 HOCl이 증가한다.
$Cl_2 + H_2O \rightarrow HOCl + H^+ + Cl^-$

02 결합염소 분해 구간은 CD이고, 파괴점은 D이다.
염소주입과 잔류염소
- AB : 환원성 무기 및 유기성분에 의해 염소가 소비되는 구간
- BC : 결합잔류염소(클로라민)의 형성
- CD : 결합잔류염소(클로라민)의 분해
- DE : 유리잔류염소의 지속구간
- D : 불연속점(Break Point)

03 부활현상(After Growth)
부활현상이란 염소소독할 때는 세균이 사멸되었다가 일정시간이 경과하면 수중에 염소성분이 없어지고 다시 세균이 증가하는 현상으로, 그 원인은 불분명하나 염소소실로 아포성 세균이 증식하면 세균을 잡아먹는 수중생물이 없어지고 조류가 사멸되어 영양원이 됨으로써 세균이 증식하는 것으로 보고 있다.

04 염소요구량, 잔류염소

05 O_3 > HOCl > OCl^- > 클로라민

06 파괴점(Break Point)
암모니아성 질소, 유기성 질소 등을 많이 함유하고 있는 물에서는 염소주입량을 증가시킴에 따라 잔류염소도 증가되다가 역으로 잔류염소가 감소되면서 극소점이 생긴다. 이때, 극소점을 불연속점(파괴점 : Break Point)이라 한다.

07 중간염소처리는 오염된 원수의 정수처리방법으로 침전지와 여과지 사이에 주입한다.

08 염소의 살균력에 영향을 미치는 인자

pH, 수온, 접촉시간, 알칼리도 또는 산도, 산화 가능 물질, 산소화합물, 암모니아 및 아민, 미생물의 성질, 유효염소의 형, 염소의 농도 등이 있으며 그들 사이에는 상호관계가 있다. 즉, 온도, 반응시간, 염소의 농도가 증가하면 살균력은 증가한다.

- 염소의 농도 및 접촉시간 : 농도가 높을수록, 접촉시간이 길수록 살균력이 증가한다.
- 수온 : 수온이 높을수록 살균력은 증가한다.
- pH : pH에 따라 물속에 존재하는 HOCl과 OCl⁻의 비가 다르며, HOCl이 OCl⁻에 비하여 살균력이 80배 이상 높으므로, pH가 낮을수록 살균력은 증가한다.
- 불순물 농도 : 물속의 불순물은 미생물과 염소의 접촉을 방해하고, 병원균을 보호하므로 살균효과를 감소시킨다.

09 염소요구량 = 염소요구량농도 × 유량 × 1순도(%)

$= (6\text{mg/L} - 0.2\text{mg/L}) \times 6{,}000\text{m}^3/\text{day} \times 1/0.75$

$= 5.8\text{g/m}^3 \times 6{,}000\text{m}^3/\text{day} \times 1/10^3 \text{kg} \times 1/0.75 = 46.4\text{kg/day}$

10 염소주입량 = 주입염소농도 × 물공급량

주입염소농도 = 염소요구량 + 잔류염소량 = $0.5\text{mg/L} + 0.2\text{mg/L} = 0.7\text{mg/L}(= \text{g/m}^3)$

∴ 염소주입량 = $0.7\text{g/m}^3 \times 30{,}000\text{m}^3/\text{day} = 21{,}000\text{g/day}$

11
- 주입염소농도 = $\dfrac{60 \times 10^3}{5{,}000} = 12\text{g/m}^3$
- 염소요구량 = $12 - 0.2 = 11.8\text{kg/L}$

12 염소요구량 농도를 x라 하면

1ppm : 7.6ppm = 5ppm : x

∴ $x = 7.6 \times 5 = 38\text{ppm}$

염소요구량 = 염소요구량농도 × 유량

$= 38\text{ppm} \times 1{,}000\text{m}^3/\text{day} = 38\text{mg/L} \times 1{,}000\text{m}^3/\text{day}$

$= 38\text{g/m}^3 \times 1{,}000\text{m}^3/\text{day} = 38{,}000\text{g/day} = 38\text{kg/day}$

13 ① CT값의 개념

물속의 병원성 미생물을 소독(제거 또는 불활성화)하기 위해서 소독제의 종류에 따라 농도와 접촉시간이 일정수준 이상 만족되어야만 소독효과를 발휘할 수 있다. 이와 같이 농도와 접촉시간을 고려하여 소독공정을 구성하고 소독을 실시하는 것을 'CT값이 고려된 소독처리'라고 한다. CT에서 T(min)은 소독제의 접촉시간, C(mg/L)는 접촉시간 이후 유출지점의 소독제 농도를 나타내며, 요구되는 CT값(Required CT)은 처리대상 미생물, 처리 목표효율, 물의 온도, pH, 소독제 종류 등에 따라 각기 다르게 정해진다.

② CT값의 향상 방안
- 소독력이 강한 대체소독제를 사용한다(예 오존, UV 등 사용).
- 접촉시간을 길게 한다.
  - 정수지 내 도류벽을 설치하여 체류시간을 향상시킨다.
  - Diffuse를 설치하여 투입된 소독제가 골고루 확산되게 한다.
  - 정수지 수위를 가능한 높게 유지하여 운영한다.
  - 정수장 운영을 24시간 균일하게 한다.

14
- 잔류염소(Residual Chlorine) : 유리잔류염소 + 결합잔류염소
- 유리잔류염소(Free Residual Chlorine) : HOCl(차아염소산), OCl⁻(차아염소산이온)

15
- 염소주입농도 = $(50\text{kg/day} \times 10^6 \text{mg/kg})/(100{,}000\text{m}^3 \times 10^3 \text{L/m}^3)$ = 0.5mg/L
- 염소요구량 = 주입염소량 − 잔류염소량 = 0.5 − 0.3 = 0.2mg/L

16 염소요구량(Chlorine Demand)

물에 가한 염소주입량과 일정한 접촉시간이 경과한 후 남아 있는 잔류염소량과의 차이다. 물의 염소요구량은 염소가 수중의 유기물, 철, 망간, 암모니아성 질소 및 유기성 질소 등에 의해 염소가 소비되어지는 것이다.

| 염소주입량 | − | 잔류염소량 | = | 염소요구량 |

17 물속에 염소(Cl_2)를 용해하게 되면 다음의 화학반응이 일어난다.
- $Cl_2 + H_2O = HOCl$: 낮은 pH에서(차아염소산)
- $HOCl = H^+ + OCl^-$: 높은 pH에서(차아염소산이온)

즉, 유리잔류염소는 HOCl, OCl⁻이다.

18 (1) A : HOCl, B : NH$_2$Cl, C : NH$_2$Cl, NHCl$_2$, NCl$_3$, D : HOCl
  (2) C구역
  (3) 염소요구량 : 0
  (4) 다

19 ① 자연유기물질
  나무의 뿌리 등과 같은 것들이 땅 속에서 오랫동안 부패되면서 생성된다. 대개 전구물질을 탄수화물과 아미노산으로 보는 것이 타당하다. 이 자연유기물질을 다시 분류하면, 소수성산(휴믹산, 퓨빅산), 친수성산, 단백질, 아미노산(Bases), 탄수화물(Neutrals) 등이다. 소수성산은 분자량이 크며, 방향족구조를 가지고 있으며 방향족에는 이온화가 가능한 카복실릭과 피날릭족이 있어 pH조건에 따라 음이온으로 변한다. 그리고 이 소수성산은 상수 내의 색도를 좌우하는 경우가 많다. 이 소수성산은 대개 염소와 반응하여 THM을 생성한다. 친수성산은 분자량이 소수성산보다 작고, 분자구조도 방향족보다는 사슬성 선형구조를 가지고 있다. 이 소수성산은 염소와 반응하여 HAA를 생성하기 쉽다고 알려져 있다. 그 외의 단백질, 탄수화물, 아미노산 등은 양전하 혹은 전하를 띠지 않는 것이 특징이고, 분자의 크기는 큰 것부터 매우 작은 것까지 다양하다.
  ② 제 거
  • 소수성산은 분자의 크기가 크고 음전하를 가지고 있으므로, 상대적으로 응집이나 멤브레인 공정을 통해서 제거가 용이하다. 이 소수성산은 박테리아의 먹이가 되기에는 많은 방향족을 가지고 있으므로, 생물학적 활성탄 공정을 하기 위해서는 오존 전처리를 통해 먹이가 가능한 구조로 변화시켜 주어야 한다.
  • 친수성산은 분자의 크기가 상대적으로 작아, 약품응집에 의해 제거가 용이치 않은 것이 통례이다. 하지만 여전히 음전하를 띠기 때문에, 음전하를 띠는 멤브레인이나 친수성산의 분자보다 작은 Pore를 가진 멤브레인에 의해 제거가 가능하다.

20 상수에 염소를 주입하면 주입하는 만큼 이론적으로는 선형적으로 물속의 염소농도가 늘어날 것으로 예상된다.
  • 상수 속에는 암모니아(NH$_3$)가 존재하여 클로라민(결합염소)들을 만들기 위하여 염소를 소비하고 또한 유기물질은 염소에 의하여 산화되게 된다. 그러므로, 물속의 염소농도는 주입한 만큼 늘어나지 않고 조금 적게 증가한다(잔류염소 증가).
  • 계속 염소를 주입하면, 주입된 염소가 이미 생성되어 있는 클로라민을 산화시켜 염소농도를 줄이게 되고 또한 염소는 유기물산화에도 쓰이게 된다(잔류염소 감소).
  • 계속 염소를 주입하면, 잔류염소 감소는 멈추고 다시 증가하게 되는데, 이 점을 파과점이라고 한다. 이 파과점 이후에는 이미 클로라민과 유기물이 산화되었기 때문에 자유염소가 증가하게 된다(잔류염소 증가).

21 소독방법의 선정 시 고려사항
- 소독제의 물에 대한 용해도가 높을 것
- 소독력이 강할 것
- 잔류독성이 거의 없을 것
- 경제적일 것
- 안정적인 공급이 가능할 것
- 주입조작 및 취급이 쉬울 것

22 Chick의 법칙

$$\log \frac{N_t}{N_o} = -K \cdot t$$

$$N_t = N_o \times 10^{-Kt}$$

$$0.001 N_o = N_o \times 10^{-2.5 \times 10^{-2} \times t}$$

$$\therefore t = \frac{\log 0.001}{-2.5 \times 10^{-2}} = 120 \text{s}$$

CHAPTER 06 배출수(슬러지)처리 및 관리

제1과목 수처리공정

01 슬러지의 발생과 특성

1. 배출수처리 개요

정수장에서 발생되는 배출수는 침전지의 슬러지와 여과액의 세척과정 중 배출되는 슬러지이다. 일반적인 처리방법은 배출수를 농축한 뒤에 탈수시켜 케이크는 장외로 반출하여 처분하고, 분리액은 원수로 반송시키거나 배출시킨다.

(1) 배출수처리시설의 계획
① 배출수처리시설을 계획할 때에는 장치의 처리능력과 케이크의 이용 또는 처리방법 등을 고려하여야 한다.
② 처분지는 지하수의 오염방지 등의 조건을 고려하여 적당한 면적과 운반거리가 짧은 장소를 선정해야 한다.

(2) 배출수처리방법
① 천일건조법
  ㉠ 농축된 슬러지를 수영장과 같은 연못에 주입하여 침강탈수, 태양열에 의한 건조 등 자연열을 이용하는 방법이다.
  ㉡ 처리비가 저렴하고 관리도 간단하지만, 넓은 부지가 필요하며 일기조건의 영향을 받는다.
② 기계탈수법
  ㉠ 농축 슬러지를 기계로 탈수하는 방법으로 처리효율이 비교적 안정적이며 유지관리도 쉽다.
  ㉡ 케이크의 함수율도 낮고 설치면적도 적으며, 주위환경에 대한 영향도 별로 받지 않는다.
③ 열처리법
  ㉠ 탈수된 케이크를 가열하여 함수율을 낮게 하는 방법이다.
  ㉡ 가열하기 위한 경비가 비교적 많이 들며 배출가스를 처리해야 하는 단점이 있다.
④ 동결융해법 : 농축이 어려운 슬러지를 동결시켜 탈수성이 양호한 케이크로 탈수하는 방법으로서 시스템이 복잡하고 경비가 비교적 많이 든다.

2. 슬러지처리

(1) 슬러지(Sludge)의 의의

정수 및 폐수처리과정에서 수중의 부유물이 액체로부터 분리되어 별도로 처리 및 처분되는데 이를 슬러지라 한다. 슬러지는 수중의 부유물이 중력작용으로 침전지의 바닥에 침전한 고형물로서 고형물의 양에 비해서 훨씬 많은 양의 수분을 함유한다.

(2) 슬러지처리의 필요성

① 폐수처리과정에서 생긴 슬러지는 일반폐수에 비하여 오염성분이 많고 부패성이 매우 크며, 폐수처리장으로부터 계속적으로 배출되므로 시설 및 운영을 위한 비용이 클 뿐만 아니라 위생상 및 환경보존의 관점에서 볼 때 잠재적 위험성을 지니고 있다.
② 슬러지는 부패성이 강하므로 그대로 버리는 경우 병원균에 의한 위생적인 잠재적 위험성 외에 악취, 용존산소의 고갈, 미관의 파괴 및 기타의 해를 준다.
③ 슬러지의 부적정한 배출 및 매립은 환경의 파괴를 가져올 뿐 아니라 인명 및 동식물을 괴롭히는 2차 오염을 유발할 우려가 있으므로 안정적인 처리가 요구된다.
④ 슬러지는 함수율이 매우 높으므로 그대로 처리하기에는 부피가 너무 크다. 따라서 일차적으로 부피의 감소, 즉 수분제거가 고려되어야 한다.

(3) 정수장 슬러지의 문제점

정수장으로부터 발생되는 슬러지는 폐수처리장에서 생기는 슬러지보다 훨씬 적은 양의 유기물을 함유하므로 유기질의 제거보다는 최종처분을 위한 부피의 감소가 중요한 문제이다.

① 수질환경상 미치는 문제점
  ㉠ 방류수역의 수질환경을 오염시킨다.
  ㉡ 배출된 슬러지로 인하여 토양 및 지하수를 오염시킨다.
② 정수처리과정에서 수질관리상의 문제점
  ㉠ 침전지의 퇴적슬러지에 의한 문제
    • 침전지의 수류단면을 감소시켜 침전효율을 감소시킨다.
    • 슬러지의 부패로 인한 맛, 냄새를 발생하여 수질을 저하시킨다.
    • 슬러지의 부상으로 인해 여과공정의 효율을 떨어뜨린다.
  ㉡ 각종 수조 또는 수로상에서 슬러지가 퇴적하여 수로의 용량과 물의 흐름을 방해하고 수질을 악화시킬 수 있다.

3. 슬러지의 발생

(1) 슬러지의 발생메커니즘

정수처리과정에서 발생하는 슬러지는 오염물질 제거공정인 침전 및 여과지 역세척공정에서 발생하며, 배출수처리시설로 유입하여 탈수처리(함수율 저감) 후 배출된다. 슬러지 발생원은 원수 중에 존재하는 탁질과 정수처리를 위하여 사용하는 약품에 기인한다.

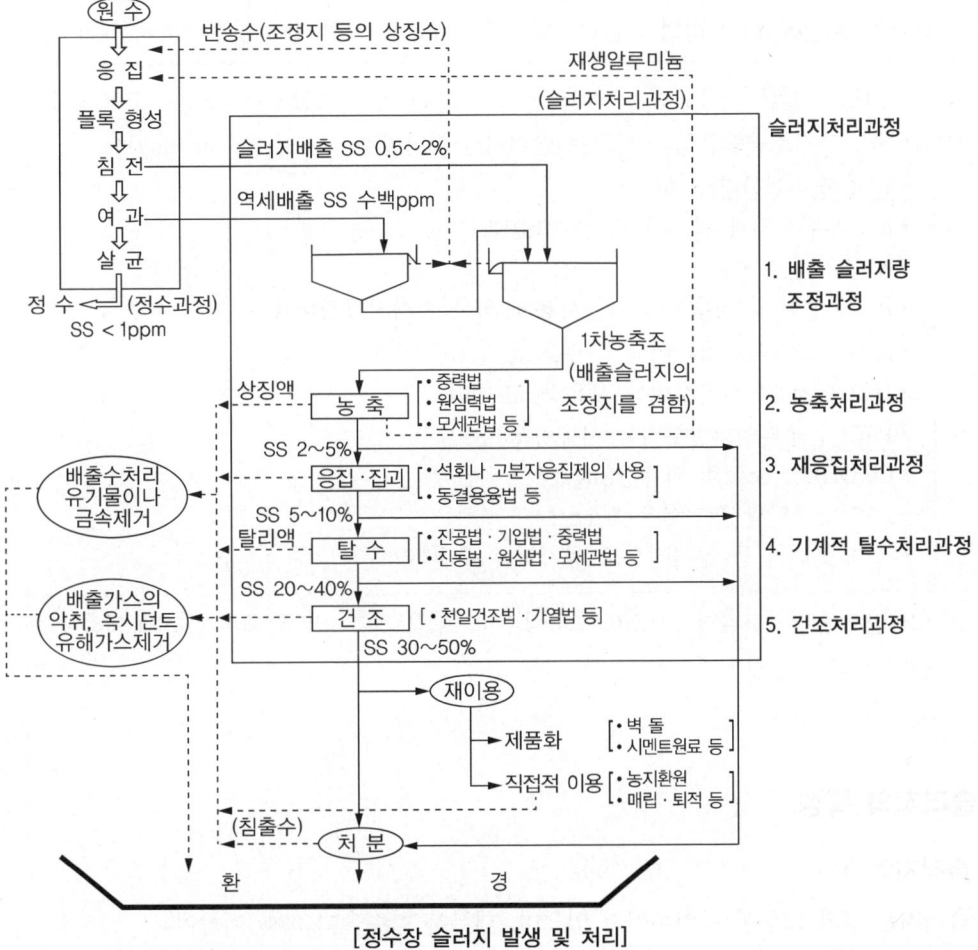

[정수장 슬러지 발생 및 처리]

① 원수수질 : 원수 중에 포함되어 있는 탁질
② 수처리약품 : 투입된 정수처리약품
③ Alum 등 응집제 : 응집제로 사용된 고체 및 액체형태의 응집약품(고체·액체 황산알루미늄, PACl, PACs 등)
④ 소석회 : 알칼리제인 소석회의 침전물 $Ca(OH)_2$
⑤ 분말활성탄(Powered Activated Carbon)
⑥ 소모된 입상활성탄(Spent Granular Carbon)

(2) 원수수질 특성과 슬러지발생량

① 슬러지발생량은 원수의 수질특성에 따라 발생량이 변한다. 특히 원수의 탁도변화가 슬러지 발생량에 가장 큰 영향을 미친다.
② 정수처리를 위해 사용하는 약품의 종류에 따라서도 슬러지발생량과 성질이 다르다.

(3) 슬러지발생량 산정방법

① 이론적 계산에 의한 방법 : 슬러지발생량 = 탁질에 의한 양 + 정수약품에 의한 양

> $W_S = Q(b \cdot \text{NTU} + k_1 \cdot \text{SAS} + k_2 \cdot \text{LAS} + k_3 \cdot \text{PACl} + \text{Ca(OH)}_2 + \text{PAC} + A) \times 10^{-6}$
> - W_S : 건조중량으로 표시되는 슬러지발생량(발생 고형물량, ton/day)
> - Q : 정수생산량(m^3/day)
> - b : 부유물질과 탁도의 환산비(SS/NTU비)
> - NTU : 원수탁도
> - k_1, k_2, k_3 : 정수처리 약품사용에 의한 슬러지발생비율
> - SAS : 고체황산알루미늄 사용량(mg/L)
> - LAS : 액체황산알루미늄 사용량(mL/m^3)
> - PACl : 폴리염화알루미늄 사용량(mL/m^3)
> - Ca(OH)$_2$: 소석회 사용량(mg/L)
> - PAC : 분말활성탄 사용량(mg/L)
> - A : 폴리머 등 부가적으로 첨가되는 수처리약품

② **실측법** : 슬러지모니터링시스템이나 탈수시스템을 갖춘 정수장에서 실측에 의하여 슬러지발생량을 산정하는 방법

4. 슬러지의 특성

(1) 슬러지의 성분

슬러지는 물과 고형물로 이루어져 있으며, 대부분 함수율이 98% 이상이다.

(2) 슬러지의 성상

① 정수장 침전슬러지 : 슬러지성상과 처리성의 관계는 일반적으로 다음과 같이 말할 수 있다.
 ㉠ 슬러지농도 : 일반적으로 하계의 슬러지는 하천이 우기, 태풍 등의 영향으로 고탁도를 나타내기 때문에 슬러지농도가 높아진다. 한편, 동계의 슬러지는 갈수기에 들어가기 때문에 하천의 탁도는 낮고, 응집제의 주입률이 높아지기 때문에 슬러지농도는 낮아지는 경향이 있다. 슬러지농도가 높은 것일수록 탈수성은 향상된다.

ⓛ 산화알루미늄(Al$_2$O$_3$: 알루미나) : 산화알루미늄은 정수처리과정에 있어서 응집제의 첨가에 의해 슬러지에 포함된다. 산화알루미늄은 슬러지 속에 산화알루미늄으로서 존재하지만 압축성이 큰 수화한 플록 때문에 여과성은 극히 나쁘고, 함수율이 높고, 여과속도도 낮아진다.
ⓒ 강열감량 : 강열감량이란 증발잔류물(TS)을 강열(600℃, 30분)로 연소시켜 재가 되었을 때에 휘산하는 물질을 말하고, 유기물의 기준이 된다.

> 강열감량 = 증발잔유물 − 강열잔유물

강열감량이 많은 슬러지는 탈수케이크의 함수율이 높아지면 이와 동시에 여과속도도 낮아진다.
② **여과지 역세척수** : 여과지 역세척수의 슬러지는 일반적으로 역세척 시 발생되는 세정슬러지로서 여층 내의 현탁물질이 역세척 시에 제거되어 드레인(Drain : 배수)되고 있으며, 다시 착수정으로 되돌아와 낮은 농도의 부유물질이 되지만 원수의 정수처리 시 약품비의 증가가 예상되며 이에 따른 정수처리 비용이 증가된다.

(3) 슬러지의 특성

① 일반적 특성
  ㉠ 원수 중에 모래, 점토질, 유기물 등의 제거과정에서 발생하는 정수 슬러지는 침전 슬러지와 역세척 슬러지로 구분된다.
  - 침전 슬러지 : 자연침강이 가능한 고형물 및 무기응집제에 의해 응집·응결로 발생한다.
  - 역세척 슬러지 : 침전지에서 침전되지 못한 미세한 플록이 여과 시에 억류되어 있다가 역세척을 할 때 떨어져 나온다. 여기에는 강한 역세 수압으로 인해 유출되는 여재(모래 또는 안트라사이트) 및 부유성(Silt)도 포함되어 있다.
  ㉡ 정수슬러지는 주로 수분함량이 높고, SS농도가 낮아 기계적 탈수 시 저항이 크다.
  ㉢ 정수슬러지는 휘발성 고형물량(VS)이 총고형물량의 10~35%를 차지하지만, 하수슬러지는 휘발성 고형물량(VS)이 총고형물량의 60~80%를 차지한다.

[슬러지 함수율과 외관 및 특성]

SS(%)	함수율(%)	외 관
5	95	액체상
10	90	액체상이나 유동성은 불량
15	85	유동성 불량, 점성 증대
20	80	풀과 같이 되어 유동하지 않음
25	75	굳은 풀 모양(모상 균열)
30	70	스폰지상(큰 Block으로 분할)
40	60	Block상 고체
50	50	굳은 점판상

② 함수율에 따른 슬러지 부피 계산

$$V_1(100-P_1)\rho_1 = V_2(100-P_2)\rho_2$$

- V_1 : P_1의 함수율에서 부피(m^3)
- V_2 : P_2의 함수율에서 부피(m^3)
- P_1, P_2 : 함수율(%)
- ρ_1, ρ_2 : P_1, P_2 함수율에서의 슬러지 비중

③ 슬러지지수(Sludge Index : SI)

㉠ 슬러지용적지수(Sludge Volume Index : SVI)
- 슬러지의 침강농축성을 나타내는 지표로서 포기조 내 혼합액 1L를 30분간 침전시킨 후 1g의 슬러지가 차지하는 용적을 부피(mL)로 나타낸 것(mg/L)이다.
- $SVI(mL/g) = \dfrac{\text{침전 후 슬러지부피(mL/L)}}{\text{MLSS 농도(mg/L)}} \times 1{,}000$

  $= \dfrac{\text{슬러지 침전율(\%)} \times 10^4}{\text{MLSS 농도(mg/L)}}$

- 슬러지팽화(Sludge Bulking) 여부를 확인하는 지표 : 슬러지팽화는 포기조 내 용존산소, pH, BOD 부하 등이 비정상적일 때 미생물이 많이 번식하거나 미생물이 분산화 상태에 있어서 2차 침전지에서 쉽게 침전하지 않는 것을 말하며 SVI가 50~150일 때 침전성은 양호하며 200 이상이면 슬러지팽화를 의심한다. SVI가 작을수록 침전되기 쉽다.

㉡ 슬러지밀도지수(Sludge Density Index : SDI)
- 활성슬러지 1L를 30분간 정치시켰을 때 침강슬러지의 100mL당 무게(g)를 말한다.
- $SDI = \dfrac{100}{SVI}$

더 알아보기

Sludge Bulking 현상의 원인
- 유량, 수질의 과부하
- pH 저하
- 낮은 용존산소
- SVI 증대
- MLSS의 농도 저하 등

02 배출수 및 슬러지 처리설비

1. 개요

(1) 수질오염방지시설

① 정의 : 점오염원, 비점오염원 및 기타 수질오염원으로부터 배출되는 수질오염물질을 제거하거나 감소하게 하는 시설로서 환경부령으로 정하는 것을 말한다(물환경보전법 제2조).

② 종류(물환경보전법 시행규칙 별표 5)
  ㉠ 물리적 처리시설 : 스크린, 분쇄기, 침사(沈砂)시설, 유수분리시설, 유량조정시설(집수조), 혼합시설, 응집시설, 침전시설, 부상시설, 여과시설, 탈수시설, 건조시설, 증류시설, 농축시설
  ㉡ 화학적 처리시설 : 화학적 침강시설, 중화시설, 흡착시설, 살균시설, 이온교환시설, 소각시설, 산화시설, 환원시설, 침전물 개량시설
  ㉢ 생물화학적 처리시설 : 살수여과상, 폭기(瀑氣)시설, 산화시설(산화조 또는 산화지), 혐기성·호기성 소화시설, 접촉조(폐수를 염소 등의 약품과 접촉시키기 위한 탱크), 안정조, 돈사톱밥발효시설

(2) 수질오염물질의 배출허용기준

① 지역구분 적용에 대한 공통기준(물환경보전법 시행규칙 별표 13)
  ㉠ 청정지역 : 수질 및 수생태계 환경기준 매우 좋음(Ia) 등급 정도의 수질을 보전하여야 한다고 인정되는 수역의 수질에 영향을 미치는 지역으로서 환경부장관이 정하여 고시하는 지역
  ㉡ 가지역 : 수질 및 수생태계 환경기준 좋음(Ib), 약간 좋음(Ⅱ) 등급 정도의 수질을 보전하여야 한다고 인정되는 수역의 수질에 영향을 미치는 지역으로서 환경부장관이 정하여 고시하는 지역
  ㉢ 나지역 : 수질 및 수생태계 환경기준 보통(Ⅲ), 약간 나쁨(Ⅳ), 나쁨(Ⅴ) 등급 정도의 수질을 보전하여야 한다고 인정되는 수역의 수질에 영향을 미치는 지역으로서 환경부장관이 정하여 고시하는 지역
  ㉣ 특례지역 : 공공폐수처리구역 및 시장·군수가 산업입지 및 개발에 관한 법률에 따라 지정하는 농공단지

② 항목별 배출허용기준(물환경보전법 시행규칙 별표 13)

생물화학적 산소요구량·화학적 산소요구량·부유물질량

대상규모 항 목 지역구분	1일 폐수배출량 2,000m³ 이상			1일 폐수배출량 2,000m³ 미만		
	생물화학적 산소요구량 (mg/L)	총유기탄소량 (mg/L)	부유 물질량 (mg/L)	생물화학적 산소요구량 (mg/L)	총유기탄소량 (mg/L)	부유 물질량 (mg/L)
청정지역	30 이하	25 이하	30 이하	40 이하	30 이하	40 이하
가지역	60 이하	40 이하	60 이하	80 이하	50 이하	80 이하
나지역	80 이하	50 이하	80 이하	120 이하	75 이하	120 이하
특례지역	30 이하	25 이하	30 이하	30 이하	25 이하	30 이하

③ 공공폐수처리시설의 방류수 수질기준(물환경보전법 시행규칙 별표 10)

구 분	적용기간 및 수질기준			
	Ⅰ지역	Ⅱ지역	Ⅲ지역	Ⅳ지역
생물화학적 산소요구량(BOD)(mg/L)	10(10) 이하	10(10) 이하	10(10) 이하	10(10) 이하
총유기탄소량(TOC)(mg/L)	15(25) 이하	15(25) 이하	25(25) 이하	25(25) 이하
부유물질(SS)(mg/L)	10(10) 이하	10(10) 이하	10(10) 이하	10(10) 이하
총질소(T-N)(mg/L)	20(20) 이하	20(20) 이하	20(20) 이하	20(20) 이하
총인(T-P)(mg/L)	0.2(0.2) 이하	0.3(0.3) 이하	0.5(0.5) 이하	2(2) 이하
총대장균군수(개/mL)	3,000(3,000) 이하	3,000(3,000) 이하	3,000(3,000) 이하	3,000(3,000) 이하
생태독성(TU)	1(1) 이하	1(1) 이하	1(1) 이하	1(1) 이하

참고 수질기준란의 (   )는 농공단지 공공폐수처리시설의 방류수 수질기준을 말한다.

(3) 배출수처리 공정

슬러지처리방법은 정수시설과의 관련 원수수질, 배출수의 질과 양, 슬러지상태, 관리기술의 수준, 유지관리용이성, 안전성, 지역환경 등을 고려하여 조정 → 농축 → 탈수 → 처분하는 공정으로 구분한다. 상수도의 배출 슬러지는 무기성분이 대부분이므로 소화공정은 필요 없다.

① **조정** : 조정시설은 슬러지량을 조정하는 것으로 배출수지와 배슬러지지로 구성된다. 여과지 및 침전 슬러지로부터의 세척 배출수와 침전 슬러지는 그 양과 질이 일정하지 않고 간헐적으로 배출되므로 이를 저류시켜 슬러지를 균등화함으로써 후속 처리시설의 처리과정을 용이하게 하는 조정시설이다. 여과지 세척 배출수는 침전 슬러지에 비해 훨씬 저농도이므로 배출수지에서 어느 정도 평균화하여 상징수를 착수정으로 반송하거나, 배출수지에서 농축하여 침전 슬러지는 농축조나 배슬러지지로 투입시키고 상징수를 착수정으로 반송하거나 하천에 방류시킨다.

㉠ 배출수지 : 급속여과지로부터 세척 배출수를 받아들이는 시설을 말한다.
㉡ 배슬러지지 : 약품 침전지 또는 고속응집 침전지로부터 슬러지를 받아들이는 시설을 말한다.

② 농축 : 농축시설은 슬러지농도를 높이는 것을 목적으로 하고 농축처리과정, 재응집처리과정으로 이루어지며 기본이 되는 것이 농축조이다. 농축조는 배출수지, 배슬러지지 또는 침전지의 슬러지를 받아들여서 이것을 농축시켜 슬러지용량을 감소시키는 것을 주목적으로 하는 시설이다. 농축은 다음 처리단계인 탈수 시의 탈수효과를 높이기 위해 자연침강과 부상분리로 슬러지의 고형물농도를 농축하는 방법이다. 기계식 농축과 부상 농축이 있으며 기계식 농축이 널리 이용된다.

㉠ 농축방식
- 회분식 농축조 : 배슬러지지로부터 슬러지가 간헐적으로 배출되는 경우나 처리할 슬러지가 소량일 경우에 사용되는 방식이다.
- 연속식 농축조 : 배슬러지지 등으로부터 슬러지가 연속적으로 배출되는 경우나 처리하고자 하는 슬러지가 다량인 경우에 사용되는 방식이다.

㉡ 운영 및 유지관리
- 침강성 및 탈수성을 증대시키기 위하여 농축조 전단에 조정제(폴리머, 소석회 등) 투입시설을 설치한다. 슬러지의 특성은 변화되므로 일반적으로 계절별 적정투입률을 결정해두면 편리하다.
- 농축조의 슬러지스크레이퍼의 주변속도는 일반적으로 0.6m/min 이하로 운전하며 장기간 운휴한 후에 재가동할 경우 과부하에 유의하여야 한다.

㉢ 슬러지 조정 : 탈수 시 효율을 상승시키기 위해 폴리머, 염화철, 소각재와 같은 조정재를 이용하여 고액분리능력을 향상시킨다.

③ 탈수
㉠ 목적 : 정수장에서 배출된 슬러지를 최종적으로 처리하는 데 용이한 상태로 농축 슬러지의 함수량을 감소시켜 체적을 줄임으로써 운반 및 최종처분을 용이하게 하기 위한 것이다. 따라서 탈수시설은 슬러지량, 농도 및 탈수성 등의 슬러지 성상 또는 처분상의 제약 등에 따라 슬러지를 소정의 함수율이 되도록 적절한 탈수처리를 해야 한다.

㉡ 방법 : 기계식과 자연건조를 이용하는 2가지 방식이 있다. 기계식에는 벨트프레스, 가압여과, 진공여과, 원심분리여과 등이 있고, 자연건조식에는 모래건조상, 라군 등이 있다. 일반적으로 대부분의 정수장에서 기계식으로 벨트프레스와 가압여과방식을 주로 이용하고 있고, 자연건조식으로는 모래건조상을 적용하고 있다.

㉢ 탈수효율 향상방법 : 물리·화학적 전처리를 부가하거나 슬러지에 응집약품을 투여하여 고형화를 촉진시키기도 한다.

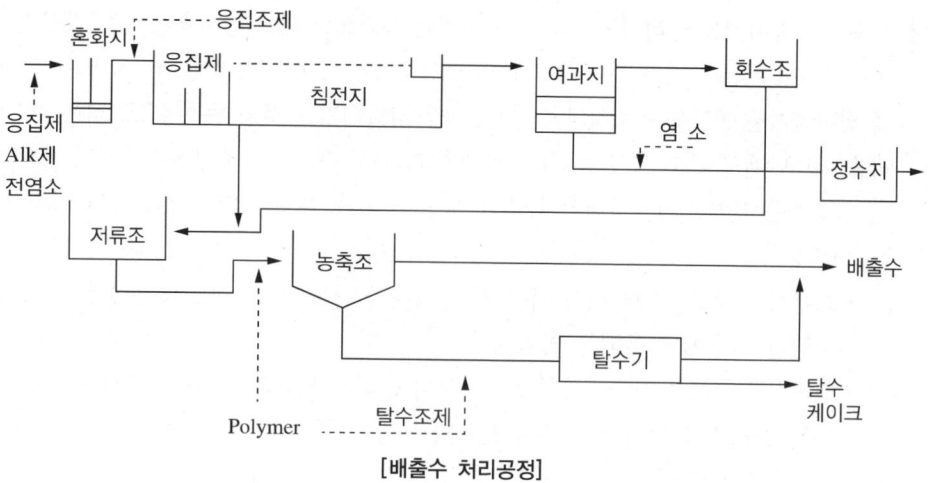

[배출수 처리공정]

2. 계획배출수처리량

① 계획처리고형물량은 계획정수량, 계획원수탁도 및 응집제 주입량 등을 기초로 하여 선정한다.

$$S = Q(T \cdot E_1 + C \cdot E_2) \times 10^{-6}$$

- S : 계획처리고형물량
- Q : 계획정수량(m^3/day)
- T : 계획원수탁도
- E_1 : 탁도와 부유물(SS)의 환산율
- C : 응집제 주입률(산화알루미늄으로서의 주입률)(mg/L)
- E_2 : 수산화알루미늄과 산화알루미늄의 비 1.53

② 계획원수탁도를 결정할 때는 원수탁도의 분포현황 및 정수처리와 배출수처리의 각 시설에서 저류능력 등에 대하여 고려하여 결정한다.

3. 조정시설

(1) 배출수지의 용량과 구조

① 용량은 적어도 1회의 세척배출수량 이상으로 부족되지 않도록 한다.
② 지수는 2지 이상이 바람직하다.
③ 배출수지의 형상은 사용목적에 적합해야 하고 유효수심 2~4m, 고수위에서 주벽상단까지 여유고는 60cm 이상이 표준이다.
④ 배출수지에는 월류관, 배출수관 또는 측관을 설치하여야 한다.

⑤ 배출수지 펌프의 용량은 여과지의 지수, 최소여과계속시간, 배출수지의 용량 등에 비추어 과부족이 없도록 하여야 한다.
⑥ 배출수지에서 세척배출수의 침강분리 시에는 슬러지의 배출장치를 설치하고 그 형식에 따른 지저경사를 두어야 하며 침강분리하지 않을 때는 교반장치를 설치하는 것이 바람직하다.

(2) 배출슬러지지의 용량과 구조
① 용량은 24시간 평균 배출슬러지량과 1회 배출슬러지량 중 큰 양 이상으로 하되 농축조를 고려하여 충분하도록 한다.
② 기타는 배출수지의 용량과 구조에 준한다. 또 배출슬러지관 및 슬러지 배출관경은 150mm 이상으로 해야 한다.

4. 농축조
① 농축조는 공급슬러지농도, 슬러지의 농축성 및 탈수방식 등에 따라서 소정의 슬러지 농도가 안정되게 유지될 수 있는 것이어야 한다.
② 농축조의 용량은 계획슬러지량의 25~48시간분, 고형물 부하는 $10~20kg/m^2/day$를 표준으로 하고 2조 이상으로 하는 것이 바람직하다.
③ 농축조의 구조 및 형상은 그 사용목적에 적합하여야 한다. 또 고수위로부터 주벽천단까지의 여유고는 30cm 이상으로 하고 바닥면 경사는 1/10 이상으로 하여야 한다.
④ 슬러지공급장치의 구조는 슬러지공급에 의한 혼란이 조내의 수류에 영향을 주지 않도록 슬러지를 유입시킬 수 있어야 한다.
⑤ 상징수의 인출장치는 상징수의 인출에 따라 조내 흐름을 발생시켜서는 안 된다.
⑥ 농축조에는 슬러지 스트레이퍼와 슬러지 인출관을 설치하여야 한다. 슬러지 스크레이퍼는 슬러지의 침강분리, 농축을 저해하지 않는 정도의 완속으로 슬러지를 끌어 모을 수 있는 것이어야 한다. 또 슬러지 인출관의 관경을 200mm 이상으로 하는 것이 바람직하다.

5. 자연건조처리시설

(1) 천일건조상
① 조정, 농축시설로부터 배출된 슬러지를 처분 가능할 정도 이상으로 잘 건조되도록 하여야 한다.
② 면적은 강수, 습도, 기온 등의 기상조건 및 슬러지의 부하방식에 따라서 건조효율을 저하시키지 않는 정도의 두께로 퇴적시킨 슬러지가 소정의 함수율로 되는데 필요한 건조일수를 주어야 한다.
③ 형상은 작업성을 고려하여 유효수심 1m 이하 여유고는 50cm를 표준으로 한다.

④ 상징수의 유출설비 또는 하부집수장치를 설치하는 등 슬러지의 건조촉진을 위하여 유효한 조치를 강구하여야 한다.
⑤ 건조상 바닥면과 측면은 불투수성으로 하여 지하수의 오염을 발생시키지 않도록 하여야 한다.

(2) 라 군

① 라군은 침전슬러지 등을 직접 받아들이고 처분 가능할 정도 이상까지 좋은 효율로 건조시켜야 한다. 1지당 용량은 1회의 슬러지량 이상으로 하고 2지 이상으로 하여야 한다.
② 라군의 면적, 형상 등은 천일건조상에 준한다.

6. 탈수전처리시설

(1) 기본적 사항

전처리시설은 슬러지 탈수성의 개선효과, 탈수케이크 분리, 탈수케이크 처분, 유지관리 등을 고려하여 적절한 방법을 선택한다.

(2) 석회첨가 처리설비

① 슬러지의 탈수시험에 기초하여 경제성, 처분조건 등을 배려하여 적절한 첨가율에 따라 석회가 안정되게 첨가될 수 있도록 한다.
② 석회의 혼합조, 용해조는 각기 2조 이상 설치하여야 한다.
③ 내알칼리구조로 하여야 한다.

(3) 고분자응집제 처리설비

① 슬러지의 양과 질에 따라 최적 첨가율로 안전하게 첨가할 수 있어야 한다.
② 정수장으로부터 배출수중 아크릴아미드모노머 농도를 항상 0.01ppm 이하가 되도록 첨가율의 제어 등의 조치가 강구되어야 한다.
③ 고분자 응집제를 첨가한 후에 슬러지 분리수가 정수처리공정에 반송되어서는 안 된다.

(4) 그 밖의 산처리 및 동결처리설비

충분한 기술적 조사 및 실험을 통하여 처리방법이 안정되도록 한다.

[전처리방법의 특성]

구 분	산처리	석회처리	고분자응집제 처리	알칼리처리	열처리	동결융해처리
사용약품	황 산	소석회	고분자 응집제	가성소다	-	-
탈수성의 향상	-	대	대	-	중(유기성 슬러지의 경우)	대
탈수기종	-	진공여과 가압여과 가압압축여과	원심분리 조립탈수	-	진공여과 원심분리	진공여과 원심분리 가압여과
탈수여액 등의 성상	대략 맑음 pH 낮음	맑 음 pH 높음	맑 음 고분자응집제 잔류	대략 맑음 pH 높음	불 량	양 호
탈수여액 등의 처리	재생하여 재이용 또는 pH 조정 후 하천방류	알칼리제로 이용 또는 pH 조정 후 반송하거나 하천방류	농축조에 반송 농축상등수는 하천방류	알칼리제로 이용 또는 pH 조정 후 반송하거나 하천방류	배출수지 등에 반송	원수로 재이용 또는 하천방류
케이크의 역학적 성질(무처리와 비교하여)	불 량	양 호	양 호	불 량	보 통	양 호
고형물량의 증감	감 소	증가(15~50%)	불 변	감 소	불 변	양 호
처분상의 문제점	pH 낮음	pH 높음	고분자응집제를 함유	pH 높음	-	-

참고 산처리는 농축전처리에서 석회처리 등과 조합하여 사용된다.

7. 탈수기

(1) 기본적 사항

탈수기는 슬러지의 성상, 전처리방식, 처분방법 및 운전관리를 고려하여 탈수기 성능 및 운전시간 등에 과부족이 없는 용량이어야 하며 2대 이상 설치하는 것이 바람직하다.

(2) 진공탈수기

① 여과면적은 슬러지량, 여과속도 및 실가동 시간으로부터 산출하여야 한다.
② 여포는 폐색되는 부분이 없고 내구성이 있는 것이어야 한다.
③ 여포세척장치 등을 설치하여야 한다.

(3) 가압형 탈수기
① 가압형 탈수기에는 탈수기구에 따라 필터프레스식, 벨트프레스식 및 스크루프레스식, 가압탈수기로 분류할 수 있다.
② 가압탈수기의 여과면적은 슬러지량, 여과속도 및 실가동 시간으로부터 산출하여야 한다.
③ 여과압력, 여과시간 및 전처리 방법 등은 슬러지의 성상에 알맞은 적절한 조작조건으로 운전할 수 있는 것이어야 한다.
④ 여포는 폐색되는 부분이 없고 내구성이 있는 것이어야 한다.
⑤ 필터프레스식 가압, 압착탈수기의 다이어프램은 내구성이 있는 것이어야 한다.
⑥ 필터프레스는 여포세척장치 등을 설치하여야 한다.
⑦ 벨트프레스의 속도와 인장력은 함수율이 낮은 케이크를 생성하기 위하여 적절히 조정되어야 한다.

(4) 원심분리기 및 조립탈수기
① 원심분리기는 대상슬러지량, 슬러지성상, 운전방식, 설치조건 등으로부터 적절한 형식의 것이어야 한다.
② 원심분리기의 용량은 충분한 탈수처리를 할 수 있는 것이어야 한다.
③ 원심분리기는 슬러지의 성상 및 처리목표 등으로부터 필요한 원심력을 가할 수 있는 것이어야 한다.
④ 원심분리기는 쉽게 공기를 뺄 수 있는 분리액 배출관을 설치하여야 한다.
⑤ 원심분리기 내 세척용의 설비를 설치하여야 한다.
⑥ 조립탈수기는 고분자응집제의 첨가를 전제로 한다.
⑦ 조립탈수기 드럼의 소요단면적은 고형물처리량 $60 \sim 130 kg/m^2/h$을 표준으로 한다.

(5) 탈수기의 부대설비
① 탈수기의 부속기계와 기타 설비는 예비를 설치하는 등 운전의 확실성이 확보될 수 있는 것이어야 한다.
② 관류는 슬러지나 쓰레기로 폐색되거나 운전상에 지장이 없도록 배치하여야 한다.
③ 케이크 반출설비는 될수록 단순한 구성으로 하여야 한다.
④ 탈수기실에는 탈수기 기타 기기의 점검정비 및 수리용 크레인, 호이스트를 설치하여야 한다.
⑤ 탈수여액 등 처리설비는 여액분리수 등의 성상에 따라 필요한 조작을 적절히 할 수 있는 것이어야 한다.

8. 처분시설 및 재활용

(1) 매립처분지
① 위치는 배출수처리시설의 위치, 발생케이크량, 반입로 및 주변환경을 고려하여야 한다.
② 용지면적은 매립방법, 매립깊이, 발생케이크량 등으로 보아 충분하여야 한다.
③ 침출수 등으로 공공용수역, 지하수 등의 오염이 발생하지 않도록 필요에 따라서 적절한 조치를 강구하여야 한다.
④ 매립처분지로부터 케이크의 유출방지를 위한 조치가 강구된 곳이어야 한다.

(2) 재활용
① 케이크를 가공하지 않고 활용하는 방법으로는 목조주택의 땅고르기용 흙, 농업용 또는 식물재배 흙으로 이용하는 방법이 있다.
② 케이크의 성상을 개선시켜 이용하는 방법은 시멘트 첨가 등으로 고화시켜 이용하는 방법, 케이크를 입상화하고 소결하여 인공골재로 이용하는 방법, 열처리하여 블록 또는 도관으로 이용하는 방법 등이 있다.

CHAPTER 06 적중예상문제(1차)

제1과목 수처리공정

01 일반적인 하수 슬러지처리과정이 바르게 구성된 것은?

① 슬러지 → 소화 → 농축 → 개량 → 탈수 → 건조 → 처분
② 슬러지 → 농축 → 개량 → 소화 → 탈수 → 건조 → 처분
③ 슬러지 → 농축 → 소화 → 개량 → 탈수 → 건조 → 처분
④ 슬러지 → 소화 → 개량 → 농축 → 탈수 → 건조 → 처분

[해설] 일반적 하수 슬러지처리과정
슬러지 → 농축 → 소화 → 개량 → 탈수 → 건조 → 처분

02 슬러지용적지수(SVI)에 관한 설명 중 옳지 않은 것은?

① 폭기조 내 혼합물을 30분간 정치한 후 침강한 1g의 슬러지가 차지하는 부피(mL)로 나타낸다.
② 정상적으로 운전되는 폭기조의 SVI는 50~150 범위이다.
③ SVI는 슬러지밀도지수(SDI)에 100을 곱한 값을 의미한다.
④ SVI는 폭기시간, 수온에 영향을 받는다.

[해설] SVI = 100/SDI

03 슬러지의 혐기성 소화에 관한 설명 중 틀린 것은 어느 것인가?

① 호기성 처리에 비해 산소공급을 위한 에너지가 절약된다.
② 실온에서는 분해속도가 대단히 느리다.
③ 온도와 pH의 영향을 쉽게 받는다.
④ 유입유량의 변화가 심한 경우에도 적응을 잘 할 수 있다.

[해설] 혐기성 소화는 유입유량의 변화가 심하지 않은 경우에 적합하다.

정답 1 ③ 2 ③ 3 ④

04 다음은 슬러지의 농축방법에 관한 설명이다. 틀린 것은?
① 중력식 농축조는 조 내에 슬러지를 체류시켜 자연중력을 이용하여 농축하는 방법이다.
② 부상식 농축조의 고형물 부하는 80~150kg/m² · day 정도이다.
③ 중력식 농축조의 고형물 부하는 100~200kg/m² · day 정도이다.
④ 중력식 농축조의 용량은 계획 슬러지양의 18시간 분량 이하로 한다.

해설 중력식 농축조의 고형물 부하는 25~70kg/m² · day 정도이다.

05 활성 슬러지공법에서 슬러지 팽화(Bulking)의 원인으로 적절하지 못한 것은?
① MLSS의 농도 증가
② 슬러지배출량의 조절 불량
③ 유입하수량 및 수질의 과도한 변동
④ 부적절한 온도, 질소 혹은 인의 결핍

해설 ① 폭기조 내 부유물질(MLSS)의 농도가 저하될 경우이다.

06 SVI(Sludge Volume Index)의 측정을 위한 시료는 어디에서 채취하는가?
① 최초침전지의 배출 슬러지
② 최종침전지의 배출 슬러지
③ 폭기조 혼합액
④ 슬러지소화조 유출수

해설 SVI(Sludge Volume Index : 슬러지용적지수)
슬러지의 침강농축성을 나타내는 지표로 측정시료는 폭기조의 혼합액에서 채취한다.

07 표준 활성 슬러지법에서 수리학적 체류시간의 표준은?
① 2~4h ② 4~6h
③ 6~8h ④ 8~10h

해설 표준 활성 슬러지법에서 수리학적 체류시간은 6~8h이다.

08 일반적인 표준 활성 슬러지공정을 바르게 나타낸 것은?
① 침사지 → 1차 침전지 → 폭기조 → 2차 침전지 → 소독조 → 방류
② 1차 침전지 → 침사지 → 폭기조 → 2차 침전지 → 방류
③ 침사지 → 소독조 → 1차 침전지 → 폭기조 → 2차 침전지 → 방류
④ 침사지 → 폭기조 → 1차 침전지 → 2차 침전지 → 소독조 → 방류

해설 표준 활성 슬러지공정
침사지 → 1차 침전지 → 폭기조 → 2차 침전지 → 소독 → 방류

09 다음 슬러지 탈수방법 중 슬러지 케이크의 함수율이 55~70% 정도로 생산하는 탈수기는 어느 것인가?
① 진공탈수기 ② 가압탈수기
③ 원심탈수기 ④ 여과탈수기

해설 ② : 55~70%
① · ③ : 60~80%

10 하수슬러지 농축조에 대한 다음의 설명 중 틀린 것은?
① 유효수심은 4m 이상으로 한다.
② 슬러지 스크레이퍼를 설치할 경우 탱크바닥면의 가운데는 5/100 이상이 좋다.
③ 농축조의 용량은 계획 슬러지량의 18시간 분량 이상으로 한다.
④ 슬러지 스크레이퍼가 없는 경우 탱크바닥의 중앙에 호퍼를 설치하되 호퍼측 벽의 기울기는 수평의 60° 이상으로 한다.

해설 농축조의 용량은 계획 슬러지량의 18시간 분량 이하로 한다.

11 다음의 괄호 안에 적당한 용어는 무엇인가?

> 만약 콜로이드 물질이 고정되어 갇혀 있을 경우에 직류전위를 응용하면 입자가 보통 움직이는 방향과는 반대방향으로 액체를 흐르게 한다. 이 현상을 (㉠)라고 하며 (㉡)에 응용되고 있다.

① ㉠ 전기침투현상, ㉡ 슬러지의 탈수
② ㉠ 전기침투현상, ㉡ 슬러지의 농축
③ ㉠ 전기영동, ㉡ 슬러지의 탈수
④ ㉠ 전기영동, ㉡ 슬러지의 농축

해설 점성토에 전극을 삽입하여 직류를 흐르게 하면 전기침투현상에 의해 음극에 수분이 모이게 되는 원리를 이용하여 압밀배수를 도모하는 공법이다.

12 함수율 98%인 슬러지를 농축하여 함수율을 95%로 낮추었다. 이때 슬러지의 부피감소율은?(단, 슬러지의 비중은 1.0으로 한다)

① 40% ② 50%
③ 60% ④ 70%

해설
$$V_2 = \frac{(100-98)}{(100-95)} V_1 = 0.4 V_1$$
$$\therefore \text{부피감소율} = \frac{(V_1 - V_2)}{V_1} = \frac{(V_1 - 0.4V_1)}{V_1} \times 100 = 60\%$$

13 함수율 99%의 슬러지 100m³가 있다. 이 슬러지를 탈수하여 함수율을 70%로 낮추었을 때 슬러지 케이크의 부피는?(단, 슬러지의 비중은 1.0으로 한다)

① 3.3m³ ② 5.5m³
③ 7.7m³ ④ 8.9m³

해설
$$V_1 = \frac{(100-99)}{(100-70)} \times 100 = 3.3 \text{m}^3$$

14 1L의 매스실린더에 활성 슬러지를 채우고 30분간 침전시킨 후 침전된 슬러지의 부피가 180mL이었다. 이때 MLSS가 2,000mg/L이었다면 슬러지용적지수(SVI)는?

① 90
② 100
③ 180
④ 190

해설 $SVI = \dfrac{SV(mg/L)}{MLSS농도(mg/L)} \times 10^3 = \dfrac{180}{2,000} \times 10^3 = 90$

15 5%의 고형물을 함유하는 3,200L의 1차 슬러지를 고형물의 농도가 8%되게 농축시키면 농축된 슬러지의 부피는?(단, 슬러지의 비중은 1.0으로 한다)

① 1,500L
② 2,000L
③ 2,500L
④ 2,800L

해설 $\dfrac{V_1}{V_2} = \dfrac{100 - W_2}{100 - W_1}$

$V_2 = \dfrac{100 - 95}{100 - 92} \times 3,200L = 2,000L$

16 다음 중 활성 슬러지법의 변법이 아닌 것은?

① 호기성 산화지
② 장시간폭기법
③ 산화구법
④ 계단식 폭기법

해설 ① 호기성 소화법이다. 호기성 산화지는 인위적으로 폭기를 하지 않는 산화지법의 일종이다.

17 활성 슬러지법의 여러 가지 변법 중에서 잉여 슬러지량을 현저하게 감소시키고 슬러지처리를 용이하게 하기 위해 개발된 방법으로서 폭기시간이 16~24시간, F/M비가 0.03~0.05kgBOD/kgSS · Day 정도의 낮은 BOD-SS부하로 운전하는 방식은?(단, kgBOD/kgSS · Day는 하루에 1kg의 폭기조 내 미생물이 처리할 수 있는 BOD의 kg량)

① 계단식 폭기법
② 장시간폭기법
③ 표준 활성 슬러지법
④ 순산소폭기법

해설 장시간폭기법은 산소소비량이 많고 폭기조 부피가 커져 에너지비와 초기시설비가 과대해지므로 소규모 하수처리장에 적합하다.

18 하수처리법 중 활성 슬러지법에 대한 설명으로 옳은 것은?

① 호기성 미생물의 대사작용에 의하여 유기물을 제거한다.
② 부유물을 활성화시켜 침전·부착시킨다.
③ 부유생물을 이용하는 방법과 쇄석 등의 표면에 부착한 생물막을 이용하는 방법 등이 있다.
④ 세균을 제거함으로써 슬러지를 정화한다.

해설 **활성 슬러지법**
호기성 미생물의 산화, 흡착, 동화 등의 대사작용에 의해 유기물을 제거하는 생물학적 처리법

19 혐기성 소화에 의한 슬러지처리법에서 발생되는 가스성분 중 가장 많은 것은?

① 탄산가스
② 메탄가스
③ 유화수소
④ 황화수소

해설 메탄생성단계에서는 메탄(CH_4)과 이산화탄소(CO_2)가 2 : 1의 비율로 생성된다.

정답 17 ② 18 ① 19 ②

20 다음 그림은 어떤 처리방식을 나타낸 것인가?

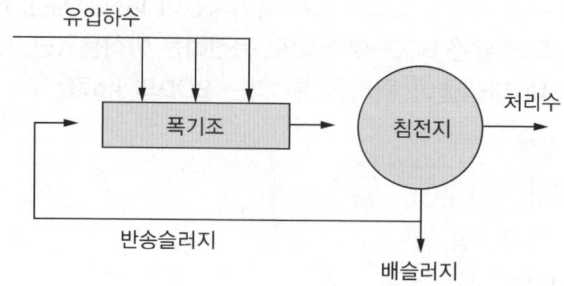

① 표준 활성 슬러지법
② 계단식 폭기법
③ 접촉안정법
④ 산화구법

해설 **계단식 폭기법**
반송슬러지는 폭기조의 유입구에 모두 반송하고, 유입하수는 폭기조의 전체 길이에 걸쳐 균등하게 분할하여 유입시키는 활성 슬러지법의 변법

CHAPTER 06 적중예상문제(2차)

제1과목 수처리공정

01 침전지의 바닥에 대차를 설치하고 와이어로프로 견인하여 침전지 내를 전·후진하면서 오니호퍼를 향해 전진 시에는 긁어서 제거하고 후진 시에는 스크레이퍼를 긁어서 제거하는 슬러지배제설비는 무엇인가?

02 슬러지특성 시험방법 4가지를 열거하시오.

03 다음 괄호 안에 알맞은 수치를 적으시오.

> 슬러지제거에 스크레이퍼(Scraper)를 사용할 때는 속도가 과대해 플록을 파괴하거나 침전을 방해하지 않도록 주행속도를 (   )m/h 이하가 되도록 운영해야만 한다.

04 98%의 수분을 갖는 슬러지 200m³를 탈수해서 수분을 80%로 낮추었을 경우 슬러지의 용적(m³)은 얼마인가?(계산과정 포함)

05 활성슬러지 공법에서 벌킹(Bulking) 현상의 원인을 열거하시오.

06 혐기성 소화에 의한 슬러지 처리법에서 발생되는 가스성분 중 가장 많이 차지하는 것은?

07 농축된 슬러지의 탈수성을 개선하기 위하여 탈수 전에 실시하는 전처리방법에는 어떠한 것이 있는가?

08 슬러지의 중량(건조 무게)이 3,000kg이고, 비중이 1.05, 수분함량이 96%인 슬러지의 용적은?

09 1L의 메스실린더에 활성슬러지를 채우고 30분간 침전시킨 후 침전된 슬러지의 부피가 180mL이었다. 이때 MLSS가 2,000mg/L이었다면 슬러지 용적지표(SVI)는?

10 5%의 고형물을 함유하는 3,200L의 일차슬러지를 고형물의 농도가 8%가 되도록 농축시키면 농축된 슬러지의 부피는?(단, 슬러지의 비중은 1.0으로 가정)

11 활성슬러지법에서 하수량이 1,500m³/day이고, 유입수 BOD가 0.1kg/m³이다. 폭기조 용적이 200m³, MLSS가 3.0kg/m³일 때 BOD-SS 부하는?

12 슬러지탈수방법에서 탈수시설별 최종케이크의 함수율을 적으시오.
 (1) 진공탈수기
 (2) 가압탈수기
 (3) 원심탈수기
 (4) 슬러지건조상

13 건조슬러지 비중이 1.42이며, 이 슬러지의 케이크의 건조 이전의 고형물 함량이 38%, 건조중량이 400kg이라고 할 때 슬러지 케이크의 비중과 부피(m³)는 얼마인가?(단, 물의 비중은 1.0이다)

CHAPTER 06 정답 및 해설

제1과목 수처리공정

01 수중대차식
수중대차식 슬러지수집기는 혼화지 및 응집지에서 약품주입, 혼화 및 플록 형성을 통하여 침전 분리된 슬러지를 제거한다.

02 슬러지특성 시험방법
- 슬러지 Jar-test
- 비저항시험
- 여과시간시험
- CST시험
- 슬러지 Leaf Test
- 슬러지 농축시험

03 12

04
$V_1(100 - W_1) = V_2(100 - W_2)$
$2 \times 200 = 20 \times V_2$
$V_2 = 20 m^3$

05 벌킹(Bulking) 현상의 원인
- 유량, 수질의 과부하
- pH의 저하
- 낮은 용존산소
- SVI의 증대
- MLSS의 농도 저하 등

06 메탄생성단계에서는 메탄(CH_4)과 이산화탄소(CO_2)가 2 : 1 비율로 생성된다.

07 농축된 슬러지의 탈수성을 개선하기 위하여 탈수 전에 실시하는 전처리 방법으로는 산처리, 열처리, 동결융해처리, 고분자응집제처리, 석회처리 등이 있다.

08 $W = \omega V$

$3,000 \text{kg}(= 3\text{t}) = 1.05 \text{t/m}^3 \times (1 - 0.96) V$

$V = \dfrac{3}{(1.05 \times 0.04)} \fallingdotseq 71 \text{m}^3$

09 $\text{SVI} = \dfrac{\text{SV(ml/L)}}{\text{MLSS농도(mg/L)}} \times 10^3 = \dfrac{180}{2,000} \times 10^3 = 90$

10 $\dfrac{V_1}{V_2} = \dfrac{100 - W_2}{100 - W_1} \quad \therefore V_2 = \dfrac{100 - 95}{100 - 92} \times 3,200\text{L} = 2,000\text{L}$

11 $\text{BOD슬러지 부하} = \dfrac{\text{BOD} \cdot Q}{\text{MLSS} \cdot V} = \dfrac{0.1 \times 1,500}{3.0 \times 200} = 0.25 \text{kg/kgMLSS} \cdot \text{day}$

12 (1) 진공탈수기 : 60~80%
(2) 가압탈수기 : 55~70%
(3) 원심탈수기 : 60~80%
(4) 슬러지건조상 : 50% 정도

13 슬러지량/슬러지밀도(비중) = (고형물량/고형물의 밀도 또는 비중) + (수분량/수분의 밀도 또는 비중)

$\dfrac{100}{S_L} = \dfrac{38}{1.42} + \dfrac{62}{1}$

$S_L = 1.13$

$\therefore$ 슬러지부피 = 슬러지중량(kg)/비중량(kg/m^3) = $\dfrac{400\text{kg} \times (100/38)}{1,130 \text{kg/m}^3} = 0.93 \text{m}^3$

CHAPTER 07 미량 유·무기 물질제어

01 활성탄 흡착설비

1. 분말활성탄 흡착설비

(1) 개 요

활성탄은 형상에 따라 분말활성탄과 입상활성탄으로 나누어지며 처리형태에 따라 사용하는 것이 구분되지만 활성탄으로서 물성과 흡착기작 등은 동일하다.

① **처리대상** : 통상적인 정수처리로 제거되지 않는 맛·냄새의 원인물질, 합성세제, 페놀류, 트라이할로메탄과 그 전구물질(부식질 등), 트라이클로로에틸렌 등의 휘발성 유기화합물질, 농약 등의 미량 유해물질, 상수원의 상류수계에서 사고 등에 의하여 일시적으로 유입되는 화학물질, 그 밖의 유기물 등

② 활성탄의 종류

구 분		종 류
원 료	목 탄	야자껍질, 목재, 톱밥 등
	석 탄	이탄, 아탄, 갈탄, 역청탄 등
	기 타	석유피치, 합성수지, 각종 유기질 탄화물 등
활성화방법	약 품	염화아연, 황산염, 인산, 수산화나트륨, 에탄올 등
	가 스	수증기, 이산화탄소, 공기 등
	기 타	약품과 수증기의 병용
형 상	분말탄	150μm 이하
	입상탄	150μm 이상

③ 분말활성탄처리와 입상활성탄처리의 장단점

항 목	분말활성탄	입상활성탄
처리시설	기존시설을 사용하여 처리할 수 있다.	여과지를 만들 필요가 있다.
단기적 처리 시	필요량만 구입하므로 경제적이다.	비경제적이다.
장기간 처리 시	경제성이 없으며, 재생되지 않는다.	탄층을 두껍게 할 수 있으며 재생하여 사용할 수 있으므로 경제적이다.
폐기 시의 애로	탄분을 포함한 흑색슬러지는 공해의 원인이다.	재생사용할 수 있어서 문제가 없다.
미생물의 번식	없다.	원생동물이 번식할 우려가 있다.
누출에 의한 흑수 발생	특히 겨울철에 일어나기 쉽다.	거의 염려가 없다.
처리관리의 난이	주입작업을 수반한다.	특별한 문제가 없다.

(2) 정수처리 공정과의 조합 및 품질

① 분말활성탄처리는 응집, 침전 및 여과 등의 정수처리 공정과 조합해야 하며 분말활성탄이 처리수에 누출되지 않도록 한다.

② 분말활성탄의 품질은 처리효과가 양호하고 또 위생상 문제가 없어야 한다.

[분말활성탄의 선정표준]

항 목	선정표준	구입시방	비 고
pH	5~8	5~8	200메시의 체통과분
전기전도도	900μΩ/cm	-	
염화물	0.5% 이하	0.5% 이하	
비 소	2ppm 이하	2ppm 이하	
아 연	50ppm 이하	50ppm 이하	
카드뮴	1ppm 이하	1ppm 이하	
납	10ppm 이하	10ppm 이하	
메틸렌블루 탈색력	-	150mL/g 이상	
아이오딘흡착력	-	100mL/g 이상	
건조감량	20~50%	45~50%	
체거름	75μm 체에 잔류분	75μm 체에 잔류분	
잔류량	10% 이하	10% 이하	

(3) 검수 및 저장설비

① 분말활성탄의 성상 및 운반방식과 수량을 고려하여 적절한 검수용 계량장치를 설치한다.
② 반입된 분말활성탄을 저장설비에 이송하기 위한 설비를 설치한다.
③ 저장설비는 사용량과 수급관계를 고려하여 적절한 용량으로 한다.
④ 저장설비를 설치하는 건물은 내화성 구조로 하고 방진 및 방화대책을 강구한다.
⑤ 건조탄 저장조에는 가교(Bridge) 결합을 방지하기 위한 대책을 강구한다.

(4) 주입설비

① 주입지점은 혼화와 접촉이 충분히 이루어지고 또 전염소처리의 효과에 영향을 주지 않도록 선정하며 필요에 따라 접촉지를 별도로 설치한다.
② 주입률은 원수수질 등에 따라 다른 실례 등을 참조하고 기본적으로 처리하고자 하는 원수와 제거 목표 물질에 대한 실험에 근거하여 정한다.
③ 슬러리 농도는 2.5~5%(건조환산한 값)를 표준으로 한다.
④ 주입량은 처리수량과 주입률로 결정한다.
⑤ 주입방식으로는 습식과 건식이 있으며 제어성과 작업성 등을 고려하여 선정한다.
⑥ 주입장치는 주입방식에 따라 적절한 설비구성으로 충분한 용량을 가져야 한다.

⑦ 주입장치의 총용량과 대수 및 주입계통의 구성은 최소주입량에서 최대주입량까지 적절하게 주입할 수 있도록 한다.
⑧ 습식주입에서 슬러리조는 충분하게 교반될 수 있는 구조로 적절한 용량이어야 한다.
⑨ 주입배관은 적절한 구경과 재질 등으로 시공한다.
⑩ 분말활성탄이 접촉하는 부분의 재질은 활성탄에 대하여 충분한 내식성과 내마모성이 있는 것으로 한다.
⑪ 주입설비실은 가능한 주입장소에 가까운 곳에 설치하고 설비의 유지관리가 용이한 넓이를 확보한다.

2. 입상활성탄 흡착설비

(1) 개 요

① 입상활성탄 흡착설비는 흡착탑 또는 흡착지에 입상활성탄을 충전하고 여기에 처리할 물을 통과시켜 처리대상 물질인 오염물질을 흡착하여 제거하는 것이다.
② 입상활성탄 처리방법 : 잘 발달된 활성탄 내부 세공 표면에 오염물질이 이동하여 흡착됨으로써 액상의 용존상태에서 고체상의 흡착상태로 상을 변환시켜 오염물질을 제거하는 공정
③ 입상활성탄에 의한 제거목표물질
　㉠ 냄새물질 제거
　㉡ 트라이할로메탄 및 트라이할로메탄 전구물질(부식질 등) 제거
　㉢ 색도의 제거
　㉣ 음이온 계면활성제, 페놀류 등 유기물의 제거
　㉤ 트라이클로로에틸렌 등 휘발성 유기화합물질 제거
　㉥ 암모니아성 질소와 고농도유기물의 동시 제거

(2) 처리공정의 배열 예

① 원수를 직접 활성탄처리하는 배열로서 지하수 등의 오염도가 낮은 원수의 처리에 적용한다.

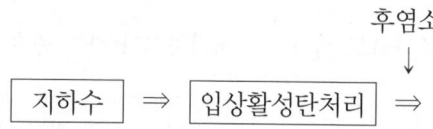

② 전염소 또는 중간염소처리에 의한 배열이다.

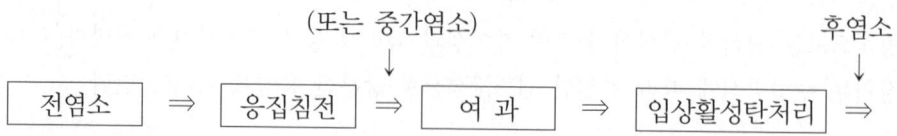

③ 응집침전 후에 활성탄처리를 한 다음 중간염소처리하는 배열이다.

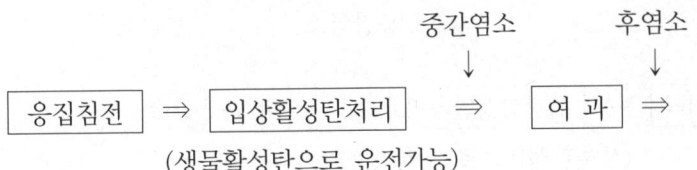
(생물활성탄으로 운전가능)

④ 응집침전, 여과 후 활성탄처리를 하는 배열이다.

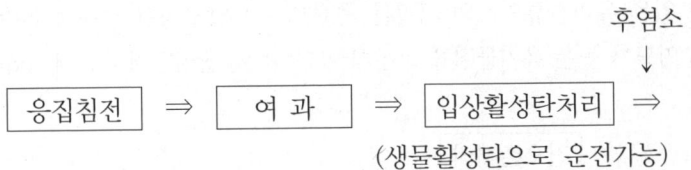
(생물활성탄으로 운전가능)

⑤ 응집침전 다음에 활성탄처리를 한 후 여과과정을 거치는 배열이다.

응집침전 ⇒ 입상활성탄처리 ⇒ 여과 ⇒
(생물활성탄으로 운전가능)

⑥ ②의 활성탄처리공정 앞에 오존처리공정을 추가한 배열로 ②에 비하여 농도가 높은 맛, 냄새물질, 미량유기물질 등의 제거효과가 있다.

⑦ ④의 활성탄처리공정 앞에 오존처리를 추가한 배열로 오존처리 효과와 아울러 생물활성탄처리효과를 촉진한 것이다.

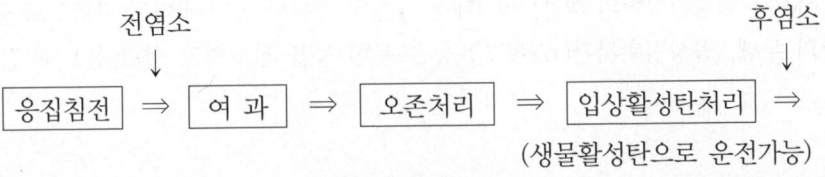
(생물활성탄으로 운전가능)

⑧ ⑤의 활성탄처리 앞에 오존처리를 추가한 배열로 오존처리효과와 함께 생물활성탄처리의 효과를 촉진한 것이다.

응집침전 ⇒ 오존처리 ⇒ 입상활성탄처리 ⇒ 여과 ⇒
(생물활성탄으로 운전가능)

⑨ ⑧의 활성탄처리 후에 중간염소처리를 하는 배열로 철, 망간 농도가 높은 원수의 처리에 적합하다.

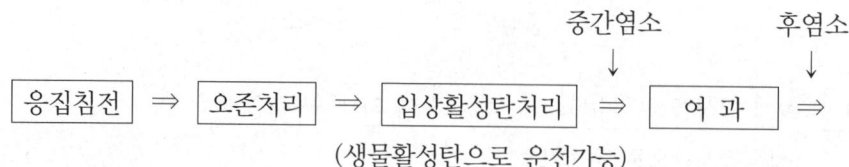

⑩ 암모니아성 질소의 농도가 높아 이의 제거를 위해 파괴점 염소주입이 불가피할 경우 현장 운전상 파괴점 이후에 잔존할 수 있는 유리잔류염소의 제거를 목적으로 분말활성탄 접촉지를 추가하고 응집·침전·여과 후의 오염도가 높은 유기물질을 오존처리(선택) 및 활성탄처리로 제거하는 배열이다.

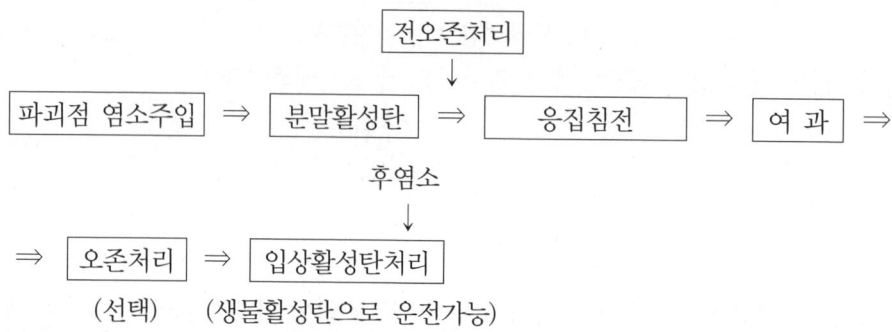

(3) 흡착설비의 계획

① 입상활성탄은 처리목적에 따라 최적의 것을 선정하며 규격은 분말활성탄 규격과 KS M 1421을 참고로 한다.
② 흡착방식은 기본적으로 고정상(Fixed Bed)식과 유동상(Fluidized Bed)식으로 분류되며 각 방식의 특성과 처리효과, 유지관리, 경제성 등을 고려하여 결정한다.
③ 적정한 접촉시간은 입상활성탄의 성능, 제거대상 물질의 종류와 농도에 따라 다르므로 공간속도(SV), 탄층의 두께, 공상접촉시간($EBCT$) 등은 문헌 등을 참고하고 실험 등으로 결정한다.

(4) 흡착설비

① 고정상 흡착지는 설비규모, 수위 등을 고려하여 중력식 또는 압력식 중에서 선택하되 유지관리, 경제성 등도 충분히 검토하여 결정한다. 중력식은 비교적 대규모 시설에 적합하며 점검이 용이하고 철근콘크리트지의 경우에는 내구성이 있다. 압력식은 소규모의 설비에 적합하며 강판제로 할 수 있고 선속도(LV)를 크게 할 수 있는 장점이 있다.
② 흡착지의 면적 및 지수는 급속여과지의 여과면적, 지수 및 형상에 준한다.
③ 흡착지의 구조는 효과적인 흡착과 역세척이 가능하고 또 활성탄 교체 등이 용이하도록 한다.
④ 집수장치는 편류가 없는 균등한 수류와 균등한 역세척, 그리고 활성탄의 지지 및 활성탄의 유출방지 등의 기능을 갖추어야 한다.

(5) 세척설비

세척의 목적은 탄층에 축적된 현탁물질에 의하여 일어나는 흐름의 저항을 감소시키는 것으로 세척의 빈도는 처리수량, 처리수 중의 현탁물질의 성질, 농도, 입상활성탄의 크기, 흡착방식(고정상, 유동상)에 따라 다르다.

① 탄층의 세척은 역세척에 적당한 보조세척을 추가한 것으로 활성탄의 누출방지를 고려해야 한다.
② 세척수로는 활성탄 처리수 또는 정수를 사용하고 필요한 수량, 수압 및 시간은 실험 등으로 결정한다.
③ 세척설비의 용량, 구조 등은 급속여과지의 세척탱크 및 세척펌프 등에 준한다.

(6) 저장설비, 계량설비 및 이송설비

① 입상활성탄은 흡착능력이 없어지면 재생하거나 교체해야 하므로 신탄 또는 재생탄을 저장하는 설비를 설치해야 한다.
② 신탄이나 사용종료탄 또는 재생탄을 검수하거나 계량하기 위하여 운반방식과 양에 적합한 계량설비를 설치한다.
③ 이송설비는 활성탄과 이송 설비자체의 마모를 최소한으로 억제하면서 원활하고 능률적으로 이송할 수 있는 설비로 한다.
④ 흡착지는 설비규모와 재생빈도에 따라 활성탄을 적절하게 충전하고 반출할 수 있도록 한다.

(7) 재생설비

① 재생설비의 설치 여부는 재생빈도, 재생활성탄량 및 경제성을 고려하여 결정한다.
② 자가재생설비를 설치할 경우
　㉠ 재생설비로는 재생로 본체, 저장설비, 계량설비, 제해설비, 연료공급설비 등으로 구성된다. 이들 설비를 계획할 때에는 설비규모, 운전방법, 입지조건 등을 충분히 고려하고 재생빈도에 대하여 여유가 있는 규모로 한다.
　㉡ 재생로는 연간재생량 및 운전조건을 고려하여 용량과 방식을 결정한다.
　㉢ 재생로에 부대하여 사용종료탄과 재생탄의 계량설비, 사용종료탄의 세척, 탈수설비, 배기가스 및 배출수 처리시설, 연료 및 용수공급설비 등을 필요에 따라 설치한다.

02 오존처리설비

1. 개 요

(1) 목 적

오존처리는 염소보다 훨씬 강한 오존의 산화력을 이용하여 소독과 함께 맛·냄새물질 및 색도의 제거, 소독부산물의 저감 등을 목적으로 한다.

(2) 의 의

오존은 유기물과 반응하여 부산물을 생성하므로 일반적으로 오존처리와 활성탄처리는 병행해야 된다. 오존처리공정의 설계와 운전요소로서 처리목적에 따라 주입점, 주입률 등을 고려하고 파일럿플랜트 등 실험결과에 근거하여 결정한다.

(3) 정수처리 단위공정으로서 오존처리가 타처리공정에 비하여 우수한 점

① 맛·냄새물질과 색도제거의 효과가 우수하다.
② 유기물질의 생분해성을 증가시킨다. 난분해성 유기물질의 생분해성을 증대시켜 후속공정인 입상활성탄처리(생물활성탄으로 운전 시)의 처리성을 향상시킨다.
③ 염소주입에 앞서 오존을 주입하면 염소의 소비량을 감소시킨다.
④ 철, 망간의 산화능력이 크다.
⑤ 소독부산물의 생성을 유발하는 각종 전구물질에 대한 처리효율이 높다.

(4) 오존처리에 있어서 유의할 점

① 충분한 산화반응을 진행시킬 접촉지가 필요하다.
② 배오존처리설비가 필요하다.
③ 전염소처리를 할 경우에도 염소와 반응하여 잔류염소가 감소한다.
④ 설비의 사용재료는 충분한 내식성이 요구된다.

2. 처리공정 배열과 주입률

(1) 처리공정 배열

① 냄새제거를 목적으로 할 경우

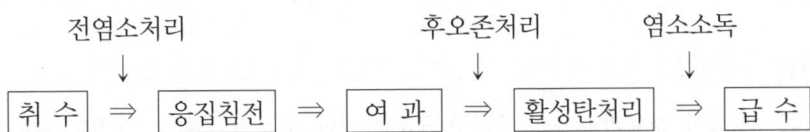

② 색도제거를 목적으로 할 경우

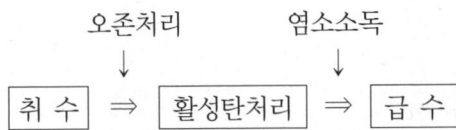

③ 응집효과 증대를 목적으로 할 경우 : 저탁도 원수의 처리목적

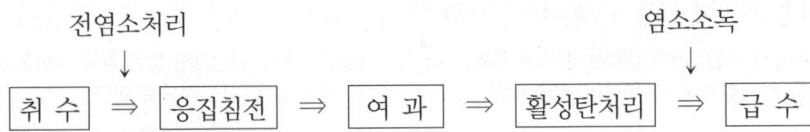

④ 유기염소화합물의 생성저감을 목적

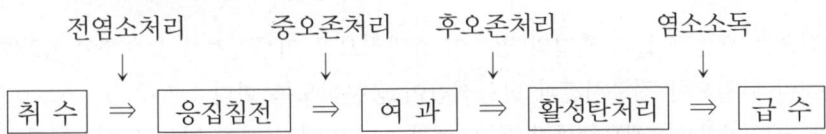

(2) 주입률

① 오존주입률은 원수수질의 현황 및 장래수질의 예측, 문헌, 실험결과 등을 기초하여 결정한다.
② 오존주입량은 처리수량에 주입률을 곱하여 산정한다.

3. 오존발생 및 주입설비

(1) 주입설비

① 설비용량은 처리수량과 주입률로 산출된 주입량을 기본으로 하여 결정한다.
② 설비는 원료가스공급장치, 오존발생기, 접촉지, 배오존처리설비, 잔류오존제거시설 및 오존재이용(Recycle)설비 등으로 구성되며 주요기기류는 2계통 이상으로 분할하고 예비계통을 설치하며 유지관리가 용이하도록 한다.

③ 오존처리를 효율적으로 실시하고 또 비상시에도 필요한 조치가 용이하게 이루어질 수 있도록 적절한 제어방식을 선정한다.
④ 오존과 접촉하거나 또는 접촉가능성이 있는 부분의 재질은 오존에 대하여 충분한 내식성과 강도가 있고 또 위생상 안전한 것으로 한다.

(2) 원료가스 공급장치

원료가스 공급장치는 필요한 원료가스를 제조하고 공급하기에 충분한 용량을 가지며 높은 효율로 운전할 수 있고 충분한 안전성을 가진 것으로 한다.

(3) 오존발생기

① 발생효율이 높고 내구성과 안전성이 충분해야 한다.
② 용량, 대수, 주입계통의 구성은 수온에 따른 오존소모특성과 제거대상물질을 고려하여 최소주입량에서 최대주입량 조절이 가능하도록 하여야 한다.

> **참고** 오존발생기에서 주입장소에 이르는 배관은 적절한 내경과 재질을 가지며 유량계와 압력 등을 구비하고 배관의 유지관리를 용이하게 하기 위하여 지중부분은 콘크리트덕트 내에 설치하는 것으로 한다.

(4) 접촉지

① 구조는 밀폐식으로 오존과 물의 혼화와 접촉이 효과적으로 이루어져서 흡수율이 높도록 한다.
② 용량은 오존처리에 필요한 접촉시간과 반응시간이 충분하도록 한다.
③ 오존주입풍량, 재이용풍량, 배오존풍량 등은 풍량의 수지에 균형이 맞도록 설계한다.
④ 접촉지에는 우회관을 설치한다.
⑤ 오존재이용설비는 오존의 유효이용과 배오존처리설비의 부하경감을 고려하여 설치여부를 결정한다.

(5) 오존발생기실

① 발생설비는 가능한 한 주입지점에 가깝게 설치한다.
② 건물은 내화 및 내식을 고려하여 채광, 방음, 환기, 배수 등이 양호해야 한다.
③ 바닥면적은 발생기 등의 유지관리에 충분한 넓이로 한다.

> **참고** 오존발생에 필요한 전력설비는 충분한 용량과 기능을 갖추어야 한다.

4. 배오존설비

배오존설비는 배오존농도 및 풍량, 운전조건 등에 따라 다음 중에서 산정한다.

(1) 활성탄흡착분해법
① 활성탄을 사용하여 분해하는 방법으로 오존을 매우 효과적으로 파괴가 가능하며 유지관리는 활성탄의 교체, 보충뿐이고 가열할 필요가 없으며 간헐운전에도 적합하다.
② 이 방법은 배출오존농도가 낮을 경우에 적합하므로 고농도의 배출오존이 유입되지 않도록 하는 제어방법이 필요하다.

(2) 가열분해법
① 수천 ppm의 농도에서 오존의 반감기는 상온에서는 수십시간 이상이나 200℃에서는 수 초 이내이다.
② 실용적으로는 350℃에서 1초 정도 체류시킴으로써 배출오존의 파괴가 충분히 가능하다.

(3) 촉매분해법
① 이 방법은 금속표면에서 오존이 촉매분해되는 것을 이용한 것인데 이 반응은 오존의 열분해보다 저온에서 일어나므로 비용면에서 유리하며 널리 이용되고 있다.
② 촉매로는 MnO_2, Fe_2O_3, NiO가 이용되며 50℃ 정도로 접촉시간 0.5~5초 정도에서 반응이 이루어진다.

5. 보안설비 기타

① 오존처리설비 및 제어방법은 누출에 대하여 충분히 안전해야 한다.
② 운전 중에 오존접촉지, 활성탄흡착지에는 출입을 못하도록 하고 배기설비를 갖춘다.
③ 오존처리설비를 안전하게 운전하기 위하여 자동화된 오존농도계(발생오존, 배출오존, 대기환경오존)에 의하여 적절한 제어 및 긴급정지를 할 수 있도록 한다.

03 생물학적 처리

1. 생물학적 전처리설비

(1) 개 요

① 생물학적 전처리는 통상의 정수처리로서는 충분히 제거되지 않는 암모니아성 질소, 조류, 냄새물질, 철, 망간 등의 처리에 적용된다.

② 전처리 방법에는 허니콤(Honeycomb)방식, 회전하는 원판에 의한 회전원판방식(RBC ; Rotating Biological Contactor), 입상의 여재에 의한 생물접촉 여과방식 등이 이용되고 있다.

③ 생물학적 전처리의 효과 : 생물학적 전처리는 암모니아성 질소, 조류, 곰팡이냄새, 음이온 계면활성제, 망간제거에 효과가 있으며, 또 탁도가 제거되고 이에 수반하여 색도, 과망간산칼륨소비량, 일반세균 등도 저감된다. 그러나 트라이할로메탄 등 유기 할로겐화합물 생성능은 그 전구물질이 용존성의 경우 제거율이 낮다.

④ 처리에 영향을 주는 인자 : 수온, pH, 영양염류 및 산소, 저해물질(중금속, 기름성분, 농약 등), 접촉시간

⑤ 생물학적 전처리공정의 선정
  ㉠ 제거대상 수질항목과 목표수질을 명확히 하여 설비의 용량을 산정한 후 경제성이나 기존 정수시설에의 적합성 등을 고려한다.
  ㉡ 방식선정은 소요면적, 설비의 크기, 설비에서의 손실수두, 유지관리의 용이도, 세척의 방법 및 슬러지처리의 필요성, 설비의 내구성, 주변환경에의 영향, 건설비, 유지관리비 등을 고려한다.

⑥ 처리대상 원수의 수질조건
  ㉠ 수온 : 저수온에서는 제거능력이 현저하게 저하하므로 약 10℃ 이상이 바람직하다.
  ㉡ 무기성 질소 : 무기성 질소의 총농도는 10mg/L 이하이어야 한다.
  ㉢ 알칼리도 : 알칼리도는 암모니아성 질소 농도의 10배 이상이어야 한다.
  ㉣ 기타 : 홍수 등에 의한 고탁도 시에는 처리대상 외로 하는 것이 바람직하다.

(2) 침적여과상장치(허니콤방식) : 허니콤튜브 수직순환류형

① 설비는 접촉지, 순환장치, 허니콤튜브, 세척장치로 구성되며 적절한 유지관리가 되게 한다.

② 처리계열은 2계열 이상으로 하여 각 계열은 복수의 접촉지를 직렬로 배치한다. 또 복수계열에 균등히 유입될 수 있도록 수리적으로 고려한다.

③ 접촉지의 조건
  ㉠ 접촉지의 용량은 실험 등을 참고로 하여 원수수질이나 처리목표수질에 적합하도록 결정한다.
  ㉡ 접촉지의 형상 및 크기는 균등한 지내유속을 유지할 수 있도록 한다.

ⓒ 접촉지 내의 평균유속은 1~3m/min 정도로 한다.
　④ 허니콤튜브의 조건
　　　㉠ 폐색을 방지하기 위하여 세척장치를 적절히 설치한다.
　　　㉡ 충전깊이는 2~6m를 표준으로 한다.
　　　㉢ 충전율은 접촉지 용적의 50% 이상으로 한다.
　　　㉣ 내구성이 좋고 원수수질에 적합한 셀크기(Cell Size)를 가지며 세척이 용이한 것을 선정한다.
　⑤ 원수수질 및 발생슬러지의 성상을 고려하여 슬러지 배출이 가능한 구조로 한다.
　⑥ 원수수질에 따라 차광이 가능하도록 한다.
　⑦ 원수수질에 따라 소포(消泡)용 샤워장치를 한다.
　⑧ 계측제어설비 및 부속설비는 제어를 적절하고 확실하게 할 수 있도록 한다.

(3) 회전원판장치
　① 설비는 회전원판, 접촉지 및 구동장치로 구성하며 적절한 유지관리를 할 수 있도록 한다.
　② 처리계열은 2계열 이상으로 하고 각 계열은 복수의 접촉지를 직렬로 배치하며 유입수가 모든 계열에 균등하게 배분될 수 있도록 수리적 고려를 한다.
　③ 회전원판의 조건
　　　㉠ 원판의 필요면적은 원수의 수질조건, 처리목표수질 및 실험결과 등을 참고로 하여 산출된 수질부하를 고려하여 결정한다.
　　　㉡ 폐색 등을 고려하여 원판의 간격, 직경 등을 결정한다.
　　　㉢ 원판은 경량이며 내구성이 있어야 한다.
　④ 접촉지의 조건
　　　㉠ 접촉지의 용량은 액량면적비를 고려하여 결정한다.
　　　㉡ 접촉지의 형상 및 크기는 균등한 지내유속을 유지할 수 있도록 한다.
　　　㉢ 접촉지 내벽과 원판의 끝부분과의 간격은 원판직경의 10~12%를 표준으로 한다.
　　　㉣ 접촉지에는 배수구를 설치하고 또 지의 바닥은 배수가 용이하도록 배수구에 향하여 경사를 둔다.
　⑤ 축의 구조 및 재질
　　　㉠ 축 및 각 부재는 회전원판의 자중 및 부착생물막의 무게를 지지하면서 회전하는 데 충분한 구조와 강도를 가져야 한다.
　　　㉡ 부식에 견딜 수 있도록 내식성 재질이나 도장한 재료를 사용한다.
　⑥ 회전원판의 구동
　　　㉠ 기계구동 또는 공기구동에 의한다.
　　　㉡ 주변속도는 15~20m/min을 표준으로 한다.

⑦ 회전원판장치에는 차광의 목적이나 비산오물 등으로부터 시설을 보호할 수 있도록 지붕(복개)을 설치한다.
⑧ 원수수질의 급격한 변화에 대처하기 위하여 측관을 설치한다.
⑨ 계측제어설비 및 부속설비는 공정의 적절한 제어가 이루어질 수 있도록 한다.

2. 생물제거설비

(1) 개 요

① 통상의 정수처리에서 제거되지 않는 생물장애가 있을 때는 생물제거설비를 설치하여야 한다.
② 생물제거설비는 여과를 이용하여 제거하는방식(다층단여과, 마이크로스트레이너)과 약제(황산구리나 염소제 등을 살포, 주입하는 방법)를 써서 생물을 죽여서 침전 제거하는 방식이 있다.
③ 생물로 인한 장애는 저수지나 호소를 수원으로 하는 경우 플랑크톤조류(식물성 플랑크톤)의 대량 번식에 따라 여과지 폐색이나 맛, 냄새를 발생하는 경우가 있다.

[여과폐색을 일으키는 조류종류별 수]

	생 물	위험수	비 고
규조류	Achnanthes sp.	5,000	※ 수치는 1mL당 수 (*은 군체수)
	Asterionella formosa	100 *	
	Attheya zachariasi	100~200	
	Cyclotella spp.	2,000~3,000	
	Fragilaria crotonensis	100~300 *	
	Melosira granilata	200~300 *	
	Melosira distans	1,000 *	
	Nitzschia gracilis	2,000	
	Nitzschia palea	1,000	
	Rhizosolenia erirensis	200	
	Stephanodiscus hantzschii	2,000	
	Synedra acus	500	
	Synedra ulne	200~300	
	Synedra rumpens	700	
	Tabellaria fenestrata	100~300 *	
녹조류	Sphaerocystis schroeteri	100 *	
황조류	Dinobryon divergens	300 *	

(2) 다층여과

다층여과는 입경 및 밀도가 다른 복수의 여재를 사용하여 생물을 제거하는 것으로 그 설비는 급속여과지의 다층여과지에 준한다.

(3) 마이크로스트레이너

① 마이크로스트레이너는 체작용에 의해 생물을 유효하게 여별할 수 있는 설비여야 한다.
② 여망은 금속제 또는 합성섬유제로 장해생물을 포착하는데 충분한 그물눈이어야 하고 또 물이 잘 빠져야 한다.
③ 설치장소는 응집침전지나 보통침전지 전으로 하고 전염소 주입지점보다 상류측에 설치하여야 한다.
④ 세척용수는 마이크로스트레이너의 여과수 또는 정수를 사용하고 그물눈에 억류된 생물이 연속적으로 배제되는 데 필요한 수량과 압력을 가져야 한다.

[마이크로스트레이너 여망의 사양]

호칭(메시)	사방향	선경(mm)	메시	여과입도(μ)공칭	망두께(mm)	최대직폭(mm)
80	종	횡	0.457	250	1.03	1,500
	0.345	14	70			
110	종	횡	0.376	140	0.751	3,810
	0.254	24	110			
150	종	횡	0.254	110	0.552	1,500
	0.193	30	150			
200	종	횡	0.185	85	0.414	1,200
	0.142	40	200			
250	종	횡	0.142	60	0.309	1,220
	0.112	50	250			
510	종	횡	0.091	40	0.184	1,220
	0.056	80	510			

(4) 약품처리설비

① 약품처리설비는 발생한 장애생물을 유효하게 제거할 수 있어야 한다.
② 약품처리설비에 사용하는 약품은 위생적으로 지장이 없는 것으로서 장애생물의 종류에 따라 적절한 것을 선정하여야 한다.
③ 약품의 사용량은 생물의 종류나 수질 등을 고려하여 정하여야 한다.
④ 약품의 주입장소는 제거효과를 고려하여 정하여야 한다.

(5) 이단응집처리시설

① 이단응집이란 통상 응집처리한 처리수에 다시 응집제를 주입하는 처리법으로 미세 플랑크톤조류의 경우 보통의 응집침전처리에서 충분히 제거할 수 없고 여층에도 포착할 수 없어 여과수에 누출하여 냄새를 나게 하고 탁도를 상승시킬 때 침전처리수에 응집제를 추가로 주입하여 제거하는 방법이다.
② 이단응집처리설비는 침전지와 여과지 사이에 설치하고 응집제 주입 후 곧바로 혼화한다.

04 철, 망간제거

1. 일반사항

(1) 망간의 존재형태 및 발생원

① 수중에 용존망간의 존재는 이산화탄소에 의한 영향을 많이 받는다. 혐기성 조건에서 유기물질이 미생물활동으로 인하여 분해되면서 생성된 이산화탄소가 불용성으로 존재하는 망간을 환원시켜 수중으로 용해시키게 된다.

② 일반적으로 담수에서 망간은 지표수보다는 지하수에 많이 포함되어 있다.

$$MnCO_3 + CO_2 + H_2O \rightarrow Mn(HCO_3)_2$$

③ 지표수의 경우 성층현상이 발생하는 부영양화된 저수지의 심층수에서 미생물활동에 의해 혐기성 조건이 됨에 따라 저수지 밑부분의 토양 및 침전물에 존재하는 철, 망간 등이 환원되어 용존성 2가 이온으로 용출되어 호소수 전체로 확산된다.

④ 2가 철이온인 경우 확산되는 중 표수층 부분에서 용존산소에 의해 비교적 쉽게 산화되어 불용성 형태인 3가 철이온이 되어 염의 형태로 다시 침전한다.

⑤ 2가 망간이온인 경우 일반적인 호소수의 pH 범위에서 용존산소에 의해 쉽게 산화되지 않으므로 용해된 상태로 계속 상층으로 확산하게 된다. 이는 수중의 천연유기물과 결합해 화합물을 형성하여 수중에 용존상태로 존재한다.

⑥ 복류수를 취수하는 경우 유기물질이 많이 함유된 하천수가 집수매거 여층을 통과하면서 용존산소가 소모되어 혐기성 상태가 되면 토양 및 하천바닥에 함유된 망간이 환원되어 용출된다.

⑦ 복류수와 저수지수를 수원으로 하는 상수도 시설의 경우 망간으로 인한 문제가 발생할 수 있다.

(2) 망간의 화학적 특징

① 망간은 대체로 철과 화학적 성질이 비슷하여 망간금속의 표면이 공기 중에서 산화되기 쉽고, 수분이 있으면 녹슬기 쉽다.

② 철과 마찬가지로 고온에서 공기나 산소의 존재하에 연소되며, 저온에서는 서서히 그리고 가열하면 빨리 물을 분해한다.

③ 묽은 무기산에 쉽게 용해되어 2가의 염을 형성하고 수소를 발생시킨다.

④ 망간의 화합물 중에서 +2, +6, +7의 산화수를 가질 때가 가장 안정되며 각각의 산화수를 갖는 화합물로는 아망간염, 망간산염과 과망간산염 등이 있다.

⑤ 자연수 중의 망간은 지하수나 지표수의 경우 심수층이나, 저층수를 취수하는 저수지수에서 많이 발생한다.

⑥ 망간의 농도는 탄산화합물($MnCO_3$)의 용해도에 의해 제한을 받으며 수중의 알칼리도가 높을수록 망간의 용해도는 낮아진다.

⑦ pH 7인 중성의 물에서 알칼리도를 형성하는 중탄산이온 농도가 각각 $10^{-3}M$, $10^{-2}M$에서 망간용해도는 $10^{-4}M(5.5mgMn/L)$, $10^{-5}M(0.55mgMn/L)$이다.

$$MnCO_3(s) \rightarrow Mn^{2+} + CO_3^{2-}, \quad K_{MnCO_3} = [Mn^{2+}][CO_3^{2-}]$$

$$HCO_3^- \rightarrow H^+ + CO_3^{2-}, \quad K_2 = \frac{[H^+][CO_3^{2-}]}{[HCO_3^-]}$$

$$[Mn^{2+}] = \frac{[K_{MnCO_3}]}{[K_2]} = \frac{[H^+]}{[HCO_3^-]}$$

(3) 상수도에서 망간영향

먹는물 수질기준 중 망간은 심미적 영향물질로 관리되고 있으며, 먹는물 중 망간이 0.05mg/L 이상일 경우 불쾌한 금속성 냄새 발생 및 배관시설이나 세탁물에 갈색얼룩이 발생할 수 있으며, 0.02mg/L 이상에서는 관내 유속변화 등으로 인해 흑갈색 침전물이 수도꼭지로 배출되어 민원발생 원인이 되고 있다.

(4) 망간 수질기준 현황

① 먹는물 수질기준 중 망간은 독성보다는 색도나 흑수 유발 등 심미적 영향물질로 관리되며 각 나라별 수질기준은 다음 표와 같다.

[각 나라별 먹는물에 대한 망간 수질기준]

단위	한국	미국		일본		영국	캐나다	독일	프랑스	WHO	호주
		1차	2차	법정 항목	쾌적						
mg/L	0.3	-	0.05(0.01)	0.05	0.01	0.05	0.05	0.05	0.05	0.5(0.1)	0.5(0.1)

* ( ) : 심미적 권장치(Aesthetic Guideline Value)

② 우리나라의 경우 망간의 기준농도는 0.3mg/L이나, 수돗물과 같이 소독제를 투입하는 경우 기준농도 이하에서도 소독제인 염소와 반응하여 관로상에서 망간산화물을 형성하여 강한 색도를 유발할 수 있다(망간량의 300~400배의 색도 발생).

2. 망간제거기법

(1) 망간처리방법 및 특징

① 철, 망간산화방법별 효용성 : 오존, 이산화염소, 과망간산칼륨은 망간산화에 효과적이며, 염소는 다소 효과적인 것으로 알려져 있다. 그러나 이처럼 단순 비교에 의하여 산화제를 선택하는 것은 문제가 있으며, 수질조건, 시설현황 및 경제성 등을 종합 고려하여 선택해야 한다.

[철, 망간 산화방법별 효용성]

산화제	철제거	망간제거	비 고
염 소	효과적	다소 효과적	가장 많이 사용
클로라민	비효과적	비효과적	사용사례 없음
오 존	효과적	효과적	망간제거를 위한 사용사례 없음
이산화염소	효과적	효과적	냄새 문제 발생
과망간산칼륨	효과적	효과적	수처리제 아님
산소(공기폭기)	효과적	비효과적	장기간 운영필요

② 망간산화를 위한 적정 주입량 : 각 산화제별 망간산화를 위한 적정 주입량은 다음 표와 같다.

[망간제거반응]

산화제	반응식	이론비(산화제/제거물질)
HOCl	$Mn^{2+} + HOCl + H_2O \rightarrow MnO_2(s) + Cl^- + 3H^+$	1.30mg : 1mg Mn
O_3(aq)	$Mn^{2+} + O_3 + H_2O \rightarrow MnO_2(s) + O_2 + 2H^+$	0.88mg : 1mg Mn
ClO_2	$Mn^{2+} + 2ClO_2 + 2H_2O \rightarrow MnO_2(s) + 2ClO_2^- + 4H^+$	2.45mg : 1mg Mn
$KMnO_4$	$3Mn^{2+} + 2KMnO_4 + 2H_2O \rightarrow MnO_2(s) + 4H^+$	1.92mg : 1mg Mn
O_2(aq)	$Mn^{2+} + 1/2O_2 + H_2O \rightarrow MnO_2(s) + 2H^+$	0.29mg : 1mg Mn

(2) 산화법

① 공기폭기

㉠ 폭기에 의한 철, 망간의 산화는 pH와 온도에 크게 영향을 받으며 pH를 상승시키고 촉매를 사용하여 어느 정도까지는 제거효과를 얻을 수 있다.

㉡ 산소 1mg당 망간 3.5mg을 산화할 수 있으나 용존산소에 의한 산화반응은 화학적 당량으로 반응하지 않는 특성이 있다.

$$2MnSO_4 + 2Ca(OH)_2 + O_2 \rightarrow 2MnO_2 + 2CaSO_4 + 2H_2O$$

㉢ 산소에 의한 망간산화는 산화된 망간산화물(MnO_x)에 의한 촉매작용으로 산화가 촉진되며 높은 pH에서 산화반응이 빨리 일어난다.

㉣ 망간은 철에 비해 산화속도가 매우 느리며 pH 9.5 이하에서는 효과적인 산화반응이 일어나지 않으므로 pH 증가 후 폭기를 하거나 폭기장치에 경석 등을 넣어 산화효과를 높일 수 있지만 충분한 망간제거 효율을 기대할 수 없는 문제가 있다.

② 염소산화
  ㉠ 원수에 염소를 투입하여 철, 망간 산화물을 침전-여과에 의해 제거하는 방법으로 반응속도는 pH의 영향을 크게 받는다.
  ㉡ 염소에 의한 망간 산화반응은 다음과 같으며 pH의 영향을 크게 받으므로 소석회나 가성소다를 투입하여 pH를 높여주는 공정이 필요하며 암모니아성 질소가 함유된 원수는 반드시 파과점 이상으로 염소를 투입하여 유리잔류염소가 0.5~1.0mg/L 정도 유지되도록 한다.
  ㉢ 망간 1mg 산화에 소요되는 이론적인 염소 요구량은 각각 1.3mg이다.

$$Mn(HCO_3)_2 + Ca(HCO_3)_2 + Cl_2 \rightarrow MnO_2 + CaCl_2 + 4CO_2 + 2H_2O$$

③ 이산화염소산화
  ㉠ 외국의 경우 사용 현장에서 제조하여 소독, 이취미 제거, THM 전구물질 제거 그리고 철, 망간산화에 적용되고 있다.
  ㉡ 염소에 비해 망간산화 속도가 매우 빠르며 THM 저감 등의 장점이 있어 효과적이지만 고가이고 잔류물질의 잠재독성으로 투입량을 제한받는 단점이 있다.
  ㉢ 이산화염소에 의한 망간산화반응도 pH의 영향을 크게 받으므로 효과적인 산화제거를 위해서는 pH를 7.0 이상으로 유지하여야 한다.
  ㉣ 망간 1mg당 이론적인 이산화염소 요구량은 2.44mg이며 다른 산화제와 마찬가지로 온도에 의한 영향을 받는다.

$$Mn(HCO_3)_2 + 2NaHCO_3 + ClO_2 \rightarrow MnO_2 + 2NaClO_2 + 4CO_2 + 2H_2O$$

④ 과망간산칼륨산화
  ㉠ 과망간산칼륨은 강력한 산화제로 일부 몇 나라에서 정수처리에 적용하고 있으나 우리나라는 수처리 약품으로 규격이 미설정되어 있어 사용상에 제한점이 있다.
  ㉡ 망간을 효과적으로 단시간에 산화시킬 수 있으며 기존의 정수장에서 사용하는 여재를 망간사화하여 망간을 효과적으로 제거할 수 있으므로 정수처리 약품으로 사용을 검토해 볼 수 있다.
  ㉢ $KMnO_4$에 의한 망간의 산화반응식은 다음과 같으며 망간 1mg당 소요되는 이론적인 $KMnO_4$ 요구량은 1.92mg이나 투입 시 산화반응으로 생성되는 불용성 MnO_2의 촉매작용으로 실투입량은 점차적으로 감소한다.

$$3Mn(HCO_3)_2 + 2KMnO_4 + 2H_2O \rightarrow 5MnO_2 + 2KHCO_3 + 4H_2CO_2$$

  ㉣ 망간처리에 적용되는 과망간산칼륨은 단독으로 산화목적으로 이용되기보다는 망간사 여과의 전처리공정으로 사용하고 있으며 약품비가 염소의 5배 정도로 비싸 운영비용이 높은 것이 단점이다.
  ㉤ 사용 시 주의할 점은 요구량 이상으로 과량주입 시는 과망간산이온이 누출되어 여과수가 분홍색으로 착색되므로 적정량을 투입하여야 한다.

ⓑ 산화 시 생성되는 콜로이드는 음전하를 강하게 띠어 안정한 상태로 존재하므로 통상의 응집처리 방법으로는 제거가 곤란하여 여과지 운영시간의 단축, 여과효율의 저하 등으로 콜로이드상의 망간산화물이 여과수에 누출되는 등의 문제가 발생되므로 응집보조제를 사용할 필요가 있다.

⑤ 오존산화

ⓐ 최근 들어 국내에서도 고도정수처리공정으로 오존시설을 도입하거나 계획하고 있는 정수장이 많으며 외국에서는 유해물질의 산화, 소독, 색도제거 그리고 소독부산물 제거목적으로 널리 적용되고 있다.

ⓑ 오존은 용해성 망간(Ⅱ)을 단시간에 산화시킬 수 있으며 산화반응식은 다음과 같다.

$$Mn(Ⅱ) + O_3(aq) + H_2O \rightarrow MnO_2(s) + O_2(aq) + 2H^+$$

ⓒ 망간 1mg 산화에 소요되는 이론적인 오존량은 0.88mg이며 반응시간이 20~30초로 매우 빠르고 pH를 높여 반응속도를 빠르게 할 수 있다.

ⓓ 오존 주입량이 적절치 않을 경우 망간이 +7가로 산화되어 분홍색 물이 생산될 수 있으며, 염소처리에 비해 설치 및 운전비용이 고가라는 단점이 있다.

(3) 접촉여과법

① 망간사여과법

ⓐ 망간사여과법은 제조된 망간사를 사용하는 방법과 기존 여재에 산화제를 연속 투입하여 망간사화(Green Sand Effect)하여 망간을 제거하는 방법으로 구분할 수 있다.

ⓑ 망간사는 제올라이트나 안트라사이트를 염화망간과 과망간산칼륨으로 처리하여 표면에 용해성 망간(Ⅱ)을 흡착·제거하는 MnO_2를 피복한 것으로 그 종류는 고체(Media) 종류에 따라 구분된다.

ⓒ 망간사에 의한 용해성 망간의 흡착제거반응은 다음과 같으며 망간사 $1m^3$당 망간을 흡착할 수 있는 양은 1.44kg이다.

$$Mn^{2+} + MnO_2H_2O + H_2O \rightarrow MnO_2MnOH_2O + 2H^+$$

ⓓ 망간사 여과법은 망간의 농도가 1.0mg/L 정도일 때가 유리하며 pH를 7.5 이상으로 유지할 경우 매우 효과적으로 처리할 수 있으나 망간사를 계속 사용하면 흡착능이 감소되어 파과가 발생되므로 반드시 재생과정을 거쳐야 한다.

ⓔ 망간사는 단속적 또는 연속적으로 $KMnO_4$를 투입하여 재생할 수 있으며 이때 소요되는 $KMnO_4$의 양은 망간사 $1m^3$당 2.88kg이다.

ⓕ 연속적으로 산화제를 투입하여 재생할 경우에는 약품비가 저렴한 염소를 병행할 수 있다.

ⓖ 가장 큰 단점은 산화된 산화물에 의해 급격한 손실수두가 발생되며 운영비용이 많이 소요되고 pH가 7.1 이하로 저하될 경우에는 망간사의 흡착능력이 떨어지게 되므로 pH 조정이 요구된다는 점이다.

② 기존여재를 이용한 접촉여재여과법
  ㉠ 망간이 함유된 원수에 염소, 오존, 이산화염소와 같은 산화제를 연속적으로 투입하여 기존 여재인 모래나 안트라사이트에 MnO_2를 피복하여 망간사와 같은 흡착능력을 갖게 하여 망간을 제거하는 방법이다.
  ㉡ 망간사가 충분히 형성되는 기간은 약 2주이며 검은색으로 피복된 여과사는 계속적으로 산화제를 투입하며 재생해야 흡착능력을 유지할 수 있으므로 여과지 유출수에 0.5mg/L 정도의 잔류 염소를 유지할 수 있도록 유입수에 지속적으로 염소를 투입해야 한다.
  ㉢ 이 방법은 기존시설을 그대로 사용하는 장점을 가지고 있으며, 응집을 방해하지 않는 범위 내에서 소석회를 투입하여 침전수의 pH를 7.0 이상으로 증가시켜 여과지에서의 망간제거효율을 높일 수 있다. 이때 과도한 pH 증가(pH 8.0 이상)로 용해성 알루미늄이 생성되어 여과지에서 누출될 수 있으므로 주의하여야 한다.

- 흡착 : $Mn^{2+} + MnO_2(s) \rightarrow MnO_2(s)-Mn^{2+}$(빠른 반응)
- 흡착 : $MnO_2(s)-Mn^{2+} + Cl_2 + 2H_2O \rightarrow 2MnO_2(s) + 2Cl^- + 4H^+$(느린 반응)

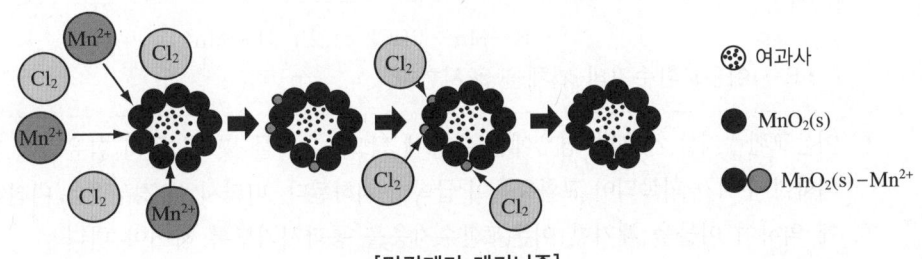

[망간제거 메커니즘]

③ 미생물에 의한 처리
  ㉠ 망간을 대사작용에 이용하는 미생물은 심정의 케이싱, 급배수관, 배수지 벽체에 부착하여 수 cm까지 커지게 된다.
  ㉡ 벽체에 부착되는 물질은 철·망간의 산화물과 미생물 덩어리로, 관의 통수능 감소, 펌프 양정증대, 잔류염소 소모, 물속의 용존산소 감소 등의 문제를 야기시키며 수도전으로 유출되어 적수, 흑수 그리고 이·취미 발생의 원인이 된다.
  ㉢ 철·망간산화물을 세포에 함유하고 있는 미생물을 철박테리아라고 하며 철·망간을 산화시켜 에너지를 얻게 된다.

(4) 기타 제거법

① 이온교환법

이온교환수지에 의하여 망간이온을 나트륨(Na)이온 또는 수소(H)이온과 교환하여 제거하는 방법이다.

㉠ Na 사이클의 이온교환수지를 사용하는 경우의 망간제거 반응

$$R-Na + Mn(HCO_3)_2 \rightarrow R_2-Mn + 2NaHCO_3$$

재생에는 식염을 사용한다.

$$R_2-Mn + 2NaCl \rightarrow 2R-Na + MnCl_2$$

㉡ H^+ 사이클의 경우 망간제거 반응

$$2R-H + Mn(HCO_3)_2 \rightarrow R_2-Mn + 2H_2O + 2CO_2$$

재생에는 염산을 사용한다.

$$R_2-Mn + 2HCl \rightarrow 2R-H + MnCl_2$$

- R : 이온교환수지의 기체를 표시한다.

㉢ 이온교환수지를 사용할 경우에는 수중에 탁도, 유기물 및 철 등의 함유량이 많으면 이들에 의하여 수지가 피복되어 교환효율이 급속히 저하된다. 따라서 이 경우에는 미리 다른 제거방법에 의하여 이들을 제거한 이온교환수지층을 통과시키도록 하여야 한다.

㉣ 혐기성 상태에서 운전하여야 하기 때문에 공업용수처리에 한정되어 사용되고 있다.

② 금속봉쇄제처리

㉠ 금속봉쇄제처리의 목적은 금속봉쇄제에 의해 용액 중의 철과 망간 모두를 제거하는 것이다.

㉡ 일반적으로 철과 망간의 농도가 2mg/L 이하인 물에 적용되며, 철과 망간은 중탄산염의 형태로 존재한다.

㉢ 금속봉쇄제는 규산나트륨, 인산나트륨, Hexametaphosphate, 정인산아연과 같은 화합물을 함유한다.

㉣ 금속봉쇄제의 최적주입은 제조업자가 제시한 주입량에 따라 계산해야 한다. 약 2mg/L의 Hexametaphosphate는 철 1mg/L에 대하여 사용된다. 그러나 Polyphosphate의 주입은 배수관망에서 세균의 번식을 재촉하는 경향이 있기 때문에 10mg/L 이하로 제한된다. 이 경우 세균의 번식을 억제하기 위하여 적당한 양의 잔류염소를 처리수 중에 존재하게 한다.

㉤ 금속봉쇄제 처리는 냉수에만 효과가 있다. 만약, 물을 고온으로 가열하거나 끓이면 금속봉쇄제는 분산특성(Dispersing Properties)을 잃는다.

> **더 알아보기**
>
> 불순물의 분리 조작
> - 고액분리
>   - 수중에 현탁되어 있는 고체성분을 물과 분리하는 조작
>   - 침전, 여과, 스크린이나 스트레이너에 의한 체분리
> - 상간이동
>   - 액체와 고체 간의 이동에 의한 분리조작 : 생물흡착, 활성탄흡착, 이온교환
>   - 기체와 액체 간의 이동에 의한 분리조작 : 폭기에 의한 O_2의 용해와 CO_2의 방출
>   - 액체 간의 이동 : 역삼투, 전기투석
> - 상변화 : 증발이나 증류에 의한 분리조작(해수의 담수화)

05 그 밖의 처리

1. 개요

① 정수처리를 거쳐도 수질관리 목표에 적합한 처리수가 얻어질 수 없을 때에는 통상의 처리에 고도정수시설을 조합시킨 정수처리를 행할 필요가 있다.

② 주요대상 수질항목은 pH, 침식성 유리탄산, 플루오린, 색도, 트라이할로메탄(THM), 트라이클로로에틸렌류 등 음이온 계면활성제, 맛, 냄새, 암모니아성 질소, 질산성 질소 등이 있다.

2. pH의 조정

① pH가 낮은 경우에는 플록형성 후에 알칼리제를 주입하고 pH를 조정한다.

② 구조물 및 관로의 내구성 확보를 위하여 pH를 7.5~8.0, Langelier지수를 -1.0 정도 이상으로 한다.

> **참고** Langelier지수
> Langelier지수(포화지수)란 물의 실제 pH와 이론적 pH(pHs, 수중의 탄산칼슘이 용해도 석출도 되지 않고 평형상태 때의 pH)와의 차를 말하고, 탄산칼슘의 피막형성을 목적으로 한다.

③ 지수가 양의 값에서 절댓값이 클수록 탄산칼슘의 석출이 일어나기 쉽고 0이라면 평형상태이고 음의 값에서는 탄산칼슘 피복은 형성되지 않고 그 절댓값이 클수록 물의 부식경향은 강하게 된다.

3. 침식성 유리탄산의 제거

① 침식성 유리탄산을 많이 포함하는 경우에는 그 제거를 위해 폭기처리나 알칼리처리를 한다.
② 침식성 유리탄산을 많이 포함한 물은 상수도 시설에 대하여 pH가 낮은 경우와 같은 장해를 준다.
③ 침식성 유리탄산은 원수에서는 지하수와 호소의 정체기에 저층수에, 정수에서는 전염소 및 응집제를 다량으로 사용한 경우에 많은 것으로 알려져 있다.

4. 플루오린주입 및 제거

플루오린은 충치예방을 목적으로 주입시설을 설치할 수 있으며 원수 중에 과량으로 존재하면 반상치(반점치) 등을 일으키므로 제거하여야 한다.

(1) 플루오린주입

치아우식증 예방을 위하여 정수처리 과정에 플루오린를 투입할 경우 플루오린투입기 등 관련시설을 설치하여 플루오린화합물을 주입한다.

(2) 플루오린제거

원수 중에 플루오린이 과량으로 포함(수질기준 1.5mg/L 이하)된 경우에는 플루오린을 감소시키기 위하여 응집침전, 활성알루미나, 골탄, 전해 등의 처리를 한다.

5. 색도의 제거

① 색도가 높을 경우에는 그의 제거를 위하여 응집침전처리, 활성탄처리 또는 오존처리를 한다.
② 자연적 원인으로 발생하는 색도로 이탄지를 흐르는 표류수와 유기물이 많은 지하수 중에서 부식질로 인한 유황색, 황갈색의 착색이다.

6. 트라이할로메탄 대책

① 트라이할로메탄 전구물질을 다량으로 포함한 경우에는 그의 저감을 위해 활성탄처리 또는 전염소처리를 대신하여 중간염소처리한다.
② 트라이할로메탄은 정수처리공정의 염소처리공정에서 부식질 등의 유기물과 유리염소가 반응하여 생성되는 것이다.
③ 제거방법은 전구물질이 현탁성인지 용해성인지에 의해 적절한 방법을 선정한다. 현탁성 전구물질의 제거에는 응집침전에 의해, 용해성 전구물질의 제거에는 분말활성탄처리, 입상활성탄처리 등을 행한다.

7. 휘발성 유기화합물 대책

① 휘발성 유기화합물(트라이클로로에틸렌, 테트라클로로에틸렌, 1,1,1-트라이클로로에탄 등)을 함유한 경우에는 이를 저감시키기 위하여 폭기처리와 입상활성탄처리를 한다.
② 포기에 의한 방법은 트라이클로로에틸렌 등이 물에 대하여 용해도가 낮고 휘발성 물질이라는 성질을 이용하여 수중(액상)에서 대기(기상) 중에 휘산시키는 것이다.
③ 입상활성탄에 의한 방법은 접촉시간을 대략 15분 정도를 목표로 하여 탄층의 두께 및 여과속도를 정하면 좋다. 그러나 활성탄 흡착능은 공존하는 유기물과 그 양에 따라 변하므로 반드시 처리대상 원수에 대해 실험을 하고 각종 설계제원을 결정할 필요가 있다.

8. 음이온 계면활성제의 제거

① 음이온 계면활성제를 다량으로 함유한 경우에는 음이온 계면활성제를 제거하기 위하여 활성탄처리나 생물처리를 한다.
② 음이온 계면활성제는 공장폐수, 가정하수의 혼입 등에 의해 증가하고 수중에 존재하면 거품의 원인이 된다.
③ 분말활성탄은 입상활성탄에 비하여 단위질량당 표면적이 크고 음이온 계면활성제의 흡착량도 많다.
④ 분말활성탄이 갖는 흡착능을 충분히 이용하기 위해서는 장시간 접촉시키는 것이 제거효과를 높이는 것이 된다.
⑤ 생물활성탄처리는 음이온 계면활성제가 비교적 생화학적으로 분해성이 좋기 때문에 가장 처리효과가 좋다.

9. 맛·냄새의 제거

① 물에 맛·냄새가 있을 경우에는 이를 제거하기 위하여 맛·냄새의 종류에 따라 폭기, 염소처리, 분말 또는 활성탄처리, 오존처리 및 오존·입상활성탄처리 등을 한다.
② 포기 방법은 황화수소 냄새의 탈취에 효과가 있고 철에 기인한 냄새의 제거도 가능하다. 그러나 다른 냄새의 제거는 곤란하다.
③ 염소처리방법은 방향취, 식물성 냄새(조류, 풀냄새), 비린내, 황화수소 냄새, 부패취의 제거에 효과가 있지만 곰팡이의 제거에는 효과가 없다.
④ 분말활성탄은 많은 종류의 냄새에 대하여 효과가 있다. 분말 방향취, 식물성 냄새, 비린내, 곰팡이 냄새, 흙냄새, 약품취(페놀류, 아민류) 등을 제거한다.

⑤ 오존처리법은 방향취, 식물성 냄새, 비린내, 곰팡이 냄새, 흙냄새, 페놀류 등의 냄새에 효과가 있다.
⑥ 생물처리를 사용한 방법은 생물의 분해작용을 이용한 것으로 곰팡이류의 제거효과를 기대할 수 있다.

10. 암모니아성 질소의 제거

① 암모니아성 질소가 다량으로 포함되어 있을 때는 생물처리, 염소처리를 한다.
② 암모니아성 질소는 공장폐수, 하수분뇨 등의 혼입에 따라 증가한다.
③ 생물처리는 질산화세균을 이용하여 암모니아성 질소를 질산화시키는 것이다.
④ 불연속점염소처리는 암모니아성 질소를 가스로 산화시켜 제거하는 방법이다.

11. 질산성 질소의 제거

① 질산성 질소를 다량으로 함유하는 경우에는 그 제거를 위해 이온교환처리, 생물처리, 막처리를 하도록 한다.
② 질산성 질소(수질기준 10mg/L 이하)는 비료의 살포, 분뇨, 축산폐수 등의 혼입에 따른 인위오염에 기인한다.
③ 이온교환법은 이온교환체의 이온과 수중의 이온을 교환하는 것으로 목적으로 하는 이온을 제거하는 방법이다.
④ 생물처리는 탈질균의 활동을 이용하여 질산성 질소를 질소가스로 환원하는 방법이다.
⑤ 역삼투막법은 반투막의 한쪽 측면에서 흐르는 처리대상수에 기계적 압력을 가함으로써 불순물을 포함하지 않는 물이 반투막 반대쪽에서 얻어지도록 한다.

CHAPTER 07 적중예상문제(1차)

제1과목 수처리공정

01 하수 중의 질소와 인을 동시에 제거하기 위해 이용될 수 있는 고도처리시스템은?

① Anaerobic Oxic법
② 3단 활성 슬러지법
③ Phostrip법
④ Anaerobic Anoxic Oxic법

해설 Anaerobic Anoxic Oxic법은 생물학적 방법에 의해 질소, 인을 동시에 제거한다.

02 수돗물에서 페놀류를 문제삼는 가장 큰 이유는?

① 불쾌한 냄새를 내기 때문
② 경도가 높아서 물때가 생기기 때문
③ 물거품을 일으키기 때문
④ 물이 탁하게 되고 색을 띠기 때문

해설 페놀은 불쾌한 냄새와 암을 유발하는 인자이므로 인체에 해롭다.

03 생물학적 처리방법으로 하수를 처리하고자 한다. 이를 위한 운영조건으로 틀린 것은?

① 영양물질인 BOD : N : P의 농도비가 100 : 5 : 1이 되도록 조절한다.
② 폭기조 내 용존산소는 통상 2mg/L로 유지한다.
③ pH의 최적조건은 6.8~7.2로서 이때 미생물의 활동이 활발하다.
④ 수온은 낮게 유지할수록 경제적이다.

해설 수온은 높을수록 경제적이다.

정답 1 ④ 2 ① 3 ④

04 활성 슬러지법과 비교할 때 생물막법에 대한 설명으로 틀린 것은?
① 운전조작이 간단하다.
② 하수량 증가에 대응하기 쉽다.
③ 반응조를 다단화하여 반응효율과 처리안정성의 향상이 도모된다.
④ 생물종 분포가 단순하여 처리효율을 높일 수 있다.

해설 생물막법은 생물종 분포가 다양하여 처리효율을 높일 수 있다.

05 일반상수에서 경도(Hardness)를 유발하는 주된 물질은?
① Ca^{2+}, Ma^{2+}
② Al^{2+}, Na^+
③ SO_3^{2-}, NO_3^-
④ Mn^{2+}, Zn^{2+}

해설 경도란 세기 정도를 나타내는 용어로서 물속에 용존하고 있는 Ca^{2+}, Mg^{2+}, Fe^{2+}, Mn^{2+}, Sr^{2+} 등 2가 양이온 금속의 함량을 이에 대응하는 $CaCO_3$ppm으로 환산표시한 값이며 일시경도(Temporary Hardness)와 영구경도(Permanent Hardness)가 있다. 경도가 높은 물은 비누의 효과가 나쁘므로 가정용수로 좋지 않고 섬유, 제지, 식품 등의 공업용수로서도 좋지 않다.

06 다음 중 수중 불순물의 분리조작에서 액체와 고체 간의 이동에 따른 상간이동에 의한 분리조작과 관련된 것은?

| ㉠ 이온교환 | ㉡ 증발과 증류 |
| ㉢ 생물흡착 | ㉣ 활성탄흡착 |

① ㉠, ㉡
② ㉡, ㉢
③ ㉡, ㉢, ㉣
④ ㉠, ㉢, ㉣

해설 수중 불순물의 분리조작에서 액체와 고체 간의 이동에 따른 상간이동에 의한 분리조작방법으로 이온교환, 활성탄흡착, 생물흡착 등의 방법이 있다.

07 상수를 처리한 후에 치아의 충치를 예방하기 위해 주입할 수 있으며, 원수 중에 과량으로 존재하면 반상치(반점치) 등을 일으키므로 제거해야 하는 물질은?

① 염 소 ② 플루오린
③ 산 소 ④ 비 소

해설 플루오린(F)
플루오린은 치아의 무기질에 반응하여 산에 잘 녹지 않는 물질을 형성시킨다. 이때 충치는 예방되지만 치아표면에서 깊이 침투하지 못하여 칫솔사용, 음식물저작 등으로 플루오린침투층이 쉽게 소실될 수 있으므로 플루오린을 자주 제거해야 한다.

08 철의 제거를 목적으로 하는 처리방법이 아닌 것은?

① 폭 기 ② 활성탄처리
③ 전염소처리 ④ 망간접촉여과

해설 철(Fe)의 제거방법
폭기, 전염소처리법, pH값 조정법, 약품침전법, 망간접촉여과법, 이온교환법 등

09 혐기성 상태에서 탈질산화(Denitrification) 과정을 맞게 설명한 것은?

① 암모니아성 질소 → 질산성 질소 → 아질산성 질소
② 아질산성 질소 → 질산성 질소 → 질소가스(N_2)
③ 질산성 질소 → 아질산성 질소 → 질소가스(N_2)
④ 암모니아성 질소 → 아질산성 질소 → 질산성 질소

해설 탈질산화(Denitrification)는 질산성 질소(NO_3)가 미생물에 의해 아질산성 질소(NO_2^-), 다시 질소가스(N_2)로 환원되는 것을 말한다.

10 경도가 높은 물을 보일러 용수로 사용할 때 발생되는 문제점은?
① Slime과 Scale 생성   ② Priming 생성
③ Foaming 생성   ④ Cavitation

해설 경도가 높으면 비누세정효과가 감소하고 보일러 용수로 사용할 경우 슬라임(Slime)과 스케일(Scale)이 생성된다.

11 흡착능력을 이용하여 물의 불쾌한 냄새와 맛을 제거하는 데 이용되는 것은?
① 염 소   ② 이산화염소
③ 클로라민   ④ 활성탄

해설 불쾌한 냄새와 맛의 발생이 단기적인 경우는 분말활성탄을 주로 사용하지만 장기적으로 발생할 경우는 입상활성탄이나 다른 공정을 추가로 설치하여 제거하는 것이 오히려 경제적이고 수처리효율이 더 높을 수 있다.

12 심하게 오염되어 보통의 정수법으로는 정수가 되지 않는 지표수의 처리방법으로 적당하지 않은 것은?
① 조류처리   ② 전염소처리
③ 활성탄처리   ④ 슬러지처리

해설 보통의 정수법으로는 정수가 되지 않는 지표수의 처리방법으로는 ①·②·③ 외에 오존처리 등이 있다.

13 Side Stream을 적용하여 생물학적 방법과 화학적 방법으로 인을 제거하는 공정은?
① 수정 Bardenpho공정   ② Phostrip공정
③ SBR공정   ④ UCT공정

해설 Phostrip공법은 Side Stream을 적용하여 생물학적 방법과 화학적 방법으로 인을 제거하는 공정이다.

14 미생물을 이용하여 폐수에 포함된 오염물질인 유기물, 질소, 인을 동시에 처리하는 공법은 대체로 혐기조(Anaerobic Tank), 무산소조(Anoxic Tank), 포기조(Oxic Tank)로 구성되어 있다. 이중 무산소조에서의 주된 생물학적 오염물질 제거 반응은?

① 인의 방출
② 인의 과잉흡수
③ 질산화
④ 탈질화

해설
- 혐기조 : 유기물 제거, 인 방출
- 무산소조 : 탈질화
- 호기조 : 질산화, 인의 과잉흡수

15 다음 회전원판법(Rotating Biological Contactors)에 대한 설명으로 옳은 것은?

① 수면에 일부가 잠겨있는 원판을 설치하여 원판에 부착·번식한 미생물군을 이용해서 하수를 정화한다.
② 보통 일차침전지를 설치하지 않고, 타원형 무한수로의 반응조를 이용하여 기계식 포기장치에 의해 포기를 행한다.
③ 산기장치 및 상징수배출장치를 설치한 회분조로 구성된다.
④ 여상에 살수되는 하수가 여재의 표면에 부착된 미생물군에 의해 유기물을 제거하는 방법이다.

해설 **회전원판법**
하·폐수처리공법 중 여재를 이용한 고도처리공법의 하나이며 고체(Media) 표면에 미생물을 부착시키는 공법인 생물막공법으로 RBC(Rotating Biological Contactor)라 한다.

16 무기수은계 화합물을 함유한 폐수의 처리방법으로 올바른 것은?

| ㉠ 황화물침전법 | ㉡ 활성탄흡착법 |
| ㉢ 산화분해법 | ㉣ 이온교환법 |

① ㉠, ㉡
② ㉡, ㉢
③ ㉠, ㉡, ㉣
④ ㉠, ㉡, ㉢

해설 무기수은계 폐수는 황화물응집침전법, 활성탄흡착법, 이온교환법으로 처리하며, 유기수은계 폐수는 흡착법, 산화분해법으로 처리한다.

정답 14 ④ 15 ① 16 ③

17 질소제거방법 중 생물학적 질화-탈질공정의 장점이라고 할 수 있는 것은?

> ㉠ 잠재적 제거효율이 높다.
> ㉡ 공정의 안정성이 높다.
> ㉢ 소요 부지면적이 적다.
> ㉣ 유기탄소원이 불필요하다.

① ㉠, ㉡
② ㉡, ㉢
③ ㉠, ㉡, ㉢
④ ㉡, ㉢, ㉣

[해설] 유기탄소원이 불필요한 질소제거공정은 물리화학적 처리공정이다.

18 회전원판법의 특징에 해당되지 않는 것은?

① 질산화가 일어나기 쉽다.
② 처리수의 BOD가 낮아져, pH가 낮아지는 경우가 있다.
③ 활성 슬러지법에 비해 이차침전지에서 미세한 SS(부유물질)가 유출되기 쉽고 처리수의 투명도가 나쁘다.
④ 살수여상과 같이 파리는 발생하지 않으나 하루살이가 발생하는 경우가 있다.

[해설] 질산화가 일어나기 쉬우며 이로 인하여 처리수의 BOD가 높아진다.

19 다음 중 유사경도(Pseudo-hardness)와 관련된 물질은?

① Cl^-
② H^+
③ Na^+
④ NO_3^-

[해설] 유사경도
저농도에서 경도를 발생하지 않는 물질로서 1가 금속이온(Na^+, K^+) 등이 여기에 속한다.

20 생물학적 인(P)의 제거와 가장 큰 관련이 있는 미생물은?

① *Pseudomonas* ② *Micrococcus*
③ *Nitrobacter* ④ *Acinetobacter*

해설 인을 제거하는 생물학적 고도처리과정에서 이용되는 미생물의 종류로는 아시네토박터(*Acinetobacter*) 외에도 바실러스(*Bacillus*), 에로모나스(*Aeromonas*), 슈도모나스(*Pseudomonas*) 등이 알려져 있다.

21 시안(CN)계 폐수의 처리공법과 가장 거리가 먼 것은?

① 중화침전법 ② 전해산화법
③ 오존산화법 ④ 알칼리염소법

해설 시안(CN)계 폐수의 처리공법으로 알칼리염소법, 오존산화법, 전해산화법, 산성탈기법, 전기투석법 등이 있다.

22 다음 식은 이온교환법을 이용한 수처리과정이다. 어떤 단계를 나타내는가?(단, Ex는 이온교환 고형물)

$$Ca^{2+} + 2Na \cdot Ex \leftrightarrow Ca \cdot Ex_2 + 2Na^+$$

① 연수화과정 ② 탈염화과정
③ 재생과정   ④ 고도처리과정

해설 이온교환수지가 칼슘이온을 흡착하는 과정으로 연수화과정을 나타내고 있다.

23 물리·화학적 방법을 이용하여 질소를 효과적으로 제거하는 공법이 아닌 것은?

① 금속염(Al, Fe) 첨가법
② 탈기법(Air Stripping)
③ 이온교환법
④ 염소제거법(Break Point)

해설 금속염(Al, Fe) 첨가법은 인(P)을 제거하는 공법이다.

정답 20 ④ 21 ① 22 ① 23 ①

24 수중의 암모니아(비이온화된 암모니아)와 암모늄이온에 대한 설명으로 틀린 것은?

① 탈기 가능한 부분은 암모늄이온이다.
② 비이온화된 암모늄이온은 대부분의 자연수에서 무독하나 암모니아는 어류에 독성이 있다.
③ 두 화학종의 평형은 주로 pH에 의해 결정된다.
④ 높은 온도와 높은 pH하에서 비이온화된 암모니아의 농도가 높다.

해설　탈기 가능한 부분은 암모니아이다.

25 초심층폭기법(Deep Shaft Aeration System)에서 산소전달효율이 높은 이유와 가장 거리가 먼 것은?

① 100m 이상의 깊은 폭기조로 설계된다.
② 반응조의 수온이 낮아지기 때문이다.
③ 기포와 미생물이 접촉하는 시간이 길기 때문이다.
④ 수압이 증가하기 때문이다.

해설　초심층폭기법(Deep Shaft Aeration System)은 반응조의 수온과는 관련이 없다.

CHAPTER 07 적중예상문제(2차)

제1과목 수처리공정

01   물속에 브롬이온이 존재할 경우, 오존처리에 있어서 부산물인 Bromate(BrO_3^-) 형성의 방지를 위하여 투입하는 약품은?

02   정수장으로부터 물을 공급받는 수용가들로부터 물때(Scale)가 생기고 비누가 잘 풀리지 않는다는 민원이 제기되었다. 이의 원인성분에 대한 정의와 대책(2가지 이상)을 기술하시오.

03   최근 조류발생으로 정수처리에 지장을 초래하고 있는데 그의 영향과 제어대책방안을 기술하시오.

04   하수 중의 질소를 제거하는 방법을 약술하시오.

05   고도처리시설의 제거 대상물질과 요소기술을 설명하시오.

06 상수를 처리한 후에 치아의 충치를 예방하기 위해 주입할 수 있으며, 원수 중에 과량으로 존재하면 반상치(반점치) 등을 일으키므로 제거해야 하는 물질은 무엇인가?

07 일시경도가 높은 물을 연수화시키는 데 필요한 약품은 무엇인가?

08 회전원판법(Rotating Biological Contactors)에 대해 간략히 설명하시오.

09 Chlorine Dioxide(ClO_2)가 상수의 소독과정에서 염소 대신에 많이 쓰이고 있는데, 반응식과 장단점에 대해 설명하시오.

10 상수처리 시 오존을 이용할 경우, 원수 내의 브롬이온(Br^-)과 반응하여 브로메이트(BrO_3^-)를 만들고, 또한 오존, 브롬이온, 자연유기물과 합쳐 유기계 브로민(Organic Bromine)을 합성하게 되어 발암물질과 같은 유해물질을 만든다. 이 두 가지 종류의 오존처리 부산물에 대한 화학적 반응을 설명하고 방지책을 쓰시오.

11 상수처리 시 전처리 오존을 하는 경우가 있는데, 이는 원수 중의 맛이나 냄새를 미리 없애고, 활성탄처리공정의 경우에는 생물학적 분해가능한 유기물로 산화하기 위함인데, 이 오존을 이용한 전처리공정이 약품응집과정에서 자연유기물질(TOC)의 제거에는 어떤 영향을 미칠지에 대하여 설명하시오(단, 자연유기물질은 pH가 높아질수록 음전하를 띠며, 콜로이드물질 역시 음전하를 띤다).

CHAPTER 07 정답 및 해설

제1과목 수처리공정

01 암모니아

브롬이온이 존재하는 상수원수에 오존을 주입하면 브로메이트(Bromate)라고 하는 발암물질이 형성될 수 있다.

02 ① 경도의 정의

경도는 물의 세기를 나타내는 것으로 수중에 용해되어 있는 칼슘, 마그네슘과 같은 2가의 금속 양이온의 양을 이에 대응하는 $CaCO_3$로 환산하여 나타낸 값이다.

$$경도(mg/L \ as \ CaCO_3) = M^{2+}의\ 농도(mg/L) \times \frac{50}{M^{2+}의\ 당량}$$

② 대책방법 : 경도는 연수화시켜야 한다. 경도는 탄산염 및 중탄산염에 의해 생성되는 경도를 탄산경도, 그 밖의 것을 비탄산 경도라 하고, 끓이면 제거되는 경도를 일시경도, 그렇지 않은 경도를 영구경도라 한다.
- 탄산경도는 소석회를 가함으로 제거되고, 탄산칼슘은 불용성 물질이므로 침전한다.
- 탄산마그네슘은 가용성이므로 대량의 소석회를 첨가하여야 수산화마그네슘으로 하여 침전시킨다.
- 비탄산경도는 소다회를 사용하여 침전 제거한다.

03 ① 조류의 영향
- 맛과 냄새의 발생
- 응집과 침전공정 방해
- 여과지의 폐색

② 조류장애 제거방법
- 수원에서 조류증식 억제 : 부영양화 진행억제, 살조제(황산동) 처리
- 정수장으로 조류유입 억제 : 취수탑, 취수문의 위치를 조류의 농도가 적은 원수를 취수, 마이크로스트레이너 설치 및 전처리 강화
- 정수처리과정에서 조류제거 : 이중여과(다층여과), 전(중)염소처리, 점토물질을 추가하거나 응집제를 강화화여 응집처리효율을 증대

04 　질소처리방법
　　① 물리화학적 처리
　　　　• 탈질 : Ammonia Stripping, 이온교환법, Breakpoint Chlorination
　　　　• 탈인 : 응집침전법
　　② 생물학적 처리질산화 : 탄소산화 및 질산화 혼합 단일슬러지시스템, 질산화분리시스템
　　　　• 탈질 : 전탈질, 후탈질
　　　　• 탈인 : A/O, Phostrip, SBR
　　　　• 질소·인 동시제거 : A_2/O, Five-stage Bardenpho, UCT, VIP, BIO Denipho

05 　고도처리시설의 제거 대상물질과 요소기술

물 질	인	질 소	유기물·색도	용존염류	취 기	세 균
제거기술	석회주입* 응집침전 역삼투* 약품주입* 활성오니 Al염주입 응집침전 활성Al 흡 착	암모니아 스트리핑* 생물학적 탈질* 역삼투* 염소주입 Zeolite 이온교환 수지흡착	활성탄흡착* 오존산화* 광산화 생물처리 촉매산화	역삼투* 이온교환막* 증 발 이온교환 수지흡착	활성탄흡착* 오존산화* 흡 수 연 소	염소주입* 오존처리*

　　　　　　　　　　　　　　　　　　　　　　　　　　　　　　　　　　　　　　* : 유효방식임

06 　플루오린(F)
　　플루오린은 치아의 무기질에 반응하여 산에 잘 녹지 않는 물질을 형성시킨다. 이때 충치는 예방되지만 치아표면에서 깊이 침투하지 못하기 때문에 칫솔 사용, 음식물 저작 등으로 플루오린침투층이 쉽게 소실될 수 있으므로 플루오린을 자주 공급해야 한다.

07 　탄산경도는 소석회를 가하여 제거하고, 영구경도인 비탄산경도는 소다회(Na_2CO_3)와 소석회($Ca(OH)_2$)를 동시에 가하여 침전 여과시킨다.

08 　회전원판법
　　하폐수처리공법 중에 여재를 이용한 고도처리공법 중의 하나로 고체(Media) 표면에 미생물을 부착시키는 공법인 생물막 공법으로 RBC(Rotating Biological Contactor)라 한다.

09 ① 반응식

$ClO_2 + H_2O \Leftrightarrow HClO_2$(Chlorous Acid) $+ HClO_3$(Chloric Acid)

② 장단점
- 장 점

  할로겐계의 소독부산물을 생성하지 않는다. 염소보다 긴 잔류농도를 유지할 수 있다.
- 단 점

  Chlorite Ions(ClO_2^-)를 생성하는데, 이것은 강력한 발암물질이다. 그러므로 오존 등과 같은 소독제와의 병행사용이 바람직하다.

10 ① 화학적 반응
- 브로메이트를 만드는 경로 : 오존과 브롬이온이 반응하여 브로메이트를 만드는 경로는 다음과 같이 나눌 수 있다.
  - 경로 1 : $Br^- + O_3 \rightarrow BrO_3^-$, $BrO^- + O_3 \rightarrow BrO_2^-$, $BrO_2^- + O_3 \rightarrow BrO_3^-$
  - 경로 2 : $Br^- + O_3 \rightarrow HOBr/BrO^-$, $HOBr/BrO^- + OH \rightarrow BrO$, $BrO \rightarrow BrO_2^-$, $BrO_2^- + O_3 \rightarrow BrO_3^-$
  - 경로 3 : $Br^- + OH \rightarrow Br$, $Br + O_3 \rightarrow BrO$, $BrO \rightarrow BrO_2^-$, $BrO_2^- + O_3 \rightarrow BrO_3^-$
- 유기계 브로민부산물을 만드는 과정

  $Br^- + O_3 \rightarrow BrO^- + O_2$

  $BrO^- + H^+ \Leftrightarrow HOBr$

  $HOBr/BrO^- + NOM \rightarrow$ Total Organic Bromine

② 방지대책
- 두 오존소독부산물의 양을 줄이기 위해서는 오존의 사용량을 줄이고, OH라디칼의 생성을 최소화시키며, 암모니아(NH_3)의 첨가도 이 두 부산물의 형성을 줄일 수 있다. 암모니아는 중간 부산물인 $HOBr/OBr^-$과 반응하여, Bromoamines을 형성하기 때문이다.
- 과산화수소수(Hydrogen Peroxide, H_2O_2)의 첨가도 오존소독부산물을 줄일 수 있다. 과산화수소수는 용해성 브로민(Aqueous Bromine)을 브롬이온으로 환원시키므로 경로 1 등에서 브로메이트 생성을 막을 수 있지만, OH라디칼을 증가시켜 브로메이트 생성을 촉진시킬 수도 있다(경로 3). 유기계브로민부산물의 경우에는 과산화수소수가 용해성 브로민을 브롬이온으로 환원하기 때문에 생성이 감소된다.

11 자연유기물질(NOM)은 친수성(Hydrophilicity)과 소수성(Hydrophobocity)으로 나눌 수 있으며, 소수성 유기산(Humic/Fulvic Acids)은 분자량이 크고 방향족구조를 가지고 있다. 오존은 이러한 큰 분자의 방향족구조를 작은 사슬구조로 바꿈으로써 단위 탄소당 음전하밀도를 크게 만들게 된다.

음전하의 밀도증가는 기본적으로 보통의 응집약품의 양에 대해서는, 유기산과 콜로이드의 음전하 반발로 인하여 응집을 힘들게 만드는 것이 보통이다. 하지만 Sweep Floc과 같은 많은 양의 응집제에 대해서는 크게 영향이 없으며, 오히려 유기물제거율이 증가하는 경우도 있다.

제 2 과목

수질분석 및 관리

- **제1장** 시험분석 기초 및 기기분석법
- **제2장** 수질항목별 측정방법
- **제3장** 먹는물 수질관리 방법
- **제4장** 수질관련법규

정수시설운영관리사
www.sdedu.co.kr

CHAPTER 01 시험분석 기초 및 기기분석법

제2과목 수질분석 및 관리

01 수질분석의 개요

1. 시험분석종류

(1) 정성분석

계통분석과 각개 확인 시험으로 나누어 물 중의 각종 성분의 존재 여부만을 시험한다.

(2) 정량분석

물 중의 각종 성분의 정확한 함유량을 시험하며 다음과 같이 구분한다.
① 흡광측정법 : 원자흡광광도법(A.A), 비색흡광광도법(U.V), 유도결합플라스마 발광광도법(ICP)
　　예 중금속, 영양염류 등
② 중량법 : 목적성분을 분리하여 천평으로 중량측정
　　예 부유물질, 함수율
③ 용량(적정)법 : 중화, 침전, 산화·환원적정법
　　예 DO, BOD, COD 등
④ 분리분석법 : 가스, 박층, 칼럼, 이온크로마토그래피
　　예 PCB, 유기인, 유기수은
⑤ 용매추출법 : n-Hexane 등

2. 공장폐수 및 하수유량측정방법

(1) 관(Pipe) 내의 유량측정 방법(수질오염공정시험기준 ES 04140.1c)

① 벤투리미터(Venturi Meter)
　㉠ 긴 관의 일부로서 단면이 작은 목 부분과 점점 축소, 점점 확대되는 단면을 가진 관이다.
　㉡ 축소부분에서 정력학적 수두의 일부는 속도수두로 변하게 되어 관의 목 부분의 정력학적 수두보다 적게 되는데 이러한 수두 차로 유량을 계산한다.
② 오리피스(Orifice)
　㉠ 설치비용이 적게 들고 비교적 유량측정이 정확하여 얇은 판 오리피스가 널리 이용된다.
　㉡ 흐름의 수로 내에 설치한다.

ⓒ 단면이 축소되는 목 부분을 조절하여 유량을 조절할 수 있으나 오리피스 단면에서 커다란 수두 손실이 발생한다.

③ 피토(Pitot)관
ⓐ 피토관의 유속은 마노미터에 나타나는 수두 차에 의하여 계산한다.
ⓑ 왼쪽의 관은 정수압을 측정하고 오른쪽의 관은 유속이 0인 상태인 정체압력을 측정한다.
ⓒ 측정 시 반드시 일직선상의 관에서 이루어져야 하며, 관의 설치장소는 Elbow, Tee 등 관이 변화하는 지점으로부터 최소한 관지름의 15~50배 정도 떨어진 지점이어야 한다.
ⓓ 부유물질이 많이 흐르는 폐하수에서 사용하기 어려우나 부유물질이 적은 대형관에서는 효율적이다.

④ 자기식 유량측정기
ⓐ 패러데이(Faraday)의 법칙을 측정원리로 이용하여 자장의 직각에서 전도체를 이동시킬 때 유발되는 전압은 전도체의 속도에 비례한다는 원리에 따라 전도체는 폐·하수가 되고, 전도체의 속도는 유속이 된다. 이때 발생된 전압은 유량계 전극을 통하여 조절변류기로 전달된다.
ⓑ 전압이 활성도, 탁도, 점성, 온도의 영향을 받지 않고 다만 폐·하수의 유속에 의하여 결정되며 수두손실이 적다.
ⓒ 고형물이 많아 관을 메울 우려가 있는 폐하수에 이용할 수 있다.

(2) 위어(Weir)에 의한 유량측정 방법(수질오염공정시험기준 ES 04140.2b)

위어(Weir)는 수로의 중간에서 흐름을 막아 넘치게 한 후 물을 낙하시켜 유량을 측정하는 장치이다.

① 직각3각위어

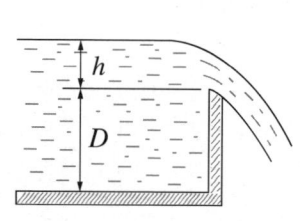 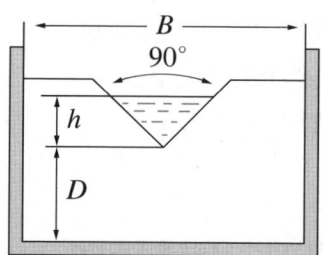

ⓐ $Q = Kh^{\frac{5}{2}} (\text{m}^3/\text{min})$
- Q : 유량
- K : 유량계수 $= 81.2 + \dfrac{0.24}{h} + \left(8.4 + \dfrac{12}{\sqrt{D}}\right) \times \left(\dfrac{h}{B} - 0.09\right)^2$
- B : 수로의 폭(m)
- D : 수로 밑면으로부터 절단 하부점까지의 높이(m)
- h : 위어의 수두(m)

ⓒ 적용범위

$B = 0.5\sim1.2\text{m}, \ D = 0.1\sim0.75\text{m}, \ h = 0.07\sim0.26\text{m} < \dfrac{B}{3}$

② 4각위어

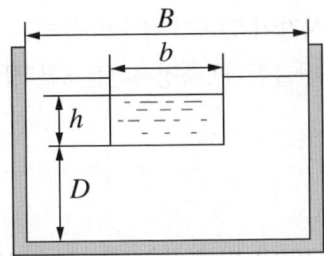

㉠ $Q = Kbh^{\frac{3}{2}} (\text{m}^3/\text{min})$

- Q : 유량
- K : 유량계수 $= 107.1 + \dfrac{0.177}{h} + 14.2\dfrac{h}{D} - 25.7 \times \sqrt{\dfrac{(B-b)h}{D \cdot B}} + 2.04\sqrt{\dfrac{B}{D}}$
- D : 수로 밑면으로부터 절단 하부 모서리까지의 높이(m)
- B : 수로의 폭(m)
- b : 절단의 폭(m)
- h : 위어의 수두(m)

ⓒ 적용범위

$B = 0.5\sim6.3\text{m}, \ b = 0.15\sim5\text{m}, \ D = 0.15\sim3.5\text{m}, \ \dfrac{6D}{B^2} \geqq 0.06\text{m}, \ h = 0.03\sim0.45\sqrt{b}\ (\text{m})$

(3) 용기에 의한 측정

① 최대 유량이 1m³/분 미만인 경우

㉠ 유수를 용기에 받아서 측정하며, 용기는 용량 100~200L인 것을 사용하여 유수를 채우는 데에 걸리는 시간을 측정한다(용기에 물을 받아 넣는 시간은 20초 이상이 되도록 한다).

ⓒ 계산식

$Q = 60\dfrac{V}{t} (\text{m}^3/\text{min})$

- Q : 유량
- V : 측정용기의 용량(m³)
- t : 유수가 용량 V를 채우는 데 걸린 시간(s)

② 최대유량 1m³/분 이상인 경우
　㉠ 침전지, 저수지 등 기타 적당한 수조를 이용한다.
　㉡ 수조가 작은 경우 : 수조를 비운 후 유수가 수조를 채우는 데 걸리는 시간으로부터 최대유량이 1m³/분 미만인 경우와 동일하게 유량을 구한다.
　㉢ 수조가 큰 경우 : 유입시간에 있어서 유수의 부피는 상승한 수위와 상승수면의 평균표면적의 계측에 의하여 유량을 산출한다. 측정시간은 5분 정도, 수위의 상승속도는 최소한 매분 1cm 이상이어야 한다.

(4) 개수로에 의한 측정

① 수로의 구성재질과 수로 단면의 형상이 일정하고 수로의 길이가 적어도 10m까지 똑바른 경우
　㉠ 직선 수로의 기울기와 횡단면을 측정하고 수로폭 간의 수위를 측정한다.
　㉡ 케이지(Chezy)의 유속공식을 적용한다.
　　$Q = 60 \cdot V \cdot A (\text{m}^3/\text{min})$
　　- Q : 유량
　　- V : 평균유속($= C\sqrt{Ri}$)(m/s)
　　- A : 유수단면적(m²)
　　- i : 홈바닥의 구배(勾配, 비율)
　　- C : 유속계수
　　- R : 경심(經深) – 유수 단면적 A를 윤변(潤邊) S로 나눈 것(m)

② 수로의 구성, 재질, 수로단면의 형상, 기울기 등이 일정하지 않은 개수로일 경우
　㉠ 수로는 될수록 직선적이며, 수면이 물결치지 않는 곳을 선택한다.
　㉡ 10m를 측정구간으로 하여 2m마다 유수의 횡단면적을 측정하고 산술평균값을 구하여 유수의 평균단면적으로 한다.
　㉢ 유속의 측정은 부표를 사용하여 10m 구간을 흐르는 데 걸리는 시간을 측정하여 이때의 실측유속을 표면최대유속으로 한다.
　㉣ $V = 0.75 V_e$
　　- V : 총평균유속(m/s)
　　- V_e : 표면최대유속(m/s)
　㉤ $Q = 60 V \cdot A$
　　- Q : 유량(m³/min)
　　- V : 총평균유속(m/s)
　　- A : 측정구간의 유수의 평균단면적(m²)

3. 시료채취 및 보존방법(수질오염공정시험기준 ES 04130.1f)

(1) 시료채취방법

① **배출허용기준 적합 여부 판정을 위한 시료채취**: 배출허용기준 적합 여부 판정을 위하여 채취하는 시료는 시료의 성상, 유량, 유속 등의 시간에 따른 변화를 고려하여 현장 물의 성질을 대표할 수 있도록 채취하여야 하며, 복수채취를 원칙으로 한다. 단, 신속한 대응이 필요한 경우 등 복수채취가 불합리한 경우에는 예외로 할 수 있다.

② **하천수 등 수질조사를 위한 시료채취**: 시료는 시료의 성상, 유량, 유속 등의 시간에 따른 변화(폐수의 경우 조업상황 등)를 고려하여 현장 물의 성질을 대표할 수 있도록 채취하여야 하고 수질 또는 유량의 변화가 심하다고 판단될 때에는 오염상태를 잘 알 수 있도록 시료의 채취횟수를 늘려야 하며, 이때에는 채취 시의 유량에 비례하여 시료를 서로 섞은 다음 단일시료로 한다.

③ **지하수 수질조사를 위한 시료채취**: 지하수 침전물로부터 오염을 피하기 위하여 보존 전에 현장에서 여과($0.45\mu m$)하는 것을 권장한다. 단, 기타 휘발성유기화합물과 민감한 무기화합물질을 함유한 시료는 그대로 보관한다.

(2) 시료채취지점

① **배출시설 등의 폐수**: 폐수의 성질을 대표할 수 있는 곳에서 채취한다.

② **하천수**: 하천수의 오염 및 용수의 목적에 따라 채수지점을 선정하고 하천본류와 하천지류가 합류하는 경우에는 합류 이전의 각 지점과 합류 이후 충분히 혼합된 지점에서 각각 채수한다.

(3) 시료의 보존방법

항 목		시료용기	보존방법	최대보존기간(권장보존기간)
냄 새		G	가능한 한 즉시 분석 또는 냉장 보관	6시간
노말헥산추출물질		G	4℃ 보관, H_2SO_4로 pH 2 이하	28일
부유물질		P, G	4℃ 보관	7일
색 도		P, G	4℃ 보관	48시간
생물화학적 산소요구량		P, G	4℃ 보관	48시간(6시간)
수소이온농도		P, G	-	즉시 측정
온 도		P, G	-	즉시 측정
용존산소	적정법	BOD병	즉시 용존산소 고정 후 암소보관	8시간
	전극법	BOD병	-	즉시 측정
잔류염소		G(갈색)	즉시 분석	-
전기전도도		P, G	4℃ 보관	24시간
총 유기탄소(용존유기탄소)		P, G	즉시 분석 또는 HCl 또는 H_3PO_4 또는 H_2SO_4를 가한 후(pH < 2) 4℃ 냉암소에서 보관	28일(7일)
클로로필 a		P, G	즉시 여과하여 -20℃ 이하에서 보관	7일(24시간)
탁 도		P, G	4℃ 냉암소에서 보관	48시간(24시간)
투명도		-	-	-
화학적 산소요구량		P, G	4℃ 보관, H_2SO_4로 pH 2 이하	28일(7일)

항목		시료용기	보존방법	최대보존기간(권장보존기간)
불소		P	-	28일
브롬이온		P, G	-	28일
시안		P, G	4℃ 보관, NaOH로 pH 12 이상	14일(24시간)
아질산성 질소		P, G	4℃ 보관	48시간(즉시)
암모니아성 질소		P, G	4℃ 보관, H₂SO₄로 pH 2 이하	28일(7일)
염소이온		P, G	-	28일
음이온계면활성제		P, G	4℃ 보관	48시간
인산염인		P, G	즉시 여과한 후 4℃ 보관	48시간
질산성 질소		P, G	4℃ 보관	48시간
총인(용존 총인)		P, G	4℃ 보관, H₂SO₄로 pH 2 이하	28일
총질소(용존 총질소)		P, G	4℃ 보관, H₂SO₄로 pH 2 이하	28일(7일)
퍼클로레이트		P, G	6℃ 이하 보관, 현장에서 멸균된 여과지로 여과	28일
페놀류		G	4℃ 보관, H₃PO₄로 pH 4 이하 조정한 후 시료 1L당 CuSO₄ 1g 첨가	28일
황산이온		P, G	6℃ 이하 보관	28일(48시간)
금속류(일반)		P, G	시료 1L당 HNO₃ 2mL 첨가	6개월
비소		P, G	1L당 HNO₃ 1.5mL로 pH 2 이하	6개월
셀레늄		P, G	1L당 HNO₃ 1.5mL로 pH 2 이하	6개월
수은(0.2μg/L 이하)		P, G	1L당 HCl(12M) 5mL 첨가	28일
6가크롬		P, G	4℃ 보관	24시간
알킬수은		P, G	HNO₃ 2mL/L	1개월
다이에틸헥실프탈레이트, 다이에틸헥실아디페이트		G(갈색)	4℃ 보관	7일(추출 후 40일)
1,4-다이옥산		G(갈색)	HCl(1+1)을 시료 10mL당 1~2방울씩 가하여 pH 2 이하	14일
염화비닐, 아크릴로니트릴, 브로모폼		G(갈색)	HCl(1+1)을 시료 10mL당 1~2방울씩 가하여 pH 2 이하	14일
석유계총탄화수소		G(갈색)	4℃ 보관, H₂SO₄ 또는 HCl로 pH 2 이하	7일 이내 추출, 추출 후 40일
유기인		G	4℃ 보관, HCl로 pH 5~9	7일(추출 후 40일)
폴리클로리네이티드비페닐(PCB)		G	4℃ 보관, HCl로 pH 5~9	7일(추출 후 40일)
휘발성유기화합물		G	냉장보관 또는 HCl을 가해 pH < 2로 조정 후 4℃ 보관, 냉암소보관	7일(추출 후 14일)
과불화화합물		PP	냉장보관(4±2℃), 2주 이내 분석 어려울 때 냉동보관(-20℃)	냉동 시 필요에 따라 분석 전까지 시료의 안정성 검토(2주)
총대장균군	환경기준 적용시료	P, G	저온(10℃ 이하)	24시간
	배출허용기준 및 방류수기준 적용시료	P, G	저온(10℃ 이하)	6시간
분원성 대장균군		P, G	저온(10℃ 이하)	24시간
대장균		P, G	저온(10℃ 이하)	24시간
물벼룩 급성 독성		P, G	4℃ 보관(암소에 통기되지 않는 용기에 보관)	72시간(24시간)
식물성 플랑크톤		P, G	즉시 분석 또는 포르말린용액을 시료의 3~5% 가하거나 글루타르알데하이드 또는 루골용액을 시료의 1~2% 가하여 냉암소보관	24시간

*P : polyethylene, G : glass, PP : polypropylene

4. 시료의 전처리 방법(수질오염공정시험기준 ES 04150.1c)

(1) 질산에 의한 분해
유기함량이 비교적 높지 않은 시료에 적용된다.

(2) 질산-염산에 의한 분해
유기물 함량이 비교적 높지 않고 금속의 수산화물, 산화물, 인산염 및 황화물을 함유하고 있는 시료에 적용된다.

(3) 질산-황산에 의한 분해
유기물 등을 많이 함유하고 있는 대부분의 시료에 적용된다.

(4) 질산-과염소산에 의한 분해
유기물을 다량 함유하고 있으면서 산분해가 어려운 시료들에 적용된다.

(5) 질산-과염소산-플루오린화수소산에 의한 분해
다량의 점토질 또는 규산염을 함유한 시료에 적용된다.

(6) 회화에 의한 분해
목적성분이 400℃ 이상에서 휘산되지 않고 쉽게 회화될 수 있는 시료에 적용된다. 시료 중에 염화암모늄, 염화마그네슘 등이 다량 함유된 경우에는 납, 철, 주석, 아연, 안티몬 등이 휘산되어 손실을 가져오므로 주의하여야 한다.

(7) 원자흡수분광광도법(또는 중금속 측정)을 위한 용매 추출법
목적성분의 농도가 미량이거나 측정에 방해하는 성분이 공존할 경우 시료의 농축 또는 방해물질을 제거하기 위한 목적으로 사용되며, 이 방법으로 시료를 전처리한 경우에는 따로 규정이 없는 한 검정곡선 작성용 표준액도 적당한 농도로 조제하여 시료와 같은 방법으로 처리하여 시험한다.
① 피로리딘다이티오카바민산 암모늄 추출법 : 시료 중 구리, 아연, 납, 카드뮴, 니켈, 철, 망간, 6가크롬, 코발트 및 은 등의 측정에 적용된다. 다만 망간은 착화합물 상태에서 매우 불안정하므로 추출 즉시 측정하여야 하며, 크롬은 6가크롬 상태로 존재할 경우에만 추출된다. 또한 철의 농도가 높을 경우에는 다른 금속의 추출에 방해를 줄 수 있으므로 주의해야 한다.

(8) 마이크로파(Microwave)에 의한 유기물분해
전반적인 처리 절차 및 원리는 산분해법과 같으나 마이크로파를 이용해서 시료를 가열하는 것이 다르다. 마이크로파를 이용하여 시료를 가열할 경우 고온·고압하에서 조작할 수 있어 전처리 효율이 좋아진다.

02 기기분석법

1. 자외선/가시선 분광법(Ultraviolet-Visible Spectrometry)

(1) 원리 및 적용범위

시료물질이나 시료물질의 용액 또는 여기에 적당한 시약을 넣어 발색시킨 용액의 흡광도를 측정하여 시료 중의 목적성분을 정량하는 방법으로 파장 200~1,200nm에서의 액체의 흡광도를 측정함으로써 수중의 각종 오염물질 분석에 적용한다.

(2) 특 징

① 일반적으로 광원으로 나오는 빛을 단색화장치(Monochrometer) 또는 필터(Filter)에 의하여 좁은 파장범위의 빛만을 선택하여 액층을 통과시킨 다음 광전측광으로 흡광도를 측정하여 목적성분의 농도를 정량하는 방법이다.

$$I_t = I_o \cdot 10^{-\varepsilon cl}$$

- I_t : 투사광의 강도
- I_o : 입사광의 강도
- ε : 비례상수로서 흡광계수
- l : 빛의 투사거리
- c : 농 도

② I_t와 I_o의 관계에서 $\dfrac{I_t}{I_o} = t$를 투과도,

투과도의 역수의 상용대수, 즉 $\log \dfrac{1}{t} = A$를 흡광도라 한다.

(3) 흡광도의 측정

① 눈금판의 지시가 안정되어 있는지 여부를 확인한다.
② 대조셀을 광로에 넣고 광원으로부터의 광속을 차단하고 영점을 맞춘다. 영점을 맞춘다는 것은 투과율 눈금으로 눈금판의 지시가 0이 되도록 맞추는 것이다.
③ 광원으로부터 광속을 통하여 눈금 100에 맞춘다.
④ 시료셀을 광로에 넣고 눈금판의 지시치를 흡광도 또는 투과율로 읽는다. 투과율로 읽을 때는 나중에 흡광도로 환산해 주어야 한다.
⑤ 필요하면 대조셀을 광로에 바꿔넣고 영점과 100에 변화가 없는가를 확인한다.
⑥ 위 ②, ③, ④의 조작 대신에 농도를 알고 있는 표준용액 계열을 사용하며 각각의 눈금에 맞추는 방법도 무방하다.

2. 원자흡수분광광도법(Automic Absorption Spectrophotometry)

(1) 원리 및 적용범위

시료를 적당한 방법으로 해리시켜 중성원자로 증기화하여 생긴 기저상태(Ground State or Normal State)의 원자가 이 원자증기층을 투과하는 특유 파장의 빛을 흡수하는 현상을 이용하여 광전측광과 같은 개개의 특유 파장에 대한 흡광도를 측정하여 시료 중의 원소농도를 정량하는 방법으로 시료 중의 유해중금속 및 기타 원소의 분석에 적용한다.

(2) 특 징

원자증기화하여 생긴 기저상태의 원자가 그 원자증기층을 투과하는 특유 파장의 빛을 흡수하는 성질을 이용한 것이다.

(3) 측정 순서

① 전원스위치 및 관련 스위치를 넣어 측광부에 전류를 통한다.
② 광원램프를 점등하여 적당한 전류값으로 설정한다. 다수의 광원램프를 동시에 사용할 경우에는 미리 예비점등 시켜두면 편리하다.
③ 가연성 가스 및 조연성 가스 용기가 각각 가스유량조정기를 통하여 버너에 파이프로 연결되어 있는가를 확인한다.
④ 가스유량조절기의 밸브를 열어 불꽃을 점화하여 유량조절 밸브로 가연성 가스와 조연성 가스의 유량을 조절한다.
⑤ 분광기의 파장눈금을 분석선의 파장에 맞춘다.
⑥ 0을 맞춘다(이때 광원으로부터 광속을 차단하고 용매를 불꽃 중에 분무시킨다). 0을 맞춘다는 것은 투과백분율 눈금으로 지시계기의 가리킴을 0%에 맞추는 것이다.
⑦ 100을 맞춘다(이때 광원으로부터의 광속은 차단을 푼다). 100을 맞춘다는 것은 투과백분율 눈금으로 지시계기의 가리킴을 100%에 맞추는 것이다.
⑧ 시료용액을 불꽃 중에 분무시켜 지시한 값을 읽어 둔다. 지시한 값이 투과백분율만으로 표시되는 경우에는 보통 흡광도로 환산한다.
⑨ ⑥, ⑦, ⑧에 나타난 바와 같이 0이나 100을 맞추는 조작을 행하지 않고 표준용액 영역에 지시된 값에 대응하는 적당한 눈금을 맞추는 방법도 있다.

3. 유도결합플라스마 발광광도법[Inductively Coupled Plasma(ICP) Emission Spectroscopy]

(1) 원리 및 적용범위

시료를 고주파유도코일에 의하여 형성된 아르곤 플라스마에 도입하여 6,000~8,000K에서 여기된 원자가 바닥상태로 이동할 때 방출하는 발광선 및 발광강도를 측정하여 원소의 정성 및 정량분석에 이용하는 방법이다.

(2) 특 징

① ICP는 아르곤가스를 플라스마가스로 사용하여 수정발진식 고주파발생기로부터 발생된 주파수 27.13MHz 영역에서 유도코일에 의하여 플라스마를 발생시킨다.

② ICP의 토치(Torch)는 3중으로 된 석영관이 이용되며 제일 안쪽으로는 시료가 운반가스(아르곤, 0.4~2L/min)와 함께 흐르며, 가운데 관으로는 보조가스(아르곤, 플라스마가스, 0.5~2L/min), 제일 바깥쪽 관에는 냉각가스(아르곤, 10~20L/min)가 도입된다.

③ 토치의 상단부분에는 물을 순환시켜 냉각시키는 유도코일이 감겨 있다. 이 유도코일을 통하여 고주파를 가해주면 고주파가 아르곤가스 매체 중에 유도되어 플라스마를 형성하게 되는데, 이때 테슬라코일에 의하여 방전하면 아르곤가스의 일부가 전리되어 플라스마가 점등한다.

④ 방전 시에 생성되는 전자는 고주파 전류가 유도코일을 흐를 때 발생하는 자기장에 의하여 가속되어 주위의 아르곤가스와 충돌하여 이온화되고 새로운 전자와 아르곤이온을 생성한다. 이와 같이 생성된 전자는 다시 아르곤가스를 전리하여 전자의 증식작용을 함으로써 전자밀도가 대단히 큰 플라스마 상태를 유지하게 된다.

⑤ 아르곤플라스마는 토치 위에 불꽃형태(직경 12~15mm, 높이 약 30mm)로 생성되지만 온도, 전자밀도가 가장 높은 영역은 중심축보다 약간 바깥쪽(2~4mm)에 위치한다. 이와 같은 ICP의 구조는 중심에 저온, 저전자 밀도의 영역이 형성되어 도너츠 형태로 되는데 이 도너츠 모양의 구조가 ICP의 특징이다.

(3) 조 작

① 주전원 스위치를 넣고 유도코일의 냉각수가 흐르는가를 확인한 다음 기기를 안정화시킨다.

② 여기원(R F Power)의 전원스위치를 넣고 아르곤가스를 주입하면서 테슬라코일에 방전시켜 플라스마를 점등한다.

③ 점등 후 약 1분간 플라스마를 안정화시킨다.

④ 수은램프의 발광선을 이용하여 분광기의 파장을 교정하고 분석 파장을 정확히 설정한다.

⑤ 적당한 농도로 조제된 표준액(또는 혼합표준액)을 플라스마에 도입하여 각 원소의 스펙트럼선 강도를 측정하고 설정파장의 적부를 확인한다.

4. 기체크로마토그래피(Gas Chromatography)

(1) 원리 및 적용범위
적당한 방법으로 전처리한 시료를 운반가스(Carrier Gas)에 의하여 분리, 관 내에 전개시켜 각 성분을 크로마토그래피 적으로 분석하는 방법으로 일반적으로 유기화합물에 대한 정성 및 정량분석에 이용한다.

(2) 특 징
충전물로서 흡착성 고체분말을 사용할 경우에는 기체-고체 크로마토그래피, 적당한 담체(Solid Support)에 고정상 액체를 함침시킨 것을 사용할 경우에는 기체-액체 크로마토그래피법이라 한다.

(3) 조 작
① 분석조건의 설정 : 각 분석방법에 규정된 방법에 의하여 소정의 값으로 조절한다.
② 바탕선의 안정도 확인 : 검출기 및 기록계를 소정의 작동상태로 하여 바탕선의 안전상태를 확인한다.
③ 시료의 도입
    ㉠ 액체시료 : 시료 주입량에 따라 적당한 부피의 미량주사기(Micro Syringe, 1~100μL)를 사용하여 시료도입구로부터 빠르게 주입한다.
    ㉡ 기체시료 : 보통 기체시료도입장치를 사용하나 주사기(통상 0.5~5mL)를 사용하여 주입할 수도 있다.
    ㉢ 고체시료 : 용매에 용해시켜 ㉠의 방법으로 도입한다.
④ 크로마토그램의 기록 : 시료도입 직후 크로마토그램에 시료도입점을 기입한다. 시료의 봉우리가 기록계의 기록지상에 진동이 없이, 또한 가능한 한 큰 봉우리를 그리도록 성분에 따른 감도를 조절한다.
⑤ 데이터의 정리 : 데이터는 다음 사항을 정리·기재한다.
    ㉠ 날 짜
    ㉡ 장치명
    ㉢ 시료명 및 시료도입량(μL 또는 mL)
    ㉣ 운반가스의 종류 및 유량(mL/min)과 분리관 입구압(kg/cm^3)이 필요하다면 출구에서 운반가스 압력(mmHg)
    ㉤ 충전물의 종류[담체명, 처리법, 입도(μm 또는 메시) 고정상 액체명 및 함침량(무게 %)]
    ㉥ 분리관의 재질, 반지름(mm) 및 길이(cm)
    ㉦ 분리관의 온도(℃)[승온법을 사용하는 경우에는 초기온도(℃), 승온속도(℃/min), 최종 온도(℃), 기타 필요사항]

◎ 시료기화실, 검출기, 기타 필요한 부분의 온도(℃)
　　㊂ 검출기의 종류 및 조작조건
　　㊄ 기록계의 감도(mV) 및 기록지 이송속도(mm/min)
　　㋐ 조작자명
　　㋖ 기타 필요한 사항

(4) 정성분석

정성분석은 동일 조건하에서 특정한 미지 성분의 머무른 값과 예측되는 물질의 봉우리의 머무른 값을 비교하여야 한다. 그러나 어떤 조건에서 얻어지는 하나의 봉우리가 한 가지 물질에 반드시 대응한다고 단정할 수는 없으므로 고정상 또는 분리관 온도를 변경하여 측정하거나 또는 다른 방법으로 정성이 가능한 경우에는 이 방법을 병용하는 것이 좋다.

(5) 정량분석

정량분석은 각 분석방법에 규정하는 방법에 따라 시험하여 얻어진 크로마토그램(Chromatogram)의 재현성, 시료성분의 양, 봉우리의 면적 또는 높이와의 관계를 검토하여 분석한다. 이때 정확한 정량결과를 얻기 위해서는 크로마토그램의 각 곡선봉우리는 대칭적이고 각각 완전히 분리되어야 한다.

5. 이온크로마토그래피(Ion Chromatography)

(1) 원리 및 적용범위

액체시료를 이온교환칼럼에 고압으로 전개시켜 분리되는 각 성분의 크로마토그램을 작성하여 분석하는 고속액체 크로마토그래피의 일종으로서 물 시료 중 음이온(F^-, Cl^-, NO_2^-, NO_3^-, PO_4^-, Br^- 및 SO_4^{2-})의 정성 및 정량분석에 이용된다.

(2) 시료의 분석

① **시료의 전처리** : 시료 중에 입자상물질 등이 존재하면 분리칼럼의 수명을 단축시키기 때문에 0.45 μm 이하의 멤브레인 여과지 또는 유리섬유거름종이(GF/C)를 사용하여 여과한 다음 시료를 주입하여야 한다. 또한 특정 이온이 고농도로 존재할 경우 이온의 정량분석을 방해할 수 있다. 이때에는 특수 제작된 제거칼럼을 이용하거나 기타 적당한 방법을 이용하여 특정 이온을 제거한 다음 시험한다.

② **시료의 측정** : 여과한 시료를 이온크로마토그래프에 주입하여 검정곡선 작성 시와 같은 기기 조건 하에서 크로마토그램을 측정하고 미리 작성한 검정곡선으로부터 시료의 농도(mg/L)를 산출한다.

6. 이온전극법

(1) 원리 및 적용범위

시료 중의 분석대상 이온의 농도(이온활량)에 감응하여 비교전극과 이온전극 간에 나타나는 전위차를 이용하여 목적이온의 농도를 정량하는 방법으로서 시료 중 음이온(Cl^-, F^-, NO_2^-, NO_3^-, CN^-) 및 양이온(NH_4^+, 중금속 이온 등)의 분석에 이용된다.

이온전극은 [이온전극 | 측정용액 | 비교전극]의 측정계에서 측정대상 이온에 감응하여 네른스트(Nernst)식에 따라 이온활량에 비례하는 전위차를 나타낸다.

$$E = E_0 + \left[\frac{2.303RT}{zF}\right]\log A$$

- E : 측정용액에서 이온전극과 비교전극 간에 생기는 전위차(mV)
- E_0 : 표준전위(mV)
- R : 기체상수(8.314J/K·mol)
- zF : 이온전극에 대하여 전위의 발생에 관계하는 전자수(이온가)
- F : 패러데이(Faraday) 상수(96,480C)
- A : 이온활량(mol/L)
- T : 절대온도(K)

(2) 이온전극법의 특성

① **측정범위** : 이온농도의 측정범위는 일반적으로 $10^{-4} \sim 10^{-1}$mol/L(또는 10^{-7}mol/L)이다.

② **이온강도** : 이온의 활량계수는 이온강도의 영향을 받아 변동되기 때문에 용액 중의 이온강도를 일정하게 유지해야 할 필요가 있다. 따라서 분석대상 이온과 반응하지 않고 전극전위에 영향을 일으키지 않는 염류를 이온강도 조절용 완충액으로 첨가하여 시험한다.

③ **pH** : 이온전극의 종류나 구조에 따라서 사용가능한 pH의 범위가 있기 때문에 주의하여야 한다.

④ **온도** : 측정용액의 온도가 10℃ 상승하면 전위기울기는 1가 이온이 약 2mV, 2가 이온이 약 1mV 변화한다. 그러므로 검정곡선 작성 시의 표준액의 온도와 시료용액의 온도는 항상 같아야 한다.

⑤ **교반** : 시료용액의 교반은 이온전극의 전극범위, 응답속도, 정량한계값에 영향을 나타낸다. 그러므로 측정에 방해되지 않는 범위 내에서 세게 일정한 속도로 교반해야 한다.

(3) 측정방법

① 시료 중에 방해이온이 존재할 경우에는 적당한 방법으로 제거하거나 pH 및 이온강도를 조절하여 시료용액으로 한다.

② 각각 농도가 다른 표준액을 단계적으로 조제하여 이온강도조절용액을 첨가하고 적당량의 비커에 옮긴다.

③ 이온전극과 비교전극을 물로 깨끗이 씻은 후 수분을 제거하고 전위차계에 연결한다.
④ 이온전극과 비교전극을 표준액이 담긴 비커에 침적시키고 교반하면서 전위를 측정하여 안정될 때의 값을 읽는다.
⑤ 같은 방법으로 낮은 농도부터 높은 농도의 순서로 표준액의 전위차를 측정하고 편대수(Semilog) 그래프지의 대수축에 표준액의 농도를, 균등축에 전위차를 플로트하여 검정곡선을 적정한다.
⑥ 다음에 준비된 시료에 대하여 같은 방법으로 전위차를 측정하고 작성된 검정곡선으로부터 이온농도(mg/L)를 산출한다.

03 항목별 시험방법

1. 온도(수질오염공정시험기준 ES 04307.1c)

(1) 측정기구

① 유리제 막대 온도계 : KS B 5316 유리제 막대 온도계(담금선붙이 50℃ 또는 100℃) 또는 이에 동등한 유리제 막대 온도계로서 최소 측정단위가 0.1℃로 교정된 온도계를 사용한다.
② 서미스터 온도계 : KS C 2710 직렬형 NTC 서미스터 온도계 또는 이에 동등한 온도계로 최소 측정단위는 0.1℃로 교정된 온도계를 사용한다.

(2) 측정방법

① 유리제 막대 온도계를 이용하는 경우 : 유리제 막대 온도계를 측정하고자 하는 수중에 직접 담근 상태에서 일정 온도가 유지될 때까지 기다린 다음 온도계의 눈금을 읽는다.
② 서미스터 온도계를 이용하는 경우 : 서미스터 온도계의 측정부를 수중에 직접 담근 상태에서 일정 온도가 유지될 때까지 기다린 다음 온도계의 눈금을 읽는다.

2. 투명도(수질오염공정시험기준 ES 04314.1b)

(1) 측정원리

날씨가 맑고 수면이 잔잔할 때 직사광선을 피하여 배의 그늘 등에서 백색원판 또는 세키 디스크를 조용히 수중에 보이지 않는 깊이로 넣은 다음 천천히 끌어 올리면서 보이기 시작한 깊이를 2~3회 반복 측정하고 평균하여 사용한다.

(2) 측정방법

지름 30cm의 투명도판(백색원판 또는 세키 디스크)을 사용하여 호소나 하천에 보이지 않는 깊이로 넣은 다음 이것을 천천히 끌어 올리면서 보이기 시작한 깊이를 0.1m 단위로 읽어 투명도를 측정한다.

3. 수소이온농도(pH)

(1) 측정원리(수질오염공정시험기준 ES 04306.1d)

pH는 수소이온농도를 그 역수의 상용대수로서 나타내는 값이다. pH는 보통 기준전극과 비교전극으로 구성되어진 pH측정기를 사용하여 양전극 간에 생성되는 기전력의 차를 이용하여 측정하는 방법이다.

(2) 측정방법(수질오염공정시험기준 ES 04306.1d)

① 유리전극은 미리 정제수에 수시간 이상 담가 둔다.
② 유리전극을 정제수에서 꺼내어 부드러운 재질의 종이 등으로 물기를 제거한다.
③ 유리전극을 측정하고자 하는 시료에 담가 2~3분 지난 후에 pH 값을 읽으며, 측정값이 0.1 이하로 pH 차이를 보일 때까지 반복 측정한다.
④ 시료로부터 pH 전극을 꺼내어 정제수로 세척한 다음 부드러운 재질의 종이 등으로 물기를 제거하고 제조사에서 제시하는 보관용액 또는 정제수에 담아 보관한다.

4. 용존산소(DO ; Dissolved Oxygen)

(1) 적정법(윙클러-아자이드화나트륨 변법)

황산망간과 알칼리성 아이오딘칼륨용액을 넣어 생기는 수산화제일망간이 시료 중의 용존산소에 의하여 산화되어 수산화제이망간으로 되고, 황산산성에서 용존산소량에 대응하는 아이오딘을 유리한다. 유리된 아이오딘을 티오황산나트륨으로 적정하여 용존산소의 양을 정량하는 방법이다. 이 방법은 지표수, 지하수, 폐수 등에 적용할 수 있으며, 정량한계는 0.1mg/L이다(수질오염공정시험기준 ES 04308.1f).

$$용존산소(mg/L) = a \times f \times \frac{V_1}{V_2} \times \frac{1,000}{V_1 - R} \times 0.2$$

- a : 적정에 소비된 티오황산나트륨용액(0.025M)의 양(mL)
- f : 티오황산나트륨용액(0.025M)의 인자(Factor)
- V_1 : 전체 시료의 양(mL)
- V_2 : 적정에 사용한 시료량(mL)
- R : 황산망간용액과 알칼리성 아이오딘화칼륨-아자이드화나트륨용액 첨가량(mL)

(2) 전극법(수질오염공정시험기준 ES 04308.2d)

시료 중의 용존산소가 격막을 통과하여 전극의 표면에서 산화, 환원반응을 일으키고 이때 산소의 농도에 비례하여 전류가 흐르게 되는데 이 전류량으로부터 용존산소량을 측정하는 방법이다. 특히 산화성 물질이 함유된 시료나 착색된 시료와 같이 윙클러-아자이드화나트륨 변법을 적용할 수 없는 폐·하수의 용존산소 측정에 유용하게 사용할 수 있다. 정량한계는 0.5mg/L이다.

5. 생물화학적 산소요구량(BOD ; Biochemical Oxygen Demand)

(1) 측정원리(수질오염공정시험기준 ES 04305.1c)

시료를 20℃에서 5일간 저장하여 두었을 때 시료 중의 호기성 미생물의 증식과 호흡작용에 의하여 소비되는 용존산소의 양으로부터 측정하는 방법이다. 시료 중 용존산소의 양이 소비되는 산소의 양보다 적을 때에는 시료를 희석수로 적당히 희석하여 사용한다. 공장폐수나 혐기성 발효의 상태에 있는 시료는 호기성 산화에 필요한 미생물을 식종하여야 한다.

(2) 측정방법(수질오염공정시험기준 ES 04305.1c)

① 시료(또는 전처리한 시료)의 예상 BOD값으로부터 단계적으로 희석배율을 정하여 3~5종의 희석시료를 2개를 한 조로 하여 조제한다. 예상 BOD값에 대한 사전경험이 없을 때에는 희석하여 시료를 조제한다. 오염 정도가 심한 공장폐수는 0.1~1.0%, 처리하지 않은 공장폐수와 침전된 하수는 1~5%, 처리하여 방류된 공장폐수는 5~25%, 오염된 하천수는 25~100%의 시료가 함유되도록 희석·조제한다.

② BOD용 희석수 또는 BOD용 식종희석수를 사용하여 시료를 희석할 때에는 2L 부피실린더에 공기가 갇히지 않게 조심하면서 반만큼 채우고, 시료(또는 전처리한 시료) 적당량을 넣은 다음 BOD용 희석수 또는 식종희석수로 희석배율에 맞는 눈금의 높이까지 채운다.

③ 공기가 갇히지 않게 젖은 막대로 조심하면서 섞고 2개의 300mL BOD병에 완전히 채운 다음, 한 병은 마개를 꼭 닫아 물로 마개 주위를 밀봉하여 BOD용 배양기에 넣고 어두운 상태에서 5일간 배양한다. 이때 온도는 20℃로 항온한다. 나머지 한 병은 15분간 방치 후에 희석된 시료 자체의 초기 용존산소를 측정하는 데 사용한다.

④ 같은 방법으로 미리 정해진 희석배율에 따라 몇 개의 희석 시료를 조제하여 2개의 300mL BOD병에 완전히 채운 다음 ③과 같이 실험한다. 처음의 희석 시료 자체의 용존산소량과 20℃에서 5일간 배양할 때 소비된 용존산소의 양을 용존산소측정법에 따라 측정하여 구한다.

⑤ 5일간 저장기간 동안 산소의 소비량이 40~70% 범위 안의 희석 시료를 선택하여 초기 용존산소량과 5일간 배양한 다음 남아 있는 용존산소량의 차로부터 BOD를 계산한다.

⑥ 시료를 식종하여 BOD를 측정할 때는 실험에 사용한 식종액을 희석수로 단계적으로 희석하여 위의 실험방법에 따라 실험하고 배양 후의 산소소비량이 40~70% 범위 안에 있는 식종희석수를 선택하여 배양 전후의 용존산소량과 식종액 함유율을 구하고 시료의 BOD값을 보정한다.

(3) BOD 계산

① 식종하지 않은 시료의 BOD

$$\mathrm{BOD}(\mathrm{mg/L}) = (D_1 - D_2) \times P$$

- D_1 : 15분간 방치된 후의 희석(조제)한 시료의 DO(mg/L)
- D_2 : 5일간 배양한 다음의 희석(조제)한 시료의 DO(mg/L)
- P : 희석시료 중 시료의 희석배수(희석시료량/시료량)

② 식종희석수를 사용한 시료의 BOD

$$\mathrm{BOD}(\mathrm{mg/L}) = [(D_1 - D_2) - (B_1 - B_2) \times f] \times P$$

- D_1 : 15분간 방치된 후의 희석(조제)한 시료의 DO(mg/L)
- D_2 : 5일간 배양한 다음의 희석(조제)한 시료의 DO(mg/L)
- B_1 : 식종액의 BOD를 측정할 때 희석된 식종액의 배양 전 DO(mg/L)
- B_2 : 식종액의 BOD를 측정할 때 희석된 식종액의 배양 후 DO(mg/L)
- f : 희석시료 중의 식종액 함유율(x%)과 희석한 식종액 중의 식종액 함유율(y%)의 비(x/y)
- P : 희석시료 중 시료의 희석배수(희석시료량/시료량)

6. 화학적 산소요구량(COD ; Chemical Oxygen Demand)

(1) 과망간산칼륨에 의한 화학적 산소요구량

① 산성 과망간산칼륨에 의한 화학적 산소요구량(수질오염공정시험기준 ES 04315.1b) : 시료를 황산 산성으로 하여 과망간산칼륨 일정과량을 넣고 30분간 수욕상에서 가열반응시킨 다음 소비된 과망 간산칼륨량으로부터 이에 상당하는 산소의 양을 측정하는 방법이다. 염소이온이 2,000mg/L 미만인 경우에 적용한다.

$$\mathrm{COD}(\mathrm{mg/L}) = (b - a) \times f \times \frac{1,000}{V} \times 0.2$$

- a : 바탕시험 적정에 소비된 과망간산칼륨용액(0.005M)의 양(mL)
- b : 시료의 적정에 소비된 과망간산칼륨용액(0.005M)의 양(mL)
- f : 과망간산칼륨용액(0.005M) 농도계수(Factor)
- V : 시료의 양(mL)

② 알칼리성 과망간산칼륨에 의한 화학적 산소요구량(수질오염공정시험기준 ES 04315.2b) : 시료를 알칼리성으로 하여 과망간산칼륨 일정과량을 넣고 60분간 수욕상에서 가열반응시키고 아이오딘화칼륨 및 황산을 넣어 남아 있는 과망간산칼륨에 의하여 유리된 아이오딘의 양으로부터 산소의 양을 측정하는 방법이다.

$$COD(mg/L) = (a-b) \times f \times \frac{1,000}{V} \times 0.2$$

- a : 바탕시험 적정에 소비된 티오황산나트륨용액(0.025M)의 양(mL)
- b : 시료의 적정에 소비된 티오황산나트륨용액(0.025M)의 양(mL)
- f : 티오황산나트륨용액(0.025M)의 농도계수(Factor)
- V : 시료의 양(mL)

(2) 다이크롬산칼륨에 의한 화학적 산소요구량(수질오염공정시험기준 ES 04315.3d)

시료를 황산산성으로 하여 다이크롬산칼륨 일정과량을 넣고 2시간 가열반응시킨 다음 소비된 다이크롬산칼륨의 양을 구하기 위해 환원되지 않고 남아 있는 다이크롬산칼륨을 황산제일철암모늄용액으로 적정하여 시료에 의해 소비된 다이크롬산칼륨을 계산하고 이에 상당하는 산소의 양을 측정하는 방법이다. 따로 규정이 없는 한 해수를 제외한 모든 시료의 다이크롬산칼륨에 의한 화학적 산소요구량을 필요로 하는 경우에 이 방법에 따라 시험한다.

$$COD(mg/L) = (b-a) \times f \times \frac{1,000}{V} \times 0.2$$

- a : 적정에 소비된 황산제일철암모늄용액(0.025N)의 양(mL)
- b : 바탕시료에 소비된 황산제일철암모늄용액(0.025N)의 양(mL)
- f : 황산제일철암모늄용액(0.025N)의 농도계수(Factor)
- V : 시료의 양(mL)

7. 색 도

색도의 측정은 시각적으로 눈에 보이는 색상에 관계없이 단순 색도차 또는 단일 색도차를 계산하는 데 아담스-니컬슨(Adams-Nickerson)의 색도공식을 근거로 하고 있다(수질오염공정시험기준 ES 04304.1d).

8. 부유물질(SS ; Suspended Solid)

미리 무게를 단 유리섬유여과지(GF/C)를 여과장치에 부착하여 일정량의 시료를 여과시킨 다음 항량으로 건조하여 무게를 달아 여과 전후의 유리섬유여과지의 무게차를 산출하여 부유물질의 양을 구하는 방법이다(수질오염공정시험기준 ES 04303.1c).

$$부유물질(\text{mg/L}) = (b-a) \times \frac{1,000}{V}$$

- a : 시료 여과 전의 유리섬유여과지 무게(mg)
- b : 시료 여과 후의 유리섬유여과지 무게(mg)
- V : 시료의 양(mL)

9. 노말헥산추출물질

시료를 pH 4 이하의 산성으로 하여 노말헥산층에 용해되는 물질을 노말헥산으로 추출하고 노말헥산을 증발시킨 잔류물의 무게로부터 구하는 방법이다(수질오염공정시험기준 ES 04302.1b).

이 시험기준은 지표수, 지하수, 폐수 등에 적용할 수 있으며, 정량한계는 0.5mg/L이다. 폐수 중의 비교적 휘발되지 않는 탄화수소, 탄화수소유도체, 그리스유상물질 및 광유류가 노말헥산층에 용해되는 성질을 이용한 방법으로 통상 유분의 성분별 선택적 정량이 곤란하다.

$$총노말헥산추출물질(\text{mg/L}) = (a-b) \times \frac{1,000}{V}$$

- a : 시험 전후 증발용기의 무게(mg)
- b : 바탕시험 전후 증발용기의 무게(mg)
- V : 시료의 양(mL)

04 먹는물수질공정시험기준

1. 개요(ES 05000.f)

(1) 목 적

이 시험기준은 환경분야 시험·검사 등에 관한 법률 제6조에 따라 먹는물 수질기준 항목을 측정함에 있어 측정의 정확성 및 통일성을 유지하기 위하여 필요한 제반사항에 대하여 규정함을 목적으로 한다.

(2) 적용범위

이 시험기준은 먹는물 수질기준 및 검사 등에 관한 규칙 제2조에 따른 먹는물의 수질기준에 적합한지 여부를 시험·판정하는 데 적용한다.

(3) 표시방법

① 농 도
  ㉠ 백분율(parts per hundred)은 용액 100mL 중의 성분무게(g) 또는 기체 100mL 중의 성분무게(g)를 표시할 때는 W/V%, 용액 100mL 중의 성분용량(mL) 또는 기체 100mL 중의 성분용량(mL)을 표시할 때는 V/V%, 용액 100g 중 성분용량(mL)을 표시할 때는 V/W%, 용액 100g 중 성분무게(g)를 표시할 때는 W/W%의 기호를 쓴다. 다만, 용액의 농도를 "%"로만 표시할 때는 W/V%를 말한다.
  ㉡ 백만분율(ppm ; parts per million)을 표시할 때는 mg/L, mg/kg의 기호를 쓴다.
  ㉢ 십억분율(ppb ; parts per billion)을 표시할 때는 μg/L, μg/kg의 기호를 쓴다.
  ㉣ 기체 중의 농도는 표준상태(0℃, 1기압)로 환산 표시한다.

② 온 도
  ㉠ 온도의 표시는 셀시우스(Celsius)법에 따라 아라비아 숫자의 오른쪽에 ℃를 붙인다. 절대온도는 K로 표시하고, 절대온도 0K는 -273℃로 한다.
  ㉡ 표준온도는 20℃, 상온은 15~25℃, 실온은 1~35℃로 하고, 찬 곳이라 함은 따로 규정이 없는 한 0~15℃의 장소를 뜻한다.
  ㉢ 열수는 약 100℃를 말한다.
  ㉣ "수욕상 또는 수욕 중에서 가열한다"라 함은 따로 규정이 없는 한 수온 100℃에서 가열함을 뜻하고 약 100℃의 증기욕을 쓸 수 있다.
  ㉤ 각각의 시험은 따로 규정이 없는 한 상온에서 조작하고 조작 직후에 그 결과를 관찰한다. 단, 온도의 영향이 있는 것의 판정은 표준온도를 기준으로 한다.

(4) 기 타

① 시험에 쓰는 물은 따로 규정이 없는 한 증류수 또는 정제수로 한다.
② 용액이라고 기재하고 특히, 그 용제를 표시하지 아니한 것은 수용액을 말한다.
③ 감압은 따로 규정이 없는 한 15mmHg 이하로 한다.
④ 약산성, 강산성, 약알칼리성, 강알칼리성 등으로 기재한 것은 산성 또는 알칼리성의 정도의 개략을 표시한 것이다(약산성 : 약 3~5, 강산성 : 약 3 이하, 중성 : 약 6.5~7.5, 약알칼리성 : 약 9~11, 강알칼리성 : 약 11 이상).
⑤ (1:1), (4:2:1) 등은 고체시약 혼합중량비 또는 액체시약 혼합부피비를 말한다.
⑥ 방울수라 함은 20℃에서 정제수 20방울을 떨어뜨릴 때, 그 부피가 약 1mL 되는 것을 뜻한다.
⑦ 네슬러관은 안지름 20mm, 바깥지름 24mm, 밑에서부터 마개 밑까지의 거리가 20cm인 무색유리로 만든 마개 있는 밑면이 평평한 시험관으로서 50mL의 것을 사용한다. 또한 각 관의 부피높이의 차는 2mm 이하로 한다.
⑧ 원자량은 국제원자량표에 의하며, 분자량은 이 표에 의하여 계산한 후 소수점 이하 둘째 자리까지 정리한다.
⑨ "이상"과 "초과", "이하", "미만"이라고 기재하였을 때는 "이상"과 "이하"는 기산점 또는 기준점인 숫자를 포함하며, "초과"와 "미만"은 기산점 또는 기준점인 숫자를 포함하지 않는 것을 뜻한다. 또 "a~b"라 표시한 것은 a 이상 b 이하임을 뜻한다.
⑩ "정밀히 단다"라 함은 규정된 양의 시료를 취하여 화학저울 또는 미량저울로 칭량함을 말한다. 또한 무게를 "정확히 단다"라 함은 규정된 수치의 무게를 0.1mg까지 다는 것을 말한다.
⑪ "약"이라 함은 기재된 양에 대하여 ±10% 이상의 차가 있어서는 안 된다.
⑫ 시험조작 중 "즉시"란 30초 이내에 표시된 조작을 하는 것을 뜻한다.
⑬ "항량으로 될 때까지 건조한다" 또는 "항량으로 될 때까지 강열한다"라 함은 같은 조건에서 1시간 더 건조하거나 또는 강열할 때 전후 차가 g당 0.3mg 이하일 때를 말한다.
⑭ "바탕시험을 하여 보정한다"라 함은 시료에 대한 처리 및 측정을 할 때, 시료를 사용하지 않고 같은 방법으로 조작한 측정치를 빼는 것을 뜻한다.
⑮ 미생물 분석에 사용하는 배지는 가능한 한 상용화된 완성제품을 사용하도록 한다.
⑯ 하나 이상의 시험결과가 달라 제반 기준의 적부 판정에 영향을 줄 경우에는 항목별 시험방법 각 항목의 주시험방법에 따른 분석 성적에 따라 판정한다. 다만, 주시험방법은 따로 규정이 없는 한 각 항목의 1법으로 한다.
⑰ "용기"는 시험용액 또는 시험에 관계된 물질을 보존, 운반 또는 조작하려고 넣어두는 것으로 시험에 지장을 주지 않는 깨끗한 것을 뜻한다.
⑱ "정확히 취하여"는 규정한 양의 액체를 부피피펫으로 눈금까지 취하는 것을 말한다.

2. 정도보증/정도관리(QA/QC, ES 05001.a)

(1) 목 적

환경측정의 정도보증/정도관리는 측정·분석 결과의 정밀·정확도를 관리하고 보증하여 국가적인 환경정책 결정, 산업체의 오염물질 관리 및 국민의 삶의 질 관리에 기여하는 것을 그 목적으로 한다.

(2) 정도관리 요소

① 바탕시료
  ㉠ 방법바탕시료(Method Blank) : 시료와 유사한 매질을 선택하여 추출, 농축, 정제 및 분석 과정에 따라 측정한 것
  ㉡ 시약바탕시료(Reagent Blank) : 시료를 사용하지 않고 추출, 농축, 정제 및 분석 과정에 따라 모든 시약과 용매를 처리하여 측정한 것
② 검정곡선(Calibration Curve) : 분석물질의 농도변화에 따른 지시값을 나타낸 것
③ 검출한계
  ㉠ 기기검출한계(IDL ; Instrument Detection Limit) : 시험분석 대상물질을 기기가 검출할 수 있는 최소한의 농도 또는 양
  ㉡ 방법검출한계(MDL ; Method Detection Limit) : 시료와 비슷한 매질 중에서 시험분석 대상을 검출할 수 있는 최소한의 농도
  ㉢ 정량한계(LOQ ; Limit Of Quantification) : 시험분석 대상을 정량화할 수 있는 측정값
④ 정밀도(Precision) : 시험분석 결과의 반복성을 나타내는 것
⑤ 정확도(Accuracy) : 시험분석 결과가 참값에 얼마나 근접하는가를 나타내는 것
⑥ 현장 이중시료(Field Duplicate Sample) : 동일 위치에서 동일한 조건으로 중복 채취한 시료로서 독립적으로 분석하여 비교한다.

3. 먹는물 수질기준의 표시한계 및 결과표시(ES 05003.g)

NO	성분명		수질기준	시험결과 표시한계	시험결과 표시 자리수
1	일반세균	저온[2]	100CFU/mL 이하 20CFU/mL 이하(샘물, 염지하수)	0	0
		(중온)	100CFU/mL 이하 5CFU/mL 이하(샘물, 염지하수) 20CFU/mL 이하(먹는샘물, 먹는염지하수, 먹는해양심층수)	0	0
2	총대장균군		불검출/100mL 불검출/250mL (샘물, 먹는샘물, 염지하수, 먹는염지하수, 먹는해양심층수)	–	검출, 불검출
3	분원성 대장균군[1]		불검출/100mL	–	검출, 불검출
4	대장균[1]		불검출/100mL	–	검출, 불검출
5	분원성 연쇄상구균[2]		불검출/250mL	–	검출, 불검출
6	녹농균[2]		불검출/250mL	–	검출, 불검출
7	살모넬라[2]		불검출/250mL	–	검출, 불검출
8	시겔라[2]		불검출/250mL	–	검출, 불검출
9	아황산환원혐기성 포자형성균[2]		불검출/50mL	–	검출, 불검출
10	여시니아균[3]		불검출/2L	–	검출, 불검출
11	납		0.01mg/L 이하	0.005mg/L	0.000
12	플루오린(불소)		1.5mg/L 이하 2.0mg/L 이하 (샘물, 먹는샘물, 염지하수 및 먹는염지하수)	0.15mg/L	0.00
13	비 소		0.01mg/L 이하 0.05mg/L 이하(샘물, 염지하수)	0.005mg/L	0.000
14	셀레늄		0.01mg/L 이하 0.05mg/L 이하(염지하수)	0.005mg/L	0.000
15	수 은		0.001mg/L 이하	0.001mg/L	0.000
16	시 안		0.01mg/L 이하	0.005mg/L	0.00
17	크 롬		0.05mg/L 이하	0.008mg/L	0.000
18	암모니아성 질소		0.5mg/L 이하	0.06mg/L	0.00
19	질산성 질소		10mg/L 이하	0.1mg/L	0.0
20	보론(붕소)[8]		1.0mg/L 이하	0.01mg/L	0.00
21	카드뮴		0.005mg/L 이하	0.002mg/L	0.000
22	페 놀		0.005mg/L 이하	0.005mg/L	0.000
23	1,1,1-트라이클로로에탄		0.1mg/L 이하	0.003mg/L	0.000
24	테트라클로로에틸렌		0.01mg/L 이하	0.002mg/L	0.000
25	트라이클로로에틸렌		0.03mg/L 이하	0.002mg/L	0.000
26	다이클로로메탄		0.02mg/L 이하	0.003mg/L	0.000
27	벤 젠		0.01mg/L 이하	0.002mg/L	0.000
28	톨루엔		0.7mg/L 이하	0.002mg/L	0.000

NO	성분명	수질기준	시험결과 표시한계	시험결과 표시 자리수
29	에틸벤젠	0.3mg/L 이하	0.002mg/L	0.000
30	자일렌	0.5mg/L 이하	0.002mg/L	0.000
31	1,1-다이클로로에틸렌	0.03mg/L 이하	0.002mg/L	0.000
32	사염화탄소	0.002mg/L 이하	0.002mg/L	0.000
33	다이아지논	0.02mg/L 이하	0.0005mg/L	0.0000
34	파라티온	0.06mg/L 이하	0.0005mg/L	0.0000
35	페니트로티온	0.04mg/L 이하	0.0005mg/L	0.0000
36	카바릴	0.07mg/L 이하	0.005mg/L	0.000
37	1,2-다이브로모-3-클로로프로판	0.003mg/L 이하	0.001mg/L	0.000
38	잔류염소[4]	4.0mg/L 이하	0.05mg/L	0.00
39	총트라이할로메탄[4]	0.1mg/L 이하	0.003mg/L	0.000
40	클로로폼[4]	0.08mg/L 이하	0.003mg/L	0.000
41	클로랄하이드레이트[4]	0.03mg/L 이하	0.0005mg/L	0.0000
42	다이브로모아세토나이트릴[4]	0.1mg/L 이하	0.0005mg/L	0.0000
43	다이클로로아세토나이트릴[4]	0.09mg/L 이하	0.0005mg/L	0.0000
44	트라이클로로아세토나이트릴[4]	0.004mg/L 이하	0.0005mg/L	0.0000
45	할로아세틱에시드[4,5]	0.1mg/L 이하	0.001mg/L	0.000
46	폼알데하이드	0.5mg/L 이하	0.02mg/L	0.00
47	경 도[6,8]	1,000mg/L 이하 300mg/L 이하(수돗물) 1,200mg/L 이하 (먹는염지하수, 먹는해양심층수)	1mg/L	0
48	과망간산칼륨소비량	10mg/L 이하	0.3mg/L	0.0
49	냄 새	소독으로 인한 냄새 이외의 냄새가 없을 것	–	있음, 없음
50	맛	소독으로 인한 맛 이외의 맛이 없을 것 (샘물, 먹는샘물, 염지하수 및 먹는물공동시설의 물에는 제외)	–	있음, 없음
51	구리(동)	1mg/L 이하	0.004mg/L	0.000
52	색 도	5도 이하	1도	0
53	세 제	0.5mg/L 이하 불검출(샘물, 먹는샘물, 염지하수, 먹는염지하수 및 먹는해양심층수)	0.1mg/L	0.0
54	수소이온농도	5.8~8.5 4.5~9.5(샘물, 먹는샘물, 먹는물공동시설)	–	0.0
55	아 연	3mg/L 이하	0.002mg/L	0.000
56	염소이온[8]	250mg/L 이하	0.4mg/L	0.0
57	증발잔류물[7]	500mg/L 이하(수돗물)	5mg/L	0
58	철[6,8]	0.3mg/L 이하	0.05mg/L	0.00
59	망 간[6,8]	0.3mg/L 이하 0.05mg/L 이하(수돗물)	0.004mg/L	0.000

NO	성분명	수질기준	시험결과 표시한계	시험결과 표시 자리수
60	탁도	1NTU 이하 0.5NTU 이하(수돗물)	0.02NTU	0.00
61	황산이온[8]	200mg/L 이하 250m/L 이하 (샘물, 먹는샘물, 먹는물공동시설)	2mg/L	0
62	알루미늄	0.2mg/L 이하	0.02mg/L	0.00
63	브로모다이클로로메탄[4]	0.03mg/L 이하	0.003mg/L	0.000
64	다이브로모클로로메탄[4]	0.1mg/L 이하	0.003mg/L	0.000
65	1,4-다이옥산	0.05mg/L 이하	0.001mg/L	0.000
66	브롬산염	0.01mg/L 이하 (먹는샘물, 염지하수, 먹는염지하수, 먹는해양심층수, 오존처리된 음용지하수)	0.0005mg/L	0.0000
67	우라늄	0.03mg/L 이하	0.0001mg/L	0.0000
68	스트론튬[8]	4mg/L 이하 (먹는염지하수, 먹는해양심층수)	0.001mg/L	0.000
69	세슘(Cs-137)[9]	4.0mBq/L 이하	[9]	[9]
70	스트론튬(Sr-90)[9]	3.0mBq/L 이하	[9]	[9]
71	삼중수소[9]	6.0Bq/L 이하	[9]	[9]

1 샘물, 먹는샘물, 염지하수, 먹는염지하수 및 먹는해양심층수의 경우에는 적용하지 않는다.
2 샘물, 먹는샘물, 염지하수, 먹는염지하수 및 먹는해양심층수의 경우에만 적용한다.
3 먹는물공동시설의 경우에만 적용한다.
4 샘물, 먹는샘물, 염지하수, 먹는염지하수, 먹는해양심층수 및 먹는물공동시설의 물에는 적용하지 않는다.
5 할로아세틱에시드는 다이클로로아세틱에시드와 트라이클로로아세틱에시드, 다이브로모아세틱에시드의 합으로 한다.
6 샘물의 경우에는 적용하지 않는다.
7 먹는염지하수 및 먹는해양심층수의 경우에는 미네랄 등 무해성분을 제외한 증발잔류물이 500mg/L를 넘지 아니하여야 한다.
8 염지하수인 경우에는 적용하지 않는다.
9 염지하수인 경우에 적용하며, STANDARD METHOD 또는 한국산업표준에 따른다.

4. 시험방법의 구분

(1) 일반항목

분석항목	분석방법
경 도	EDTA 적정법
과망산칼륨소비량	산성법, 알칼리성법
냄 새	관능법
맛	관능법
색 도	비색법, 색도계법
수소이온농도	유리전극법
증발잔류물	무게측정법
탁 도	탁도계
세제(음이온 계면활성제)	자외선/가시선 분광법, 연속흐름법
잔류염소	DPD 비색법, OT 비색법, DPD 분광법
페놀류	자외선/가시선 분광법, 연속흐름법

(2) 이온류

분석항목	분석방법
플루오린이온	이온크로마토그래피, 자외선/가시선 분광법
시 안	자외선/가시선 분광법, 연속흐름법
암모니아성 질소	자외선/가시선 분광법, 이온크로마토그래피, 연속흐름법
질산성 질소	이온크로마토그래피, 자외선/가시선 분광법
염소이온	이온크로마토그래피, 질산은 적정법
황산이온	이온크로마토그래피, EDTA 적정법
음이온류	이온크로마토그래피
브롬산염	이온크로마토그래피

(3) 금속류

분석항목	분석방법
구리(동)	AAS, ICP-AES, ICP-MS
납	ICP-AES, AAS, ICP-MS, 양극벗김전압전류법
망 간	AAS, ICP-AES, ICP-MS
붕 소	ICP-AES, UV-Vis, ICP-MS
비 소	ICP-AES, UV-Vis, ICP-MS
셀레늄	HG/AAS, ICP-AES, ICP-MS
수 은	CV/AAS, 양극벗김전압전류법, ICP-MS
아 연	AAS, ICP-AES, ICP-MS
알루미늄	AAS, ICP-AES, UV-Vis, ICP-MS
철	UV-Vis, AAS, ICP-AES, ICP-MS
카드뮴	AAS, ICP-AES, ICP-MS

분석항목	분석방법
크 롬	AAS, ICP-AES, ICP-MS
스트론튬	ICP-AES, ICP-MS
우라늄	ICP-MS

> **참고**
> - AAS : 원자흡수분광광도법(Atomic Absorption Spectrophotometry)
> - ICP-AES : 유도결합플라스마-원자방출분광법(Inductively Coupled Plasma-Atomic Emission Spectrometry)
> - ICP-MS : 유도결합플라스마-질량분석법(Inductively Coupled Plasma-Mass Spectrometry)
> - UV-Vis : 자외선/가시선 분광법(UV/Visible Spectrometry)
> - HG/AAS : 수소화물생성/원자흡수분광광도법(Hydride Generation/Atomic Absorption Spectrophotometry)
> - CV/AAS : 냉증기/원자흡수분광법(Cold Vapor/Atomic Absorption Spectrometry)

(4) 유기물질

분석항목	분석방법
유기인계농약	기체크로마토그래피-질량분석법, 기체크로마토그래피
카바릴	고성능액체크로마토그래피, 기체크로마토그래피
염소소독부산물	기체크로마토그래피-질량분석법, 기체크로마토그래피
할로아세틱에시드류	기체크로마토그래피-질량분석법, 기체크로마토그래피
폼알데하이드	고성능액체크로마토그래피, 기체크로마토그래피

(5) 휘발성 유기화합물

① 퍼지·트랩-기체크로마토그래피-질량분석법
② 퍼지·트랩-기체크로마토그래피
③ 헤드스페이스-기체크로마토그래피
④ 마이크로용매추출/기체크로마토그래피-질량분석법

(6) 미생물

① 저온일반세균 : 평판집락법
② (중온)일반세균 : 평판집락법
③ 총대장균군 : 시험관법, 막여과법, 효소기질이용법
④ 분원성 대장균군 : 시험관법, 효소기질이용법
⑤ 대장균 : 시험관법, 막여과법, 효소기질이용법
⑥ 분원성 연쇄상구균 : 시험관법
⑦ 녹농균 : 시험관법
⑧ 아황산환원혐기성 포자형성균 : 시험관법
⑨ 살모넬라 : 시험관법, 막여과법
⑩ 시겔라 : 시험관법, 막여과법
⑪ 여시니아균 : 막여과법

5. 주요 항목별 시험방법

(1) 경도(EDTA 적정법, ES 05301.1e)

① 개요 : 시료에 암모니아 완충용액을 넣어 pH 10으로 조절한 다음 적정에 의해 소비된 EDTA용액으로부터 탄산칼슘의 양으로 환산하여 경도(mg/L)를 구한다. 높은 농도의 경도를 측정하는 데에도 적용할 수 있으나 과다한 적정용액의 사용을 피하기 위해 경도 100mg/L 이하에서 사용하는 것이 좋다. 경도가 높은 물은 시료를 묽혀 사용한다.

② 시약 : 시안화칼륨용액, 황화나트륨용액, 암모니아 완충용액, EBT용액, 염화마그네슘용액(0.01M), 염산용액(1 + 1), 메틸레드용액

③ 표준용액 : 칼슘표준용액(0.01M), EDTA용액(0.01M)

④ 방 법

　㉠ 시료 100mL(탄산칼슘이 10mg 이하로 함유되도록 시료에 물을 넣어 100mL로 한 것)를 삼각플라스크에 넣고, 시안화칼륨용액 수 방울, 염화마그네슘용액 1mL 및 암모니아 완충용액 2mL를 넣는다.

　㉡ EBT용액 수 방울을 지시약으로 하여 EDTA용액(0.01M)으로 시료가 적자색으로부터 청색이 될 때까지 적정(시료를 적정하는 데 소요되는 시간은 완충용액을 첨가한 후 5분 이내가 바람직)하여 이때 EDTA용액(0.01M)의 소비량(mL)을 구한다.

(2) 과망간산칼륨소비량(산성법, ES 05302.1e)

① 개요 : 시료를 산성으로 조절한 후 일정한 부피의 과망간산칼륨용액을 넣고 끓인 다음 일정한 부피의 옥살산나트륨용액을 가하여 반응하지 않고 남아 있는 옥살산나트륨을 과망간산칼륨용액으로 적정하여 측정한다. 이 시험기준에 의한 정량한계는 0.3mg/L이며, 과망간산칼륨 소모량이 0.3~10mg/L의 범위로 존재할 때 분석 가능하다.

② 방 법

　㉠ 수개의 비등석을 넣은 삼각플라스크에 시료 100mL를 넣는다.

　㉡ 황산(1 + 2) 5mL와 과망간산칼륨용액(0.002M) 10mL를 넣어 5분간 끓인다.

　㉢ 옥살산나트륨용액(0.005M) 10mL를 넣어 탈색을 확인한 다음 곧 과망간산칼륨용액(0.002M)으로 엷은 홍색이 없어지지 않고 남을 때까지 적정한다.

　㉣ 소비된 과망간산칼륨용액(0.002M)의 mL로부터 다음 식에 따라 농도계수(f)를 구한다.

$$f = \frac{10}{a+5}$$

(3) 냄새(ES 05303.1d)

① 개요 : 시료를 삼각플라스크에 넣고 마개를 닫은 후 온도를 40~50℃로 높여 세게 흔들어 섞은 후 마개를 열면서 관능적으로 냄새를 맡아서 판단한다(측정자 간 개인차가 심하므로 냄새가 있을

경우 5명 이상의 시험자가 측정하는 것이 바람직하나 최소한 2명이 측정해야 하며 염소 냄새는 제외한다).
② **시약** : 냄새 없는 물, 티오황산나트륨용액
③ **시료채취 및 관리** : 시료는 유리재질의 병과 폴리테트라플루오로에틸렌(PTFE) 재질의 마개를 사용하여 채취하며 플라스틱 재질은 사용하지 않는다. 냄새측정은 시료 채취 후 가능한 빨리 시험하며, 보관이 불가피하면 물 시료를 1L병에 가득 채워 1~5℃에서 보관한다. 특히 물이 냉각될 때 주위의 냄새물질이 시료 안으로 들어가지 않게 주의해야 한다.
④ **방 법**
  ㉠ 시료 200mL를 부피 300mL의 마개 있는 삼각플라스크에 넣고 마개를 닫는다.
  ㉡ 온도를 40~50℃로 높이고 세게 흔들어 섞은 후 마개를 열면서 바로 냄새를 맡는다.
  ㉢ 만약 냄새역치를 구할 필요가 있다면 일정비의 냄새 없는 물로 묽혀 ㉡의 실험에 따라 냄새를 측정한다.

(4) 맛(ES 05304.1c)
① **개요** : 시료를 비커에 넣고 온도를 40~50℃로 높여 맛을 보아 판단한다(측정자 간 개인차가 심하므로 5명 이상의 시험자가 바람직하나 최소한 2명이 필요하며 염소 맛은 제외한다).
② **시료 채취 및 관리** : 시료는 유리재질의 병과 폴리테트라플루오로에틸렌(PTFE) 재질의 마개를 사용하여 채취하며 플라스틱 재질은 사용하지 않는다.
③ **방법** : 시료 200mL를 비커에 넣고 온도를 40~50℃로 높이고 시료의 맛을 측정한다.

(5) 색도(비색법, ES 05305.1d)
① **개요** : 시각적으로 눈에 보이는 물의 색을 표준용액의 색도와 비교하여 측정한다(높은 농도로 오염된 경우에는 적용할 수 없음).
② **표준용액** : 색도표준원액(1,000도), 색도표준용액(100도)
③ **시료 채취 및 관리** : 유리 용기 또는 폴리에틸렌 용기에 물 시료를 채취하고 미생물의 활성으로 시료의 색도를 변화시킬 수 있으므로 시료채취 후 가능한 빠른 시간 안에 측정한다. 시료를 보관할 때에는 1~5℃에서 한다. 시료의 색도는 물의 pH에 따라 크게 변한다. 따라서 물의 pH 값을 함께 측정하는 것이 좋다.
④ **방 법**
  ㉠ 전처리 : 탁도 제거가 필요할 경우에 시료를 $0.45\mu m$의 막이나 유리필터를 사용하여 여과하여 시료로 한다.
  ㉡ 검정곡선 작성 : 색도표준용액(100도) 0, 1.0, 3.0, 5.0, 7.0, 9.0mL를 각각 정확히 취하여 비색관에 넣고 각각에 정제수를 넣어 100mL로 한다. 이 표준용액의 색도는 0, 1, 3, 5, 7, 9도다. 필요에 따라 표준용액의 색도를 조절하여 제조한다.
  ㉢ 측정법 : 시료 100mL를 비색관에 넣고 ㉡에 따라 제조한 색도표준용액과 육안으로 비교한다.

(6) 수소이온농도(유리전극법, ES 05306.1d)

① 개요 : 유리전극과 기준전극으로 구성된 pH 측정기를 사용하여 측정한다.

② 시료 채취 및 관리 : pH는 가능한 현장에서 측정하며 물 시료를 채취한 후 보관하여야 할 경우 공기와 접촉으로 pH가 변할 수 있으므로 물 시료를 용기에 가득 채워서 밀봉하여 분석 전까지 보관한다.

③ 방 법

  ㉠ 유리전극을 정제수로 잘 씻은 후 여과지로 남아 있는 물을 조심하여 닦아낸다. 온도보정을 할 수 있는 경우 pH 표준용액의 온도와 같게 맞추고 유리전극을 시료의 pH 값에 가까운 표준용액에 담가 2분 지난 후 표준용액의 pH 값이 되도록 조절한다.

  ㉡ 유리전극을 정제수로 잘 씻고 남아 있는 물을 여과지 등으로 조심하여 닦아낸 다음 시료에 담가 측정값을 읽는다. 이때 온도를 함께 측정한다. 측정값이 0.1 이하의 pH 차이를 보일 때까지 반복 측정한다.

(7) 증발잔류물(ES 05307.1e)

① 개요 : 시료를 103~105℃에서 건조하고 데시케이터에서 식힌 후 무게를 달아 증발접시의 무게차로부터 증발잔류물의 양(mg/L)을 구한다. 이 시험기준의 정량한계는 5mg/L이고, 정량범위는 5~20,000mg/L이다.

② 증발접시 : 시료를 증발시키는 용기로 도가니, 비커, 백금도가니(이 경우 작은 크기)로 가벼운 것을 유기용매, 정제수로 세척하여 건조시켜 사용한다.

③ 시약 : 정제수(증발잔류물이 1.0mg/L 이하의 것을 사용)

④ 시료 채취 및 관리 : 시료는 유리 또는 폴리에틸렌 용기에 채취하고 가능한 빨리 측정한다. 시료를 보관하여야 할 경우 미생물에 의해 분해를 방지하기 위해 1~5℃로 보관한다.

⑤ 방법 : 증발접시를 103~105℃에서 1시간 건조하고 데시케이터에서 식힌 후 사용하기 직전에 무게를 달아 증발접시의 무게차를 구한다. 시료는 24시간 이내 증발처리 하고 최대한 7일을 넘기지 않는다. 시료 분석 전 상온이 되게 한다.

(8) 탁도(ES 05308.1e)

① 개요 : 시료 중에 탁도를 탁도계를 사용하여 측정하는 방법이다. 시료 중에 탁도의 정량한계는 0.02NTU이고, 정량범위는 0.02~400NTU이다.

② 탁도계 : 광원부와 광전자식 검출기를 갖추고 있으며 정량한계가 0.02NTU 이상인 NTU 탁도계

③ 시약 : 정제수, 황산하이드라진용액, 헥사메틸렌테트라아민용액

④ 표준용액 : 탁도표준원액(400NTU), 탁도표준용액(40NTU)

⑤ 시료 채취 및 관리 : 시료는 유리병에 채취하고 가능한 빨리 측정하며 시료를 보관하여야 할 경우 미생물에 의한 분해를 방지하기 위해 1~5℃에서 보관한다.

⑥ 방법 : 시료를 강하게 흔들어 섞고 공기방울이 없어질 때까지 가만히 둔 후 일정량을 취하여 측정튜브에 넣고 보정된 탁도계로 탁도를 측정한다.

(9) 세제(음이온 계면활성제) – 자외선/가시선 분광법(ES 05309.1e)

① 개요 : 시료 중에 음이온성 계면활성제와 메틸렌블루가 반응하여 생성된 청색의 복합체를 클로로폼으로 추출하여 클로로폼층의 흡광도를 652nm에서 측정하는 방법이다. 이 시험기준은 먹는물, 샘물 및 염지하수 중에 선형알킬설폰산염이 0.1~1.4mg/L의 정량범위에서 적절하며 시료 중에는 0.1mg/L의 정량한계를 갖는다.

② 자외선/가시선 분광광도계 : 광원부, 파장선택부, 시료부 및 측광부로 구성되어 있고 빛 경로길이가 1cm 이상 되며, 510nm 또는 460nm의 파장에서 흡광도의 측정이 가능하여야 한다.

③ 방법 : 시험용액의 일부를 흡수셀(10mm)에 넣고 자외선/가시선 분광광도계를 사용하여 시료와 같은 방법으로 시험한 바탕시험액을 대조액으로 하여 파장 652nm 부근에서 흡광도를 측정하고 작성한 검정곡선으로부터 시험용액 중의 음이온 계면활성제의 양을 도데실벤젠설폰산나트륨의 양으로서 구하고 시료 중의 음이온 계면활성제의 농도를 측정한다.

(10) 잔류염소

① DPD 비색법 : 시료의 pH를 인산염완충용액을 사용하여 약산성으로 조절한 후 N,N-다이에틸-p-페니렌다이아민황산염(DPD ; N,N-diethyl-p-phenylenediamine Sulfate)으로 발색하여 잔류염소 표준비색표와 비교하여 측정한다(ES 05310.1b).

② OT 비색법 : 시료의 pH를 인산염완충용액을 사용하여 약산성으로 조절한 후 o-톨리딘 용액(OT ; o-tolidine Hydrochloride)으로 발색하여 잔류염소 표준비색표와 비교하여 측정한다(ES 05310.2b).

③ DPD 분광법 : 먹는물 중에 잔류염소를 측정하는 방법으로서 N,N-다이에틸-p-페니렌다이아민황산염(DPD ; N,N-diethyl-p-phenylenediamine Sulfate)으로 발색하여 색소의 흡광도를 515nm 또는 기기에서 정해진 파장에서 측정하는 방법이다(ES 05310.3a).

(11) 페놀류(자외선/가시선 분광법)

시료의 pH를 4로 조절하여 증류한 시료에 염화암모늄-암모니아 완충용액을 넣어 pH 10으로 조절한 다음 4-아미노안티피린과 헥사시안화철(Ⅲ)산칼륨을 넣어 생성된 적색의 안티피린계 색소를 클로로폼으로 추출 후 460nm에서 흡광도를 측정하여 페놀을 분석한다(ES 05311.1c).

(12) 플루오린(불소)이온

① 이온크로마토그래피 : 시료를 $0.2\mu m$ 막 여과지를 통과시켜 고체미립자를 제거한 후 음이온 교환 칼럼을 통과시켜 각 음이온들을 분리한 후 전기전도도 검출기로 측정하는 방법으로, 음이온류-이온크로마토그래피에 따른다(ES 05351.1b).

② 자외선/가시선 분광법 : 존재하는 플루오린이온을 란탄과 알리자린콤플렉손의 착화합물과 반응하여 생성하는 청색의 복합 착화합물의 흡광도를 620nm에서 측정하는 방법이다. 이 시험기준에 의한 플루오린이온의 정량한계는 0.15mg/L이고 정량범위는 0.15~5.0mg/L이다(ES 05351.2c).

(13) 암모니아성 질소

① **자외선/가시선 분광법** : 시료의 암모늄이온이 차아염소산의 공존하에서 페놀과 반응하여 생성하는 인도페놀의 청색을 640nm에서 측정하는 방법이다. 이 시험기준은 먹는물, 샘물 및 염지하수 중에 암모니아성 질소가 0.01~1.0mg/L의 농도범위로 함유되어 있을 경우에 적절하며 시료 중에는 0.01mg/L의 정량한계를 갖는다(ES 05353.1e).

② **이온크로마토그래피** : 시료는 0.2μm 막 여과지를 통과시켜 고체미립자를 제거한 후 양이온 교환 칼럼을 통과시켜 암모늄이온들을 분리하여 전기전도도 검출기로 측정하는 방법으로 시험 조작이 간편하고 재현성도 우수하다. 이 시험기준을 사용할 때에는 암모니아성 질소가 0.06~1.0mg/L의 측정범위를 갖으며 정량한계는 0.06mg/L이다(ES 05353.2c).

> **더 알아보기**
>
> **이온크로마토그래프**
> 용리액 저장조, 시료주입부, 펌프, 분리칼럼, 검출기 및 기록계로 되어 있으며 장치의 제조회사에 따라 분리칼럼의 보호 및 감도를 높이기 위하여 분리칼럼 전후에 보호칼럼 및 억제기(Suppressor)를 부착시킨다.

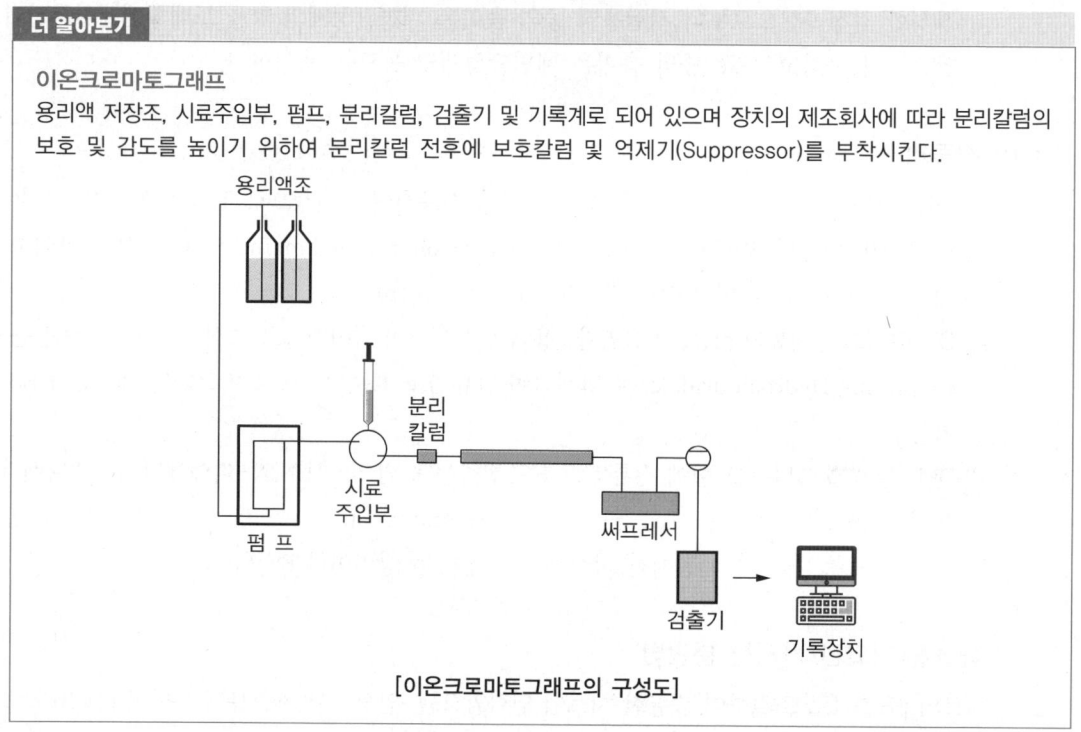

[이온크로마토그래프의 구성도]

(14) 질산성 질소

① **이온크로마토그래피** : 시료를 0.2μm 막 여과지를 통과시켜 고체미립자를 제거한 후 음이온 교환 칼럼을 통과시켜 각 음이온들을 분리한 후 전기전도도 검출기로 측정하는 방법으로, 음이온류-이온크로마토그래피에 따른다(ES 05354.1b).

② **자외선/가시선 분광법** : 존재하는 질산이온과 살리실산나트륨, 염화나트륨 및 설퍼민산암모늄과 반응시킨 후 알칼리성에서 나타나는 흡광도를 410nm에서 측정하는 방법이다. 이 시험기준에 의한 질산성질소의 정량한계는 0.1mg/L이다(ES 05354.2c).

(15) 염소이온
   ① 이온크로마토그래피(ES 05355.1b)
   ② 질산은 적정법 : 존재하는 염소이온이 질산은과 정량적으로 반응하고 과잉의 질산은이 크롬산과 반응하여 크롬산은의 침전으로 나타나는 점을 적정의 종말점으로 하여 염소이온의 농도를 측정하는 방법이다. 이 시험기준에 의한 염소이온의 정량한계는 0.4mg/L이고 정량범위는 0.4~100 mg/L이다(ES 05355.2b).

(16) 황산이온
   ① 이온크로마토그래피(ES 05356.1b)
   ② EDTA 적정법 : 존재하는 황산이온이 염화바륨과 반응하여 침전한 황산바륨을 EDTA로 적정하여 황산이온의 농도를 측정하는 방법이다. 이 시험기준에 의한 황산이온의 정량한계는 2mg/L이고 정량범위는 2~300mg/L이다(ES 05356.2c).

(17) 금속류(ES 05400)
   ① 원자흡수분광광도법(Atomic Absorption Spectrophotometry)
      ㉠ 개요 : 먹는물 및 샘물 중에 금속류의 측정방법으로, 질산을 가한 시료 또는 산 분해 후 농축 시료를 직접 불꽃으로 주입하여 원자화한 후 원자흡수분광광도법으로 분석한다.
      ㉡ 적용범위 : 먹는물 및 샘물 중에 구리(동), 납, 망간, 아연, 알루미늄, 철, 카드뮴, 크롬 등의 금속류의 분석에 적용한다.
      ㉢ 원자흡수분광광도계 : 광원부, 시료원자화부, 파장선택부 및 측광부로 구성되어 있으며 단광속형과 복광속형으로 구분된다. 다원소 분석이나 내부표준물법을 사용할 수 있는 복합 채널형(Multi-channel)도 있다.
   ② 유도결합플라스마-원자방출분광법(Inductively Coupled Plasma-Atomic Emission Spectrometry)
      ㉠ 개요 : 시료를 고주파유도코일에 의하여 형성된 아르곤 플라스마에 주입하여 6,000~8,000K에서 들뜬 원자가 바닥상태로 이동할 때 방출하는 발광선 및 발광강도를 측정하여 원소의 정성 및 정량분석을 수행한다.
      ㉡ 적용범위 : 먹는물 및 샘물 중에 구리(동), 납, 망간, 붕소, 비소, 셀레늄, 아연, 알루미늄, 철, 카드뮴, 크롬 등의 금속류의 분석에 적용한다.
      ㉢ 유도결합플라스마-원자방출분광기(ICP-AES) : 시료도입부, 고주파전원부, 광원부, 분광부, 연산처리부 및 기록부로 구성되어 있으며, 분광부는 검출 및 측정에 따라 연속주사형 단원소측정장치와 다원소동시측정장치로 구분된다.
   ③ 유도결합플라스마-질량분석법(Inductively Coupled Plasma-Mass Spectrometry)
      ㉠ 개요 : 시료를 플라스마에 분사시켜 탈용매, 원자화 및 이온화과정을 거쳐 질량분석기로 분석하는 방법이다. 이 방법은 수 $\mu g/L$의 금속류의 정성 및 정량분석에 적합하다.

ⓒ 적용범위
　　　• 먹는물, 샘물, 염지하수 중에 구리(동), 납, 망간, 붕소, 비소, 셀레늄, 아연, 알루미늄, 철, 카드뮴, 크롬, 우라늄 등의 금속류 측정에 적용한다.
　　　• 물속에 있는 총금속류는 다양한 상태로 존재하고 있으나, 통상은 산 등에 의해 시료를 분해시켜 총량을 측정한다.
　　　• 용존성 금속류를 측정하는 경우에는 시료를 여과(공극 $0.45\mu m$ 멤브레인 필터) 등에 의해 입자성 부유물을 제거한 후 산 등을 첨가하여 측정한다.
　　ⓒ 유도결합플라스마-질량분석기(ICP-MS) : 5% 피크 높이에서 1amu의 최소 분리능을 갖고, 5~250amu의 질량범위에서 측정할 수 있는 것이어야 한다.

(18) 저온일반세균(평판집락법, ES 05701.1f)

① 저온일반세균 : $21.0\pm1.0℃$에서 72 ± 3시간 배양했을 때 빈영양배지(R2A 한천배지)에 집락을 형성하는 모든 세균을 말한다.
② 배양기 : 배양온도를 $21.0\pm1.0℃$로 유지할 수 있는 것을 사용한다.
③ 시험방법
　ⓐ 인산완충희석액, 펩톤희석액 또는 멸균생리식염수를 사용하여 희석하고, 각 단계의 희석액을 1mL씩을 멸균된 페트리접시 2매에 접종한다. 생성된 평판의 집락수가 30~300개일 때 유효한 결과로 계수한다.
　ⓑ 미리 멸균시켜 44~46℃로 유지시킨 R2A배지 10~12mL씩을 각각 시료가 들어 있는 페트리접시에 무균적으로 나누어 넣고 배지와 시료가 잘 혼합되도록 좌우로 회전한다.
　ⓒ 배지가 응고되면 $21.0\pm1.0℃$에서 72 ± 3시간 배양하여 형성된 집락의 수를 계산한다.

(19) (중온)일반세균(평판집락법, ES 05702.1e)

① (중온)일반세균 : $35.0\pm0.5℃$에서 표준한천배지 또는 트립톤 포도당 추출물 한천배지에 집락을 형성하는 모든 세균을 말한다.
② 배양기 : 배양온도를 $35.0\pm0.5℃$로 유지할 수 있는 것을 사용한다.
③ 시험방법
　ⓐ 인산완충희석액, 펩톤희석액 또는 멸균생리식염수를 사용하여 희석하고, 각 단계의 희석액을 1mL씩을 멸균된 페트리접시 2매에 접종한다. 생성된 평판의 집락수가 30~300개일 때 유효한 결과로 계수한다.
　ⓑ 미리 멸균시켜 44~46℃로 유지시킨 중온일반세균 배지 10~12mL씩을 각각 시료가 들어 있는 페트리접시에 무균적으로 나누어 넣고 배지와 시료가 잘 혼합되도록 좌우로 회전한다.
　ⓒ 배지가 응고되면 $35\pm0.5℃$에서 먹는물은 48 ± 2시간, 샘물, 먹는샘물, 먹는해양심층수, 염지하수 및 먹는염지하수는 24 ± 2시간 배양하여 형성된 집락수를 계산한다.

(20) 총대장균군
① **총대장균군** : 그람음성・무아포성의 간균으로서 락토스를 분해하여 기체 또는 산을 생성하는 모든 호기성 또는 통성 혐기성균 혹은 베타-갈락토스 분해효소(β-galactosidase)의 활성을 가진 세균을 말한다.
② **시험관법(ES 05703.1e)**
　㉠ 추정시험
　　• 수돗물 및 먹는물공동시설에 대한 추정시험은 2배 농후의 락토스배지 또는 라우릴 트립토스 배지가 10mL씩 들어 있는 중시험관(다람(Durham)시험관이 들어있는 시험관) 10개에 시료 10mL씩을 접종하여 35.0±0.5℃에서 24±2시간 배양한다(3배 농후 배지 10mL이 들어 있는 시험관 5개에 시료 20mL를 접종할 수도 있다). 샘물, 먹는샘물, 먹는해양심층수, 염지하수 및 먹는염지하수에 대한 시험은 3배 농후의 락토스배지 또는 라우릴 트립토스 배지가 25mL씩 들어 있는 시험관(다람시험관이 들어 있는 시험관) 5개에 시료 50mL씩을 접종하여 35.0±0.5℃에서 24±2시간 배양한다.
　　• 배양 24±2시간 경과 후 각 시험관을 잘 흔들어 확인하고, 어느 시험관에서도 기체가 발생하지 않으면 동일한 조건으로 48±3시간까지 연장 배양한다. 기체발생이 없을 때에는 추정시험 음성으로 판정하고, 하나 이상의 시험관에서 기체발생이 관찰되었을 때에는 확인 즉시 확정시험을 실시한다.
　㉡ 확정시험
　　• 추정시험에서 기체가 발생하였을 때에는 기체가 발생한 모든 시험관으로부터 배양액을 1백금이씩 취하여 확정시험용 배지가 10mL씩 들어 있는 시험관(다람시험관이 들어 있는 시험관)에 각각 접종시켜 35.0±0.5℃에서 48±3시간 이내 배양한다.
　　• 이때 기체가 발생하지 않으면 총대장균군 확정시험 음성으로 판정하고 기체발생이 관찰되었을 때에는 총대장균군 양성으로 판정한다.
③ **막여과법(ES 05703.2e)**
　㉠ 추정시험
　　• 시험에 사용되는 모든 장치는 멸균가능한 종이나 알루미늄 포일로 감싸 121℃에서 15분간 고압증기멸균한다.
　　• 여과장치의 막 지지대 위에 여과막의 격자가 그려진 면을 위로 향하게 놓고 필터깔때기를 고정한 다음, 멸균한 정제수를 소량 가하고 서서히 여과하여 여과막을 막 지지대에 완전하게 밀착시킨 후 시료 100mL(샘물, 먹는샘물, 먹는해양심층수, 염지하수 및 먹는염지하수는 250mL)를 필터깔때기에 넣어 여과한다. 여과 후 멸균수를 약 30mL씩 2~3회 필터깔때기에 가하여 세정여과를 마친다. 여러 시료를 한 장치에 여과할 경우, 일련의 시료를 여과하기 전과 마지막에 30mL의 멸균수를 여과시켜 배지에 배양한다. 세균이 자라면 모든 결과를 무효로 한다. 시료 여과 사이에 30분 이상이 경과하면 새로운 여과장치를 사용한다.

- 세정여과 후 여과장치를 분리하여 여과한 여과막을 멸균한 핀셋으로 집어내어 추정시험용 고체배지를 사용할 경우는 여과막의 눈금을 위로하여 페트리접시 내의 배지 위에 기포가 형성되지 않도록 올려놓고 페트리접시를 뒤집어서 35.0±0.5℃로 20~22시간 배양한다. 추정시험용 액체배지를 사용할 경우는 배지 약 2mL로 흡수 패드를 적신 다음 페트리접시 내의 배지 위에 놓고 그 위에 여과막을 올려놓고 35.0±0.5℃로 20~22시간 배양한다. 핀셋을 사용할 때는 화염 멸균하여 실온에서 식힌 후 여과막을 집도록 한다.
- 배양 후 금속성 광택을 띠는 분홍이나 진홍색 계통 또는 광택이 없더라도 짙은 적색의 집락이 관찰되면 추정시험 양성으로 판정하고 확정시험을 실시한다. 융합성장(CG ; Confluent Growth)이나 계수불능(TNTC ; Too Numerous To Count) 성장이 나타난 시료에 대해서는 총대장균군이 검출되지 않으면 무효로 하고 다시 채수하여 실험한다.

ⓒ 확정시험
- 추정시험에서 금속성 광택을 띠는 분홍이나 진홍색 계통 또는 광택이 없더라도 검붉은 색의 집락이 관찰되었을 때에는 이들 집락(금속성 광택을 띠는 집락과 광택이 없는 검붉은 색의 집락을 각각 최대 5개까지 딴다)을 멸균된 백금이나 면봉 등으로 확정시험용 배지(락토스 배지 또는 BGLB 배지)가 10mL씩 들어 있는 시험관(다람시험관이 들어 있는 시험관)에 접종시켜 35.0±0.5℃에서 48±3시간 배양한다.
- 이때 기체가 발생하지 않으면 총대장균군 음성으로 판정하고 기체가 발생되었을 때에는 총대장균군 양성으로 판정한다.

④ **효소기질이용법(ES 05703.3e)** : 무균조작으로 시료 100mL(샘물, 먹는샘물, 먹는해양심층수, 염지하수 및 먹는염지하수는 250mL)를 용기에 넣고 시약을 넣어 완전히 용해되도록 섞은 다음 제품 사용설명서에 따라 적정시간동안 35.0±0.5℃에서 배양 후 결과를 판정한다.

(21) 분원성 대장균군(시험관법, ES 05704.1f)

① **분원성 대장균군** : 온혈동물의 배설물에서 발견되는 그람음성·무아포성의 간균으로서 44.5℃에서 락토스를 분해하여 기체 또는 산을 생성하는 모든 호기성 또는 통성 혐기성균을 말한다.

② **항온수조 또는 배양기** : 온도를 44.5±0.2℃로 유지할 수 있는 항온수조를 사용하거나 동등한 사양의 배양기를 사용한다.

③ **시험방법**

ⓐ 추정시험 : 총대장균군 막여과법 및 시험관법의 추정시험과 동일하다.

ⓑ 확정시험(총대장균군 추정시험 양성일 경우 수행)
- 총대장균군 막여과법 추정시험 양성의 경우 금속성 광택을 띠는 분홍이나 진홍색 계통 또는 광택이 없더라도 검붉은 색의 집락을 확정시험용 배지(EC 배지 또는 EC-MUG배지)가 10mL 씩 들어 있는 시험관(다람시험관이 들어 있는 시험관)에 접종시켜 44.5±0.2℃로 24±2시간 배양한다.

- 총대장균군 시험관법 추정시험에서 기체가 발생되었거나 증식이 많은 시험관 또는 산을 생성한 모든 시험관에 대하여 지름 3mm의 백금이를 사용, 무균조작으로 확정시험용 배지(EC배지 또는 EC-MUG배지)가 든 시험관에 이식하여 44.5±0.2℃의 항온수조에서 24±2시간 배양한다.
- 이때 기체 발생을 관찰할 수 없으면 분원성 대장균군 음성, 기체 발생이 관찰되었을 때는 분원성 대장균군 양성으로 판정한다.

(22) 대장균

① 대장균 : 총대장균군에 속하면서 베타-글루쿠론산 분해효소(β-glucuronidase)의 활성을 가진 세균을 말한다.

② 시험관법(ES 05705.1f)
  ㉠ 추정시험 : 총대장균군 시험관법 추정시험과 동일하다.
  ㉡ 확정시험(총대장균군 추정시험 양성일 경우 수행)
   - 총대장균군 추정시험에서 기체가 발생되었거나 세균이 증식된 시험관 또는 산을 생성한 모든 시험관에 대하여 지름 3mm의 백금이를 사용, 무균조작으로 확정시험용 배지(EC-MUG 배지)가 든 시험관에 이식하여 44.5±0.2℃의 항온수조에서 24±2시간 배양한다.
   - 배양 후 암실에서 자외선램프(365~366nm, 6W)를 사용하여 MUG에 의한 형광을 관찰할 수 없으면 대장균 음성으로 판정하고 형광이 나타나면 대장균 양성으로 판정한다.

③ 막여과법(ES 05705.2f)
  ㉠ 추정시험 : 총대장균군 시험관법 추정시험과 동일하다.
  ㉡ 확정시험(총대장균군 추정시험 양성일 경우 수행)
   - 총대장균군 막여과법 추정시험에서 총대장균군 추정 집락이 있는 여과막을 총대장균군 배지에서 확정시험용 배지(영양한천-MUG 배지)의 표면으로 옮겨 35.0±0.5℃에서 4시간 동안 배양한다.
   - 배양 후 암실에서 자외선램프(365~366nm, 6W)를 사용하여 형광 유무를 관찰한다. 광택 집락 주위의 무리에서 형광이 나타나면 대장균 양성으로 판정한다.

④ 효소기질정성법(ES 05705.3f) : 효소기질정성법에 의한 대장균 시험은 총대장균군의 효소기질이용법과 동일한 방법으로 시험하고 자외선 램프(365~366nm, 6W)를 사용하여 암실에서 형광을 관찰하여 MUG(4-methyl-umbelliferyl-β-D-glucuronide)에 의한 형광이 관찰되면 대장균 양성으로 판정한다.

(23) 분원성 연쇄상구균(시험관법, ES 05706.1f)

① 분원성 연쇄상구균 : 스트렙토코카세아(*Streptoccocaceae*)과에 속하는 연쇄상구균 속 중에 장내에서 발견되는 세균으로 그람양성 구균이며 과산화수소분해효소(Catalase) 음성으로 45℃에서 40% 담즙과 0.04% 아자이드화나트륨(Sodium Azide)에서 성장하는 균을 말한다.

② 추정시험
- ㉠ 시료 50mL씩을 분원성 연쇄상구균 추정시험용 배지(3배 농후 아자이드 포도당배지)가 25mL씩 들어 있는 5개의 대시험관에 접종시킨 다음 35.0±0.5℃에서 24±2시간 배양하여 혼탁이 관찰되지 않을 경우 48±3시간까지 연장하여 배양한다.
- ㉡ 배양 후 배지의 혼탁 유무를 관찰한다. 어느 시험관에서도 배지가 흐려지지 않는 것은 추정시험 음성으로 하고, 하나 이상의 시험관에서 흐린 것이 확인되면 세균의 증식, 시료의 혼입에 의한 어느 것이든 관계없이 추정시험 양성으로 판정하고, 다음의 확정시험을 실시한다.

③ 확정시험
- ㉠ 추정시험에서 흐림을 확인한 모든 시험관으로부터 1백금이씩을 취하여 각각 분원성 연쇄상구균 확정시험용 배지(Enterococcosel Agar 또는 Bile Esculin Azide Agar)에 획선 접종하여 35.0±0.5℃에서 24±2시간 배양한다.
- ㉡ 배양 후 집락주위는 갈색으로 변하고, 집락은 흑갈색으로 변하였을 경우 확정시험 양성, 즉 분원성 연쇄상구균 양성으로 판정한다. 전형적인 집락이 관찰되지 않을 경우 분원성 연쇄상구균 음성으로 판정한다.

CHAPTER 01 적중예상문제(1차)

제2과목 수질분석 및 관리

01 먹는물수질공정시험기준의 실험에 관한 설명으로 틀린 것은?

① '항량으로 될 때까지 건조한다' 또는 '항량으로 될 때까지 강열한다'라 함은 같은 조건에서 1시간 더 건조하거나 또는 강열할 때 전후 차가 g당 0.3mg 이하일 때를 말한다.
② 시험에 쓰는 물은 따로 규정이 없는 한 증류수 또는 정제수로 한다.
③ '정밀히 단다'는 것은 규정된 양의 시료를 취하여 화학저울 또는 미량저울로 칭량하는 것을 말한다.
④ 감압은 따로 규정이 없는 한 15mmH$_2$O 이하로 한다.

[해설] 감압은 따로 규정이 없는 한 15mmHg 이하로 한다(먹는물수질공정시험기준 ES 05000.f).

02 먹는물수질공정시험기준 중 각 시험은 따로 규정이 없는 한 어느 온도범위에서 시험하는가?

① 1~35℃
② 15~25℃
③ 10~20℃
④ 5~15℃

[해설] 각각의 시험은 따로 규정이 없는 한 상온(15~25℃)에서 조작하고 조작 직후에 그 결과를 관찰한다. 단, 온도의 영향이 있는 것의 판정은 표준온도를 기준으로 한다.

03 '항량으로 될 때까지 건조한다'라 함은 같은 조건에서 어느 정도 더 건조시켜 전후 무게차가 g당 0.3mg 이하일 때를 말하는가?

① 30분
② 60분
③ 90분
④ 120분

[해설] '항량으로 될 때까지 건조한다' 또는 '항량으로 될 때까지 강열한다'라 함은 같은 조건에서 1시간 더 건조하거나 또는 강열할 때 전후 차가 g당 0.3mg 이하일 때를 말한다.

정답 1 ④ 2 ② 3 ②

04 다음 설명 중 옳은 것은?

① '항량으로 될 때까지 건조한다'라 함은 같은 조건에서 1시간 더 건조할 때 전후 차가 g당 0.1mg 이하일 때를 말한다.
② 백분율은 용액 100g 중 성분무게(g)를 표시할 때는 V/V%의 기호를 쓴다.
③ '수욕상 또는 수욕 중에서 가열한다'라 함은 따로 규정이 없는 한 수온 100℃에서 가열함을 뜻하고 약 100℃의 증기욕을 쓸 수 있다.
④ '방울수'라 함은 20℃에서 물 10방울을 적하할 때 그 부피가 약 1mL 되는 것을 뜻한다.

해설 ① 전후 차가 g당 0.3mg 이하일 때를 말한다.
② W/V%의 기호를 쓴다.
④ 20방울을 적하할 때이다.
※ 먹는물수질공정시험기준 ES 05000.f

05 온도의 영향이 있는 것의 판정은 다음 중 어느 것을 기준으로 하는가?

① 상 온
② 실 온
③ 표준온도
④ 찬 곳

해설 온도의 영향이 있는 것의 판정은 표준온도를 기준으로 한다.

06 먹는물수질공정시험기준에 따른 크롬 항목의 적용가능한 분석방법이 아닌 것은?

① 원자흡수분광광도법
② 자외선/가시선 분광법
③ 유도결합플라스마-원자방출분광법
④ 유도결합플라스마-질량분석법

07 먹는물의 총대장균군 수질검사 시 사용하는 시험방법이 아닌 것은?
① 시험관법   ② 평판집락법
③ 막여과법   ④ 효소기질이용법

[해설] 총대장균군 : 시험관법, 막여과법, 효소기질이용법

08 다음 온도에 관한 정의 중 ( ) 안에 알맞은 것은?

먹는물수질공정시험기준에서 (㉠)은(는) 20℃로 하며, (㉡)은(는) 15~25℃, (㉢)은(는) 1~35℃, (㉣)이라 함은 따로 규정이 없는 한 0~15℃의 장소를 뜻한다.

	㉠	㉡	㉢	㉣
①	표준온도	실 온	상 온	찬 곳
②	표준온도	상 온	실 온	찬 곳
③	찬 곳	실 온	표준온도	상 온
④	실 온	상 온	표준온도	찬 곳

[해설] 먹는물수질공정시험기준 ES 05000.f

09 다음 설명 중 틀린 것은?
① 항량이란 30분 더 건조하거나 강열할 때 전후 무게의 차가 매 g당 0.3mg 이하일 때를 말한다.
② 액의 농도를 (1 → 10)으로 표시한 것은 고체 1g을 용매에 녹여 전체 양을 10mL로 하는 비율을 표시한 것이다.
③ HCl(1 + 2)로 표시한 것은 HCl 1mL와 물 2mL를 혼합하여 조제한 것이다.
④ 3% NaOH용액은 일반적으로 용액 100mL 중에 수산화나트륨이 3g 녹아 있는 것을 말한다.

[해설] '항량으로 될 때까지 건조한다' 또는 '항량으로 될 때까지 강열한다'라 함은 같은 조건에서 1시간 더 건조하거나 또는 강열할 때 전후 차가 g당 0.3mg 이하일 때를 말한다.

[정답] 7 ② 8 ② 9 ①

10 순수한 물 100mL에 에틸알코올(비중 0.79) 80mL를 혼합하였을 때 이 용액 중의 에틸알코올 농도(W/W%)는?

① 70.4% ② 63.2%
③ 38.7% ④ 32.9%

해설
$$x(\%) = \frac{\text{에틸알코올(g)}}{\text{물(g)} + \text{에틸알코올(g)}} \times 100$$
$$= \frac{80 \times 0.79}{100 + (80 \times 0.79)} \times 100 = 38.73\%$$

11 95% 황산(비중 1.84)의 N농도는?

① 10.7 ② 25.5
③ 35.7 ④ 40.5

해설
$$x(eq/L) = 1.84g/mL \times 1,000mL/L \times \frac{95}{100} \times 1eq/(98/2)g = 35.67N$$

12 0.025N-KMnO$_4$ 500mL를 조제하기 위하여 소요되는 과망간산칼륨의 양은?(단, KMnO$_4$ = 158)

① 0.329g ② 0.395g
③ 0.985g ④ 1.975g

해설
$0.025(eq/L) \times 500mL \times 1L/1,000mL = xg \times 1eq/(158/5)g$
∴ $x(KMnO_4) = 0.395g$

13 용액 중 CN⁻ 농도를 5.2mg/L로 만들려고 하면 물 1,000L에 NaCN 몇 g을 용해시키면 되는가?(단, Na 원자량 = 23)

① 6.8g ② 7.8g
③ 9.8g ④ 11.8g

해설
$$\begin{array}{rcl} NaCN & : & CN \\ 49g & : & 26g \\ x(g/1{,}000L) & : & 5.2(mg/L)(1g/1{,}000mg) \end{array}$$
$$\therefore x = \frac{49 \times 5.2}{26} = 9.8g$$

14 분석을 위해 시료를 채취할 때 유의할 사항으로 알맞지 않은 것은?

① 시료채취량은 시험항목 및 시험횟수에 따라 차이가 있으나 보통 3~5L 정도이어야 한다.
② 채취용기는 시료를 채우기 전에 증류수로 3회 이상 씻은 다음 사용한다.
③ 용존가스, 환원성 물질, 유류 및 수소이온농도 등을 측정하기 위한 시료는 운반 중 공기와의 접촉이 없도록 시료 용기에 가득 채워야 한다.
④ 지하수 시료채취 시에는 취수정 내에 고여 있는 물의 4~5배 정도의 양을 퍼낸 후 취수하여야 한다.

해설 채취용기는 시료를 채우기 전에 시료로 3회 이상 씻은 다음 사용한다(수질오염공정시험기준 ES 04130.1f).

15 배출허용기준 적합 여부의 판정을 위한 시료채취 시 수소이온농도, 수온 등 현장에서 즉시 측정하여야 하는 항목인 경우의 측정분석치 산출방법 기준은?(단, 복수시료채취방법 기준)

① 30분 이상 간격으로 4회 이상 측정한 후 산술평균하여 측정값을 산출한다.
② 30분 이상 간격으로 2회 이상 측정한 후 산술평균하여 측정값을 산출한다.
③ 1시간 이상 간격으로 4회 이상 측정한 후 산술평균하여 측정값을 산출한다.
④ 1시간 이상 간격으로 2회 이상 측정한 후 산술평균하여 측정값을 산출한다.

해설 수소이온농도(pH), 수온 등 현장에서 즉시 측정하여야 하는 항목인 경우에는 30분 이상 간격으로 2회 이상 측정한 후 산술평균하여 측정값을 산출한다.

정답 13 ③ 14 ② 15 ②

16 배출허용기준 적합 여부의 판정을 위한 시료채취 시 복수시료채취방법의 적용을 제외할 수 있는 경우가 아닌 것은?

① 환경오염사고, 취약시간대의 환경오염감시 등 신속한 대응이 필요한 경우
② 부득이 복수시료채취방법으로 시료를 채취할 수 없을 경우
③ 유량이 일정하며 연속적으로 발생되는 폐수가 방류되는 경우
④ 사업장 내에서 발생하는 폐수를 회분식 등 간헐적으로 처리하여 방류하는 경우

해설 복수시료채취방법 적용을 제외할 수 있는 경우(수질오염공정시험기준 ES 04130.1f)
- 환경오염사고 또는 취약시간대(일요일, 공휴일 및 평일 18:00~09:00 등)의 환경오염감시 등 신속한 대응이 필요한 경우
- 물환경보전법 제38조 제1항의 규정에 의한 비정상적 행위를 할 경우
- 사업장 내에서 발생하는 폐수를 회분식(Batch식) 등 간헐적으로 처리하여 방류하는 경우
- 기타 부득이 복수시료채취방법으로 시료를 채취할 수 없을 경우

17 하천수 채수방법 중 옳지 않은 것은?

① 하천수의 오염 및 용수의 목적에 따라 채수지점을 선정한다.
② 하천 합류지점에서는 합류가 처음 시작되는 지점과 합류가 끝난 지점에서 각각 채수한다.
③ 채취된 시료를 현장에서 실험할 수 없을 때에는 따로 규정이 없는 한 보존방법에 따라 보존하고 어떠한 경우에도 보존기간 이내에 실험을 실시하여야 한다.
④ 하천 단면에서 수심이 가장 깊은 수면의 지점과 그 지점을 중심으로 하여 좌우로 수면폭을 2등분한 각 지점의 수면으로부터 수심 2m 미만일 때에는 수심의 1/3에서 채수한다.

해설 하천본류와 하천지류가 합류하는 경우에는 합류 이전의 각 지점과 합류 이후 충분히 혼합된 지점에서 각각 채수한다(수질오염공정시험기준 ES 04130.1f).

18 시료채취 시 유의사항에 관한 내용과 거리가 먼 것은?

① 유류 또는 부유물질 등이 함유된 시료는 침전물이 부상하여 혼입되어서는 안 된다.
② 환원성 물질, 수소이온, 유류를 측정하기 위한 시료는 시료용기에 가득 채워야 한다.
③ 시료채취량은 시험항목 등에 따라 차이는 있으나 보통 3~5L 정도이어야 한다.
④ 지하수 시료는 취수정 내에 고여 있는 물의 교란을 최소화하면서 채취하여야 한다.

해설 지하수 시료는 취수정 내에 고여 있는 물과 원래 지하수의 성상이 달라질 수 있으므로 고여 있는 물을 충분히 퍼낸 다음 새로 나온 물을 채취한다(수질오염공정시험기준 ES 04130.1f).

16 ③ 17 ② 18 ④ 정답

19 부유물질이 적은 대형 관 내에서 효율적인 유량측정기기로 왼쪽관은 정수압, 오른쪽관은 0인 상태인 정체압력을 마노미터에 나타나는 수두차에 의해 유속이 계산되는 관 내의 유량측정방법은?

① 벤투리미터
② 유량측정용 노즐
③ 오리피스
④ 피토관

해설 피토관의 유속은 마노미터에 나타나는 수두차에 의하여 계산한다. 왼쪽의 관은 정수압을 측정하고 오른쪽관은 유속이 0인 상태인 정체압력(Stagnation Pressure)을 측정한다(수질오염공정시험기준 ES 04140.1c).

20 관 내 유량을 측정하는 피토관에 대한 설명 중 틀린 것은?

① 피토관을 측정할 때는 반드시 일직선상의 관에서 이루어져야 한다.
② 설치장소는 엘보, 티 등 관이 변화하는 지점으로부터 최소한 관지름의 15~50배 정도 떨어진 지점이어야 한다.
③ 부유물질이 적은 대형관에서 효율적인 유량측정기이다.
④ 유량측정이 비교적 정확하고 관부분을 조절하여 유량을 조절할 수 있다.

해설 관부분을 조절하여 유량을 조절할 수 있는 유량계는 오리피스 등이다.

21 수심 3m, 폭 7m인 장방형 개수로에 평균유속 1.0m/s로 폐수를 흘려보낼 때 이 폐수의 유량은?

① $25m^3/min$
② $145m^3/min$
③ $650m^3/min$
④ $1,260m^3/min$

해설 $Q = A \times 60\,V$
   $= (3 \times 7)m^2 \times 60 \times 1.0m/s = 1,260m^3/min$
   ※ 수질오염공정시험기준 ES 04140.2b

정답 19 ④ 20 ④ 21 ④

22 4각 위어에 의하여 유량을 측정하려고 한다. 위어의 수두가 0.5m, 절단폭이 4m이면 유량은?(단, 유량계수는 1.6이다)

① 0.52m³/min
② 1.15m³/min
③ 2.26m³/min
④ 4.82m³/min

해설 $Q(\text{m}^3/\text{min}) = Kbh^{\frac{3}{2}} = 1.6 \times 4 \times 0.5^{\frac{3}{2}} = 2.26\text{m}^3/\text{min}$

※ 수질오염공정시험기준 ES 04140.2b

23 개수로에 의한 유량측정 시 평균유속은 케이지(Chezy)의 유속공식을 적용한다. 이때 경심에 대한 설명 중 옳은 것은?

① 수로 중앙지점의 수심(H)을 말한다.
② 측정지점에서의 평균단면적(A)을 홈바닥의 구배(i)로 나눈 것을 말한다.
③ 유수단면적(A)을 윤변(S)으로 나눈 것을 말한다.
④ 홈바닥의 구배(i)를 수심(H)으로 나눈 것을 말한다.

해설 $Q = 60 \cdot V \cdot A$
- Q : 유량(m³/min)
- V : 평균유속($= C\sqrt{Ri}$)(m/s)
- A : 유수단면적(m²)
- i : 홈바닥의 구배(비율)
- R : 경심[유수단면적 A를 윤변 S로 나눈 것(m)]

24 개수로에 의한 유량측정 시 케이지(Chezy)의 유속공식이 적용된다. 경심이 0.653m, 홈바닥의 구배 $i = 1/1,500$, 유속계수가 62.5일 때 평균유속은?

① 약 1.31m/s
② 약 1.44m/s
③ 약 1.54m/s
④ 약 1.62m/s

해설 $V = C\sqrt{Ri} = 62.5 \times \sqrt{0.653 \times \dfrac{1}{1,500}} = 1.304\text{m/s}$

25 위어(Weir)의 수두가 0.2m, 수로의 폭이 0.5m, 수로의 밑면에서 절단 하부점까지의 높이가 0.8m인 직각 삼각위어의 유량은?[단, 유량계수 $K = 81.2 + \dfrac{0.24}{h} + (8.4 + \dfrac{12}{\sqrt{d}}) \times (\dfrac{h}{B} - 0.09)^2$이다]

① 약 $60\text{m}^3/\text{h}$
② 약 $70\text{m}^3/\text{h}$
③ 약 $80\text{m}^3/\text{h}$
④ 약 $90\text{m}^3/\text{h}$

해설
$Q = Kh^{\frac{5}{2}}$
$K = 81.2 + \dfrac{0.24}{h} + \left(8.4 + \dfrac{12}{\sqrt{d}}\right) \times \left(\dfrac{h}{B} - 0.09\right)^2$
$= 81.2 + \dfrac{0.24}{0.2} + \left(8.4 + \dfrac{12}{\sqrt{0.8}}\right) \times \left(\dfrac{0.2}{0.5} - 0.09\right)^2 = 84.5$
$\therefore Q = Kh^{\frac{5}{2}} = 84.5 \times 0.2^{\frac{5}{2}} = 1.511 \text{m}^3/\text{min}$
환산하면, $Q = 1.511 \text{m}^3/\text{min} \times 60 \text{min/h} = 90.66 \text{m}^3/\text{h}$
※ 수질오염공정시험기준 ES 04140.2b

26 피토관의 압력수두 차이는 5.1cm이다. 지시계 유체인 수은의 비중이 13.55일 때 물의 유속은?

① 3.68m/s
② 4.12m/s
③ 5.72m/s
④ 6.86m/s

해설
$V = \sqrt{2gH}$
$H = 5.1 \text{cmHg} \times \dfrac{13.55 \text{cmH}_2\text{O}}{\text{cmHg}} \times \dfrac{1\text{m}}{100\text{cm}} = 0.69 \text{mH}_2\text{O}$
$\therefore V = \sqrt{2 \times 9.8 \times 0.69} = 3.68 \text{m/s}$
※ 수질오염공정시험기준 ES 04140.1c

27 하천의 수심이 0.5m일 때 유속을 측정하기 위해 각 수심의 유속을 측정한 결과 수심 20% 지점은 1.7m/s, 수심 40% 지점은 1.5m/s, 수심 60% 지점은 1.3m/s, 80% 지점은 1.0m/s이었다. 평균유속(m/s, 소구간단면 기준)은?

① 1.15
② 1.25
③ 1.35
④ 1.45

해설 수심이 0.4m 이상이므로
$V = \dfrac{V_{0.2\%} + V_{0.8\%}}{2} = \dfrac{1.7 + 1.0}{2} = 1.35 \text{m/s}$
※ 수질오염공정시험기준 ES 04140.3b

정답 25 ④ 26 ① 27 ③

28 시료의 보존방법이 다른 항목은?
① 음이온 계면활성제
② 6가크롬
③ 질산성 질소
④ 클로로필 a

해설 ④ −20℃ 이하
① · ② · ③ 4℃
※ 수질오염공정시험기준 ES 04130.1f

29 다음 중 채취된 시료를 보관할 때 가장 높은 pH 상태로 유지하는 항목은?
① 화학적 산소요구량
② 암모니아성 질소
③ 페놀류
④ 유기인

해설 ④ 4℃ 보관, HCl로 pH 5~9
※ 수질오염공정시험기준 ES 04130.1f

30 측정항목별 시료보존방법이 틀린 것은?
① 부유물질-4℃ 보관
② 총인-황산으로 pH 2 이하, 4℃ 보관
③ 색도-4℃ 보관
④ 인산염인-염산으로 pH 2 이하, 4℃ 보관

해설 ④ 즉시 여과한 후 4℃ 보관
※ 수질오염공정시험기준 ES 04130.1f

31 시료보존에 있어서 즉시시험을 하지 못할 경우, 보존방법으로 '4℃ 보관'에 해당하지 않는 측정항목은?
① 전기전도도
② 음이온 계면활성제
③ 화학적 산소요구량
④ 6가크롬

해설 ③ 4℃ 보관, H_2SO_4로 pH 2 이하
※ 수질오염공정시험기준 ES 04130.1f

32 다음 중 시료의 최대보존기간이 가장 긴 항목은?(단, 적절한 보존방법을 적용한 경우임)
① 암모니아성 질소
② 아질산성 질소
③ 질산성 질소
④ 시안

해설 ① 28일, ②·③ 48시간, ④ 14일
※ 수질오염공정시험기준 ES 04130.1f

33 시료의 최대보존기간이 가장 짧은 측정항목은?
① 암모니아성 질소
② 총질소
③ 총대장균군
④ 페놀류

해설 ③ 24시간(환경기준 적용 시), ①·②·④ 28일
※ 수질오염공정시험기준 ES 04130.1f

34 시료의 보존처리방법에 관한 설명 중 틀린 것은?
① 시안화합물 검정용 시료는 수산화나트륨용액을 가하여 pH 12 이상으로 조절, 4℃에서 보관한다.
② 유기인 검정용 시료는 질산을 2mL/L로 가하여 4℃에서 보관한다.
③ 6가크롬 검정용 시료는 4℃에서 보관하며 최대보존기간은 24시간이다.
④ PCB 검정용 시료는 염산으로 pH 5~9로 조절하여 4℃에서 보관한다.

해설 유기인 검정용 시료는 4℃에서 보관하며, HCl로 pH 5~9로 조절한다.
※ 수질오염공정시험기준 ES 04130.1f

정답 32 ① 33 ③ 34 ②

35 수질분석용 시료의 보존방법에 관한 설명 중 옳지 않은 것은?

① 크롬분석용 시료는 HNO₃ 1mL/L를 넣어 보관한다.
② 페놀류분석용 시료는 인산을 넣어 pH 4 이하로 조정한 후, 황산구리(1g/L)를 첨가하여 4℃에서 보관한다.
③ 시안분석용 시료는 수산화나트륨으로 pH 12 이상으로 하여 4℃에서 보관한다.
④ 화학적 산소요구량 분석용 시료는 황산으로 pH 2 이하로 하여 4℃에서 보관한다.

해설 크롬분석용 시료는 시료 1L당 HNO₃ 2mL를 첨가하여 보관한다.
②·③·④ 수질오염공정시험기준 ES 04130.1f

36 수질측정항목과 시료의 최대보존기간이 잘못 짝지어진 것은?

〈시료항목〉	〈최대보존시간〉
① 생물화학적 산소요구량	48시간
② 수소이온농도	즉시 측정
③ 6가크롬	6개월
④ 대장균	24시간

해설 6가크롬의 최대보존기간은 24시간이다(수질오염공정시험기준 ES 04130.1f).

37 시료의 보관방법에 관한 설명 중 틀린 것은?

① 아연은 시료 1L당 질산 2mL를 가하고 최대보존기간은 6개월이다.
② 페놀류는 인산으로 pH 4 이하로 조정 후 CuSO₄를 시료 1L당 1g을 첨가하여 4℃에서 보관하며, 최대보존기간은 28일이다.
③ 시안은 NaOH로 pH를 12 이상으로 조정하여 4℃에서 보관하며 최대보존기간은 48시간이다.
④ 유기인은 염산으로 pH를 5~9로 조정하여 4℃에서 보관하며 최대보존기간은 7일이다.

해설 시안은 NaOH로 pH를 12 이상으로 조정하여 4℃에서 보관하며 최대보존기간은 14일이다(수질오염공정시험기준 ES 04130.1f).

38 자동시료채취기로 시료를 채취할 경우 몇 시간 이내에 30분 이상 간격으로 2회 이상 채취하여 일정량을 단일시료로 하는가?(단, 복수시료채취방법)

① 6시간 ② 8시간
③ 12시간 ④ 24시간

해설 자동시료채취기로 시료를 채취할 경우(수질오염공정시험기준 ES 04130.1f)
6시간 이내에 30분 이상 간격으로 2회 이상 채취한 일정량을 단일시료로 한다.

39 시료의 전처리에서 유기물 등을 많이 함유하고 있는 대부분의 시료에 적용하는 전처리방법은?

① 질산에 의한 분해법
② 질산-염산에 의한 분해법
③ 질산-황산에 의한 분해법
④ 질산-과염소산에 의한 분해법

해설 질산-황산법(수질오염공정시험기준 ES 04150.1c)
유기물 등을 많이 함유하고 있는 대부분의 시료에 적용된다. 그러나 칼슘, 바륨, 납 등을 다량 함유한 시료는 난용성의 황산염을 생성하여 다른 금속성분을 흡착하므로 주의한다.

40 유기물 함량이 비교적 높지 않고 금속의 수산화물, 산화물, 인산염 및 황화물을 함유하는 시료의 전처리방법으로 가장 알맞은 것은?

① 질산-황산에 의한 분해
② 질산-과염소산에 의한 분해
③ 질산-염산에 의한 분해
④ 질산-플루오린화수소산에 의한 분해

해설 질산-염산법(수질오염공정시험기준 ES 04150.1c)
유기물 함량이 비교적 높지 않고 금속의 수산화물, 산화물, 인산염 및 황화물을 함유하고 있는 시료에 적용된다.

정답 38 ① 39 ③ 40 ③

41 자외선/가시선 분광법에 대한 설명 중 틀린 것은?

① 자외부의 광원으로는 주로 중수소방전관을 사용한다.
② 장치의 구성은 광원부 – 파장선택부 – 시료부 – 측광부로 구성되어 있다.
③ 흡수셀의 재질로 유리제는 가시 및 근자외부, 석영제는 자외부, 플라스틱제는 근적외부 파장범위를 측정할 때 사용한다.
④ 파장의 선택에는 일반적으로 단색화장치(Monochrometer) 또는 필터(Filter)를 사용한다.

해설 **흡수셀의 재질**
유리제는 주로 가시 및 근적외부 파장범위, 석영제는 자외부 파장범위, 플라스틱제는 근적외부 파장범위를 측정할 때 사용한다.

42 원자흡수분광광도법의 용어에 관한 설명으로 틀린 것은?

① 공명선 – 원자가 외부로부터 빛을 흡수했다가 다시 먼저 상태로 돌아갈 때 방사하는 스펙트럼선
② 역화 – 불꽃의 연소속도가 크고 혼합기체의 분출속도가 작을 때 연소현상이 내부로 옮겨지는 것
③ 중공음극램프 – 원자흡광분석의 광원이 되는 것으로 목적원소를 함유하는 중공음극에 고압의 네온을 채운 방전관
④ 선프로파일 – 파장에 대한 스펙트럼선의 강도를 나타내는 곡선

해설 **중공음극램프(Hollow Cathode Lamp)**
원자흡광분석의 광원이 되는 것으로 목적원소를 함유하는 중공음극 한 개 또는 그 이상을 저압의 네온과 함께 채운 방전관

43 원자흡수분광광도법에서 사용되는 용어에 관한 설명으로 알맞지 않은 것은?

① 역화 – 불꽃의 연소속도가 작고 혼합기체의 분출속도가 클 때 연소현상이 내부로 옮겨지는 것
② 공명선 – 원자가 외부로부터 빛을 흡수했다가 다시 먼저 상태로 돌아갈 때 방사하는 스펙트럼선
③ 다원소 중공음극램프 – 한 개의 중공음극에 두 종류 이상의 목적원소를 함유하는 중공음극램프
④ 다연료불꽃 – 가연성 가스/조연성 가스의 값을 크게 한 불꽃

해설 **역화(Flame Back)**
불꽃의 연소속도가 크고 혼합기체의 분출속도가 작을 때 연소현상이 내부로 옮겨지는 것

44 원자흡광분석장치의 광원램프로 원자흡광스펙트럼선의 선폭보다 좁은 선폭을 갖고 휘도가 높은 스펙트럼을 방사하여 많이 사용되는 것은?

① 열음극램프
② 중공음극램프
③ 방전램프
④ 텅스텐램프

[해설] 원자흡광분석용 광원
원자흡광스펙트럼선의 선폭보다 좁은 선폭을 갖고 휘도가 높은 스펙트럼을 방사하는 중공음극램프가 많이 사용된다.

45 흡광도측정에서 입사광의 80%가 흡수되었을 때의 흡광도는?

① 약 0.9
② 약 0.7
③ 약 0.5
④ 약 0.3

[해설] 투과도 $t = \dfrac{I_t}{I_0} = \dfrac{(100-80)}{100} = 0.2$

흡광도 $A = \log\dfrac{1}{t} = \log\dfrac{1}{0.2} = 0.699$

46 원자흡광분석장치의 광원램프의 점등장치로서 갖추어야 할 구비조건과 거리가 먼 것은?

① 전원회로는 전류가 일정한 것이어야 한다.
② 전원회로는 전압이 일정한 것이어야 한다.
③ 램프의 전류값을 정밀하게 조정할 수 있는 것이어야 한다.
④ 고주파 방전에 의한 램프의 출력 변화가 적어야 한다.

[해설] 광원램프 점등장치의 구비조건
• 전원회로는 전류 또는 전압이 일정한 것이어야 한다.
• 램프의 전류값을 정밀하게 조정할 수 있는 것이어야 한다.
• 램프의 수에 따라 필요한 만큼의 예비점등 회로를 갖는 것이어야 한다.

[정답] 44 ② 45 ② 46 ④

47 자외선/가시선 분광법 분석장치 측광부의 광전측광에 사용되는 광전도셀의 파장범위는?
① 자외 파장
② 가시 파장
③ 근적외 파장
④ 근자외 파장

해설 광전관, 광전자증배관은 주로 자외 내지 가시 파장 범위에서, 광전도셀은 근적외 파장범위에서, 광전자는 주로 가시 파장 범위에서의 광전측광에 사용한다.

48 원자흡광분석의 간섭에 관한 사항 중 틀린 것은?
① 분석에 사용하는 스펙트럼선이 다른 인접선과 완전히 분리되지 않은 경우에는 표준시료와 분석시료의 조성을 더욱 비슷하게 하면 간섭의 영향을 피할 수 있다.
② 불꽃 중에서 원자가 이온화하는 경우는 이온화 전압이 낮은 알칼리 및 알칼리토류 금속원소의 경우에 많다.
③ 물리적 간섭은 시료용액의 점성이나 표면장력 등 물리적 조건의 영향에 의하여 일어난다.
④ 공존물질과 작용하여 해리하기 어려운 화합물이 생성되어 흡광에 관계하는 기정상태의 원자수가 감소하는 경우 공존하는 물질은 음이온쪽이 영향이 크다.

해설 분석에 사용하는 스펙트럼선이 다른 인접선과 완전히 분리되지 않은 경우 파장선택부의 분해능이 충분하지 않기 때문에 일어나며 검정곡선의 직선영역이 좁고 구부러져 있어 분석감도와 정밀도도 저하된다. 이때는 다른 분석선을 사용하여 재분석하는 것이 좋다.

49 자외선/가시선 분광법에 관한 설명 중 옳지 않은 것은?
① 측정 파장범위는 200~1,200nm이다.
② 흡광도는 용액의 농도에 비례한다.
③ 자외부의 광원으로 텅스텐램프를 사용한다.
④ 투과도 역수의 상용대수를 흡광도라 한다.

해설 가시부와 근적외부의 광원으로는 주로 텅스텐램프를 사용하고 자외부의 광원으로는 주로 중수소방전관을 사용한다.

50 다음 ㉠, ㉡에 들어갈 말로 알맞은 것은?

> 원자흡수분광광도법을 이용한 시험방법은 시료를 적당한 방법으로 해리시켜 중성원자로 증기화하여 생긴 (㉠)가 이 (㉡)을 투과하는 특유 파장의 빛을 흡수하는 현상을 이용한다.

	㉠	㉡
①	여기상태의 원자	원자 이온층
②	여기상태의 분자	분자 증기층
③	기저상태의 분자	분자 이온층
④	기저상태의 원자	원자 증기층

해설 원자흡수분광광도법
시료를 적당한 방법으로 해리시켜 중성원자로 증기화하여 생긴 기저상태(Ground State or Normal State)의 원자가 이 원자 증기층을 투과하는 특유 파장의 빛을 흡수하는 현상을 이용하여 광전측광과 같은 개개의 특유 파장에 대한 흡광도를 측정하여 시료 중의 원소 농도를 정량하는 방법으로, 시료 중의 유해중금속 및 기타 원소의 분석에 적용한다.

51 다음 중 자외선/가시선 분광법으로 정량하는 물질이 아닌 것은?

① 총 인
② 노말헥산추출물질
③ 플루오린
④ 페놀류

해설 노말헥산추출물질(수질오염공정시험기준 ES 04302.1b)
시료 pH 4 이하의 산성으로 하여 노말헥산층에 용해되는 물질을 노말헥산으로 추출하고 노말헥산을 증발시킨 잔류물의 무게로부터 구한다.

52 이온전극법의 특징으로 알맞지 않은 것은?

① 이온농도의 측정범위는 일반적으로 $10^{-4} \sim 10^{-1}$ mol/L(또는 10^{-7} mol/L)이다.
② 이온전극은 [이온전극 | 측정용액 | 비교전극]의 측정계에서 측정대상 이온에 감응하여 Nernst식에 따라 이온활량에 비례하는 전위차를 나타낸다.
③ 이온전극의 종류나 구조에 따라 사용 가능한 pH 범위가 있다.
④ 측정용액의 온도가 10℃ 상승하면 전위구배는 1가이온이 약 1mV, 2가이온이 약 2mV 변화한다.

해설 측정용액의 온도가 10℃ 상승하면 전위구배는 1가이온이 약 2mV, 2가이온이 약 1mV 변화한다.

정답 50 ④ 51 ② 52 ④

53 이온전극법에 대한 설명 중 틀린 것은?

① 이온전극법에 사용하는 장치의 기본구성은 전위차계, 이온전극, 비교전극, 시료 용기 및 자석교반기로 되어 있다.
② 시료 중의 음이온 및 양이온의 분석에 이용된다.
③ 이온전극은 측정대상이온에 감응하여 Nernst식에 따라 이온활량에 비례하는 전위차를 나타낸다.
④ 이온전극은 액체막전극과 고체막전극으로 구분된다.

해설 이온전극은 유리막전극, 고체막전극, 격막형 전극으로 구분된다.

54 이온전극법에서 유리막 전극을 이용하여 측정하는 이온과 거리가 먼 것은?

㉠ Na^+ ㉡ K^+
㉢ NH_4^+ ㉣ Pb^{2+}

① ㉠, ㉡
② ㉡, ㉢
③ ㉠, ㉣
④ ㉣

해설 이온전극의 종류와 감응막 조성의 예

전극의 종류	측정이온	감응막의 조성
유리막전극	Na^+	산화알루미늄 첨가 유리
	K^+	
	NH_4^+	
고체막전극	F^-	LaF_3
	Cl^-	$AgCl + Ag_2S$, $AgCl$
	CN^-	$AgI + Ag_2S$, Ag_2S, AgI
	Pb^{2+}	$PbS + Ag_2S$
	Cd^{2+}	$CdS + Ag_2S$
	Cu^{2+}	$CuS + Ag_2S$
	NO_3^-	Ni-베소페난트로닌 / NO_3^-
	Cl^-	다이메틸다이스테아릴 암모늄 / Cl^-
	NH_4^+	노낙틴 / 모낙틴 / NH_4^+
격막형 전극	NH_4^+	pH 감응유리
	NO_2^-	pH 감응유리
	CN^-	Ag_2S

55 이온전극법에서 사용되는 이온전극인 격막형 전극으로 측정할 수 있는 이온으로 올바른 것은?

① NH_4^+, CN^-
② K^+, CN^-
③ NO_3^-, CN^-
④ CN^-, Cu^{2+}

해설 격막형 전극으로 측정할 수 있는 이온은 NH_4^+, CN^-, NO_2^-가 있다.

56 이온크로마토그래피를 이용하여 측정해야 하는 항목에 해당하지 않는 것은?

① 황산이온
② 인산염인
③ 유기인
④ 질산성 질소

57 기체크로마토그래피에서 사용되는 검출기 중 순도 99.8% 이상의 질소 또는 헬륨을 사용해야 하는 것은?

① TCD
② FID
③ ECD
④ FPD

해설 일반적으로 열전도도 검출기(TCD)에서는 순도 99.8% 이상의 수소나 헬륨을, 불꽃이온화 검출기(FID)에서는 순도 99.8% 이상의 질소 또는 헬륨을 사용하며 기타 검출기에서는 각각 규정하는 가스를 사용한다.

58 기체크로마토그래피에서 사용되는 검출기의 종류와 특징을 알맞게 연결한 것은?

① FPD - 수소이온화 검출기로 나이트로기 등을 갖는 친전자성 성분에 감도가 좋다.
② TCD - 인, 유황화합물을 선택적으로 검출한다.
③ ECD - 유기할로겐화합물, 나이트로화합물 및 유기금속화합물을 선택적으로 검출할 수 있다.
④ FID - 수소염이온화 검출기에 알칼리토류 금속염의 튜브를 부착한 것으로 유기질소화합물을 선택적으로 검출할 수 있다.

해설 전자포획 검출기(ECD)
유기할로겐화합물, 나이트로화합물 및 유기금속화합물을 선택적으로 검출할 수 있다.

정답 55 ① 56 ③ 57 ② 58 ③

59 기체크로마토그래프를 사용하여 정성분석을 할 때 적용되는 보유치에 관한 설명으로 틀린 것은?

① 보유시간은 3회 측정하여 평균치를 구한다.
② 보유시간은 일반적으로 1~2분 정도 측정한다.
③ 봉우리의 보유시간은 반복시험할 때 ±3% 오차범위 이내이어야 한다.
④ 보유치의 표시는 무효부피의 보정 유무를 기록하여야 한다.

해설 일반적으로 5~30분 정도에서 측정하는 봉우리의 보유시간은 반복시험을 할 때 ±3% 오차범위 이내이어야 한다.

60 기체크로마토그래프의 기본구성장치에 관한 설명으로 틀린 것은?

① 운반가스유로는 유량조절부와 분리관유로로 구성된다.
② 가스시료도입부는 가스계량관과 유로변환기구로 구성된다.
③ 분리관오븐의 온도정밀도는 ±1.0℃의 범위 이내, 전원·전압변동은 5% 이내를 유지할 수 있어야 한다.
④ 분리관유로는 시료도입부, 분리관, 검출기배관으로 구성된다.

해설 분리관오븐의 온도조절 정밀도
±0.5℃의 범위 이내 전원·전압변동 10%에 대하여 온도변화 ±0.5℃ 범위 이내(오븐의 온도가 150℃ 부근일 때)이어야 한다.

61 이온크로마토그래피에 대한 설명 중 틀린 것은?

① 액체시료를 이온교환 칼럼에 고압으로 전개시켜 분리되는 각 성분의 크로마토그램을 작성하여 분석하는 고속액체 크로마토그래피의 일종이다.
② 기본구성은 용리액조, 시료주입부, 액송펌프, 분리 칼럼, 검출기 및 기록계로 되어 있으며 제작회사에 따라 보호 칼럼과 써프레서를 부착하기도 한다.
③ 시료 중 음이온과 양이온의 정성 및 정량분석에 이용된다.
④ 일반적으로 미량의 시료를 사용하므로 시료주입량은 보통 50~100μL 이다.

해설 ③ 시료 중 음이온(F^-, Cl^-, NO_2^-, NO_3^-, PO_4^-, Br^- 및 SO_4^{2-})의 정성 및 정량분석에 이용된다.

62 다음 이온크로마토그래피에 관한 설명 중 틀린 것은?
① 물 시료 중 음이온의 정성 및 정량분석에 이용된다.
② 기본구성은 용리액조, 시료주입부, 액송펌프, 분리 칼럼, 검출기 및 기록계로 되어있다.
③ 시료의 주입량은 보통 50~100 μL 정도이다.
④ 일반적으로 음이온분석에는 열전도도 검출기를 사용한다.

해설 ④ 일반적으로 음이온분석에는 전기전도도 검출기를 사용한다.

63 유도결합플라스마 발광분석장치의 조작 시 플라스마를 점등 후 약 몇 분간 안정화시켜야 하는가?
① 1분 ② 2분
③ 3분 ④ 4분

해설 점등 후 약 1분간 플라스마를 안정화시킨다.

64 ICP(유도결합프라스마 발광광도법)의 분석장치 설치조건으로 적절하지 않은 것은?
① 실온 5~35℃, 상대습도 85% 이하를 일정하게 유지할 수 있는 곳
② 부식성 가스의 노출이 없는 곳
③ 발광부로부터의 고주파가 다른 기기에 영향을 미치지 않는 곳
④ 직사광선이 들어오지 않고 진동이 없는 곳

해설 실온 15~27℃, 상대습도 70% 이하를 일정하게 유지할 수 있는 곳

정답 62 ④ 63 ① 64 ①

65 유도결합플라스마 발광광도법에 관한 기술로서 적합하지 아니한 것은?

① 에어로졸 상태로 분무되는 시료는 가장 안쪽의 관을 통하여 도너츠 모양 플라스마의 가장자리로 도입된다.
② 장치는 시료도입부, 고주파전원부, 광원부, 분광부, 연산처리부 및 기록부로 구성되어 있다.
③ 보통시료는 6,000~80,000K의 고온 플라스마에 도입되므로 거의 완전한 원자화가 이루어지게 된다.
④ 플라스마는 그 자체가 광원으로도 이용되기 때문에 매우 넓은 범위에서의 시료를 측정할 수 있다.

해설 　에어로졸 상태로 분무된 시료는 가장 안쪽의 관을 통하여 플라스마(도너츠 모양)의 중심부에 도입되는데 이때 시료는 도너츠 내부의 좁은 부위에 한정되므로 광학적으로 발광되는 부위가 좁아져 강한 발광을 관측할 수 있으며 화학적으로 불활성인 위치에서 원자화가 이루어지게 된다.

66 유도결합플라스마 발광광도분석장치의 구성으로 알맞은 것은?

① 시료도입부 – 시료원자화부 – 분광부 – 단색화부 – 연산처리부
② 시료도입부 – 파장선택부 – 단색화부 – 분광부 – 연산처리부
③ 시료도입부 – 단색화부 – 시료원자화부 – 분광부 – 연산처리부
④ 시료도입부 – 고주파전원부 – 광원부 – 분광부 – 연산처리부

해설 　ICP 발광광도 분석장치
시료도입부, 고주파전원부, 광원부, 분광부, 연산처리부 및 기록부로 구성되어 있다.

67 DO측정 시 End Point(종말점)에 있어서의 액의 색은?(단, 윙클러-아자이드화나트륨 변법 기준)

① 무 색　　　　　　　　　　② 미홍색
③ 황 색　　　　　　　　　　④ 청남색

해설 　BOD병의 용액 200mL를 정확히 취하여 황색이 될 때까지 티오황산나트륨용액(0.025M)으로 적정한 다음, 전분용액 1mL를 넣고 액을 청색으로 만든다. 이후 다시 티오황산나트륨용액(0.025M)으로 무색이 될 때까지 적정한다(수질오염공정시험기준 ES 04308.1f).

68 용존산소량(DO)의 측정 시 시료에 활성슬러지 미생물 플록이 형성된 경우의 시료 전처리로 가장 옳은 것은?

① 칼륨명반-암모니아용액 주입
② 황산구리-설퍼민산용액 주입
③ 아이오딘화칼륨-아황산나트륨용액 주입
④ 플루오린화칼륨-황산용액 주입

해설 황산구리-설퍼민산법(미생물 플록이 형성된 경우)
시료를 마개가 있는 1L 유리병(마개는 접촉부분이 45°로 절단되어 있는 것)에 기울여서 기포가 생기지 않도록 조심하면서 가득 채우고 황산구리-설퍼민산용액 10mL를 유리병의 위로부터 넣고 공기가 들어가지 않도록 주의하면서 마개를 닫고 조용히 상·하를 바꾸어 가면서 1분간 흔들어 섞고 10분간 정치하여 현탁물을 침강시킨다. 깨끗한 상층액을 고무관 또는 폴리에틸렌관을 이용하여 사이펀작용으로 300mL BOD병에 채운다. 이때 아래로부터 침강된 응집물이 들어가지 않도록 주의하면서 가득 채운다.
※ 수질오염공정시험기준 ES 04308.1f

69 용존산소(DO)측정 시 시료가 착색 또는 현탁된 경우에 사용하는 전처리시약은?

① 칼륨명반용액, 암모니아수
② 황산구리-설퍼민산용액
③ 황산, 플루오린화칼륨용액
④ 황산제이철용액, 과산화수소

해설 시료가 착색 또는 현탁된 경우(수질오염공정시험기준 ES 04308.1e)
시료를 마개가 있는 1L 유리병(마개는 접촉부분이 45°로 절단되어 있는 것)에 기울여서 기포가 생기지 않도록 조심하면서 가득 채우고, 칼륨명반용액 10mL와 암모니아수 1~2mL를 유리병의 위로부터 넣고 공기(피펫의 공기)가 들어가지 않도록 주의하면서 마개를 닫고 조용히 상·하를 바꾸어 가면서 1분간 흔들어 섞고 10분간 정치하여 현탁물을 침강시킨다.

70 윙클러-아자이드화나트륨 변법에 의한 용존산소의 측정 시 알칼리성 아이오딘화칼륨용액에 아자이드화나트륨을 가하는 이유로 옳은 것은?

① 용존산소 고정반응인 과망간산의 생성을 촉진하기 위해
② 공존하는 아질산이온의 방해를 막기 위해
③ 공존하는 질산이온의 방해를 막기 위해
④ 아이오딘의 유리반응을 정량적으로 진행시키기 위해

정답 68 ② 69 ① 70 ②

71 산화성 물질이 함유된 시료나 착색된 시료에 적합하며 특히 윙클러-아자이드화나트륨 변법에 사용할 수 없는 폐·하수의 용존산소 측정에 유용하게 사용할 수 있는 측정법은?

① 자외선/가시선 분광법 ② 전극법
③ 알칼리비색법 ④ 이온환원법

해설 전극법(수질오염공정시험기준 ES 04308.2d)
특히 산화성 물질이 함유된 시료나 착색된 시료와 같이 특히 윙클러-아자이드화나트륨 변법을 사용할 수 없는 폐·하수의 용존산소 측정에 유용하게 사용할 수 있다.

72 산성 $KMnO_4$에 의한 COD 측정법의 시약만으로 묶인 것은?

① 질산 - 질산은 - 과망간산칼륨 - 옥살산나트륨
② 질산 - 염산은 - 과망간산칼륨 - 수산나트륨
③ 황산 - 황산은 - 과망간산칼륨 - 수산나트륨
④ 황산 - 질산은 - 과망간산칼륨 - 옥살산나트륨

해설 300mL 둥근바닥플라스크에 시료의 적당량을 취하여 물을 넣어 전량을 100mL로 한다. 시료에 황산(1+2) 10mL를 넣고 황산은 분말 약 1g을 넣어 세게 흔들어 준 다음 수 분간 방치한다. 과망간산칼륨용액(0.005M) 10mL를 정확히 넣고 둥근바닥플라스크에 냉각관을 붙이고 물중탕의 수면이 시료의 수면보다 높게 하여 끓는 물중탕기에서 30분간 가열한다. 냉각관의 끝을 통하여 정제수 소량을 사용하여 씻어준 다음 냉각관을 떼어 낸다. 옥살산나트륨용액(0.0125M) 10mL를 정확하게 넣고 60~80℃를 유지하면서 과망간산칼륨용액(0.005M)을 사용하여 액의 색이 엷은 홍색을 나타낼 때까지 적정한다(수질오염공정시험기준 ES 04315.1b).

73 다음 실험항목 중 가열반응 실험시간이 가장 짧은 것은?

① 생물화학적 산소요구량(BOD)
② 다이크롬산칼륨법에 의한 COD
③ 산성 과망간산칼륨법에 의한 COD
④ 알칼리성 과망간산칼륨법에 의한 COD

해설 산성 과망간산칼륨법에 의한 COD의 측정 시 30분간 수욕상에서 가열반응시킨다(수질오염공정시험기준 ES 04315.1b).

74 폐수처리 Process에서의 유입수 및 그 유출수의 COD를 측정하기 위해 유입수는 시료 5mL, 유출수는 시료 50mL에 각각 물을 가하여 100mL로서, COD를 측정했을 때 0.005M 과망간산칼륨 용액의 적정치는 각각 5.2mL와 4.7mL였다. COD 제거율은 몇 %인가?(단, 0.005M 과망간산칼륨 용액의 역가는 1.0이며 공시험치는 0.2mL이다)

① 75
② 81
③ 85
④ 91

해설 제거효율(%) $\eta = \left(1 - \dfrac{COD_o}{COD_i}\right) \times 100$

$COD_i = (5.2 - 0.2) \times 1.0 \times \dfrac{1,000}{5} \times 0.2 = 200\,\text{mg/L}$

$COD_o = (4.7 - 0.2) \times 1.0 \times \dfrac{1,000}{50} \times 0.2 = 18\,\text{mg/L}$

$\therefore \eta = \left(1 - \dfrac{18}{200}\right) \times 100 = 91\%$

75 Glucose로 COD 1,000mg/L 표준용액을 만들려고 한다. 증류수 1L에 함유하는 Glucose는 몇 g이 되겠는가?(단, Glucose 분자량 = 180)

① 0.8875
② 0.9375
③ 0.9875
④ 0.9999

해설 $C_6H_{12}O_6 + 6O_2 \rightarrow 6CO_2 + 6H_2O$
180g : 192g = x(g/L) : 1,000mg/L $\times 10^{-3}$g/mg
$\therefore x = 0.9375\,\text{g/L}$

76 다이크롬산칼륨에 의한 화학적 산소요구량(COD)측정법에 관한 설명 중 틀린 것은?

① 시료량은 2시간 동안 끓인 다음 최초에 넣은 다이크롬산용액(0.025N)의 약 1/3이 남도록 취한다.
② 염소이온의 양이 40mg 이상 공존할 경우에는 $HgSO_4 : Cl^- = 10 : 1$의 비율로 황산수은(II)의 첨가량을 늘인다.
③ 황산제일철암모늄용액(0.025N)을 사용하여 적정한다.
④ 적정 시 액의 색이 청록색에서 적갈색으로 변할 때까지 적정한다.

해설 2시간 동안 끓인 다음 최초에 넣은 다이크롬산칼륨용액(0.025N)의 약 반이 남도록 취한다(수질오염공정시험기준 ES 04315.3d).

77 염소이온(Cl^-)이 2,500mg/L 들어 있는 어떤 공장폐수 20mL를 취해 다이크롬산칼륨법에 의한 화학적 산소요구량을 실험하였다. 황산제이수은 몇 g을 넣는 것이 가장 적절한가?

① 0.2g　　　　　　　　② 0.3g
③ 0.4g　　　　　　　　④ 0.5g

해설 염소이온의 양이 40mg 이상 공존할 경우
$HgSO_4 : Cl^- = 10 : 1$의 비율로 황산제이수은의 첨가량을 늘리므로,
$HgCl_2(g) = Cl^-(g) \times 10$
$= (2,500 \text{mg/L})(20\text{mL})\left(\dfrac{1\text{L}}{1,000\text{mL}}\right)\left(\dfrac{1\text{g}}{1,000\text{mg}}\right) \times 10 = 0.5\text{g}$

78 BOD 식종보정을 할 때 가장 정확한 결과를 갖기 위해서는 DO감소율이 5일 후 어느 정도이어야 하는가?

① 20~40%　　　　　　② 40~70%
③ 50~90%　　　　　　④ 60~90%

해설 시료를 식종하여 BOD를 측정할 때는 실험에 사용한 식종액을 희석수로 단계적으로 희석한 이후에 실험방법에 따라 실험하고 배양 후의 산소소비량이 40~70% 범위 안에 있는 식종희석수를 선택하여 배양 전후의 용존산소량과 식종액 함유율을 구하고 시료의 BOD값을 보정한다(수질오염공정시험기준 ES 04305.1c).

79 BOD 측정에 관한 설명 중 틀린 것은?

① 호기성 미생물의 작용에 의한 것이므로 충분한 용존산소가 필요하다.
② 희석수에 완충액으로써 $MgSO_4$, $CaCl_2$, $FeCl_3$를 첨가한다.
③ 희석수를 식종하는 경우 5일 후의 산소소비율이 40~70% 되는 것이 적당하다.
④ 시료가 산성 또는 알칼리성을 나타내거나 잔류염소를 함유하였거나 용존산소가 과포화되어 있을 경우에는 전처리를 실시한다.

해설 시료(또는 전처리한 시료)를 BOD용 희석수(또는 BOD용 식종희석수)를 사용하여 희석할 때에 이들 중에 독성물질이 함유되어 있거나 구리, 납 및 아연 등의 금속이온이 함유된 시료(또는 전처리한 시료)는 호기성 미생물의 증식에 영향을 주어 정상적인 BOD값을 나타내지 않게 된다(수질오염공정시험기준 ES 04305.1c).

80 BOD값에 대한 사전 경험이 없을 때 시료용액을 희석하여 조제하는 기준으로 알맞은 것은?

① 오염정도가 심한 공장폐수 - 0.01~0.1%
② 오염된 하천수 - 15~50%
③ 처리하여 방류된 공장폐수 - 25~70%
④ 처리하지 않은 공장폐수 - 1~5%

해설 예상 BOD값에 대한 사전 경험이 없을 때
오염정도가 심한 공장폐수는 0.1~1.0%, 처리하지 않은 공장폐수와 침전된 하수는 1~5%, 처리하여 방류된 공장폐수는 5~25%, 오염된 하천수는 25~100%의 시료가 함유되도록 희석·조제한다(수질오염공정시험기준 ES 04305.1c).

81 수질오염공정시험방법 중에서 BOD실험 시 BOD값에 대한 사전 경험이 없을 때 처리하여 방류된 공장폐수의 시료용액 희석비율로 옳은 것은?

① 1~5%
② 5~25%
③ 10~50%
④ 25~100%

해설 80번 해설 참고

82 어떤 하수의 BOD를 측정하기 위하여 300mL BOD병에 하수를 15mL 주입하고 여기에 희석수를 가하여 BOD실험을 수행하였다. 희석시료의 초기 DO농도는 7.5mg/L, 20℃에서 5일 동안 배양한 후의 DO농도는 2.4mg/L였다. 이 하수의 최종 BOD는?

① 약 50mg/L
② 약 100mg/L
③ 약 150mg/L
④ 약 200mg/L

해설 희석배수 = 300mL/15mL = 20배이므로,
∴ $BOD = (DO_1 - DO_2) \times P = (7.5 - 2.4) \times 20 = 102 mg/L$

정답 80 ④ 81 ② 82 ②

83 다음은 BOD측정용 시료의 전처리 조작에 관한 설명이다. 이중 옳지 않은 것은?
① 산성인 시료는 NaOH(1M)로 중화시킨다.
② 알칼리성 시료는 염산(1M)으로 중화시킨다.
③ 잔류염소를 함유한 시료는 일반적으로 BOD용 식종희석수로 희석하여 사용한다.
④ 수온이 20℃ 이상인 시료는 10℃ 이하로 식힌 후 통기시켜 산소를 포화시켜 준다.

해설 수온이 20℃ 이하일 때의 용존산소가 과포화되어 있을 경우에는 수온을 23~25℃로 상승시킨 이후에 15분간 통기하고 방치하고 냉각하여 수온을 다시 20℃로 한다(수질오염공정시험기준 ES 04305.1c).

84 먹는물의 저온일반세균 수질검사 시 사용하는 시험방법은?
① 시험관법
② 효소기질이용법
③ 막여과법
④ 평판집락법

해설 먹는물수질공정시험기준 ES 05701.1e

85 먹는물수질공정시험기준의 정도관리 요소에 대한 설명으로 틀린 것은?
① 검정곡선 - 분석물질의 농도변화에 따른 지시값을 나타낸 것
② 방법검출한계 - 시료과 비슷한 매질 중에서 시험분석 대상을 검출할 수 있는 최소한의 농도
③ 정확도 - 시험분석 결과의 반복성을 나타내는 것
④ 현장 이중시료 - 동일 위치에서 동일한 조건으로 중복 채취한 시료

해설 • 정밀도(Precision) : 시험분석 결과의 반복성을 나타내는 것
• 정확도(Accuracy) : 시험분석 결과가 참값에 얼마나 근접하는가를 나타내는 것
※ 먹는물수질공정시험기준 ES 05001.a

86 먹는물수질공정시험기준에서 페놀류 측정방법은?

① 자외선/가시선 분광법
② 관능법
③ EDTA 적정법
④ 이온크로마토그래피

해설 먹는물수질공정시험기준 ES 05311.1c

87 먹는물수질공정시험기준에서 크롬 분석방법이 아닌 것은?

① 원자흡수분광광도법
② 유도결합플라스마-원자방출분광법
③ 자외선/가시선 분광법
④ 유도결합플라스마-질량분석법

해설 먹는물수질공정시험기준의 크롬 분석방법(먹는물수질공정시험기준 ES 05412)
원자흡수분광광도법, 유도결합플라스마-원자방출분광법, 유도결합플라스마-질량분석법

88 100mL의 시료를 가지고 부유물질을 측정한 결과 다음과 같은 결과를 얻었다. 전체 부유물질(건조된 고형물기준) 중에서 휘발성 부유물질이 차지하는 %(무게기준)는?[단, 용기의 무게 = 18.4623g, 건조시킨 후(용기 + 건조된 고형물)무게 = 18.5112g, 휘발시킨 후(용기 + 재)의 무게 = 18.4838g]

① 56.0%
② 63.8%
③ 72.3%
④ 83.8%

해설 $x(\%) = \dfrac{\text{휘발성 부유물(g)}}{\text{건조고형물(g)}} \times 100 = \dfrac{18.5112 - 18.4838}{18.5112 - 18.4623} \times 100 = 56.03\%$

정답 86 ① 87 ③ 88 ①

89 하수처리장에 유입하는 하수의 부유물질량(SS)을 측정하였다. 측정한 최초거름종이의 무게는 1.111g이었다. SS측정법에 따라 시료 200mL를 여과한 후의 거름종이의 무게는 1.231g이었다면 유입수의 부유물질농도는?

① 500mg/L   ② 600mg/L
③ 700mg/L   ④ 800mg/L

해설 SS(mg/L) = 여과지의 무게차/시료량

$$\therefore X_{ss} = \frac{(1.231-1.111)g}{0.2L} \times 1,000mg/g = 600mg/L$$

90 부유물질(SS)의 측정 시, 건조시키는 온도와 시간은?

① 100~105℃, 3시간 이상
② 100~105℃, 1시간 이상
③ 105~110℃, 3시간 이상
④ 105~110℃, 1시간 이상

해설 유리섬유여과지(GF/C)를 여과장치에 부착하여 미리 정제수 20mL씩으로 3회 흡인 여과하여 씻은 다음 시계접시 또는 알루미늄 포일 접시 위에 놓고 105~110℃의 건조기 안에서 1시간 이상 건조시켜 데시케이터에 넣어 방치하고 냉각한 다음 항량하여 무게를 정밀히 달고, 여과장치에 부착시킨다(수질오염공정시험기준 ES 04303.1c).

91 어느 하수처리장에서 SS제거율을 구하기 위해 유입수와 유출수에서 시료를 각각 50mL와 100mL를 채취하였다. SS여과 실험결과 유입수와 유출수의 건조시킨 후의 무게는 각각 1.5834g과 1.5485g이었고, 이때 사용된 거름종이의 무게는 1.5378g이었다. SS제거율은?

① 약 88%   ② 약 90%
③ 약 92%   ④ 약 94%

해설 SS의 제거효율(%) = $\frac{유입수\ SS - 유출수\ SS}{유입수\ SS} \times 100$

유입수 SS = $\frac{(1.5834-1.5378)}{50} \times 1,000 = 0.912g/L$

유출수 SS = $\frac{(1.5485-1.5378)}{100} \times 1,000 = 0.107g/L$

SS의 제거효율(%) = $\frac{0.912-0.107}{0.912} \times 100 = 88.27\%$

92 다음과 같은 분석결과를 이용한 하수 처리장의 SS 제거효율은?

구 성	유입수	유출수
시료부피	250mL	500mL
건조시킨 후의 무게(용기+SS)	15.4772g	16.6199g
용기의 무게	15.4217g	16.6119g

① 97%
② 93%
③ 89%
④ 85%

해설   유입수 SS = $\dfrac{(15.4772-15.4217)}{250} \times 1{,}000 = 0.222\text{g/L}$

유출수 SS = $\dfrac{(16.6199-16.6119)}{500} \times 1{,}000 = 0.016\text{g/L}$

∴ $\eta = \dfrac{(0.222-0.016)}{0.222} \times 100 \fallingdotseq 93\%$

93 먹는물수질공정시험기준에서 질산성 질소의 측정법은?

① 이온전극법
② 이온크로마토그래피
③ 원자흡수분광광도법
④ 유도결합플라스마-질량분석법

해설 질산성 질소의 측정법(먹는물수질공정시험기준 ES 05354)
- 이온크로마토그래피
- 자외선/가시선 분광법

94 먹는물수질공정시험기준의 경도시험법에 사용되는 시약 및 용액이 아닌 것은?

① 염화마그네슘용액(0.01M)
② 암모니아 완충용액
③ 황산(1+1)
④ EDTA 용액(0.01M)

해설 경도시험법에 사용되는 시약 및 표준용액(먹는물수질공정시험기준 ES 05301.1e)
시안화칼륨용액, 황화나트륨용액, 암모니아 완충용액, EBT용액, 염화마그네슘용액(0.01M), 염산용액(1+1), 메틸레드용액

95 먹는물수질공정시험기준에서 미생물의 시험방법 및 배양온도가 적합하지 않은 것은?

① 저온일반세균 – 평판집락법으로 25.0±0.5℃에서 배양
② (중온)일반세균 – 평판집락법으로 35.0±0.5℃에서 배양
③ 총대장균군 – 시험관법으로 35.0±0.5℃에서 배양
④ 분원성 대장균군 – 시험관법으로 44.5±0.2℃에서 배양

해설 ① 저온일반세균 : 평판집락법으로 21.0±1.0℃에서 배양

96 먹는물수질공정시험기준에서 용액의 농도를 표시하는 방법에 관한 설명으로 옳지 않은 것은?

① 백만분율 – mg/L, mg/kg의 기호로 표시
② (1 + 5) – 액체약품 1mL와 물 또는 액체약품 5mL를 혼합하는 비율
③ (1 → 10) – 고체성분 1g을 용매에 녹여 전체 양을 10mL로 하는 비율
④ W/V% – 용액 100mL 중 성분무게(g)

해설 액체 시약의 농도에서 예를 들어 염산(1 + 2)이라고 되어 있을 때는 염산 1mL와 물 2mL를 혼합하여 조제한 것을 말한다(먹는물수질공정시험기준 ES 05000.f).

97 다음 중 심미적 영향물질인 철을 측정하는 방법이 아닌 것은?

① 이온크로마토그래피법
② 원자흡수분광광도법
③ 자외선/가시선 분광법
④ 유도결합플라스마–원자방출분광법

해설 철 측정법(먹는물수질공정시험기준 ES 05410)
자외선/가시선 분광법, 원자흡수분광광도법, 유도결합플라스마–원자방출분광법, 유도결합플라스마–질량분석법

98 먹는물수질공정시험기준상 총대장균군(Total Coliforms)검사에 사용되는 BGLB(Brilliant Green Lactose Bile) 배지(확정시험용 배지)의 조성으로 틀린 것은?

① 소담즙 - 50.0g
② 펩톤 - 10.0g
③ 락토스 - 10.0g
④ 브릴리언트그린 - 0.0133g

해설 ① 소담즙은 20.0g이다(먹는물수질공정시험기준 ES 05703.1e).

99 먹는물수질공정시험기준상 증발잔류물(Total Solids)의 증발조건으로 올바른 항목은?

① 95~100℃ 건조
② 103~105℃ 건조
③ 107~109℃ 건조
④ 135~145℃ 건조

해설 시료를 103~105℃에서 건조하고 데시케이터에서 식힌 후 무게를 단다(먹는물수질공정시험기준 ES 05307.1e).

100 먹는물수질공정시험기준상 경도(Hardness)시험에 사용되는 시약이 아닌 것은?

① 수산화칼륨용액
② 염화마그네슘용액(0.01M)
③ 암모니아 완충용액
④ EBT용액

해설 경도 측정에 사용되는 시약(먹는물수질공정시험기준 ES 05301.1e)
시안화칼륨용액, 황화나트륨용액, 암모니아 완충용액, EBT용액, 염화마그네슘용액(0.01M), 염산용액(1+1), 메틸레드용액

정답 98 ① 99 ② 100 ①

101 먹는물수질공정시험기준상 색도표준원액과 관련이 없는 것은?

① 육염화백금산칼륨 2.49g
② 염화코발트·6수화물 2.00g
③ 염산 200mL
④ pH 측정기

해설 색도표준원액(1,000도)
육염화백금산칼륨 2.49g과 염화코발트·6수화물 2.00g을 염산 200mL에 녹이고 정제수를 넣어 1L로 한다.
※ 먹는물수질공정시험기준 ES 05305.1d

102 먹는물수질공정시험기준상 pH 측정기의 조작법으로 틀린 것은?

① pH 측정기는 전원을 켠 다음 곧바로 사용한다.
② 유리전극을 정제수로 잘 씻은 후 여과지로 남아 있는 물을 조심하여 닦아낸 다음 시료에 담가 측정값을 읽는다. 이때 온도를 함께 측정한다. 측정값이 0.1 이하의 pH 차이를 보일 때까지 반복 측정한다.
③ 온도보정을 할 수 있는 경우 pH 표준용액의 온도와 같게 맞추고 유리전극을 시료의 pH 값에 가까운 표준용액에 담가 2분 지난 후 표준용액의 pH 값이 되도록 조절한다.
④ 시료는 유리전극이 충분히 잠기고 자석 교반기가 투명하게 보일 수 있을 정도로 사용한다.

해설 유리전극은 사용하기 수 시간 전에 정제수에 담가 두어야 하고, pH 측정기는 전원을 켠 다음 5분 이상 경과한 후에 사용한다(먹는물수질공정시험기준 ES 05306.1d).

CHAPTER 01 적중예상문제(2차)

제2과목 수질분석 및 관리

01 먹는물수질공정시험기준상 표준온도, 상온, 실온의 범위를 쓰시오.

02 다음 괄호 안에 알맞은 말을 넣으시오.

> (   )은/는 물속의 유기물 오염정도를 나타내는 항목으로, 수중 유기물이 호기성 미생물에 의해 분해되는 데 필요한 산소량을 mg/L로 표시한 것이다.

03 먹는물수질공정시험기준상 "항량으로 될 때까지 건조한다"에 대해 간략히 설명하시오.

04 0.025N-KMnO₄ 500mL를 조제하기 위하여 소요되는 과망간산칼륨의 양은?(단, KMnO₄ = 158)

05 총대장균군은 정수장에서는 매주 1회 이상, 수도꼭지에서는 매월 1회 이상 검사해야 하는 항목이다. 정수나 수돗물에 대해 총대장균군을 검사해야 하는 이유를 서술하시오.

06 하천수의 오염 및 용수의 목적에 따른 채수요령을 간략히 설명하시오.

07 4각 위어에 의하여 유량을 측정하려고 한다. 위어의 수두 0.5m, 수로절단의 폭이 4m이면 유량(m^3/min)은?(단, 유량계수는 1.6이다)

08 다음 측정항목의 시료보존방법을 쓰시오.

- 화학적 산소요구량
- 총질소
- 총 인
- 암모니아성 질소

09 시안의 시료보관방법을 쓰시오.

10 흡광광도 측정에서 투과율이 25%일 때 흡광도는?

11 괄호 안에 알맞은 내용은?

> 원자흡수분광광도법을 이용한 시험방법은 시료를 적당한 방법으로 해리시켜 중성원자로 증기화하여 생긴 (　　)가 이(　　)을 투과하는 특유 파장의 빛을 흡수하는 현상을 이용한다.

12 먹는물수질공정시험기준상 총대장균군 시험방법을 열거하시오.

13 Glucose로 COD 1,000mg/L 표준용액을 만들려고 한다. 증류수 1L에 함유하는 Glucose는 몇 g이 되겠는가?(단, Glucose 분자량 = 180)

14 BOD값에 대한 사전 경험이 없을 때에는 시료용액을 희석하여 조제하는데 기준이 다음과 같은 경우의 조제방법을 간략히 설명하시오.

> - 오염정도가 심한 공장폐수
> - 오염된 하천수
> - 처리하여 방류된 공장폐수
> - 처리하지 않은 공장폐수

15 먹는물수질공정시험기준상 망간의 측정방법을 열거하시오.

16 중온일반세균 검사에 사용되는 배양기의 배양온도는 얼마인가?

17 살모넬라를 검사하기 위한 3배 농후 셀레나이트 액체증균배지의 보관 온도는 얼마인가?

18 이온크로마토그래피에서 제거장치(서프레서)의 역할을 쓰시오.

CHAPTER 01 정답 및 해설

제2과목 수질분석 및 관리

01 표준온도는 20℃, 상온은 15~25℃, 실온은 1~35℃로 한다(먹는물수질공정시험기준 ES 05000.f).

02 BOD(또는 생물화학적 산소요구량)

03 같은 조건에서 1시간 더 건조할 때 전후 차가 g당 0.3mg 이하일 때를 말한다(먹는물수질공정시험기준 ES 05000.f).

04 $0.025(\text{eq/L}) \times 500\text{mL} \times 1\text{L}/1,000\text{mL} = x\text{g} \times 1\text{eq}/\left(\dfrac{158}{5}\right)\text{g}$

∴ $x(\text{KMnO}_4) = 0.395\text{g}$

05 대장균군을 검사해야 하는 이유
- 병원균에 의한 오염가능성 진단
- 소독효과 확인
- 분변오염 여부 점검
- 미생물학적 안전성 확인

06 하천의 단면에서 수심이 가장 깊은 수면의 지점과 그 지점을 중심으로 하여 좌우로 수면폭을 2등분한 각각의 지점의 수면으로부터 수심 2m 미만일 때에는 수심의 1/3에서, 수심이 2m 이상일 때에는 수심의 1/3 및 2/3에서 각각 채수한다(수질오염공정시험기준 ES 04130.1f).

07 $Q(\text{m}^3/\text{min}) = K \cdot b \cdot h^{\frac{3}{2}} = 1.6 \times 4 \times 0.5^{\frac{3}{2}} = 2.26\text{m}^3/\text{min}$

※ 수질오염공정시험기준 ES 04140.2b

08 4℃ 보관, H_2SO_4로 pH 2 이하(수질오염공정시험기준 ES 04130.1f)

09 시안은 NaOH로 pH를 12 이상으로 조정하여 4℃에서 보관하며 권장 보존기간은 24시간이고 최대 보존기간은 14일이다(수질오염공정시험기준 ES 04130.1f).

10 흡광도 $A = \log\dfrac{1}{I_t/I_o} = \log\dfrac{1}{t} = \log\dfrac{1}{T/100} = \log\dfrac{1}{25/100} = 0.6$

11 기저상태의 원자, 원자 증기층
   원자흡수분광광도법
   시료를 적당한 방법으로 해리시켜 중성원자로 증기화하여 생긴 기저상태(Ground State or Normal State)의 원자가 이 원자 증기층을 투과하는 특유 파장의 빛을 흡수하는 현상을 이용하여 광전측광과 같은 개개의 특유 파장에 대한 흡광도를 측정하여 시료 중의 원소농도를 정량하는 방법으로 시료 중의 유해중금속 및 기타 원소의 분석에 적용한다.

12 **총대장균군 시험법(먹는물수질공정시험기준 ES 05703)**
   시험관법, 막여과법, 효소기질이용법

13 $C_6H_{12}O_6 + 6O_2 \rightarrow 2CO_2 + 6H_2O$
   180g $6 \times 32g$
   x(g/L) $1,000mg/L \times 10^{-3}g/mg$
   $\therefore\ x = 0.938g/L$

14 예상 BOD값에 대한 사전경험이 없을 때에는 희석하여 시약을 조제한다. 오염정도가 심한 공장폐수는 0.1~1.0%, 처리하지 않은 공장폐수와 침전된 하수는 1~5%, 처리하여 방류된 공장폐수는 5~25%, 오염된 하천수는 25~100%의 시료가 함유되도록 희석 조제한다(수질오염공정시험기준 ES 04305.1c).

15 **망간 측정방법(먹는물수질공정시험기준 ES 05403)**
   원자흡수분광광도법, 유도결합플라스마-원자방출분광법, 유도결합플라스마-질량분석법

16 배양기는 배양온도를 35±0.5℃로 유지할 수 있는 것을 사용한다(먹는물수질공정시험기준 ES 05702.1d).

17 조제된 배지는 2~8℃에 보관한다(먹는물수질공정시험기준 ES 05709.1e).

18 전해질을 물 또는 저전도도의 용매로 바꿔줌으로써 전기전도도셀에서 목적이온 성분과 전기전도도만을 고감도로 검출할 수 있게 해준다.

CHAPTER 02 수질항목별 측정방법

제2과목 수질분석 및 관리

01 먹는물 수질감시항목 운영 및 시험방법

1. 먹는물 수질감시항목 운영 등에 관한 고시

(1) 일반사항

① 목적(제1조) : 먹는물 수질기준항목 이외에 먹는물 수질감시항목(이하 감시항목)을 정하여 운영함에 따른 먹는물 감시항목의 지정대상・지정절차・먹는물 감시항목별 감시기준・검사주기 등을 규정함을 목적으로 한다.

② 정의(제2조)
  ㉠ 감시항목이란 먹는물 수질기준이 설정되어 있지 않으나 먹는물의 안전성 확보를 위하여 먹는물 중의 함유실태조사 등의 감시가 필요한 물질을 말한다.
  ㉡ 감시기준이란 감시항목으로 설정한 물질의 인체 위해도를 근거로 평생 섭취하여도 건강에 위해를 끼치지 않는 수준으로 설정한 수질관리 목표값을 말한다.

③ 적용대상(제3조)
  ㉠ 수도법에 따른 상수원수 및 정수(수돗물에 한한다)
  ㉡ 먹는물관리법 따른 샘물, 먹는샘물, 염지하수 및 먹는염지하수

④ 감시항목 지정(제4조)
  ㉠ 국립환경과학원장은 ③에 따른 적용대상 중에서의 미량유해물질 함유실태 조사결과와 국내외에서 문제가 제기되는 물질에 대한 검출빈도 및 위해도 등을 검토하여 지속적으로 감시할 필요가 있다고 인정되는 물질에 대해 관계전문가의 의견을 들어 감시항목을 지정하도록 환경부장관에게 요청하여야 한다.
  ㉡ 국립환경과학원장은 ㉠에 따라 감시항목 지정을 환경부장관에게 요청하는 때에는 감시예정물질의 검출빈도・검출농도・검사주기・감시기준・검사대상・시행시기와 함께 그 물질에 대한 WHO 및 미국 등 선진국의 수질기준 등이 포함되어야 한다.
  ㉢ 환경부장관은 ㉠에 따라 요청을 받은 때에는 특별한 사유가 없으면 이에 응하여야 한다.

(2) 검사방법
　① 검사방법의 표준화 등(제6조)
　　㉠ 국립환경과학원장은 감시항목으로 지정된 물질에 대해 표준화된 검사방법을 정하고, ②에 따른 검사기관의 검사요원에 대한 기술교육을 실시하여야 한다.
　　㉡ 국립환경과학원장과 ②에 따른 검사기관의 장은 감시항목으로 지정된 물질의 검사에 필요한 장비, 기술인력 등 검사능력을 갖추어야 한다.
　② 검사의 실시(제7조)
　　㉠ 수도사업자는 검사대상이 되는 정수시설에 대하여 수질검사를 실시하여야 한다. 수질검사를 보건환경연구원 등 외부 검사기관에 의뢰하는 경우에는 수질분야 시료채취 교육을 이수한 수도사업자 소속 직원이 시료를 채취하여 검사기관에 의뢰할 수 있다.
　　㉡ 특별시장·광역시장·특별자치시장·도지사·특별자치도지사(이하 시·도지사)는 규정에 따라 지정된 검사대상에 대한 수질검사를 실시하여야 한다.
　　㉢ ㉠ 내지 ㉡의 검사결과 검출량이 감시기준을 초과하는 경우 즉시 재검사를 실시하고 원인규명 및 대책을 강구하여야 하며, 동 물질에 대하여는 검사횟수를 늘려 실시하여야 한다.
　　㉣ 수도사업자는 규정에 따라 정하고 있는 정수장 또는 마을상수도 이외의 시설에 대하여도 검사능력을 배양하여 검사가 가능한 일부 항목부터 검사를 실시하거나 보건환경연구원에 수질검사를 의뢰하는 등 수질검사 방안을 강구하여야 한다.
　③ 검사결과의 보고(제8조)
　　㉠ 시장·군수(광역시의 군수는 제외)는 ②에 따라 실시한 검사결과를 별지 서식에 따라 검사주기가 종료된 날로부터 7일 이내에 도지사에게 보고하여야 한다.
　　㉡ 시·도지사와 한국수자원공사 사장은 ②에 따라 실시한 검사결과를 검사주기가 종료된 날로부터 10일 이내에 환경부장관과 국립환경과학원장에게 보고하여야 한다. 다만, 검사결과 보고는 한국수자원공사가 운영하는 국가상수도정보시스템에 입력하는 것으로 갈음할 수 있다.
　④ 검사결과에 따른 조치(제9조)
　　㉠ 국립환경과학원장은 ③에 따른 감시항목의 검사결과를 종합평가하여 감시항목별 감시지속 여부, 먹는물 수질기준 설정 여부 등을 환경부장관에게 보고하여야 한다.
　　㉡ 환경부장관은 ㉠의 평가결과와 외국의 기준 등을 참고하여 관계 전문가의 검토를 거쳐 먹는물 수질기준 설정여부를 결정하여야 한다.

(3) 검사주기(별표 1)
① 정 수

(단위 : μg/L)

항목 계	구 분 32항목	한국 감시기준	검사주기 1회/월	1회/분기	1회/반기	1회/년
유해영향 무기물질	Antimony	20				○
	Perchlorate	15		○		
유해영향 유기물질	Vinyl Chloride	2				○
	Styrene	20				○
	Chloroethane	미설정		○		
	Bromoform	100		○		
	Chlorophenol	200				○
	2,4-Dichlorophenol	150				○
	Pentachlorophenol	9				○
	2,4,6-Trichlorophenol	15				○
	Di-2(ethylhexyl)phthalate	80				○
	Di-2(ethylhexyl)adipate	400				○
	Benzo(a)pyrene	0.7				○
	Microcystin(6종)	1	1회/반기 ~ 3회/주			
	2,4-D	30				○
	Alachlor	20				○
	PFOS (Perfluorooctane Sulfonate)	0.07 (개별, 합계)		○		
	PFOA (Perfluorooctanoic Acid)			○		
	PFHxS (Perfluorohexane Sulfonic Acid)	0.48		○		
소독 부산물	Chlorate	700		○		
	Ethylendibromide	0.4				○
	Bromochloroacetonitrile	미설정		○		
	Monobromoacetic Acid	60(총HAA)		○		
	Monochloroacetic Acid	60(총HAA)		○		
	N-nitrosodimethylamine (NDMA)	0.07		○		
	N-nitrosodiethylamine (NDEA)	0.02		○		
심미적 영향물질	Geosmin	0.02	1회/월 ~ 3회/주			
	2-MIB(2-Methyl Isoborneol)	0.02				
	Corrosion Index(LI)	-			○	
	깔따구 유충(단위 : 개체/100L)	0	○			
미생물	Norovirus	불검출				○
자연방사성 물질	Radon(단위 : Bq/L)	148			○	

> **참고**
> - 검사대상은 시설용량 50,000톤/일 이상인 정수장에 한한다. 다만, 라돈 항목은 상수원수가 지하수인 정수장, 마을상수도 및 소규모 급수시설에 한하며 노로바이러스 항목은 상수원수가 지하수인 시설 중 시설용량이 300톤/일 이상에 한한다. 또한, Microcystin(6종), Geosmin과 2-MIB 항목의 검사대상은 조류경보제 운영 상수원을 이용하는 모든 정수장에 한한다(다만, 지하수를 수원으로 정수처리하는 경우 검사대상에서 제외한다).
> - 지오스민과 2-MIB 검사주기는 원수의 검사주기와 같다.
> - 분기 1회 검사항목은 3, 6, 9, 12월에 검사하고, 연 1회 검사항목은 7월부터 9월 기간 중에 검사한다. 다만, 노로바이러스는 1월부터 3월 기간 중에 검사한다.
> - Microcystins(6종)은 Microcystin-LR, -RR, -YR, -LA, -LY 및 -LF의 총합을 말한다. 검사주기는 원수의 검사주기와 같다.
> - 깔따구 유충은 '정수장 깔따구 유충 모니터링 방법 등에 관한 지침(환경부예규)'에 따라 모니터링하여 여과지 유출부(활성탄지 유출부) 또는 정수지 유입부에서 깔따구 유충이 발견된 경우, 발견되지 않을 때까지 검사주기를 일 1회로 강화한다.

② 상수원수

구 분 항 목	한국감시기준	WHO	검사주기
Corrosion Index(LI)	-	-	4회/년
Microcystin(6종) (μg/L)	-	1	1회/반기(평상시) 1회/주~3회/주 (조류경보 발령 시)
Geosmin(μg/L)	-	-	1회/월(평상시) 1회/주~3회/주 (조류경보 발령 시)
2-MIB(2-Methylisoborneol) (μg/L)	-	-	

> **참고**
> - 부식성지수는 랑게리아지수(LI ; Langelier Index)를 적용한다.
> - 원·정수의 Microcystin(6종), Geosmin 및 2-MIB 검사는 상수원의 조류경보 발령 시 단계에 따라 다음과 같이 강화하여 실시한다. Microcystins(6종)은 Microcystin-LR, -RR, -YR, -LA, -LY 및 -LF의 총합을 말한다. 검사대상은 조류경보제 운영 상수원을 이용하는 모든 정수장에 한한다(다만, 지하수를 수원으로 정수처리 하는 경우 검사대상에서 제외).

구 분	검사주기	
	Microcystin(6종)	Geosmin, 2-MIB
평상시	1회/반기(6월, 9월)	1회/월
'관심'단계 발령 시	1회/주	
'경계'단계 발령 시	2회/주	
'조류대발생'단계 발령 시	3회/주	

2. 먹는물 수질감시항목 시료채취 및 관리(별표 3)

① **휘발성 유기화합물** : 잔류염소를 제거하기 위해 유리병에 아스코르빈산 또는 티오황산나트륨 25mg 정도를 넣고 시료를 공간이 없도록 약 40mL를 채취하고 공기가 들어가지 않도록 주의하여 밀봉한다. 모든 시료를 중복으로 채취한다.

② **염소소독부산물** : 미리 증류수로 잘 씻은 유리병에 10mg의 염화암모늄을 첨가하고 염산(6M)을 1~2방울을 가한 후 시료를 유리병에 기포가 없도록 채취한다.

③ **할로아세틱에시드** : 미리 증류수로 잘 씻은 갈색유리병과 TFE 재질의 마개를 사용하고 채취 전에 염화암모늄을 100mg/L가 되도록 넣는다. 시료는 공간이 없도록 채취한다.

④ **페놀류, 프탈레이트와 아디페이트, 벤조(a)피렌** : 미리 질산 및 증류수로 씻은 유리병(프탈레이트와 아디페이트의 경우에는 TFE 재질의 마개도 사용)에 시료를 채취하며 시료로서 세척하지 말아야 한다. 유리병에 아비산나트륨을 넣어 잔류염소를 제거하고 밀봉하여 냉장고에 보관하고 신속히 시험한다. 다만, 페놀류는 4시간 이내에 시험하지 못할 때에는 시료 1L에 대하여 황산동(5수염) 1g과 인산을 넣어 pH를 약 4로 하고, 냉암소에 보존하여 24시간 이내에 시험한다.

⑤ **안티몬** : 미리 질산 및 증류수로 씻은 폴리프로필렌, 폴리에틸렌 또는 폴리테트라플루오르에틸렌 용기에 시료를 채취하여 신속히 시험한다.

⑥ **퍼클로레이트** : 시료는 미리 정제수로 씻은 유리병이나 플라스틱병을 이용해 채취하고, 6℃ 이하에서 보관한다.

⑦ **지오스민 및 2-MIB** : 시료는 미리 질산 및 증류수로 씻은 유리병에 기포가 발생하지 않게 가득 채워서 밀봉하고 가능한 빨리 실험한다. 즉시 시험이 가능하지 않은 경우는 냉장 보관하여야 하며, 잔류염소를 포함하고 있는 경우는 잔류염소 1mg당 아스코르빈산나트륨을 10mg 정도 넣어 잔류염소를 제거하도록 한다.

3. 검사항목별 시험방법(별표 3)

(1) 휘발성 유기화합물

이 시험방법은 먹는물 중 염화비닐, 스티렌, 클로로에탄, 브로모폼의 측정에 적용한다.

① **퍼지·트랩-기체크로마토그래피**

㉠ 시료주입 및 퍼지 : 퍼지가스를 40mL/min의 유속으로 조정한다. 퍼지장치에 트랩을 부착하고 퍼지장치의 시린지밸브를 연다. 시료의 온도를 실온과 같게 한다. 시료 25mL를 부피플라스크에 취하고, 이어서 내부표준용액 25μL를 넣은 다음 마개를 하고 잘 흔들어 섞는다(이 용액은 1시간 이내에 사용한다). 이 용액 5mL를 취하여 퍼지용기에 주입하고 퍼지장치의 시린지밸브를 닫는다. 실온에서 11분 동안 퍼지한다.

㉡ 탈 착

- 크리오제닉이 부착되지 아니한 경우 : 퍼지·트랩장치를 탈착모드로 놓고 탈착가스를 통과시키지 아니하면서 트랩을 180℃로 예열한다. 이어서 탈착가스를 15mL/min의 유속으로 4분 동안 통과시킨다. 이때, 기체크로마토그래프의 승온조작을 작동시킨다.
- 크리오제닉이 부착된 경우 : 퍼지·트랩시스템을 탈착모드로 놓고 크리오제닉이 -150℃ 이하인지 확인한다. 불활성 가스를 4mL/min의 유속으로 약 5분 동안 역세정하는 동안 트랩을 180℃로 급속히 가열한다. 이어서 크리오제닉트랩을 250℃로 급속히 가열한다. 동시에 기체크로마토그래프의 승온조작을 작동시킨다.

ⓒ 퍼지용기의 세척 : 퍼지용기 중의 시료를 제거하고 정제수로 2회 씻는다. 퍼지용기를 비우고 시린지밸브를 연 상태로 불활성 가스를 통과시켜 환기시킨다.

ⓔ 트랩재조정 : 탈착한 후 퍼지·트랩장치를 퍼지모드로 놓는다. 15초 동안 기다린 다음 퍼지용기의 시린지밸브를 닫아 불활성 가스가 트랩을 통과하도록 하고 트랩을 180℃로 가열한다. 약 7분 후 트랩의 가열기를 끄고 퍼지용기의 시린지밸브를 열어 불활성 가스가 트랩을 통과하지 아니하도록 한다.

ⓜ 확인 및 정량 : 시료의 크로마토그램 피크와 표준물질 피크의 검출시간을 비교하거나 질량분석에서 얻어진 각 물질의 질량스펙트럼을 비교하여 동일 물질로 확인되면 작성한 검정곡선으로부터 시험용액 중의 각 성분의 양을 구하여 시료 중의 휘발성 유기화합물의 농도를 측정한다.

② 기체크로마토그래프의 조작조건
 ㉠ 운반기체 : 부피백분율 99.999% 이상의 헬륨 또는 질소
 ㉡ 유량 : 0.5~4mL/min
 ㉢ 시료도입부 온도 : 120~250℃
 ㉣ 칼럼온도 : 30~250℃

(2) 페놀류

이 방법은 클로로페놀, 2,4-다이클로로페놀, 2,4,6-트라이클로로페놀 및 펜타클로로페놀의 측정에 적용한다.

① 기체크로마토그래프-전자포획검출법
 ㉠ 추출
  - 시료 200mL를 250mL 분액깔때기에 취하고 인산이수소칼륨 1g을 넣어 pH 4.5(혹은 pH 2.0)로 조정한 다음 염화나트륨 10g을 넣은 후 다이클로로메탄 10mL를 넣고 10분간 세게 흔들어 추출한다.
  - 다이클로로메탄층을 시험관에 옮기고 무수황산나트륨 2g을 넣고 잘 흔들어 섞은 다음 2,500rpm으로 5분간 원심분리하여 추출액을 다른 시험관에 옮긴다.
  - 추출액을 쿠데르나 다니시 농축기로 1mL까지 농축한다.
 ㉡ 유도체화 및 정제
  - 농축액 1mL에 유도체시약 1mL와 탄산칼륨 3mg을 넣어 80℃ 가열기에서 4시간 동안 반응시킨 다음 상온으로 식힌 후 10mL의 헥산을 넣어 흔들어 주고 여기에 물 3mL를 넣어 다시 흔든다.
  - 용매층을 취하여 다음과 같이 정제한다.
  - 내경 10mm의 분리관에 실리카겔 4g을 채우고 그 위에 무수황산나트륨 약 2g을 채운 다음 6mL의 헥산을 흘려주고 잠시 공기 중에 방치하여 실리카겔을 활성화시킨다. 유도체화된 시료 2mL를 먼저 통과시킨 후 헥산 10mL를 통과시키고 유출액은 버린다. 이어서 톨루엔/헥산(75/25) 10mL와 2-프로판올/톨루엔(15/85) 10mL를 통과시켜 페놀류를 용출한다.

- 위의 모든 용출액을 합하여 쿠데르나 다니시 농축기로 1mL까지 농축하여 시험용액으로 한다. 시험용액 1~5μL를 취하여 기체크로마토그래프-전자포획검출기로 분석한다.

② 기체크로마토그래프-질량분석법
㉠ 추출액을 쿠데르나 다니시 농축기로 200μL까지 농축하여 시험용액으로 하여 GC/MS로 분석한다.
㉡ 분석기기 및 조작조건
- 분석기기 : 기체크로마토그래프-질량분석기
- 운반기체 : 부피백분율 99.999% 이상의 헬륨 또는 질소
- 유량 : 0.5~4mL/min
- 시료도입부 온도 : 200~280℃
- 칼럼온도 : 40~310℃

(3) 염소소독부산물
이 방법은 브로모클로로아세토나이트릴, 다이브로모에틸렌의 측정에 적용한다.
① 기체크로마토그래프-전자포획검출법 : 표준용액 0.2~10mL를 사용하여 단계적으로 50mL 부피플라스크에 취하고 각각에 아세톤을 넣어 50mL로 한 다음 시린지로 1~5μL를 취하여 크로마토그래프에 주입하여 각 성분의 양과 피크 높이 또는 넓이와의 관계를 구한다.
② 기체크로마토그래프-질량분석법 : 시료를 GC/MS로 분석한다.

(4) 알라클러
① 기체크로마토그래프-전자포획검출법 : 시험용액 1~10μL를 기체크로마토그래프에 주입하여 크로마토그램을 실시하고 작성한 검정곡선으로부터 시험용액 중의 알라클러의 양을 구하여 시료 중의 농도를 측정한다.
② 기체크로마토그래프-질량분석법 : 시료를 GC/MS로 분석한다.

(5) 프탈레이트와 아디페이트
① 이 방법은 비스에틸헥실프탈레이트와 비스에틸헥실아디페이트의 검사에 적용한다.
② 기체크로마토그래프-질량분석법에서는 시험용액 1~5μL를 취하여 기체크로마토그래프-질량분석기에 주입하여 분석한다.

(6) 벤조(a)피렌
① 고성능액체크로마토그래프-형광광도법 : 시험용액 1~10μL를 액체크로마토그래프에 주입하여 크로마토그램을 실시하고 작성한 검정곡선으로부터 시험용액 중의 벤조(a)피렌의 양을 구하여 시료 중의 농도를 측정한다.
② 기체크로마토그래프-질량분석법 : 시료를 GC/MS로 분석한다.

(7) 안티몬(Sb)

① 유도결합플라스마-원자발광분광법 : 시험용액을 ICP에 주입하여 분석하고 작성한 검정곡선으로부터 시험용액 중의 안티몬의 양을 구하여 시료 중의 농도를 측정한다.
② 유도결합플라스마-질량분석법 : 시료를 플라스마에 분사시켜 탈용매, 원자화 그리고 이온화하여 사중극자형으로 주입한 후 질량분석을 수행하는 방법이다.

(8) 할로아세틱에시드

이 방법은 2,4-D와 모노클로로아세틱에시드, 모노브로모아세틱에시드의 측정에 적용한다.
① 기체크로마토그래프-전자포획검출법 : 전처리에서 얻은 시험용액 1~2μL를 기체크로마토그래프에 주입하여 크로마토그램을 얻고 검정곡선에서 시험용액 중 2,4-D, 모노클로로아세틱에시드, 모노브로모아세틱에시드의 양을 구하여 시료 중의 농도를 측정한다.
② 기체크로마토그래프-질량분석법 : 시료를 기체크로마토그래프/질량분석기(GC/MS)로 분석한다.

(9) 지오스민 및 2-MIB

① 용매추출/기체크로마토그래프-질량분석법
  ㉠ 개요 : n-Hexane으로 추출·농축한 후 기체크로마토그래프/질량분석기로 분석하는 방법이다.
  ㉡ 측정법
   • 추출액 2μL를 취하여 기체크로마토그래프에 주입하여 분석한다.
   • 기체크로마토그래프/질량분석기로부터 얻은 크로마토그램에서 각 분석성분 및 내부표준물질의 머무름 시간에 해당하는 위치의 피크들로부터 피크의 면적을 구한다.
② 고상추출/기체크로마토그래프-질량분석법
  ㉠ 개요 : 고상으로 충진된 흡착제에 흡착시킨 후 적절한 추출용매를 사용하여 성분을 용출하고 불순성분들을 제거하여 용출·농축한 후 기체크로마토그래프/질량분석기로 분석하는 방법이다.
  ㉡ 측정법
   • 추출액 2μL를 취하여 기체크로마토그래프에 주입하여 분석한다.
   • 기체크로마토그래프/질량분석기로부터 얻은 크로마토그램에서 각 분석성분 및 내부표준물질의 머무름 시간에 해당하는 위치의 피크들로부터 피크의 면적을 구한다.
③ HS-SPME/기체크로마토그래프-질량분석법
  ㉠ 개요 : 시료를 추출하고 화이버를 직접 기체크로마토그래프에 주입하여 열 탈착시켜 분석하는 방법이다. 즉, 시료 추출, 정제와 농축이 동시에 이루어지고 직접 기체크로마토그래프로 주입되기 때문에 자동화가 용이하여 기존의 전처리방법에 비해 상대적으로 높은 감도와 분석 조작이 간단한 특징이 있다.

ⓒ 측정법
- 흡착시킨 시료를 270℃, 4분간 탈착시켜 기체크로마토그래프/질량분석기로 분석한다.
- 기체크로마토그래프/질량분석기로부터 얻은 크로마토그램에서 각 분석성분 및 내부표준물질의 머무름 시간에 해당하는 위치의 피크들로부터 피크의 면적을 구한다.

02 정수공정운영 실험방법

1. 응집 및 침전공정 운영 실험

(1) 자 테스트(Jar Test)

현재 정수장에서 응집제 및 알칼리제 주입률 결정에 광범위하게 사용되고 있는 응집실험방법이다.

① 실험기기 및 시약제조
  ㉠ 실험기기
   - 약품교반시험기(Jar Tester)
   - 약품 : 응집제, 알칼리제, 응집보조제
   - 측정기기 : 탁도계, pH측정기, 온도계, 시계
  ㉡ 시약제조
   - 응집제 제조 : 실험 대상 정수장에서 사용하고 있는 응집제를 사용한다. 일반적으로 0.1~1%의 범위로 사용하며, 무기금속염의 경우 수화작용을 일으키는 등 유효성분이 감소할 수 있으므로 반드시 실험 당일 새로 제조하여 사용하는 것이 바람직하다.
   - 알칼리제 제조방법 : 주로 액상의 수산화나트륨(NaOH)이나 소석회(CaO)이며, 실험 시 현장에서 사용되는 알칼리제를 사용하는 것이 바람직하다.

② 표준 자 테스트의 순서 : 약품주입 → 급속교반 → 완속교반 → 침전 → 상징수 분석
  ㉠ 약품주입 : 급속교반이 이루어지고 있는 상태에서 실시하며, 가능한 신속하게 주입하고 동일한 조건의 실험이 이루어지도록 Jar마다 동시에 주입되도록 한다.
  ㉡ 교반 : 일반적으로 급속교반과 단계별 완속교반으로 구분된다. 교반강도(G값)는 패들의 회전속도(rpm)를 변경하여 조정한다.
  ㉢ 침전 : 교반 후 10~20분간 정치하여 플록을 침전시킨다. 이때 비커에 직사광선이 들지 않도록 주의해야 한다.
  ㉣ 상징수 채취 및 분석 : 침전시킨 후 시료 채수구를 통하여 상징수를 채취한다. 상징수 채취 시에는 침전된 플록과 표면의 스컴이 요동하여 시료에 혼입되지 않도록 주의해야 한다.

③ 최적 pH의 결정을 위한 실험 절차
　㉠ 원수수질 분석 : 수온, pH, 탁도, 알칼리도 등
　㉡ 예비 응집제 주입률 결정 : 비커에 시료 200mL를 넣고 교반하면서 응집제를 1mL씩 증가시켜 최초의 플록 형성이 보이는 점을 약품주입률로 선정
　㉢ 시료 준비 : 원수 2L를 6개의 자에 각각 정확히 넣고 약품교반기에 안치
　㉣ 응집제 주입 : 예비실험으로 결정된 응집제 주입률로 응집제 주입
　㉤ pH 조절제 주입 : 0.01~0.1M HCl 또는 NaOH를 이용하여 pH 4~8로 조절
　㉥ 급속교반 : 1~2분간 급속교반
　㉦ 완속교반 : 15분 이상 적정 조건으로 완속교반
　㉧ 정치, 침전 : 15~30분간 정치, 침전
　㉨ 상징수 채취 및 분석 : 상징수를 채취한 후 pH, 알칼리도 및 탁도, 색도 측정
　㉩ 최적 pH 결정 : pH에 따른 제거물질의 동향을 플롯하여 최적 pH 결정

④ 최적 응집제 주입량 결정을 위한 실험 절차
　㉠ 원수수질 분석 : 수온, pH, 탁도, 알칼리도 등
　㉡ 시료준비 : 원수 2L를 6개의 자에 각각 정확히 넣고 약품교반기에 안치
　㉢ 응집제 주입 : 예비실험으로 결정된 주입률의 25~250% 범위로 주입
　㉣ 알칼리제 첨가 : 최적 pH를 위해 요구되는 알칼리제 양 주입
　㉤ 급속교반 : 200~400rpm으로 1분간 실시
　㉥ 완속교반 : 60, 40, 20rpm으로 10분씩 실시
　㉦ 침전 : 10~20분간 정치, 침전, 플록형성 및 침강상태 관찰
　㉧ 상징수 채취 : 500mL씩 채취
　㉨ 수질분석 : 상징수의 수질 측정(탁도, 알칼리도, pH 등)
　㉩ 응집제 주입률 결정 : 잔류 탁도를 기준으로 최적주입률 결정, pH, 알칼리도 감소 조사
　㉪ 응집제 주입량 결정 : 처리수량×응집제 주입률

(2) G값 산정 및 적정 응집조건 평가
① G값 산정
　㉠ 속도경사(G값) : 교반을 위해 투입하는 에너지와 혼화지 내 유체의 점도와 혼화지 부피 간의 상호관계를 나타낸 값으로 에너지가 클수록, 유체의 점도와 혼화지의 부피가 작을수록 G값이 커진다.

$$G = \sqrt{\frac{P}{\mu V}}$$

여기서, P : 수중에 전달된 동력(W)
　　　　μ : 물의 점성력(cP)
　　　　V : 혼화지의 부피(m^3)

ⓒ 유수 자체의 수두를 교반에 이용하는 수류에 의한 플록형성 시 교반에너지

$$P = \frac{wQh_f}{al} = \frac{wvh_f}{l}$$

　　　여기서, P : 단위체적당 교반에너지(kg·m/s·m³)
　　　　　　w : 물의 단위 중량(1,000kg/m³)
　　　　　　Q : 단위시간당 유입량(m³/s)
　　　　　　h_f : 플록형성지의 전수두손실
　　　　　　a : 유류의 단면적(m²)
　　　　　　l : 유류수두의 총연장(m)
　　　　　　v : 지내 유속(m/s)

　　ⓔ 패들식 교반기에 의한 동력

$$P = \frac{C_D A \rho u^3}{2} \quad \text{또는} \quad P = \frac{C_D A r v^3}{2g}$$

　　　여기서, C_D : 패들 날개 길이와 폭비(L/W)에 따른 저항계수
　　　　　　A : 패들 면적(m²)
　　　　　　v : 패들 상대 속도(m/s)

② **적정 응집조건 평가 실험** : 정수장 응집조건이 일반적인 권장치와 크게 다른 경우나, 계열별로 상이한 조건으로 운전되고 효율상의 차이가 큰 경우 등 비교평가가 필요한 경우 응집단수, 교반강도, 교반시간 등의 적정 응집조건을 평가하기 위한 실험을 수행한다.

　　ⓘ 혼화지 유출수 : 원수를 혼화지 유출수로 사용하며, 장 넣어 약품교반기에 안치
　　ⓒ 완속교반 : 설정된 교반조건(교반단수, 강도, 시간)에서 완속교반
　　ⓔ 침전속도 실험 : 시간에 따라 시료를 샘플링하여 탁도 측정
　　ⓡ 평 가

(3) 입자의 전기적 특성을 통한 응집 평가

① **제타 전위(Zeta Potential) 측정 방법**

　　ⓘ 시료를 전기영동셀에 주입한다.
　　ⓒ 소정의 전압하에 입자의 이동속도와 pH를 측정한다. 측정의 정확도를 높이기 위하여 6회 정도 실시하고, 약품주입량을 증가시키면서 반복 측정하여 입자의 이동방향이 역방향이 될 때까지 계속한다.
　　ⓔ 콜로이드 입자의 이동속도를 계산하고 전기영동도를 다음 식으로 계산한다.

$$EM = \frac{GL}{VT}$$

　　　여기서, G : 격자간 거리(μm)　　　　V : 전압(V)
　　　　　　L : 셀 길이(cm)　　　　　　　T : 시간(s)

㉣ 약품주입량에 대응하여 다음 식에 의거 산출된 제타 전위와 pH를 그래프를 도시하여 적정 pH와 약품 주입률 등을 구한다.

$$\zeta = \frac{4\pi v}{\varepsilon X} = \frac{4\pi \eta EM}{\varepsilon}$$

(수온이 25℃일 때 $\zeta = 12.8EM$이 된다)

여기서, v : 입자의 속도
  ε : 매체의 유전상수
  η : 매체의 점도
  X : Cell의 단위길이에 가한 전위
  EM : 전기이동도

② SCD(Stream Current Detector) 측정방법 : 어떤 유체에 압력을 가하면 그 물체의 확산층에 있는 상대이온을 움직이게 하는 전위 또는 전류가 발생하는데 이를 흐름전위(Stream Current)라고 하며, 이를 측정하는 기기를 SCD 또는 SCM이라 한다.

㉠ 원리 : 표면에 (+)를 띤 물질을 부착시켜 놓고 유체 중에 반대 전하를 띠고 있는 입자가 흡착될 때 일어나는 흐름전류를 측정하는 것이다.

㉡ 구성 : 기본적으로 챔버, 실린더 내에 상하왕복운동을 하는 피스톤을 갖는 센서부, 신호증폭부로 구성되어 있다.

㉢ 측정방법
  • 설 치
    - 일반적으로 센서는 응답시간을 최소화하기 위해 샘플링과 최대한 가까이 위치하여야 하며, 시료의 유량은 적정범위를 넘지 않아야 한다.
    - 시료 셀에는 PVC 재질로 된 시료주입관과 대기압에 노출된 배출관을 연결하고 셀에 압력이 걸리지 않도록 해야 한다.
  • 운 전
    - 작동 시작 후 10~15분 정도 안정화한다.
    - 모니터 LED가 깜박이면 정상상태 작동이다.
    - ZERO OFF SET을 IN으로 맞추면 노란색 LED가 켜지고 0이 될 때까지 ZERO OFF SET 단추를 돌려서 기준값을 설정한다.
    - GAIN값은 클수록 민감도가 커지므로, 대상 시료의 상태에 따라 적정값을 설정한다.
    - 기준값이 설정되면 모니터상에 나타나는 값을 측정값으로 읽는다.

(4) 침전효율 측정 방법

① 실험대상의 응집 플록을 포함한 시료를 침전관에 채운다.
② 정적인 상태에서 침전시키며 시간에 따라 수심별로 채수한다.
③ 각 시료의 탁도 또는 SS를 측정한다.

④ 수심별, 시간별 분석 결과를 정리하고 탁도 또는 SS 제거율을 계산한다.
⑤ 계산된 제거율을 이용하여 등제거율곡선을 그린다.
⑥ 체류시간에 따른 제거율 및 표면부하율에 따른 제거율을 산정한다.

(5) 침전지 내 물 흐름 상태를 파악하기 위한 실험(추적자 실험)
① 실험 개요
  ㉠ 추적자 실험(Tracer Test)은 일반적으로 반응조 유입부에 추적자 물질을 주입한 다음 유출수에서 이들 추적자의 농도를 시간대별로 측정함으로써 수행된다.
  ㉡ 주입된 추적자가 거의 모두 유출될 때까지 유출수의 농도를 계속 측정해야 한다.
② 실험방법
  ㉠ 주입방법
   • 단계주입법 : 출구에서의 추적자 농도가 안정된 수준의 일정한 농도를 나타낼 때까지 추적자를 일정한 비율로 계속 주입하는 방법
   • 순간주입법 : 충분히 혼합이 보장되는 곳에서 많은 양을 순간적으로 탱크에 주입한 다음 유출구에서 일정한 시간 간격으로 시료를 채취하여 추적자 농도를 측정하는 방법
  ㉡ 주입량
   • 추적자 종류에 상관없이 주입되는 추적자의 양은 유출구의 시료에서 추적자 농도를 전체 흐름 시간 동안 분명하게 관찰할 수 있을 정도여야 한다.
   • 순간주입법으로 리튬클로라이드를 추적자로 주입할 경우 리튬의 첨두농도는 약 2~3mg/L 이다.
   • 플루오린화합물이 사용될 경우에는 시료수에서 플루오린이온의 최고농도는 1~1.5mg/L로서 먹는물 수질기준에서의 플루오린 기준농도를 넘지 않아야 한다.
  ㉢ 시료 채취 및 분석
   • 유출구에서 시료를 채취할 때는 추적자를 주입하기 전의 시료도 채취하여 바탕농도를 설정해야 한다.
   • 추적자를 주입한 이후에는 계산된 평균체류시간의 5%에서부터 시료를 채취하기 시작해야 하며, 추적자의 농도가 바탕농도로 떨어질 때까지의 시간동안 시료를 채취해야 한다.
③ 결과 분석
  ㉠ 순간주입법
   • 추적자 농도 = 측정농도 − 바탕농도
   • 이론적 플루오린주입농도

   $$C_0 = \frac{주입농도 \times V'}{V} = \frac{주입량}{V}$$

   • C/C_0 = 추적자농도/이론적 플루오린주입농도

ⓒ 단계주입법
　　　• 추적자 농도 = 측정농도 − 바탕농도
　　　• 상대농도비, C/C_0 = 추적자농도/주입농도
　　　• 상대적 시간비, t/T

2. 여과공정운영 실험 및 분석

(1) 손실수두 측정방법

① 여과지 손실수두

$$\frac{V_1^{\,2}}{2g}+\frac{p_1}{\gamma}+Z_1=\frac{V_2^{\,2}}{2g}+\frac{p_2}{\gamma}+Z_2+H_L$$

여기서, V : 유속　　　　　　　　g : 중력가속도
　　　　p : 정압력　　　　　　　γ : 비중
　　　　Z : 위치수두　　　　　　H_L : 손실수두
　　　　아래첨자 1 : 수면　　　　아래첨자 2 : 유출부

② 손실수두의 측정
　ⓐ 여과지의 수위와 여과지 유출 후의 수위와의 차를 측정하는 방법
　ⓑ 여과 전후의 압력차를 측정하는 방법
　ⓒ 여과지 수위를 측정하는 방법

(2) 여과 및 역세척 효율측정 방법

① 여과 효율측정방법
　ⓐ 탁도 측정
　　• 탁도계는 여과지마다 여과수 탁도 감시만이 아니라 여층 내 탁도와 역세척 배출수 탁도의 감시에도 사용된다.
　　• 정상적인 상태에서 여과수 탁도는 0.1NTU를 목표치로 한다.
　ⓑ 여과지속시간
　　• 역세 후 여과지 가동시간부터 다음 역세 전까지의 시간을 의미한다.
　　• 여재입경, 고형물의 농도의 함수인 유입수질, 수온, 여과속도 및 여층상태 등에 좌우된다.
　　• 여과속도가 360m/d 이하일 경우 여과지속시간이 항상 24시간 이상이어야 한다.
　ⓒ 여과수량에 대한 역세척수량의 비

$$\text{여과수량에 대한 역세척수량의 비} = \frac{\text{역세척수량}}{\text{역세척 전까지의 여과수량}}$$

ⓔ 단위 면적당 여과수량(UFRV ; Unit Filter Run Volume)

　　　단위 면적당 여과수량(m^3/m^2) = 여과속도(m^3/m^2 · 분) × 여과지속시간(분)

② **역세 팽창률 측정** : 평판형 역세척 팽창 측정기를 이용하여 역세척 팽창률을 측정하는 방법은 다음과 같다.

　ⓐ 여과지의 유입, 유출 밸브를 닫는다.

　ⓑ 디스크가 여층 위에 닿을 때까지 내린다. 여층에 디스크가 닿으면 로프를 팽팽하게 하고 위치를 표시한다.

　ⓒ 디스크를 치우고 디스크까지의 거리를 측정한다. 측정값은 여층의 높이가 된다.

　ⓓ 역세척을 개시한다.

　ⓔ 역세척이 최고 역세척 유속에 도달하면 디스크를 내리면서 디스크가 유동화된 여층에 가려 보이지 않을 때까지 내린다.

　ⓕ 정확성을 기하기 위하여 ⓔ 과정을 반복한다. 로프가 팽팽하도록 하여 디스크가 사라지는 지점을 기록한다.

　ⓖ 디스크를 치우고 그 높이를 측정하면 그 높이가 유동화된 여층의 최고점이 된다.

　ⓗ ⓒ에서 측정된 값부터 ⓖ에서 측정된 값을 빼면 그 값이 여층 팽창 높이가 된다.

　ⓘ 다음 식에 따라 팽창률을 계산한다.

　　$$팽창률(\%) = \frac{팽창\ 높이(m)}{총여층\ 두께(m)} \times 100$$

③ **역세척 효율 측정**

　ⓐ 육안관찰 : 역세 후 여층의 상태를 시각적으로 관측하여 역세척이 적절하게 이루어졌는지 확인한다. 여층상태를 정수장 운전자가 육안으로 점검할 경우 머드볼이나 여층표면의 균열, 기타 비정상적인 상태가 있는지를 확인해야 한다.

　ⓑ 역세배출수 탁도 측정

　　• 역세척에 영향을 미치는 두 가지 중요한 인자는 역세척 강도와 시간이다.

　　• 세탁탁도, 역세팽창률, 역세상승 유도 등의 검토를 통하여 적절한 역세척 속도를 선정하고, 역세배출수 탁도 측정을 통하여 적절한 역세척 지속시간을 결정한다.

> **더 알아보기**
>
> **역세배출수 탁도 측정 절차**
> 1. 표준운전절차에 따라 역세척을 개시한다.
> 2. 트로프로 월류되는 시점을 샘플링 시점으로 본다(t = 0분).
> 3. 역세척이 완료되는 시점까지 시간에 따라 샘플링을 실시한다.
> 4. 채수된 시료의 탁도를 분석하여 시간에 대한 탁도 그래프를 플롯한다.
> 5. 배출수 탁도 변화로부터 역세지속시간의 적정성을 평가하고, 첨두 발생 형태로부터 역세척의 효율성을 평가한다.

ⓒ 세척탁도 측정 : 적절한 주상시료 채취계획에 의해 채취된 시료에 대해 세척탁도를 측정함으로써 심도에 따른 억류 탁도 분포도를 작성하여 역세척공정의 효율성과 여층상태를 평가할 수 있다.

> **더 알아보기**
>
> **세척탁도 측정 순서**
> 1. 채취된 시료 약 50g을 취하여 500mL 플라스크에 넣는다.
> 2. 100mL의 수돗물을 넣고 마개를 막은 후 1분간 강하게 흔든다.
> 3. 세척된 탁수를 1,000mL 플라스크에 따라서 옮긴다.
> 4. 세척하고 1,000mL 플라스크에 따라 옮기는 작업을 4회 추가 반복하여 총세척수가 500mL가 되도록 한다.
> 5. 시료를 흔들어서 침전된 입자가 재부상되도록 하여 탁도를 측정한다.
> 6. 측정된 탁도에 ×2를 하여 100g당의 탁도(NTU/100g)를 계산한다.
> 7. 깊이별 세척탁도 그래프를 플롯하여 역세척의 적정성을 평가한다.

④ 머드볼 측정방법 : 여재의 오염도를 측정하는 방법

ⓐ 여과지 상층 20cm 지점에서 코아관으로 적어도 3군데 이상에서 300g의 시료를 채취한다.

ⓑ 500mL 메스실린더에 물 200mL를 취하고 여기에 300g의 채취시료를 서서히 조금씩 넣고 물 용적의 증가량(amL)을 측정한다.

ⓒ 이 시료를 10번체(2.0mm)에 부어 물이 들어 있는 용기 내로 체가 대부분 잠길 때까지 담가 놓고 머드볼이 파괴되지 않도록 천천히 상·하로 반복하여 흔들어서 여재를 떨어뜨리고 체를 기울여 여재와 머드볼을 분리한다.

ⓓ 여재는 체를 빠져나가고 머드볼은 체에 남게 된다. 분리된 머드볼에서 물을 빼고 200mL 메스실린더에 물 100mL를 취한 후 여기에 분리된 머드볼을 넣고 물 용적의 증가량(bmL)을 측정한다.

ⓔ 다음 식으로 머드볼의 용적비(%)를 계산한다.

머드볼의 용적비(%) = $b/a \times 100$

ⓕ 머드볼의 평가기준에 따라 여층의 머드볼을 평가한다.

[머드볼 용적비 평가기준(예)]

머드볼 용적비(%)	여층 상태	비 고
0.1 이하	깨끗함	S. Kawamura
0.1~0.5	양 호	
0.5~1.0	비교적 깨끗	
1.0~5.0	불 량	
5.0 이상	매우 불량(여재 교체)	

(3) 여재기능 측정법

① 여재기능의 상실 원인

ⓐ 여층 내의 Air Binding

ⓑ 표면세척과 역세척의 과도한 시간 및 긴 중복세척

ⓒ 과도한 역세척속도
ⓔ 안트라사이트와 모래입경의 부정합
ⓜ 낮은 트로프 높이
ⓗ 공기병용 역세척에서의 부적절한 조작순서
ⓢ 부실한 하부집수장치

② 여층깊이 측정
ⓐ 여재유실과 더불어 여재의 이동 등을 평가하기 위하여 주기적으로 여층깊이를 점검하여야 한다.
ⓑ 여층깊이 측정도구는 쇠막대에 자가 부착된 형태로서 여층에 서서히 밀어넣어 더 이상 밀어넣기 어렵게 되면 자갈층 상단에 도달하는 것이고, 그때 삽입된 길이를 여층깊이로 측정하게 된다.

③ 여재기능 실험
ⓐ 여재의 채취 및 실험
- 주상재료를 채취하여 여재의 기능을 평가할 수 있으며, 여층깊이를 3등분(상, 중, 하)한 지점의 여과모래를 채취할 수 있다.

[여재시료 채취 예]

여층깊이	상 층	중 층	하 층
60cm	0~20cm	20~40cm	40~60cm
100cm	0~30cm	30~60cm	60~90cm

- 채취된 시료는 수도용 여과모래 시험방법에 의해 유효경 및 균등계수를 조사하고 사용 중인 여과모래의 유효경 및 균등계수 경년변화를 설계당시의 기준값과 비교하여 교체 여부 등을 판단한다.
  - 유효경 : 급속여과 모래의 유효경은 0.45~1.0mm 중에서 적정한 입경을 선정하여 사용한다.
  - 균등계수 : 입경분포의 균일한 정도를 나타내는 지표로 균등계수가 1에 가까울수록 입경이 균일해진다. 일반적인 모래의 균등계수는 1.5~3.0의 범위에 있다.

ⓑ 결과분석
- 표층 5cm 안에 있는 여재의 입경 : 여재의 입경이 유효경의 80% 이하이면, 여과기능의 유지(적정 여과지속시간 유지)를 위하여 표층부를 제거해야 한다.
- 여층 전체의 깊이별 여재입경 분포도 : 여재입경이 여층 하부로 갈수록 점점 커지면 탁질 누출이 일찍 발생할 가능성이 있으므로 균등계수를 적정하게 유지하여야 한다.
- 다층 여재의 경계면 : 2층 여과 등 다층여과를 할 경우 이종 여재 간의 경계면에서의 입경을 첨가할 필요가 있다.

3. 소독공정 운영실험 및 분석

(1) 염소요구량 측정

① 염소요구량 및 반응

㉠ 염소주입량 = 염소주입률 × 처리수량

㉡ 염소주입률 = 요구되는 잔류염소량 × 물과 접촉하는 시설의 염소소비량 + 물의 염소요구량

[효율적인 살균을 위한 잔류염소의 최소농도]

pH	유리잔류염소의 최소농도(mg/L) (접촉시간 10분)	결합잔류염소의 최소농도(mg/L) (접촉시간 60분)
6.0~7.0	0.2	1.0
7.0~8.0	0.2	1.5
8.0~9.0	0.4	1.8

㉢ 염소요구량
- 염소를 주입시켜 소정시간 접촉 후에 유리잔류염소를 유지시키는 데 필요한 염소량
- 염소요구량 = 염소주입량 − 잔류염소량

㉣ 염소와 암모니아(NH_3)의 반응 : 암모니아는 염소와 반응하여 클로라민을 형성하고, 결국 암모니아 중의 질소 성분은 질소가스(N_2)로 전환되어 공기 중으로 날아간다. 이 반응과정에서 염소의 절반 정도는 살균에 무효한 염소이온(Cl^-)으로 된다.
- 모노클로라민 생성 : $NH_3 + HOCl \Leftrightarrow NH_2Cl + H_2O$
- 다이클로라민 생성 : $NH_2Cl + HOCl \Leftrightarrow NHCl_2 + H_2O$ (pH 5.0~6.5 정도)
- 트라이클로라민 생성 : $NHCl_2 + HOCl \Leftrightarrow NCl_3 + H_2O$ (pH 4.0 이하)
- 질소 산화 반응

  $NH_2Cl + NHCl_2 \Leftrightarrow N_2 + 3HCl$

  $2NH_2Cl + Cl_2 \Leftrightarrow N_2 + 4HCl$

  이 반응을 정리하면,

  $2NH_3 + 3Cl_2 \Leftrightarrow N_2 + 6HCl$

② **실험방법** : 표준염소용액을 농도를 달리하여 여러 개의 일정량의 원수에 가하여 일정시간 접촉 후 각각의 유리잔류염소량을 측정하여 염소요구량을 구한다.

(2) CT값 산정방법

CT값은 반응 끝에서 결정되는 잔류소독제의 농도인 C(mg/L)와 대응하는 '소독제 접촉시간' T(분)의 곱이다.

① C값의 결정 : 잔류소독제 농도는 측정한 잔류소독제 농도값 중 최소값을 택한다.

② T값의 결정 : T값(분)은 접촉시간을 나타내는 것으로 배관계통에서는 파이프의 내부 부피를 파이프의 시간당 최대유량(실시간 유량)으로 나누어 산출한다. 정수지의 T값은 정수지를 통하는 물의 90%가 체류하는 시간으로 설정하고 있다.

㉠ 이론적 접촉시간 : 정수지 구조에 따른 수리학적 체류시간(정수지 사용용량/시간당 최대통과 유량)에 환산계수를 곱하여 소독제의 접촉시간으로 한다.

㉡ 추적자에 의한 T_{10}의 결정 : 최초 소독제 주입지점에 투입된 추적자의 10%가 정수지 유출지점 또는 불활성화비의 값을 인정받은 지점으로 빠져나올 때까지의 시간을 접촉 시간으로 한다.
  • 순간주입법
  • 단계주입법

③ CT값의 계산

$CT_{계산값}$ = 잔류소독제 농도(mg/L) × 소독제 접촉시간(분)

(3) 소독효과분석(불활성화비 계산)

① 불활성화비의 계산

㉠ 정수장 처리공장 및 배수계통에서 C값이 측정된 각 지점에서 CT값을 계산하고($CT_{계산값}$ 산정), 운영조건(수온, pH, 잔류소독제 농도, 유량 등)에 대해 정수처리기준에서 제시된 지아디아와 바이러스의 요구되는 제거율을 얻기 위해 필요한 CT값($CT_{요구값}$)을 결정하여 그 비를 구한다.

$$불활성화비 = \left(\frac{CT_{계산값}}{CT_{요구값}} \right)$$

㉡ 불활성화비의 총합은 반드시 1.0보다 크거나 같아야 한다.

$$\sum \frac{CT_{계산값}}{CT_{요구값}} \geq 1.0$$

② 정수처리기준의 준수 여부 판단 : 계산된 불활성화비 값이 1.0 이상이면 99.99%의 바이러스 및 99.9%의 지아디아 포낭의 불활성화가 이루어진 것으로 한다.

4. 배출수 처리공정 운영 실험 및 분석

(1) 슬러지 성상분석

① 수분과 고형물 함량 : 평량병 또는 증발접시를 미리 105~110℃에서 1시간 건조시킨 다음 데시케이터 안에서 방랭하고 항량으로 무게를 정밀히 달고(W_1) 여기에 시료 적당량을 취하여 평량병 또는 증발접시와 시료의 무게(W_2)를 정밀히 단다. 다음에 물중탕에서 수분을 거의 날려 보내고 105~110℃의 건조기 안에서 4시간 건조시킨 다음 실리카겔이 담겨있는 데시케이터 안에 넣어 방랭하고 항량으로 하여 무게(W_3)를 정밀히 단다.

㉠ 수분 및 고형물 함량

- 수분(%) = $\dfrac{(W_2 - W_3)}{(W_2 - W_1)} \times 100$

- 고형물(%) = $\dfrac{(W_3 - W_1)}{(W_2 - W_1)} \times 100$

㉡ 슬러지의 비중

$$\dfrac{100}{슬러지\ 비중} = \dfrac{고형물량(\%)}{고형물\ 비중} + \dfrac{수분함량(\%)}{물의\ 비중}$$

㉢ 함수율(수분함량)에 따른 슬러지 용적

$$V_1(100 - P_1)\rho_1 = V_2(100 - P_2)\rho_2$$

여기서, V_1, V_2 : 함수율 P_1, P_2에서의 용적(m³)

P_1, P_2 : 함수율(%)

ρ_1, ρ_2 : 함수율 P_1, P_2에서의 슬러지 비중

② 강열감량 및 유기물 함량 : 도가니 또는 접시를 미리 600±25℃에서 30분간 강열하고 데시케이터 안에서 방랭한 다음 그 무게(W_1)를 정밀히 달고 여기에 시료 적당량(20g 이상)을 취하여 도가니 또는 접시와 시료의 무게(W_2)를 정밀히 단다. 여기에 25% 질산암모늄용액을 넣어 시료를 적시고 천천히 가열하여 600±25℃의 전기로 안에서 30분간 강열하고 데시케이터 안에서 방랭하여 그 무게(W_3)를 정밀히 단다.

강열감량(%) 또는 유기물함량(%) = $\dfrac{(W_2 - W_3)}{(W_2 - W_1)} \times 100$

(2) 농축실험

① 실험장치

㉠ 침전관

㉡ 초시계

㉢ 온도계

② 실험방법

㉠ 저장조에 슬러지를 균일하게 혼합하면서 침전에 정해진 높이까지 슬러지를 채운다.

㉡ 슬러지를 다 채우면 침전장치의 교반장치를 작동한다(1cm/s 이하).

㉢ 필요하다면 슬러지의 온도를 조절 혹은 기록하고 저장용기에서 충분히 혼합된 슬러지의 SS 농도를 측정한다.

㉣ 약 1분간 간격으로 계면의 높이를 측정하며 슬러지가 일정한 지역 침강속도를 나타낼 때까지 계속 측정한다.

㉤ 고형물 농도에 따른 고형물 플럭스를 조사한다면 고형물 농도를 변화시키면서 실험을 반복한다.

ⓗ x축에 측정시간, y축에 계면높이를 도시하여 농축침전곡선을 얻는다.
ⓢ 고형물 플럭스는 침전속도에 고형물 농도를 곱하여 구할 수 있으며, x축에 고형물 농도, y축에 고형물 플럭스를 도시하여 분석한다.

③ **결과분석**
  ㉠ 농축침전곡선 분석
    정화에 요구되는 면적 A_c와 농축에 필요한 면적 A_t 중 큰 값을 농축조 설계에 이용한다.
    - $A_c = 2.0 \dfrac{Q}{V_0}$
      여기서, Q : 유입유량(m³/일)
              2.0 : 확대계수
    - $A_t = 1.5 Q \dfrac{t_u}{H_0}$
      여기서, 1.5 : 확대계수
              t_u : 인출슬러지 농도가 되는 시간
              H_0 : 슬러지 초기 높이

  ㉡ 고형물 플럭스를 이용하는 방법
    - 중력침전에 의한 고형물 플럭스 : $G_s = G_i V_i$
    - 슬러지 인출에 의한 고형물 플럭스 : $G_b = G_i V_b$
    - 총고형물 플럭스 : $G_t = G_s + G_b = C_i V_i + C_i V_b$
      여기서, G_s : 중력에 의한 고형물 플럭스(kg/m³·일)
              G_i : 고형물농도(kg/m³)
              V_i : 지역침전속도(m/일)
              G_b : 슬러지 인출에 의한 고형물 플럭스(kg/m³·일)
              V_b : 인출류 유속(m/일)
              G_t : 총고형물 플럭스(kg/m³·일)

    - 고형물의 침전율
      $M_t = Q_0 C_0 = Q_u C_u$, 즉 $Q_u = M_t / C_u$
      여기서, M_t : 고형물 침전율(kg/일)
              Q_0 : 유입수의 유량(m³/일)
              C_0 : 유입수의 고형물 농도(kg/m³)

    - 요구되는 한계 단면적
      $A = \dfrac{M_t}{G_L} = \dfrac{Q_0 C_0}{G_L}$
      여기서, G_L : 합계 고형물 플럭스

- 인출류의 유속

$$V_b = \frac{Q_M}{A} = \frac{M_t}{C_u A} = \frac{G_L}{C_u}$$

④ **농축개량 평가를 위한 농축침전실험** : 슬러지 농축성 개량을 위하여 폴리머 등의 약품을 사용하거나 기타 개량 방법을 적용하는 경우 농축실험을 통하여 개량 최적 조건을 평가할 수 있다.

(3) 탈수실험

발생된 슬러지의 탈수성 평가 및 최적 개량 조건 결정을 위하여 탈수실험을 수행한다.

① 슬러지 비저항 실험

㉠ Carman Kozeny 공식

$$\frac{t}{V} = \frac{\mu WR}{2PA^2}V + \frac{\mu R_r}{AP}$$

여기서, R : 슬러지의 비저항값(s^2/g)
P : 슬러지 케이크와 여재 통과 시의 총압력차(g/cm^2)
V : 단위여과 면적당 여액의 부피(cm^3)
t : 여과시간(s)
μ : 여액의 점성(g/cm·s)
R_r : 여재의 저항(s^2/cm^2)
A : 여재의 면적(cm^2)
W : 단위 여액부피당 여과된 슬러지의 고형물 함량(g/cm^3)
b : 기울기(s/cm^3)

다시 정리하면,

$$b = \frac{\mu WR}{2PA^2} \rightarrow R = \frac{2PA^2 b}{\mu W}$$

② 여과시간 실험(TTF ; Time To Filter)

㉠ Buchner Funnel Test나 Filter Leaf Test 시험보다 단순화한 방법으로 Buchner Funnel 장치를 이용한다.
㉡ 통상 시료의 반이 여과되는 시간을 측정하여 슬러지의 여과 탈수능력을 결정한다.
㉢ 간단하고 단순하기 때문에 운영관리상 신속한 적용이 가능하다.
㉣ 슬러지 고형물 함량과 여액의 점도가 크게 변하지 않으면 CST와 상관성을 가지며 비저항과 유사하다.

③ CST(Capillary Suction Time) 실험

㉠ Probe와 타이머를 설치한 장치를 이용하여 슬러지로부터 분리된 여액이 모세관 현상에 의해 이동하는데 걸리는 시간을 측정한다.

ⓒ 보통 여액이 여지 1cm를 지나는 동안의 소요 시간을 측정하며 다음 식으로 표현한다.

$$t = (D_2^2 - D_1^2)\frac{\pi d}{AP}\frac{\mu C}{x}$$

여기서, t : CST(s)
D_1, D_2 : 수분이 퍼져나가는 동심원의 직경(m)
d : 여지의 두께(m)
A : 액주의 바닥면적(m^2)
P : 모세관 현상에 의한 여지의 흡입압력(N/m^2)
μ : 여액의 점성계수(kg/m·s)
C : 고형물 농도(kg/m^2)
x : 실험조건에 따른 계수($kg/m^2 \cdot s^2$)

ⓒ CST는 모세관 현상에 의한 여액의 이동시간이므로 짧을수록 탈수능이 크다는 것을 의미한다.
ⓔ CST는 비저항과 쉽게 연관시킬 수 있어서 많이 사용되고 있으며, 분석이 빠르고 간단한 실험으로 비용과 시간을 절약할 수 있고 고도의 숙련이 필요하지 않다는 장점이 있다.

④ 최적 개량 조건 결정
㉠ 1L 자 또는 비커에 적정량의 슬러지를 넣는다.
㉡ 개량제(폴리머 등)를 일정 주입률로 주입한다.
㉢ 적정 교반강도와 시간으로 혼합한다(교반 중과 교반 후의 슬러지 상태를 관찰한다).
㉣ 시료를 채취하여 선택된 탈수실험(비저항, TTF, CST 등)을 수행한다.
㉤ 폴리머 주입률을 변화시키면서 ㉠~㉣을 반복한다.
㉥ 폴리머 주입률을 x축에 탈수성 평가결과(비저항, TTF, CST 등)를 y축에 도시한 후 최적 주입률을 결정한다.

5. 고도정수 처리공정 운영실험방법

(1) 오존요구량의 측정방법

① 순간오존요구량(ID)
㉠ 원수에 오존을 주입하고 오존이 소비되는 과정을 실시간으로 연속 측정하면 잔류오존농도가 주입과 동시에 순간적으로 감소하는 현상이 나타난다. 이러한 현상은 오존이 주입과 동시에 원수에 포함된 유기물이나 오존산화 요구물질에 의해서 순간적으로 소모되면서 나타나는데 이를 순간오존요구량(ID)이라 한다.
㉡ 순간오존요구량(ID)은 주입농도에 대한 초기 잔류오존농도의 차로, 매우 빠른 시간 내에 오존을 소비하는 인자의 지표이다.
㉢ 순간오존요구량(ID)은 원수의 수질 특성을 실시간으로 반영하기 때문에 짧은 시간의 오존 접촉시간을 요구하는 공정에 적용이 가능하다.

② 오존소비속도(K_c)
　㉠ 원수에 오존을 주입하면 순간오존요구량(ID)에 해당하는 오존이 급격하게 감소한 다음에 일차적으로 감소된 오존은 시간이 지남에 따라 서서히 소비된다. 유입원수의 특성에 따라 수중의 잔류농도 감소속도는 차이가 있는데 이러한 소비속도상수를 오존소비속도(K_c)라 한다.
　㉡ 오존소비속도(K_c)는 오존산화의 특성인자로서 pH, 경도, TOC 등 유기물 오염 양상과 브롬이온, 철, 망간과 같은 무기물 존재량 등 여러 가지 요인에 의해 변화된다.
　㉢ 원수 중의 유·무기인자들에 의해서 오존이 소비되는 속도가 달라지므로 오존의 소비속도는 오존산화처리 시 중요한 지표로 사용될 수 있다.
　㉣ 원수 중에 휴믹 물질과 같은 용존유기물(DOC)의 농도가 높을수록 순간오존요구량(ID)과 오존소비속도(K_c) 값이 증가하는 경향이 있고, 오존주입농도가 증가할수록 순간오존요구량은 증가하나 오존분해속도는 감소하는 경향을 나타낸다.

(2) 오존물질수지 산정방법

① 용존가스농도(mg/L)

$$C_s = B \times M \times P$$

여기서, C_s : 용존가스농도(mg/L)
　　　　B : Bunsen 흡수계수
　　　　M : 가스상 밀도(mg/L)
　　　　P : 대기 중에서 분압

② 오존전달효율 : 기체상태의 오존이 배오존으로 배출되지 않고 액체상태의 오존으로 전환되는 비율

$$오존전달효율 = \frac{주입오존량 - 배오존량}{주입오존량} \times 100$$

③ 오존이용률 : 주입된 오존이 유입수에 존재하는 오존요구량 유발물질과 충분히 반응할 수 있는 오존의 비율

$$오존이용률 = \frac{주입오존량 - 배오존량 - 잔류오존량}{주입오존량} \times 100$$

④ 생산된 오존가스의 부피당 유입가스의 부피

$$U_{1-2} = 1,000 + (1/2 \times Y_1 \times V_m \div 48)$$

여기서, U_{1-2} : 생산된 오존가스의 부피(m^3)당 유입가스의 부피(L)
　　　　$1/2 \times Y_1 \times V_m \div 48$: 유입가스의 추가적인 부피(L/m^3)
　　　　Y_1 : 오존생산농도(g/m^3)
　　　　V_m : 표준온도에서 분자량(L/mol)
　　　　48 : 오존의 그램분자량(g/mol)

⑤ 오존의 중량퍼센트 농도

$$Y' = \frac{Y_1 \times 100}{W_{pg}}, \quad W_{pg} = U_{1-2} \times W_{fg}$$

여기서, Y' : 중량퍼센트의 오존농도
Y_1 : 오존농도(g/m^3)
W_{pg} : 생성가스의 밀도(g/m^3)
W_{fg} : 유입가스의 밀도(g/m^3)

⑥ 오존의 생성

$P = G_1 \times W_{fg} \times Y_1 \div 100$

(3) 활성탄 성분 분석방법

① 활성탄의 품질평가 : 입상활성탄 시험방법은 KS M 1802(1985년)에, 분말활성탄 시험방법은 KS M 1210(1986년)에 규정되어 있다.

㉠ 입상활성탄 공업규격

항 목	1급	2급	3급
건조감량(%)	5 이하	5 이하	5 이하
경도(%)	90 이상	90 이상	90 이상
충전밀도(g/cc)	0.48 이하	0.52 이하	0.56 이하
아이오딘 흡착력(mg/g)	1,100 이상	1,000 이상	900 이상
벤젠 평형 흡착성능(%)	35 이상	33 이상	30 이상
입도(%)	95 이상	90 이상	90 이상

※ 적용범위 : 이 규격은 공업용 또는 물처리용 입상활성탄에 대하여 규정한다.

㉡ 분말활성탄 공업규격

• 1종

항 목	1종					
	1급		2급		3급	
탈색력	A형	B형	A형	B형	A형	B형
	94% 이상	150mL 이상	90% 이상	130mL 이상	85% 이상	110mL 이상
건조감량(%)	5.0 이하		10.0 이하		10.0 이하	
철분(Fe_2O_3)(%)	0.03 이하		0.15 이하		0.3 이하	
염화물(Cl)(%)	0.05 이하		0.13 이하		0.25 이하	
pH	5.0~8.0		5.0~8.0		5.0~8.0	

- 2종

항 목	2종					
	1급		2급		3급	
탈색력	A형	B형	A형	B형	A형	B형
	92% 이상	130mL 이상	85% 이상	110mL 이상	75% 이상	80mL 이상
건조감량(%)	10.0 이하		10.0 이하		15.0 이하	
철분(Fe_2O_3)(%)	–		–		–	
염화물(Cl)(%)	–		–		–	
pH	5.0~8.0		5.0~8.0		5.0~8.0	

※ A : 카라멜 탈색력, B : 메틸렌블루 탈색력
※ 적용범위 : 이 규격은 공업용 분말활성탄에 대하여 규정한다.

ⓒ 활성탄의 수처리 성분규격

구 분	분 말	입 상
성 상	이 품목은 흑색의 분말이다.	이 품목은 흑색의 알맹이다.
확인시험	확인시험법에 따라 시험할 때 적합하여야 한다.	확인시험법에 따라 시험할 때 적합하여야 한다.
pH	4.0~11.0	4.0~11.0
체잔류물	KS 200호체(74μm)의 체잔류물 10% 이하	KS 8호체(2,380μm)를 통과하고 KS 35호체(500μm)에 남아 있는 체잔류물 95% 이상
건조감량	50% 이하	5% 이하
염화물	0.5% 이하	0.5% 이하
비소(As)	2ppm 이하	2ppm 이하
납(Pb)	10ppm 이하	10ppm 이하
카드뮴(Cd)	1ppm 이하	1ppm 이하
아연(Zn)	50ppm 이하	50ppm 이하
페놀가	25 이하	25 이하
ABS가	50 이하	50 이하
메틸렌블루 탈색력	150mL/g 이상	150mL/g 이상
아이오딘 흡착력	950mg/g 이상	950mg/g 이상

(4) 막기능 시험방법

① 미생물제거시험(Microbial Challenge Test) : log 제거율에 대한 테스트로 막여과시스템의 미생물 제거능을 입증

㉠ Challenge Test가 가능한 대상 미생물의 선택

대상 미생물	범위(μm)
장관계 바이러스	0.03~0.1
분변성 대장균	1~4
크립토스포리디움	3~7
지아디아	7~15

ⓛ 크립토스포리디움을 위한 Surrogate 요약

Challenge Particulate	입자 범위	장 점	단 점
Cryptosporium parvum	3~5μm	요구되는 Surrogate에 대한 입증이 필요없음	• 고 가 • 측정이 어려움
대체 미생물	0.01~1μm	• 저 가 • 측정용이	• 취급이 어려움 • 응괴가능성
비활성 입자	< 1μm	• 중저가 • 사용에 편리	• 취급이 어려움 • 정확함
분자 Maker	< 100,000Daltons	• 저비용 • 측정용이	적용이 어려움

ⓒ Challenge Test 공정
- 압력구동형 공정
- 진공가압형 공정

ⓓ Challenge Test 결과에 대한 분석 : 다음 식을 계산하여 제거효율을 평가한다.

$$LRV = \log(C_f) - \log(C_p)$$

여기서, LRV : Challenge Test 동안의 log 제거율 값
C_f : Challenge Particulate의 유입농도(Number or Mass/Volume)
C_p : Challenge Particulate의 여과수농도(Number or Mass/Volume)

② 직접 안전성 시험 : 정기적인 미생물 제거 효율을 검증
ⓐ 압력손실시험(Pressure Decay Test)
- 대부분의 경우에 3μm 이하의 Resolution 기준을 만족할 수 있는 시험이어야 함
- 시험조건과 시스템 특성에 따라 중공사막의 미세한 손상 부분을 감지할 수 있음
- 정밀여과(MF) 및 한외여과(UF) 시스템에서 표준으로 사용(장점)
- Off-line 수행으로 연속적인 모니터링이 불가능하며, 계산을 위해 시스템에 가한 공기 압력의 측정이 필요함(단점)

ⓑ 부압손실시험(Vacuum Decay Test)
- 일정기간 동안 Vacuum 상태의 감소를 모니터링하는 시험
- 대부분의 경우에 3μm 이하의 Resolution 기준을 만족할 수 있는 시험이어야 함
- 주로 막의 여과측에 압력을 가할 수 없는 나권형(Spiral Wound)의 나노여과(NF) 및 역삼투압(RO)에 사용
- Off-line 수행으로 연속적인 모니터링이 불가능하며, 대규모 시설에서 사용되지 못함

ⓒ 확산성기류시험(Diffusive Air Flow Test)
- 일반적으로 MF 및 UF에 사용
- 압력 감소의 측정 대신에 압력을 일정하게 유지하게 하며, 막의 손상된 부분을 통한 공기의 유량을 측정
- 공기유량 측정장치가 별도로 요구되며, 대규모 시설에는 범용적이지 못함

② Marker-based Integrity Test
- 직접적으로 막여과 시스템의 제거 효율을 평가하는 것으로 유입 또는 여과라인에서 Marker를 주기적으로 주입하여 농도를 측정
- $3\mu m$ 이하의 Resolution 기준을 만족할 수 있는 Surrogate를 사용
- Marker의 적정 크기는 Particulate Marker의 크기분포 분석(MF 및 UF)이나 Molecular Marker의 분자량을 근거(RO 및 NF)하여 평가
- 막단위공정의 직접적인 평가를 제공하고, 공급수가 존재하는 상태에서 온라인 적용이 가능(직접적인 모니터링 가능)
- 보정기구 및 비용이 소요되며, 여과된 Marker의 처분을 위한 별도의 공정 조작이 필요함(단점)

⑩ 진단시험(Diagnostic Test)
- 직접 완전성 실험 후 문제가 발생하였을 때 잘못된 부분을 정확히 찾아내기 위한 방법
- 기포시험, 음파시험, 전기전도도분석, 단일모듈시험으로 구분

③ 간접 안전성 시험 : 막여과 시스템에 대한 연속모니터링으로 막여과 시스템의 안정성을 확보하는 검증기술

㉠ 탁도 모니터링(Turbidity Monitoring)
- 여과수의 탁도가 15분에 1회 이상 모니터링되어 각 공정에서 측정값이 0.15NTU를 초과하면 안 된다.
- 측정값이 일정 한계값을 넘게 되면 직접 완전성 실험을 수행한다.

㉡ 입자수 및 입자 모니터링(Particle Counting and Monitoring) : 최소한 15분에 1회 이상 모니터링 되어 $3\mu m$ 이상의 입자수가 갑자기 증가하게 되면, 막손상으로 인한 것인지 점검한다.

CHAPTER 02 적중예상문제(1차)

제2과목 수질분석 및 관리

01 수소이온농도 측정 시 사용되는 pH표준용액 중 pH 7에 가장 가까운 값을 나타내는 것은?

① 프탈산염표준용액(0.05M)
② 붕산염표준용액(0.01M)
③ 탄산염표준용액(0.025M)
④ 인산염표준용액(0.025M)

해설 인산염표준용액(0.025M)
인산이수소칼륨 및 인산일수소나트륨을 110℃에서 1시간 건조한 다음 인산이수소칼륨 3.387g 및 인산일수소나트륨 3.533g을 정확하게 달아 정제수에 넣어 녹여 정확히 1L로 한다.
※ 수질오염공정시험기준 ES 04306.1d

02 pH를 20℃에서 4.00으로 유지하는 표준용액으로 가장 적절한 것은?

① 인산염표준용액
② 옥살산염표준용액
③ 프탈산염표준용액
④ 탄산염표준용액

해설 20℃에서 표준용액의 pH값

표준용액	수산염	프탈산염	인산염	붕산염	탄산염	수산화칼슘
pH값	1.68	4.00	6.88	9.22	10.07	12.63

※ 수질오염공정시험기준 ES 04306.1d

정답 1 ④ 2 ③

03 pH표준용액의 pH값이 0℃에서 제일 작은(낮은) 값을 나타내는 표준용액은?

① 프탈산염표준용액
② 수산염표준용액
③ 탄산염표준용액
④ 붕산염표준용액

해설 0℃에서 표준용액의 pH값

표준용액	수산염	프탈산염	인산염	붕산염	탄산염	수산화칼슘
pH값	1.67	4.01	6.98	9.46	10.32	13.43

※ 수질오염공정시험기준 ES 04306.1d

04 유기물이 많은 공장폐수를 전처리하여 분해할 때 첨가되는 것으로 과염소산과 같이 공존하면 폭발현상을 감소시키는 것은?

① 염 산   ② 질 산
③ 인 산   ④ 황 산

해설 과염소산을 넣을 경우 질산이 공존하지 않으면 폭발할 위험이 있으므로 반드시 질산을 먼저 넣어주어야 하며, 어떠한 경우에도 유기물을 함유한 뜨거운 용액에 과염소산을 넣어서는 안 된다.

05 수중의 중금속에 대한 정량을 원자흡수분광광도법에 의해 측정할 경우 대상 시료가 공존물질과 작용해서 해리되기 어려운 화합물이 생성되어 흡광에 관계하는 바닥상태의 원자수가 감소되는 간섭현상이 발생되었다. 다음 중 이 간섭을 피하기 위한 방법이 아닌 것은?

① 과량의 간섭원소의 첨가
② 은폐제나 킬레이트제의 첨가
③ 이온화 전압이 높은 원소의 첨가
④ 목적원소의 용매추출

해설 공존하는 물질이 음이온인 경우와 양이온인 경우가 있으나 일반적으로 음이온쪽이 영향이 크다. 이들의 간섭을 피하는 데는 다음의 방법을 사용할 수 있다.
간섭을 피하는 방법
• 이온교환이나 용매추출 등에 의한 방해물질의 제거
• 과량의 간섭원소의 첨가
• 간섭을 피하는 양이온(예 란타늄, 스트론튬, 알칼리 원소 등), 음이온 또는 은폐제, 킬레이트제 등의 첨가
• 목적원소의 용매추출
• 표준첨가법의 이용

06 Jar Test의 결과 폐수 500mL에 대하여 0.1%의 Alum용액 15mL를 첨가하였을 때 침전율이 가장 좋았다. 폐수에 몇 mg/L의 Alum을 주입하여야 되는가?

① 50　　　　　　　　　　　　② 30
③ 15　　　　　　　　　　　　④ 10

해설 주입량$(mg/L) = (0.1\%)\left(\dfrac{10^4 mg/L}{1\%}\right)\left(\dfrac{15}{500}\right) = 30 mg/L$

07 0.1mgN/mL 농도의 NH_3-N 표준원액을 1L 조제하고자 할 때 요구되는 NH_4Cl의 양은?(단, NH_4Cl의 M.W = 53.5)

① 314.70mg/L　　　　　　　② 382.14mg/L
③ 464.14mg/L　　　　　　　④ 492.14mg/L

해설　$NH_4Cl \rightarrow N$
　　　　53.5g　　　14g
　　　　x(mg/L)　(0.1mg/mL × 1,000mL/L)
∴ $x = \dfrac{53.5 \times 0.1 \times 1,000}{14} = 382.14 mg/L$

08 10℃에서 DO 8mg/L인 물의 DO 포화도는 몇 %인가?[단, 대기의 화학적 조성 중 O_2는 21%(V/V), 10℃에서 순수한 물의 공기에 대한 용해도는 38.46mL/L이라 가정한다]

① 약 65%　　　　　　　　　② 약 70%
③ 약 80%　　　　　　　　　④ 약 85%

해설 DO 포화도 = $\dfrac{현재\ DO}{포화\ DO} \times 100$

포화 DO = $38.46 \times \dfrac{21}{100} \times \dfrac{32}{22.4} = 11.538 mg/L$

∴ DO 포화도 = $\dfrac{8}{11.538} \times 100 = 69.34\%$

09 어떤 시료에 메탄올(CH_3OH) 500mg/L가 함유되어 있다. 이 시료의 ThOD 및 BOD_5의 값을 바르게 나타낸 것은?(단, 메탄올의 BOD_u = ThOD이며, 탈산소계수는 0.1/day이고 Base는 10이다)

① ThOD 850mg/L, BOD_5 643mg/L
② ThOD 850mg/L, BOD_5 613mg/L
③ ThOD 750mg/L, BOD_5 543mg/L
④ ThOD 750mg/L, BOD_5 513mg/L

해설

$$CH_3OH + \frac{3}{2}O_2 \Leftrightarrow CO_2 + 2H_2O$$

32g   1.5×32g
500mg x

$\therefore$ ThOD = $\frac{1.5 \times 32 \times 500}{32}$ = 750mg/L

$BOD_5 = BOD_u \times (1 - 10^{-k_1 t})$
$= 750 \times (1 - 10^{-0.1 \times 5}) = 512.83$mg/L

10 지하수의 수질을 분석한 결과가 다음과 같았다. 이 지하수의 이온강도(I)는?

- Ca^{2+} : 3×10^{-4}mole/L
- Na^+ : 5×10^{-4}mole/L
- Mg^{2+} : 3×10^{-5}mole/L
- CO_3^{2-} : 2×10^{-5}mole/L

① 1.9×10^{-4}
② 6.5×10^{-4}
③ 7.5×10^{-4}
④ 9.5×10^{-4}

해설 $I = \frac{1}{2} \Sigma C_i \cdot Z_i^2$

$= \frac{1}{2}[3 \times 10^{-4} \times 2^2 + 5 \times 10^{-4} \times 1^2 + 3 \times 10^{-5} \times 2^2 + 2 \times 10^{-5} \times (-2)^2] = 9.5 \times 10^{-4}$

11 먹는물 수질감시항목 운영 등에 관한 고시에 대한 내용 중 틀린 것은?
① 먹는물 수질기준항목 이외에 먹는물 수질감시항목을 정하여 운영함에 따른 먹는물 감시항목의 지정대상·지정절차·먹는물 감시항목별 감시기준·검사주기 등을 규정함을 목적으로 한다.
② 수도법에 따른 상수원수와 정수(수돗물에 한한다), 먹는물관리법에 따른 샘물·먹는샘물·염지하수·먹는염지하수에 적용한다.
③ 감시기준이란 감시항목으로 설정한 물질의 인체 위해도를 근거로 평생 섭취하여도 건강에 위해를 끼치지 않는 수준으로 설정한 수질관리 목표값을 말한다.
④ 감시항목이란 먹는물 수질기준이 설정되어 있어 감시가 필요한 물질을 말한다.

해설 감시항목(먹는물 수질감시항목 운영 등에 관한 고시 제2조)
먹는물 수질기준이 설정되어 있지 않으나 먹는물의 안전성 확보를 위하여 먹는물 중의 함유실태조사 등의 감시가 필요한 물질을 말한다.

12 감시항목을 지정할 때 포함되어야 할 사항과 거리가 먼 것은?
① 검출빈도
② 검출농도
③ 검사비용
④ 시행시기

해설 국립환경과학원장은 감시항목 지정을 환경부장관에게 요청하는 때에는 감시예정물질의 검출빈도·검출농도·검사주기·감시기준·검사대상·시행시기와 함께 그 물질에 대한 WHO 및 미국 등 선진국의 수질기준 등이 포함되어야 한다(먹는물 수질감시항목 운영 등에 관한 고시 제4조).

13 먹는물 수질감시항목 중 분기 1회 검사항목이 아닌 것은?
① Chloroethane
② Bromochloroacetonitrile
③ Vinyl Chloride
④ Chlorate

해설 Vinyl Chloride은 1년에 1회 검사한다(먹는물 수질감시항목 운영 등에 관한 고시 별표 1).

정답 11 ④ 12 ③ 13 ③

14 먹는물 수질감시항목 중 연 1회 검사항목이 아닌 것은?

① Styrene
② Chlorophenol
③ Ethylendibromide
④ Radon

해설 Radon은 반기 1회 검사한다(먹는물 수질감시항목 운영 등에 관한 고시 별표 1).

15 Geosmin 및 2-MIB의 분석방법이 아닌 것은?

① 용매추출/기체크로마토그래프-질량분석법
② 고상추출/기체크로마토그래프-질량분석법
③ 액상추출/기체크로마토그래프-질량분석법
④ HS-SPME/기체크로마토그래프-질량분석법

해설 먹는물 수질감시항목 운영 등에 관한 고시 별표 3

16 휘발성 유기화합물에 대한 시료의 채취 및 관리와 관련없는 사항은?

① 아스코르빈산
② 잔류염소를 제거
③ pH 12
④ 티오황산나트륨

해설 휘발성 유기화합물(먹는물 수질감시항목 운영 등에 관한 고시 별표 3)
잔류염소를 제거하기 위해 유리병에 아스코르빈산 또는 티오황산나트륨 25mg 정도를 넣고 시료를 공간이 없도록 약 40mL를 채취하고 공기가 들어가지 않도록 주의하여 밀봉한다. 모든 시료를 중복으로 채취한다.

정답 14 ④ 15 ③ 16 ③

17 먹는물 수질감시항목에 대한 시료의 채취 및 관리에 대한 설명으로 틀린 것은?

① 페놀류는 4시간 이내에 시험하지 못할 때에는 시료 1L에 대하여 황산동(5수염) 1g과 인산을 넣어 pH를 약 4로 하고, 냉암소에 보존하여 24시간 이내에 시험한다.
② 할로아세틱에시드는 미리 증류수로 잘 씻은 갈색유리병과 TFE 재질의 마개를 사용하고 채취 전에 염화암모늄을 100mg/L가 되도록 넣으며, 시료는 공간이 없도록 채취한다.
③ 안티몬은 미리 질산 및 증류수로 씻은 폴리프로필렌, 폴리에틸렌 또는 폴리테트라플루오르에틸렌 용기에 시료를 채취하여 신속히 시험한다.
④ 퍼클로레이트는 시료를 미리 정제수로 씻은 유리병이나 플라스틱병을 이용해 채취하고, 4℃ 이하에서 보관한다.

해설 퍼클로레이트는 시료를 미리 정제수로 씻은 유리병이나 플라스틱병을 이용해 채취하고, 6℃ 이하에서 보관한다(먹는물 수질감시항목 운영 등에 관한 고시 별표 3).

18 휘발성 유기화합물 검사에 사용되는 퍼지·트랩-기체크로마토그래피의 시약과 관련없는 것은?

① 정제수
② 묽은염산(1 + 1)
③ 에탄올
④ 아비산나트륨용액

해설 퍼지·트랩-기체크로마토그래피의 시약(먹는물 수질감시항목 운영 등에 관한 고시 별표 3)
정제수, 묽은염산(1 + 1), 메탄올, 아비산나트륨용액, 아스코르빈산 등

19 페놀류 검사에 사용되는 기체크로마토그래프-전자포획검출법의 시약과 관련없는 것은?

① 다이클로로메탄
② 메탄올
③ 무수황산나트륨
④ 아비산나트륨용액

해설 기체크로마토그래프-전자포획검출법의 시약(먹는물 수질감시항목 운영 등에 관한 고시 별표 3)
정제수, 다이클로로메탄, 메탄올, 무수황산나트륨, 염화나트륨, 인산이수소칼륨 등

정답 17 ④ 18 ③ 19 ④

20 페놀류-기체크로마토그래프-전자포획검출법에서 추출조작으로 올바른 것은?

① 2,000rpm으로 3분간 원심분리

② 2,500rpm으로 3분간 원심분리

③ 2,500rpm으로 5분간 원심분리

④ 2,500rpm으로 10분간 원심분리

해설 다이클로로메탄층을 시험관에 옮기고 무수황산나트륨 2g을 넣고 잘 흔들어 섞은 다음 2,500rpm으로 5분간 원심분리하여 추출액을 다른 시험관에 옮긴다(먹는물 수질감시항목 운영 등에 관한 고시 별표 3).

21 염소소독부산물 검사에 사용되는 기체크로마토그래프-전자포획검출법의 전처리의 내용으로 틀린 것은?

① 시료와 표준용액을 냉장고에서 꺼내어 상온으로 한다.

② 시료 50mL를 취하여 100mL 분액깔때기에 넣는다.

③ 염화나트륨 50g을 넣고 흔들어 녹인다.

④ 메틸삼차-부틸에테르 25mL를 넣은 후 4분간 격렬하게 흔들어 추출한다.

해설 ② 시료 200mL를 취하여 250mL 분액깔때기에 넣는다(먹는물 수질감시항목 운영 등에 관한 고시 별표 3).

22 염소소독부산물 검사에 사용되는 기체크로마토그래프-질량분석법의 조작조건으로 틀린 것은?

① 분석기기 - 기체크로마토그래프 질량분석기

② 시료도입부 온도 - 200~280℃

③ 칼럼 온도 - 각각의 표준물질이 최적조건으로 분리되도록 승온조작한다.

④ 운반기체 - 부피백분율 99.999% 이상의 헬륨 또는 질소

해설 칼럼 온도는 40~310℃로 승온조작하여 사용한다(먹는물 수질감시항목 운영 등에 관한 고시 별표 3).

23 2,4-D와 할로아세틱에시드 표준원액에 대한 설명으로 틀린 것은?

① 시판되는 표준원액을 사용해도 좋다.
② 2,4-D와 모노클로로아세틱에시드, 모노브로모아세틱에시드를 각각 50.0mg씩 취하여 메틸삼차-부틸에테르에 녹여 50mL로 한다.
③ -10℃의 어두운 곳에서 보관하며, 2개월 이내에 사용한다.
④ 500배 희석하여 사용한다.

해설 2,4-D와 할로아세틱에시드 표준원액(먹는물 수질감시항목 운영 등에 관한 고시 별표 3)
- 2,4-D와 모노클로로아세틱에시드, 모노브로모아세틱에시드를 각각 50.0mg씩 취하여 메틸삼차-부틸에테르에 녹여 50mL로 한다.
- 시판되는 표준원액을 사용해도 좋다.
- 이 용액 1mL는 2,4-D와 모노클로로아세틱에시드, 모노브로모아세틱에시드 1mg을 함유한다.
- -10℃의 어두운 곳에서 보관하며, 2개월 이내에 사용한다.

24 2,4-D와 할로아세틱에시드 검사에 사용되는 기체크로마토그래프-전자포획검출법의 조작조건으로 틀린 것은?

① 시료도입부 온도 : 200~280℃
② 칼럼온도 : 40~310℃
③ 유량 : 0.5~4mL/min
④ 운반기체 : 부피백분율 99.999% 이상의 헬륨 또는 아르곤

해설 운반기체는 부피백분율 99.999% 이상의 헬륨 또는 질소를 사용한다(먹는물 수질감시항목 운영 등에 관한 고시 별표 3).

25 알라클러 검사에 사용되는 기체크로마토그래프-전자포획검출법의 전처리로 틀린 것은?

① 시료 200mL를 250mL 분액깔때기에 취하고 내부표준용액 $200\mu L$를 넣고 섞는다.
② 인산이수소칼륨 5g을 넣어 pH 9 정도로 맞춘다.
③ 염화나트륨 10g을 넣은 후 잘 녹인다.
④ 다이클로로메탄 10mL를 넣고 10분간 격렬히 흔든다.

해설 인산이수소칼륨 1g을 넣어 pH 4.5 정도로 맞춘다(먹는물 수질감시항목 운영 등에 관한 고시 별표 3).

정답 23 ④ 24 ④ 25 ②

26 프탈레이트와 아디페이트 검사에 사용되는 기체크로마토그래프-질량분석법의 시약에 대한 설명으로 틀린 것은?

① 표준용액 - 표준시약 또는 특급 이상의 것을 사용하며, 표준물질의 순도가 96% 이상이면 농도는 보정하지 아니한다.
② 표준원액 - 냉장고에 보존한다.
③ 표준용액 - 각각의 표준원액 250μL를 취하여 25mL 갈색의 부피플라스크에 넣고 잘 혼합한 다음 메탄올로 채운 후 냉장고에 보존한다.
④ 내부표준용액 - 메탄올로 50배 희석한다.

해설 ④ 내부표준용액(100mg/L) - 메탄올로 10배 희석한다(먹는물 수질감시항목 운영 등에 관한 고시 별표 3).

27 안티몬(Sb) 검사에 사용되는 유도결합플라스마-원자발광분광법의 안티몬표준용액(10mg/L) 제조방법으로 가장 올바른 것은?

① 안티몬표준원액(1,000mg/L) 0.5mL를 10mL 부피플라스크에 넣고 표준원액과 같은 양의 산을 넣어 정제수로 표선까지 채운다.
② 안티몬표준원액(1,000mg/L) 1.0mL를 100mL 부피플라스크에 넣고 표준원액과 같은 양의 산을 넣어 정제수로 표선까지 채운다.
③ 안티몬표준원액(1,000mg/L) 1.0mL를 10mL 부피플라스크에 넣고 표준원액과 같은 양의 산을 넣어 정제수로 표선까지 채운다.
④ 안티몬표준원액(1,000mg/L) 2.0mL를 100mL 부피플라스크에 넣고 표준원액과 같은 양의 산을 넣어 정제수로 표선까지 채운다.

해설 안티몬표준원액(1,000mg/L) 1.0mL를 100mL 부피플라스크에 넣고 표준원액과 같은 양의 산을 넣어 정제수로 표선까지 채운다(먹는물 수질감시항목 운영 등에 관한 고시 별표 3).

28 2,4-D와 할로아세틱에시드 검사에 사용되는 기체크로마토그래프-전자포획검출법의 내부표준용액 제조에 쓰이는 것은?

① 1,2,3-트라이클로로프로판
② 무수황산나트륨
③ 탄산수소나트륨
④ 황산구리

해설 기체크로마토그래프-전자포획검출법 내부표준용액(먹는물 수질감시항목 운영 등에 관한 고시 별표 3)
1,2,3-트라이클로로프로판 50.0mg을 취하여 메틸삼차-부틸에테르에 녹여 50mL로 한다. 이 용액을 메틸삼차-부틸에테르로 40배 희석한다. 이 용액 1mL는 1,2,3-트라이클로로프로판 0.025mg을 함유한다.

CHAPTER 02 적중예상문제(2차)

제2과목 수질분석 및 관리

01 수도법상 수도시설(정수장)의 일일수질검사항목 5가지 이상을 쓰시오.

02 크립토스포리디움에 대해 간단히 기술하시오.

03 어느 폭기조 내의 폐수 DO를 측정하기 위하여 시료 300mL를 취하여 윙클러-아자이드법에 의하여 처리하고 203mL를 분취하여 티오황산나트륨용액(0.025M)으로 적정하니 3mL가 소모되었다. 이 폐수의 DO는 몇 mg/L인가?(단, 티오황산나트륨용액(0.025M)의 역가는 1.2이고 전체 시료량에 넣은 시약은 4mL이다)

04 Jar-test의 결과 폐수 500mL에 대하여 0.1%의 Alum용액 15mL를 첨가하였을 때 침전율이 가장 좋았다. 폐수에 몇 mg/L의 Alum을 주입하여야 되는가?

05 10℃에서 DO 8mg/L인 물의 DO포화도는 몇 %인가?(단, 대기의 화학적 조성 중 O_2는 21%(V/V), 10℃에서 순수한 물의 공기에 대한 용해도는 38.46mL/L라고 가정한다)

06 어떤 시료에 메탄올(CH_3OH) 500mg/L가 함유되어 있다. 이 시료의 ThOD 및 BOD_5의 값은?(단, 메탄올의 BOD_u = ThOD이며, 탈산소계수는 0.1/day이고 Base는 10이다)

07 먹는물 수질감시항목 중 휘발성 유기화합물을 열거하시오.

08 염소소독부산물 검사에 사용되는 기체크로마토그래프-질량분석법의 조작조건을 쓰시오.

- 시료도입부 온도
- 칼럼 온도
- 유 량
- 운반 기체

09 페놀류-기체크로마토그래프-전자포획검출법에서 전처리 중 추출 분석절차를 설명하시오.

10 유기물의 지표항목으로 COD를 규정하고 있는 이유를 쓰시오.

11 정수장에서 부식제어로 사용하는 화학약품 2가지를 쓰시오.

12 정수장에서 플루오린화물을 제거하는 데 넣는 첨가제 2가지를 쓰시오.

CHAPTER 02 정답 및 해설

01 냄새·맛·색도·탁도·수소이온농도 및 잔류염소에 관한 검사 : 매일 1회 이상(먹는물 수질기준 및 검사 등에 관한 규칙 제4조)

02 크립토스포리디움
사람이나 포유동물, 조류, 물고기 등 광범위한 동물의 소화기관과 호흡기관에 기생하는 원생동물이다. 크립토스포리디움은 감염된 숙주의 분변을 통하여 환경에 내생이 매우 큰 Oocyst를 배출하여 다른 숙주에게 전파된다. Oocyst는 직경이 3~7m 되는 구형 또는 계란형으로 다른 동물에게 섭취되면 새로운 감염주기로 번식하고 Oocyst는 자연환경에서 매우 큰 내성을 지니고 세균보다 오래 생존하여 수 환경에서는 수주일에서 수개월 생존할 수 있고 온도가 낮고 어두운 상태의 습한 토양에서는 몇 개월을 생존할 수 있으며 깨끗한 물에서는 일년까지 생존할 수 있다. 일반적인 증상은 장염과 비슷하여 설사, 복통, 구토, 열 등을 수반하고 특히 1~5세 사이의 외부와 접촉이 잦은 보육원, 학교의 어린이 설사의 주된 원인이 된다.

03
$$DO(mg/L) = a \times f \times \frac{V_1}{V_2} \times \frac{1,000}{V_1 - R} \times 0.2$$
$$= 3 \times 1.2 \times \frac{300}{203} \times \frac{1,000}{V_1 - R} \times 0.2 = 3.595\,mg/L$$

04 주입량$(mg/L) = (0.1\%)\left(\frac{10^4\,mg/L}{1\%}\right)(15\,mL/500\,mL) = 30\,mg/L$

05
$$DO\,포화\% = \frac{현재DO}{포화DO} \times 100$$
$$포화DO = 38.46 \times \frac{21}{100} \times \frac{32}{22.4} = 11.538\,mg/L$$
$$DO\,포화\% = \frac{8}{11.538} \times 100 = 69.34\%$$

06

$$CH_2OH + \frac{3}{2}O_2 \leftrightarrow CO_2 + 2H_2O$$

32g   1.5×32g

500mg x

$$\therefore x(\text{ThOD}) = \frac{1.5 \times 32 \times 500}{32} = 750\,\text{mg/L}$$

$$\begin{aligned}\text{BOD}_5 &= \text{BOD}_u \times (1 - 10^{-k_1 t}) \\ &= 750 \times (1 - 10^{-0.1 \times 5}) = 512.83\,\text{mg/L}\end{aligned}$$

07 휘발성 유기화합물(먹는물 수질감시항목 운영 등에 관한 고시 별표 3)
- 염화비닐
- 스티렌
- 클로로에탄
- 브로모폼

08 염소소독부산물-기체크로마토그래프-질량분석법의 조작조건(먹는물 수질감시항목 운영 등에 관한 고시 별표 3)
- 시료도입부 온도 : 200~280℃
- 칼럼 온도 : 40~310℃
- 유량 : 0.5~4mL/min
- 운반 기체 : 부피백분율 99.999% 이상의 헬륨 또는 질소

09 전처리 중 추출 분석절차(먹는물 수질감시항목 운영 등에 관한 고시 별표 3)
- 시료 200mL를 250mL 분액깔때기에 취하고 인산이수소칼륨 1g을 넣어 pH 4.5(혹은 pH 2.0)로 조정한 다음 염화나트륨 10g을 넣은 후 다이클로로메탄 10mL를 넣고 10분간 세게 흔들어 추출한다.
- 다이클로로메탄층을 시험관에 옮기고 무수황산나트륨 2g을 넣고 잘 흔들어 섞은 다음 2,500rpm으로 5분간 원심분리하여 추출액을 다른 시험관에 옮긴다.
- 추출액을 쿠데르나 다니시 농축기로 1mL까지 농축한다.

10
- 단시간에 수중유기물질의 총량을 보다 정확하게 정량할 수 있다.
- 수온, pH, 독성물질의 영향을 받지 않고 높은 재현성을 정량할 수 있다.

11
- NaOH : 액상
- $Ca(OH)_2$: 고상

12
- 황산알루미늄(액체 또는 고체)
- 활성알루미나(고체)

CHAPTER 03 먹는물 수질관리 방법

제2과목 수질분석 및 관리

01 수질 관련 측정장비

1. 수질자동측정기의 개요

(1) 수돗물 수질자동측정기 설치
① 수돗물 수질자동측정 위치 : 정수장에서 가정급수로 나가는 최종 출구인 정수지나 송수관의 수돗물을 채취하여 수질을 측정한다.
② 수돗물 수질자동측정 항목 : pH, 수온, 알칼리도, 전기전도도, 탁도, 잔류염소

(2) 수질자동측정기의 목적과 효과
① 합리적인 상수도시설의 실현
② 경제적인 운전의 실현
③ 생산성의 유지 및 향상
④ 정수수질의 유지
⑤ 사고방지 및 안전의 유지
⑥ 수질자료의 수집 및 처리가 용이

(3) 설비의 구성
① 검출부 : 각 공정에서의 수질변화량을 검출하고 신호로 변환하는 장치
② 표현부 : 변화된 신호의 지시, 기록, 표시 및 경보 등을 나타내는 장치
③ 조절부 : 수질의 상태치를 일정하게 유지하기 위하여 일정기준에 따른 제어신호를 발생하는 장치
④ 조작부 : 조절부로부터 제어신호를 받아 제어 목적을 달성하기 위하여 동작하는 장치
⑤ 전송부 : 검출부, 표현부, 조절부 및 조작부 상호간을 신호로서 연결시키는 부분

(4) 정수공정에서 수질자동측정기
① 착수정 : 착수정은 정수처리 대상이 되는 원수가 최초로 정수장으로 유입되는 곳이며 원수의 수질을 미리 파악하여 처리공정에 적용해야 하는 곳으로서 수온, 알칼리도, 탁도, pH, 전기전도도 등을 파악할 수 있는 측정기를 설치하여야 한다.

② **침전지** : 침전지에는 침전수의 수질을 파악하여 처리공정에 재입력(피드백 ; Feedback)시켜 이용할 수 있는 수질측정기가 설치된다(pH, 탁도계, 잔류염소계 등).
③ **여과지** : 여과지에는 여과공정을 감시할 수 있는 측정기를 설치한다(탁도계, 입자계수기 등).
④ **정수지** : 정수지는 정수처리 마지막 처리수를 저장하는 곳으로 수질의 안전도를 볼 수 있는 항목을 설치한다(pH, 탁도, 잔류염소 등).
⑤ **배출수 처리시설** : 배출수 처리시설에는 농축, 탈수, 배출 등의 공정이 있으며, 슬러지 농도계, 유기물 측정장치, pH 측정기 등이 설치된다.

(5) 설비의 문제점과 대책
① 수질자동측정기의 설치 및 유지관리의 문제점
  ㉠ 설치환경 : 습기 및 부식성 가스 등 설치환경
  ㉡ 유도장애, 뇌해 등
  ㉢ 예비품 및 보수 부품의 준비
② 설비의 설치환경 조건

온 도	기준온도 : 최고 40℃, 최저 -20℃
습 도	기준습도 : 65±20%
먼 지	$0.1 \sim 1.0 mg/m^3$
부식성 가스	검출되지 않을 것

③ **접지** : 계측설비는 전기 및 전자설비와 같이 접지를 하여야 한다. 접지의 목적은 교류전류의 접지와 같이 인체에 대한 위험방지뿐만 아니라 기기의 동작을 안정시키기 위해 필요하다.
④ **유지관리와 보수** : 일반적으로 계측기기의 보수는 일상점검에 있어서 눈으로 확인하는 점검을 비롯하여 정기보수에 있어서 계기의 영점 조정, 전원상태의 확인, 데이터 전송기기 등에 있어서 각 부위의 입출력 동작 상태의 점검 등이 있다.

2. 수질자동측정기 설치 및 운영관리

(1) 수질자동측정기 선정 시 일반적 고려사항
① **측정기의 성능** : 측정원리, 측정범위, 정밀도, 재현성, 직선성, 영점편차, 스판편차, 응답시간, 절연저항 등이 성능기준에 적합한지 여부를 판단하고 설치 후 검사를 통하여 확인
② **측정기의 가격** : 측정기 가격은 본체 및 부속기기의 가격뿐만 아니라 현장의 설치공간 및 여건에 따른 설치공사 비용도 고려하여야 하고, 운영 시 유지보수비, 소모품비 등도 함께 고려하여 측정기를 선정
③ **현장설치 비용**
  ㉠ 지점별 설치방법 및 시료채취 방법 강구
  ㉡ 배관공사 작업 또는 배수관 배관작업(재질선정 등)

ⓒ 배출수(측정수) 처리방법(자연유하 또는 펌프배출방법 등 검토)
ⓔ 신호처리에 따른 현황파악 : 신호를 받을 수 있는 카드, 컴퓨터용량 및 프로그램 등 검토
ⓜ 분석기기의 전원과 신호에 대한 안전장치 부착비용

④ 유지관리비용 : 사용되는 소모품 목록, 소모품의 수명 및 교체주기 등을 감안하여 유지관리비용을 산정하고 측정기별 비교 필요

⑤ 시운전 및 교육
㉠ 설치 후 기기의 정상 작동여부 판단 및 문제점 파악 등을 위해 최소 1개월의 시운전이 필요
㉡ 운영자 교육에는 측정기 자체의 조작교육뿐만 아니라 측정자료의 활용, 간단한 고장 시의 조치요령 등 포함 필요

(2) 공정별 수질자동측정기 설치항목

[공정별 수질자동측정기 설치항목]

구 분	수온	pH	탁도	전기전도도	알칼리도	잔류염소	플루오린	SCD	입자계수	TOC	NH₃-N	조류측정	COD(UV)	SS	기타
취수장(용수댐)	○	○	●	○	○					○	○	○			○
착수정	●	●	●	●	●	○				○					○
혼화지		○			○	○		○							
침전지		○	●			○									
여과지 or 정수지 전단		○	●			○	○		○	○					
정수지	●	●	●			●									
가압장						○									
배수지	○	○	○			○									
방류수			●										○	○	

참고
- 범례 : ● 기본설치항목, ○ 추가설치항목
- 취수장 탁도계는 착수정 도착시간이 1시간 이상인 취수장 또는 광역취수장에 설치하며 취수장과 정수장이 인접한 경우는 설치 불필요
- 여과지 '탁도'의 경우 통합여과수 탁도계와 여과지별 탁도계 포함
- '기타'는 취수원 수질특성상 온라인 감시(망간, 질산성 질소 등) 필요시 또는 용수댐의 경우 댐수질관리 목적상 온라인 감시 필요시 다항목수질자동측정기 설치·운영

① 취수장(또는 용수댐)
㉠ pH, 수온 : 가장 기본적인 감시인자로 정수처리공정 중 모든 물리적·화학적 공정(소독, 혼화, 응집, 침전, 여과, 부식제어 등)에 영향을 미침
㉡ 탁도계 : 하천수 등 고탁도 발생이 빈번한 상수원을 대상으로 탁도감시 및 정수장 사전 대처능력 강화

ⓒ 알칼리도 : 적정 혼화, 응집을 위해 취수원을 대상으로 알칼리도 상시감시가 필요하며 적정 알칼리제 주입 판단기준으로 활용
ⓔ 암모니아성 질소(NH_3-N) : 먹는물 수질기준상 0.5mg/L 이하로 규제하고 있어 그 농도가 높을 경우 적정처리가 요구되며 취수원을 대상으로 감시
ⓜ TOC(Total Organic Carbon) : 소독부산물 주요원인물질인 유기물질에 대한 감시기능강화 및 소독부산물 저감을 위한 공정운영 판단기준 항목
ⓗ 조류측정기(Chl-a) : 상수원에 발생하는 조류는 정수처리 공정장애 및 맛냄새를 유발함에 따라 취수원에서의 조류농도 상시감시가 필요하며 분말활성탄처리 등의 판단기준 항목
ⓢ 전기전도도(EC) : 상수원 수질오염 상태를 간접적으로 나타내는 지표항목으로 이온 등 용존물질의 측정에 활용되며, 특히 오염물질 유입감시 항목
ⓞ 다항목수질자동측정기 : 용수댐 수질관리 및 선택취수 판단목적으로 다항목수질자동측정기를 통한 용수댐 수질감시

② 착수정
ⓐ TOC(Total Organic Carbon) : 소독부산물 주요 원인물질인 유기물질에 대한 감시기능강화 및 소독부산물 저감을 위한 공정운영 판단기준 항목
ⓑ 잔류염소 : 취수장에서 염소처리 시 적정 잔류염소 감시를 위해 설치

③ 혼화지
ⓐ 잔류염소 : 전염소 주입 후 혼화지 유출측 잔류염소 측정으로 전염소 투입량 종속제어를 위한 시스템 구성
ⓑ pH 및 SCD : 정수장 운영자동화 관련 응집제, 알칼리제 투입량 감시, 제어를 위한 시스템 구축 시 필요
ⓒ 알칼리도 : 적정 혼화, 응집을 위한 알칼리도 판단기준으로 활용

④ 침전지
ⓐ 탁도계 : 침전처리수의 탁도가 2NTU 이하가 요구되므로 침전수의 탁도감시 필요
ⓑ 잔류염소계 : 침전수의 적정 잔류염소(0.1mg/L 이상) 유지로 여과지 적정관리와 후속공정 부하량 감소, 정수지 적정 잔류염소 유지
ⓒ pH : 적정 약품처리 여부 파악 및 관부식 방지를 위한 적정 pH 판단기준으로 활용

⑤ 여과지(or 정수지 전단)
ⓐ 탁도계 : 정수처리공정 중 최종 탁질제거공정으로 여과지별 탁도감시와 통합여과수에 대한 탁도 감시
ⓑ pH, 알칼리도 : 처리수의 적정 수질기준 준수 여부 및 관부식 방지를 위한 적정 pH, 알칼리도 판단 및 알칼리제 투입량 종속제어 목적
ⓒ 잔류염소계 : 정수지 적정 잔류염소 유지를 위한 후염소제 투입량 종속제어 시스템 구성 및 적정 소독능확보 목적
ⓓ 플루오린 : 수돗물 플루오린 처리 시 적정 플루오린농도 유지 및 관련 시스템 구성

⑥ 정수지
  ㉠ pH : 최종 처리수 기준 달성 여부 파악 및 관부식방지 적정 pH 유지 정도 감시
  ㉡ 수온, 잔류염소계 : 정수지 적정 잔류염소 유지 및 소독능 달성 여부 판단
  ㉢ 탁도 : 최종 처리수 탁도기준 달성 여부 판단
⑦ 가압장, 배수지 : 수온, pH, 탁도, 잔류염소계는 관부식 여부, 적정 탁도, 잔류염소 유지 등 급수과정에서의 수질 이상 여부 파악 및 소독능 달성 여부 파악
⑧ 방류수 : pH, COD, SS는 법적으로 요구되는 방류수 수질기준 준수 여부와 배출수 처리시설 정상가동 판단목적

(3) 수질자동측정기별 일반적 성능기준

구 분	수 온	pH	원수탁도
측정단위	℃	pH	NTU
측정원리	열전대 온도계 측온저항체 온도계	전극법	표면산란광, 90°산란광 LED, Laser
측정범위	−10~45℃	0~14pH	0~100/1,000(2,000)NTU
분해능(최소검출한계)	0.1℃	0.01pH	1NTU
정밀도	허용오차 최대눈금치 ±2% 이하	±0.02pH 이하	최대눈금치 ±3% 이하
재현성	−	±0.05pH 이하 (±0.03pH 권장)	Range별 최대눈금치 ±3% 이하

구 분	침전수 탁도	여과수/정수 탁도	전기전도도
측정단위	NTU	NTU	μS/cm
측정원리	표면산란광, 90°산란광 LED, Laser	표면산란광, 90°산란광 LED, Laser	전극법
측정범위	0.1~10NTU	0.01(0.001)~10NTU	호소수 0~500μS/cm 하천수 0~1,000μS/cm
분해능(최소검출한계)	0.1NTU	<0.01NTU (0.001NTU 권장)	0.1μS/cm
정밀도	최대눈금치 ±3% 이하	최대눈금치 ±3% 이하	최대눈금치 ±1% 이하
재현성	최대눈금치 ±2% 이하	최대눈금치 ±2% 이하	최대눈금치 ±1% 이하

구 분	알칼리도	잔류염소	플루오린
측정단위	mg/L	mg/L	mg/L
측정원리	중화적정법	무시약식	전극법
측정범위	0~50(100)mg/L	무시약식 0~3mg/L	0~3mg/L
분해능(최소검출한계)	0.1mg/L	0.01mg/L	0.001mg/L
정밀도	최대눈금치 ±3% 이하	최대눈금치 ±3% 이하	최대눈금치 ±3% 이하
재현성	최대눈금치 ±2% 이하	최대눈금치 ±2% 이하	최대눈금치 ±2% 이하

구 분	SCD	입자계수기	TOC
측정단위	SCV	개수/mL	mg/L
측정원리	Streaming Current	Laser Diode	CO_2 산화법
측정범위	−100~+100SCV	2~750μm입자 0~9,999,999개	0~10mg/L
분해능(최소검출한계)	−	−	< 0.1mg/L
정밀도	최대눈금치 ±0.1% 이하	−	−
재현성	−	−	판독치의 ±3% 이하

구 분	NH_3-N	조류측정기	COD(UV)
측정단위	mg/L	mg/L	mg/L
측정원리	이온전극법	형광광도법	UV흡광법
측정범위	0~10mg/L	0~100ppb	흡광도 0~2.5ABS COD환산 0~200mg/L
분해능(최소검출한계)	0.01mg/L	0.01mg/L	0.1mg/L
정밀도	최대눈금치 ±3% 이하	−	최대눈금치 ±3% 이하
재현성	최대눈금치 ±2% 이하	최대눈금치 ±10% 이하	최대눈금치 ±2% 이하

구 분	SS	다항목수질자동측정기	
측정단위	mg/L	현장여건에 따라 설치	−
측정원리	−	−	−
측정범위	0~1,000mg/L	−	−
분해능(최소검출한계)	0.1mg/L	−	−
정밀도	−	−	−
재현성	최대눈금치 ±2% 이하	−	−

(4) 수질자동측정기 및 시료채취 위치

수질자동측정기는 현장(Local)설치를 원칙으로 하며 현장 여건상 필요시 중앙집중식(Remote)으로 설치할 수 있다. 단, 중앙집중식으로 설치 시 시료공급과정에서의 오염, 변질 등 수질변화를 최소화한다.

[수질자동측정기 설치위치 및 시료채취 위치]

구 분	시료채취 위치	기기설치 위치 (Local 설치 시)
취수장(용수댐)	취수장 : 침사지 또는 흡수정(용수댐 : 취수탑 등 취수 대표지점)	취수장 : 취수펌프장 (용수댐 : 취수탑 등)
원 수	착수정 유입 전 관로상 또는 전염소 등 약품영향을 받지 않는 지점	약품투입실
혼화수	혼화지 유출 또는 응집지 유입 전	약품투입실
침전수	침전지 유출 또는 여과지 유입 전	여과지동
통합여과수	여과지 유출(통합여과수) 또는 정수지 유입 전	여과지동
개별여과수	여과지 개별유출지점	여과지동
정 수	정수지 유출 또는 송수관로	정수지 또는 송수펌프 등

구 분	시료채취 위치	기기설치 위치 (Local 설치 시)
가압장	펌프메인 토출관	가압장
배수지(관말)	배수지 유입 전(관로상) 또는 유입측(배수지 내)	협의된 수용가 소유 건축물
기타 사항	• 현장(Local) 설치 시 기기위치는 해당 건물에 설치하며 해당 건물이 없을 경우 가장 가까운 건물에 설치 또는 국사를 신축하여야 한다. • 배수지 등 원격지 설치 시 해당 수용가와 협의하여 수용가 소유 건축물에 설치하고 소유 건축물이 없을 경우 국사를 신축하며 데이터 전송설비를 설치한다. • 계열별 또는 단계별로 구성된 정수장은 동일원수 사용 시 원수수질감시를 1개소에서 공통으로 실시하며 계열별, 단계별로 수종이 다를 경우 수종별로 원수수질을 감시한다.	

(5) 수질자동측정기 설치 시 유의사항

① 기기설치 시 유의사항

　㉠ 수질자동측정기실에는 PVC 배관경화, 탈포수조 부착생물성장 등을 방지하기 위해 차광설비를 설치하며 측정기실 실내온도 및 습도는 계측기 적정 가동조건을 유지할 수 있도록 한다.

　㉡ 수질자동측정기실은 다른 시설과 별도의 공간으로 구분하고 낙뢰, 습기, 먼지, 부식성 가스(염소) 등에 의해 계측기가 손상받지 않도록 적절한 보호설비(Surge Arrester, 환기설비 등)를 설치하며 원활한 유지보수, 검·교정 및 장래 시설확장을 위해 충분한 여유공간을 확보한다.

　㉢ 샘플링 펌프 및 수질자동계측기 전원은 단전 시에도 정상가동이 될 수 있도록 무정전 전원장치(UPS) 또는 기존 비상발전기 등을 이용하여 안정적인 전원 공급을 고려한다.

　㉣ 수질자동측정기실에는 기기의 보정과 유지보수를 위해 정수가 공급될 수 있도록 배관을 구성한다.

　㉤ 측정 후 배출되는 측정 시료수는 원활하게 배출될 수 있도록 충분한 용량으로 배수배관(Drain)을 구성하며 시약이 함유된 측정 시료수는 수질오염방지시설(배출수처리시설)로 유입시켜 적정처리한다.

　㉥ 침전공정까지의 알칼리도계, 잔류염소계 등의 계측기는 시료여과장치 및 자동역세척설비를 설치하며 2대의 계측기가 공동으로 이용할 수 있는 용량으로 선정한다.

　㉦ 기타 자세한 사항은 계측기별 특성 및 각종 시설기준을 참고로 하여 현장여건에 적합하게 설치한다.

② 수질자동측정기 운영 시스템 구성 시 유의사항

　㉠ 수질자동측정기 계측신호를 안정적으로 수집할 수 있도록 시스템을 구성하며 시스템 용량은 장래 설비확장을 고려하여야 한다.

　㉡ 운영시스템은 공정별 실시간 측정값을 표현하고 샘플링 펌프와 계측기 가동상태를 감시 및 조작할 수 있는 기능과 실시간 트렌드기능, 레포트기능, 백업기능 등이 포함되어 있어야 한다.

　㉢ 측정자료는 매 15분 간격으로 순시치를 기록하고 백업은 엑셀파일로 변환하여 자료관리 및 저장을 용이하게 구성하며 기타 사항은 현장여건에 따라 결정한다.

(6) 공정별 추가설치항목 수질자동측정기 설치 시 유의사항

① 수온계 및 전기전도도계

    ㉠ 취수구 및 착수정의 원수유입측 수질 대표지점에 현장 직접 설치를 원칙으로 하며 현장여건에 따라 적절하게 설치한다.

    ㉡ 취수장의 경우 오염물질의 유입을 감시하기 위해 전기전도도계를 설치·운영하며 비정상적인 전기전도값 상승 시(오염물질 유입 시) 경보가 가능하도록 한다.

    ㉢ 기타 세부적인 설치사항은 제품별 요구되는 특성에 적합하게 설치한다.

② 탁도계

    ㉠ 취수장 탁도계의 경우 하천수를 취수할 때 여러 정수장으로 원수를 공급하는 광역취수장 또는 기타 현장여건상 필요시에 설치하고 경보가 가능하도록 한다.

    ㉡ 탁도 측정방식은 NTU 방식을 표준으로 하며 검출기가 산란광을 받아들이는 각도가 입사광에 대해 90°로부터 ±30°를 넘지 않아야 한다. 기타 사항은 환경부 '연속측정장치 성능기준 및 설치 가이드라인' 및 제품별 요구되는 특성을 참고한다.

    ㉢ 탁도계 측정범위의 일반적인 권장기준은 다음과 같다.

구 분	미국AWWA		공 사	
	측정범위(NTU)	최저감지(NTU)	측정범위(NTU)	최저감지(NTU)
저탁도 원수	0.1~10	0.1	1~100/1,000	1
고탁도 원수	1~1,000	1	2,000	-
침전수	0.1~10	0.1	0.1~10	0.1
여과수 및 정수	0.01~10	< 0.01	0.01~10	< 0.01(0.001 권장)

> 참고
> - 원수탁도계는 측정범위 자동전환이 가능한 제품권장
> - 원수측정범위 2,000NTU는 하천수 취수장 설치권장
> - 여과수, 정수탁도계는 측정범위 내에서 사용자 임의로 최대값 설정이 가능한 제품으로 권장기준보다 정밀도가 높은 제품권장

    ㉣ 공정관리용 여과지 탁도계는 여과수가 통합되어 유출되는 대표지점에서 샘플링을 실시하여 탁도를 측정하며 동일한 시료를 대상으로 입자수 감시를 위해 입자계수기를 설치할 수 있다.

    ㉤ 개별여과지 탁도계는 여과지 탁도 관리 및 적절한 역세시점 파악 등을 위해 지별로 설치하며 개별 여과지 탁도 측정값을 역세척 인자 등 여과지 운영 자료로 활용한다.

    ㉥ 개별여과지 탁도계 설치 시 입자계수기 설치를 고려하여 동일한 시료수를 공급할 수 있도록 별도의 연결부분을 구성한다.

③ 입자계수기(Particle Counter)

    ㉠ 입자계수기는 통합여과수 탁도계와 함께 설치하며 설치순서는 탁도계, 입자계수기 순서로 하고 입자계수기 단독으로는 설치할 수 없으며, 탁도 측정 후 유출되는 시료 또는 동일한 시료수를 탁도와 입자계수기로 동시에 공급하여 탁도 및 입자계수 측정이 될 수 있도록 구성한다.

    ㉡ 입자계수기는 탈부착이 가능한 구조로 설치하며 필요시 개별여과지 연결부분으로 설치하여 개별여과지 진단에 활용할 수 있도록 한다.

ⓒ 입자계수기 측정자료는 정수장 운영시스템으로 제공하며 개별여과지 진단목적으로 활용 시 개별제어가 가능하도록 하고 기타 세부적인 사항은 제품별 요구되는 특성에 적합하게 설치한다.
　④ 잔류염소계
　　　㉠ 취수장에서 전염소처리 시 착수정에 설치할 수 있으며, 정수장에서 전염소처리 시 혼화지 및 침전지에도 설치할 수 있다.
　　　㉡ 전염소 종속제어를 위해 필요시 혼화지 유출측과 응집지 유입 전 적정지점 또는 전염소 주입 후 5분 이내 지점에서 샘플링하여 잔류염소를 측정하며 전염소 투입량 제어를 위한 전염소 제어시스템을 구성하여 운영한다.
　　　ⓒ 여과지 잔류염소계는 개별여과수 통합지점에서 샘플링하여 측정하며 원수에서 고농도 망간 등의 문제 시 적절한 망간처리를 위한 중염소 종속제어 필요시 중염소 주입 후 5분 이내의 지점에서 잔류염소를 측정하며, 중염소 투입량 제어를 위한 중염소 제어시스템을 구성하여 운영한다.
　　　㉣ 후염소 종속제어를 위해 필요시 여과지 통합 여과수 유출지점과 정수지 유입 전 관로상에서 후염소 관내투입 후 5분 이내의 적정지점에서 샘플링하여 잔류염소를 측정하며 후염소 투입량 제어를 위한 후염소 제어시스템을 구성하여 운영한다.
　　　㉤ 최종적으로 공급되는 정수의 잔류염소 감시를 위해 정수지 유출 또는 송수관로상에 잔류염소계를 설치·운영한다.
　　　㉥ 침전공정까지의 잔류염소계에는 별도의 여과장치와 자동역세장치를 설치하여 탁도에 의한 영향을 최소화하고 안정적인 측정을 도모한다.
　⑤ 알칼리도계
　　　㉠ 취수장 알칼리도계의 경우 하천수를 취수할 때 여러 정수장으로 원수를 공급하는 광역취수장 또는 기타 현장여건상 필요시(저알칼리도 원수 등)에 설치한다.
　　　㉡ 소석회 등 알칼리제가 상시 투입되는 정수장 또는 기타 현장여건상 필요시 혼화지 유출부 적정지점에 알칼리도계를 설치한다.
　　　ⓒ 침전공정까지의 알칼리도계에는 별도의 여과장치와 자동역세장치를 설치하여 탁도에 의한 영향을 최소화하여 안정적인 측정을 도모한다.
　⑥ pH계
　　　㉠ 침전공정까지의 pH계는 센서에 이물질 등이 부착되어 측정에 방해가 될 수 있으므로 초음파세척장치 등 자동세정장치를 부착하여 안정적인 측정을 도모한다.
　　　㉡ 관부식 방지를 위해 가성소다(NaOH) 등 알칼리제를 투입하는 경우 여과지 유출측과 정수지 유입 전 등 적정지점에 pH를 설치하여 알칼리도 투입량 제어 및 감시에 활용하며 약품 과량주입 시 경보가 가능하도록 한다.
　　　ⓒ 관말 배수지의 경우 관부식 상태 및 수돗물의 최종 수질상태 감시를 위해 필요시 pH를 설치하여 운영할 수 있다.

⑦ 유동전류계(SCD ; Streaming Current Detector)
  ㉠ SCD는 응집제 주입 후 30초에서 2분 이내의 적정지점(응집지 유입 전)에서 채수하여 측정할 수 있도록 구성하며 현장설치(Local)를 원칙으로 한다.
  ㉡ SCD를 활용한 응집제 주입량 제어·감시시스템을 구성하여 혼화·응집공정의 제어와 감시에 활용하며 응집제 주입제어의 경우 전체적인 제어시간이 5분을 넘어서는 안 된다.
⑧ TOC(Total Organic Carbon)
  ㉠ TOC는 정수에서 소독부산물 발생농도가 높은 정수장 또는 집중적인 관리가 필요한 정수장에 설치한다.
  ㉡ TOC는 원수를 대상으로 감시하는 것을 원칙으로 하며 필요시 공정별 제거효율 감시를 위해 여과수에 추가 설치할 수 있다.
  ㉢ TOC의 일반적인 분석단계는 시료 전처리 → 무기성 탄소제거 → CO_2 산화 → TOC 검출 순서이며, CO_2 산화방식에 따라 저온산화(100℃ 이하)와 고온산화(680~950℃)로 분류되며 각 분석방식별 장단점은 다음과 같다.

[각 분석방식별 장단점]

구 분	장 점	단 점
저온산화 (< 100℃)	• 낮은 검출한계(>0.2mg/L) • 많은 시료량으로 높은 대표성 • 오븐 내에 고형물 비생성 • 유지보수비용 낮음 • 초기투자비 낮음 • 외부표준물질을 이용한 자동보정 • 높은 수준의 자동화 • 100μm 입자크기 요구 • 높은 응답시간(95% 이상)	• 산화력이 제한적임(긴 사슬 탄화수소, 케톤 등) • 고농도 염소화합물에서 작동불능 • 고형물 산화에 어려움 • 고농도 염소물 함유 시 유독성 염소가스 생성 가능성 • 휘발성 유기물질 손실
고온산화 (680~950℃)	• 최적 산화가능 • 고농도 용존고형물 및 부유물질 함유시료 처리가능 • 염화물 간섭영향 없음 • 위험성 화학약품 사용, 생성 없음 • 낮은 화학약품 소비 • 간단한 외부형태 • 유지보수 간단 • 온도조절과 촉매제 사용으로 최적 분석수행 • 큰 측정범위 • 외부표준물질을 이용한 자동보정 • 높은 응답시간(95% 이상) • 높은 수준의 자동화 • 100μm 입자크기 요구	• 상대적으로 높은 검출한계(> 1mg/L) • 휘발성 유기물질 손실 • 산화로에서의 고형물 생성가능성 • 본체 구성부품 고가 • 적은 시료량으로 불량한 재현성

⑨ 암모니아성 질소, 조류측정기 : 상기 계측기의 경우 조류발생의 빈도가 높은 상수원수 및 고농도 암모니아성 질소함유 상수원수를 취수할 때 여러 정수장으로 원수를 공급하는 광역취수장 또는 기타 현장여건상 필요시에 선택하여 설치한다.

⑩ 배출수 pH, COD(UV) 및 SS
  ㉠ 유기물 측정장치는 각 현장여건에 따라 적절하게 선택하여 설치한다.
  ㉡ 상기 배출수 계측기는 방류수로에 직접 설치하는 것을 원칙으로 하며, 현장 여건상 직접 설치가 어려운 경우 센서를 방류수로에 설치하고 계측기 본체는 최단거리에 위치한 건물 내에 설치할 수 있다.
  ㉢ 설치된 계측기의 원활한 유지보수를 위해 방류수로에서 탈부착이 용이하게 현장 여건에 따라 설치하며 기타 세부적인 사항은 제품별 요구되는 특성에 적합하게 설치한다.

(7) 유지보수 및 주기적 검·교정기준 등

① 수질자동측정기 유지보수 중 일상적인 범위(시약보충, 센서 및 튜브류 교체 등)는 사용자가 직접 실시하며 그 외의 세부적인 사항은 제조(납품)업체 또는 전문 유지보수업체를 이용할 수 있다. 단, 전문유지보수 위탁업체 이용 시 일상적인 범위의 경정비를 포함하여 검·교정, 고장수리 등 전체적인 유지보수를 실시한다.
② 측정자료의 신뢰도 향상을 위하여 계측기별로 정해진 방법 및 기간에 따라 검교정을 실시하여야 한다.
③ 각 계측기별로 기기이력서와 점검(검·교정)대장을 작성하며 점검(검·교정)대장에는 소모품 교체내역 및 주기, 보수사항, 검·교정 등 계측기 유지보수의 전반적인 내용을 기록하여야 한다.
④ 기본적인 유지보수와 가동 중 발생 문제점 해결을 위해 사용자를 대상으로 교육을 실시하여야 한다.
⑤ 기타 세부적인 사항은 계측기별 요구되는 특성에 적합하게 유지보수를 실시한다.

(8) 수질자동측정기 검·교정방법

① 수질자동측정기 점검 및 검·교정내용
  ㉠ 실험실 기기와 수질자동측정기의 측정치 비교 및 오차 원인분석
  ㉡ 실험실 기기 및 수질자동측정기별 Calibration을 통한 검·교정
② 수질자동측정기 종류별 검·교정방법
  ㉠ 탁 도
   • 실험실용 탁도계 Calibration(구입 시 제시된 메뉴얼 참조)
   • 실험실용 탁도계와 수질자동측정기의 결과 상호 비교
   • 오차율이 항목별 평가기준의 '불량'에 해당되는 경우 원인분석 실시 및 개선방안 강구
   • 탁도 시료측정방법
    - 시료 샘플링 간격은 5분으로 5회 실시
    - 시료를 넣고 30초 후에 읽음
    - 5회 측정하고 최대값과 최소값은 버리고 남은 3개의 평균값 선택

- 실험실용과 수질자동측정기의 오차율 범위가 '항목별 평가기준'의 적합에 해당되는 경우는 오차가 없는 것으로 간주
- 제시된 탁도 자동측정기의 메뉴얼에 따라 검·교정

ⓒ 잔류염소
- DPD용 잔류염소측정기 Calibration
- DPD용 잔류염소측정기와 수질자동측정기의 결과 상호 비교
- 오차율이 항목별 평가기준의 '불량'에 해당되는 경우 원인분석 실시 및 개선방안 수립
- DPD와 수질자동측정기의 오차율 범위가 '항목별 평가기준'에 해당되는 경우는 오차가 없는 것으로 간주

ⓒ pH
- 실험실용 pH Meter Calibration
- 실험실용 pH Meter와 수질자동측정기의 상호 결과 비교 및 오차율이 항목별 평가 기준의 '불량'에 해당되는 경우 원인분석 실시 및 개선방안 강구
- 실험실용 pH Meter와 수질자동측정기의 오차율 범위가 '항목별 평가기준'의 적합에 해당되는 경우는 오차가 없는 것으로 간주

ⓔ 기타 : 상기 항목 외 수질자동측정기는 제품별로 요구되는 특성에 적합하게 검·교정을 실시

③ **측정항목별 평가기준** : pH, 탁도, 잔류염소의 일반적인 오차율 평가기준은 다음과 같으며 기타 수질자동측정기의 경우 제품별 정밀도, 재현성 등을 고려하여 적절하게 설정한다.

[측정항목별 평가기준 예]

대상	등급	오차율 범위(측정범위 기준)	
		적합	불량
탁도	원수	±3% 이하	±3% 초과
	침전수	±2% 이하	±2% 초과
	여과수/정수	±2% 이하	±2% 초과
pH	원수	±0.1(수치) 이하	±0.1(수치) 초과
	정수	±0.1(수치) 이하	±0.1(수치) 초과
잔류염소	정수	±3% 이하	±3% 초과

(출처 : 수질자동측정기 설치 및 운영관리 Guideline, 2003, 한국수자원공사)

02 수돗물 수질관리지침

1. 수돗물의 안전성 확보

(1) 법정 수질검사제도 강화

① 대상시설(2013년 12월 기준)

㉠ 상수원수 수질검사

계	가동 취수장	마을상수도	소규모급수시설	전용상수도
18,425	446	7,342	9,944	693

㉡ 정수 수질검사

계	정수장	수도꼭지	마을상수도	소규모급수시설	전용상수도
24,602	477	6,146	7,342	9,944	693

② 수질검사 실시 및 검사결과 조치

㉠ 상수원수 수질검사방법 : 상수원관리규칙에 따른 "원수의 수질검사기준"에 따라 실시

[상수원수 검사항목 및 검사주기]

구 분		측정횟수	측정항목	측정시기
광역 및 지방상수도	하천수, 복류수	매월 1회 이상 (6항목)	수소이온농도, 생물화학적 산소요구량, 부유물질량, 용존산소량, 대장균군(총대장균군, 분원성 대장균군)	
		분기마다 1회 이상 (25항목)	카드뮴, 비소, 시안, 수은, 납, 크롬, 음이온 계면활성제, 유기인, 폴리클로리네이티드바이페닐, 플루오린, 셀레늄, 암모니아성 질소, 질산성 질소, 카바릴, 1,1,1-트라이클로로에탄, 테트라클로로에틸렌, 트라이클로로에틸렌, 페놀, 사염화탄소, 1,2-다이클로로에탄, 다이클로로메탄, 벤젠, 클로로폼, 다이에틸헥실프탈레이트(DEHP), 안티몬	3월, 6월, 9월, 12월
	호소수	매월 1회 이상 (6항목)	수소이온농도, 화학적 산소요구량, 부유물질량, 용존산소량, 대장균군(총대장균군, 분원성 대장균군)	
		분기마다 1회 이상 (25항목)	카드뮴, 비소, 시안, 수은, 납, 크롬, 음이온 계면활성제, 유기인, 폴리클로리네이티드바이페닐, 플루오린, 셀레늄, 암모니아성 질소, 질산성 질소, 카바릴, 1,1,1-트라이클로로에탄, 테트라클로로에틸렌, 트라이클로로에틸렌, 페놀, 사염화탄소, 1,2-다이클로로에탄, 다이클로로메탄, 벤젠, 클로로폼, 다이에틸헥실프탈레이트(DEHP), 안티몬	3월, 6월, 9월, 12월
	지하수	반기마다 1회 이상 (19항목)	카드뮴, 비소, 시안, 수은, 납, 크롬, 음이온 계면활성제, 다이아지논, 파라티온, 페니트로티온, 플루오린, 셀레늄, 암모니아성 질소, 질산성 질소, 카바릴, 1,1,1-트라이클로로에탄, 테트라클로로에틸렌, 트라이클로로에틸렌, 페놀	
	해 수	분기마다 1회 이상 (5항목)	수소이온농도, 화학적 산소요구량, 대장균군(총대장균군, 분원성 대장균군), 노말헥산추출물질(동식물유지류) 함유량	
		매년 1회 이상 (6항목)	카드뮴, 비소, 붕소, 수은, 납, 크롬	

구 분		측정횟수	측정항목	측정시기
마을 상수도 · 전용 상수도 및 소규모 급수시설	하천수, 복류수, 계곡수 등의 표류수	반기마다 1회 이상(6항목)	수소이온농도, 생물화학적 산소요구량, 부유물질량, 용존산소량, 대장균군(총대장균군, 분원성 대장균군)	
		2년마다 1회 이상(9항목)	카드뮴, 비소, 시안, 수은, 납, 크롬, 음이온 계면활성제, 유기인, 폴리클로리네이티드바이페닐	
	호소수	반기마다 1회 이상(6항목)	수소이온농도, 화학적 산소요구량, 부유물질량, 용존산소량, 대장균군(총대장균군, 분원성 대장균군)	
		2년마다 1회 이상(9항목)	카드뮴, 비소, 시안, 수은, 납, 크롬, 음이온 계면활성제, 유기인, 폴리클로리네이티드바이페닐	
	지하수	2년마다 1회 이상(11항목)	카드뮴, 비소, 시안, 수은, 납, 크롬, 음이온 계면활성제, 다이아지논, 파라티온, 페니트로티온, 플루오린	
	해 수	반기마다 1회 이상(5항목)	수소이온농도, 화학적 산소요구량, 대장균군(총대장균군, 분원성 대장균군), 노말헥산추출물질(동식물유지류) 함유량	
		2년마다 1회 이상(6항목)	카드뮴, 비소, 붕소, 수은, 납, 크롬	

[원수 수질검사기준]

구 분	광역·지방상수도				마을·전용상수도 등			
	하천수	호소수	지하수	해 수	하천수	호소수	지하수	해 수
항목수	31	31	19	11	15	15	11	11
검사주기	월(6), 분기(25)	월(6), 분기(25)	반 기	분기(5), 년(6)	반기(6), 2년(9)	반기(6), 2년(9)	2년	반기(5), 년(6)

- 수도사업자는 원수 수질검사 결과를 정수처리에 적극 활용할 수 있도록 관련 정수장에 통보
  - 수질오염사고 등 수질 이상 발생 시 정수처리를 하여도 먹는물 수질기준 준수가 곤란하다고 판단되는 경우에는 취수중단 또는 취수원 변경, 대체식수 제공 등 긴급조치와 함께 주민공지 등 대책 강구
- 수질검사결과 보고 시 유의사항
  - 수질검사결과가 전년 또는 전월과 대비하여 현저히 높아진 경우 철저한 원인분석 및 개선대책을 마련하여 보고
  - 먹는물 수질기준의 정량한계 및 결과표시에 따라 소수점, 단위 등을 정확히 기재

ⓒ 먹는물 수질검사방법 : 환경분야 시험·검사 등에 관한 법률에 따른 먹는물수질공정시험기준에 따라 검사

[먹는물 검사항목 및 검사주기]

구 분		측정항목
정수장	매일검사 (6항목)	냄새, 맛, 색도, 탁도, 수소이온농도, 잔류염소
	매주검사[1] (8항목)	일반세균, 총대장균군, 대장균 또는 분원성 대장균군, 암모니아성 질소, 질산성 질소, 과망간산칼륨 소비량, 증발잔류물
	매월검사[2] (53항목)	소독제 및 소독부산물질 중 분기검사항목 제외

구 분		측정항목
정수장	매분기 (6항목)	10개 소독부산물 중 7개 항목(잔류염소, 클로랄하이드레이트, 다이브로모아세토나이트릴, 다이클로로아세토나이트릴, 트라이클로로아세토나이트릴, 할로아세틱에시드, 폼알데하이드)
수도꼭지	매월검사 (5항목)	일반세균, 총대장균군, 대장균 또는 분원성 대장균군, 잔류염소
수도관 노후지역 수도꼭지	매월검사 (11항목)	일반세균, 총대장균군, 대장균 또는 분원성 대장균군, 암모니아성 질소, 철, 동, 아연, 망간, 염소이온, 잔류염소
급수과정별 시설	매분기검사 (12항목)	일반세균, 총대장균군, 대장균 또는 분원성 대장균군, 암모니아성 질소, 총트라이할로메탄, 동, pH, 아연, 철, 탁도, 잔류염소
마을·전용상수도 소규모급수시설	분기검사[3] (16항목)	일반세균, 총대장균군, 대장균 또는 분원성 대장균군, 암모니아성 질소, 질산성 질소, 냄새, 맛, 색도, 탁도, 플루오린, 망간, 알루미늄, 잔류염소, 붕소 및 염소이온(해수에 한함)
	연 전항목검사 (59항목)	먹는물 수질기준 전항목

참고
1) 일반세균, 총대장균군, 대장균 또는 분원성 대장균군 항목은 반드시 매주 1회 이상 검사, 기타 항목은 지난 1년간의 수질검사결과에 따라 매월 1회 이상으로 조정하여 검사 가능
2) 일반세균, 총대장균군, 대장균 또는 분원성 대장균군, 암모니아성 질소, 질산성 질소, 과망간산칼륨 소비량, 냄새, 맛, 색도, 수소이온농도, 염소이온, 망간, 탁도 및 알루미늄 항목은 반드시 매월 1회 이상 검사를 실시하고, 기타 항목은 지난 3년간의 수질검사 결과에 따라 매분기 1회 이상으로 조정하여 검사 가능
3) 지난 3년간의 수질검사 결과에 따라 매반기 1회 이상으로 조정하여 검사 가능

• 정수처리기준 준수
  - 물이 병원성 미생물로부터 안전성이 확보되도록 기준 준수(수도법 제28조, 시행규칙 제18조의2, 제18조의3)
  - 미생물의 제거 및 불활성화 확인을 위해서는 탁도 기준과 불활성화비에 적합하도록 여과 실시(시행규칙 [별표 5의2])
• 수도관 수도꼭지 수질검사 실시
  - 국민이 직접 이용하는 수도꼭지 수돗물을 대상으로 수질이상 여부를 검사하여 수돗물에 대한 주민의 막연한 불신을 해소
  - 수질검사항목

미생물 관련 항목	소독 관련 항목	급수관재질 관련 항목	하수유입 관련 항목
일반세균, 총대장균군, 대장균 또는 분원성 대장균군	잔류염소	철, 동, 아연, 망간	암모니아성 질소, 염소이온

참고 상기 검사항목 중 일반지역은 미생물·소독 관련 항목(5항목)에 대하여만 검사하고 노후지역은 전항목(11항목) 검사 실시

• 수돗물 급수과정별 시설에서의 수질검사 실시
  - 수도사업자가 정수장에서 수도꼭지까지 급수과정별 수질상태를 정기적으로 확인하여 수질기준 초과 시 초과지점 및 초과원인을 신속하게 규명·대처
  - 검사항목 : 일반세균, 총대장균군, 대장균 또는 분원성 대장균군, 암모니아성 질소, 총트라이할로메탄, 동, pH, 아연, 철, 탁도 및 잔류염소

- 수도사업자는 정수장별로 급수구역 내 과정별 수질검사가 가능한 대상지점(정수장으로부터 물을 공급받는 주배수지를 기준으로 하여 급수구역별로 주배수지 전후, 급수구역 유입부, 급수구역 내 가압장 유출부, 광역 및 외부수수계통의 수수지점, 정수계통이 다른 계통과 합쳐지는 지점, 급수구역 관말 수도꼭지)을 가급적 1개소 이상씩 선정, 분기별 수질검사 실시
- 정수장과 배수지에서 수질기준이 초과된 것을 인지하게 된 경우에는 24시간 이내에 환경부(수도정책과), 시·도, 유역·지방환경청에 보고 실시
  - 수질기준 초과 시에는 검사주기와 상관없이 매일 검사를 실시하여 수질 현황 파악(주1회 검사항목, 월1회 검사항목 → 매일검사)
  - 정수장은 수질기준에 적합하였으나 수도꼭지에서 수질기준을 초과한 경우에는 해당 지역의 급수관망도 등을 활용, 급수과정 단계별 추적을 통한 초과원인 분석 및 개선조치
- 마을상수도·소규모급수시설 등의 경우 대부분 별도의 정수처리 시설을 갖추지 않은 현실을 감안, 수질기준 초과 시에는 초과원인별 오염원 정비, 시설개선, 수원이전 등 적극적인 개선조치를 통하여 먹는물의 안전성 확보
- 수질검사결과는 지역언론(TV, 라디오, 신문, 유선방송, 인터넷 등) 등을 이용, 급수지역 주민들에게 주기적으로 공표
  - 정수장별 급수지역을 위주로 정수장 및 수도꼭지 수질검사결과를 공표하되, 수질기준 초과 시설이 있는 경우에는 초과원인 및 개선조치 사항, 주민협조사항 등을 상세하게 표기

③ 수질검사 결과보고
  ㉠ 공통사항
  - 시설별 수질검사 결과는 전산보고
  - 수질검사 자료 입력기한 준수

[먹는물 수질관리 결과보고주기]

구 분	보고주기	비 고
광역·지방상수도, 마을상수도 및 소규모급수시설, 전용상수도 수질검사결과(원수)	매년(1회) 지하수는 2년	상수원관리규칙
정수장 및 수도꼭지 수질검사결과	매 월	먹는물 수질기준 및 검사 등에 관한 규칙
급수과정별 수질검사결과	매분기	먹는물 수질기준 및 검사 등에 관한 규칙
전용상수도 수질검사결과	매분기	먹는물 수질기준 및 검사 등에 관한 규칙
정수처리기준 운영결과	매 월	수도법 시행규칙
수질감시항목 수질검사결과	매년(1회)	먹는물 수질감시항목 운영지침

  ㉡ 광역 및 지방상수도
  - 원수 수질검사 결과 : 일반수도사업자(한국수자원공사 포함)는 수질검사 결과를 매분기 종료 후 10일까지 전산입력(지하수 검사의 경우 상반기 검사결과는 7월 10일까지, 하반기 검사결과는 다음해 1월 10일까지 입력)

- 정수 수질검사 결과 : 일반수도사업자(한국수자원공사 포함)는 정수장 및 수도꼭지 수질검사 결과를 다음달 10일까지 전산입력
ⓒ 마을·전용상수도 및 소규모급수시설
- 원수 수질검사 결과 : 전용상수도 설치자, 일반수도사업자·소규모급수시설을 관할하는 시장·군수·구청장은 수질검사결과를 다음해 1월 10일까지 전산입력
- 정수 수질검사 결과 : 전용상수도 설치자, 일반수도사업자·소규모급수시설을 관할하는 시장·군수·구청장은 수질검사결과를 분기 종료 후 다음달 10일까지 전산입력

(2) 저수조, 옥내급수관 등 급수설비 관리 강화

① 저수조 관리
㉠ 저수조 청소의 내실화 및 의무대상이 아닌 시설의 자율청소 유도
- 저수조 청소시 반드시 건축물의 관리자 입회하에 실시하도록 홍보
- 청소 및 위생점검 이행여부 증빙자료 비치 의무화(사진, 점검결과표 등)
- 관리대상이 아닌 건축물의 저수조는 자율적 청소 유도(시·군보, 반상회보 등을 통한 홍보 강화)
- 저수조 청소는 가급적 자체청소보다는 전문인력 및 장비를 구비하고 있는 전문 청소업체에 의뢰하여 실시하도록 권고

② 저수조 수질검사
㉠ 관리주체 : 대형건축물 소유자 또는 관리자가 의뢰하여 실시
㉡ 검사주기 : 연 1회
㉢ 검사항목(총 7개 항목) : 탁도, 수소이온농도, 잔류염소, 일반세균, 총대장균군, 분원성 대장균군 또는 대장균
㉣ 대상 건축물
- 연면적이 5천m^2 이상(건축물 또는 시설 안의 주차장면적 제외)인 건축물 및 시설
- 공중위생관리법 시행령 제3조의 규정에 의한 건축물 또는 시설
- 건축법 시행령 [별표 1] 제2호 가목의 규정에 의한 아파트 및 그 복리시설
㉤ 수질검사 결과 조치
- 해당 건축물 이용자에게 수질검사 결과 공지
- 먹는물수질기준 위반 시 원인규명 및 배수 또는 저수조청소 등 조치

③ 옥내 급수관 관리 : 옥내 급수관의 개량 유도

④ 옥내 급수관 수질검사
㉠ 검사주체 : 대상 건축물 관리자 또는 소유자가 먹는물 수질검사기관에 의뢰하여 실시
㉡ 검사주기 : 준공 후 5년이 경과한 날부터 2년 주기로 실시
- 건축연면적 6만m^2 이상인 다중이용건축물
- 건축연면적 5천m^2 이상인 국가 또는 지방자치단체가 설치한 공공시설(사립시설 제외)

ⓒ 검사항목(총 7개 항목) : 탁도, 수소이온농도, 색도, 철, 납, 구리, 아연
② 수질검사 결과 조치
- 세척 : 탁도, 수소이온농도, 색도 또는 철 기준초과 시
- 갱생 또는 교체 : 아연도 강관으로서 1개 항목 이상 기준초과 시
- 전문검사 후 갱생 또는 교체 : 2년 연속 기준초과, 납·구리 또는 아연 기준초과 시

> **참고**
> - 세척 : 급수관 내부의 이물질 또는 미생물막 등을 관에 손상을 주지 아니하면서 물과 공기를 주입하는 방법 등으로 제거하는 것
> - 갱생 : 관 내부의 녹 및 이물질을 제거한 후 코팅 등의 방법으로 통수기능을 회복하는 것

(3) 수질감시항목 검사 강화

① **대상시설** : 정수의 경우 시설용량 50,000톤/일 이상인 정수장(단, 우라늄은 상수원수가 지하수인 모든 마을하수도 및 소규모급수시설, 노로바이러스는 상수원수가 지하수인 시설 중 300톤/일 이상에 한함)

② **검사주기** : 감시항목별 검사주기에 따라 정기적인 수질검사 실시
  검사대상 시설에 포함되지 아니한 지자체도 수질기준 항목 확대 등을 고려하여, 검사능력을 배양하는 등 수질검사 방안을 강구

③ **검사방법** : 먹는물 수질감시항목 운영지침 [별표 3]에 따라 검사

④ **감시항목**
  ㉠ 상수원수는 부식성 지수 및 독소물질 2개
  ㉡ 정수는 유해영향물질 및 소독부산물 등 총 27개 물질

⑤ **검사결과 조치** : 검사결과 수질감시항목의 감시기준을 초과하는 경우 즉시 재검사 실시, 원인 규명 및 대책 강구 및 정수처리 철저 등 관리 강화
  ㉠ 검사횟수 추가 실시 : 분기 → 월, 연간 → 분기
  ㉡ 수질검사결과, 다량검출 항목에 대한 원인분석을 통한 대책 마련 등

2. 수돗물의 불신 해소 및 신뢰도 제고

(1) 수돗물 수질관리강화

① **수돗물평가위원회 운영 활성화(수도법 제30조)**
  ㉠ 모든 지자체는 수돗물평가위원회 설치·운영(조례)
  ㉡ 지자체별 위원회 구성과 기능을 조정하여 수질검사뿐만 아니라 시설의 운영·관리까지 자문범위를 확대
  ㉢ 수질검사계획은 수돗물평가위원회의 자문을 받아 시행
    각 기관별 지역실정에 맞게 매년 수질검사계획을 수립하여 동 위원회의 자문을 받아 시행

㉣ 위원회를 내실 있게 구성·운영하여 수돗물 수질개선 및 신뢰도 제고에 기여
- 중소도시의 경우 기술자문보다 수돗물 수질검사 및 공개 등에 대한 감시기능에 역점 운영
- 필요시 이론과 경험을 고루 겸비한 타 지역의 전문가도 위원으로 위촉하는 등 상수도분야 전문가의 참여 확대

② '수돗물서비스센터' 등 수도꼭지 수질검사체계 구축·운영
지역주민들의 수돗물이용 불편 해소를 위하여 '수돗물서비스센터' 등 수질검사체계 구축·운영

③ '우리집 수돗물 안심확인제' 시행
수돗물 수질이 궁금한 국민이면 누구나 인터넷이나 전화로 수질검사를 신청하면 해당지역 담당공무원이 각 가정을 방문하여 무료로 수도꼭지 수질검사를 실시하고 그 결과를 알려주는 제도

④ '수돗물 사랑마을' 운영
시민단체가 중심이 되고 주민이 참여하여 수돗물에 대한 체험과 교육을 바탕으로 인식을 개선함으로써 수돗물을 믿고 먹을 수 있도록 하는 수돗물 바로알기 사업

⑤ 수돗물 불신해소를 위한 프로그램 개발·시행
㉠ 지역주민, 학생 및 민간단체 등을 대상으로 정수장 운영실태 견학 프로그램 등을 개발·시행하여 수돗물에 대한 궁금증 및 불신감 해소
㉡ 수돗물 시민평가단을 구성하여 수돗물, 샘물 등의 물맛 비교 시음평가 및 수돗물 음용실태 설문 참여 등 수돗물 홍보도우미로 활동 유도

(2) 마을상수도 등의 관리강화

① 마을상수도 및 소규모급수시설에 대한 세부관리계획 수립·추진(연 1회 먹는물 수질기준 전항목을 검사)
② 시설점검 및 수질검사에 철저를 기하고, 기준초과 시설에 대해서는 원인규명 및 개선대책수립·추진
③ 먹는물의 안전성 확보를 위한 교육 및 홍보활동 강화
④ 지방상수도 공급지역은 특별한 사유가 없는 한 마을상수도 폐쇄
⑤ 지방상수도 공급이 불가능한 지역(소규모 마을단위로 산재한 지역 등)은 연차적으로 마을상수도를 전면 개량하여 안전한 수돗물 공급체계 확립

(출처 : 수돗물 수질관리지침, 2014, 환경부)

CHAPTER 03 적중예상문제(1차)

제2과목 수질분석 및 관리

01 수질자동측정기 선정 시 일반적 고려사항이 아닌 것은?
① 측정기의 성능
② 측정기의 가격
③ 측정기의 내구성
④ 현장설치 비용

[해설] ①·②·④ 외에 유지관리비용, 시운전 및 교육 등이다.

02 정수지 내 수질자동측정기의 기본설치항목이 아닌 것은?
① 수 온
② pH
③ 탁 도
④ COD

[해설] 기본설치항목 : 수온, pH, 탁도, 잔류염소

03 여과지 내 수질자동측정기의 추가설치항목이 아닌 것은?
① pH
② 탁 도
③ 알칼리도
④ 플루오린

[해설] 여과지 "탁도"의 경우 기본설치항목으로 통합여과수 탁도계와 여과지별 탁도계를 포함한다.

04 수질자동측정기의 가장 기본적인 감시인자로 정수처리공정 중 모든 물리적·화학적 공정에 영향을 미치는 항목은?
① pH, 수온
② 탁도계
③ 알칼리도
④ TOC(Total Organic Carbon)

[해설] pH, 수온은 소독, 혼화, 응집, 침전, 여과, 부식제어 등에 영향을 미친다.

정답 1 ③ 2 ④ 3 ② 4 ①

05 다음 중 소독부산물 주요 원인물질인 유기물질에 대한 감시기능강화 및 소독부산물 저감을 위한 공정운영 판단기준 항목은?

① 전기전도도(EC)
② 잔류염소
③ 조류측정기(Chl-a)
④ TOC(Total Organic Carbon)

해설 TOC(Total Organic Carbon)는 취수장이나 착수정에서 소독부산물 주요 원인물질인 유기물질에 대한 감시기능강화 및 소독부산물 저감을 위한 공정운영 판단기준 항목이다.

06 수온에 대한 수질자동측정기의 일반적 성능기준이 틀린 것은?

① 측정단위 - ℃
② 측정원리 - 열전대 온도계, 측온저항체 온도계
③ 측정범위 - -10~45℃
④ 정밀도 - 허용오차 최대눈금치 ±5% 이하

해설 정밀도 : 허용오차 최대눈금치 ±2% 이하

07 pH에 대한 수질자동측정기의 일반적 성능기준이 틀린 것은?

① 측정단위 - pH
② 측정원리 - 전극법
③ 측정범위 - 0~14pH
④ 분해능 - 0.1pH

해설 분해능 : 0.01pH

08 원수탁도에 대한 수질자동측정기의 일반적 성능기준이 틀린 것은?
① 측정단위 – NTU
② 측정원리 – 표면산란광
③ 측정범위 – 0~100/1,000(2,000)NTU
④ 분해능 – 0.1NTU

해설 분해능 : 1NTU

09 전기전도도에 대한 수질자동측정기의 일반적 성능기준이 틀린 것은?
① 측정단위 – $\mu S/cm$
② 측정원리 – 90° 산란광
③ 측정범위 – 호소수 0~500$\mu S/cm$, 하천수 0~1,000$\mu S/cm$
④ 분해능 – 0.1$\mu S/cm$

해설 측정원리 : 전극법

10 알칼리도에 대한 수질자동측정기의 일반적 성능기준이 틀린 것은?
① 측정단위 – mg/L
② 측정원리 – 중화적정법
③ 측정범위 – 0~50(100)mg/L
④ 정밀도 – 최대눈금치 ±1% 이하

해설 정밀도 : 최대눈금치 ±3% 이하

11 잔류염소에 대한 수질자동측정기의 일반적 성능기준이 틀린 것은?
① 측정단위 – mg/L
② 측정원리 – 무시약식
③ 측정범위 – 무시약식 0~10mg/L
④ 분해능 – 0.01mg/L

해설 측정범위 : 무시약식 0~3mg/L

정답 8 ④ 9 ② 10 ④ 11 ③

12 플루오린에 대한 수질자동측정기의 일반적 성능기준이 틀린 것은?

① 측정단위 – mg/L
② 측정원리 – 전극법
③ 측정범위 – 0~3mg/L
④ 분해능 – 0.01mg/L

[해설] 분해능 : 0.001mg/L

13 TOC에 대한 수질자동측정기의 일반적 성능기준이 틀린 것은?

① 측정단위 – mg/L
② 측정원리 – Streaming Current
③ 측정범위 – 0~10mg/L
④ 분해능 – < 0.1mg/L

[해설] 측정원리 : CO_2 산화법

14 NH_3-N에 대한 수질자동측정기의 일반적 성능기준이 틀린 것은?

① 측정단위 – mg/L
② 측정원리 – 이온전극법
③ 측정범위 – 0~10mg/L
④ 재현성 – 최대눈금치 ±3% 이하

[해설] 재현성 : 최대눈금치 ±2% 이하

15 조류측정기에 대한 수질자동측정기의 일반적 성능기준이 틀린 것은?

① 측정단위 – mg/L
② 측정원리 – UV흡광법
③ 측정범위 – 0~100ppb
④ 분해능 – 0.01mg/L

[해설] 측정원리 : 형광광도법

16 COD(UV)에 대한 수질자동측정기의 일반적 성능기준이 틀린 것은?

① 측정단위 - mg/L
② 측정원리 - UV흡광법
③ 측정범위 - 흡광도 0~10ABS
④ 분해능 - 0.1mg/L

[해설] 측정범위 : 흡광도 0~2.5ABS, COD환산 0~200mg/L

17 SS에 대한 수질자동측정기의 일반적 성능기준이 틀린 것은?

① 측정단위 - mg/L
② 측정원리 - 전극법
③ 측정범위 - 0~1,000mg/L
④ 분해능 - 0.1mg/L

[해설] 측정원리에 대한 기준이 없다.

18 수질자동측정기 및 시료채취 위치에 대한 설명으로 틀린 것은?

① 수질자동측정기는 현장(Local)설치를 원칙으로 한다.
② 현장 여건상 필요시 중앙집중식(Remote)으로 설치할 수 있다.
③ 중앙집중식으로 설치 시 시료 공급과정에서의 오염, 변질 등 수질변화를 최대화한다.
④ 취수장의 시료채취 위치는 침사지 또는 흡수정이다.

[해설] 중앙집중식으로 설치 시 시료 공급과정에서의 오염, 변질 등 수질변화를 최소화한다.

19 침전수의 수질자동측정기의 설치 위치는?
  ① 취수펌프장   ② 약품투입실
  ③ 여과지동   ④ 정수지

  해설 침전수의 기기설치 위치는 여과지동이다.

20 수질자동측정기 설치 시 유의사항으로 틀린 것은?
  ① 수질자동측정기실에는 PVC 배관경화, 탈포수조 부착생물 성장 등을 방지하기 위해 차광설비를 설치한다.
  ② 수질자동측정기실은 타시설과 일체의 공간으로 하고 낙뢰, 습기, 먼지, 부식성 가스(염소) 등에 의해 계측기가 손상받지 않도록 적절한 보호설비를 설치한다.
  ③ 샘플링 펌프 및 수질자동계측기 전원은 단전 시에도 정상가동이 될 수 있도록 무정전 전원장치(UPS) 또는 기존 비상발전기 등을 이용하여 안정적인 전원 공급을 고려한다.
  ④ 수질자동측정기실에는 기기의 보정과 유지보수를 위해 정수가 공급될 수 있도록 배관을 구성한다.

  해설 수질자동측정기실은 타시설과 별도의 공간으로 구분하고 낙뢰, 습기, 먼지, 부식성 가스(염소) 등에 의해 계측기가 손상받지 않도록 적절한 보호설비(써지어레스트, 환기설비 등)를 설치하며 원활한 유지보수, 검교정 및 장래 시설확장을 위해 충분한 여유공간을 확보한다.

21 수질자동측정기 운영 시스템 구성 시 유의사항으로 틀린 것은?
  ① 수질자동측정기 계측신호를 안정적으로 수집할 수 있도록 시스템을 구성한다.
  ② 시스템 용량은 장래 설비확장을 고려하여야 한다.
  ③ 운영시스템은 공정별 실시간 측정값을 표현하고 샘플링 펌프와 계측기 가동상태를 감시 및 조작할 수 있는 기능과 실시간 트렌드기능, 레포트기능, 백업기능 등이 포함되어 있어야 한다.
  ④ 측정자료는 매 1시간 간격으로 순시치를 기록하고 백업은 엑셀파일로 변환한다.

  해설 측정자료는 매 15분 간격으로 순시치를 기록하고 백업은 엑셀파일로 변환한다.

22. 탁도계 수질자동측정기 설치 시 유의사항으로 틀린 것은?
① 취수장 탁도계의 경우 하천수를 취수하는 경우, 여러 정수장으로 원수를 공급하는 광역취수장 또는 기타 현장여건상 필요시에 설치하고 경보가 가능토록 한다.
② 탁도 측정방식은 NTU 방식을 표준으로 하며 검출기가 산란광을 받아들이는 각도가 입사광에 대해 30°로부터 ±60°를 넘지 않아야 한다.
③ 공정관리용 여과지 탁도계는 여과수가 통합되어 유출되는 대표지점에서 샘플링을 실시하여 탁도를 측정하며 동일한 시료를 대상으로 입자수 감시를 위해 입자계수기를 설치할 수 있다.
④ 개별 여과지 탁도계는 여과지 탁도관리 및 적절한 역세시점 파악 등을 위해 지별로 설치하며 개별 여과지 탁도 측정값을 역세척 인자 등 여과지 운영자료로 활용한다.

[해설] 탁도 측정방식은 NTU 방식을 표준으로 하며 검출기가 산란광을 받아들이는 각도가 입사광에 대해 90°로부터 ±30°를 넘지 않아야 한다.

23. 입자계수기(Particle Counter) 설치 시 유의사항으로 틀린 것은?
① 입자계수기는 통합여과수 탁도계와 함께 설치한다.
② 설치순서는 탁도계, 입자계수기 순서로 하고 입자계수기 단독으로 설치할 수 있다.
③ 탁도측정 후 유출되는 시료 또는 동일한 시료수를 탁도와 입자계수기로 동시에 공급하여 탁도 및 입자계수 측정이 될 수 있도록 구성한다.
④ 입자계수기는 탈부착이 가능한 구조로 설치하며 필요시 개별 여과지 연결부분으로 설치하여 개별 여과지 진단에 활용할 수 있도록 한다.

[해설] 설치순서는 탁도계, 입자계수기 순서로 하고 입자계수기 단독으로는 설치할 수 없다.

정답 22 ② 23 ②

24 잔류염소계 설치 시 유의사항으로 틀린 것은?

① 취수장에서 전염소 처리 시 착수정에 설치할 수 있다.
② 정수장에서 전염소 처리 시 혼화지 및 침전지에도 설치할 수 있다.
③ 전염소 종속제어를 위해 필요시 혼화지 유출측과 여과지 유입 전 적정지점 또는 전염소 주입 후 10분 이내 지점에서 샘플링하여 잔류염소를 측정한다.
④ 여과지 잔류염소계는 개별 여과수 통합지점에서 샘플링하여 측정한다.

> [해설] 전염소 종속제어를 위해 필요시 혼화지 유출측과 응집지 유입 전 적정지점 또는 전염소 주입 후 5분 이내 지점에서 샘플링하여 잔류염소를 측정한다.

25 유동전류계(SCD ; Streaming Current Detector) 설치 시 유의사항으로 틀린 것은?

① SCD는 응집제 주입 후 30초에서 2분 이내의 적정지점(응집지 유입 전)에서 채수하여 측정할 수 있도록 구성한다.
② 현장설치(Local)를 원칙으로 한다.
③ SCD를 활용한 응집제 주입량 제어·감시 시스템을 구성한다.
④ 응집제 주입제어의 경우 전체적인 제어시간이 3분을 넘어서는 안 된다.

> [해설] 응집제 주입제어의 경우 전체적인 제어시간이 5분을 넘어서는 안 된다.

26 TOC의 일반적인 분석단계로 올바른 것은?

① 시료전처리 → 무기성 탄소제거 → CO_2 산화 → TOC
② 시료전처리 → CO_2 산화 → 무기성 탄소제거 → TOC
③ 무기성 탄소제거 → 시료전처리 → CO_2 산화 → TOC
④ 무기성 탄소제거 → CO_2 산화 → 시료전처리 → TOC

> [해설] TOC의 일반적인 분석단계는 시료전처리 → 무기성 탄소제거 → CO_2 산화 → TOC 검출 순서이며, CO_2 산화방식에 따라 저온산화(100℃ 이하)와 고온산화(680~950℃)로 분류한다.

27 TOC의 저온산화방식의 장점이 아닌 것은?

① 높은 검출한계
② 오븐 내에 고형물 비생성
③ 유지보수비용 낮음
④ 높은 수준의 자동화

> 해설 저온산화방식의 장점
> • 낮은 검출한계(> 0.2mg/L)
> • 많은 시료량으로 높은 대표성
> • 오븐 내에 고형물 비생성
> • 유지보수비용 낮음
> • 초기투자비 낮음
> • 외부표준물질을 이용한 자동보정
> • 높은 수준의 자동화
> • 100μm 입자크기 요구
> • 높은 응답시간(95% 이상)

28 TOC의 고온산화방식의 장점이 아닌 것은?

① 최적 산화 가능
② 염화물 간섭영향 없음
③ 위험성 화학약품 사용, 생성 없음
④ 낮은 응답시간

> 해설 고온산화방식의 장점
> • 최적 산화 가능
> • 고농도 용존고형물 및 부유물질 함유시료 처리 가능
> • 염화물 간섭영향 없음
> • 위험성 화학약품 사용, 생성 없음
> • 낮은 화학약품 소비
> • 간단한 외부형태
> • 유지보수 간단
> • 온도조절과 촉매제 사용으로 최적 분석수행
> • 큰 측정범위
> • 외부표준물질을 이용한 자동보정
> • 높은 응답시간(95% 이상)
> • 높은 수준의 자동화
> • 100μm 입자크기 요구

정답 27 ① 28 ④

29 광역·지방상수도 하천수의 원수 수질검사 항목수로 올바른 것은?
   ① 18   ② 21
   ③ 29   ④ 31

   해설 광역·지방상수도 하천수
   • 검사 항목수 : 31개
   • 검사 주기 : 월별 6개, 분기별 25개

30 광역 및 지방상수도 하천수의 월 1회 이상 측정항목이 아닌 것은?
   ① pH   ② BOD
   ③ SS   ④ 유기인

   해설 하천수, 복류수의 월 1회 이상 측정항목
   수소이온농도, 생물화학적 산소요구량, 부유물질량, 용존산소량, 대장균군(총대장균군, 분원성 대장균군)

31 광역 및 지방상수도 호소수의 분기 1회 이상 측정항목이 아닌 것은?
   ① 음이온 계면활성제   ② PCB
   ③ 플루오린   ④ 다이아지논

   해설 다이아지논 : 지하수의 반기 1회 이상 측정항목

32 광역 및 지방상수도 지하수의 반기 1회 이상 측정항목이 아닌 것은?
   ① Cd   ② As
   ③ CN   ④ PCB

   해설 지하수의 반기 1회 이상 측정항목 : 카드뮴, 비소, 시안, 수은, 납, 크롬, 음이온 계면활성제, 다이아지논, 파라티온, 페니트로티온, 플루오린, 셀레늄, 암모니아성 질소, 질산성 질소, 카르바릴, 1,1,1-트라이클로로에탄, 테트라클로로에틸렌, 트라이클로로에틸렌, 페놀

33 전용상수도 및 소규모급수시설에서 하천수, 복류수, 계곡수 등의 표류수 측정항목이 아닌 것은?
① COD   ② BOD
③ SS   ④ DO

해설 ① 호소수 반기 1회 이상 측정항목

34 수도관 수도꼭지 수질검사 실시 시 수질검사항목이 아닌 것은?
① 총대장균군   ② 잔류염소
③ 아 연   ④ 유기인

해설 수도관 수도꼭지 수질검사 항목
• 미생물 관련 항목 : 일반세균, 총대장균군, 대장균 또는 분원성 대장균군
• 소독 관련 항목 : 잔류염소
• 급수관재질 관련 항목 : 철, 동, 아연, 망간
• 하수유입 관련 항목 : 암모니아성 질소, 염소이온

35 정수장에서 매일 검사하는 먹는물 검사항목이 아닌 것은?
① 냄 새   ② 맛
③ 색 도   ④ 대장균

해설 정수장에서 매일 검사하는 먹는물 검사항목 : 냄새, 맛, 색도, 탁도, pH, 잔류염소

36 수도꼭지에서 매월 검사하는 먹는물 검사항목이 아닌 것은?
① 일반세균
② 총대장균군
③ 분원성 대장균군
④ 과망간산칼륨소비량

해설 수도꼭지에서 매월 검사하는 먹는물 검사항목 : 일반세균, 총대장균군, 대장균 또는 분원성 대장균군, 잔류염소

정답 33 ① 34 ④ 35 ④ 36 ④

37 급수과정별 시설에서 매분기 검사하는 먹는물 검사항목이 아닌 것은?
① 총대장균군 ② 대장균
③ 암모니아성 질소 ④ 플루오린

해설 급수과정별 시설에서 매분기 검사하는 먹는물 검사항목 : 일반세균, 총대장균군, 대장균 또는 분원성 대장균군, 암모니아성 질소, 총트라이할로메탄, 동, pH, 아연, 철, 탁도, 잔류염소

38 수돗물의 불신 해소 및 신뢰도 제고를 위한 방안으로 볼 수 없는 것은?
① 시민참여 역할강화를 위한 수돗물평가위원회의 운영 활성화
② 수돗물 서비스센터 운영 강화
③ 수돗물 불신해소를 위한 프로그램 개발·시행
④ PET병 수돗물의 사용 억제

해설 수돗물의 불신 해소 및 신뢰도 제고를 위한 방안에는 ①, ②, ③ 외에 '우리집 수돗물 안심확인제' 시행 및 '수돗물 사랑마을' 운영이 있다.

39 먹는물 수질관리 결과보고의 주기로 틀린 것은?
① 정수장 및 수도꼭지 수질검사결과 - 매월
② 급수과정별 수질검사결과 - 매분기
③ 수질감시항목 수질검사결과 - 매반기
④ 정수처리기준 운영결과 - 매월

해설 수질감시항목 수질검사결과 : 매년(1회)

CHAPTER 03 적중예상문제(2차)

제2과목 수질분석 및 관리

01 정수지 내 수질자동측정기의 기본설치항목을 쓰시오.

02 전기전도도에 대한 수질자동측정기의 일반적 성능기준을 쓰시오.

- 측정단위
- 측정범위
- 정밀도
- 측정원리
- 분해능

03 플루오린에 대한 수질자동측정기의 일반적 성능기준을 쓰시오.

- 측정단위
- 측정범위
- 정밀도
- 측정원리
- 분해능

04 TOC의 일반적인 분석단계를 설명하시오.

05 원수 1,500m³/h를 응집처리하기 위해 Jar-test를 한 결과 고체 황산알루미늄 적정 주입률이 15mg/L였다. 고체 황산알루미늄을 용해하였을 때 용액농도가 99%이면, 고체 황산알루미늄의 시간당 주입량은?

06 원수 1,500m³/h를 응집처리하기 위해 Jar-test를 한 결과 액체 황산알루미늄 적정 주입률이 15mg/L였다. 액체 황산알루미늄을 시간당 몇 리터 주입해야 하나?(이때, 액체 황산알루미늄의 밀도는 1.31kg/L이다)

07 살균소독을 위해 액화염소를 5mg/L 주입하여 1,500m³/h의 유량을 처리하고자 한다. 이때, 액화염소의 주입량은?

08 원수 중 10mg/L의 오염물질을 1mg/L로 처리하기 위해 원수 1리터당 흡착제의 필요량은?

09 진한 황산의 비중은 약 1.84이고, 순도는 약 96%이다. 몰농도(mole/L)는 얼마인가?(단, 황산분자식 : H_2SO_4, 분자량 : 98g)

10 물의 염소요구량이 1.2ppm, 수도시설의 염소소비량이 0.5ppm, 수도꼭지의 잔류염소량이 0.2ppm인 경우 정수장에서 염소주입률은?

11 잔류염소측정법 중 OT법과 DPD법을 비교 설명하시오.

12 물의 알칼리도를 유발하는 원인 물질 3가지를 기술하고, 그중 자연수에서 대부분을 차지하는 알칼리도 성분을 쓰시오.

13 시간당 500m³를 처리하는 정수장의 염소주입률이 4.5mg/day일 때 1일 주입해야 하는 염소량은 몇 kg/day인가?

14 금년도 가을철 집중강우로 물의 염소요구량이 2.2ppm, 수도시설의 염소소비량 1.6ppm, 수도전의 잔류염소량이 0.2ppm인 경우의 염소주입률은?

15 수원으로 사용되는 하천이나 호소의 장기적인 수질관리를 위하여 수체를 하나의 시스템으로 가정하고 시스템 내에서 진행되는 모든 물리적, 화학적, 생물학적 작용을 수식화하여 구성하고 이를 운용, 해석함으로써 수질의 변화 정도를 예측·관리하는 기법을 쓰시오.

16 수질관리모델링에서 감응도 분석의 의미를 기술하시오.

CHAPTER 03 정답 및 해설

제2과목 수질분석 및 관리

01 정수지 내 수질자동측정기의 기본설치항목에는 수온, pH, 탁도, 잔류염소가 있다.

02
- 측정단위 : $\mu S/cm$
- 측정원리 : 전극법
- 측정범위 : 호소수 $0\sim500\mu S/cm$, 하천수 $0\sim1,000\mu S/cm$
- 분해능 : $0.1\mu S/cm$
- 정밀도 : 최대눈금치 ±1% 이하

03
- 측정단위 : mg/L
- 측정원리 : 전극법
- 측정범위 : $0\sim3mg/L$
- 분해능 : $0.001mg/L$
- 정밀도 : 최대눈금치 ±3% 이하

04 TOC의 일반적인 분석단계는 시료전처리 → 무기성 탄소제거 → CO_2 산화 → TOC검출 순서이며, CO_2 산화방식에 따라 저온산화(100℃ 이하)와 고온산화(680~950℃)로 분류한다.

05 $V_v = Q \times R_s \times 100/C \times 1/1,000$
$= 1,500 \times 15 \times 100/99 \times 1/1,000 = 22.7 L/h$

06 $V_v = Q \times R_m \times 1/d \times 1/1,000$
$= 1,500 \times 15 \times 1/1.31 \times 1/1,000 = 17.2 L/h$

07 $V_W = Q \times R \times 10^{-3}$
$= 1,500 \times 5 \times 10^{-3} = 7.5 L/h$

08 Freundrich 등온흡착식
$X/M = KC^{1/n} (K=0.5,\ n=0.5)$
$(10-1)/x = 0.5 \times 1^{1/0.5}$
$x = (10-1)/(0.5 \times 1^{1/0.5}) = 18 g/L$

09 황산농도 $1.84g/mL \times 1,000mL/L \times 96/100 = 1,766.4g/L$
∴ 몰농도 $= 1,766g/L \times 1mol/98g = 18.0mol/L(M)$

10 염소주입률 = 물의 염소요구량 + 수도시설의 염소소비량 + 수도꼭지잔류염소량
= 1.2 + 0.5 + 0.2 = 1.9ppm

11
- OT : Orthotoluidine의 염산용액을 사용하여 유리잔류염소와 결합형 잔류염소를 측정하는 방식
  - 유리, 결합잔류염소 분리측정 곤란
  - 고농도염소 측정에 유리
  - 노란색의 Holoquinone 발생
- DPD : DPD시약, KI시약을 사용하여 유리잔류염소와 결합잔류염소를 분리하여 측정하는 방식
  - 유리, 결합잔류염소 분리측정에 유리
  - 다른 산화성 물질과의 반응에 의한 오차가 적음
  - 고농도염소 측정에 불리
  - 염소와 반응하여 붉은색 발색

12
- 원인 물질 : 알칼리도는 산을 중화시키는 능력으로서 물속에 존재하는 수산화이온(OH^-), 탄산이온(CO_3^{2-}), 중탄산이온(HCO_3^-) 등에 의하여 나타나며, $0.01N-H_2SO_4$으로 적정하여 소비된 양을 탄산칼슘($CaCO_3$)의 당량으로 환산(mg/L)한다.
- 자연수에서 대부분을 차지하는 알칼리도 성분 : HCO_3^-(중탄산 이온)

13 주입염소량 $= (4.5 \times 10^{-3} kg/m^3) \times 24h/day \times 500m^3/h = 54kg/day$

14 염소요구량 = 염소주입량 − 잔류염소량
염소주입량 = 염소요구량 + 잔류염소량
염소주입률 = 염소주입량 + 염소소비량
= 2.2ppm + 0.2ppm + 1.6ppm = 4.0ppm

15 수질모델링

16 감응도 분석은 각종 입력자료의 불확실성에 따른 모델의 결과가 얼마나 영향을 받게 되는지를 정량적으로 분석하기 위한 것이다.

CHAPTER 04 수질관련법규

제2과목 수질분석 및 관리

01 먹는물수질관련법규

1. 환경정책기본법

(1) 목적(환경정책기본법 제1조)

환경보전에 관한 국민의 권리·의무와 국가의 책무를 명확히 하고 환경정책의 기본이 되는 사항을 정하여 환경오염과 환경훼손을 예방하고 환경을 적정하고 지속가능하게 관리·보전함으로써 모든 국민이 건강하고 쾌적한 삶을 누릴 수 있도록 함을 목적으로 한다.

(2) 기본이념(환경정책기본법 제2조)

① 환경의 질적인 향상과 그 보전을 통한 쾌적한 환경의 조성 및 이를 통한 인간과 환경 간의 조화와 균형의 유지는 국민의 건강과 문화적인 생활의 향유 및 국토의 보전과 항구적인 국가발전에 반드시 필요한 요소임에 비추어 국가, 지방자치단체, 사업자 및 국민은 환경을 보다 양호한 상태로 유지·조성하도록 노력하고, 환경을 이용하는 모든 행위를 할 때에는 환경보전을 우선적으로 고려하며, 기후변화 등 지구환경상의 위해(危害)를 예방하기 위하여 공동으로 노력함으로써 현 세대의 국민이 그 혜택을 널리 누릴 수 있게 함과 동시에 미래의 세대에게 그 혜택이 계승될 수 있도록 하여야 한다.

② 국가와 지방자치단체는 환경 관련 법령이나 조례·규칙을 제정·개정하거나 정책을 수립·시행할 때 모든 사람들에게 실질적인 참여를 보장하고, 환경에 관한 정보에 접근하도록 보장하며, 환경적 혜택과 부담을 공평하게 나누고, 환경오염 또는 환경훼손으로 인한 피해에 대하여 공정한 구제를 보장함으로써 환경정의를 실현하도록 노력한다.

(3) 용어의 정의(환경정책기본법 제3조)

① **환경** : 자연환경과 생활환경을 말한다.
② **자연환경** : 지하·지표(해양을 포함) 및 지상의 모든 생물과 이들을 둘러싸고 있는 비생물적인 것을 포함한 자연의 상태(생태계 및 자연경관을 포함)를 말한다.
③ **생활환경** : 대기, 물, 토양, 폐기물, 소음·진동, 악취, 일조(日照), 인공조명, 화학물질 등 사람의 일상생활과 관계되는 환경을 말한다.

④ 환경오염 : 사업활동 및 그 밖의 사람의 활동에 의하여 발생하는 대기오염, 수질오염, 토양오염, 해양오염, 방사능오염, 소음·진동, 악취, 일조 방해, 인공조명에 의한 빛공해 등으로서 사람의 건강이나 환경에 피해를 주는 상태를 말한다.
⑤ 환경훼손 : 야생동식물의 남획(濫獲) 및 그 서식지의 파괴, 생태계질서의 교란, 자연경관의 훼손, 표토(表土)의 유실 등으로 자연환경의 본래적 기능에 중대한 손상을 주는 상태를 말한다.
⑥ 환경보전 : 환경오염 및 환경훼손으로부터 환경을 보호하고 오염되거나 훼손된 환경을 개선함과 동시에 쾌적한 환경 상태를 유지·조성하기 위한 행위를 말한다.
⑦ 환경용량 : 일정한 지역에서 환경오염 또는 환경훼손에 대하여 환경이 스스로 수용, 정화 및 복원하여 환경의 질을 유지할 수 있는 한계를 말한다.
⑧ 환경기준 : 국민의 건강을 보호하고 쾌적한 환경을 조성하기 위하여 국가가 달성하고 유지하는 것이 바람직한 환경상의 조건 또는 질적인 수준을 말한다.

(4) 수질 및 수생태계의 환경기준(환경정책기본법 시행령 별표 1)
① 하 천
㉠ 사람의 건강보호 기준

항 목	기준값(mg/L)
카드뮴(Cd)	0.005 이하
비소(As)	0.05 이하
시안(CN)	검출되어서는 안 됨(검출한계 0.01)
수은(Hg)	검출되어서는 안 됨(검출한계 0.001)
유기인	검출되어서는 안 됨(검출한계 0.0005)
폴리클로리네이티드바이페닐(PCB)	검출되어서는 안 됨(검출한계 0.0005)
납(Pb)	0.05 이하
6가크롬(Cr^{6+})	0.05 이하
음이온 계면활성제(ABS)	0.5 이하
사염화탄소	0.004 이하
1,2-다이클로로에탄	0.03 이하
테트라클로로에틸렌(PCE)	0.04 이하
다이클로로메탄	0.02 이하
벤 젠	0.01 이하
클로로폼	0.08 이하
다이에틸헥실프탈레이트(DEHP)	0.008 이하
안티몬	0.02 이하
1,4-다이옥세인	0.05 이하
폼알데하이드	0.5 이하
헥사클로로벤젠	0.00004 이하

ⓒ 생활환경 기준

등급		상태 (캐릭터)	기준								
			수소이온농도 (pH)	생물화학적 산소요구량 (BOD) (mg/L)	화학적 산소요구량 (COD) (mg/L)	총유기탄소량 (TOC) (mg/L)	부유물질량 (SS) (mg/L)	용존산소량 (DO) (mg/L)	총인 (Total Phosphorus) (mg/L)	대장균군 (군수/100mL)	
										총 대장균군	분원성 대장균군
매우 좋음	Ia		6.5~8.5	1 이하	2 이하	2 이하	25 이하	7.5 이상	0.02 이하	50 이하	10 이하
좋음	Ib		6.5~8.5	2 이하	4 이하	3 이하	25 이하	5.0 이상	0.04 이하	500 이하	100 이하
약간 좋음	II		6.5~8.5	3 이하	5 이하	4 이하	25 이하	5.0 이상	0.1 이하	1,000 이하	200 이하
보통	III		6.5~8.5	5 이하	7 이하	5 이하	25 이하	5.0 이상	0.2 이하	5,000 이하	1,000 이하
약간 나쁨	IV		6.0~8.5	8 이하	9 이하	6 이하	100 이하	2.0 이상	0.3 이하	–	–
나쁨	V		6.0~8.5	10 이하	11 이하	8 이하	쓰레기 등이 떠있지 않을 것	2.0 이상	0.5 이하	–	–
매우 나쁨	VI		–	10 초과	11 초과	8 초과	–	2.0 미만	0.5 초과	–	–

참고 등급별 수질 및 수생태계 상태
- 매우 좋음 : 용존산소가 풍부하고 오염물질이 없는 청정상태의 생태계로 여과·살균 등 간단한 정수처리 후 생활용수로 사용할 수 있음
- 좋음 : 용존산소가 많은 편이고 오염물질이 거의 없는 청정상태에 근접한 생태계로 여과·침전·살균 등 일반적인 정수처리 후 생활용수로 사용할 수 있음
- 약간 좋음 : 약간의 오염물질은 있으나 용존산소가 많은 상태의 다소 좋은 생태계로 여과·침전·살균 등 일반적인 정수처리 후 생활용수 또는 수영용수로 사용할 수 있음
- 보통 : 보통의 오염물질로 인하여 용존산소가 소모되는 일반 생태계로 여과·침전·활성탄 투입·살균 등 고도의 정수처리 후 생활용수로 이용하거나 일반적 정수처리 후 공업용수로 사용할 수 있음
- 약간 나쁨 : 상당량의 오염물질로 인하여 용존산소가 소모되는 생태계로 농업용수로 사용하거나 여과·침전·활성탄 투입·살균 등 고도의 정수처리 후 공업용수로 사용할 수 있음
- 나쁨 : 다량의 오염물질로 인하여 용존산소가 소모되는 생태계로 산책 등 국민의 일상생활에 불쾌감을 주지 않으며, 활성탄 투입, 역삼투압 공법 등 특수한 정수처리 후 공업용수로 사용할 수 있음
- 매우 나쁨 : 용존산소가 거의 없는 오염된 물로 물고기가 살기 어려움
- 용수는 해당 등급보다 낮은 등급의 용도로 사용할 수 있음
- 수소이온농도(pH) 등 각 기준항목에 대한 오염도 현황, 용수처리방법 등을 종합적으로 검토하여 그에 맞는 처리방법에 따라 용수를 처리하는 경우에는 해당 등급보다 높은 등급의 용도로도 사용할 수 있음

② 호소
  ㉠ 사람의 건강보호 기준 : 하천의 사람의 건강보호 기준과 같다.
  ㉡ 생활환경 기준

등급		상태 (캐릭터)	기준									
			수소이온농도 (pH)	화학적산소요구량 (COD) (mg/L)	총유기탄소량 (TOC) (mg/L)	부유물질량 (SS) (mg/L)	용존산소량 (DO) (mg/L)	총인 (mg/L)	총질소 (Total Nitrogen) (mg/L)	클로로필-a (Chl-a) (mg/m³)	대장균군 (군수/100mL)	
											총대장균군	분원성대장균군
매우좋음	Ia		6.5~8.5	2 이하	2 이하	1 이하	7.5 이상	0.01 이하	0.2 이하	5 이하	50 이하	10 이하
좋음	Ib		6.5~8.5	3 이하	3 이하	5 이하	5.0 이상	0.02 이하	0.3 이하	9 이하	500 이하	100 이하
약간좋음	II		6.5~8.5	4 이하	4 이하	5 이하	5.0 이상	0.03 이하	0.4 이하	14 이하	1,000 이하	200 이하
보통	III		6.5~8.5	5 이하	5 이하	15 이하	5.0 이상	0.05 이하	0.6 이하	20 이하	5,000 이하	1,000 이하
약간나쁨	IV		6.0~8.5	8 이하	6 이하	15 이하	2.0 이상	0.10 이하	1.0 이하	35 이하	–	–
나쁨	V		6.0~8.5	10 이하	8 이하	쓰레기 등이 떠있지 않을 것	2.0 이상	0.15 이하	1.5 이하	70 이하	–	–
매우나쁨	VI		–	10 초과	8 초과	–	2.0 미만	0.15 초과	1.5 초과	70 초과	–	–

  참고 총인, 총질소의 경우 총인에 대한 총질소의 농도비율이 7 미만일 경우에는 총인의 기준을 적용하지 아니하며, 그 비율이 16 이상일 경우에는 총질소의 기준을 적용하지 않는다.

③ **지하수** : 지하수 환경기준항목 및 수질기준은 먹는물관리법 제5조 및 수도법 제26조에 따라 환경부령으로 정하는 수질기준을 적용한다. 다만, 환경부장관이 고시하는 지역 및 항목은 적용하지 않는다.

④ 해 역
  ㉠ 생활환경

항 목	수소이온농도(pH)	총대장균군(총대장균군수/100mL)	용매 추출유분(mg/L)
기 준	6.5~8.5	1,000 이하	0.01 이하

ⓛ 생태기반 해수수질기준

등 급	수질평가 지수값(Water Quality Index)
I (매우 좋음)	23 이하
II (좋음)	24~33
III (보통)	34~46
IV (나쁨)	47~59
V (아주 나쁨)	60 이상

ⓒ 해양생태계 보호기준

(단위 : $\mu g/L$)

중금속류	구 리	납	아 연	비 소	카드뮴	6가크로뮴(Cr^{6+})
단기기준*	3.0	7.6	34	9.4	19	200
장기기준**	1.2	1.6	11	3.4	2.2	2.8

* 단기기준 : 1회성 관측값과 비교 적용
** 장기기준 : 연간 평균값(최소 사계절 동안 조사한 자료)과 비교 적용

ⓔ 사람의 건강보호

등 급	항 목	기준(mg/L)
모든 수역	6가크로뮴(Cr^{6+})	0.05
	비소(As)	0.05
	카드뮴(Cd)	0.01
	납(Pb)	0.05
	아연(Zn)	0.1
	구리(Cu)	0.02
	시안(CN)	0.01
	수은(Hg)	0.0005
	폴리클로리네이티드바이페닐(PCB)	0.0005
	다이아지논	0.02
	파라티온	0.06
	말라티온	0.25
	1.1.1-트라이클로로에탄	0.1
	테트라클로로에틸렌	0.01
	트라이클로로에틸렌	0.03
	다이클로로메탄	0.02
	벤 젠	0.01
	페 놀	0.005
	음이온 계면활성제(ABS)	0.5

2. 물환경보전법

(1) 목적(물환경보전법 제1조)

수질오염으로 인한 국민건강 및 환경상의 위해를 예방하고 하천·호소 등 공공수역의 물환경을 적정하게 관리·보전함으로써 국민이 그 혜택을 널리 누릴 수 있도록 함과 동시에 미래의 세대에게 물려줄 수 있도록 함을 목적으로 한다.

(2) 용어의 정의(물환경보전법 제2조)

① 물환경 : 사람의 생활과 생물의 생육에 관계되는 물의 질(이하 수질) 및 공공수역의 모든 생물과 이들을 둘러싸고 있는 비생물적인 것을 포함한 수생태계(水生態系)를 총칭하여 말한다.

② 점오염원(點汚染源) : 폐수배출시설, 하수발생시설, 축사 등으로서 관로·수로 등을 통하여 일정한 지점으로 수질오염물질을 배출하는 배출원을 말한다.

③ 비점오염원(非點汚染源) : 도시, 도로, 농지, 산지, 공사장 등으로서 불특정 장소에서 불특정하게 수질오염물질을 배출하는 배출원을 말한다.

④ 기타수질오염원 : 점오염원 및 비점오염원으로 관리되지 아니하는 수질오염물질을 배출하는 시설 또는 장소로서 환경부령으로 정하는 것을 말한다.

⑤ 폐수 : 물에 액체성 또는 고체성의 수질오염물질이 섞여 있어 그대로는 사용할 수 없는 물을 말한다.

⑥ 폐수관로 : 폐수를 사업장에서 ⑳의 공공폐수처리시설로 유입시키기 위하여 제48조제1항에 따라 공공폐수처리시설을 설치·운영하는 자가 설치·관리하는 관로와 그 부속시설을 말한다.

⑦ 강우유출수(降雨流出水) : 비점오염원의 수질오염물질이 섞여 유출되는 빗물 또는 눈 녹은 물 등을 말한다.

⑧ 불투수면(不透水面) : 빗물 또는 눈 녹은 물 등이 지하로 스며들 수 없게 하는 아스팔트·콘크리트 등으로 포장된 도로, 주차장, 보도 등을 말한다.

⑨ 수질오염물질 : 수질오염의 요인이 되는 물질로서 환경부령으로 정하는 것을 말한다.

⑩ 특정수질유해물질 : 사람의 건강, 재산이나 동식물의 생육(生育)에 직접 또는 간접으로 위해를 줄 우려가 있는 수질오염물질로서 환경부령으로 정하는 것을 말한다.

⑪ 공공수역 : 하천, 호소, 항만, 연안해역, 그 밖에 공공용으로 사용되는 수역과 이에 접속하여 공공용으로 사용되는 환경부령으로 정하는 수로를 말한다.

⑫ 폐수배출시설 : 수질오염물질을 배출하는 시설물, 기계, 기구, 그 밖의 물체로서 환경부령으로 정하는 것을 말한다. 다만, 해양환경관리법에 따른 선박 및 해양시설은 제외한다.

⑬ 폐수무방류배출시설 : 폐수배출시설에서 발생하는 폐수를 해당 사업장에서 수질오염방지시설을 이용하여 처리하거나 동일 폐수배출시설에 재이용하는 등 공공수역으로 배출하지 아니하는 폐수배출시설을 말한다.

⑭ 수질오염방지시설 : 점오염원, 비점오염원 및 기타 수질오염원으로부터 배출되는 수질오염물질을 제거하거나 감소하게 하는 시설로서 환경부령으로 정하는 것을 말한다.

⑮ 비점오염저감시설 : 수질오염방지시설 중 비점오염원으로부터 배출되는 수질오염물질을 제거하거나 감소하게 하는 시설로서 환경부령으로 정하는 것을 말한다.

⑯ 호소 : 다음의 어느 하나에 해당하는 지역으로서 만수위(滿水位)[댐의 경우에는 계획홍수위(計劃洪水位)를 말한다] 구역 안의 물과 토지를 말한다.
  ㉠ 댐·보(洑) 또는 둑(사방사업법에 따른 사방시설은 제외) 등을 쌓아 하천 또는 계곡에 흐르는 물을 가두어 놓은 곳
  ㉡ 하천에 흐르는 물이 자연적으로 가두어진 곳
  ㉢ 화산활동 등으로 인하여 함몰된 지역에 물이 가두어진 곳

⑰ 수면관리자 : 다른 법령에 따라 호소를 관리하는 자를 말한다. 이 경우 동일한 호소를 관리하는 자가 둘 이상인 경우에는 하천법에 따른 하천관리청 외의 자가 수면관리자가 된다.

⑱ 수생태계 건강성 : 수생태계를 구성하고 있는 요소 중 환경부령으로 정하는 물리적·화학적·생물적 요소들이 훼손되지 아니하고 각각 온전한 기능을 발휘할 수 있는 상태를 말한다.

⑲ 상수원호소 : 수도법에 따라 지정된 상수원보호구역 및 환경정책기본법에 따라 지정된 수질보전을 위한 특별대책지역 밖에 있는 호소 중 호소의 내부 또는 외부에 수도법에 따른 취수시설을 설치하여 그 호소의 물을 먹는 물로 사용하는 호소로서 환경부장관이 정하여 고시한 것을 말한다.

⑳ 공공폐수처리시설 : 공공폐수처리구역의 폐수를 처리하여 공공수역에 배출하기 위한 처리시설과 이를 보완하는 시설을 말한다.

㉑ 공공폐수처리구역 : 폐수를 공공폐수처리시설에 유입하여 처리할 수 있는 지역으로서 환경부장관이 지정한 구역을 말한다.

㉒ 물놀이형 수경(水景)시설 : 수돗물, 지하수 등을 인위적으로 저장 및 순환하여 이용하는 분수, 연못, 폭포, 실개천 등의 인공시설물 중 일반인에게 개방되어 이용자의 신체와 직접 접촉하여 물놀이를 하도록 설치하는 시설을 말한다. 다만, 다음의 시설은 제외한다.
  ㉠ 관광진흥법에 따라 유원시설업의 허가를 받거나 신고를 한 자가 설치한 물놀이형 유기시설(遊技施設) 또는 유기기구(遊技機具)
  ㉡ 체육시설의 설치·이용에 관한 법률에 따른 체육시설 중 수영장
  ㉢ 환경부령으로 정하는 바에 따라 물놀이 시설이 아니라는 것을 알리는 표지판과 울타리를 설치하거나 물놀이를 할 수 없도록 관리인을 두는 경우

(3) 수질오염경보제(물환경보전법 제21조)

환경부장관 또는 시·도지사는 수질오염으로 하천·호소의 물의 이용에 중대한 피해를 가져올 우려가 있거나 주민의 건강·재산이나 동식물의 생육에 중대한 위해를 가져올 우려가 있다고 인정될 때에는 해당 하천·호소에 대하여 수질오염경보를 발령할 수 있다. 환경부장관은 수질오염경보에 따른 조치 등에 필요한 사업비를 예산의 범위에서 지원할 수 있으며, 수질오염경보의 종류와 경보종류별 발령대상, 발령주체, 대상 항목, 발령기준, 경보단계, 경보단계별 조치사항 및 해제기준 등에 관하여 필요한 사항은 대통령령으로 정한다.

① 수질오염경보의 종류(물환경보전법 시행령 제28조)
  ㉠ 조류경보
  ㉡ 수질오염감시경보
② 수질오염경보의 종류별 발령대상, 발령주체 및 대상 항목(물환경보전법 시행령 별표 2)
  ㉠ 조류경보

구 분	대상 항목	발령대상	발령주체
상수원 구간	남조류 세포수	환경부장관 또는 시·도지사가 조사·측정하는 하천·호소 중 상수원의 수질보호를 위하여 환경부장관이 정하여 고시하는 하천·호소	환경부장관 또는 시·도지사
친수활동구간		환경부장관 또는 시·도지사가 조사·측정하는 하천·호소 중 수영, 수상스키, 낚시 등 친수활동의 보호를 위하여 환경부장관이 정하여 고시하는 하천·호소	

  참고 환경부장관은 조류경보 발령 대상 외에도 조류감시가 지속적으로 필요하다고 인정되는 하천·호소를 관찰지점으로 정하여 고시할 수 있다.

  ㉡ 수질오염감시경보

대상 항목	발령대상	발령주체
수소이온농도, 용존산소, 총질소, 총인, 전기전도도, 총유기탄소, 휘발성 유기화합물, 페놀, 중금속(구리, 납, 아연, 카드뮴 등), 클로로필-a, 생물감시	측정망 중 실시간으로 수질오염도가 측정되는 하천·호소	환경부장관

③ 수질오염경보의 종류별 경보단계 및 그 단계별 발령·해제기준(물환경보전법 시행령 별표 3)
  ㉠ 조류경보
   • 상수원 구간

경보단계	발령·해제기준
관 심	2회 연속 채취 시 남조류 세포수가 1,000세포/mL 이상 10,000세포/mL 미만인 경우
경 계	2회 연속 채취 시 남조류 세포수가 10,000세포/mL 이상 1,000,000세포/mL 미만인 경우
조류 대발생	2회 연속 채취 시 남조류 세포수가 1,000,000세포/mL 이상인 경우
해 제	2회 연속 채취 시 남조류 세포수가 1,000세포/mL 미만인 경우

   • 친수활동 구간

경보단계	발령·해제기준
관 심	2회 연속 채취 시 남조류 세포수가 20,000세포/mL 이상 100,000세포/mL 미만인 경우
경 계	2회 연속 채취 시 남조류 세포수가 100,000세포/mL 이상인 경우
해 제	2회 연속 채취 시 남조류 세포수가 20,000세포/mL 미만인 경우

  참고 • 발령주체는 위의 발령·해제기준에 도달하는 경우에도 강우 예보 등 기상상황을 고려하여 조류경보를 발령 또는 해제하지 않을 수 있다.
   • 남조류 세포수는 마이크로시스티스(Microcystis), 아나베나(Anabaena), 아파니조메논(Aphanizomenon) 및 오실라토리아(Oscillatoria) 속(屬) 세포수의 합을 말한다.

ⓒ 수질오염감시경보

경보단계	발령·해제기준
관 심	• 수소이온농도, 용존산소, 총질소, 총인, 전기전도도, 총유기탄소, 휘발성 유기화합물, 페놀, 중금속(구리, 납, 아연, 카드뮴 등) 항목 중 2개 이상 항목이 측정항목별 경보기준을 초과하는 경우 • 생물감시 측정값이 생물감시 경보기준 농도를 30분 이상 지속적으로 초과하는 경우
주 의	• 수소이온농도, 용존산소, 총질소, 총인, 전기전도도, 총유기탄소, 휘발성 유기화합물, 페놀, 중금속(구리, 납, 아연, 카드뮴 등) 항목 중 2개 이상 항목이 측정항목별 경보기준을 2배 이상(수소이온농도 항목의 경우에는 5 이하 또는 11 이상을 말함) 초과하는 경우 • 생물감시 측정값이 생물감시 경보기준 농도를 30분 이상 지속적으로 초과하고, 수소이온농도, 총유기탄소, 휘발성 유기화합물, 페놀, 중금속(구리, 납, 아연, 카드뮴 등) 항목 중 1개 이상의 항목이 측정항목별 경보기준을 초과하는 경우와 전기전도도, 총질소, 총인, 클로로필-a 항목 중 1개 이상의 항목이 측정항목별 경보기준을 2배 이상 초과하는 경우
경 계	생물감시 측정값이 생물감시 경보기준 농도를 30분 이상 지속적으로 초과하고, 전기전도도, 휘발성 유기화합물, 페놀, 중금속(구리, 납, 아연, 카드뮴 등) 항목 중 1개 이상의 항목이 측정항목별 경보기준을 3배 이상 초과하는 경우
심 각	경계경보 발령 후 수질오염사고 전개속도가 매우 빠르고 심각한 수준으로서 위기발생이 확실한 경우
해 제	측정항목별 측정값이 관심단계 이하로 낮아진 경우

참고
- 측정소별 측정항목과 측정항목별 경보기준 등 수질오염감시경보에 관하여 필요한 사항은 환경부장관이 고시한다.
- 용존산소, 전기전도도, 총유기탄소 항목이 경보기준을 초과하는 것은 그 기준초과 상태가 30분 이상 지속되는 경우를 말한다.
- 수소이온농도 항목이 경보기준을 초과하는 것은 5 이하 또는 11 이상이 30분 이상 지속되는 경우를 말한다.
- 생물감시장비 중 물벼룩감시장비가 경보기준을 초과하는 것은 양쪽 모든 시험조에서 30분 이상 지속되는 경우를 말한다.

④ 수질오염경보의 종류별·경보단계별 조치사항(물환경보전법 시행령 별표 4)

㉠ 조류경보
  • 상수원 구간

단 계	관계 기관	조치사항
관 심	4대강(한강, 낙동강, 금강, 영산강을 말함) 물환경연구소장(시·도 보건환경연구원장 또는 수면관리자)	• 주 1회 이상 시료 채취 및 분석(남조류 세포수, 클로로필-a) • 시험분석 결과를 발령기관으로 신속하게 통보
	수면관리자	취수구와 조류가 심한 지역에 대한 차단막 설치 등 조류 제거 조치 실시
	취수장·정수장 관리자	정수 처리 강화(활성탄 처리, 오존 처리)
	유역·지방환경청장(시·도지사)	• 관심경보 발령 • 주변오염원에 대한 지도·단속
	홍수통제소장, 한국수자원공사사장	댐, 보 여유량 확인·통보
	한국환경공단이사장	• 환경기초시설 수질자동측정자료 모니터링 실시 • 하천구간 조류 예방·제거에 관한 사항 지원

단계	관계 기관	조치사항
경계	4대강 물환경연구소장(시·도 보건환경연구원장 또는 수면관리자)	• 주 2회 이상 시료 채취 및 분석(남조류 세포수, 클로로필-a, 냄새물질, 독소) • 시험분석 결과를 발령기관으로 신속하게 통보
	수면관리자	취수구와 조류가 심한 지역에 대한 차단막 설치 등 조류 제거 조치 실시
	취수장·정수장 관리자	• 조류증식 수심 이하로 취수구 이동 • 정수처리 강화(활성탄처리, 오존처리) • 정수의 독소분석 실시
	유역·지방환경청장(시·도지사)	• 경계경보 발령 및 대중매체를 통한 홍보 • 주변오염원에 대한 단속 강화 • 낚시·수상스키·수영 등 친수활동, 어패류 어획·식용, 가축 방목 등의 자제 권고 및 이에 대한 공지(현수막 설치 등)
	홍수통제소장, 한국수자원공사사장	기상상황, 하천수문 등을 고려한 방류량 산정
	한국환경공단이사장	• 환경기초시설 및 폐수배출사업장 관계기관 합동점검 시 지원 • 하천구간 조류 제거에 관한 사항 지원 • 환경기초시설 수질자동측정자료 모니터링 강화
조류 대발생	4대강 물환경연구소장(시·도 보건환경연구원장 또는 수면관리자)	• 주 2회 이상 시료 채취 및 분석(남조류 세포수, 클로로필-a, 냄새물질, 독소) • 시험분석 결과를 발령기관으로 신속하게 통보
	수면관리자	• 취수구와 조류가 심한 지역에 대한 차단막 설치 등 조류 제거 조치 실시 • 황토 등 조류제거물질 살포, 조류 제거선 등을 이용한 조류 제거 조치 실시
	취수장·정수장 관리자	• 조류증식 수심 이하로 취수구 이동 • 정수 처리 강화(활성탄 처리, 오존 처리) • 정수의 독소분석 실시
	유역·지방환경청장(시·도지사)	• 조류대발생경보 발령 및 대중매체를 통한 홍보 • 주변오염원에 대한 지속적인 단속 강화 • 낚시·수상스키·수영 등 친수활동, 어패류 어획·식용, 가축 방목 등의 금지 및 이에 대한 공지(현수막 설치 등)
	홍수통제소장, 한국수자원공사사장	댐, 보 방류량 조정
	한국환경공단이사장	• 환경기초시설 및 폐수배출사업장 관계기관 합동점검 시 지원 • 하천구간 조류 제거에 관한 사항 지원 • 환경기초시설 수질자동측정자료 모니터링 강화
해제	4대강 물환경연구소장(시·도 보건환경연구원장 또는 수면관리자)	시험분석 결과를 발령기관으로 신속하게 통보
	유역·지방환경청장(시·도지사)	각종 경보 해제 및 대중매체 등을 통한 홍보

참고
- 관계 기관란의 괄호는 시·도지사가 조류경보를 발령하는 경우의 관계 기관을 말한다.
- 관계 기관은 위 표의 조치사항 외에도 현지 실정에 맞게 적절한 조치를 할 수 있다.
- 조류경보를 발령하기 전이라도 수면관리자, 홍수통제소장 및 한국수자원공사사장 등 관계 기관의 장은 수온 상승 등으로 조류발생 가능성이 증가할 경우에는 일정기간 방류량을 늘리는 등 조류에 따른 피해를 최소화하기 위한 방안을 마련하여 조치할 수 있다.

- 친수활동 구간

단계	관계 기관	조치사항
관심	4대강 물환경연구소장(시·도 보건환경연구원장 또는 수면관리자)	• 주 1회 이상 시료 채취 및 분석(남조류 세포수, 클로로필-a, 냄새물질, 독소) • 시험분석 결과를 발령기관으로 신속하게 통보
	유역·지방환경청장(시·도지사)	• 관심경보 발령 • 낚시·수상스키·수영 등 친수활동, 어패류 어획·식용 등의 자제 권고 및 이에 대한 공지(현수막 설치 등) • 필요한 경우 조류제거물질 살포 등 조류 제거 조치
경계	4대강 물환경연구소장(시·도 보건환경연구원장 또는 수면관리자)	• 주 2회 이상 시료 채취 및 분석(남조류 세포수, 클로로필-a, 냄새물질, 독소) • 시험분석 결과를 발령기관으로 신속하게 통보
	유역·지방환경청장(시·도지사)	• 경계경보 발령 • 낚시·수상스키·수영 등 친수활동, 어패류 어획·식용 등의 금지 및 이에 대한 공지(현수막 설치 등) • 필요한 경우 조류제거물질 살포 등 조류 제거 조치
해제	4대강 물환경연구소장(시·도 보건환경연구원장 또는 수면관리자)	시험분석 결과를 발령기관으로 신속하게 통보
	유역·지방환경청장(시·도지사)	각종 경보 해제 및 대중매체 등을 통한 홍보

참고
• 관계 기관란의 괄호는 시·도지사가 조류경보를 발령하는 경우의 관계 기관을 말한다.
• 관계 기관은 위 표의 조치사항 외에도 현지 실정에 맞게 적절한 조치를 할 수 있다.

ⓒ 수질오염감시경보

단계	관계 기관	조치사항
관심	한국환경공단이사장	• 측정기기의 이상 여부 확인 • 유역·지방환경청장에게 보고 - 상황 보고, 원인 조사 및 관심경보 발령 요청 • 지속적 모니터링을 통한 감시
	수면관리자	물환경변화 감시 및 원인 조사
	취수장·정수장 관리자	정수 처리 및 수질분석 강화
	유역·지방환경청장	• 관심경보 발령 및 관계기관 통보 • 수면관리자에게 원인 조사 요청 • 원인 조사 및 주변 오염원 단속 강화
주의	한국환경공단이사장	• 측정기기의 이상 여부 확인 • 유역·지방환경청장에게 보고 - 상황 보고, 원인 조사 및 주의경보 발령 요청 • 지속적인 모니터링을 통한 감시
	수면관리자	• 물환경변화 감시 및 원인조사 • 차단막 설치 등 오염물질 방제 조치
	취수장·정수장 관리자	• 정수의 수질분석을 평시보다 2배 이상 실시 • 취수장 방제 조치 및 정수 처리 강화
	4대강 물환경연구소장	• 원인 조사 및 오염물질 추적 조사 지원 • 유역·지방환경청장에게 원인 조사 결과 보고 • 새로운 오염물질에 대한 정수처리 기술 지원
	유역·지방환경청장	• 주의경보 발령 및 관계기관 통보 • 수면관리자 및 4대강 물환경연구소장에게 원인 조사 요청 • 관계기관 합동 원인 조사 및 주변 오염원 단속 강화

단계	관계 기관	조치사항
경계	한국환경공단이사장	• 측정기기의 이상 여부 확인 • 유역·지방환경청장에게 보고 – 상황 보고, 원인조사 및 경계경보 발령 요청 • 지속적 모니터링을 통한 감시 • 오염물질 방제조치 지원
	수면관리자	• 물환경변화 감시 및 원인 조사 • 차단막 설치 등 오염물질 방제 조치 • 사고 발생 시 지역사고대책본부 구성·운영
	취·정수장 관리자	• 정수처리 강화 • 정수의 수질분석을 평시보다 3배 이상 실시 • 취수 중단, 취수구 이동 등 식용수 관리대책 수립
	4대강 물환경연구소장	• 원인조사 및 오염물질 추적조사 지원 • 유역·지방환경청장에게 원인 조사 결과 통보 • 정수처리 기술 지원
	유역·지방환경청장	• 경계경보 발령 및 관계기관 통보 • 수면관리자 및 4대강 물환경연구소장에게 원인 조사 요청 • 원인조사대책반 구성·운영 및 사법기관에 합동단속 요청 • 식용수 관리대책 수립·시행 총괄 • 정수처리 기술 지원
심각	환경부장관	중앙합동대책반 구성·운영
	한국환경공단이사장	• 측정기기의 이상 여부 확인 • 유역·지방환경청장에게 보고 – 상황 보고, 원인 조사 및 경계경보 발령 요청 • 지속적 모니터링을 통한 감시 • 오염물질 방제조치 지원
	수면관리자	• 물환경변화 감시 및 원인 조사 • 차단막 설치 등 오염물질 방제 조치 • 중앙합동대책반 구성·운영 시 지원
	취·정수장 관리자	• 정수처리 강화 • 정수의 수질분석 횟수를 평시보다 3배 이상 실시 • 취수 중단, 취수구 이동 등 식용수 관리대책 수립 • 중앙합동대책반 구성·운영 시 지원
	4대강 물환경연구소장	• 원인 조사 및 오염물질 추적조사 지원 • 유역·지방환경청장에게 시료분석 및 조사결과 통보 • 정수처리 기술 지원
	유역·지방환경청장	• 심각경보 발령 및 관계기관 통보 • 수면관리자 및 4대강 물환경연구소장에게 원인 조사 요청 • 필요한 경우 환경부장관에게 중앙합동대책반 구성 요청 • 중앙합동대책반 구성 시 사고수습본부 구성·운영
	국립환경과학원장	• 오염물질 분석 및 원인 조사 등 기술 자문 • 정수처리 기술 지원
해제	한국환경공단이사장	관심단계 발령기준 이하 시 유역·지방환경청장에게 수질오염감시경보 해제 요청
	유역·지방환경청장	수질오염감시경보 해제

3. 먹는물관리법

(1) 목적(먹는물관리법 제1조)
먹는물의 수질과 위생을 합리적으로 관리하여 국민건강을 증진하는 데 이바지하는 것을 목적으로 한다.

(2) 용어의 정의(먹는물관리법 제3조)
① 먹는물 : 먹는 데에 일반적으로 사용하는 자연 상태의 물, 자연 상태의 물을 먹기에 적합하도록 처리한 수돗물, 먹는샘물, 먹는염지하수, 먹는해양심층수 등을 말한다.
② 샘물 : 암반대수층 안의 지하수 또는 용천수 등 수질의 안전성을 계속 유지할 수 있는 자연상태의 깨끗한 물을 먹는 용도로 사용할 원수(原水)를 말한다.
③ 먹는샘물 : 샘물을 먹기에 적합하도록 물리적으로 처리하는 등의 방법으로 제조한 물을 말한다.
④ 염지하수 : 물속에 녹아있는 염분 등의 함량이 환경부령으로 정하는 기준 이상인 암반대수층 안의 지하수로서 수질의 안전성을 계속 유지할 수 있는 자연 상태의 물을 먹는 용도로 사용할 원수를 말한다.
⑤ 먹는염지하수 : 염지하수를 먹기에 적합하도록 물리적으로 처리하는 등의 방법으로 제조한 물을 말한다.
⑥ 먹는해양심층수 : 해양심층수의 개발 및 관리에 관한 법률에 따른 해양심층수를 먹는 데 적합하도록 물리적으로 처리하는 등의 방법으로 제조한 물을 말한다.
⑦ 수처리제 : 자연 상태의 물을 정수 또는 소독하거나 먹는물 공급시설의 산화방지 등을 위하여 첨가하는 제제를 말한다.
⑧ 먹는물공동시설 : 여러 사람에게 먹는물을 공급할 목적으로 개발했거나 저절로 형성된 약수터, 샘터, 우물 등을 말한다.
⑨ 냉·온수기 : 용기에 담긴 먹는샘물 또는 먹는염지하수를 냉수·온수로 변환시켜 취수꼭지를 통하여 공급하는 기능을 가진 것을 말한다.
⑩ 냉·온수기 설치·관리자 : 실내공기질 관리법에 따른 다중이용시설에서 다수인에게 먹는샘물 또는 먹는염지하수를 공급하기 위하여 냉·온수기를 설치·관리하는 자를 말한다.
⑪ 정수기 : 물리적·화학적 또는 생물학적 과정을 거치거나 이들을 결합한 과정을 거쳐 먹는물을 먹는물의 수질기준에 맞게 취수 꼭지를 통하여 공급하도록 제조된 기구[해당 기구에 냉수·온수 장치, 제빙(製氷) 장치 등 환경부장관이 정하여 고시하는 장치가 결합되어 냉수·온수, 얼음 등을 함께 공급할 수 있도록 제조된 기구를 포함]로서, 유입수 중에 들어있는 오염물질을 감소시키는 기능을 가진 것을 말한다.
⑫ 정수기 설치·관리자 : 실내공기질 관리법에 따른 다중이용시설에서 다수인에게 먹는물을 공급하기 위하여 정수기를 설치 및 관리하는 자를 말한다.
⑬ 정수기품질검사 : 정수기에 대한 구조, 재질, 정수 성능 등을 종합적으로 검사하는 것을 말한다.

⑭ **먹는물관련영업** : 먹는샘물·먹는염지하수의 제조업·수입판매업·유통전문판매업, 수처리제 제조업 및 정수기의 제조업·수입판매업을 말한다.
⑮ **유통전문판매업** : 제품을 스스로 제조하지 아니하고 타인에게 제조를 의뢰하여 자신의 상표로 유통·판매하는 영업을 말한다.

(3) 먹는물 등의 수질 관리(먹는물관리법 제5조)
① 환경부장관은 먹는물, 샘물 및 염지하수의 수질기준을 정하여 보급하는 등 먹는물, 샘물 및 염지하수의 수질 관리를 위하여 필요한 시책을 마련하여야 한다.
② 환경부장관 또는 특별시장·광역시장·특별자치시장·도지사·특별자치도지사(이하 시·도지사)는 먹는물, 샘물 및 염지하수의 수질검사를 실시하여야 한다.
③ 먹는물, 샘물 및 염지하수의 수질기준 및 검사 횟수는 환경부령으로 정한다.
④ 환경부장관은 ③의 수질기준 설정 등을 위하여 먹는물, 샘물 및 염지하수 중 위해 우려가 있는 물질 등 감시가 필요한 항목을 먹는물, 샘물 및 염지하수 수질감시항목으로 지정할 수 있다. 이 경우 먹는물, 샘물 및 염지하수 수질감시항목의 지정대상·지정절차, 감시항목별 감시기준 및 검사주기 등에 관한 세부사항은 환경부장관이 정하여 고시한다.
⑤ 특별시·광역시·특별자치시·도·특별자치도(이하 시·도)는 먹는물, 샘물 및 염지하수의 수질 개선을 위하여 필요하다고 인정하는 경우에는 조례로 ③에 따른 수질 기준 및 검사 횟수를 강화하여 정할 수 있다.
⑥ 시·도지사는 ⑤에 따라 수질기준 및 검사 횟수가 설정·변경된 경우에는 지체 없이 환경부장관에게 보고하고, 환경부령으로 정하는 바에 따라 이해관계자가 알 수 있도록 필요한 조치를 하여야 한다.

(4) 먹는물공동시설의 관리(먹는물관리법 제8조, 시행규칙 제2조)
① 먹는물공동시설 소재지의 특별자치시장·특별자치도지사·시장·군수·구청장(구청장은 자치구의 구청장을 말하며, 이하 시장·군수·구청장)은 국민들에게 양질의 먹는물을 공급하기 위하여 먹는물공동시설을 개선하고, 먹는물공동시설의 수질을 정기적으로 검사하며, 수질검사 결과 먹는물공동시설로 이용하기에 부적합한 경우에는 사용금지 또는 폐쇄조치를 하는 등 먹는물공동시설의 알맞은 관리를 위하여 환경부령으로 정하는 바에 따라 필요한 조치를 하여야 한다.
② 누구든지 먹는물공동시설의 수질을 오염시키거나 시설을 훼손하는 행위를 하여서는 아니된다.
③ 먹는물공동시설의 관리대상, 관리방법, 그 밖에 필요한 사항은 환경부령으로 정한다.
  ㉠ 먹는물공동시설의 관리대상
  • 상시 이용인구가 50명 이상으로서 먹는물공동시설 소재지의 특별자치시장·특별자치도지사·시장·군수 또는 구청장(구청장은 자치구의 구청장을 말하며, 이하 시장·군수·구청장)이 지정하는 시설

- 상시 이용인구가 50명 미만으로서 시장·군수·구청장이 수질관리가 특히 필요하다고 인정하여 지정하는 시설
ⓒ 시장·군수·구청장은 ㉠의 먹는물공동시설에 대하여 환경분야 시험·검사 등에 관한 법률에 따른 먹는물수질공정시험기준에 따라 수질검사를 정기적으로 실시하고, 주변청소 및 시설의 보수 등을 통하여 적절하게 관리하여야 한다.
ⓒ 시장·군수·구청장은 ⓒ에 따른 먹는물공동시설에 대한 수질검사 결과가 먹는물 수질기준 및 검사 등에 관한 규칙 제2조에 따른 수질기준(이하 수질기준)에 부적합한 경우에는 지체 없이 먹는물공동시설에 대한 사용을 중단시키고 다음의 조치를 하여야 한다.
  - 먹는물공동시설 주변의 오염원 제거 및 청소
  - 먹는물공동시설 보강 및 소독
  - 먹는물공동시설로 유입되는 외부 오염원의 차단
㉣ 시장·군수·구청장은 ⓒ의 조치를 취한 후 재검사를 실시하고, 그 결과가 수질기준에 적합한 것으로 판정된 경우에는 시설의 사용재개 조치를 하여야 하며, 부적합한 것으로 판정된 경우에는 시설의 사용금지 조치를 하여야 한다.
㉤ 시장·군수·구청장은 ㉣에 따라 사용금지 조치를 한 시설에 대하여 1년간 4회 이상 수질검사를 실시하고, 그 결과가 수질기준에 적합한 것으로 판정된 경우에는 시설의 사용재개 조치를 하여야 하며, 부적합한 것으로 판정된 경우에는 시설을 폐쇄할 수 있다.
㉥ 시장·군수·구청장은 해당 특별자치시·특별자치도·시·군·구(구는 자치구를 말하며, 이하 시·군·구)가 조례로 먹는물공동시설의 관리대상, 관리방법 등을 강화하여 정하는 때에는 이를 시·군·구의 공보에 공고하고, 인터넷 홈페이지에 게재하여야 한다.
㉦ 시장·군수·구청장은 다음의 사항을 포함한 먹는물공동시설의 수질검사 결과를 매분기 종료 후 다음 달 말일까지 시·도지사를 거쳐(특별자치시장 및 특별자치도지사는 제외한다) 환경부장관에게 보고하여야 한다.
  - 먹는물공동시설 관리대상 현황
  - 수질검사 결과
  - 수질기준을 초과한 먹는물공동시설에 대한 조치 내용 또는 계획
㉧ 그 밖에 먹는물공동시설의 관리를 위하여 필요한 사항은 환경부장관이 정한다.
④ 특별자치시·특별자치도·시·군·구는 먹는물공동시설의 수질 개선을 위하여 필요하다고 인정하는 경우에는 조례로 ③에 따른 관리대상, 관리방법 등을 강화하여 정할 수 있다.
⑤ 시장·군수·구청장은 ④에 따라 관리대상, 관리방법 등이 설정·변경된 경우에는 지체 없이 환경부장관에게 보고하고, 환경부령으로 정하는 바에 따라 이해관계자가 알 수 있도록 필요한 조치를 하여야 한다.
⑥ 시장·군수·구청장은 ①에 따른 먹는물공동시설의 수질검사 결과를 환경부령으로 정하는 바에 따라 환경부장관에게 보고하여야 한다.

⑦ 환경부장관은 시장·군수·구청장에게 ①에 따른 먹는물공동시설의 정기검사, 사용금지, 폐쇄조치 및 먹는물공동시설의 개선에 필요한 조치를 명할 수 있다.

(5) 샘물 또는 염지하수의 개발허가 등(먹는물관리법 제9조)
① 대통령령으로 정하는 규모 이상의 샘물 또는 염지하수(이하 샘물 등)를 개발하려는 자는 환경부령으로 정하는 바에 따라 시·도지사의 허가를 받아야 한다.
  ㉠ 대통령령으로 정하는 규모 이상의 샘물 또는 염지하수(이하 샘물 등)를 개발하려는 자(먹는물관리법 시행령 제3조)
    • 먹는샘물 또는 먹는염지하수(이하 먹는샘물 등)의 제조업을 하려는 자[식품위생법에 따라 식품의약품안전처장이 고시한 식품의 기준과 규격 중 음료류에 해당하는 식품(이하 음료류)을 제조하기 위하여 먹는샘물 등의 제조설비를 사용하는 자를 포함한다]
    • 1일 취수능력 300ton 이상의 샘물 등(원수의 일부를 음료류·주류 등의 원료로 사용하는 샘물 등. 이하 기타샘물)을 개발하려는 자
② 허가받은 사항 중 대통령령으로 정하는 중요한 사항을 변경하려면 변경허가를 받아야 하고 그 밖의 사항을 변경하려면 변경신고를 하여야 한다.
③ 시·도지사는 ②에 따른 변경신고를 받은 날부터 7일 이내에 변경신고 수리 여부를 신고인에게 통지하여야 한다.
④ 시·도지사가 ③에서 정한 기간 내에 신고수리 여부 또는 민원 처리 관련 법령에 따른 처리기간의 연장을 신고인에게 통지하지 아니하면 그 기간(민원 처리 관련 법령에 따라 처리기간이 연장 또는 재연장된 경우에는 해당 처리기간을 말함)이 끝난 날의 다음 날에 변경신고를 수리한 것으로 본다.
⑤ 샘물 등의 개발허가의 유효기간(먹는물관리법 제12조)
  ㉠ 샘물 등의 개발허가의 유효기간은 5년으로 한다.
  ㉡ 시·도지사는 샘물 등의 개발허가를 받은 자가 유효기간의 연장을 신청하면 허가할 수 있다. 이 경우 매 회의 연장기간은 5년으로 한다.

(6) 판매 등의 금지(먹는물관리법 제19조)
누구든지 먹는 데 제공할 목적으로 다음의 어느 하나에 해당하는 것을 판매하거나 판매할 목적으로 채취, 제조, 수입, 저장, 운반 또는 진열하지 못한다.
① 먹는샘물 등 외의 물이나 그 물을 용기에 넣은 것
② 허가를 받지 아니한 먹는샘물 등이나 그 물을 용기에 넣은 것
③ 수입신고를 하지 아니한 먹는샘물 등이나 그 물을 용기에 넣은 것

(7) 시설기준(먹는물관리법 제20조)

먹는물관련영업을 하려는 자는 환경부령으로 정하는 기준에 적합한 시설을 갖추어야 한다.

> ※ 먹는물관련영업의 시설기준(먹는물관리법 시행규칙 별표 3)
> 1. 먹는샘물·먹는염지하수 제조업 시설기준
>   가. 취수정의 설치
>   1) 취수공의 설치 및 관리
>   가) 상부구간 착정 및 케이싱 설치
>   (1) 취수공(심정) 굴착 시에는 충적층 부위는 충분한 구경으로 지층을 굴착, 구경 250~300mm의 외부 케이싱을 설치한 후 견고한 암반선까지 더 굴착하여 구경 200~250mm의 내부 케이싱을 설치한다.
>   (2) 이때 최초 지층 굴착 구경은 최초 그라우팅 두께를 확보할 수 있도록 외부 케이싱 구경보다 최소한 100mm 이상 크게 굴착하여야 한다.
>   나) 그라우팅 실시
>   (1) 상부구간 착정 종료 후 상부 오염수의 유입방지를 위하여 케이싱과 착정경 사이의 공간(Annular Space)에 착정공저부에서부터 역순환식 압력 시멘트 그라우팅을 실시한다.
>   (2) 이때 그라우팅은 주입제가 지표로 역류될 때까지 시행하며 그라우팅 주입제는 체적상으로 3%의 벤토나이트를 함유한 시멘트 혼합물을 기준으로 하고 필요시 급결제(急結製)를 사용할 수 있다.
>   (3) 그라우팅 실시 후 시멘트가 굳을 때까지는 후속작업을 할 수 없다.
>   다) 취수정 형성
>   (1) 그라우팅이 완전 굳은 후 적정구경(150~250mm)으로 하부 대수층까지 굴착한 후 공내 TV-카메라 검층을 실시하여 그라우팅 시공상태 및 케이싱 설치상태와 대수층상태를 확인하여야 한다.
>   (2) TV-카메라 검층결과는 비디오로 촬영하여야 한다.
>   (3) 공내 검층 결과 이상이 없으면 수중 모터펌프 설치와 공내 수위관측공 설치가 가능한 적정 규격의 우물자재(스테인리스 스틸 자재)를 수중 모터펌프 보호에 충분한 깊이까지 설치한 후 공내의 세척을 실시한다.
>   2) 채수 및 계량시설
>   가) 양수 모터는 KS규격 이상의 제품을 사용하여야 한다. 염지하수를 취수할 경우에 그 재질은 에스티에스(STS) 316급 또는 같은 등급 이상의 내식성 재질로 구성되어야 한다.
>   나) 취수정에는 채수량을 자동으로 측정·기록할 수 있는 계측기를 설치하여야 한다.
>   3) 취수정 보호시설
>   가) 취수정의 보호를 위하여 반드시 양수장(Pump-house)에 자물쇠가 달린 보호시설을 설치하여야 한다.
>   나) 취수정 안으로 오염물질이 유입되지 아니하도록 외부 케이싱의 상반부는 양수장의 바닥면보다 최소 30cm 이상 높게 설치하여야 한다.
>   4) 취수정 자재 등
>   취수공을 굴착한 후에 공내에 설치할 정호자재는 모두 KS 제품의 304-316 스테인리스 재질이거나 그 이상의 재질이어야 한다. 염지하수를 취수할 경우에는 수질안정성을 유지할 수 있고, 내식성이 있는 재질을 사용하여야 한다.

5) 감시정의 설치와 관리
　가) 감시정의 위치
　　환경영향조사 결과 취수정의 위치·설계구조와 취수정의 상하류 경사구간이 결정되면 그 상류 경사구간에 2개공의 상류경사 감시정과 그 하류경사구간에 최소 1개공 이상의 하류경사 감시정을 설치하여야 한다. 다만, 염지하수를 취수하는 경우에는 염지하수의 유동방향에 따라 상·하류를 정하여 감시정을 설치할 수 있다.
　나) 감시정의 설치
　　(1) 상류경사 감시정
　　　(가) 취수정에서 지하수 주유동방향의 연장선상에 위치시키며, 취수정으로부터 10m 이상 상류에 설치한다.
　　　(나) 상류경사 감시정의 굴착깊이는 취수정의 최하부 깊이지점의 표고 이하 지점까지로 한다.
　　　(다) 환경영향조사 시 굴착한 관측정이 (가)와 (나)에 부합될 경우에는 상류경사 감시정으로 이용할 수 있다.
　　(2) 하류경사 감시정
　　　(가) 취수정에서 지하수 유동방향의 연장선상이나 그 대각선 방향에 위치시키며 취수정으로부터 10m 이상 하류에 설치한다.
　　　(나) 하류경사 감시정의 굴착깊이는 취수정의 최하부 깊이지점의 표고 이하 지점까지로 한다.
　　　(다) 환경영향조사 시 굴착한 관측정이 (가)와 (나)에 부합될 경우에는 하류경사감시정으로 이용할 수 있다.
　다) 연속자동계측기 설치 및 관리
　　감시정에는 원수의 수위·전기전도도·온도·수소이온농도(pH) 등을 자동으로 연속 측정·기록할 수 있는 연속자동계측기를 설치하여야 한다.
6) 별표 1 제1호 가목 1)의 비고를 적용하여 시험정을 설치하지 아니하고 환경영향조사를 한 경우에는 취수정을 설치해서는 아니되고, 감시정을 설치하지 아니할 수 있다. 이 경우 채수량 자동 계량시설 및 보호시설과 용천수의 수질을 자동으로 연속 측정·기록할 수 있는 연속자동계측기는 설치하여야 한다.

나. 기본기계·기구 및 설비의 설치
　1) 표준제조공정(다만, 표준공정 이상의 위생적인 공정이 있는 경우에는 그에 따를 수 있다)

　　취 수 → 원수저장 → 정 수 → 자외선살균 → 처리수저장 → 충 전 → 검 사 → 포 장
　　　　　　　　　　　　　　　　　　　　　　　　　　　　　　(청정실 설치)

　2) 기본기계·기구 및 설비의 관리
　　가) 원수저장탱크
　　　원수저장탱크는 밀폐되도록 뚜껑을 설치하고 자외선 공기살균기 등 소독시설을 설치하여야 하며, 공기의 유통이 필요한 경우에는 에어필터를 설치하여야 한다.
　　나) 살균·소독시설
　　　살균시설은 2회선 이상을 설치하여야 한다.
　　다) 처리수 저장조
　　　처리수 저장조는 밀폐되어야 한다. 다만, 공기의 유통이 필요한 경우에는 에어필터를 설치하여야 하며, 자외선 살균 등 미생물의 번식을 억제할 수 있는 적합한 시설을 갖추어야 한다.
　　라) 충전실
　　　충전실은 청정실(Clean Room)로 설치되어야 하며, 자외선 공기살균시설을 설치하여야 한다.

마) 배수시설 및 수질오염방지시설
  (1) 염지하수를 이용한 후 배출하는 경우에 배수관은 배출수가 외부로 배출되지 않도록 내부식성이 있는 자재를 사용하고 수밀구조로 이루어져야 하며, 해양에서 배출되는 부분은 파랑, 조류와 같은 해양환경에 충분히 견딜 수 있는 구조로 설치하여야 한다.
  (2) 염지하수 배출수 수질오염방지시설에 관하여는 물환경보전법 제35조를 준용한다.
  (3) 염지하수 배출수에 농축수 등이 포함되는 경우에는 물환경보전법 시행규칙 제48조를 준용한다.

바) 설비·자재
  (1) 각종 설비는 모두 KS제품의 304-316 스테인리스 재질이거나 같은 수준 이상의 재질이어야 한다. 염지하수를 취수할 경우에 그 재질은 에스티에스(STS) 316급 또는 같은 등급 이상의 내식성 재질이어야 한다.
  (2) 먹는샘물 등의 생산 배관자재는 위생배관으로 설치하여야 한다.
  (3) 전 설비 및 배관은 내부세척(CIP ; Clean In Place) 처리방식을 갖추어야 한다.

사) 그 밖의 시설
  (1) 빈병이나 뚜껑 등을 완전히 살균할 수 있는 시설을 갖추어야 한다.
  (2) 회수용기를 재사용하는 경우에는 열탕소독을 할 수 있는 시설을 갖추어야 한다.
  (3) 원료·포장재료, 그 밖에 먹는샘물 등과 직접 접촉하는 부가물들을 다른 재료들과 떨어져 저장할 수 있는 시설을 갖추어야 한다.
  (4) 작업장 중 출입구·원수처리장·제조가공장·포장실 및 실험실 등에는 종업원이 사용하기 편리한 장소에 각각 도관으로 연결된 고정적인 손씻는 시설을 갖추어야 한다.
  (5) 원수 및 처리수 저장탱크의 바닥은 경사면이 되도록 설비하여 잔류물의 세척이 용이하도록 하여야 한다.

다. 검사실 및 장비
  1) 검사실
    가) 검사실은 제조시설과 격리하여 설치하여야 한다.
    나) 검사에 필요한 급수시설 및 환기시설을 갖추어야 한다.
  2) 검사장비 : 다음 장비를 모두 갖출 것. 다만, 가)부터 처)까지의 장비는 환경분야 시험·검사 등에 관한 법률의 먹는물 분야 환경오염공정시험기준에 따른 시험·검사 등의 방법에서 해당 장비와 같은 기능으로 사용되는 장비로 대체할 수 있고, 가)부터 사)까지의 장비는 지정검사기관에 검사를 의뢰하거나 임대차계약을 통하여 사용권을 확보하면 해당 장비를 보유한 것으로 본다.
    가) 기체크로마토그래피(GC)
    나) 광전분광광도계
    다) 원자흡광광도계(AAS) 또는 유도결합플라스마발광광도계(ICP)
    라) 퍼지&트랩장치
    마) 게르마늄 감마선 계측기(먹는염지하수 제조업에 한함)
    바) 섬광계수기(먹는염지하수 제조업에 한함)
    사) 베타계수기(먹는염지하수 제조업에 한함)
    아) 수도이온농도측정기(pH미터)
    자) 콜로니 카운터
    차) 클린벤치(무균작업실험대)
    카) 정제수 제조장치
    타) 고압멸균기
    파) 저 울

하) 건조기
거) 부란기
너) 가열판
더) 탁도계
러) 교반기
머) 피펫 세척기(1회용 피펫을 사용하는 경우는 제외)
버) 항온수욕조
서) 잔류염소 비색계
어) 국소배기장치(퓸후드)
저) 염분계(먹는염지하수 제조업에 한함)
처) 그 밖에 검사에 필요한 시약 및 초자

2. 수처리제 제조업 시설기준
　가. 작업장
　　작업장에 설치하여야 할 기본기구 및 설비는 다음과 같으며, 제조공정상 부식 방지 등을 위하여 내산성 및 내열성 자재를 사용하여야 한다. 다만, 제조의 특수성으로 제조공정상 필요한 시설은 추가하거나 불필요한 시설을 설치하지 아니할 수 있다.
　　1) 응집제
　　　원료저장탱크·혼합기·반응기·분쇄기(고체만 해당)·여과기
　　2) 살균·소독제
　　　가) 고도표백분 : 혼합기·타정기·반응기·석회유탱크·석회유필터·원심분리기·건조기·집진기·분리탑
　　　나) 액화염소 : 전해조·염소가스분리기·건조탑·염소가스압축기·염소가스냉동기
　　　다) 차아염소산나트륨 : 원료저장탱크·반응기·냉동기
　　　라) 이산화염소 : 원료저장탱크·이산화염소발생장치·반응기
　　　마) 오존 : 오존발생장치
　　　바) 과산화수소 : 원료저장탱크·가열기·반응기·여과기·압축기·액분리기·순수 저장탱크·농축기
　　3) 부식억제제
　　　원료저장탱크·혼합기·용광로·성형기·건조시설
　　4) 그 밖의 제제
　　　가) 수산화칼슘(소석회) : 분쇄기·혼합기·반응기·분급기
　　　나) 활성탄 : 탄화로·활성로·분쇄기·혼합기·선별기·포장기·집진기
　　　다) 황산구리 : 반응기·농축기·여과기·냉각기·탈수기·포장기
　　　라) 수산화나트륨 : 전해조·농축조
　　　마) 제올라이트 : 분쇄기·건조기·입도분리기·약품처리조·세척조
　　　바) 일라이트 : 분쇄기·건조기·송풍기·분급기·포장기
　　　사) 황산 : 원료저장탱크·연소로·촉매탑·황산흡수탑·저장조·중화처리조
　　　아) 안정화이산화염소 : 원료저장탱크·반응기
　　　자) 이산화탄소 : 원료저장탱크·압축기·냉각기·수분분리기·건조기·정제탑·응축기·액분리기·저장탱크
　　　차) 과망간산나트륨 : 원료저장탱크·가열기·여과기·반응기·농축기
　　　카) 티오황산나트륨 : 원료저장탱크·반응기·농축기·탈수기(고체만 해당)

나. 검사시설
  1) 검사실을 갖추고, 기준 및 규격시험에 필요한 장비·기구 및 시약류를 갖추어야 한다. 원자흡광광도계(ASS), 온도결합플라스마발광광도계(ICP) 등 정밀분석 장비는 임대차계약을 통하여 사용권을 확보하면 해당 장비를 보유한 것으로 본다.
  2) 검사에 필요한 급수시설 및 환기시설을 설치하여야 한다.
  3) 가능한 지역에서 같은 업종의 여러 업소가 공동으로 하나의 검사실을 둘 수 있다.

3. 먹는샘물·먹는염지하수 유통전문판매업 시설기준
  가. 영업활동을 위한 독립된 사무실이 있어야 한다. 다만, 영업활동에 지장이 없는 경우에는 다른 사무실을 함께 사용할 수 있다.
  나. 먹는샘물 등을 위생적으로 보관할 수 있는 보관시설을 갖추어야 한다. 이 경우 보관시설은 영업신고를 한 영업소의 소재지와 다른 곳에 설치하거나 임차하여 사용할 수 있으며, 식품위생법 제37조 제4항에 따라 유통전문판매업 신고를 한 자가 이 법에 따른 유통전문판매업을 하려는 경우에는 보관에 지장이 없는 경우에 한하여 식품위생법 시행규칙 별표 14에 따른 유통전문판매업의 보관창고를 함께 사용할 수 있다.
  다. 영업신고한 사무실과 같은 장소 또는 같은 건물 안에 상시 운영하는 반품·교환품의 보관시설을 두어야 한다. 다만, 식품위생법 제37조 제4항에 따라 유통전문판매업 신고를 한 자가 이 법에 따른 유통전문판매업을 하려는 경우에는 반품·교환품의 보관에 지장이 없는 경우에 한하여 식품위생법 시행규칙 별표 14에 따른 유통전문판매업의 반품·교환품의 보관시설을 함께 사용할 수 있다.

4. 먹는샘물·먹는염지하수 수입판매업 시설기준
  가. 영업활동을 위한 독립된 사무실이 있어야 한다. 다만, 영업활동에 지장이 없는 경우에는 다른 사무실을 함께 사용할 수 있다.
  나. 먹는샘물 등을 위생적으로 보관할 수 있는 보관시설을 갖추어야 한다. 이 경우 그 보관시설은 영업신고를 한 사무실의 소재지와 다른 곳에 설치할 수 있다.
  다. 영업신고한 사무실과 같은 장소 또는 같은 건물 안에 상시 운영하는 반품·교환품 등의 보관시설을 두어야 한다.

5. 정수기 제조업 시설기준
  가. 검사실
    검사실을 갖추어야 한다.
  나. 검사장비
    유리잔류염소·색도·탁도·클로로폼을 검사할 수 있는 장비·기구 및 시약류를 갖추어야 한다.
  다. 검사실 또는 검사장비는 환경부장관이 지정한 정수기품질검사기관에 검사를 의뢰하거나 임대차계약을 통하여 사용권을 확보하면 해당 검사실 또는 검사장비를 보유한 것으로 본다.

6. 정수기 수입판매업 시설기준
  가. 영업활동을 위한 사무실이 있어야 한다.
  나. 정수기를 보관할 수 있는 시설 및 반품·교환품 등의 보관시설을 갖추어야 한다. 이 경우 그 보관시설은 영업신고를 한 사무실의 소재지와 다른 곳에 설치하거나 임차하여 사용할 수 있으며, 식품위생법 제37조 제4항에 따라 유통전문판매업 신고를 한 자가 이 법에 따른 정수기 수입판매업을 하려는 경우에는 식품위생법 시행규칙 별표 14에 따른 유통전문판매업의 보관창고를 함께 사용할 수 있다.

※ 먹는샘물 등의 검사방법(먹는물관리법 시행규칙 별표 4)
1. 검사의 종류와 대상
   가. 서류검사
      수출용 원자재를 수입하는 경우는 제출된 신고서와 첨부서류의 내용을 검토한다.
   나. 관능검사[사람의 오감(五感)에 의하여 품질을 평가하는 일]
      정밀검사 결과 적합판정을 받은 같은 회사, 같은 제품을 6개월 이내에 다시 수입하는 것은 현품의 성상(性狀)·색깔·맛·냄새 등에 의하여 판단한다.
   다. 정밀검사
      다음의 것은 물리적·화학적·세균학적 방법에 의하여 판단한다.
      1) 서류검사나 관능검사에 해당하지 아니하는 것
      2) 국내에서 유통 중 검사에서 부적합 판정된 것
      3) 수송 중 위생상 안정성에 영향을 줄 수 있는 사고가 발생한 것
      4) 그 밖에 시·도지사가 필요하다고 인정하는 것
2. 검사대상의 수거
   가. 검사대상은 표본의 대표성이 충분히 확보될 수 있도록 대포장단위 3곳 이상에서 수거하여야 한다.
   나. 시험에 필요한 기준에 따른 적정량의 검사대상만 수거하여야 한다.
   다. 검사대상 수거는 해당 제품 등의 소유자 또는 관리자가 참석한 가운데 검사공무원의 자격을 가진 자가 하여야 한다.
   라. 관계 공무원은 검사대상을 수거한 경우에는 수거증을 발급하여야 한다.
3. 시 험
   가. 수거한 검사대상에 대한 시험은 해당 시·도 보건환경연구원에서 시행한다. 다만, 검사가 불가능한 경우에는 시·도지사가 지정한 검사기관에 의뢰할 수 있다.
   나. 의뢰받은 지정검사기관은 송부받은 검사대상에 대한 시험의뢰항목에 대하여 시험을 신속히 시행하고, 그 결과를 지체 없이 시·도지사에게 통보하여야 한다.
4. 불합격품의 처리
   가. 검사 결과 부적합으로 판정된 경우에는 그 내용을 신고인에게 통보함과 아울러 다음의 경우 외에는 폐기하여야 한다.
      1) 수출국으로 반송하거나 다른 나라로 반출하는 경우
      2) 먹는샘물·수처리제 외의 용도로 사용할 경우
   나. 시·도지사는 부적합 판정내용을 환경부장관에게 보고하고, 다른 시·도지사와 관할 세관장에게 통보하여야 한다.
   다. 신고자는 불합격된 제품 등에 대한 처리가 완료되면 지체 없이 해당 시·도지사에게 그 처리결과를 보고하여야 한다.

(8) 기준과 규격(먹는물관리법 제36조)

① 환경부장관은 먹는샘물 등, 수처리제, 정수기 또는 그 용기의 종류, 성능, 제조방법, 보존방법, 유통기한(그 기한의 연장에 관한 사항을 포함), 사후관리 등에 관한 기준과 성분에 관한 규격을 정하여 고시할 수 있다.

② 환경부장관은 ①에 따른 기준과 규격이 정하여지지 아니한 먹는샘물 등, 수처리제, 정수기 또는 그 용기는 그 제조업자에게 자가기준과 자가규격을 제출하게 하여, 지정된 검사 기관의 검사를 거쳐 이를 그 제품의 기준과 규격으로 인정할 수 있다.

③ ① 및 ②에 따른 기준과 규격에 맞지 아니한 먹는샘물 등, 수처리제, 정수기 또는 그 용기를 판매하거나 판매할 목적으로 제조, 수입, 저장, 운반, 진열하거나 그 밖의 영업상으로 사용하지 못한다.

(9) 표시기준(먹는물관리법 제37조)

① 환경부장관은 먹는샘물 등, 수처리제, 정수기의 용기나 포장의 표시, 제품명의 사용에 필요한 기준을 정하여 고시하여야 한다.

② 먹는물관련영업자는 ①에 따른 표시기준에 맞게 표시하지 아니한 먹는샘물 등, 수처리제 또는 정수기를 판매하거나 판매할 목적으로 제조·수입·진열 또는 운반하거나 영업상 사용하여서는 아니 된다.

(10) 자가품질검사의 의무(먹는물관리법 제41조)

① 먹는샘물 등, 수처리제, 정수기 또는 그 용기의 제조업자는 환경부령으로 정하는 바에 따라 그가 제조하는 제품이 (8) 기준과 규격 ① 또는 ②에 따른 기준과 규격에 적합한지를 자가 검사하고 그 기록을 보존하여야 한다.

② ①의 경우에 시·도지사는 먹는샘물 등, 수처리제, 정수기 또는 그 용기의 제조업자가 직접 검사하는 것이 적합하지 아니하면 지정된 검사기관에 위탁하여 검사하게 할 수 있다.

※ 먹는샘물 등 제조업자의 자가품질검사 기준(먹는물관리법 시행규칙 별표 6)

구 분	검사항목	검사주기
먹는샘물·먹는염지하수	냄새, 맛, 색도, 탁도, 수소이온농도(5개 항목)	매일 1회 이상
	일반세균(저온균·중온균), 총대장균군, 녹농균(4개 항목)	매주 2회 이상 3~4일 간격으로 실시
	분원성 연쇄상구균, 아황산환원혐기성 포자형성균, 살모넬라, 시겔라(4개 항목)	매월 1회 이상
	먹는물 수질기준 및 검사 등에 관한 규칙 별표 1에서 정하는 모든 항목	매반기 1회 이상
샘물·염지하수	일반세균(저온균·중온균), 총대장균군, 분원성 연쇄상구균, 녹농균, 아황산환원혐기성 포자형성균(6개 항목)	매주 1회 이상
	먹는물 수질기준 및 검사 등에 관한 규칙 별표 1에서 정하는 모든 항목	매반기 1회 이상

참고
- 샘물·염지하수에 대하여 매주 1회 이상 검사하는 미생물항목 6개 항목의 어느 하나가 기준을 초과하는 경우에는 살모넬라·시겔라에 대한 검사를 3개월간 매월 1회 이상 추가로 실시하여야 한다.
- 먹는샘물·먹는염지하수 및 샘물·염지하수에 대하여 반기 1회 이상 실시하는 검사항목 중 기준을 초과한 항목에 대하여는 6개월간 매월 1회 이상 검사하여야 한다.
- 염지하수의 방사능 검사는 매년 1회 이상 실시하되, 수질기준을 초과한 경우에는 6개월간 매월 1회 이상 검사하여야 한다.

4. 먹는물 수질기준(먹는물 수질기준 및 검사 등에 관한 규칙 별표 1)

(1) 미생물에 관한 기준

① 일반세균 : 1mL 중 100CFU(Colony Forming Unit)를 넘지 아니할 것. 다만, 샘물 및 염지하수의 경우에는 저온일반세균은 20CFU/mL, 중온일반세균은 5CFU/mL를 넘지 아니하여야 하며, 먹는샘물, 먹는염지하수 및 먹는해양심층수의 경우에는 병에 넣은 후 4℃를 유지한 상태에서 12시간 이내에 검사하여 저온일반세균은 100CFU/mL, 중온일반세균은 20CFU/mL를 넘지 아니할 것

② 총대장균군 : 100mL(샘물·먹는샘물, 염지하수·먹는염지하수 및 먹는해양심층수의 경우에는 250mL)에서 검출되지 아니할 것. 다만, 매월 또는 매 분기 실시하는 총대장균군의 수질검사 시료 수가 20개 이상인 정수시설의 경우에는 검출된 시료 수가 5%를 초과하지 아니하여야 한다.

③ 대장균·분원성 대장균군 : 100mL에서 검출되지 아니할 것. 다만, 샘물·먹는샘물, 염지하수·먹는염지하수 및 먹는해양심층수의 경우에는 적용하지 아니한다.

④ 분원성연쇄상구균·녹농균·살모넬라 및 시겔라 : 250mL에서 검출되지 아니할 것(샘물·먹는샘물, 염지하수·먹는염지하수 및 먹는해양심층수의 경우에만 적용)

⑤ 아황산환원혐기성 포자형성균 : 50mL에서 검출되지 아니할 것(샘물·먹는샘물, 염지하수·먹는염지하수 및 먹는해양심층수의 경우에만 적용)

⑥ 여시니아균 : 2L에서 검출되지 아니할 것(먹는물공동시설의 물의 경우에만 적용)

(2) 건강상 유해영향 무기물질에 관한 기준

① 납 : 0.01mg/L를 넘지 아니할 것

② 플루오린 : 1.5mg/L(샘물·먹는샘물 및 염지하수·먹는염지하수의 경우에는 2.0mg/L)를 넘지 아니할 것

③ 비소 : 0.01mg/L(샘물·염지하수의 경우에는 0.05mg/L)를 넘지 아니할 것

④ 셀레늄 : 0.01mg/L(염지하수의 경우에는 0.05mg/L)를 넘지 아니할 것

⑤ 수은 : 0.001mg/L를 넘지 아니할 것

⑥ 시안 : 0.01mg/L를 넘지 아니할 것

⑦ 크롬 : 0.05mg/L를 넘지 아니할 것

⑧ 암모니아성 질소 : 0.5mg/L를 넘지 아니할 것

⑨ 질산성 질소 : 10mg/L를 넘지 아니할 것

⑩ 카드뮴 : 0.005mg/L를 넘지 아니할 것

⑪ 붕소 : 1.0mg/L를 넘지 아니할 것(염지하수의 경우에는 적용하지 아니함)

⑫ 브롬산염 : 0.01mg/L를 넘지 아니할 것(수돗물, 먹는샘물, 염지하수·먹는염지하수, 먹는해양심층수 및 오존으로 살균·소독 또는 세척 등을 하여 먹는물로 이용하는 지하수만 적용)

⑬ 스트론튬 : 4mg/L를 넘지 아니할 것(먹는염지하수 및 먹는해양심층수의 경우에만 적용)

⑭ 우라늄 : 30μg/L를 넘지 않을 것[수돗물(지하수를 원수로 사용하는 수돗물), 샘물, 먹는샘물, 먹는염지하수 및 먹는물공동시설의 물의 경우에만 적용한다]

(3) 건강상 유해영향 유기물질에 관한 기준
   ① 페놀 : 0.005mg/L를 넘지 아니할 것
   ② 다이아지논 : 0.02mg/L를 넘지 아니할 것
   ③ 파라티온 : 0.06mg/L를 넘지 아니할 것
   ④ 페니트로티온 : 0.04mg/L를 넘지 아니할 것
   ⑤ 카바릴 : 0.07mg/L를 넘지 아니할 것
   ⑥ 1,1,1-트라이클로로에탄 : 0.1mg/L를 넘지 아니할 것
   ⑦ 테트라클로로에틸렌 : 0.01mg/L를 넘지 아니할 것
   ⑧ 트라이클로로에틸렌 : 0.03mg/L를 넘지 아니할 것
   ⑨ 다이클로로메탄 : 0.02mg/L를 넘지 아니할 것
   ⑩ 벤젠 : 0.01mg/L를 넘지 아니할 것
   ⑪ 톨루엔 : 0.7mg/L를 넘지 아니할 것
   ⑫ 에틸벤젠 : 0.3mg/L를 넘지 아니할 것
   ⑬ 자일렌 : 0.5mg/L를 넘지 아니할 것
   ⑭ 1,1-다이클로로에틸렌 : 0.03mg/L를 넘지 아니할 것
   ⑮ 사염화탄소 : 0.002mg/L를 넘지 아니할 것
   ⑯ 1,2-다이브로모-3-클로로프로판 : 0.003mg/L를 넘지 아니할 것
   ⑰ 1,4-다이옥산 : 0.05mg/L를 넘지 아니할 것

(4) 소독제 및 소독부산물질에 관한 기준(샘물·먹는샘물·염지하수·먹는염지하수·먹는해양심층수 및 먹는물공동시설의 물의 경우에는 적용하지 아니함)
   ① 잔류염소(유리잔류염소) : 4.0mg/L를 넘지 아니할 것
   ② 총트라이할로메탄 : 0.1mg/L를 넘지 아니할 것
   ③ 클로로폼 : 0.08mg/L를 넘지 아니할 것
   ④ 브로모다이클로로메탄 : 0.03mg/L를 넘지 아니할 것
   ⑤ 다이브로모클로로메탄 : 0.1mg/L를 넘지 아니할 것
   ⑥ 클로랄하이드레이트 : 0.03mg/L를 넘지 아니할 것
   ⑦ 다이브로모아세토나이트릴 : 0.1mg/L를 넘지 아니할 것
   ⑧ 다이클로로아세토나이트릴 : 0.09mg/L를 넘지 아니할 것
   ⑨ 트라이클로로아세토나이트릴 : 0.004mg/L를 넘지 아니할 것
   ⑩ 할로아세틱에시드(다이클로로아세틱에시드, 트라이클로로아세틱에시드 및 다이브로모아세틱에시드의 합으로 함) : 0.1mg/L를 넘지 아니할 것
   ⑪ 폼알데하이드 : 0.5mg/L를 넘지 아니할 것

(5) 심미적(審美的) 영향물질에 관한 기준
① 경도(硬度) : 1,000mg/L(수돗물의 경우 300mg/L, 먹는염지하수 및 먹는해양심층수의 경우 1,200mg/L)를 넘지 아니할 것. 다만, 샘물 및 염지하수의 경우에는 적용하지 아니한다.
② 과망간산칼륨 소비량 : 10mg/L를 넘지 아니할 것
③ 냄새와 맛 : 소독으로 인한 냄새와 맛 이외의 냄새와 맛이 있어서는 아니될 것(맛의 경우는 샘물, 염지하수, 먹는샘물 및 먹는물공동시설의 물에는 적용하지 아니함)
④ 동 : 1mg/L를 넘지 아니할 것
⑤ 색도 : 5도를 넘지 아니할 것
⑥ 세제(음이온 계면활성제) : 0.5mg/L를 넘지 아니할 것. 다만, 샘물·먹는샘물, 염지하수·먹는염지하수 및 먹는해양심층수의 경우에는 검출되지 아니하여야 한다.
⑦ 수소이온농도 : pH 5.8 이상 pH 8.5 이하이어야 할 것. 다만, 샘물, 먹는샘물 및 먹는물공동시설의 물의 경우에는 pH 4.5 이상 pH 9.5 이하이어야 한다.
⑧ 아연 : 3mg/L를 넘지 아니할 것
⑨ 염소이온 : 250mg/L를 넘지 아니할 것(염지하수의 경우에는 적용하지 아니함)
⑩ 증발잔류물 : 수돗물의 경우에는 500mg/L, 먹는염지하수 및 먹는해양심층수의 경우에는 미네랄 등 무해성분을 제외한 증발잔류물이 500mg/L를 넘지 아니할 것
⑪ 철 : 0.3mg/L를 넘지 아니할 것. 다만, 샘물 및 염지하수의 경우에는 적용하지 아니한다.
⑫ 망간 : 0.3mg/L(수돗물의 경우 0.05mg/L)를 넘지 아니할 것. 다만, 샘물 및 염지하수의 경우에는 적용하지 아니한다.
⑬ 탁도 : 1NTU(Nephelometric Turbidity Unit)를 넘지 아니할 것. 다만, 지하수를 원수로 사용하는 마을상수도, 소규모급수시설 및 전용상수도를 제외한 수돗물의 경우에는 0.5NTU를 넘지 아니하여야 한다.
⑭ 황산이온 : 200mg/L를 넘지 아니할 것. 다만, 샘물, 먹는샘물 및 먹는물공동시설의 물은 250mg/L를 넘지 아니하여야 하며, 염지하수의 경우에는 적용하지 아니한다.
⑮ 알루미늄 : 0.2mg/L를 넘지 아니할 것

(6) 방사능에 관한 기준(염지하수의 경우에만 적용)
① 세슘(Cs-137) : 4.0mBq/L를 넘지 아니할 것
② 스트론튬(Sr-90) : 3.0mBq/L를 넘지 아니할 것
③ 삼중수소 : 6.0Bq/L를 넘지 아니할 것

5. 상수원관리규칙

(1) 용어의 정의(제2조)
① **유하거리** : 하천, 호소나 이에 준하는 수역의 중심선을 따라 물이 흘러가는 방향으로 잰 거리를 말한다.
② **집수구역** : 빗물이 상수원으로 흘러드는 지역으로서 주변의 능선을 잇는 선으로 둘러싸인 구역을 말한다.
③ **오염부하량** : 하루 동안 발생하는 오염물질의 양을 무게로 환산한 것을 말한다.
④ **원거주민** : 상수원보호구역(이하 보호구역)에 거주하고 있는 주민으로서 다음의 어느 하나에 해당하는 사람을 말한다.
　㉠ 보호구역지정 전부터 그 구역에 계속 거주한 사람
　㉡ 보호구역지정 당시 그 구역에 거주하고 있던 사람으로서 생업이나 그 밖의 사유로 3년 이내의 기간 동안 그 구역 밖에 거주한 사람
　㉢ 보호구역지정 당시 그 구역에 거주하고 있던 사람으로서 생업이나 그 밖의 사유로 3년 이상 그 구역 밖에 거주하던 중 상속으로 인하여 그 구역에 거주하고 있던 사람의 가업을 승계한 사람 1명
　㉣ 보호구역지정 당시 그 구역에 거주하고 있던 사람으로서 생업이나 그 밖의 사유로 3년 이상 그 구역 밖에 거주하던 중 증여로 그 구역에 거주하고 있던 사람의 가업을 승계한 사람 1명. 이 경우 증여자가 사망한 시점 이후로 한정한다.

(2) 수원의 구분(제3조)
상수원으로 이용되는 물은 그 흐름의 특성과 존재형태 등을 기준으로 다음과 같이 구분한다.
① **하천수** : 하천이나 계곡에 흐르는 물로서 댐이나 제방 등에 의하여 흐름의 장애를 받지 아니하는 물(수중에 설치한 보에 의하여 흐름의 일부가 장애를 받는 물은 포함)
② **복류수** : 하천, 호소나 이에 준하는 수역의 바닥면 아래나 옆면의 모래자갈층 등의 속을 흐르는 물
③ **호소수** : 하천이나 계곡에 흐르는 물을 댐이나 제방 등을 쌓아 가두어 놓은 물로서 만수위 구역의 물(자연적으로 형성된 호소의 물은 포함)
④ **지하수** : 지표 아래에서 흐르는 물로서 복류수와 강변여과수를 제외한 물을 말하며 다음과 같이 구분한다.
　㉠ 표층지하수 : 지하의 암반층 위의 토양 속을 흐르는 물
　㉡ 심층지하수 : 지하의 암반층 아래에서 흐르는 물(지하의 암반층 아래에서 자연적으로 지표에 솟아 나오는 물은 포함)
⑤ **해수** : 해역에 존재하는 해수와 해수가 침투하여 지하에 존재하는 물
⑥ **강변여과수** : 하천, 호소 또는 그 인근지역의 모래자갈층을 통과한 물

(3) 원수의 수질검사기준(제24조)

① 원수의 수질기준은 다음의 구분에 따른 기준에 맞아야 한다.
　㉠ 하천수 및 호소수 : 환경정책기본법 시행령 별표 1의 수질 및 수생태계에 관한 환경기준
　㉡ 복류수 및 강변여과수 : 환경정책기본법 시행령 별표 1의 수질 및 수생태계에 관한 환경기준 중 하천수의 환경기준
　㉢ 해수 : 환경정책기본법 시행령 별표 1의 수질 및 수생태계에 관한 환경기준 중 해역의 환경기준
　㉣ 지하수 : 먹는물 수질기준 및 검사 등에 관한 규칙 별표 1의 먹는물의 수질기준

② 원수의 수질검사방법(별표 6)

구 분		측정횟수	측정항목	측정시기
광역 및 지방 상수도	하천수, 복류수, 강변 여과수	매월 1회 이상	수소이온농도, 생물화학적 산소요구량, 총유기탄소, 총인, 부유물질량, 용존산소량, 대장균군(총대장균군, 분원성 대장균군)	
		분기마다 1회 이상	카드뮴, 비소, 시안, 수은, 납, 크로뮴(Chromium), 음이온 계면활성제, 유기인, 폴리클로리네이티드바이페닐(PCB), 플루오린(불소, Fluorine), 셀레늄, 암모니아성 질소, 질산성 질소, 카바릴, 1,1,1-트라이클로로에테인, 테트라클로로에틸렌, 트라이클로로에틸렌, 페놀, 사염화탄소, 1,2-다이클로로에테인, 다이클로로메테인, 벤젠, 클로로폼, 다이에틸헥실프탈레이트(DEHP), 안티몬, 1,4-다이옥세인, 폼알데하이드(Formaldehyde), 헥사클로로벤젠, 철, 망가니즈(망간, Manganese)	3월, 6월, 9월, 12월
	호소수	매월 1회 이상	수소이온농도, 총유기탄소, 총인, 클로로필-a, 부유물질량, 용존산소량, 대장균군(총대장균군, 분원성 대장균군)	
		분기마다 1회 이상	카드뮴, 비소, 시안, 수은, 납, 크로뮴(Chromium), 음이온 계면활성제, 유기인, 폴리클로리네이티드바이페닐(PCB), 플루오린(불소, Fluorine), 셀레늄, 암모니아성 질소, 질산성 질소, 카바릴, 1,1,1-트라이클로로에테인, 테트라클로로에틸렌, 트라이클로로에틸렌, 페놀, 사염화탄소, 1,2-다이클로로에테인, 다이클로로메테인, 벤젠, 클로로폼, 다이에틸헥실프탈레이트(DEHP), 안티몬, 1,4-다이옥세인, 폼알데하이드(Formaldehyde), 헥사클로로벤젠, 철, 망가니즈(망간, Manganese)	3월, 6월, 9월, 12월
	지하수	반기마다 1회 이상	카드뮴, 비소, 시안, 수은, 납, 크로뮴(Chromium), 음이온 계면활성제, 다이아지논, 파라티온, 페니트로티온, 플루오린(불소, Fluorine), 셀레늄, 암모니아성 질소, 질산성 질소, 카바릴, 1,1,1-트라이클로로에테인, 테트라클로로에틸렌, 트라이클로로에틸렌, 페놀, 철, 망가니즈(망간, Manganese)	
	해 수	분기마다 1회 이상	수소이온농도, 총유기탄소, 대장균군(총대장균군, 분원성 대장균군), 노말헥세인추출물질(동식물유지류)함유량	
		매년 1회 이상	카드뮴, 비소, 보론(붕소, Boron), 수은, 납, 크로뮴(Chromium)	

구 분		측정횟수	측정항목	측정시기
마을 상수도 · 전용 상수도 및 소규모 급수시설	하천수, 복류수, 계곡수 등의 표류수	반기마다 1회 이상	수소이온농도, 생물화학적 산소요구량, 총유기탄소, 부유물질량, 용존산소량, 대장균군(총대장균군, 분원성 대장균군)	
		2년마다 1회 이상	카드뮴, 비소, 시안, 수은, 납, 크로뮴(Chromium), 음이온 계면활성제, 유기인, 폴리클로리네이티드바이페닐(PCB)	
	호소수	반기마다 1회 이상	수소이온농도, 총유기탄소, 부유물질량, 용존산소량, 대장균군(총대장균군, 분원성 대장균군),	
		2년마다 1회 이상	카드뮴, 비소, 시안, 수은, 납, 크로뮴(Chromium), 음이온 계면활성제, 유기인, 폴리클로리네이티드바이페닐(PCB)	
	지하수	2년마다 1회 이상	카드뮴, 비소, 시안, 수은, 납, 크로뮴(Chromium), 음이온 계면활성제, 다이아지논, 파라티온, 페니트로티온, 플루오린(불소, Fluorine)	
	해 수	반기마다 1회 이상	수소이온농도, 총유기탄소, 대장균군(총대장균군, 분원성 대장균군), 노말헥세인추출물질(동식물유지류)함유량	
		2년마다 1회 이상	카드뮴, 비소, 보론(붕소, Boron), 수은, 납, 크로뮴(Chromium)	

참고
- 채수(採水) 지점
  - 하천수, 호소수 및 계곡수 등의 표류수의 경우에는 취수구에 흘러들기 직전의 지점에서 채수한다.
  - 복류수 및 강변여과수의 경우에는 취수구에서 가장 가까운 지점에서 1회, 착수정(着水井)에서 1회를 취수하여 각각 검사한다.
  - 지하수의 경우에는 취수구에서 채수한다.
- 검사방법
  - 플루오린(불소, Fluorine), 셀레늄, 암모니아성 질소, 질산성 질소, 카바릴, 1,1,1-트라이클로로에테인, 테트라클로로에틸렌, 페놀, 보론(붕소, Boron) 및 지하수항목 : 환경분야 시험·검사 등에 관한 법률 제6조제1항제6호의 분야에 대한 환경오염공정시험기준에 따른다.
  - 그 밖의 측정항목 : 환경분야 시험·검사 등에 관한 법률 제6조제1항제5호의 분야에 대한 환경오염공정시험기준에 따른다.
- 검사결과 : 원수의 검사결과는 검사한 자료를 연간 산술평균한 값으로 한다. 다만, 재난 및 안전관리기본법 제3조제1호에 따른 재난의 발생으로 긴급히 취수원을 확보해야 하는 경우에는 평상시의 기상상태에서 7일 이상의 간격으로 3회 채취한 원수의 수질측정값을 산술평균한 값으로 한다.

02 정수 및 수질관련법규

1. 수도법

1 총 칙

(1) 목적(수도법 제1조)

수도에 관한 종합적인 계획을 수립하고 수도를 적정하고 합리적으로 설치·관리하여 공중위생을 향상시키고 생활환경을 개선하게 하는 것을 목적으로 한다.

(2) 책무(수도법 제2조)

① 국가는 모든 국민이 질 좋은 물을 공급받을 수 있도록 수도에 관한 종합적인 계획을 수립하고 합리적인 시책을 강구하며 수도사업자에 대한 기술 지원 및 재정 지원을 위하여 노력하여야 한다.
② 특별시장·광역시장·특별자치시장·도지사·특별자치도지사(이하 시·도지사)와 시장·군수·구청장(자치구의 구청장을 말한다)은 관할 구역의 주민이 질 좋은 물을 공급받을 수 있도록 상수원의 관리 등에 노력하여야 한다.
③ 특별시장·광역시장·특별자치시장·특별자치도지사·시장·군수(광역시의 군수는 제외)는 관할 구역의 주민에게 수돗물이 안정적으로 공급되도록 수도시설의 관리 등에 노력하여야 하며, 도지사는 관할 구역의 수도사업자에게 기술적·재정적 지원을 하여야 한다.
④ 수도사업자는 수도를 계획적으로 정비하고 수도사업을 합리적으로 경영하여야 하며 수돗물을 안전하고 적정하게 공급하도록 노력하여야 한다.
⑤ 모든 국민은 국가가 추진하는 수도에 관한 시책에 협력하고 수돗물을 합리적으로 사용하도록 노력하여야 한다.
⑥ 국가, 지방자치단체 및 수도사업자는 빈곤층 등 모든 국민에 대한 수돗물의 보편적 공급에 기여하고, 수돗물에 대한 인식과 음용률을 높이기 위하여 노력하여야 한다.

(3) 용어의 정의(수도법 제3조)

① **원수** : 음용·공업용 등으로 제공되는 자연 상태의 물을 말한다. 다만, 농어촌정비법에 따른 농어촌용수는 제외하되 가뭄 등의 비상시 대통령령으로 정하는 바에 따라 환경부장관이 농림축산식품부장관 또는 해양수산부장관과 협의하여 원수로 사용하기로 한 경우에는 원수로 본다.
② **상수원** : 음용·공업용 등으로 제공하기 위하여 취수시설을 설치한 지역의 하천·호소·지하수·해수 등을 말한다.
③ **광역상수원** : 둘 이상의 지방자치단체에 공급되는 상수원을 말한다.
④ **정수** : 원수를 음용·공업용 등의 용도에 맞게 처리한 물을 말한다.

⑤ **수도** : 관로, 그 밖의 공작물을 사용하여 원수나 정수를 공급하는 시설의 전부를 말하며, 일반수도·공업용수도 및 전용수도로 구분한다. 다만, 일시적인 목적으로 설치된 시설과 농어촌정비법에 따른 농업생산기반시설은 제외한다.

⑥ **일반수도** : 광역상수도·지방상수도 및 마을상수도를 말한다.

⑦ **광역상수도** : 국가·지방자치단체·한국수자원공사 또는 환경부장관이 인정하는 자가 둘 이상의 지방자치단체에 원수나 정수를 공급(일반 수요자에게 공급하는 경우 포함)하는 일반수도를 말한다. 이 경우 국가나 지방자치단체가 설치할 수 있는 광역상수도의 범위는 대통령령으로 정한다.

⑧ **지방상수도** : 지방자치단체가 관할 지역주민, 인근 지방자치단체 또는 그 주민에게 원수나 정수를 공급하는 일반수도로서 광역상수도 및 마을상수도 외의 수도를 말한다.

⑨ **마을상수도** : 지방자치단체 또는 상수도조합이 대통령령으로 정하는 수도시설에 따라 100명 이상 2,500명 이내의 급수인구에게 정수를 공급하는 일반수도로서 1일 공급량이 $20m^3$ 이상 $500m^3$ 미만인 수도 또는 이와 비슷한 규모의 수도로서 특별시장·광역시장·특별자치시장·특별자치도지사·시장·군수(광역시의 군수는 제외)가 지정하는 수도를 말한다.

⑩ **공업용수도** : 공업용수도사업자가 원수 또는 정수를 공업용에 맞게 처리하여 공급하는 수도를 말한다.

⑪ **전용수도** : 전용상수도와 전용공업용수도를 말한다.

⑫ **전용상수도** : 100명 이상을 수용하는 기숙사, 임직원용 주택, 요양소 및 그 밖의 시설에서 사용되는 자가용의 수도와 수도사업에 제공되는 수도 외의 수도로서 100명 이상 5,000명 이내의 급수인구(학교·교회 등의 유동인구를 포함)에 대하여 원수나 정수를 공급하는 수도를 말한다. 다만, 다른 수도에서 공급되는 물만을 상수원으로 하는 것 중 일일 급수량과 시설의 규모가 대통령령으로 정하는 기준에 못 미치는 것은 제외한다.

⑬ **전용공업용수도** : 수도사업에 제공되는 수도 외의 수도로서 원수 또는 정수를 공업용에 맞게 처리하여 사용하는 수도를 말한다. 다만, 다른 수도에서 공급되는 물만을 상수원으로 하는 것 중 일일 급수량과 시설의 규모가 대통령령으로 정하는 기준에 못 미치는 것은 제외한다.

⑭ **소규모급수시설** : 주민이 공동으로 설치·관리하는 급수인구 100명 미만 또는 1일 공급량 $20m^3$ 미만인 급수시설 중 특별시장·광역시장·특별자치시장·특별자치도지사·시장·군수(광역시의 군수는 제외)가 지정하는 급수시설을 말한다.

⑮ **수도시설** : 원수나 정수를 공급하기 위한 취수·저수·도수·정수·송수·배수시설, 급수설비, 그 밖에 수도에 관련된 시설을 말한다.

⑯ **수도사업** : 일반 수요자 또는 다른 수도사업자에게 수도를 이용하여 원수나 정수를 공급하는 사업을 말하며, 일반수도사업과 공업용수도사업으로 구분한다.

⑰ **일반수도사업** : 일반 수요자 또는 다른 수도사업자에게 일반수도를 사용하여 원수나 정수를 공급하는 사업을 말한다.

⑱ **공업용수도사업** : 일반 수요자 또는 다른 수도사업자에게 공업용수도를 사용하여 원수나 정수를 공급하는 사업을 말한다.

⑲ 수도사업 통합 : 수도사업의 경영합리화를 통하여 지속가능한 수도공급체계를 구축하고 지역 간 수도서비스 격차를 해소하기 위하여 둘 이상의 지방자치단체가 수도사업의 운영·관리를 일원화하는 것을 말한다.
⑳ 수도사업자 : 일반수도사업자와 공업용수도사업자를 말한다.
㉑ 일반수도사업자 : 일반수도사업의 인가를 받아 경영하는 자를 말한다.
㉒ 공업용수도사업자 : 공업용수도사업의 인가를 받아 경영하는 자를 말한다.
㉓ 상수도조합 : 지방자치법 제176조에 따른 지방자치단체조합으로 둘 이상의 지방자치단체가 수도사업을 공동으로 운영·관리하기 위하여 설립한 법인을 말한다.
㉔ 급수설비 : 수도사업자가 일반 수요자에게 원수나 정수를 공급하기 위하여 설치한 배수관으로부터 분기하여 설치된 급수관(옥내급수관 포함)·계량기·저수조·수도꼭지, 그 밖에 급수를 위하여 필요한 기구를 말한다.
㉕ 수도공사 : 수도시설을 신설·증설 또는 개조하는 공사를 말한다.
㉖ 수도시설관리권 : 수도시설을 유지·관리하고 그로부터 생산된 원수 또는 정수를 공급받는 자에게서 요금을 징수하는 권리를 말한다.
㉗ 갱생 : 관 내부의 녹과 이물질을 제거한 후 코팅 등의 방법으로 통수 기능을 회복하는 것을 말한다.
㉘ 정수시설운영관리사 : 정수시설의 운영과 관리 업무를 수행하는 사람으로서 자격을 취득한 사람을 말한다.
㉙ 상수도관망시설운영관리사 : 상수도관망 및 그 부속시설(이하 상수도관망시설)의 운영과 관리 업무를 수행하는 사람으로서 제25조의2에 따른 자격을 취득한 사람을 말한다.
㉚ 물 사용기기 : 급수설비를 통하여 공급받는 물을 이용하는 기기로서 전기세탁기와 식기세척기를 말한다.
㉛ 절수설비 : 물을 적게 사용하도록 환경부령으로 정하는 구조·규격 등의 기준에 맞게 제작된 수도꼭지 및 변기 등 환경부령으로 정하는 설비를 말한다.
㉜ 절수기기 : 물을 적게 사용하기 위하여 수도꼭지 및 변기 등 환경부령으로 정하는 설비에 환경부령으로 정하는 기준에 맞게 추가로 장착하는 기기를 말한다.
㉝ 해수담수화시설 : 정수를 공급하기 위하여 해수 또는 해수가 침투하여 염분을 포함한 지하수를 취수하여 담수화하는 수도시설을 말한다.

(4) 국가수도기본계획의 수립(수도법 제4조)
① 환경부장관은 국가 수도정책의 체계적 발전, 용수의 효율적 이용 및 수돗물의 안정적 공급을 위하여 국가수도기본계획(이하 기본계획)을 10년마다 수립하여야 한다.
② 기본계획에는 다음의 사항이 포함되어야 한다.
㉠ 인구·산업·토지 등 수도 공급의 여건에 관한 사항
㉡ 수돗물의 수요 전망
㉢ 수도정책의 목표 및 기본방향

ㄹ 광역상수도의 수요 전망 및 관리계획
　　ㅁ 지방상수도의 수요 전망 및 관리계획
　　ㅂ 마을상수도의 수요 전망 및 관리계획
　　ㅅ 농어촌생활용수의 수요 전망 및 관리계획
　　ㅇ 공업용수도의 수요 전망 및 관리계획
　　ㅈ 상수원의 확보 및 관리, 대체수원(代替水源)의 확보계획
　　ㅊ 기존 수도시설의 개량·교체 계획
　　ㅋ 수도사업의 경영체계 개선계획
　　ㅌ 수도기술의 개발계획
　　ㅍ 수도인력의 확보 및 교육훈련계획
　　ㅎ 수도사업의 투자 및 재원조달계획
　　㉮ 수돗물의 수질 및 서비스 개선에 관한 사항
　　㉯ 수도시설의 정보화에 관한 사항
　　㉰ 수도사업의 연계 운영에 관한 사항
　　㉱ 수돗물 수질오염 사고 발생 시 대응체계 구축에 관한 사항
　　㉲ ㉠부터 ㉱까지의 내용을 바탕으로 하는 일반수도 및 공업용수도의 설치·관리에 관한 계획
③ 환경부장관은 기본계획을 수립하기 위하여 관계 중앙행정기관의 장, 시·도지사 및 관계되는 기관·단체의 장에게 기본계획의 수립에 필요한 자료의 제출을 요청할 수 있다.
④ 환경부장관은 기본계획을 수립하거나 변경(제2항제20호에 관한 사항의 변경은 제외)하려면 관계 중앙행정기관의 장 및 시·도지사와 미리 협의하여야 한다.
⑤ 환경부장관은 수도 공급정책의 변경 등으로 기본계획의 중요한 사항이 변경되면 특별시장·광역시장·특별자치시장·특별자치도지사·시장·군수(광역시의 군수는 제외)에게 수도정비계획의 변경을 요청할 수 있다.
⑥ 환경부장관은 기본계획이 수립된 날부터 5년이 지나면 그 타당성을 재검토하여 이를 변경하여야 한다.
⑦ 환경부장관은 ①에 따라 기본계획을 수립하였거나 ⑥에 따라 기본계획을 변경하였을 때에는 이를 지체 없이 고시하여야 한다.
⑧ ① 단서 및 ⑤에 따라 수도정비계획을 수립하는 경우에도 ②부터 ④까지 및 ⑦을 적용한다.

(5) 수도정비계획의 수립(수도법 제5조)
① 특별시장·광역시장·특별자치시장·특별자치도지사·시장·군수(광역시의 군수는 제외)는 그 특별시·광역시·특별자치시·특별자치도·시·군이 설치·관리하는 일반수도 및 공업용수도를 적정하고 합리적으로 설치·관리하기 위하여 국가수도기본계획을 바탕으로 수도의 정비에 관한 계획(이하 수도정비계획)을 10년마다 수립하여야 한다.

② 특별시장·광역시장·특별자치시장·특별자치도지사·시장·군수는 수도정비계획을 수립하려면 미리 환경부장관의 승인을 받아야 한다. 대통령령으로 정하는 중요한 사항을 변경하려는 때에도 각각 승인을 받아야 한다.
③ 특별시장·광역시장·특별자치시장·특별자치도지사·시장·군수가 ① 또는 ②에 따라 수도정비계획을 수립하거나 변경하려면 국토의 계획 및 이용에 관한 법률에 따른 도시·군기본계획을 기본으로 하여야 한다.
④ 특별시장·광역시장·특별자치시장·특별자치도지사·시장·군수가 ① 또는 ②에 따라 수도정비계획을 수립하거나 변경하면 지체 없이 고시하고 그 내용을 환경부장관에게 통보하여야 한다.
⑤ 수도가 둘 이상의 특별시·광역시·특별자치시·특별자치도·시·군(광역시의 군은 제외)의 관할 구역에 걸치거나 그 밖에 특별한 이유가 있으면 대통령령으로 정하는 도지사 또는 특별시장·광역시장·특별자치시장·특별자치도지사·시장·군수가 수도정비계획을 수립한다.
⑥ 수도정비계획에는 다음의 사항이 포함되어야 한다.
　㉠ 수도(전용수도는 제외)의 정비에 관한 기본방침
　㉡ 수돗물의 중장기수급에 관한 사항
　㉢ 대체수원의 확보에 관한 사항
　㉣ 수도공급구역에 관한 사항
　㉤ 상수원의 확보 및 상수원보호구역의 지정·관리
　㉥ 수도(전용수도는 제외) 시설의 배치·구조 및 공급 능력
　㉦ 수도사업의 재원 조달 및 실시 순위
　㉧ 수도관의 현황 조사 및 세척·갱생·교체에 관한 사항
　㉨ 수도사업의 경영 및 재정체계 개선에 관한 사항
　㉩ 광역상수도와 지방상수도를 연계하여 운영할 필요가 있는 지역의 통합 급수구역에 관한 사항
　㉮ 수돗물의 수질 및 서비스 개선에 관한 사항
　㉯ 수도시설의 정보화에 관한 사항
　㉰ 제74조제1항에 따른 기술진단 결과에 따라 수도시설을 개선하기 위한 사항
　㉱ 인접 지방자치단체와의 지방상수도 사업의 연계 운영에 관한 사항
　㉲ 그 밖에 수도시설의 운용 및 수도사업의 효율화에 관한 사항으로서 대통령령으로 정하는 사항
⑦ 특별시장·광역시장·특별자치시장·특별자치도지사·시장·군수는 ④에 따라 수도정비계획을 고시한 후 5년이 지나면 수도정비계획의 타당성을 재검토하여 이를 반영하여야 한다.
⑧ ① 단서 및 ⑤에 따라 수도정비계획을 수립하는 경우에도 ②부터 ④까지 및 ⑦을 적용한다.

(6) 상수원보호구역 지정 등(수도법 제7조)

① 환경부장관은 상수원의 확보와 수질 보전을 위하여 필요하다고 인정되는 지역을 상수원보호를 위한 구역(이하 상수원보호구역)으로 지정하거나 변경할 수 있다.
② 환경부장관은 ①에 따라 상수원보호구역을 지정하거나 변경하면 지체 없이 공고하여야 한다.

③ ①과 ②에 따라 지정·공고된 상수원보호구역에서는 다음의 행위를 할 수 없다.
  ㉠ 물환경보전법에 따른 수질오염물질·특정수질유해물질, 화학물질 관리법에 따른 허가물질, 제한물질, 금지물질 및 유해화학물질, 농약관리법에 따른 농약, 폐기물관리법에 따른 폐기물, 하수도법에 따른 오수·분뇨 또는 가축분뇨의 관리 및 이용에 관한 법률에 따른 가축분뇨를 버리는 행위. 다만, 다음의 어느 하나에 해당하는 행위는 제외한다.
  • 취수시설, 정수시설, 공공폐수처리시설, 공공하수처리시설 또는 국가·지방자치단체에 소속된 시험·분석·연구 기관에서 허가물질, 제한물질, 금지물질 및 유해화학물질을 수처리제(먹는물관리법에 따른 수처리제), 중화제, 소독제 또는 시약으로 사용하는 행위
  • 법률 제10976호 수도법 일부개정법률의 시행일(2012년 1월 29일), 화학물질관리법 유해화학물질 고시일 또는 상수원보호구역 공고일 이전부터 화학물질관리법에 따른 허가물질, 제한물질, 금지물질 및 유해화학물질을 사용하고 있는 사업장에서 그 유해화학물질이나 대체 유해화학물질을 사용하는 행위
  ㉡ 그 밖에 상수원을 오염시킬 명백한 위험이 있는 행위로서 대통령령으로 정하는 금지행위
④ ①과 ②에 따라 지정·공고된 상수원보호구역에서 다음의 어느 하나에 해당하는 행위를 하려는 자는 관할 특별자치시장·특별자치도지사·시장·군수·구청장의 허가를 받아야 한다. 다만, 대통령령으로 정하는 경미한 행위인 경우에는 신고하여야 한다.
  ㉠ 건축물, 그 밖의 공작물의 신축·증축·개축·재축·이전·용도변경 또는 제거
  ㉡ 입목 및 대나무의 재배 또는 벌채
  ㉢ 토지의 굴착·성토, 그 밖에 토지의 형질변경
⑤ 특별자치시장·특별자치도지사·시장·군수·구청장은 ④ 외의 부분 단서에 따른 신고를 받은 경우 그 내용을 검토하여 이 법에 적합하면 신고를 수리하여야 한다.
⑥ ①부터 ④까지의 규정에 따른 상수원보호구역의 지정절차, 허가의 기준에 필요한 사항은 대통령령으로 정한다.

(7) 상수원보호구역의 관리(수도법 제8조)
① 상수원보호구역은 해당 구역을 관할하는 특별자치시장·특별자치도지사·시장·군수·구청장이 관리한다.
② 상수원보호구역이 둘 이상의 시·군·구의 관할 구역에 걸치거나 그 밖에 특별한 이유가 있으면 대통령령으로 정하는 시·도지사 또는 시장·군수·구청장이 관리한다.
③ 환경부장관은 상수원보호구역의 관리상태를 환경부령으로 정하는 바에 따라 평가하고 관계 행정기관의 장에게 그 구역의 적정한 관리를 위하여 필요한 조치를 요청할 수 있다.

(8) 상수원보호구역의 비용부담(수도법 제11조)

① 수도사업자가 상수원보호구역의 지정·관리로 이익을 얻는 경우에는 그 상수원보호구역의 관리와 대통령령으로 정하는 수질오염 방지시설의 운영 등에 드는 비용을 그 상수원보호구역을 관리하는 관리청과 협의하여 그 이익을 얻는 범위에서 대통령령으로 정하는 비용부담 기준에 따라 부담하여야 한다.

② ①에 따른 협의가 성립되지 아니하면 다음에 따라 그 비용부담을 결정한다.
　㉠ 관계되는 시·군·구가 각각 같은 시·도의 관할 구역에 속하면 관할 시·도지사가 결정한다.
　㉡ 관계되는 시·군·구가 각각 다른 시·도의 관할 구역에 속하면 관할 시·도지사 간에 협의하여 결정한다.
　㉢ 수도사업자가 지방자치단체가 아닌 경우에는 그 수도사업자와 해당 상수원보호구역을 관할하는 시·도지사가 협의하여 결정한다.

③ 행정안전부장관은 ②의 ㉡ 및 ㉢에 따른 협의가 성립되지 아니하면 시·도지사의 의견을 들어 관계 중앙행정기관의 장과 협의하여 결정한다.

(9) 수도사업의 경영 원칙(수도법 제12조)

① 수도사업은 국가·지방자치단체 또는 한국수자원공사가 경영하는 것을 원칙으로 한다. 다만, 지방자치단체 등을 대신하여 민간 사업자 또는 상수도조합에 의하여 수돗물을 공급하는 것이 필요하다고 인정되는 경우에는 그러하지 아니하다.

② 수도사업자는 수도사업을 경영하는 경우 합리적인 원가산정에 따른 수도 요금 체계를 확립하고, 수도시설의 정비·확충 및 수도에 관한 기술 향상을 위하여 노력하여야 한다.

③ 수도사업자는 ②에 따른 수도요금 체계를 확립하는 경우에 수요자의 물 절약을 유도하고 수요자가 물을 공급받는 데에 드는 비용과 사업의 계속성을 유지하기 위하여 필요한 재원을 요금수입으로 확보하도록 노력하여야 한다.

④ 지방자치단체인 수도사업자는 다른 수도사업자와의 연계운영 등을 통하여 경영 효율성을 높이고, 관할구역 내 취수원 확보 및 보전을 통하여 물 자급률을 향상하기 위하여 노력하여야 한다.

(10) 영리행위 금지 등(수도법 제13조)

① 누구든지 수돗물을 용기에 넣거나 기구 등으로 다시 처리하여 판매할 수 없다.

② 환경부장관 또는 특별시장·광역시장·특별자치시장·시장·군수(광역시의 군수는 제외)는 ①을 위반한 자에게 기구 등의 철거, 수돗물의 공급중지 등 필요한 조치를 할 수 있다.

2 일반수도사업

(1) 일반수도사업의 인가(수도법 제17조)
   ① 일반수도사업을 경영하려는 자는 대통령령으로 정하는 바에 따라 다음의 구분에 따른 환경부장관, 시·도지사 또는 시장·군수(군수는 광역시의 군수를 제외, 이하 인가관청)의 인가를 받아야 한다. 인가된 사항을 변경(대통령령으로 정하는 가벼운 사항을 변경하는 경우는 제외)하려는 경우에도 또한 같다.
   ㉠ 광역상수도 및 지방상수도(㉡ 및 ㉢에 해당하는 광역상수도와 지방상수도는 제외) : 환경부장관
   ㉡ 도 또는 특별자치도의 관할구역에서 지방자치단체가 설치하는 시설용량 1일 1만톤 이하인 광역상수도 및 지방상수도 : 도지사 또는 특별자치도지사
   ㉢ 특별시, 광역시 또는 특별자치시의 관할구역에서 지방자치단체 또는 상수도조합이 설치하는 시설용량 1일 10만톤 이하인 광역상수도 및 지방상수도 : 특별시장, 광역시장 또는 특별자치시장
   ㉣ 마을상수도 : 특별시장·광역시장·특별자치시장·특별자치도지사·시장·군수(광역시의 군수는 제외한다)
   ② 시·도지사가 ①의 ㉡ 또는 ㉢에 따른 인가를 하려면 환경부장관과 미리 협의하여야 한다.
   ③ 인가관청은 ①에 따라 일반수도사업을 인가하면 지체 없이 고시하여야 한다.
   ④ 시·도지사는 일반수도사업(마을상수도는 제외)을 인가하면 인가한 내용을 환경부장관에게 지체 없이 통보하여야 한다.

(2) 시설 기준(수도법 시행령 제29조)
   ① 일반수도사업자는 원수의 질·양 및 지리적 조건과 그 수도의 종류 및 시설의 규모에 따라 다음의 기준에 맞는 취수시설·저수시설·도수시설·정수시설·송수시설 및 배수시설을 갖추어야 한다.
   ㉠ 좋은 원수를 필요한 만큼 취수할 수 있는 취수원 및 취수시설을 갖출 것
   ㉡ 갈수기에도 원수를 필요한 만큼 공급할 수 있는 저수능력이 있는 저수시설을 갖출 것
   ㉢ 원수를 필요한 만큼 송수할 수 있는 펌프·도수관 등의 도수시설을 갖출 것
   ㉣ 원수를 수질기준에 맞게 필요한 만큼 정수할 수 있는 정수시설을 갖출 것
   ㉤ 정수를 필요한 만큼 송수할 수 있는 펌프·송수관이나 그 밖의 송수시설을 갖출 것
   ㉥ 정수를 일정 한도 이상의 압력으로 필요한 만큼 계속 공급할 수 있는 배수지 펌프·배수관이나 그 밖의 배수시설을 갖출 것
   ② 수도시설의 위치와 배열은 물의 경제적인 생산을 고려하여 정하여야 한다.
   ③ 수도시설은 수압·토압·지진, 그 밖의 압력을 안전하게 견딜 수 있으며, 물이 오염되거나 샐 염려가 없어야 한다.
   ④ ①에 따른 수도시설의 세부적인 시설기준은 환경부령으로 정한다.

※ 수도시설의 세부 시설기준(수도법 시행규칙 별표 3)
1. 취수시설
    가. 지표수의 취수시설은 다음과 같은 요건을 구비하여야 한다.
        1) 연중 계획된 1일 최대취수량을 취수할 수 있어야 한다.
        2) 재해나 그 밖의 비상사태 또는 시설을 점검하는 경우에 취수를 일시 정지할 수 있는 설비를 설치하여야 한다.
        3) 홍수·세굴(강물에 의하여 강바닥이나 강둑이 패는 일)·유목 또는 유사 등에 따른 영향을 최소화할 수 있는 위치 및 형식으로 설치하여야 한다.
        4) 보 또는 수문 등을 설치하는 경우에는 그 보 또는 수문 등이 홍수 시 유수의 작용에 대하여 안전한 구조이어야 한다.
        5) 계획취수량을 원활하게 취수하기 위하여 필요에 따라 스크린·침사지 또는 배사문 등을 설치하여야 한다.
    나. 지하수의 취수시설은 다음과 같은 요건을 구비하여야 한다.
        1) 가목 1) 및 2)의 사항
        2) 수질오염 및 염수침투의 우려가 없는 위치에 설치하여야 한다. 지하수인 경우에는 대수층에서 가장 가까운 위치에, 복류수인 경우에는 장래 유로변화 또는 하상저하가 발생하지 아니하고, 하천정비계획에 지장이 없는 위치에 설치하여야 한다.
        3) 집수매거는 노출되거나 유실될 우려가 없도록 충분한 깊이로 매설하여야 하고, 막힐 우려가 적은 구조이어야 한다.
        4) 외부로부터의 오염, 독극물 유입 등을 방지하기 위한 차단장치를 갖추어야 한다.

2. 저수시설
    가. 저수시설은 갈수기에도 계획된 1일 최대급수량을 취수할 수 있는 저수용량을 갖추어야 한다.
    나. 저수용량, 설치장소의 지형 및 지질에 따라 안전성과 경제성을 고려한 위치 및 형식이어야 한다.
    다. 지진 및 강풍에 따른 파랑에 안전한 구조이어야 한다.
    라. 홍수에 대처하기 위하여 여수로와 그 밖에 필요한 설비를 설치하여야 한다.
    마. 수질악화를 방지하기 위하여 포기설비의 설치 등 필요한 조치를 마련하여야 한다.
    바. 저수시설은 움직이거나 뒤집어지지 아니하도록 설치하여야 한다.

3. 도수시설 및 송수시설
    가. 송수시설은 이송과정에서 정수된 물이 외부로부터 오염되지 아니하도록 관수로 등의 구조로 하여야 한다.
    나. 도수시설 및 송수시설은 연결된 수도시설의 표고 및 유량, 지형·지질 등에 따라 자연유하방식을 최대한 이용할 수 있도록 하고, 재해로부터 안전한 위치와 형식으로 설치하여야 한다.
    다. 지형 및 지세에 따라 여수로·접합정·배수설비·제수밸브·제수문·공기밸브 및 신축이음(관)을 설치하여야 한다.
    라. 관내에 부압이 발생하지 아니하여야 하며, 작용하는 수압에 적합한 수격완화시설을 설치하여야 한다.
    마. 펌프는 최대 용량의 펌프에 이상이 발생하여도 계획된 1일 최대도수량 및 송수량이 보장될 수 있도록 설치하여야 한다.

4. 정수시설
    가. 정수시설은 다음과 같은 요건을 구비하여야 한다.
        1) 정수시설은 상수도시설의 규모, 원수의 수질 및 그 변동의 정도 등을 고려하여 안정적으로 정수를 할 수 있도록 설치하여야 한다.

2) 정수시설에는 탁도, 수소이온농도(pH), 그 밖의 수질, 수위 및 수량 측정을 위한 설비를 설치하여야 한다.
3) 정수시설에는 다음과 같은 요건을 구비한 소독시설을 설치하여야 한다.
　가) 소독기능을 확보하기 위하여 적절한 농도와 접촉시간을 확보할 수 있도록 설치하여야 한다.
　나) 소독제의 주입설비는 최대용량의 주입기가 고장이 나는 경우에도 계획된 1일 최대급수량을 소독하는 데에 지장이 없도록 설치하여야 한다.
　다) 소독제로 액화염소를 사용하는 경우에는 중화설비를 설치하여야 한다.
4) 지표수를 수원으로 하는 경우에는 여과시설을 설치하여야 한다.
나. 완속여과를 하는 정수시설은 다음과 같은 요건을 구비하여야 한다.
1) 여과지의 설계 여과속도는 5m/일 이하로 한다.
2) 여과사의 유효경은 0.3~0.45mm, 균등계수는 2.0 이하, 모래층두께는 70~90cm로 한다.
3) 약품을 사용하지 아니하는 보통침전지를 설치할 수 있다.
다. 급속여과를 하는 정수시설에서는 다음과 같은 요건을 구비하여야 한다.
1) 급속여과지의 설계 여과속도는 5m/시간 이상으로 한다.
2) 급속여과지는 여과층에 축적된 탁질 등을 역세척으로 제거할 수 있는 구조로 한다.
라. 막여과를 하는 정수시설은 다음과 같은 요건을 구비하여야 한다. 다만, 시설 용량이 5,000m^3/일 이상인 정수시설에 대하여는 막모듈의 종류 및 계열구성, 전처리 여부, 공정구성 등에 관하여 환경부장관이 정하여 고시하는 기준에 따라 2009년 6월 30일부터 막여과를 하는 정수시설을 설치할 수 있다.
1) 원수의 수질 및 수온 등의 변동에도 불구하고 적절한 정수 성능을 확보할 수 있어야 한다.
2) 쉽게 파손되거나 변형되지 아니하여야 하며, 적정한 통수성 및 내압성을 갖추어야 한다.
3) 원수의 수질에 따라 약품 주입, 혼화설비, 응집지, 침전지 등의 전처리시설을 설치하지 아니할 수 있다.

5. 배수시설
가. 배수시설은 연결된 수도시설의 표고 및 유량, 지형·지질 등에 따라 자연유하 방식을 최대한 이용할 수 있도록 하고, 재해로부터 안전한 위치와 형식으로 설치하여야 한다.
나. 배수시설은 시간적으로 변동하는 수요량에 대응하여 적정한 수압으로 수돗물을 안정적으로 공급할 수 있도록 배수지 및 배수용량조절설비(이하 배수지 등)와 적정한 관경의 배수관을 설치하여야 한다.
다. 배수시설은 필요에 따라 적정한 구역으로 배수구역을 분할하여 설치할 수 있다.
라. 배수관에서 급수관으로 분기되는 지점에서 배수관의 최소동수압은 150kPa(1.53kgf/cm^2) 이상이어야 하며, 최대정수압은 740kPa(7.55kgf/cm^2) 이하여야 한다. 다만, 급수에 지장이 없는 경우에는 그러하지 아니하다.
마. 소화전을 사용하는 경우에는 라목에도 불구하고 배수관 내는 대기압 이상을 유지할 수 있도록 하여야 한다.
바. 배수지 등은 수요변동을 조정할 수 있는 용량(계획하는 1일 최대급수량의 12시간분 이상)이어야 하며, 저류용량 500m^3 이상인 배수지는 비상시 또는 청소 시 등에도 배수가 가능하도록 2개 이상으로 구분하여 설치하여야 한다.
사. 배수관은 다음과 같은 요건을 갖추어야 한다.
1) 배수관은 부압이 발생하지 아니하고, 부식을 최소화할 수 있는 구조 및 형식으로 설치하여야 한다.
2) 상수도 관로의 필요한 위치에 수량·수질측정 및 점검·보수 등 관리를 위한 점검구를 설치하여야 한다.
3) 수돗물이 장기간 적체되는 배수관에는 주기적으로 수돗물을 배수할 수 있는 제수밸브와 배수설비를 갖추어야 한다. 배수설비를 설치하는 경우에는 부압으로 인한 수질오염을 방지하기 위한 역류방

지설비 등을 설치하여야 한다.
      4) 배수관은 단수의 영향이 최소화되도록 하고, 오염물질이 흘러들지 아니하도록 연결체제를 갖추어야 한다.

6. 기계・전기 및 계측제어설비
   가. 기계・전기 및 계측제어설비는 고장 등에 따른 수돗물 공급에 지장을 주지 아니하도록 안정성과 효율성을 확보할 수 있어야 한다.
   나. 취수펌프 및 송수펌프는 가장 큰 용량의 펌프가 고장이 난 경우에도 계획된 1일 최대급수량을 안정적으로 보장할 수 있는 예비용량을 확보하여야 하며, 상호 교대운전이 가능하도록 설치하여야 한다.
   다. 배수펌프 및 가압펌프는 수요변동과 사용조건에 따라 필요한 수량의 정수를 안정적으로 공급할 수 있는 용량・대수 및 형식이어야 한다.
   라. 전선로를 포함한 전기설비는 시설용량을 고려하고, 계측제어설비는 고장과 사고에 대비한 예비설비를 확보하여야 한다.
   마. 재해나 비상사태 시에 피해 확대를 방지하기 위하여 차단밸브 등 재해대비 설비를 설치하여야 한다.
   바. 수도시설에는 유량・수압・수위・수질, 그 밖의 운전상태를 감시하고 제어하기 위한 설비를 설치하여야 한다.

7. 안전 및 보안을 위한 시설기준
   가. 취수장의 시설용량이 10,000m³/일 이상인 정수시설은 상수원에 유해 미생물이나 화학물질 등이 투입되는 것에 대비하기 위하여 지표수의 취수장・정수장에 원수를 측정하는 생물감시장치를 설치하여야 한다. 다만, 다른 지천 등이 유입되지 않는 같은 수계 상류에 물환경보전법 제9조에 따라 측정망이 설치되어 있어 그 측정자료를 공동으로 이용할 수 있는 경우 또는 동일한 원수를 사용하는 취수장의 측정자료를 공동으로 이용할 수 있는 경우에는 생물감시장치를 설치하지 않을 수 있다.
   나. 정수장의 시설용량이 10,000m³/일 이상인 정수시설은 정수장에 유해 미생물이나 화학물질이 투입되는 것에 대비하기 위하여 정수지 및 배수지에 수소이온농도(pH), 온도, 잔류염소 등을 측정할 수 있는 수질자동측정장치를 설치하여야 한다.
   다. 상수도시설에 대한 외부침투에 대비하기 위하여 폐쇄회로텔레비전(CCTV) 설비와 같은 감시 장비를 설치하는 등 시설보안을 강화하여야 한다.
   라. 재해가 발생한 경우에도 인구 30만명 이상의 도시지역에 급수를 할 수 있도록 재해 대비 급수시설을 설치하여야 한다.

(3) 완공 시 수질검사(수도법 제19조)

① 일반수도사업자가 수도공사를 완공하면 대통령령으로 정하는 바에 따라 수질검사를 받아야 한다.

> 수질검사는 인가관청이 한다. 다만, 환경부장관이 인가하는 수도시설에 대한 수질검사는 시・도지사가 한다(수도법 시행령 제31조).

② 일반수도사업자는 ①에 따른 수질검사를 받지 아니하고는 수돗물을 공급할 수 없다.

(4) 수도시설의 보호(수도법 제20조)

누구든지 일반수도사업자의 사전 동의를 받지 아니하고는 일반수도의 기존 수도관으로부터 분기하여 수도시설을 설치하거나, 일반수도의 수도시설을 변조하거나 손괴하여서는 아니 된다.

(5) 수도시설의 관리(수도법 제21조)

① 일반수도의 수도시설관리권은 일반수도사업자가 가진다. 다만, 급수설비의 수도시설관리권은 대통령령으로 정하는 자가 가진다.
② ①의 단서에도 불구하고 일반수도사업자는 해당 급수설비의 소유자 또는 관리자의 동의를 받아 급수설비의 상태와 수돗물의 수질을 검사할 수 있다. 다만, 수돗물을 신규로 공급할 때에는 해당 급수설비의 소유자 또는 관리자의 동의를 받아 해당 시설에 급수설비가 적정하게 설치되었는지를 검사하여야 한다.
③ 일반수도사업에 의하여 수돗물을 공급받는 자는 그 수도사업자에게 급수설비의 상태와 공급받는 수돗물의 수질에 대한 검사를 요구할 수 있다.
④ ② 및 ③에 따른 급수설비의 검사 기준 및 절차 등 필요한 사항은 환경부령으로 정한다.
⑤ 일반수도사업자는 ②와 ③에 따른 검사 결과 급수설비가 ④에 따른 검사 기준에 못 미치거나 수돗물이 수질기준에 위반된 경우에는 해당 지방자치단체의 조례로 정하는 바에 따라 그 급수설비의 소유자 또는 관리자에게 급수설비의 세척·갱생 또는 교체 등 필요한 조치를 하도록 권고할 수 있다. 이 경우 일반수도사업자는 해당 지방자치단체의 조례에 따라 세척·갱생 또는 교체에 필요한 비용의 일부를 보조하거나 융자할 수 있다.
⑥ 일반수도사업자는 수도에 관한 기술적인 관리 등 대통령령으로 정하는 업무를 수행하기 위하여 대통령령으로 정하는 기준에 맞는 자를 수도시설관리자로 임명하여야 한다.
⑦ 일반수도사업자는 정수시설의 효율적인 운영·관리를 위하여 정수시설의 규모 등을 고려하여 대통령령으로 정하는 기준에 따라 정수시설운영관리사를 배치하여 관리하도록 하여야 한다.
⑧ 일반수도사업자는 상수도관망시설의 효율적인 운영·관리를 위하여 상수도관망시설의 규모 등을 고려하여 대통령령으로 정하는 기준에 따라 상수도관망시설운영관리사를 배치하여 관리하도록 하여야 한다.
⑨ 일반수도사업자는 수도시설의 운영·관리에 소요되는 에너지를 절감하고 수도시설을 효율적으로 운영·관리하기 위하여 다음의 방안을 이행하도록 노력하여야 한다.
　㉠ 신에너지 및 재생에너지 개발·이용·보급 촉진법에 따른 재생에너지의 사용
　㉡ 에너지 절약형 정수처리공법 활용
　㉢ 에너지 절약형 자재 및 제품의 사용

(6) 정수시설운영관리사(수도법 제24조)

① 정수시설운영관리사가 되려는 사람은 환경부장관이 실시하는 정수시설운영관리사 자격시험에 합격하여야 한다.

② 다음의 어느 하나에 해당하는 사람은 정수시설운영관리사가 될 수 없다.
  ㉠ 피성년후견인
  ㉡ 파산선고를 받고 복권되지 아니한 사람
  ㉢ 수도법, 하수도법, 먹는물관리법 또는 물의 재이용 촉진 및 지원에 관한 법률을 위반하여 금고 이상의 실형을 선고받고 그 집행이 종료(집행이 종료된 것으로 보는 경우를 포함)되거나 집행이 면제된 날부터 2년이 지나지 아니한 사람
  ㉣ 수도법, 하수도법, 먹는물관리법 또는 물의 재이용 촉진 및 지원에 관한 법률을 위반하여 금고 이상의 형의 집행유예를 선고받고 그 유예기간 중에 있는 사람
  ㉤ 자격이 취소(㉠ 또는 ㉡에 해당하여 자격이 취소된 경우는 제외)된 날부터 3년이 지나지 아니한 사람

③ 환경부장관은 ①에 따른 자격시험에 합격한 사람에게 자격증을 교부하여야 한다.

④ ③에 따라 정수시설운영관리사 자격증을 교부받은 사람은 그 자격증을 다른 사람에게 대여하여서는 아니 된다.

⑤ 누구든지 정수시설운영관리사 자격증을 대여받아서는 아니 되며, 이를 알선하여서도 아니 된다.

⑥ ①에 따른 정수시설운영관리사 자격시험의 응시자격, 시험과목, 시험방법, 시험의 일부 면제, 그 밖에 시험에 필요한 사항은 대통령령으로 정한다.

[시설규모별 정수시설운영관리사 배치기준(수도법 시행령 별표 2)]

시설규모(일)	배치기준	적용시기
50만m^3 이상	• 정수시설운영관리사 1급 2명 이상 • 정수시설운영관리사 2급 3명 이상 • 정수시설운영관리사 3급 5명 이상	2009년 1월 1일부터
10만m^3 이상 50만m^3 미만	• 정수시설운영관리사 1급 1명 이상 • 정수시설운영관리사 2급 3명 이상 • 정수시설운영관리사 3급 4명 이상	
5만m^3 이상 10만m^3 미만	• 정수시설운영관리사 1급 1명 이상 • 정수시설운영관리사 2급 2명 이상 • 정수시설운영관리사 3급 3명 이상	
2만m^3 이상 5만m^3 미만	• 정수시설운영관리사 1급 1명 이상 • 정수시설운영관리사 2급 1명 이상 • 정수시설운영관리사 3급 2명 이상	2009년 7월 1일부터
5천m^3 이상 2만m^3 미만	• 정수시설운영관리사 2급 1명 이상 • 정수시설운영관리사 3급 1명 이상	
5백m^3 이상 5천m^3 미만	정수시설운영관리사 3급 1명 이상	2010년 7월 1일부터

(7) 수질기준(수도법 제26조)

① 수도를 통하여 음용을 목적으로 공급되는 물에는 다음의 어느 하나에 해당하는 물질이 포함되어서는 아니 된다.
  ㉠ 병원성 미생물에 오염되었거나 오염될 우려가 있는 물질
  ㉡ 건강에 해로운 영향을 미칠 수 있는 무기물질 또는 유기물질
  ㉢ 심미적 영향을 미칠 수 있는 물질
  ㉣ 그 밖에 건강에 해로운 영향을 미칠 수 있는 물질
② ①에 따른 수질기준에 관하여 필요한 사항은 환경부령으로 정한다.
③ 환경부장관은 ②의 수질기준의 설정 등을 위하여 원수·정수 중의 미량(微量)유해물질 등 감시가 필요한 항목을 먹는물 감시항목으로 지정할 수 있다. 이 경우 먹는물 감시항목의 지정대상·지정절차, 먹는물 감시항목별 감시기준 및 검사주기 등에 관한 세부사항은 환경부장관이 정하여 고시한다.
④ 시·도지사는 주민의 건강보호 등을 위하여 필요한 경우 해당 시·도의 조례로 다음의 어느 하나에 해당하는 사항을 정할 수 있다. 다만, 둘 이상의 시·도에 원수 또는 정수를 공급하는 광역상수도에 대해서는 그러하지 아니하다.
  ㉠ ②에 따른 수질기준 및 ③에 따른 먹는물 감시항목별 감시기준의 강화
  ㉡ ②에 따른 수질기준 항목 외의 항목에 대한 수질기준 및 검사방법과 ③에 따른 먹는물 감시항목 외의 항목에 대한 감시기준 및 검사방법

(8) 정수처리기준(수도법 제28조)

① 일반수도사업자는 수도를 통하여 음용을 목적으로 공급되는 물이 병원성 미생물로부터 안전성이 확보되도록 환경부령으로 정하는 정수처리기준을 지켜야 한다. 다만, 지표수의 영향을 받지 아니하는 지하수를 상수원으로 사용하는 등의 경우로서 환경부령으로 정하는 인증을 받은 경우에는 그러하지 아니하다.
② 환경부장관은 ①의 단서에 따라서 인증을 받은 일반수도사업자가 다음의 어느 하나에 해당하면 인증을 취소하여야 한다.
  ㉠ 거짓, 그 밖의 부정한 방법으로 인증을 받은 경우
  ㉡ 인증을 받은 해당 상수원이 ③에 따른 인증기준을 충족하지 못하게 된 경우
③ ①에 따른 정수처리기준을 지켜야 하는 시설의 범위 및 인증기준, 인증주기 및 인증절차 등에 관한 사항은 환경부령으로 정한다.
④ 일반수도사업자는 ①에 따른 정수처리기준을 지키기 위하여 정수처리된 물의 탁도 등이 환경부령으로 정하는 기준에 적합하도록 정수시설을 설치·운영하여야 한다.
⑤ 일반수도사업자는 정수처리된 물이 ④에 따른 기준에 적합한지를 확인하기 위하여 주기적으로 검사를 실시하여야 한다. 이 경우 검사의 항목, 주기, 방법 등에 관한 사항은 환경부령으로 정한다.
⑥ 일반수도사업자는 ⑤에 따라 실시한 검사 결과를 환경부령으로 정하는 바에 따라 기록·보존하고, 환경부장관에게 보고하여야 한다.

⑦ 일반수도사업자는 ⑤에 따른 검사 결과가 ④에 따른 기준에 위반된 경우에는 환경부령으로 정하는 바에 따라 수도시설의 개선 등 필요한 조치를 하여야 한다.

⑧ 환경부장관은 일반수도사업자가 ①에 따른 정수처리기준을 지키지 아니하면 수도시설의 개선 등 필요한 조치를 명할 수 있다.

> **더 알아보기**
>
> **정수처리기준 등(수도법 시행규칙 제18조의2)**
> ① 일반수도사업자가 지켜야 하는 정수처리기준은 다음과 같다.
>   1. 취수지점부터 정수장의 정수지 유출지점까지의 구간에서 바이러스를 1만분의 9,999 이상 제거하거나 불활성화할 것
>   2. 취수지점부터 정수장의 정수지 유출지점까지의 구간에서 지아디아 포낭을 1천분의 999 이상 제거하거나 불활성화할 것
>   3. 취수지점부터 정수장의 정수지 유출지점까지의 구간에서 크립토스포리디움 난포낭을 1백분의 99 이상 제거할 것
> ② 정수처리기준을 지켜야 하는 시설의 범위는 다음과 같다.
>   1. 광역상수도
>   2. 지방상수도
> ③ "환경부령으로 정하는 인증"이란 해당 상수원(정수를 포함)이 인증기준을 충족하여 병원성 미생물로부터 안전하다는 환경부장관의 인증을 말한다.
> ④ 인증기준, 인증주기 및 인증절차는 다음과 같으며, 그 세부사항은 환경부장관이 정하여 고시한다.
>   1. 인증기준 : 다음의 어느 하나에 해당할 것
>   가. 상수원의 수질이 상수원관리규칙에 따른 수질기준에 적합하고, 병원성 미생물로부터 안전한 상태로 유지될 것
>   나. 잔류소독제농도, 수소이온농도, 수온 등을 측정할 수 있는 수질자동측정기기를 설치하여 측정한 수질이 별표 5의2 제1호에 따른 기준에 적합하고, 병원성 미생물로부터 안전한 상태로 유지될 것. 이 경우 수질자동측정기기를 설치하는 위치 및 측정지점은 다음의 구분에 따른다.
>   1) 정수장의 정수지 유출지점부터 배수지(配水池) 유입지점까지의 송수관에 분기시설이 없는 경우 : 배수지
>   2) 정수장의 정수지 유출지점부터 배수지 유입지점까지의 송수관에 분기시설이 있는 경우 : 정수지에서 가장 가까운 분기시설
>   2. 인증주기 : 3년으로 하되, 최초로 인증을 받는 경우에는 인증을 받은 날을 기준으로 1년부터 1년 6개월까지의 기간 내에 병원성 미생물로부터 안전하다는 사후평가를 받을 것을 조건으로 인증할 것
>   3. 인증절차 : 인증을 받으려는 일반수도사업자는 인증기준에 적합하다는 사실을 증명할 수 있는 자체평가서, 수질검사 결과 등을 첨부하여 인증을 신청하여야 하며, 인증여부는 인증신청이 접수된 날부터 90일 이내에 통보할 것
> ⑤ 정수처리된 물의 탁도 등의 기준과 그 기준에 적합한지를 확인하기 위하여 필요한 검사의 항목, 주기 및 방법은 별표 5의3과 같다.
> ⑥ ②의 각 시설을 운영하는 일반수도사업자는 검사결과를 3년간 기록·보존하여야 하며, 매월 검사결과를 별지 제6호의2서식에 따라 작성하여 다음 달 15일까지 환경부장관에게 보고하여야 한다.
> ⑦ ②의 각 시설을 운영하는 일반수도사업자는 수도시설의 개선 등 필요한 조치를 하여야 하는 경우에는 자체시설 점검 등을 통하여 기준에 위반된 원인을 분석하고 그에 필요한 개선조치를 한 후 10일 이내에 그 결과를 환경부장관에게 보고하여야 한다.
> ⑧ 환경부장관은 일반수도사업자가 ⑦에 따라 조치한 사항을 검토하여 필요한 경우에는 추가 조치를 명할 수 있다.

(9) 수질검사와 수량분석(수도법 시행규칙 제19조)

① 일반수도사업자는 수돗물평가위원회에 자문하여 다음의 사항이 포함된 1년 단위의 수질검사계획을 수립하여야 한다.
   ㉠ 수질검사의 개요
   ㉡ 원수 및 정수의 전년도 검사결과(배수 및 급수 계통을 포함)
   ㉢ 원수 및 정수의 검사지점·검사항목·검사빈도 및 검사방법(배수 및 급수 계통을 포함)
   ㉣ 수질검사 결과에 대한 주민공지 방안

② 일반수도사업자는 수량분석을 하기 위하여 별표 6에서 정하는 기준에 따라 수량측정용 유량계(이하 유량계)를 설치·관리하여야 하며, 취수량·급수량·유수수량 및 누수율에 대한 분석을 매 반기 1회 이상 주기적으로 하여야 한다.

③ 일반수도사업자는 ①과 ②에 따라 실시한 수질검사 및 수량분석의 결과를 3년간 보존하여야 한다.

④ 일반수도사업자는 ①과 ②에 따라 수질검사 및 수량검사의 결과와 생산 및 공급 시설의 현황 등에 대한 통계자료를 환경부장관에게 보고하여야 한다.

※ **유량계 설치 및 관리 기준(수도법 시행규칙 별표 6)**

1. 유량계는 해당 정수장의 수돗물 생산량을 측정할 수 있도록 정수장의 유출부에 설치하여야 한다.

2. 1에 따라 설치하는 유량계는 다음의 조건에 맞는 것이어야 한다.
   가. 유량 변동이 유량계의 작동에 영향을 미치지 아니하여야 하고, 유량자료에 대한 저장기능(저장용량은 1일 150개 이상의 자료를 3개월 동안 저장할 수 있어야 함)을 갖추거나 유량데이터를 원격전송(TM)할 수 있어야 한다.
   나. 유량계의 허용오차범위는 지시정확도가 ±2% 이내이어야 한다. 다만, 유량계로서 계량에 관한 법률에 따른 수도계량기(이 별표 6에서는 유량계로 봄)를 설치한 경우 이의 허용오차범위는 같은 법에서 정하는 바에 따른다.

3. 유량계는 다음의 기준에 맞게 설치하여야 한다.
   가. 유량실을 박스식 또는 흄관식으로 제작·설치하여야 한다.
   나. 고장 시 수리하거나 다른 기계로 측정할 수 있는 공간을 마련하여야 하며, 추위에 의한 파손을 방지할 수 있는 구조이거나 장치를 갖추어야 한다.
   다. 침수될 수 있는 곳에는 배수펌프를 설치하여야 하며 평탄하고 유지보수가 쉬운 곳이어야 한다.
   라. 유량계 검출기(Sensor) 설치 위치의 중심을 기점으로 상류측에는 관 직경의 3배 이상의 거리, 하류측에는 2배 이상의 거리의 직관부를 확보하도록 설치하여야 한다.
   마. 직관부 내에는 밸브 등 물의 흐름에 방해가 되는 시설물이 없어야 한다.
   바. 정전 시 최소 24시간 이상 계량기가 작동할 수 있도록 무정전 전원공급장치를 설치하여야 한다.

4. 유량계는 다음의 기준에 따라 관리하여야 한다.
   가. 설치된 유량계는 유량계 파손 여부, 유량계 접합부 등에서의 누수 여부 및 유량계실 침수상태 등을 분기에 1회 이상 정기점검하여야 한다.
   나. 설치된 유량계는 연 1회 이상 국가표준기본법에 따른 교정을 받거나 오차시험을 하여야 한다.
   다. 유량자료의 임의조작을 방지하기 위하여 봉인을 하여야 한다.

(10) 수돗물평가위원회(수도법 제30조)
① 다음의 업무를 수행하기 위하여 수도사업자인 특별시·광역시·특별자치시·도·특별자치도·시·군(광역시의 군은 제외)·상수도조합에 수돗물평가위원회(이하 "위원회")를 둔다.
㉠ 수돗물의 정기적 검사 실시 및 공표
㉡ 수도사업자에 대한 수질 관리 및 수도시설의 운영에 관한 자문
㉢ ㉠에 따른 검사 대상과 검사 지점의 선정
② ①에 따라 위원회를 둔 기관의 장은 위원회의 운영계획을 매년 수립하여야 한다.
③ ①에 따라 위원회를 둔 기관의 장은 위원회의 운영계획을 수립하거나 변경한 때에는 환경부령으로 정하는 방법 및 절차에 따라 환경부장관에게 보고하여야 한다.
④ ①에 따른 위원회의 조직과 운영 등에 관하여 필요한 사항은 대통령령으로 정한다.
[시행일 : 2025. 4. 23.]

(11) 건강진단(수도법 제32조)
① 일반수도사업자는 취수·정수 또는 배수시설에서 업무에 종사하는 사람 및 그 시설 안에 거주하는 사람에 대하여 환경부령으로 정하는 바에 따라 건강진단을 실시하여야 한다.
② 일반수도사업자는 ①에 따른 건강진단 결과 다른 사람에게 위해를 끼칠 우려가 있는 질병이 있다고 인정되는 사람을 그 업무에 종사하게 하거나 그 시설 안에 거주하게 하여서는 아니 된다.

(12) 위생상의 조치(수도법 제33조, 시행규칙 제22조의2)
① 일반수도사업자는 수도에 관하여 소독 및 수질검사, 그 밖의 위생에 필요한 조치(이하 소독 등 위생조치)를 하여야 한다.
㉠ 수도시설을 항상 청결히 하고 깔따구 유충 등 소형생물의 유입 여부를 주기적으로 확인하여 수질기준을 준수하고 먹는물의 오염을 방지할 것
㉡ 수도시설의 주위에는 울타리를 설치하고 자물쇠장치를 하는 등 사람이나 가축이 함부로 시설에 접근하지 못하도록 할 것
㉢ 수도꼭지의 먹는물 유리잔류염소가 항상 0.1mg/L(결합잔류염소는 0.4mg/L) 이상이 되도록 할 것. 다만, 병원성 미생물에 의하여 오염되었거나 오염될 우려가 있는 경우에는 유리잔류염소가 0.4mg/L(결합잔류염소는 1.8mg/L) 이상이 되도록 할 것
② 수돗물을 다량으로 사용하는 건축물 또는 시설로서 대통령령으로 정하는 규모 이상의 건축물 또는 시설의 소유자나 관리자(공동주택관리법 제2조 제1항 제1호에 따른 공동주택에 대해서는 같은 법 제64조에 따른 관리사무소장을 건축물이나 시설의 관리자로 본다. 이하 제3항부터 제5항까지와 제36조 제1항에서 같다)가 저수조를 설치한 경우 일반수도사업자에게 대통령령으로 정하는 바에 따라 신고하여야 한다. 다만, 일반수도사업자가 수도시설관리권을 가지는 경우에는 그러하지 아니하다.

③ ②에 따른 건축물 또는 시설의 소유자나 관리자는 급수설비(일반수도사업자가 수도시설관리권을 가지는 부분은 제외)에 대한 소독 등 위생조치를 하여야 한다. 이 경우 일반수도사업자는 해당 지방자치단체의 조례로 정하는 바에 따라 수질검사에 필요한 비용의 일부를 지원할 수 있다.

④ 다음의 어느 하나에 해당하는 건축물 또는 시설로서 대통령령으로 정하는 규모 이상의 건축물 또는 시설의 소유자나 관리자는 환경부령으로 정하는 바에 따라 급수관(일반수도사업자가 수도시설관리권을 가지는 부분은 제외)을 주기적으로 검사하고, 그 결과에 따라 세척·갱생·교체 등 필요한 조치(이하 세척 등 조치)를 하여야 한다.
  ㉠ 유통산업발전법에 따른 대규모점포
  ㉡ 주택법에 따른 공동주택 중 대통령령으로 정하는 건축물
  ㉢ 건축법에 따른 운수시설
  ㉣ 건축법에 따른 의료시설
  ㉤ 건축법에 따른 교육연구시설 중 대통령령으로 정하는 시설
  ㉥ 국가나 지방자치단체가 설치하는 건축법에 따른 시설 중 대통령령으로 정하는 시설
  ㉦ 건축법에 따른 업무시설
  ㉧ 국가나 지방자치단체가 설치하는 건축법에 따른 교정(矯正)시설 중 대통령령으로 정하는 시설
  ㉨ 국가나 지방자치단체가 설치하는 건축법에 따른 국방·군사시설 중 대통령령으로 정하는 시설
  ㉩ 그 밖에 안전한 수돗물의 공급을 위하여 특히 필요하다고 인정하여 조례로 정하는 시설

⑤ 일반수도사업자는 ② 또는 ④에 따른 건축물 또는 시설의 소유자나 관리자가 소독 등 위생조치 또는 세척 등 조치를 하는지에 대하여 지도·감독하여야 한다.

⑥ ①, ③~⑤까지의 규정에 따른 소독 등 위생조치, 세척 등 조치, 수질검사의 주기·항목 및 지도·감독에 관하여 필요한 사항은 환경부령으로 정한다. 다만, ③에 따른 규모 이상의 건축물 또는 시설을 제외한 건축물 또는 시설에 대한 소독 등 위생조치는 해당 지방자치단체의 조례로 정할 수 있다.

(13) 대형건축물 등의 소유자 등이 해야 하는 소독 등 위생조치 등(수도법 시행규칙 제22조의4)

① 법 제33조 제3항 전단에 따라 영 제50조 제1항 각 호의 건축물 또는 시설(이하 "대형건축물 등")의 소유자 또는 관리자(이하 "소유자 등")는 반기 1회 이상 저수조를 청소해야 하고, 월 1회 이상 저수조의 위생상태를 별표 6의2에 따라 점검해야 한다. 다만, 일반수도사업자가 재난 및 안전관리 기본법 제3조 제1호에 따른 재난이 발생한 경우 안정적인 물 공급을 위하여 제3항 각 호의 구분에 따른 기준을 충족하는 것으로 확인되는 저수조에 대하여 환경부장관과 협의하여 해당 반기가 끝나는 날의 다음 날부터 2개월의 범위에서 소유자 등에게 저수조 청소 유예를 요청하는 경우에는 그렇지 않다.

② 대형건축물 등의 소유자 등은 저수조가 신축되었거나 1개월 이상 사용이 중단된 경우에는 사용 전에 청소를 하여야 한다.

③ ① 및 ②에 따라 청소를 하는 경우, 청소에 사용된 약품으로 인하여 먹는물 수질기준 및 검사 등에 관한 규칙 별표 1에 따른 먹는물의 수질기준이 초과되지 않도록 해야 하며, 청소 후에는 저수조에 물을 채운 다음의 기준을 충족하는지 여부를 점검해야 한다.
　㉠ 잔류염소 : L당 0.1mg 이상 4.0mg 이하
　㉡ 수소이온농도(pH) : 5.8 이상 8.5 이하
　㉢ 탁도 : 0.5NTU(네펠로메트릭 탁도 단위, Nephelometric Turbidity Unit) 이하

④ 대형건축물 등의 소유자 등은 매년 마지막 검사일부터 1년이 되는 날이 속하는 달의 말일까지의 기간 중에 1회 이상 수돗물의 안전한 위생관리를 위하여 먹는물관리법 시행규칙에 따라 지정된 먹는물 수질검사기관에 의뢰하여 수질검사를 하여야 한다.

⑤ ④에 따른 수질검사의 시료 채취방법 및 검사항목은 다음과 같다.
　㉠ 시료 채취방법 : 저수조나 해당 저수조로부터 가장 가까운 수도꼭지에서 채수
　㉡ 수질검사항목 : 탁도, 수소이온농도, 잔류염소, 일반세균, 총대장균군, 분원성 대장균군 또는 대장균

⑥ 대형건축물 등의 소유자 등은 수질검사 결과를 게시판에 게시하거나 전단을 배포하는 등의 방법으로 해당 건축물이나 시설의 이용자에게 ④에 따른 수질검사 결과를 공지하여야 한다.

⑦ 대형건축물 등의 소유자 등은 ④에 따른 수질검사 결과가 수질기준(잔류염소의 경우에는 ③의 ㉠의 기준)에 위반되면 지체 없이 그 원인을 규명하여 배수 또는 저수조의 청소를 하는 등 필요한 조치를 신속하게 해야 한다.

(14) 저수조의 설치기준(수도법 시행규칙 별표 3의2)

① 저수조의 맨홀부분은 건축물(천정 및 보 등)로부터 100cm 이상 떨어져야 하며, 그 밖의 부분은 60cm 이상의 간격을 띄울 것

② 물의 유출구는 유입구의 반대편 밑부분에 설치하되, 바닥의 침전물이 유출되지 않도록 저수조의 바닥에서 띄워서 설치하고, 물칸막이 등을 설치하여 저수조 안의 물이 고이지 않도록 할 것

③ 각 변의 길이가 90cm 이상인 사각형 맨홀 또는 지름이 90cm 이상인 원형 맨홀을 1개 이상 설치하여 청소를 위한 사람이나 장비의 출입이 원활하도록 하여야 하고, 맨홀을 통하여 먼지나 그 밖의 이물질이 들어가지 않도록 할 것. 다만, $5m^3$ 이하의 소규모 저수조의 맨홀은 각 변 또는 지름을 60cm 이상으로 할 수 있다.

④ 침전찌꺼기의 배출구를 저수조의 맨 밑부분에 설치하고, 저수조의 바닥은 배출구를 향하여 1/100 이상의 경사를 두어 설치하는 등 배출이 쉬운 구조로 할 것

⑤ 5m³를 초과하는 저수조는 청소·위생점검 및 보수 등 유지관리를 위하여 1개의 저수조를 둘 이상의 부분으로 구획하거나 저수조를 2개 이상 설치할 것
⑥ 저수조는 만수 시 최대수압 및 하중 등을 고려하여 충분한 강도를 갖도록 하고, ⑤에 따라 1개의 저수조를 둘 이상의 부분으로 구획하는 경우에는 한쪽의 물을 비웠을 때 수압에 견딜 수 있는 구조일 것
⑦ 저수조의 물이 일정 수준 이상 넘거나 일정 수준 이하로 줄어들 때 울리는 경보장치를 설치하고, 그 수신기는 관리실에 설치할 것
⑧ 건축물 또는 시설 외부의 땅밑에 저수조를 설치하는 경우에는 분뇨·쓰레기 등의 유해물질로부터 5m 이상 띄워서 설치하여야 하며, 맨홀 주위에 다른 사람이 함부로 접근하지 못하도록 장치할 것. 다만, 부득이하게 저수조를 유해물질로부터 5m 이상 띄워서 설치하지 못하는 경우에는 저수조의 주위에 차단벽을 설치하여야 한다.
⑨ 저수조 및 저수조에 설치하는 사다리, 버팀대, 물과 접촉하는 접합부속 등의 재질은 섬유보강플라스틱·스테인리스스틸·콘크리트 등의 내식성 재료를 사용하여야 하며, 콘크리트 저수조는 수질에 영향을 미치지 않는 재질로 마감할 것
⑩ 저수조의 공기정화를 위한 통기관과 물의 수위조절을 위한 월류관을 설치하고, 관에는 벌레 등 오염물질이 들어가지 아니하도록 녹이 슬지 않는 재질의 세목 스크린을 설치할 것
⑪ 저수조의 유입배관에는 단수 후 통수과정에서 들어간 오수나 이물질이 저수조로 들어가는 것을 방지하기 위하여 배수용 밸브를 설치할 것
⑫ 저수조를 설치하는 곳은 분진 등으로 인한 2차 오염을 방지하기 위하여 암·석면을 제외한 다른 적절한 자재를 사용할 것
⑬ 저수조 내부의 높이는 최소 1m 80cm 이상으로 할 것. 다만, 옥상에 설치한 저수조는 제외한다.
⑭ 저수조의 뚜껑은 잠금장치를 하여야 하고, 출입구 부분은 이물질이 들어가지 않는 구조여야 하며, 측면에 출입구를 설치할 경우에는 점검 및 유지관리가 쉽도록 안전발판을 설치할 것
⑮ 소화용수가 저수조에 역류되는 것을 방지하기 위한 역류방지장치가 설치되어야 한다.

(15) 수도시설에 대한 기술진단 등(수도법 제74조, 시행규칙 제27조~제29조)

수도사업자는 수도시설의 관리상태를 점검하기 위하여 5년마다 환경부령으로 정하는 바에 따라 정수장·상수도관망 등 그 수도시설에 대한 기술진단을 실시하고, 그 결과를 반영한 시설개선계획을 수립하여 시행하여야 한다.

① 수도시설에 대한 기술진단의 구분 : 수도시설에 대한 기술진단은 다음과 같이 구분한다.
   ㉠ 정수장에 대한 기술진단 : 취수지점부터 정수장까지의 취수시설·도수시설 및 정수시설과 그에 속하는 시설물을 대상으로 하는 기술진단
   ㉡ 상수도관망에 대한 기술진단 : 정수장 이후의 송수시설·배수시설 및 배수관에 속하는 관과 그에 속하는 시설물을 대상으로 하는 기술진단

② 정수장에 대한 기술진단의 구분 등 : 정수장에 대한 기술진단은 정수장의 규모에 따라 다음과 같이 구분한다.
  ㉠ 일반기술진단 : 시설용량이 1일 5천ton 이하인 정수장에 대한 기술진단
    Ⓐ 시설 및 운영관리의 현황 조사
    Ⓑ 공정별·시설별 기능진단 및 기능 저하요인 분석
    Ⓒ 각 공정 상호 간의 기능 검토
    Ⓓ 진단 결과에 따른 개선방안 제시
  ㉡ 전문기술진단 : 시설용량이 1일 5천ton을 초과하는 정수장에 대한 기술진단
    Ⓐ 일반기술진단의 ㉠의 Ⓐ부터 Ⓒ까지의 사항
    Ⓑ 조직 및 경제성 분석을 통한 수도시설의 효율적인 운영관리방안 제시
    Ⓒ 장래 수요를 고려한 수량 및 수질관리의 개선계획 제시
    Ⓓ 구체적인 시설개선계획 제시(사업 우선순위 및 사업비 산출을 포함)
③ 상수도관망에 대한 기술진단의 범위 및 내용 등 : 상수도관망의 기술진단은 그 수준에 따라 다음과 같이 구분한다.
  ㉠ 일반기술진단 : 군 단위 이하의 급수구역에 공급되는 상수도관망에 대한 기술진단
    Ⓐ 블록별 상수도관망에 대한 현황
    Ⓑ 일반기술진단의 평가지표별 결과값 및 판정 등급
    Ⓒ 불량 또는 심각한 상태로 판정된 블록에 대한 원인 분석, 개선방안의 도출 및 개선 조치의 시행 결과
  ㉡ 전문기술진단 : 시 단위 이상의 급수구역에 공급되는 상수도관망에 대한 기술진단, 일반기술진단 결과 정밀하고 종합적인 진단이 필요하다고 인정한 경우 시행하는 기술진단, 지방환경관서의 장이 일반기술진단 결과를 평가한 결과 정밀하고 종합적인 진단이 필요하다고 인정한 경우 시행하는 기술진단
    Ⓐ ㉠의 Ⓐ부터 Ⓒ까지의 사항
    Ⓑ 현장조사를 통한 수압의 적정성, 수량의 안정성, 수질의 안전성, 구조적·물리적 안전성, 비상시의 대응성에 대한 정밀하고 종합적인 진단
    Ⓒ 구체적인 시설개선계획 제시(사업 우선순위 및 사업비 산출을 포함)

2. 폐기물관리법

(1) 목적(폐기물관리법 제1조)

폐기물의 발생을 최대한 억제하고 발생한 폐기물을 친환경적으로 처리함으로써 환경보전과 국민생활의 질적 향상에 이바지하는 것을 목적으로 한다.

(2) 용어의 정의(폐기물관리법 제2조)

① **폐기물** : 쓰레기, 연소재, 오니, 폐유, 폐산, 폐알칼리 및 동물의 사체 등으로서 사람의 생활이나 사업활동에 필요하지 아니하게 된 물질을 말한다.

② **생활폐기물** : 사업장폐기물 외의 폐기물을 말한다.

③ **사업장폐기물** : 대기환경보전법, 물환경보전법 또는 소음·진동관리법에 따라 배출시설을 설치·운영하는 사업장이나 그 밖에 대통령령으로 정하는 사업장에서 발생하는 폐기물을 말한다.

④ **지정폐기물** : 사업장폐기물 중 폐유·폐산 등 주변 환경을 오염시킬 수 있거나 의료폐기물 등 인체에 위해를 줄 수 있는 해로운 물질로서 대통령령으로 정하는 폐기물을 말한다.

⑤ **의료폐기물** : 보건·의료기관, 동물병원, 시험·검사기관 등에서 배출되는 폐기물 중 인체에 감염 등 위해를 줄 우려가 있는 폐기물과 인체 조직 등 적출물, 실험 동물의 사체 등 보건·환경보호상 특별한 관리가 필요하다고 인정되는 폐기물로서 대통령령으로 정하는 폐기물을 말한다.

⑥ **의료폐기물 전용용기** : 의료폐기물로 인한 감염 등의 위해 방지를 위하여 의료폐기물을 넣어 수집·운반 또는 보관에 사용하는 용기를 말한다.

⑦ **처리** : 폐기물의 수집, 운반, 보관, 재활용, 처분을 말한다.

⑧ **처분** : 폐기물의 소각·중화·파쇄·고형화 등의 중간처분과 매립하거나 해역으로 배출하는 등의 최종처분을 말한다.

⑨ **재활용** : 다음의 어느 하나에 해당하는 활동을 말한다.
  ㉠ 폐기물을 재사용·재생이용하거나 재사용·재생이용할 수 있는 상태로 만드는 활동
  ㉡ 폐기물로부터 에너지법에 따른 에너지를 회수하거나 회수할 수 있는 상태로 만들거나 폐기물을 연료로 사용하는 활동으로서 환경부령으로 정하는 활동

⑩ **폐기물처리시설** : 폐기물의 중간처분시설, 최종처분시설 및 재활용시설로서 대통령령으로 정하는 시설을 말한다.

⑪ **폐기물감량화시설** : 생산 공정에서 발생하는 폐기물의 양을 줄이고, 사업장 내 재활용을 통하여 폐기물 배출을 최소화하는 시설로서 대통령령으로 정하는 시설을 말한다.

(3) 국가와 지방자치단체의 책무(폐기물관리법 제4조)

① 특별자치시장, 특별자치도지사, 시장·군수·구청장(자치구의 구청장을 말함)은 관할 구역의 폐기물의 배출 및 처리상황을 파악하여 폐기물이 적정하게 처리될 수 있도록 폐기물처리시설을 설치·운영하여야 하며, 폐기물의 처리방법의 개선 및 관계인의 자질 향상으로 폐기물 처리사업을 능률적으로 수행하는 한편, 주민과 사업자의 청소 의식 함양과 폐기물 발생 억제를 위하여 노력하여야 한다.

② 특별시장·광역시장·도지사는 시장·군수·구청장이 ①에 따른 책무를 충실하게 하도록 기술적·재정적 지원을 하고, 그 관할 구역의 폐기물 처리사업에 대한 조정을 하여야 한다.

③ 국가는 지정폐기물의 배출 및 처리 상황을 파악하고 지정폐기물이 적정하게 처리되도록 필요한 조치를 마련하여야 한다.

④ 국가는 폐기물 처리에 대한 기술을 연구·개발·지원하고, 특별시장·광역시장·특별자치시장·도지사·특별자치도지사(이하 시·도지사) 및 시장·군수·구청장이 ①과 ②에 따른 책무를 충실하게 하도록 필요한 기술적·재정적 지원을 하며, 특별시·광역시·특별자치시·도·특별자치도(이하 시·도) 간의 폐기물 처리사업에 대한 조정을 하여야 한다.

(4) 폐기물의 광역 관리(폐기물관리법 제5조)
① 환경부장관, 시·도지사 또는 시장·군수·구청장은 둘 이상의 시·도 또는 시·군·구에서 발생하는 폐기물을 광역적으로 처리할 필요가 있다고 인정되면 광역 폐기물처리시설(지정폐기물 공공처리시설을 포함)을 단독 또는 공동으로 설치·운영할 수 있다.
② 환경부장관, 시·도지사 또는 시장·군수·구청장은 ①에 따른 광역 폐기물처리시설의 설치 또는 운영을 환경부령으로 정하는 자에게 위탁할 수 있다.

(5) 국민의 책무(폐기물관리법 제7조)
① 모든 국민은 자연환경과 생활환경을 청결히 유지하고, 폐기물의 감량화와 자원화를 위하여 노력하여야 한다.
② 토지나 건물의 소유자·점유자 또는 관리자는 그가 소유·점유 또는 관리하고 있는 토지나 건물의 청결을 유지하도록 노력하여야 하며, 특별자치시장, 특별자치도지사, 시장·군수·구청장이 정하는 계획에 따라 대청소를 하여야 한다.

(6) 폐기물의 투기 금지 등(폐기물관리법 제8조)
① 누구든지 특별자치시장, 특별자치도지사, 시장·군수·구청장이나 공원·도로 등 시설의 관리자가 폐기물의 수집을 위하여 마련한 장소나 설비 외의 장소에 폐기물을 버리거나 특별자치시, 특별자치도, 시·군·구의 조례로 정하는 방법 또는 공원·도로 등 시설의 관리자가 지정한 방법을 따르지 아니하고 생활폐기물을 버려서는 아니 된다.
② 누구든지 이 법에 따라 허가 또는 승인을 받거나 신고한 폐기물처리시설이 아닌 곳에서 폐기물을 매립하거나 소각하여서는 아니 된다. 다만, 환경부령으로 정하는 바에 따라 특별자치시장, 특별자치도지사, 시장·군수·구청장이 지정하는 지역에서 해당 특별자치시, 특별자치도, 시·군·구의 조례로 정하는 바에 따라 소각하는 경우에는 그러하지 아니하다.
③ 특별자치시장, 특별자치도지사, 시장·군수·구청장은 토지나 건물의 소유자·점유자 또는 관리자가 (5) 국민의 책무의 ②에 따라 청결을 유지하지 아니하면 해당 지방자치단체의 조례에 따라 필요한 조치를 명할 수 있다.

(7) 폐기물의 처리기준 등(폐기물관리법 시행령 제7조)

폐기물의 처리기준 및 방법은 다음과 같다.

① 폐기물의 종류와 성질·상태별로 재활용 가능성 여부, 가연성이나 불연성 여부 등에 따라 구분하여 수집·운반·보관할 것. 다만, 의료폐기물이 아닌 폐기물로서 다음의 어느 하나에 해당하는 경우에는 그러하지 아니하다.
  ㉠ 처리기준과 방법이 같은 폐기물로서 같은 폐기물 처분시설 또는 재활용시설이나 장소에서 처리하는 경우
  ㉡ 폐기물의 발생 당시 두 종류 이상의 폐기물이 혼합되어 발생된 경우
  ㉢ 특별자치시, 특별자치도 또는 시(특별시와 광역시는 제외)·군·구(자치구를 말함)의 분리수집 계획 또는 지역적 여건 등을 고려하여 특별자치시, 특별자치도 또는 시·군·구의 조례에 따라 그 구분을 다르게 정하는 경우

② 수집·운반·보관의 과정에서 폐기물이 흩날리거나 누출되지 아니하도록 하고, 침출수가 유출되지 아니하도록 하며, 침출수가 생기는 경우에는 환경부령으로 정하는 바에 따라 처리할 것

③ 해당 폐기물을 적정하게 처분, 재활용 또는 보관할 수 있는 장소 외의 장소로 운반하지 아니할 것. 다만, 다음의 어느 하나에 해당하는 자가 적재 능력이 작은 차량으로 폐기물을 수집하여 적재 능력이 큰 차량으로 옮겨 싣기 위하여 환경부령으로 정하는 장소로 운반하는 경우에는 그러하지 아니하다.
  ㉠ 폐기물 수집·운반업의 허가를 받은 자
  ㉡ 폐기물처리 신고를 한 자 중 환경부령으로 정하는 자

④ 재활용 또는 중간처분 과정에서 발생하는 폐기물과 중간가공 폐기물은 새로 폐기물이 발생한 것으로 보아, 신고 또는 확인을 받고, 해당 폐기물의 처리방법에 따라 적정하게 처리할 것

⑤ 폐기물은 폐기물 처분시설 또는 재활용시설에서 처리할 것. 다만, 생활폐기물 배출자가 처리하는 경우 및 폐기물을 환경부령으로 정하는 바에 따라 생활환경 보전상 지장이 없는 방법으로 적정하게 처리하는 경우에는 그러하지 아니하다.

⑥ 폐기물을 처분 또는 재활용하는 자가 폐기물을 보관하는 경우에는 그 폐기물 처분시설 또는 재활용시설과 같은 사업장에 있는 보관시설에 보관할 것. 다만, 폐기물 재활용업자가 사업장 폐기물을 재활용하는 경우로서 환경부령으로 정하는 경우에는 그러하지 아니하다.

⑦ 폐기물처리 신고자와 광역 폐기물처리시설 설치·운영자(설치·운영을 위탁받은 자를 포함)는 환경부령으로 정하는 기간 이내에 폐기물을 처리할 것. 다만, 화재, 중대한 사고, 노동쟁의, 방치폐기물의 반입·보관 등 그 처리기간 이내에 처리하지 못할 부득이한 사유가 있는 경우로서 특별시장·광역시장·특별자치시장·도지사 및 특별자치도지사(이하 시·도지사) 또는 유역환경청장·지방환경청장의 승인을 받은 때에는 그러하지 아니하다.

⑧ 두 종류 이상의 폐기물이 혼합되어 있어 분리가 어려우면 다음의 방법으로 처리할 것
  ㉠ 폐산이나 폐알칼리와 다른 폐기물이 혼합된 경우에는 중화처리한 후 적정하게 처리할 것
  ㉡ 일반소각대상 폐기물과 고온소각대상 폐기물이 혼합된 경우에는 고온소각할 것

⑨ 폐기물을 매립하는 경우에는 침출수와 가스의 유출로 인한 주변환경의 오염을 방지하기 위하여 차수시설, 집수시설, 침출수 유량조정조, 침출수 처리시설을 갖추고, 가스 소각시설이나 발전·연료화 처리시설을 갖춘 매립시설에서 처분할 것. 다만, 침출수나 가스가 발생하지 아니하거나 침출수나 가스의 발생으로 인한 주변 환경오염의 우려가 없다고 인정되는 경우로서 환경부령으로 정하는 경우에는 위 시설의 전부 또는 일부를 갖추지 아니한 매립시설에서 이를 처분할 수 있다.

⑩ 분진·소각재·오니류 중 지정폐기물이 아닌 고체상태의 폐기물로서 수소이온농도지수가 12.5 이상이거나 2.0 이하인 것을 매립처분하는 경우에는 관리형 매립시설의 차수시설과 침출수 처리시설의 성능에 지장을 초래하지 아니하도록 중화 등의 방법으로 중간처분한 후 매립할 것

⑪ 재활용이 가능한 폐기물은 재활용하도록 할 것

⑫ 폐산·폐알칼리, 금속성 분진 또는 폐유독물질 등으로서 화재, 폭발 또는 유독가스 발생 등의 우려가 있다고 환경부장관이 정하여 고시하는 폐기물은 ① 외의 부분 단서 및 ㉠에도 불구하고 그 처리 과정에서 다른 폐기물과 혼합되거나 수분과 접촉되지 아니하도록 할 것. 다만, 중화 등의 방법으로 중간처분하여 화재, 폭발 또는 유독가스 발생 등의 우려가 없는 경우에는 그러하지 아니하다.

⑬ 지정폐기물을 연간 100ton 이상 배출하는 사업장폐기물배출자 및 폐기물처리업의 허가를 받은 자(이하 폐기물처리자, 폐기물처리업자 중 폐기물 수집·운반업의 허가를 받은 자의 경우 ③ 외의 부분 단서에 따라 환경부령으로 정하는 장소로 폐기물을 운반하는 자에 한정)는 지정폐기물을 처리하는 과정에서 다음의 기준을 준수할 것

　㉠ 지정폐기물을 배출 또는 처리하는 과정에서 폐기물의 유출, 화재, 폭발 또는 유독가스 발생 등의 사고 발생을 예방하는 데 필요한 안전시설·장치 등을 갖출 것

　㉡ 폐기물의 유출, 화재, 폭발 또는 유독가스 발생 등의 사고 발생에 대비하여 방제 약품·장비 등과 사고대응 매뉴얼을 비치하고 근무자가 사용방법과 대응 요령을 숙지하도록 조치할 것

(8) 생활폐기물의 처리 등(폐기물관리법 제14조)

① 특별자치시장, 특별자치도지사, 시장·군수·구청장은 관할 구역에서 배출되는 생활폐기물을 처리하여야 한다. 다만, 환경부령으로 정하는 바에 따라 특별자치시장, 특별자치도지사, 시장·군수·구청장이 지정하는 지역은 제외한다.

② 특별자치시장, 특별자치도지사, 시장·군수·구청장은 해당 지방자치단체의 조례로 정하는 바에 따라 대통령령으로 정하는 자에게 ①에 따른 처리를 대행하게 할 수 있다.

③ ① 및 ②에도 불구하고 폐기물처리 신고자는 생활폐기물 중 폐지, 고철, 폐식용유(생활폐기물에 해당하는 폐식용유를 유출 우려가 없는 전용 탱크·용기로 수집·운반하는 경우만 해당) 등 환경부령으로 정하는 폐기물을 수집·운반 또는 재활용할 수 있다.

④ ③에 따라 생활폐기물을 수집·운반하는 자는 수집한 생활폐기물 중 환경부령으로 정하는 폐기물을 다음의 자에게 운반할 수 있다.

㉠ 자원의 절약과 재활용촉진에 관한 법률에 따른 제품·포장재의 제조업자 또는 수입업자 중 제조·수입하거나 판매한 제품·포장재로 인하여 발생한 폐기물을 직접 회수하여 재활용하는 자(재활용을 위탁받은 자 중 환경부령으로 정하는 자를 포함)
㉡ 폐기물 중간재활용업 또는 폐기물 종합재활용업에 해당하는 폐기물 재활용업의 허가를 받은 자
㉢ 폐기물처리 신고자
㉣ 그 밖에 환경부령으로 정하는 자

⑤ 특별자치시장, 특별자치도지사, 시장·군수·구청장은 ①에 따라 생활폐기물을 처리할 때에는 배출되는 생활폐기물의 종류, 양 등에 따라 수수료를 징수할 수 있다. 이 경우 수수료는 해당 지방자치단체의 조례로 정하는 바에 따라 종량제 봉투 등을 판매하는 방법으로 징수하되, 음식물류 폐기물의 경우에는 배출량에 따라 산출한 금액을 부과하는 방법으로 징수할 수 있다.

⑥ 특별자치시장, 특별자치도지사, 시장·군수·구청장이 ⑤에 따라 음식물류 폐기물에 대하여 수수료를 부과·징수하려는 경우에는 전자정보처리프로그램을 이용할 수 있다. 이 경우 수수료 산정에 필요한 내용을 환경부령으로 정하는 바에 따라 전자정보처리프로그램에 입력하여야 한다.

⑦ 특별자치시장, 특별자치도지사, 시장·군수·구청장은 조례로 정하는 바에 따라 종량제 봉투 등의 제작·유통·판매를 대행하게 할 수 있다.

⑧ 특별자치시장, 특별자치도지사, 시장·군수·구청장은 ②에 따라 생활폐기물 수집·운반을 대행하게 할 경우에는 다음의 사항을 준수하여야 한다.

㉠ 환경부령으로 정하는 기준에 따라 원가를 계산하여야 하며, 최초의 원가계산은 지방자치단체를 당사자로 하는 계약에 관한 법률 시행규칙에서 규정하는 원가계산용역기관에 원가계산을 의뢰하여야 한다.

㉡ 생활폐기물 수집·운반 대행자에 대한 대행실적 평가기준(주민만족도와 환경미화원의 근로조건을 포함)을 해당 지방자치단체의 조례로 정하고, 평가기준에 따라 매년 1회 이상 평가를 실시하여야 한다. 이 경우 대행실적 평가는 해당 지방자치단체가 민간전문가 등으로 평가단을 구성하여 실시하여야 한다.

㉢ ㉡에 따라 대행실적을 평가한 경우 그 결과를 해당 지방자치단체 인터넷 홈페이지에 평가일부터 6개월 이상 공개하여야 하며, 평가결과 해당 지방자치단체의 조례로 정하는 기준에 미달되는 경우에는 환경부령으로 정하는 바에 따라 영업정지, 대행계약 해지 등의 조치를 하여야 한다.

㉣ 생활폐기물 수집·운반 대행계약을 체결한 경우 그 계약내용을 계약일부터 6개월 이상 해당 지방자치단체 인터넷 홈페이지에 공개하여야 한다.

㉤ ㉣에 따른 대행계약이 만료된 경우에는 계약만료 후 6개월 이내에 대행비용 지출내역을 6개월 이상 해당 지방자치단체 인터넷 홈페이지에 공개하여야 한다.

㉥ 생활폐기물 수집·운반 대행자(법인의 대표자를 포함)가 생활폐기물 수집·운반 대행계약과 관련하여 다음에 해당하는 형을 선고받은 경우에는 지체 없이 대행계약을 해지하여야 한다.
  • 형법 제133조에 해당하는 죄를 저질러 벌금 이상의 형을 선고받은 경우

- 형법 제347조, 제347조의2, 제356조 또는 제357조(제347조 및 제356조의 경우 특정경제범죄 가중처벌 등에 관한 법률에 따라 가중처벌되는 경우를 포함)에 해당하는 죄를 저질러 벌금 이상의 형을 선고받은 경우(벌금형의 경우에는 300만원 이상에 한정)

⓼ 생활폐기물 수집·운반 대행계약 시 생활폐기물 수집·운반 대행계약과 관련하여 ㉥에 해당하는 형을 선고받은 후 3년이 지나지 아니한 자는 계약대상에서 제외하여야 한다.

⑨ 환경부장관은 생활폐기물의 처리와 관련하여 필요하다고 인정하는 경우에는 해당 특별자치시장, 특별자치도지사, 시장·군수·구청장에 대하여 필요한 자료 제출을 요구하거나 시정조치를 요구할 수 있으며, 생활폐기물 처리에 관한 기준의 준수 여부 등을 점검·확인할 수 있다. 이 경우 환경부장관의 자료 제출 및 시정조치 요구를 받은 해당 특별자치시장, 특별자치도지사, 시장·군수·구청장은 특별한 사정이 없으면 이에 따라야 한다.

⑩ 환경부장관은 특별자치시장, 특별자치도지사, 시장·군수·구청장이 ⑨에 따른 요구를 이행하지 아니하는 경우에는 재정적 지원의 중단 또는 삭감 등의 조치를 할 수 있다.

(9) 사업장폐기물의 처리(폐기물관리법 제18조)

① 사업장폐기물배출자는 그의 사업장에서 발생하는 폐기물을 스스로 처리하거나 폐기물처리업의 허가를 받은 자, 폐기물처리 신고자, 폐기물처리시설을 설치·운영하는 자, 건설폐기물의 재활용촉진에 관한 법률에 따라 건설폐기물 처리업의 허가를 받은 자 또는 해양폐기물 및 해양오염퇴적물 관리법에 따라 폐기물 해양 배출업의 등록을 한 자에게 위탁하여 처리하여야 한다.

② 환경부령으로 정하는 사업장폐기물을 배출, 수집·운반, 재활용 또는 처분하는 자는 그 폐기물을 배출, 수집·운반, 재활용 또는 처분할 때마다 폐기물의 인계·인수에 관한 사항과 계량값, 위치정보, 영상정보 등 환경부령으로 정하는 폐기물 처리 현장정보(이하 폐기물처리현장정보)를 환경부령으로 정하는 바에 따라 전자정보처리프로그램에 입력하여야 한다. 다만, 의료폐기물은 환경부령으로 정하는 바에 따라 무선주파수인식방법을 이용하여 그 내용을 전자정보처리프로그램에 입력하여야 한다.

③ 환경부장관은 ②에 따라 입력된 폐기물 인계·인수 내용을 해당 폐기물을 배출하는 자, 수집·운반하는 자, 재활용하는 자 또는 처분하는 자가 확인·출력할 수 있도록 하여야 하며, 그 폐기물을 배출하는 자, 수집·운반하는 자, 재활용하는 자 또는 처분하는 자를 관할하는 시장·군수·구청장 또는 시·도지사가 그 폐기물의 배출, 수집·운반, 재활용 및 처분 과정을 검색·확인할 수 있도록 하여야 한다.

④ 환경부령으로 정하는 둘 이상의 사업장폐기물배출자는 각각의 사업장에서 발생하는 폐기물을 환경부령으로 정하는 바에 따라 공동으로 수집, 운반, 재활용 또는 처분할 수 있다. 이 경우 사업장폐기물배출자는 공동 운영기구를 설치하고 그중 1명을 공동 운영기구의 대표자로 선정하여야 하며, 폐기물처리시설을 공동으로 설치·운영할 수 있다.

CHAPTER 04 적중예상문제(1차)

제2과목 수질분석 및 관리

01 환경정책기본법의 목적으로 틀린 내용은?

① 환경보전에 관한 국민의 권리·의무와 국가의 책무를 명확히 함
② 환경정책의 기본이 되는 사항을 정하여 환경오염과 환경훼손을 예방함
③ 환경을 적정하고 지속가능하게 관리·보전함
④ 수도를 적정하고 합리적으로 설치·관리함

해설 ④ 수도법의 목적에 해당한다(수도법 제1조).

02 환경정책기본법상 기본이념으로 적절하지 않은 것은?

① 환경의 질적인 향상과 그 보전을 통한 쾌적한 환경의 조성
② 인간과 환경 간의 조화와 균형의 유지
③ 현재의 국민보다 후손들이 그 혜택을 널리 향유할 수 있게 함
④ 환경을 이용하는 모든 행위를 할 때에는 환경보전을 우선적으로 고려

해설 기후변화 등 지구환경상의 위해를 예방하기 위하여 공동으로 노력함으로써 현 세대의 국민이 그 혜택을 널리 누릴 수 있게 함과 동시에 미래의 세대에게 그 혜택이 계승될 수 있도록 하여야 한다(환경정책기본법 제2조).

03 일정한 지역에서 환경오염 또는 환경훼손에 대하여 환경이 스스로 수용·정화 및 복원하여 환경의 질을 유지할 수 있는 한계를 무엇이라 하는가?

① 환경오염
② 환경훼손
③ 환경보전
④ 환경용량

해설 ① 사업활동 및 그 밖의 사람의 활동에 의하여 발생하는 대기오염, 수질오염, 토양오염, 해양오염, 방사능오염, 소음·진동, 악취, 일조방해, 인공조명에 의한 빛공해 등으로서 사람의 건강이나 환경에 피해를 주는 상태
② 야생동식물의 남획 및 그 서식지의 파괴, 생태계질서의 교란, 자연경관의 훼손, 표토의 유실 등으로 자연환경의 본래적 기능에 중대한 손상을 주는 상태
③ 환경오염 및 환경훼손으로부터 환경을 보호하고 오염되거나 훼손된 환경을 개선함과 동시에 쾌적한 환경의 상태를 유지·조성하기 위한 행위
※ 환경정책기본법 제3조

정답 1 ④ 2 ③ 3 ④

04 하천에서 사람의 건강보호 기준으로 연결이 잘못된 것은?

① 카드뮴(Cd) - 0.005mg/L 이하
② 비소(As) - 0.5mg/L 이하
③ 벤젠 - 0.01mg/L 이하
④ 시안(CN) - 검출되어서는 안 됨

해설 ② 비소(As) : 0.05mg/L 이하(환경정책기본법 시행령 별표 1)

05 등급별 수질 및 수생태계 상태를 설명한 내용으로 틀린 내용은?

① 좋음 - 용존산소가 풍부하고 오염물질이 없는 청정상태의 생태계로 여과·살균 등 간단한 정수처리 후 생활용수로 사용할 수 있음
② 약간 좋음 - 약간의 오염물질은 있으나 용존산소가 많은 상태의 다소 좋은 생태계로 여과·침전·살균 등 일반적인 정수처리 후 생활용수 또는 수영용수로 사용할 수 있음
③ 보통 - 보통의 오염물질로 인하여 용존산소가 소모되는 일반 생태계로 여과·침전·활성탄 투입·살균 등 고도의 정수처리 후 생활용수로 이용하거나 일반적 정수처리 후 공업용수로 사용할 수 있음
④ 나쁨 - 다량의 오염물질로 인하여 용존산소가 소모되는 생태계로 산책 등 국민의 일상생활에 불쾌감을 주지 않으며, 활성탄 투입·역삼투압 공법 등 특수한 정수처리 후 공업용수로 사용할 수 있음

해설 ① '매우 좋음'에 해당한다(환경정책기본법 시행령 별표 1).

06 하천의 생활환경 기준으로 '매우 좋음'을 나타내는 지표로 부적절한 것은?

① 수소이온농도(pH) - 6.5~8.5
② 생물화학적 산소요구량(BOD) - 1mg/L 이하
③ 부유물질량 - 25mg/L 이하
④ 용존산소량 - 5.0mg/L 이상

해설 ④ 용존산소량 : 7.5mg/L 이상(환경정책기본법 시행령 별표 1)

정답 4 ② 5 ① 6 ④

07 해역의 전수역에서 사람의 건강보호를 위한 항목별 기준이 잘못 연결된 것은?
① 6가크로뮴(Cr^{6+}) - 0.005mg/L 이하
② 구리(Cu) - 0.02mg/L 이하
③ 폴리클로리네이티드바이페닐(PCB) - 0.0005mg/L 이하
④ 다이아지논 - 0.02mg/L 이하

해설 ① 6가크로뮴(Cr^{6+}) : 0.05mg/L 이하(환경정책기본법 시행령 별표 1)

08 호소의 생활환경 기준으로 '나쁨' 등급에 해당하는 기준으로 틀린 것은?
① 수소이온농도(pH) - 6.0~8.5
② 총유기탄소량(TOC) - 8mg/L 이하
③ 용존산소량(DO) - 2.0mg/L 이상
④ 부유물질량(SS) - 15mg/L 이하

해설 ④ 부유물질량(SS) : 쓰레기 등이 떠있지 않을 것(환경정책기본법 시행령 별표 1)

09 물환경보전법상 '점오염원'과 관련 없는 내용은?
① 폐수배출시설
② 하수발생시설
③ 불특정 장소
④ 관로·수로

해설 점오염원 : 폐수배출시설, 하수발생시설, 축사 등으로서 관로·수로 등을 통하여 일정한 지점으로 수질오염물질을 배출하는 배출원을 말한다(물환경보전법 제2조).

10 다음 중 수질오염감시경보의 대상 항목이 아닌 것은?
① 남조류 세포수
② 총질소
③ 총유기탄소
④ 페놀

해설 ① 조류경보의 대상 항목에 해당된다(물환경보전법 시행령 별표 2).

11 상수원 구간의 조류경보의 경보단계로 옳지 않은 것은?
① 관 심
② 주 의
③ 조류 대발생
④ 해 제

해설 상수원 구간의 조류경보의 경보단계(물환경보전법 시행령 별표 3)
• 관 심
• 경 계
• 조류 대발생
• 해 제

12 상수원 구간의 조류경보의 '조류 대발생' 발령·해제기준으로 남조류의 세포수가 맞는 것은?
① 1,000세포/mL 이상 10,000세포/mL 미만인 경우
② 10,000세포/mL 이상 1,000,000세포/mL 미만인 경우
③ 1,000,000세포/mL 이상인 경우
④ 1,000세포/mL 미만인 경우

해설 ① 관심기준
② 경계기준
④ 해제기준
※ 물환경보전법 시행령 별표 3

13 수질오염감시경보의 단계로 올바르게 연결한 것은?
① 관심 – 주의 – 경계 – 심각 – 해제
② 주의 – 관심 – 경계 – 심각 – 해제
③ 경계 – 관심 – 주의 – 심각 – 해제
④ 경계 – 주의 – 관심 – 심각 – 해제

해설 수질오염감시경보의 단계(물환경보전법 시행령 별표 3)
관심 – 주의 – 경계 – 심각 – 해제

정답 11 ② 12 ③ 13 ①

14 수질오염감시경보에 대한 설명으로 틀린 것은?
① 측정소별 측정항목과 측정항목별 경보기준 등 수질오염감시경보에 관하여 필요한 사항은 환경부장관이 고시한다.
② 용존산소, 전기전도도, 총유기탄소 항목이 경보기준을 초과하는 것은 그 기준초과 상태가 30분 이상 지속되는 경우를 말한다.
③ 수소이온농도 항목이 경보기준을 초과하는 것은 3 이하 또는 12 이상이 30분 이상 지속되는 경우를 말한다.
④ 생물감시장비 중 물벼룩감시장비가 경보기준을 초과하는 것은 양쪽 모든 시험조에서 30분 이상 지속되는 경우를 말한다.

해설 ③ 수소이온농도 항목이 경보기준을 초과하는 것은 5 이하 또는 11 이상이 30분 이상 지속되는 경우를 말한다(물환경보전법 시행령 별표 3).

15 먹는물관리법상 '먹는물'에 해당되지 않는 것은?
① 빗 물
② 수돗물
③ 먹는샘물
④ 먹는해양심층수

해설 먹는물 : 먹는 데에 일반적으로 사용하는 자연 상태의 물, 자연 상태의 물을 먹기에 적합하도록 처리한 수돗물, 먹는샘물, 먹는염지하수, 먹는해양심층수 등을 말한다(먹는물관리법 제3조).

16 먹는물의 수질기준을 정하여 보급하는 등 먹는물의 수질 관리를 위하여 필요한 시책을 마련하여야 하는 자는?
① 환경부장관
② 특별시장·광역시장·도지사·특별자치도지사
③ 지방자치단체장
④ 지방환경청장

해설 환경부장관은 먹는물, 샘물 및 염지하수의 수질기준을 정하여 보급하는 등 먹는물, 샘물 및 염지하수의 수질 관리를 위하여 필요한 시책을 마련하여야 한다(먹는물관리법 제5조).

17 먹는물공동시설의 수질을 정기적으로 검사하는 등 먹는물공동시설의 알맞은 관리를 위하여 필요한 조치를 하여야 하는 자는?

① 환경부장관 ② 시·도지사
③ 시장·군수·구청장 ④ 지방환경청장

해설 먹는물공동시설 소재지의 특별자치시장·특별자치도지사·시장·군수·구청장(구청장은 자치구의 구청장을 말함. 이하 시장·군수·구청장)은 국민들에게 양질의 먹는물을 공급하기 위하여 먹는물공동시설을 개선하고, 먹는물공동시설의 수질을 정기적으로 검사하며, 수질검사 결과 먹는물공동시설로 이용하기에 부적합한 경우에는 사용금지 또는 폐쇄조치를 하는 등 먹는물공동시설의 알맞은 관리를 위하여 환경부령으로 정하는 바에 따라 필요한 조치를 하여야 한다(먹는물관리법 제8조).

18 먹는샘물의 검사 중 관능검사에 해당하는 항목이 아닌 것은?

① 성상 ② 온도
③ 색깔 ④ 냄새

해설 관능검사 : 정밀검사 결과 적합판정을 받은 같은 회사, 같은 제품을 6개월 이내에 다시 수입하는 것은 현품의 성상·색깔·맛·냄새 등에 의하여 판단한다(먹는물관리법 시행규칙 별표 4).

19 먹는물 수질기준 중 건강상 유해영향 무기물질에 관한 기준으로 틀린 것은?

① 수은은 0.001mg/L를 넘지 아니할 것
② 암모니아성 질소는 0.5mg/L를 넘지 아니할 것
③ 카드뮴은 0.005mg/L를 넘지 아니할 것
④ 납은 0.1mg/L를 넘지 아니할 것

해설 ④ 납은 0.01mg/L를 넘지 아니할 것(먹는물 수질기준 및 검사 등에 관한 규칙 별표 1)

20 먹는물 수질기준 중 건강상 유해영향 유기물질에 관한 기준으로 틀린 것은?

① 페놀은 0.005mg/L를 넘지 아니할 것
② 파라티온은 0.005mg/L를 넘지 아니할 것
③ 톨루엔은 0.7mg/L를 넘지 아니할 것
④ 1,1-다이클로로에틸렌은 0.03mg/L를 넘지 아니할 것

해설 ② 파라티온은 0.06mg/L를 넘지 아니할 것(먹는물 수질기준 및 검사 등에 관한 규칙 별표 1)

정답 17 ③ 18 ② 19 ④ 20 ②

21 먹는물 수질기준 중 소독제 및 소독부산물질에 관한 기준으로 틀린 것은?

① 유리잔류염소는 0.5mg/L를 넘지 아니할 것
② 클로로폼은 0.08mg/L를 넘지 아니할 것
③ 총트라이할로메탄은 0.1mg/L를 넘지 아니할 것
④ 트라이클로로아세토나이트릴은 0.004mg/L를 넘지 아니할 것

해설 ① 잔류염소(유리잔류염소)는 4.0mg/L를 넘지 아니할 것(먹는물 수질기준 및 검사 등에 관한 규칙 별표 1)

22 먹는물 수질기준 중 심미적 영향물질에 관한 기준으로 틀린 것은?

① 경도는 1,000mg/L(수돗물의 경우 300mg/L, 먹는염지하수·먹는해양심층수의 경우 1,200mg/L)를 넘지 아니할 것
② 과망간산칼륨 소비량은 10mg/L를 넘지 아니할 것
③ 색도는 5도를 넘지 아니할 것
④ 아연은 5mg/L를 넘지 아니할 것

해설 ④ 아연은 3mg/L를 넘지 아니할 것(먹는물 수질기준 및 검사 등에 관한 규칙 별표 1)

23 상수원관리규칙에서 수원의 구분으로 틀린 것은?

① 복류수 – 하천, 호소나 이에 준하는 수역의 바닥면 아래나 옆면의 모래자갈층 등의 속을 흐르는 물
② 호소수 – 하천이나 계곡에 흐르는 물을 댐이나 제방 등을 쌓아 가두어 놓은 물
③ 해수 – 지표 아래에서 흐르는 물로서 복류수를 제외한 물
④ 강변여과수 – 하천, 호소 또는 그 인근지역의 모래자갈층을 통과한 물

해설 • 해수 : 해역에 존재하는 해수와 해수가 침투하여 지하에 존재하는 물
• 지하수 : 지표 아래에서 흐르는 물로서 복류수와 강변여과수를 제외한 물
※ 상수원관리규칙 제3조

24 마을상수도·전용상수도 및 소규모급수시설의 하천수, 복류수, 계곡수 등의 표류수에서 반기마다 1회 이상 측정해야 하는 항목이 아닌 것은?

① 수소이온농도
② 음이온 계면활성제
③ 총대장균군
④ 생물화학적 산소요구량

해설 마을상수도·전용상수도 및 소규모급수시설의 하천수, 복류수, 계곡수 등의 표류수에서 반기마다 1회 이상 측정해야 하는 항목은 수소이온농도, 생물화학적 산소요구량, 총유기탄소량, 부유물질량, 용존산소량, 대장균군(총대장균군, 분원성 대장균군)이다(상수원관리규칙 별표 6).

25 수도법상 소규모급수시설의 기준으로 올바른 것은?

① 급수인구 100명 미만 또는 1일 공급량 $10m^3$ 미만인 급수시설
② 급수인구 100명 미만 또는 1일 공급량 $20m^3$ 미만인 급수시설
③ 급수인구 200명 미만 또는 1일 공급량 $50m^3$ 미만인 급수시설
④ 급수인구 1,000명 미만 또는 1일 공급량 $100m^3$ 미만인 급수시설

해설 소규모급수시설 : 주민이 공동으로 설치·관리하는 급수인구 100명 미만 또는 1일 공급량 $20m^3$ 미만인 급수시설 중 특별시장·광역시장·특별자치시장·특별자치도지사·시장·군수(광역시의 군수는 제외)가 지정하는 급수시설을 말한다(수도법 제3조).

26 수도법상 수도정비계획은 몇 년마다 수립하여야 하는가?

① 3년　　　　　　　　　　② 5년
③ 10년　　　　　　　　　 ④ 15년

해설 특별시장·광역시장·특별자치시장·특별자치도지사·시장·군수(광역시의 군수는 제외)는 그 특별시·광역시·특별자치시·특별자치도·시·군이 설치·관리하는 일반수도 및 공업용수도를 적정하고 합리적으로 설치·관리하기 위하여 국가수도기본계획을 바탕으로 수도의 정비에 관한 계획(이하 수도정비계획)을 10년마다 수립하여야 한다(수도법 제5조).

27 상수원보호구역의 관리를 담당하는 자는?

① 환경부장관
② 시·도지사
③ 특별자치시장·특별자치도지사·시장·군수·구청장
④ 지방환경청장

해설 상수원보호구역은 해당 구역을 관할하는 특별자치시장·특별자치도지사·시장·군수·구청장이 관리한다(수도법 제8조).

28 정수시설의 구비요건으로 부적합한 내용은?

① 정수시설은 상수도시설의 규모, 원수의 수질 및 그 변동의 정도 등을 고려하여 안정적으로 정수를 할 수 있도록 설치하여야 한다.
② 정수시설에는 탁도, 수소이온농도(pH), 그 밖의 수질, 수위 및 수량 측정을 위한 설비를 설치하여야 한다.
③ 소독제의 주입설비는 최대용량의 주입기가 고장이 나는 경우에도 계획된 1일 최대급수량을 소독하는 데에 지장이 없도록 설치하여야 한다.
④ 지하수를 수원으로 하는 경우에는 여과시설을 설치하여야 한다.

해설 ④ 지표수를 수원으로 하는 경우에는 여과시설을 설치하여야 한다(수도법 시행규칙 별표 3).

29 완속여과를 하는 정수시설의 구비 요건으로 틀린 것은?

① 설계 여과속도 - 3m/일 이하
② 여과사의 유효경 - 0.3~0.45mm
③ 균등계수 - 2.0 이하
④ 모래층두께 - 70~90cm

해설 ① 설계 여과속도 : 5m/일 이하(수도법 시행규칙 별표 3)

30 급속여과를 하는 정수시설에서 급속여과지의 설계 여과속도 요건은?

① 5m/일 이상
② 5m/시간 이상
③ 10m/시간 이상
④ 10m/일 이상

해설 급속여과를 하는 정수시설에서 급속여과지의 설계 여과속도는 5m/시간 이상으로 한다(수도법 시행규칙 별표 3).

31 시설규모가 50만m³ 이상일 때 정수시설운영관리사 배치기준으로 맞는 것은?

① 정수시설운영관리사 1급 1명 이상
② 정수시설운영관리사 2급 2명 이상
③ 정수시설운영관리사 3급 3명 이상
④ 정수시설운영관리사 1급 2명 이상

해설 시설규모가 50만m³ 이상일 때 정수시설운영관리사 배치기준(수도법 시행령 별표 2)
• 정수시설운영관리사 1급 2명 이상
• 정수시설운영관리사 2급 3명 이상
• 정수시설운영관리사 3급 5명 이상

32 수도에 관하여 일반수도사업자가 해야 할 위생상의 조치로 틀린 내용은?

① 수도시설을 항상 청결히 하고 깔따구 유충 등 소형생물의 유입 여부를 주기적으로 확인하여 수질기준을 준수하고 먹는물의 오염을 방지할 것
② 수도시설의 주위에는 울타리를 설치하고 자물쇠장치를 하는 등 사람이나 가축이 함부로 시설에 접근하지 못하도록 할 것
③ 수도꼭지의 먹는물 유리잔류염소가 항상 0.1mg/L(결합잔류염소는 0.4mg/L) 이상이 되도록 할 것
④ 병원성 미생물에 의하여 오염되었거나 오염될 우려가 있는 경우에는 유리잔류염소가 1.5mg/L(결합잔류염소는 1.8mg/L) 이상이 되도록 할 것

해설 ④ 병원성 미생물에 의하여 오염되었거나 오염될 우려가 있는 경우에는 유리잔류염소가 0.4mg/L(결합잔류염소는 1.8mg/L) 이상이 되도록 할 것(수도법 시행규칙 제22조의2)

정답 30 ② 31 ④ 32 ④

33 폐기물관리법상 폐기물의 처리기준으로 틀린 내용은?

① 폐기물의 종류와 성질·상태별로 재활용 가능성 여부, 가연성이나 불연성 여부 등에 따라 구분하여 수집·운반·보관할 것
② 수집·운반·보관의 과정에서 폐기물이 흩날리거나 누출되지 아니하도록 하고, 침출수가 유출되지 아니하도록 하며, 침출수가 생기는 경우에는 환경부령으로 정하는 바에 따라 처리할 것
③ 해당 폐기물을 적정하게 처분, 재활용 또는 보관할 수 있는 장소 외의 장소로 운반하지 아니할 것
④ 생활폐기물은 폐기물처리시설에서 처리할 것

해설 ④ 폐기물은 폐기물 처분시설 또는 재활용시설에서 처리할 것. 다만, 생활폐기물 배출자가 처리하는 경우 및 폐기물을 환경부령으로 정하는 바에 따라 생활환경 보전상 지장이 없는 방법으로 적정하게 처리하는 경우에는 그러하지 아니하다(폐기물관리법 시행령 제7조).

34 폐기물관리법상 용어의 정의로 틀린 항목은?

① 폐기물 - 쓰레기, 연소재, 오니, 폐유, 폐산, 폐알칼리 및 동물의 사체 등으로서 사람의 생활이나 사업활동에 필요하지 아니하게 된 물질을 말한다.
② 생활폐기물 - 일반폐기물 외의 폐기물을 말한다.
③ 지정폐기물 - 사업장폐기물 중 폐유·폐산 등 주변 환경을 오염시킬 수 있거나 의료폐기물 등 인체에 위해를 줄 수 있는 해로운 물질로서 대통령령으로 정하는 폐기물을 말한다.
④ 의료폐기물 - 보건·의료기관, 동물병원, 시험·검사기관 등에서 배출되는 폐기물 중 인체의 감염 등 위해를 줄 우려가 있는 폐기물과 인체 조직 등 적출물, 실험 동물의 사체 등 보건·환경보호상 특별한 관리가 필요하다고 인정되는 폐기물로서 대통령령으로 정하는 폐기물을 말한다.

해설 ② 생활폐기물 : 사업장폐기물 외의 폐기물을 말한다(폐기물관리법 제2조).

CHAPTER 04 적중예상문제(2차)

제2과목 수질분석 및 관리

01 환경정책기본법상 하천의 등급이 '좋음'일 때 생활환경 기준으로 대장균군(군수/100mL) 기준을 쓰시오.

(1) 총대장균군
(2) 분원성 대장균군

02 물환경보전법상 수질오염경보의 종류를 쓰시오.

03 물환경보전법상 수질오염감시경보의 대상 항목을 열거하시오.

04 물환경보전법상 상수원 구간의 조류 대발생의 발령·해제기준을 쓰시오.

05 상수원 구간의 조류 대발생 단계에서 취수장·정수장 관리자의 조치사항을 열거하시오.

06 먹는샘물 등의 검사방법 중 정밀검사를 행하는 경우를 약술하시오.

07 먹는샘물 등 제조업자의 자가품질검사 기준 중 검사주기가 매일 1회 이상인 먹는샘물·먹는염지
    하수의 검사항목(5개 항목)을 열거하시오.

08 먹는샘물 등 제조업자의 자가품질검사 기준 중 검사주기가 매주 1회 이상인 샘물·염지하수의
    검사항목(6개 항목)을 열거하시오.

09 먹는물 수질기준에서 미생물에 관한 기준 중 일반세균 기준을 약술하시오.

10 먹는물 수질기준에서 심미적 영향물질에 관한 기준으로 다음 항목에 적합한 기준을 쓰시오.
    (1) 색 도
    (2) 세 제
    (3) 증발잔류물
    (4) 탁 도

11 상수원으로 이용되는 지하수를 구분하시오.

12 원수의 수질을 검사할 때 표류수, 복류수 및 강변여과수, 지하수의 경우 채수지점에 대해 약술하시오.

13 수도법상 '마을상수도'에 대해 정의하시오.

14 수도법상 정수시설에 구비하여야 할 소독시설에 대하여 약술하시오.

15 일반수도사업자는 정수처리기준을 지켜야 하는데, 그 기준에 대해 쓰시오.

16 일반수도사업자는 수량분석을 하기 위하여 수량측정용 유량계를 설치·관리하여야 하는데 그 설치 지점은 어디인가?

CHAPTER 04 정답 및 해설

01 (1) 총대장균군 : 500(군수/100mL) 이하
　　(2) 분원성 대장균군 : 100(군수/100mL) 이하
　　※ 환경정책기본법 시행령 별표 1

02 조류경보, 수질오염감시경보(물환경보전법 시행령 제28조)

03 수소이온농도, 용존산소, 총질소, 총인, 전기전도도, 총유기탄소, 휘발성 유기화합물, 페놀, 중금속(구리, 납, 아연, 카드뮴 등), 클로로필-a, 생물감시(물환경보전법 시행령 별표 2)

04 2회 연속 채취 시 남조류의 세포수가 1,000,000세포/mL 이상인 경우(물환경보전법 시행령 별표 3)

05 • 조류증식 수심 이하로 취수구 이동
　　• 정수처리 강화(활성탄 처리, 오존 처리)
　　• 정수의 독소분석 실시
　　※ 물환경보전법 시행령 별표 4

06 정밀검사(먹는물관리법 시행규칙 별표 4)
　　다음의 것은 물리적·화학적·세균학적 방법에 의하여 판단한다.
　　• 서류검사나 관능검사에 해당하지 아니하는 것
　　• 국내에서 유통 중 검사에서 부적합 판정된 것
　　• 수송 중 위생상 안정성에 영향을 줄 수 있는 사고가 발생한 것
　　• 그 밖에 시·도지사가 필요하다고 인정하는 것

07 냄새, 맛, 색도, 탁도, 수소이온농도(먹는물관리법 시행규칙 별표 6)

08 일반세균(저온균·중온균), 총대장균군, 분원성 연쇄상구균, 녹농균, 아황산환원혐기성 포자형성균(먹는물관리법 시행규칙 별표 6)

09 일반세균은 1mL 중 100CFU(Colony Forming Unit)를 넘지 아니할 것. 다만, 샘물 및 염지하수의 경우에는 저온일반세균은 20CFU/mL, 중온일반세균은 5CFU/mL를 넘지 아니하여야 하며, 먹는샘물, 먹는염지하수 및 먹는해양심층수의 경우에는 병에 넣은 후 4℃를 유지한 상태에서 12시간 이내에 검사하여 저온일반세균은 100CFU/mL, 중온일반세균은 20CFU/mL를 넘지 아니할 것(먹는물 수질기준 및 검사 등에 관한 규칙 별표 1)

10 (1) 색도는 5도를 넘지 아니할 것
(2) 세제(음이온 계면활성제)는 0.5mg/L를 넘지 아니할 것. 다만, 샘물·먹는샘물, 염지하수·먹는염지하수 및 먹는해양심층수의 경우에는 검출되지 아니하여야 한다.
(3) 증발잔류물은 수돗물의 경우에는 500mg/L, 먹는염지하수 및 먹는해양심층수의 경우에는 미네랄 등 무해성분을 제외한 증발잔류물이 500mg/L를 넘지 아니할 것
(4) 탁도는 1NTU(Nephelometric Turbidity Unit)를 넘지 아니할 것. 다만, 지하수를 원수로 사용하는 마을상수도, 소규모급수시설 및 전용상수도를 제외한 수돗물의 경우에는 0.5NTU를 넘지 아니하여야 한다.
※ 먹는물 수질기준 및 검사 등에 관한 규칙 별표 1

11 지하수는 지표 아래에서 흐르는 물로서 복류수와 강변여과수를 제외한 물을 말하며 다음과 같이 구분한다.
• 표층지하수 : 지하의 암반층 위의 토양 속을 흐르는 물
• 심층지하수 : 지하의 암반층 아래에서 흐르는 물(지하의 암반층 아래에서 자연적으로 지표에 솟아나오는 물은 포함한다)
※ 상수원관리규칙 제3조

12 채수지점(상수원관리규칙 별표 6)
• 하천수, 호소수 및 계곡수 등의 표류수의 경우에는 취수구에 흘러들기 직전의 지점에서 채수한다.
• 복류수 및 강변여과수의 경우에는 취수구에서 가장 가까운 지점에서 1회, 착수정에서 1회를 채수하여 각각 검사한다.
• 지하수의 경우에는 취수구에서 채수한다.

13 마을상수도는 지방자치단체가 대통령령으로 정하는 수도시설에 따라 100명 이상 2,500명 이내의 급수인구에게 정수를 공급하는 일반수도로서 1일 공급량이 $20m^3$ 이상 $500m^3$ 미만인 수도 또는 이와 비슷한 규모의 수도로서 특별시장·광역시장·특별자치시장·특별자치도지사·시장·군수(광역시의 군수는 제외)가 지정하는 수도를 말한다(수도법 제3조).

14 정수시설에는 다음과 같은 요건을 구비한 소독시설을 설치하여야 한다.
- 소독기능을 확보하기 위하여 적절한 농도와 접촉시간을 확보할 수 있도록 설치하여야 한다.
- 소독제의 주입설비는 최대용량의 주입기가 고장이 나는 경우에도 계획된 1일 최대급수량을 소독하는 데에 지장이 없도록 설치하여야 한다.
- 소독제로 액화염소를 사용하는 경우에는 중화설비를 설치하여야 한다.

※ 수도법 시행규칙 별표 3

15 정수처리기준 등(수도법 시행규칙 제18조의2)
일반수도사업자가 지켜야 하는 정수처리기준은 다음과 같다.
- 취수지점부터 정수장의 정수지 유출지점까지의 구간에서 바이러스를 1만분의 9,999 이상 제거하거나 불활성화할 것
- 취수지점부터 정수장의 정수지 유출지점까지의 구간에서 지아디아 포낭을 1천분의 999 이상 제거하거나 불활성화할 것
- 취수지점부터 정수장의 정수지 유출지점까지의 구간에서 크립토스포리디움 난포낭을 1백분의 99 이상 제거할 것

16 유량계는 해당 정수장의 수돗물 생산량을 측정할 수 있도록 정수장의 유출부에 설치하여야 한다(수도법 시행규칙 별표 6).

최상의 상수도 서비스를 제공하기 위한 국가자격

정수시설 운영관리사

한권으로 끝내기

2권 설비운영, 정수시설 수리학

시대에듀

2025 정수시설운영관리사 한권으로 끝내기

Always with you...

사람이 길에서 우연하게 만나거나 함께 살아가는 것만이 인연은 아니라고 생각합니다.
책을 펴내는 출판사와 그 책을 읽는 독자의 만남도 소중한 인연입니다.
시대에듀는 항상 독자의 마음을 헤아리기 위해 노력하고 있습니다. 늘 독자와 함께하겠습니다.

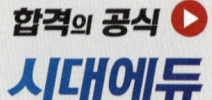

자격증・공무원・금융/보험・면허증・언어/외국어・검정고시/독학사・기업체/취업
이 시대의 모든 합격! 시대에듀에서 합격하세요!
www.youtube.com ➜ 시대에듀 ➜ 구독

제3과목 | 설비운영

제1장 정수시설운영 ... 3
  적중예상문제 ... 16

제2장 혼화·침전지설비운영 ... 37
  적중예상문제 ... 44

제3장 여과·정수설비운영 ... 55
  적중예상문제 ... 64

제4장 소독(살균)설비운영 ... 80
  적중예상문제 ... 85

제5장 흡착설비, 오존처리설비 ... 97
  적중예상문제 ... 102

제6장 생물학적 처리설비운영 ... 110
  적중예상문제 ... 114

제7장 배출수 및 슬러지처리설비운영 ... 121
  적중예상문제 ... 128

제8장 기계설비운영 ... 139
  적중예상문제 ... 149

제9장 전기설비운영 ... 165
  적중예상문제 ... 173

제10장 기전설비운영(전자통신설비운영) ... 196
  적중예상문제 ... 209

제11장 안전관련법규 ... 228
  적중예상문제 ... 238

제4과목 | 정수시설 수리학

제1장 수리학의 기본원리 ... 245
  적중예상문제 ... 273

제2장 정수장 내 물의 흐름 ... 321
  적중예상문제 ... 357

제3장 펌프의 종류와 수리적 특성 ... 399
  적중예상문제 ... 417

특별부록 | 과년도+최근 기출문제

2020년 제27회 기출문제 ... 447
  제28회 기출문제 ... 489

2021년 제29회 기출문제 ... 532
  제30회 기출문제 ... 574

2022년 제31회 기출문제 ... 615
  제32회 기출문제 ... 658

2023년 제33회 기출문제 ... 699
  제34회 기출문제 ... 744

2024년 제35회 기출문제 ... 788
  제36회 기출문제 ... 828

시험 안내 INFORMATION

시험과목의 일부면제

● 제1차 시험과목의 일부면제

취득자격	제1차 시험 면제과목	응시과목
수질관리기술사	1·2·3급의 시험과목 중 수처리공정, 수질분석 및 관리, 정수시설 수리학 (3개 과목)	설비운영
수질환경기사	2·3급의 시험과목 중 수처리공정, 수질분석 및 관리(2개 과목)	설비운영, 정수시설 수리학
수질환경산업기사	3급의 시험과목 중 수처리공정, 수질분석 및 관리(2개 과목)	설비운영, 정수시설 수리학

● 제1차 시험과목의 완전면제

- 국가기술자격법에 따른 상하수도기술사 자격취득자
- 제1차 시험에 합격한 자는 합격한 날부터 2년간 제1차 시험면제

수험자 유의사항 (제1·2차 시험 공통)

- 수험원서 또는 제출서류 등의 허위작성·위조·기재오기·누락 및 연락불능의 경우에 발생하는 불이익은 전적으로 수험자 책임입니다.
- 수험자는 시험 시행 전까지 시험장 위치 및 교통편을 확인하여야 하며(단, 시험실 출입은 할 수 없음), 시험 당일 교시별 입실시간까지 신분증, 수험표, 필기구를 지참하고 해당 시험실의 지정된 좌석에 착석하여야 합니다.
- 매 교시 시험 시작 이후 시험실에 입실할 수 없습니다.
- 본인이 원서접수 시 선택한 시험장이 아닌 다른 시험장이나 지정된 시험실 좌석 이외에는 응시할 수 없습니다.
- 시험시간 중에는 화장실 출입이 불가하고 종료 시까지 퇴실할 수 없습니다.
- 결시 또는 기권, 답안카드(답안지) 제출 불응한 수험자는 해당 교시 이후 시험에 응시할 수 없습니다.
- 시험 종료 후 감독위원의 답안지 제출지시에 불응한 채 계속 답안지를 작성하는 경우 당해 시험은 무효처리 하고 부정행위자로 처리될 수 있으니 유의하시기 바랍니다.
- 수험자는 감독위원의 지시에 따라야 하며, 부정한 행위를 한 수험자에게는 당해 시험을 무효로 하고, 그 처분일로부터 3년간 시험에 응시할 수 없습니다.
- 시험실에는 벽시계가 구비되지 않을 수 있으므로 손목시계를 준비하여 시간관리를 하시기 바라며, 스마트워치 등 전자·통신기기는 시계 대용으로 사용할 수 없습니다.
- 전자계산기는 필요시 1개만 사용할 수 있고 공학용 및 재무용 등 데이터 저장기능이 있는 전자계산기는 수험자 본인이 반드시 메모리(SD 카드 포함)를 제거, 삭제(리셋, 초기화)하고 시험위원이 초기화 여부를 확인할 경우에는 협조하여야 합니다. 메모리(SD 카드 포함) 내용이 제거되지 않은 계산기는 사용불가하며 사용 시 부정행위로 처리될 수 있습니다.
- 시험시간 중에는 통신기기 및 전자기기를 일체 휴대할 수 없으며, 금속(전파)탐지기 수색을 통해 시험 도중 관련 장비를 소지·착용하다가 적발될 경우 실제 사용 여부와 관계없이 당해 시험을 정지(퇴실) 및 무효(0점) 처리하며 부정행위자로 처리될 수 있음을 유의하기 바랍니다.

제 3 과목

설비운영

제1장	정수시설운영	제7장	배출수 및 슬러지처리설비운영
제2장	혼화·침전지설비운영	제8장	기계설비운영
제3장	여과·정수설비운영	제9장	전기설비운영
제4장	소독(살균)설비운영	제10장	기전설비운영(전자통신설비운영)
제5장	흡착설비, 오존처리설비	제11장	안전관련법규
제6장	생물학적 처리설비운영		

정수시설운영관리사
www.sdedu.co.kr

CHAPTER 01 정수시설운영

제3과목 설비운영

01 수원과 수질

1. 정수시설의 개요

(1) 정수처리의 목적
① 수질기준에 적합한 수돗물을 안정적으로 급수하는 것이다.
② 독물이나 보건위생상 해가 되는 물질을 제거한다.
③ 음용수의 외관상 조건(탁도, 색도, 취미 등)을 개선한다.
④ 병원성 유기물의 제거 또는 활성을 억제한다.

(2) 정수설비의 구성
① 약품저장 및 투입시설
② 착수정
③ 약품혼화지
④ 응집지
⑤ 침전지
⑥ 여과지
⑦ 소독설비

(3) 정수방법 및 정수시설
① 간이처리방식
  ㉠ 의의 : 일반적으로 수질이 양호한 지하수를 수원으로 하는 경우에 적용하는 방식으로, 정수처리 방법 중에서 가장 단순하다.
  ㉡ 채택 : 원수수질이 양호하고 대장균군 50(100mL, MPN) 이하, 일반세균 500(1mL) 이하, 기타 항목이 정수수질기준 등에 상시 적합할 경우에 채택한다.
  ㉢ 처리공정 : 원수 → 착수정 → 염소주입점 → 정수지(배수지) → 송수

② 완속여과방식
  ㉠ 의의 : 비교적 얇은 사층을 통과하여 천천히 여과함으로써 원수를 정화하는 것으로, 사층과 사층표면에 증식하는 미생물군이 물속의 불순물을 융합하여 산화, 분해하는 작용에 의존한 정수방법이다. 이 작용에 의하여 탁질로부터 미량의 암모니아성 질소, 망간, 세균, 냄새물질 등도 제거된다. 원수수질에 의한 보통침전지를 설치하는 경우와 생략하는 경우가 있으며 필요에 따라서는 침전지에 약품처리가 가능한 설비를 갖춘다.
  ㉡ 채택 : 원수의 수질은 비교적 양호하며 대장균군 1,000(100mL, MPN) 이하, 생물학적 산소요구량(BOD) 2mg/L 이하, 최고탁도 10도 이하인 경우에는 완속여과방식으로 할 수 있다. 이와 같은 원수는 지하수, 부영양화가 진행되지 않는 댐수, 호소수, 오염이 진행되지 않는 하천수 등에서 원수 중에 소량의 탁질 및 미량의 유기물질제거를 목적으로 하는 처리방법으로 적합하다.
  ㉢ 처리공정 : 원수 → 착수정 → 침전지(약품주입) → 완속여과지 → 염소주입점 → 정수지(배수지) → 송수
  ㉣ 장단점 : 완속여과방식은 유지관리가 간단하고 고도의 기술을 요구하지 않으면서 안정된 양질의 처리수를 얻을 수 있는 장점은 있으나 여과속도가 느리며 넓은 면적과 모래 삭취 등을 위한 노력이 많이 필요하다.

③ 급속여과방식
  ㉠ 의의 : 약품침전지, 급속여과지, 소독시설로 구성되고 현탁물질을 처음부터 약품처리에 의해 응집시켜 플록을 침전지에서 효율적으로 침전·제거한 후 급속여과지에서 제거하는 방식이다.
  ㉡ 채택 : 원수의 수질을 간이처리방식 및 완속여과방식으로 정화할 수 없는 경우에 적합하다.
  ㉢ 처리공정 : 원수 → 착수정 → 응집지 → 약품침전지 → 급속여과지 → 염소주입점 → 정수지 → 송수

> **더 알아보기**
>
> **고도정수시설**
> 원수의 수질조건에 따라 필요할 경우 고도정수시설을 이용한다.
> • 냄새의 처리 : 폭기(Aeration), 생물처리, 활성탄처리, 오존처리
> • Trichlorethylene 등의 제거 : Stripping처리, 활성탄처리
> • 암모니아성 질소(NH_3-N)의 제거 : 염소처리, 생물처리
> • 트라이할로메탄(Trihalomethane)을 감소 : 중간염소처리, 활성탄처리, 결합염소처리
> • 철, 망간의 제거 : 전염소처리, 망간접촉여과, 철박테리아 이용법, 폭기
> • 음이온 계면활성제 제거 : 생물처리, 활성탄처리, 오존처리
> • 색도의 제거 : 활성탄처리, 오존처리
> • 침식성 유리탄산 제거 : 폭기, 알칼리제 처리
> • 생물의 제거 : 마이크로스트레이너, 2단응집처리, 다층여과, 약품처리

2. 착수정

(1) 착수정의 개요
① 의의 : 착수정은 도수시설에서 도수되는 원수의 수위동요를 안정시키고 원수량을 조절하여 다음에 연결되는 약품주입, 침전, 여과 등 일련의 정수작업이 정확하고 용이하게 처리될 수 있도록 하기 위하여 설치한다.
② 기능 : 원수수질이 일시적으로 이상상태를 나타낼 때 분말활성탄을 주입하며, 고탁도일 때에 알칼리제와 응집보조제를 주입하고, 여러 계통의 수원으로부터 원수를 받을 경우에는 이들 원수를 혼합하며, 약품혼화지로 원수를 균등하게 분배하고 역세척배출수의 반송수를 받아들이는 등의 목적과 기능도 가지고 있다.

(2) 구조 및 형상
① 착수정은 2지 이상으로 분할하는 것이 원칙이나 분할하지 않는 경우에는 반드시 우회관을 설치하며 배수설비를 설치한다.
② 형상은 일반적으로 직사각형 또는 원형으로 하고 유입구에는 제수밸브 등을 설치하며, 월류 및 정류, 유량측정, 유출의 순서로 2~3실로 구분하는 것이 바람직하다.
③ 착수정의 고수위와 주변 벽체의 상단 간에는 60cm 이상의 여유를 두어야 한다.
④ 부유물이나 조류 등을 제거할 필요가 있는 장소에는 스크린을 설치한다.
⑤ 수위가 고수위 이상으로 올라가지 않도록 월류관이나 월류위어를 설치한다.
　㉠ 월류위어의 길이는 유량에 따라 설정하되 전폭위어는 0.5m 이상, 사각위어는 0.15m 이상 하는 것이 바람직하며 그 위치는 고수위에 설치하여야 한다.
　㉡ 월류량의 유량은 유입량의 1/5 이상으로 하며 설치위치는 유입수 유입 시 파고형상에 의한 월류로 인하여 원수의 손실이 염려되는 경우를 고려하여 고수위보다 2~5cm 높게 설치할 수도 있다.
　㉢ 착수정에 역세척배수의 반송수가 수수되는 경우에는 반송수에 의한 수위의 상승을 고려해야 한다.

02 약품주입설비

1. 응집약품

(1) 약품투입설비의 구성

① 약품투입설비 : 검수시설(약품을 받아들이고 확인), 저장시설(약품보관), 분말제제 슬러리화 장비, 원액의 희석장비, 약품투입펌프, 투입지점까지의 배관으로 구성된다.

② 저장시설 : 약품저장탱크, 약품저장계량장치, 누출약품 유출방지조 및 처리시설, 부속배관 등이 있다.

(2) 응집제

원수 중에 부유하는 콜로이드상 미세입자들을 크고 무겁게 응집시켜 침전지와 여과공정에서 제거되도록 하기 위하여 사용되는 약품으로 황산알루미늄, 폴리염화알루미늄(PAC ; Poly Aluminum Chloride) 등의 알루미늄염이 주로 사용되며, 그 외에 황산제1철, 황산제2철, 염화제2철 등의 철염과 유기고분자응집제(Polymer)가 사용되기도 한다.

① 황산알루미늄(Aluminum Sulfate)
  ㉠ 가격이 저렴하고, 현탁물질에도 유효하다.
  ㉡ 독성이 없으므로 대량주입이 가능하다.
  ㉢ 결정은 부식성이 없어 취급이 용이하다(단, 10% 용액 pH 2.4의 경우, 콘크리트, 철에 부식성을 갖고 있음).
  ㉣ 저장 중에 응집능력의 저하가 없다.
  ㉤ 저온이면 동결현상이 있다.
  ㉥ 저수온, 고탁도 시 응집보조제가 필요하다.
  ㉦ 적정주입률 범위가 좁다(최적 pH : 5.5~7.5).
  ㉧ 철염과 같이 바닥이나 벽면을 더럽히지 않는다.
  ㉨ 철염에 비해 플록이 가볍다.

② 폴리염화알루미늄(PAC ; Poly Aluminum Chloride)
  ㉠ 응집 및 플록형성이 황산알루미늄보다 현저히 빠르며 모든 탁질에 매우 유효하다.
  ㉡ 10% 용액 pH 3.8의 경우 콘크리트, 철에 부식성을 갖는다.
  ㉢ 장기간 저장하면 응집능력이 저하되나 동결현상은 없다.
  ㉣ 저수온, 고탁도 시에도 응집효과가 우수하여 응집보조제가 불필요하다.
  ㉤ 적정주입률 범위가 넓다(최적 pH 6~9).
  ㉥ LAS와 혼합하면 침전물이 생성된다.

ⓢ pH, 알칼리도 저하가 황산알루미늄의 1/2 이하이다.
　　ⓞ 탁질제거효과가 현저하며 과량으로 주입하여도 효과가 떨어지지 않는다.
③ 폴리수산화염화규산알루미늄(PAHCS ; Poly Aluminum Hydroxide Chloride Silicate)
　　㉠ 잔류알루미늄을 기존 응집제에 비하여 15% 이상 감소시킨다.
　　㉡ 탁월한 응집성능으로 $KMnO_4$ 소비량을 기존의 응집제에 비하여 20% 이상 감소시켜 발암물질로 알려져 있는 THM의 생성을 감소시킨다.
　　㉢ 약품의 투입량이 적고 치밀한 플록을 형성시킴으로써, 슬러지 발생량 및 처리비용을 30% 이상 감소시킨다.
　　㉣ 응집제 투입량을 절반 이하로 줄일 수 있어 저장시설용량을 2배 이상 증가시킨다.
　　㉤ 어는점이 -20℃로 낮기 때문에 저장안정성이 좋아 사용하기에 편리하다.
　　㉥ 제품 중에 함유된 활성규산(Silicate)의 각 작용으로 타응집제보다 플록을 크고 신속하게 형성시켜 줌으로써 침강성을 증가시킨다.
④ 폴리황산규산알루미늄(PASS ; Poly Aluminum Sulfate Silicate)
　　㉠ 적용 pH 범위가 4~12까지 넓으면서도 처리수의 pH 변화가 거의 없다.
　　㉡ 유해성의 유기물이나 염소성분이 없다.
　　㉢ 잔류알루미늄 함량이 기존 약품에 비해 15% 이상 감소되어 위험도가 적다.
　　㉣ 중화제의 사용이 거의 필요 없고, 황산반토의 70% 정도만 사용하여도 응집성이 우수하다.
　　㉤ 슬러지의 발생을 30% 이상 감소시키므로 여과지의 역세척 주기가 2배 이상 증가하여 여과설비 처리능력도 2배 이상 증가시킬 수 있다.
⑤ 황산제2철(Ferric Sulfate) 및 염화제2철(Ferric Chloride)
　　㉠ 응집적정범위가 pH 4.0~11.0으로 매우 넓으며 알칼리 영역에서도 플록이 용해하지 않는다.
　　㉡ 플록이 무거우며 침강이 빠르다.
　　㉢ 황화수소 및 색도제거가 가능하다.
　　㉣ pH 9.0 이상에서 망간제거가 가능하다.
　　㉤ pH 2.0 이상에서는 수산화물을 생성한다.
　　㉥ 부식성이 매우 강하여 설비기계의 재질선정에 주의하여야 한다.
　　㉦ 후민질 등의 물질에 대하여 철화합물을 생성하게 되어 제거하기 어렵다.
⑥ 유기고분자응집제(Polymer)
　　㉠ 황산알루미늄만으로 처리하기 어려운 폐수에 유효하다.
　　㉡ 첨가한 응집제의 석출이 일어나지 않는다(알루미늄의 경우 침전석출이 일어날 수가 있음).
　　㉢ pH가 변화하지 않으며, 탈수성이 개선된다.
　　㉣ 발생오니량이 알루미늄의 경우에 비하여 적다.
　　㉤ 이온의 증가가 없으며 공존염류, pH, 온도의 영향을 잘 받지 않는다.

⑦ 응집제의 주입량
　㉠ 고형 황산알루미늄의 중량주입률

$$M = Q \times R_S \times 10^{-3}$$

- M : 고형 황산알루미늄의 중량주입률(kg/h)
- Q : 처리수량(ton/h)
- R_S : 고형 황산알루미늄 주입률(mg/L)

　㉡ 액체 황산알루미늄의 용적주입률(주입률을 고형 황산알루미늄으로부터 산정하였을 때)

$$V_v = Q \times R_S \times \frac{C_1}{C_2} \times \frac{1}{d} \times 10^{-3}$$

- V_v : 액체 황산알루미늄의 용적주입률(L/h)
- C_1 : 고형 황산알루미늄의 Al_2O_3(%)
- C_2 : 액체 황산알루미늄의 Al_2O_3(%)
- d : 액체 황산알루미늄의 밀도(kg/L)

　㉢ 액체 황산알루미늄의 용적주입률(주입률을 액체 황산알루미늄의 주입용량으로부터 산정하였을 때)

$$V = Q \times R_L$$

- V : 액체 황산알루미늄의 용적주입률(L/h)
- R_L : 액체 황산알루미늄의 주입률(mg/L)

　㉣ 액체 황산알루미늄의 용적주입률(주입률을 액체 황산알루미늄의 주입질량으로부터 산정하였을 때)

$$V_v = Q \times R_m \times \frac{1}{d} \times 10^{-3}$$

- V_v : 액체 황산알루미늄의 용적주입률(L/h)
- R_m : 액체 황산알루미늄의 주입률(mg/L)
- d : 액체 황산알루미늄의 밀도(kg/L)

⑧ **응집제의 주입지점** : 혼화방법에 따라 다를 수 있으나 관내 설치혼화기, 낙차지점 또는 회전익의 근접지역이나 유입관의 중심부 등 주입과 동시에 신속한 교반이 이루어질 수 있는 지점이어야 한다.

(3) pH조정제

pH조정제는 양호한 응집을 위해서 알칼리도와 pH를 조정하기 위한 것으로 pH조정제의 종류는 원수의 수질에 따라서 응집효과를 높이는 데 적절하고, 또 위생적으로 지장이 없는 것이어야 한다. pH조정제로는 원수의 pH를 높이기 위하여 소석회, 소다회 및 액체가성소다 등을 쓸 수 있으며 부영양화 등의 이유로 높아진 원수의 pH를 낮추기 위해서는 황산 등의 산성약품을 쓸 수도 있다.

(4) 응집보조제

① 응집보조제의 특징
- ㉠ 활성규산 : 규산나트륨을 산으로 어느 정도 중화시켜서 숙성하여 규산을 중합시켜 고분자콜로이드로 만든 것으로, 그 작용은 규산콜로이드와 응집제에서 생성된 수산화알루미늄과의 화전중화로 다음과 같은 특징이 있다.
  - 보조제로서의 기능은 우수하나 여과지의 손실수두상승이 빠르다.
  - 활성화 조작에 난점이 있다.
  - 규산을 활성화시키는 데는 황산과 염소 및 탄산가스가 사용된다.
- ㉡ 알긴산소다 : 미역과 같은 해초로 만들어지는 고분자제로서 그 작용은 가교흡착과 이온교환작용이며, 알긴산소다는 분말을 그대로 용해하여 사용하므로 편리하나 순도가 높으면 점성이 커서 용해시키는 데 시간이 걸린다.

② 응집보조제의 주입량
- ㉠ 주입률은 원수 수질에 따라 실험으로 정한다.
- ㉡ 응집보조제를 용해 또는 희석하여 사용할 경우의 농도는 주입하거나 취급하기 용이하도록 정한다.
- ㉢ 일반적으로 활성규산은 1~5mg/L의 범위로 주입하며 활성화가 과대하면 응고하여 주입장치를 막게 하므로 0.5% 정도 희석한 용액으로 사용하여야 한다.
- ㉣ 알긴산소다는 0.2~2mg/L의 범위로 주입하며 1% 이하로 희석하여 사용한다.
- ㉤ 주입량은 처리수량과 주입률로 산출한다.

③ 주입지점 : 실험으로 정하고 혼화가 잘 되는 지점으로 한다.

(5) 검수 및 저장설비

① 응집용 약품의 검수 : 응집약품을 납품받고 저장하기 위하여 적절한 검수용 계량장비를 설치한다.
- ㉠ 공급자와 수납자의 납입량 확인
- ㉡ 외관검사 및 밀도검사 등의 품질확인과 공급자로부터 품질분석표를 받도록 하는 것이 필요하다.

② 응집용 약품의 저장설비 : 구조적으로 안전하고 응집제가 누출되는 경우를 대비하여야 하며, 약품의 종류와 성상에 따라 적절한 재질로 하고, 겨울철 동결에 대비한 보완대책을 포함하여야 한다.
- ㉠ 응집용 약품의 저장조 : 콘크리트제, 강제, 플라스틱(FRP) 등으로 구조상 안전하여야 하고 관리와 주위환경을 고려하여 적당한 장소에 설치하여야 한다.

ⓒ 설치장소 : 옥내외를 막론하고 누출액을 발견하기 쉽고 검사와 관리가 용이한 구조와 배치가 되어야 한다. 또한 응집제가 누출되는 경우에 대비하여 주변에 방액제, 폐액저류조 등을 설치하는 것이 바람직하다.
　　ⓒ 황산알루미늄을 액상으로 저장하는 설비 : 에폭시수지라이닝, 경질 또는 연질의 염화비닐판을 붙이는 등 내산재료를 사용하거나 스테인리스클래드강 등의 내산재료를 사용하여야 한다.
　　② 라이닝을 할 때는 내식성 재료를 선정하는 것도 중요하나 시공이 더욱 중요하므로 시공하기 쉬운 재료를 선정하고 시공관리를 충분히 하여야 한다.
　　ⓜ 액체황산알루미늄은 농도가 너무 높으면 결정이 석출하거나 점성이 높아져서 계량과 주입에 지장이 있으므로 6~8%를 사용하며, 기온이 많이 떨어지는 지대에서는 석출온도 이하로 온도가 하강할 때가 있으므로 저장설비와 계량 및 주입설비에도 보온장치를 할 필요가 있다.
　　ⓗ 고형황산알루미늄은 운반이 용이하도록 저장장소를 용해조 근처에 설치하는 등 작업동선을 고려하여야 한다. 또 운반량이 많을 때는 엘리베이터, 벨트컨베이어, 포크리프트 등의 운반용 구가 필요하다. 약품을 바닥에 직접 놓지 않는 것도 필요하다.
　　ⓢ 폴리염화알루미늄은 수도용 황산알루미늄보다 pH값이 중성에 가까우나 부식성이 커서 스테인리스강도 침식하므로 저장조는 합성수지, 고무라이닝, FRP제의 저장조를 사용한다.
　　ⓞ 알칼리제 중 가성소다와 같이 pH가 높은 것은 유기물을 용해하는 성질이 있어 위험하므로 내알칼리성 재료를 사용하여야 한다. 뿐만 아니라 가성소다는 독극물이므로 저장소 이외로 비산 또는 유출되는 것에 대비하여 대책을 강구하고 취급작업 시 인체에 접촉하지 않도록 하며 방호설비 및 세안기 등을 설치하여야 한다.
　　ⓩ 가성소다는 공기 중의 탄산가스를 흡수하여 그 효과가 감소하므로 밀폐식 구조로 하여야 한다.
　　ⓧ 가성소다는 45% 용액을 구입하여 운전하는 것이 일반적이나 액온이 5~10% 이하가 되면 결정이 석출하므로 보온설비를 하거나 용액의 농도를 20~25%로 희석하여 저장한다.
　　ⓚ 소석회 저장실은 완전한 방습구조로 하여야 한다.
　　　• 소석회는 대개 건식 주입한다.
　　　• 구입 시 하역작업이 용이하도록 설계한다.
　　　• 습기가 많으면 탄산칼슘으로 변해 약품의 효율저하는 물론 고형화되어 투입이 곤란하므로 방습구조로 설계한다.
　　　• 취급 시 분진이 많이 발생하므로 Dust Collector를 설치한다.
③ **저장설비의 용량** : 계획정수량에 각 약품의 평균주입률을 곱하여 산정하고 다음을 표준으로 한다.
　　㉠ 응집제는 30일분 이상으로 한다.
　　㉡ 알칼리제는 연속 주입할 경우 30일분 이상, 간헐 주입할 경우에는 10일분 이상으로 한다.
　　㉢ 응집보조제는 10일분 이상으로 한다.

2. 약품주입설비

(1) 액체약품주입방식

① 로터미터(Rotameter)에 의한 방식 : 로터미터와 유량조절밸브로 약품투입량을 조절하며 과대유량은 저장탱크로 환류시키는 구조이다.

② 가변오리피스에 의한 방식 : 볼탑을 이용하여 약품탱크 내의 수위를 일정하게 유지하면서 주입량조절밸브에 의해 약품을 투입하는 방식이다.

③ 정량(Metering)펌프에 의한 방식 : 단위행정당의 용적변화 또는 가변속전동장치를 사용한 왕복동 속도변화에 의하여 토출량을 정확하게 가감조절할 수 있는 설비로 플런저(Plunger)방식과 다이아프램(Diaphram)방식이 있으나 약품과 가동부가 직접 접촉하지 않는 다이아프램 방식이 주로 사용된다.

④ Roto Dipper Wheel에 의한 방식 : 일정액위를 유지하는 탱크 내에서 가변속모터 등의 동력전달장치에 의해서 회전하는 일정용적을 갖는 Dipper Wheel의 회전운동으로 약품을 이송하여 투입하는 방식이다.

⑤ 전자유량계와 제어밸브조합에 의한 방식 : 저장탱크의 약액을 자연유하방식 또는 원심펌프에 의해 주입지점으로 이송하고, 이송되는 약액은 전자유량계에 의해 계측하며, 처리공정에서 필요한 양만큼 제어밸브로 조절하여 투입하는 방식으로 최근 많이 사용된다.

(2) 분체약품주입설비

① 호퍼투입방식에 의한 분류

㉠ 인력에 의한 방식 : 포대(20~50kg/포)로 반입되는 약품을 인력에 의해 운반, 해체하여 호퍼로 충전시키는 방식으로 다음과 같은 특징이 있다.
  • 인력에 의한 작업 및 분진발생으로 작업환경이 열악하다.
  • 시설이 간단하여 설치비가 저렴하다.

㉡ 자동개폭기(Bag Opening Machine)에 의한 방식 : 약품포대를 벨트컨베이어에 올려놓으면 호퍼 상부에 위치한 자동해대기에 의해 개포되어 호퍼 내로 투입되는 방식이다.

㉢ 공기흡입에 의한 이송방식 : 분진의 발생이 포대해체 시나 호퍼 내로 충진 시에 주로 발생되는 문제임에 착안한 방식으로 약품의 사용량에 따라 일정용량의 컨테이너 백을 만들고 송풍기에 의해 발생되는 공기압으로 분체약품을 흡입 또는 압송하는 방식이다.

㉣ 공기흡입에 의한 자동이송방식 : 컨테이너 백 및 공기흡입에 의한 이송방식의 단점을 보완한 방식이다.

㉤ 컨테이터 백에 의한 직접 투입방식 : 용해조 상부에 별도의 호퍼와 투입기를 갖추지 않고 일정중량의 컨테이너 백을 호퍼 상부에서 호이스트에 의해 직접 투입하도록 하는 방식이다.

② 용해조이송방식에 의한 분류
　㉠ 중량계량방식 : 주입되는 분체약품의 주입률을 중량으로 검출하여 결정하는 방식으로 계중용 순환벨트를 부착한 것과 중간 호퍼 내의 잔류중량과 비교, 제어하여 주입하는 형식이다.
　㉡ 용적계량방식 : 주입되는 분체약품의 주입률을 호퍼로부터 공급되는 약품의 용적으로 계량하여 주입하는 방식으로 나사(Screw)형, 테이블(Table)형, 회전날개(Rotary Vane)형, 이송벨트(Belt)형이 있다.
　　• Screw Feeder에 의한 방식 : 모터의 회전에 의한 스크루의 회전으로 약품을 이송 투입하는 감속기에 의하여 스크루의 회전수를 조절함으로써 약품투입량을 조절하는 방식이다.
　　• Table(Circle) Feeder에 의한 방식 : 회전 테이블에 쌓인 약품을 칼날로 긁어내어 모터의 회전수조절 및 칼날의 깊이조절에 의해 투입량을 조절하는 방식이다.
　　• Rotary Feeder에 의한 방식 : 회전하는 Rotary의 홈에 들어있는 약품을 중력에 의하여 낙하시켜 모터의 회전수조절로 투입량을 조절하는 방식이다.
　　• Belt Feeder에 의한 방식 : 이송하는 벨트 위에 약품을 중력에 의하여 낙하시켜 모터의 회전수 조절 및 댐퍼의 높이조절에 의해 투입량을 조절하는 방식이다.
　　• Screw Belt에 의한 방식 : 스크루식과 벨트식을 혼합한 형식으로 모터의 회전수와 댐퍼의 높이에 따라 약품투입량을 조절하며 소석회투입에 주로 사용된다.
　㉢ 비계량방식 : 용해조에 직접 약품을 투입하여 컨테이너 백의 일정중량과 용해조에 의한 희석률을 자동으로 산정하도록 하는 방법으로 별도의 저장조를 갖기도 한다.

3. 감시 · 제어설비

(1) 주입량 결정방법
　① 유량에 의한 비례제어 : 주입지점의 유량을 실시간으로 측정하여 유량변동에 비례하여 자동으로 약품주입량을 조절하는 방식이다.
　　㉠ 특 징
　　　• 설비가 간단하며, 가장 일반적으로 많이 사용되는 방식이다.
　　　• 비교적 정확하고, 유량변화에 실시간으로 대처가 가능하다.
　　　• 주입률 결정을 위한 별도의 시험을 실시하여야 한다.
　　㉡ 구성요소
　　　• 하드웨어 : 유량계 + 약품주입설비(Control Unit) + RTU(PLC, DCS 등)
　　　• 소프트웨어 : PLC Logic, 응용프로그램 등
　② 유량에 의한 비례제어 + SCD(또는 제타전위)에 의한 피드백 제어 : 주입지점의 유량값과 응집지의 입자들이 순간적으로 띠는 전하를 실시간으로 측정하여 주입률을 종합적으로 계산하여 약품주입량을 결정하는 복합비례제어방식이다.

㉠ 특 징
- 설비가 복잡하고 고가이다.
- 양에 의한 제어와 질에 의한 복합제어로 주입량의 정확화와 응집효과를 극대화할 수 있다.
- 수공에서는 정수장에 실용화한 실적이 없다.

㉡ 구성요소
- 하드웨어 : 유량계 + SCD + 약품주입설비(Control Unit) + RTU(PLC, DCS 등)
- 소프트웨어 : PLC Logic, 응용프로그램 등

③ 인공지능제어 : 약품주입률에 영향을 미치는 수질인자들을 통계해석 또는 역전달방식의 신경회로망이나 기타의 다른 인공지능 알고리즘을 이용하여 컴퓨터가 수질인자에 따른 약품주입률을 패턴인식하도록 하고 컴퓨터에 입력되는 수질인자들의 자료를 분석한 후에 신경회로망 혹은 다른 인공지능 알고리즘에 의하여 약품주입률을 목표출력치로 하여 약품주입률을 자동화하는 방식이다.

㉠ 특 징
- 자테스트(Jar-test)를 하지 않아도 되며, 정확한 약품주입으로 경제적이다.
- 유량과 수질의 변화에 실시간 대처가 가능하다.
- 오버슈팅현상이 거의 없이 양호한 제어특성을 지니고 있다.

㉡ 구성요소
- 하드웨어 : 유량계 + 수질자동측정기 + 인공지능제어기 + 약품주입설비(Control Unit) + RTU(PLC, DCS 등)
- 소프트웨어 : PLC Logic, 인공지능프로그램, 응용프로그램

(2) 주입량 조절방법

① 약품펌프 속도조정에 의한 방법 : RTU 또는 약품주입설비제어 Unit(Controller)로부터 주입량 신호(4~20mA)를 인버터에 공급하여 약품펌프의 속도를 조정하여, 주입되는 약품의 양을 조절하는 방법이다.

㉠ 종류 : 인버터에 의한 방법, 스토로크조정에 의한 방법

㉡ 구성요소 : 약품펌프 + RTU 또는 약품주입설비제어 Unit(Controller) + 인버터(또는 스트로크) + 유량계

② 조절밸브에 의한 방법 : RTU 또는 약품주입설비제어 Unit(Controller)로부터 주입량 신호(4~20mA)를 조절밸브에 공급하여 조절밸브의 개도를 조정하여, 주입되는 약품의 양을 조절하는 방법이다.

> **참고** 구성요소 : 약품펌프 + RTU 또는 약품주입설비제어 Unit(Controller) + 조절밸브 + 유량계

(3) 감시제어방법

① **현장수동감시제어** : 유량변화 및 수질의 변화에 관계없이 현장에서 수동으로 주입량을 설정하여 약품을 주입하는 방식이다.

　㉠ 설비구성품 : 약품주입설비(약품펌프, 유량계, 조절밸브, 인버터), 약품주입설비제어 Unit (Controller)

　㉡ 감시제어 알고리즘
- 운영자는 유량 및 수질 상태를 측정, 시험하여 주입량 결정
- 운영자는 주입량을 현장 RTU 또는 제어 Unit(Controller)에 입력
- 입력된 주입량으로 주입
- 주입량 측정, 감시

② **현장자동감시제어** : 주입률을 현장(RTU 또는 주입설비제어 Unit)에서 입력하고, 주입률을 기준으로 유량 및 수질값에 대하여 변화된 양에 비례하여 자동으로 주입량이 결정되고 주입되는 방식이다.

　㉠ 설비구성품
- 약품주입설비(약품펌프, 유량계, 조절밸브, 인버터)
- 약품주입설비제어 Unit(Controller)
- 주입지점 유량값 전송설비(또는 SCD)
- RTU(PLC, DCS 등)

　㉡ 감시제어 알고리즘
- 운영자는 주입률을 현장 RTU 또는 제어 Unit(Controller)에 입력
- RTU 또는 제어 Unit(Controller)에서는 주입지점의 유량값(또는 제타전위)을 취득
- 주입률과 유량값을 인자로 주입량 자동계산
- 결정된 주입량으로 자동주입
- 주입량 측정, 감시

③ **원격감시제어** : 주입률을 중앙제어실(원격제어용 주컴퓨터)에서 입력하고, 주입률을 기준으로 유량 및 수질값에 대하여 변화된 양에 비례하여 자동으로 주입량이 결정, 주입되는 방식이다.

　㉠ 설비구성품
- 약품주입설비(약품펌프, 유량계, 조절밸브, 인버터)
- 약품주입설비제어 Unit(Controller)
- 주입지점 유량값 전송설비(또는 SCD)
- RTU(PLC, DCS 등)
- SCADA 설비

　㉡ 감시제어 알고리즘
- 운영자는 주입률을 수질상태 등을 고려하여 결정
- 운영자는 주입률을 중앙제어실 OIS에 입력

- RTU 또는 제어 Unit(Controller)에서는 주입지점의 유량값(또는 제타전위)을 취득
- 주입률과 유량값을 인자로 주입량 자동계산
- 결정된 주입량으로 자동주입
- 주입량을 원격으로 측정, 감시

(4) 주입률 결정방법

① **자테스트에 의한 주입률 결정** : 실험실 등에서 운영자가 자테스트를 실시하여 약품주입률을 결정하는 방식
② **조견표에 의한 주입률 결정** : 미리 시험 등을 통하여 수량 및 수질상태에 대한 주입률을 조견표로 작성하여 이에 따라 주입률을 결정하는 방식
③ **인공지능에 의한 주입률 결정** : 약품주입률에 영향을 미치는 수질인자들과 인공지능 알고리즘을 이용하여 컴퓨터가 주입률을 결정하는 방식
④ **실험실 실험에 의한 주입률 결정** : 운영자가 실험실에서 자테스트 외 각종 수질시험을 통하여 약품주입률을 결정하는 방식

[액체약품투입방식의 비교]

구 분	정량펌프주입방식	인공지능에 의한 유량계 – 전동밸브주입방식	유량계 – 전동밸브주입방식
개략도	(약품저장탱크, 면적식유량계, Speed Control, 정량펌프, 주입지점)	(약품저장탱크, Controller, 유량계 전동밸브, 희석수, 희석수펌프, Ejector, 주입지점)	(약품저장탱크, 면적식유량계, 전동밸브, 공급펌프, 유량계, 주입지점)
개 요	• 정량펌프(주로 정량다이어프램 펌프)에 의해 주입하며 주입량 조절은 펌프회전수 변속 및 펌프의 Stroke를 조절한다. • 투입량의 간헐점검은 흡입측의 면적식유량계로 한다.	• 주입되는 유량은 유량계 신호에 의해 전동밸브의 개도율을 조정하여 주입량을 조절한다. • 주입압력은 희석수펌프의 가압에 의해 이젝터에서의 추진력으로 압송한다.	• 공급펌프에 의해 주입하며 토출관로에 유량계와 바이패스관로에 전동밸브를 설치하는 방식이다. • 주입량의 조절은 유량계의 신호를 받아 전동밸브에 의해 조절한다.
장 점	• 설비가 간단하고 사용 실적이 가장 많다. • 유량의 변화에 따라 압력변화가 적으므로 토출관로가 길어도 주입에 지장이 없다. • 투자비가 적다.	• 유량제어범위(1 : 60)가 넓고 정밀도가 높다. • 유량계를 통한 실제주입유량의 확인이 가능하다. • 인공지능학습법에 의한 투입량의 자동설정 및 자동주입이 가능하다.	• 유량계 및 전동밸브에 의해 제어되므로 유량제어범위가 넓고 주입량을 정확하게 할 수 있다. • 공급펌프에 대한 투자비를 적게 할 수 있다.
단 점	• 유량 조절범위(1 : 10)가 작고 25% 이하에서의 오차가 크다. • 완전 용해되지 않는 이송액(소석회 등)은 펌프 내 고착 등으로 인해 운전이 어렵다.	• 설비가 많아 투자비용이 크다. • 원거리 주입지점의 경우 약품종류에 따라 가압용 희석수로 인한 수화에 의한 관내 침적을 고려하여야 한다. • 가압을 위한 희석수가 다량 소요된다.	• 약품 종류나 주입지점이 많을 때 설비가 다소 복잡해진다. • 유량계가 소형이므로 유량이 적을 경우 폐색의 우려가 있다.

CHAPTER 01 적중예상문제(1차)

제3과목 설비운영

01 계획정수량에 대한 설명 중 옳지 않은 것은?

① 계획정수량은 계획 1일 최대급수량을 기준으로 하고 여기에 작업용수, 잡용수, 기타 손실수량을 고려한다.
② 작업용수는 침전지 배출오니, 여과지의 세척용수 또는 모래세척용수, 약품용해수, 염소주입용 압력수, 기기의 냉각수 및 시설의 청소용수 등이 있다.
③ 잡용수는 정수장 내 급수, 청소용수 및 분수용수 등이 있다.
④ 개량, 개체 시 정수능력을 확보하기 위하여 예비능력을 갖는 것은 불필요하다.

해설 ④ 개량, 개체 시에도 정수능력을 확보하기 위하여 예비능력을 갖는 것이 바람직하다. 즉, 예비능력의 필요성은 변경 및 개량 시, 사고·고장 시, 대규모 장기적인 정수능력의 감소를 고려하여 설정한다.

02 다음 중 정수처리의 간이처리방식에 대한 설명으로 옳지 않은 것은?

① 원수수질이 양호하고 대장균군 50(100mL, MPN) 이하일 경우 채택한다.
② 일반세균 100(1mL) 이하일 경우에 채택한다.
③ 정수처리방법 중에서 가장 단순한 공정이다.
④ 원수 → 착수정 → 염소주입점 → 정수지(배수지) → 송수

해설 ② 일반세균 500(1mL) 이하, 기타 항목이 정수수질기준 등에 상시 적합할 경우에 채택한다.

03 다음 중 완속여과방식에 대한 설명으로 옳지 않은 것은?

① 원수의 수질은 비교적 양호하며 대장균군 1,000(100mL, MPN) 이하, 생물학적 산소요구량(BOD) 2mg/L 이하, 최고탁도 10도 이하인 경우에는 완속여과방식으로 할 수 있다.
② 원수는 지하수, 부영양화가 진행되지 않는 댐수, 호소수, 오염이 진행되지 않는 하천수 등에서 원수 중에 소량의 탁질 및 미량의 유기물질제거를 목적으로 하는 처리방법이다.
③ 처리공정은 급속여과방식과 같다.
④ 비교적 얇은 사층을 통과하여 천천히 여과함으로써 원수를 정화하는 것이다.

> **해설** 정수처리방식
> • 급속여과방식 : 원수 → 착수정 → 응집 → 침전지 → 급속여과지 → 염소주입점 → 정수지(배수지) → 송수
> • 완속여과방식 : 원수 → 착수정 → 침전지 → 완속여과 → 염소주입점 → 정수지(배수지) → 송수

04 급속여과방식에 대한 설명 중 옳은 것은?

① 원수의 수질이 간이처리방식 및 완속여과방식으로 정화할 수 없는 경우에는 급속 여과방식이 적합하다.
② 탁질로부터 미량의 암모니아성 질소, 망간, 세균, 냄새물질 등도 제거된다.
③ 유지관리가 간단하고 고도의 기술을 요구하지 않는다.
④ 여과속도가 느리고 넓은 면적과 모래 삭취 등으로 인한 노력이 많이 필요하다.

> **해설** 급속여과방식
> 약품침전지, 급속여과지, 소독시설로 구성되고 현탁물질을 처음부터 약품처리에 의해 응집시켜 플록을 침전지에서 효율적으로 침전, 제거하고 다음에 급속여과지에서 제거하는 방식이다.
> ※ ②·③·④는 완속여과방식에 대한 설명이다.

정답 3 ③ 4 ①

05 착수정에 대한 설명 중 틀린 것은?

① 착수정은 도수시설에서 도수되는 원수의 수위동요를 안정시키고 원수량을 조절하여 다음에 연결되는 약품주입, 침전, 여과 등 일련의 정수작업이 정확하고 용이하게 처리될 수 있도록 하기 위하여 설치한다.
② 착수정은 2지 이상으로 분할하는 것이 원칙이다.
③ 형상은 일반적으로 직사각형 또는 원형으로 하고 유입구에는 제수밸브 등을 설치한다.
④ 착수정에는 원수의 수질을 파악할 수 있도록 채수설비와 분말활성탄주입설비장치를 설치하는 것이 바람직하다.

해설 ④ 착수정에는 원수의 수질을 파악할 수 있도록 채수설비와 수질측정장치를 설치하는 것이 바람직하다.

06 다음 중 착수정에 대한 설명으로 옳지 않은 것은?

① 착수정은 2지 이상으로 분할하는 것이 원칙이나 분할하지 않는 경우에는 반드시 우회관을 설치하며 배수설비를 설치한다.
② 수위가 고수위 이상으로 올라가지 않도록 월류관이나 월류위어를 설치한다.
③ 월류량의 유량은 유입량의 1/2 이상으로 한다.
④ 착수정의 고수위와 주변 벽체의 상단 간에는 60cm 이상의 여유를 두어야 한다.

해설 ③ 월류량의 유량은 유입량의 1/5 이상으로 하며 설치위치는 유입수 유입 시 파고형상에 의한 월류로 인하여 원수의 손실이 염려되는 경우를 고려하여 고수위보다 2~5cm 높게 설치할 수도 있다.

07 다음 중 응집제의 역할로 가장 알맞은 것은?

① 이온이나 콜로이드물질과 반응하여 육안으로 볼 수 있는 입자가 형성되도록 한다.
② 원수 중에 냄새나는 물질을 분해한다.
③ 약품이 잘 섞이게 하는 역할을 한다.
④ 응집지에서 형성된 플록을 제거하는 역할을 한다.

해설 ② 오존처리, ③ 혼화지의 역할, ④ 침전지의 역할

정답 5 ④ 6 ③ 7 ①

08 정수시설의 응집용 약품에 대한 설명으로 틀린 것은?

① 응집제로는 명반 등이 있다.
② 알칼리제로는 소다회 등이 있다.
③ 보조제로는 활성규산 등이 있다.
④ 첨가제로는 소금 등이 있다.

> **해설** 정수시설의 응집용 약품
> • 응집제 : 명반(황산알루미늄), 폴리염화알루미늄(PAC), 황산제1철, 황산제2철, 유기고분자 응집제 등
> • 알칼리제(pH 조정제) : 소석회, 소다회, 액체수산화나트륨 등
> • 응집보조제 : 활성규산, 알긴산소다 등

09 황산알루미늄에 대한 설명으로 옳지 않은 것은?

① 황산알루미늄은 무색의 점성이 있는 중성 액체이다.
② 액체황산알루미늄[액반 또는 LAS(Liquid Aluminum Sulfate)]과 고체황산알루미늄[고반 또는 SAS(Solid Aluminum Sulfate)]으로 구분한다.
③ 황산알루미늄은 황산반토라고도 하며 고형과 액체가 있으며 취급이 용이하다.
④ 대부분의 경우 액체가 사용되나 겨울철에 산화알루미늄의 농도가 높으면 결정이 석출하여 송액관을 막히게 하는 예가 있으므로 사용 시 농도에 주의하여야 한다.

> **해설** ① 황산알루미늄은 무색의 점성이 있는 산성 액체(20℃에서 비중 : 1.3, 점도 : 20cPs)이다.

정답 8 ④ 9 ①

10 황산알루미늄의 특징으로 옳지 않은 것은?

① 가격이 저렴하고, 현탁물질에도 유효하다.
② 독성이 있으므로 대량주입은 삼가야 한다.
③ 결정은 부식성이 없어 취급이 용이하다.
④ 저장 중에 응집능력의 저하가 없다.

해설 황산알루미늄의 특징
- 가격이 저렴하고, 현탁물질에도 유효하다.
- 독성이 없으므로 대량주입이 가능하다.
- 결정은 부식성이 없어 취급이 용이하다(단, 10% 용액 pH 2.4의 경우 콘크리트와 철에 부식성을 갖고 있음).
- 저장 중에 응집능력의 저하가 없다.
- 저온이면 동결현상이 있다.
- 저수온, 고탁도 시 응집보조제가 필요하다.
- 적정주입률 범위가 좁다(최적 pH : 5.5~7.5).
- 철염과 같이 바닥이나 벽면을 더럽히지 않는다.
- 철염에 비해 플록이 가볍다.

11 정수시설의 배치에 대한 내용으로 옳지 않은 것은?

① 처리계열은 가능한 한 독립된 2 이상의 계열로 분할하는 것이 바람직하다.
② 각 시설 간에 수위결정을 위한 손실수두는 수리계산이나 실험에 의하여 결정한다.
③ 완속여과지 방식의 경우 착수정으로부터 침전지, 여과지까지의 전체 손실수두는 3~4m로 한다.
④ 급속여과 방식의 경우에는 고도정수처리 등을 하지 않는 통상적인 응집, 침전, 여과까지의 시설전체의 손실수두는 3.0~5.5m 정도가 된다.

해설 ③ 완속여과지 방식의 경우 착수정으로부터 침전지, 여과지까지의 전체 손실수두는 1~2m로 한다.

12 다음 중 폴리염화알루미늄에 대한 특성으로 옳지 않은 것은?

① 응집 및 플록형성이 황산알루미늄보다 현저히 빠르며 모든 탁질에 매우 유효하다.
② 10% 용액 pH 3.8의 경우 콘크리트, 철에 부식성을 갖는다.
③ 장기간 저장하면 동결현상이 나타난다.
④ 저수온, 고탁도 시에도 응집효과가 우수하여 응집보조제가 불필요하다.

해설 폴리염화알루미늄(PAC)의 특성
- 응집 및 플록형성이 황산알루미늄보다 현저히 빠르며 모든 탁질에 매우 유효하다.
- 10% 용액 pH 3.8의 경우 콘크리트, 철에 부식성을 갖는다.
- 장기간 저장하면 응집능력이 저하되나 동결현상은 없다.
- 저수온, 고탁도 시에도 응집효과가 우수하여 응집보조제가 불필요하다.
- 적정주입률 범위가 넓다(최적 pH : 6~9).
- LAS와 혼합하면 침전물이 생성된다.
- pH, 알칼리도 저하가 황산알루미늄의 1/2 이하이다.
- 탁질제거 효과가 현저하며 과량으로 주입하여도 효과가 떨어지지 않는다.

13 다음 중 폴리수산화염화규산알루미늄의 특징에 대한 설명으로 옳지 않은 것은?

① 산화알루미늄이 5~17%이고, 이산화규소(SiO_2)가 0.1~3%이며 액체상으로 기존의 응집제로 사용되고 있는 폴리염화알루미늄과 유사하다.
② 잔류알루미늄을 기존의 응집제에 비하여 15% 이상 감소시켜 준다.
③ 약품의 투입량이 적고 치밀한 플록을 형성시킴으로써, 슬러지 발생량 및 처리비용을 30% 이상 감소시켜 준다.
④ 동결성이 높아 저장안정성이 낮다.

해설 폴리수산화염화규산알루미늄의 특징
- 어는점이 −20℃로 낮아 저장안정성이 좋으므로 사용하기에 편리하다.
- 탁월한 응집성능으로 과망간산칼륨($KMnO_4$)의 소비량을 기존의 응집제에 비하여 20% 이상 감소시켜 주어 발암물질로 알려져 있는 트라이할로메탄의 생성을 감소시켜 준다.
- 약품의 투입량이 적고 치밀한 플록을 형성시킴으로써, 슬러지 발생량 및 처리비용을 30% 이상 감소시켜 준다.
- 응집제 투입량을 절반 이하로 줄일 수 있어 저장시설 용량을 2배 이상 증가시켜 준다.
- 잔류알루미늄을 기존 응집제에 비하여 15% 이상 감소시켜 준다.
- 제품 중에 함유된 활성규산(Silicate)의 각 작용으로 타 응집제보다 플록을 크고 신속하게 형성시켜 줌으로써 침강성을 증가시켜 준다.

14 다음 중 황산제2철 및 염화제2철에 대한 특징으로 옳지 않은 것은?

① 응집적정범위가 pH 4.0~11.0으로 매우 넓으며 알칼리영역에서도 플록이 용해되지 않는다.
② 플록이 무거우며 침강이 빠르다.
③ 황화수소 및 색도의 제거가 가능하다.
④ 후민질 등의 물질에 대하여 철화합물을 생성하게 되어 제거하기 어렵고 부식성이 매우 약하다.

해설 ④ 부식성이 매우 강하므로 설비기계의 재질 선정에 주의하여야 한다.

15 다음 중 폴리유기황산알루미늄마그네슘(PSO-M ; Polyaluminum Sulfate Organism-Magnesium)에 대한 특징으로 옳지 않은 것은?

① 타 응집제에 비하여 가격이 비싸다.
② 갈수기 조류번식으로 인한 pH 상승 시 pH 강화효과가 있다.
③ 저온에서 쉽게 동결되지 않는다.
④ pH 변화에 따른 응집변화의 폭이 넓어 급격한 수질변화에 적합하다.

해설 폴리유기황산알루미늄마그네슘은 무색 또는 황갈색의 투명한 액체로(pH 3.0 이상, 비중 1.22) 타 응집제에 비하여 가격이 저렴하다.

16 다음 중 응집제의 주입지점으로 옳지 않은 것은?

① 관내 설치혼화기
② 낙차지점
③ 회전익의 근접지역
④ 기계적 교반을 하는 경우에는 낙차지점

해설 응집제의 주입지점
- 주입지점은 혼화방법에 따라 다를 수 있으나 관내 설치혼화기, 낙차지점 또는 회전익의 근접지역이나 유입관의 중심부 등 주입과 동시에 신속한 교반이 이루어질 수 있는 지점이어야 한다.
- 기계적 교반을 하는 경우에는 교반장치 회전익의 최근접지점이거나 원수유입관 끝 부분의 중심부 등이어야 한다.
- 수리적 에너지를 이용하는 경우에는 낙차지점이나 혼화에 필요한 난류가 발생하는 장소이어야 하며 관내 혼화를 하는 경우에는 설치된 혼화기의 직전이어야 한다.

17 소석회의 특징으로 옳지 않은 것은?

① 수분을 흡수하여 고화되기 쉬우므로 제습을 고려하여야 한다.
② 입상이므로 저장이 쉽고, 자동주입하기가 좋다.
③ 분말이므로 취급이 어렵고, 분진대책이 필요하다.
④ 완속여과지에 사용하면 여과사가 서로 부착하는 일이 있다.

> 해설   소석회는 경제적이나 분말이므로 취급하기가 곤란하고 완속여과지에 사용하면 여과사가 서로 부착하는 일이 있다. 또 자동주입이 비교적 어렵고, 운반 및 저장이 불편하다.

18 황산에 대한 설명 중 옳지 않은 것은?

① 황산 등의 산성 약품은 부영양화 등의 이유로 높아진 원수의 pH를 낮추기 위하여 쓸 수도 있다.
② 주입장소는 응집제 주입장소의 하류측으로 혼화가 잘 되는 장소이어야 한다.
③ 전염소처리 시 염소 1mg/L에 대하여 알칼리도는 이론상 1.41mg/L를 소비하나 전염소주입률이 높을 때는 보정이 필요하다.
④ 소석회와 소다회는 대개 건식주입을 하나 습식주입을 할 때는 소석회를 석회유로 하여 10~20%, 소다회는 5~10% 정도의 용액으로 하면 사용하기가 편리하다.

> 해설   주입장소는 응집제 주입장소의 상류측으로 혼화가 잘 되는 장소이어야 한다. pH조정제의 주입을 위하여 체류시간 1분 정도의 별도의 혼화지를 설치할 수도 있다. pH조정제는 일반적으로 응집제 투입지점보다 상류측에서 주입하지만 응집제 주입 후 알칼리제를 주입하는 것이 효과적일 때도 있으므로 자테스트(Jar-test)에 의하여 비교, 결정한다.

19 다음 중 응집보조제에 대한 설명으로 옳지 않은 것은?

① 응집보조제는 원수의 수질에 따라 플록형성과 침전 및 여과의 효과를 높이는 데 사용된다.
② 응집보조제는 강우로 인하여 원수의 탁도가 높아졌을 때 사용한다.
③ 일반적으로 황산알루미늄을 사용할 때는 응집보조제가 필요 없으나 폴리염화알루미늄을 사용할 때는 필요로 한다.
④ 응집보조제는 겨울철에 저수온일 때 또는 처리수량을 증가시키고자 할 때나 철, 망간, 생물제거와 분말활성탄 주입 시 등에 침전과 여과효율을 더욱 높이기 위하여 사용한다.

> 해설   일반적으로 황산알루미늄을 사용할 때는 응집보조제가 필요하고 폴리염화알루미늄을 사용할 때는 필요로 하지 않는 경우가 많다.

정답   17 ②   18 ②   19 ③

20 응집보조제의 주입량과 장소에 대한 설명으로 옳지 않은 것은?

① 주입률은 응집제주입률 결정 시 동시에 정하여야 한다.
② 통산 활성규산은 1~5mg/L의 범위로 주입하며 활성화가 과대하면 응고하여 주입장치를 막히게 하므로 0.5% 정도 희석한 용액으로 사용하여야 한다.
③ 알긴산소다는 0.2~2mg/L의 범위로 주입하며 1% 이하로 희석하여 사용한다.
④ 주입량은 자테스트로 결정한다.

해설 주입량은 처리수량과 주입률에 의하여 산출하여야 한다.

21 응집보조제의 검수 및 저장설비에 대한 설명으로 옳지 않은 것은?

① 황산알루미늄을 액상으로 저장하는 설비는 에폭시수지라이닝, 경질 또는 연질의 염화비닐판을 붙이는 등 내산재료를 사용하거나 스테인리스클래드강 등의 내산재료를 사용하여야 한다.
② 액체황산알루미늄은 농도가 너무 높으면 결정이 석출하거나 점성이 높아져서 계량과 주입에 지장이 있으므로 6~8%를 사용한다.
③ 액체황산알루미늄은 기온이 많이 떨어지는 지대에서는 석출온도 이하로 온도가 하강할 때가 있으므로 저장설비와 계량 및 주입설비에도 보온장치를 할 필요가 없다.
④ 고형황산알루미늄은 운반이 용이하도록 저장장소를 용해조 근처에 설치하는 등 작업 동선을 고려하여야 한다.

해설 액체황산알루미늄은 농도가 너무 높으면 결정이 석출하거나 점성이 높아져서 계량과 주입에 지장이 있으므로 6~8%를 사용하며 기온이 많이 떨어지는 지대에서는 석출온도 이하로 온도가 하강할 때가 있으므로 저장설비와 계량 및 주입설비에도 보온장치를 할 필요가 있다.

22 응집보조제의 검수 및 저장설비에 대한 설명으로 옳지 않은 것은?

① 가성소다는 45% 용액을 구입하여 운전하는 것이 일반적이나 액온이 5~10% 이하가 되면 결정이 석출하므로 보온설비를 하거나 용액의 농도를 20~25%로 희석하여 저장한다.
② 소석회는 대개 습식으로 주입한다.
③ 응집제의 저장량은 30일분 이상으로 한다.
④ 알칼리제는 연속 주입할 경우 30일분 이상, 간헐 주입할 경우에는 10일분 이상으로 한다.

해설 소석회는 습기가 많으면 탄산칼슘으로 변해 약품의 효율저하는 물론 고형화되어 투입이 곤란하므로 방습구조로 하여야 하며 일반적으로 건식으로 주입한다.

23 액체약품주입설비 중 로터미터(Rotameter)에 의한 방식으로 옳지 않은 것은?

① 로터미터와 유량조절밸브로 약품투입량을 조절하며 과대유량은 저장탱크로 환류시켜 주는 구조이다.
② 구성요소는 로터미터(Rotameter), 유량조절밸브, 펌프 및 부속설비이다.
③ 구조가 간단하고, 유지보수가 용이하여 약품을 절감할 수 있다.
④ 유량변화에 대한 약품주입률의 변화가 쉽고, 동력소비가 적다.

해설 유량변화에 대한 약품주입률의 변화가 어렵고, 약품을 절감할 수 있으나 동력소비가 크다.

24 액체약품주입설비 중 정량(Metering)펌프에 의한 방식으로 옳지 않은 것은?

① 단위행정당의 용적변화 또는 가변속전동장치를 사용한 왕복동속도변화에 의하여 토출량을 정확하게 가감조절할 수 있는 설비로 플런저(Plunger)방식과 다이어프램(Diaphragm)방식이 있으나 약품과 가동부가 직접 접촉하지 않은 다이어프램방식이 주로 사용된다.
② 유독성의 액체나 부식성이 강한 약품의 이송에 적합하다.
③ 구성요소는 정량펌프, 가변속구동장치, 밸브 및 부속설비이다.
④ 약품이 없는 상태에서 운전하면 기계에 손상이 크다.

해설 펌프에 의해 가압하므로 비교적 원거리까지 주입이 가능하고 약품주입률 변화를 간단하게 조정할 수 있으며 약품이 없는 상태에서 운전하여도 기계에 손상이 없다.

25 전자유량계와 제어밸브조합에 의한 방식의 특징으로 옳지 않은 것은?

① 펌프에 의해 주입할 경우 원거리수송이 가능하다.
② 펌프에 의해 주입하므로 압력이 필요한 곳에도 적용이 쉽다.
③ 토출유량 중 일부만 실주입되고 나머지는 저장탱크로 복귀되므로 약품을 절감할 수 있다.
④ 약액과 펌프회전차가 직접 접촉되므로 누액방지를 위한 Sealless펌프가 필요하다.

해설 전자유량계와 제어밸브조합에 의한 방식
저장탱크의 약액을 자연유하방식 또는 원심펌프에 의해 주입지점으로 이송하고 이송되는 약액은 전자유량계에 의해 계측하며, 처리공정에서 필요한 양만큼 제어밸브로 조절하여 투입하는 방식이다. 특히 자연유하방식에 의할 경우 정전 시에도 연속적인 약품투입이 가능하므로 수질관리가 용이하나, 압력이 필요한 곳에는 적용이 곤란하다.

정답 23 ④ 24 ④ 25 ②

26 분체약품주입설비에서 호퍼 투입방식에 의한 분류 중 인력에 의한 방식으로 옳은 것은?

① 포대(20~50kg/포)로 반입되는 약품을 인력에 의해 운반, 해체하여 호퍼로 충전시키는 방식으로 시설이 간단하여 설치비가 저렴하다.
② 인력에 의한 작업량이 감소하나 분진이 발생한다.
③ 해체 후 포대에 잔량이 남아 약품소비가 발생한다.
④ 시설비가 고가이다.

해설 ②·③·④는 자동개폭기(Bag Opening Machine)에 의한 방식의 특징이다.

27 분체약품주입설비에서 호퍼 투입방식에 의한 분류 중 공기흡입에 의한 자동이송방식으로 옳지 않은 것은?

① 설비가 간단하고 배치식에 적합하다.
② 완전밀폐하여 주입하므로 분진발생이 거의 없다.
③ 포대해체의 횟수를 줄일 수 있고, 시설비가 저가이다.
④ 한 대의 폴리백 해체기로 여러 대의 약품투입기 호퍼에 분체를 공급할 수 있다.

해설 ①은 컨테이너 백에 의한 직접 투입방식의 특징이다.

28 용해조이송방식에 의한 분류 중 용적계량방식에 대한 설명으로 옳지 않은 것은?

① 주입되는 분체약품의 주입률을 호퍼로부터 공급되는 약품의 용적으로 계량하여 주입하는 방식이다.
② 재료의 겉보기 밀도변화를 인지할 수 없어 겉보기 밀도변화 시 정량성이 저하되므로 주기적인 조정을 실시해야 한다.
③ 주입 정도는 ±10% 이내로 증가한다.
④ 구조가 간단하다.

해설 주입 정도는 ±10% 이내로 다소 떨어진다.

29 용적계량방식 중 Belt Feeder에 의한 방식의 특징으로 옳지 않은 것은?

① 투입량의 조절범위는 10~30 : 1 정도이고 정밀도는 ±5% 정도이다.
② 이물질의 혼입에 의한 마모 및 장애가 거의 없다.
③ 점착성 물질의 투입이 어렵고, 댐퍼의 조절이 정밀하지 못하다.
④ 주로 소석회의 투입에 사용된다.

해설 Belt Feeder에 의한 방식
이송하는 벨트 위에 약품을 중력에 의하여 낙하하여 모터의 회전수 조절 및 댐퍼의 높이 조절에 의해 투입량을 조절하는 방식으로 주로 황산알루미늄의 투입에 사용되고, 밀봉이 어려워 주위가 더럽혀질 우려가 있으나 고장이 적고, 설치비가 저가이다.

30 용적계량방식 중 스크루 벨트에 의한 방식의 특징으로 옳은 것은?

① 스크루식과 벨트식을 혼합한 형식으로 모터의 회전수와 댐퍼의 높이에 따라 약품투입량을 조절하며 소석회 투입에 주로 사용된다.
② 대규모 정수장에 적합하다.
③ 계량장치가 없으므로 제어개념이 단순화되며 설비가 간단하여 고장요인이 없다.
④ 용해조 또는 저장조의 슬러리는 이젝터를 사용하여 배관으로 압송하므로 배관 내에 약품침적현상이 없다.

해설 ② · ③ · ④는 비계량방식의 특징이다.

31 주입량 결정방법 시 유량에 의한 비례제어에 대한 설명으로 옳지 않은 것은?

① 주입지점의 유량을 실시간으로 측정하여 유량변동에 비례하여 자동으로 약품주입량을 조절하는 방식이다.
② 구성요소는 하드웨어, 즉 유량계와 약품주입설비이다.
③ 비교적 정확하고, 유량변화에 실시간으로 대처가 가능하다.
④ 주입률결정을 위한 별도의 시험을 실시하여야 한다.

해설 ② 구성요소는 하드웨어(유량계 + 약품주입설비)와 소프트웨어(PLC Logic, 응용프로그램 등)이다.

32 응집약품의 주입률 결정방법에 해당되지 않는 것은?

① 자테스트에 의한 주입률 결정
② 조견표에 의한 주입률 결정
③ 현장 수동에 의한 주입률 결정
④ 실험실 실험에 의한 주입률 결정

해설 응집약품 주입률 결정방법에는 ①·②·④가 있다.
응집약품 주입률 결정방법
- 자테스트에 의한 주입률 결정 : 실험실 등에서 운영자가 자테스트를 실시하여 약품주입률을 결정하는 방식
- 조견표에 의한 주입률 결정 : 미리 시험 등을 통하여 수량 및 수질상태에 대한 주입률을 조견표로 작성하여 조견표에 의한 주입률을 결정하는 방식
- 인공지능에 의한 주입률 결정 : 약품주입률에 영향을 미치는 수질인자들과 인공지능 알고리즘을 이용하여 컴퓨터가 주입률을 결정하는 방식
- 실험실 실험에 의한 주입률 결정 : 운영자가 실험실에서 자테스트 외 각종 수질시험을 통하여 약품 주입률을 결정하는 방식

33 액체약품투입방식 중 인공지능에 의한 유량계-전동밸브주입방식의 장단점으로 옳지 않은 것은?

① 유량제어범위(1 : 60)가 넓고 정밀도가 높다.
② 유량계 및 전동밸브에 의해 제어하므로 유량제어범위가 넓고 주입량을 정확하게 할 수 있다.
③ 인공지능학습법에 의한 투입량의 자동설정 및 자동주입이 가능하다.
④ 설비가 많아 투자비용이 크다.

해설 ②는 유량계-전동밸브 주입방식이다.

34 액체약품투입방식 중 정량펌프주입방식의 장단점으로 옳지 않은 것은?

① 설비가 간단하고 사용실적이 가장 많다.
② 유량의 변화에 따라 압력변화가 적으므로 토출관로가 길어도 주입에 지장이 없다.
③ 투자비가 적다.
④ 유량제어범위(1 : 60)가 넓고 정밀도가 높다.

해설 정량펌프 주입방식은 유량조절범위(1 : 10)가 좁고 25% 이하에서의 오차가 크다.

CHAPTER 01 적중예상문제(2차)

제3과목 설비운영

01 정수처리의 목적을 3가지 이상 쓰시오.

02 원수의 수질조건에 따라 고도정수시설이 필요하다. 다음의 경우에 알맞은 처리방식을 쓰시오.
(1) 냄새의 처리를 목적으로 하는 경우
(2) Trichlorethylene 등의 제거를 목적으로 하는 경우
(3) 암모니아성 질소(NH_3-N)의 제거를 목적으로 하는 경우
(4) 생물제거를 목적으로 하는 경우
(5) 철, 망간의 제거를 목적으로 하는 경우
(6) 음이온 계면활성제 제거를 목적으로 하는 경우
(7) 색도제거를 목적으로 하는 경우
(8) 침식성 유리탄산의 제거를 목적으로 하는 경우

03 응집제의 하나인 황산제2철(Ferric Sulfate) 및 염화제2철(Ferric Chloride)의 특징을 3가지 이상 쓰시오.

04 다음 응집제의 주입량 산정의 관계식을 쓰시오.
(1) 고형 황산알루미늄의 중량주입률
(2) 액체 황산알루미늄의 용적주입률(주입률을 고형 황산알루미늄으로부터 산정하였을 때)
(3) 액체 황산알루미늄의 용적주입률(주입률을 액체 황산알루미늄의 주입용량으로부터 산정하였을 때)
(4) 액체 황산알루미늄의 용적주입률(주입률을 액체 황산알루미늄의 주입질량으로부터 산정하였을 때)

05 정수처리약품 중 pH조절제의 하나인 소다회(Soda Ash)의 특징을 3가지 이상 쓰시오.

06 다음은 응집보조제의 주입량 및 주입장소에 대한 설명이다. 괄호 안에 알맞은 내용을 쓰시오.

- 주입률은 응집제의 (   ) 결정 시 동시에 정하여야 하고 일반적으로 활성규산은 (   )mg/L의 범위로 주입하며 활성화가 과대하면 응고하여 주입장치를 막히게 하므로 0.5% 정도 희석한 용액으로 사용하여야 한다.
- 알긴산소다는 0.2~2mg/L의 범위로 주입하며 (   )% 이하로 희석하여 사용한다.

07 다음은 응집약품의 검수 및 저장설비에 대한 설명이다. 괄호 안에 알맞은 내용을 순서대로 쓰시오.

> - 외관검사 및 밀도검사 등의 단단한 품질확인과 공급자로부터 (　)를 받도록 하는 것이 필요하다.
> - 응집용 약품의 저장조는 (　,　,　) 등으로 구조상 안전하여야 하고 관리와 주위환경을 고려하여 적당한 장소에 설치하여야 한다.
> - 황산알루미늄을 액상으로 저장할 때는 에폭시수지라이닝, 경질 또는 연질의 염화비닐판을 붙이는 등 내산재료를 사용하거나 (　) 등의 내산재료를 사용하여야 한다.
> - 폴리염화알루미늄은 수도용 황산알루미늄보다 pH값이 중성에 가까우나 부식성이 커서 스테인리스강도 침식하므로 저장조는 (　,　)의 저장조를 사용한다.
> - 가성소다는 45% 용액을 구입하여 운전하는 것이 일반적이나 액온이 (　)% 이하가 되면 결정이 석출하므로 보온설비를 하거나 용액의 농도를 (　)%로 희석하여 저장한다.
> - 저장설비의 용량은 응집제는 (　)일분 이상으로 하고, 알칼리제는 연속 주입하는 경우 (　)일분 이상, 간헐 주입할 경우에는 (　)일분 이상으로 한다. 또한 응집보조제는 (　)일분 이상으로 한다.

08 액체약품주입방식 중 로터미터(Rotameter)에 의한 방식의 특징 3가지 이상과 구성요소를 쓰시오.

09 분체약품주입설비에서 호퍼투입방식 중 공기흡입에 의한 이송방식의 특징을 3가지 이상 쓰시오.

10 분체약품주입설비에서 용해조이송방식에는 중량계량방식과 용적계량방식이 있다. 이중 용적계량방식의 하나인 Table(Circle) Feeder에 의한 방식의 특징을 3가지 이상 쓰시오.

11 분체약품주입설비에서 용해조이송방식에는 중량계량방식과 용적계량방식이 있다. 이중 용적계량방식의 하나인 Screw Feeder에 의한 방식의 특징을 3가지 이상 쓰시오.

12 약품주입률에 영향을 미치는 수질인자들을 통계해석 또는 역전달방식의 신경회로망이나 기타의 다른 인공지능 알고리즘을 이용하여 컴퓨터가 수질인자에 따른 약품주입률을 패턴인식하도록 하고 컴퓨터에 입력되는 수질인자들의 자료를 분석한 후에 신경회로망 혹은 다른 인공지능 알고리즘에 의하여 약품주입률을 목표출력치로 하여 약품주입률을 자동화하는 방식은 무엇인가?

13 주입량 조절방법 중 약품펌프 속도조정에 의한 방법의 종류를 쓰고, 그 구성요소를 열거하시오.

14 감시제어방법 중 현장수동감시제어는 유량변화 및 수질의 변화에 관계없이 현장에서 수동으로 주입량을 설정하여 약품을 주입하는 방식이다. 그 설비구성품과 감시제어 알고리즘을 3가지 이상씩 쓰시오.

15 액체약품투입방식 중 인공지능에 의한 유량계-전동밸브주입방식의 장단점을 쓰시오.

CHAPTER 01 정답 및 해설

제3과목 설비운영

01
- 수질기준에 적합한 수돗물을 안정적으로 급수하는 것이다.
- 독물이나 보건위생상 해가 되는 물질을 제거한다.
- 음용수의 외관상 조건(탁도, 색도, 취미 등)을 개선한다.
- 병원성 유기물의 제거 또는 활성을 억제한다.

02
(1) 폭기(Aeration), 생물처리, 활성탄처리, 오존처리
(2) Stripping처리, 활성탄처리
(3) 염소처리, 생물처리
(4) 마이크로스트레이너, 2단응집처리, 다층여과, 약품처리
(5) 전염소처리, 망간접촉여과, 철박테리아 이용법, 폭기
(6) 생물처리, 활성탄처리, 오존처리
(7) 활성탄처리, 오존처리
(8) 폭기, 알칼리제 처리

03 황산제2철 및 염화제2철의 특징
- 응집적정범위가 pH 4.0~11.0으로 매우 넓으며 알칼리 영역에서도 플록이 용해하지 않는다.
- 플록이 무거우며 침강이 빠르다.
- 황화수소 및 색도제거가 가능하다.
- pH 9.0 이상에서 망간제거가 가능하다.
- pH 2.0 이상에서는 수산화물을 생성한다.
- 부식성이 매우 강하여 설비기계의 재질선정에 주의하여야 한다.
- 후민질 등의 물질에 대하여 철화합물을 생성하게 되어 제거하기 어렵다.

04 (1) 고형 황산알루미늄의 중량주입률

$$M = Q \times R_s \times 10^{-3}$$

- M : 고형 황산알루미늄의 중량주입률(kg/h)
- Q : 처리수량(ton/h)
- R_s : 고형 황산알루미늄 주입률(mg/L)

(2) 액체 황산알루미늄의 용적 주입률(주입률을 고형 황산알루미늄으로부터 산정 시)

$$V_v = Q \times R_s \times \frac{C_1}{C_2} \times \frac{1}{d} \times 10^{-3}$$

- V_v : 액체 황산알루미늄의 용적주입률(L/h)
- C_1 : 고형 황산알루미늄의 Al_2O_3(%)
- C_2 : 액체 황산알루미늄의 Al_2O_3(%)
- d : 액체 황산알루미늄의 밀도(kg/L)

(3) 액체 황산알루미늄의 용적주입률(주입률을 액체 황산알루미늄의 주입용량으로부터 산정 시)

$$V = Q \times R_L$$

- V : 액체 황산알루미늄의 용적주입률(L/h)
- R_L : 액체 황산알루미늄의 주입률(mg/L)

(4) 액체 황산알루미늄의 용적주입률(주입률을 액체 황산알루미늄의 주입질량으로부터 산정 시)

$$V_v = Q \times R_m \times \frac{1}{d} \times 10^{-3}$$

- V_v : 액체 황산알루미늄의 용적주입률(L/h)
- R_m : 액체 황산알루미늄의 주입률(mg/L)
- d : 액체 황산알루미늄의 밀도(kg/L)

05 소다회(Soda Ash)의 특징
- 수분을 흡수하여 고화하기 쉬우므로 제습을 고려하여야 한다.
- 분말이므로 취급이 어렵다.
- 입상의 경우 소석회보다 작업성이 좋다.

06
- 주입률, 1~5
- 1

07
- 품질분석표
- 콘크리트제, 강제, 플라스틱(FRP)
- 스테인리스클래드강
- 합성수지, 고무라이닝, FRP제
- 5~10, 20~25
- 30, 30, 10, 10

08　① 로터미터(Rotameter)에 의한 방식의 특징
　　　• 유량변화에 대한 약품주입률의 변화가 어렵다.
　　　• 구조가 간단하고, 유지보수가 용이하다.
　　　• 약품을 절감할 수 있으나 동력소비가 크다.
　　　• 로터미터에 스케일 또는 조류가 생성하지 않도록 주의해야 한다.
　　② **구성요소** : 로터미터(Rotameter), 유량조절밸브, 펌프 및 부속설비

09　• 시설운영의 자동화가 용이하다.
　　• 처리미숙 시 분진이 발생한다.
　　• 시스템구성이 복잡하고 시설비가 고가이다.
　　• 흡입호스 주변의 약품만 흡입되는 현상이 있어 인력으로 흡입호스를 계속 조정하여야 하는 불편함이 있다.

10　• 투입량의 조절범위는 10~30 : 1 정도이고 소량투입에 적당하다.
　　• 투입량의 정밀도는 ±5% 정도이다.
　　• 밀폐역할을 부속설비로 이루어 오염을 최소화할 수 있다.
　　• 주로 소석회 투입용으로 사용되며, 약품의 부착, 응고에 의한 고장 및 덩어리약품 투입 시 투입장애가 발생할 수 있다.
　　• 칼날의 조절이 정밀하지 못하고 설치비가 고가이다.

11　• 투입량의 조절범위는 10~30 : 1 정도이고 정밀도는 ±5% 정도이다.
　　• 밀폐가 용이하여 주위의 오염이 없다.
　　• 고체의 재료밀도에 따른 변화를 조정할 수 없다.
　　• 용해조의 수분을 흡수하여 Screw와 함께 고착되어 약품투입 시 오차가 발생하므로 고착물을 제거해 주어야 한다.
　　• 마모, 이물질의 혼입에 의한 고장이 많다.
　　• 응고되기 쉽거나, 직경이 큰 약품의 투입에 부적당하다.

12　인공지능제어

13　• 종류 : 인버터에 의한 방법, 스트로크조정에 의한 방법
　　• 구성요소 : 약품펌프 + RTU 또는 약품주입설비제어 Unit(Controller) + 인버터(또는 스트로크) + 유량계

14　① 설비구성품 : 약품주입설비(약품펌프, 유량계, 조절밸브, 인버터), 약품주입설비제어 Unit(Controller)
　　② 감시제어 알고리즘
　　　• 운영자는 유량 및 수질 상태를 측정, 시험하여 주입량 결정
　　　• 운영자는 주입량을 현장 RTU 또는 제어 Unit(Controller)에 입력
　　　• 입력된 주입량으로 주입
　　　• 주입량 측정, 감시

15　① 장 점
　　　• 유량제어범위(1 : 60)가 넓고 정밀도가 높다.
　　　• 유량계를 통한 실제주입유량의 확인이 가능하다.
　　　• 인공지능 학습법에 의한 투입량의 자동설정 및 자동주입이 가능하다.
　　② 단 점
　　　• 설비가 많아 투자비용이 크다.
　　　• 원거리 주입지점의 경우 약품종류에 따라 가압용 희석수로 인한 수화에 의한 관내 침적을 고려하여야 한다.
　　　• 가압을 위한 희석수가 다량 소요된다.

CHAPTER 02 혼화·침전지설비운영

제3과목 설비운영

01 혼화설비

1. 혼화방식별 특성

(1) 수리적 교반방식
① 개수로 유동에 있어서 원수가 고속으로 유입할 때 수면의 돌연한 상승에 의한 와류에너지를 이용하거나 물의 자유낙하에 의한 와류를 이용한 혼화방식이다.
② 유체자체의 손실수두에 의해 운영되므로 동력이 필요 없어 유지관리가 용이하나, 처리수량의 변동에 따른 제어가 곤란하다.
③ 혼화를 위하여 필요한 손실수두는 혼화지의 구조에 따라 다르나 약 45~60cm이다.
④ 유입수의 교란은 유체자체 손실수두에 의해 발생한다.
⑤ 소규모 시설에 적합하다.
⑥ 운영기술이 필요 없다.
⑦ 주기적인 청소 외에 유지관리가 필요 없다.

(2) 기계적 교반방식
① 혼화지를 두고 임펠러 등의 교반기를 사용하는 방식이다.
② 유입수의 교란은 교반기의 동력에 의해서 발생되고, 원수수질에 따라서 교란 정도의 제어가 가능하다.
③ 원수의 유량변동에 능동적인 대처가 가능하다.
④ 처리시설이 대용량에 유리하다.
⑤ 처리용량의 변동에 능동적인 대처가 가능하다.
⑥ 일정운영기술이 요구된다.
⑦ 유지관리인력의 대기가 요구된다.
⑧ 기계장치가 필요하다.

2. 교반기의 종류 및 특징

구 분	수직터빈형	수직프로펠러형	패들형
구 조	수평원판에 직사각형의 교반날개가 수직으로 6~20매 정도 붙어 있는 구조	선박의 추진프로펠러와 유사한 교반날개가 3~6매 취부되어 있는 구조	폭 100mm 정도의 길이가 긴 패들이 수직 또는 수평으로 여러 개 취부되어 있는 구조
장 점	• 강한 난류가 발생함(속도기울기가 큼) • 날개의 각도를 조절하여 유체의 흐름을 사류로 함으로써 전역에 난류가 발생함 • 회전수의 변화에 따른 급속확산이 가능함 • 구조가 간단하여 취급이 용이함 • 제작이 간편함 • 바닥지지 베어링을 두지 않을 때 지를 비우지 않고도 보수할 수 있어 유지관리가 용이함	• 순환수량이 많고 회전수 변화에 따른 영향이 적음 • 흐름방향이 축류이므로 조의 형태에 따른 영향이 큼 • 회전수 제한이 없음 • 구조가 간단하여 취급이 용이함 • 바닥지지 베어링을 두지 않을 때 지를 비우지 않고도 보수할 수 있어 유지관리가 용이함	• 전역의 수류를 동시에 밀어냄으로써 효과적인 응집이 가능함 • 저속운전되므로 마찰부의 마모가 적음 • 바닥에 지지대가 있어 흔들림이 없고 베어링의 수명이 김 • 바닥지지 베어링을 제외하고는 주요부분이 지상에 있으나, 횡축 패들형은 주요부분이 수중에 위치함
단 점	• 날개속도를 잘못 조절하면 흐름의 사각발생이 일어남 • 바닥지지 베어링이 없을 때는 베어링의 마모율이 높음	• 수류가 비교적 약하여 급속혼화가 어려움 • 프로펠러의 제작이 어려움 • 바닥지지 베어링이 없을 때는 베어링의 마모율이 높음	• 회전수에 제한이 없음 • 축 부근에 단락류가 발생함 • 유체에 많은 에너지가 가해져 강한 난류를 일으킬 때 수류가 불규칙하며 비효율적임 • 수중 구조부의 보수 시에는 조 전체를 정지시킴 • 저속회전하므로 감속기의 감속비가 높아야 함 • 운영유지비 및 설치비가 고가임
기기대수	지당 1대	지당 1대	지당 1대
회전수	혼화 15rpm 이상	1,500rpm까지 가능	1~15rpm
원주속도	혼화 1.5m/s 이상	제한 없음	0.15~0.8m/s

3. 혼화장치의 특징

(1) 펌프분사식 혼화장치

① 장 점

㉠ 순간혼화 가능

㉡ 혼화강도 조절 용이

㉢ 수두손실이 거의 없음

㉣ 저에너지 소모

㉤ 설치 용이

㉥ 고효율

② 단 점
　㉠ 보충수 필요
　㉡ 노즐 폐색

(2) 강제확산식 혼화장치
① 장 점
　㉠ 순간혼화 가능
　㉡ 수두손실이 거의 없음
　㉢ 저에너지 소모
　㉣ 설치 용이
　㉤ 고효율
② 단 점
　㉠ 완제품 수입 의존
　㉡ 혼화기로의 적용사례 미미

4. 기계식 응집기

(1) 종 류
① **수직형** : 수면상에서 수직으로 물속에 교반장치를 넣어 교반하는 방법으로 회전날개의 형상에 따라 국지적인 교반강도가 크게 나타날 수 있으며 다수의 교반기가 필요하다.
② **수평형** : 흐름의 횡단방향으로 축을 평행하게 두어 각 축에 다른 크기와 형태의 패들을 달아 교반하는 방법이다.

(2) 응집기운전 시의 주의사항
① 감속기에 부착된 유면계로 윤활유량 및 누유부분을 확인한다.
② 벨트 및 체인구동식인 경우 벨트 및 체인상태를 확인한다.
③ 전기판넬의 계전기 및 각종 스위치상태를 확인한다.
④ 조작전원을 작동하여 전압, 전류를 확인한다.
⑤ 소음, 회전상태, 발열상태, 누유 등 기기운전상태를 확인한다.
⑥ 주기적으로 기기동작상태를 확인한다.
⑦ 정지 시 기기정지확인 및 윤활유량, 누유부분 등의 이상 유무를 확인한다.
⑧ 운전 중 수질상태에 따라 적절한 응집이 되도록 주변속도를 조정한다.
⑨ 체인의 마모, 부식상태를 점검하고 체인과 체인기어의 간격을 적절히 조정한다.
⑩ 운전 중 무단변속기의 변속조작은 하지 않는다.

02 침전지설비

1. 침전지의 기능

침전지는 침전, 완충 및 슬러지배출의 3가지 기능을 갖추어야 한다. 또한 이 기능들은 정수처리 전체의 흐름 속에서 검토되어야 한다.

(1) 침전기능

주입된 탁질을 가장 효과적으로 침전시키는 일로서 침전지에서 침전효율을 나타내는 가장 기본적인 지표로서는 표면부하율(Surface Loading)을 사용한다.

(2) 완충기능

침전지로부터 유입된 원수의 수량과 수질은 연간 큰 변동을 나타내는데 침전지는 이러한 탁질의 변동을 흡수하여 여과지의 부담을 가능한 한 일정하게 유지할 수 있도록 하여야 한다. 이와 같은 완충기능은 침전기능의 안정성이라 할 수 있으며 침전기능과 함께 중요하게 여겨진다.

(3) 슬러지배출기능

침전기능을 충분히 확보하기 위해서는 침전지구조에 알맞는 슬러지배출설비를 설치하여야 한다.

2. 슬러지배출설비

(1) 슬러지배출설비의 의의

슬러지배출방식은 중력에 의하여 침전지 바닥으로 침전되는 슬러지를 수집하여 지 외로 배출시키는 것으로 침전지의 구조와 유지관리, 슬러지의 성상 등을 고려하여 적당한 것으로 한다.

(2) 슬러지배출설비의 구비조건

① 원활하고 고장 없이 작동할 수 있을 것
② 슬러지의 양에 알맞은 능력을 가질 것
③ 소량으로 농도가 높은 슬러지배출이 가능할 것

(3) 침전지 슬러지수집기의 형식별 특징

① 수중대차식 슬러지수집기 : 물속에서 주행하는 레일 위에 스크레이퍼를 갖춘 대차가 스테인리스 와이어로프에 의해 왕복운동을 하면서 슬러지를 호퍼 쪽으로 모아서 처리하는 설비이다.

② 주행보현수식 슬러지수집기 : 침전지 위에서 주행하는 보에 현수되어 있는 갈퀴판에 의해 호퍼로 슬러지를 긁어 처리하고 보가 귀환할 때에는 갈퀴를 들어 올려 주행하는 형식이다.
③ 체인플라이트식 슬러지수집기 : 물속의 레일을 따라 주행하는 순환체인에 고정된 플라이트가 지내를 회전하면서 연속적으로 슬러지를 호퍼부로 모아 처리하는 형식이다.
④ 진공흡입식 슬러지수집기 : 와이어로프에 의해 흡입파이프가 침전지의 바닥면을 0.1~0.6m/min의 속도로 이동하며 저면의 침전슬러지를 흡수하는 복수의 흡입공을 구비하여 흡입된 슬러지를 사이펀원리에 의하여 배출하는 형식이다.

(4) 슬러지배출설비의 운영 및 관리

① 기계적으로 슬러지를 끌어모을 때는 침전지 바닥에 호퍼(Hopper)나 밸브를 설치하는 등 수압에 의한 슬러지배출 또는 펌프에 의한 슬러지배출이 원활하게 될 수 있는 구조로 하여야 한다.
   ㉠ 슬러지스크레이퍼의 설치 여부는 슬러지 양, 지수, 지 용량의 여유 정도, 기계의 신뢰도, 슬러지 배출작업의 상황 및 경비 등을 고려하여 결정한다.
   ㉡ 스크레이퍼방식 : 주행식, 링크벨트식, 수중견인식, 회전식 등이 있으며 설비비나 침전지 구조, 장래 유지관리작업에 관계가 있으므로 신중히 결정한다.
   ㉢ 스크레이퍼의 속도는 슬러지를 혼란시키지 않도록 속도를 느리게 하며, 12m/h 정도를 기준으로 한다.
② 침전지에 물을 빼고 슬러지를 배출할 경우에는 필요에 따라 슬러지배출을 위하여 압력수를 이용할 수 있는 설비를 설치하는 것이 바람직하다.
   참고 스크레이퍼를 설치하지 않을 경우에는 물론 설치할 경우에도 필요에 따라 압력수 사출장치를 비치하는 것이 바람직하다.
③ 배슬러지밸브는 슬러지로 인한 장애가 적고 내마모성이 우수한 다이어프램(Diaphragm) 밸브 또는 편심밸브 등이 일반적으로 사용된다.
④ 배슬러지밸브는 정전 등의 사고가 있을 때 열림상태에 있지 않도록 한다.
⑤ 슬러지수집기의 일상점검사항
   ㉠ 침전지는 매년 1회 이상 내부를 비우고 내부청소 및 부속설비의 보수와 정비를 하여야 한다.
   ㉡ 운전 중 정상적인 운행속도를 유지하여야 한다.
   ㉢ 운전 중 소음진동에 유의하여야 한다.
   ㉣ 레일 및 스톱퍼의 고정상태를 점검한다.
   ㉤ 리미트스위치는 정상적인 작동을 확인한 후 운전하여야 한다.
   ㉥ 체인 또는 로프의 신축이나 손상 등을 점검한다.
   ㉦ 케이블릴의 감김상태 등을 점검한다.
   ㉧ 감속기의 누유 여부를 점검한다.
   ㉨ 철골구조물이 부식된 경우에는 즉시 도장하여야 한다.
   ㉩ 슬러지가 많을 경우 제기능을 발휘하지 못하므로 수시로 가동하여 슬러지를 제거한다.

3. 월류관, 배출수관 및 슬러지배출관

(1) 월류관
① 약품침전지에는 필요에 따라 월류관을 설치하는 것이 바람직하며 침전지에 부유하고 있는 먼지 등을 제거하기 위하여 풍향을 조사한 후 바람의 아랫방향 우각부 등 먼지가 모이기 쉬운 곳에 월류관을 설치한다.
② 침전지는 자유수면이 넓어 급격한 수위상승이 쉽게 생기지 않으므로 최근에는 월류사고방지측면에서 주로 착수정 부근에 월류관을 설치한다.

(2) 배출수관 및 슬러지배출관
① 침전지의 청소, 수선 등은 지의 물을 빼기 위하여 지저에 배출수관을 설치하고 필요에 따라 슬러지배출관을 설치하여야 한다.
② 배출수 및 슬러지배출관의 관경은 시간 및 수량에 따라 과부족이 없도록 한다.
③ 배출수 및 슬러지배출관의 토구는 상시배출이 가능하고 오염수가 역류하지 않을 장소이어야 한다.

4. 경사판 등의 침전지

(1) 침전지의 유입부
경사판 등의 침강장치에 균등하게 유입되도록 하고 단락류를 방지하기 위하여 유효한 조치를 강구하여야 하며, 기타 설비에 대하여는 약품침전지의 기준에 준해야 한다.

(2) 횡류식 경사판 침전지의 표준
① 경사각 : 55~60°
② 지 내의 평균유속 : 0.6m/min 이하
③ 경사판 내의 체류시간 : 20~40분(경사판의 간격 100mm인 경우)

(3) 상향류식 경사판을 설치하는 경우의 표준
① 침강장치 : 1단
② 경사각 : 55~60°
③ 표면부하율 : 12~28mm/min
④ 지 내의 평균 상승유속 : 250mm/min 이하

(4) 횡류식 경사판이나 상향류식 침강장치를 직사각형의 침전지에 설치하는 경우

① 경사판 하단과 침전지 바닥과의 간격은 1.5m 내외로 하고 경사판의 끝에서 침전지 유입부벽과 유출부벽의 거리는 각기 1.5m 이상이 되도록 한다.

② 상향류식 침강하부의 입구에서 평균유속은 70cm/min 이하가 되도록 한다.

CHAPTER 02 적중예상문제(1차)

제3과목 설비운영

01 다음 혼화설비에 대한 설명으로 옳지 않은 것은?

① 혼화지에는 응집제를 주입한 후 즉시 급속교반을 할 수 있는 혼화장치를 설치하여야 한다.
② 혼화방법에는 기계적 교반방식과 수리적 교반방식이 있다.
③ 수류자체의 에너지에 의한 방식은 수로 중에 수평우류식이나 상하우류식의 조류판을 설치하여 수류방향을 급변시켜 크게 난류를 일으키는 방식 또는 관로 중에 난류를 일으키는 방식이다.
④ 기계적 교반은 유속 1.5m/s 정도가 필요하며 파샬 플룸(Partial Flume)이나 도수현상을 이용하는 방식, 노즐에서 분사류에 의해서 난류를 일으키는 방식 등이 있다.

해설 ④ 수리적 교반은 유속 1.5m/s 정도가 필요하며 파샬 플룸(Partial Flume)이나 도수현상을 이용하는 방식, 노즐에서 분사류에 의해서 난류를 일으키는 방식 등이 있다.

02 외부로부터 기계적 에너지를 작동시키는 방식에 대한 설명 중 옳지 않은 것은?

① 플래시 믹서방식은 가장 많이 사용되며 연직축의 주위에 붙은 수개의 회전익이 주변속도 1.5m/s 이상으로 회전하여 혼화된다.
② 플래시 믹서방식은 회전속도를 변화시켜 교반강도를 조절할 수 있고 유량변화에 대한 적응성이 좋으나 기계고장이 많다.
③ 펌프확산방식은 원수의 일부를 펌프로 가압하여 나머지 원수와 충돌시켜 혼화하는 방법이다.
④ 펌프확산방식은 플래시 믹서방식에 비하여 일반적으로 소요동력이 적어 유지관리상 문제가 크다.

해설 ④ 펌프확산방식은 유지관리상 문제는 적으나 플래시 믹서방식에 비하여 일반적으로 소요동력이 크다.

정답 1 ④ 2 ④

03 수리적 교반방식의 특징에 대한 설명으로 옳지 않은 것은?
① 대규모 시설에 적합하고 운영기술이 필요하다.
② 유체자체의 손실수두에 의해 운영되므로 동력이 필요 없어 유지관리가 용이하나, 처리수량의 변동에 따른 제어가 곤란하다.
③ 혼화를 위하여 필요한 손실수두는 혼화지의 구조에 따라 다르나 약 45~60cm이다.
④ 유입수의 교란은 유체자체 손실수두에 의해 발생한다.

해설 ① 소규모 시설에 적합하고 운영기술 및 유지관리가 필요 없다.

04 수직프로펠러형 교반기의 특징으로 옳지 않은 것은?
① 선박의 추진 프로펠러와 유사한 교반날개가 3~6매 취부되어 있는 구조이다.
② 순환수량이 많고 회전수 변화에 따른 영향이 적다.
③ 흐름방향이 축류이므로 조의 형태에 따른 영향이 크고 회전수의 제한이 없다.
④ 프로펠러의 제작이 쉽고 구조가 간단하여 취급이 용이하다.

해설 ④ 수류가 비교적 약하여 급속혼화가 용이하고 프로펠러의 제작이 난이하나 구조가 간단하여 취급이 용이하다.

05 패들형 교반기의 특징으로 옳지 않은 것은?
① 폭 100mm 정도의 길이가 긴 패들이 수직 또는 수평으로 여러 개 취부되어 있는 구조이다.
② 바닥지지 베어링을 제외하고는 주요부분이 지상에 있으나, 횡축패들형은 주요부분이 수중에 위치한다.
③ 전역의 수류를 동시에 밀어냄으로써 효과적인 응집이 가능하고 저속운전이 되므로 마찰부의 마모가 적다.
④ 바닥에 지지대가 있어 흔들림이 없고 베어링의 수명이 길며, 운영유지비 및 설치비가 저가이므로 유지관리가 쉽다.

해설 ④ 수중 구조부의 보수 시에는 조 전체를 정지해야 하고, 저속회전하므로 감속기의 감속비가 높아야 하며 운영유지비 및 설치비가 고가이므로 유지관리에 어려움이 따른다.

정답 3 ① 4 ④ 5 ④

06 강제확산식 혼화장치의 특징으로 옳지 않은 것은?

① 프로펠러, 축, 진공형성부 등으로 구성된다.
② 순간혼화가 가능하다.
③ 수두손실이 많다.
④ 저에너지 소모, 고효율이다.

해설 ③ 수두손실이 거의 없다.

07 다음 기계식 수직형 응집기의 설명으로 옳은 것은?

① 흐름의 횡단방향으로 축을 평행하게 두어 각 축에 다른 크기와 형태의 패들을 달아 교반하는 방법이다.
② 유지관리가 용이하고 손실수두가 거의 없으며, 주로 수직패들형 및 수직터빈형이 사용된다.
③ 손실수두가 없고, 한 개의 축으로 여러 대를 운전할 수 있어 에너지의 절감효과가 좋으나 단락류의 발생 가능, 수중부 설치에 따른 정밀한 시공 및 유지관리에 어려움이 있다.
④ 전체 패들면적은 관당 단면적의 10~25%가 되어야 한다.

해설 ①·③·④는 수평형에 대한 설명이다.

08 다음 침전지의 구성 및 구조에 대한 설명으로 옳지 않은 것은?

① 지수는 원칙적으로 2지 이상을 한다.
② 배치는 복수의 침전지에 균등하게 유출입시킬 수 있도록 수리적 고려를 통해 결정하여야 한다.
③ 각 지를 연속하여 사용 가능한 구조로 하여야 한다.
④ 지의 형상은 직사각형으로 하고 길이는 폭의 3~8배를 표준으로 한다.

해설 지의 청소, 수리 및 검사를 할 때 유출, 유입 및 슬러지 배출 등의 각 설비가 1지마다 독립하여 사용할 수 있도록 구성하고 가동 중인 타 지에 영향을 주어서는 안 된다.

09 다음 중 슬러지배출설비에 대한 설명으로 옳지 않은 것은?

① 슬러지 배출방식은 침전지의 구조와 유지관리, 슬러지의 성상 등을 고려하여 적당한 것으로 한다.
② 스크레이퍼 형식은 주행식, 링크벨트식, 수중견인식, 회전식 등이 있다.
③ 스크레이퍼의 속도는 슬러지를 혼란시키지 않도록 속도를 느리게 하며, 12m/h 정도를 기준으로 한다.
④ 배슬러지밸브는 정전 등의 사고가 있을 때 열림상태에 있어야 한다.

해설 ④ 배슬러지밸브는 정전 등의 사고가 있을 때 열림상태에 있지 않도록 한다.

10 침전지 수중대차식 슬러지수집기의 설명으로 옳지 않은 것은?

① 물속에서 주행하는 레일 위에 스크레이퍼를 갖춘 대차가 스테인리스 와이어로프에 의해 왕복운동을 하면서 슬러지를 호퍼 쪽으로 모아서 처리하는 설비이다.
② 물속의 구조가 대차로 간단하고 경제적이다.
③ 내구성이 체인스크레이퍼식에 비해 짧다.
④ 스크레이퍼가 호퍼에 도달되었을 때 슬러지가 배출되므로 고농도의 슬러지 배출이 가능하며, 불필요한 처리수의 유출이 적다.

해설 내구성이 체인스크레이퍼식에 비해 1.5~2배 정도 길다.

11 다음 침전지 수중대차식 슬러지수집기의 설명으로 옳지 않은 것은?

① 많은 양의 슬러지처리가 쉽다.
② 대차 전진주행 시는 슬러지수집이 완전하며 후진 시에도 침전물을 교란시키지 않는다.
③ 구동 동력이 다른 형식에 비해 적고, 침전지청소 시 방해가 되지 않는다.
④ 인장에 의한 로프의 처짐이 있어 수시조정하여야 한다.

해설 ① 많은 양의 슬러지처리가 어렵고, 장기간 고장 시 누적된 슬러지를 처리할 경우 기기의 과부하가 걸릴 우려가 있다.

정답 9 ④ 10 ③ 11 ①

12 다음 침전지 주행보 현수식 슬러지수집기의 설명으로 옳지 않은 것은?
① 침전지 위에서 주행하는 보에 현수되어 있는 갈퀴판에 의해 호퍼로 슬러지를 긁어 처리하고 보가 귀환할 때에는 갈퀴를 들어올려 주행하는 형식이다.
② 장치의 주요부가 물 위에 위치하여 보수점검이 어렵다.
③ 고농도의 슬러지가 대량으로 누적되어 있어도 기계가 파손되지 않아 배출수처리시설에 유리하다.
④ 수로 폭은 늘려도 대수에는 큰 지장이 없어서 경제적이다.

해설 ② 장치의 주요부가 물 위에 위치하여 물속에 있는 것보다 보수점검이 쉽다.

13 다음 중 침전지 체인플라이트식 슬러지수집기의 특징으로 옳지 않은 것은?
① 물속의 레일을 따라 주행하는 순환체인에 고정된 플라이트가 지내를 회전하면서 연속적으로 슬러지를 호퍼부로 모아 처리하는 형식이다.
② 운전이 간단하나 많은 양을 처리할 수 없는 단점이 있다.
③ 긁어모으는 속도가 일정하고 연속적으로 저속운전이 가능하여 수집효과가 매우 좋다.
④ 침전량 증가를 위한 침전지의 경사판 설치가 가능할 경우, 경사판 하부에서의 단락류 발생 등 설치조건을 고려하여야 한다.

해설 ② 운전이 간단하여 자동화가 적합하고 가장 많은 양을 처리할 수 있다.

14 다음 침전지 체인플라이트식 슬러지수집기의 특징으로 옳지 않은 것은?
① 체인의 강도와 수로의 폭에 제약을 받는다.
② 기계조작이 간단하며 보수점검이 쉽다.
③ 침전된 슬러지가 플라이트판의 회전 및 진동에 따라 교란될 우려가 있다.
④ 수중설치부의 고장 가능성이 높고 청소 시 플라이트가 방해된다.

해설 ② 물속을 주행하는 체인은 때때로 장력을 조정할 필요가 있어 보수점검이 어려우며 기계의 장기간 고장 시 다량으로 누적된 슬러지를 처리할 경우 기기에 과부하가 걸릴 우려가 있다.

15 다음 중 침전지 진공흡입식 슬러지수집기의 특징으로 옳지 않은 것은?

① 슬러지를 직접 배출할 수 있어 슬러지 인발밸브의 설치가 필요 없다.
② 흡입압력과 흡입량에 제약이 있어 고형물농도가 높은 슬러지제거는 곤란하다.
③ 저농도의 슬러지를 흡입하는 경우 슬러지의 양이 감소한다.
④ 전원공급이 단전되었을 경우, 운영자가 임의로 설치한 운영프로그램은 새로 설정하여야 한다.

해설 ③ 저농도의 슬러지를 흡입하는 경우 슬러지의 양이 증가한다.

16 다음 중 월류관, 배출수관 및 슬러지배출관에 대한 설명으로 옳지 않은 것은?

① 약품침전지에는 필요에 따라 월류관을 설치하는 것이 바람직하다.
② 약품침전지에는 배출수관을 설치하는 것 외에 필요에 따라서 슬러지배출관을 설치하여야 한다.
③ 배출수 및 슬러지배출을 빠르고도 완전하게 하기 위하여 지의 저부보다 한층 얕은 위치에 배출구를 설치하고 배출관 상단은 지저보다 관경의 2배 이상 얕게 설치하여야 한다.
④ 배출수 및 슬러지배출은 펌프를 설치하여 배출하는 것이 가장 바람직하다.

해설 ④ 배출수 및 슬러지배출은 자연유하에 의한 것이 가장 바람직하나 부득이할 때는 펌프를 설치하여 배출한다.

17 다음 경사판 등의 침전지에 대한 설명으로 옳지 않은 것은?

① 횡류식 경사판 침전지의 경사각은 55~60°를 표준으로 한다.
② 상향류식 경사판의 경사각은 90°로 한다.
③ 횡류식 경사판 내의 체류시간은 경사판의 간격이 100mm인 경우에는 20~40분으로 한다.
④ 상향류식 경사판의 침강장치는 1단으로 한다.

해설 ② 상향류식 경사판의 경사각은 55~60°로 한다.

정답 15 ③ 16 ④ 17 ②

18 스토크스법칙이 가장 잘 적용되는 침전형태는?

① 단독침전
② 응집침전
③ 지역침전
④ 압축침전

> **해설** **스토크스법칙**
> 독립(단독)침전형태에서 적용되는 보통 침전지의 설계법칙

19 다음 중 폐수 내의 입자들이 다른 입자들의 영향을 받지 않고 독립적으로 침전하는 유형은?

① 제1형 침전
② 제2형 침전
③ 제3형 침전
④ 제4형 침전

> **해설** **침전의 유형**
> - 제1형 침전(독립침전) : 비응집성 입자의 단독침전
> - 제2형 침전(응집침전) : 응집성 입자의 플록응집침전
> - 제3형 침전(지역, 간섭침전) : 입자의 농도에 의한 경계면 침전
> - 제4형 침전(압축침전) : 물리적인 경계면에 의한 기계적 압축, 탈수 침전

20 다음 중 스토크스법칙의 기본 가정이 아닌 것은?

① 입자의 크기가 일정하다.
② 입자가 구형이다.
③ 물의 흐름은 층류상태이다.
④ 입자 간의 응집성을 고려한다.

> **해설** ④ 스토크스법칙은 독립입자의 침전(독립침전) 가정하에 설명할 수 있는 공식으로 입자 간의 응집성을 고려하지 않는다.

21 정수 시 보통 침전지의 용량은 계획정수량에 대하여 몇 시간분을 표준으로 하는가?

① 3시간분
② 5시간분
③ 8시간분
④ 10시간분

> **해설** ③ 보통 침전지의 용량은 계획정수량의 8시간분을 표준으로 한다.

CHAPTER 02 적중예상문제(2차)

제3과목 설비운영

01 응집지의 혼화방법에는 수리적 교반방식과 기계적 교반방식이 있다. 수리적 교반방식의 특성을 5가지 이상 서술하시오.

02 교반기에는 터빈형, 프로펠러형, 패들형 등이 있다. 터빈형의 장단점을 3가지 이상 쓰시오.

03 혼화장치에는 펌프분사식과 강제확산식이 있다. 펌프분사식 혼화장치의 장단점을 2가지 이상씩 서술하시오.

04 응집기 운전 시 주의사항을 5가지 이상 쓰시오.

05 슬러지 수집기 중 수중대차식의 장단점을 각각 4가지 이상 기술하시오.

06 배슬러지밸브 중 슬러지로 인한 장애가 적고 내마모성이 우수하여 일반적으로 가장 많이 사용하는 밸브는?

07 슬러지수집기의 일상점검사항을 5가지 이상 쓰시오.

CHAPTER 02 정답 및 해설

제3과목 설비운영

01
- 개수로 유동에 있어서 원수가 고속으로 유입할 때 수면의 돌연한 상승에 의한 와류에너지를 이용하거나 물의 자유낙하에 의한 와류를 이용한 혼화방식이다.
- 유체자체의 손실수두에 의해 운영되므로 동력이 필요없어 유지관리가 용이하나, 처리수량의 변동에 따른 제어가 곤란하다.
- 혼화를 위하여 필요한 손실수두는 혼화지의 구조에 따라 다르나 약 45~60cm이다.
- 유입수의 교란은 유체자체 손실수두에 의해 발생한다.
- 소규모 시설에 적합하다.
- 운영기술이 필요 없다.
- 주기적인 청소 외에 유지관리가 필요 없다.

02
① 장점
- 강한 난류를 발생(속도 기울기가 크다)
- 날개의 각도를 조절하여 유체의 흐름을 사류로 함으로써 전역에 난류발생
- 회전수의 변화에 따른 급속확산이 가능
- 구조가 간단하여 취급이 용이
- 제작이 간편함
- 바닥지지 베어링을 두지 않을 때 지를 비우지 않고도 보수할 수 있어 유지관리가 용이함

② 단점
- 날개속도를 잘못 조절하면 흐름의 사각발생이 일어남
- 바닥지지 베어링이 없을 때는 베어링의 마모율이 높음

03
- 장점 : 순간혼화 가능, 수두손실이 거의 없음, 저에너지 소모, 설치 용이, 고효율
- 단점 : 완제품 수입 의존, 혼화기로의 적용사례 미미

04
- 감속기에 부착된 유면계로 윤활유량 및 누유부분을 확인한다.
- 벨트 및 체인구동식인 경우 벨트 및 체인상태를 확인한다.
- 전기판넬의 계전기 및 각종 스위치 상태를 확인한다.
- 조작전원을 작동하여 전압, 전류를 확인한다.
- 소음, 회전상태, 발열상태, 누유 등 기기의 운전상태를 확인한다.
- 주기적으로 기기의 동작상태를 확인한다.
- 정지 시 기기정지확인 및 윤활유량, 누유부분 등 이상 유무를 확인한다.
- 운전 중 수질상태에 따라 적절한 응집이 되도록 주변속도를 조정한다.

- 체인의 마모, 부식상태를 점검하고 체인과 체인기어의 간격을 적절히 조정한다.
- 운전 중 무단변속기의 변속조작은 하지 않는다.

05

① 장 점
- 물속의 구조가 대차로서 간단하고 경제적이다.
- 수몰식으로 주위 경관과 무관하며 사계절 운전이 가능하다.
- 스크레이퍼가 호퍼에 도달되었을 때 슬러지가 배출되므로 고농도의 슬러지 배출이 가능하며, 불필요한 처리수의 유출이 적다.
- 침전량 증가를 위한 침전지의 경사판 설치가 가능하다.
- 내구성이 체인스크레이퍼식에 비해 1.5~2배 정도 길다.
- 대차 전진주행 시에는 슬러지수집이 완전하며 후진 시에도 침전물을 교란시키지 않는다.
- 구동 동력이 다른 형식에 비해 적고, 침전지 청소 시 방해가 되지 않는다.

② 단 점
- 인장에 의한 로프의 처짐이 있어 수시 조정하여야 한다.
- 불평형에 의해 레일에서 탈선할 우려가 있다.
- 많은 양의 슬러지 처리가 어렵고, 장기간 고장 시 누적된 슬러지를 처리할 경우 기기의 과부하가 걸릴 우려가 있다.
- 대차의 정역 변환 시 리미트 스위치 등의 고장에 따른 기계적 장치의 고장이 치명적일 수 있다.
- 경사판 침전지의 경우 하부 공간에서 스크레이퍼에 의한 단락류 발생 가능성이 있다.

06

다이어프램(Diaphragm)밸브 또는 편심밸브

07

- 침전지는 매년 1회 이상 내부를 비우고 내부청소 및 부속설비의 보수와 정비를 하여야 한다.
- 운전 중 정상적인 운행속도를 유지하여야 한다.
- 운전 중 소음진동에 유의하여야 한다.
- 레일 및 스톱퍼의 고정상태를 점검한다.
- 리미트스위치는 정상적으로 작동하고 있는지 확인 후 운전하여야 한다.
- 체인 또는 로프의 신축이나 손상 등을 점검한다.
- 케이블릴의 감김상태 등을 점검한다.
- 감속기의 누유 여부를 점검한다.

CHAPTER 03 여과 · 정수설비운영

제3과목 설비운영

01 급속여과지

1. 급속여과지의 개요

(1) 의의 및 기능
① 의의 : 급속여과지는 원수 중의 현탁물질을 약품으로 응집시키고 분리하는 급속여과방식의 여과지를 총칭하며, 급속여과지에서는 원수 중의 현탁물질을 응집한 후 입상여과층에 비교적 빠른 속도로 물을 통과시켜 여재에 부착시키거나 여과층의 체거름작용에 의하여 탁질을 제거한다.
② 여과지의 기능
　㉠ 수도법의 정수처리기준 규정을 만족시킬 수 있는 여과수를 얻을 수 있는 정화기능
　㉡ 탁질의 양적인 억류기능
　㉢ 수질과 수량의 변동에 대한 완충기능
　㉣ 충분한 역세척기능

(2) 급속여과지의 구조 및 방식
① 급속여과지에서는 여과 및 여과층의 세척이 충분하게 이루어질 수 있어야 한다.
② 처리할 원수의 종류에 따라 응집·침전처리한 물을 여과하는 일반적인 방식과 응집처리만 한 물을 처리하는 직접여과방식이 있다.
③ 급속여과지는 중력식과 압력식이 있으며 중력식을 표준으로 한다.

(3) 여과면적과 지수 및 형상
① 여과면적은 계획정수량을 여과속도로 나누어서 계산한다.
② 여과지 수는 예비지를 포함하여 2지 이상으로 하고 10지를 넘을 경우에는 여과지 수의 1할 정도를 예비지로 설치하는 것이 바람직하다.
③ 여과지 1지의 여과면적은 150m^2 이하로 한다.
④ 형상은 직사각형을 표준으로 한다(보통 5 : 1 이하를 목표로 함).

　참고 여과속도는 120~150m/day를 표준으로 한다(효율적인 여과를 위한 여과속도는 유입수의 수질, 여층구성, 여과지속시간 등을 고려하여 결정하는 것이 좋다).

(4) 급속여과지의 여과유량조절

① **정압여과방식** : 여과를 지속하면 여층에 탁질이 억류됨에 따라 여층 내의 유로단면적은 감소하고 투수성이 낮아진다. 따라서 여층의 상류측 수위와 하류측 수위, 즉 여층에 걸리는 압력차가 일정하면 여층의 폐쇄에 따라 여과유량이 서서히 감소하는 방식으로 상한을 정하지 않아 수량관리상 지장을 초래한다.

② **정속여과방식** : 일반적으로 광범위하게 사용되고 있는 방식으로 유량제어형과 수위제어형, 자연평형형의 3가지 방식이 있다.

  ㉠ 유량제어형 : 여과수류 출구측에 계량장치와 유량조절장치를 설치하며 여과 초기에는 조절장치가 큰 손실수두를 발생시켜 여과유량을 제어하고 여과가 진행됨에 따라 여층의 폐쇄가 진행되어 여층 내 손실수두가 증가한 만큼 밸브를 열어 조절장치에서의 손실수두를 감소시키는 것으로 여과유량을 일정하게 유지하는 방법이다.

  ㉡ 수위제어형 : 여과지의 수위를 검지하고 그 신호를 유량조절기에 전달하여 정속여과를 유지하는 방법이다.

  ㉢ 자연평형형 : 유출측에서 사면보다 높은 위치에 위어를 설치하여 여과지 자체의 사면상 수심이 서서히 높아질 때 여층의 폐쇄에 따른 통수량의 감소를 방지하여 일정한 여과유량을 얻는 방법이다.

③ **감쇠여과방식** : 상한을 정하지 않는 정압여과방식에서는 수량관리상의 지장이 있으므로 상한을 어느 한도로 억제(유출부에 고정된 조절부 설치)하고 어느 정도의 여과속도로 저하할 때까지 여과를 지속하는 방식이다.

(5) 자갈층의 두께 및 여과자갈

① 여과자갈은 그 형상이 구형에 가깝고 경질이며 청정하고 균질인 것이 좋으며 먼지나 점토질 등의 불순물이 없어야 한다.
② 여과자갈의 입경과 자갈층의 두께는 하부집수장치에 적합하도록 결정한다.
③ 조립여과자갈을 하층에, 세립여과자갈을 상층에 배치하는 것을 표준으로 하며 입도순서가 큰 순서대로 깔아야 한다.
④ 자갈층은 모래층을 지지하는 것이 목적이며 자갈층 중에 여과사가 침입하지 않도록 상부에 세립자갈을 깔고 하층으로 갈수록 조립자갈로 하여 성층시키는 것을 기준으로 한다.

(6) 하부집수장치의 종류

① **휠러형** : 여과지의 바닥판상에 지주를 설치하고 그 위에 콘크리트 성형품을 고결시킨 것이 많고 성형품과 저판의 사이는 압력수실이 된다. 성형품의 상면은 도각추형의 요부가 있고 그 중에 대소 5개 또는 14개의 자구를 놓은 것이다.

② **유공블록형** : 바닥판상에 분산실과 송수실을 갖는 성형블록을 병렬연결한 것으로 오리피스공을 통과한 2단구조에 의한 균압효과와 블록상면에 배열된 다수의 집수공에 의하여 평면적으로 균등한 여과와 역세척효과를 기대하는 형식이다.
③ **스트레이너형** : 저판상에 매설된 관 또는 지지판에 스트레이너를 붙여서 이를 통과하여 물이 유출, 유입되도록 하는 것으로, 관과 연결할 때는 관과 물이 유출입하는 집수거를 여과지의 중앙에 설치한다.
④ **유공관형** : 통수공을 개방한 관을 공(孔)이 하향으로 되도록 저판상에 지대를 설치하여 매설한다. 사용하는 관은 내식성, 내구성 및 내압성이 큰 재질로 소공은 구경, 각도가 균등하게 개방된 것이어야 한다.
⑤ **다공판형** : 직경이 수 mm의 입상물을 성형한 판으로 저판상에 지벽을 설치하여 압력실로 하고 지벽상에 다공판을 붙여서 집수장치로 하는 것으로 다공판에서 요구되는 성질은 통수성의 지속력과 역학적 강도이다.

2. 세척방식

(1) 표면세척

표면세척은 여과층의 표면부에 억류된 탁질을 강한 수류의 전단력으로 파쇄할 수 있어야 한다. 역세척만으로는 여과층의 표면부에 탁질이 남고 세척효과가 나쁘며 오랫동안 여과층표면의 여과재에 진흙과 같은 물질이 축적되어 여과층의 탁질억류용량이 감소되고 결국은 머드볼이 생성된다. 이와 같은 결점을 보완하기 위하여 역세척 외에 표면세척을 병용한다.

(2) 역세척

① 표면세척에 의하여 파쇄된 탁질을 여과층으로부터 배출함으로써 억류되어 있는 탁질을 여과재로부터 분리하고 또 트로프까지 월류시키는 데 필요하다. 충분한 역세척속도와 균등한 수류분포가 유지되도록 하여야 한다.
② 역세척은 2단계로 되어 있다.
　㉠ 1단계 : 역세척수에 의한 여과재 상호의 충돌, 마찰이나 수류의 전단력으로 부착탁질을 떨어뜨리는 단계
　㉡ 2단계 : 여과층상에 배출된 이들 탁질을 트로프(Trough)로 배출시키는 단계

3. 다층여과지

(1) 다층여과지의 의의

밀도와 입경이 다른 복수의 여과재를 사용하여 수류방향으로 큰 입경에서 가는 입경으로 구성된 역입도여과층을 구성하여 모래단층여과지에 비해 여과기능을 보다 합리적·효율적으로 발휘하기 위한 여과지이다.

(2) 특 징

① 내부여과의 경향이 강하므로 여과층의 단위체적당 탁질억류량이 커서 여과효율이 높다.
② 탁질억류량에 대한 손실수두가 적어 여과지속시간이 길다.
③ 여과속도를 크게 할 수 있다.
④ 여과수량에 대한 역세척수량의 비율이 작다.
⑤ 고속여과로 여과면적을 작게 할 수 있다.

(3) 효율적인 탁질제거방법

① 표면세척과 역세척을 조합하는 방식
② 공기세척과 역세척을 조합하는 방식
③ 표면세척과 역세척의 조합에 공기세척을 추가하는 방식

4. 자연평형형 여과지

(1) 의 의

자연평형형 여과지는 자동여과지라고도 하며 유입수량과 유출수량이 자연적으로 평형을 이루는 방식이다.

(2) 여과지의 형식

① 자기역류세척형
  ㉠ 장 점
    • 역류세척탱크 또는 월류세척펌프가 필요하지 않다.
    • 배관 등 기구가 단순하여 운전관리가 용이하다.
  ㉡ 단 점
    • 여과지수는 여과속도가 150m/day의 경우에도 최저 6지 이상이 필요하다.
    • 세척 시에는 여과지 전체 처리수량의 감소로 후속의 소독용 염소의 주입제어가 어렵다.
    • 세척개시 때에는 다른 지의 여과속도가 급격히 증가한다.

- 진공배관은 길이가 길어지면 진공도의 저하와 수류가 발생하기 쉽고 냉한지에서는 동결되기 쉽다.
- 사이펀브레이크의 소리와 유입수의 낙하음이 크다.
- 전염소, 중간염소를 처리하지 않는 경우는 염소가 잔류하는 물로 세척하는 것이 불가능하다.

② 역류세척탱크보유형
  ㉠ 장 점
   - 역세척탱크를 보유하고 있으므로 지수에 대한 제약이 없다.
   - 유출위어의 높이를 자기역류세척형보다 낮게 할 수 있으며 지 전체의 깊이를 작게 할 수 있다.
  ㉡ 단 점
   - 세척펌프 및 세척탱크를 필요로 한다.
   - 사이펀기구에 대해서는 자기역류세척형과 같다.

③ 역류세척장치이동형
  ㉠ 장 점
   - 유입에서 유출까지의 총손실수두는 약 1m로 작다. 이 때문에 여과지 전체를 얕게 하는 것이 가능하다.
   - 정수지의 여과수를 역류세척펌프로 양수하므로 세척탱크가 필요없다.
  ㉡ 단 점
   - 주행대차, 펌프 등의 기기류가 많다.
   - 여과지 전체를 덮는 건물이 필요하다.
   - 여과층의 두께가 얕은 경우에는 수질변동에 대한 제어가 어렵다.

④ **지별제어형** : 자기역류세척형과 동일하게 유입부에서 유입수를 각지에 균등하게 배분하되 유출부에서는 유량조절을 하지 않고 각 지별로 설치된 유출위어를 거쳐 집수거로 유출시킨다.

> **더 알아보기**
>
> **직접여과**
> - 개념 : 저탁도원수를 대상으로 소량의 응집제를 주입한 후 플록형성과 침전처리를 하지 않고 여과하는 것이다.
> - 직접여과 시 주의점
>   - 원수수질이 양호하고 장기적으로 안정되어 있어야 한다.
>   - 응집과 여과의 관리가 적절하고 충분한 수질감시가 이루어져야 한다.
>   - 원수수질이 악화되는 경우에는 일반적인 응집·침전과 급속여과방식으로 대처할 수 있는 설비를 갖춘다.

5. 일차여과지

(1) 일차여과설비의 설치

일차여과설비는 필요에 따라 플랑크톤, 조류, 탁질 등의 부유물질(부유물질제거율 60~70%)을 제거하여 완속여과지의 부담을 줄이기 위해 완속여과지 앞에 설치한다.

(2) 구조 및 형상
① 구조, 여과면적, 침전지 수 및 하부집수장치 등은 급속여과지에 준한다.
② 여과속도 : 80~100m/day
③ 여재의 입경 및 두께 : 입경은 2~6mm, 두께는 35~65cm가 적당하다.
④ 세정방식 : 일차여과지에는 가는 자갈을 여과재로 사용하기 때문에 여과층의 세척이 물만으로는 불충분하므로 공기와 물을 함께 사용한다.

6. 완속여과지

(1) 기 능
① 완속여과법은 모래층과 모래층 표면에 증식하는 미생물군에 의하여 수중의 불순물을 포착하여 산화하고 분해하는 방법에 의존하는 정수방법이다.
② 약품처리 등을 필요로 하지 않으면서 정화기능을 안정되게 얻을 수 있으나, 넓은 부지면적을 필요로 하고 오래 사용한 여과지의 표층을 삭취해야 한다.

(2) 구 조
① 여과지의 깊이 : 하부집수장치의 높이 + 자갈층·모래층 두께 + 모래면 위의 수심 + 여유고 → 2.5~3.5m(표준)
② 여과지의 형상 : 직사각형
③ 배치 : 몇 개의 여과지를 접속시켜 1열이나 2열로 하고, 그 주위는 유지관리상 필요한 공간을 둔다.
④ 여과속도 : 4~5m/day를 표준으로 하며 여과속도를 너무 빨리하면 여과지속일수가 단축되고 유지관리상 장애가 있으므로 8m/day까지를 한계로 한다.
⑤ 여과면적 : 계획정수량을 여과속도로 나누어서 구하며 일반적으로 지의 크기가 큰 것은 4,000~5,000m^2, 작은 것은 50~100m^2 정도이다.
⑥ 여과지수 : 예비지를 포함하여 2지 이상으로 하고 10지마다 1지 비율로 예비지를 둔다.
⑦ 수심 : 여과지의 모래면 위의 수심은 90~120cm를 표준으로 한다.
⑧ 여유고 : 고수위에서 여과지 상단까지의 여유고는 30cm 정도로 한다.

⑨ 조절정
   ㉠ 여과지마다 조절정을 설치하며 조절정에는 유량조절장치(여과손실수두계, 여과속도 및 여과수량 지시계 외에 필요한 관이나 밸브류)를 설치한다.
   ㉡ 여과수량을 유출측에서 조절하는 장치
      - 놋지식 : 가동위어에 의한 유량을 조절하는 방식
      - 텔리스코프식 : 여과수유출관의 선단을 상하로 신축할 수 있는 구조로 하고 이것을 일종의 가동위어로서 유량을 조절하는 방식
      - 오리피스식 : 벤투리를 사용하여 유량을 계측하고 제수밸브로 이를 조절하는 방식

> **더 알아보기**
>
> **완속여과지의 모래층**
> - 모래층의 두께 : 70~90cm
> - 여과모래
>   - 외관 : 먼지, 점토질 등의 불순물이 없을 것
>   - 균등계수 : 2.0 이하
>   - 강열감량 : 0.7% 이하
>   - 비중 : 2.55~2.65
>   - 최대경 : 2mm 이하
>   - 유효경 : 0.3~0.45mm
>   - 세척탁도 : 30도 이하
>   - 산가용률 : 3.5% 이하
>   - 마멸률 : 3% 이하

02 보통침전지, 정수지

1. 보통침전지

(1) 설치목적

보통침전지는 응집처리를 하지 않은 원수를 자유침강에 의하여 현탁물질을 분리하고 완속여과지에 걸리는 부하를 경감하기 위하여 설치하는 것이 목적이다.

(2) 표면부하율 및 평균유속

① 표면부하율 : 5~10mm/min을 표준으로 한다.
   ㉠ 표면부하율은 탁질의 분포와 침강속도의 실측자료 등에 의하여 결정한다.
   ㉡ 지의 형상은 정류설비의 설계에 따라 침전효율을 향상시키도록 배려하고 표면부하율은 5~10mm/min으로 한다. 깊이는 약품침전지(구성 및 구조)에 따라 정하고 체류시간은 약 8시간으로 한다.
② 침전지 내 평균유속 : 30cm/min 이하를 표준으로 한다.

2. 정수지

(1) 정수지의 역할

정수지는 정수처리운영관리상 발생하는 여과수량과 송수량 간의 불균형을 조절·완화하는 것과 동시에 사고, 고장에 대응하고 상수원, 수질 이상 시의 수질 변동에 대응하며 시설의 점검, 안전작업 등에 대비하여 정수를 저류하는 저류조로 정수시설로는 최종단계이다.

(2) 정수지의 용량

① 정수지의 유효용량은 계획정수량의 1시간분 이상으로 한다(2~3시간 이상으로 하는 것이 바람직함).
② 정수지는 여과수량과 송수량의 변동을 조절·완화하므로 정전이나 여과수량, 송수량의 급변, 보전작업시간의 확보를 위한 용량이 필요하다.
③ 정수지 직전에 소독제 주입에 따른 염소와의 접촉시간을 확보하는 역할을 한다.
④ 균등한 소독제의 혼화 및 제어를 위하여 소독제 혼화지를 확보하는 것이 효과적이다.
⑤ 염소소독 혼화방법은 와류에 의한 방식이 많이 이용되며 혼화시간은 6~10분 정도가 바람직하다.

[세정방법의 비교]

구 분		물세정방식	공기와 물 동시 세정방식
세정방식		• 표면세척 + 역류세정	• 공기와 물 역류세정
역세척(물)	수압(m)	• 1.6~3.0(기준 3.0)	• 1.6~3.0(기준 3.0)
	수량(m3/m)	• 0.6~0.9(기준 0.75)	• 0.2~0.3(기준 0.24)
표면 세정수	수 압	• 고정식 : 15~20m • 회전식 : 30~40m	• 없 음
	수 량	• 고정식 : $0.15~0.2m^3/m^2/min$ • 회전식 : $0.15~0.1m^3/m^2/min$	• 없 음
공기 공급	공기압	• 없 음	• 3,000~3,500mmAg
	공기량	• 없 음	• $0.8~0.85m^3/m^2/min$
주요세정설비		• 역세수조 및 펌프 (자기역류세정형은 없음) • 표면세척펌프설비 • 세정배수트로프	• 역세펌프(직송) • 세정Blower(직송)
손실 수두	측 정	• 손실수두계(차압계)	• 수위계(또는 수위눈금)
	지 시	• 손실수두계	• L.S(Level Switch)
장 점		• 일반적으로 가장 오래된 시스템이므로 익숙함 • 자기역류세정형은 이 방식이 가장 바람직함	• 세정개시로부터 종료 시까지 타지의 여과속도가 변하지 않음 • 역세정수량이 적게 소요됨 • 설비가 간단하고 경제적임 • 여과지 내 설비가 없으므로 사면관리용이 • 세정효과가 높음
단 점		• 설비비가 고가임 • 유지관리비용이 증가함 • 균등한 표면세척이 곤란함 • 세정손실수량이 많음	• 역류세정용 송풍기 및 펌프설비의 설치 장소가 필요함 • 하부집수장치의 설치 및 관리가 정밀해야 함

(3) 역세수 공급방법

구 분	자기역류세정	역세척탱크에 의한 방법	역세척수공급펌프에 의한 방법
주요 설비	• 별도의 설비 없음	• 역세척수 저장탱크 • 유출입배관 • 펌프 및 모터(소용량) • 전기설비	• 펌프 및 모터(대용량) • 유출입배관 • 전기설비
장 점	• 세척수탱크, 펌프 및 배관 등의 설비가 생략되므로 시설이 단순하여 유지관리가 편리하고, 공사비가 절약됨 • 여과지의 역세척 조작이 아주 간단함 • 역세척수 공급을 위한 별도의 에너지소비가 없어 유지운영비가 절약됨	• 항상 염소처리된 물로 역세척이 가능함 • 후염소 주입제어가 용이함 • 펌프설비의 규모를 작게 할 수 있음	• 항상 염소처리된 물로 역세척이 가능함 • 후염소 주입제어가 용이함 • 수두를 일정하게 유지하므로 균등세정이 가능함 • 세정수량조절 용이함
단 점	• 소규모 시설에 채택할 수 없음 • 세정을 하고 있는 동안에는 여과수량이 감소하므로 후염소 주입제어가 까다로움 • 전염소 또는 중염소처리를 하지 않을 경우 염소처리된 물로 세정하기 곤란함	• 자기역류세정방식에 비해 설비가 다소 복잡함 • 탱크공사비, 유출배관공사비의 추가 소요 • 역세척수 공급 유량조절이 까다로움 • 수두차가 커서 균등세정이 곤란함	• 자기역류세정방식에 비해 설비가 다소 복잡함 • 펌프설비규모가 비교적 대형임

(4) 표면세척기의 형식

① 고정식 표면세척기

　㉠ 특징 : 노즐을 일정간격으로 배치하여 사각지대가 없도록 하면 표면세척효율이 좋다.

　㉡ 장 점
- 배관 연결부분이 용접식이므로 연결부 누수가 전혀 없다.
- 배관 및 구조가 간단하여 설치가 용이하다.
- 배관과 노즐이 고정이므로 여과지 전면적에 타격, 파괴하여 세척효율을 향상시키는 효과가 있다.

　㉢ 단 점
- 노즐수가 많이 든다.
- 표세펌프 압력이 낮다.

② 회전식 표면세척기

　㉠ 특징 : 압력수가 분출될 때 생기는 반력작용에 의한 우력으로 회전하면서 표면세척을 한다.

　㉡ 장 점
- 노즐이 회전하므로 일정 부분에 효과가 있다.
- 노즐수가 적게 든다.

　㉢ 단 점
- 배관 회전부분 패킹의 마모로 누수가 빈번하다.
- 구조가 복잡하고 설치가 어렵다.
- 표세펌프 압력이 높아야 한다.

CHAPTER 03 적중예상문제(1차)

제3과목 설비운영

01 급속여과지에 대한 설명으로 옳지 않은 것은?

① 급속여과지는 원수 중의 현탁물질을 약품으로 응집·분리하는 급속여과방식의 여과지를 총칭한다.
② 급속여과지에서는 원수 중의 현탁물질을 응집한 후 입상여과층에 비교적 빠른 속도로 물을 통과시켜 여재에 부착시키거나 여과층의 체거름작용에 의하여 탁질을 제거한다.
③ 여층에서 현탁물질의 제거기작의 제1단계는 이송된 입자가 여재표면에 부착하여 포착되는 단계이다.
④ 여과수량의 조절방식에 따라 유량제어형, 수위제어형, 자연평형형이 있다.

> **해설** 여층에서 현탁물질의 제거기작
> - 제1단계 : 현탁입자가 유선에서 이탈되어 여재표면 근처까지 이송되는 단계로 체거름작용, 저지작용과 중력 침강작용이 주로 일어난다.
> - 제2단계 : 이송된 입자가 여재표면에 부착하여 포착되는 단계로 이때는 현탁입자와 억류표면(여과 초기에는 여재표면이 되고 그 후에는 포획된 현탁입자에 의해 생성된 표면)의 관계에 의존한다.

02 급속여과지의 여과유량 조절방식에 대한 설명으로 옳지 않은 것은?

① 정압여과방식은 광범위하게 사용되고 있는 방식으로 유량제어형과 수위제어형, 자연평형형의 3가지 방식이 있다.
② 정압여과방식은 여층의 상류측 수위와 하류측 수위, 즉 여층에 걸리는 압력차가 일정하면 여층의 폐쇄에 따라 여과유량이 서서히 감소하는 방식이다.
③ 유량제어형은 여과수류출구측에 계량장치와 유량조절장치를 설치하여 여과유량을 일정하게 유지하는 방법이다.
④ 수위제어형은 여과지의 수위를 검지하고 그 신호를 유량조절기에 전달하여 정속여과를 유지하는 것으로 비교적 얕은 사면 위의 수심으로 하는 것은 가능하나 기구가 복잡해진다.

> **해설** ① 정속여과방식에 대한 설명이다.

정답 1 ③ 2 ①

03 급속여과지의 여과면적, 지수 및 형상에 대한 설명 중 적합하지 않은 것은?

① 여과면적은 계획정수량을 여과속도로 나누어서 계산한다.
② 1지의 여과면적은 150m² 이하로 한다.
③ 지수는 예비지를 포함하여 2지 이상으로 한다.
④ 형상은 원형을 표준으로 한다.

해설 ④ 형상은 직사각형을 표준으로 한다.

04 급속여과지의 자갈층의 두께 및 여과자갈, 수고에 대한 설명으로 옳지 않은 것은?

① 여과자갈은 그 형상이 구형에 가깝고 경질, 청정하며 질이 균등한 것이 좋고, 먼지나 점토질 등의 불순물을 포함하지 않아야 한다.
② 조립여과자갈을 상층에, 세립여과자갈을 하층에 배치하는 것을 표준으로 한다.
③ 자갈층은 모래층을 지지하는 것이 목적이며 자갈층 중에 여과사가 침입하지 않도록 상부에 세립자갈을 깔고 하층으로 갈수록 조립자갈로 하여 성층시키는 것을 기준으로 한다.
④ 여과지의 사면상의 수심은 여과 중에 부압을 발생시키지 않도록 1m 이상으로 해야 한다.

해설 ② 조립여과자갈을 하층에, 세립여과자갈을 상층에 배치하는 것을 표준으로 하며 입도가 큰 순서대로 깔아야 한다.

05 급속여과에서 탁질누출현상이 일어나기까지의 순서로 옳은 것은?

① Air Binding → 부수압 → Scour → 탁질누출현상
② Air Binding → Scour → 부수압 → 탁질누출현상
③ 부수압 → Scour → Air Binding → 탁질누출현상
④ 부수압 → Air Binding → Scour → 탁질누출현상

해설 **탁질누출현상**
급속여과에서는 여과가 어느 정도 진행하면 모래층 내에서 부수압이 생기고, 그 다음에 부수압의 범위가 확대되어 결국에는 모래층 전부가 부수압이 된다. 부수압이 되면 물속에 용존되어 있던 공기가 기포로 되어 모래층 공극에 남는데, 이것을 Air Binding이라 한다. 이 현상이 일어나면 모래층 내의 무수한 모관의 일부가 폐색되거나 모관의 단면이 작아져 모관 내를 흐르는 물의 유속이 커진다. 이리하여 유속이 어느 한계를 넘으면 모래에 흡착되어 있던 탁질이 세류(Scour)되며, 이때 여재층 속에 억류된 플록이 파괴되어 여과수와 같이 유출하는 것을 탁질누출(Break Through)현상이라 한다.

06 급속여과지의 세척에 대한 설명으로 옳지 않은 것은?

① 세척에는 염소가 잔류하고 있는 정수를 사용하여야 한다.
② 세척수량, 수압 및 시간 중 어느 것이 감소하면 세척효과가 불충분하게 되고 너무 커지면 비경제적이다.
③ 세척탱크의 용량은 적어도 1지를 세척할 수 있는 물을 저장할 수 있는 크기로 하고 여과지수가 20지를 넘는 경우에는 2지 이상을 동시에 세척할 수 있는 것으로 하는 것이 바람직하다.
④ 수심은 깊게 하여 세척수압의 변화를 크게 하는 것이 좋다.

[해설] ④ 수심은 되도록 얕게 하여 세척수압의 변화를 적게 하는 것이 바람직하다.

07 급속여과지의 세척설비에 대한 설명으로 옳지 않은 것은?

① 공기배관은 여과지 내에 물이 들어가지 않도록 여과지수면보다 높은 위치에 설치한다.
② 공기흡입측에는 필터소음기를 설치해 소음, 진동대책을 고려한 부속기구를 설치해야 한다.
③ 세척배출수거와 트로프의 크기는 최대배출수량의 약 20% 여유를 두어 트로프의 상단에서 완전히 월류하는 상태가 유지되는 용량이어야 한다.
④ 월류하는 트로프의 상단과 상단 간의 간격을 가능한 한 넓게 하는 것이 좋다.

[해설] 트로프의 월류하는 상단과 상단 간의 간격이 너무 넓으면 탁질의 체류부가 생기고 간격이 좁으면 시간이 단축되어 좋으나 너무 좁게 하면 여과재 투입작업에 지장을 초래하고 또 트로프 수가 많아지게 되어 공사비가 높아진다.

08 급속여과지의 세척설비에 대한 설명으로 옳지 않은 것은?

① 구조물에 신축이음을 설치한 부분에는 관에도 반드시 밸브를 설치하여야 한다.
② 밸브는 여과 및 세척과정을 완전하게 전환할 수 있는 것이어야 한다.
③ 여과지 내 각종 밸브는 가능한 여러 지점에서 조작할 수 있도록 해야 한다.
④ 정전과 같은 긴급 시 현 상태 유지를 위해서는 통상 전동밸브가 좋다.

[해설] ③ 여과지 내 각종 밸브는 한 지점에서 조작할 수 있도록 조작대를 집중시키고 또 밸브의 개폐상황을 알기 쉽게 표시하거나 여과공정과 세척공정의 상황을 파악하기 위하여 필요한 계기류를 집중하여 설치하는 등의 확실한 조작이 가능하도록 한다.

09 다층여과지에 대한 설명으로 옳지 않은 것은?

① 다층여과지는 밀도와 입경이 다른 복수의 여과재를 사용하여 수류방향으로 큰 입경으로부터 가는 입경으로 구성된 역입도여과층을 구성한다.
② 모래단층여과지에 비하여 여과기능을 보다 합리적·효율적으로 발휘하기 위한 여과지이다.
③ 무연탄과 모래여과재를 사용하는 다층여과지의 경우 모래층두께 20~50cm, 무연탄두께 20~50cm를 표준으로 한다.
④ 여과속도는 340m/day 이하를 표준으로 한다.

해설 ④ 여과속도는 240m/day 이하를 표준으로 한다.

10 다층여과지에 대한 설명으로 옳지 않은 것은?

① 무연탄여과재에 대하여는 한국수자원공사에서 정한 것을 표준으로 한다.
② 무연탄여과재는 세장하거나 편평한 파쇄물을 포함하지 않고 유효경 0.7~1.5mm, 균등계수 1.5 이하, 세척탁도 100도 이하, 산가용률 5% 이하, 비중 1.4~1.6, 최대경 2.8mm, 최소경 0.5mm이며 부득이한 경우에는 최소 및 최대경 초과분이 1% 이내여야 한다.
③ 팽창성 혈암 등의 점토공물을 소결하여 체로 분류한 인공경량사에 관해서는 염산가용률 1.5% 이하, 마멸률 1.5% 이하인 것이어야 한다.
④ 석류석과 티탄철염여과재에 관해서는 불순물이 적고 염산가용률 5% 이하, 비중 3.8 이상으로 편평, 세장한 것이 적어야 한다.

해설 ① 무연탄여과재에 관해서는 한국수도협회에서 정한 수도용 안트라사이트시험방법(KWWA F101) 외에 양질의 무연탄파쇄물을 체로 분류한 것으로 청정하여야 한다.

정답 9 ④ 10 ①

11 자연평형형 여과지에 대한 설명으로 옳지 않은 것은?

① 자연평형형 여과지는 자동여과지라고도 하며 유입수량과 유출수량이 자연적으로 평형을 이루는 방식이다.
② 형식으로 자기역류세척형, 역류세척탱크보유형, 역류세척장치이동형, 지별제어형으로 나눌 수 있다.
③ 자연평형형 여과지의 각 형식상 공통적인 특징은 유출측에 유량조절기 등을 설치하는 것이다.
④ 유입측에는 사이펀, 밸브 등을 설치하여 여과되지 않은 물의 차단과 유입을 확실히 제어할 수 있어야 하고 유출측에는 유량조절기구가 없으므로 배관 등을 간단하게 한다.

해설 ③ 자연평형형 여과지의 각 형식상 공통적인 특징은 유출측에 유량조절기 등을 설치하지 않아 여과지로 유입된 물을 그대로 유출시킨다는 것이다.

12 자기역류세척형의 단점에 해당되지 않는 것은?

① 역세척 시 처리수량이 역세척수량보다 작은 경우에는 외부로부터 물의 보급이 필요하다.
② 세척 시에는 여과지 전체 처리수량의 감소로 후속의 소독용 염소의 주입제어가 어렵다.
③ 전염소, 중간염소를 처리하지 않는 경우는 역세척이 가능하다.
④ 진공배관은 길이가 길어지면 진공도의 저하와 수류가 발생하기 쉽고 냉한지에서는 동결되기 쉽다.

해설 ③ 전염소, 중간염소를 처리하지 않는 경우 염소가 잔류하는 물로 세척하는 것은 불가능하다.

13 역세척탱크보유형에 대한 설명으로 옳지 않은 것은?

① 자기역류세척형과 같이 유입부에서 유입수를 각지에 균등하게 분배하고 유출부에서는 유량조절을 하지 않고 유출위어에서 유출하게 되는 것이다.
② 역세척에서는 처리수를 펌프로 양수하여 여과지에 가깝게 설치한 저치형 세척탱크에 저수하여 사용한다.
③ 역세척탱크를 보유하고 있으므로 지수에 대한 제약이 많다.
④ 유출위어의 높이를 자기역류세척형보다 낮게 할 수 있으며 지 전체의 깊이를 작게 할 수 있다.

해설 ③ 역세척탱크를 보유하고 있으므로 지수에 대한 제약이 없다.

14 직접여과에 대한 설명으로 옳지 않은 것은?

① 직접여과는 저탁도원수를 대상으로 소량의 응집제를 주입한 후 플록형성과 침전처리를 하지 않고 여과하는 것이다.
② 표준적인 여과층 구성과 여과속도로 직접여과를 할 경우 원수탁도가 대체로 10도 이하이면 양호한 처리결과를 기대할 수 있다.
③ 일반적인 처리에서 혼화지에 응집제를 주입하는 경우 여과지까지의 유로가 길어 플록이 성장할 때에는 여과지 직전에 응집제를 주입하여 혼화한다.
④ 저탁도 시 직접여과로 할 경우에는 응집제주입량을 통상처리보다 증가시키는 것이 좋다.

> [해설] ④ 저탁도 시 직접여과로 할 경우에는 응집제 주입량을 통상처리의 1/4~1/3까지 감소시키는 것이 좋다.

15 다음 보통침전지에 대한 설명으로 옳지 않은 것은?

① 보통침전지는 응집처리를 하지 않은 원수를 자유침강에 의하여 현탁물질을 분리하고 완속여과지에 걸리는 부하를 경감하기 위하여 설치한다.
② 원수의 연간 최고탁도가 30도 이상인 경우에는 응집처리가 가능한 시설을 구비하여야 한다.
③ 저수지나 지하수를 수원으로 하고 원수탁도가 통상 10도 이하인 경우에는 보통 침전지를 생략할 수 있다.
④ 지수는 반드시 2지로 하여야 한다.

> [해설] ④ 지수는 유입수탁도를 고려하여 침전지 청소기간만 일시적으로 침전지를 경유하지 않고 유입시키더라도 완속여과에 큰 지장을 초래하지 않으므로 1지로 하여도 된다.

16 일차여과지에 대한 설명으로 옳지 않은 것은?

① 세정방식은 물만으로도 충분하다.
② 일차여과지의 부유물질 제거율은 60~70%로 하는 것이 좋다.
③ 여과지의 면적은 여과와 세척의 균일성을 유지하기 위해 하나의 지를 $100m^2$ 이하로 한다.
④ 여과속도는 80~100m/day를 표준으로 한다.

> [해설] 일차여과지에는 가는 자갈을 여과재로 사용하기 때문에 여과층의 세척이 물만으로는 불충분하여 공기세척을 병행한다. 보조적으로 기계 또는 인력으로 교반, 세척하는 방법도 사용된다.

[정답] 14 ④ 15 ④ 16 ①

17 완속여과지에 대한 설명으로 옳지 않은 것은?

① 완속여과법은 모래층과 모래층 표면에 증식하는 미생물군에 의하여 수중의 불순물을 포착하여 산화하고 분해하는 방법에 의존하는 정수방법이다.
② 수중의 현탁물질이나 세균뿐만 아니라 어느 한도 내에서 암모니아성 질소, 취기, 철, 망간, 합성세제, 페놀 등의 제거도 가능하다.
③ 완속여과법은 강한 약품처리 등을 하여야 정화기능을 안정되게 얻을 수 있다.
④ 여과지의 깊이는 하부집수장치의 높이에 자갈층과 모래층 두께, 모래면 위의 수심과 여유고를 더하여 2.5~3.5m를 표준으로 한다.

> **해설** ③ 완속여과법은 약품처리 등을 필요로 하지 않고 정화기능을 안정되게 얻을 수 있으나, 넓은 면적을 필요로 하고 오래 사용한 여과지의 표층을 삭취해야 한다.

18 모래여과 시 여과의 수두손실에 가장 영향을 미치지 않는 인자는?

① 여과속도
② 여과지의 표면적
③ 모래층의 두께
④ 물의 점성도

> **해설** 여과지의 손실수두
> • 여과층의 깊이가 클수록 수두손실은 크다.
> • 모래입자의 크기가 클수록 수두손실은 작다.
> • 여과속도가 클수록 수두손실은 크다.
> • 물의 점성도가 클수록 수두손실은 크다.
> • 공극률이 클수록 수두손실은 작다.

19 완속여과지에 대한 설명으로 옳지 않은 것은?

① 배치는 몇 개의 여과지를 접속시켜 1열이나 2열로 하고 그 주위는 유지관리상 필요한 공간을 두어야 한다.
② 주위벽의 상단은 지반보다 15cm 이상 높여 여과지 내로 오염수나 토사 등의 유입을 방지해야 한다.
③ 한랭지에서는 여과지의 물이 동결할 우려가 있으므로 여과지를 복개한다.
④ 완속여과지의 여과속도는 10~15m/day를 표준으로 한다.

> **해설** ④ 완속여과지의 여과속도는 4~5m/day를 표준으로 한다.

17 ③ 18 ② 19 ④

20 완속여과지의 여과모래의 품질에 대한 설명으로 옳지 않은 것은?

① 외관은 먼지, 점토질 등의 불순물이 없을 것
② 유효경은 0.3~0.45mm일 것
③ 균등계수는 3.0 이하일 것
④ 세척탁도는 30도 이하일 것

> **해설** ③ 균등계수는 2.0 이하일 것
> **완속여과지의 여과모래**
> • 산가용률은 3.5% 이하일 것
> • 비중은 2.55~2.65의 범위일 것
> • 마멸률은 3% 이하일 것
> • 최대경은 2mm 이하일 것

21 완속여과지의 모래층의 두께 및 여과모래에 대한 설명으로 옳지 않은 것은?

① 고수위에서 여과지 상단까지의 여유고는 30cm 정도로 한다.
② 하부집수장치의 저부경사는 주거는 1/200, 지거는 1/150 정도로 한다.
③ 여과지를 연결하여 조절정을 설치하여야 한다.
④ 조절정에는 유량조절장치(여과손실수두계, 여과속도 및 여과수량지시계 외에 필요한 관이나 밸브류)를 설치해야 한다.

> **해설** ③ 조절정은 여과지에 근접하여 설치하나 삭취 직후의 여과지와 장시간 사용하고 있는 여과지는 여과조건에 차이가 있으므로 각 여과지를 독립하여 운영할 수 있도록 각 여과지마다 조절정을 설치해야 한다.

22 완속여과지의 여과수량조절에 대한 설명으로 옳지 않은 것은?

① 여과지에 접하여 유입측에 유입주관을 설치하고 여기에 연결되는 유입지관에는 제수문이나 제수밸브를 설치한다.
② 여과수량을 유출측에서 조절하는 장치에는 놋지식, 텔리스코프식, 오리피스식 등이 있다.
③ 놋지식은 가동위어에 의한 유량을 조절하는 방식이다.
④ 텔리스코프식은 벤투리를 사용하여 유량을 계측하고 제수밸브로 이를 조절하는 방식이다.

> **해설** ④는 오리피스식에 대한 설명이다.
> **텔리스코프식**
> 여과수 유출관의 선단을 상하로 신축할 수 있는 구조로 하고 이것을 일종의 가동위어로 유량을 조절하는 방식이다.

23. 정수지에 대한 설명으로 옳지 않은 것은?
① 정수시설로는 최종단계이다.
② 철근콘크리트조의 경우 형상은 원칙적으로 원형으로 한다.
③ 정수지는 사고, 고장에 대응하고 수원, 수질 이상 시의 수질변동에 대응하며 시설의 점검, 안전작업 등에 대비하여 정수를 저류하는 곳이다.
④ 정수지는 정수처리운영관리상 발생하는 여과수량과 송수량 간의 불균형을 조절·완화하는 것이다.

해설 철근콘크리트조의 경우 형상은 직사각형이 일반적이나 지형, 구조 등을 고려하여 원형 등의 형상을 하기도 한다.

24. 정수지에 대한 설명으로 옳지 않은 것은?
① 원칙적으로 2지 이상으로 하고 1지의 경우에는 격벽으로 2등분하여야 한다.
② 유효수심은 3~6m를 표준으로 한다.
③ 바닥은 저수위보다 15cm 이상 높게 하여야 한다.
④ 정수지의 유출관 하부 저수위 밑에 배출관을 설치하여야 한다.

해설 ③ 바닥은 저수위보다 15cm 이상 낮게 하여야 한다. 장기간 저류로 물때나 찌꺼기, 모래 등의 침전물이 쌓이므로 적어도 15cm 정도까지의 수량은 사용하지 않도록 저수위를 결정한다.

25. 정수지의 부대설비 등에 대한 설명으로 옳지 않은 것은?
① 정수지를 경유하지 않고 직접 송수할 수 있도록 우회관을 설치한다.
② 바닥의 최저부에 배출수관을 설치하고 여기에 제수밸브를 설치한다.
③ 환기장치는 검수실 등에 설치하며 송수량의 변동에 해당하는 공기량이 자유롭게 출입할 수 있는 환기면적을 갖는다.
④ 출입용 계단의 출입구는 환기설비와 겸용하여서는 안 된다.

해설 정수지의 출입설비는 점검과 유지관리가 용이하도록 반드시 계단시설을 갖추어야 하며 출입용 계단의 출입구는 환기설비와 겸용할 수 있다.

26 침전지에서 유입된 원수를 여과하고 역세척 및 표면세척 등의 자동조작을 위해 설치하는 밸브가 아닌 것은?

① 원수유입밸브　　　　　　② 여과수유출밸브
③ 표면세척수유입밸브　　　④ 제수밸브

> **해설** 침전지에서 유입된 원수를 여과하고 역세척 및 표면세척 등의 자동조작을 위해 설치되는 밸브는 ①, ②, ③과 퇴수유출밸브이다.

27 역세척 및 표면세척설비에 대한 설명으로 옳지 않은 것은?

① 세정방법에 따라 물세정형, 공기세정 후 물세정형, 공기·물 동시세정형으로 분류된다.
② 물세정방식은 설비비가 고가이고 유지관리비용이 증가한다.
③ 물세정방식은 균등한 표면세척이 곤란하고 세정손실수량이 많다.
④ 공기와 물 동시 세정방식은 역세정수량이 많이 소요된다.

> **해설** ④ 공기와 물 동시세정방식은 역세정수량이 적게 소요된다.
> **공기와 물 동시세정방식의 장단점**
> • 장 점
> － 세정개시로부터 종료 시까지 타지의 여과속도가 변하지 않음
> － 역세정수량이 적게 소요됨
> － 설비가 간단하고 경제적임
> － 여과지 내 설비가 없으므로 사면관리 용이
> － 세정효과가 높음
> • 단 점
> － 역류세정용 송풍기 및 펌프설비의 설치장소가 필요함
> － 하부집수 장치의 설치 및 관리가 정밀해야 함

28 역세수공급방법 중 역류세척탱크에 의한 방법과 역류세척수공급펌프에 의한 방법에 대한 설명으로 옳지 않은 것은?

① 역류세척탱크에 의한 방법의 주요설비는 펌프 및 모터(대용량), 유출입 배관, 전기설비이다.
② 역류세척탱크에 의한 방법은 후염소 주입제어가 용이하다.
③ 역류세척탱크에 의한 방법은 자기역류세정방식에 비해 설비가 다소 복잡하고 탱크공사비, 유출배관공사비가 추가소요된다.
④ 역류세척수공급펌프에 의한 방법은 자기역류세정방식에 비해 설비가 다소 복잡하다.

> **해설** ① 역류세척수공급펌프에 의한 방법의 주요설비이다. 역류세척탱크에 의한 방법의 주요설비는 역류세척수저장탱크, 유출입배관, 펌프 및 모터(소용량), 전기설비이다.

정답 26 ④　27 ④　28 ①

29 역류세척공급방법 중 역류세척수공급펌프에 의한 방식의 특징으로 틀린 것은?

① 항상 염소처리된 물로 역세척이 가능하다.
② 후염소주입제어가 용이하다.
③ 수두를 일정하게 유지하므로 균등세정이 가능하다.
④ 세정수량조절이 곤란하다.

해설 ④ 역류세척수공급펌프에 의한 방법은 세정수량조절이 용이하다.

30 표면세척기의 회전식에 대한 장단점으로 옳지 않은 것은?

① 배관회전부분패킹의 마모로 누수가 빈번하다.
② 구조가 복잡하고 설치가 어렵다.
③ 노즐이 회전하므로 일정부분에 효과가 있다.
④ 노즐수가 적게 들고, 세척효과가 뛰어나다.

해설 분사유량이 작아 세척강도(G)치가 작으므로 세척효과가 저하될 우려가 있다.

31 표면세정은 역세정과 함께 여재표면에 고압으로 정수를 분사시키는 방법이다. 그 주된 목적은 무엇인가?

① 여과수에 잔존하는 기포제거
② 여재의 팽창효과 증대
③ 여층 내의 교상물질로 된 머드볼 현상 저하
④ 여재입자 간의 상호충돌 감소

해설 여과가 어느 정도 진행된 후의 여재표면은 각종 오염물질(주로 탁질성분)로 인해 덩어리가 형성되어 여과를 더욱 어렵게 만든다. 이것을 머드볼 현상이라 하며, 세정 시 고속분사를 실시하여 제거한다.

CHAPTER 03 적중예상문제(2차)

제3과목 설비운영

01 급속여과지의 여과유량조절에는 정압여과방식, 감속여과방식, 정속여과방식이 있다. 정속여과방식의 종류를 쓰시오.

02 하수집수장치 중 바닥판상에 분산실과 송수실을 갖는 성형블록을 병렬연결한 것으로 오리피스공을 통과한 2단구조에 의한 균압효과와 블록상면에 배열된 다수의 집수공에 의하여 평면적으로 균등한 여과와 역세척효과를 기대하는 형식은?

03 표면세척에 의하여 파쇄된 탁질을 여과층으로부터 배출함으로써 억류되어 있는 탁질을 여과재로부터 분리하고 또 트로프까지 월류시키는 데 필요하며 충분한 역세척속도와 균등한 수류분포가 유지되도록 하여야 하는 것은?

04 밀도와 입경이 다른 복수의 여과재를 사용하여 수류방향으로 큰 입경으로부터 가는 입경으로 구성된 역입도여과층을 구성하여 모래단층여과지에 비해 여과기능을 보다 합리적·효율적으로 발휘하기 위한 여과지는?

05 여재의 경계부와 여층의 내부에 억류되어 있는 탁질을 효율적으로 제거할 수 있는 방법을 쓰시오.

06 자동여과지라고도 하며 유입수량과 유출수량이 자연적으로 평형을 이루는 방식의 여과지는?

07 자기역류세척형과 같이 유입부에서 유입수를 각지에 균등하게 분배하고 유출부에서는 유량조절을 하지 않고 유출위어에서 유출하게 되는 여과지의 형식은?

08 여과지의 형식 중 역세척탱크보유형의 장단점은?

09 보통침전지의 설치목적을 약술하시오.

10 보통침전지의 표면부하율 및 평균유속에 관한 다음 설명의 괄호 안에 알맞은 내용을 쓰시오.

- 표면부하율은 (   )mm/min을 표준으로 한다.
- 표면부하율은 탁질의 분포와 (   ) 등에 의하여 결정한다.
- 지의 형상은 정류설비의 설계에 따라 침전효율을 향상시키도록 배려하고 깊이는 약품침전지(구성 및 구조)에 따라 정하며 체류시간은 약 (   )시간으로 한다.
- 침전지 내 평균유속은 (   )cm/min 이하를 표준으로 한다.

11 세정방법 중 물세정방식의 장단점을 쓰시오.

12 여과지의 세정을 위한 역세수의 공급방법 중 자기역류세정형의 장단점을 3가지 이상씩 서술하시오.

13 표면세척기는 고정식과 회전식으로 분류할 수 있다. 압력수가 분출될 때 생기는 반력작용에 의한 우력으로 회전하면서 표면세척을 하는 것은?

14 회전식 표면세척기의 장단점을 쓰시오.

15 고정식 표면세척기의 장단점을 쓰시오.

CHAPTER 03 정답 및 해설

제3과목 설비운영

01
- 유량제어형
- 수위제어형
- 자연평형형

02 유공블록형

03 역세척

04 다층여과지

05
- 표면세척과 역세척을 조합하는 방식
- 공기세척과 역세척을 조합하는 방식
- 표면세척과 역세척의 조합에 공기세척을 추가하는 방식

06 자연평형형 여과지

07 역세척탱크보유형

08 ① 장 점
- 역세척탱크를 보유하고 있으므로 지수에 대한 제약이 없다.
- 유출위어의 높이를 자기역류세척형보다 낮게 할 수 있으며 지 전체의 깊이를 작게 할 수 있다.

② 단 점
- 세척펌프 및 세척탱크를 필요로 한다.
- 사이펀기구에 대해서는 자기역류세척형과 같다.

09 보통침전지는 응집처리를 하지 않은 원수를 자유침강에 의하여 현탁물질을 분리하고 완속여과지에 걸리는 부하를 경감하기 위하여 설치한다.

10
- 5~10
- 8
- 침강속도의 실측자료
- 30

11 ① 장 점
- 가장 오래된 시스템이므로 일반적으로 익숙함
- 자기역류세정형은 이 방식이 가장 바람직함

② 단 점
- 설비비가 고가임
- 유지관리비용 증가
- 균등한 표면세척 곤란
- 세정손실수량이 많음

12 ① 장 점
- 세척수탱크, 펌프 및 배관 등의 설비가 생략되므로 시설이 단순하여 유지관리가 편리하고, 공사비가 절약됨
- 여과지의 역세척조작이 아주 간단함
- 역세척수 공급을 위한 별도의 에너지 소비가 없어 유지운영비 절약

② 단 점
- 소규모 시설에 채택할 수 없음
- 세정을 하고 있는 동안에는 여과수량이 감소하므로 후염소 주입제어가 까다로움
- 전염소 또는 중염소 처리를 하지 않을 경우 염소처리된 물로 세정하기 곤란함

13 회전식 표면세척기

14 ① 장 점
- 노즐수가 적게 든다.
- 노즐이 회전하므로 일정 부분에 효과가 있다.

② 단 점
- 표세펌프 압력이 높아야 한다.
- 배관 회전부분 패킹의 마모로 누수가 빈번하다.
- 구조가 복잡하고 설치가 어렵다.

15 ① 장 점
- 배관 연결부분이 용접식이므로 연결부 누수가 전혀 없다.
- 배관 및 구조가 간단하여 설치가 용이하다.
- 배관과 노즐이 고정이므로 여과지 전면적에 타격, 파괴하여 세척 효율을 향상시키는 효과가 있다.

② 단점 : 노즐수가 많이 들고, 표세펌프 압력이 낮다.

CHAPTER 04 소독(살균)설비운영

제3과목 설비운영

01 염소제주입설비

1. 염소제주입설비의 개요

(1) 염소제의 종류, 주입률 및 주입지점

① 염소제의 종류 : 처리수량, 취급성, 안전성 등을 고려하여 적절한 것으로 선정한다.
   ㉠ 액화염소 : 염소가스를 액화하여 용기에 충전한 것으로 염소가스는 공기보다 무겁고 자극성 냄새를 가진 가스로서 독성이 강하므로 취급에 주의를 요한다.
   ㉡ 차아염소산나트륨 : 유효염소농도가 5~12% 정도의 담황색 액체로 알칼리성이 강하다.
② 주입률 : 물의 염소소비량, 염소요구량, 관로 등에 의한 소비량을 고려하여 수도꼭지에서의 잔류염소농도가 수도법 시행규칙 제22조의2(일반수도사업자가 해야 하는 위생상의 조치)에 적합하도록 결정한다.
③ 주입지점 : 착수정, 염소혼화지, 정수지의 입구, 공급관로 등 잘 혼화되는 장소로 한다.

(2) 저장설비

① 액화염소의 저장량은 항상 1일 사용량의 10일분 이상으로 한다.
② 용기는 50kg, 100kg, 1ton 용기를 사용하며 법령에 의한 각종 검사에 합격하고 등록증명서가 첨부되었거나 등록번호가 각인된 것이어야 한다.
③ 용기는 40℃ 이하로 유지하고 직접 가열해서는 안 된다.
④ 용기를 고정시키기 위하여 용기가대를 설치하고, 1ton 용기를 사용할 경우에는 용기의 반·출입을 위한 리프트장치를 설치한다.
⑤ 액화염소저장조의 저장설비는 액화염소를 저장조에 넣기 위한 공기공급장치를 설치하여야 한다.
⑥ 저장조 본체는 법령에 따라 각종 검사에 합격한 것이어야 한다.
⑦ 저장은 비보랭식으로 하며 밸브 등의 조작을 위한 조작대를 설치한다.
⑧ 저장조는 2기 이상 설치하고 그 중 1기는 예비로 한다.

> **더 알아보기**
>
> **차아염소산나트륨의 저장설비**
> - 저장조 또는 용기로 저장하고 2기 이상 설치한다.
> - 저장조 또는 용기는 직사일광이 닿지 않고 통풍이 좋은 장소에 설치한다.
> - 저장조의 주위에는 방액제 또는 피트를 설치한다.
> - 저장조에 온도조절장치를 설치하거나 조정실에 환기장치 또는 냉방장치를 설치한다.
> - 저장실 바닥은 경사를 주고 내식성 모르타르 등으로 시공한다.
> - 저장조 또는 용기에는 수소가스 배출이 원활하도록 통풍구(Vent) 또는 송풍기(Air Blower) 등을 설치하되, 수소가스가 건물 외부 대기 중으로 노출될 수 있도록 한다.

2. 염소주입기의 분류

(1) 액화염소주입기

염소주입기는 용기 또는 염소기화기로부터 연속적으로 공급되는 염소가스를 안전하고 정확하게 계량하여 주입하는 장치이며 건식과 습식이 있다. 일반적으로 습식진공식 염소주입기가 많이 사용된다.

① **습식진공식 염소주입기** : 인젝터와 압력조정기구에 의하여 진공을 발생하며 진공상태로 염소가스를 계량·제어하여 인젝터 내에서 압력수와 혼합해 염소수로서 주입점에 송액하는 장치이다.

② **습식압력식 염소주입기** : 용기 중의 액화염소를 염소가스로 유출시켜 계량하고, 이를 진한 염소수로 처리하여 수중에 주입하는 것이다.

③ **건식압력식 염소주입기** : 용기 중의 액화염소를 염소가스로서 유출시켜 계량하고 가스상의 상태로 직접 처리하는 물에 주입하는 것이다.

(2) 차아염소산나트륨용액의 주입기

① **자연유하식** : 저장조 등의 위치수두조절기를 갖춘 점적기 또는 오리피스관을 통하여 주입하는 방식으로 구조가 단순하기 때문에 주입량의 변동이 적은 소규모 시설에 적합하다.

② **인젝터방식** : 압력수를 인젝터에 공급하여 차아염소산나트륨과 혼합시킨 후 주입점에 송액하는 방법이다. 인젝터에 공급하는 압력수는 스케일 생성을 피하기 위하여 가능한 한 경도가 낮은 물을 사용한다.

③ **펌프방식** : 원심펌프, 계량펌프 등에 의하여 주입점에 송액하는 방법으로 주입량의 제어 범위가 넓다. 단, 펌프의 흡입부에서 기포가 발생할 수 있으므로 주의해야 한다.

(3) 염소주입제어

① **수동정량제어** : 처리수량과 염소요구량의 변화가 적고 염소요구량이 거의 일정할 경우 사용하는 제어방법이다.

② 유량비례제어 : 처리수량은 변화하나 수질의 변화가 적어 염소요구량이 거의 일정할 때 처리수량의 변화에 따라 염소량을 주입하는 방법이다.
③ 잔류염소제어 : 처리수량과 염소요구량이 변화하는 경우 일정 잔류염소를 기준으로 하여 주입량을 제어하는 방법이다.

3. 염소중화설비

(1) 중화설비의 구성
① 염소중화설비는 누출되는 염소가스를 중화시켜 무해하게 하는 장치로서 중화용 가성소다 저장탱크, 배풍기, 순환펌프, 중화탑 등으로 구성된다.
② 염소가스의 누출 시에는 누설탐지기로부터의 경보에 따라 경보기 및 배풍기, 가성소다용액 펌프가 자동으로 작동이 되도록 하여야 한다.
③ 염소투입실로부터 배풍된 누출가스는 덕트를 통하여 중화탑으로 이송되어 가성소다용액과 반응하여 중화된다.

(2) 염소중화탑의 종류
① **충전탑방식** : 중화탑 하부로부터 염소가스를 보내고 탑 상부에서 가성소다용액을 흘려보내 탑 내부의 충전재 표면을 스쳐 지나는 사이에 서로 반응하여 중화되는 방식으로 가장 보편적으로 사용되고 있다.
② **회전흡수방식** : 중화탑 입구에서 염소가스를 흡인하고 중화탑 주축의 회전에 의하여 회전 날개에서 발생하는 가성소다용액의 피막과 회전날개 끝에서 산포되는 가성소다액체가 염소가스와 접촉하여 중화되는 방식이다.
③ **경사판방식** : 중화탑 하부로부터 염소가스를 보내고 탑 상부에서 반응액을 보내는 것은 중화탑방식과 유사하나 탑 내의 충전제 대신 경사판을 설치하여 경사판의 표면에 생기는 가성소다용액의 피막과 경사판에 작은 구멍으로부터 산포되는 가성소다용액이 염소가스와 반응하여 중화되는 방식이다.

4. 보안용구

(1) 방독마스크

(2) 보호구

(3) 비상시 공구
① 누출방지용 안전캡
② 너트 및 패킹류
③ 연전(鉛栓) 또는 목전(木栓) 맹플랜지
④ 철선 및 테이프류
⑤ 응급수리용 공구

02 전염소·중간염소처리설비, 폭기설비

1. 전염소·중간염소처리설비

(1) 의의 및 목적
　① 의의 : 염소는 통상 소독목적으로 여과 후에 주입하지만, 소독이나 살조작용과 함께 강력한 산화력을 가지고 있기 때문에 오염된 원수에 대한 정수처리대책의 일환으로 응집·침전 이전의 처리과정에서 주입하는 경우와 침전지와 여과지의 사이에서 주입하는 경우가 있다. 전자를 전염소처리, 후자를 중간염소처리라 한다.
　② 전염소·중간염소처리의 목적
　　㉠ 세균의 제거(일반세균, 대장균군)
　　㉡ 생물처리
　　㉢ 철, 망간의 제거
　　㉣ 암모니아성 질소, 아질산성 질소, 황화수소, 페놀류, 기타 유기물 등의 처리
　　㉤ 맛, 냄새 제거

(2) 전염소처리
　① 염소제 주입지점은 취수시설, 도수관로, 착수정, 혼화지, 염소혼화지 등으로 교반이 잘 일어나는 지점으로 한다.
　② 염소제 주입률은 처리목적에 따라 필요로 하는 염소량 및 원수의 염소요구량 등을 고려하여 산정한다.

2. 폭기설비(暴氣設備)

(1) 의의 및 효과

① 의의 : 폭기는 물과 공기를 충분히 접촉시켜서 수중의 가스상태의 물질을 휘발시키거나 공기 중의 산소를 도입하여 수중의 특정물질을 산화시키기 위해 실시한다.

② 폭기의 처리효과
  ㉠ pH가 낮은 물에 대하여 수중의 유리탄산을 제거하여 pH값을 상승시킨다.
  ㉡ 휘발성 유기염소화합물(트라이클로로에틸렌, 테트라클로로에틸렌, 1,1,1-트라이클로로에틸렌 등)을 제거한다.
  ㉢ 공기 중의 산소를 물에 공급하여 용해성 철이온의 산화를 촉진하고, 수중에 용존된 탄산수소제일철은 폭기에 의하여 탄산제일철을 생성한다.
  ㉣ 황화수소 등의 불쾌한 냄새물질을 제거한다.

(2) 폭기방식

① **분수식 폭기장치** : 노즐의 출구는 작을수록 유효하지만 막히기 쉬우므로 5~10mm 정도가 바람직하며 분무된 물과 공기가 잘 접촉되게 설치한다.

② **충전탑식 폭기설비** : 충전탑의 구조는 수직원통형으로 하고 내식성 물질을 사용한다. 충전탑은 원통형의 내부에 충전재를 채워 넣고 탑꼭대기에 설치된 물 분폭기를 통하여 공급된 물이 충전재의 표면을 박막상으로 흐르도록 하여 충전재의 간극을 흐르는 동안 하부로부터 공급된 공기와 접촉하도록 한다.

CHAPTER 04 적중예상문제(1차)

제3과목 설비운영

01 다음 중 염소제를 사용한 소독방법에 대한 설명으로 옳지 않은 것은?

① 정수시설에는 정수방법의 종류나 시설의 규모에 상관없이 반드시 소독설비를 갖추어야 한다.
② 염소제에 의한 소독방법은 소독효과가 우수하고 대량의 물에 대해서도 용이하게 소독이 가능한 동시에 소독효과가 잔류한다는 장점이 있다.
③ 트라이할로메탄 등의 유기염소화합물을 생성하고 특정물질과 반응하여 냄새를 유발하기도 하며, 암모니아성 질소와 반응하여 소독효과를 약하게 하는 등의 문제가 있을 수 있다.
④ 오존소독은 매우 강력한 살균효과를 가지고 있어 바이러스나 원생동물의 포낭을 쉽게 무력화할 수 있으며 염소와 같은 잔류효과도 있다.

해설 ④ 오존소독은 매우 강력한 살균효과를 가지고 있어 바이러스나 원생동물의 포낭을 쉽게 무력화할 수 있으나 염소와 같은 잔류효과가 없으며 수중의 유기물질과 반응하여 유해한 소독부산물을 생성할 가능성도 있다.

02 다음 중 염소제에 대한 설명으로 옳지 않은 것은?

① 액화염소는 염소가스를 액화하여 용기에 충전한 것으로 염소가스는 공기보다 무겁고 자극성 냄새를 가진 가스로서 독성이 강하다.
② 차아염소산나트륨은 유효염소농도가 5~12% 정도의 담황색 액체로 알칼리성이 강하다.
③ 차아염소산나트륨은 액화염소에 비해 위험하며 취급에 주의를 요하기 때문에 강한 법적 규제가 강하다.
④ 차아염소산칼슘(고도표백분 포함)은 분말, 과립, 정제가 있으며, 유효염소의 농도는 60% 이상으로 보전성이 좋다.

해설 ③ 차아염소산나트륨은 액화염소에 비하면 안정성과 취급성이 좋으며 법적 규제는 없으나 용액으로부터 분리되는 기포(산소)가 배관 내에 누적되어 물의 흐름을 저해할 가능성이 있다.

정답 1 ④ 2 ③

03 다음 중 액화염소의 저장설비에 대한 설명으로 옳지 않은 것은?

① 용기는 20℃ 이하로 유지하고 직접 가열해서는 안 된다.
② 용기를 고정시키기 위하여 용기가대를 설치하고, 1ton 용기를 사용할 경우에는 용기의 반·출입을 위한 리프트장치를 설치한다.
③ 액화염소저장조의 저장설비는 액화염소를 저장조에 넣기 위한 공기공급장치를 설치하여야 한다.
④ 저장조 본체는 법령에 따라 각종 검사에 합격한 것이어야 한다.

해설 ① 용기는 40℃ 이하로 유지하고 직접 가열해서는 안 된다.

04 다음 중 액화염소의 저장실에 대한 설명으로 옳지 않은 것은?

① 실온은 10~35℃를 유지하고 출입구 등으로부터 직사일광이 용기에 직접 닿지 않는 구조로 한다.
② 저장실 안에 염소주입기실을 두고 용기의 반·출입이 편리한 위치로서 감시하기 쉬운 곳에 설치한다.
③ 습기가 많은 장소는 피하고 외부로부터 밀폐시킬 수 있는 구조로 하며 두 방향에 출입문을 설치하고 환기장치를 설치한다.
④ 저장조가 설치된 저장실 출입구는 기밀구조로 하고 이중출입문을 설치한다.

해설 ② 액화염소저장실은 염소주입기실과 분리하고 용기의 반·출입이 편리한 위치로서 감시하기 쉬운 곳에 설치한다.

05 다음 중 염소(Cl_2)처리 후 살균효과에 대한 설명으로 틀린 것은?

① pH가 증가하면 살균력이 증가한다.
② 온도가 높아질수록 살균력이 증가한다.
③ 접촉시간이 길수록 살균력이 증가한다.
④ 염소농도가 증가하면 살균력이 증가한다.

해설 염소처리
pH가 낮은 쪽이 살균효과가 높다. 즉, pH 5 정도에서 살균력이 강한 HOCl의 비율이 가장 높고 상대적으로 살균력이 약한 OCl^-의 비율이 낮아 살균효과가 가장 좋다.

06 다음 중 전염소처리로 제거할 수 없는 것은?
① 철(Fe) ② 조 류
③ 암모니아성 질소 ④ 트라이할로메탄

해설 트라이할로메탄(THM)은 염소소독으로 인해 발생되는 소독부산물로서 발암성 물질이다.

07 전염소처리의 목적 중 틀린 것은?
① 세균을 제거한다.
② 암모니아성 질소를 제거한다.
③ 철, 망간 등을 제거한다.
④ 수중의 불순물을 침전시킨다.

08 다음 중 차아염소산나트륨의 저장설비에 대한 설명으로 옳지 않은 것은?
① 저장조 또는 용기로 저장하고 2기 이상 설치한다.
② 저장조 또는 용기는 직사일광이 닿지 않고 통풍이 좋은 장소에 설치한다.
③ 저장조의 주위에는 방액제 또는 피트를 설치한다.
④ 저장실은 환기장치 또는 냉방장치를 하지 않는다.

해설 ④ 저장조에 온도조절장치를 설치하거나 조정실에 환기장치 또는 냉방장치를 설치한다.

09 다음 중 염소제주입설비에 대한 설명으로 틀린 것은?
① 염소제주입설비는 액체염소저장기, 계량저울, 기화기, 진공조절기, 염소주입기, 이젝터 및 희석수공급설비로 구성된다.
② 염소주입기의 용량은 일 최대공급량을 기준으로 하되 초기연도의 공급량 및 일평균공급량을 고려하여 산정한다.
③ 용량은 최대부터 최소주입량까지 안전하고 정확하게 주입이 가능하며 예비기를 설치한다.
④ 구조는 내부식성, 내마모성이 낮아야 한다.

해설 ④ 구조는 내부식성, 내마모성이 크고 운영관리가 용이해야 한다.

정답 6 ④ 7 ④ 8 ④ 9 ④

10 다음 중 액화염소주입기에 대한 설명으로 옳지 않은 것은?
① 염소주입기는 용기 또는 염소기화기로부터 연속적으로 공급되는 염소가스를 안전하고 정확하게 계량하여 주입하는 장치이며 건식과 습식이 있다.
② 일반적으로 습식진공식 염소주입기가 많이 사용된다.
③ 습식진공식 염소주입기는 용기 중의 액화염소를 염소가스로서 유출시켜 계량하고 가스상의 상태로 직접 처리하는 물에 주입하는 것이다.
④ 습식압력식 염소주입기는 용기 중의 액화염소를 염소가스로서 유출시켜 계량하고 이를 진한 염소수로 처리하여 수중에 주입하는 것이다.

해설 ③은 건식압력식 주입기에 대한 설명으로 가스 자체를 수중에 방출하므로 용해되지 않은 염소가 공중으로 비산하는 양이 많고, 주입률이 불균등하게 되기 쉬운 결점이 있다.

11 습식진공식 염소주입기에 대한 설명으로 옳지 않은 것은?
① 건식주입기에 비하여 염소의 혼화가 균등하게 행해지며 관례적으로 소형 용량에 많이 사용된다.
② 대기압 이하의 압력에서 계량·제어하므로 염소의 누출이나 용기 내에 염소가 남는 일이 적다.
③ 염소농도가 높고 혼합 용수의 수온이 낮을 때는 염소의 결정이 생길 염려가 많다.
④ 인젝터의 급수압력이 저하하여 기내의 진공압력이 정압으로 되면 자동적으로 염소를 정지하는 등의 기능을 가지고 있다.

해설 ①은 습식압력식 염소주입기에 대한 설명이다.

12 다음 중 차아염소산나트륨용액의 주입기에 대한 설명으로 옳지 않은 것은?
① 차아염소산나트륨용액의 주입기는 자연유하식, 인젝터방식, 펌프방식이 있다.
② 자연유하식은 저장조 등의 위치수두조절기를 갖춘 점적기 또는 오리피스관을 통하여 주입하는 방식이다.
③ 자연유하식은 구조가 단순하기 때문에 주입량의 변동이 큰 대규모 시설에 적합하다.
④ 인젝터방식은 압력수를 인젝터에 공급하여 차아염소산나트륨과 혼합시킨 후 주입점에 송액하는 방법이다.

해설 ③ 자연유하식은 구조가 단순하기 때문에 주입량의 변동이 적은 소규모 시설에 적합하다.

13 다음 중 염소중화설비에 대한 설명으로 옳지 않은 것은?

① 염소중화설비는 누출되는 염소가스를 중화시켜 무해하게 하는 장치이다.
② 경사판방식에서 탑의 내부는 청소가 용이한 구조로 하여 사용 후에는 물로 세척하기에 가능한 구조로 하여야 한다.
③ 염소중화탑은 충전탑방식, 회전흡수방식, 경사판방식 등이 있으나 보편적으로 사용되고 있는 것은 충전탑방식이다.
④ 충전탑방식은 중화탑 하부로부터 염소가스를 보내고 탑 상부에서 가성소다용액을 흘려보내 탑 내부의 충전재 표면을 스쳐 지나는 사이에 서로 반응하여 중화되는 방식이다.

해설 ② 경사판방식은 탑 내의 충전제 대신 경사판을 설치하여 경사판의 표면에 생기는 가성소다용액의 피막과 경사판의 작은 구멍으로부터 산포되는 가성소다용액이 염소가스와 반응하여 중화되는 방식이다.

14 염소중화설비에 대한 설명으로 옳지 않은 것은?

① 중화설비의 처리능력은 1일에 염소가스를 무해가스로 처리할 수 있는 양(kg/day)으로 표시한다.
② 경사판방식은 중화탑 하부로부터 염소가스를 보내고 탑 상부에서 반응액을 보내는 것은 중화탑방식과 유사하다.
③ 경사판방식은 탑 내의 충전제 대신 경사판을 설치하여 경사판의 표면에 생기는 가성소다용액의 피막과 경사판에 작은 구멍으로부터 산포되는 가성소다용액이 염소가스와 반응하여 중화되는 방식이다.
④ 가성소다저장탱크의 저장량은 기준 등에서 정해진 양 이상으로 하고 중화처리되는 염소량에 의해 정해지며 농도는 10~20%의 범위이다.

해설 ① 중화설비의 처리능력은 1시간에 염소가스를 무해가스로 처리할 수 있는 양(kg/h)으로 표시한다.

15 염소주입 시 보안용구 중 방독마스크와 보호구에 대한 설명으로 옳지 않은 것은?

① 공기호흡기 또는 송기식 마스크 2개 이상
② 격리식 방독마스크(전면고농도형) 3개 이상
③ 공기 또는 산소예비용기 3개 이상
④ 보호의(고무계) 2벌 이상

해설 ① 공기호흡기 또는 송기식 마스크 3개 이상이다.

정답 13 ② 14 ① 15 ①

16 다음 중 이산화염소주입설비에 대한 설명으로 옳지 않은 것은?

① 이산화염소에 의한 소독은 최근 상수원수의 수질악화에 따라 유리염소에 의한 THM 생성을 피하기 위한 대체소독제라 할 수 있다.
② 염소와 같은 소독효과를 얻기 위한 이산화염소의 주입량은 염소주입량과 같다.
③ 페놀화합물을 분해하며 정수의 이취미와 색도의 제거에도 효과적이고 클로로페놀까지도 어느 정도 제거가 가능하다.
④ 염소로부터 생성된 황화수소(H_2S)나 R–SH 등 황화합물로 인한 냄새제거가 가능하다.

해설 ② 염소와 같은 소독효과를 얻기 위한 이산화염소의 주입량은 염소주입량의 반으로 한다. 즉, 1mg/L의 이산화염소는 2mg/L의 염소와 같은 효과가 있다.

17 정수처리에서 염소소독을 실시할 경우 물이 산성일수록 살균력이 커지는 이유는?

① 수중의 OCl^- 증가
② 수중의 OCl^- 감소
③ 수중의 HOCl 증가
④ 수중의 HOCl 감소

해설 **염소소독의 성질**
• 낮은 pH(산성)의 경우 : $Cl_2 + H_2O \leftrightarrow HOCl = H^+ + OCl^-$
• 물이 산성일수록 수중의 HOCl(차아염소산) 증가로 살균력이 커짐

18 다음 중 음용수의 소독 시 클로라민(Chloramine)을 이용한 소독방법이 유리염소보다 좋은 이유는?

① 소독력이 강하다.
② 잘 휘발한다.
③ 취미가 강하다.
④ 살균작용이 오래 지속된다.

해설 **클로라민**
살균(소독) 후 물에 취미(臭味)를 주지 않고 살균작용이 오래 지속되는 특징이 있다. 그러나 소독력은 유리염소보다 약한 단점이 있다.

16 ② 17 ③ 18 ④

19 다음 중 이산화염소주입설비의 효과에 대한 설명으로 틀린 것은?
① 잔류효과가 양호하다.
② 맛과 냄새의 제거 효과가 있다.
③ THM의 생성을 감소시킨다.
④ 약품이 다량 필요하다.

해설 ④ 염소와 같은 소독효과를 얻기 위해서는 염소주입량의 1/2 정도만 주입한다.

20 다음 중 전염소·중간염소처리에 대한 설명으로 옳지 않은 것은?
① 전염소처리는 응집, 침전 이전의 처리과정에서 주입하는 경우이다.
② 중간염소처리는 침전지와 여과지의 사이에서 주입하는 경우이다.
③ 전염소·중간염소처리의 목적은 세균(일반세균, 대장균군), 철, 망간의 제거이다.
④ 전염소처리의 염소제 주입지점은 침전지와 여과지 사이에서 잘 혼화되는 장소로 한다.

해설 ④는 중간염소처리의 염소제 주입장소이다. 전염소처리의 염소제 주입지점은 취수시설, 도수관로, 착수정, 혼화지, 염소혼화지 등에서 교반이 잘 일어나는 지점으로 한다.

정답 19 ④ 20 ④

CHAPTER 04 적중예상문제(2차)

제3과목 설비운영

01 염소제주입설비의 구성요소를 5가지 이상 쓰시오.

02 용기 중의 액화염소를 염소가스로서 유출시켜 계량하고 이를 진한 염소수로 처리하여 수중에 주입하는 염소주입기는?

03 용기 중의 액화염소를 염소가스로서 유출시켜 계량하고 가스상의 상태로 직접 처리하는 물에 주입하는 주입기는?

04 다음은 염소의 주입제어에 대한 설명이다. 설명에 맞는 제어방법을 쓰시오.
(1) 처리수량은 변화하나 수질의 변화가 적어 염소요구량이 거의 일정할 때 처리수량의 변화에 따라 염소량을 주입하는 방법
(2) 처리수량과 염소요구량의 변화가 적고 염소요구량이 거의 일정할 경우
(3) 처리수량과 염소요구량이 변화하는 경우 일전 잔류염소를 기준으로 하여 주입량을 제어하는 방법

05 염소중화탑의 종류 3가지를 쓰시오.

06 염소중화탑 중에서 중화탑 하부로부터 염소가스를 보내고 탑 상부에서 가성소다용액을 흘려보내 탑 내부의 충전재 표면을 스쳐 지나는 사이에 서로 반응하여 중화되는 방식은?

07 염소중화탑 중 중화탑 하부로부터 염소가스를 보내고 탑 상부에서 반응액을 보내는 것은 중화탑 방식과 유사하나 탑 내의 충전제 대신 경사판을 설치하여 경사판의 표면에 생기는 가성소다용액의 피막과 경사판에 작은 구멍으로부터 산포되는 가성소다용액이 염소가스와 반응하여 중화되는 방식은?

08 보안용구 중 갖추어야 할 비상시 공구를 5가지 이상 쓰시오.

09 다음 괄호 안에 알맞은 내용을 쓰시오.

> 염소는 통상 소독목적으로 여과 후에 주입하지만, 소독이나 살조작용과 함께 강력한 산화력을 가지고 있기 때문에 오염된 원수에 대한 정수처리대책의 일환으로 응집·침전 이전의 처리과정에서 주입하는 경우를 (　　)라 하고, 침전지와 여과지의 사이에서 주입하는 경우를 (　　)라 한다.

10   전염소·중간염소처리의 목적을 3가지 이상 쓰시오.

11   폭기의 처리효과를 3가지 이상 쓰시오.

CHAPTER 04 정답 및 해설

제3과목 설비운영

01 액체염소저장기, 계량저울, 기화기, 진공조절기, 염소주입기, 이젝터 및 희석수공급설비

02 습식압력식 염소주입기

03 건식압력식 염소주입기

04 (1) 유량비례제어
(2) 수동정량제어
(3) 잔류염소제어

05 충전탑방식, 회전흡수방식, 경사판방식

06 충전탑방식

07 경사판방식

08
- 누출방지용 안전캡
- 너트 및 패킹류
- 연전(鉛栓) 또는 목전(木栓) 팽플랜지
- 철선 및 테이프류
- 응급수리용 공구

09 전염소처리, 중간염소처리

10
- 세균의 제거(일반세균, 대장균군)
- 생물처리
- 철, 망간의 제거
- 암모니아성 질소, 아질산성 질소, 황화수소, 페놀류, 기타 유기물 등의 처리
- 맛, 냄새 제거

11
- pH가 낮은 물에 대하여 수중의 유리탄산을 제거하여 pH값을 상승시킨다.
- 휘발성 유기염소화합물(트라이클로로에틸렌, 테트라클로로에틸렌, 1,1,1-트라이클로로에틸렌 등)을 제거한다.
- 공기 중의 산소를 물에 공급하여 용해성 철이온의 산화를 촉진하고, 수중에 용존된 탄산수소제일철은 폭기에 의하여 탄산제일철을 생성한다.
- 황화수소 등의 불쾌한 냄새물질을 제거한다.

CHAPTER 05 흡착설비, 오존처리설비

제3과목 설비운영

01 흡착설비

1. 분말활성탄흡착설비

(1) 활성탄의 종류와 처리대상

① 활성탄의 종류 : 활성탄은 형상에 따라 분말활성탄과 입상활성탄으로 나누어지며 처리형태에 따라 사용이 구분되나 활성탄으로서 물성 및 흡착기작 등은 동일하다.

구 분		종 류
원 료	목 탄	야자껍질, 목재, 톱밥 등
	석 탄	이탄, 아탄, 갈탄, 역청탄 등
	기 타	석유피치, 합성수지, 각종 유기질 탄화물 등
활성화방법	약 품	염화아연, 황산염, 인산, 수산화나트륨, 에탄올 등
	가 스	수증기, 이산화탄소, 공기 등
	기 타	약품과 수증기의 병용
형 상	분말탄	$150\mu m$ 이하
	입상탄	$150\mu m$ 이상

② 처리대상 : 통상적인 정수처리로 제거되지 않는 맛·냄새 원인물질, 합성세제, 페놀류, 트라이할로메탄과 그 전구물질(부식질 등), 트라이클로로에틸렌 등의 휘발성 유기화합물질, 농약 등의 미량 유해물질, 상수원의 상류수계에서 사고 등에 의하여 일시적으로 유입되는 화학물질, 그 밖의 유기물 등을 대상으로 한다.

[분말활성탄처리와 입상활성탄처리의 비교]

항 목	분말활성탄	입상활성탄
처리시설	기존시설을 사용하여 처리가능함	여과지를 만들 필요가 있음
단기간 처리하는 경우	필요량만 구입하므로 경제적임	비경제적임
장기간 처리하는 경우	경제성이 없으며 재생되지 않음	탄층을 두껍게 할 수 있으며, 재생하여 사용할 수 있어 경제적임
미생물의 번식	사용하고 버리므로 번식이 없음	원생동물이 번식할 우려 있음
폐기 시의 애로	탄분을 포함한 흑색 슬러지는 공해의 원인임	재생사용할 수 있어 문제없음
누출에 의한 흑수현상	특히 겨울철에 일어나기 쉬움	거의 발생하지 않음
처리 관리의 난이	주입작업을 수반함	특별한 문제없음

(2) 검수, 저장, 주입설비

① 검수 및 저장
- ㉠ 분말활성탄의 성상 및 운반방식과 수량을 고려하여 적절한 검수용 계량장치를 설치한다.
- ㉡ 반입된 분말활성탄을 저장설비에 이송하기 위한 설비를 설치한다.
- ㉢ 저장설비는 사용량과 수급관계를 고려하여 적절한 용량으로 한다.
- ㉣ 저장설비를 설치하는 건물은 내화성 구조로 하고 방진 및 방화대책을 강구한다.
- ㉤ 건조탄의 저장조에는 가교(Bridge) 결합을 방지하기 위한 대책을 강구한다.

② 주입설비
- ㉠ 주입지점은 혼화와 접촉이 충분히 이루어지고, 또 전염소처리의 효과에 영향을 주지 않도록 선정하며 필요에 따라 접촉지를 별도로 설치한다.
- ㉡ 주입률은 원수수질 등에 따라 다른 실례 등을 참조하고 기본적으로 처리하고자 하는 원수와 제거목표물질에 대한 실험에 근거하여 정한다.
- ㉢ 슬러지농도는 2.5~5%(건조환산한 값)를 표준으로 한다.
- ㉣ 주입량은 처리수량과 주입률로 결정한다.
- ㉤ 주입방식으로는 습식과 건식이 있으며 제어성과 작업성 등을 고려하여 선정한다.
- ㉥ 주입장치는 주입방식에 따라 적절한 설비구성으로 충분한 용량을 가져야 한다.
- ㉦ 주입장치의 총용량과 대수 및 주입계통의 구성은 최소주입량에서 최대주입량까지 적절하게 주입할 수 있도록 한다.
- ㉧ 습식주입에서 슬러지조는 충분하게 교반될 수 있는 구조로 적절한 용량이어야 한다.
- ㉨ 주입배관은 적절한 구경과 재질 등으로 시공한다.
- ㉩ 분말활성탄이 접촉하는 부분의 재질은 활성탄에 대하여 충분한 내식성과 내마모성이 있는 것으로 한다.
- ㉪ 주입설비실은 가능한 주입장소에 가까운 곳에 설치하고 설비의 유지관리가 용이한 넓이를 확보한다.

2. 입상활성탄흡착설비

(1) 의의 및 처리방법

① 의의 : 입상활성탄흡착설비는 흡착탑 또는 흡착지에 입상활성탄을 충전하고 여기에 처리할 물을 통과시켜 처리대상물질인 오염물질을 흡착하여 제거하는 것이다.
② 처리방법 : 잘 발달된 활성탄 내부 세공표면에 오염물질이 이동하여 흡착됨으로써 액상의 용존상태에서 고체상의 흡착상태로 상을 변환시켜 오염물질을 제거하는 공정이다.

(2) 처리공정의 배열

① 입상활성탄에 의한 제거목표물질
   ㉠ 냄새물질의 제거
   ㉡ 트라이할로메탄 및 트라이할로메탄 전구물질(부식질 등)의 제거
   ㉢ 색도의 제거
   ㉣ 음이온 계면활성제, 페놀류 등 유기물의 제거
   ㉤ 트라이클로로에틸렌 등 휘발성 유기화합물질의 제거
   ㉥ 암모니아성 질소와 고농도유기물의 동시제거
② 공정배열은 문헌을 참고하고 소형실내실험, 파일럿규모실험, 실증플랜트실험 등으로부터의 결과를 기초로 선정하는 것이 바람직하다.

(3) 흡착설비, 세척설비

① 흡착설비
   ㉠ 입상활성탄은 처리목적에 따라 최적의 것을 선정하며 규격은 분말활성탄 규격과 KS M 1421을 참고로 한다.
   ㉡ 흡착지의 구조는 효과적인 흡착과 역세척이 가능하고 또 활성탄의 교체 등이 용이하도록 한다.
   ㉢ 고정상흡착지 : 설비규모, 수위 등을 고려하여 중력식 또는 압력식에서 선택하되 유지관리, 경제성 등도 충분히 검토하여 결정한다.
   ㉣ 중력식 : 비교적 대규모 시설에 적합하며 점검이 용이하고 철근콘크리트지의 경우에는 내구성이 있다.
   ㉤ 압력식 : 소규모의 설비에 적합하며 강판제로 할 수 있고 선속도(LV)를 크게 할 수 있는 장점이 있다.
② 세척설비
   ㉠ 세척의 목적 : 탄층에 축적된 현탁물질에 의하여 일어나는 흐름의 저항을 감소시키는 것
   ㉡ 세척의 빈도 : 처리수량, 처리수 중의 현탁물질의 성질, 농도, 입상활성탄의 크기, 흡착방식(고정상, 유동상)에 따라 다르다.
   ㉢ 세척수로는 활성탄 처리수 또는 정수를 사용하고 필요한 수량, 수압 및 시간은 실험 등으로 결정한다.

02 오존처리설비

1. 오존처리설비의 개요

(1) 오존처리의 목적 및 장점

① **목적** : 오존처리는 염소보다 훨씬 강한 오존의 산화력을 이용하여 소독과 함께 맛·냄새물질 및 색도의 제거, 소독부산물의 저감 등을 목적으로 한다.

② **오존처리의 방법** : 오존은 유기물과 반응하여 부산물을 생성하므로 일반적으로 오존처리와 활성탄 처리는 병행해야 된다. 오존처리공정의 설계와 운전요소로서 처리목적에 따라 주입점, 주입률 등을 고려하고 파일럿플랜트 등 실험결과에 근거하여 결정한다.

③ **오존처리가 타 처리공정에 비하여 우수한 점**
  ㉠ 오존은 자체의 높은 산화력으로 염소에 비하여 높은 살균력을 가지고 있으며, 모든 병원성 미생물에 대한 소독시간을 단축할 수 있다.
  ㉡ 맛·냄새물질 및 색도제거의 효과가 우수하다.
  ㉢ 유기물질의 생분해성을 증가시킨다. 즉, 난분해성 유기물의 생분해성을 증대시켜 후속공정인 입상활성탄(생물활성탄으로 운전 시)의 처리성을 향상시킨다.
  ㉣ 염소주입에 앞서 오존을 주입하면 염소의 소비량을 감소시킨다.
  ㉤ 철, 망간의 산화능력이 크다.
  ㉥ 소독부산물의 생성을 유발하는 각종 전구물질에 대한 처리효율이 높다.

(2) 오존처리에 있어서 유의할 점

① 충분한 산화반응을 진행시킬 접촉지가 필요하다.
② 배오존처리설비가 필요하다.
③ 전염소처리를 할 경우 염소와 반응하여 잔류염소가 감소한다.
④ 설비의 사용재료는 충분한 내식성이 요구된다.

2. 오존발생 및 주입설비

(1) 주입설비

① **설비용량** : 처리수량과 주입률로부터 산출된 주입량을 기본으로 하여 결정한다.
② **설비의 구성** : 원료가스공급장치, 오존발생기, 접촉지, 배오존처리설비, 잔류오존제거시설 및 오존재이용설비 등 → 주요기기류는 2계통 이상으로 분리하고 예비계통을 설치하며 유지관리가 용이하도록 한다.

(2) 오존발생기

① 발생효율이 높고 내구성과 안전성이 충분해야 한다.
② 용량, 대수, 주입계통의 구성은 수온에 따른 오존소모특성과 제거대상물질을 고려하여 최소주입량에서 최대주입량 조절이 가능하도록 하여야 한다.
③ 오존발생기에서 주입장소에 이르는 배관은 적절한 내경과 재질을 가지며 유량계, 압력 등을 구비한다.
④ 배관의 유지관리를 용이하게 하기 위하여 지중부분은 콘크리트덕트 내에 설치하는 것으로 한다.

3. 배오존설비

(1) 활성탄흡착분해법

활성탄을 사용하여 분해하는 방법으로 오존의 효과적인 파괴가 가능하며 유지관리는 활성탄의 교체, 보충뿐이고 가열할 필요가 없으며 간헐운전에도 적합하다.

(2) 가열분배법

수천 ppm의 농도에서 오존의 반감기는 상온에서 수십 시간 이상이나 200℃에서는 수초 이내이다. 실용적으로는 350℃에서 1초 정도 체류시킴으로써 배출오존의 파괴가 충분히 가능하다.

(3) 촉매분해법

금속표면에서 오존이 촉매분해되는 것을 이용한 것인데 오존의 열분해보다 저온에서 일어나므로 비용면에서 유리하며 널리 이용되고 있는 방법이다. 촉매로는 MnO_2, Fe_2O_3, NiO가 이용되며 50℃ 정도로 접촉시간 0.5~5초 정도에서 반응이 이루어진다.

CHAPTER 05 적중예상문제(1차)

제3과목 설비운영

01 다음 중 분말활성탄흡착설비에 대한 설명으로 옳지 않은 것은?

① 활성탄은 형상에 따라 분말활성탄과 입상활성탄으로 나누어지며 처리형태에 따라 사용이 구분되나 활성탄으로서 물성 및 흡착기작 등은 동일하다.
② 처리대상은 통상적인 정수처리로 제거되지 않는 맛·냄새 원인물질, 합성세제, 페놀류, 트라이할로메탄과 그 전구물질(부식질 등), 트라이클로로에틸렌 등의 휘발성 유기화합물질, 농약 등의 미량유해물질, 상수원의 사고 등에 의하여 일시적으로 유입되는 화학물질, 그 밖의 유기물 등이다.
③ 활성탄의 원료는 목탄, 석탄, 기타 등이 있다.
④ 분말활성탄처리는 여과지를 만들 필요가 있다.

해설 ④ 분말활성탄처리는 기존시설을 사용하여 처리가 가능하나 입상활성탄은 여과지를 만들 필요가 있다.

02 다음 중 분말활성탄처리와 입상활성탄처리의 비교로 옳지 않은 것은?

〈항목〉	〈분말활성탄〉	〈입상활성탄〉
① 처리 및 관리성	어려움	용이함
② 미생물의 번식	없음	가능성 있음
③ 폐기 시의 어려움	문제없음	탄분을 포함한 흑색슬러지는 공해의 원인임
④ 장기간 처리 시	경제성이 향상되지 않음	경제적임

해설 ③ 분말활성탄처리는 폐기 시 탄분을 포함한 흑색슬러지는 공해의 원인이 되나 입상활성탄처리는 슬러지가 발생하지 않아 문제가 되지 않는다.

정답 1 ④ 2 ③

03 다음 중 분말활성탄주입설비에 대한 설명으로 옳지 않은 것은?

① 주입지점은 혼화와 접촉이 충분히 이루어지고 또 전염소처리과정과 동시에 한다.
② 주입률은 원수수질 등에 따라 다른 실례 등을 참조하고 기본적으로 처리하고자 하는 원수와 제거목표물질에 대한 실험에 근거하여 정한다.
③ 슬러지 농도는 2.5~5%(건조환산한 값)를 표준으로 한다.
④ 주입량은 처리수량과 주입률로 결정한다.

해설 ① 주입지점은 혼화와 접촉이 충분히 이루어지고 또 전염소처리의 효과에 영향을 주지 않도록 선정하며 필요에 따라 접촉지를 별도로 설치한다.

04 다음 중 분말활성탄의 검수 및 저장에 대한 설명으로 틀린 것은?

① 분말활성탄의 성상 및 운반방식과 수량을 고려하여 적절한 검수용 계량장치를 설치한다.
② 저장설비의 사용량은 가능한 최대용량으로 한다.
③ 반입된 분말활성탄을 저장설비에 이송하기 위한 설비를 설치한다.
④ 저장설비를 설치하는 건물은 내화성 구조로 하고 방진 및 방화대책을 강구한다.

해설 ② 저장설비는 사용량과 수급관계를 고려하여 적절한 용량으로 한다.

05 다음 중 입상활성탄에 대한 설명으로 옳지 않은 것은?

① 입상활성탄흡착설비는 흡착탑 또는 흡착지에 입상활성탄을 충전하고 여기에 처리할 물을 통과시켜 처리대상물질인 오염물질을 흡착하여 제거하는 것이다.
② 입상활성탄처리방법은 잘 발달된 활성탄 내부 세공 표면에 오염물질이 이동하여 흡착됨으로써 액상의 용존상태에서 고체상의 흡착상태로 상을 변환시켜 오염물질을 제거하는 공정이다.
③ 입상활성탄은 처리목적에 따라 최적의 것을 선정하며 규격은 분말활성탄 규격과 KS M 1421을 참고로 한다.
④ 전염소 또는 중간염소처리에 의한 배열은 지하수 → 입상활성탄 → 후염소처리이다.

해설 ④는 원수를 직접 활성탄처리하는 배열로서 지하수 등의 오염도가 낮은 원수의 처리에 적용된다. 전염소 또는 중간염소처리의 경우 배열은 전염소 → 응집침전 → 중간염소 → 여과 → 입상활성탄처리 → 후염소 순이다.

정답 3 ① 4 ② 5 ④

06 다음 중 입상활성탄흡착설비에 대한 설명으로 옳지 않은 것은?
① 고정상흡착지는 설비규모, 수위 등을 고려하여 중력식 또는 압력식 중에서 선택한다.
② 중력식은 비교적 대규모 시설에 적합하며 점검이 용이하고 철근콘크리트지의 경우에는 내구성이 있다.
③ 중력식은 소규모의 설비에 적합하며 강판제로 할 수 있고, 선속도(LV)를 크게 할 수 있는 장점이 있다.
④ 흡착지의 구조는 효과적인 흡착과 역세척이 가능하고 또 활성탄의 교체 등이 용이하도록 한다.

해설 ③ 압력식에 대한 장점이다.

07 다음 중 입상활성탄흡착설비의 세척설비에 대한 설명으로 옳지 않은 것은?
① 세척의 목적은 탄층에 축적된 현탁물질에 의하여 일어나는 흐름의 저항을 감소시키는 것이다.
② 탄층의 세척은 역세척에 적당한 보조세척을 추가한 것으로 활성탄의 누출방지를 고려해야 한다.
③ 세척에는 활성탄 처리수 또는 정수를 사용한다.
④ 정전기에 의한 전기충격이나 스파크에 대비해 입상활성탄의 설비는 모두 적절한 접지(어스)를 한다.

해설 ④ 저장설비에 대한 주의사항이다.

08 다음 중 오존처리설비에 대한 설명으로 옳지 않은 것은?
① 오존처리는 염소보다 훨씬 강한 오존의 산화력을 이용하여 소독과 함께 맛·냄새물질 및 색도의 제거, 소독부산물의 저감 등을 목적으로 한다.
② 오존은 유기물과 반응하여 부산물을 생성하므로 일반적으로 오존처리와 활성탄처리는 병행해야 된다.
③ 오존처리는 타처리공정에 비하여 유기물질의 생분해성을 감소시킨다.
④ 오존처리는 타처리공정에 비하여 맛·냄새물질 및 색도제거의 효과가 우수하다.

해설 ③ 유기물질의 생분해성을 증가시킨다. 즉, 난분해성 유기물의 생분해성을 증대시켜 후속공정인 입상활성탄(생물활성탄으로 운전 시)의 처리성을 향상시킨다.

09 다음 중 상수의 오존처리에 대한 장점으로 틀린 것은?

① 냄새, 색도제거에 효과가 크다.
② 효과의 지속성이 있다.
③ 바이러스의 불활성화에 우수한 효과를 갖고 있다.
④ 병원균에 대한 살균효과가 크다.

해설 오 존
염소보다 산화력 및 살균력이 뛰어나 유기물 분해와 소독작용이 강하나 살균효과의 지속성이 없는 단점이 있다.

10 다음 중 오존처리의 주입설비에 대한 설명으로 옳지 않은 것은?

① 설비용량은 처리수량과 주입률로부터 산출된 주입량을 기본으로 하여 결정한다.
② 설비는 원료가스공급장치, 오존발생기, 접촉지, 배오존처리설비, 잔류오존제거시설 및 오존재이용설비 등으로 구성된다.
③ 주요기기류는 1계통으로 통일하여 유지관리가 용이하도록 한다.
④ 오존처리를 효율적으로 실시하고 또 비상시에도 필요한 조치가 용이하게 이루어질 수 있도록 적절한 제어방식을 선정한다.

해설 ③ 주요기기류는 2계통 이상으로 분리하고 예비계통을 설치하며 유지관리가 용이하도록 한다.

11 다음 중 오존발생기에 대한 설명으로 옳지 않은 것은?

① 발생효율이 높고 내구성과 안전성이 충분해야 한다.
② 용량, 대수, 주입계통의 구성은 수온에 따른 오존소모특성과 제거대상물질을 고려하여 최소주입량에서 최대주입량 조절이 가능하도록 하여야 한다.
③ 오존발생기에서 주입장소에 이르는 배관은 적절한 내경과 재질을 가지며 유량계, 압력 등을 구비한다.
④ 배관의 유지관리를 용이하게 하기 위하여 지중부분은 측관 내에 위치하도록 한다.

해설 ④ 배관의 유지관리를 용이하게 하기 위하여 지중부분은 콘크리트덕트 내에 설치하는 것으로 한다.

정답 9 ② 10 ③ 11 ④

12 다음 배출오존설비 중 가열분해법과 촉매분해법에 대한 설명 중 옳지 않은 것은?

① 가열분배법은 수천 ppm의 농도에서 오존의 반감기가 상온에서는 수십 시간 이상이나 200℃에서는 수초 이내이다.
② 가열분배법은 실용적으로는 200℃에서 1초 정도 체류시킴으로써 배출오존의 파괴가 충분히 가능하다.
③ 촉매분해법은 금속표면에서 오존이 촉매분해되는 것을 이용한 것이다.
④ 촉매분해법은 오존의 열분해보다 저온에서 일어나므로 비용면에서 유리하며 널리 이용되고 있다.

해설 ② 가열분배법은 실용적으로는 350℃에서 1초 정도 체류시킴으로써 배출오존의 파괴가 충분히 가능하다.

13 심하게 오염되어 보통의 정수법만으로는 정수가 되지 않는 지표수의 처리방법으로 적당하지 않은 것은?

① 조류처리
② 전염소처리
③ 활성탄처리
④ 슬러지처리

해설 특수정수처리
- 보통의 정수법인 침전, 여과, 소독법만으로 음료수를 얻을 수 없을 때 사용되는 방법이다.
- 철, 망간, 중금속, 미량 유기물질 등을 제거하는 데 사용된다.
- 조류처리, 전염소처리, 활성탄처리, 생물처리, 오존처리 등이 있다.

14 다음 중에서 냄새 및 맛을 제거하는 데 효과적인 반면 가격이 비싸고 잔류효과가 없는 것이 단점인 살균제는 어느 것인가?

① 염 소
② 적외선
③ 이산화염소
④ 오 존

해설 ④ 오존(O_3)은 냄새, 맛을 제거하는 능력이 뛰어나고 살균효과도 염소보다 좋다. 그러나 가격이 비싸고 잔류효과가 없는 단점이 있다.

15 음용수를 위한 정수처리 시의 일반적인 살균방법으로 우리나라에서 가장 많이 사용되는 것은?

① 오존살균 ② 염소소독
③ 자외선 살균 ④ 산소주입

해설 ② 염소(Cl_2)소독은 상수의 살균(소독)방법 중 가장 널리 사용되는 방법이다.

16 상수를 처리한 후에 치아의 충치를 예방하기 위해 주입되는 물질은?

① 염 소 ② 플루오린
③ 산 소 ④ 비 소

해설 치아의 충치를 예방하기 위해 주입하는 것은 플루오린(F)이다. 그러나 플루오린이 과다하게 함유될 경우 반상치아(반점치아)를 발생시킬 수 있다.

17 상수원수 중에 포함된 암모니아성 질소(NH_3-N)를 제거하는 처리방법 중 일반적으로 효과가 가장 적은 방법은?

① 폭기방법(Aeration) ② 염소주입
③ 오존처리 ④ 생물활성탄

해설 암모니아성 질소(NH_3-N)를 제거하는 처리방법
불연속점 염소처리, 생물학적 처리(생물활성탄 포함), 폭기 또는 Air Stripping

18 영구경도의 원인인 황산염($CaSO_4$)이나 황산마그네슘($MgSO_4$)이 함유될 경수를 연쇄시키려면 원칙적으로 어떻게 하는가?

① 폭기한다.
② 활성탄으로 처리한다.
③ 소다회(Na_2CO_3)와 소석회($Ca(OH)_2$)로 처리한다.
④ 알루미늄과 나트륨으로 구성된 규산염으로 처리한다.

해설 황산염의 제거에는 소다회를 가하고, 황산마그네슘의 제거에는 소석회와 소다회를 합쳐 가하면 화학적 변화를 일으켜 제거된다.

정답 15 ② 16 ② 17 ③ 18 ③

CHAPTER 05 적중예상문제(2차)

제3과목 설비운영

01 흡착설비 중 흡착탑 또는 흡착지에 입상활성탄을 충전하고 여기에 처리할 물을 통과시켜 처리대상 물질인 오염물질을 흡착하여 제거하는 것으로 잘 발달된 활성탄 내부 세공 표면에 오염물질이 이동하여 흡착됨으로써 액상의 용존상태에서 고체상의 흡착상태로 상을 변환시켜 오염물질을 제거하는 공정은?

02 수처리 단위공정으로서 오존처리가 타 처리공정에 비하여 우수한 점을 3가지 이상 서술하시오.

03 오존처리에 있어서 유의할 점을 3가지 이상 쓰시오.

04 활성탄을 사용하여 분해하는 방법으로 오존의 효과적인 파괴가 가능하며 유지관리는 활성탄의 교체, 보충뿐이고 가열할 필요가 없으며 간헐운전에도 적합한 배오존설비는?

CHAPTER 05 정답 및 해설

제3과목 설비운영

01 입상활성탄흡착설비

02
- 오존은 자체의 높은 산화력으로 염소에 비하여 높은 살균력을 가지고 있으며, 모든 병원성 미생물에 대한 소독시간을 단축할 수 있다.
- 맛·냄새물질 및 색도제거의 효과가 우수하다.
- 유기물질의 생분해성을 증가시킨다. 즉, 난분해성 유기물의 생분해성을 증대시켜 후속공정인 입상활성탄(생물활성탄으로 운전 시)의 처리성을 향상시킨다.
- 염소주입에 앞서 오존을 주입하면 염소의 소비량을 감소시킨다.
- 철, 망간의 산화능력이 크다.
- 소독부산물의 생성을 유발하는 각종 전구물질에 대한 처리효율이 높다.

03
- 충분한 산화반응을 진행시킬 접촉지가 필요하다.
- 배오존처리설비가 필요하다.
- 전염소처리를 할 경우 염소와 반응하여 잔류염소가 감소한다.
- 수온이 높아지면 용해도가 감소하고 분해가 빨라진다.
- 설비의 사용재료는 충분한 내식성이 요구된다.

04 활성탄흡착분해법

CHAPTER 06 생물학적 처리설비운영

제3과목 설비운영

01 생물학적 전처리설비

1. 생물학적 전처리설비의 개요

(1) 생물학적 전처리의 적용 및 효과

① 생물학적 전처리의 적용 : 통상의 정수처리로는 충분히 제거되지 않는 암모니아성 질소, 조류, 냄새물질, 철, 망간 등의 처리에 적용되며, 전처리방법에는 허니콤(Honeycomb)방식, 회전하는 원판에 의한 회전원판방식(RBC ; Rotating Biological Contactor), 입상의 여재에 의한 생물접촉여과방식 등이 이용되고 있다.

② 생물학적 전처리의 효과
  ㉠ 생물학적 전처리는 암모니아성 질소, 조류, 곰팡이냄새, 음이온 계면활성제, 망간제거에 효과가 있다.
  ㉡ 탁도가 제거되고 이에 수반하여 색도, 과망간산칼륨소비량, 일반세균 등도 저감된다.
  ㉢ 단점 : 트라이할로메탄 등 유기할로겐화합물 생성능은 그 전구물질이 용존성인 경우 제거율이 낮다.

③ 처리에 영향을 주는 인자 : 수온, pH, 영양염류 및 산소, 저해물질(중금속, 기름성분, 농약 등), 접촉시간

(2) 생물학적 전처리공정의 수질조건

① 수온 : 저수온에서는 제거능력이 현저하게 저하하므로 약 10℃ 이상으로 한다.
② 무기성 질소 : 무기성 질소의 총농도는 10mg/L 이하이어야 한다.
③ 알칼리도 : 알칼리도는 암모니아성 질소 농도의 10배 이상이어야 한다.
④ 기타 : 홍수 등에 의한 고탁도 시에는 처리대상 외로 하는 것이 바람직하다.

2. 생물학적 전처리의 방법

(1) 침적여과상장치(허니콤방식) : 허니콤튜브 수직순환류형

① 설비는 접촉지, 순환장치, 허니콤튜브, 세척장치로 구성된다.

② 처리계열은 2계열 이상으로 하여 각 계열은 복수의 접촉지를 직렬로 배치한다. 또 복수계열에 균등히 유입될 수 있도록 수리적으로 고려한다.
③ 접촉지는 다음 내용에 적합하여야 한다.
　㉠ 접촉지의 용량은 실험 등을 참고로 하여 원수의 수질이나 처리목표수질에 적합하도록 결정한다.
　㉡ 접촉지의 형상 및 크기는 균등한 지내 유속을 유지할 수 있도록 한다.
　㉢ 접촉지 내의 평균유속은 1~3m/min 정도로 한다.

(2) 회전원판장치
① 설비는 회전원판, 접촉지 및 구동장치로 구성하며 적절한 유지관리를 할 수 있도록 한다.
② 처리계열은 2계열 이상으로 하고 각 계열은 복수의 접촉지를 직렬로 배치하며 유입수가 모든 계열에 균등하게 배분될 수 있도록 한다.

02 생물·철·망간제거설비

1. 생물제거설비

(1) 생물제거설비의 개요
① 통상의 정수처리에서 제거되지 않는 생물장애가 있을 때는 생물제거설비를 설치하여야 한다.
② 생물제거설비는 여과를 이용하여 제거하는 방식(다층여과, 마이크로스트레이너)과 약제(황산구리나 염소제 등을 살포·주입하는 방법)를 이용하여 생물을 죽여서 침전·제거하는 방식이 있다.
③ 생물로 인한 장애는 저수지나 호수를 수원으로 하는 경우 플랑크톤조류(식물성 플랑크톤)의 대량 번식에 따라 여과지 폐색이나 맛, 냄새를 발생하는 경우가 있다.

(2) 생물제거설비방식
① **다층여과** : 다층여과는 입경 및 밀도가 다른 복수의 여재를 사용하여 생물을 제거하는 것으로 그 설비는 급속여과지의 다층여과지에 준한다.
② **마이크로스트레이너**
　㉠ 마이크로스트레이너는 체작용에 의해 생물을 유효하게 제거할 수 있는 설비여야 한다.
　㉡ 여망은 금속제 또는 합성섬유제로 장해생물을 포착하는 데 충분한 그물눈이어야 하고 물이 잘 빠져야 한다.
　㉢ 설치장소는 응집침전지나 보통침전지 전으로 하고 전염소주입지점보다 상류측에 설치하여야 한다.

② 세척용수는 마이크로스트레이너의 여과수 또는 정수를 사용하고 그물눈에 억류된 생물이 연속적으로 배제되는 데 필요한 수량과 압력을 가져야 한다.
③ 이단응집처리시설 : 통상 응집처리한 처리수에 다시 응집제를 주입하는 처리법으로, 미세 플랑크톤조류의 경우 보통의 응집침전처리에서 충분히 제거되지 않고 여층에도 포착할 수 없으므로 여과수에 누출 시 냄새가 나고 탁도를 상승시킬 때 침전처리수에 응집제를 추가로 주입하여 제거하는 방법이다.

2. 철·망간제거설비

(1) 철제거설비

① 철제거설비는 폭기, 전염소처리, pH값 조정 등을 단독 또는 적당히 조합한 전처리설비와 여과지를 설치한다.
② 철은 지하수에서는 중탄산제1철[$Fe(HCO_3)_2$]의 형태로, 하천수에서는 산화되어 제2철염으로, 온천이나 광산, 공장폐수 등의 혼입에 따라 황산제1철로 존재할 수도 있다.
③ 폭기설비, 전염소처리설비, pH조정설비, 응집용 약품주입설비, 여과지는 앞의 설명에 준한다.

(2) 망간제거설비

① 망간제거에는 pH조정, 약품산화 및 약품침전처리 등을 단독 또는 적당히 조합한 전처리설비와 여과지를 설치해야 한다. 단, 지하수 등 탁질을 포함하지 않은 물로부터 망간을 제거할 때는 전염소처리 후에 망간접촉여재로 여과하는 수도 있다.
② 약품산화처리는 전염소처리 또는 과망간산칼륨처리에 의한 것으로 하고 다음 사항에 적합해야 한다.
  ㉠ 전염소처리설비는 전염소처리에 준한다. 단, 염소의 주입률은 여과수 중에 유리잔류염소가 0.5~1.0ppm 남는 정도로 한다.
  ㉡ 과망간산칼륨처리설비의 용해탱크 및 배관 등은 내약품성의 재료를 사용한다.
  ㉢ 과망간산칼륨의 주입률은 망간, 철 및 유기물 등에 의하여 소비되는 양을 고려하여 충분한 것으로 하여야 한다.

(3) 철박테리아 이용법

① 철박테리아를 이용하여 현탁물이 적은 원수(지하수 등)를 대상으로 수중의 철, 망간을 제거하기 위해 원수를 철박테리아와 접촉시켜 철, 망간을 흡착한 후 모래여과로 철박테리아와 물을 분리시킨다.
② 원수는 수질변동이 적은 지하수 등으로 한다.

③ 철박테리아의 종류 및 존재를 확인한다.
④ 여과속도는 10~30m/day를 표준으로 한다.

3. 그 밖의 처리

(1) 고도정수시설의 조합

정수처리를 거쳐도 수질관리목표에 적합한 처리수가 얻어질 수 없을 때에는 통상의 처리에 고도정수시설을 조합시킨 정수처리를 해야 한다. 주요대상수질항목은 pH, 침식성 유리탄소, 플루오린, 색도, 트라이할로메탄(THM), 트라이클로로에틸렌류 등 음이온 계면활성제, 맛, 냄새, 암모니아성 질소, 질산성 질소 등이 있다.

(2) 처리방법

① **침식성 유리탄산의 제거** : 침식성 유리탄산을 많이 포함하는 경우에는 그 제거를 위해 폭기처리나 알칼리처리를 행한다.
② **플루오린주입 및 제거** : 원수 중에 플루오린이 과량 포함(수질기준 1.5mg/L 이하)된 경우에는 플루오린을 감소시키기 위하여 응집침전, 활성알루미나, 골탄, 전해 등의 처리를 한다.
③ **색도의 제거** : 색도가 높을 경우에는 색도를 제거하기 위하여 응집침전처리, 활성탄처리 또는 오존처리를 한다.
④ **트라이할로메탄 대책** : 트라이할로메탄 전구물질을 다량으로 포함한 경우에는 저감을 위해 활성탄처리 또는 전염소처리를 대신하여 중간염소처리한다.
⑤ **휘발성 유기화합물 등 대책** : 트라이클로로에틸렌, 테트라클로로에틸렌, 1,1,1-트라이클로로에탄을 함유한 경우에는 그 저감을 위해 폭기처리나 입상활성탄처리를 행한다.
⑥ **음이온 계면활성제의 제거** : 음이온 계면활성제를 다량으로 함유한 경우에는 그 제거를 위해 활성탄처리나 생물처리를 한다.
⑦ **맛, 냄새의 제거** : 물에 맛, 냄새가 있을 때는 그 제거를 위하여 종류에 따라 폭기, 염소처리, 활성탄처리, 오존처리 및 생물처리 등을 한다.
⑧ **암모니아성 질소의 제거** : 암모니아성 질소가 다량으로 포함되어 있을 때는 생물처리, 염소처리를 한다.
⑨ **질산성 질소의 제거** : 질산성 질소를 다량으로 함유한 경우에는 그 제거를 위해 이온교환처리, 생물처리, 막처리를 하도록 한다.

CHAPTER 06 적중예상문제(1차)

제3과목 설비운영

01 생물학적 전처리에 영향을 주는 인자에 해당하지 않는 것은?
① 세척방법
② 영양염류 및 산소
③ 수온, pH
④ 접촉시간

해설 생물학적 전처리에 영향을 주는 인자
수온, pH, 영양염류 및 산소, 저해물질(중금속, 기름성분, 농약 등), 접촉시간 등

02 다음 처리대상 원수의 수질조건에 대한 설명으로 옳지 않은 것은?
① 처리대상 원수수질조건에는 수온, 무기성 질소, 알칼리도 등이 있다.
② 수온은 저수온에서는 제거능력이 현저하게 저하하므로 약 10℃ 이상이 좋다.
③ 무기성 질소의 총농도는 10mg/L 이하이어야 한다.
④ 홍수 등에 의한 고탁도 시에는 중요한 처리대상이 된다.

해설 ④ 홍수 등에 의한 고탁도 시에는 처리대상 외로 한다.

03 다음 중 침적여과상장치(허니콤방식)에 대한 설명으로 옳지 않은 것은?
① 설비는 접촉지, 순환장치, 허니콤튜브, 세척장치로 구성된다.
② 처리계열은 1계열로 통일하고 각 계열은 접촉지를 병렬로 배치한다.
③ 접촉지의 용량은 실험 등을 참고로 하여 원수수질이나 처리목표수질에 적합하도록 결정한다.
④ 접촉지의 형상 및 크기는 균등한 지내 유속을 유지할 수 있도록 한다.

해설 ② 처리계열은 2계열 이상으로 하여 각 계열은 복수의 접촉지를 직렬로 배치한다. 또 복수계열에 균등하게 유입될 수 있도록 수리적인 고려가 필요하다.

정답 1 ① 2 ④ 3 ②

04 다음 중 침적여과상장치(허니콤방식)에 대한 설명으로 옳지 않은 것은?

① 허니콤튜브의 충전 깊이는 2~6m를 표준으로 한다.
② 허니콤튜브의 충전율은 접촉지 용적의 80% 이상으로 한다.
③ 허니콤튜브는 내구성이 좋고 원수수질에 적합한 셀크기를 가지며 세척이 용이한 것을 선정한다.
④ 원수수질에 따라 차광이 가능하도록 하고 소포용(消泡用) 샤워장치를 해야 한다.

> **해설** 허니콤튜브의 기준
> • 폐색을 방지하기 위하여 세척장치를 적절히 설치한다.
> • 충전깊이는 2~6m를 표준으로 한다.
> • 충전율은 접촉지 용적의 50% 이상으로 한다.
> • 내구성이 좋고 원수수질에 적합한 셀(Cell)의 크기를 가지며 세척이 용이한 것을 선정한다.

05 다음 생물제거설비 중 약품처리설비 및 이단응집처리설비에 대한 설명으로 옳지 않은 것은?

① 약품처리설비는 발생한 장애생물을 유효하게 제거할 수 있어야 한다.
② 약품의 사용량은 생물의 종류나 수질 등을 고려하여 정해야 한다.
③ 이단응집처리설비는 여과지 뒤에 설치하고 응집제 주입 후 곧바로 혼화한다.
④ 이단응집이란 통상 응집처리한 처리수에 다시 응집제를 주입하는 처리법이다.

> **해설** ③ 이단응집처리설비는 침전지와 여과지 사이에 설치하고 응집제주입 후 곧바로 혼화한다.
> **이단응집처리**
> 미세 플랑크톤조류 등은 보통의 응집침전처리에서 충분히 제거되지 않고 여층에서도 포착할 수 없으므로 여과수에 누출 시 냄새가 나고 탁도를 상승시킬 때 침전처리수에 응집제를 추가로 주입하여 제거하는 방법이다.

06 철·망간제거설비에 대한 설명으로 옳지 않은 것은?

① 철은 지하수에서는 제2철염 형태로 존재한다.
② 약품산화처리는 전염소처리 또는 과망간산칼륨처리에 의한 것으로 한다.
③ 염소의 주입률은 여과수 중에 유리잔류염소의 양을 0.5~1.0ppm 정도로 한다.
④ 지하수 등 탁질을 포함하지 않은 물로부터 망간을 제거할 때는 전염소처리 후에 망간접촉여재로 여과할 수 있다.

> **해설** ① 철의 형태는 지하수에서는 중탄산제1철[$Fe(HCO_3)_2$], 하천수에서는 산화되어 제이철염, 온천이나 광산·공장폐수 등의 혼입에 따라 황산제1철로 존재할 수 있다.

정답 4 ② 5 ③ 6 ①

07 철박테리아이용법에 대한 설명으로 옳지 않은 것은?

① 철박테리아이용법은 철박테리아를 이용하여 현탁물이 많은 원수 중의 철, 망간을 제거하는 것이다.
② 원수는 수질변동이 적은 지하수 등으로 한다.
③ 철박테리아의 종류 및 존재를 확인한다.
④ 여과속도는 10~30m/day를 표준으로 한다.

해설 ① 철박테리아이용법은 철박테리아를 이용하여 현탁물이 적은 원수 중의 철, 망간의 제거를 목적으로 하며, 원수를 철박테리아와 접촉시켜 철, 망간을 흡착 후 모래여과로 철박테리아와 물을 분리시키는 것이다.

08 침식성 유리탄산, 플루오린 주입 등의 제거에 대한 설명으로 옳지 않은 것은?

① 침식성 유리탄산을 많이 포함한 물은 상수도시설에 대하여 pH가 낮은 경우와 같은 장해를 준다.
② 침식성 유리탄산은 원수에서는 지하수와 호소의 정체기 시 저층수에, 정수에서는 전염소 및 응집제를 다량으로 사용한 경우에 많이 나타난다.
③ 치아우식증 예방을 위하여 정수장에 플루오린을 투입할 경우 플루오린 투입기 등 관련 시설을 설치하여 플루오린화합물을 주입한다.
④ 색도가 높을 경우에는 그 제거를 위하여 약품산화처리를 한다.

해설 ④ 색도가 높을 경우에는 그 제거를 위하여 응집침전처리, 활성탄처리, 오존처리를 한다.

09 트라이할로메탄, 트라이클로로에틸렌 등의 대책에 대한 설명으로 옳지 않은 것은?

① 트라이할로메탄 전구물질을 다량으로 포함한 경우에는 그 저감을 위해 활성탄처리 또는 전염소처리를 대신하여 중간염소처리한다.
② 트라이할로메탄은 정수처리공정의 염소처리공정에서 부식질 등의 유기물과 유리염소가 반응하여 생성되는 것이다.
③ 트라이할로메탄의 제거방법은 전구물질이 현탁성인지 용해성인지에 따라 적절하게 선택한다.
④ 현탁성 전구물질의 제거에는 입상활성탄처리, 분말활성탄처리 등을 행한다.

해설 ④ 현탁성 전구물질의 제거에는 응집침전, 용해성 전구물질의 제거에는 분말활성탄처리, 입상활성탄처리 등을 행한다.

10 　트라이클로로에틸렌 대책, 음이온 계면활성제의 제거에 대한 설명으로 옳지 않은 것은?

① 폭기에 의한 방법은 트라이클로로에틸렌 등이 물에 대하여 용해도가 낮고 휘발성 물질이라는 성질을 이용하여 수중(액상)에서 대기(기상) 중에 휘산시키는 것이다.
② 트라이클로로에틸렌 대책 중 입상활성탄에 의한 방법은 접촉시간을 대략 15분 정도를 목표로 하여 탄층의 두께 및 여과속도를 정하면 좋다.
③ 음이온 계면활성제를 다량으로 포함한 경우에는 그 제거를 위해 활성탄처리, 생물처리를 한다.
④ 입상활성탄은 분말활성탄에 비하여 단위질량당 표면적이 크고 음이온 계면활성제의 흡착량도 많다.

해설 ④ 분말활성탄은 입상활성탄에 비하여 단위질량당 표면적이 크고 음이온 계면활성제의 흡착량도 많다. 또 분말활성탄이 갖는 흡착능력을 충분히 이용하기 위해서는 장시간 접촉시키는 것이 제거효과를 높이는 방법이다.

정답 10 ④

CHAPTER 06 적중예상문제(2차)

제3과목 설비운영

01 생물학적 전처리방법 3가지를 쓰시오.

02 생물학적 전처리의 처리대상원수의 수질조건에 대한 설명이다. 괄호 안에 알맞은 내용을 쓰시오.

- 수온 : 저수온에서는 제거능력이 현저하게 저하하므로 약 (   )℃ 이상으로 한다.
- 무기성 질소 : 무기성 질소의 총농도는 (   )mg/L 이하이어야 한다.
- 알칼리도 : 알칼리도는 암모니아성 질소 농도의 (   )배 이상이어야 한다.

03 통상 응집처리한 처리수에 다시 응집제를 주입하는 처리법으로 미세 플랑크톤조류의 경우 보통의 응집침전처리에서 충분히 제거할 수 없고 여층에도 포착할 수 없어 여과수에 누출 냄새를 나게 하고 탁도를 상승시킬 때 침전처리수에 응집제를 추가로 주입하여 제거하는 처리시설은?

04 물에 용존되어 있는 이산화탄소로서 종속성과 침식성이 있고 수중의 탄산수소염(알칼리도의 주체를 이루는 것)을 석출시키지 않도록 하는 역할과 목적을 가진 물질을 무엇이라 하는가?

05 다음 물질을 처리하는 데 알맞은 정수처리방법을 쓰시오.

(1) 트라이클로로에틸렌, 테트라클로로에틸렌, 1,1,1-트라이클로로에탄을 포함한 경우
(2) 음이온 계면활성제를 다량으로 포함한 경우
(3) 물에 맛, 냄새가 있을 경우
(4) 암모니아성 질소가 다량으로 포함되어 있을 경우
(5) 질산성 질소를 다량으로 함유하는 경우

CHAPTER 06 정답 및 해설

제3과목 설비운영

01 허니콤(Honeycomb)방식, 회전하는 원판에 의한 회전원판방식(RBC ; Rotating Biological Contactor), 입상의 여재에 의한 생물접촉여과방식

02
- 10
- 10
- 10

03 이단응집처리시설

04 유리탄산

05 (1) 입상활성탄처리, 폭기
(2) 활성탄처리, 생물처리
(3) 폭기, 염소처리, 활성탄처리, 오존처리 및 생물처리
(4) 생물처리, 염소처리
(5) 이온교환처리, 생물처리, 막처리

CHAPTER

07 배출수 및 슬러지처리설비운영

제3과목 설비운영

01 설치목적과 법적 규제

1. 근거법령

① **폐수배출시설** : 수질오염물질을 배출하는 시설물, 기계, 기구, 그 밖의 물체로서 환경부령으로 정하는 것을 말한다. 다만, 해양환경관리법에 따른 선박 및 해양시설을 제외한다(물환경보전법 제2조).
② 수질오염물질의 배출허용기준(물환경보전법 시행규칙 별표 13)
　㉠ 청정지역 : 환경정책기본법 시행령 별표 1 제3호에 따른 수질 및 수생태계 환경기준 매우 좋음(Ⅰa) 등급 정도의 수질을 보전하여야 한다고 인정되는 수역의 수질에 영향을 미치는 지역으로서 환경부장관이 정하여 고시하는 지역
　㉡ 가지역 : 수질 및 수생태계 환경기준 좋음(Ⅰb), 약간 좋음(Ⅱ) 등급 정도의 수질을 보전하여야 한다고 인정되는 수역의 수질에 영향을 미치는 지역으로서 환경부장관이 정하여 고시하는 지역
　㉢ 나지역 : 수질 및 수생태계 환경기준 보통(Ⅲ), 약간 나쁨(Ⅳ), 나쁨(Ⅴ) 등급 정도의 수질을 보전하여야 한다고 인정되는 수역의 수질에 영향을 미치는 지역으로서 환경부장관이 정하여 고시하는 지역
　㉣ 특례지역 : 공공폐수처리구역 및 시장·군수가 산업입지 및 개발에 관한 법률에 따라 지정하는 농공단지

[배출허용기준]

대상규모 항 목 지역구분	1일 폐수배출량 2천m³ 이상			1일 폐수배출량 2천m³ 미만		
	생물화학적 산소요구량 (mg/L)	총유기탄소량 (mg/L)	부유물질량 (mg/L)	생물화학적 산소요구량 (mg/L)	총유기탄소량 (mg/L)	부유물질량 (mg/L)
청정지역	30 이하	25 이하	30 이하	40 이하	30 이하	40 이하
가지역	60 이하	40 이하	60 이하	80 이하	50 이하	80 이하
나지역	80 이하	50 이하	80 이하	120 이하	75 이하	120 이하
특례지역	30 이하	25 이하	30 이하	30 이하	25 이하	30 이하

참고 　하수처리구역에서 하수도법에 따라 공공하수도관리청의 허가를 받아 폐수를 공공하수도에 유입시키지 않고 공공수역으로 배출하는 폐수배출시설 및 하수도법을 위반하여 배수설비를 설치하지 않고 폐수를 공공수역으로 배출하는 사업장에 대한 배출허용기준은 공공하수처리시설의 방류수 수질기준을 적용한다.

2. 배출수처리설비의 구성과 기능

(1) 배출수처리
조정, 농축, 탈수 및 처분의 4단계로 구분되고 그 전부 또는 일부로서 구성된다.

(2) 조정시설
① 배슬러지의 양의 조정과정을 행하는 것이며 배출수지와 배슬러지지로 구성된다.
② **배출수지** : 통상 급속여과지로부터 세척배출수를 받아들이는 경우
③ **배슬러지지** : 약품침전지 또는 고속응집침전지로부터 슬러지를 받아들이는 경우
④ 배출수지, 배슬러지지는 배수의 시간적 변화를 조정하고 농축 이후의 일정처리로 연결된 시설이며 또 상징수의 재이용 또는 방류를 행하기 위한 처리시설도 된다.

(3) 농축시설
① 슬러지 농도를 높이는 것을 목적으로 하고 농축처리과정, 재응집 처리과정으로 이루어지며 기본이 되는 것은 농축조(Thickener)이다.
② 통상 배슬러지지로부터 슬러지는 농축조 중앙에 위치한 슬러지조로 보내고 농축슬러지는 중앙 저부로부터 배출되며 상징수는 농축조의 상부로부터 유출된다.

(4) 탈수시설
농축슬러지로부터 다시 수분을 감소시켜 케이크로서 처분지의 조건에 합치되도록 그 용적 및 수분을 감소시켜 운반 및 취급이 편리하도록 하는 것을 목적으로 한다.

02 배출수 및 슬러지처리

1. 배출수지와 배출슬러지지

(1) 배출수지
① 배출수지의 구성 : 유입 및 유출게이트, 슬러지수집기, 슬러지인발밸브, 슬러지이송펌프 등으로 구성된다.
② 배출수의 침강분리 시에는 슬러지수집기를 설치하고, 비분리 시에는 교반장치를 설치한다.
③ 내마모성을 갖춘 슬러지 이송펌프를 설치한다.

(2) 배슬러지지(조정조)
① 배슬러지지의 의의 : 침전지 및 배출수지에서 발생하는 슬러지의 양과 질을 혼합 조정하고 침강분리시키기 위한 설비이다.
② 배슬러지지의 용량과 구조
  ㉠ 용량은 24시간 평균 배슬러지의 양과 1회 배슬러지의 양 중에서 큰 것 이상으로 하되 농축조를 고려하여 충분하게 한다.
  ㉡ 배슬러지관 및 슬러지의 배출관경은 150mm 이상으로 해야 한다.

(3) 슬러지수집기
① 탈수설비의 가동중지로 다량의 슬러지가 퇴적되어도 운전이 가능하며 슬러지의 퇴적에 따른 과부하의 영향이 없어야 한다.
② 고장률이 적으며 유지관리가 용이해야 한다.

(4) 슬러지이송펌프
① 고농도의 슬러지이송이 원활해야 하며 슬러지 중의 협잡물 등에 의해 임펠러(Impeller) 등의 막힘이 없어야 한다.

② 슬러지이송펌프의 형식별 특징

구 분	트윈펌프	무폐쇄전속력(Spurt) 펌프	추진공동형펌프
구 조			
개 요	• 동일 회전비 기어로 연결된 2개의 크랭크축간 거리가 일정하게 유지되고 크랭크축에 링크형 피스톤을 장착, 반구름운동으로 유체를 이송 • 이송방식 : 용적형	• 구부러진 원통모양의 원심회전차를 일체형으로 한 특수 회전차 • 임펠러가 1엽 또는 2엽으로 구성되며 흡입 시 막힘이 전혀 발생하지 않고 이송물의 파손이 없는 임펠러 • 이송방식 : 원심력방식	• 단면이 타원에 가까운 스테이터 속에 로터가 회전하면서 공동이 형성되며 이 공동은 로터가 회전하면 흡입측에서 출구측으로 진행하면서 흡입된 액체를 이송 • 이송방식 : 용적형 • Progressive Cavity Pump
장단점	• 피스톤의 반구름운동방식으로 내부마찰에 의한 발열이 적어 높은 흡입력을 유지 • 물맞이가 필요없음 • 내부의 습동거리가 짧아 내구성이 양호 • 용적형으로 정량성이 우수(맥동이 작음) • 성능과 용량에 비해 소형·경량임 • 반구름운동으로 마모율이 적음 • 슬러지 누액현상 없음 • 토출량 조절 용이 • 건식자흡식 • 분해조립이 용이 • 유지관리비 저렴 • 최근 개발로 사용실적이 적음	• 효율이 비교적 높고 슬러지농도 변화성능의 저하가 적음 • 경도가 높은 내마모성 재질을 사용하므로 슬러지 중의 모래 등에 의한 마모가 적음 • 공동발생현상에 대한 내성과 내마모성이 높으며, 침사 등에 의한 마모가 극히 적음 • 강력한 무손상, 무폐쇄형으로 막힘이 없으며, 장섬유질에 대한 임펠러의 감김이나 결점 없이 이송가능 • 고형물 농도 최대 10%까지 슬러지의 이송가능 • 특출한 자흡구조로 자흡능력이 우수하여 슬러지의 흡상이송이 가능 • 효율이 가장 우수 • 내약품성이 좋으나 모노펌프 보다는 떨어짐	• 로터에 나사산이 많으므로 유체는 로터와 스테이터 간격으로부터 누설이 적고 높은 토출압을 얻을 수 있음 • 정량성이 좋으나, 슬러지 중의 모래 등에 의한 스테이터의 마모가 있음 • 자흡능력이 있음 • 운전 중 유체의 각반, 공기의 혼입이 없음 • 고점성액에 대해서도 원활한 이송 가능 • 정량 가변속 이송가능 • 고형물농도 최대 12%까지 슬러지의 이송 가능 • 효율이 우수 • 소용량에 적합 • 내약품성 우수

(5) 회수조

배출수지 및 배슬러지지로부터 유출되는 상징수를 일시 집수하여 펌프를 이용하여 착수정으로 반송하기 위한 설비이다.

(6) 농축조

농축조는 배출수지 및 배슬러지지에서 이송된 슬러지를 농축하여 고형물농도를 높여 체적을 감소시키는 시설로서 슬러지를 탈수기동 저류조로 보내기 위하여 설치된다.

(7) 원형 슬러지수집기

[원형 슬러지수집기의 형식별 특징]

구 분	중심구동현수형	중심구동지주형	주변구동형
구 조			
개 요	조의 지름을 따라 설치된 보(점검 발판겸용)의 중앙에 구동장치를 설치하고, 여기에 갈퀴팔을 매달아 회전시킨 후 갈퀴로 슬러지를 중앙으로 긁어 모은다.	조의 중앙에 기둥을 설치하여 위에 구동장치를 설치하고, 그 아래에 있는 중앙철골에 갈퀴팔을 부착하여 회전시킴으로써 갈퀴가 슬러지를 중앙으로 긁어 모은다.	조의 중앙에 기둥을 설치하고 보를 지지하며, 이를 조의 원주부에 설치된 구동장치로 회전시킨다. 보에 매달려 붙은 갈퀴팔이 회전함으로써 갈퀴가 슬러지를 중앙으로 긁어 모은다.
사용 범위	4~12m	13~30m	25~50m
장 점	• 구조가 간단함 • 수집능력이 우수함	• 수집능력이 우수함 • 사용 가능한 조의 지름이 일반적인 크기임 • 구동 토크가 적음 • 가장 보편적으로 사용되는 기종임	• 조의 크기에 제한이 없음 • 기계적 장치가 간단함(베어링 장치가 상대적으로 적음) • 바닥 마감의 정밀도가 약간 떨어져도 기계적 손상이 적음 • 평형상태의 정밀도가 상대적으로 덜 요구됨
단 점	• 바닥 마감이 정밀하지 않으면 수집기의 손상 우려가 높음 • 평형을 정확히 맞추어야 함 • 좁은 지름의 조에만 사용이 가능함	• 구동부의 베어링 장치가 많음 • 바닥 마감이 정밀하지 않으면 수집기에 손상이 있음 • 평형을 정확히 맞추어야 함	• 점검 발판이 회전하므로 회전장치가 복잡함 • 수집능력이 저하됨(사각지대 발생 가능)

2. 탈수설비

(1) 탈수설비의 의의

① 탈수설비는 농축된 슬러지의 수분을 다시 감소시킴으로써 케이크화하여 운반 및 취급이 편리하도록 하는 설비이다.
② 탈수기는 슬러지의 성상, 전처리방식, 처분방법 및 운전관리를 고려하여 탈수기 성능 및 운전시간 등에 과부족이 없는 용량이어야 하며 2대 이상 설치하는 것이 바람직하다.

(2) 슬러지 탈수방식

① 진공탈수기

　㉠ 여과면적은 슬러지량, 여과속도 및 실가동 시간으로부터 산출하여야 한다.

　㉡ 여포는 폐색되는 부분이 없고 내구성이 있는 것이어야 한다.

　㉢ 여포세척장치 등을 설치하여야 한다.

② 가압형 탈수기

　㉠ 가압형 탈수기에는 탈수기구에 따라 필터프레스식, 벨트프레스식 및 스크루프레스식, 가압탈수기로 분류할 수 있다.

　㉡ 가압탈수기의 여과면적은 슬러지량, 여과속도 및 실가동 시간으로부터 산출한다.

　㉢ 여과압력, 여과시간 및 전처리 방법 등은 슬러지의 성상에 알맞은 적절한 조작조건으로 운전할 수 있어야 한다.

　㉣ 여포는 폐색되는 부분이 없고 내구성이 있어야 한다.

　㉤ 필터프레스식 가압, 압착탈수기의 다이어프램은 내구성이 있어야 한다.

　㉥ 필터프레스는 여포세척장치 등을 설치하여야 한다.

　㉦ 벨트프레스의 속도와 인장력은 함수율이 낮은 케이크를 생성하기 위하여 적절히 조정되어야 한다.

③ 원심분리기 및 조립탈수기

　㉠ 원심분리기는 대상슬러지량, 슬러지성상, 운전방식, 설치조건 등으로부터 적절한 형식의 것이어야 한다.

　㉡ 원심분리기 내 세척용의 설비를 설치하여야 하고, 쉽게 공기를 뺄 수 있는 분리액 배출관을 설치하여야 한다.

　㉢ 원심분리기는 슬러지의 성상 및 처리목표 등으로부터 필요한 원심력을 가할 수 있는 것이어야 한다.

　㉣ 조립탈수기는 고분자응집제의 첨가를 전제로 한다.

　㉤ 조립탈수기 드럼의 소요단면적은 고형물처리량 $60 \sim 130 kg/m^2/h$를 표준으로 한다.

④ 탈수기의 부대설비

　㉠ 탈수기의 부속기계와 기타 설비는 예비를 설치하는 등 운전의 확실성이 확보될 수 있는 것이어야 한다.

　㉡ 관류는 슬러지나 쓰레기로 폐색되거나 운전상에 지장이 없도록 배치하여야 한다.

　㉢ 케이크 반출설비는 될수록 단순한 구성으로 하여야 한다.

　㉣ 탈수기실에는 탈수기, 기타 기기의 점검정비 및 수리용 크레인, 호이스트를 설치하여야 한다.

　㉤ 탈수여액 등 처리설비는 여액분리수 등의 성상에 따라 필요한 조작을 적절히 할 수 있는 것이어야 한다.

> **더 알아보기**
>
> ### 벨트탈수기(Belt Press)
> - 탈수단계 : 슬러지에 고분자 응집제를 혼합하여 여포상으로 유입되어 여포를 통하여 탈수한 후 전압지역에서 압착·탈수된다.
> - 장단점
>
> | 장 점 | 단 점 |
> |---|---|
> | • 조작이 간편하다.
• 연속운전이 가능하다.
• 국내 정수장 슬러지처리시설 적용 실적이 가장 많다.
• 초기투자비가 가장 적게 소요된다.
• 국산화율이 높다. | • 함수율이 비교적 높다.
• 케이크의 발생량이 많다.
• 약품비가 비싸다.
• 약품주입량의 적정한 조절이 필요하다.
• 탈리액 및 여포세정의 재사용이 불가능하다.
• 유지관리비가 많이 소요된다. |

CHAPTER 07 적중예상문제(1차)

제3과목 설비운영

01 배출수처리설비의 구성과 기능에 대한 설명으로 옳지 않은 것은?

① 배출수처리는 조정, 농축, 탈수 및 처분의 4단계로 구분되고 그 전부 또는 일부로서 구성된다.
② 조정시설은 배슬러지량의 조정과정을 행하는 것이며 배출수지와 배슬러지지로 구성된다.
③ 배출수지, 배슬러지지는 배수의 시간적 변화를 조정하고 농축 이후의 일정처리로 연결된 시설이며 또 상징수의 재이용 또는 방류를 행하기 위한 처리시설도 된다.
④ 조정시설은 농축슬러지로부터 수분을 다시 감소시킴으로써 케이크화하여 운반 및 취급이 편리하도록 하는 것을 목적으로 한다.

해설 ④ 탈수시설에 대한 설명이다.

02 배출수처리설비의 구성과 기능에 대한 설명으로 옳지 않은 것은?

① 통상 슬러지는 배슬러지지로부터 농축조 중앙에 위치한 슬러지조로 보내고 농축 슬러지는 중앙 저부로부터 배출되며 상징수는 농축조의 상부로부터 유출된다.
② 현재 통상 사용되고 있는 정수방법은 침전 및 여과이나 이들은 부유물질의 제거를 목적으로 한 것이다.
③ 슬러지 탈수성 조사는 실용기를 사용하여 행하는 것이 필요하나 탈수성의 근사치를 알기 위하여 실린더테스트 등을 하여 비저항치를 구한다.
④ 처리대상 슬러지량의 결정에 있어서 슬러지처리시설이 처리대상으로 하는 원수 부유물질량(탁도)을 설정해 둘 필요가 있다.

해설 ③ 슬러지 탈수성 조사는 리프테스트 등을 하여 비저항치를 구하고, 슬러지의 침강농축특성을 조사하기 위해서는 통상 실린더테스트 방법을 사용한다.

정답 1 ④ 2 ③

03 다음 중 배슬러지지의 용량과 구조에 대한 설명으로 옳지 않은 것은?
① 배출수지펌프의 용량은 여과지의 지수, 최소여과계속시간, 배출수지의 용량 등에 비추어 과부족이 없도록 하여야 한다.
② 지수는 2지 이상이 바람직하다.
③ 배출수지의 형상은 사용목적에 적합해야 하고 유효수심은 2~4m, 고수위에서 주벽상단까지 여유고는 60cm 이상이 표준이다.
④ 배출수지에는 배출수관만 설치하여도 된다.

해설 ④ 배출수지에는 회수수관, 회수펌프, 슬러지배출관, 슬러지배출 펌프를 설치하여야 한다.

04 다음 중 정수장에서 배출수처리의 대상이 아닌 것은?
① 침전슬러지
② 여과지 역세척수
③ 응집물질
④ 잔류염소

해설 정수장에서 배출수되는 슬러지는 주로 침전슬러지, 여과지 역세척수, 응집·침전된 플록 등으로 구성된다.

05 배슬러지지의 용량과 구조에 대한 설명으로 옳지 않은 것은?
① 배슬러지지(조정조)는 침전지 및 배출수지에서 발생하는 슬러지의 양과 질을 혼합조정하고 침강분리시키기 위한 설비이다.
② 배슬러지지설비는 유출게이트, 슬러지인발밸브, 슬러지이송펌프 등으로 구성된다.
③ 배출수의 침강분리 시에는 슬러지수집기를 설치하고, 침강분리하지 않을 때에는 교반장치를 설치한다.
④ 내마모성을 갖춘 슬러지이송펌프를 설치한다.

해설 배출수지설비는 유입 및 유출게이트, 슬러지수집기, 슬러지인발밸브, 슬러지이송펌프 등으로 구성된다.

정답 3 ④ 4 ④ 5 ②

06 슬러지수집기 및 이송펌프의 선정기준에 대한 설명으로 옳지 않은 것은?
① 슬러지수집기는 슬러지 중의 협잡물 등에 의해 Impeller 등의 막힘이 없을 것
② 슬러지수집기는 슬러지의 퇴적에 따른 과부하의 영향이 없을 것
③ 슬러지수집기는 경제적이고 침전지 청소 시에 발생하는 다량의 슬러지처리에 유리할 것
④ 슬러지이송펌프는 운전·유지·보수관리가 용이할 것

해설 ① 슬러지이송펌프에 대한 설명이다.

07 슬러지이송펌프 중 무폐쇄전속력(Spurt)펌프의 장단점에 대한 설명으로 틀린 것은?
① 효율이 비교적 낮고 슬러지 농도변화에 성능의 저하가 크다.
② 경도가 높은 내마모성 재질을 사용하므로 슬러지 중의 모래 등에 의한 마모가 적다.
③ 공동발생현상에 대한 내성과 내마모성이 높으며, 침사 등에 의한 마모가 극히 적다.
④ 강력한 무손상, 무폐쇄형으로 막힘이 없으며, 장섬유질에 대한 임펠러 감김이나 결점 없이 이송이 가능하다.

해설 ① 효율이 비교적 높고 슬러지 농도변화에 성능의 저하가 적다. 또 고형물 농도 최대 10%까지의 슬러지 이송이 가능하다.

08 슬러지이송펌프 중 추진공동형 펌프의 장단점에 대한 설명으로 틀린 것은?
① 로터에 나사산이 많으므로 유체가 로터와 스테이터 간격으로부터 누설이 적어 높은 토출압을 얻을 수 있다.
② 정량성이 좋고, 마모성이 적다.
③ 효율이 우수하고 운전 중 유체의 각반, 공기의 혼입이 없다.
④ 내약품성이 우수하고 고점성액에 대해서도 원활한 이송이 가능하다.

해설 ② 정량성이 좋으나 슬러지 중의 모래 등에 의한 스테이터의 마모가 있다.

09 슬러지이송펌프 중 트윈펌프의 장단점에 대한 설명으로 틀린 것은?

① 반구름운동으로 마모가 작다.
② 슬러지 누액현상이 있다.
③ 토출량 조절이 용이하다.
④ 건식자흡식이다.

해설 슬러지 누액현상은 없으나 최근 기기의 개발로 인해 사용실적이 적다.

10 다음 중 농축조에 대한 설명으로 옳은 것은?

① 농축조는 공급슬러지농도, 슬러지의 농축성 및 탈수방식 등에 따라서 소정의 슬러지농도가 안정하게 유지될 수 있는 것이어야 한다.
② 슬러지공급장치의 구조는 슬러지공급에 의한 혼란이 조내의 수류에 영향을 주지 않도록 슬러지를 유출시킬 수 있어야 한다.
③ 농축조의 고수위로부터 주벽 상단까지의 여유고는 50cm 이상으로 하고 바닥면 경사는 1/10 이상으로 한다.
④ 농축조의 용량은 계획슬러지량의 25~48시간분을 표준으로 하고 3조 이상으로 하는 것이 바람직하다.

해설 ② 슬러지공급장치의 구조는 슬러지공급에 의한 혼란이 조내의 수류에 영향을 주지 않도록 슬러지를 유입시킬 수 있어야 한다.
③ 고수위로부터 주벽 상단까지의 여유고는 30cm 이상, 바닥면 경사는 1/10 이상으로 한다.
④ 농축조의 용량은 계획슬러지량의 25~48시간분, 고형물부하는 $10\sim20kg/m^2/day$를 표준으로 하고 2조 이상으로 하는 것이 바람직하다.

11 원형 슬러지수집기 중 중심구동현수형의 특징으로 옳지 않은 것은?

① 조의 지름을 따라 설치된 보(점검발판 겸용)의 중앙에 구동장치를 설치하고, 여기에 갈퀴팔을 매달아 회전시킨 후, 갈퀴로써 슬러지를 중앙으로 긁어모은다.
② 구조가 복잡하고 수집능력이 떨어진다.
③ 바닥 마감이 정밀하지 않으면 수집기의 손상 우려가 높다.
④ 평형을 정확히 맞추어야 한다.

해설 ② 구조가 간단하고 수집능력이 우수하다.

정답 9 ②   10 ①   11 ②

12 다음 중 중심구동지주형 원형 슬러지수집기의 특징으로 옳지 않은 것은?
① 수집능력이 우수하고 구동 토르크가 적다.
② 사용 가능한 조의 지름이 일반적인 크기보다 크다.
③ 가장 보편적으로 사용되는 기종이다.
④ 구동부의 베어링장치가 많으며, 평형을 정확히 맞추어야 한다.

해설 ② 사용 가능한 조의 지름이 일반적인 크기이다.

13 원형 슬러지수집기 중 주변구동형의 특징으로 옳지 않은 것은?
① 수집능력이 저하(사각지대 발생 가능)된다.
② 기계적 장치가 간단(베어링장치가 상대적으로 적음)하고 조의 크기에 제한이 없다.
③ 바닥 마감의 정밀도가 약간 떨어져도 기계적 손상이 적다.
④ 평형상태의 정밀도가 엄격히 요구된다.

해설 ④ 평형상태의 정밀도가 상대적으로 덜 요구된다.

14 다음 중 탈수전처리시설에 대한 설명으로 옳지 않은 것은?
① 고분자응집제처리설비는 배출수 중 아크릴아미드모노머 농도를 항상 0.03ppm 이하가 되도록 첨가율을 제어하여야 한다.
② 석회첨가처리설비는 슬러지의 탈수시험에 기초하여 경제성, 처분조건 등을 배려하여 적절한 첨가율에 따라 석회가 안정하게 첨가될 수 있도록 한다.
③ 석회첨가처리설비는 석회의 혼합조, 용해조는 각기 2조 이상 설치하여야 한다.
④ 석회첨가처리설비는 내알칼리구조로 하여야 한다.

해설 ① 고분자응집제처리설비는 정수장으로부터 배출수 중 아크릴아미드모노머 농도를 항상 0.01ppm 이하가 되도록 첨가율을 제어하여야 한다.

15 가압형 탈수기, 원심분리기 및 조립탈수기에 대한 설명으로 옳지 않은 것은?
① 가압형 탈수기 필터프레스에는 여포세척장치 등을 설치하여야 한다.
② 조립탈수기는 응집보조제의 첨가를 전제로 한다.
③ 원심분리기에는 쉽게 공기를 뺄 수 있는 분리액 배출관을 설치하여야 한다.
④ 조립탈수기 드럼의 소요단면적은 고형물처리량 60~130kg/m²/h를 표준으로 한다.

해설 ② 조립탈수기는 고분자응집제의 첨가를 전제로 한다.

16 다음 중 탈수기의 기종선정 시 유의할 점으로 옳지 않은 것은?
① 연간 운전비용이 저렴할 것
② 탈수효과가 좋고 탈수케이크량이 많을 것
③ 운전조작이 간편하고 자동화에 유리할 것
④ 유지관리 및 보수가 용이할 것

해설 ② 탈수효과가 좋고 탈수케이크량이 적어야 하며, 내구성이 좋고 운전 중 소음 및 진동이 작아야 한다.

17 다음 중 벨트탈수기에 대한 설명으로 옳지 않은 것은?
① 고분자응집으로 인하여 원수로 이용 불가하므로 농축조로 회수하고 상징수를 방류한다.
② 연속운전이 가능하며 주입슬러지의 농도변화에 따라 약품의 주입량을 변화시켜야 하므로 최적 상태의 유지가 어렵다.
③ 고분자응집제의 농도 및 주입량의 점검유지가 필요하다.
④ 각 여실의 여포 사이에 슬러지를 유입, 우선 여과탈수한 후 여포 내측의 다이아프램을 팽창시켜 압착탈수한다.

해설 ④ 가압탈수기에 대한 설명이다.

정답 15 ② 16 ② 17 ④

18 다음 중 가압탈수기의 장단점에 대한 설명으로 틀린 것은?

① 케이크의 함수율이 낮고 발생량이 적다.
② 약품을 사용하지 않는다.
③ 케이크의 보관 및 처분이 용이하다.
④ 유지관리비가 가장 많이 소요된다.

해설 ④ 유지관리비가 가장 적게 소요된다.
가압탈수기의 단점
- 탈수기의 체적과 중량이 크다.
- 슬러지공급이 고압이다.
- 여포 및 다이아프램의 교환이 필요하다.
- 초기투자비가 가장 많이 소요된다.
- 국산화율이 낮다.

19 가압탈수기, 벨트탈수기, 원심분리탈수기를 비교 설명한 것으로 틀린 것은?

① 가압탈수기의 부속설비는 유압설비, 공기압축기, 제습기, 압착수펌프, 여포세정수펌프, 진공펌프이다.
② 벨트탈수기의 부속설비는 여포세정수펌프, 제습기, 공기압축기이다.
③ 원심분리탈수기의 부속설비는 세정펌프이다.
④ 가압탈수기는 초기투자비가 크고 벨트탈수기, 원심분리탈수기는 작다.

해설 가압탈수기와 원심분리탈수기는 초기투자비가 크고, 벨트탈수기는 작다.

20 다음 슬러지탈수방법 중 슬러지케이크의 함수율 55~70% 정도로 생산하는 탈수기는 어느 것인가?

① 진공탈수기
② 가압탈수기
③ 원심탈수기
④ 진공탈수기와 원심탈수기

해설 **슬러지탈수방법**

탈수시설	최종 슬러지케이크 함수율
진공탈수기	60~80%
가압탈수기	55~70%
원심탈수기	60~80%
슬러지건조상	50% 정도

21 다음의 슬러지처분방법 중 가장 경비가 적게 소요되고 바람직한 것은?

① 퇴비활용
② 매립처분
③ 소 각
④ 해양투기

해설 퇴비활용은 탈수처리된 슬러지를 토지개량제나 비료로 사용하므로 경비가 가장 적게 소요되고, 또한 자원으로 재활용하는 의미를 가지므로 바람직한 처분방법이다.

22 배출수처리시설 중 농축조의 용량 및 고형물부하는 어느 정도를 표준으로 하는가?

① 계획슬러지량의 12~24시간분, 10~20kg/m^2/day
② 계획슬러지량의 24~48시간분, 10~20kg/m^2/day
③ 계획슬러지량의 12~24시간분, 30~40kg/m^2/day
④ 계획슬러지량의 24~48시간분, 30~40kg/m^2/day

해설 농축조 용량은 계획슬러지량의 24~48시간분이고, 고형물부하는 10~20kg/m^2/day를 표준으로 한다.

23 농축된 슬러지의 탈수성 개선을 위하여 탈수 전에 실시하는 전처리방법이 아닌 것은?

① 동결융해처리
② 열처리
③ 고분자응집제처리
④ 슬러지건조상

해설 **전처리방법**
슬러지의 탈수성 개선을 위하여 탈수과정 전에 실시하는 전처리방법에는 산처리, 열처리, 고분자응집제처리, 석회처리, 동결융해처리 등이 있다.

정답 21 ① 22 ② 23 ④

24 다음 중 배출수처리에 대한 설명으로 옳지 않은 것은?

① 배출수처리시설을 계획할 때 고려조건은 케이크의 처분방법 또는 유효하게 이용하는 방법과 처리능력이다.
② 배출수처리시설은 영속적으로 필요한 시설이므로 10년 정도의 목표로 계획하는 것이 바람직하다.
③ 배출수처리시의 슬러지는 수질오염이나 토양오염을 고려하여 재활용하지 않아야 한다.
④ 배출수처리시설의 방법은 정수처리시설과의 관계, 원수수질, 배출수의 양과 질, 슬러지의 성상, 유지관리, 용지면적, 건설비, 지역의 환경을 고려하여 적절한 방식으로 선정되어야 한다.

해설 ③ 슬러지의 이용방안은 매립성 토재, 유기질비료, 일반점토벽돌, 경량골재, 건축재료, 요업재료 및 화분용 경석 등 여러 가지로 시도하고 있으며, 농업용 흙으로 이용하는 것이 가장 바람직하다.

CHAPTER 07 적중예상문제(2차)

제3과목 설비운영

01 배슬러지지의 슬러지는 배출수처리시설의 가동에 따라 슬러지가 장기간 체류하여 퇴적되는 경우가 발생되므로 고농도의 슬러지처리에 적합해야 한다. 배슬러지수집기 선정 시의 유의사항을 3가지 이상 쓰시오.

02 원형 슬러지수집기 중 중심구동현수형의 장단점을 쓰시오.

03 슬러지탈수기 선정 시의 유의사항을 3가지 이상 쓰시오.

04 슬러지에 고분자 응집제를 혼합하여 여포상으로 유입되어 여포를 통하여 탈수한 후 전압지역에서 압착·탈수하는 단계를 가지는 탈수기는?

CHAPTER 07 정답 및 해설

제3과목 설비운영

01
- 탈수설비의 가동중지로 다량의 슬러지가 퇴적되어도 운전이 가능할 것
- 고장률이 적으며 유지관리가 용이할 것
- 슬러지의 퇴적에 따른 과부하의 영향이 없을 것
- 경제적이고, 침전지 청소 시에 발생하는 다량의 슬러지처리에 유리할 것

02
- 장점 : 구조가 간단하고, 수집능력이 우수하다.
- 단점 : 바닥 마감이 정밀하지 않으면 수집기에 손상의 우려가 많고, 평형을 정확히 맞추어야 하며, 좁은 지름의 조에만 사용이 가능하다.

03
- 연간 운전비용이 저렴할 것
- 탈수효과가 좋고 탈수 케이크량이 적을 것
- 운전조작이 간편하고 자동화에 유리할 것
- 유지관리 및 보수가 용이할 것
- 설치 소요면적이 적고 부속설비가 적을 것
- 내구성이 좋고 운전 중 소음 및 진동이 적을 것

04   벨트탈수기(Belt Press)

CHAPTER 08 기계설비운영

제3과목 설비운영

01 펌프설비

1. 펌프의 대수결정 및 종류

(1) 예비율

펌프의 예비율은 초기건설비와 운영단계에서의 유지보수 예상빈도를 감안해 결정하되 펌프의 대수가 총 4대 이상일 경우 예비율은 다음 식에서 40% 이하로 하여야 한다.

① 유량 기준

$$예비율(\%) = \frac{예비용\ 펌프의\ 정격유량(m^3/day)\ 합계}{계획수량(m^3/day)} \times 100$$

② 대수 기준

$$예비율(\%) = \frac{예비용\ 펌프의\ 대수}{상용펌프의\ 대수} \times 100$$

(2) 펌프의 양정

① 펌프의 전양정(全揚程) : 흡입양정 + 토출양정 + 마찰손실수두(m)
② 펌프의 실양정(實揚程) : 흡입양정 + 토출양정(m)
③ 흡입양정 : 저수조의 저수위면에서 펌프중심까지의 높이
④ 토출양정 : 펌프의 중심에서 고가수조에 양수하는 토출관까지의 높이

(3) 펌프의 종류

① 원심력 펌프
  ㉠ 대부분의 상하수도 양수용으로 가장 널리 사용된다.
  ㉡ 임펠러와 하우징으로 구성되며, 유량이 적고 고양정에 적합하다.
  ㉢ 특 성
    • 형태가 커서 운반이 불편하고 기초공사비의 소요가 크다.
    • 운전과 수리가 용이하고 흡입성능이 우수하다.

- 효율이 높고 적용범위가 넓다.
- 공동현상이 잘 일어나지 않는다.

② 축류펌프
  ㉠ 원통형의 통체 내에 프로펠러형의 임펠러를 회전시켜 그 양력으로 물을 양수하는 것으로 물은 임펠러 내의 축방향으로 유입된다.
  ㉡ 임펠러의 원심력에 의하지 않고 양력작용에 의하여 물을 축방향에만 흡인하여 토출하는 것으로, 극히 저양정용이며 고정익식과 가동익식이 있다.
  ㉢ 특 성
    - 형태가 작고 기초공사가 간단하고 소요면적이 적다.
    - 비회전도가 크기 때문에 저양정에 대해서도 비교적 고속이다.
    - 양정변화에 대해서 수량의 변화도 적고 효율의 저하도 적기 때문에 주로 저양정이고 양정이 변하는 경우에 적합하다.

③ 사류펌프
  ㉠ 임펠러의 원심력과 양력작용에 의해 물을 축에 대하여 사방향으로 흡입 후 사방향으로 토출하며 원심력펌프와 축류펌프의 중간적인 특성을 가진 것으로서 양자의 장점을 살린 펌프이다.
  ㉡ 특 성
    - 3~15m의 양정에 많이 사용하며, 설치면적이 적어 기초공사비가 절약된다.
    - 광범위한 양정변화에 대해서도 양수가 가능하며 운전동력이 거의 일정하다.
    - 축류펌프보다 공동현상발생이 적고, 같은 양정일 때는 축류펌프보다도 흡입양정을 크게 할 수 있다.

(4) 사용목적에 따른 펌프형식

① 사류 또는 축류펌프 : 취수용으로 전양정이 6m 이하로서 구경이 200mm 이상의 대형인 경우
② 와권펌프 : 전양정이 20m 이상이고 구경이 200mm 이하일 경우
③ 입축형 사류 축류펌프 : 흡입실양정이 6m 이상이고 구경이 1,500mm 이상일 때
④ 입축형 펌프 : 침수가 될 우려가 있는 장소
⑤ 수중 Moter Pump 또는 Borehole Pump : 심정호의 경우
⑥ 양흡입식 펌프 : 양정의 변동이 심한 장소
⑦ 다단식 펌프 : 전양정이 비교적 높을 경우

(5) 펌프의 형식

구 분 \ 형 식	횡축형	입축형
장 점	• 주요부분이 옥내에 설치되어 보수점검이 편리하다. • 분해수리가 용이하다. • 전동기는 일반적으로 횡축이며, 펌프와의 연결 접속이 편리하다. • 구조적으로 견고하여 안전성이 높다. • 일반적으로 가격면에서 입축형에 비하여 유리하다. • 하중분포가 균일하여 단위면적당 기계하중이 작다.	• 설치면적은 다소 작아진다. • 침수 시에도 전동기의 보호가 용이하다. • 캐비테이션은 횡축에 비해 다소 안정적이다. • 흡수위변동에 적용성이 양호하다. • 홍수 시 안전하다. • 자동화 운전에 유리하다. • 깊은 곳으로부터도 양수가 가능하다.
단 점	• 캐비테이션의 대책이 요구된다. • 설치소요면적이 다소 넓다. • 기동 시 자흡작용이 안 되므로 별도의 흡입장치가 필요하다. • 홍수 시 침수대비가 필요하다. • 자동운전이 복잡하다.	• 효율이 낮다. • 주요부분이 수면 아래에 있어서 유지보수가 불리하다. • 부식이 쉽게 된다. • 구조적으로 축의 길이가 길어 불안정하다. • 가격이 횡축형에 비해 다소 높다.

(6) 소요동력의 결정

① 축동력 계산 : 축동력은 설계전양정을 기준으로 산출하는 것을 원칙으로 한다.

$$P = 0.163 \gamma Q H / \eta$$

- γ : 물의 비중량(kg/L)
- Q : 펌프의 양수량(m³/min)
- H : 양정
- n : 전동기 효율

② 전동기의 동력 계산 : 전동기의 출력은 다음 식에 따라 산출한다.

$$P_m = P(1 + \alpha)$$

- P_m : 전동기 출력
- P : 펌프의 운전범위에서 발생되는 최대축동력
- α : 여유, 계획조건 및 전동기 온도상승을 방지하기 위한 여유

③ 전동기의 출력계산 시의 최대여유

(단위 : %)

구 분		전동기	
		양정변화율 ≤ 20	양정변화율 > 20
설계전양정 기준	원심펌프	10~15	15~20
	사류펌프	15	20
	축류펌프	15	20
최대축동력 기준		5	5

(7) 펌프에서의 각종 현상

① 공동현상(캐비테이션)

　㉠ 개 념
- 펌프의 운전 중 관수로의 유체의 압력이 그때의 수온에 대한 포화증기압 이하로 되었을 때, 유체의 기화로 발생하고 유체 중에 공동이 생기는 현상이다.
- 액체의 온도를 상승시키거나 압력을 강하시키면 증발하여 기체화하는데, 펌프에서는 임펠러의 입구에서 가장 압력이 저하하며, 이 압력이 포화증기압 이하로 하강하면 양수되는 액체가 기화하여 공동이 생긴다. 이 공동이 고압부분에 돌입하면 순식간에 소멸하고 그 부분에 주위로부터 양액이 돌입하므로 충격이 발생하여 임펠러가 파손되거나 소음, 진동을 일으킨다.

　㉡ 발생원인
- 펌프의 흡입측 수두가 클 때
- 펌프의 흡입측 마찰손실이 클 때
- 펌프의 임펠러속도가 클 때
- 펌프의 흡입관경이 작을 때
- 펌프의 설치위치가 수원보다 비교적 높을 때
- 관 내의 유체가 고온일 때
- 펌프의 흡입압력이 유체의 증기압보다 낮을 때

　㉢ 발생장소
- 임펠러 부근
- 관로 중 유속이 큰 곳이나 유량이 급변하는 곳

　㉣ 방지책
- 펌프의 설치위치를 낮추어 유효흡입수두를 크게 한다.
- 펌프회전수를 낮추고 흡입비속도를 적게 한다.
- 양쪽 흡입펌프를 사용하거나 펌프를 2대로 나눈다.
- 흡입관의 지름을 크게 하고 밸브, 플랜지, 관이음류의 수를 적게 해 손실수두를 줄인다.
- 임펠러의 재질을 점침식에 강한 재질(스테인리스)로 바꾼다.
- 흡입측 밸브를 전개하고 운전한다.
- 인듀서를 사용한다.
- 흡입관 내 손실수두를 가능한 한 감소시킨다(흡입관을 짧게 하고 확대관을 사용).
- 펌프의 흡입양정은 -5m까지를 표준으로 하고 가급적 작게 한다.
- 캐비테이션으로부터 안전하기 위해서는 유효흡입수두가 필요흡입수두보다 1m 이상 또는 1.3배 이상 크게 확보되어야 한다.

> **더 알아보기**
>
> **유효흡입수두**
> $h_{sv} = H_a + H_s - H_p - h_l$
> - h_{sv} : 유효흡입수두(m)
> - H_a : 대기압(m)
> - H_s : 흡입실양정(m, 흡입일 때 -, 압입일 때 +)
> - H_p : 수온에서의 포화증기압 수두(m)
> - h_l : 흡입관 내의 손실수두(m)
>
> ※ 유효흡입수두는 펌프의 특성과는 상관없이 단지 펌프의 설치조건(흡입관로)과의 관계일 뿐이다.

② 수격현상

㉠ 개념
- 수격현상이란 관 속에 유체가 충만된 상태로 흐를 때 액체의 속도를 급격히 변화시키면 액체에 심한 압력변화가 생겨 배관 내에 순간적으로 이상한 충격압을 만들고 소리를 내어 진동하는 현상을 말한다.
- 물이 관로 속을 흐르고 있을 때 밸브를 갑자기 잠그면 물의 운동에너지가 압력에너지로 변하기 때문에 밸브의 직전에서 고압이 발생하고 이 고압의 물은 상류의 탱크를 향하여 되돌아가고 탱크에 도달하면 다시 밸브 쪽으로 향하게 되는데 이런 현상이 반복되는 것을 수격작용이라 한다. 이 현상은 관 속의 유속이 빠를수록, 또 밸브를 닫는 시간이 짧을수록 심하고 때로는 관이나 밸브를 파괴하는 경우도 있다. 대형 관로에서는 수격작용을 방지하기 위하여 조압수조(Surge Tank) 등을 설치하기도 한다.

㉡ 발생원인
- 관내 압력의 과도한 상승 및 저하 : 급배수관 내의 수류를 급속하게 닫거나 응축수 등이 남아 식힌 증기관에 다시 증기를 보내는 경우 등에 일어난다.
- 관내 압력의 상승으로 인한 관로의 파손 등 : 배관 이음부를 느슨하게 하거나 기구에 손상을 주어 누수의 원인이 된다.

㉢ 수격현상방지법
- 관경을 크게 하여 유속을 느리게 한다.
- 펌프의 급정지를 피한다.
- 자동수압조정밸브를 단다.
- 펌프에 플라이휠(Flywheel)을 설치하여 속도가 급격히 변화하는 것을 막는다.
- 조압수조(Surge Tank) 또는 수격방지기(Water Hammering Cushion)를 설치하여 적정 압력을 유지한다.
- 토출밸브에 공기밸브를 설치한다.
- 압력상승을 방지하기 위해 역지밸브를 설치하거나 관로에 안전밸브를 설치한다.

③ 맥동(Surging) 현상
  ㉠ 개념 : 펌프운전 중에 압력계의 눈금이 주기적으로 크게 흔들림과 동시에 토출량도 주기적으로 변동하고 또한 주기적인 진동과 소음이 발생하는 현상을 맥동현상이라고 한다. 펌프에서 토출되어 나오는 유량이 순간적으로 압력이 증가되면 이곳(댐프너)에 공기가 압력을 받아 수축되었다가 다시 원상 복귀되는 현상이다.
  ㉡ 방지대책
    - 송출밸브를 사용하여 펌프 내의 양수량을 맥동현상 때의 양수량 이상으로 증가시키거나, 회전차의 회전수를 변화시킨다.
    - 관로에 불필요한 공기조(팽창탱크를 이용하여)나 잔류공기를 제거하고, 관로의 단면적, 액체의 속도, 저항 등을 조정한다.
    - 관로의 기울기를 상하향구배하여 잔존공기가 없도록 한다.
    - 관로를 최대한 짧게 시공해야 한다.
    - 설계 시 특성에 맞는 펌프를 선택해야 한다.
    - 깃 출구각을 작게 하여 우향상승 기울기의 양정곡선을 만드는 방법을 취한다(단, 효율을 저하시키는 단점이 있다).
    - 회전차나 안내깃의 형상치수를 바꾸어 그 특성을 변화시킨다.

> **더 알아보기**
>
> **수충격 방지**
> 펌프를 포함한 계통에서 어떤 흐름의 변화로 야기되는 수격현상은 파열, 진동, 관로의 변위, 지지대의 변형, 수주분리 등을 유발하게 된다. 이런 위험성을 최소화할 수 있는 경제적이고 안정적인 설계를 위해서 복잡한 배관계 및 관로에 대한 시뮬레이션을 통하여 수충격에 대한 대책을 수립하여야 한다.

2. 펌프의 운전방식과 제어

(1) 펌프의 운전방식
① 두 대 이상의 펌프가 요구되는 경우에는 펌프를 직렬 또는 병렬로 배치한다.
② 직렬운전
  ㉠ 단독운전에 비해 2배의 양정을 얻을 수 있다.
  ㉡ 양정의 변화가 크고 유량의 변화가 작은 경우 적합하다.
③ 병렬운전
  ㉠ 단독운전에 비해 2배의 양수량을 얻을 수 있다.
  ㉡ 양정의 변화가 작고 유량의 변화가 큰 경우 적합하다.

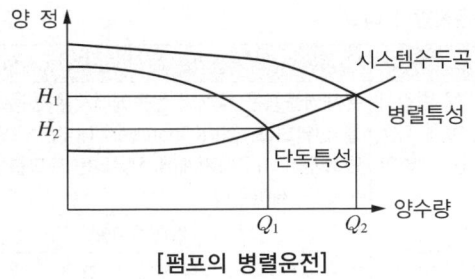
[펌프의 병렬운전]

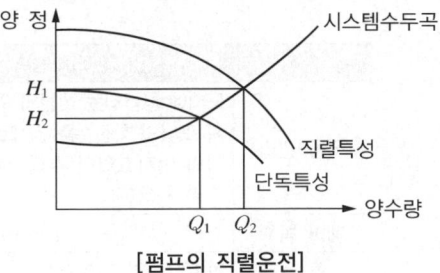
[펌프의 직렬운전]

(2) 운전제어방식
① 대수제어
- ㉠ 운전대수의 변경에 의한 조절은 가장 간단한 방법이나 유량변화가 단계적으로 이뤄지고 흡입 혹은 토출수면의 수위가 연동하여 운전대수를 조절하는 자동운전에서는 수위의 변동이 심하면 기동 및 정지가 반복되는 헌팅현상이 발생하여 전동기의 과열과 밸브 및 기동기의 소모가 심하고 기기의 수명이 극히 단축되기 때문에 계획 시 주의하여야 한다.
- ㉡ 밸브의 개도제어를 병행하여 운전된다.

② 회전수제어
- ㉠ 회전수제어는 필요한 수량이 상시 변화하는 경우 또는 비교적 단시간 내에 변화하는 경우에 유용한 방법이며, 어떤 제어방식이더라도 밸브 교축에 의한 유량제어보다는 동력절감이 가능하다.
- ㉡ 회전수제어방식은 관로저항곡선이 펌프의 운전범위보다 상당히 아래쪽에 위치하고 있으며 기울기가 큰 경우에 적절하다. 즉, 전양정 중 실양정보다는 손실수두성분이 큰 경우에 유용하다.
- ㉢ 직결형 중간가압장(In-line Booster 펌프장)에서 유입측과 토출측의 동수두 변화가 커서 저양정용 회전차를 설치한 경우에도 펌프운전범위를 만족하기 어려운 경우에 적절하다.
- ㉣ 회전수의 조절에는 유체커플링과 같이 동력전달장치에 의한 것과 전동기의 회전수를 직접 조절하는 방법이 있다. 전동기의 회전수조절법으로는 극수변환, 주파수변환법, 2차저항제어법과 셀비우스방식 등이 있으나 최근에는 대용량펌프에서도 주파수 변환에 의한 속도 조절방법을 많이 사용하는 추세이다.
- ㉤ 유체커플링의 경우 미끄럼이 발생하고 2차 저항에 의한 방법은 2차 저항기의 발열로 인한 손실이 있다.

[변속운전방식 비교]

구 분	인버터변속(V.V.V.F)	유체커플링변속(Fluid Coupling)
작동 원리	모터에 공급되는 전원의 주파수와 전압을 변경시켜 모터의 회전수를 강제로 변속한다. 농형 저농기의 여자코일의 주파수를 변화시키는 방법이 주로 사용된다.	유체커플링은 유체의 운동에너지를 이용하여 동력을 전달하고, 챔버(Chamber) 내부의 오일의 양을 변화시켜 피구동기계에 전달되는 토크를 변화시켜 속도를 제어한다.
제어 범위	10~100%	20~100%
효 율	변속 시 약 97% 정도로 변화가 적다.	변속 시 64~96%로 변화가 크다.
유지 보수	전문가 및 예비품의 확보 및 대형 패널의 유지를 위한 건물과 방진·항온·항습설비의 지속적인 보수유지가 필요하다.	• 유체에 의해 동력전달이 되므로 마모가 없고 유지보수가 용이하다. • 오일을 냉각시키는 설비가 필요하다.
적용 범위	전기를 사용하는 모터에만 적용된다.	모터를 포함한 모든 회전구동기기(모터, 터빈, 디젤엔진 등)에 적용된다.
설치 면적	수전반 및 제어반에 필요한 면적이 소요된다 (1,000kW 기준 35~45평 정도 전기실 소요).	모터와 펌프 사이의 유체커플링과 냉각설비의 공간이 필요하다.
부대 설비	냉난방설비(전기실)	냉각설비
장 점	• 부하변화에 따른 전체적 효율이 우수하다. • 속도제어범위가 크다. • 모터 및 펌프사이의 설치공간이 필요 없다. • 정밀한 속도제어가 가능하다. • 소형 동력전달의 경우 설치 및 보수유지가 간단하다. • 모터 정격속도 이상의 속도로 운전이 가능하다.	• 동력전달의 안정성이 좋다. • 동력전달의 충격 및 진동을 완화한다. • 기동 시 가동시간에 제한이 없다. • 유체동력전달이므로 마모와 고장이 거의 없다. • 동력전달부품(연결커플링, 베어링)의 부하감소로 수명이 연장된다. • 내구성이 좋다(35년 이상).
단 점	• 속도조절 시 진동 및 동력전달계통에 대한 충격 발생의 우려가 있다. • 전기설비의 많은 보호장비가 필요하다. • 시스템이 복잡하여 전문가가 필요하다. • 모터수명이 단축(전기 Shock)된다. • 기동 시 시간이 소요된다(일반적으로 120초). • 냉난방, 항습·방진시설이 필요하다.	• 모터 및 펌프사이의 설치공간이 필요하다. • 유체커플링 자체의 Slip에 따라 피동기계의 최고속도는 모터 자체의 정격속도보다 2~3% 낮은 속도로 운전된다. • 커플링에서 발생하는 손실(열)을 냉각하기 위한 냉각수가 필요하다. • 양방향 운전이 어렵다. • 정격 회전수에서도 유체커플링의 전달효율을 고려해야 하므로 전동기 정격동력이 커진다.

3. 펌프 및 배관의 설치

(1) 펌프의 설치

① 설치면은 공통베드의 밑자리를 이용하여 수평으로 하여야 한다.

② 설치면적은 가능한 한 넓게 하여 점검·보수작업이 용이하도록 한다.

(2) 배관의 설치

① 흡입배관

㉠ 흡입관은 가능한 한 짧게 하고 지주 등으로 지지시켜 관의 처짐에 큰 힘이 전달되지 않게 한다.

ⓒ 흡입관은 공기주머니가 생기지 않도록 수평에서 약 1~2(약 1/50) 정도 하향하도록 한다.
　　ⓒ 배관의 이음부분, 플런저 간의 체결부, 밸브의 패킹누르개 쪽에서 공기가 유입되지 않도록 완전히 체결한다.
　　ⓒ 유속은 가능한 한 느린게 좋으며 1.5~2.5m/s가 적당하다.
② 토출배관
　　⊙ 펌프케이싱 내의 유속은 전양정에 관련하여 변화하기 때문에 배관 구경과는 맞추기 어려우나 일반적으로 유속을 3m/s 이하로 하고 확대관을 이용하여 펌프보다 1~2단계 정도 높이는 것이 좋다.
　　ⓒ 공기주머니가 생기는 부분은 공기빼기 구멍을 설치하고 굴곡부 및 하중을 받기 쉬운 부분은 지주로 지지한다.

02　밸브설비

1. 밸브설비의 개요

(1) 개 념

밸브는 오래 전부터 유체의 흐름을 제어하는 데 사용되어 왔다. 여기서 제어란 뜻은 유체에서 물리적으로 표현되는 압력, 온도 및 유체의 속도, 즉 유량을 조정한다는 것이다.

(2) 기 능

유량, 압력, 수위의 제어, 관로의 통수 및 차단, 역류방지 등

(3) 밸브의 종류

① 볼밸브(Ball Valve) : 밸브의 실린더 내에 실린더와 거의 같은 구경의 내부가 관통된 Ball을 삽입하여 핸들의 조작에 따라 관로를 개폐시키는 구조이다.
② 체크밸브(Check Valve) : 배관계통 구성에 있어서 계통의 운전상태에 따라 자력으로 개폐하는 유일한 밸브로서 밸브몸체가 유체의 배합에 의하여 역류를 방지하도록 작동하는 밸브이다.
③ 버터플라이밸브(Butterfly Valve) : 원판상의 폐자(閉子)를 회전시킴에 따라 유로를 개폐하는 구조로 유량을 가감할 수 있는 가장 간단한 구조이다.
④ 공기밸브 : 관내 공기를 배제하거나 흡입하기 위하여 설치하며 관로의 돌출부, 제수밸브와 제수밸브의 사이에 설치를 원칙으로 한다.
⑤ 슬루스밸브(Sluice Valve) : 원판모양의 밸브가 관로를 직각방향으로 닫아 흐름을 차단하는 밸브로서 나사 등에 의하여 원판을 끌어올려서 열며 인상량(引上量)에 의해 유량이 제어된다.

⑥ 글로브밸브(Globe Valve) : 핸들의 작동에 의해 스핀들이 상하로 작동하여 시트가 노즐을 막아 개로를 차단하는 형식의 밸브이다.

⑦ 플러그밸브(Plug Valve) : 콕(Cock)과 같은 형태로 원추형의 플러그를 축 주위에서 90° 회전시켜 개폐한다.

> **더 알아보기**
>
> **다이어프램밸브(Diaphragm Valve)**
> 다이어프램밸브는 일명 위어밸브(Weir Valve)라고도 하며 주로 차단용의 블록밸브(Block Valve)로 사용된다. 이 밸브는 비교적 최근(세계 제2차 대전)에 발명된 밸브로서 비록 다이어프램의 재질특성상 사용온도가 150℃ 이하로 제한되는 것을 제외한다면 부식성 액체의 유량의 제어슬러지나 고형물이 많은 유체의 제어용으로는 매우 경제적이고 제어특성이 좋은 밸브이다.

2. 밸브의 선정

(1) 흡입밸브의 선정

① 흡입밸브의 크기(직경)는 흡입관의 직경으로 결정되며 흡입관의 직경은 일반적으로 펌프의 흡입구 경보다 한 단계 큰 것으로 결정한다.
② 진공펌프가 설치되어 있지 않고 정압수두가 아닌 경우는 흡입관에 풋밸브를 설치하여야 한다.
③ 정압수두의 펌프에서는 흡입관로 중간에 차단용 밸브를 설치하여야 한다.
④ 유지관리 시에 차수를 목적으로 사용하므로 손실수두가 작은 슬루스밸브(게이트밸브)를 사용한다.

(2) 토출밸브의 선정

① 토출밸브의 크기(직경)는 토출관의 직경으로 결정되며 토출관의 직경은 일반적으로 펌프의 토출구 경과 같거나 한 단계 큰 것으로 결정한다.
② 펌프의 토출측 또는 토출관로 중간에 반드시 차단용 밸브를 설치한다.
③ 토출관 밸브로 토출량을 조절할 경우는 유량조절용 밸브를 설치한다.
④ 펌프의 정지로 인해 토출관측의 물이 역류할 수 있는 경우에는 토출관로에 체크밸브를 설치한다.
⑤ 토출관측 밸브에는 개도지시계를 설치한다.

(3) 체크밸브의 선정

① 체크밸브의 크기는 토출밸브의 크기와 동일한 것을 적용한다.
② 역류방지용 밸브는 통상 체크밸브를 사용하고 이에는 완폐식과 급폐식이 있으며 또한 차단용 밸브에 역류방지의 기능도 있다.
③ 다른 밸브는 동력 또는 수동조작에 의해 개폐되는 반면에 체크밸브는 정·역류의 유체력에 의해 개폐된다.

CHAPTER 08 적중예상문제(1차)

제3과목 설비운영

01 펌프의 용량 및 대수결정에 대한 설명으로 옳지 않은 것은?

① 계획수량의 경우 취수장은 계획 1일 최대취수량을, 가압장 및 송수펌프장은 계획 1일 최대급수량을 기준으로 한다.
② 펌프용량이 클수록 펌프의 효율은 낮아진다.
③ 대수분할과 용량결정 시 물이 도달되는 지점의 시설이 대형 저수조나 댐과 같이 유량조절기능이 불필요한 경우에는 대수를 되도록 적게 한다.
④ 펌프대수를 크게 하면 수요량의 변동에 대처하여 효율적 운전이 가능하지만, 반면에 펌프장의 면적이 커지고 배관이 복잡해진다.

해설 ② 펌프의 용량이 클수록 펌프의 효율은 높아진다.

02 다음 중 펌프의 전양정에 관한 설명으로 옳은 것은?

① 실양정과 그 개념이 같다.
② 토출만 고려하면 된다.
③ 실양정만 알면 구할 수 있다.
④ 실양정과 손실수두를 합한 것이다.

해설 **펌프의 전양정**
전양정은 실양정과 총손실수두를 합한 것이며 실양정은 흡입양정과 토출양정을 합한 값이다.

정답 1 ② 2 ④

03 다음 중 펌프의 형식 및 선정에 대한 설명으로 옳지 않은 것은?
① 침수의 위험이 있는 장소에서는 횡축펌프를 선정한다.
② 전양정이 6m 이하이고, 구경이 200mm 이상인 경우는 사류 혹은 축류펌프를 선정함을 표준으로 한다.
③ 전양정이 20m 이상이고, 구경이 200mm 이하인 경우는 원심펌프의 선정을 표준으로 한다.
④ 흡입실양정이 6m 이상이고, 구경이 1,500mm를 초과하는 사류 혹은 축류펌프는 입축펌프의 선정을 표준으로 한다.

해설 ① 침수의 위험이 있는 장소에서는 입축펌프를 선정한다.

04 다음 중 펌프의 일반적인 기종별 특성과 형식에 대한 설명으로 옳지 않은 것은?
① 원심펌프는 펌프의 중량이 크고 사류펌프는 작다.
② 원심펌프는 펌프의 효율이 높고 사류펌프는 낮다.
③ 원심펌프는 펌프의 동력이 크고 사류펌프는 작다.
④ 원심펌프는 펌프의 설치면적이 크고 사류펌프는 작다.

해설 ③ 원심펌프는 펌프의 동력이 작고 사류는 크다.

05 양정이 2~3m인 배수펌프로서 가장 많이 쓰이는 펌프는?
① 터빈펌프
② 사류펌프
③ 축류펌프
④ 방사식펌프

해설 축류펌프는 양정이 4m 이하인 경우에 가장 많이 사용되는 펌프이다.

06 펌프선정 시의 고려사항으로 가장 적당하지 않은 것은?
   ① 펌프의 특성   ② 펌프의 효율
   ③ 펌프의 동력   ④ 펌프의 중량

   해설 **펌프선정 시 고려사항**
        펌프의 특성, 펌프의 효율, 펌프의 동력, 펌프의 양정, 펌프의 종류

07 펌프에 관한 비교설명 중 틀린 것은?
   ① 원심펌프 – 공동현상의 발생이 적다.
   ② 사류펌프 – 수위변동이 작은 곳에 적합하다.
   ③ 축류펌프 – 사류펌프에 비해 회전수가 높다.
   ④ 스크루펌프 – 구조가 간단하고 회전수가 작다.

   해설 사류펌프는 수위변화에 따른 효율저하가 작으므로 우수용 펌프와 같이 수위변화가 있는 곳에 적합하다.

08 다음 중 횡축펌프의 장점으로 맞지 않은 것은?
   ① 주요부분이 옥내에 설치되어 보수점검이 편리하고 분해수리가 용이하다.
   ② 전동기는 일반적으로 횡축이며, 펌프와의 연결 접속이 편리하다.
   ③ 구조적으로 견고하여 안전성이 높다.
   ④ 하중 분포가 균일하여 단위면적당 기계하중이 크다.

   해설 ④ 하중 분포가 균일하여 단위면적당 기계하중이 작다.
        횡축펌프의 단점
        • 캐비테이션의 대책이 요구된다.
        • 설치소요면적이 다소 넓다.
        • 기동 시 자흡작용이 안 되므로 별도의 흡입장치가 필요하다.
        • 홍수 시 침수대비가 필요하다.
        • 자동운전이 복잡하다.

정답 6 ④ 7 ② 8 ④

09 다음 중 캐비테이션에 대비한 설명으로 옳지 않은 것은?

① 공동현상을 발생시키지 않는 위치에 펌프를 설치하기 위하여 펌프의 흡입양정은 −5m까지를 표준으로 하고 가급적 작게 한다.

② 펌프는 운전여건에 따라 최소전양정에서 가동되는 경우가 있으며, 이때의 유량은 정격유량의 120%에서 캐비테이션의 발생 여부를 검토하여야 한다.

③ 캐비테이션으로부터 안전하기 위해서는 유효흡입수두가 필요흡입수두보다 1m 이상 또는 1.3배 이상 크게 확보되어야 한다.

④ 캐비테이션에 대해서 안전하기 위해서는 펌프에서 필요로 하는 필요흡입수두(NPSHre)가 이용할 수 있는 유효흡입수두(NPSHav)보다 커야 한다.

해설 ④ 캐비테이션에 대한 안전을 위해서는 이용할 수 있는 유효흡입수두(NPSHav)가 펌프에서 필요로 하는 필요흡입수두(NPSHre)보다 커야 한다. 일반적으로 NPSHav − NPSHre > 1m가 좋다.

캐비테이션의 발생원인
- 펌프의 흡입측 수두가 클 때
- 펌프의 흡입측 마찰손실이 클 때
- 펌프의 임펠러 속도가 클 때
- 펌프의 흡입관경이 작을 때
- 펌프의 설치위치가 수원보다 비교적 높을 때
- 관내의 유체가 고온일 때
- 펌프의 흡입압력이 유체의 증기압보다 낮을 때

10 다음 중 펌프의 회전수제어에 대한 설명으로 옳지 않은 것은?

① 회전수제어는 필요한 수량이 상시 변화하는 경우 또는 비교적 단시간 내에 변화하는 경우에 유용한 방법이며, 어떤 제어방식이더라도 밸브 교축에 의한 유량제어보다는 동력절감이 가능하다.

② 손실수두성분보다는 전양정 중 실양정이 큰 경우에 유용하다.

③ 직결형 중간가압장에서 유입측과 토출측의 동수두 변화가 커서 저양정용 회전차를 설치한 경우, 펌프 운전범위를 만족하기 어려운 경우에 적절하다.

④ 변속펌프를 적용할 경우에는 소용량의 조절용 펌프를 적용할 필요성이 낮아지게 되어, 펌프의 대수가 감소되므로 설비비가 절약될 수 있다.

해설 ② 전양정 중 실양정보다는 손실수두성분이 큰 경우에 유용하다. 회전수제어방식은 관로저항곡선이 펌프운전범위보다 상당히 아래쪽에 위치하고 있으며 기울기가 큰 경우에 적절하다.

9 ④ 10 ② **정답**

11 다음 중 기계식인 유체커플링변속의 특징을 설명한 것으로 옳지 않은 것은?

① 모터와 펌프 사이의 유체커플링과 냉각설비의 공간이 필요하다.
② 부대설비는 냉각설비이다.
③ 모터를 포함한 모든 회전구동기기(모터, 터빈, 디젤엔진 등)에 적용된다.
④ 유체에 의해 동력전달이 되므로 마모가 많고 유지보수가 어렵다.

해설 ④ 유체에 의해 동력전달이 되므로 마모가 없고 유지보수가 용이하다.

12 다음 중 인버터변속의 특징으로 옳지 않은 것은?

① 부하변화에 따른 전체적 효율이 우수하다.
② 정밀한 속도제어가 가능하고 속도제어범위가 크다.
③ 모터 및 펌프 사이의 설치공간이 필요없다.
④ 보수유지가 어렵다.

해설 ④ 소형 동력전달의 경우 설치 및 보수유지가 간단하다.
인버터변속의 단점
• 속도조절 시 진동 및 동력전달계통에 대한 충격발생의 우려가 있다.
• 전기설비의 많은 보호장비가 필요하다.
• 시스템이 복잡하여 전문가가 필요하다.
• 모터수명이 단축(전기 쇼크)된다.
• 기동 시 시간이 소요된다(일반적으로 120초).
• 냉난방, 항습·방진시설이 필요하다.

13 부압 및 상승압의 방지를 위한 수충격 방지대책으로 옳지 않은 것은?

① Flywheel을 설치하면 관성효과를 증가시켜 회전수와 유속의 변화를 느리게 한다.
② 펌프 토출측에 Air Chamber를 설치하면 축적하고 있는 압력에너지를 방출하여 압력강하를 방지함과 동시에 압력상승도 흡수한다.
③ 관경을 크게 하면 관 내 유속을 저하시켜, 관로정수를 작게 함으로써 압력강하를 방지한다.
④ 펌프를 지나 흡입수조와 토출관 사이에 자동개폐변을 설치하면 부압발생장소에 공기를 자동적으로 흡입시켜 이상부압을 경감한다.

해설 ④는 공기변을 설치했을 경우이다.

14 배수펌프의 계획수량이 시간당 125m³라면 예비펌프를 포함하여 몇 대 정도 설치하는 것이 표준인가?

① 2대   ② 3대
③ 4대   ④ 5대

해설 배수펌프의 기준수량
계획시간 최대급수량이며, 시간당 125m³일 경우에 대형 2대(예비펌프 1대를 포함)와 소형 1대가 필요하다. 즉, 총 3대가 필요하다.

15 다음은 펌프의 명칭과 용도를 설명한 것이다. 잘못된 것은?

① 저양정펌프는 수원의 물 또는 하수를 처리장으로 양수하는 데 이용된다.
② 고양정펌프는 가압식 배수관로에 정수를 양수하는 데 이용된다.
③ 가압펌프는 배수시설의 관 내 수압을 높이는 데 이용된다.
④ 재순환 또는 이송펌프는 처리장과 처리장 간의 물의 이송에 이용된다.

해설 ④ 재순환 및 이송펌프는 처리장 내에서 처리된 물을 보내는 데 이용된다.

펌프장 종류

종류	용도
저양정펌프장	수원에서 물을 정수장으로 취수하기 위해 수원과 정수장 사이에 위치한다.
고양정펌프장	정수된 물을 송·배수하기 위해 설치한다.
가압펌프장	송수·배수관 내의 수압을 증가시키기 위해 설치한다.

16 계획오수량이 0.5~1.5m³/s일 때 오수펌프의 설치대수는?(단, 예비 1대를 포함)

① 1~2대   ② 3~5대
③ 5~7대   ④ 7~8대

해설 오수펌프의 설치대수
- 계획오수량 0.5m³/s 이하 : 2~4대(예비 1대 포함)
- 계획오수량 0.5~1.5m³/s : 3~5대(예비 1대 포함)
- 계획오수량 1.5m³/s 이상 : 4~6대(예비 1대 포함)

17 다음 펌프 중 가장 큰 비교회전도(N_s)를 나타내는 것은?

① 터빈펌프 ② 사류펌프
③ 축류펌프 ④ 벌류트 펌프

해설

형 식	비교회전도(N_s)
원심력 펌프	100~250(터빈펌프), 100~750(벌류트펌프)
사류펌프	700~1,200
축류펌프	1,200~2,000

18 운전 중에 있는 펌프의 토출량을 조절하는 방법으로 부적절한 것은?

① 펌프의 운전대수를 조절한다.
② 펌프의 흡입측 밸브를 조절한다.
③ 펌프의 회전수를 조절한다.
④ 펌프의 토출측 밸브를 조절한다.

해설 운전 중인 펌프의 토출량을 조절하기 위하여 흡입측 밸브를 사용해서는 안 된다. 흡입측 밸브를 조절할 경우 공동현상이 발생할 우려가 있다.

19 펌프의 흡입관에 대한 다음 사항 중 틀린 것은?

① 충분한 흡입수두를 가질 수 있도록 한다.
② 흡입관은 가능하면 수평으로 설치되도록 한다.
③ 흡입관에는 공기가 유입되지 않도록 한다.
④ 펌프 한 대에 하나의 흡입관을 설치한다.

해설 흡입관은 가능한 한 수평으로 설치하는 것을 피한다. 부득이한 경우에는 가능한 한 짧게 하고 펌프를 향하여 1/50 이상의 경사로 한다.

정답 17 ③ 18 ② 19 ②

20 펌프에서 발생되는 수격작용을 방지하기 위한 방법이 아닌 것은?

① 펌프에 플라이휠을 부착한다.
② 토출관 쪽에 압력조절수조를 설치한다.
③ 관내 유속을 증가시키거나 관거상황을 변경한다.
④ 토출측 관로에 안전밸브 또는 공기밸브를 설치한다.

> **해설** **펌프의 수격작용방지방법**
> • 펌프에 플라이휠을 부착시켜 관성 증가
> • 토출관에 압력조절수조 설치
> • 관내의 유속 저하
> • 토출관로에 안전밸브 또는 공기밸브 설치
> • 펌프의 급정지 피함
> • 관거의 상황 변경

21 수격현상의 발생을 경감시킬 수 있는 방안이 아닌 것은?

① 펌프의 속도가 급격히 변화하는 것을 방지한다.
② 관내의 유속을 저하시킨다.
③ 밸브를 펌프 송출구에서 먼 곳에 설치한다.
④ 압력조정수조를 설치한다.

> **해설** **수격현상의 발생원인**
> • 관내 압력의 과도한 상승 및 저하 : 급배수관 내의 수류를 급속하게 닫거나 응축수 등이 남아 식힌 증기기관에 다시 증기를 보내는 경우 발생
> • 관내 압력의 상승으로 인한 관로의 파손 : 배관의 이음부를 느슨하게 하거나 기구에 손상을 주어 누수의 원인이 됨

22 다음 중 토출밸브에 대한 설명으로 옳지 않은 것은?

① 펌프의 토출측 또는 토출관로 중간에 반드시 차단용 밸브를 설치해야 한다.
② 토출관 밸브로 토출량을 조절할 경우는 유량조절용 밸브를 설치하여야 한다.
③ 토출관측 밸브에는 개도지시계를 설치하여야 한다.
④ 토출관의 직경은 일반적으로 펌프의 토출구경보다 한 단계 작은 것으로 결정한다.

> **해설** ④ 토출밸브의 크기(직경)는 토출관의 직경으로 결정되는데 토출관의 직경은 일반적으로 펌프의 토출구경과 같거나 한 단계 큰 것으로 결정한다.

20 ③ 21 ③ 22 ④

23 다음 중 체크밸브에 대한 설명으로 옳지 않은 것은?

① 다른 밸브는 동력 또는 수동조작에 의해 개폐되는 반면에 체크밸브는 정·역류의 유체력에 의해 개폐된다.
② 역류방지용 밸브는 통상 버터플라이밸브를 사용한다.
③ 저양정으로 역류 개시시간이 늦은 펌프 토출측에는 보통형 스윙체크밸브를 설치한다.
④ 회전체의 관성효과가 작고 관로길이가 짧아 역류 개시시간이 매우 짧은 경우에는 스프링식 급폐형 체크밸브를 사용한다.

해설 ② 역류방지용 밸브는 통상 체크밸브를 사용한다. 이에는 완폐식과 급폐식이 있으며 또한 차단용 밸브에 역류방지의 기능을 갖게 할 수도 있다.

24 다음 중 펌프의 흡입배관에 사용되는 기구는?

① 풋밸브   ② 체크밸브
③ 게이트밸브   ④ 압력계

해설 ① 토출관에는 체크밸브와 게이트밸브를, 흡입관에는 풋밸브를 사용한다.
② 체크밸브(Check Valve)는 유체를 한 방향으로만 흐르게 하여 역류를 방지하는 밸브이다.
③ 게이트밸브(Gate Valve)는 유량조절용 밸브이다.
④ 압력계(Pressure Gauge)는 압력을 측정하는 계기이다.

25 펌프(Pump)에 대한 기술 중 옳은 것은?

① 펌프는 구경이 클수록 효율이 감소된다.
② 흡입양정은 낮추는 것이 효율에 좋다.
③ 풋밸브(흡입구)는 수면 위에서 관경의 1배 정도 잠기게 설치한다.
④ 배관의 굴곡부를 증대시켜 압력을 줄인다.

해설 ② 펌프는 되도록 흡입양정을 낮추어 설치한다.
① 펌프는 구경이 클수록 효율이 증가한다.
③ 풋밸브는 수면 위에서 관경의 2배 정도 잠기게 설치한다.
④ 배관의 굴곡부를 증대시키면 압력이 늘어난다.

정답 23 ② 24 ① 25 ②

26 다음은 각종 펌프와 관련된 사항을 연결한 것이다. 옳지 않은 것은?

① 기어펌프 – 기름반송용
② 제트펌프 – 소화용
③ 논클로그펌프 – 상수도급수용
④ 워싱턴펌프 – 보일러급수용

해설 논클로그펌프는 오수·배수용 펌프이다.

27 급수배관이나 기구구조의 불비(不備), 불량의 결과 급수관 내에 오수가 역출해서 음료수를 오염시키는 상태를 무엇이라고 하는가?

① 사이어미즈 커넥션
② 헤 머
③ 크로스 커넥션
④ 드레인

해설 **크로스 커넥션**
급수배관의 잘못된 연결이나 기구불량으로 급수관 내 오수가 역류하여 음료수를 오염시키는 상태로 연결관을 해체하거나 진공방지기를 부착하여 방지한다.

CHAPTER 08 적중예상문제(2차)

제3과목 설비운영

01 펌프의 양정에 대한 설명이다. 괄호 안에 맞게 쓰시오.

> - 펌프의 전양정(全揚程)은 ( ) + ( ) + ( )의 합이다.
> - 펌프의 실양정(實揚程)은 ( ) + ( )의 합이다.
> - 흡입양정은 저수조의 저수위면에서 ( )까지의 높이이다.
> - 토출양정은 펌프의 중심에서 고가수조에 양수하는 ( )까지의 높이이다.

02 임펠러의 원심력과 양력작용에 의해 물을 축에 대하여 사방향으로 흡입 후 사방향으로 토출하는 펌프는?

03 펌프의 형식에는 횡축형과 입축형이 있다. 횡축형 펌프의 장단점을 3가지 이상 쓰시오.

04 전동기의 동력 계산식을 쓰시오.

05 펌프의 운전 중 관수로의 유체의 압력이 그때의 수온에 대한 포화증기압 이하로 되었을 때, 유체의 기화로 발생하고 유체 중에 공동이 생기는 현상은?

06 유효흡입수두(NPSHav)를 산출하는 관계식을 쓰시오.

07 관 속에 유체가 충만된 상태로 흐를 때 액체의 속도를 급격히 변화시키면 액체에 심한 압력변화가 생겨 배관 내에 순간적으로 이상한 충격압을 만들고 소리를 내어 진동하는 현상은?

08 맥동현상의 방지대책을 5가지 이상 쓰시오.

09 두 대 이상의 펌프가 요구되는 경우에는 펌프를 직렬 또는 병렬로 배치하여 운전한다. 직렬운전과 병렬운전의 이점을 설명하시오.

10 펌프의 운전 후 점검사항을 2가지 이상 쓰시오.

11. 원판상의 폐자(閉子)를 회전시킴에 따라 유로를 개폐하는 구조이고 유량을 가감할 수 있는 가장 간단한 구조이며 대구경에 적합하고 유량조절용으로 사용되는 밸브는?

12. 밸브선정 시 유의사항을 3가지 이상 쓰시오.

CHAPTER 08 정답 및 해설

01
- 흡입양정, 토출양정, 마찰손실수두
- 흡입양정, 토출양정
- 펌프중심
- 토출관

02 사류펌프

03 ① 장 점
- 주요부분이 옥내에 설치되어 보수점검이 편리하다.
- 분해수리가 용이하다.
- 전동기는 일반적으로 횡축이며, 펌프와의 연결 접속이 편리하다.
- 구조적으로 견고하여 안전성이 높다.
- 일반적으로 가격면에서 입축형에 비하여 유리하다.
- 하중분포가 균일하여 단위면적당 기계하중이 작다.

② 단 점
- 캐비테이션의 대책이 요구된다.
- 설치소요면적이 다소 넓다.
- 기동 시 자흡작용이 안 되므로 별도의 흡입장치가 필요하다.
- 홍수 시 침수대비가 필요하다.
- 자동운전이 복잡하다.

04 $P_m = P(1+\alpha)$
- P_m : 전동기 출력
- P : 펌프의 운전범위에서 발생되는 최대축동력
- α : 여유, 계획조건 및 전동기 온도상승을 방지하기 위한 여유

05 공동현상(캐비테이션)

06 $h_{sv} = H_a + H_s - H_p - h_l$
- h_{sv} : 유효흡입수두(m)
- H_a : 대기압(m)
- H_s : 흡입실양정(m, 흡입일 때 -, 압입일 때 +)
- H_p : 수온에서의 포화증기압 수두(m)
- h_l : 흡입관 내의 손실수두(m)

07 수격현상

08
- 송출밸브를 사용하여 펌프 내의 양수량을 맥동현상 때의 양수량 이상으로 증가시키거나, 회전차의 회전수를 변화시킨다.
- 관로에 불필요한 공기조(팽창탱크를 이용하여)나 잔류공기를 제거하고, 관로의 단면적, 액체의 속도, 저항 등을 조정한다.
- 관로의 기울기를 상하향구배하여 잔존공기가 없도록 한다.
- 관로를 최대한 짧게 시공해야 한다.
- 설계 시 특성에 맞는 펌프를 선택해야 한다.
- 깃 출구각을 작게 하여 우향상승 기울기의 양정곡선을 만드는 방법을 취한다(단, 효율을 저하시키는 단점이 있다).
- 회전차나 안내깃의 형상치수를 바꾸어 그 특성을 변화시킨다.

09
① 직렬운전
- 단독운전에 비해 2배의 양정을 얻을 수 있다.
- 양정의 변화가 크고 유량의 변화가 작은 경우 적합하다.

② 병렬운전
- 단독운전에 비해 2배의 양수량을 얻을 수 있다.
- 양정의 변화가 작고 유량의 변화가 큰 경우 적합하다.

10
- 외부로부터 냉각수가 공급되는 경우 냉각수가 이상 없이 잘 흐르는가 점검한다.
- 축이음 부분의 수평 및 직결 정도를 다시 확인한다.
- 절연저항을 테스터기로 측정하여 정격전압(kV)+1(M) 이상이 되어야 한다.

11 버터플라이밸브(Butterfly Valve)

12 • 유량·압력조사
• 관로의 수리조건에 대한 적응성
• 설치조건 및 환경조건에 대한 적응성
• 캐비테이션, 수격작용
• 구동방식 및 구동장치
• 경제성

CHAPTER 09 전기설비운영

제3과목 설비운영

01 수변전설비(전원설비)

1. 수변전설비의 개념

① 전력회사에서 보내온 전기를 빌딩 안으로 받아들이는 설비를 수전설비라 한다. 또, 받아들인 전기의 전압을 수전전압이라고 하고, 이것을 빌딩 안에서 필요한 전압으로 바꾸는 설비를 변전설비라고 한다.
② 전원설비는 보통 수변전설비라고도 하며, 시설물 내부에서 사용되는 전력회사의 전력 및 예비전원의 공급설비를 말한다. 이것은 수변전설비, 자가발전설비, 축전지 및 무정전 전원장치설비로 나누거나 수변전설비, 자가발전설비와 축전지설비를 포함한 예비전원설비 그리고 특수전원설비로서 나누기도 한다.

2. 수변전설비기기

(1) 수변전기기의 개요

① **자동부하절체스위치**(ALTS ; Auto Load Transfer Switch) : 정전 시 큰 피해를 입을 수 있는 수용가(전산센터, 군사시설, 정수장, 취수장 등)에 이중전원을 확보하도록 하여 주전원 이상 시 예비전원으로 자동전환시켜 수용가가 안정된 전원을 공급받을 수 있도록 해주는 전기기기이다. 보통 SF_6가스 내에서 진공튜브가 부하전류를 개폐시키도록 하여 우수한 아크소호능력 외에도 SF_6가스에 이중의 절연보호기능을 가지도록 하고 있다.
② **가스차단기**(GCB ; Gas Circuit Breaker) : 선로개폐 시 발생되는 아크를 가스(육플루오린황화가스) 내에서 소호하는 차단기로 주로 22,900V의 특별고압선로의 개폐를 행한다.
③ **진공차단기**(VCB ; Vacuum Circuit Breaker) : 선로개폐 시 발생되는 아크를 높은 진공 내에서 소호하는 차단기로 고압 3,300V선로의 개폐를 행한다.
④ **기중차단기**(ACB ; Air Circuit Breaker) : 선로개폐 시 발생되는 아크를 대기 중에서 소호하는 차단기로 저압 400V, 380V, 208V의 간선의 개폐를 행한다.
⑤ **부하개폐기**(LBS ; Load Breaker Switch) : ALTS의 다음 단에 설치되어 있으며 아크소호실이 마련되어 있어 직접적으로 부하상태의 선로를 개폐하며, 단독으로 설치되어 사용되지 않고 보통 전력용 퓨즈와 결합되어 사용된다.

⑥ 계기용 변압변류기(MOF ; Metring Out Fit) : 계기용 변압기와 계기용 변류기를 한곳에 내장하고 있고 한전 계량기를 위한 설비이다.

⑦ 계기용 변압기(PT ; Potential Transformer) : 1차측 또는 2차측 고압의 높은 전압을 $\sqrt{190}/3(V)$, $\sqrt{110}/3(V)$로 강압시켜 선로의 전압을 측정하기 위한 설비이다.

⑧ 계기용 변류기(CT ; Current Transformer) : 고압 또는 저압의 대전류가 흐르는 전로에서 저전류 5A로 변성시켜 선로의 전류를 측정하기 위한 설비이다.

⑨ 진공전자접촉기(VCS ; Vacuum Contact Switch) : 개폐빈도가 많은 고압부하의 개폐를 행하여, 주로 전력용 퓨즈와 결합하여 사용한다.

⑩ 영상변류기(ZCT ; Zero-Phase Current Transformer) : 선로 또는 기기의 영상전류를 감지하며, 전기화재 1급 수신기와 결합되어 누전을 감시하고, 비접지에서는 영상전류를 검출하여 고압반의 SGR을 동작시켜 VCB를 개방하게 한다.

⑪ 전류계용 절환개폐기(AS ; Amper Selector) : 1개의 전류계가 부착된 판넬에 설치되어 있으며, 판넬 CT의 2차 전류를 선택하여 전류계로 연결시켜 선로 및 부하전류를 측정할 수 있게 한다.

⑫ 전압계용 절환개폐기(VS ; Voltage Selector) : 1개의 전압계가 부착된 판넬에 설치되어 있으며, 판넬 PT의 2차 전압을 선택하여 전압계로 연결시켜 선로 및 부하전압을 측정할 수 있게 한다.

⑬ 피뢰기(LA ; Lightening Arrester) : 외부의 이상전압(낙뢰 등) 침입 시 전기기기 및 선로의 보호를 위하여 내부로 침입하는 이상전압을 대지로 방전시켜 기기 및 선로를 보호하며 주보호대상은 전력용 변압기이다.

⑭ 서지업소버(SA ; Surge Absorber) : 내부에서 발생되는 이상전압(부하의 개폐 및 급격한 변동 등에 의해 발생하는 정상치를 벗어나는 전압)을 대지로 방전하여 기기 및 선로를 보호하며, 특히 VCB로 몰드변압기를 개폐하는 경우는 VCB의 특성상 개폐 시 이상전압이 발생하는 관계로 BIS(기준 충격 절연강도)가 낮은 몰드변압기는 서지업소버를 부착하는 것이 권장되고 있다.

⑮ 변압기-몰드 변압기 : 건식변압기의 일종으로 난연성을 구비한 에폭시 몰딩부와 공기층의 복합절연으로 되어 있고 우수한 절연성능, 견고성, 높은 신뢰도 등의 특징을 가지고 있다.

(2) 보호계전기

① 과전류계전기(OCR ; Over Current Relay) : 선로에 흐르는 전류가 정상치를 넘어섰을 경우 차단기를 차단하여 부하나 선로를 보호한다.

② 과전압계전기(OVR ; Over Voltage Relay) : 선로에 가해지는 전압이 정상치를 넘어섰을 경우 차단기를 개방시켜 부하나 선로를 보호한다.

③ 부족전압계전기(UVR ; Under Voltage Relay) : 선로에 가해지는 전압이 정상치보다 낮을 경우 차단기를 개방하여 부하나 선로를 보호한다.

④ 지락과전류계전기(OCGR ; Over Current Ground Relay) : 선로나 부하의 지락 발생 시 발생되는 지락전류를 검출하여 차단기를 개방시켜 선로를 차단한다.

⑤ 지락과전압계전기(OVGR ; Over Voltage Ground Relay) : 선로나 부하의 지락 발생 시 발생되는 영상 전압을 검출하여 차단기를 개방시켜 선로를 차단한다.
⑥ 방향지락계전기(DGR ; Direct Ground Relay) : OVGR과 비슷한 동작을 한다.

(3) 보호계전시스템
수전 및 배전방식에 따라 차단기의 선정이나 보호계전기의 선정 및 회로구성, 보호협조사항들이 매우 달라진다.

① 보호방식별 보호
　㉠ 단락보호 : 일체형 디지털 과전류 릴레이를 설치하되, 하위 고압계통과의 보호협조를 위하여 순시요소부와 한시요소부를 선택하여 설정한다.
　㉡ 지락보호 : 접지보호방식과 비접지보호방식으로 대별되므로 22.9kV급과 저압급에서는 접지보호방식을 적용한다.
　㉢ 기계적 보호 : 일반적으로 10MVA 이상 변압기는 기계적 보호를 설치하므로 전동기의 기계적 보호가 확보되도록 검토하여야 한다.

② 설비별 보호 : 전력설비의 보호에는 수전선로의 보호, 변압기보호, 모선보호, 구내 배전선로보호, 전동기보호 등이 있으나, 수전선로는 한전측과 연계되어 보호되기 때문에 MOF 2차측 이후 모선보호와 이하 설비의 보호를 중첩보호한다.
　㉠ 특고모선 보호
　㉡ 변압기 보호
　㉢ 고・저압선로 보호
　㉣ 고・저압전동기 보호

(4) 수변전설비 용량

① 수용률 = $\dfrac{\text{최대사용전력(kW)}}{\text{수용설비용량(kW)}} \times 100(\%)$, (일반건물은 60~70% 정도)

② 부등률 = $\dfrac{\text{부하 각각의 최대수요전력의 합계(kW)}}{\text{합성최대수용전력(kW)}}$, (1.1~1.5 정도)

③ 부하율 = $\dfrac{\text{평균수용전력(kW)}}{\text{합성최대수용전력(kW)}}$, (0.25~0.6 정도)

> **더 알아보기**
>
> **차단기 종류**
> - 유입차단기(OCB) : 7.2kV, 25.8kV, 72.5kV, 170kV
> - 자기차단기(MCB) : 7.2kV
> - 진공차단기(VCB) : 7.2kV, 25.8kV, 72.5kV, 170kV
> - 공기차단기(ACB) : 7.2kV, 25.8kV, 72.5kV, 170kV, 362kV
> - 가스차단기(GCB) : 7.2kV, 25.8kV, 72.5kV, 170kV, 362kV

[변전설비용 기기]

기 기	용 도
변압기	보통 고압의 전압을 저압의 전압으로 바꾸는 장치
차단기	회로에 이상 상태가 있는 경우 전로를 자동으로 개폐하여 기기를 보호하는 목적으로 공기차단기(ACB), 자기차단기(MCB), 진공차단기(VCB), 유입차단기(OCB), 가스차단기(GCB) 등이 있음
유입개폐기	고압회로의 개폐에 사용, 자동차단능력 없음
단로기	기기를 점검·수리할 때 회로를 차단
콘덴서	전하를 저장하는 장치로 역률개선에 사용
계기용 변성기	• 계기용 변압기(PT) : 고압의 전압을 이에 비례하는 낮은 전압으로 변성 • 계기용 변류기(CT) : 대전류를 저전류로 변성 • 계기용 변성기(PCT, MOF) : 계기용 변압기 + 계기용 변류기
배전반	전기기기나 회로를 감시하기 위한 계기류, 계전기류, 개폐기류를 1개소에 집중해서 시설한 것
보호장치	• 보호계전기 : 사고가 발생하였을 때 적절한 보호를 하여 피해를 최소한으로 억제하고 사고의 파급을 방지하기 위한 것으로 과전류, 과전압, 저전압, 지락 등으로부터 보호하기 위한 장치 • 검루기 : 회로의 지단사고의 정도를 지시하는 장치 • 피뢰기 : 낙뢰로 수반되는 과대 전류를 대지로 방류시키는 장치

> **더 알아보기**
>
> **정전 시 조치방법(발전기 가동 시)**
> • Main 전원의 일반, 비상차단기 Off 확인
> • 발전기반 고압 전원 투입여부 확인
> • 비상 Line의 각 Feeder 전원 투입 확인
> • 저압 Line 및 부하별 전원 투입 확인
> • Space 전력이 있을 시 일반 Line의 중요부분 전원 투입
> • 상기와 같이 투입이 불가능 할 때에는 수동투입 또는 정전 시 조치요령에 따라 조치함

02 동력전기(전동기)설비

1. 전동기 형식

전동기에는 직류전동기, 유도전동기, 동기전동기 등이 있으나 일반적으로 값싸고 전원을 구하기 쉽고, 유지보수가 용이한 유도전동기로 한다.

(1) 직류전동기

속도의 가감속 제어 등이 필요한 장소에서 사용한다.

(2) 유도전동기

일반적으로 소용량부터 대용량까지 생산되고 있고, 운전, 유지관리가 쉬워 널리 사용되고 있으나, 속도의 가감속 등의 변속제어가 어렵고 역률이 낮은 점이 있다. 그러나 최근 속도의 변속제어를 위하여 VVVF제어방식, 벡터제어법 등으로 속도제어기능도 향상되고 있다.

2. 전동기 기동방식

부하설비는 대부분이 전동기부하가 주종을 이루고 있으며, 기동방식은 부하특성, 조작빈도, 수충격보호, 에너지 절감 및 유량 또는 수두조절 여부 등을 종합적으로 고려하여 기동방식을 선정한다.

(1) 전전압 직입기동

인버터제어방식은 자체 기동이 가능하므로, 기동방식을 적용하지 않고, 소용량 전동기는 전전압 직입기동방식을 적용한다.

(2) Y-△기동

15kW에서 45kW까지 적용한다.

(3) Soft Start기동

기동빈도가 많은 전동기에 적용한다.

3. 교류무정전 전원장치(UPS)

(1) 무정전 전원장치

순시전압강하와 정전이 허용되지 않는 기기에 전원을 공급할 목적으로 시설한다.

(2) 계측제어설비 및 전자통신설비의 전원

상용전원 고장 시, 컴퓨터 및 통신시스템에 안정적인 전원이 공급될 수 있도록 UPS에 의해 Back-up 되도록 한다. UPS상태를 중앙제어실에서 감시할 수 있도록 한다.

(3) 무정전 전원장치

정류기, 축전지, 인버터 등으로 구성되어 정전 시에도 부하에 대하여 무정전으로 교류전력이 공급될 수 있는 상시 인버터운전방식을 표준으로 하며, 정류기 및 인버터 형식은 사이리스터식, 트랜지스터식을 표준으로 한다.

4. 전력관리

(1) 계약전력
계약상 사용할 수 있는 최대전력이다.

(2) 사용설비에 의한 계약전력
사용설비의 개별입력의 합계에 대하여 계약전력 환산율을 곱하여 구한 전력이 계약전력이다.

(3) 변압기 설비에 의한 계약전력
수전 받고자 하는 변압기의 표시용량으로, 계약전력으로 하는 것이며, 예비변압기를 둘 경우에는 동시에 가동되지 않도록 보완하여야 한다.

> **더 알아보기**
>
> **표준전압**
> 한국전력에서 수용가에게 전기를 공급하는 전선로의 전압을 말하며, 그 표시는 전선로를 대표하는 선간전압으로 나타낸다.

5. 전력요금계산

(1) 전력요금의 구성
① 기본요금, 전력량요금, 역률에 따른 할인·할증 및 부가가치세로 구성되어 있다.
② 계약전력은 요금계산의 기준이 되는 요금적용전력이다.
③ 최대수요전력계설치 수용가는 직전 12개월 중 최대수요전력을 적용한다.
④ 최대수요전력이 계약전력의 30% 이하인 경우 계약전력의 30%를 요금적용전력으로 한다.

(2) 요금의 계산
① **기본요금** : 요금적용전력에 해당 종별의 기본요금 단가를 곱한 금액
② **전력량 요금** : 전력사용량에 해당 종별의 요금단가를 곱한 금액
③ **역률에 의한 할인 및 할증요금** : 기본요금 $\times$ (90% $-$ 기간평균역률%), (기간평균역률은 최대 95%까지만 인정)
④ **부가가치세** : 기본요금 + 전력량요금 $\pm$ 역률에 의한 할인 및 할증요금 $\times$ 0.1
⑤ **총전력요금** : 기본요금 + 전력량요금 $\pm$ 역률에 의한 할인 및 할증요금 + 부가가치세

03 접지 및 피뢰설비

1. 접지설비

(1) 접지의 목적

대분류	소분류	용도
보안용	감전방지	기기 금속외함의 접지
	유도방지	케이블 금속 차폐층의 접지
	정전기방지	절연된 바닥의 고저항 접지
	건물의 직격뢰 방호	피뢰침용 접지
	송배전선뢰 방호	계통접지
	유도뢰 방호	피뢰기용 접지
대지 귀로용	신호전송	신호귀로용 접지
	급전용	해저케이블 1조 방식의 접지
	전자계 방사용	안테나접지
기준전위 확보	통신용	직류공급전선의 한쪽 끝 접지
	신호용	새시접지

(2) 접지의 종류

모든 접지설비는 전기설비기술, 내선규정, 배전규정 및 국제전기기술위원회(IEC)에 따라야 하며 접지는 일반적으로 다음과 같다.

[접지종별과 계통]

접지종별	접지계통	접지대상기기
제1종	피뢰계통(단독접지)	• 피뢰기 • 피뢰침
	특고, 고압	• 특고, 고압기기의 외함 • 특고기기용 변성기의 2차 전로 • 특고, 고압전로의 방호장치
제2종	고저압 혼촉방지	• 특고, 고압전로와 저압전로를 결합하는 변압기 저압측의 중성점 • 변압기, 권선 간의 혼촉방지판
제3종	400V 미만의 저압용	• 저압 400V 미만인 기기의 외함(현장제어반, 컨트롤 센터, 분전반, 중계단자반, 보조 릴레이반 등) • 고압계기용 변성기의 2차 전로 • 저압 400V 미만의 배선덕트, 배관 등

접지종별	접지계통	접지대상기기
특별 제3종	400V 이상의 저압용	• 저압 400V 이상의 저압용 기기의 외함(동상기기) • 계장 피뢰기 • 저압 400V 초과의 배선덕트, 배관 등
	인버터계통(단독접지)	• 사이리스터 셀비어스, 자동제어장치 • CVCF, VVVF
	신호계통	• 시퀀스 컨트롤러 • 계장로직, 프레임 • 마이크로컴퓨터 • TM/TC • 신호 케이블의 쉴드
	계산기(단독접지)	• 전자계산기 • 계산기주변기기

참고 제2종 접지공사는 원칙으로 단독접지를 한다.

2. 피뢰설비

(1) 피뢰침 설치기준

① 피뢰설비의 설계는 건축법, 위험물안전관리법, 산업안전보건기준에 관한 규칙, 총포·도검·화약류 등의 안전관리에 관한 법률 시행규칙에 따라 각각 정해진 대상물에 피뢰설비를 하여야 한다.
② 피보호 건물의 상단으로부터 돌침 상단까지의 높이는 3m 이상으로 한다.

(2) 피뢰침 설치대상

① 건축물의 높이가 20m를 넘는 건물
② 굴뚝, 광고탑, 고가수조 등으로 높이가 20m를 넘는 공작물
③ 위험물안전관리법에 의한 위험물 제조소
④ 낙뢰 다습지역의 건축물 또는 공작물(높은 탑, 굴뚝, 외딴 건물 등)
⑤ 낙뢰로 인한 피해가 크게 예상되는 건물(학교, 백화점, 극장, 목욕탕, 축사, 박물관 등)
⑥ 피뢰침은 피보호물이 보호각 60° 범위 내에 설치한다(보호각이 안나오는 부분은 증강 보호용으로 수평도체를 검토함).

CHAPTER 09 적중예상문제(1차)

제3과목 설비운영

01 다음 몰드변압기에 대한 특징으로 옳지 않은 것은?

① 화재의 위험이 있다.
② 내흡습성, 내오손성이 우수하다.
③ 설치면적이 작다.
④ 소음이 유입변압기보다 크다.

해설 난연성이므로 재해 시 유리하다.

02 건식변압기에 대한 특징으로 옳지 않은 것은?

① 난연성이므로 재해 시 유리하다.
② 흡습 및 오손되기 쉽다.
③ 재운전 시 건조작업이 요구된다.
④ 소음이 적다.

해설 가격이 유입변압기에 비해 고가이고 소음이 가장 크다.

03 전기설비에 대한 설명 중 틀린 것은?

① 우리나라의 교류전기주파수는 60사이클이다.
② 전화, 전기시계를 비롯한 통신설비는 직류를 쓴다.
③ 보통 건물의 전등 및 전열에는 주로 직류를 쓴다.
④ 1kW의 전력량은 860kcal/h이다.

해설 ③ 일반적으로 전등, 전열, 동력 등 대부분의 전기설비에는 교류가 쓰인다.

정답 1 ① 2 ④ 3 ③

04 다음 중 전기설비에 관한 설명으로 옳지 않은 것은?
① 가정용 전등 및 콘센트에는 일반적으로 단상 2선식 220V를 사용할 수 있다.
② 전압의 종별 중 저압이란 직류, 교류 모두 200V 이하의 것을 말한다.
③ 옥내변전설비를 설치하는 경우 변전실의 환기는 필요하다.
④ 전기배선의 금속덕트에는 접지공사를 할 필요가 있다.

해설 ② 전압의 경우 직류는 750V 이하, 교류는 600V 이하의 것을 말한다.

05 전기설비에서 역률을 개선하기 위해 사용하는 기기는?
① 축전지　　　　　　　　② 콘덴서
③ 변압기　　　　　　　　④ 차단기

해설 교류에서는 역률을 개선하기 위해서 콘덴서(진상콘덴서)를 사용한다.

06 다음 중 전기설비에 관한 기초지식들로 옳은 것은?
① 조도란 빛을 받고 있는 면의 밝기를 말하며 단위는 lm이다.
② 전기방식에는 단상 2선식, 단상 3선식, 3상 2선식, 3상 3선식이 있다.
③ 약전설비에는 전화, 인터폰, 표시 및 호출장치, 화재경보기, 방송장치, 전기시계 등이 있다.
④ 피뢰침의 보호각은 보통 건물은 60°, 위험물저장고는 50° 이내이다.

해설 ① 조도의 단위는 lx이다.
② 전기방식에는 단상 2선식, 단상 3선식, 3상 3선식, 3상 4선식이 있다.
④ 피뢰침의 보호각은 보통 건물은 60° 이하이며, 위험물저장고는 45° 이하이다.

07 전기설비의 기기에 대한 용도설명이 잘못된 것은?

① 배전반은 각종 계기류, 계전기류 및 개폐기류를 1개소에 집중시켜 놓기 위한 것이다.
② 콘덴서는 과전류로부터 기기를 보호하기 위한 것이다.
③ 변압기는 고압의 인입전기를 기기의 정격전압으로 낮추기 위한 것이다.
④ 간선이란 인입개폐기와 분기점에 설치된 분기개폐기를 연결하기 위한 것이다.

[해설] 콘덴서는 전기설비에서 역률개선목적으로 사용되는 기기이다.

08 다음 중 전력부하산정의 수용률로 옳은 것은?

① $\dfrac{\text{최대수요전력}}{\text{부등률}} \times 100\%$
② $\dfrac{\text{부등률}}{\text{설비용량}} \times 100\%$
③ $\dfrac{\text{최대수요전력}}{\text{설비용량}} \times 100\%$
④ $\dfrac{\text{평균수요전력}}{\text{최대수용전력}} \times 100\%$

[해설]
- 수용률 = $\dfrac{\text{최대수요전력}}{\text{설비용량}} \times 100\%$
- 부등률 = $\dfrac{\text{부하 각개의 최대수요전력의 합계}}{\text{각 부하를 종합한 최대수요전력}} \times 100\%$

09 각각 50kW, 100kW, 200kW 용량의 전기부하설비가 설치되어 있고 수요율이 80%인 경우 최대사용전력에 가장 가까운 값은?

① 140kW
② 280kW
③ 350kW
④ 560kW

[해설] 최대전력량 = (50 + 100 + 200) × 0.8 = 280kW

10 다음의 개폐기 또는 차단기 중에서 무부하(회로분리)개폐만 할 수 있는 것은?

① 진공차단기(VCB)
② 단로기(DS)
③ 부하개폐기
④ 전자접속기

[해설] 단로기(DS)는 회로분리에 의한 개폐만이 가능하다.

[정답] 7 ② 8 ③ 9 ② 10 ②

11 다음 중 회로의 부하상태에 의해 자동적으로 작동한 후 원상태로 복귀가 가능한 개폐기는?

① 나이프스위치(Knife Switch)
② 서킷브레이커(Circuit Breaker)
③ 컷아웃스위치(Cut Out Switch)
④ 버튼스위치(Push Button Switch)

해설 ② 회로의 과부하상태에 의해 자동적으로 동작하는 노퓨즈차단기로서 다시 원상태로 복귀가 가능한 개폐기
① 절연대 위에 칼과 칼받이를 조합시켜 설치한 개폐기
③ 자기제로 그 내측에 퓨즈를 부착하고 뚜껑의 개폐로 회로를 개폐하는 스위치
④ 버튼을 눌러 회로의 절단 또는 접속을 하는 스위치

12 다음 비상사태발생을 대비한 자가발전설비에 관한 규정 중 틀린 것은?

① 비상사태발생 후 30초 이내에 시동해야 한다.
② 규정전압을 유지하며 30분 이상 전력공급이 가능해야 한다.
③ 충전기를 갖춘 축전지와 병용했을 때는 45초 이내에 시동해도 된다.
④ 축전지설비는 충전함이 없이 20분 이상 방전할 수 있어야 한다.

해설 자가발전설비는 비상사태발생 후 10초 이내에 시동하여 30분 이상 방전할 수 있어야 한다.

13 다음 중 진공차단기에 대한 특징으로 옳지 않은 것은?

① 차단성이 우수하고 접촉자 소모가 적다.
② 소음이 적다.
③ 수명이 짧다.
④ 소형 경량이며 가스차단기에 비하여 저가이다.

해설 수명이 길고 보수가 거의 필요치 않다.

14 다음 중 차단기의 점검사항으로 옳지 않은 것은?

① 개폐 표기, 표시등 표시상태
② 이상음, 이취 등의 발생 유무
③ 과열, 변색 유무
④ 압력계의 정상상태

해설 압력계의 정상상태는 가스차단기의 점검사항이다. ①, ②, ③ 외에 차단기의 점검사항으로 단자조임상태, 녹, 변형, 오손유무 등이 있다.

15 낙뢰 또는 개폐서지(Switching Surge) 등의 이상전압을 일정값 이하로 제한하여 전기기기 등의 절연파괴를 방지하는 장치는?

① 피뢰침
② 보호계전기
③ 서지계전기
④ 피뢰기

16 다음 중 피뢰침 설치대상으로 맞지 않는 것은?

① 건축물의 높이가 30m를 넘는 건물
② 굴뚝, 광고탑, 고가수조 등으로 높이가 20m를 넘는 공작물
③ 위험물안전관리법에 의한 위험물 제조소
④ 낙뢰 다습지역의 건축물 또는 공작물(높은 탑, 굴뚝, 외딴 건물 등)

해설 피뢰침설치대상
- 건축물의 높이가 20m를 넘는 건물
- 굴뚝, 광고탑, 고가수조 등으로 높이가 20m를 넘는 공작물
- 위험물안전관리법에 의한 위험물 제조소
- 낙뢰 다습지역의 건축물 또는 공작물(높은 탑, 굴뚝, 외딴 건물 등)
- 낙뢰로 인한 피해가 크게 예상되는 건물(학교, 백화점, 극장, 목욕탕, 축사, 박물관 등)
- 피뢰침은 피보호물이 보호각 60° 범위 내에 설치(보호각이 안나오는 부분은 증강 보호용으로 수평도체를 검토함)

정답 14 ④ 15 ④ 16 ①

17 다음 중 피뢰침 설치사항으로 옳지 않은 것은?
① 고층건물의 파라피트에는 수평도체를 설치한다.
② 수평도체의 지지간격은 2m 이내로 하고 인하도선은 50m 이하마다 분기하여 접지한다.
③ 피뢰침용 접지극 및 접지선은 타 접지와 2m 이상 이격한다.
④ 피뢰침용 접지는 제2종 접지공사로 한다.

해설 피뢰침용 접지는 제1종 접지공사로 한다.

18 다음 용어에 관한 설명으로 옳지 않은 것은?
① 콘덴서는 부하에 병렬 또는 회로에 직렬로 삽입하여 부하역률의 개선과 전압의 조정 등에 사용된다.
② 방전코일은 회로개방 시 잔류전하를 제거하기 위해 의무적으로 설치(콘덴서에 내장되어 있는 방전코일 유도)해야 한다.
③ 절연협조는 전전력계통에 대해 피뢰기나 보호캡 등의 제한전압과의 협조를 도모한다.
④ 피뢰기는 전동기 등의 전력기나 전로를 감시하여 고장이나 이상이 있을 시 즉시 검출하여 판별한 후 신호를 차단기나 경보장치 등에 보내어 동작시키고 고장부분을 신속히 분리시킴으로써 사고확대방지 및 최소한의 손실확대를 억제하는 기능이 있다.

해설 ④는 보호계전기에 대한 설명이다.
피뢰기는 보통 보호되는 기기의 단자와 대지 간을 접속하여 전로에 이상전압이 내습한 경우 전로와 대지 간에 방전로를 형성하여 이상전압의 파고치를 저감시켜서 기기의 손상 및 플래시오버를 막고 이상전압 소멸 후에는 즉시 방전전류의 속류를 차단하여 전로의 절연을 정상으로 복귀시키는 장치이다.

19 다음 중 수전회로와 과부하보호 등에 대한 설명으로 옳지 않은 것은?
① 자가용 수변전설비의 구성을 크게 나누면 수전회로, 변압기 회로, 변압기 2차 모선, 인출선 회로 및 구내용 설비로 구성되어 있다.
② 수전회로란 인입구의 변전소부터 변압기 1차 모선까지를 말한다.
③ 수전회로의 보호는 수전회로의 단락사고와 지락사고를 전력회사 계통에 파급시키지 않는 것은 물론 변압기회로 이후의 후비보호를 겸해야 하는 것이 포인트이다.
④ 전로의 과부하보호는 원칙적으로 모든 전기설비에 대해 그것을 구성하는 도체가 허용온도에 도달할 때까지 전류를 자동차단하면 된다.

해설 ② 수전회로란 인입구의 책임분계점부터 변압기 1차 모선까지를 말하며 수전전력 계량이나 수배전 조작 및 구내 사고에 대한 보안상의 책임한계를 명확하게 하기 위한 설비이다.

20 단상 2선식에 비한 단상 3선식의 특징으로 옳지 않은 것은?
① 전압강하, 전력손실이 평형 부하의 경우 배로 증가한다.
② 소요전선량이 적어도 된다.
③ 110V 부하 외에 220V 부하의 사용이 가능하다.
④ 상시의 부하에 불평형이 있으면 부하전압은 불평형으로 된다.

해설 ① 전압강하, 전력손실이 평형 부하의 경우 1/4로 감소한다. 또 중성점과 전압선(외선)이 단락하면 단락하지 않은 쪽의 부하전압이 상승한다.

21 다음 수전설비의 일상점검사항으로 옳게 묶인 것은?

㉠ 지지애자 붓싱, 절연물의 파손, 오손상태
㉡ 통전 접촉부의 접속 및 변색상태
㉢ 안전클러치의 걸림 상태
㉣ 조작장치의 부식파손, 오손상태
㉤ 개폐표시장치의 명판, 지침 등 표시상태
㉥ 접지상태

① ㉠, ㉡, ㉢
② ㉠, ㉢, ㉣, ㉥
③ ㉢, ㉣, ㉤, ㉥
④ ㉠, ㉡, ㉢, ㉣, ㉤, ㉥

정답 19 ② 20 ② 21 ④

22 전동기 및 기동에 대한 설명으로 옳지 않은 것은?
① 전동기에는 직류전동기, 유도전동기, 동기전동기 등이 있다.
② 직류전동기는 속도의 가감속제어 등이 필요한 장소에 사용한다.
③ 유도전동기는 일반적으로 소용량부터 대용량까지 생산되고 있고, 운전, 유지관리가 쉬워 널리 사용되고 있다.
④ 저압전동기 기동방식에는 직입기동, 리액터기동, 콘돌파기동, Soft Start기동 등이 있다.

해설 ④는 고압전동기 기동방식이며, 저압전동기 기동방식에는 전전압기동, Y-△기동, Reactor기동, Resister기동, Soft Start기동 등이 있다.

23 저전압기동방법의 특징에 대한 설명으로 옳지 않은 것은?
① 전전압 - 가속토크가 커서 기동시간이 길다.
② Y-△ - 가속토크가 작아 부하를 걸어서 기동이 어렵다.
③ Reactor - 탭 전환에 따라 최대 기동전류, 최소 기동토크가 조정가능하다.
④ Resister - 리액터기동과 거의 같으나 리액터기동보다 가속토크의 증대가 적다.

해설 전전압은 가속 토크가 커서 기동시간이 짧다.

24 다음 중 광원에 관한 설명으로 옳지 않은 것은?
① 광원에는 방사방식에 따라 열방사, 화학방사, 루미네센스, 유도방사로 나누어진다.
② 전구는 백열등, 연소등, 방전등, 전계발광램프, 레이저발광램프 등으로 나누어진다.
③ 형광등은 저압방전등의 하나로서 휘도가 적고, 효율이 높으며 수명이 길다. 따라서 전반조명이나 국부조명에 사용하여 명시적인 양질의 조명을 얻을 수 있다.
④ 수은램프, 메탈할라이드램프, 고압나트륨램프는 고압방전등(HID-lamp)이라고 한다.

해설 ②는 광원의 발광원리에 따른 분류이다.
전구의 종류에는 백열전구, 특수전구, 할로겐전구 등이 있으며 온도 방사체이며, 고휘도광원이며, 배광제어가 용이하고, 규격이 다양하며 시동장치가 필요하지 않다. 그러나 효율이 낮고 수명이 비교적 짧아 소형장소의 전반조명과 분위기 조명용으로 많이 사용된다.

25 다음 중 보안등 점멸장치에 대한 설명으로 옳지 않은 것은?

① 점멸장치는 시간기록기에 의한 자동점멸장치와 수동점멸장치를 구성하여 필요시 또는 자동점멸장치의 오동작에 대비한다.
② 광전식 점멸기는 주로 보안등에 사용한다.
③ 컴퓨터점멸방식은 전파가 미치지 않는 산악지역 및 비교적 소규모인 단지에 사용한다.
④ 무선점소등방식은 광도체를 사용하여 자연광의 밝기에 따라 회로를 개폐하는 방식으로 가격은 저렴하나 점소등에 문제가 있다.

해설 ④는 광전식 점멸기에 대한 설명이다.
- 무선점소등방식 : 송신소의 무선원격조정장치에 의해 일괄점소등이 가능한 방식이며 송신소 설치 등 초기 투자비가 따르며 주로 서울시 보안 등을 운영하는 방식
- 컴퓨터점멸방식 : 컴퓨터에 일몰, 일출 등 일정한 Data를 내장시켜 정확한 시간에 점소등이 가능한 방식이나 일정한 기간마다 Data 및 Time Setting을 할 필요가 있음

26 조명설계의 순서로 옳은 것은?

① 전등종류결정 → 소요조도결정 → 조명방식결정 → 광원계산 → 광원배치
② 조명방식결정 → 전등종류결정 → 소요조도결정 → 광원배치 → 광원계산
③ 소요조도결정 → 전등종류결정 → 조명방식결정 → 광원계산 → 광원배치
④ 광원배치 → 광원계산 → 소요조도결정 → 전등종류결정 → 조명방식결정

해설 조명설계순서
실내소요조도의 결정 → 광원선정 → 조명방식·조명기구 및 실내면의 마무리선정 → 광원의 계산 → 광원크기와 배치 → 실내면의 광속발산도계산

27 다음의 내용을 참조하여 일반적인 실내조명설계의 순서를 가장 바르게 나타낸 것은?

㉠ 조명기구의 배치계획 수립
㉡ 소요조도의 결정
㉢ 광원 및 조명방식의 결정
㉣ 소요광속의 계산

① ㉡ → ㉢ → ㉣ → ㉠
② ㉠ → ㉡ → ㉢ → ㉣
③ ㉢ → ㉠ → ㉣ → ㉡
④ ㉣ → ㉡ → ㉢ → ㉠

정답 25 ④ 26 ③ 27 ①

28 형광등에 관한 설명 중 옳지 않은 것은?

① 저온에 적당하다.
② 임의의 광색을 얻을 수 있다.
③ 백열전구에 비하여 수명이 길다.
④ 효율이 높다.

해설 형광등의 장단점

장 점	단 점
• 효율이 높다. • 광색이 양호하다. • 광원이 크다. • 수명이 길다. • 저휘도이다.	• 가격이 비싸다. • 깜박거린다(1등만 사용할 때). • 저온에 부적당하다. • 전압 80V 이하에서는 점등이 안 된다.

29 형광램프를 옥외등으로 잘 사용하지 않는 이유로 옳은 것은?

① 주위의 온도에 따라 특성변화가 달라지므로 광속이 증가한다.
② 형광램프의 수명이 짧아지기 때문이다.
③ 램프전류 및 전력이 증가하기 때문이다.
④ 주위온도에 따라 특성변화가 달라지므로 광속이 떨어진다.

해설 형광램프는 수명도 길고 효율도 양호하지만, 외부온도의 영향을 받아 0℃에서는 점등이 어려우며 20~25℃ 사이에서 가장 효율이 좋다.

30 다음의 전구 중 종합효율(안정기손실을 포함한 lm/W)이 가장 좋은 전구는?

① 백열전구 100W
② 형광구백색 40W
③ 고압수은전구 400W
④ 고압나트륨전구 400W

해설 효율이 가장 우수한 램프는 나트륨램프이다.

31 램프의 광색 중에서 연색성이 가장 좋은 것은?

① 나트륨등
② 고압수은등
③ 형광등
④ 백열등

해설
- 연색성 : 조명이 물체의 색감에 영향을 미치는 현상
- 연색성이 좋은 순서 : 백열등 > 형광등 > 메탈할라이드등 > 고압수은등 > 나트륨등

32 도로조명 또는 터널조명에 가장 적합한 조명기구는?

① 나트륨램프
② 형광램프
③ 고압수은램프
④ 저압수은램프

해설 ② 형광램프 : 옥내외 전반조명 또는 국부조명에 적합
수은램프
1등당 큰 광속을 얻을 수 있고 수명이 길어 높은 천장, 투광조명, 도로조명에 적합하다.

33 항공장애 표시등이 필요한 건물의 지표면으로부터의 높이는?

① 20m 이상
② 30m 이상
③ 50m 이상
④ 60m 이상

해설 지표 또는 수면으로부터 60m 이상의 물체에는 항공장애 표시등과 항공장애 주간표지를 설치해야 한다.

정답 31 ④ 32 ② 33 ④

34 다음 접지설비에 대한 설명으로 옳지 않은 것은?

① 접지의 목적은 기기의 보호와 절연물의 열화손상에 의한 누설전류로부터 인체를 보호하는 것, 즉 감전방지를 위해서 접지를 하는 것이다.
② 접지형태에는 독립접지, 공용접지 또는 혼합접지가 있다.
③ 독립접지는 2개의 접지전극이 있는 경우에, 한쪽 전극에 접지전류가 아무리 흘러도 다른 쪽 접지극에 전혀 전위상승을 일으키지 않는 경우이다.
④ 통신, 계측, 정보기기는 공용 1그룹에 속한다.

해설 공용접지의 분류
- 공용 1그룹 : 피뢰침과 전력회사 수전측 피뢰기, 3.3kV급 피뢰기
- 공용 2그룹 : 공용 1그룹 이외 전력용 접지
- 공용 3그룹 : 통신, 계측, 정보기기

35 다음 접지공사방법 중 틀린 것은?

① 분전반-제3종 접지공사
② 금속관공사-제3종 접지공사
③ 고압전동기-제1종 접지공사
④ 피뢰기-제2종 접지공사

해설 피뢰기 : 제1종 접지공사

36 다음 예비전원설비에 대한 설명 중 옳지 않은 것은?

① 자가발전설비용량은 수전설비용량의 20% 정도로 한다.
② 예비전원으로서의 축전지는 30분 이상 계속 방전할 수 있어야 한다.
③ 자가발전설비는 비상사태 후 10초 이내에 가동하여 30분 이상 전력을 공급할 수 있어야 한다.
④ 가능한 한 부하의 중심에서 멀리 떨어져야 한다.

해설 발전기실은 내화, 방음, 방진구조로 하며, 가능한 한 부하의 중심 가까이에 둔다.

37 옥내배선의 설계순서로서 옳은 것은?

> ㉠ 전선굵기의 결정　　㉡ 배선방법결정
> ㉢ 부하결정　　　　　　㉣ 전기방식선정

① ㉠ → ㉡ → ㉢ → ㉣
② ㉢ → ㉣ → ㉡ → ㉠
③ ㉡ → ㉠ → ㉣ → ㉢
④ ㉣ → ㉡ → ㉠ → ㉢

해설　옥내배선의 설계순서
　　　부하용량결정 → 전기방식결정 → 배선방식결정 → 전선 및 전선관의 굵기결정

38 전기배선 시 분전반의 위치로서 적당하지 않은 것은?

① 고층빌딩은 파이프샤프트 부근에 둔다.
② 가능한 한 매층에 설치한다.
③ 전화용 단자함이나 소화전 박스와 조화있게 한다.
④ 가능한 한 부하의 중심에서 멀리 설치한다.

해설　분전반은 가능한 한 부하의 중심에서 가까이 설치한다.

39 감시제어반에 있어서 감시를 위한 표시법이 옳지 않은 것은?

① 전원표시-백색램프
② 고장표시-버저 또는 벨
③ 운전표시-적색램프
④ 정지표시-청색램프

해설　④ 정지표시는 녹색램프이다.

정답　37 ②　38 ④　39 ④

40 계단실의 위와 아래에서 자유롭게 점등할 수 있는 스위치는?
① 서킷브레이커
② 나이프스위치
③ 3로스위치
④ 컷아웃스위치

해설 ③ 계단, 복도의 전등을 위와 아래에서 자유롭게 점등 가능한 스위치
① 과전류가 흐를 때 자동적으로 회로를 끊어서 전기기기 등을 보호하는 자동차단기
② 칼받이와 칼로 구성되어 있는 전원개폐기
④ 스위치와 보완장치를 겸비한 소용량의 보완개폐기

41 다음 중 사용용도를 잘못 짝지은 것은?
① 응접실-마그넷스위치
② 계단실-3로스위치
③ 양수펌프-플로트스위치
④ 배전반-나이프스위치

해설 마그넷스위치(전자개폐기)는 전류의 과부 시 부하기기보호를 위하여 자동차단장치를 설치하여 일반회로의 자동개폐조작이나 전동기회로의 제어에 사용된다.

42 긴 복도의 양면에 또는 계단실의 위와 아래에서 자유롭게 점등을 할 수 있는 스위치는?
① 나이프스위치
② 3로스위치
③ 텀블러스위치
④ 로터리스위치

해설 ② 3개의 단자를 구비한 전환용 스위치로 2개소 이상을 동시점멸하는 스위치
① 절연대 위에 칼과 칼받이를 조합시켜 설치한 개폐기로 보통 600V 이하인 교류회로의 개폐에 사용하는 스위치
③ 노출형과 매입형이 있으며 레버를 상하 또는 좌우로 넘어뜨려 점멸하는 스위치
④ 손잡이의 회전에 의하여 개폐를 행하는 스위치

정답 40 ③ 41 ① 42 ②

43 다음 중 습기·물기가 있는 곳의 전기공사로 적합한 것은?

① 금속덕트공사
② 경질비닐관공사
③ 목재몰드공사
④ 금속몰드공사

[해설] 경질비닐관공사는 내식성과 절연성이 우수하다.

44 비상용 콘센트는 몇 층 이상의 건축물에 설치하여야 하는가?

① 9층   ② 11층
③ 15층   ④ 16층

[해설] 비상용 콘센트의 설치대상 : 11층 이상인 건축물

45 다음 중 안테나설비에 관한 설명 중 옳지 않은 것은?

① 안테나는 풍속 40m/s에 견디도록 고정한다.
② 안테나는 피뢰침 보호각 내에 들어가도록 한다.
③ 원칙적으로 강전류선으로부터 1.5m 높이로 한다.
④ 정합기 설치 높이는 일반적인 경우 바닥 위 30cm 높이로 한다.

[해설] 원칙적으로 강전류선으로부터 3m 이상의 거리를 두어야 한다.

46 접지 접속방법의 장단점에 대한 설명으로 옳지 않은 것은?

① 직렬접속은 시공이 간편하고, 경제적이다.
② 직렬접속은 접지전위차가 발생하고 인접기기의 영향을 받게 된다.
③ 병렬접속은 접지전위차를 최소화할 수 있고 인접 기기로부터 영향을 받지 않는다.
④ 조합형 접속은 직·병렬 접속이 갖는 장점을 모두 갖출 수 있다.

[해설] ④ 병렬접속은 시공이 어렵고 비용이 많이 든다.

[정답] 43 ② 44 ② 45 ③ 46 ④

47 다음 수전설비의 운전·정지조작에 대한 설명으로 옳지 않은 것은?

① 수전계통 중에서 책임분계점의 개폐기를 조작할 필요가 있는 경우에는 전기책임자가 개폐조작을 한다.

② 구내의 배전계통 또는 부하설비를 정전하는 경우에는 사전에 관계자에게 연락하여 필요한 조치를 취할 수 있도록 하여야 한다.

③ 주회로의 개폐조작은 원칙적으로 2명이 하는데, 1명이 조작을 하고 1명은 그 감시를 맡아서 오조작을 방지한다.

④ 차단기, 단로기, 개폐기 등을 조작하는 경우에는 손가락지시에 의한 확인이나 복창에 의해 확실하게 조작한다.

해설 ① 수전계통 중에서 책임분계점의 개폐기를 조작할 필요가 있는 경우에는 사전에 한전의 급전소 또는 영업소에 연락하여 개폐조작을 의뢰한다.

CHAPTER 09 적중예상문제(2차)

제3과목 설비운영

01 정전 시 큰 피해를 입을 수 있는 수용가(전산센터, 군사시설, 정수장, 취수장 등)에 이중전원을 확보하도록 하여 주전원 이상 시 예비전원으로 자동전환시켜 수용가가 안정된 전원을 공급받을 수 있도록 해주는 전기기기는?

02 수전설비 중 변압기의 보호를 위해서 사용되는 보호계전기의 종류를 5가지 이상 열거하시오.

03 선로나 부하의 지락 발생 시 발생되는 영상 전압을 검출하여 차단기를 개방시켜 선로를 차단하는 기기는?

04 전압강압방식은 대용량의 전동기를 채용하는 경우 여러 종류의 전압에 대처하기가 용이하고, 장래부하의 증설에 유리한 2단 강압방식으로 구성하며, 저압전동기만을 채용하는 경우에는 1단 강압방식으로 구성한다. 1단 강압방식의 장단점을 쓰시오.

05 건식변압기의 장단점을 쓰시오.

06 송·배전선으로부터 침입해 들어오는 이상전압(뇌서지, 개폐서지 등)에서 수변전설비 내의 기기의 보호를 목적으로 하는 설비는?

07 전동기의 콘덴서용량 산출식을 쓰시오.

08 발전기의 경우 콘덴서용량 산출식을 쓰시오.

09 고압배전선로의 전기방식에 대한 설명이다. 괄호 안을 순서대로 채우시오.

> - 우리나라의 고압배전선은 3.3kV, 6.6kV, 22kV의 (   )이었으나 오늘날에는 전력 수요의 증가에 따라 전압강하 및 전력손실의 경감을 도모하기 위하여 이들을 모두 22.9kV-y로 통일, 승압 중에 있다.
> - (   )은 배전선에서 가장 많이 일어나는 지락사고에 대해서 지락전류가 작다는 장점이 있어 이 방식을 쓰는 경우가 많다.
> - (   )은 변전소의 주변압기의 2차측을 Y결선으로 해서 중성점을 접지하는 방식으로서 접지방식에 따라 중성선 대지이용방식, 중성선 단일접지방식, 공통 중성선 다중접지방식 등이 있다.

10 단상 2선식에 비해 단상 3선식의 특징을 3가지 이상 쓰시오.

11 차단기의 일상점검사항을 4가지 이상 쓰시오.

12 전동기의 전류의 흔들림(전류 헌팅)의 원인을 5가지 이상 쓰시오.

13 조명설비에 대한 설명이다. 괄호 안을 순서대로 채우시오.

> - 광원은 방사방식에 따라 열방사, 화학방사, 루미네센스, (   )로 나누어지고 발광원리에 따라 백열등, 연소등, 방전등, 전계발광램프, 레이저발광램프 등으로 나누어진다.
> - 조명방식은 조명기구의 의장에 따라 단등방식, (   ), 연속열방식, 면방식 등이 있고 장식적, 명시적으로 나누어진다.
> - 조명기구의 배광에 따라 직접조명, 간접조명, (   ), 반직접조명, 반간접조명으로 나누어지며, 조명기구의 배치에 따라 전반조명방식, (   ), 혼용방식이 있으며 조명기구의 설치에 따라 천정설치방식, 벽설치방식, 이동형(스탠드) 방식 등으로 구분된다.

14 송신소의 무선원격조정장치에 의해 일괄점소등이 가능한 방식이며 대단위 지역에 사용하는 보안등 점멸장치방식은?

15 순시전압강하와 정전이 허용되지 않는 기기에 전원을 공급할 목적으로 시설하는 장치는?

16 최소의 비용으로 소비자의 전기에너지 서비스 욕구를 충족시키기 위하여 소비자의 전기사용 패턴을 합리적인 방향으로 유도하기 위한 전력회사의 제반활동을 무엇이라고 하는가?

17 모든 접지설비는 전기설비기술기준, 내선규정, 배전규정 및 국제전기기술위원회(IEC)에 따라야 한다. 국제전기기술위원회에서 규정하고 있는 접지의 종류와 접지계통을 쓰시오.

18 피뢰설비를 선정하는 방식을 3가지 이상 쓰시오.

19 침입을 감지하는 설비, 감시·추적하는 설비의 종류를 쓰시오.

정답 및 해설

제3과목 설비운영

01 자동부하절체스위치(ALTS ; Auto Load Transfer Switch)

02
- 과전류계전기(OCR)
- 지락과전류계전기(OCGR)
- 부족전압계전기(UVR)
- 과전압계전기(OVR)
- 지락과전압계전기(OVGR)
- 결상계전기(POR)
- 선택지락계전기(SGR)

03 지락과전압계전기(OVGR ; Over Voltage Ground Relay)

04 ① 장 점
- 강압방식이 비교적 간편하다.
- 변전실 면적의 축소 및 공사비가 절감된다.
- 변압기의 무부하 손실이 경감된다.

② 단 점
- 대형 전동기 설치의 경우 적용이 곤란하다.
- 대용량 전동기 기동 시 계통의 전압강하율 억제를 위하여 변압기 용량이 대형화되어야 한다.

05
- 장점 : 난연성이므로 재해 시 유리하다.
- 단점 : 흡습 및 오손되기 쉽고 재운전 시 건조 작업이 요구되며 소음이 가장 크다. 또한, 종합손실이 가장 크며, 가격이 유입식에 비해 비싸다.

06 피뢰기설비

07 $Q_c = P(\text{kW})\left(\sqrt{\dfrac{1}{\cos^2\theta_2}-1} - \sqrt{\dfrac{1}{\cos^2\theta_1}-1}\right)(\text{kVA})$

- $P(\text{kW})$: 전동기용량
- $Q_c(\text{kVA})$: 콘덴서용량
- $\cos^2\theta_1$: 개선 전 역률
- $\cos^2\theta_2$: 개선 후 역률

08 $Q_c = P\left(\dfrac{\sin\theta_1}{\cos\theta_1} - \dfrac{\sin\theta_2}{\cos\theta_2}\right)(\text{kVA})$

- $P(\text{kW})$: 발전기출력
- $Q_c(\text{kVA})$: 콘덴서용량
- $\cos^2\theta_1$: 개선 전 역률
- $\cos^2\theta_2$: 개선 후 역률

09
- 3상 3선식
- 3상 3선식(중성점 비접지방식)
- 3상 4선식

10
- 전압강하, 전력손실이 평형 부하의 경우 1/4로 감소한다.
- 소요 전선량이 적어도 된다.
- 110V 부하 외에 220V 부하의 사용이 가능하다.
- 상시의 부하에 불평형이 있으면 부하전압은 불평형으로 된다.
- 중성선이 단선하면 불평형 부하일 경우 부하전압에 심한 불평형이 발생한다[V가 거의 2배(≒2V)로 상승함].
- 중성점과 전압선(외선)이 단락하면 단락하지 않은 쪽의 부하전압이 이상상승한다.

11
- 개폐 표기, 표시등 표시상태
- 이상음, 이취 등의 발생 유무
- 과열, 변색 유무
- 배관류의 균열, 파손 유무
- 압력계의 정상상태(가스차단기)
- 단자조임상태
- 녹, 변형, 오손 유무 등

12
- 부하연결 Coupling의 불합리
- 기계의 이상부하
- 계자회로의 접속불량
- Brush 및 Brush Holder의 Gap이 큰 경우 또는 작은 경우
- 접속 단자가 느슨한 경우
- 터미널 단자 결선이 잘못된 경우
- 정류자 이상 마모 시(타원 및 줄무늬 마모)

13
- 유도방사
- 다등방식
- 전반확산조명, 국부조명방식

14 무선점소등방식

15 교류무정전 전원장치(UPS)
※ 무정전 전원장치는 정류기, 축전지, 인버터 등으로 구성되어 정전 시에도 부하에 대하여 무정전으로 교류전력이 공급될 수 있는 상시 인버터운전방식을 표준으로 하며, 정류기 및 인버터방식은 사이리스터식, 트랜지스터식을 표준으로 한다.

16 수요관리(DSM ; Demand Side Management)

17
- 제1종 : 피뢰계통(단독접지), 특고, 고압
- 제2종 : 고저압혼촉방지
- 제3종 : 400V 미만의 저압용
- 특별 제3종 : 400V 이상의 저압용, 인버터계통(단독접지), 신호계통, 계산기(단독접지)

18 피뢰돌침방식, 수평도체방식, 케이지방식, 가공지선방식, 펄스발생방식, 충전전하분산방식 등

19
- 침입을 감지하는 설비 : 마그넷스위치, 리미트스위치, 매트스위치, 진동, 적외선, 초음파전파, 열선감지기 등
- 감시·추적하는 설비 : 소리추적설비, 영상으로 추적하는 CCTV설비 등

CHAPTER 10 기전설비운영(전자통신설비운영)

제3과목 설비운영

01 계측제어설비

1. 계측제어설비의 개념

(1) 계측제어설비 정의
① 계측기기를 설치하고 그 데이터에 의하여 프로세스를 제어장치로 제어하는 것이다.
② 계측·제어·감시시스템이란 정수처리시스템의 운전·감시·제어 및 유지관리를 위한 정보처리를 다루는 기술 및 설비를 말한다.
③ 계측·제어·감시시스템의 방법에는 개별감시제어방법, 중앙감시제어방법, 중앙집중감시·현장분산제어방식 등이 있다.
④ 계측·제어·감시시스템의 구성은 계측설비, 제어설비, 감시설비, 정보처리시스템 등이 있다.

(2) 계측제어설비의 구성 요소
① 검출부(계측) : 계측기기(유량계, 수위계 등)
② 제어부(제어) : 제어소프트웨어 및 장치
③ 지시부(감시) : 지시 및 기록 계기
④ 조작부(조작) : 밸브, 펌프 등
⑤ 전송부(신호) : 공기식, 전기식, 유압식 등

(3) 주요계측·제어항목

구 분	계측항목			제어항목
취수장	• 수 온 • 탁 도 • 전기전도도	• 수 위 • pH	• 유 량 • 알칼리도	• 취수게이트제어 • 취수유량제어 • 밸브개도제어
착수정	• 수 온 • 탁 도 • 잔류염소량	• 수 위 • pH • 전기전도도	• 유 량 • 알칼리도	• 착수유량·수위제어 • 전염소주입제어
혼화·응집지	–			• 약품주입제어 • 응집기운전제어
침전지	• 수 위 • 알칼리도	• 탁 도 • 잔류염소량	• pH	• 침전지수위제어 • 침전지슬러지제어
여과지	• 수 위 • 탁 도	• 손실수두 • 잔류염소량	• 입자계수기유량 • pH	• 여과지수위제어 • 여과지유량제어 • 여과지세정제어
세정탱크	• 수 위	• 유 량		• 세정탱크수위제어
정수지	• 수 위 • 잔류염소량	• 유 량 • pH	• 탁 도	• 정수지수위제어 • 후염소주입제어 • 송수펌프제어 • 밸브개도제어
배수지	• 수 위 • 잔류염소량	• 유 량 • pH	• 탁 도	• 배수지수위제어
배수펌프	• 유 량	• 수 압		• 배수펌프제어 • 배수유량제어 • 배수압력제어
배출수지	• 수 위 • pH	• 유 량	• 탁 도	• 슬러지수집기운전제어
배슬러지지	–			• 배슬러지인발펌프제어
농축조	• 수 위 • 슬러지계면계	• 유 량 • pH	• 탁 도 • 방류 COD(또는 UV)	• 슬러지수집기운전제어 • 배슬러지인발펌프제어
슬러지저류조	• 액 위			• 약품주입제어 • 슬러지인발펌프제어
탈수기동	• 유 량	• 농 도		• 탈수기제어
회수조	• 수 위	• 유 량		• 회수유량·수위제어

참고 일반적인 계측항목으로 현장여건에 따라 선택적용한다.

(4) 수질계측기

① 수질계측기의 측정방식

종류	측정법	수질계기
물질정수 측정	광학측정법	탁도계, MLSS계, 색도계, SV계, 오니농도계
	초음파측정법	오니농도계, 오니계면계
	중량측정법	SS계
전기적 성질 이용	도전율법	도전율계
	전극전위법	pH계, ORP계, DO계
	폴라로그래프(Polarograph)법	잔류염소계, DO계
화학반응 이용	염소법	TOC계, TOD계
	적정법	COD계, 알칼리도계
	생물화학적 반응	BOD측정장치
광학적 성질 이용	자외선법	UV계, 유분농도계
	적외선법	유분농도계, TOC계에 있어서 CO_2측정

② 주요수질계측기

㉠ 수소이온농도계(pH-Meter) : pH는 정수장에서 원수, 혼화수, 여과수 및 정수의 감시와 제어량 및 약품주입의 지표로 사용되며 자동측정법에 의한 pH계의 방식은 유리전극법과 안티몬전극법이 있으나, 유리전극법이 유지관리가 용이하며 상수도 프로세스에 많이 이용되고 있다.

[수소이온측정방식]

항목	측정원리	장단점
유리전극법	기준전극과 비교전극으로 구성된 pH 측정기를 사용하여 양전극 간에 생성되는 기전력의 차를 이용하여 측정하는 방법	• 유리전극, 비교전극, 온도 보상 전극이 일체화되어 있어 유지보수 시 간단 • 유리전극, 비교전극, 온도 보상 전극 중 하나가 고장나면 측정이 불가능 • KCl용액을 주입하여야 함 • 자동온도 보상필요

㉡ 탁도계(Turbidity-Meter) : 탁도는 물의 탁한 정도를 광학적으로 측정하는 기기이며 정수장에서는 원수에 대하여 응집제의 주입비율을 결정하는 인자이다. 또한 침전, 여과 후 수질의 양부를 판단하는 중요한 지표의 하나이다. 자동측정법에 의한 탁도계의 방식은 투과광측정법, 표면산란광측정법, 투과광·산란광 비교측정법, 산란광측정법, 전분구식 측정법이 있으며, 표면산란광측정방식이 유지관리가 용이하고, 상수도 프로세스에 많이 이용된다.

[탁도측정방식 비교]

항 목	표면산란	투과광·산란광 비교측정
측정 원리	광원으로부터 나오는 빛은 집광렌즈를 통과하여 시료에 입사된다. 시료 중에 있는 입사광선에 의해 산란광이 발생한다. 이 산란광량은 광전관 또는 광검파기에 의해 측정된다.	시료에 빛을 조사시켜 투과광과 부유물질에 의한 산란광을 수광소자에서 검출하고 투과광량과 산란광량을 비교하여 탁도를 측정한다.
장단점	• 입자경에 의한 영향이 크다. • 시료의 착색에 의한 영향이 적다. • 진동에 약하다. • 정밀도가 우수하다. • 셀룰로이드창이 없으므로 오염에 의한 영향이 없다.	• 시료의 착색에 의한 영향이 적다. • 측정액 중에 기포가 혼입하지 않도록 주의를 필요로 한다. • 정밀도가 우수하다. • 광원변화의 영향을 받지 않는다. • 셀룰로이드창이 오염에 의한 영향을 받을 수 있으므로 자동세정장치가 필요하다.

ⓒ 잔류염소계(Residual Chlorine-Meter)
- 잔류염소계에는 시약을 사용하는 시약식과 무시약식이 있다. 시약식은 유리잔류염소와 결합잔류염소를 시약으로 바꿈으로써 분리측정이 가능한 계기이고, 무시약식은 유리잔류염소만을 직접 측정하는 계기이다.
- 무시약식은 측정수의 pH값 및 전기전도율의 값이 일정한 범위 내에 있을 것이 필요하기 때문에 시약식에 비해서 수질에 의한 정도의 제한을 받으므로 주로 여과수 이후에 정수의 측정에 쓰이고 있다.
- 잔류염소계에는 흡광광도법, 갈바니전극법, 폴라로그래프법이 있다. 잔류염소의 측정법에는 토리젠측정법, 요소적정법, 전류적정법 및 폴라로그래프법이 있으나, 상수도 프로세스에는 자동측정법에 의한 폴라로그래프형이 이용되고 있다.

2. 원격감시제어설비 등

(1) 감시제어방식

감시제어시스템은 유지관리가 편리한 집중관리방식을 표준으로 하며, 감시제어시스템형태에는 집중감시·집중제어방식, 집중감시·분산제어방식(비계층형), 집중감시·분산제어방식(계층형), 집중감시·분산제어방식, 통합제어방식(N : N), 직접제어방식이 있다.

① **집중제어방식(DDC ; Direct Digital Control)** : 제어기능을 한 대의 컴퓨터에 집약시켜 제어를 행하는 형태로서, 제어기능과 감시 기능을 동일 컴퓨터에서 행하는 방식이다.
  ㉠ 제어기기가 컴퓨터이고, 시퀀스(Sequence)제어, 피드백(Feedback)제어는 물론이고, 복합제어나 고도의 연산을 필요로 하는 제어도 가능하다.
  ㉡ 시퀀스제어 등은 소프트웨어로 대처할 수 있어서 비교적 유연성이 있고, 릴레이(Relay) 회로 등 패널(Panel) 내의 개조에 비하면 변경은 용이하나 컴퓨터의 소프트웨어 변경은 많은 비용을 수반한다.

ⓒ 컴퓨터 1대로 모든 루프(Loop)를 제어하기 때문에 이 컴퓨터의 고장은 시스템 전체를 정지하는 것이 된다. 따라서 백업(Back-up)대책이 필요하다.
ⓔ 제어기능이 전부 컴퓨터에 집중되어 있으므로 보수점검이 용이하지 않으며 비교적 소규모에 적용시킨다.

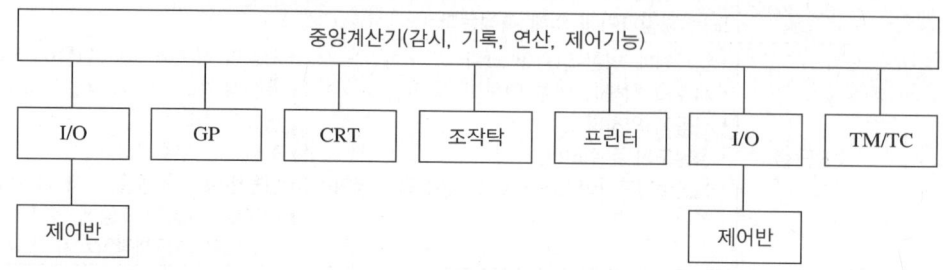

[집중감시집중제어형의 구성]

② **분산제어방식(DCS ; Distributed Control System)** : 분산제어방식은 제어기능을 수처리공정 또는 설비구분마다 전용으로 설치된 복수의 제어장치(마이크로컴퓨터 내장)에 분산하여 행하는 제어형태이다. 정수장에서처럼 취수, 침전, 여과, 오존, 활성탄, 송수 등 복수의 처리기능을 가지는 경우는 효과적이다.

㉠ 제어는 현장전기실 등에 분산 설치된 제어장치(마이크로컴퓨터 내장)에서 하는 것으로서 집중제어방식과 같은 모양의 제어가 가능하고, 중앙감시조작설비와 현장제어장치 및 각 현장제어장치 간은 제어용 랜(LAN) 등을 게재시켜 결합하는 구성으로 하면 배선이 대폭 삭감된다. 데이터 하이웨이(Data Highway)에는 동축 케이블 또는 광섬유 케이블이 사용된다.
ⓛ 시퀀스제어는 마이크로컴퓨터의 소프트웨어로 하므로 복잡한 시퀀스도 비교적 용이하다. 설비의 증설이나 제어 내용의 변경 등은 제어장치의 증설 혹은 소프트웨어의 변경으로 해결되어 확장성이 좋다.
ⓒ 보수점검은 설비단위로 제어장치가 배치되어 있으므로 시스템 전체를 정지시키지 않고도 할 수 있다. 더욱이 고장 범위도 한정되는 등 위험분산이 도모되어 신뢰성이 뛰어나다.
ⓔ DCS의 기본특징은 프로세스제어기능을 여러 대의 컴퓨터에 분산시켜서 신뢰성은 향상시키고 이상발생 시 그 파급 효과를 최소화시키며 프로세스정보처리 및 운전조작 그리고 분산설치된 컴퓨터들의 관리기능 등은 중앙의 주 컴퓨터(DOC ; Distributed Operate Console)에 집중화시킴으로써 자료처리 및 운영관리를 원활하게 하는 데 있다.
ⓜ 재래식 아날로그 계장시스템과 비교하여 DCS의 주요 장점은 다음과 같다.
 • 일관성 있는 공정관리 및 제어의 신뢰도가 향상되며 다양한 응용이 가능하고 유연성 있는 제어가 가능하다.
 • 한 조작자가 처리공정에 대한 많은 정보처리 및 제어기능을 수행하며 집중관리가 가능하여 인력의 효율적 활용 및 유지보수가 용이하다.
 • 복잡한 연산과 논리회로를 구성할 수 있고 데이터의 수집 및 보고서작성 기능이 있으며 개별적인 시스템의 추가로 다른 플랜트구역과 자동화 개념으로 쉽게 접속이 가능하다.

③ 직접제어방식 : 중앙감시반이나 현장제어반에 설치 또는 추가시킨 제어장치(조절계)나 릴레이 회로에 의해 직접 기기를 제어하는 방식이다. 컴퓨터의 이상으로 장내가 시스템 다운되는 중요한 수배전설비 등의 제어에 사용된다.
  ㉠ 제어단위마다 독립의 원 루프를 구성하는 것이므로 패널과 기기 사이는 모두 케이블배선이 된다. 소규모 시설에서는 설비가 단순하고, 최저한의 백업으로 해결되므로 높은 경제성을 발휘할 수 있다.
  ㉡ 백업은 제어 단위가 원 루프이므로 고장이 발생하여도 전체 설비에 영향이 없어서 특히 중요한 루프를 제외하고는 필요로 하지 않는다.
  ㉢ 피드백제어와 시퀀스제어가 주체이고, 고도의 연산처리를 필요로 하는 제어나 시퀀스제어와 피드백제어를 조합한 복합제어에는 적합하지 않다.
  ㉣ 시퀀스제어는 릴레이로 하므로 회로가 비교적 간단하고 보수가 용이하다. 제어 내용의 변경은 기구, 배선의 철거, 추가가 수반되고 융통성이 없는 면이 있다.
  ㉤ 복잡한 제어나 규모가 큰 시설에서는 정보량이 증가하고 케이블 배선이 늘어나므로 경제성이나 유지관리에 있어서 불리하게 되는 일이 있다. 설비의 증설 시에도 새로운 Cable의 포설이 필요하게 되는 등 확장성이 나쁜 경우가 있다.
  ㉥ 집중감시·분산제어방식(비계층형)은 분산된 각 설비의 정보를 감시실 1개소에 모아서 집중적으로 감시하고 제어장치는 각 설비마다에 분산설치하기 때문에 고장 시는 그 설비에 한정되고 집중감시·분산제어방식(계층형)은 비계층형 방식을 고기능화, 고신뢰화 방식으로 감시실을 분산하여 통일시설관리에 필요한 정보를 종합적으로 관리한다. 주로 대규모처리장시설에 채용한다.
④ 집중감시·분산제어방식, 통합제어방식(통합형 N : N) : 최근 급속히 발전하고 있는 개방형 네트워크구조를 기반으로 하는 방식으로 감시실을 분산하거나 소수의 관리자가 이동하면서 수집된 정보에 의하여 관리하고자 할 때, 대규모처리장, 소규모처리장, 무인운전대상시설의 통합관리시스템의 구축 시 적용을 검토하여야 한다.

(2) 감시제어시스템의 주요기능

감시제어설비의 기능은 맨-머신 기능(표시운전부), 프로세스제어기능(감시제어부), 데이터 전송기능(시설운영부)으로 분류된다.
① 맨-머신 인터페이스기능 : 감시실에서 운영요원이 각 시설(설비, 기기)의 정보를 수집하여 각 시설의 상황파악과 원격조작을 하는 기능으로 세분하면 다음과 같다.
  ㉠ 감시기능 : 유지관리에 필요한 플랜트 전체의 기기 정보(운전, 정지, 고장 등), 계측정보(유량, 수위 등)의 실시간 이력관리 및 감시를 한다. 감시방법은 그래픽반, CCTV, CRT감시 등이 있다.
    • 그래픽반은 처리설비전체를 간략화하여 개략의 처리상황이 파악될 수 있도록 수변전, 수처리, 슬러지처리플로우 등을 표시하여 관련 위치에 각 기기의 운전상태를 표시한다.

- 프로세스의 각종 계측값을 실시간으로 표시하고 데이터 베이스화하여야 한다.
- 전체 계통의 이상상태를 화면 및 경보 등으로 표현하여야 한다.
- 각종 기기의 이력관리 등을 표시하여야 한다.
- CCTV에서는 플랜트기기의 움직임이나 상태를 중앙에서 육안으로 파악할 수 있어야 한다.
- CRT의 표시화면은 표시항목이 한정되기 때문에 계통별, 블록별, 기능별로 분류하여 표시하며 일반적인 종류와 기능은 다음과 같다.

[CRT화면의 일반적인 종류와 기능]

종류	기능
그래픽표시	시설 플로우도, 단선결선도, 설비의 운전, 고장, 이상상태 및 관련하는 프로세스값의 표시
경보표시	설비의 이상, 고장의 내용을 발생시각과 동시에 표시하는 화면
계측값표시	시설의 처리상황을 파악하기 위해 관련된 프로세스값을 한 화면에 여러 항목을 동시에 표시한다.
트랜드표시	• 각종 프로세스값의 시간별 변화를 꺾은 그래프로 표시한다. • 트랜드표시에는 최신데이터를 표시하는 리얼타임(Real Time) 모드와 보존데이터를 표시하는 히스토리컬(Historical) 모드의 2개 모드가 있다.
그룹화면표시	이상, 고장 발생 시에 그 공정에 관계되는 모든 데이터를 동일화면에 표시한다.
포인트화면표시	각 계측제어항목의 제어정수(설정치) 및 계측치, 각종 정보를 표시한다.
가이드 메시지	조작방법의 설명, 이상, 고장발생 시의 대처방법을 설명·표시한다.
장표 표시화면	일보, 월보 데이터를 인자서식과 동일형식으로 표시하여 수정도 할 수 있다.

ⓒ 조작·설정기능 : CRT에 의해 조작대상기기의 조작방식(수동조작, 자동제어), 제어모드(현장 및 중앙)의 변경, 각종 설정치의 변경 등을 한다. 또, CRT조작은 조작대상 기기의 운전순서의 설정변경, 루프설정 등 해당화면을 선택하여 그 화면을 보며 조작할 수 있다.

ⓒ 운전기록기능 : 시설의 유지관리에 필요한 프로세스량, 전력량, 플랜트기기의 운전기록, 이상기록, 고장기록 등을 수행하며, 일보, 월보 등의 저장 및 출력이 가능하여야 하며, 비상관리 및 이동관리자 지원용 메시징(Messaging) 등을 수행한다.

> **더 알아보기**
>
> **기록의 방법과 주요기능**
> 기록의 방법에는 기록계, 적산계, 프린터, 하드카피 등이 있고 가공처리방법에는 Mail, UMS, Web Service 등이 있으며 주요기능은 다음과 같다.
> - 시보, 일보, 월보, 연보의 작성
> - 각종 계측치의 지시, 기록, 적산 및 경보의 작성과 보관
> - 동력 및 약품의 수요관리
> - 시설의 운전기록 및 고장 경보 등의 기록

② 프로세스제어기능 : 시퀀스제어, 대상설비의 프로세스의 양을 제어하는 연산제어 등은 설비의 구성이나 기능, 운전의 신뢰성을 좌우한다. 이러한 제어기능은 컴퓨터를 이용하여 구성하며 컴퓨터가 없는 설비를 채택할 경우에는 제어기능에 적합한 설비를 선택하여 구성하여야 한다.

③ 데이터 전송기능 : 각 부하설비와 제어장치, 중앙감시실의 맨-머신 기기 간, 제어장치 간 상호의 데이터수집을 행하는 기능을 말한다. 그 방법에는 직송, 원격감시제어장치, 랜, WAN 등이 있다.

(3) 감시제어항목

대분류	중분류	개별항목
운전상태의 표시	기기운전 및 정지	운전/정지, 개/폐
	조작장소의 절환	중앙/현장, 상용/기기측
	제어모드 등의 절환	자동/수동, 연동/단독
	운전지표	시간, 유량, 수(액)위, 농도 등의 설정
	기기 등의 고장, 이상	기기의 고장 및 처리과정의 상태변동
처리과정의 계측치표시	수처리, 수·배전 등의 계측(양적)	전압, 전류, 전력, 전력량, 역률, 수(액)위, 압력, 처리수량, 슬러지량, 약품량 등
	수질감시 등의 계측(질적)	탁도, 농도, DO, pH, COD 등
보고서 작성 및 기록	수처리, 수·배전 등의 양적·질적 항목	일보, 월보, 연보 등 트랜드 및 자기기록계에 의한 기록
	고장 및 운전상태	고장 및 운전이력 등 프린터에 의한 기록
제어 및 조작	조작항목	주요기기의 운전과 정지, 비상시 긴급정지 및 제어모드의 선택
	설정항목	처리과정의 기기의 운전지표의 설정, 변경 등(조절제어목표치, 운전시간, 운전순위, 각종의 제어파라메타, 경보설정치 등)

(4) 텔레메터·텔레컨트롤장치(TM/TC) – 원격감시제어장치

① 개 념
  ㉠ 원격감시제어장치는 처리장 내 또는 원거리의 분산된 부하 또는 펌프장 등을 처리장의 중앙감시실에서 제어하고 상태표시, 계측정보 등을 전송받아 통일성 있게 집중관리를 하기 위해 도입한다.
  ㉡ 원격감시제어장치(TM/TC)는 분산형 공정제어시스템(DCS)과 연계하여 사용되며, 중앙통제실에서 각 지역계통을 통괄하기 위한 원거리통신기능을 구비하여 현장으로부터 수집된 각종 데이터 및 상위시스템의 제어명령을 송수신하고 프로그램에 의한 제어결과 및 경보의 실시간감시가 가능한 시스템이다.
  ㉢ 원격감시제어장치의 전송방식은 상시 디지털사이클방식, 폴링디지털방식을 표준으로 한다.

② 주요기능
  ㉠ 허용시간 내에 영상과 데이터의 전송이 가능하여야 한다.
  ㉡ 에러를 검출·정정으로 제어, 처리장치 등의 신뢰성이 확보되어야 한다.
  ㉢ 장치 자체의 진단 및 전송회선체크기능이 있어야 한다.
  ㉣ 중앙감시제어설비와 용이하게 결합될 수 있는 것으로서, 유무선 백본(Backbone) 지원이 가능하여야 한다.
  ㉤ 유지관리에 필요한 전화기 등 음성통화로의 구성을 고려한다.
  ㉥ 관리대상시설의 증설 시 연계가 가능한 구조로 한다.

③ 피제어소의 규모, 제어·표시·계측항목
　　㉠ 원격감시제어장치를 계획하는 경우 전송항목의 결정이 중요한 작업이 된다.
　　㉡ 전송항목이 많으면 그것으로부터 각부의 상황이 판단되는 것이지만 장치의 가격이 비싸지기 때문에 피제어소의 규모, 중요도 등에 따라 충분한 항목을 선정하여 적절한 운전이 될 수 있도록 해야 한다.
④ 전송속도 : 감시제어에 필요한 전송속도로 선정하고 자료전송은 실시간 전송을 목표로 하며 자료전송을 일원화하도록 한다.
⑤ 전송로의 종류 : 유선식은 자영선, KT전용회선, KT일반회선을 표준으로 하고 무선식은 무선통신(RF, CDMA 또는 위성 등)으로 검토한다.
⑥ 결합방식 : 결합방식은 1:1, (1:1)×N, 1:N, N:N 등이 있고 신뢰성, 경제성, 보수성, 확장성 등을 충분히 고려하고, 1:N의 경우에는 Master의 이중화를 검토하여 선정한다.

[TM/TC의 결합방식 비교]

결합구성	1:1	1:N	N:N
운용내용	감시제어대상이 2개소 이상으로 비교적 빠른 응답속도가 필요할 경우	감시제어대상이 2개소 이상으로 어느 정도 빠른 응답속도를 필요로 하지 않는 경우	감시대상과 관리자가 복수로 상시 관리 및 빠른 응답이 필요할 경우
전송속도	• 결합마다 결정할 수 있다. • 사이클타임은 결합마다 독립적이므로 각각의 전송량에 의해 결정된다.	동일속도 사이클타임은 전체 자국합계의 운송량에 의해 결정된다.	(1:N)으로 전체 자국합계의 운송량으로 결정된다.
신뢰성	1결합 이상 시 그 외에 파급되지 않기 때문에 신뢰성이 높다.	친국고장 시 전체 정지가 된다(이중화 필요).	Open구조로 1결합 이상 시 그 외에 파급되지 않는다.
확장성	결합마다 증설이 가능하고 확장이 용이하다.	자국추가 때 전체 정지가 필요하다.	상시증설이 가능하다.
경제성	자국이 3국 이하에 유리하다.	자국이 4국 이상에 유리하다.	2개국 이상의 다수국에 유리하다.
특 징	감시제어의 응답속도는 빠르지만 감시제어대상이 많아지면 친국의 공간이 커진다.	• 감시제어는 폴링을 하기 위해서 응답속도가 느리다. • 친국의 공간은 작다. • 친국이 다운되면 시스템도 다 운된다.	개방구조로 서버와 클라이언트 영역이 없으며 친국공간이 작고 친국이 다운되어도 타국에 영향이 없다.

(5) SCADA(Supervisory Control And Data Acquisition ; 원방감시제어시스템)
① 개 념
　　㉠ SCADA란 '집중원격감시제어시스템' 또는 '원방감시제어데이터수집시스템'이라고도 하며 원격지에 설치되어 있는 장치 및 장비를 다른 원격지(중앙)에서 감시·제어를 하기 위해 사용되는 장비, 시스템 및 해결방안에 대하여 광범위하게 사용되는 용어이다.
　　㉡ 여러 가지 용도(수도, 전기, 경보, 통신, 가스 등)로 설계되고, 수요자가 요구하는 운용 개념과 요구기능에 대응하여 매우 논리적인 구성을 가진 여러 가지 형태의 SCADA시스템을 설계할 수 있다.

ⓒ SCADA를 이용한 원격제어는 원거리에 있는 지점에 연결된 스위치가 달린 전선과 같이 간단한 구조로부터 중앙에 설치된 강력한 컴퓨터와 통신을 하면서 유무선 또는 혼합 구성하여 복잡한 통신망을 구축할 수 있다.
ⓔ 통신경로상의 아날로그 또는 디지털신호를 사용하여 원격장치의 상태정보데이터를 원격소장치(Remote Terminal Unit)로 수집, 수신, 기록, 표시하여 중앙제어시스템이 원격장치를 감시 제어하는 시스템이다.

② 주요기능
ⓐ 원격장치의 경보상태에 따라 미리 규정된 동작을 하는 경보기능
ⓑ 원격 외부장치를 선택적으로 수동, 자동 또는 수·자동복합으로 동작하는 감시제어기능
ⓒ 원격장치의 상태정보를 수신, 표시·기록하는 감시시스템의 지시(표시)기능
ⓓ 디지털펄스정보를 수신·합산하여 표시·기록에 사용할 수 있도록 하는 누산기능
ⓔ 미리 규정된 사상을 인식, 발생사상의 데이터를 제공하는 감시시스템기능

(6) 시퀀스제어(Sequence Control ; 순차제어)
① 개념
ⓐ 미리 정해진 순서에 따라 제어의 각 단계를 차례로 진행시키는 제어로서 신호는 한 방향으로만 전달된다.
ⓑ 일종의 스위치나 버튼을 사용하여 전기회로의 부하를 운전하기도 하고, 부하의 운전상태나 고장상태를 알리기도 하는 제어를 말하는 것으로 근래에 사용되는 전기회로는 모두 이러한 시퀀스회로로 만들어져 있다.
ⓒ 빌딩이나 공장 등에서 엘리베이터를 움직이고 고장을 알리기도 하고, 세탁기, 냉장고, 자동판매기 등도 시퀀스로 움직이고 있다.
ⓓ 시퀀스제어는 On-Off제어, 논리연산제어, 불연속제어 등으로 일컬어지며, 정량적인 제어에 비하여 정성적인 제어에 의존하며, 주로 논리연산을 이용한다.

② 접점의 사용
ⓐ 유접점계전기 : 전자석에 의한 접점동작, 즉 PLC 등의 전자회로를 사용한다.
ⓑ 무접점계전기 : 논리회로(반도체 이용)를 사용하는 것으로 버튼스위치나 각종 계전기(Relay)에 이용된다.

③ 목적과 역할
ⓐ 목적 : 생산, 제조공정 등에서의 시동, 정지작업이나 가공, 조립, 운반, 포장 등과 같은 기계작업을 자동적으로 처리하기 위해 이용한다.
ⓑ 역할 : 노동력 감소, 생산원가 절감, 제품품질의 균일화, 생산속도 증가, 작업환경 개선 등의 역할을 한다.

④ 구 성
  ㉠ 제어대상 : 제어하려는 목적의 장치
  ㉡ 검출부 : 제어량이 소정의 상태인지 아닌지를 표시하는 2값신호(On-Off)를 발생하는 부분
  ㉢ 검출신호 : 검출부에서 검출된 신호
  ㉣ 명령처리부 : 작업명령이나 검출신호, 미리 기억시켜둔 신호 등에 의해서 제어명령을 만드는 부분
  ㉤ 제어부 : 제어명령의 신호를 증폭하여 제어대상을 직접 제어할 수 있도록 하는 부분

(7) 피드백제어(Feedback Control)
  ① 센서에서 측정한 측정치(PV ; Process Value)가 컨트롤러에 가해지면 컨트롤러 내부의 제어하고자 하는 설정치(SP ; Set Point)와 비교하여 그 차이에 따른 양만큼을 조작단으로 보내게 되며 이 수정결과는 다시 검출단 센서에서 측정되어 비교된다. 이렇듯 제어결과가 한바퀴 돌아서 다시 처음으로 돌아오는 것을 피드백제어계라고 한다.
  ② 정량적 제어 즉, 피드백제어는 서보모터의 회전속도제어나 물탱크 내의 액면제어처럼 구체적으로 계측이 가능한 양으로 지령되는 것으로 연속적인 양의 제어이다. 힘, 토크, 속도, 위치, 열량, 온도, 전자력, 광량 등의 물리량이 지령치와 같은 값이 되도록 지령치와 실제치를 항상 비교하여 제어한다.
  ③ 아날로그 제어, 폐루프 제어, 연속시간제어 등 주로 정량적 제어에 기초하여 수치연산을 이용한다.

3. 감시제어장치의 정보전송

(1) 일반사항
  ① 전송설비의 계획에 있어서는 시설정보량의 명확한 파악에 기초하여 미래적인 견지에서 여유를 갖는 적절한 설비로 하여야 한다.
  ② 수도시설 전반에 관련이 깊은 전송설비나 신호의 취합은 다른 시스템의 접속이나 기존 계장설비와의 정합이 가능하고, 나아가서 정보량의 증대나 설비의 확장·갱신에 유연히 대응할 수 있는 것이 중요하다.
  ③ 수도의 대표적인 전송설비는 근거리를 대상으로 하는 제어계 LAN, 정보계 LAN, 원거리 전송을 대상으로 하는 TM/TC나 인터넷기술을 이용한 인트라넷 등이 있다.

(2) 직접방식
1개의 신호정보당 신호선 1쌍을 할당하고 직접신호에 정보를 실어서 정보전송을 하는 방식으로 약 500m 정도까지의 거리에서 정보량이 적은 시설에 적합하다.

(3) 데이터웨이
   ① 일반사항 : 처리장 내에서 사용되는 정보전송의 대표적인 방식으로 정보를 디지털부호화한 다음 다량의 정보를 소정의 순서로 배열하고, 고속으로 목적하는 장소에 전송하는 것으로 정보의 전송로는 1본 또는 2본의 꼬임선, 동축케이블 또는 광케이블을 사용하여 신뢰성을 확보할 목적으로 이중화하는 것이 일반적이다.
   ② 전송방식 : 제어계 LAN과 정보계 LAN은 각각 분리하여 구성한다.
      ㉠ 제어계 LAN : 중앙관리실의 미니그래픽패널 등의 감사제어설비와 장 내의 펌프설비나 여과지설비 등의 Local Station의 설비를 네트워크화한 것이다. LAN화함으로써 고속화, 대용량화, 전송로의 축소가 도모된다. LAN의 구축에 있어서는 LAN의 이상을 상정한 신뢰성 설계가 중요하다.
      ㉡ 정보계 LAN : 설비의 보전정보시스템의 응용 등 오픈(Open)화가 요구되므로 계산기와 Bus컴퓨터, 워크스테이션 등과의 범용기술을 이용한 LAN화가 추진되고 있다. 정보계의 LAN에 대해서는 Ethernet LAN 등 표준화가 진행되고 있으며 나아가 염소주입량이나 기기의 고장정보 등의 데이터 수집 및 가공이 범용 소프트웨어를 이용할 수 있게 된다. 오픈(Open)화에 있어서는 보안대책을 검토할 필요가 있다.

02 정보통신 및 응용설비

1. 전화설비

(1) 개 요
   ① 전화설비는 국선 인입용 관로구성, 주배선반(MDF), 국선용 단자함 또는 구내배선 및 단자함 설치와 교환대설비(본체 및 전원설비)로 구성한다.
   ② 전화설비 단말장치는 음성통신과 데이터계통으로 구분한다.
   ③ PCM/TDM(펄스부호변조에 의한 시분할다중화)방식 및 Non-bloking방식을 이용한 축적프로그램 제어방식의 전자식 디지털 교환장비로 Digital(T_1, E_1) DID/DOD 및 Digital(T_1, E_1) 전용망 구성이 가능하여야 하며 국간 중계방식으로 R_2 MFC Signal이 가능하여야 한다.

(2) 전선의 종류
   배선에 사용하는 케이블은 일반적으로 광케이블, 동축케이블, 페어케이블 및 기타 통신선 중 용도를 참고하여 선정하며, 옥내에 사용할 수 있는 전선의 종류는 다음과 같다.

① TIV
② TIVF
③ CPEV케이블
④ UTP케이블
⑤ 광케이블

2. CCTV 및 방호설비

(1) 방호설비의 개요

① 시설물의 최소 유지관리, 원격 무인운전 및 방호요원이 효율적으로 시설물을 관리운용하기 위하여 CCTV 및 방호설비시스템을 구성한다.
② 외곽 펜스(Fence)에는 충격감지센서(Guard Wire)를 설치, 주요지점별로 프리셋(Preset) 기능을 구비한 CCTV를 설치하여 경비실에서 방호요원이 감시할 수 있도록 한다.

(2) 동화상감시 및 정지영상 감시

구 분	동화상감시	정지영상감시
개 요	영상이 일정 프레임 이상 전송되어 감시대상을 지속적으로 감시함	일정 시간당 정해진 수만큼만 영상신호가 전송되어 간헐적으로 감시함
영상전송속도	최소 384kbps 이상 필요	256kbps 이하 사용
경제성	동영상을 전송하기 위해서는 일정 프레임 이상을 전송할 수 있는 동화상전송장치 및 일정규격 이상의 전용선이 필요하므로 정지영상 전송에 비해 상대적으로 고가임	정해진 시간에 해당 영상만을 전송하므로 전송용량이 적은 영상전송장치를 사용하고 저속의 전용선을 사용하므로 동화상전송장치에 비해 상대적으로 저렴함
장 점	무인사업장의 지속적인 실시간 감시로 안정적인 설비·운영이 가능	경제적인 시스템 구성
단 점	설비비가 다소 고가임	지속적인 영상감시를 할 수 없으므로 원격지 설비 감시성 및 신뢰성이 동화상감시에 비해 떨어짐

CHAPTER 10 적중예상문제(1차)

제3과목 설비운영

01 계측제어설비의 적용조건 중 거리가 먼 것은?

① 사후감시 및 공정 관련 협의
② 확장성 및 호환성
③ 감시조작의 용이성
④ 자동화를 통한 무인화 운전

해설 계측제어설비의 적용조건에는 사전조사 및 공정 관련 협의, 확장성 및 호환성, 감시조작의 용이성, 자동화를 통한 무인화 운전, 최신기술의 도입 및 유지보수대책, 인간공학적 배려 등이 있다.

02 다음 정수처리지의 계측항목으로 옳지 않은 것은?

① 배수지 – 수위, 유량, 탁도, 잔류염소량, pH
② 배수펌프 – 유량, 농도
③ 배출수지 – 수위, 유량, 탁도, pH
④ 회수조 – 수위, 유량

해설 ② 배수펌프의 계측항목은 유량과 수압이며, 유량과 농도는 탈수기동의 계측항목이다.

03 다음 정수처리지의 제어항목으로 옳지 않은 것은?

① 취수장 – 취수게이트제어, 취수유량제어, 밸브개도제어
② 착수정 – 배수펌프제어, 배수유량제어, 배수압력제어
③ 침전지 – 침전지수위제어, 침전지슬러지제어
④ 여과지 – 여과지수위제어, 여과지유량제어, 여과지세정제어

해설 착수정의 제어항목은 착수유량·수위제어, 전염소주입제어이며 ②는 배수펌프제어항목이다.

정답 1 ① 2 ② 3 ②

04 pH계의 지시에 이상이 있을 경우의 조치로 옳지 않은 것은?
① 전원 Fuse가 끊어졌을 때는 전원점검 및 Fuse 교환을 한다.
② 측정액의 pH가 눈금을 넘어서고 있을 때는 측정액의 pH를 확인한다.
③ 전극에 녹 등이 부착되어 있을 때는 물 또는 묽은 염산으로 세정한다.
④ 전극이 절연불량 또는 파손되었을 때는 점검한다.

해설 ④ 전극이 절연불량 또는 파손되었을 때는 교환해야 한다.
기타 pH계의 지시에 이상이 있을 경우의 조치
- 배선이 단선, 단락 되었을 때는 점검 및 수리를 한다.
- 비교전극의 액락부가 저항증대일 때는 액락부를 세정 또는 전극을 교환한다.
- 측정액의 온도, 전위차가 적당하지 않을 때는 전극의 교체 및 전극주변을 차폐한다.
- 전극의 절연불량 또는 파손일 때는 전극 및 방습고무마개를 교환한다.
- 표준액이 올바르지 않을 때는 표준액을 다시 만든다.
- 측정액의 유속 또는 압력이 적당하지 않을 때는 유속 또는 압력을 조정한다.

05 알칼리도계, 잔류 염소계에 이상이 있을 경우의 조치로 옳지 않은 것은?
① 변환기의 부하가 허용치를 초과하는 경우에는 부하 임피던스를 확인하고 허용치 이하로 한다.
② 댐핑조정이 부적절한 경우에는 각 부의 점검 및 조정을 한다.
③ 시약조정이 부적절한 경우에는 시약을 교환한다.
④ 전극이 접촉불량 및 회전불량일 경우에는 점검 조정 및 수리를 한다.

해설 ③ 시약조정이 부적절한 경우에는 시약농도를 체크 및 재조정한다.
기타 알칼리도계, 잔류염소계에 이상이 있을 경우의 조치
- 전원이 끊어졌을 때는 전원선을 점검 및 수리하거나 Fuse를 교체한다.
- 변환기가 고장일 때는 수리 및 교환을 한다.
- 기록계 또는 지시계의 고장일 때는 수리 및 교환을 한다.
- 전극이 파손되었을 때는 수리 및 교환을 한다.
- 기록계 또는 지시계, 변환기에 오차가 있을 때는 점검 및 수리를 한다.
- 측정액의 유입이 불안정할 때는 측정액의 배관계통 세정 및 노즐청소, 전자밸브 등을 조정한다.

06 가압장 및 분기점감시 및 제어방법에 대한 설명으로 옳지 않은 것은?
① 가압펌프는 원격수동운전방식으로 운전할 수 있도록 하여야 한다.
② 무인화 사업장은 시설물보호를 위한 각종 부대설비(소화설비, 가로등, 방호설비 등)에 대한 감시 및 제어도 포함되어야 한다.
③ 무인화 사업장과 원격감시제어사업장 간 전용회선장애시 백업망으로 절체되어 원격감시제어사업장으로 취득되는 무인화 사업장의 데이터가 정수장의 중앙조정실로 자동 또는 수동으로 절체되어 데이터전송되어야 한다.
④ 관로분기점 및 후단배수지에는 TM/TC 및 TM을 설치, 분기압력, 분기유량, 분기밸브개도, 배수지수위 등을 지정된 사업소에서 감시할 수 있도록 해야 한다.

해설 ① 가압펌프는 원격수동운전과 자동운전의 2가지 방식으로 운전할 수 있도록 하여야 한다.

07 유체를 정지시켜도 유량계 지시가 '0'이 되지 않을 경우의 조치에 대한 설명으로 옳지 않은 것은?
① 배선 이상의 경우 교환을 한다.
② 변환기 고장의 경우 수리 또는 교환을 한다.
③ 전극 오염(전자식)의 경우 취급설명서에 따라 청소한다.
④ 유체가 충만되지 않을 경우 충만시키고 점검한다.

해설 ① 배선 이상의 경우 점검수리를 한다.
유량계 유체가 흘러도 지시가 '0'인 경우
• 전원 Fuse가 절단되었을 때는 전원선 점검, 수리 및 Fuse를 교환한다.
• 배선의 단선, 단락 시에는 점검 및 수리를 한다.
• 변환기가 고장났을 때는 수리 또는 교환을 한다.
• 기록계 또는 지시계가 고장났을 때는 수리 또는 교환을 한다.
• 여자코일이 단선(전자식)되었을 때는 수리 또는 교환을 한다.
• 도압관이 막혔을 때는(차압식) 폐색물을 제거한다.

08 다음 중 초음파식 수위계의 특징으로 옳지 않은 것은?
   ① 비접촉측정이 가능하고 점도, 밀도에 의한 영향이 없다.
   ② 가동부분이 없으므로 비교적 수명이 길다.
   ③ 액체, 분체, 입체 모두 측정 가능하나, 측정액에 기포가 있으면 오차의 원인이 된다.
   ④ 피측정체의 밀도의 영향을 받는다.

   해설 피측정체의 영향을 받는 것은 차압식, 투입식, 정전용량식이다.

09 투입식 수위계의 특징으로 옳지 않은 것은?
   ① 피측정체의 밀도의 영향을 받는다.
   ② 각종의 탱크에 특별한 공사가 필요없어 간단히 취부할 수 있다.
   ③ 내식성 환경 내에서는 사용이 곤란하다.
   ④ 급격한 유체의 흐름이 있는 장소에는 주의를 필요로 한다.

   해설 ③ 투입식 수위계는 보수가 간단하고 용이하며 내식성 환경 내에서도 사용이 가능하다.

10 수위계 지침이 (−)쪽으로 치우칠 경우의 조치에 대한 설명으로 옳지 않은 것은?
   ① 전원(Fuse)이 절단되었을 때는 수위계를 교환한다.
   ② 배선이 단선, 단락되었을 때는 점검 및 수리를 한다.
   ③ 변환기 고장일 때는 수리 또는 교환을 한다.
   ④ 도압관 내에 공기가 남아 있을 때는 공기를 제거한다.

   해설 ① 전원(Fuse)이 절단되었을 때는 전원의 점검, 수리 및 Fuse를 교환한다.
   수위계 지침이 (+)쪽으로 치우칠 때의 조치
   • 최대눈금 이상으로 수위가 높을 때는 확인한다.
   • 변환기가 고장일 경우 수리 또는 교환을 한다.
   • 영점, 억제기구가 동작불량(압력식)일 경우 점검 및 정비를 한다.

11 다음 중 반도체 압력계의 특징으로 옳지 않은 것은?
① 장기간 안전성이 미약하다.
② 저압에서 고압까지 측정범위가 넓다.
③ 정전유도 등의 전기적 외란에 대하여 안정성이 있다.
④ 위험성이 있는 곳에서의 사용은 방폭을 고려할 필요가 있다.

해설 반도체에는 압력이 걸리면 전기전도도가 변화하는 물리현상(Piezo저항효과)이 있고 이 현상을 이용한 것이 확산형 반도체식 압력센서이다. 기본구성은 Silicon단결정으로 만들어진 수압 Diaphragm상에 확산기술에 의한 저항게이지(Gauge)가 형성된다. 저항게이지는 Piezo저항효과에 의해 압력을 가하면 저항이 증가하는 것과 감소하는 것으로 형성된다. 이것을 Wheathstone Bridge에 넣어 저항변화를 검출한다. 고정도이므로 장기간 안전성이 우수하고 정전유도에 의한 전기적 외란에 대하여 안정성이 있다.

12 수질계측기의 중앙집중식에 대한 특징으로 옳지 않은 것은?
① 측정하고자 하는 측정수 펌프 1대를 이용하여 샘플링관에 의해 중앙관리실의 각 수질계측기에 보내어 수질을 계측하고 지시한다.
② 주로 하·폐수의 측정에 많이 사용된다.
③ 샘플링 관내의 체류시간에 의해 시간지연이 제어계의 문제가 될 수 있으며 특히 약품주입제어계는 보정되어야 한다.
④ 샘플링 관내의 체류에 의한 수질의 변화가 측정오차의 원인이 되므로 정기적으로 관세정을 하여야 한다.

해설 주로 상수측정에 사용된다.

13 수질계측기의 측정방식에 대한 설명으로 옳지 않은 것은?
① 물질정수를 측정하는 것에는 광학측정법, 초음파측정법, 중량측정법이 있다.
② 전기적 성질을 이용하는 것에는 도전율법, 전극전위법, Polargraph법이 있다.
③ 화학반응을 이용하는 것에는 염소법, 적정법, 생물화학적 반응 등이 있다.
④ 광학측정법에서 수질계기는 오니농도계, 오니계면계가 있다.

해설 ④ 오니농도계, 오니계면계는 초음파측정법의 수질계기이다.

정답 11 ① 12 ② 13 ④

14 수소이온농도계(pH-Meter)에 대한 설명으로 옳지 않은 것은?

① pH는 정수장에서 원수, 혼화수, 여과수 및 정수의 감시와 제어량 및 약품주입의 지표로 사용된다.
② 자동측정법에 의한 pH계의 방식은 유리전극법과 안티몬전극법이 있으나, 유리전극법이 유지관리가 용이하며 상수도 Process에 사용된다.
③ 유리전극법은 유리전극, 비교전극, 온도보상전극 중 하나가 고장나도 측정이 가능하다.
④ 유리전극법은 유리전극, 비교전극, 온도보상전극이 일체화되어 있어 유지보수 시 간단하다.

해설 유리전극법의 장단점
- 유리전극, 비교전극, 온도보상전극이 일체화되어 있어 유지보수 시 간단하다.
- 유리전극, 비교전극, 온도보상전극 중 하나가 고장나면 측정이 불가능하다.
- KCl용액을 주입하여야 한다.
- 자동온도보상을 필요로 한다.

15 탁도계(Turbidity-Meter)에 대한 설명으로 옳지 않은 것은?

① 탁도는 물의 탁한 정도를 광학적으로 측정하는 기기이며 정수장에서는 원수에 대하여 응집제의 주입비율을 결정하는 인자이다.
② 표면산란광 측정방식은 시료의 착색에 의한 영향이 크다.
③ 자동측정법에 의한 탁도계의 방식은 투과광측정법, 표면산란광측정법, 투과광산란광 비교측정법, 산란광측정법, 전분구식 측정법이 있다.
④ 표면산란광 측정방식은 유지관리가 용이하고, 상수도 Process에 많이 이용된다.

해설 표면산란광 측정방식은 시료의 착색에 의한 영향이 적다.

16   표면산란방식의 장단점으로 옳지 않은 것은?

① 입자경에 의한 영향이 크다.
② 진동에 약하다.
③ 광원변화의 영향을 받지 않는다.
④ 셀룰로이드창이 없으므로 오염에 의한 영향이 없다.

해설   ③ 광원변화의 영향을 받지 않는 것은 투과광산란광방식의 장점이다.
투과광산란광방식의 장점
• 시료의 착색에 의한 영향이 적다.
• 측정액 중에 기포가 혼입하지 않도록 주의를 필요로 한다.
• 정밀도가 우수하다.
• 광원변화의 영향을 받지 않는다.
• 셀룰로이드창이 오염에 의한 영향을 받을 수 있으므로 자동세정장치가 필요하다.

17   다음 잔류염소계(Residual Chlorine-Meter)에 대한 설명으로 옳지 않은 것은?

① 잔류염소계에는 시약식과 무시약식이 있다.
② 시약식은 유리잔류염소와 결합잔류염소를 시약을 바꿈으로써 분리측정이 가능한 계기이고, 무시약식은 유리잔류염소만을 직접 측정하는 계기이다.
③ 무시약식은 측정수의 pH값 및 전기전도율의 값이 일정한 범위 내에 있어 시약식에 비해 수질에 의한 정도의 제한을 받으므로 주로 여과수 이후의 정수의 측정에 쓰이고 있다.
④ 잔류염소의 측정법에는 토리젠측정법, 요소적정법, 전류적정법 및 Polarograph법이 있으나, 상수도 Process에는 자동측정법에 의한 요소적정법이 이용되고 있다.

해설   ④ 상수도 Process에는 자동측정법에 의한 Polarograph법이 이용되고 있다.

18 알칼리도계(Alkalinity-Meter)에 대한 설명으로 옳지 않은 것은?

① 알칼리도계는 전기분해에서 생성된 적정시약을 일정량의 시료수에 반응시켜 당량점에 도달하는 데까지 요구되는 전기량에서 분석치를 구하는 중화적정법을 이용하여 알칼리도를 연속적으로 측정한다.
② 알칼리도는 수중의 알칼리분의 탄산칼슘에 대한 환산지표이다.
③ 정수장에서는 원수와 침전수 또는 정수를 측정대상으로 한다.
④ 상수도 Process에는 전위차적정방식이 많이 이용된다.

해설 ④ 상수도 Process에는 연속 전량적정법에 의한 중화적정방식을 이용한 알칼리도계방식이 쓰인다.
중화적 방법
- 시료수를 측정조에 보내어 pH 전극으로 측정한다.
- 이때 측정조 내 pH가 4.8이 될 때까지 전해를 계속하여 전해에 소요된 전기량을 통해 측정한다.
- 전해액의 조정 밀도는 ±30% 이내이면 좋다.
- 정확한 중지점을 구하기가 어렵다.

19 수온계(Temperature-Meter)에 대한 설명으로 옳지 않은 것은?

① 상수도시설에서의 수온의 측정은 후처리계통에서 응집제의 주입을 효과적으로 하기 위하여 필요한 계측기이다.
② 상수도시설의 Process에 많이 이용되는 수온계는 열전대온도계와 저항온도계로 구분된다.
③ 애자형의 특징은 소선이 굵어서 내열성이 크나 급열, 급랭에 약하다.
④ 열전대온도계의 원리는 이중금속의 접속에 온도의 변화에 따라 발생하는 기전력(제백효과)을 측정한다.

해설 애자형의 특징은 소선이 굵어서 내열성이 크고 급열, 급랭에 강하다. 소선의 기전력 정도는 절연형에 비해 양호하고 소선의 교환이 간단하다는 장점이 있지만 응답의 지연이 있고 소선이 산화되기 쉽다는 단점이 있다.

20 열전대온도계의 절연형의 특징으로 옳지 않은 것은?

① 열전대소선이 금속절연에 의해 보호되므로 소선이 화학반응에 의해 노화되는 경우가 없다.
② 100℃ 이상의 고온용에서도 반영구적이다.
③ 굴곡이 자유로워 취부에 제약조건이 없다.
④ MgO으로 인해 절연물의 흡습이 빨라지고 분원기에 의해서 절연저하를 일으키기 쉽다.

해설 ② 절연의 두께가 얇으므로 기계적 강도가 부족해지고, 100℃ 이상의 고온용에서 수명이 짧아진다.

21 화학적 산소요구량계(COD)에 대한 설명으로 거리가 먼 것은?

① COD법은 측정대상수 내에 포함된 모든 유기물(몇몇 난분해성 유기물은 제외)을 산화제에 의해 강제분해하는 방법이다. 그러나 미생물의 생체를 구성하는 유기물의 측정은 불가능하다.
② 산화제로는 과망간산칼륨과 중크롬산칼륨을 사용하는데, 현재 국내에서는 과망간산칼륨을 사용한 방법을 채택하고 있다.
③ 수질오염방지법의 수질총량규제 제도화로 지정지역 내의 사업장의 배수에 대해서 오탁농도와 배출유량에 의한 오탁부하량 측정이 의무 시되고 있다.
④ 총량규제에 있어서는 지정계측법(JIS K0102)에 의한 과망간산칼륨을 사용한 COD값이 오탁농도의 기준이 되고 있다.

해설 COD법은 측정대상수 내에 포함된 모든 유기물(몇몇 난분해성 유기물은 제외)을 산화제에 의해 강제분해하는 방법이기 때문에 미생물의 생체를 구성하는 유기물도 측정이 가능하다. 그 결과 분해과정에서 산소를 소모하게 되는 현재 유기물과 미래에 산소를 소모하게 될 원인이 되는 미생물 생체를 포함하여 오염물의 농도를 반영할 수 있게 된다.

22 박막식 염소가스누출검지기의 특징으로 옳지 않은 것은?

① 집적회로기술을 이용하여 알루미나 기판의 편면에 백금의 박막히터, 다른 쪽에 백금의 박막전극을 설치하여 이 전극면상에 반도체 박막이 형성되어 있다.
② 반도체식 센서에 비하여 고감도이며 전계액의 교환이 없이 보수에 우수하다.
③ 비교적 고온으로 동작하고 있어 표면에 자기정화작용이 있고, 재현성과 장기안정성이 우수하다.
④ 유기실리콘을 사용하는 분위기에서도 측정 가능하다.

해설 ④ 유기실리콘을 사용하는 분위기에서는 측정이 불가능하다.

정답 21 ① 22 ④

23 광학식 염소가스누출검지기의 특징으로 옳지 않은 것은?
① 기밀을 위해 염소를 포함한 공기는 제어기기에 접촉하지 않는다.
② 공기채취배관 및 배출배관의 총연장이 약 60m를 넘지 않는 범위로 염소농도를 검지하고자 하는 장소에 취부한다.
③ 배관거리가 길어지면 누설에서 검지까지의 시간이 길어진다.
④ 시험지를 정기적으로 교환할 필요가 없다.

해설 ④ 시험지를 정기적으로 교환할 필요가 있다.

24 감시제어설비의 주요기능에 대한 설명으로 옳지 않은 것은?
① 감시제어설비의 기능은 맨-머신기능(표시운전부), 프로세스제어기능(감시제어부), 데이터전송기능(시설운영부)으로 분류된다.
② 맨-머신인터페이스기능은 운영요원의 각 시설의 상황파악은 가능하나 원격조작은 불가능하다.
③ 프로세스제어기능은 시퀀스제어, 대상설비의 프로세스량을 제어하는 연산제어 등의 설비의 구성이나 기능, 운전의 신뢰성을 좌우한다.
④ 데이터전송기능은 각 부하설비와 제어장치, 중앙감시실의 맨-머신기기 간, 제어장치 간 상호의 데이터수집을 행하는 기능을 말한다.

해설 맨-머신인터페이스기능은 운영요원이 감시실에서 각 시설(설비, 기기)의 정보를 수집하여 상황파악과 원격조작을 하는 기능이다.

25 감시제어설비의 CRT화면의 일반적인 종류와 기능으로 옳지 않은 것은?
① 그래픽표시 – 시설플로우도, 단선결선도, 설비의 운전, 고장, 이상상태 및 관련된 프로세스값의 표시
② 그룹화면표시 – 이상, 고장발생 시에 그 공정에 관계되는 모든 데이터를 동일화면에 표시한다.
③ 경보표시 – 조작방법의 설명, 이상, 고장발생 시의 대처방법을 설명·표시한다.
④ 계측값표시 – 시설의 처리상황을 파악하기 위해 관련된 프로세스값을 한 화면에 여러 항목을 동시에 표시한다.

해설 ③ Guide Message표시이다. 경보표시는 설비의 이상, 고장의 내용을 발생시각과 동시에 표시하는 화면이다.

26 다음 중 감시제어설비의 감시방식에 대한 설명으로 옳지 않은 것은?

① 주요설비의 운전 및 프로세스데이터는 프린터출력이 되도록 하면 되고 영구히 보관할 필요는 없다.
② 감시반이 있을 경우 전체 계통 및 세부사항을 심벌을 사용하여 표시하고, 주요측정자료는 지시계로 표시한다.
③ 계통의 모든 감시제어항목은 KS 및 수처리 관련 규격에 준한 심벌을 사용하여 표시한다.
④ 주요설비의 기동·정지시는 음성방송 또는 경보음으로 인식할 수 있도록 해야 한다.

> **해설** ① 주요설비의 운전 및 프로세스데이터는 유지관리의 편의 및 조사연구를 위해 일보, 월보, 연보로 작성되어 프린터출력이 되도록 하고, 그 데이터는 영구히 보관할 수 있도록 한다.

27 감시제어설비의 조작방식으로 맞지 않는 것은?

① 1단계조작방식은 기측조작반에서 운전조작하는 경우 또는 중앙감시실의 운전조작항목이 적은 경우에 적용한다.
② Computer나 감시제어설비의 Operator's Station에서 Keyboard에 의한 운전은 1단조작을 원칙으로 한다.
③ 비상정지, 긴급차단은 기기의 정지조건의 확립에 관계없이 정지·차단되기 때문에 오조작 방지대책을 수립한다.
④ 다단계조작방식은 중앙감시실의 운전조작항목이 비교적 많은 경우에 채용한다.

> **해설** ② Computer나 감시제어설비의 Operator's Station에서 Keyboard에 의한 설비의 운전은 안전을 위하여 2단조작을 원칙으로 한다.

정답 26 ① 27 ②

28. 중앙감시제어시스템 중 중앙제어반의 구성에 대한 설명으로 틀린 것은?

① 정보처리장치로 사용되는 컴퓨터는 데이터처리규모에 따라 퍼스널(Personal)컴퓨터, 워크스테이션(Workstation) 등이 있고, 이용형태에 따라 미니(Mini)컴퓨터, 마이크로(Micro)컴퓨터 등이 있다.
② 소프트웨어는 감시, 제어, 기록 등의 정보처리에 목적이 있다.
③ 제어용 계산기의 OS(Operating System)는 데이터처리와 병행하여 입출력처리를 하는 멀티태스크(Multi-task)기능과 외부로부터의 처리요구에 고속응답하는 실시간(Real-time)기능이 필요하며 서버형 Window계열이 유리하다.
④ 그래픽판넬감시는 시설의 전반적인 운전상황감시를 주체로 한다.

해설 ① 정보처리장치로 사용되는 컴퓨터는 데이터처리규모에 따라 미니(Mini)컴퓨터, 마이크로(Micro)컴퓨터 등으로 구성되고, 이용형태에 따라 퍼스널(Personal)컴퓨터, 워크스테이션(Workstation) 등으로 구성된다.

29. 텔레메터·텔레컨트롤장치(TM/TC : 원격감시제어장치)에 대한 설명으로 옳지 않은 것은?

① 원격감시제어장치의 전송방식은 상시 디지털사이클방식, 포링디지털방식을 표준으로 한다.
② 전송로는 유선식의 경우 자영선, KT전용회선, KT일반회선을 표준으로 한다.
③ 중앙감시제어설비와 용이하게 결합될 수 있는 것으로서, 유무선 백본(Backbone) 지원이 가능하여야 한다.
④ 전송항목이 많으면 장치의 가격이 저렴하므로 피제어소의 규모, 중요도 등에 따라 적절한 운전이 될 수 있도록 한다.

해설 ④ 전송항목이 많으면 그것으로부터 각 부의 상황이 판단되는 것이지만 장치의 가격이 비싸지므로 피제어소의 규모, 중요도 등에 따라 충분한 항목을 선정하여 적절한 운전이 될 수 있도록 해야 한다.

30. 취수장감시 및 제어방법에서 자동운전에 대한 설명으로 옳지 않은 것은?

① 전력피크(Peak)가 초과되지 않도록 최소운전대수는 설정이 가능하여야 한다.
② 각 대수별 원단위요금을 계산하여 최적의 유량에 설정·운전할 수 있도록 해야 한다.
③ 전기공급약관을 감안한 수요예측프로그램에 따라서 자동으로 펌프운전시간 설정표가 작성되어야 한다.
④ 펌프운전시간 설정표는 누구나 쉽게 이해할 수 있는 양식이나 그림으로 작성하여야 하며, 필요시 근무자가 쉽게 변경할 수 있도록 작성되어야 한다.

해설 전력피크(Peak)가 초과되지 않도록 최대운전대수는 설정이 가능해야 하며, 최대운전대수 이상을 가동할 경우는 경보음이 울리면서 기동되지 않도록 하여야 한다.

31 취수장 감시 및 제어방법 중 운전에 대한 설명으로 옳지 않은 것은?

① 펌프의 운전대수제어에 따른 기동·정지순서는 Cyclic Running Sequence Control의 방법으로 이행되어야 한다.
② 펌프의 최대동시운전은 설계 시 정해진 최대운전대수 이상이 되어야 한다.
③ 자동 시퀀스에서 최초로 정지되는 펌프는 가장 먼저 기동한 펌프이어야 한다.
④ 펌프의 운전 중 이상이 발생하면 그 정도에 따라 운전정지, 경보 혹은 고장을 표시하도록 하여야 한다.

> **해설** ② 펌프의 최대동시운전은 설계 시 정해진 최대운전대수를 초과해서는 안 된다.

32 약품주입감시제어방법에 대한 설명으로 옳지 않은 것은?

① 현장수동감시제어방법의 구성품은 약품주입설비(약품펌프, 유량계, 조절밸브, 인버터), 약품주입설비제어Unit(Controller)이다.
② 현장수동감시제어란 유량변화 및 수질의 변화에 관계없이 현장에서 수동으로 주입량을 설정하여 약품을 주입하는 방식이다.
③ 원격제어감시란 주입률을 현장(RTU 또는 주입설비제어Unit)에서 입력하고, 주입률을 기준으로 유량 및 수질값에 대하여 변화된 양에 비례하여 자동으로 주입량이 결정·주입되는 방식이다.
④ 현장자동감시제어의 설비구성품은 약품주입설비(약품펌프, 유량계, 조절밸브, 인버터), 약품주입설비제어Unit(Controller), 주입지점유량값 전송설비(또는 SCD), RTU(PLC, DCS 등)이다.

> **해설** ③은 현장자동감시제어에 대한 설명이다.

정답 31 ② 32 ③

33 정수장감시 및 제어의 운전방법으로 옳지 않은 것은?

① 활성탄은 응급적으로 단기간 사용하고, 중앙제어실에서 자동운전할 수 있도록 하여야 한다.
② 수동운전은 중앙제어실에서 근무자가 투입기 On-Off조작 및 투입량조절을 임의로 할 수 있어야 한다.
③ 자동운전은 유량값과 수질에 따라 컴퓨터가 자동으로 투입량을 결정제어할 수 있어야 한다.
④ 응집제(ALUM, PAC)는 유입유량, 유입수탁도, 알칼리도, 수온, pH, 침전수탁도 등을 고려하여 미리 프로그램된 패턴(통계 그래프)으로 약품을 투입할 수 있어야 한다.

해설 활성탄은 응급적으로 단기간 사용하고 제거대상 물질의 종류, 농도, 활성탄 흡착 특성 등이 달라 미리 프로그램된 패턴을 사용하기가 곤란하므로 자동운전은 고려치 않고 중앙제어실에서 수동운전할 수 있도록 하여야 한다.

34 염소투입 및 회수펌프제어에 대한 설명으로 옳지 않은 것은?

① 계측제어기기는 환경조건에 적합한 것으로 필요부분은 내식성을 가지는 것으로 한다.
② 소독설비의 보안으로는 염소저장소 및 염소주입기실 등에 염소누출검지기 등을 설치하여야 한다.
③ 전염소주입률은 유입유량과 회수유량에 따라 미리 선정된 주입률(임의 선정)에 따라 투입할 수 있도록 하여야 하며, 후염소주입률은 일정잔류염소가 되도록 제어하여야 한다.
④ 회수펌프, 흡입측밸브, 토출측밸브는 탈수기동조정실과 중앙조정실에서 수동이나 자동으로 운전할 수 있도록 하여야 하며 자동운전 시에는 배출수지 수위 – 펌프 – 밸브 간에 연동운전이 되어야 한다.

해설 ④ 회수펌프, 흡입측밸브, 토출측밸브의 자동운전 시에는 배출수지 수위 – 펌프 – 밸브 간에 독립적인 운전이 이루어져야 한다.

CHAPTER 10 **적중예상문제(2차)**

제3과목 설비운영

01 상수도시설의 감시와 제어 및 정보처리를 취급하는 기술 및 설비로 시설을 안전하고 합리적·경제적으로 관리하고 수질기준을 만족하는 처리수의 확보 및 소모량을 충족하는 처리수량이 확보되도록 계획하는 설비는?

02 압력계 중 부르동관의 장단점을 쓰시오.

03 수질계측기의 측정방식 중 물질정수를 측정하는 것은?

04 자동측정법에 의한 pH계의 방식은 유리전극법과 안티몬전극법이 있으나, 유리전극법이 유지관리가 용이하며 상수도 프로세스(Process)에 많이 이용되고 있다. 유리전극법의 장단점을 쓰시오.

05 광원으로부터 나오는 빛은 집광렌즈를 통과하여 시료에 입사되고, 시료 중에 있는 입사광선에 의해 산란광이 발생하며 광전관 또는 광검파기에 의해 측정하는 탁도측정방식은?

06 잔류염소측정방식 중 측정조 내에 회전전극과 대극을 넣어 양극 간에 외부로부터 전압을 걸면 유리유효염소는 회전전극에서 직접 전해 환원된다. 이와 같이 전자의 이동에 의해 생기는 확산전류를 검출하여 잔류염소농도를 측정하는 방법은?

07 염소가스누출검지기의 종류별 측정방식을 3가지 이상 쓰시오.

08 감시제어시스템의 주요기능 중 운전의 기록의 방법에는 기록계, 적산계, 프린터, 하드카피 등이 있고 가공처리방법에는 Mail, UMS, Web Service 등이 있다. 그 주요기능을 3가지 이상 쓰시오.

09 감시제어에 필요한 전송로의 종류를 유선식과 무선식으로 나누어 쓰시오.

10 SCADA시스템의 주요기능을 쓰시오.

11 LAN구성의 망 토폴로지(네트워크의 형상)의 종류를 3가지 이상 쓰시오.

12 LAN구성의 망 토폴로지(네트워크의 형상) 중 스타형의 특징을 3가지 이상 쓰시오.

13 수위, 유량, 압력 등의 원격계측데이터의 전송과 밸브의 개도조작 등의 원격제어를 동시에 수행하는 감시제어시스템은?

14 취수장펌프의 자동운전 기동조건을 5가지 이상 쓰시오.

CHAPTER 10 정답 및 해설

제3과목 설비운영

01 계측제어설비

02 • 장점 : 중고압측정으로서 넓게 사용되고 있고 구조가 간단하여, 간단한 지시계기로 가장 많이 사용된다.
• 단점 : 장시간 과대압에 걸려 있으면 오차가 생기기 쉽고 온도의 영향을 받기 쉽다.

03 광학측정법, 초음파측정법, 중량측정법

04 • 장점 : 유리전극, 비교전극, 온도 보상 전극이 일체화되어 있어 유지보수 시 간단하다.
• 단점 : 유리전극, 비교전극, 온도 보상 전극 중 하나가 고장나면 측정이 불가능하고 KCl용액을 주입하여야 하며 자동온도 보상을 필요로 한다.

05 표면산란방식

06 폴라로그래프법(무시약형)

07 전기전도도식, 박막식, 광학식, 정전위전해식

08 • 시보, 일보, 월보, 연보의 작성
• 각종 계측치의 지시, 기록, 적산 및 경보의 작성과 보관
• 동력 및 약품의 수요관리
• 시설의 운전기록 및 고장 경보 등의 기록
• 수질의 적정화 여부 분석

09 • 유선식 : 자영선, KT전용회선, KT일반회선
• 무선식 : 무선통신(RF, CDMA 또는 위성 등)

10 • 원격장치의 경보상태에 따라 미리 규정된 동작을 하는 경보기능
- 원격 외부장치를 선택적으로 수동, 자동 또는 수·자동복합으로 동작하는 감시제어기능
- 원격장치의 상태정보를 수신·표시·기록하는 감시시스템의 지시(표시)기능
- 디지털펄스정보를 수신·합산하여 표시·기록에 사용할 수 있도록 하는 누산기능
- 미리 규정된 사상을 인식하고, 발생사상의 데이터를 제공하는 감시시스템기능 등이 있다.

11 버스형, 링형, 루프형, 스타형

12 • 중앙장치가 모든 통신을 집중제어한다.
- 실현이 용이하다.
- 단말당 제어코스트를 싸게 할 수 있다.
- 중앙장치가 장애를 일으킨 경우, 모든 통신이 두절되는 폐단이 있다.
- 중앙장치의 공통부분의 부담이 크다.

13 TM/TC(Telemetering/Telecontrol)

14 • 펌프흡수정 수위 양호
- 흡수정 유입밸브 전개(Full Open)
- 흡입밸브 전개
- 보호계전기가 동작 중이 아닐 것(역회전 계전기도 포함)
- 토출밸브는 전폐가 아닐 것
- 펌프가동용 주차단기 및 리액터용 차단기가 투입준비 위치 내에 있을 것
- 다른 펌프가 기동 중이 아닐 것

CHAPTER 11 안전관련법규

제3과목 설비운영

01 작업환경관리

1. 작업환경관리의 법적 근거

① 사업체의 전반적인 안전과 보건에 관한 사항은 산업안전보건법에 규정되어 있다.
② 대형시설물의 안전관리에 관한 규정은 시설물의 안전 및 유지관리에 관한 특별법에 따른다.
③ 사업장 내 개별설비에 관한 사항은 전기사업법, 에너지이용 합리화법, 고압가스 안전관리법, 소방기본법, 물환경보전법 등에 따른다.
④ 산업안전보건법의 규정에 의거하여 사업주는 안전보건관리규정을 각 사업장의 근로자가 쉽게 볼 수 있는 장소에 게시하거나 갖추어 두어 근로자에게 널리 알려야 한다(산업안전보건법 제34조).
⑤ 정수장의 염소가스의 안전관리에 대해서는 고압가스 안전관리법에 의해 안전관리규정을 제정하여 관리하여야 한다.

2. 산업안전보건법

(1) 목적 및 적용범위
① 목적(산업안전보건법 제1조) : 이 법은 산업안전 및 보건에 관한 기준을 확립하고 그 책임의 소재를 명확하게 하여 산업재해를 예방하고 쾌적한 작업환경을 조성함으로써 노무를 제공하는 사람의 안전 및 보건을 유지·증진함을 목적으로 한다.
② 적용범위(산업안전보건법 제3조) : 이 법은 모든 사업에 적용한다. 다만, 유해·위험의 정도, 사업의 종류, 사업장의 상시근로자 수(건설공사의 경우에는 건설공사 금액) 등을 고려하여 대통령령으로 정하는 사업 또는 사업장에는 이 법의 전부 또는 일부를 적용하지 아니할 수 있다.

(2) 산업재해 발생 은폐 금지 및 보고 등(산업안전보건법 제57조)
① 사업주는 산업재해가 발생하였을 때에는 그 발생 사실을 은폐하여서는 아니 된다.
② 사업주는 고용노동부령으로 정하는 바에 따라 산업재해의 발생원인 등을 기록하여 보존하여야 한다.
③ 사업주는 고용노동부령으로 정하는 산업재해에 대해서는 그 발생 개요·원인 및 보고 시기, 재발방지 계획 등을 고용노동부령으로 정하는 바에 따라 고용노동부장관에게 보고하여야 한다.

㉠ 산업재해 발생 보고 등(산업안전보건법 시행규칙 제73조)
  Ⓐ 사업주는 산업재해로 사망자가 발생하거나 3일 이상의 휴업이 필요한 부상을 입거나 질병에 걸린 사람이 발생한 경우에는 해당 산업재해가 발생한 날부터 1개월 이내에 산업재해조사표를 작성하여 관할 지방고용노동관서의 장에게 제출(전자문서에 의한 제출을 포함)해야 한다.
  Ⓑ Ⓐ에도 불구하고 다음의 모두에 해당하지 아니하는 사업주가 2014년 7월 1일 이후 해당 사업장에서 처음 발생한 산업재해에 대하여 지방고용노동관서의 장으로부터 산업재해조사표를 작성하여 제출하도록 명령을 받은 경우 그 명령을 받은 날부터 15일 이내에 이를 이행한 때에는 Ⓐ에 따른 보고를 한 것으로 본다. Ⓐ에 따른 보고기한이 지난 후에 자진하여 산업재해조사표를 작성·제출한 경우에도 또한 같다.
    • 안전관리자 또는 보건관리자를 두어야 하는 사업주
    • 안전보건총괄책임자를 지정해야 하는 도급인
    • 건설재해예방전문지도기관의 지도를 받아야 하는 건설공사도급인(법 제69조제1항의 건설공사도급인을 말함)
    • 산업재해 발생사실을 은폐하려고 한 사업주
  Ⓒ 사업주는 Ⓐ에 따른 산업재해조사표에 근로자대표의 확인을 받아야 하며, 그 기재 내용에 대하여 근로자대표의 이견이 있는 경우에는 그 내용을 첨부해야 한다. 다만, 근로자대표가 없는 경우에는 재해자 본인의 확인을 받아 산업조사재해표를 제출할 수 있다.
  Ⓓ Ⓐ부터 Ⓒ까지의 규정에서 정한 사항 외에 산업재해발생 보고에 필요한 사항은 고용노동부장관이 정한다.
  Ⓔ 요양급여의 신청을 받은 근로복지공단은 지방고용노동관서의 장 또는 공단으로부터 요양신청서 사본, 요양업무 관련 전산입력자료, 그 밖에 산업재해예방업무 수행을 위하여 필요한 자료의 송부를 요청받은 경우에는 이에 협조해야 한다.
㉡ 산업재해 기록 등(산업안전보건법 시행규칙 제72조) : 사업주는 산업재해가 발생한 때에는 다음의 사항을 기록·보존하여야 한다. 다만, 산업재해조사표의 사본을 보존하거나 요양신청서의 사본에 재해 재발방지 계획을 첨부하여 보존한 경우에는 그러하지 않다.
  • 사업장의 개요 및 근로자의 인적사항
  • 재해 발생의 일시 및 장소
  • 재해 발생의 원인 및 과정
  • 재해 재발방지 계획

> **더 알아보기**
>
> **중대재해의 범위(산업안전보건법 시행규칙 제3조)**
> • 사망자가 1명 이상 발생한 재해
> • 3개월 이상의 요양이 필요한 부상자가 동시에 2명 이상 발생한 재해
> • 부상자 또는 직업성 질병자가 동시에 10명 이상 발생한 재해

(3) 안전관리자의 업무 등(산업안전보건법 시행령 제18조)
   ① 산업안전보건위원회 또는 안전 및 보건에 관한 노사협의체(이하 노사협의체)에서 심의·의결한 업무와 해당 사업장의 안전보건관리규정 및 취업규칙에서 정한 업무
   ② 위험성평가에 관한 보좌 및 지도·조언
   ③ 안전인증대상기계 등과 자율안전확인대상기계 등 구입 시 적격품의 선정에 관한 보좌 및 지도·조언
   ④ 해당 사업장 안전교육계획의 수립 및 안전교육 실시에 관한 보좌 및 지도·조언
   ⑤ 사업장 순회점검, 지도 및 조치 건의
   ⑥ 산업재해 발생의 원인 조사·분석 및 재발 방지를 위한 기술적 보좌 및 지도·조언
   ⑦ 산업재해에 관한 통계의 유지·관리·분석을 위한 보좌 및 지도·조언
   ⑧ 법 또는 법에 따른 명령으로 정한 안전에 관한 사항의 이행에 관한 보좌 및 지도·조언
   ⑨ 업무 수행 내용의 기록·유지
   ⑩ 그 밖에 안전에 관한 사항으로서 고용노동부장관이 정하는 사항

(4) 유해하거나 위험한 기계·기구에 대한 방호조치(산업안전보건법 제80조)
   ① 누구든지 동력(動力)으로 작동하는 기계·기구로서 대통령령으로 정하는 것은 고용노동부령으로 정하는 유해·위험 방지를 위한 방호조치를 하지 아니하고는 양도, 대여, 설치 또는 사용에 제공하거나 양도·대여의 목적으로 진열해서는 아니 된다.
   ② 누구든지 동력으로 작동하는 기계·기구로서 다음의 어느 하나에 해당하는 것은 고용노동부령으로 정하는 방호조치를 하지 아니하고는 양도, 대여, 설치 또는 사용에 제공하거나 양도·대여의 목적으로 진열해서는 아니 된다.
      ㉠ 작동 부분에 돌기 부분이 있는 것
      ㉡ 동력전달 부분 또는 속도조절 부분이 있는 것
      ㉢ 회전기계에 물체 등이 말려 들어갈 부분이 있는 것
   ③ 사업주는 ① 및 ②에 따른 방호조치가 정상적인 기능을 발휘할 수 있도록 방호조치와 관련되는 장치를 상시적으로 점검하고 정비하여야 한다.
   ④ 사업주와 근로자는 ① 및 ②에 따른 방호조치를 해체하려는 경우 등 고용노동부령으로 정하는 경우에는 필요한 안전조치 및 보건조치를 하여야 한다.

(5) 안전인증기준(산업안전보건법 제83조)
   ① 고용노동부장관은 유해하거나 위험한 기계·기구·설비 및 방호장치·보호구(이하 유해·위험기계 등)의 안전성을 평가하기 위하여 그 안전에 관한 성능과 제조자의 기술 능력 및 생산 체계 등에 관한 기준(이하 안전인증기준)을 정하여 고시하여야 한다.
   ② 안전인증기준은 유해·위험기계 등의 종류별, 규격 및 형식별로 정할 수 있다.

(6) 안전인증(산업안전보건법 제84조)

① 유해·위험기계 등 중 근로자의 안전 및 보건에 위해(危害)를 미칠 수 있다고 인정되어 대통령령으로 정하는 것(이하 안전인증대상기계 등)을 제조하거나 수입하는 자(고용노동부령으로 정하는 안전인증대상기계 등을 설치·이전하거나 주요 구조 부분을 변경하는 자를 포함)는 안전인증대상기계 등이 안전인증기준에 맞는지에 대하여 고용노동부장관이 실시하는 안전인증을 받아야 한다.

② 고용노동부장관은 다음의 어느 하나에 해당하는 경우에는 고용노동부령으로 정하는 바에 따라 ①에 따른 안전인증의 전부 또는 일부를 면제할 수 있다.
　㉠ 연구·개발을 목적으로 제조·수입하거나 수출을 목적으로 제조하는 경우
　㉡ 고용노동부장관이 정하여 고시하는 외국의 안전인증기관에서 인증을 받은 경우
　㉢ 다른 법령에 따라 안전성에 관한 검사나 인증을 받은 경우로서 고용노동부령으로 정하는 경우

③ 안전인증대상기계 등이 아닌 유해·위험기계 등을 제조하거나 수입하는 자가 그 유해·위험기계 등의 안전에 관한 성능 등을 평가받으려면 고용노동부장관에게 안전인증을 신청할 수 있다. 이 경우 고용노동부장관은 안전인증기준에 따라 안전인증을 할 수 있다.

④ 고용노동부장관은 ① 및 ③에 따른 안전인증(이하 안전인증)을 받은 자가 안전인증기준을 지키고 있는지를 3년 이하의 범위에서 고용노동부령으로 정하는 주기마다 확인하여야 한다. 다만, ②에 따라 안전인증의 일부를 면제받은 경우에는 고용노동부령으로 정하는 바에 따라 확인의 전부 또는 일부를 생략할 수 있다.

> **더 알아보기**
>
> **안전인증대상기계 등(산업안전보건법 시행령 제74조)**
> - 기계 또는 설비 : 프레스, 전단기 및 절곡기(折曲機), 크레인, 리프트, 압력용기, 롤러기, 사출성형기(射出成形機), 고소(高所) 작업대, 곤돌라
> - 방호장치 : 프레스 및 전단기 방호장치, 양중기용(揚重機用) 과부하 방지장치, 보일러 압력방출용 안전밸브, 압력용기 압력방출용 안전밸브, 압력용기 압력방출용 파열판, 절연용 방호구 및 활선작업용(活線作業用) 기구, 방폭구조(防爆構造) 전기기계·기구 및 부품, 추락·낙하 및 붕괴 등의 위험 방지 및 보호에 필요한 가설기자재로서 고용노동부장관이 정하여 고시하는 것, 충돌·협착 등의 위험 방지에 필요한 산업용 로봇 방호장치로서 고용노동부장관이 정하여 고시하는 것
> - 보호구 : 추락 및 감전 위험방지용 안전모, 안전화, 안전장갑, 방진마스크, 방독마스크, 송기(送氣)마스크, 전동식 호흡보호구, 보호복, 안전대, 차광(遮光) 및 비산물(飛散物) 위험방지용 보안경, 용접용 보안면, 방음용 귀마개 또는 귀덮개

(7) 자율안전확인의 신고(산업안전보건법 제89조)

안전인증대상기계 등이 아닌 유해·위험기계 등으로서 대통령령으로 정하는 것(이하 자율안전확인대상기계 등)을 제조하거나 수입하는 자는 자율안전확인대상기계 등의 안전에 관한 성능이 고용노동부장관이 정하여 고시하는 안전기준(이하 자율안전기준)에 맞는지 확인(이하 자율안전확인)하여 고용노동부장관에게 신고(신고한 사항을 변경하는 경우를 포함)하여야 한다. 다만, 다음의 어느 하나에 해당하는 경우에는 신고를 면제할 수 있다.

① 연구·개발을 목적으로 제조·수입하거나 수출을 목적으로 제조하는 경우
② 안전인증을 받은 경우(안전인증이 취소되거나 안전인증표시의 사용 금지 명령을 받은 경우는 제외)
③ 다른 법령에 따라 안전성에 관한 검사나 인증을 받은 경우로서 고용노동부령으로 정하는 경우

3. 시설물의 안전 및 유지관리에 관한 특별법

(1) 목적(시설물의 안전 및 유지관리에 관한 특별법 제1조)
시설물의 안전점검과 적정한 유지관리를 통하여 재해와 재난을 예방하고 시설물의 효용을 증진시킴으로써 공중의 안전을 확보하고 나아가 국민의 복리증진에 기여함을 목적으로 한다.

(2) 용어의 정의(시설물의 안전 및 유지관리에 관한 특별법 제2조)
① 제1종시설물(시설물의 안전 및 유지관리에 관한 특별법 제7조, 시행령 별표 1)
  ㉠ 공중의 이용편의와 안전을 도모하기 위하여 특별히 관리할 필요가 있거나 구조상 안전 및 유지관리에 고도의 기술이 필요한 대규모 시설로서 대통령령으로 정하는 시설물
  ㉡ 상하수도 제1종시설물
   • 상수도
    - 광역상수도
    - 공업용수도
    - 1일 공급능력 3만톤 이상의 지방상수도
   • 하수도
② 제2종시설물(시설물의 안전 및 유지관리에 관한 특별법 제7조, 시행령 별표 1)
  ㉠ 제1종시설물 외에 사회기반시설 등 재난이 발생할 위험이 높거나 재난을 예방하기 위하여 계속적으로 관리할 필요가 있는 시설물로서 대통령령으로 정하는 시설물
  ㉡ 상하수도 제2종시설물
   • 제1종시설물에 해당하지 않는 지방상수도
   • 공공하수처리시설(1일 최대처리용량 500톤 이상인 시설만 해당)
③ 관리주체 : 관계 법령에 따라 해당 시설물의 관리자로 규정된 자나 해당 시설물의 소유자를 말한다. 이 경우 해당 시설물의 소유자와의 관리계약 등에 따라 시설물의 관리책임을 진 자는 관리주체로 보며, 관리주체는 공공관리주체와 민간관리주체로 구분한다.
  ㉠ 공공관리주체
   • 국가·지방자치단체
   • 공공기관의 운영에 관한 법률에 따른 공공기관
   • 지방공기업법에 따른 지방공기업

ⓒ 민간관리주체 : 공공관리주체 외의 관리주체
　④ 안전점검 : 경험과 기술을 갖춘 자가 육안이나 점검기구 등으로 검사하여 시설물에 내재되어 있는 위험요인을 조사하는 행위
　⑤ 정밀안전진단 : 시설물의 물리적·기능적 결함을 발견하고 그에 대한 신속하고 적절한 조치를 하기 위하여 구조적 안전성과 결함의 원인 등을 조사·측정·평가하여 보수·보강 등의 방법을 제시하는 행위
　⑥ 유지관리 : 완공된 시설물의 기능을 보전하고 시설물이용자의 편의와 안전을 높이기 위하여 시설물을 일상적으로 점검·정비하고 손상된 부분을 원상복구하며 경과시간에 따라 요구되는 시설물의 개량·보수·보강에 필요한 활동을 하는 것

(3) 시설물의 안전 및 유지관리 기본계획의 수립·시행(시설물의 안전 및 유지관리에 관한 특별법 제5조)
　① 국토교통부장관은 시설물이 안전하게 유지관리될 수 있도록 하기 위하여 5년마다 시설물의 안전 및 유지관리에 관한 기본계획(이하 기본계획)을 수립·시행하여야 한다.
　② 기본계획에 포함되어야 할 사항
　　ⓐ 시설물의 안전 및 유지관리에 관한 기본목표 및 추진방향에 관한 사항
　　ⓑ 시설물의 안전 및 유지관리체계의 개발, 구축 및 운영에 관한 사항
　　ⓒ 시설물의 안전 및 유지관리에 관한 정보체계의 구축·운영에 관한 사항
　　ⓓ 시설물의 안전 및 유지관리에 필요한 기술의 연구·개발에 관한 사항
　　ⓔ 시설물의 안전 및 유지관리에 필요한 인력의 양성에 관한 사항
　　ⓕ 그 밖에 시설물의 안전 및 유지관리에 관하여 대통령령으로 정하는 사항
　③ 국토교통부장관은 기본계획을 수립할 때에는 미리 관계 중앙행정기관의 장과 협의하여야 하며, 기본계획을 수립하기 위하여 필요하다고 인정되면 관계 중앙행정기관의 장 및 지방자치단체의 장에게 관련 자료를 제출하도록 요구할 수 있다. 기본계획을 변경할 때에도 또한 같다.

(4) 안전점검의 실시(시설물의 안전 및 유지관리에 관한 특별법 제11조)
　① 관리주체는 소관 시설물의 안전과 기능을 유지하기 위하여 정기적으로 안전점검을 실시하여야 한다. 다만, 제6조(시설물의 안전 및 유지관리계획의 수립·시행)제1항 단서에 해당하는 시설물의 경우에는 시장·군수·구청장이 안전점검을 실시하여야 한다.
　② 안전점검은 점검목적 및 점검수준을 고려하여 국토교통부령으로 정하는 바에 따라 정기안전점검 및 정밀안전점검으로 구분한다(시설물의 안전 및 유지관리에 관한 특별법 제2조).
　　ⓐ 안전점검, 정밀안전진단 및 성능평가의 실시시기(시설물의 안전 및 유지관리에 관한 특별법 시행령 별표 3)

안전등급	정기안전점검	정밀안전점검		정밀안전진단	성능평가
		건축물	건축물 외 시설물		
A등급	반기에 1회 이상	4년에 1회 이상	3년에 1회 이상	6년에 1회 이상	5년에 1회 이상
B·C등급		3년에 1회 이상	2년에 1회 이상	5년에 1회 이상	
D·E등급	1년에 3회 이상	2년에 1회 이상	1년에 1회 이상	4년에 1회 이상	

참고 제1종 및 제2종 시설물 중 D·E등급 시설물의 정기안전점검은 해빙기·우기·동절기 전 각각 1회 이상 실시한다. 이 경우 해빙기 전 점검시기는 2월·3월로, 우기 전 점검시기는 5월·6월로, 동절기 전 점검시기는 11월·12월로 한다.

더 알아보기

시설물의 안전등급 기준(시설물의 안전 및 유지관리에 관한 특별법 시행령 별표 8)
- A(우수) : 문제점이 없는 최상의 상태
- B(양호) : 보조부재에 경미한 결함이 발생하였으나 기능 발휘에는 지장이 없으며, 내구성 증진을 위하여 일부의 보수가 필요한 상태
- C(보통) : 주요부재에 경미한 결함 또는 보조부재에 광범위한 결함이 발생하였으나 전체적인 시설물의 안전에는 지장이 없으며, 주요부재에 내구성, 기능성 저하 방지를 위한 보수가 필요하거나 보조부재에 간단한 보강이 필요한 상태
- D(미흡) : 주요부재에 결함이 발생하여 긴급한 보수·보강이 필요하며 사용제한 여부를 결정하여야 하는 상태
- E(불량) : 주요부재에 발생한 심각한 결함으로 인하여 시설물의 안전에 위험이 있어 즉각 사용을 금지하고 보강 또는 개축을 하여야 하는 상태

(5) 정밀안전진단의 실시(시설물의 안전 및 유지관리에 관한 특별법 제12조)

① 관리주체는 제1종시설물과 대통령령으로 정하는 제2종시설물에 대하여 정기적으로 정밀안전진단을 실시하여야 한다.
② 관리주체는 안전점검 또는 긴급안전점검을 실시한 결과 재해 및 재난을 예방하기 위하여 필요하다고 인정되는 경우에는 정밀안전진단을 실시하여야 한다. 이 경우 결과보고서 제출일부터 1년 이내에 정밀안전진단을 착수하여야 한다.
③ 정밀안전진단의 실시시기, 정밀안전진단의 실시절차 및 방법, 정밀안전진단을 실시할 수 있는 자의 자격 등 정밀안전진단 실시에 필요한 사항은 대통령령으로 정한다.

(6) 긴급안전점검의 실시(시설물의 안전 및 유지관리에 관한 특별법 제13조)

① 관리주체는 시설물의 붕괴·전도 등이 발생할 위험이 있다고 판단하는 경우 긴급안전점검을 실시하여야 한다.
② 국토교통부장관 및 관계 행정기관의 장은 시설물의 구조상 공중의 안전한 이용에 중대한 영향을 미칠 우려가 있다고 판단되는 경우에는 소속 공무원으로 하여금 긴급안전점검을 하게 하거나 해당 관리주체 또는 시장·군수·구청장(제6조제1항 단서에 해당하는 시설물의 경우에 한정)에게 긴급안전점검을 실시할 것을 요구할 수 있다. 이 경우 요구를 받은 자는 특별한 사유가 없으면 그 요구를 따라야 한다.

③ 긴급안전점검의 절차 및 방법, 긴급안전점검을 실시할 수 있는 자의 자격 등 긴급안전점검 실시에 필요한 사항은 대통령령으로 정한다.

02 물질안전보건자료

1. 물질안전보건자료(MSDS ; Material Safety Data Sheets)의 개념

① 물질안전보건자료는 미국의 유해성 정보교환법에서 발전된 것으로 '근로자의 알 권리'에 기반을 둔 것이다.
② MSDS의 목적은 모든 제조업 근로자에게 자기가 일하는 장소에서 발생할 수 있는 유해조건을 알리는 데 있다.
③ 우리나라에서는 1995년 1월 산업안전보건법을 개정하여 MSDS를 작성하도록 했으며 작성·비치는 1996년 7월 1일부터 시행되었다.
④ MSDS의 내용에는 화학제품과 제조회사정보, 성분, 함유량 및 관련 정보, 유해, 위험성, 응급조치 요령, 화재·폭발시 대처요령, 누출사고 시 대처방법, 취급 및 저장, 노출방지 및 보호구 관련 정보, 물리화학적 성질, 안정성 및 반응성, 독성 정보, 관련 법규 등이 포함된다.

2. 운용방법 및 적용

(1) 물질안전보건자료의 작성 및 제출(산업안전보건법 제110조)

화학물질 또는 이를 포함한 혼합물로서 분류기준에 해당하는 것(대통령령으로 정하는 것은 제외, 이하 물질안전보건자료대상물질)을 제조하거나 수입하려는 자는 다음의 사항을 적은 자료(이하 물질안전보건자료)를 고용노동부령으로 정하는 바에 따라 작성하여 고용노동부장관에게 제출하여야 한다. 이 경우 고용노동부장관은 고용노동부령으로 물질안전보건자료의 기재 사항이나 작성 방법을 정할 때 화학물질관리법 및 화학물질의 등록 및 평가 등에 관한 법률과 관련된 사항에 대해서는 환경부장관과 협의하여야 한다.
① 제품명
② 물질안전보건자료대상물질을 구성하는 화학물질 중 분류기준에 해당하는 화학물질의 명칭 및 함유량
③ 안전 및 보건상의 취급 주의 사항
④ 건강 및 환경에 대한 유해성, 물리적 위험성
⑤ 물리·화학적 특성 등 고용노동부령으로 정하는 사항

(2) 물질안전보건자료의 작성·제출 제외 대상 화학물질 등(산업안전보건법 시행령 제86조)
   ① 건강기능식품에 관한 법률에 따른 건강기능식품
   ② 농약관리법에 따른 농약
   ③ 마약류 관리에 관한 법률에 따른 마약 및 향정신성의약품
   ④ 비료관리법에 따른 비료
   ⑤ 사료관리법에 따른 사료
   ⑥ 생활주변방사선 안전관리법에 따른 원료물질
   ⑦ 생활화학제품 및 살생물제의 안전관리에 관한 법률에 따른 안전확인대상생활화학제품 및 살생물제품 중 일반소비자의 생활용으로 제공되는 제품
   ⑧ 식품위생법에 따른 식품 및 식품첨가물
   ⑨ 약사법에 따른 의약품 및 의약외품
   ⑩ 원자력안전법에 따른 방사성물질
   ⑪ 위생용품 관리법에 따른 위생용품
   ⑫ 의료기기법에 따른 의료기기
   ⑬ 첨단재생의료 및 첨단바이오의약품 안전 및 지원에 관한 법률에 따른 첨단바이오의약품
   ⑭ 총포·도검·화약류 등의 안전관리에 관한 법률에 따른 화약류
   ⑮ 폐기물관리법에 따른 폐기물
   ⑯ 화장품법에 따른 화장품
   ⑰ ①부터 ⑯까지의 규정 외의 화학물질 또는 혼합물로서 일반소비자의 생활용으로 제공되는 것(일반소비자의 생활용으로 제공되는 화학물질 또는 혼합물이 사업장 내에서 취급되는 경우를 포함)
   ⑱ 고용노동부장관이 정하여 고시하는 연구·개발용 화학물질 또는 화학제품. 이 경우 법 제110조제1항부터 제3항까지의 규정에 따른 자료의 제출만 제외된다.
   ⑲ 그 밖에 고용노동부장관이 독성·폭발성 등으로 인한 위해의 정도가 적다고 인정하여 고시하는 화학물질

03 기타 관련 법규

1. 산업폐수 배출허용기준의 법적 근거(물환경보전법 제32조)
   ① 폐수배출시설(이하 배출시설)에서 배출되는 수질오염물질의 배출허용기준은 환경부령으로 정한다.
   ② 환경부장관은 ①에 따른 환경부령을 정할 때에는 관계중앙행정기관의 장과 협의하여야 한다.

③ 시·도(해당 관할구역 중 대도시는 제외) 또는 대도시는 환경정책기본법에 따른 지역환경기준을 유지하기가 곤란하다고 인정할 때에는 조례로 ①의 배출허용기준보다 엄격한 배출허용기준을 정할 수 있다. 다만, 제74조제1항에 따라 제33조·제37조·제39조 및 제41조부터 제43조까지의 규정에 따른 환경부장관의 권한이 시·도지사 또는 대도시의 장에게 위임된 경우로 한정한다.

④ 시·도지사 또는 대도시의 장은 ③에 따른 배출허용기준을 설정·변경하는 경우에는 조례로 정하는 바에 따라 미리 주민 등 이해관계자의 의견을 듣고, 이를 반영하도록 노력하여야 한다.

⑤ 시·도지사 또는 대도시의 장은 ③에 따른 배출허용기준이 설정·변경된 경우에는 지체 없이 환경부장관에게 보고하고 이해관계자가 알 수 있도록 필요한 조치를 하여야 한다.

⑥ 환경부장관은 특별대책지역의 수질오염을 방지하기 위하여 필요하다고 인정할 때에는 해당 지역에 설치된 배출시설에 대하여 ①의 기준보다 엄격한 배출허용기준을 정할 수 있고, 해당 지역에 새로 설치되는 배출시설에 대하여 특별배출허용기준을 정할 수 있다.

⑦ ③에 따른 배출허용기준이 적용되는 시·도 또는 대도시 안에 해당 기준이 적용되지 아니하는 지역이 있는 경우에는 그 지역에 설치되었거나 설치되는 배출시설에 대해서도 ③에 따른 배출허용기준을 적용한다.

⑧ 다음의 어느 하나에 해당하는 배출시설에 대해서는 ①부터 ⑦까지의 규정을 적용하지 아니한다.
  ㉠ 제33조제1항 단서 및 같은 조 제2항에 따라 설치되는 폐수무방류배출시설
  ㉡ 환경부령으로 정하는 배출시설 중 폐수를 전량(全量) 재이용하거나 전량 위탁처리하여 공공수역으로 폐수를 방류하지 아니하는 배출시설

⑨ 환경부장관은 공공폐수처리시설 또는 공공하수처리시설에 배수설비를 통하여 폐수를 전량 유입하는 배출시설에 대해서는 그 공공폐수처리시설 또는 공공하수처리시설에서 적정하게 처리할 수 있는 항목에 한정하여 ①에도 불구하고 따로 배출허용기준을 정하여 고시할 수 있다.

2. 배출허용기준

우리나라는 물환경보전법 제32조 및 동법 시행규칙 제34조에서 폐수배출허용기준을 설정하고 있고, 지역별로 4단계(청정, 가, 나, 특례지역)로 구분하여 적용하고 있으며, 또한 BOD, TOC, SS의 경우 폐수배출량 2,000m^3/day 이상과 미만으로 구분하여 설정함으로써 폐수배출허용기준을 지역별, 규모별로 차등 적용하고 있다.

CHAPTER 11 **적중예상문제(1차)**

제3과목 설비운영

01 안전수칙에 대한 설명으로 옳지 않은 것은?
① 일기조건으로 작업수행이 곤란한 경우에는 작업을 하지 아니한다.
② 위험한 작업 시에는 안전관리책임자가 입회하도록 하며 특별교육을 실시한다.
③ 작업에 지장을 주는 요인이 있을 경우 작업실시 후에 관리주체의 협조를 얻어 안전조치를 취한 후에 작업을 실시한다.
④ 공공의 안전과 관계가 있을 경우에는 적절한 조치(출입금지, 접근금지 등의 표지판 설치, 교통신호수, 감시인배치 등)를 한다.

해설 ③ 작업에 지장을 주는 요인이 있을 경우에는 작업실시 전에 관리주체의 협조를 얻어 안전조치를 취한 후에 작업을 실시한다.

02 산업재해의 보고대상으로 맞는 것은?
① 사망자가 발생하거나 3일 이상의 휴업이 필요한 부상을 입거나 질병에 걸린 사람이 발생한 경우
② 사망가 발생하거나 30일 이상의 휴업이 필요한 부상을 입거나 질병에 걸린 사람이 발생한 경우
③ 사망가 발생하거나 60일 이상의 휴업이 필요한 부상을 입거나 질병에 걸린 사람이 발생한 경우
④ 사망가 발생하거나 100일 이상의 휴업이 필요한 부상을 입거나 질병에 걸린 사람이 발생한 경우

해설 사업주는 산업재해로 사망자가 발생하거나 3일 이상의 휴업이 필요한 부상을 입거나 질병에 걸린 사람이 발생한 경우에는 해당 산업재해가 발생한 날부터 1개월 이내에 산업재해조사표를 작성하여 관할 지방고용노동관서의 장에게 제출(전자문서로 제출하는 것을 포함)해야 한다(산업안전보건법 시행규칙 제73조).

정답 1 ③ 2 ①

03 다음 중 안전관리자의 업무가 아닌 것은?

① 산업안전보건위원회 또는 노사협의체에서 심의·의결한 업무와 해당 사업장의 안전보건관리규정 및 취업규칙에서 정한 업무
② 안전인증대상기계 등과 자율안전확인대상기계 등 구입 시 적격품의 선정에 관한 보좌 및 지도·조언
③ 해당 사업장 안전교육계획의 수립 및 안전교육 실시에 관한 보좌 및 지도·조언
④ 물질안전보건자료의 게시 또는 비치에 관한 보좌 및 지도·조언

해설 ④ 보건관리자의 업무이다(산업안전보건법 시행령 제18조, 제22조).

04 다음 중 시설물의 안전 및 유지관리에 관한 특별법의 제정목적으로 볼 수 없는 것은?

① 국민의 복리증진에 기여
② 공중의 안전확보
③ 시설물이용자의 편의제공
④ 재해와 재난예방

해설 이 법은 시설물의 안전점검과 적정한 유지관리를 통하여 재해와 재난을 예방하고 시설물의 효용을 증진시킴으로써 공중의 안전을 확보하고 나아가 국민의 복리증진에 기여함을 목적으로 한다(시설물의 안전 및 유지관리에 관한 특별법 제1조).

05 MSDS의 작성원칙으로 옳지 않은 것은?

① 물질안전보건자료는 한글로 작성하는 것을 원칙으로 하되 화학물질명, 외국기관명 등의 고유명사는 영어로 표기할 수 있다.
② MSDS는 화학물질로부터의 사고를 미연에 방지하기 위한 것으로 화학물질의 개별성분에 관한 정보가 잘 나타나 있어야 한다.
③ 외국어로 되어 있는 MSDS를 번역하는 경우에는 자료의 신뢰성이 확보될 수 있도록 최초 작성기관명 및 시기를 함께 기재하여야 한다.
④ 다른 형태의 관련 자료를 활용하여 물질안전보건자료를 작성하는 경우에는 참고문헌의 출처를 기재하여야 한다.

해설 ② MSDS는 화학물질로부터의 사고를 미연에 방지하기 위한 것으로 화학물질의 개별성분에 관한 정보보다 혼합물 전체의 관련 정보가 잘 나타나 있어야 한다.
①·③·④ 화학물질의 분류·표시 및 물질안전보건자료에 관한 기준 제11조

정답 3 ④ 4 ③ 5 ②

CHAPTER 11 적중예상문제(2차)

제3과목 설비운영

01 다음은 산업안전보건법상 산업재해에 관련된 항목이다. 괄호 안을 순서대로 채우시오.

- 보고대상 : 산업재해로 (　)가 발생하거나 (　)일 이상의 휴업이 필요한 부상을 입거나 질병에 걸린 사람이 발생한 경우
- 산업재해가 발생한 날부터 (　)개월 이내에 산업재해조사표를 작성하여 관할 지방고용노동관서의 장에게 제출(전자문서에 의한 제출을 포함)해야 한다.
- 사업주는 중대재해가 발생한 사실을 알게 된 경우에는 (　) 사업장 소재지를 관할하는 지방고용노동관서의 장에게 전화·팩스 또는 그 밖의 적절한 방법으로 보고해야 한다.

02 미국의 유해성 정보교환법에서 발전된 것이며 '근로자의 알 권리'에 기반을 둔 것으로 그 목적은 모든 제조업 근로자에게 자기가 일하는 장소에서 발생할 수 있는 유해조건을 알리는 데 있다. 무엇에 대한 설명인가?

03 안전관리자의 업무를 3가지 이상 쓰시오.

04 다음 괄호 안을 채우시오.

> 고용노동부장관은 유해하거나 위험한 기계·기구·설비 및 방호장치·보호구(이하 유해·위험기계 등)의 안전성을 평가하기 위하여 그 안전에 관한 성능과 제조자의 기술 능력 및 생산 체계 등에 관한 기준(이하   )을 정하여 고시하여야 한다.

05 시설물의 안전 및 유지관리에 관한 특별법에서 다음의 정의에 해당되는 용어를 쓰시오.
(1) 경험과 기술을 갖춘 자가 육안이나 점검기구 등으로 검사하여 시설물에 내재되어 있는 위험요인을 조사하는 행위
(2) 시설물의 물리적·기능적 결함을 발견하고 그에 대한 신속하고 적절한 조치를 하기 위하여 구조적 안전성과 결함의 원인 등을 조사·측정·평가하여 보수·보강 등의 방법을 제시하는 행위

CHAPTER 11 정답 및 해설

제3과목 설비운영

01
- 사망자, 3(산업안전보건법 시행규칙 73조)
- 1(산업안전보건법 시행규칙 73조)
- 지체 없이(산업안전보건법 시행규칙 67조)

02 물질안전보건자료(MSDS ; Material Safety Data Sheets)

03 안전관리자의 업무 등(산업안전보건법 시행령 제18조)
- 산업안전보건위원회 또는 노사협의체에서 심의·의결한 업무와 해당 사업장의 안전보건관리규정 및 취업규칙에서 정한 업무
- 위험성평가에 관한 보좌 및 지도·조언
- 안전인증대상기계 등과 자율안전확인대상기계 등 구입 시 적격품의 선정에 관한 보좌 및 지도·조언
- 해당 사업장 안전교육계획의 수립 및 안전교육 실시에 관한 보좌 및 지도·조언
- 사업장 순회점검, 지도 및 조치 건의
- 산업재해 발생의 원인 조사·분석 및 재발 방지를 위한 기술적 보좌 및 지도·조언
- 산업재해에 관한 통계의 유지·관리·분석을 위한 보좌 및 지도·조언
- 법 또는 법에 따른 명령으로 정한 안전에 관한 사항의 이행에 관한 보좌 및 지도·조언
- 업무수행 내용의 기록·유지
- 그 밖에 안전에 관한 사항으로서 고용노동부장관이 정하는 사항

04 안전인증기준(산업안전보건법 제83조)

05
(1) 안전점검
(2) 정밀안전진단
※ 시설물의 안전 및 유지관리에 관한 특별법 제2조

제 4 과목

정수시설 수리학

제1장　수리학의 기본원리

제2장　정수장 내 물의 흐름

제3장　펌프의 종류와 수리적 특성

정수시설운영관리사
www.**sdedu**.co.kr

CHAPTER 01 수리학의 기본원리

제4과목 정수시설 수리학

01 물의 성질과 기초원리

1. 유체의 개념

(1) 유체의 정의
① 흐르는 물질이다.
② 액체와 기체를 일괄하여 유체라고 한다.
③ 압축이나 인장력하에서만 고체와 같은 탄성을 가지고, 아무리 작은 전단응력을 받을지라도 항상 연속적으로 변형하는 물질을 유체라고 한다.

(2) 유체의 분류
① 압축성의 유무에 따른 분류
모든 유체는 압축이 되므로 해석조건에 따라 압축을 고려하는가 또는 무시하는가에 따른 분류이다.
㉠ 압축성 유체 : 일정한 온도하에서 압력을 변화시킴에 따라 체적, 온도, 밀도 등이 변하는 유체를 말한다. 일반적으로 기체, 고속흐름의 기체, 수격작용 해석 시의 액체 등이 있다.
㉡ 비압축성 유체 : 압축이 되지 않는다고 가정한 유체로 압력에 관계없이 체적, 온도, 밀도 등이 일정하다고 전제하는 유체이다. 즉, 온도나 압력에 의한 밀도의 변화가 미세하여 무시할 수 있는 유체이다. 일반적으로 액체, 저속흐름의 기체 등이 있다.

> **더 알아보기**
>
> **압축성 유체**
> - 기체는 보통 압축성 유체이다.
> - 음속보다 빠른 비행체 주위의 공기흐름
> - 수압철관 속의 수격작용
> - 디젤엔진에 있어서 연료수송관의 충격파
>
> **비압축성 유체**
> - 액체는 보통 비압축성으로 본다.
> - 물체(굴뚝, 건물 등)의 둘레를 흐르는 기류
> - 달리는 물체(자동차, 기차 등) 주위의 기류
> - 저속으로 나르는 항공기 둘레의 기류
> - 물속을 주행하는 잠수함 둘레의 수류

② 점성의 유무에 따른 분류

모든 유체는 점성을 가진다. 다만, 해석상 점성을 고려하는가 또는 무시하는가에 따른 분류이다.
㉠ 점성유체(실제유체) : 점성을 가진 유체로서 점성의 영향을 고려해야만 흐름을 충분히 해석할 수 있는 유체, 즉 유체가 흐를 때 유체의 점성 때문에 유체분자 간 또는 유체와 경계면 사이에 전단응력이 발생하는 유체를 말한다.
㉡ 비점성유체(이상유체) : 해석을 단순화하기 위해 점성이 없다고 가정한 유체, 즉 점성을 가지고 있지 않거나 그 크기가 작아서 점성의 영향을 무시해도 흐름을 해석할 수 있는 유체이다.

참고 이상유체란 일반적으로 유체가 흐를 때 점성이 전혀 없어서 전단응력이 발생하지 않으며 압력을 가하여도 압축이 되지 않는 유체이다. 좁은 의미에서 비점성유체를 지칭하며, 보다 넓은 의미에서는 비점성 및 비압축성 유체를 말한다.

③ 점성계수의 변동유무에 따른 분류
㉠ 뉴턴유체 : 점성계수가 불변 - 물, 공기, 기름 등
㉡ 비뉴턴유체 : 속도기울기에 따라 점성계수 변동 - 혈액, 페인트, 타르 등

2. 물의 성질과 운동

(1) 밀도(Density)

① 정의 : 유체의 단위체적에 대한 질량의 크기이다.
② 사용기호 : ρ로 표기한다(단위 : g/cm^3, t/m^3).
③ 관계식 : 어떤 물체의 질량을 M, 부피를 V라면 밀도는 $\rho = M/V$가 된다.
④ 특 성
㉠ 0℃와 4℃ 사이의 온도에서 물은 다른 일반 액체와는 달리 팽창하지 않고 수축한다.
㉡ 물에 있어서도 온도에 따라 밀도가 변화하는데 4℃일 때의 밀도가 가장 크게 된다. 4℃ 이상의 물에서는 온도상승과 더불어 부피가 팽창하므로 밀도는 작아진다.
㉢ 물의 최소부피는 3.98℃에서 일어나며, $1.0000250cm^3/g$이다.
㉣ 부피의 역수에 해당하는 최대밀도는 $0.9999750g/cm^3$이다.
㉤ 표준 대기압하(1기압)의 물의 밀도는 3.98℃에서 최대이며, 순수한 물의 경우
$\rho = 1g/cm^3$(공학단위 : $102.4 kgf \cdot s^2/m^4$, SI단위 : $1,000 kg/m^3$)

(2) 단위중량(비중량)

① 정의 : 유체의 단위체적에 대한 무게로 비중량이라고도 한다.
② 사용단위 : g/cm^3, t/m^3 등

③ 관계식 : 단위중량 = 밀도×중력가속도 = 중량/체적

$$w = \rho g = \frac{W}{V} = \frac{mg}{V}$$

④ 특성 : 표준대기압하의 물의 단위중량은 3.98℃에서 최대이며, 순수한 물인 경우

$$w = 1\text{g/cm}^3 = 1\text{t/m}^3$$

(3) 중 량
① 정의 : 어떤 물체가 중력가속도를 받고 있을 때의 무게이다.
② 사용기호 : W(단위 : g, kg, t)
③ 관계식 : 중량 = 질량×중력가속도

(4) 비체적(Specific Volume)
① 정의 : V_S로 표기하며, 유체의 단위중량당 또는 단위질량당 차지하는 체적을 말한다.
② 사용단위 : cm^3/g, m^3/t 등
③ 관계식 : 비체적 = 1/단위중량 = 1/W

(5) 비 중
① 정의 : 어떤 물체의 단위중량과 순수한 물 4℃일 때 단위중량의 비를 말하며, 순수한 물 4℃일 때 물의 비중은 1.0이다.
② 사용기호 : γ(단위는 없음)
③ 관계식 : 비중 = 물체의 밀도/물의 밀도 = 물체의 단위중량/물의 단위중량
④ 특징 : 어떤 유체의 비중을 알고 있으면 그 유체의 밀도, 단위중량 등을 알 수 있다.

(6) 전단응력(내부마찰력)
① 정의 : 단위면적당 마찰력의 크기이다.
② 사용기호 : τ(단위 : g/cm^2, kg/cm^2)
③ 관계식 : 점성계수×속도경사

$$\tau = \mu \times \frac{dV}{dY} \text{ (속도경사의 단위는 /s이다)}$$

(7) Newton의 점성법칙

① 개 념

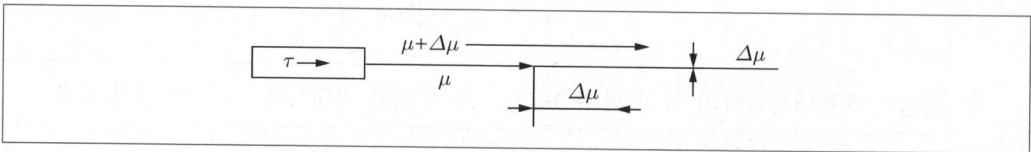

㉠ 위의 그림에 있어서 서로 이웃하는 얇은 두 개의 층 사이에 ΔV의 속도차가 생길 때, 경계면에 작용하는 단위면적당 마찰력은 실험에 의하면 다음과 같이 된다.

$$\tau = \mu \frac{\Delta V}{\Delta Y} = \mu \frac{dV}{dY}$$

즉, 전단저항 = 점성 × $\frac{\text{상대속도}}{\text{유체층의 두께}}$ 이며, 이 식을 Newton의 점성법칙이라 한다.

㉡ 여기서 τ는 단위면적당 마찰력으로서, 이것을 전단저항 또는 전단응력(Shear Stress)이라고 하며, 비례상수 μ는 점성계수(Coefficient of Viscosity), $\frac{dV}{dY}$를 속도구배(Velocity Gradient) 또는 전단변형률이라 한다.

② 점성계수

㉠ 점성법칙식에 의하면, τ와 μ는 압력과 관계가 없다. 점성계수 μ는 유체의 종류에 따라 특유한 값을 가지고 보통 온도만의 함수이다.

㉡ 점성계수 μ의 단위는 공학단위로 kg·s/m^2, 절대단위로 g/cm·s이고, 주로 점성계수의 단위는 푸아즈(Poise, 기호는 P)를 쓴다.

즉, 1P = 1poise = 1g/cm·s = 1dyne·s/cm^2 = 0.1N·s/m^2 = 100cP(Centipoise)

③ 동점성계수

㉠ 유체의 운동을 다룰 때 점성계수 μ를 밀도 ρ로 나눈 값을 말한다. 이를 동점성계수(ν : Kinematic Viscosity)라 한다.

㉡ 동점성계수 ν의 단위는 공학단위로 m^2/s, 절대단위로 cm^2/s이다.

$$1 \text{Stokes} = 1 \text{St} = 1 \text{cm}^2/\text{s} = 10^{-4} \text{m}^2/\text{s} = 100 \text{cSt(Centistokes)}$$

㉢ 동점성계수 ν는 액체인 경우 온도만의 함수이고, 기체인 경우에는 온도와 압력의 함수이다.

(8) 물의 표면장력

① 물분자 사이에는 분자끼리 모든 방향에서 끌어당기는 힘이 작용하는데 이 힘을 응집력이라 하고, 다른 분자끼리 끌어당기는 힘을 부착력이라 하며, 이와같이 응집력과 부착력의 차이로 발생하는 것을 표면장력이라 한다.

② 표면장력은 단위면적당 에너지(dyne/cm = 10N/m)로 나타낼 수 있으며, 물의 표면장력은 20℃에서 72.75dyne/cm이다.

$$T = \frac{P}{4}d$$

- P : 물방울 내부의 압력
- d : 물방울 직경

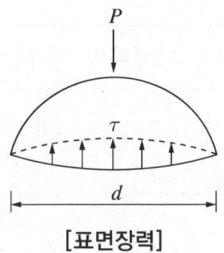

[표면장력]

③ 물의 표면장력은 온도에 따라 변화된다.
④ 단위로는 단위면적당의 에너지 또는 단위길이당의 힘으로 나타내며, 이 장력은 분자 간의 응집력에 의존하므로 온도의 증가에 따라 약간 감소한다.
⑤ 차 원
  ㉠ LFT계 : $T = (L^{-2}F)(L) = L^{-1}F$
  ㉡ LMT계 : $T = L^{-1}LMT^{-2} = MT^{-2}$
⑥ 특 징
  ㉠ 물에 가미된 염분은 표면장력을 증가시킨다.
  ㉡ 비누, 알코올, 산 같은 유기물질은 표면장력을 감소시킨다. 즉, 비누, 샴푸 등 계면활성제는 표면장력을 작게 해주어 소화효과를 증대시킨다.

(9) 모세관현상

① 물 위에 가는 관을 세우게 되면 부착력이 모세관 내의 물의 중량보다 크게 되어 그만큼 모세관 내의 수위를 상승시키게 되는데 이러한 현상을 모세관현상(Capillary Phenomenon)이라 한다.
② 액체의 응집력과 부착력에 의한 것으로서 부착력이 응집력보다 크면 관 속의 액면은 상승하고 반대로 부착력이 작으면 하강한다.
③ 물의 모세관 상승높이는 관의 재료, 관의 직경 등에 의하여 결정된다. 즉, 관의 직경이 두 배가 되면 끌어올리는 힘도 두 배가 된다. 그러나 물의 무게는 직경의 제곱에 비례하므로 결국 모세관 상승 높이는 관의 지름에 반비례한다.

④ 모세관의 상승높이

$$h = \frac{4\sigma\cos\beta}{\gamma d}$$

- σ : 표면장력(kg/m)
- β : 접촉각
- γ : 단위체적당 비중량(kg/L)
- d : 모세관 직경(m)

⑤ 두 개의 연직 평판을 세운 경우 : 모세관의 상승높이

$$h_c = \frac{2\sigma\cos\beta}{\gamma d}$$

3. 차원과 단위

(1) 차원(Dimension)

① **차원의 종류** : 차원으로는 기본차원과 유도차원으로 구분되는데, 기본차원은 질량을 M, 길이 L, 시간 T로 표기하며, 이러한 기본차원에서 유도된 차원을 유도차원이라고 한다.
  ㉠ 기본차원 : 길이(L ; Length), 질량(M ; Mass), 시간(T ; Time)
  ㉡ 유도차원 : 기본차원의 조립에 의해 유도되는 차원

② **차원의 분류**
  ㉠ LMT계 : 길이(L), 질량(M), 시간(T)을 기본차원으로 사용하는 것
  ㉡ LFT계 : 길이(L), 힘(F), 시간(T)을 기본차원으로 사용하는 것
  ㉢ LMT계와 LFT계의 교환 : Newton의 제2법칙을 이용한다.

$$F = M(LT^{-1})(T^{-1}) = LMT^{-2} \qquad \therefore M = L^{-1}FT^2$$

③ **차원방정식** : 물리적인 현상을 나타내는 방정식을 차원의 관계로 나타낸 식으로 방정식의 양변은 항상 같은 차원이어야 한다. 예를 들면, 초속 V_o로써 연직하방으로 물체가 낙하할 경우 공기의 저항을 무시하면 시간 T 사이에 물체가 지나가는 거리 S는

$$S = (LT^{-1})(T) + (LT^{-2})(T^2) = L + L$$

(2) 단위(Unit)
   ① 단위의 분류
      ㉠ 기본단위
         • 길이(Length) : cm, m, ft 등
         • 질량(Mass) : g_o, kg_o, lb 등
         • 시간(Time) : s, min, h 등
      ㉡ 유도단위 : 기본단위의 조립에 의해 유도되는 단위
         • 면적 : cm^2, m^2, ft^2 등
         • 속도 : cm/s, m/s, ft/s 등
      ㉢ 보조단위 : rad, ha 등
   ② 단위제(Unit System)의 종류
      ㉠ 미터단위제(Metric Unit System) : 길이(m), 질량(kg_o), 시간(s)
      ㉡ 영국단위제(British Unit System) : 길이(ft), 질량(lb), 시간(s)
      ㉢ 한국단위제(Korean Unit System) : 척(尺), 관(貫)
   ③ 미터단위제
      ㉠ 절대단위계
         • CGS 단위계 : 길이(cm), 질량(g_o), 시간(s)
            - 힘의 단위 : dyne
            - 1dyne : $1g_o$의 질량을 가진 물체가 $1cm/s^2$의 가속도를 받을 때의 힘

$$F = m \cdot a = 1g_o \times 1cm/s^2 = 1g_o \cdot cm/s^2 = 1dyne = 10^{-5}N$$

         • MKS 단위계 : 길이(m), 질량(kg_o), 시간(s)
            - 힘의 단위 : N
            - 1N : $1kg_o$의 질량을 가진 물체가 $1m/s^2$의 가속도를 받을 때의 힘

$$F = m \cdot a = 1kg_o \times 1m/s^2 = 1kg_o \cdot m/s^2 = 1N$$

            - SI 단위계에서는 이것을 기준으로 하고 있음
      ㉡ 공학단위계 : 길이(m), 힘(kg중), 시간(s)
         • 힘의 단위 : kg중
         • 1kg중 : $1kg_o$의 질량을 가진 물체가 $9.8m/s^2$의 가속도를 받을 때의 힘
         • kg중과 dyne의 관계

$$1kg중 = 1,000g_o \times 980cm/s^2 = 0.98 \times 10^6 g_o \cdot cm/s^2 = 0.98 \times 10^6 dyne$$

- kg중과 N의 관계

$$1kg중 = 1kg_o \times 9.8m/s^2 = 9.8kg_o \cdot m/s^2 = 9.8N$$

- 절대단위계와 공학단위계의 관계

$$중량\ 1g중(공학단위계) = 1g_o \times 980cm/s^2 = 980g_o \cdot cm/s^2$$
$$= 980dyne(절대단위계)$$

④ 영국단위제
  ㉠ 절대단위계 : 길이(ft), 질량(lb), 시간(s)
   - 힘의 단위 : pdl
   - 1pdl : 1lb의 질량을 가진 물체가 $1ft/s^2$의 가속도를 받을 때의 힘

$$F = m \cdot a = 1lb \times 1ft/s^2 = 1lb \cdot ft/s^2 = 1pdl$$

  ㉡ 공학단위계 : 길이(ft), 힘(lb중), 시간(s)
   - 힘의 단위 : lb중
   - 1lb중 : 1lb의 질량을 가진 물체가 $32.15ft/s^2$의 가속도를 받을 때의 힘

$$1lb중 = 1lb \times 32.15ft/s^2 = 32.15lb \cdot ft/s^2$$

⑤ SI단위제(Le Systeme International d'Unites, The International System of Units)
  ㉠ 각국에서 사용되고 있는 단위제를 통일하기 위해 국제 도량형총회(CGPM ; Conference Generale des Poids et Measures)에서 채택한 단위제
  ㉡ 한국공업규격(KS)에서도 채택하고 있음
  ㉢ 길이(m), 질량(kg_o), 시간(s), 전류(A), 온도(K), 광도(cd) 및 물질량(mol)을 기본단위(7개), 평면각(rad)과 입체각(sr)을 보조단위(2개), 힘(또는 중량)의 단위로 N을 사용하는 단위제 → 미터단위제를 기준으로 한 절대단위계(중에서 mKS단위계)로 볼 수 있음

[주요물리량의 차원]

물리량	기 호	FLT계	MLT계
길이(Length)	l	L	L
시간(Time)	t	T	T
속도(Velocity)	v	LT^{-1}	LT^{-1}
가속도(Acceleration)	a	LT^{-2}	LT^{-2}
질량(Mass)	m	$FL^{-1}T^2$	M
밀도(Density)	ρ	$FL^{-4}T^2$	ML^{-3}
힘(Force), 중량(Weight)	f, w	F	MLT^{-2}
비중량(Specific Weight)	r	FL^{-3}	$ML^{-2}T^{-2}$
압력(Pressure)	P	FL^{-2}	$ML^{-1}T^{-2}$
토크(Torque), 일(Work)	T, W	FL	ML^2T^{-2}

물리량	기 호	FLT계	MLT계
동력(Power)	L	FLT^{-1}	MLT^{-3}
응력(Stress)	σ, τ	FL^{-2}	$ML^{-1}T^{-2}$
체적유량(Volume Flow Rate)	Q	L^3T^{-1}	L^3T^{-1}
절대점성 계수(Absolute Viscosity)	μ	FLT	$ML^{-1}T^{-1}$
동점성 계수(Kinematic Viscosity)	ν	$L^{-2}T^{-1}$	L^2T^{-1}
체적탄성 계수(Modulus of Elasticity)	E	FL^{-2}	$ML^{-1}T^{-2}$
표면장력(Surface Tension)	σ	FL^{-1}	MT^{-2}
온도(Temperature)	T	ⓗ	ⓗ
각속도(Angular Velocity)	w	T^{-1}	T^{-1}
운동량(Momentum)	mV	FT	MLT^{-1}
각운동량(Angularmomentum)	R	FLT	ML^2T^{-1}

02 흐름의 기초원리(정수역학)

1. 정수역학(Hydrostatics)의 개념

① 유체가 흐르지 않고 정지상태여서 유체입자 사이에 상대적인 운동이 없을 때의 물의 역학적인 성질을 연구하는 학문이다.
② 유체입자 사이에 상대적인 운동이 없으므로 점성효과가 나타나지 않게 되어 전단응력이 발생하지 않는다. 즉, 마찰의 원인이 되는 점성은 무시된다.
③ 정수역학의 이론은 압력의 측정과 물탱크, 기름탱크, 벽 및 댐의 수문 등에 작용하는 힘을 계산하는 데 이용된다.

2. 정수압(Hydrostatic Pressure)

(1) 정수압의 개요

① 정수압 : 정지상태에 있는 유체가 작용하는 힘의 크기를 말한다.
② 정수압의 방향 : 정수 중에는 마찰력이 작용하지 않기 때문에 압력은 반드시 면에 직각으로 작용한다.
　㉠ 정수압이 면에 수직으로 작용하지 않으면 분력의 차이로 전단력이 발생하여 흐른다.
　㉡ 정수압이 면에 수직으로 작용해야 수평과 수직분력이 같아서 전단력이 발생하지 않는다 ($Pv = Ph$).

③ **정수압의 크기(강도)** : 정지상태에 있는 유체가 단위면적에 작용하는 힘의 크기로 표시한다.
  ㉠ 단위면적당 힘으로 표시된다.
  ㉡ 수압은 항상 면에 직각으로 작용하고 수심에 비례한다.
  ㉢ 깊이가 같은 임의의 점에 대한 수압은 항상 같다.
  ㉣ 정수 중 한점의 수압크기는 모든 방향에서 같다.
  ㉤ 물속에 임의의 평면을 생각하여 그 평면의 단면적을 A, 이 단면에 균일한 압력이 작용할 때 그 평면상에 작용하는 전수압을 P라 하면 다음과 같다.

  $$정수압강도\ \rho = \frac{P}{A}$$

  - ρ : 정수압강도(kg/cm^2)
  - A : 정수압이 작용하는 면적(cm^2)
  - P : 압력(kg)

(2) **압력의 전달**

  ① **수압기의 원리** : 파스칼의 원리를 응용한 Bramach의 수압기이며, 단면적이 작은 부분에 압력을 가하여 단면적이 큰 부분에서 큰 힘을 얻도록 한 장치이다. 두 마개의 단면적을 각각 A_1, A_2라 하고 마개의 중량과 용기와 마개 사이의 마찰력을 무시하면 마개의 아래쪽 수압강도는 각각 $\frac{P_A}{a_A}$, $\frac{P_B}{a_B}$가 된다.

  $$\frac{P_1}{A_1} = \frac{P_2}{A_2} + wh$$

  ㉠ 압력은 작용하는 면에 수직하게 작용한다.
  ㉡ 각 점의 압력은 모든 방향에 같다.
  ㉢ 밀폐용기 중 정지유체의 압력은 같다.

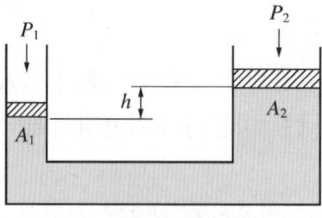

[수압기의 원리]

② 파스칼의 원리 : 정수 중의 한 점에 압력을 가하면 그 압력은 물속의 모든 곳에 동일한 크기로 전달된다.

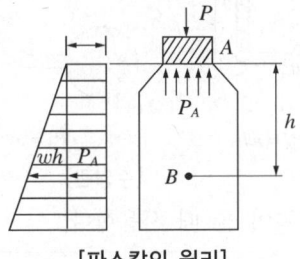

[파스칼의 원리]

㉠ 마개의 밑면 A 점에 작용하는 압력

$$P_A\left(=\frac{P}{a}\right)$$

㉡ A보다 h의 깊이에 있는 B점에서의 압력

$$P_B = P_A + wh$$

③ 수압기의 응용

$$l_1 P_A = l_2 P_0 \text{에서 } P_1 = \frac{l_2}{l_1} P_0 \text{이므로 } P_2 = \frac{A_2}{A_1} \times \frac{l_2}{l_2} P_0$$

(3) 압력의 측정

① 수압관
  ㉠ 관로나 용기의 한 단면에서의 압력을 측정하는 데 사용된다.
  ㉡ 관로의 벽을 뚫어 짧은 꼭지를 달고 여기에 긴 가느다란 관을 끼워 연결한 장치로 관로 내의 압력이 작을 때 사용한다.

② 액주계 : 관로나 용기의 한 단면에서 특정 지점의 압력이나 두 점 간의 압력차를 측정하는 데 사용된다.
  ㉠ 연직식 액주계 : 낮은 압력을 측정한다.

  $$P_A = wh$$

  ㉡ 경사식 액주계 : 압력이 작아서 h의 눈금을 읽기 어려울 때 액주계를 기울어지게 하여 눈금을 확대시킴으로써 읽기 쉽게 하였다.

  $$P_A = wl\sin\theta = wh$$

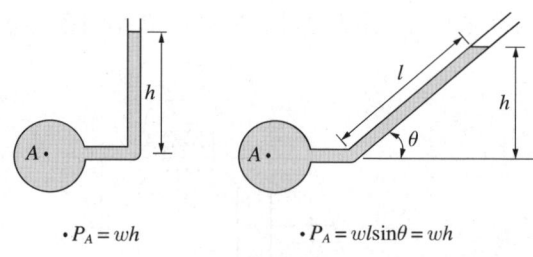

[수압관]

ⓒ U자형 액주계 : 관의 압력이 클 때 사용한다.

- $P_2 + \rho_w gH = \rho_m gZ$
- $P_2 = g(\rho_m Z - \rho_w H) = \gamma_m Z - \gamma_w H$

ⓔ 역 U자형 액주계 : 관 속의 압력차가 작을 때 사용하고, 비중이 1보다 작고 물과 잘 혼합되지 않는 벤젠 등에 사용한다.

$D_C = D_D$ 이므로
$D_C = D_A - w_1 h_1 - w_2 h_2$ 이고, $D_D = D_B - w_3 h_3$ 일 때,
$D_A - w_1 h_1 - w_2 h_2 = D_B - w_3 h_3$
∴ $D_A - D_B = w_1 h_1 + w_2 h_2 - w_3 h_3$

ⓜ 시차액주계(또는 차동수압계, Differential Manometer) : 두 개의 탱크나 관 내의 압력차를 측정할 때 사용한다.
ⓗ 미차액주계(Micro Manometer) : 미소압력차를 측정한다. 즉, 높은 정밀도나 아주 작은 압력차를 측정할 때 사용한다.

$$P_M - P_N = h\left[w_3 - w_2\left(1 - \frac{a_1}{a_2}\right)\right]$$

(4) 정수 중의 평면에 작용하는 전수압

물속에 잠겨 있는 댐, 수문, 수로 및 탱크 등의 수공구조물을 설계할 때는 여기에 작용하는 전수압과 그 작용점의 위치를 정확히 알아야만 구조적인 계산을 거쳐 단면의 두께나 재료의 선택 등을 결정할 수 있다.

① 수면에 평행한 평면에 작용하는 전수압
  ㉠ 전수압(P) : 평면을 바닥으로 하는 수면까지의 연직수주의 중량과 같음

$$P = \rho A = whA$$

ⓛ 단위면적당 작용하는 수압

$$\text{수압강도 } \rho = wh\,(\text{t/m}^2)$$

ⓒ 전수압의 작용점 위치 : 수중물체의 중심(도형의 도심)

② 수면에 연직한 평면에 작용하는 전수압

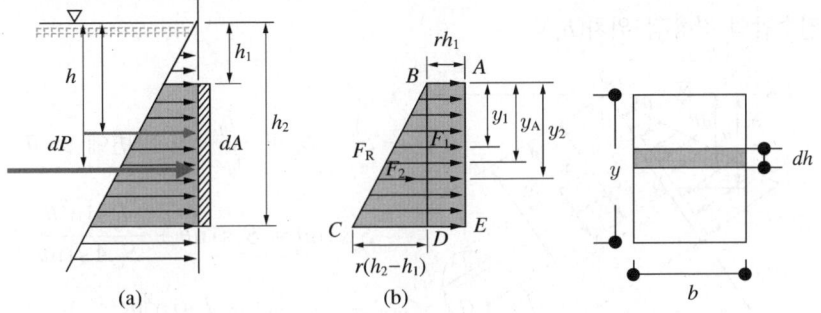

㉠ 수심 h에서 dh인 미소면적 dA에 작용하는 전수압

$$dP = pdA = whdA = whbdh$$

ⓛ 평면 A에 작용하는 전수압 : dP를 전 면적에 대하여 적분

$$P = \int_{h_1}^{h_2} dP = wb \int_{h_1}^{h_2} hdh = wb\left(\frac{1}{2}h^2\right)_{h_1}^{h_2} dh = wb\left(\frac{h_2^2 - h_1^2}{2}\right)$$
$$= wb(h_2 - h_1)\frac{(h_2 - h_1)}{2} = wbyh_g = wAh_g$$

ⓒ 전수압의 작용점
• 수면에 대해 모멘트를 취한다.

$$P \cdot h_c = h\int_A dP = h\int_A whdA = w\int h^2 dA = wI$$

• 평면의 단면 2차 모멘트 I_0에서 수면으로 축 이동

$$I = I_0 + h_g^2 A$$

• 작용점의 위치

$$P \cdot h_c = wI\text{이고},\ P = wh_g A,\ I = I_0 + h_g^2 A \text{이므로 } wh_g A \cdot h_c = w(I_0 + h_g^2 A)$$
$$\therefore h_c = \frac{1}{h_g \cdot A}(I_0 + h_g^2 A) = \frac{I_0}{h_g \cdot A} + h_g$$

③ 수면에 경사진 평면에 작용하는 전수압

  ⊙ 전수압(P) : 미소단면적 dA에 작용하는 전수압을 dP라 하면

$$dP = whdA = w \cdot S\sin\theta \cdot dA$$
$$\therefore P = w\sin\theta \int_A SdA = w\sin\theta \cdot S_g A = wh_g A$$

  ⓒ 전수압의 작용점 위치(h_c)

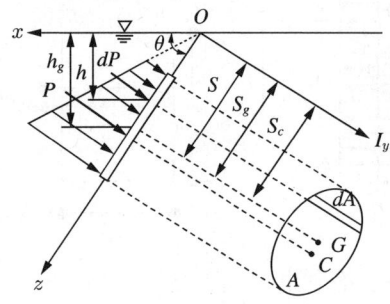

[경사평면에 작용하는 정수압]

$S_c = S_g + \dfrac{I_y}{S_g A}$ 의 양변에 $\sin\theta$를 곱하면

$$S_c \sin\theta = S_g \sin\theta + \dfrac{I_y \sin^2\theta}{S_g A \sin\theta}$$

$$\therefore h_c = h_g + \dfrac{I_y \sin^2\theta}{h_g A}$$

(5) 곡면에 작용하는 전수압

전수압의 연직 및 수평분력을 각각 계산하여 합성한다.

① **전수압의 연직분력(P_v)** : 곡면에 작용하는 전수압의 연직분력은 그 곡면을 저변으로 하는 수주의 중량과 같고 그 작용점은 수주의 무게 중심을 통과하는 연직선이다.

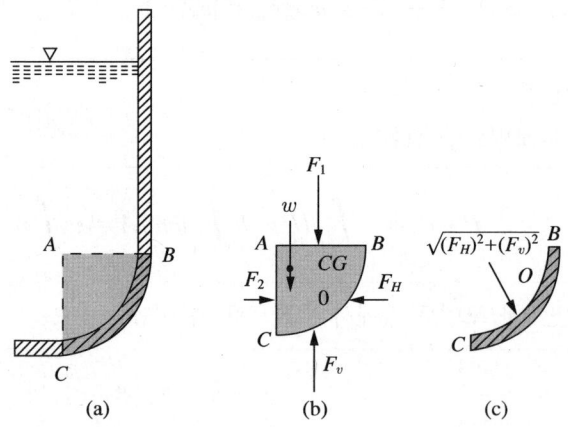

$\sum F_y = 0$ 이고, $F_v - F_1 - W_{adc} = 0$ 이므로

$F_v = F_{AC} + W_{abc} = P_v$

$\therefore P_v = wV$

② 곡면에 작용하는 전수압(P)

$$P = \sqrt{P_v^2 - P_h^2}$$

③ 전수압의 수평분력(P_h) : 곡면에 작용하는 전수압의 수평분력은 그 곡면을 연직면에 투영했을 때 투영면에 작용하는 전수압과 같고 작용점은 투영면상의 전수압의 작용점과 같다.

$$\sum F_X = 0 \text{이고}, \ F_2 - F_h = 0 \text{이므로} \ F_2 = F_h = P_h$$
$$\therefore P_h = wh_g A$$

(6) 원관에 작용하는 수압
원관 내에 작용하는 수압은 곡면에 작용하는 수압의 수평분력을 계산하는 방법을 적용하여 구할 수 있다.

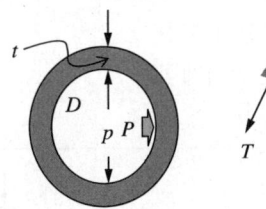

① 전수압

$$P = pDL$$

- P : 수압이 관의 반단면에 미치는 힘
- p : 관 속의 수압강도
- L : 관의 길이

② 단위길이당 응력

$$\sigma = \frac{T}{t}$$
$$T = \sigma t$$

- T : 관 단면의 인장력
- t : 관의 두께
- σ : 관의 인장력

③ 관의 허용두께

$$2\sigma t = pD \ \rightarrow \ t = \frac{pD}{2\sigma}$$

(7) 부체(Floating Body)

① 부력(Buoyant Force 또는 Buoyancy, B)
  ㉠ 물속에 잠겨 있는 물체는 그 표면 전체에 모든 방향으로부터 정수압을 받는다.
  ㉡ 수압의 수평분력은 곡면을 수평으로 투영한 연직면에 작용하며, 그 크기는 같고 방향이 서로 반대이므로 전표면에 작용하는 수평분력의 합은 0이 되기 때문에 물체에 작용하는 수압은 연직분력만 생각하면 된다.
  ㉢ 부력은 수중부분의 체적(배수용적)만큼의 물의 무게이다.
  ㉣ 고체가 받는 수평분력 : 수중고체가 받는 수평분력은 연직면의 투영면에 작용하는 수평력을 받으며 항상 평형을 유지한다.

  $$\sum P_h = 0$$

  ㉤ 고체가 받는 연직분력

  - $P = \ni 3(A$를 바닥으로 하는 연직체적$)$
  - $P' = \ni 3(A$를 바닥으로 하는 연직체적$)$
  - $P - P' = B = \ni 3($고체의 체적$)$

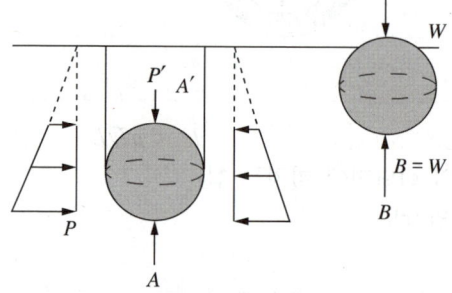

> **참고** 아르키메데스(Archimedes, B.C. 287~212)의 원리
> 물체의 물속에서의 중량은 그 물체가 배제한 물의 중량만큼 가벼워짐

② 부체의 안정(Stability) : 배를 물에 띄워 항해하게 하거나 해안에 방파제를 축조할 때 사용되는 케이슨을 바다에 띄워 운행할 경우에 이 부체들이 파도나 바람에 의해 기울어져 침몰하지 않고 복원력이 작용하여 안정을 유지할 수 있도록 설계해야 한다.
  ㉠ 용어의 정의
    - 부심(Center of Buoyancy, C) : 부체 중에서 물에 잠긴 부분의 무게중심
    - 부양면(Plane of Floatation) : 부체의 일부가 수면 위에 있을 때 수면에 의해 절단되었다고 생각되는 단면
    - 흘수(Draft 또는 Draught, h) : 부양면에서 부체의 최하단까지의 깊이
    - 경심(Metacenter, m) : 부체의 중심선과 부력의 작용선의 교점

- 경심고(Height of Metacenter) : 경심 M에서 부체의 무게중심 G까지의 높이(부체가 일정할 때는 경심고가 클수록 복원모멘트가 커지므로 더욱 안정된다)

ⓒ 부체안정의 판별 : 경심 M의 위치에 따라 부체의 무게중심 G가 부심 C보다 아래에 있으면 부체는 안정하나 G가 C보다 위에 있을 때의 안정조건은 다음과 같이 경심 M의 위치에 따라 결정할 수 있다.

- M이 G보다 위에 있을 때 : 복원모멘트 발생 → 안정(Stable)

$$\overline{MG} = \frac{I_X}{V} - \overline{CG} > 0 \;\rightarrow\; \frac{I_X}{V} > \overline{CG}$$

- M이 G보다 아래에 있을 때 : 전도모멘트 발생 → 불안정(Unstable)

$$\overline{MG} = \frac{I_X}{V} - \overline{CG} < 0 \;\rightarrow\; \frac{I_X}{V} < \overline{CG}$$

- M과 G가 일치할 때 : 우력모멘트가 발생하지 않음 → 중립(Neutral)

$$\overline{MG} = \frac{I_X}{V} - \overline{CG} = 0 \;\rightarrow\; \frac{I_X}{V} = \overline{CG}$$

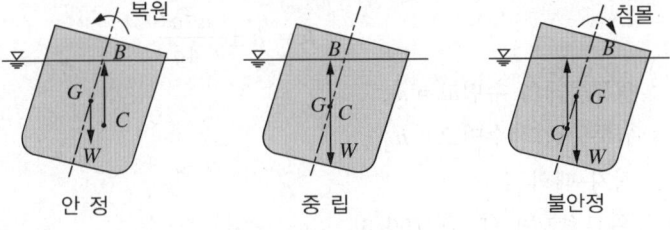

(8) 상대적 평형

① 수평등가속도를 받는 액체

$$\tan\theta = \frac{(H-h)}{b/2} = \frac{a}{g}$$

- θ : 수면의 기울어진 각도
- g : 중력가속도

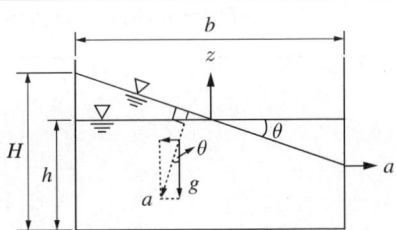

② 연직등가속도를 받는 액체

$$D = w_G h\left(1 - \frac{a}{g}\right)$$
$$D = w_G h\left(1 + \frac{a}{g}\right)$$

- + : 상향 가속도
- − : 하향 가속도
- w_G : 유체의 단위중량

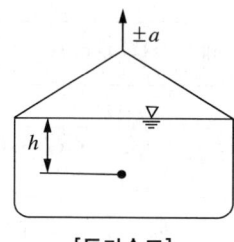

[등가속도]

③ 회전등가속도를 받는 액체
　㉠ 회전원통 속의 수심고

$$h = h \pm \frac{w^2 a^2}{4g}$$

- + : 원통둘레의 수면고 = h_a
- − : 원통중심의 수면고 = h_0
- h : 정지 때의 수심
- w : 회전원통의 각속도(rad/s)
- a : 회전원통의 반지름

　㉡ 수조의 측벽에 작용하는 전수압

$$P_x = w_0 h_G A = w_0 \frac{h_a}{2} 2wrh_a = w_0 \pi r h_a^2$$

　㉢ 수조의 밑면에 작용하는 전수압

$$P_z = w_0 h A = w_0 h \pi r^2$$

03 흐름의 기초원리(동수역학)

1. 흐름의 분류

(1) 흐름을 나타내는 용어

① 유속(V ; Velocity of Flow) : 단위시간 동안 물이 흐른 거리
② 유적(A ; Cross Sectional Area of Flow) : 흐름의 방향에 대해 수직인 평면으로 끊은 횡단면적
③ 유량(Q ; Discharge) : 단위시간당 유적을 통과하는 유체의 질량

$$Q = A \cdot v_m$$

④ 윤변(潤邊, P ; Wetted Perimeter) : 유적 중에서 유체가 벽에 접하는 길이
⑤ 경심(徑深, R ; Hydraulic Radius) : 유적을 윤변으로 나눈 가상의 깊이

$$R = \frac{A}{P}$$

(2) 흐름의 분류

① 정류와 부정류(시간적 관점)
  ㉠ 정류(定流, Steady Flow) : 일정한 단면에서 흐름의 수리학적 특성이 시간에 따라 변하지 않는 흐름으로 평상시 하천의 흐름을 말하며 유선과 유적선이 일치한다.

$$\frac{\partial P}{\partial t} = 0, \ \frac{\partial \rho}{\partial t} = 0, \ \frac{\partial T}{\partial t} = 0, \ \frac{\partial V}{\partial t} = 0$$

  ㉡ 부정류(不定流, Unsteady Flow) : 일정한 단면에서 흐름의 유동 특성이 시간에 따라 변화하는 흐름으로 홍수 시 하천의 흐름이나 감조하천의 밀도류 등을 말하며 유선과 유적선이 일치하지 않는다.

$$\frac{\partial P}{\partial t} \neq 0, \ \frac{\partial \rho}{\partial t} \neq 0, \ \frac{\partial T}{\partial t} \neq 0, \ \frac{\partial V}{\partial t} \neq 0$$

② 등류와 부등류(공간적 관점)
  ㉠ 등류(等流, Uniform Flow) : 수로의 모든 단면에서 유속과 수심이 변하지 않는 흐름으로 인공수로와 같이 단면형과 경사가 일정할 때 발생하는 흐름이다.

$$\frac{\partial v}{\partial t} = 0, \ \frac{\partial v}{\partial l} = 0$$

㉡ 부등류(不等流, Nonuniform Flow) : 수로의 모든 단면에서 유속과 수심이 변하는 흐름으로 자연하천과 같이 단면형과 경사가 변화할 때 발생하는 흐름이다.

$$\frac{\partial v}{\partial t} = 0, \ \frac{\partial v}{\partial l} \neq 0$$

(3) 흐름을 표시하기 위한 방법

① 유선(Stream Line) : 유체 내부의 흐름을 나타내는 선, 즉 유체가 연속적으로 운동할 때 어느 순간에 있어서 각 입자의 속도벡터가 접선이 되는 가상적인 한 개의 곡선으로 다른 유선과 교차하지 않으며 정류 시 유선과 유적선은 일치한다.

$$\frac{dx}{u} = \frac{dy}{v} = \frac{dz}{w}$$

② 유적선(Path Line) : 유체입자의 운동 경로, 즉 흐름 내의 어떤 점에서 착색유체를 흐르게 할 때 착색선을 그리면서 흐르는 것으로 정류는 유선과 유적선이 일치하나, 부정류는 유선과 유적선은 일치하지 않는다.

③ 유관(Stream Tube) : 흐름 중에 하나의 폐곡선을 생각하고 그 곡선상의 각 점에서 유선을 그리면 유선은 하나의 관모양이 되며, 이때의 가상적인 관을 말한다.

(4) 연속방정식

① 압축성 유체일 때

질량보존의 법칙에 의하여, 배관을 흐르는 유체에 대하여 유체의 흐름이 1차원 정상상태일 때 배관 내의 1지점을 흐르는 유체의 질량과 1지점으로부터 어느 거리에 있는 2지점을 흐르는 유체의 질량은 같으며, 식으로 표현하면 다음과 같다.

$$M = \rho_1 A_1 V_1 = \rho_2 A_2 V_2$$
$$G = w_1 A_1 V_1 = w_2 A_2 V_2$$

여기서 M은 질량유량(단위 ton/s), ρ는 유체의 밀도, A는 배관의 단면적, V는 유체의 속도를 나타내고 G는 중량유량(단위 tf/s), 첨자 1, 2는 배관 내의 서로 다른 두 지점을 나타낸다.

② 비압축성 유체일 때

$$Q = A_1 V_1 = A_2 V_2$$

Q는 체적유량이고 단위는 m^3/s이다.

③ 압축성 부정류의 연속방정식

$$\frac{\partial \rho}{\partial t} + \frac{\partial (\rho u)}{\partial x} + \frac{\partial (\rho v)}{\partial y} + \frac{\partial (\rho w)}{\partial z} = 0$$

④ 비압축성 정류

$$\frac{\partial u}{\partial x} + \frac{\partial v}{\partial y} + \frac{\partial w}{\partial z} = 0$$

⑤ 정류의 연속방정식

- $\dfrac{\partial \rho}{\partial t} = 0, \ \rho = \text{const.}$
- $\dfrac{\partial u}{\partial x} + \dfrac{\partial v}{\partial y} + \dfrac{\partial w}{\partial z} = 0$

  예 일차원 흐름에서 $\dfrac{\partial u}{\partial x} = 0$이면 $Q_1 = Q_2 = Q_3$

2. 흐름의 해석

흐름을 해석하는 데 사용되는 기본방정식에는 연속방정식, Bernoulli 방정식 및 운동량 방정식의 3가지가 있으며, 이 식들은 자연의 기본법칙인 질량보존의 법칙, 에너지보존의 법칙 및 Newton의 제2법칙을 각각 유체의 흐름에 적용시킴으로써 유도되었다.

(1) Bernoulli의 정리

① Bernoulli정리의 일반형

㉠ 이상유체

$$\frac{V_1^{\,2}}{2g} + \frac{P_1}{w} + Z_1 = \frac{V_2^{\,2}}{2g} + \frac{P_2}{w} + Z_2$$

참고 가 정
- 정상상태의 흐름이다.
- 임의의 두 점은 같은 유선상에 있어야 한다.
- 마찰에 의한 에너지손실이 없는 비점성, 비압축성 유체인 이상유체의 흐름이다.

ⓛ 실제유체

$$\frac{V_1^2}{2g} + \frac{P_1}{w} + Z_1 = \frac{V_2^2}{2g} + \frac{P_2}{w} + Z_2 + h_L$$

- 에너지선 : 기준 수평면에서 총수두까지 연결한 선

$$H = \frac{V^2}{2g} + \frac{P}{w} + Z$$

- 동수경사선 : 기준 수평면에서 압력수두까지 연결한 선으로 등류 시 에너지선과 동수경사선은 서로 평행한다.

$$H = \frac{P}{w} + Z$$

- 손실수두 : 마찰저항에 따른 에너지손실량(h_L)

(2) Bernoulli의 정리의 응용

① Torricelli의 정리 : 수표면(Ⅰ)과 출구(Ⅱ)에 대하여 Bernoulli의 정리를 적용하면

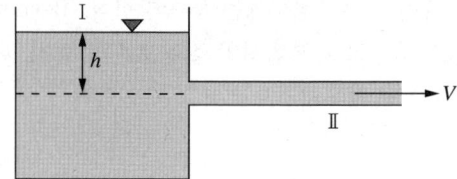

$$\frac{V_1^2}{2g} + \frac{P_1}{w} + Z_1 = \frac{V_2^2}{2g} + \frac{P_2}{w} + Z_2$$

$$\frac{V_1^2}{2g} + 0, \ \frac{P_1}{w} = \frac{P_2}{w}, \ Z_1 = h, \ V_2 = V, \ Z_2 = 0$$

$$h = \frac{V^2}{2g}, \ V^2 = 2gh$$

$$\therefore V = \sqrt{2gh}$$

② **피토관(Pitot Tube)** : 직각으로 구부러진 관을 유수 중에 넣어 관에 올라오는 수두를 측정하여 그 점의 유속을 구할 수 있게 한 장치

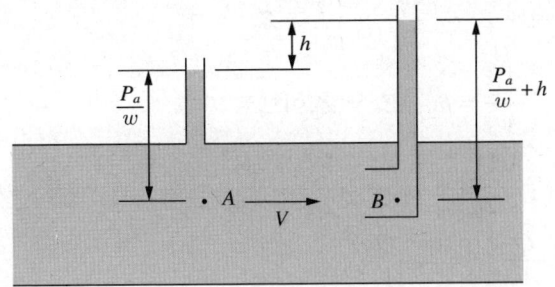

㉠ A점 : V로 동압력
㉡ B점 : V_0로 정압력

$$\frac{V^2}{2g} + \frac{P_a}{w_1} = \frac{0^2}{2g} + \left(\frac{P_a}{w} + h\right)$$

$$h = \frac{V^2}{2g}, \quad V^2 = 2gh$$

$$\therefore V = \sqrt{2gh}$$

㉢ 총압력(정체압력 : Stagnation)

$$P = wh + \frac{1}{2}\rho v^2$$

$$w(h_0 + h) = wh_0 + \frac{1}{2}\rho v^2$$

$$\therefore h = \frac{V^2}{2g}$$

③ **벤투리미터(Venturimeter)** : 관수로 내의 유량을 측정하기 위하여 관수로 도중에 수축관을 설치하여 수축부에서 압력이 저하할 때 이 압력차에 의하여 유량을 구하는 장치

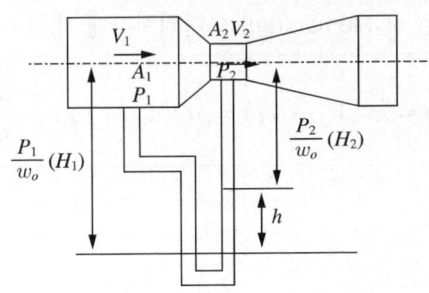

- 피조미터 사용 시의 유량

$$\frac{V_1^2}{2g} + \frac{P_1}{w_1} + Z_1 = \frac{V_2^2}{2g} + \frac{P_2}{w_1} + Z_2$$

$$\frac{P_1}{w} = h_1, \ \frac{P_2}{w} = h_2, \ Z_1 = Z_2 \text{이므로}$$

$$\frac{V_1^2}{2g} + h_1 = \frac{V_2^2}{2g} + h_2 \rightarrow \frac{V_2^2}{2g} - \frac{V_1^2}{2g} = h_1 - h_2 = h_1 \rightarrow \frac{1}{2g}(V_2^2 - V_1^2) = h$$

$$\therefore V_2 = \frac{Q}{A_2}, \ V_1 = \frac{Q}{A_1}$$

$$\frac{1}{2g}\left[\left(\frac{Q}{A_2}\right)^2 - \left(\frac{Q}{A_1}\right)^2\right] = h \rightarrow \frac{Q^2}{2g}\left(\frac{1}{A_2^2} - \frac{1}{A_1^2}\right) = h \rightarrow \frac{Q^2}{2g}\left(\frac{A_1^2 - A_2^2}{A_2^2 \cdot A_1^2}\right) = h$$

$$\rightarrow Q^2 = \frac{2gh}{\left(\dfrac{A_1^2 - A_2^2}{A_2^2 \cdot A_1^2}\right)} = \frac{A_2^2 \cdot A_1^2}{A_1^2 - A_2^2} 2gh$$

$$\therefore Q = \frac{A_2 \cdot A_1}{\sqrt{A_1^2 - A_2^2}} \sqrt{2gh}$$

(3) 역적 – 운동량방정식

① 운동량(Momentum)

$$F = m\frac{V_2 - V_1}{\Delta t}$$

$$F\Delta t = m(V_2 - V_1)$$

- 운동량 : $m(V_2 - V_1)$
- 충격량(역적) : $F\Delta t$

② 운동량방정식(Equation of Momentum) : 단위시간에 대해

$$F\Delta t = m(V_2 - V_1) = \rho Q(V_2 - V_1) = \frac{\overline{w}}{g} Q(V_2 - V_1)$$

③ 정지한 곡면에 작용하는 사출수의 힘

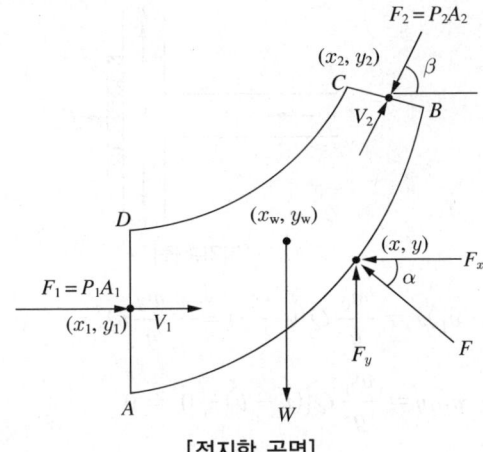

[정지한 곡면]

㉠ x성분 : $P_1A_1\cos\theta - P_2A_2\cos\theta$
㉡ y성분 : $P_1A_1\sin\theta - P_2A_2\sin\theta$
㉢ $\sum F_x = \dfrac{w}{g}Q(V_2\cos\theta - V_1\cos\theta) = -F_x + P_1A_1\cos\theta - P_2A_2\cos\theta$
㉣ $\sum F_y = \dfrac{w}{g}Q(V_2\sin\theta - V_1\sin\theta) = -F_y + P_1A_1\sin\theta - P_2A_2\sin\theta$
㉤ $F = \sqrt{F_x^2 + F_y^2}$

④ 곡관에 작용하는 유수의 힘

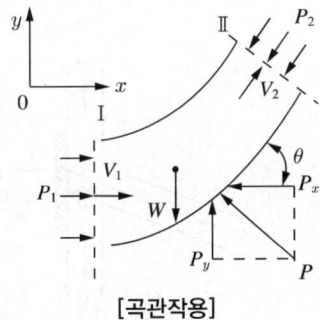

[곡관작용]

㉠ x 및 y방향의 운동량 방정식

- $-P_x + P_1A_1 - P_2A_2\cos\theta = \dfrac{w}{g}Q(V_2\cos\theta - V_1)$
- $P_y - w - P_2A_2\sin\theta = \dfrac{w}{g}Q(V_2\sin\theta - 0)$

㉡ 곡관이 수평으로 놓여 있다면 물의 무게 $w = 0$이므로

$P_y = \dfrac{wQ}{g}V_2\sin\theta + P_2A_2\sin\theta$

⑤ 직각으로 충돌하는 경우

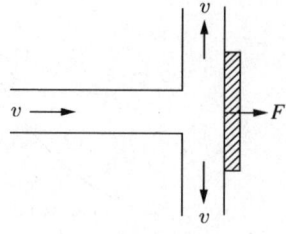

[직각충돌]

㉠ $F_x = \dfrac{w_0}{g} Q(v_2 - v_1)x = \dfrac{w_0}{g} Q(0 - v) = -\dfrac{w_a}{g} Q_v$

㉡ $F_y = \dfrac{w_0}{g} Q(v_2 - v_1)y = \dfrac{w_0}{g} Q[(v - v) - 0] = 0$

⑥ 180°로 분지할 때

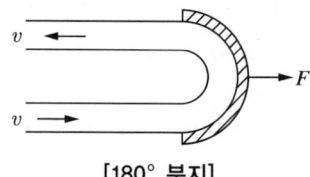

[180° 분지]

㉠ $F_x = \dfrac{w_0}{g} Q(v_2 - v_1)x = \dfrac{w_0}{g} Q(-2v - v)$

㉡ $F_y = \dfrac{w_0}{g} Q(v_2 - v_1)y = \dfrac{w_0}{g} Q(0 - 0) = 0$

⑦ 경사로 충돌하는 경우

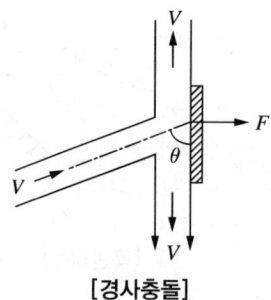

[경사충돌]

$F = \dfrac{w}{g} Q(V_1 - V_2)$

여기서, $V_1 = V \cdot \sin\theta$, $V_2 = 0$이므로

$F = \dfrac{w}{g} A V(V\sin\theta - 0)$

$F = \dfrac{w}{g} A V^2 \sin\theta$

⑧ 움직이는 판의 충격력

$$평판 : F = \frac{w}{g}Q(V-u)$$

$$곡면판 : F = \frac{w}{g}A(V-u)^2(a-\cos\theta)$$

- V : 유체의 속도
- u : 판이 움직이는 속도
- θ : 판이 꺾인 각도

(4) 에너지 보정계수와 운동량 보정계수

실제유속(V)과 평균유속(V_m)을 사용했을 때 에너지와 운동량의 크기가 다르므로 이를 보정하기 위한 계수이다. 물과 같은 점성 유체의 흐름에서는 점성으로 인한 마찰력이 발생하여 흐름단면에서의 유속분포가 불균등하지만, 실제의 흐름해석에서는 균등분포로 간주하고 평균유속을 사용하며, 이로 인해 발생되는 오차는 보정계수를 사용하여 보정해줄 수 있다.

① 에너지 보정계수

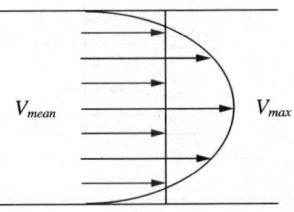

㉠ 실제유속 V에 의한 평균유속

$$Q = \int_A vdA$$

$$V = \frac{Q}{A} = \frac{1}{A}\int_A vdA$$

㉡ 단위시간당 dA를 통한 물의 중량

$$wdQ = wvdA$$

㉢ 총유수단면적에 대한 운동에너지

$$\frac{V^2}{2g}\int_A wVdA = w\int_A \frac{v^2}{2g}vdA$$

ㄹ 평균유속을 사용한 에너지

$$\frac{V^2}{2g}wAV = w\int_A \frac{v^2}{2g}vdA$$

ㅁ 에너지 보정계수

$$\alpha\frac{V^3}{2g}wA = w\int_A \frac{w^3}{2g}dA$$

$$\alpha = \frac{1}{A}\int_A \left(\frac{v}{V}\right)^3 dA$$

ㅂ 관수로에서 에너지 보정계수
- 층류(Laminar Flow) : 2.0
- 난류(Turbulence Flow) : 1.0~1.1

② 운동량 보정계수

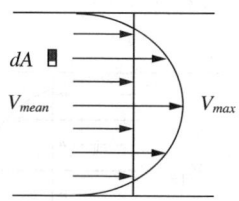

㉠ dA를 통한 운동량

$$dF = \rho dQ(V_2 - V_1)$$

㉡ 총 유수단면적 A

$$T = \int A_2\rho V_2 dQ - \int A_1\rho V_1 dQ = \int A_2\rho V_2^2 dA - \int A_1\rho V_1^2 dA$$

㉢ 평균유속

$$\int_A \rho v_2 dA = \beta\rho V^2 A$$

㉣ 운동량 보정계수

$$\beta = \frac{1}{A}\int_A \left(\frac{V}{A}\right)^2 dA$$

㉤ 관수로에서 운동량 보정계수
- 층류(Laminar Flow) : 1.333
- 난류(Turbulence Flow) : 1.0~1.05

CHAPTER 01 적중예상문제(1차)

제4과목 정수시설 수리학

01 유체의 정의를 올바르게 설명한 것은?

① 유동하는 물질은 모두 유체라고 한다.
② 유동하는 물질 중에 전단력이 생기지 않고 비압축성인 물질을 유체라고 한다.
③ 극히 작은 전단력이라 할지라도 물질 내부에 전단력이 생기면 정지 상태로 있을 수 없는 물질을 유체라고 한다.
④ 용기 안에 충만될 때까지 항상 팽창하는 물질을 말한다.

해설 유체의 정의
- 흐르는 물질이다.
- 액체와 기체를 일괄하여 유체라고 한다.
- 압축이나 인장력 하에서만 고체와 같은 탄성을 가지고, 아무리 작은 전단응력을 받을지라도 항상 연속적으로 변형하는 물질을 유체라고 한다.

02 다음 중 L·atm은 무엇을 나타내는 단위인가?

① 힘
② 에너지
③ 체적
④ 표면장력

해설 w(에너지) $= \Delta v$(부피) $\times p$(압력)
- $1L = 10^{-3} m^3$
- $1atm = 1,013hPa = 101,325Pa = 101,325N/m^3$

03 물의 용매성에 대한 설명이 바르게 된 것은?

① 고체는 물의 온도가 높을수록 용해도가 감소한다.
② 기체는 물의 온도가 높을수록 용해도가 감소된다.
③ 고체, 기체 모두 물의 온도가 높을수록 용해도가 증가된다.
④ 고체, 기체 모두 물의 온도가 높을수록 용해도가 감소된다.

해설 ② 대체로 고체, 액체는 온도가 높을수록 용해도가 높지만 기체의 용해도는 그렇지 않다. 온도가 높으면 기체의 운동에너지가 증가하고 용매에서 더 많은 기체가 빠져 나오게 하기 때문에 높은 온도에서 액체에 녹는 기체의 용해도는 감소된다. 용해도가 작은 수소, 산소, 질소 등의 기체가 일정한 온도에서 일정한 양의 용매에 용해될 때 기체의 질량은 그 기체의 압력에 정비례한다는 것을 헨리의 법칙이라 한다.

정답 1 ③ 2 ② 3 ②

04 중력가속도가 9.5m/s²인 곳에서 5kg의 질량은 얼마인가?
① 7.16kg
② 8.16kg
③ 9.16kg
④ 5.16kg

해설 $m = (5kg \times 9.8m/s^2)/(9.5m/s^2)$
$= 5.16kg$

05 다음 중 물의 점성과 관계없는 것은?
① 완전유체
② 유동성
③ 내부마찰
④ 압력과 온도

해설 물의 점성은 유체분자가 상대적인 운동을 할 때 유체분자 간 또는 유체분자와 고체경계면 사이에 마찰력을 유발시키는 성질이다. 완전유체(이상유체)는 비점성, 비압축성인 가상적인 유체이다.

06 다음 중 물의 압축성과 가장 관계가 적은 것은 어느 것인가?
① 공기함유량
② 온 도
③ 압 력
④ 단위중량

07 실제유체에서만 발생하는 현상이 아닌 것은 어느 것인가?
① 박리현상(Seperation)
② 경계층
③ 마찰에 의한 에너지손실
④ 압력의 전달

해설 ④ 압력의 전달은 모든 유체에서 발생한다.
① 실제유체에서는 유체가 경계면으로부터 이탈하는 박리현상이 일어난다. 이것은 유체의 관성력 때문에 날카로운 돌기부에서 유선이 급선회할 수 없어서 일어나며, 이때 돌기부의 배면에는 와류가 발생하게 된다.
② 실제유체에서는 유체의 점성 때문에 마찰전단응력이 생겨서 경계면에서는 유속이 0이 되고 경계면으로부터 거리가 멀어질수록 유속은 증가하게 된다. 그러나 경계면에서 일정한 거리만큼 떨어진 이후부터는 유속이 일정하게 되며 더 이상 변화하지 않는다. 여기서 이러한 영역을 유체의 경계층이라 한다.

실제유체(Real Fluid)
• 일반적인 의미 : 유체가 흐를 때 유체의 점성 때문에 유체분자 간 또는 유체와 고체경계면 사이에서 전단응력이 발생하고 압력을 가하면 압축이 되는 유체 → 압축성, 점성 유체
• 좁은 의미 : 점성 유체(비점성 유체는 이상유체라 한다)

08 다음 중 수리학적 계산에서 보통 취급하는 물의 성질에 대한 설명으로 틀린 것은?

① 물의 비중은 기름의 비중보다 크다.
② 해수도 담수와 같은 단위무게로 취급한다.
③ 물은 보통 완전유체로 취급한다.
④ 물의 비중량은 보통 1g/cc = 1,000kg/m³ = 1t/m³를 쓴다.

해설 물의 특성
물은 극성분자로서 좋은 용매이므로 여러 가지 극성분자 및 이온들이 출입해야 하는 생명체 내에서 필수적인 요소이다. 또한 수소결합이라는 유난히 강력한 분자간력으로 인해 녹는점·끓는점이 높고, 기화열(증발에 필요한 에너지)이 크며, 비열이 커서 열이 출입해도 온도변화가 작고, 녹는점(0℃) 부근에서 고체(얼음)보다 액체(물)의 밀도가 더 크다.

09 깊이 8,000m의 바다 밑에서 물의 압력은 몇 kg/cm²인가?(단, 바닷물의 비중은 1.03임)

① 8.24×10^6
② 84×10^6
③ 824
④ 800

해설 $P = \gamma \cdot H = 1.03 \times 1,000 kg/m^3 \times 8,000m = 8.24 \times 10^6 (kg/m^2) = 824 kg/cm^2$

10 밀도 84lb/ft³의 액체의 비중은 얼마인가?

① $2.35 g/cm^3$
② $3.35 g/cm^3$
③ $2.85 g/cm^3$
④ $1.35 g/cm^3$

해설 1lb = 454g, 1ft = 30.48cm, 4℃ 물의 밀도는 1g/cm³

∴ 비중 = $\dfrac{84 \times 454}{(30.48)^3} = 1.35 g/cm^3$

11 표준대기압은 평균해면에서 대기가 지구표면을 누르는 평균압력을 말하는데, 1기압의 크기를 표현한 것으로 알맞지 않은 것은?

① 760mmHg
② 1.033kg/cm²
③ 101,332N/m²
④ 145psi

해설 표준기압
- 수은주 : 위도 45°의 해면에서 단위면적을 가진 0℃이고 높이 760mmHg인 수은주의 중량에 의해 그 바닥면이 받는 압력
- 수주 : 4℃이고 높이 10.33m(H_2O)인 수주의 중량에 의해 그 바닥면이 받는 압력

1atm(표준대기압)
- 760mmHg
- 10,332mmH_2O
- 1.0332kg/cm²
- 14.5psi
- 101,332N/m²
- 1,013hPa
- 1,013mbar

12 다음 중 상온에 있는 물의 성질로 틀린 것은?

① 온도가 증가하면 동점성 계수는 감소한다.
② 온도가 증가하면 점성 계수는 감소한다.
③ 온도가 증가하면 표면장력은 증가한다.
④ 온도가 증가하면 체적탄성 계수는 증가한다.

해설 ③ 온도가 증가하면 분자의 운동이 활발해지므로 점성 계수, 표면장력 등이 감소하게 된다.

13 다음 중 물의 점성 계수에 대한 설명으로 옳은 것은?

① 수온이 높을수록 점성 계수는 크다.
② 수온이 낮을수록 점성 계수는 크다.
③ 4℃에 있어서 점성 계수는 가장 크다.
④ 수온에는 관계없이 점성 계수는 일정하다.

해설 점성 계수는 수온과 반비례한다.

14 어떤 액체의 동점성 계수가 0.0019m²/s이고, 비중이 1.2일 때 이 액체의 점성계수는?

① 228kg/m·s
② 228kg·s²/m²
③ 0.233kg/m²·s
④ 0.233kg·s/m²

해설
- 비중 = $\dfrac{\text{물체의 단위중량}}{\text{물의 단위중량}}$

  $1.2 = \dfrac{w}{1}$ ∴ $w = 1.2\,\text{ton/m}^3$

- $\nu = \dfrac{\mu}{\rho} = \dfrac{\mu}{\dfrac{w}{g}}$, $0.0019\,\text{m}^2/\text{s} = \dfrac{\mu}{\dfrac{1.2\,\text{ton/m}^3}{9.8\,\text{m/s}^2}}$

  $\mu = \dfrac{0.0019 \times 1,200}{9.8}\,\text{kg}\cdot\text{s/m}^2 = 0.233\,\text{kg}\cdot\text{s/m}^2$

15 다음 중 무차원량(無次元量)이 아닌 것은?

① 프루드수(Froude Number)
② 에너지보정계수
③ 동점성계수
④ 레이놀즈수

해설 ③ $\nu = \dfrac{\mu}{\rho}\,\text{cm}^2/\text{s} = \dfrac{ML^{-1}T^{-1}}{ML^{-3}} = L^2T^{-1}$

16 질량 1g의 물체에 1cm/s²의 가속도를 일으키게 하는 힘의 크기는 어느 것인가?

① 1dyne
② 1N
③ 1poundal
④ 1erg

해설 ① 1dyne은 질량 1g의 물체에 1cm/s²의 가속도를 일으키게 하는 힘이다.

정답 14 ④ 15 ③ 16 ①

17 용적 $V = 4.8m^3$인 유체의 중량 $W = 6.38ton$일 때 이 유체의 밀도(ρ)를 구하면?

① $135.6 kg \cdot s^2/m^4$
② $125.6 kg \cdot s^2/m^4$
③ $115.6 kg \cdot s^2/m^4$
④ $105.6 kg \cdot s^2/m^4$

해설 $\rho = \dfrac{m}{V} = \dfrac{w}{g}$

여기서, ρ : 밀도
  m : 질량
  V : 체적
  g : 중력가속도($9.8m/s^2$)
  w : 단위중량

$w = \dfrac{W}{V} = \dfrac{6.38}{4.8} = 1.329 ton/m^3$

∴ $\rho = \dfrac{w}{g} = \dfrac{1.329}{9.8} = 135.6 kg \cdot s^2/m^4$

18 물의 밀도를 공학단위로 표시하면?

① $1,000 kg/m^3$
② $9,800 kg/m^3$
③ $1,000 kg \cdot s^2/m^4$
④ $102 kg \cdot s^2/m^4$

해설 $\rho = \dfrac{w}{g} = \dfrac{1,000 kg/m^3}{9.8 m/s^2} = 102 kg \cdot s^2/m^4$

19 20m × 10m의 직사각형 선박의 중앙에 코끼리를 태웠더니 1cm 만큼 가라앉았다. 코끼리의 무게는?(단, 해수의 비중은 1.025임)

① 1.85ton
② 2.00ton
③ 2.05ton
④ 2.25ton

해설 $W = 20 \times 10 \times 0.01 \times 1.025 = 2.05 ton$

17 ① 18 ④ 19 ③

20 어떤 물체가 공기 중에서 27kg이고, 물속에서는 18kg일 때 이 물체의 비중은?

① 2.95
② 3.0
③ 3.17
④ 2.0

해설) $W = W' + B$에서 $B = W - W' = 27 - 18 = 9\text{kg}$

$$\therefore s = \frac{27}{9} = 3.0$$

21 부피 $V\text{cm}^3$의 돌이 물속에서 무게가 Wg이었다면 이 돌의 비중은? (단, W_o : 물의 단위중량)

① $\dfrac{V + W \cdot W_o}{V \cdot W_o}$
② $\dfrac{V \cdot W_o + W}{V \cdot W_o}$
③ $\dfrac{W \cdot W_o}{V \cdot W_o + W}$
④ $\dfrac{V \cdot W_o}{V \cdot W_o + W}$

해설) 돌의 비중 $= \dfrac{\text{돌의 무게}}{\text{물의 무게}} = \dfrac{\text{돌의 수중무게} + \text{부력}}{\text{물의 무게}}$

$$= \frac{V \cdot W_o + W}{V \cdot W_o}$$

22 다음 중 단위중량이 물보다 큰 것은?

① 메틸벤젠
② 사염화탄소
③ 톨루엔
④ 알코올

해설) 염화물질은 단위중량이 1보다 크다.

고체물질	밀도(g/cm³)	액체물질	밀도(g/cm³)
금	19.3	수 은	13.6
납	11.4	사염화탄소	1.6
은	10.5	아세트산	1.05
구 리	8.9	물(4℃)	1.0
철	7.9	식용유	0.93
알루미늄	2.7	에탄올	0.79
얼음(0℃)	0.92	아세톤	0.79

23 모세관현상에서 유리관을 통하여 하강한 수은의 설명으로 옳은 것은?

① 응집력보다 부착력이 크다.
② 응집력보다 내부저항력이 크다.
③ 부착력보다 응집력이 큰 경우이다.
④ 접촉각 $< \dfrac{\theta}{2}$ 이며, $h > 0$인 경우이다.

해설
- 부착력 > 응집력 : 수은이 유리관벽에 상승한 경우
- 부착력 < 응집력 : 수은이 유리관벽에 하강한 경우

24 어떠한 경우라도 전단응력 및 인장력이 발생하지 않으며 전혀 압축되지도 않고 $h_L = 0$인 유체를 무엇이라 하는가?

① 소성 유체
② 점성 유체
③ 탄성 유체
④ 완전유체

해설 ④ 완전유체(Perfect Fluid)는 비점성, 비압축성 유체이다.

25 다음 중 이상유체의 정의를 옳게 내린 것은?

① 점성이 없고 $PV = RT$를 만족하는 유체
② 점성이 없는 모든 유체
③ 점성이 없고 비압축성인 유체
④ $\tau = \mu \cdot \dfrac{dV}{dY}$를 만족하는 비압축성인 유체

해설
- 이상유체(완전유체) : 비점성, 비압축성 유체
- 실제유체 : 점성, 압축성 유체

26 완전유체에 대한 베르누이의 정리에 있어서 필요 없는 것은?
   ① 속도수두
   ② 위치수두
   ③ 손실수두
   ④ 압력수두

   해설 완전유체는 비점성 유체로서 흐름이 있을 때 에너지의 손실이 일어나지 않으므로 손실수두는 0이 된다.

27 물(H_2O)의 끓는점이 황화수소의 끓는점보다 높은 주된 이유는?
   ① 황화수소가 물보다 분자량이 크기 때문이다.
   ② 분자 간의 반데르발스 힘의 차이 때문이다.
   ③ 분자 간의 융해도의 차이 때문이다.
   ④ 분자 간의 수소결합 세기의 차이 때문이다.

   해설 물분자는 황화수소분자보다 극성이 더 강하다. 따라서 물분자 사이에는 강한 정전기적 인력이 작용하므로 더 강한 수소결합으로 분자들이 결합되어 있어 끓는점이 높다.

28 액체와 기체와의 경계면에 작용하는 분자 간의 인력에 의한 힘은?
   ① 모관현상
   ② 점성력
   ③ 표면장력
   ④ 내부마찰력

   해설 ③ 보통 액체표면에 나타나는 현상이며 액체와 기체 또는 액체와 액체 간에도 일어난다.

정답 26 ③ 27 ④ 28 ③

29 물방울의 지름을 d, 표면장력의 크기를 σ, 그리고 물방울 내외부의 압력차를 ΔP라고 할 때 그 상관식이 옳은 것은?

① $\Delta P = \sigma/d$ ② $\Delta P = 2\sigma/d$
③ $\Delta P = 4\sigma/d$ ④ $\Delta P = \sigma/\pi d$

해설
- 파이프 내의 압력 P
  $2\tau = PDl$에서 $\tau = \sigma_{ta} tl$이므로
  $2\sigma_{ta} tl = PDl$에서
  $P = \dfrac{2t\sigma_{ta}}{D}$
- 물방울 내외의 압력차 ΔP
  $\sigma \pi d = \Delta P \dfrac{\pi d^2}{4}$ 에서 $\Delta P = \dfrac{4\sigma}{d}$

30 다음 중 차원방정식으로 옳지 않은 것은?

① 밀도 – $FL^{-4}T^2$
② 동점성 계수 – $L^2 T^{-1}$
③ 점성 계수 – $ML^{-1}T^{-1}$
④ 일, 에너지 – ML

해설 ④ 일, 에너지의 차원방정식은 FL이다.

31 다음 중 차원방정식 [LMT]계를 [LFT]계로 고치고자 할 때 이용되는 식은 어느 것인가?

① $M = LFT$ ② $M = L^{-1}FT^2$
③ $M = LFT^2$ ④ $M = L^2 FT$

해설 Newton의 제2법칙 $f = ma$에서
$F = M(LT^{-2}) = MLT^{-2}$
∴ $M = L^{-1}FT^2$

32 점도의 CGS단위는 어느 것인가?

① dyne·cm/s^2 ② kg/m^3·s
③ dyne·cm/s   ④ g/cm·s

해설 점도의 단위, 즉 1poise = 1g/cm·s

33 비중 0.8인 유체의 동점도가 2stokes라면 절대점도는 몇 poise인가?

① 2.6poise   ② 1.9poise
③ 1.7poise   ④ 1.6poise

해설 $\nu = \dfrac{\mu}{\rho}$, $\mu = \nu\rho$
$\mu = 2 \times 0.8 = 1.6\text{poise}$

34 다음은 수압강도 p의 차원이다. 옳은 것은?

① MLT^{-2} ② ML^{2}T^{-2}
③ MLT^{-3} ④ ML^{-1}T^{-2}

해설 수압강도 $p = w \cdot h$ 이다.
이를 차원으로 표시하면 FL^{-3} × L = FL^{-2}
FLT계를 MLT계로 바꾸면
F = MLT^{-2}이므로 FL^{-2} = MLT^{-2} × L^{-2} = ML^{-1}T^{-2}

35 다음 중 유량의 차원은 어느 것인가?

① LT^{-1} ② ML^{-3}
③ L^{3}T^{-1} ④ L^{2}T^{-1}

해설 유량 $Q = A \cdot V = L^2 \cdot LT^{-1} = L^3T^{-1}$

정답 32 ④ 33 ④ 34 ④ 35 ③

36 다음 중 국제표준단위(SI단위)의 기본단위가 아닌 것은?

① 길이 - m(미터)   ② 힘 - kgf(킬로그램중)
③ 시간 - s(초)   ④ 질량 - kg(킬로그램)

해설 ② 힘은 m·kg·s² 을 사용한다.

37 A, B, C, D 점에서의 압력강도를 각각 P_a, P_b, P_c, P_d 라 할 때의 사항으로 옳지 않은 것은?

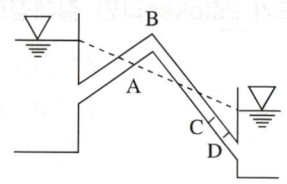

① $P_c > P_d$ ② $P_c > P_a$
③ $P_a > P_b$ ④ $P_d > P_b$

해설 수압 $P = w \cdot h$ 이므로 수심 h 가 클수록 수압이 크다.
$P_d > P_c > P_a > P_b$

38 대기압을 무시한 압력을 무엇이라 하는가?

① 정압력   ② 부압력
③ 절대압력   ④ 계기압력

해설 ④ 대기압을 무시한 압력기계에 의해 측정이 가능한 압력

39 관로의 어느 지점에서 압력계의 압력이 1.5kg/cm² 일 때 이 지점의 절대압력은 얼마인가?(단, 표준대기압 = 1.033kg/cm²)

① 15.33ton/m²   ② 5.33ton/m²
③ 1.53ton/m²   ④ 25.33ton/m²

해설 절대압력 = 대기압력 + 계기압력 = 1.033kg/cm² + 1.5kg/cm² = 2.533kg/cm² = 25.33ton/m²

36 ② 37 ① 38 ④ 39 ④

40 그림과 같은 수압기에서 A, B의 단면의 지름이 각각 30cm, 120cm이다. A에서 $P_1=1.0$ton으로 누르면 B에는 얼마만한 힘이 생기겠는가?

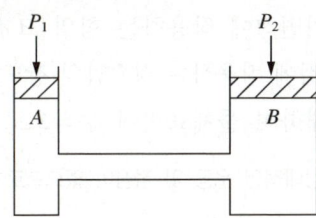

① $P_2 = \dfrac{1}{16}$ ton ② $P_2 = 4.0$ ton

③ $P_2 = 3.0$ ton ④ $P_2 = 16.0$ ton

해설 $\dfrac{P_1}{A_1} = \dfrac{P_2}{A_2}$

$\therefore P_2 = \dfrac{A_2}{A_1} \times P_1 = \dfrac{\frac{\pi}{4} \times 120^2}{\frac{\pi}{4} \times 30^2} \times 1 = 16\text{ton}$

41 그림에서 2ton의 자동차를 들어 올리는 데 필요한 힘은?(단, 피스톤의 단면적은 각각 400cm², 10cm²이고 피스톤의 마찰은 무시된다)

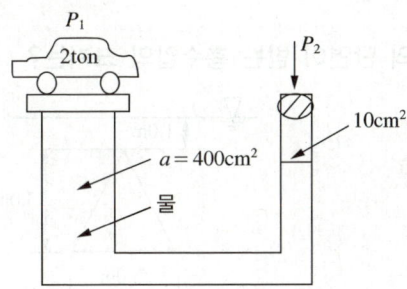

① 49.0kg ② 50.0kg
③ 52.5kg ④ 55.0kg

해설 $\dfrac{P_1}{A_1} = \dfrac{P_2}{A_2}$ 에서 $P_2 = \dfrac{A_2}{A_1} P_1$

$P_2 = \dfrac{10}{400} \times 2,000 = 50\text{kg}$

정답 40 ④ 41 ②

42 정수압의 성질을 설명한 것으로 틀린 것은?

① 정수 중에 작용하는 힘은 마찰력과 압력이다.
② 정수압의 크기는 단위면적에 작용하는 힘의 크기로 표시한다.
③ 정수 중의 임의의 한 점에 작용하는 정수압의 강도는 방향에 관계없이 동일하게 작용한다.
④ 정수압은 작용면에 대하여 물체표면에 수직으로만 작용한다.

[해설] ① 정수 중의 유체는 상대적인 운동 및 점성이 없으므로 마찰력이 없다.

정수압의 성질
- 수심에 비례한다.
- 면에 수직으로 작용한다.
- 한 점에 작용하는 정수압은 방향에 관계없이 그 크기가 일정하다.
- 상대적인 운동이 없다.
- 점성력이 없다.
- 같은 깊이에서의 수압은 같다.

43 다음 중 정지하고 있는 수중에 작용하는 정수압의 성질로 옳지 않은 것은?

① 정수압의 크기는 깊이에 비례한다.
② 한 점의 정수압은 방향에 따라 다르다.
③ 정수압은 단위면적에 작용하는 압력의 크기로 나타낸다.
④ 정수압은 물체의 면에 직각으로 작용한다.

[해설] ② 한 점에 작용하는 정수압은 모든 방향에서 크기가 같다.

44 그림과 같은 삼각형의 단면이 받는 총수압의 크기는?

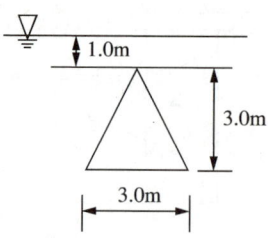

① 11.25ton
② 13.50ton
③ 16.01ton
④ 21.32ton

[해설] $P = w \cdot h_G \cdot A$
$= 1 \times (1+2) \times \left(\dfrac{1}{2} \times 3 \times 3\right) = 13.50 \text{ton}$

45 어느 지점에서 압력계를 이용하여 압력을 측정한 결과 1.5kg/cm²이었다. 이 지점의 압력수두는 얼마인가?

① 25m ② 150m
③ 0.15m ④ 15m

해설 수두 = $\dfrac{압력}{단위중량} = \dfrac{1.5\text{kg/cm}^2}{1,000\text{kg/m}^3}$

$= \dfrac{1.5 \times 10^4 \text{kg/m}^2}{1,000\text{kg/m}^3} = \dfrac{15,000\text{kg/m}^2}{1,000\text{kg/m}^3} = 15\text{m}$

46 관로 내 어느 지점에서 압력계를 측정한 결과 압력이 2.0kg/cm²이고 표고가 10.0m일 때 이 지점에서의 동수두는?

① 25m ② 50m
③ 20m ④ 30m

해설 동수두 = 압력수두 + 위치수두

압력수두 = $\dfrac{2\text{kg/cm}^2}{1,000\text{kg/m}^3} = \dfrac{2 \times 10^4 \text{kg/m}^2}{1,000\text{kg/m}^3} = 20.0\text{m}$

위치수두 = 10.0m

∴ 동수두 = 20.0 + 10.0 = 30.0m

47 관로 내 어느 지점에서 압력계를 측정한 결과 압력이 2.0kg/cm², 유속이 3.1m/s이고 표고가 10.0m일 때 이 지점에서의 전수두(또는 에너지수두)는?

① 25m ② 50m
③ 20.5m ④ 30.5m

해설 전수두 = 압력수두 + 위치수두 + 속도수두

압력수두 = $\dfrac{2.0\text{kg/cm}^2}{1.0\text{g/cm}^3} = 20.0\text{m}$, 위치수두 = 10.0m, 속도수두 = 0.5m

∴ 전수두 = 20.0 + 10.0 + 0.5 = 30.5m

48 유체 속에 잠겨진 곡면에 작용하는 수평분력은?

① 곡면의 연직상방에 실려 있는 액체의 무게와 같다.
② 곡면에 의해 배제된 액체의 무게와 같다.
③ 곡면중심에서의 압력과 면적의 곱과 같다.
④ 곡면에 대해 수직인 면의 투영한 면에 작용하는 힘과 같다.

해설 전수압의 수평분력은 수평방향의 연직투영면에 작용하는 전수압과 동일하며 연직분력은 경사평면을 밑면으로 하는 물기둥의 무게와 같다.

49 수면의 높이가 10m로 항상 일정한 탱크의 바닥에 5mm의 구멍이 났을 경우 이 구멍을 통한 유체의 유속은 몇 m/s인가?

① 12m/s
② 13m/s
③ 15m/s
④ 14m/s

해설 유속 $u = \sqrt{2gH} = \sqrt{2 \times 9.8 \times 10} = 14\text{m/s}$

50 직경이 800mm인 관로를 통하여 1일 50,000m³의 물을 공급할 경우 관로의 평균유속(m/s)은 얼마인가?

① 4.15m/s
② 3.15m/s
③ 2.15m/s
④ 1.15m/s

해설 $A = \pi D^2 \div 4 = 3.14 \times 0.8^2 \div 4 = 0.5024\text{m}^2$
$Q = 50,000 \div 86,400\text{s/day} = 0.5787\text{m}^3/\text{s}$
$V = Q \div A = 0.5787 \div 0.5024 = 1.1518\text{m/s} ≒ 1.15\text{m/s}$

48 ④ 49 ④ 50 ④

51 다음 그림과 같은 용기에 2종류의 혼합되지 않는 액체가 들어 있다. 그리고 폐합단에는 공기가 남아 있다. 각 점에 대한 수압계산식이 잘못된 것은?

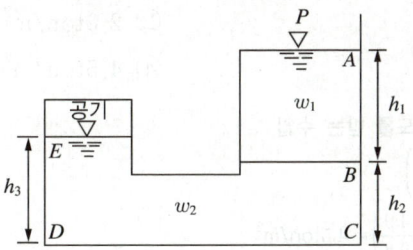

① $P_B = w_1 h_1$
② $P_C = P_D = w_1 h_1 + w_2 h_2$
③ $P_E = w_1 h_1 + w_2(h_2 - h_1)$
④ $P_A = 0$

해설 $P_E = w_1/(h_1 + h_2 - h_3)$

52 다음 그림과 같이 수면과 경사각이 45°를 이루는 제방의 측면에서 수면에서 도심까지 5m가 되는 원통형 수문이 있을 때 이에 작용하는 전수압은?

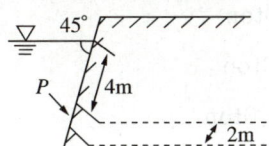

① 10.01ton ② 11.45ton
③ 12.11ton ④ 11.10ton

해설 수문은 경사지게 설치되어 있으나 전수압은 일반적인 경우와 마찬가지이다.
$P = w \cdot h_G \cdot A = 1 \times 5 \times \sin 45° \times \dfrac{\pi \cdot 2^2}{4} = 11.10 \text{ton}$

53 물이 들어 있는 뚜껑이 없는 수조가 4.9m/s²으로 수직상향으로 가속되고 있을 때 깊이 3m에서의 압력을 구한 값은?

① 3.0ton/m² ② 2.0ton/m²
③ 1.5ton/m² ④ 4.5ton/m²

해설 연직상향의 가속도를 받는 수압
$$P = w \cdot h\left(1+\frac{a}{g}\right)$$
$$= 1 \times 3 \times \left(1+\frac{4.9}{9.8}\right) = 4.5 \text{ton/m}^2$$

54 그림과 같이 지름이 20cm인 노즐에서 20m/s의 유속으로 물이 수직판에 직각으로 충돌할 때 판에 주는 압력은?(단, 수평분력 P_H, 수직분력 P_V임)

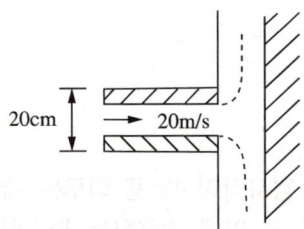

① P_H = 1.28ton, P_V = 0ton
② P_H = 2.28ton, P_V = 0ton
③ P_H = 1.28ton, P_V = 1.0ton
④ P_H = 2.28ton, P_V = 1.0ton

해설 $Q = \dfrac{\pi \times 0.2^2}{4} \times 20 = 0.628$

$P_H = \rho \cdot Q(V_{2x} - V_{1x}) = \dfrac{1}{9.8} \times 0.628 \times 20 = 1.28\text{ton}$

$P_V = 0\text{ton}$

55 높이 5m, 폭 4m의 직사각형 수문이 수직으로 설치되어 있다. 물이 수문의 윗단까지 차 있다고 하면 이 수문에 작용하는 전수압은?

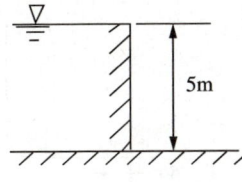

① 55ton ② 52.5ton
③ 50ton ④ 40ton

해설 $P = wh_G A = 1 \times \dfrac{5}{2} \times 5 \times 4 = 50\text{ton}$

56 그림과 같은 직사각형 평면에 작용하는 정수압에 적당한 평면의 폭은?(단, P는 정수압, H_C는 정수압의 작용점, H_G는 도심위치, H는 평면의 높이, w_0는 물의 단위중량, b는 평면의 폭임)

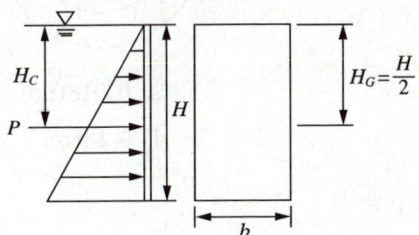

① $b = w_0 \cdot H_G \cdot A$ ② $b = w_0 \cdot H_C \cdot A$
③ $b = \dfrac{2P}{w_0 \cdot H_C^2}$ ④ $b = \dfrac{2P}{w_0 \cdot H^2}$

해설 전수압의 크기는 수압 분포도의 면적과 같으므로
$P = w_0 \cdot H_G \cdot A = w_0 \cdot \dfrac{H}{2} \cdot bH$
$\therefore b = \dfrac{2P}{w_0 \cdot H^2}$

57 그림과 같이 직경이 10cm인 단면에 유속 40m/s의 분류가 관에 충돌하여 90°로 구부러질 때 관에 작용하는 힘은?

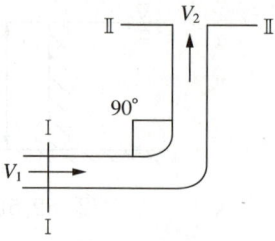

① 1.30ton
② 1.32ton
③ 1.8ton
④ 1.28ton

해설
$$F = \frac{w}{g}QV = \frac{w}{g}AV^2$$
$$= \frac{1}{9.8} \times \frac{\pi \times 0.1^2}{4} \times 40^2$$
$$= 1.28\text{ton}$$

58 1/4원의 벽면에 면하여 유량 $Q = 0.05\text{m}^3/\text{s}$로 $A_1 = A_2 = 200\text{cm}^2$인 단면에 따라 흐를 때 벽면에 작용하는 힘은?

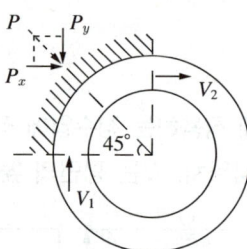

① 0.012ton
② 0.018ton
③ 0.12ton
④ 0.18ton

해설
$$P = \frac{w}{g} \cdot Q(V_2 - V_1)$$
$$V = \frac{Q}{A} = \frac{0.05}{200 \times 10^{-4}} = 2.5\text{m/s}$$

P의 x방향 분력은 $V_1 = 0$, $V_2 = V$

$$P_x = \frac{1}{9.8} \times 0.05 \times (V - 0) = \frac{1}{9.8} \times 0.05 \times 2.5 = 0.013\text{ton}$$

P의 y방향의 분력은 $V_1 = V$, $V_2 = 0$

$$P_y = \frac{1}{9.8} \times 0.05 \times (0 - V) = -0.013\text{ton}$$

$$\therefore P = \sqrt{(P_x)^2 + (P_y)^2} = \sqrt{(0.013)^2 + (-0.013)^2}$$
$$= 0.018\text{ton}$$

59 그림에서 면적비 $\dfrac{A}{a}$ = 1,000, $\dfrac{L}{l}$ = 5로 하며, P = 1kg의 힘이 가해질 때 Q의 힘은?

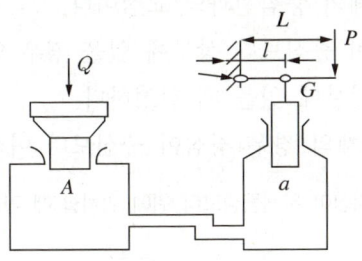

① 4.0ton
② 4.3ton
③ 5.3ton
④ 5.0ton

해설 단면적 a에 작용하는 힘을 P'라 하면
$PL = P'l$에서 $P' = \dfrac{L}{l}P$

$\dfrac{Q}{A} = \dfrac{P'}{a}$에서 $Q = \dfrac{A}{a}P' = \dfrac{A}{a} \times \dfrac{L}{l} \times P$

$Q = 1,000 \times 5 \times 1 = 5,000\text{kg} = 5.0\text{ton}$

60 직경 4m의 원판이 연직으로 수중에 잠겨 있다. 원판의 상단이 수면의 1m 아래에 위치해 있을 경우 원판에 작용하는 전수압의 중심위치는?

① P = 37.68ton, h_c = 3.33m
② P = 25.12ton, h_c = 3.33m
③ P = 37.68ton, h_c = 2.5m
④ P = 40.28ton, h_c = 2.8m

해설 $P = w \cdot h_G \cdot A = 1 \cdot 3 \cdot \dfrac{\pi \cdot 4^2}{4} = 37.68\text{ton}$

$h_C = h_G + \dfrac{I_0}{h_G \cdot A}$

$= 3 + \dfrac{\dfrac{\pi \cdot 4^2}{4}}{3 \cdot \dfrac{\pi \cdot 4^2}{4}} = 3.33\text{m}$

61 다음 중 부체에 대한 설명으로 틀린 것은?

① 경심은 부심과 물체의 중심선과의 교점이다.
② 수중 물체는 부심이 중심보다 상부에 있을 경우 안정하다.
③ 경심이 중심보다 상부에 있을 때 안정하다.
④ 수면에 떠 있는 물체의 경우 경심이 중심보다 아래에 있을 때 불안정하다.

해설 ② 물체의 안정은 경심이 무게중심보다 위에 위치할 때 가능하다.

62 다음 중 부체의 안정성을 조사할 때 사용하는 용어로 틀린 것은?

① 경 심   ② 수 심
③ 부 심   ④ 중 심

해설 수면에 떠 있는 물체의 안정조건

- 안정 : $MG > 0$, $\dfrac{I_x}{V} > CG$, M이 G 위에 위치
- 중립 : $MG = 0$, $\dfrac{I_x}{V} = CG$, M과 G가 동일 위치
- 불안정 : $MG < 0$, $\dfrac{I_x}{V} < CG$, M이 G 아래에 위치

① 경심(Metacenter, M) : 부체의 중심선과 부력의 작용선의 교점
③ 부심(Center of Buoyancy, C) : 부체 중에서 물에 잠긴 부분의 무게중심

63 비중이 0.92인 빙산이 비중 1.025의 해수에 떠 있다. 수면 위로 나온 빙산의 체적이 180m³이면 빙산 전체의 체적은?

① 1,464m³   ② 1,757m³
③ 976m³   ④ 876m³

해설
$wV + M = w'V' + M$
$0.92 V_t = 1.025(V_t - 180)$
$\therefore V_t = \dfrac{1.025 \times 180}{1.025 - 0.92} = 1,757\text{m}^3$

정답 61 ② 62 ② 63 ②

64 빙산의 해수면 윗부분 체적이 102.45m³일 때 빙산 전체의 체적은?(단, 빙산의 비중은 0.92, 해수의 비중은 1.025이다)

① 850m³   ② 878m³
③ 1,000m³   ④ 1,932m³

해설 $0.92 \times V = 1.025 \times (V - 102.45)$

$\therefore V = \dfrac{1.025 \times 102.45}{0.105} = 1,000 \text{m}^3$

65 다음 그림과 같이 길이 5m인 원기둥(비중 0.6)을 수중에 수직으로 띄웠을 때, 원기둥이 전도되지 않도록 하는 데 필요한 지름은?

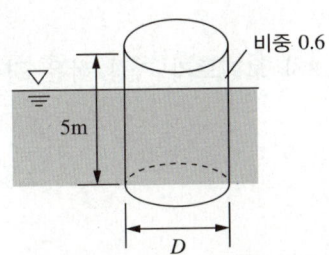

① 2m 이상   ② 4m 이상
③ 7m 이상   ④ 9m 이상

해설 부체의 안정조건은 $\dfrac{I_x}{V} > GC$이다.

$W = B$이므로 $rAh = wAd$

$d = \dfrac{r}{w} \cdot h = \dfrac{0.6}{1} \times 5 = 3.0 \text{m}$

$GC = \dfrac{1}{2} \times (5-3) = 1\text{m}$

$\dfrac{I_n}{V} = \dfrac{\dfrac{\pi \cdot D^4}{64}}{\dfrac{\pi \cdot D^2}{4} \cdot d} = \dfrac{D^2}{16 \cdot d} = \dfrac{D^2}{16 \times 3} > 1$

$\therefore D > 4\sqrt{3} \fallingdotseq 7\text{m}$

66 폭 4m, 길이 5m, 무게 40ton의 물체가 해수 중에 떠 있을 경우 흘수는?(단, 해수의 비중은 1.025)

① 1.731m ② 1.824m
③ 1.951m ④ 2.004m

해설 부력과 흘수

$W = B$에서 $rAh = wAd$

$d = \dfrac{W}{wA}$

$= \dfrac{40}{1.025 \times 4 \times 5} = 1.951\text{m}$

67 부체가 안정한 경우의 조건에 대한 설명으로 알맞은 것은?(단, C는 부심, V는 배수용적, I_x는 부양면에 대한 단면 2차 모멘트이다)

① 경심 M이 부체의 중심 G와 같은 경우
② 부양면에 대한 단면 2차 모멘트가 $\overline{CG}$와 같은 경우
③ $\dfrac{I_x}{V} > \overline{CG}$ 인 경우
④ 부양면에 대한 단면 2차 모멘트가 가장 작은 경우

해설 부체안정의 판별식

• 안정조건 : $\dfrac{I_x}{V} > \overline{CG}$

• 중립조건 : $\dfrac{I_x}{V} = \overline{CG}$

• 불안정조건 : $\dfrac{I_x}{V} < \overline{CG}$

68 부체는 일반적으로 어떤 경우에 기울어지기 쉬운가?

① 부양면에 대한 단면 1차 모멘트가 작을수록
② 부양면에 대한 단면 1차 모멘트가 클수록
③ 부양면에 대한 단면 2차 모멘트가 작을수록
④ 부양면에 대한 단면 2차 모멘트가 클수록

69 유속 1.5m/s로 10,000m³/day의 물을 흐르게 하는 데 필요한 원형관의 직경(내경)을 구한 것으로 옳은 것은?

① 253mm   ② 213mm
③ 153mm   ④ 313mm

해설
$$Q = AV = \frac{\pi \cdot D^2}{4} \cdot V$$
$$10{,}000\text{m}^3/86{,}400\text{s} = \frac{\pi \cdot D^2}{4} \times 1.5$$
$$\therefore D = 0.313\text{m} = 313\text{mm}$$

70 다음 중 유적선에 대한 설명으로 옳은 것은?

① 물의 분자가 이동하는 운동경로를 그렸을 때 이것을 유적선이라 한다.
② 정류흐름에서 유선형의 시간적 변화가 없기 때문에 유적선과 유선은 일치하지 않는다.
③ 부정류에서는 운동상태가 변화하므로 유적선과 유선은 일치한다.
④ 흐름 중에 하나의 폐곡선을 생각하고 그 곡선상의 각 점에서 유선을 그리면 유선은 하나의 관모양이 되며, 이때의 가상적인 관을 말한다.

해설
② 정류의 흐름에서 유적선과 유선은 일치한다.
③ 부정류의 흐름에서 유적선과 유선은 일치하지 않는다.
④ 유관에 대한 설명으로 관모양이 되는 때의 가상적인 관을 말한다.

71 A지역의 급수용 배수본관의 직경은 1m이다. 장차 아파트의 건설 등으로 급수인구가 4배로 증가하여 총급수량도 4배로 증가할 때 급수용 배수본관의 직경은?(단, 유속은 변경하지 않는다고 생각함)

① 0.5m   ② 1.0m
③ 2.0m   ④ 3.0m

해설
$4Q_1 = Q_2$
$4 \cdot \dfrac{\pi \cdot 1^2}{4} \times V_1 = \dfrac{\pi \cdot D^2}{4} \times V_2$
$V_1 = V_2$ 이므로 $D^2 = 4$
$\therefore D = 2\text{m}$

정답 69 ④ 70 ① 71 ③

72 다음 중 정류에 대한 설명으로 옳지 않은 것은?

① 흐름의 상태가 시간에 관계없이 일정하다.
② 어느 단면에서나 유속이 균일해야 한다.
③ 유선과 유적선이 일치한다.
④ 유선에 따라 유속은 다를 수 있다.

해설 정류(Steady Flow)
어느 한점에서 시간이 경과함에 따라 흐름의 특성(유속, 압력, 밀도)이 변하지 않는 흐름
$\left(\dfrac{\partial P}{\partial t}=0,\ \dfrac{\partial \rho}{\partial t}=0,\ \dfrac{\partial T}{\partial t}=0,\ \dfrac{\partial V}{\partial t}=0\right)$

73 어떤 유체의 유선을 그려서 흐름의 모양을 알 수 있는 경우는?

① 정류에 한한다.
② 정류와 부정류 모두 해당된다.
③ 흐름상태가 시작되면 유선과 유적선은 일치하지 않는다.
④ 물의 각 입자에 대한 속도벡터를 말한다.

해설 정류는 시간에 따라 유체의 특성이 변하지 않는다.

74 유속 V, 시간 t, 위치로 표시하는 요소를 l이라고 할 때 옳지 않은 것은?

① $\dfrac{\partial V}{\partial t}=0,\ \dfrac{\partial V}{\partial l}\neq 0$ (부등류)

② $\dfrac{\partial V}{\partial t}\neq 0,\ \dfrac{\partial V}{\partial l}=0$ (부정류)

③ $\dfrac{\partial V}{\partial t}=0,\ \dfrac{\partial V}{\partial l}=0$ (등류)

④ $\dfrac{\partial V}{\partial t}=0$ (정류)

해설 ② $\dfrac{\partial V}{\partial t}\neq 0$ (부정류)

75 층류와 난류를 구분할 수 있는 것은?

① Reynolds수 ② 한계구배
③ 한계수심 ④ Mach수

해설 층류와 난류는 Reynolds수에 의해 구별된다.

76 지름 10cm의 관에 물이 흐를 때 층류가 되자면 관의 평균유속이 몇 cm/s 이하를 유지하여야 하는가?(단, 동점성 계수는 0.012cm²/s이다)

① 10cm/s ② 8cm/s
③ 6.4cm/s ④ 2.4cm/s

해설 층류영역은 $Re \leq 2,000$

$$Re = \frac{V \cdot D}{\nu} = \frac{V \times 10}{0.012} \leq 2,000$$

∴ $V \leq 2.4$cm/s

77 지름 10cm의 관내를 유량 Q가 100cm³으로 흐를 경우 레이놀즈(Reynolds)수를 구한 값은?(단, 점성 계수 $\mu = 0.0123$g/cm · s, 밀도 $\rho = 1$g/cm³)

① 946 ② 1,036
③ 2,086 ④ 2,256

해설 Reynolds수

$$Re = \frac{VD}{\nu} = \frac{\rho VD}{\mu}$$

$$= \frac{\frac{100}{\pi \times 10^2/4} \times 10 \times 1}{0.0123} = 1,036$$

정답 75 ① 76 ④ 77 ②

78 관로 내 유체흐름이 다음과 같은 경우 Reynolds수는?[관경 $D=0.1m$, 유속 $V=3m/s$, 유체(물) 밀도 $\rho=1,000kg/m^3$, 유체(물)점성 계수 $\mu=0.001kg/m\cdot s$]

① 200,000   ② 400,000
③ 150,000   ④ 300,000

해설
$$Re = \frac{\rho VD}{\mu}$$
$$Re = \frac{1,000 \times 3 \times 0.1}{0.001} = 300,000$$

79 내경이 2cm의 관 내를 수온 20℃ 물이 25cm/s의 유속을 갖고 흐를 때 이 흐름의 상태는?(단, 20℃일 때 물의 동점성 계수는 0.01cm²/s이다)

① 상류   ② 층류
③ 난류   ④ 불완전층류

해설
$$Re = \frac{VD}{\nu} = \frac{25 \times 2}{0.01} = 5,000$$
∴ $Re > 4,000$이므로 난류이다.

80 유체가 관속을 흐를 때 마찰계수가 가장 큰 경우는?

① 음속으로 흐를 때
② 난류로 흐를 때
③ 과도류로 흐를 때
④ Creeping류로 흐를 때

해설 마찰계수 = $16/Re$
Creeping류는 $Re < 1$인 경우이다.

81 다음 중 베르누이의 정리를 유도하는 데 이용되는 관계식이 아닌 것은?

① 에너지불변의 법칙
② 물의 연속방정식
③ 운동량방정식
④ 운동에너지, 위치에너지

해설 베르누이의 정리
에너지불변의 법칙을 기본으로 하고 있고, 연속방정식, 운동에너지, 위치에너지, 압력에너지와 관계가 깊다.

82 관로의 유체흐름에서 어느 지점의 유속이 1.5m/s, 압력이 3.5kg/cm²이고 관 중심부의 해발고도가 40.0m였다면 이 지점에서의 유체가 갖고 있는 총에너지수두는 얼마인가?

① 45.115m
② 55.115m
③ 65.115m
④ 75.115m

해설 베르누이의 정리를 이용하면 $\frac{p}{\gamma}+\frac{u^2}{2g}+z=h$

$\frac{35,000}{1,000}+\frac{1.5^2}{2\times9.8}+40=75.115m$

83 기준면으로부터 5m인 곳에 유속 5m/s인 물이 흐르고 있다. 이때 압력을 재어보니 0.5kg/cm²이었다. 이 지점의 총수두는 얼마인가?

① 6.3m
② 8.0m
③ 10.3m
④ 11.3m

해설 총수두 $H=\frac{p}{\gamma}+\frac{V^2}{2g}+Z$

$5+\frac{5^2}{2\times9.8}+5=11.3m$

정답 81 ③ 82 ④ 83 ④

84 관수로에서 동수경사선에 대한 설명으로 옳은 것은?

① 수평기준선에서 손실수두와 속도수두를 가산한 수두선이다.
② 관로중심선에서 압력수두와 속도수두를 가산한 수두선이다.
③ 총수두에서 손실수두를 제외한 수두선이다.
④ 에너지선에서 속도수두를 제외한 수두선이다.

해설 동수경사선 = 위치수두 + 압력수두
에너지선과는 속도수두($V^2/2g$)만큼의 차이가 있다.

85 관로 내 어느 지점에서 압력수두가 20.0m이고, 표고(E.L)가 50.0m였다면 이 지점에서의 동수두는 얼마인가?

① 52.0m
② 60.0m
③ 62.0m
④ 70.0m

해설 동수두 = 위치수두(표고) + 압력수두
= 50.0m + 20.0m = 70.0m

86 길이가 1,000m인 관로에서 압력을 측정하여 조사한 결과 한 구간에서 손실이 1m 발생하였다면 그 구간의 동수경사(동수구배)는 얼마인가?(단, ‰ = 1/1,000)

① 10%
② 100%
③ 10‰
④ 1‰

해설 동수경사(I) = $\dfrac{\text{손실수두}(h_L)}{\text{관길이}(L)}$
= $\dfrac{1m}{1,000m}$ = 0.001 = 1‰

정답 84 ④ 85 ④ 86 ④

87 정상적인 흐름 내 1개의 유선에서 동수경사선과 연결한 선의 기울기는?

① $\dfrac{V^2}{2g}+\dfrac{P}{w_0}$ ② $\dfrac{V^2}{2g}+Z$

③ $\dfrac{V^2}{2g}+\dfrac{P}{w_0}+Z$ ④ $\dfrac{P}{w_0}+Z$

해설 동수경사선은 기준 수평면에서 위치수두와 압력수두의 합을 연결한 선이다.
$H=\dfrac{P}{w_0}+Z$

88 다음 중 옳지 않은 것은?

① 벤투리미터는 관 내의 유량을 측정할 때 사용한다.
② $V=\sqrt{2gh}$를 토리첼리의 정리라고 한다.
③ 수조의 수면에서 깊이 h인 곳에 단면적 a인 작은 구멍에서 물이 유출할 경우 베르누이의 정리를 적용한다.
④ 피토관은 파스칼의 원리를 응용하여 압력을 측정하는 기구이다.

해설 ④ 피토관은 정압력과 정체압력의 관계를 이용하여 유속을 측정하는 장치이다.

정답 87 ④ 88 ④

89 다음 중 운동에너지의 보정계수는 어느 경우에 적용되어야 하는가?

① 모든 유체운동에 적용된다.
② 이상유체흐름에 적용된다.
③ 실제유체흐름에 적용된다.
④ 유동단면이 원형일 때만 적용된다.

해설 에너지보정계수와 운동량보정계수는 점성 유체인 실제유체의 유속과 통상 사용되는 평균유속과의 관계를 보정해주는 계수이다.

에너지보정계수(α) : $a = \int_A \left(\frac{V}{V_m}\right)^3 \frac{aA}{A}$

운동량보정계수(β) : $a = \int_A \left(\frac{V}{V_m}\right)^2 \frac{aA}{A}$

- V : 임의 점의 실제유속
- V_m : 관의 평균유속

구 분	층류(원관)	난 류
α	2	1.01~1.1
β	4/3	1.0~1.05

90 지름 d의 구가 밀도 ρ의 유체속을 유속 V로서 침강할 때 구의 항력은?

① $D = C_D \cdot \pi\sigma^2 \cdot \dfrac{V^2}{2g}$

② $D = C_D \cdot \dfrac{\pi\sigma^2}{4} \cdot \rho V^2$

③ $D = \dfrac{1}{8} \cdot C_D \cdot \pi d^2 \cdot \rho V^2$

④ $D = \dfrac{1}{18} \cdot C_D \cdot \pi d^2 \cdot \rho V^2$

해설 $D = C_D \cdot A \cdot \dfrac{\rho V^2}{2} = C_D \cdot \left(\dfrac{\pi d^2}{4}\right) \cdot \dfrac{\rho V^2}{2} = \dfrac{1}{8} \cdot C_D \cdot \pi d^2 \cdot \rho V^2$

CHAPTER 01 적중예상문제(2차)

제4과목 정수시설 수리학

01 압축성 유체를 정의하고 그 특징을 3가지 이상 나열하시오.

02 비압축성 유체를 정의하고 그 특징을 3가지 이상 쓰시오.

03 점성계수와 동점성계수에 대한 설명이다. 괄호 안을 채우시오.

> - 점성계수 μ의 단위는 공학단위로 (   ), 절대단위로 (   )이다.
> - 점성계수의 단위는 푸아즈(Poise, 기호는 P)를 쓴다.
>   1P = 1poise = 1(   ) = 1dyne·s/cm^2 = 0.1(   ) = 100cP(   )
> - 동점성계수(Kinematic Viscosity)란 유체의 운동을 다룰 때 점성계수 μ를 밀도 ρ로 나눈 값을 쓰면 편리할 때가 많다. 이때 동점성계수의 관계식은 (   )
> - 동점성계수 ν의 단위는 공학단위로 (   ), 절대단위로 (   )이다. 주로 ν의 단위는 Stokes(기호 : St)를 사용한다.
>   1Stokes = 1St = 1cm^2/s = 10^{-4}m^2/s = 100cSt(Centistokes)
> - 동점성계수 ν는 액체인 경우 (   )만의 함수이고, 기체인 경우에는 (   )와 (   )의 함수이다.

04 점성유체와 비점성유체에 대해 설명하시오.

05 6m 높이에 있는 10kg인 물체의 에너지는 몇 kg·m인가?

06 물의 밀도를 공학단위로 표시하시오.

07 부피가 5,000cm³의 직육면체의 돌을 물속에 넣었을 때 물속에서 돌의 무게는 10kg이었다. 돌의 비중은 얼마인가?

08 면적이 4m³, 중량이 12.0t인 물체의 비중은 얼마인가?

09 비압축성 유체의 연속방정식을 쓰시오.

10 다음 차원 방정식을 쓰시오.

- 밀도
- 점성계수
- 표면장력
- 동점성계수
- 일, 에너지

11 수압강도 p의 차원을 쓰시오.

12 관로의 어느 지점에서 압력계의 압력이 1.5kg/cm²일 때 이 지점의 절대압력은 얼마인가?(단, 표준대기압 = 1.033kg/cm²)

13 정수압의 성질을 3가지 이상 쓰시오.

14 피토관은 압력차를 이용한 유속 측정장치로 '(   ) + (   ) = 정체압력'을 측정하게 된다.

15 1kg/cm²의 수압강도를 압력수두로 환산한 값은?

16 5km의 길이를 1.4m/s의 유속으로 공급되는 관로의 관말까지의 체류시간은?

17 18℃의 물을 처음 용적에서 1% 축소시키려고 할 때 필요한 압력은?(단, 압축률 $C = 5 \times 10^{-5}$ cm²/kg이다)

18 1기압을 서로 다른 단위로 표시하시오.

- 1기압 = (　　)mmHg
- 1기압 = (　　)mb
- 1기압 = (　　)kg/cm²
- 1기압 = (　　)dyne/cm²

19 물이 들어 있고 뚜껑이 없는 수조가 9.8m/s²으로 수직상향으로 가속되고 있을 때 깊이 2m에서의 압력은?

20 그림과 같은 길이 2m, 지름 0.5m의 원주(圓柱)가 수평으로 놓여 있다. 원주의 한 쪽에 원주의 윗단까지 물이 차 있다고 하면 이 원주에 작용하는 전수압의 수평분력은?

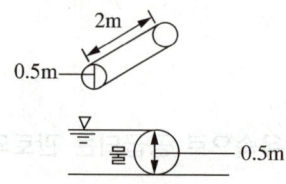

21 수심 3m, 폭 2m인 직사각형 수로를 연직으로 가로 막았을 때 이 연직판에 작용하는 전수압과 수압의 작용점의 위치는?

22 수면 아래 40m 지점에서의 절대압력은?(단, 수은의 비중 = 13.55ton/m³)

23 액체 표면에서 150cm 깊이의 임의점에 있어서 압력강도가 1,425kg/m²이면 이 액체의 단위중량은?

24 개방된 물통 속에 물이 담겨져 있는데 그 깊이는 2m이다. 이 물 위에 비중이 0.8인 기름이 1m의 깊이로 떠 있을 때 물통 밑바닥에서의 압력은?

25 그림에서 면적비 $\frac{A}{a}$ = 1,000, $\frac{L}{l}$ = 3으로 하며, P = 2kg의 힘이 가해질 때 Q의 힘은?

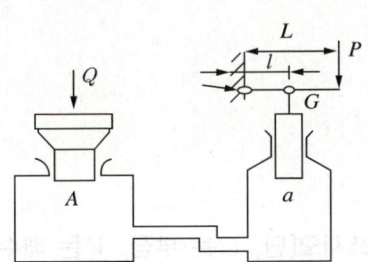

26 직경 4m의 원판이 연직으로 수중에 잠겨 있다. 원판의 상단이 수면의 1m 아래에 위치해 있을 경우 원판에 작용하는 전수압의 중심위치는?

27 다음과 같이 수로 폭 3m를 판으로 가로 막았을 때 상류수심은 6m, 하류수심은 3m이었다. 이때 전수압의 작용점 위치는?

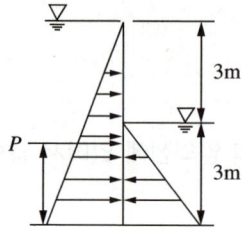

28 비중이 0.92인 빙산이 비중이 1.025인 해수에 떠 있다. 수면 위에 나온 빙산의 체적이 180m³이면 빙산 전체의 체적은?

29 폭 4m, 길이 5m, 무게 40ton의 물체가 해수 중에 떠 있을 경우 흘수는?(단, 해수의 비중은 1.025)

30 부체안정의 판별식을 쓰시오[단, C는 부심, V는 배수용적, I_x는 부양면(길이방향)에 대한 단면 2차 모멘트이다].

31 경심의 관계식을 쓰시오.

32 지름 100cm의 원형단면 관수로에 물이 가득 차서 흐를 때의 동수반경은?

33 A지역의 급수용 배수본관의 직경은 1m이다. 장차 아파트 건설 등으로 급수인구가 4배로 증가하여 총급수량도 4배로 증가할 때 급수용 배수본관의 직경은?(단, 유속은 변경하지 않는다고 생각함)

34 유속 V, 시간 t, 위치로 표시하는 요소를 l이라고 할 때 부등류, 부정류, 등류, 정류의 관계식을 쓰시오.

35 지름 10cm의 관 내를 유량 Q가 100cm³으로 흐를 경우 레이놀즈(Reynolds)수를 구한 값은?(단, 점성계수 μ = 0.0123g/cm·s, 밀도 ρ = 1g/cm³)

36 층류와 난류는 Reynolds의 수에 의해 구별된다. 한계 레이놀즈(Reynolds)수에 대하여 쓰시오.

37 베르누이(Bernoulli) 정리의 특징을 3가지 이상 쓰시오.

38 베르누이의 에너지방정식에 의해 관로 내 유체의 에너지를 선으로 그을 수 있는데, 동수경사선
(HGL ; Hydraulic Grade Line)은 어떤 에너지들을 연결한 선인가?

39 관로 내 어느 지점에서 압력을 측정한 결과 30.0m이고, 표고(E.L)가 50.0m였다면 이 지점에서의
동수두는 얼마인가?

40 유체의 흐름에서 베르누이의 정리를 응용할 수 있는 경우를 3가지 이상 쓰시오.

41 다음 보정계수의 관계식을 쓰시오.
(1) 에너지보정계수(α)
(2) 운동량보정계수(β)

42 지름 d의 구가 밀도 ρ의 유체속을 유속 V로서 침강할 때 구의 항력은 얼마인가?

43 유체 속에 물체가 있을 때, 물체가 유체로부터 받는 힘을 소류력이라 한다. 소류력과 관계가 있는 식을 3가지 이상 쓰시오.

44 그림과 같이 밀도 ρ가 되는 유체가 일정한 유속 V_0로서 수평방향으로 흐르고 있다. 이 유체 속의 직경 d, 길이 l가 되는 원주가 흐름 방향에 직각으로 중심축을 가지고 수평으로 놓였을 때 원주에 작용되는 항력(抗力)은?(단, C_D는 항력계수이다)

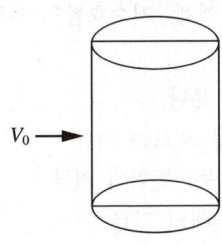

CHAPTER 01 정답 및 해설

제4과목 정수시설 수리학

01 ① 압축성 유체의 정의 : 일정한 온도하에서 압력을 변화시킴에 따라 체적, 온도, 밀도 등이 변하는 유체를 말한다. 일반적으로 기체, 고속흐름의 기체, 수격작용 해석 시의 액체 등이 있다.
② 압축성 유체의 특징
- 기체는 보통 압축성 유체이다.
- 음속보다 빠른 비행체 주위의 공기흐름
- 수압철관 속의 수격작용
- 디젤엔진에 있어서 연료수송관의 충격파

02 ① 비압축성 유체의 정의 : 압축이 되지 않는다고 가정한 유체로 압력에 관계없이 체적, 온도, 밀도 등이 일정하다고 전제하는 유체이다. 즉, 온도나 압력에 의한 밀도의 변화가 미세하여 무시할 수 있는 유체이다. 일반적으로 액체, 저속흐름의 기체 등이 있다.
② 비압축성 유체의 특징
- 액체는 보통 비압축성으로 본다.
- 물체(굴뚝, 건물 등) 둘레를 흐르는 기류
- 달리는 물체(자동차, 기차 등) 주위의 기류
- 저속으로 나르는 항공기 둘레의 기류
- 물속을 주행하는 잠수함 둘레의 수류

03
- $kgf \cdot s/m^2$, $g/cm \cdot s$
- g/cm, $n \cdot s/m^2$, Centipoise
- $\nu = \dfrac{\mu}{\rho}$
- m^2/s, cm^2/s
- 온도, 온도, 압력

04 ① 점성유체(실제유체)
점성을 가진 유체로서 점성의 영향을 고려해야만 흐름을 충분히 해석할 수 있는 유체. 즉, 유체가 흐를 때 유체의 점성 때문에 유체분자 간 또는 유체와 경계면 사이에 전단응력이 발생하는 유체를 말한다.
② 비점성유체(이상유체)
해석을 단순화하기 위해 점성이 없다고 가정한 유체. 즉, 점성을 가지고 있지 않거나 그 크기가 작아서 점성의 영향을 무시해도 흐름을 해석할 수 있는 유체이다.

05 물체에너지 = 무게 × 높이 = 10kg × 6m = 60kg · m

06 $\rho = \dfrac{w}{g} = \dfrac{1{,}000\text{kg/m}^3}{9.8\text{m/s}^2} = 102\text{kg} \cdot \text{s}^2/\text{m}^4$

07 $W_s = \dfrac{\text{돌의 무게}}{\text{물의 무게}} = \dfrac{10+5}{5} = 3$

08 비중(S_g) = $\dfrac{\dfrac{W_S}{V}}{\dfrac{W_W}{V}} = \dfrac{W_S}{W_w} = \dfrac{P_S g}{P_w g} = \dfrac{P_S}{P_w}$

물체의 단위중량 = $\dfrac{\text{물체의 중량}}{\text{물체의 체적}} = \dfrac{12\text{ton}}{4\text{m}^3} = 3.0\text{ton/m}^3$

∴ 비중 = $\dfrac{3}{1} = 3.0$

09 비압축성 유체는 밀도가 일정하므로 $Q = A_1 V_1 = A_2 V_2$

10
- 밀도 : $FL^{-4}T^2$
- 동점성 계수 : $L^2 T^{-1}$
- 점성계수 : $ML^{-1}T^{-2}$
- 일, 에너지 : FL
- 표면장력 : ML^{-2}

11 수압강도 $p = w \cdot h$이다.
이를 차원으로 표시하면 $FL^{-3} \times L = FL^{-2}$
FLT계를 MLT계로 바꾸면
$F = MLT^{-2} \rightarrow FL^{-2} = MLT^{-2} \times L^{-2} = ML^{-1}T^{-2}$

12 절대압력 = 대기압력 + 계기압력 = 1.033kg/cm² + 1.5kg/cm² = 2.533kg/cm² = 25.33ton/m²

13 정수압의 성질
- 수심에 비례한다.
- 면에 수직으로 작용한다.
- 한점에 작용하는 정수압은 방향에 관계없이 그 크기가 일정하다.
- 상대적인 운동이 없다.
- 점성력이 없다.
- 같은 깊이에서는 같은 수압이다.

14 정압력, 동압력

15 $h = \dfrac{P}{w}$

$= \dfrac{1{,}000\text{g/cm}^2}{1\text{g/cm}^2} = 1{,}000\text{cm} = 10\text{m}$

16 유속 $= \dfrac{\text{길이}}{\text{시간}}$

$1.4 = \dfrac{5{,}000}{x}$

$x ≒ 3{,}571$초 ≒ 59.52분 ≒ 1시간

17 평균 압축률 $C = \dfrac{dV/V}{ap}$

$ap = \dfrac{dV/V}{C} = \dfrac{0.01}{5 \times 10^{-5}} = 200\text{kg/cm}^2$

18 1기압 $= 760\text{mmHg} = 1{,}013\text{mb} = 1.033\text{kg/cm}^2 = 1.013 \times 10^6 \text{dyne/cm}^2$

19 연직상향의 가속도를 받는 경우

$P = w \cdot h\left(1 + \dfrac{a}{g}\right) = 1 \times 2 \times \left(1 + \dfrac{9.8}{9.8}\right) = 4\text{ton/m}^2$

20 $P_b = w \cdot h_G \cdot A = 1 \times \dfrac{0.5}{2} \times 0.5 \times 2 = 0.25\text{ton}$

21 $P = w \cdot h_G \cdot A = 1 \times \dfrac{3}{2} \times 2 \times 3 = 9\text{ton}$

$H_p = 3 \times \dfrac{2}{3} = 2\text{m}$

22 표준 1기압
$P_a = w' \cdot h_a = 13.55 \times 0.76 = 10.298\,\text{ton/m}^2$
$P = P_a + w \cdot h$
$\quad = 10.298 + 1 \times 40 = 50.298\,\text{ton/m}^2 = 5.0298\,\text{kg/cm}^2$

23 $P = w \cdot h$
$w = \dfrac{P}{h} = \dfrac{1{,}425\,\text{kg/m}^2}{150\text{cm}} = \dfrac{1{,}425\,\text{kg/m}^2}{1.5\text{m}} = 950\,\text{kg/m}^3$

24 $P = w_1 \cdot h_1 + w_2 \cdot h_2$
$\quad = (0.8 \times 1) + (1 \times 2) = 2.8\,\text{ton/m}^2$
$\quad = 2{,}800\,\text{kg/m}^2$

25 단면적 a에 작용하는 힘을 P라 하면
$PL = P'l$에서 $P' = \dfrac{L}{l} \cdot P$

$\dfrac{Q}{A} = \dfrac{P'}{a}$에서 $Q = \dfrac{A}{a}P' = \dfrac{R}{a} \cdot \dfrac{L}{l} \cdot P$

$Q = 1{,}000 \times 3 \times 2 = 6\,\text{ton}$

26 $P = w \cdot h_G \cdot A = 1 \cdot 3 \cdot \dfrac{\pi \times 4^2}{4} = 37.68\,\text{ton}$

$h_c = h_G + \dfrac{l_0}{h_G \cdot A}$

$\quad = 3 + \dfrac{\dfrac{\pi \cdot 4^2}{4}}{3 \cdot \dfrac{\pi \cdot 4^2}{4}} = 3.33\,\text{m}$

27 전수압의 작용점 위치

$$y = \frac{P_1 \cdot y_1 - P_2 \cdot y_2}{P_1 - P_2}$$

- $P_1 = w \cdot h_{G1} \cdot A_1 = 1 \times \dfrac{6}{2} \times 6 \times 3 = 54\,\text{ton}$

- $P_2 = w \cdot h_{G2} \cdot A_2 = 1 \times \dfrac{3}{2} \times 3 \times 3 = 13.5\,\text{ton}$

- $y_1 = \dfrac{6}{3} = 2\text{m},\ y_2 = \dfrac{3}{3} = 1\text{m}$

$\therefore\ y = \dfrac{54 \times 2 - 13.5 \times 1}{54 - 13.5} = 2.33\text{m}$

28 $wV + M = w'V' + M$

$0.92 V_t = 1.025(V_t - 180)$

$\therefore\ V_t = \dfrac{1.025 \times 180}{1.025 - 0.92} = 1.757\text{m}$

29 부력과 흘수

$W = B$ 에서 $rAh = wAd$

$d = \dfrac{W}{wA}$

$= \dfrac{40}{1.025 \times 4 \times 5} = 1.951\text{m}$

30 부체안정의 판별식

- 안정조건 : $\dfrac{I_x}{V} > \overline{CG}$

- 중립조건 : $\dfrac{I_x}{V} = \overline{CG}$

- 불안정조건 : $\dfrac{I_x}{V} < \overline{CG}$

31 윤변으로 유수단면적을 나눈 값이다.

경심 = 동수반경 = 수리평균심 = $R = \dfrac{A}{P} = \dfrac{\text{유수단면적}}{\text{윤변}}$

32 동수반경$(R) = \dfrac{\text{단면적}(A)}{\text{윤변}(P)}$

$= \dfrac{\dfrac{\pi d^2}{4}}{\pi d} = \dfrac{d}{4} = \dfrac{100}{4} = 25\text{m}$

33 $4Q_1 = Q_2$

$4 \cdot \dfrac{\pi \cdot 1^2}{4} \times V_1 = \dfrac{\pi \cdot d^2}{4} \times V_2$

$V_1 = V_2$ 이므로 $d^2 = 4$

∴ $d = 2\text{m}$

34
- 부등류 : $\dfrac{\partial V}{\partial t} = 0,\ \dfrac{\partial V}{\partial l} \neq 0$
- 부정류 : $\dfrac{\partial V}{\partial t} \neq 0$
- 등류 : $\dfrac{\partial V}{\partial t} = 0,\ \dfrac{\partial V}{\partial l} = 0$
- 정류 : $\dfrac{\partial V}{\partial t} = 0$

35 Reynolds수

$Re = \dfrac{VD}{\nu} = \dfrac{\rho VD}{\mu}$

$Re = \dfrac{100/(\pi \times 10^2/4) \times 10 \times 1}{0.0123} = 1{,}036$

36
- 관의 흐름에서 2,000이다.
- 2,000보다 작으면 층류가 된다.
- 4,000보다 크면 난류가 된다.
- 2,000보다 크고 4,000보다 작으면 불완전층류이다.

37
- 베르누이의 정리는 에너지불변의 법칙을 기초로 한다.
- 오일러의 운동방정식으로부터 적분하여 유도할 수 있다.
- 베르누이의 정리를 이용하여 토리첼리(Torricelli)의 정리를 유도할 수 있다.
- 이상유체유동에 대하여 기계적 일-에너지방정식과 같은 것이다.
- 베르누이의 정리로서 동수경사선과 에너지선을 설명할 수 있다.
- 비회전류의 경우는 모든 영역에서 성립되고, 회전류의 경우는 동일한 유선상에서만 성립한다.

38 위치에너지, 압력에너지

39 동수두 = 위치수두(표고) + 압력수두 = 50.0m + 30.0m = 80.0m

40 베르누이 정리의 응용
- 벤투리미터
- 오리피스미터
- 토리첼리의 정리
- 관오리피스
- 피토관

41
- 에너지보정계수(α) : $\alpha = \int_A \left(\dfrac{V}{V_m}\right)^3 \dfrac{aA}{A}$

  V : 임의점의 실제유속
  V_m : 관의 평균유속

- 운동량보정계수(β) : $\alpha = \int_A \left(\dfrac{V}{V_m}\right)^2 \dfrac{aA}{A}$

42
$$D = C_D \cdot A \cdot \dfrac{\rho V^2}{2}$$
$$= C_D \cdot \left(\dfrac{\pi d^2}{2}\right) \cdot \dfrac{\rho V^2}{2}$$
$$= \dfrac{1}{8} \cdot C_D \cdot \pi d^2 \cdot \rho V^2$$

43
- Du-Boys 공식
- Indri 공식
- Kramer 공식
- Shields 공식
- Krey 공식

44 항력 : $D = C_D A \dfrac{\rho V^2}{2}$

$D = C_D \cdot dl \cdot \dfrac{\rho V^2}{2}$

CHAPTER 02 정수장 내 물의 흐름

제4과목 정수시설 수리학

01 관수로의 기초

1. 관수로(Pipe Channel)의 개념

(1) 정 의
단면의 형상에 관계없이 물이 단면 내를 완전히 가득 차서 흐르는 수로 즉, 자유수면을 갖지 않고 흐르는 수로를 말한다.

(2) 흐름의 특성
① 임의의 두 단면의 압력차에 의해 흐른다.
② 자유수면을 갖지 않는다.

(3) 윤변과 경심
① 윤변(潤邊, P ; Wetted Perimeter) : 유적 중에서 유체가 벽에 접하는 길이
② 경심(徑深, R ; Hydraulic Radius) : 유적을 윤변으로 나눈 가상의 깊이

$$R = \frac{A}{P}$$

2. 관수로 내 층류의 유량, 유속분포, 마찰력 분포

(1) 유 량
① 유 량

$$Q = \frac{\pi w h_L}{8\mu l} r^4 = \frac{\Delta P \pi}{8\mu l} r^4$$

- μ : 점성계수
- l : 관의 길이
- wh_L : 손실압력(ΔP)
- r : 관의 반지름

> **참고** **기본성질**
> 유량은 압력강하(wh_L)에 비례한다.
> 유량은 점성계수(μ)에 반비례한다.
> 유량은 반지름의 4승에 비례한다.
> 유량은 동수경사에 비례한다.

② 평균유속

㉠ 연속방정식

$$Q = Av_m$$

㉡ Hazen-Poiseuille공식

$$Q = \frac{\pi w_0 h_L}{8\mu l} R^4$$
$$Av_m = \frac{\pi w_0 h_L}{8\mu l} R^4$$
$$\pi R^2 v_m = \frac{\pi w_0 h_L}{8\mu l} R^4$$
$$\therefore v_m = \frac{\pi w_0 h_L}{8\mu l} R^2$$

③ 최대유속

$$\frac{V_{max}}{V_m} = 2$$

④ 유속분포 : V는 r의 2승에 비례하므로 중심축에서는 V_{max}이며, 관벽에서는 $V=0$인 포물선이다.

⑤ 마찰력 분포

㉠ 마찰력 $\tau = \frac{wh_L}{2l} \cdot r$

㉡ 마찰력 분포 τ는 r에 비례하므로 중심축에서는 $\tau = 0$이고 관벽에서는 τmax인 직선이다.

(2) 관수로 속의 마찰손실

① 마찰손실수두 : 관수로의 마찰로 인한 손실수두(Darcy-Weisbach공식)

$$h_L = f \cdot \frac{l}{D} \cdot \frac{V^2}{2g}$$

- f : 마찰손실계수
- V : 평균유속

② 마찰손실수두의 성질
　㉠ 레이놀즈수에 반비례한다.
　㉡ 관경에 반비례한다.
　㉢ 관의 길이에 비례한다.
　㉣ 관내 유속의 2승에 비례한다.
　㉤ 물이 가지고 있는 에너지에 비례한다.
　㉥ 관내 조도에 비례한다.
　㉦ 수압의 대소와는 무관하다.
　㉧ 물의 점성(μ)에 비례한다.

③ 마찰손실계수
　㉠ 유체입자의 운동은 유관방향으로만 작용하며 벽면상태에 관계없이 레이놀즈수에만 관계있다.

$$Re < 2,000 일\ 때\ f = \frac{64}{Re}$$

　㉡ 유체입자의 운동은 좌우상하 방향으로 일어나며 관벽의 조도와도 관계있다.

$$Re > 2,000 일\ 때\ f = \Phi''\left(\frac{1}{Re},\ \frac{e}{d}\right)$$

- 매끈한 원관일 때 : $\frac{e}{d}$가 작을 때

  - Blasius공식(1913년) : $f = 0.3164 Re^{-\frac{1}{4}}\ (2,320 < Re < 80,000)$
  - Nikuradse공식(1932년) : $f = 0.0032 + 0.221 Re^{-0.237}\ (105 < Re < 108)$

- 거친 원관일 때 : Re와 같이 증가하다가 Re가 커지면 Re에는 관계없고 $\frac{e}{d}$의 함수가 된다.

④ 마찰속도

$$U = \sqrt{gRI}$$

- R : 동수반경

(3) 관로의 평균유속공식

① Chezy형 공식(기본형 공식)

$$V = C\sqrt{RI}$$

- C : 평균유속계수
- $R = \dfrac{A}{P}$ (동수반경), $I = \dfrac{h_L}{l}$ (동수경사)

② Manning공식(실험 공식) : Re 및 상대조도가 큰 단면상의 난류에 대하여 적합하며 주로 하천 등의 개수로 흐름이나 수력발전소 등의 규모가 큰 수로에 대하여 널리 사용된다.

$V = \dfrac{1}{n} R^{\frac{2}{3}} I^{\frac{1}{2}}$ 을 Chezy형 공식으로 표시하면,

$C = \dfrac{1}{n} R^{\frac{1}{6}}$

$C = \sqrt{\dfrac{8g}{f}}$

따라서, $f = \dfrac{124.6 n^2}{D^{\frac{1}{3}}}$

③ Hazen-Williams의 평균유속공식

$$V = 0.8949 C R^{0.63} I^{0.54} \text{m/s}$$

④ Forchheimer공식

- $v = \dfrac{1}{n} R^{0.7} I^{0.5} \text{m/s}$
- $f = \dfrac{8 g n^2}{R^{0.4}} = \dfrac{13.93 g n^2}{a^{0.4}} = \dfrac{136.51 n^2}{a^{0.4}}$

⑤ Ganguillet-Kutter공식

$$v = \dfrac{23 + \dfrac{1}{n} + \dfrac{0.00155}{I}}{1 + \left(23 + \dfrac{0.00155}{I}\right) \dfrac{n}{\sqrt{R}}} \sqrt{RI} \, (\text{m/s})$$

$I > \dfrac{1}{1,000}$ 또는 $0.2 < R < 1.0\text{m}$이고 $I > \dfrac{1}{3,000}$ 일 때

I의 영향을 무시한 간략공식이 사용 가능

$$v = \dfrac{23 + \dfrac{1}{n}}{1 + 23 + \dfrac{n}{\sqrt{R}}} \sqrt{RI} \, (\text{m/s})$$

⑥ Weston공식

$$f = \dfrac{0.0126 + 0.01739 - 0.1087 \times D}{\sqrt{V}}$$

(4) 마찰 이외의 손실수두

① 유입구 손실수두 : 큰 수조로부터 관으로 물이 흘러 들어갈 때 입구에서 일단 수축하나 곧 확대되어 관 전체에 가득 차서 흐르므로 유속도 축류부의 V_o로부터 V로 변함에 따라 에너지 손실이 발생한다. 마찰 이외의 손실(소손실)은 다음과 같이 속도수두에 비례한다.

$$h_x = f_x \frac{V^2}{2g}$$

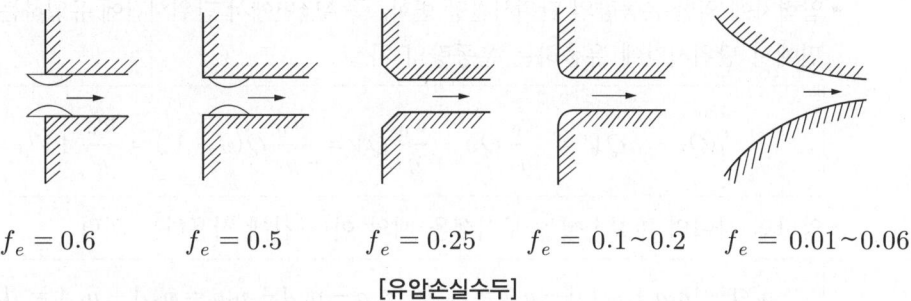

$f_e = 0.6 \quad\quad f_e = 0.5 \quad\quad f_e = 0.25 \quad\quad f_e = 0.1 \sim 0.2 \quad\quad f_e = 0.01 \sim 0.06$

[유압손실수두]

② 단면변화에 의한 손실수두

㉠ 단면급확대 손실수두 : 관수로의 단면적이 A단면에서 급확대되면 A단면을 흐르는 큰 유속 V가 B단면의 작은 유속 V에 충돌을 일으켜 그 외측에 맴돌이 현상을 일으키며 에너지손실을 가져온다. 이때, 실험결과에 의하면 A와 B단면에서의 압력수두는 같다.

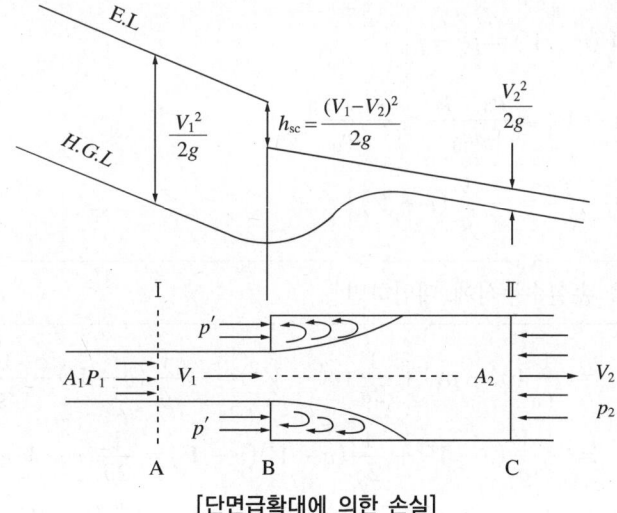

[단면급확대에 의한 손실]

- Bernoulli방정식의 적용

$$z_1 + \frac{p_1}{w_0} + \frac{v_1^2}{2g} = z_3 + \frac{p_3}{w_0} + \frac{v_3^2}{2g} + h_m$$

$$\frac{p_1}{w_0} + \frac{v^2}{2g} = \frac{p_3}{w_0} + \frac{V^2}{2g} + h_m$$

$$\therefore h_m = \frac{1}{w_0}(p_1 - p_3) + \frac{1}{2g}(v^2 - V^2)$$

- 압력차에 의한 운동량의 단위시간당 변화, 즉 A단면에서 단위시간에 유입하는 운동량과 C단면에서 단위시간에 유출하는 운동량의 차

$$\rho Qv - \rho QV = \frac{w_0}{g}Qv - \frac{w_0}{g}QV = \frac{w_0}{g}Q(v-V) = \frac{w_0}{g}AV(v-V)$$

- 양단면 사이의 마찰손실을 무시했을 때의 이 구간에 작용하는 외력

$$p_3 A - [p_1 a + p_1(A - a)] = p_3 A - p_1 a - p_1 A + p_1 a = p_3 A - p_1 A = A(p_3 - p_1)$$

- A와 C단면 사이에서의 운동량의 차 = A와 C단면 사이에서의 수압차

$$\frac{w_0}{g}AV(v-V) = A(p_3 - p_1)$$

$$\frac{w_0}{g}V(v-V) = p_3 - p_1$$

$$\frac{V}{g}(v-V) = \frac{p_3 - p_1}{w_0} = \frac{p_1 - p_3}{w_0}$$

$$\therefore \frac{p_1 - p_3}{w_0} = -\frac{V}{g}(v-V)$$

- 위 식을 손실수두식에 대입하면

$$\therefore h_m = \frac{1}{w_0}(p_1 - p_3) + \frac{1}{2g}(v^2 - V^2) = -\frac{V}{g}(v-V) + \frac{1}{2g}(v^2 - V^2)$$

$$= -\frac{V}{g}(v-V) + \frac{1}{2g}(v-V)(v+V) = \frac{1}{2g}(v-V)(-2V + v + V)$$

$$= \frac{1}{2g}(v-V)(v-V) = \frac{1}{2g}(v-V)^2 = \frac{v^2}{2g}\left(1 - \frac{V}{v}\right)^2$$

$$= \frac{v^2}{2g}\left(1 - \frac{V}{\frac{A}{a}V}\right)^2 = \frac{v^2}{2g}\left(1 - \frac{a}{A}\right)^2 = f_m \frac{v^2}{2g}$$

ⓛ 단면급축소 손실수두

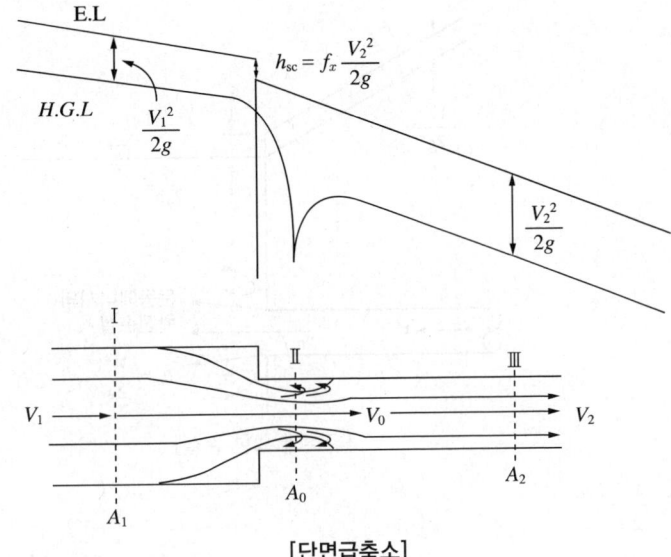

[단면급축소]

$$h_{sc} = \left(\frac{1}{C_a} - 1\right)^2 \frac{V_2^2}{2g}$$

따라서 급축소 손실계수 $f_{sc} = \left(\dfrac{1}{C_a} - 1\right)^2$

ⓒ 곡관부 손실수두

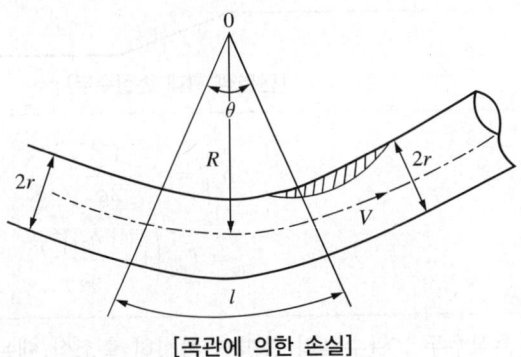

[곡관에 의한 손실]

$$h_a = f_a \frac{V^2}{2g}$$

여기서 f_a는 곡관부 손실계수이다.

ㄹ 유출 손실수두

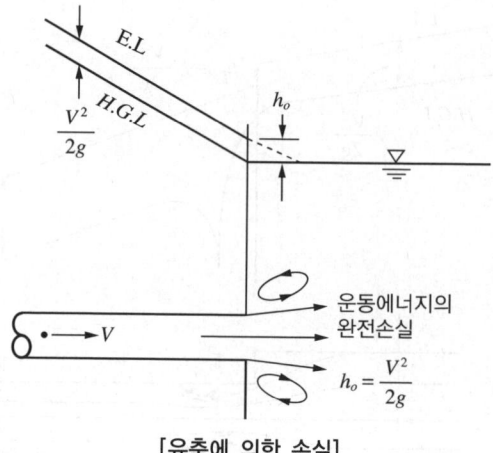

[유축에 의한 손실]

$$h_o = f_o \frac{V^2}{2g}$$

여기서 f_o는 유출 손실계수이다.

ㅁ 단면점 확대 손실수두 : 관수로의 벽면이 서서히 확대되면 유수는 관벽에 접하여 서서히 변하므로 손실수두는 급확대에 의한 경우보다 작다.

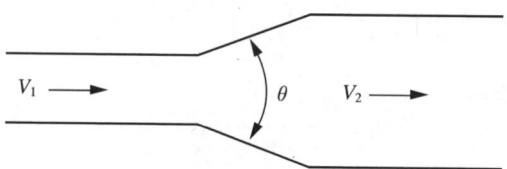

[단면점 확대 손실수두]

$$h_{sc} = f_{sc} \frac{V_1^2}{2g}$$

$$f_{sc} = f_{sc}' \left(1 - \frac{a_1}{a_2}\right)^2$$

ㅂ 단면점 축소 손실수두 : 관수로의 단면이 서서히 축소할 때는 유선이 벽면에 접하여 서서히 그 방향을 바꾸므로 축류라든가 벽 가까이에 맴돌이 같은 것이 생기지 않아 수두손실이 그렇게 크지 않다.

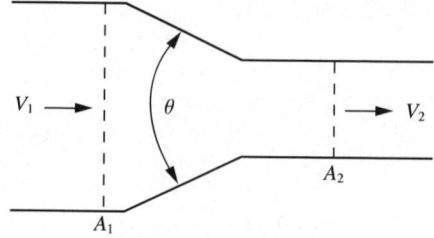

[단면점 축소 손실수두]

$$h_{sc} = f_{sc}\frac{V_2^{\,2}}{2g}$$

3. 관로시스템

(1) 단일 관수로에서의 흐름해석

① 두 수조를 연결하는 등단면 관수로

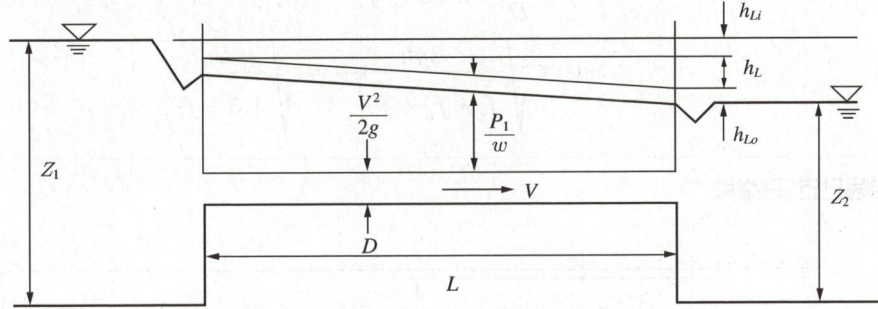

㉠ 관 속의 평균 유속 : Bernoulli정리로부터

$$\frac{V_1^{\,2}}{2g} + \frac{P_1}{w} + Z_1 = \frac{V_2^{\,2}}{2g} + \frac{P_2}{w} + Z_2 + h_L + \sum h_{Lm}$$

$$V_1 = V_2 = 0, \ P_1 = P_2$$

$$Z_1 = Z_2 + h_L + \sum h_{Lm}$$

$$Z_1 - Z_2 = h_L + \sum h_{Lm} = H$$

$$h_L = f \cdot \frac{l}{D} \cdot \frac{V^2}{2g}, \ \sum h_{Lm} = h_{Lmi} + h_{Lmo} = f_i\frac{V^2}{2g} + f_o\frac{V^2}{2g}$$

$$\therefore H = h_L + \sum h_{Lm} = f \cdot \frac{l}{D} \cdot \frac{V^2}{2g} + f_i\frac{V^2}{2g} + f_o\frac{V^2}{2g}$$

$$H = \left(f\frac{l}{D} + f_i + f_o\right)\frac{V^2}{2g}$$

$$\therefore V = \sqrt{\frac{2gH}{f\frac{l}{D} + f_i + f_o}}$$

ⓛ 장 관

$$\frac{l}{D} > 3,000, \ f_i + f_o = 0 \text{(무시)}$$

$$V = \sqrt{\frac{2gh}{f\dfrac{l}{D}}}$$

ⓒ 단 관

$$\frac{l}{D} < 3,000, \ f_i = 0.5, \ f_o = 1$$

$$V = \sqrt{\frac{2gh}{f_i + f_o + f\dfrac{l}{D}}} = \sqrt{\frac{2gh}{1.5 + f\dfrac{l}{D}}}$$

② 부등단면 관수로

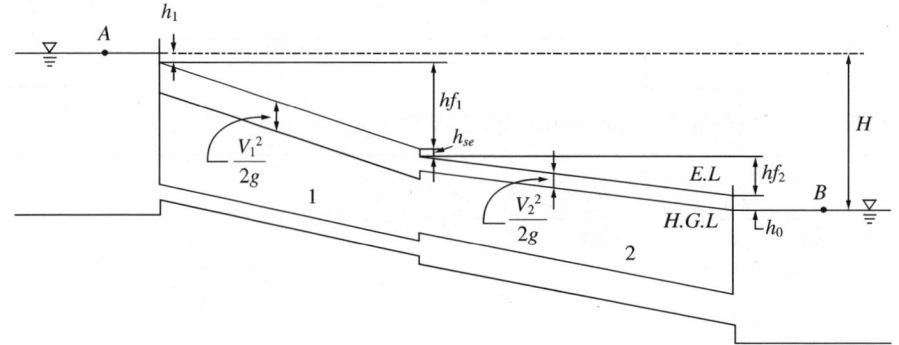

㉠ 관 속을 흐르는 유량

$$Q = \frac{\pi D_1^2}{4} \cdot V_1$$

㉡ 관 속의 평균 유속

$$V_1 = \sqrt{\frac{2gH}{f_e + f_a\dfrac{l_1}{D_1} + f_{sc} + f_2\dfrac{l_2}{D_2}\left(\dfrac{D_1}{D_2}\right)^4 + f_o\left(\dfrac{D_1}{D_2}\right)^4}}$$

(2) 복합관수로에서의 흐름해석

① 다지관수로

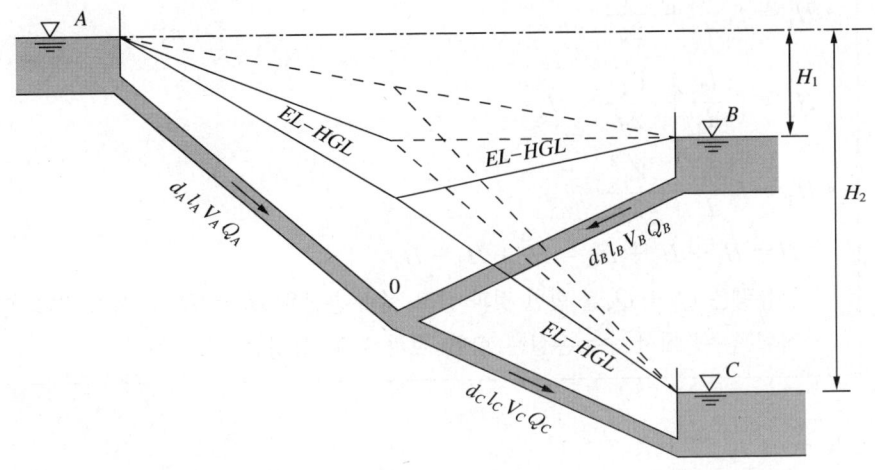

㉠ 연속방정식

$$Q_A = Q_B + Q_C$$

㉡ 베르누이방정식

$$H_1 = h_{LA} + h_{LB}$$
$$= f_A \frac{l_A}{d_A} + \frac{V_A^2}{2g} + f_B \frac{l_B}{D_B} \frac{V_B^2}{2g}$$
$$H_2 = h_{LA} + h_{LC}$$
$$= f_A \frac{l_A}{d_A} + \frac{V_A^2}{2g} + f_C \frac{l_C}{D_C} \frac{V_C^2}{2g}$$

② 병렬관수로

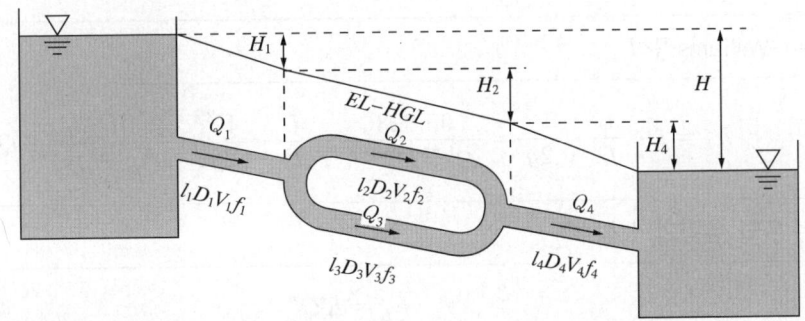

㉠ 연속방정식

$$Q_1 = Q_2 + Q_3 = Q_4$$

ⓛ 베르누이방정식

- $H_1 = f_1 \dfrac{l_1}{d_1} + \dfrac{V_1^2}{2g}$

- $H_2 = f_2 \dfrac{l_2}{d_2} + \dfrac{V_2^2}{2g} = H_3$

- $H_4 = f_4 \dfrac{l_4}{d_4} + \dfrac{V_4^2}{2g}$

∴ $H = H_1 + H_2 + H_4 = H_1 + H_3 + H_4$

총유량은 $Q_2 + Q_3$를 합한 것과 같고, 수두손실은 $H_2 = H_3$로 서로 같다. 이와 반대로 직렬관수로에서 수두손실은 합한 것과 같고 유량은 서로 같다.

4. 관망에서의 흐름해석

(1) 관망(Pipe Network)의 개념

① 상수도의 배수관이나 급수관과 같이 수많은 분기관, 합류관 및 병렬관 등이 서로 연결되어 있어서 마치 그물망과 같이 구성되어 있는 관수로 시스템이다.

② 각 관로가 서로 연결되어 있어서 어떤 한 지점에서 관로가 막혔거나 고장이 있더라도 전체적으로는 유통이 가능하며, 또한 이들의 고장으로 인한 수질악화를 방지하는 데 효과적이다.

(2) 해석절차

① Darcy-Weisbach공식

$$h_L = f \dfrac{l}{D} \cdot \dfrac{V^2}{2g} = f \cdot \dfrac{l}{D} \cdot \dfrac{1}{2g}\left(\dfrac{4Q}{\pi D^2}\right)^2 = \dfrac{0.0828 fl}{D^5} Q^2 = KQ^2$$

② Hazen-Williams공식

$$h_L = f \cdot \dfrac{l}{D} \cdot \dfrac{V^2}{2g} = \dfrac{98.823}{C^{1.85} D^{0.166}} \cdot \dfrac{l}{D} \cdot \dfrac{V^2}{2g} = \dfrac{10.66 l}{C_H^{1.85} D^{4.87}} Q^{1.85}$$

③ 손실수두와 유량과의 함수

$$h_L = KQ^n$$

(3) 보정유량

① 손실유량

$$Q = Q_0 + \Delta Q$$
$$h_L = KQ^n = K(Q_0 + \Delta Q)^n$$
$$= K[Q_0^n + nQ^{n-1}\Delta Q + \frac{1}{2}n(n-1)Q_0^{n-2}(\Delta Q)^2 + \cdots\cdots]$$
$$h_L = K[Q_0^n + nQ_0^{n-1}\Delta Q]$$

- Q : 실제유량
- Q_0 : 가정유량
- ΔQ : 보정유량

② 보정유량 : 폐합 관에서 손실수두의 합은 0이다.

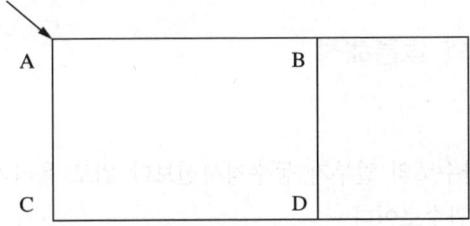

$$H_{AD} = H_{AB} + H_{BD} = H_{AC} + H_{CD}$$
$$\therefore \sum h_L = H_{AB} + H_{BD} - H_{AC} - H_{CD} = 0$$
$$\sum h_L = \sum KQ_0^n + \Delta Q(\sum KnQ_0^{n-1}) = 0$$
$$-\sum KQ_0^n = \Delta Q(\sum KnQ_0^{n-1})$$
$$\therefore \Delta Q = -\frac{\sum KQ_0^n}{\sum KnQ_0^{n-1}} = -\frac{\sum h_{L0}}{\sum KnQ_0^{n-1}}$$

㉠ Darcy 공식에서 $n = 2$

$$\Delta Q = -\frac{\sum KQ_0^2}{\sum K2Q_0^{2-1}} = -\frac{\sum h_{L0}}{\sum 2KQ_0}$$

㉡ Williams-Hazen공식 $n = 1.85$

$$\Delta Q = \frac{\sum KQ_0^{1.85}}{\sum K1.85Q_0^{1.85-1}} = -\frac{\sum h_{L0}}{\sum 1.85KQ_0^{0.85}}$$

③ Hardy Cross법에 의한 해석절차

㉠ 관망을 형성하고 있는 개개의 관에 대해 손실수두-유량관계($h_L - Q$)를 수립한다.

㉡ 관로의 교차점에서 연속방정식을 만족시킬 수 있는 유량 Q_0을 적절히 가정한다.

㉢ 가정유량 Q_0가 각 관에 흐를 경우의 손실수두 $h_L = KQ_0^n$을 계산하고 전 손실수두 $\sum h_L = \sum KQ_0^n$를 계산한다.

㉣ 가정유량의 보정치 ΔQ값을 계산하기 위한 $\sum KnQ_0^{n-1}$를 계산한다.

㉤ 보정치 $\Delta Q = -\dfrac{\sum KQ_0^n}{\sum KnQ_0^{n-1}}$를 구한다.

㉥ 보정유량 ΔQ값을 이용하여 각 관의 유량을 보정한다.

㉦ 보정유량 ΔQ값이 0이 될 때까지 절차를 반복한다.

5. 사이펀(Siphon)에서의 흐름해석

(1) 사이펀

2개의 수조를 연결한 관수로의 일부가 동수경사선보다 위로 올라가 이 부분의 압력이 대기압보다 낮아져서 부압이 되는 관수로이다.

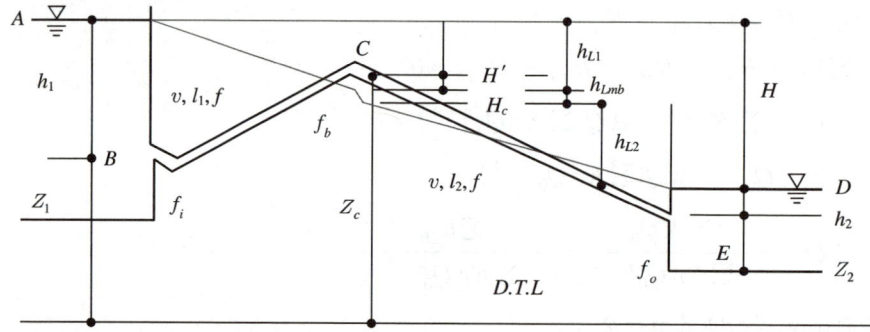

① 송수관 내 유속

$$(Z_1 + h_1) = (Z_2 + h_2) + \sum h_L + \sum h_{Lm}$$
$$H = (Z_1 + h_1) - (Z_2 + h_2) = \sum h_L + \sum h_{Lm}$$
$$H = f\frac{l_1}{D} \cdot \frac{V^2}{2g} + f\frac{l_2}{D} \cdot \frac{V^2}{2g} + f_i\frac{V^2}{2g} + f_b\frac{V^2}{2g} + f_o\frac{V^2}{2g}$$
$$= \left(f\frac{l_1}{D} + f\frac{l_2}{D} + f_i + f_b + f_o\right)\frac{V^2}{2g}$$
$$\therefore V = \sqrt{\dfrac{2gH}{f_i + f_b + f_o + f\dfrac{l_1 + l_2}{D}}}$$

② 한계압력

- A수면과 C점에서 Bernoulli정리로부터

$$\frac{V_A^2}{2g} + \frac{P_A}{w} + Z_1 + h_1 = \frac{V_C^2}{2g} + \frac{P_C}{w} + Z_C + f_i\frac{V^2}{2g} + f\frac{l_1}{D} \cdot \frac{V^2}{2g} + f_b\frac{V^2}{2g}$$

$$V_A = 0, \quad \frac{P_A}{w} = 0, \quad V_C = V, \quad \frac{P_C}{w} = H_C$$

$$Z_1 + h_1 = \frac{V^2}{2g} + H_C + Z_C + f_i\frac{V^2}{2g} + f\frac{l_1}{D} \cdot \frac{V^2}{2g} + f_b\frac{V^2}{2g}$$

$$H_C = (Z_1 - h_1) - Z_C - \frac{V^2}{2g} - f_i\frac{V^2}{2g} - f\frac{l_1}{D} \cdot \frac{V^2}{2g} - f_b\frac{V^2}{2g}$$

$$= (Z_1 - h_1) - Z_C - \left(1 + f_i + f\frac{l_1}{D} + f_b\right)\frac{V^2}{2g}$$

- V에 송수관, 관내 유속을 대입

$$H_C = (Z_1 + h_1) - Z_C - \frac{1 + f_i + f\frac{l_1}{D} + f_b}{f_i + f_b + f_o + f\frac{l_1 + l_2}{D}}$$

$$\therefore H_C = \frac{P_C}{w} = H' - \frac{1 + f_i + f\frac{l_1}{D} + f_b}{f_i + f_b + f_o + f\frac{l_1 + l_2}{D}}H$$

$$\frac{P_C}{w} - H' = -\frac{1 + f_i + f\frac{l_1}{D} + f_b}{f_i + f_b + f_o + f\frac{l_1 + l_2}{D}}H$$

$$H = \frac{f_i + f_b + f_o + f\frac{l_1 + l_2}{D}}{1 + f_i + f\frac{l_1}{D} + f_b}\left(H' - \frac{P_C}{w}\right)$$

$\frac{P_C}{w} = -10.33m$일 때(보통 8m 이내) : $H = H_{max}$

(2) 역사이펀

① 개수로가 도로, 철도 또는 하천 등을 횡단할 때 그 밑을 관통하여 물을 흐르게 하는 경우, 흐름은 관수로 흐름을 거쳐서 다시 개수로 흐름으로 되는데 이와 같은 설비를 말한다.
② 실제로 관 내부 바닥에 토사 등이 침전하는 것을 방지하기 위하여 개수로에서의 유속보다 큰 유속 V가 요구된다. 또한 역사이펀의 전후에 보통 침사받이가 설치된다.
③ 역사이펀에 대한 수리계산은 보통의 관수로와 같다.

02 개수로의 기초

1. 개수로(Open Channel)의 개념

(1) 개요
① 정의 : 중력에 의하여 자유표면(Free Surface)을 가지고 물이 흐르는 수로로 하천, 운하 등과 같이 뚜껑이 없는 수로뿐만이 아니라 지하배수암거(暗渠), 하수관, 터널 등과 같은 폐수로(Closed Conduit)라도 물이 일부만 차서 흐르면 수리적으로 모두 개수로에 속한다.
② 흐름의 원인 : 수로 및 수면의 경사

(2) 수로단면의 기하학적 요소
① 수심(h)
  ㉠ 일반적 : 수면에서 수로바닥까지의 깊이
  ㉡ 수로의 경사각이 큰 경우
    • 수면에서 수로바닥까지의 연직깊이(h_s)
    • 수면에서 수로바닥까지의 수직거리(h)

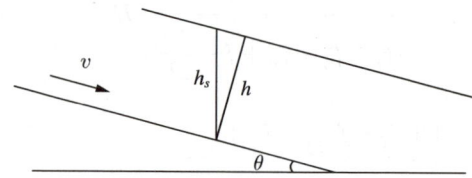

② 윤변(P)과 경심(R)
  ㉠ 사각형 단면

$$P = b + 2h$$

  ㉡ 사다리꼴 단면

$$측벽 : P = \sqrt{(mh)^2 + h^2}$$
$$P = b + 2p = b + 2\sqrt{(mh)^2 + h^2} = b + 2h\sqrt{1+m^2}$$

③ 수리수심(D) : 유수단면적(A)을 수면의 넓이(B)로 나눈 값

$$D = \frac{A}{B}$$

④ 한계류 계산을 위한 단면계수(Z) : 유수단면적(A)과 수리수심(D)의 제곱근을 곱한 값

$$Z = A\sqrt{D} = A\sqrt{\frac{A}{B}}$$

⑤ 유수(통수)단면적 : 물이 차서 흐르는 횡단면적
  ㉠ 직사각형 단면

$$A = bh$$

  ㉡ 사다리꼴 단면

$$A = \frac{1}{2}(b+B)h, \ A = (b+mh)$$

⑥ 경심, 수리평균심, 동수반경
  ㉠ 직사각형 단면

$$R = \frac{A}{P} = \frac{bh}{b+2h}$$

  ㉡ 사다리꼴 단면

$$R = \frac{A}{P} = \frac{h(b+mh)}{b+2h\sqrt{1+m^2}}$$

(3) 등류의 에너지 관계

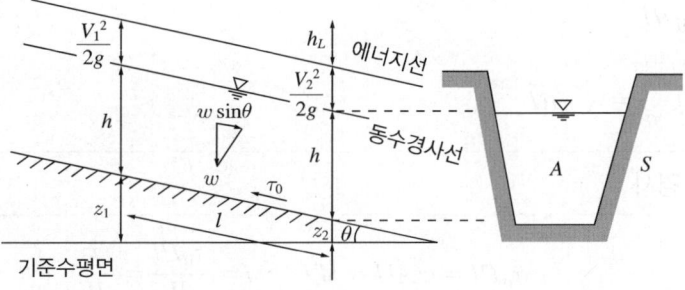

① 등류 시 수로바닥, 수면, 에너지선이 평행하다.
② 개수로 등류에 대하여 베르누이의 정리를 적용하면 다음과 같다.

$$\alpha_1\frac{V_1^2}{2g} + \frac{P_1}{w} + Z_1 = \alpha_2\frac{V_2^2}{2g} + \frac{P_2}{w} + Z_2 + h_L$$

㉠ 유속 : $V_1 = V_2$

$$\alpha_1 \frac{V_1^2}{2g} = \alpha_2 \frac{V_2^2}{2g}$$

㉡ 압력수두 = 수심($P_1 = P_2 = h$)

$$\frac{P_1}{w} = \frac{P_2}{w} = h$$

㉢ 위치수두의 감소 = 손실수두

$$Z_1 = Z_2 + h_L$$
$$H_L = Z_1 - Z_2$$

③ 전단응력

$W\sin\theta - \tau_0 Pl = 0 \rightarrow \tau_0 Pl = W\sin\theta = wAl\sin\theta$

$\therefore \tau_0 = w\dfrac{A}{P}\sin\theta = wRI$

- A : 통수단면적
- P : 윤변
- l : 수로길이

④ 마찰속도

$\tau_0 = wRI = \rho gRI$

$\rightarrow \dfrac{\tau_0}{\rho} = gRI$

$\therefore U = \sqrt{\dfrac{\tau_0}{\rho}} = \sqrt{gRI}$

⑤ 에너지선의 경사

$$\tau_0 Pl = wAlI = WI \rightarrow I = \frac{\tau_0 Pl}{W} = \frac{F}{W}$$

2. 개수로의 평균유속

(1) 평균유속 측정법

① 표면법

$$V_m = 0.85 v_s$$

② 1점법

$$V_m = V_{0.6}$$

③ 2점법

$$V_m = \frac{V_{0.2} + V_{0.8}}{2}$$

④ 3점법

$$V_m = \frac{V_{0.2} + 2V_{0.6} + V_{0.8}}{4}$$

⑤ 4점법

$$V_m = \frac{1}{5}\left[(V_{0.2} + V_{0.4} + V_{0.6} + V_{0.8}) + \frac{1}{2}\left(v_{0.2} + \frac{v_{1.8}}{2}\right)\right]$$

(2) 평균유속 공식

① Chezy공식

$$V = C\sqrt{RI}\,(\text{m/s})$$

② Manning공식

$$V = \frac{1}{n} R^{\frac{2}{3}} I^{\frac{1}{2}}\,(\text{m/s})$$

(3) 수리상 유리한 단면

동일한 단면적을 가지고 최대유량을 흘려보낼 수 있는 수로의 단면으로 반원에 외접하는 단면을 말한다.

① 직사각형 단면 : 수로의 폭이 수심의 2배가 되는 단면

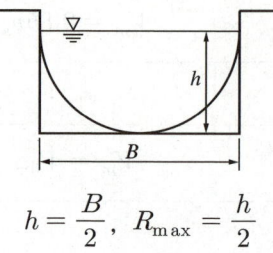

$$h = \frac{B}{2}, \quad R_{max} = \frac{h}{2}$$

② 사다리꼴 단면 : 수리상 유리한 단면, 수심을 반경으로 하는 반원에 외접하는 단면

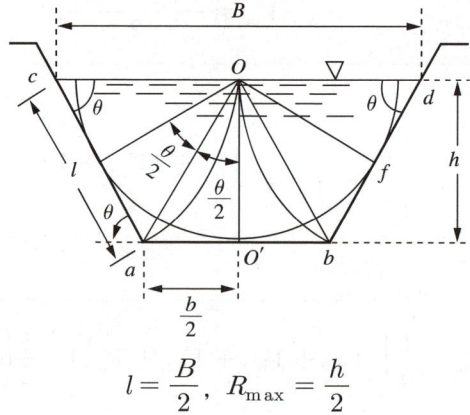

$$l = \frac{B}{2}, \quad R_{max} = \frac{h}{2}$$

3. 상류(Subcritical Flow)와 사류(Supercritical Flow)

(1) 상류와 사류의 개념

① 상류 : 경사가 완만하여 잔잔하게 흘러 하류의 흐름이 상류의 흐름을 지배
② 사류 : 상류의 흐름에 영향을 주지 않는 유속이 큰 급강하 흐름

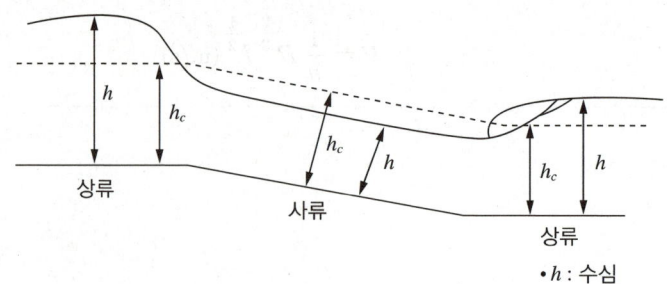

- h : 수심
- h_c : 한계수심

(2) 비에너지와 수심과의 관계

① 총수두

$$H_T = Z + h + \alpha \frac{V^2}{2g}$$

② 비에너지 : 단위 무게의 유수가 가지는 에너지(수로를 바닥으로 한 수두)

$$H_e = h + \alpha \frac{V^2}{2g}, \quad V = \frac{Q}{A}, \quad A = ah^n (a, \ n \ 상수)$$

$$\therefore H_e = h + \frac{\alpha Q^2}{2ga^2 h^{2n}}$$

(3) 상류, 사류, 한계수심

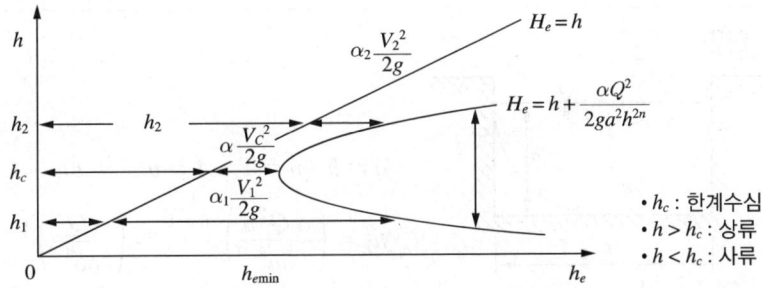

① 유량과 수심과의 관계

$$H_e = h + \frac{\alpha Q^2}{2ga^2 h^{2n}}$$

$$\therefore Q = \sqrt{\frac{2g}{\alpha}(H_e - h)a^2 h^{2n}}$$

㉠ 수심과 비에너지가 같을 때 유량은 0이다.
㉡ 한계수심으로 흐를 때 유량은 최대이다.
㉢ 유량이 최대일 때를 제외하면 1개의 유량에 대응하는 수심은 항상 2개이다.

② 한계수심 : 비에너지가 최소일 때의 수심

$$\frac{\partial h_e}{\partial h} = 0, \quad \frac{\partial}{\partial x}(u^n) = nu^{n-1}\frac{\partial u}{\partial x}$$

$$\frac{\partial h_e}{\partial h} = \frac{\partial}{\partial h}\left(h + \frac{\alpha Q^2}{2gA^2}\right) = 1 + \frac{\alpha Q^2}{2g}\left(-2A^{-2-1}\frac{\partial A}{\partial h}\right) = 0$$

$$\frac{\alpha Q^2}{gA^3}\frac{A}{h} = 1 \rightarrow \frac{\partial A}{\partial h} = \frac{gA^3}{\alpha Q^2}$$

$A = ah^n$ 이므로 $\frac{\partial A}{\partial h} = nah^{n-1}$

$$nah^{n-1} = \frac{gA^3}{\alpha Q^2} = \frac{ga^3h^{3n}}{\alpha Q^2} \rightarrow h^{2n+1} = \frac{\alpha Q^2 n}{ga^2}$$

$h = h_c$ 이므로 $h_c = \left(\frac{\alpha Q^2 n}{ga^2}\right)^{\frac{1}{2n+1}}$

③ 직사각형 단면

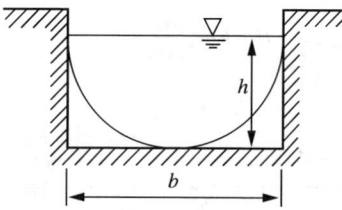

$a = b, \; n = 1, \; A = ah^n = bh$

$h_c = \left(\frac{\alpha Q^2 n}{ga^2}\right)^{\frac{1}{2n+1}} = \left(\frac{\alpha Q^2}{gb^2}\right)^{\frac{1}{3}}$

④ 포물선 단면

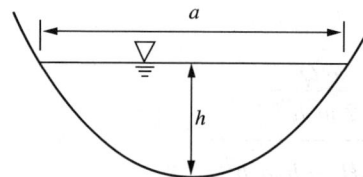

$a = b, \; n = 1.5, \; A = ah^{\frac{3}{2}} = ah^{1.5}$

$h_c = \left(\frac{\alpha Q^2 n}{gd^2}\right)^{\frac{1}{2n+1}} = \left(\frac{1.5\alpha Q^2}{gb^2}\right)^{\frac{1}{4}}$

⑤ 삼각형 단면

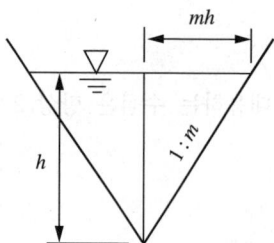

$a = m, \; n = 2, \; A = mh^2$

$h_c = \left(\frac{\alpha Q^2 n}{ga^2}\right)^{\frac{1}{2n+1}} = \left(\frac{2\alpha Q^2}{gm^2}\right)^{\frac{1}{5}}$

(4) 한계수심과 비에너지와의 관계

① 유량과 한계수심과의 관계

$$H_e = h + \frac{\partial Q^2}{2ga^2h^{2n}} \text{에서 } Q = \sqrt{\frac{2g}{\alpha}(H_e - h)a^2 h^{2n}}$$

② 유량이 최대가 되는 조건

$$\frac{\partial Q}{\partial h} = 0 \text{이므로}$$

$$\frac{\partial Q}{\partial h} = \frac{\partial}{\partial h}\left[\frac{\sqrt{2g}}{\sqrt{\alpha}}(H_e a^2 h^{2n} - a^2 h h^{2n})^{\frac{1}{2}}\right] = 0$$

$$\therefore 2nH_e h_c^{2n-1} - (2n+1)h_c^{2n+1-1} = 0$$

㉠ 직사각형

$$A = ah^n, \ n = 1$$
$$2H_e h_c - 3h_c^2 = 0$$
$$\therefore h_c = \frac{2}{3}H_e$$

㉡ 포물선 단면

$$A = ah^n, \ n = \frac{3}{2}$$
$$3H_e h_c^2 - 4h_c^2 = 0$$
$$\therefore h_c = \frac{3}{4}H_e$$

㉢ 삼각형 단면

$$A = mh^2, \ a = m, \ n = 2$$
$$h_c = \frac{4}{5}H_e$$

(5) 상류와 사류의 특성

① 한계유속

$$V_c = \sqrt{gh_c}$$

- $V = V_c$: 한계류
- $V < V_c$: 상류
- $V > V_c$: 사류

② 프루드(Froude)수

$$Fr_c = \frac{V_c}{\sqrt{gh_c}} = 1$$

- $Fr = 1$: 한계류
- $Fr < 1$: 상류
- $Fr > 1$: 사류

③ 한계경사 : 상류에서 사류로 변하는 단면을 지배단면이라 하고, 이 한계의 경사를 한계경사라 한다. 즉, 한계수심일 때의 수로경사가 한계경사이다.

$$I = \frac{g}{\alpha C^2}$$

- $I = \dfrac{g}{\alpha C^2}$: 한계류 → $I = I_c$(한계경사)
- $I < \dfrac{g}{\alpha C^2}$: 상류
- $I > \dfrac{g}{\alpha C^2}$: 사류

여기서 C는 Chezy계수이다 $\left(C = \dfrac{1}{n} R^{\frac{1}{6}}\right)$.

4. 비력과 도수

(1) 비력(충력치)

개수로의 한 단면에서 물의 단위무게당 정수압과 운동량의 합으로서, 도수발생 전후에도 같다. 유수의 단위중량당 운동량(동수압력)과 정압력(정수압력)을 합친 것을 비력(Specific Force) 또는 충력치(Special Force)라고 한다.

① **기본식** : 비력 방정식은 운동량 방정식을 기초로 만들어졌으므로, 개수로에서 운동량 변화가 발생하는 모든 구간에 대해 적용 가능하다.

$$M = \eta \frac{Q}{g} V + h_G \cdot A = \text{constant}$$

- M : 비력
- h_G : 수면으로부터 물체 중심까지의 연직 깊이
- η : 운동량 보정계수

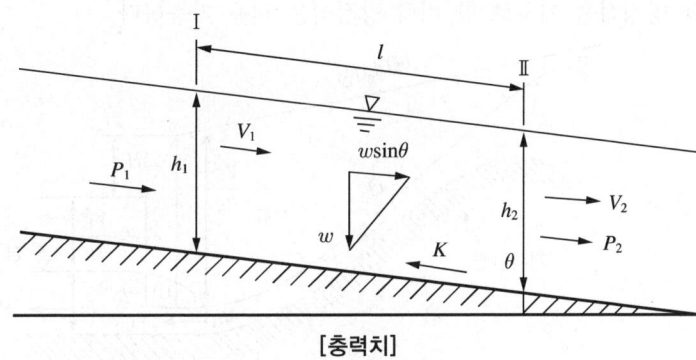

[충력치]

② 수심에 따른 비력의 변화

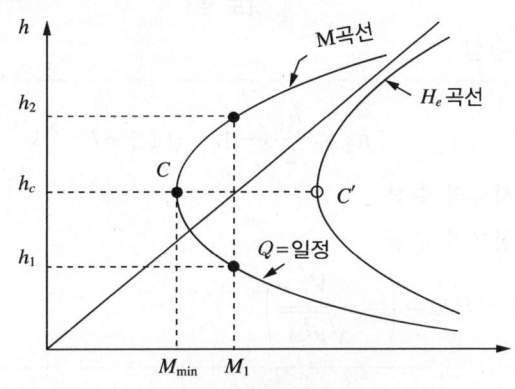

[충력치와 수심관계]

㉠ 비력에 대하여 2개의 수심 h_1, h_2가 존재한다. 이때 2개의 수심을 대응수심이라 한다.

㉡ 최소비력 $M_{\min}$에 대한 수심은 $\dfrac{\partial M}{\partial h} = 0$에서 구할 수 있다.

$$M = \eta \frac{Q^2}{gbh} + \frac{b}{2} h^2$$

$$\frac{\partial M}{\partial h} = -\eta \frac{Q^2}{gbh^2} + bh = 0$$

따라서 $h = \left(\dfrac{\eta Q^2}{gb^2} \right)^{\frac{1}{3}}$

(2) 도수(Hydraulic Jump)

상류에서 사류로 변할 때는 수면이 연속적이지만, 반대로 사류에서 상류로 변할 때는 수면이 불연속적이며 수심이 급증하고 불연속부에서는 큰 소용돌이가 생긴다. 이와 같이 사류에서 상류로 변할 때 수면이 불연속적으로 뛰는 현상을 도수라 한다.

① 특 성

　㉠ 도수발생 전과 후의 단면에 대해서 비력은 일정하다.
　㉡ 도수 전후 단면에 대해 에너지 보존의 법칙을 이용한 베르누이 정리의 적용은 불가능하다.
　㉢ 운동량 방정식을 기초로 한 비력 방정식은 적용 가능하다.

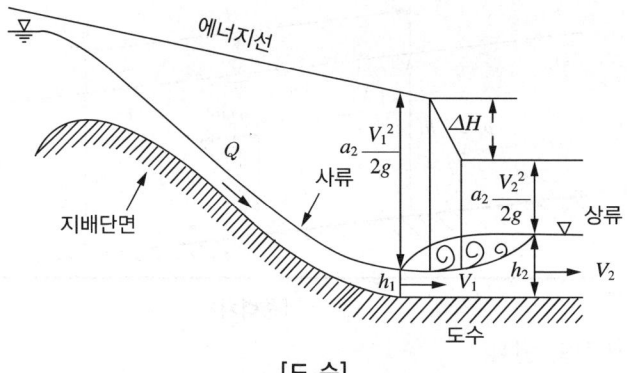

[도 수]

② 도수 후의 상류의 수심

$$h_2 = \frac{h_1}{2}(-1 + \sqrt{1 + 8Fr_1^2})$$

- h_1 : 도수 전 사류의 수심
- h_2 : 도수 후 상류의 수심
- Fr_1 : 도수 전 프루드수 $\left(= \dfrac{V_1}{\sqrt{gh_1}}\right)$

③ 도수에 의한 에너지 손실

$$H_e = \frac{(h_2 - h_1)^3}{4h_1h_2}$$

④ 완전도수

　㉠ $\dfrac{h_2}{h_1}$가 클 때 수면은 급사면을 이루고 상승하며 급사면에 큰 맴돌이가 발생한다.
　㉡ $Fr \geq \sqrt{3}$ 일 때 발생한다.

⑤ 불완전도수(파상도수)
  ㉠ $\dfrac{h_2}{h_1}$가 적을 때 도수부분은 파상을 이루고 맴돌이도 크지 않다.
  ㉡ $1 < Fr < \sqrt{3}$ 일 때 발생한다.
⑥ 도수의 길이
  ㉠ Smetana공식
$$l = 6(h_2 - h_1)$$
  ㉡ Safranez공식
$$l = 4.5h_2$$
  ㉢ 미국개척국 공식
$$l = 6.1h_2$$

5. 부등류의 수면곡선

(1) 완경사 $\left(I < \dfrac{g}{aC^2},\ h_0 > h_c\right)$의 경우

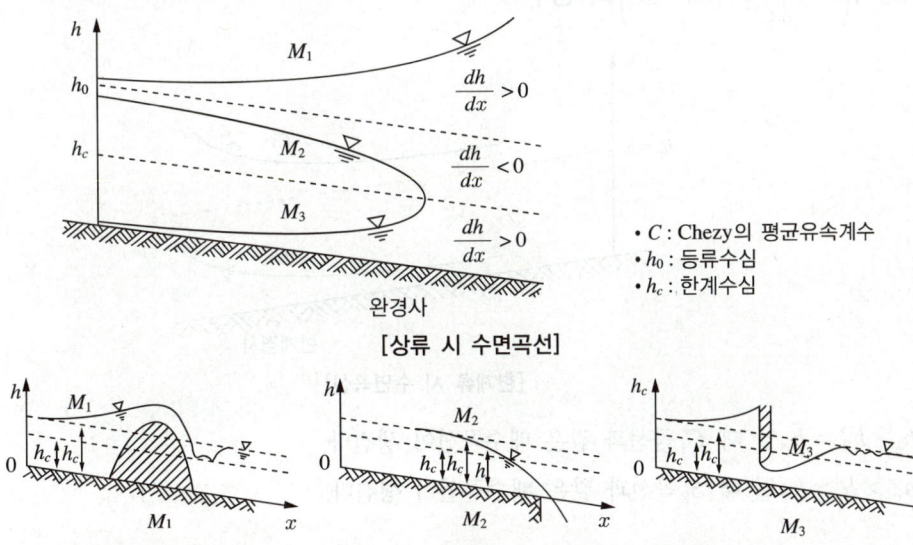

- C : Chezy의 평균유속계수
- h_0 : 등류수심
- h_c : 한계수심

[상류 시 수면곡선]

[완경사]

① $h > h_0 > h_c$일 때 M_1곡선과 같은 배수곡선(Back Water Curve)이 생긴다(월류댐의 상류부 수면).
② $h_0 > h > h_c$일 때 M_2곡선과 같은 저하곡선(Drop Down Curve)이 생긴다(자유낙하 시의 수면).
③ $h_0 > h_c > h$일 때 M_3곡선과 같은 배수곡선이 생긴다(수문개방 시 하류부 수면).

(2) 급경사 $\left(I > \dfrac{g}{aC^2},\ h_0 < h_c\right)$의 경우

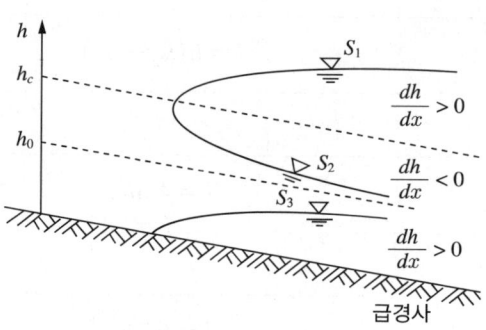

[상류 시 수면곡선]

① $h > h_c > h_0$일 때 S_1곡선과 같은 배수곡선이 생긴다(월류댐의 마루부 수면).
② $h_c > h > h_0$일 때 S_2곡선과 같은 저하곡선이 생긴다(월류댐의 하강부 수면).
③ $h_c > h_0 > h$일 때 S_3곡선과 같은 배수곡선이 생긴다(수문개방 시 직하류부 수면).

(3) 한계경사 $\left(I = \dfrac{g}{aC^2},\ h_0 = h_c\right)$의 경우

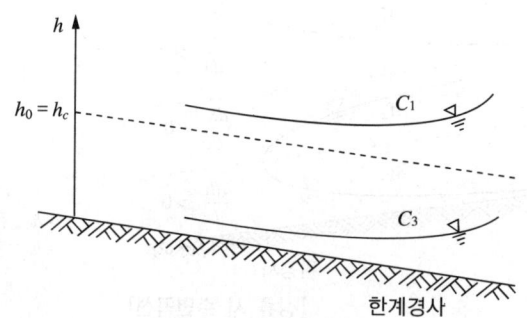

[한계류 시 수면곡선]

① $h > h_0 = h_c$일 때 C_1곡선과 같은 배수곡선이 생긴다.
② $h_c > h > h_0$일 때 S_2곡선과 같은 배수곡선이 생긴다.

6. 수면계산

(1) 부등류의 수면곡선 계산식(직접계산법)
점변류의 기본방정식을 직접 적분하여 수면곡선을 얻는 방법이다.
① Bress식 : 광폭 구형 단면에 한하여 적용한다.
② Chow식 : 직접적분법 중에서 가장 많이 사용되는 것으로 어떤 단면에도 적용할 수 있다.
③ 물부의 식
④ Bakhmeteff식
⑤ Tolkmitt식

(2) 축차계산법
점변류의 구하고자 하는 수면곡선을 여러 개의 소구간으로 나누어 지배단면에서부터 다른 쪽 끝까지 축차적으로 계산하는 방법이다.
① 직접축차계산법 : 단면이 일정한 수로에 적용한다.
　㉠ 수심을 먼저 가정하여 수심에 해당되는 거리 L을 구한다.
　㉡ 상류의 경우 상류측으로 계산한다.
　㉢ 사류의 경우 하류측으로 계산한다.

$$L = \frac{\Delta E}{S_o - S_e}$$

- ΔE : 비에너지의 차이
- S_o : 하상의 경사
- S_e : 평균경사

② 표준축차계산법 : 단면이 일정한 수로 또는 자연하천과 같이 단면이 불규칙한 수로에도 적용할 수 있다.

(3) 도식해법
도식적으로 수면곡선을 계산하는 방법이며 점변류의 기본방정식을 사용한다.
① 도해적분법 : 도식적인 방법에 의해 점변류의 기본방정식을 적분하는 방법이다.
② 도해법 : Escoffier 도해법이 가장 대표적이며 어떠한 단면에도 적용이 가능하다.
③ Escoffier의 도식해법
　㉠ $\frac{a}{b} = Q^2$의 경사를 갖는다.

ⓒ 부등류의 통수능(K) : 단면이 물을 통수시키는 능력

$$K = AC'R^m = A\frac{1}{n}R^{\frac{2}{3}}$$

(4) 곡선 수로의 흐름과 단파

① 곡선 수로의 수면형

㉠ 상류인 경우

- R : 회전반경

$$V \times R = \text{const.}$$

㉡ 사류인 경우 : 충격파가 생겼을 때 마하각 β의 관계는 다음과 같다.

- $\sin\beta = \dfrac{1}{F_{r1}}$
- $F_{r1} = \dfrac{V_1}{\sqrt{gh}}$

② 단파(Hydraulic Bore) : 유속과 전파속도의 차에 의한 단상(段狀)의 수류, 즉 상류 혹은 하류에 있는 수문을 갑자기 닫거나 열어서 흐름이 단상이 되어 전파하는 현상을 말한다.

03 오리피스와 위어

1. 오리피스

(1) 오리피스의 개념

수조의 측벽 또는 바닥에 설치된 폐주변에 물이 가득 차 흐르는 규칙적인 형상을 한 유출구

(2) 오리피스의 유속 및 유량 측정

① 작은 오리피스 : 오리피스의 크기가 오리피스에서 수면까지의 수두에 비해 작아서 오리피스의 어느 점을 생각하여도 수심이 모두 같다고 생각되는 오리피스이다.

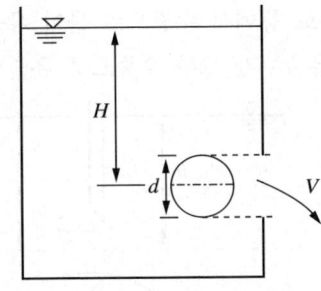

[작은 오리피스]

㉠ 정의 : 수두 H와 오리피스 지름 d에서 $H > 5d$이면 작은 오리피스이다.

㉡ 유속계산

$$V = C_v \sqrt{2gh} \ (C_v \ : \ 유속계수)$$

㉢ 수축단면

$$C_a = \frac{a}{A} \ (C_a \ : \ 수축계수)$$

- A : 오리피스의 단면적
- a : 수축단면의 단면적

㉣ 유량계산

$$Q = CA\sqrt{2gh}$$

② 큰 오리피스 : 오리피스의 크기가 오리피스에서 수면까지의 수두에 비해 커서 유속을 계산할 때 오리피스의 상단에서 하단까지의 수두변화를 고려해야 하는 오리피스이다.

→ 한 단면을 대표하는 유속공식이 없어서 적분을 이용하여 유량공식을 유도한다.

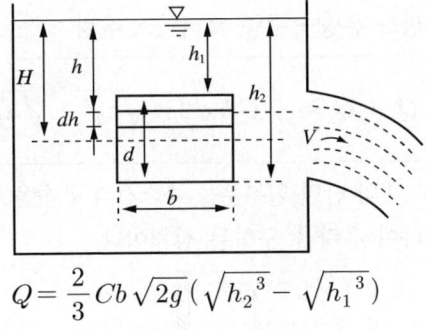

$$Q = \frac{2}{3} Cb \sqrt{2g} \left(\sqrt{h_2^3} - \sqrt{h_1^3} \right)$$

[직사각형 큰 오리피스]

③ **수중 오리피스** : 수조나 수로 등에서 수중으로 물이 유출되는 오리피스를 말한다.
  ㉠ 완전 수중 오리피스 : 유출수가 모두 수중으로 유출되는 것을 말한다.

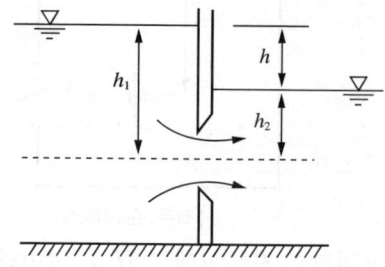

- 접근 유속 수두

$$H_a = \frac{V_a^2}{2g}$$

- 유 량

$$Q = AV = CA\sqrt{2gH}$$

  ㉡ 불완전 수중 오리피스 : 유출수의 일부가 수중으로 유출되는 것을 말한다.

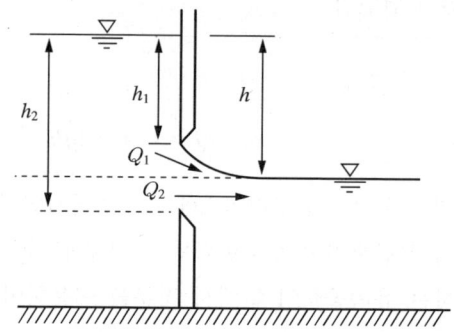

- 유량 = 큰 오리피스 유량 + 수중 오리피스 유량

$$Q = Q_1 + Q_2 = \frac{2}{3}C_1 b\sqrt{2g}(\sqrt{h_2^3} - \sqrt{h_1^3}) + C_2 b(h_2 - h)\sqrt{2gh}$$

④ **관 오리피스** : 관수로 내의 단면 일부분을 축소시켜 유속을 빨리하면 압력은 줄어드는데, 이때의 압력 강하량을 측정하여 유량을 구하는 장치이다.

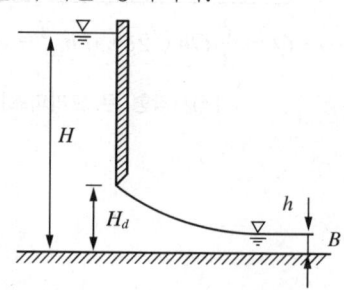

㉠ 관 오리피스

$$H = h\left(\frac{r'}{r} - 1\right)$$

㉡ 관 노즐

$$Q = \frac{Ca}{\sqrt{1 - \left(\frac{Ca}{A}\right)^2}} \sqrt{2gH}$$

(3) 오리피스에 의한 배수시간

① 보통 오리피스 배수시간 : 수면이 h_1에서 h_2로 강하할 때 시간 $T = \dfrac{2A}{Ca\sqrt{2g}}(\sqrt{h_1} - \sqrt{h_2})$이다. 완전 배수 시 $h_2 = 0$이다.

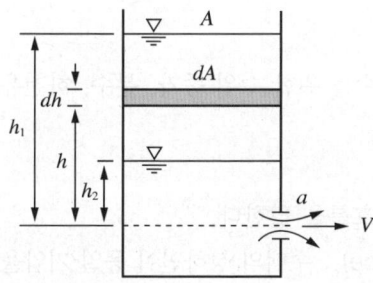

② 수중 오리피스 배수시간

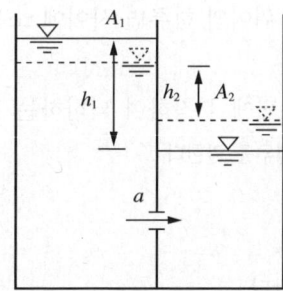

$$T = \frac{2A_1 A_2}{Ca\sqrt{2g}(A_1 + A_2)}(\sqrt{h_1} - \sqrt{h_2})$$

2. 위 어

(1) 위어의 개념
① **정의** : 수로상에 횡단으로 설치하여 그 전부 또는 일부로 물이 월류하게 만든 시설물이다.
② 위어의 분류
　㉠ 위어의 형태에 따른 분류
　　• 사각형 위어
　　• 삼각형 위어
　　• 사다리꼴 위어
　㉡ 정부(Weir Crest)의 형태에 따른 분류
　　• 예연 위어(Sharp-crested Weir)
　　• 비예연 위어(Broad-crested Weir)
　㉢ 사출의 형태에 따른 분류
　　• 일반 위어
　　• 수중 위어
③ **사용목적** : 유량측정, 취수를 위한 수위 증가, 분수, 하천유속의 감소, 친수공간조성 등에 있다.

(2) 수 맥
수맥이란 위어를 월류하는 흐름을 말한다.
① **완전수맥(Complete Nappe)** : 수맥의 상하면이 동일 기압을 유지하여 수맥 아래면의 공기유통이 자유로워서 수맥이 공기 중으로 자유로이 낙하할 때의 수맥으로 $H<0.4H_d$인 경우 성립한다.
② **불완전수맥(Incompleted Nappe)** : 수맥 아랫면과 위어의 하류면 사이에 소용돌이가 발생하여 수맥의 형이 불분명하게 되는 경우를 말한다.
③ **부착수맥(Adhering Nappe)** : 수맥이 위어의 하류면에 부착하여 낙하하는 경우를 말한다.
> **참고** 결구(缺口)는 월류하는 물의 폭이 수로의 폭보다 작은 경우를 말한다.

(3) 수맥의 수축현상
① **연직수축** : 면수축과 마루부수축을 합한 것을 말한다.
　㉠ 정수축(마루부수축) : 수평한 위어의 정부에서 일어나는 수축, 즉 위어 마루부의 노치가 날카롭기 때문에 발생하는 수축이다.
　㉡ 면수축 : 위어의 상류 $2H$ 정도에서 시작하여 위어까지 계속하여 일어나는 수면강하로 위치에너지가 운동에너지로 변하기 때문에 일어난다.
② **수평수축(단수축)** : Notch의 언저리가 날카로워서 그 폭이 수축되는 현상이다.
③ **완전수축** : 정수축과 단수축을 합한 것을 말한다.
> **참고** 전수두 $H = h + \alpha \dfrac{V^2}{2g}$

(4) 위어의 유량 측정
① 사각형 위어 : 큰 오리피스 공식을 이용하여 유량을 구한다.

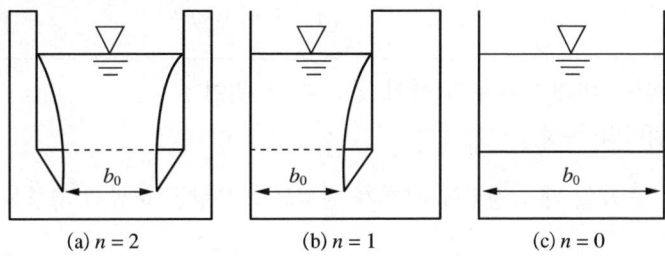

(a) $n = 2$ (b) $n = 1$ (c) $n = 0$

㉠ 일반식

$$Q = \frac{2}{3} Cb \sqrt{2g}\, h^{\frac{3}{2}}$$

㉡ Francis공식(미국, 1883년) : $C = 0.623$이고, 단수축을 고려한다.

$$Q = 1.84 b_0 h^{\frac{3}{2}}$$

$b_0 = b - 0.1nh$, 여기서 n은 단수축의 수로서 양단수축인 경우 2, 일단수축이면 1

㉢ Bazin공식(프랑스, 1898년) : 단수축이 없는 경우에 사용하고, 월류수심이 클 때 잘 맞는다.

$$Q = \left(1.794 + \frac{0.0133}{h}\right)\left[1 + 0.55\left(\frac{h}{h+h_d}\right)^2\right] bh^{\frac{3}{2}}$$

㉣ Rehbock공식(독일, 1913년) : 단수축이 없는 경우에 사용하고, 월류수심이 작을 때 잘 맞는다.

- $Q = \frac{2}{3} Cb \sqrt{2g}\, h^{\frac{3}{2}}$
- $C = 0.605 + \frac{1}{1,000h} + 0.08 \frac{h}{h_d}$

② 삼각형 위어 : 유량이 적은 실험용 소수로 등에서 유량을 측정할 때 사용하며, 비교적 정확한 유량을 측정할 수 있다.

$$Q = \frac{8}{15} C \tan\frac{\theta}{2} \sqrt{2g}\, h^{\frac{5}{2}}$$

③ 광정 위어

$$Q = 1.7CbH^{\frac{3}{2}}$$

㉠ 월류수심에 비해 마루부의 폭이 상당히 큰 위어
㉡ 광정 위어의 특성

- $h_3 < \frac{2}{3}H$ 일 때 : 정부에 사류가 생기므로 유량은 하류의 영향을 받지 않는다(완전월류).
- $h_3 > \frac{2}{3}H$ 일 때 : 정부에 상류가 생기므로 유량은 하류의 영향을 받는다(수중 위어).
- $h_3 = \frac{2}{3}H$ 일 때 : 광정 위어에서 유량은 최대가 된다(한계류).

④ 원통 위어 : 연직원통의 윗변을 통해 물이 주위에서 월류하는 위어를 말한다.

$$Q = C_s 2\pi R H^{\frac{3}{2}}$$

⑤ 나팔형 위어 : 원통 위어를 저수지의 여수로로 사용할 때 위어의 정부를 자유수맥에 가까운 형태로 넓혀 나팔형으로 한다.

㉠ 입구가 잠수되지 않은 상태

$$Q = C_1 2\pi r h^{\frac{3}{2}}$$

㉡ 입구가 완전히 잠수된 상태

$$Q = C_2 a (h + h_1)^{\frac{1}{2}}$$

⑥ 수중 위어 : 위어의 하류수면이 위어의 정부보다 높은 위어를 말한다.

$$Q = Cbh_2 \sqrt{2g(h + h_a)}$$

⑦ Venturi-flume : 개수로의 단면 일부분을 축소시켜 수위변화를 측정하여 유량을 구하는 장치이다.

$$Q = C \frac{A_1 A_2}{\sqrt{A_1^2 - A_2^2}} \sqrt{2gH}$$

CHAPTER

02 적중예상문제(1차)

제4과목 정수시설 수리학

01 관수로 흐름에 관한 설명으로 틀린 것은?
① 미끄러운 관에서 마찰손실계수 f는 레이놀즈수의 함수이다.
② 거친 관에서 완전히 발달된 흐름의 유속은 상대조도와 마찰속도의 함수이다.
③ 자유수면을 갖지 않고 흐르는 수로를 관수로라 한다.
④ 거친 관은 벽면이 거친 관을 말한다.

해설 ④ 거친 관이란 층류 저층의 두께가 관벽 요철의 평균 높이보다 작은 경우를 말한다.

02 관수로 흐름의 에너지 보존법칙을 이용한 것은?
① Chezy공식
② 베르누이의 정리
③ Manning공식
④ 운동량 방정식

03 관수로 내의 흐름을 밸브(Valve)에 의해서 급히 차단하면 어떤 작용을 하는가?
① 손상작용
② 수격작용
③ 공동현상
④ 서 징

해설 **수격작용**
밸브의 급속차단에 의해 순간적으로 유속이 0이 되고 이로 인해 압력증가가 생기며, 이는 관내를 일정한 전파속도로 왕복하면서 충격을 준다.

정답 1 ④ 2 ② 3 ②

04 수격작용이 발생하였을 경우, 관로 내에 진공상태가 발생할 수 있다. 이때 진공에 대한 설명으로 옳은 설명은?

① 계기압력이 0인 상태
② 계기압력이 부(-)로 표시되는 압력
③ 절대압력이 부(-)로 표시되는 압력
④ 절대압력이 0인 상태

해설 ④ 진공이란 절대압력, 즉 대기압과 계기압력 모두가 0인 상태를 말한다.

05 긴 관로상의 유량조절밸브를 갑자기 폐쇄시키면 관로 내의 유량은 갑자기 크게 변화하게 되며 관 내 물의 질량과 운동량 때문에 관벽에 큰 힘을 가하게 되어 정상적인 동수압보다 몇 배나 큰 압력의 상승이 일어난다. 이와 같은 현상을 무엇이라 하는가?

① 공동현상
② 도수현상
③ 수격작용
④ 배수현상

06 다음 중 수격작용의 방지 및 경감대책이 잘못된 것은?

① 토출관 내의 유속이 크게 관경을 선정한다.
② 완폐역지밸브를 설치한다.
③ 펌프에 플라이 휠을 설치한다.
④ 펌프의 급정지를 피한다.

해설 ① 유속이 커지면 압력이 상승하여 수격작용이 발생한다.

07 직경이 1,000mm인 관이 2개가 있을 경우 같은 길이의 어느 직경의 관과 같은가?

① 1,500mm
② 2,000mm
③ 2,500mm
④ 1,414mm

해설 $A_1 + A_2 = A$
$\frac{\pi}{4}D_1^2 + \frac{\pi}{4}D_2^2 = \frac{\pi}{4}D^2$
$1^2 + 1^2 = D^2$
$D = 2^{1/2} = 1.414m$

08 직경이 0.3m인 관로를 통하여 1일 20,000m³의 물을 공급할 경우 관로의 평균 유속(m/s)은 얼마가 되겠는가?

① 0.44m/s   ② 0.11m/s
③ 0.55m/s   ④ 3.3m/s

해설
$A = \dfrac{\pi}{4}D^2 = 3.14 \times \dfrac{0.3^2}{4} = 0.07\text{m}^2$

$Q = 20,000\text{m}^3/\text{day} \times \dfrac{1}{86,400}\text{day/s} = 0.23\text{m}^3/\text{s}$

$V_{\max} = \dfrac{1}{2}V_m$

$V = \dfrac{Q}{A} = \dfrac{0.23}{0.07} = 3.3\text{m/s}$

09 관수로에서 흐름이 층류인 경우 마찰계수 f는?

① 조도에만 영향을 받는다.
② 레이놀즈수에만 영향을 받는다.
③ 조도와 레이놀즈수에 영향을 받는다.
④ 항상 0.2778의 값이다.

해설 $Re < 2,000$인 층류영역에서는 $f = \dfrac{64}{Re}$

10 관수로의 마찰손실수두에 대한 다음 설명으로 옳지 않은 것은?

① 관의 지름(D)에 비례한다.
② 관내 조도에 비례한다.
③ 관의 길이(l)에 비례한다.
④ 관내 유속(V)의 2승에 비례한다.

해설 ① $h_L = f \cdot \dfrac{l}{D} \cdot \dfrac{v^2}{2g}$로 관의 지름에 반비례한다.

정답 8 ④ 9 ② 10 ①

11 개수로의 단면이 축소되는 부분의 흐름에 관한 설명 중 옳지 않은 것은?

① 상류흐름이 상류이면 수심은 감소한다.
② 상류흐름이 사류이면 수심은 증가한다.
③ 상류흐름의 속도가 아주 크면 파동이 일어난다.
④ 상류흐름이 상류이면 수심은 증가한다.

해설 ④ 상류흐름이 상류이면 축소된 부분에서의 수심은 감소하고 사류이면 축소된 부분의 수심은 증가한다.

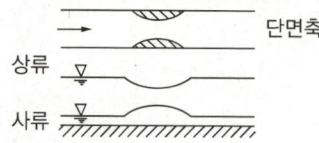

12 다음 그림은 어떤 개수로에 일정한 유량이 흐르는 경우에 대한 비에너지 곡선을 나타낸 것이다. 동일 단면에 다른 크기의 유량이 흐르는 경우 A, B, C 세 점의 흐름상태를 순서대로 바르게 나타낸 것은?

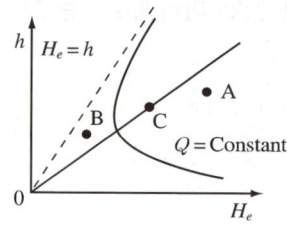

① 사류, 한계류, 상류
② 상류, 사류, 한계류
③ 사류, 상류, 한계류
④ 상류, 한계류, 사류

13 다음에서 관 내의 흐름이 층류일 때 τ의 τ_0의 관계로 옳은 것은?

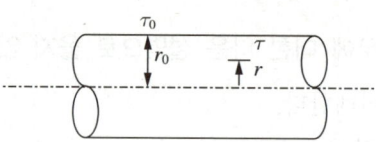

① $\tau_0 = \tau(1-r)$
② $\tau_0 = \tau(r-1)$
③ $\tau = \tau_0 \left(\dfrac{r}{r_0}\right)$
④ $\tau = \tau_0 \left(\dfrac{r_0}{r}\right)$

해설 τ는 r에 대해서 1차식(직선식)으로 변화하므로 $r=0$이면(관의 중심) $\tau=0$이고, $r=r_0$이면(관벽) $\tau=\tau_0$이다.

14 폭 1.5m인 직사각형 수로에 유량 1.8m³/s의 물이 항시 수심 1m로 흐르는 경우 이 흐름의 상태는?(단, $a=1.1$)

① 상 류 ② 한계류
③ 사 류 ④ 부정류

해설 $Fr = \dfrac{aV}{\sqrt{gh}}$

$V = \dfrac{Q}{A} = \dfrac{1.8}{1.5 \times 1} = 1.2 \text{m/s}$

$Fr = \dfrac{1.1 \times 1.2}{\sqrt{9.8 \times 1}} = 0.42 < 1$

∴ 0.42 < 1, 상류이다.

15 구형 단면수로에서 유량 50m³/s, 수로폭 10m, 수심 0.4m일 때의 프루드수(Froude Number)는?

① 5.3 ② 6.3
③ 7.3 ④ 8.3

해설 프루드수

$Fr = \dfrac{aV}{\sqrt{gh}}$

$V = \dfrac{Q}{A} = \dfrac{50}{10 \times 0.4} = 12.5 \text{m/s}$

$Fr = \dfrac{12.5}{\sqrt{9.8 \times 0.4}} = 6.31$

16 수로폭 4m, 수심 1.5m인 직사각형 수로에서 유량 24m³/s가 흐를 때 프루드수와 흐름의 상태는?

① 1.74, 상류 ② 0.74, 상류
③ 0.74, 사류 ④ 1.04, 사류

해설 $Fr = \dfrac{aV}{\sqrt{gh}}$

$= \dfrac{24/(4 \times 1.5)}{\sqrt{9.8 \times 1.5}} = 1.04$, 사류

정답 14 ① 15 ② 16 ④

17 상대조도를 바르게 설명한 것은?

① 원관 내의 난류흐름에서 마찰손실계수와 관계가 없는 값이다.
② 절대조도를 관경으로 곱한 값이다.
③ 거친 원관 내의 사류인 흐름에서 속도분포에 영향을 준다.
④ 관직경과 관벽면 요철과의 상대적 크기를 말한다.

해설 상대조도$\left(\dfrac{e}{D}\right)$란 관의 직경 D에 대한 조도 e의 비를 말하는 것으로 난류의 흐름에 영향을 주며 유속이 클수록 그 영향은 크다.

18 그림과 같이 날카로운 모서리의 유입부를 가진 관로에 버터플라이 밸브가 50% 열린 상태로 있다. 관로 내의 유속은 1.5m/s이며, 두 지점 간의 거리는 1,000m, 관경은 400mm일 때, 두 지점 간의 전체 손실수두를 구하시오(단, f = 0.0135, 관로유입부 K_{L1} = 0.5, 버터플라이 밸브에 의한 K_{L2} = 24.9).

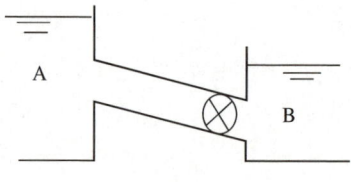

① 9.9m ② 5.9m
③ 8.9m ④ 6.9m

해설
$$h_L = K_{L1}\dfrac{v^2}{2g} + f\dfrac{L}{d}\dfrac{v^2}{2g} + K_{L2}\dfrac{v^2}{2g} + \dfrac{v^2}{2g}$$
$$= \left(0.5 + 0.0135 \times \dfrac{1,000}{0.4} + 24.9 + 1\right)\dfrac{v^2}{2g}$$
$$= 60.15\dfrac{v^2}{2g} = 6.9\text{m}$$

19 거리가 8,000m 떨어져 있고 표고차가 60.00m인 두 저수지 사이를 0.55m³/s 유량을 송수하는 관로의 관경은?(용접강관을 부설하는 것으로 가정하며, C값은 120을 적용, $V = 0.35464 CD^{0.63} I^{0.54}$ 식을 이용)

① 300mm
② 400mm
③ 500mm
④ 600mm

해설
$Q = AV = \dfrac{\pi \times D^2}{4} \times 0.35464 \times C \times D^{0.63} \times I^{0.54}$

$0.55 = \dfrac{3.14 \times D^2}{4} \times 0.35464 \times 120 \times D^{0.63} \times \left(\dfrac{60}{8,000}\right)^{0.54}$

$D^{2.63} = \dfrac{0.55}{2.3786} = 0.2312$

$D = (0.2312)^{\frac{1}{2.63}} = 0.573\text{m} = 573\text{mm}$

∴ 알맞은 관로의 관경은 600mm이다.

20 그림과 같은 직경 20m의 배수지에서 직경 500mm의 관으로 배수할 때 관 내 유속이 1.5m/s라면 배수지의 시간당 수면 강하속도는?

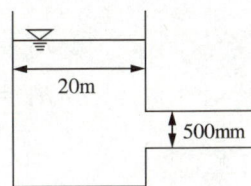

① 2.4m/h
② 3.8m/h
③ 4.4m/h
④ 3.4m/h

해설 $A_1 V_1 = A_2 V_2$ 에서

$V_1 = \dfrac{A_2}{A_1} V_1 = \left(\dfrac{D_2}{D_1}\right)^2 V_1 = \left(\dfrac{0.5}{20}\right)^2 \times 1.5 = 0.0009375\text{m/s}$

배수지 시간당 수면강하속도 $V = 3.375\text{m/h} ≒ 3.4\text{m/h}$

정답 19 ④ 20 ④

21 내경 5cm의 원활한 관 내로 50cm/s의 유속으로 물이 흐르고 있을 때 관의 단위 길이당(1m당) 손실수두는?(단, 마찰손실 수두계수 $f = 0.02$)

① 0.05m
② 0.003m
③ 0.001m
④ 0.005m

해설
$$h_L = f \cdot \frac{l}{D} \cdot \frac{V^2}{2g} = 0.02 \times \frac{100}{5} \times \frac{50^2}{2 \times 980} = 0.51\text{cm} = 0.0051\text{m}$$

22 상업용 관손실 계수의 특성 중 옳은 것은?

① Moody도표로 표시되며 레이놀즈수와 절대조도의 함수이다.
② Moody도표로 표시되며 레이놀즈수와 상대조도의 함수이다.
③ Stanton도표로 표시되며 레이놀즈수와 상대조도의 함수이다.
④ Stanton도표로 표시되며 레이놀즈수와 절대조도의 함수이다.

해설
② 상업용 관의 손실계수(f)는 Moody도표로 표시가 가능하며, Re와 상대조도$\left(\varepsilon = \frac{e}{D}\right)$의 함수이다.

23 Darcy-Weisbach의 마찰손실계수 $f = \frac{64}{Re}$ (Re : 레이놀즈수)라 할 때 지름 0.2cm인 유리관 속을 0.8cm²/s의 물이 흐를 때 관의 길이 1.0m의 손실수두는?(단, 동점성 계수 $\nu = 1.12 \times 10^{-2}$cm²/s)

① $h_L = 11.6$cm
② $h_L = 23.3$cm
③ $h_L = 2.33$cm
④ $h_L = 1.16$cm

해설
마찰손실수두 $h_L = f \cdot \frac{l}{D} \cdot \frac{V^2}{2g}$

$Re = \frac{VD}{\nu} = \frac{D}{\nu}\left(\frac{Q}{A}\right)$
$= \frac{0.2}{1.12 \times 10^{-2}} \times \left(\frac{0.8}{\pi \times 0.2^2/4}\right) = 454.9$

$f = \frac{64}{Re} = \frac{64}{454.9} = 0.1407$

$h_L = 0.1407 \times \frac{100}{0.2} \times \frac{1}{2 \times 980}\left(\frac{0.8}{\pi \times 0.2^2/4}\right)^2 = 23.3$cm

24 직경 D = 2cm, l = 1,000m인 원관에서 V = 2cm/s의 유속으로 흐를 때의 손실수두를 측정해 보았더니 h_L = 2.24cm였다. 이 관의 마찰손실계수는?

① 0.042
② 46.5
③ 0.022
④ 4.45

해설 마찰손실수두

$$h_L = f \frac{l}{D} \frac{V^2}{2g}$$

$$f = \frac{h_L \cdot D \cdot 2g}{l \cdot V^2} = \frac{2.24 \times 2 \times 2 \times 980}{1,000 \times 10^2 \times 2^2} = 0.02195$$

25 경심이 10m이고 동수경사가 1/100인 관로의 마찰손실계수 f = 0.04일 때의 유속은?

① 20m/s
② 10m/s
③ 24m/s
④ 14m/s

해설 $V = C\sqrt{RI}$, $C = \sqrt{\frac{8g}{f}}$ 이므로

$$C = \sqrt{\frac{8 \times 9.8}{0.04}} = 44.27 \text{m/s}$$

$$V = 44.27\sqrt{10 \times 1/100} = 13.99 \text{m/s}$$

26 레이놀즈수(Reynolds)가 1,000인 관에 대한 마찰손실계수 f의 값은?

① 0.018
② 0.023
③ 0.045
④ 0.064

해설 층류, 즉 $Re \leq 2,000$인 경우

$$f = \frac{64}{Re} = \frac{64}{1,000} = 0.064$$

정답 24 ③ 25 ④ 26 ④

27 직경이 1,000mm인 관에서 초당 1.2m³의 물을 공급할 때 관로 내 평균 유속은?

① 1.0m/s　　② 2.5m/s
③ 2.0m/s　　④ 1.5m/s

해설 $Q = AV$, $V = \dfrac{Q}{A} = \dfrac{1.2\text{m}^3/\text{s}}{\dfrac{\pi \times 1^2}{4}\text{m}^2} = 1.5\text{m/s}$

28 폭이 4m, 수심 2m의 구형 수로에서 수면경사 $I = 4/1{,}000$, $n = 0.02$일 때 유속 V는?

① 2.5m/s　　② 1m/s
③ 0.5m/s　　④ 3.16m/s

해설 $V = \dfrac{1}{n} R^{\frac{2}{3}} \cdot I^{\frac{1}{2}}$ 에서

$R = \dfrac{A}{P} = \dfrac{2 \times 4}{4 + 2 \times 2} = 1$이므로

$V = \dfrac{1}{0.02} \cdot \left(\dfrac{8}{8}\right)^{\frac{2}{3}} \cdot \left(\dfrac{4}{1{,}000}\right)^{\frac{1}{2}} = 3.16\text{m/s}$

29 Chezy의 평균유속공식에 있어서 유속계수 C의 값은?(단, g : 중력가속도, f : 마찰손실계수임)

① $\dfrac{8g}{f}$　　② $\sqrt{\dfrac{8g}{f}}$
③ $3\sqrt{\dfrac{8g}{f}}$　　④ $\sqrt{\dfrac{f}{8g}}$

해설 $C = \sqrt{\dfrac{8g}{f}}$ (g는 중력가속도로서 9.8m/s²)

30 직경이 D인 한 개의 관으로 송수하던 유량을 직경이 d인 4개의 관으로 송수하려면 D/d의 비는?(Chezy공식을 적용할 것)

① $2^{\frac{2}{5}}$ ② $4^{\frac{2}{5}}$

③ $6^{\frac{2}{5}}$ ④ $2^{\frac{5}{2}}$

해설
- 직경이 D인 한 개의 관 : $Q = AV = A \cdot C\sqrt{RI}$
- 직경이 d인 한 개의 관 : $Q = AV = 4a \cdot C\sqrt{ri}$

$$\frac{\pi D^2}{4} \cdot C\sqrt{\frac{D}{4}} \cdot I = \frac{\pi d^2}{4} \cdot C\sqrt{\frac{d}{4}} \cdot I$$

$$D^{\frac{5}{2}} = 4d^{\frac{5}{2}} \rightarrow \frac{D}{d} = 4^{\frac{2}{5}}$$

31 Darcy-Weisbach의 마찰손실수두공식의 f와 Chezy의 평균유속공식의 C와의 관계를 나타내는 식으로 맞는 것은?(단, g는 중력가속도이다)

① $C^2 = \dfrac{8g}{f}$ ② $C^2 = \dfrac{f}{8g}$

③ $C^2 = \dfrac{f}{4g}$ ④ $C^2 = \dfrac{4g}{f}$

해설
$C = \sqrt{\dfrac{8g}{f}}$

∴ $C^2 = \dfrac{8g}{f}$

32 한계구배(I_c)를 구하는 식이 옳은 것은?(단, n : 조도계수, α : 에너지 보정계수, R : 경심)

① $I_c = \dfrac{ng}{\alpha R^{\frac{1}{2}}}$ ② $I_c = \dfrac{n^2 g}{\alpha R^{\frac{1}{2}}}$

③ $I_c = \dfrac{ng}{\alpha R^{\frac{1}{3}}}$ ④ $I_c = \dfrac{n^2 g}{\alpha R^{\frac{1}{3}}}$

해설 한계동수구배

$I_c = \dfrac{g}{\alpha C^2}$

$C = \dfrac{1}{n} R^{\frac{1}{6}}$ 이므로 $I_c = \dfrac{n^2 g}{\alpha R^{\frac{1}{3}}}$

정답 30 ②   31 ①   32 ④

33 Manning의 평균유속공식 중 마찰손실계수 f의 값을 바르게 적은 것은?

① $f = \dfrac{8g}{C}$
② $f = \dfrac{124.6n}{D^{\frac{1}{3}}}$
③ $f = \dfrac{124.6n^2}{D^{\frac{1}{3}}}$
④ $f = \sqrt{\dfrac{C}{8g}}$

해설 $f = \dfrac{12.7 \times g \cdot n^2}{D^{\frac{1}{3}}} = \dfrac{124.6 \cdot n^2}{D^{\frac{1}{3}}}$

34 그림과 같은 구형단면 개수로의 유량을 매닝(Manning)의 평균유속공식을 사용하여 구한 값은? (단, 수로경사 $I = \dfrac{1}{100}$, 수로의 조도계수 $n = 0.025$)

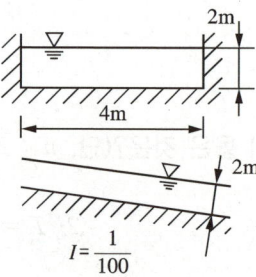

① $12\text{m}^3/\text{s}$
② $32\text{m}^3/\text{s}$
③ $128\text{m}^3/\text{s}$
④ $160\text{m}^3/\text{s}$

해설 Manning 평균유속공식은 $V = \dfrac{1}{n} \cdot R^{\frac{2}{3}} \cdot I^{\frac{1}{2}}$

유량 $Q = A \cdot V = A \cdot \dfrac{1}{n} \cdot \left(\dfrac{A}{P}\right)^{\frac{2}{3}} \cdot I^{\frac{1}{2}}$

$= 4 \times 2 \times \dfrac{1}{0.025} \times \left(\dfrac{2 \times 4}{4+4}\right)^{\frac{2}{3}} \cdot \left(\dfrac{1}{100}\right)^{\frac{1}{2}} = 32\text{m}^3/\text{s}$

35 내경 60cm의 송수관 내에 유량이 2m³/s로 흐를 때 관 내의 평균유속은?

① 4.8m/s ② 6.2m/s
③ 7.1m/s ④ 8.7m/s

해설 $Q = AV$

$2 = \dfrac{\pi 0.6^2}{4} \times V$

$V = 7.07 \text{m/s}$

36 주어진 단면과 수로경사에서 최대 유량이 흐르는 조건 중 옳은 것은?

① 윤변이 최대이거나 경심이 최소일 때
② 윤변이 최소이거나 경심이 최대일 때
③ 수심이 최소이거나 경심이 최대일 때
④ 수심이 최대이거나 수로폭이 최소일 때

해설 ② $Q = AV = \sqrt{RI} = AC\sqrt{\dfrac{A}{P}}I$, 즉 $Q_{\max}$의 조건은 $R_{\max}$이거나 $P_{\min}$이다.

37 배수에 대한 설명 중 옳은 것은?

① 개수로의 어느 곳에 댐업(Dam Up)함으로써 수위가 상승되는 영향이 상류쪽으로 미치는 현상을 말한다.
② 수자원 개발을 위하여 저수지에 물을 가두어 두었다가 홍수 부족 시에 사용하는 물을 말한다.
③ 홍수 시에 제내지에 만든 유수지의 수면이 상승되는 현상이다.
④ 관수로 내의 물을 급격히 차단할 경우 관내의 상승압력으로 습파가 생겨서 상류 측으로 습파가 전달되는 현상이다.

해설 ① 배수(Back Water)란 상류의 흐름이 하류에 위치한 구조물의 영향으로 하류측으로부터 수심이 증가하여 점차 상류측으로 전달되는 현상이다.

정답 35 ③ 36 ② 37 ①

38 다음 중 물의 흐름에 대한 설명으로 옳지 않은 것은?
① 개수로 흐름은 하천 또는 강에서 자유표면을 가진 흐름이다.
② 밀폐된 터널에서 2/3 가량 차서 흐르는 흐름은 관수로 흐름이다.
③ 관수로 흐름은 밀폐된 수로에 유체가 가득 차서 흐르는 흐름이다.
④ 관수로 흐름은 압력 및 중력에 의한 에너지차에 의해 흐른다.

해설 ② 밀폐된 관에서의 흐름일지라도 가득 차서 흐르지 않으면 개수로의 흐름이다.

39 댐의 상류부에서 발생되는 수면곡선은?
① 배수곡선
② 저하곡선
③ 수리특성곡선
④ 유사량곡선

해설 ② 하천단락부 또는 낙하 시의 상류부 수면곡선
③ 단면의 흐름에 관한 특성들을 나타낸 곡선
④ 유사의 이송량을 나타낸 곡선

40 개수로에서 지배단면이란 무엇을 뜻하는가?
① 비에너지가 최대로 되는 지점의 단면
② 사류에서 비에너지가 가장 큰 지점의 단면
③ 층류에서 난류로 변하는 지점의 단면
④ 상류에서 사류로 변하는 지점의 단면

해설 지배단면이란 상류의 흐름이 사류로 변화하는 부분이며 $Fr=1$이 되는 단면을 말한다.

41 구형 단면을 가진 개수로에서 수리상 유리한 단면은 다음 중 어느 것인가?(단, 수로 폭 B, 수심 h이다)

① $B = h^{1/2}$
② $\dfrac{B}{2} = h$
③ $B = h$
④ $B = \dfrac{1}{2}h$

해설 수리상 유리한 단면은 반원에 외접하는 단면이므로 $B=2h$

42 그림과 같은 작은 오리피스에서 유출할 때 에너지 손실이 없을 경우 유속과 유량은?(단, 오리피스의 단면적은 a이다)

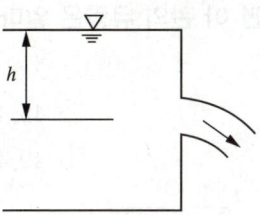

① $V=\sqrt{gh}$, $Q=aV=a\sqrt{gh}$
② $V=gh^{2/3}$, $Q=agh^3$
③ $V=\sqrt{2gh}$, $Q=aV=a\sqrt{2gh}$
④ $V=\sqrt{gh^2}$, $Q=agh^2$

해설 실제유속, $V=Cr\sqrt{2gh}$에서 손실이 없으므로, $Cr=1$
∴ $V=\sqrt{2gh}$, $Q=aV=a\sqrt{2gh}$

43 관단면적이 4m²인 관수로에서 물이 정지하고 있을 때 압력을 측정했더니 5kg/cm²였고 물을 흐르게 했을 때 압력을 측정했더니 4.2kg/cm²였다. 이때, 유속(V)과 유량(Q)을 구한 값은?

⟨V⟩	⟨Q⟩
① 12.522m/s	50.09m³/s
② 12.0m/s	46.0m³/s
③ 10.0m/s	40.0m³/s
④ 15.22m/s	60.88m³/s

해설 $h=\dfrac{P}{W}=\dfrac{(5-4.2)\text{kg/cm}^3}{0.001\text{kg/cm}^3}=800\text{cm}$
∴ $V=\sqrt{2gh}=\sqrt{2\times980\times800}=12.522\text{m/s}$
$Q=A\cdot V=4\times12.522=50.088\text{m}^3/\text{s}$

정답 42 ③ 43 ①

44 관 중심을 흐르는 물의 유속 V를 피토관(Pitottube)으로 측정하고, 동시에 관벽에 액주계를 세워 정압을 측정하니 동압관 내의 수면이 액주계의 수면보다 10cm 더 올라갔다. 평균유속이 관 중심유속의 1/2이라 하면 이 관의 유량은 얼마인가?(단, 관 내경은 30cm, 피토관계수는 1.00으로 한다)

① 43.455L/s ② 45.455L/s
③ 47.455L/s ④ 49.455L/s

해설 관 중심유속 $V = \sqrt{2gh} = \sqrt{2 \times 9.8 \times 0.1} = 1.4 \text{m/s}$

평균유속 $V_m = \dfrac{V}{2} = 0.7 \text{m/s}$

유량 $Q = A \cdot V_m = \dfrac{\pi \times 0.3^2}{4} \times 0.7 = 0.049455 \text{m}^3/\text{s}$
$= 49.455 \text{L/s}$

45 수심 2m, 폭 4m인 콘크리트 직사각형 수로의 유량은?(단, 조도계수 $n = 0.012$, 경사 $I = 0.0009$임)

① $15 \text{m}^3/\text{s}$ ② $20 \text{m}^3/\text{s}$
③ $25 \text{m}^3/\text{s}$ ④ $30 \text{m}^3/\text{s}$

해설 $Q = AV$
$= A \cdot \dfrac{1}{n} \cdot R^{\frac{2}{3}} \cdot I^{\frac{1}{2}}$
$= 2 \times 4 \times \dfrac{1}{0.0012} \times \left(\dfrac{4 \times 2}{4 + 2 \times 2}\right)^{\frac{2}{3}} \times 0.0009^{\frac{1}{2}}$
$= 20 \text{m}^3/\text{s}$

46 면적 300m²인 여과지의 투수계수 $K = 0.1$cm/s이고 경사 $I = 0.6$일 때 여과량은?

① $0.3 \text{m}^3/\text{s}$ ② $2.4 \text{m}^3/\text{s}$
③ $0.18 \text{m}^3/\text{s}$ ④ $1.8 \text{m}^3/\text{s}$

해설 $Q = A \cdot V = K \cdot I \cdot A$
$= 0.001 \times 0.6 \times 300 = 0.18 \text{m}^3/\text{s}$

47 Syphon과 동수경사선과의 수두차로 옳은 것은?

① 이론상 760cm이다.
② $\sqrt{2gh}$ 만큼 보는 것이 좋다.
③ 4~5m 정도이다.
④ 실제 상승높이는 8~9m가 한도이다.

> **해설** 사이펀 내의 압력
> $P = P_a - wH$ 에서 $P = 0$ 이면
> $H = \dfrac{P_a}{w} = 10.33m$
> 이론상 10.33m까지 가능하나 실제는 8~9m가 한계이다.

48 사이펀작용을 이용하여 고수조에서 저수조로 관로에 의해서 송수하고자 한다. 동수경사선보다 관로를 어느 정도까지 최고로 높일 수 있겠는가?

① 15m ② 3m
③ 8m   ④ 12m

> **해설** 에너지 손실을 고려하면 동수경사선보다 통상 7~8m 정도까지 사이펀 원리가 가능하다.

49 수격작용의 $\Delta P = V_0\sqrt{\rho E}$ 에 관한 내용으로 틀린 것은?

① 관의 크기에는 영향이 없다.
② 밸브 순간폐쇄로 인한 압력상승이다.
③ 밸브폐쇄가 t시간 걸리면 ΔP는 감소한다.
④ 관의 탄성을 고려하면 ΔP는 감소한다.

> **해설** 관수로에 물이 흐를 때 밸브를 갑자기 잠그면 순간적으로 유속이 0이 되고 이로 인해 압력증가가 생기며 이는 관내를 일정한 전파 속도로 왕복하면서 충격을 준다. 이러한 압력파의 작용을 수격작용이라 한다.
> • 공동현상 : 유수 중의 저압부에서 공기가 분리되어 공기덩어리가 생기는 현상
> • Pitting : 공동의 소멸과 발생은 연속적이며, 공기가 순간압궤로 고체면에 강한 충격을 주는 현상
> • 서징 : 수격작용을 막기 위한 조절수조에서의 상하로의 자유수면의 진동현상

정답 47 ④ 48 ③ 49 ①

50 다음 중 수격작용에 의한 압력상승을 경감하는 방법과 관계가 적은 것은?

① 느린 밸브폐쇄
② 서지완화 밸브 설치
③ 한방향 조합수조(One-way Surge Tank) 설치
④ 측관의 설치

해설 ③ 토출관쪽에 압력조절수조를 설치한다.

51 펌프운전 중 발생하는 공동현상에 따른 피해현상이 아닌 것은?

① 소음과 진동이 생긴다.
② 양정 곡선과 효율 곡선이 저하를 가져온다.
③ 깃에 대한 침식이 생긴다.
④ 압력이 상승한다.

해설 ④ 발생거품이 반복해서 일어나므로 소음, 진동이 생겨서 펌프의 성능이 저하되고 압력이 저하되면 양수가 불가능해진다.

52 하천의 평균유속 V를 구하는 방법으로 적절하지 못한 것은?(여기서 V_s는 표면유속, $V_{0.2}$, $V_{0.4}$, $V_{0.6}$, $V_{0.8}$은 수면으로부터 수심의 20%, 40%, 60%, 80%에 해당하는 수심을 나타낸다)

① 표면법 – $V_m = 0.85 V_s$
② 1점법 – $V_m = V_{0.6}$
③ 3점법 – $V = \dfrac{1}{4}(V_{0.2} + V_{0.4} + V_{0.6})$
④ 4점법 – $V = \dfrac{1}{5}[(V_{0.2} + V_{0.4} + V_{0.6} + V_{0.8}) + \dfrac{1}{2}(V_{0.2} + V_{0.8})]$

해설 3점법

$$V_m = \dfrac{V_{0.2} + 2V_{0.6} + V_{0.8}}{4}$$

53 개수로 내의 흐름에서 평균유속을 구하는 방법에는 2점법이 있다. 수면하 어느 위치에서의 유속을 관측한 값인가?

① 수면과 원수심의 50%에 위치
② 수면하 10%와 80%에 위치
③ 수면하 20%와 80%에 위치
④ 수면하 40%와 80%에 위치

해설 $V_m = \dfrac{1}{2}(V_{0.2} + V_{0.8})$

54 수심이 3m, 유속이 2m/s인 개수로의 비에너지값은?(단, 에너지 보정계수는 1.1이다)

① 1.22m
② 2.22m
③ 3.22m
④ 4.22m

해설 비에너지(H_e)
$$H_e = h + \alpha \dfrac{V^2}{2g} = 3 + 1.1 \times \dfrac{2^2}{2 \times 9.8} = 3.22\text{m}$$

55 개수로의 수심을 h, 평균유속을 V, 에너지 보정계수를 α라 할 때 비에너지(H_e)를 옳게 표시한 식은?

① $H_e = h + \alpha V$
② $H_e = h - \sqrt{\alpha V}$
③ $H_e = h + \dfrac{\alpha V^3}{2g}$
④ $H_e = h + \dfrac{\alpha V^2}{2g}$

해설 ④ $H_e = h + \dfrac{\alpha V^2}{2g}$

정답 53 ③ 54 ③ 55 ④

56 개수로 내의 흐름에서 비에너지 H_e가 일정할 때, 최대 유량이 생기는 수심 h의 값이 옳은 것은?(단, 직사각형 단면($b \cdot h$)이고 $\alpha = 1$로 본다)

① H_e
② $\dfrac{H_e}{2}$
③ $\dfrac{2H_e}{3}$
④ $\dfrac{3H_e}{4}$

해설 최대유량이 생기는 수심은 한계수심이다.
$$h = \dfrac{2}{3}H_e$$

57 개수로에서 유량이 일정할 때 한계수심이 되는 조건은?

① 비에너지가 최대가 된다.
② 한계수심은 비에너지의 $\dfrac{2}{3}$이다.
③ 프루드수가 1보다 크다.
④ 비에너지가 최소가 된다.

해설
$$h_c = H_{e\min} = \dfrac{2}{3}H_e$$
$$Fr = \dfrac{V}{\sqrt{gh}} = 1$$

58 다음 설명 중 옳지 않은 것은?

① 평상시의 하천은 정류이다.
② 홍수 시의 하천은 부정류이다.
③ 수류(水流)의 단면에 따라 유속이 다른 흐름을 부정류라 한다.
④ 층류에서 난류로 변화할 때의 유속을 한계유속이라 한다.

해설 한계유속
상류에서 사류로 변할 때, 즉 $Fr_c = 1$의 한계수심으로 흐를 때의 유속이다.

59 직사각형 단순수로의 폭이 5m이고, 한계수심이 1m이다. 에너지 보정계수 α = 1.0이면 유량은?

① $Q = 15.65 \text{m}^3/\text{s}$
② $Q = 10.75 \text{m}^3/\text{s}$
③ $Q = 9.80 \text{m}^3/\text{s}$
④ $Q = 3.13 \text{m}^3/\text{s}$

해설 한계유속

$$V_c = \sqrt{\frac{gh}{\alpha}}$$

$$V_c = \sqrt{\frac{9.8 \times 1}{1.0}} = 3.13 \text{m/s}$$

$$Q = AV_c = 5 \times 1 \times 3.13 = 15.65 \text{m}^3/\text{s}$$

60 광폭 직사각형 단면수로의 단위폭당 유량이 16m³/s일 때 한계수심과 한계경사는?(단, 수로의 조도계수 n = 0.02이다)

① 한계수심 = 1.97m, 한계경사 = 3.27×10^{-3}
② 한계수심 = 2.97m, 한계경사 = 2.73×10^{-3}
③ 한계수심 = 2.15m, 한계경사 = 2.81×10^{-3}
④ 한계수심 = 2.45m, 한계경사 = 2.90×10^{-3}

해설 • 사각형 위어의 한계수심

$$h_c = \left(\frac{aQ^2}{gb^2}\right)^{\frac{1}{3}} = \left(\frac{1 \times 16^2}{9.8 \times 1^2}\right)^{\frac{1}{3}} = 2.97 \text{m}$$

• 한계경사

$$C = \frac{1}{n}R^{\frac{1}{6}} = \frac{1}{0.02} \times 2.97^{\frac{1}{6}} = 59.9$$

$$I_c = \frac{g}{aC^2} = \frac{9.8}{1 \times 59.9^2} = 2.73 \times 10^{-3}$$

광폭수로이므로 $h \fallingdotseq R$이다.

61 충력치(Specific Force)의 정의로 옳은 것은?

① 물의 충격에 의해서 생기는 힘을 말한다.
② 비에너지가 최대가 되는 수심일 때의 에너지를 말한다.
③ 개수로의 한 단면에서의 운동량과 정수압의 합을 물의 단위 중량으로 나눈 값을 말한다.
④ 한계수심을 가지고 흐를 때의 한 단면에서의 에너지를 말한다.

해설 충력치는 운동량 방정식에 의해 단위 시간당 유체의 운동량 변화가 물체에 작용하는 힘과 같다는 이론이다.
$M_1 = M_2$
$M = \eta \dfrac{Q}{gV} + h_G \cdot A$

62 폭 6m인 구형 단면수로에서 유량 $Q = 9\text{m}^3/\text{s}$로 흐를 때, 수심이 0.9m라면 충력치는?(단, 운동량 보정계수 $\eta = 1$이다)

① 5.42m^3
② 6.46m^3
③ 2.86m^3
④ 3.96m^3

해설
$M = \eta \dfrac{Q^2}{gV} + h_G \cdot A$
$= \left(1 \times \dfrac{9^2}{9.8 \times 6 \times 0.9}\right) + \left(\dfrac{0.9}{2} \times 6 \times 0.9\right)$
$= 3.96\text{m}^3$

63 개수로에서 강도수(Strong Jump)가 일어나는 한계는?

① $Fr \geq 4.5$
② $Fr \geq 9.0$
③ $Fr \geq 10.0$
④ $Fr \geq 15.0$

해설
• 약도수 : $\sqrt{3} \leq Fr < 2.5$
• 동요도수 : $2.5 \leq Fr < 4.5$
• 정상도수 : $4.5 \leq Fr < 9.0$
• 강도수 : $9.0 \leq Fr$

64 도수(Hydraulic Jump)에서 상하류 수심의 관계식은?

① 전수압의 이론으로부터 유도할 수 있다.
② 운동량 방정식으로부터 유도할 수 있다.
③ 상사법칙에 의하여 유도할 수 있다.
④ 도수에 의한 에너지 손실은 $\Delta H_e = \dfrac{(h_1-h_2)^3}{4h_1h_2}$이다.

해설 도수의 특성
- 도수발생 전과 후의 단면에 대해서 비력은 일정하다.
- 도수 전후 단면에 대해 에너지보존법칙을 이용한 베르누이 정리의 적용은 불가능하다.
- 운동량방정식을 기초로 한 비력방정식은 적용가능하다.
- 도수에 의한 에너지 손실은 $\Delta H_e = \dfrac{(h_2-h_1)^3}{4h_1h_2}$이다.

65 사류의 Froude수 $Fr_1 = \dfrac{V_1}{\sqrt{gh_1}}$의 값으로 완전도수를 생기게 하는 값은?

① $1 < Fr_1 < \sqrt{3}$
② $0 < Fr_1 < 0.5$
③ $0.5 < Fr_1 < 1$
④ $\sqrt{3} < Fr_1$

해설 도수란 사류가 상류로 변할 때 수면이 불연속적으로 뛰는 현상으로 $Fr_1 \geq \sqrt{3}$이면 완전도수가 발생하고, $1 < Fr_1 < \sqrt{3}$이면 파상도수가 발생한다.

66 다음의 오리피스(Orifice)에 관한 설명 중 옳지 않은 것은?

① 상류단의 날카로운 오리피스를 예연 오리피스라 한다.
② 사출수맥(시출수맥)이 대기 중으로 분출되는 오리피스는 자유유량을 갖는다고 한다.
③ 오리피스에 작용하는 수두에 관계없이 직경이 큰 오리피스를 큰 오리피스라 한다.
④ 오리피스의 수맥에는 반드시 수축단면이 존재한다.

해설 큰 오리피스
오리피스 단면이 수면으로부터 오리피스까지 수두(h)에 비해 커서 유속계산 시 단면 상하단의 유속을 고려해야 하는 오리피스를 말한다.

정답 64 ② 65 ④ 66 ③

67 다음 그림과 같이 기하학적으로 비슷한 대소(大小)원형 오리피스의 비가 n인 경우에 유속, 축류단면, 유량의 비에 대해서 바르게 조합한 것은?(단, 유속계수 C_v, 수축계수 C_a는 대소(大小) 오리피스가 같다)

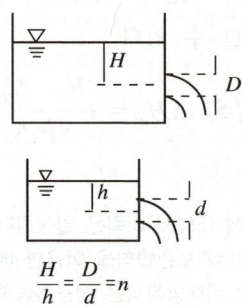

$$\frac{H}{h} = \frac{D}{d} = n$$

⟨유속의 비⟩ ⟨축류단면의 비⟩ ⟨유량의 비⟩

① n^2 $n^{\frac{1}{2}}$ $n^{\frac{3}{2}}$

② $n^{\frac{1}{2}}$ n^2 $n^{\frac{5}{2}}$

③ $n^{\frac{1}{2}}$ $n^{\frac{1}{2}}$ $n^{\frac{5}{2}}$

④ n^2 $n^{\frac{1}{2}}$ $n^{\frac{5}{2}}$

해설
- 유속은 $H^{\frac{1}{2}}$에 비례하므로, $\frac{V}{v} = n^{\frac{1}{2}}$
- 측류단면의 비는 d^2에 비례하므로, $\frac{A}{a} = n^2$
- 유량은 $d^2 \times H^{\frac{1}{2}}$에 비례하므로, $\frac{Q}{q} = n^{\frac{5}{2}}$

68 오리피스에서 수축계수 0.45, 유속계수 0.97이라고 할 때 유량계수는?

① 0.22　　　　　　　　② 0.33
③ 0.44　　　　　　　　④ 2.2

해설 유량계수 = 유속계수 × 수축계수
$C = C_v \cdot C_a$
$= 0.97 \times 0.45 = 0.437$

69 작은 오리피스에서 단면 수축계수 C_a, 유속계수 C_v, 유량계수 C와의 관계가 옳게 표시된 것은?

① $C = \dfrac{C_v}{C_a}$ ② $C = \dfrac{C_a}{C_v}$

③ $C = C_v + C_a$ ④ $C = C_v \cdot C_a$

해설 $Q = CAV$
$C = C_v \cdot C_a \cdot A \cdot V = C_a \cdot C_v \cdot AV$

70 수조 횡단 면적이 1m²인 측벽에 공구면적이 20cm²인 구멍으로 수두 2m에서 1m로 하강하는 데 요하는 시간은?(단, 유량계수 $C = 0.6$)

① 25.0초 ② 108.2초

③ 155.9초 ④ 169.5초

해설 오리피스의 배수시간
$$T = \dfrac{2A}{Ca\sqrt{2g}}(H_1^{\frac{1}{2}} - H_2^{\frac{1}{2}})$$
$$= \dfrac{2 \times 1}{0.6 \times 20 \times 10^{-4} \times \sqrt{2 \times 9.8}}(2^{\frac{1}{2}} - 1^{\frac{1}{2}})$$
$$= 155.93s$$

정답 69 ④ 70 ③

71 다음 그림과 같은 노즐에서 유량을 구하기 위하여 옳게 표시된 공식은?(단, C는 유속계수이다)

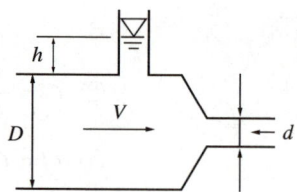

① $Q = C\dfrac{\pi D^2}{4}\sqrt{\dfrac{2gh}{1-C^2(d/D)^2}}$

② $Q = C\dfrac{\pi D^2}{4}\sqrt{\dfrac{2gh}{1-C^2(d/D)^4}}$

③ $Q = C\dfrac{\pi D^2}{4}\sqrt{2gh}$

④ $Q = C\dfrac{\pi D^2}{4}\sqrt{\dfrac{2gh}{1-d^2(d/D)^2}}$

해설 노즐의 유량

$$Q = Ca\sqrt{\dfrac{2gh}{1-\left(\dfrac{Ca}{A}\right)^2}} = Ca\sqrt{\dfrac{2gh}{1-C^2\left(\dfrac{d}{D}\right)^4}}$$

72 위어의 보편적인 사용 목적이 아닌 것은?

① 유량측정　　　　　② 취수를 위한 수위증가
③ 분 수　　　　　　④ 수질오염방지

해설 ④ 수로를 가로막아 그 일부분으로 물을 흐르게 하여 유량을 측정하고 취수를 위해 수위를 증가시키며 분수 등의 목적으로 사용한다.

73 4각형 위어(Weir)에서의 유량은 다음 어느 값에 비례하는가?(단, h는 위어의 월류수심이다)

① $h^{\frac{5}{2}}$　　　　　　　　② $h^{\frac{3}{2}}$
③ h^2　　　　　　　　④ $h^{\frac{1}{2}}$

해설 사각형 위어의 유량은 다음과 같다.

$$Q = \dfrac{2}{3} \cdot C \cdot b\sqrt{2g} \cdot h^{\frac{3}{2}}$$

74 삼각 위어로 유량 Q를 측정할 때 Q는?

① 위어의 수심 h의 1/2층에 비례한다.
② 위어의 수심 h의 3/2층에 비례한다.
③ 위어의 수심 h의 5/2층에 비례한다.
④ 위어의 수심 h의 2/3층에 비례한다.

해설 $Q = \dfrac{8}{15} C \cdot \tan\dfrac{\theta}{2} \sqrt{2g} \cdot h^{\frac{5}{2}}$

75 중심각이 90°인 삼각형 위어상의 수두가 30cm일 때 유량을 계산한 값은?(단, 위어의 유량계수는 0.6으로 가정)

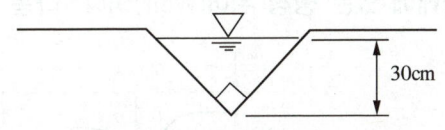

① 1.58L/s ② 1.69L/s
③ 1.38L/s ④ 6.98L/s

해설 삼각 위어의 유량공식

$Q = \dfrac{8}{15} C \times \tan\dfrac{\theta}{2} \sqrt{2g} \cdot h^{\frac{5}{2}}$

$= \dfrac{8}{15} \times 0.6 \times \tan\dfrac{90}{2} \sqrt{2 \times 9.8} \times 0.3^{\frac{5}{2}}$

$= 6.98 \times 10^{-2} \text{m}^3/\text{s} = 6.98 \text{L/s}$

76 직각 3각 위어로 유량을 측정함에 있어 월류수심 H의 측정에서 $x\%$의 오차가 있었다면 유량의 오차는?

① $1.5x\%$ ② $2x\%$
③ $2.5x\%$ ④ $3x\%$

해설 $Q = K \cdot H^{\frac{5}{2}}$

$\dfrac{dQ}{Q} = 2.5 \dfrac{dh}{h} = 2.5x\%$

정답 74 ③ 75 ④ 76 ③

77 삼각 위어에 있어서 유량계수가 일정하다고 할 때 월류수심의 측정오차에 의한 유량 오차가 1% 이하가 되기 위한 월류수심의 측정오차는 어느 정도로 해야 하는가?

① $\frac{1}{2}$% 이하 ② $\frac{2}{3}$% 이하

③ $\frac{2}{5}$% 이하 ④ $\frac{3}{5}$% 이하

해설 삼각 위어의 수위 측정에 따른 유량오차 $Q = K \cdot H^{\frac{5}{2}}$ 에서
$$\frac{dQ}{Q} = 2.6 \cdot \frac{aH}{H}$$
$$\therefore \frac{aH}{H} = \frac{2}{5} \cdot \frac{dQ}{Q} = \frac{2}{5} \times 1 = \frac{2}{5}\%$$

78 그림은 완전월류상태에 있는 광정 위어(Weir)이다. 다음 중 옳은 것은?

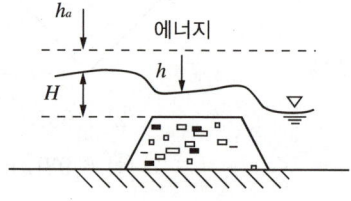

① $h = \frac{1}{2}(H + h_a)$ ② $h = \frac{1}{3}(H + h_a)$

③ $h = \frac{3}{4}(H + h_a)$ ④ $h = \frac{2}{3}(H + h_a)$

해설 완전월류의 조건은 h가 최소한 한계수심이 되어야 하므로
$$h = \frac{2}{3}(H + h_a)$$

79 어느 침전지에서 물이 월류하는 위어의 총 길이가 36m이다. 하루에 5,300m³를 처리할 때 위어부하율(m³/m · day)은?

① 137m³/m · day ② 127m³/m · day
③ 117m³/m · day ④ 147m³/m · day

해설 위어부하율 = 처리량 / 위어길이
   = 5,300m³/36m · day
   = 147m³/m · day

80 위어의 수심 H, 위어 마루부에서의 월류수심과 한계수심을 h와 h_c, 그리고 위어판의 높이 H_d와의 사이에서 수중 위어가 될 경우는?

① $H > h_c$ ② $H > h_d$
③ $H = h_c$ ④ $H < h_c$

해설 월류수심이 한계수심보다 크게 되면 흐름은 상류가 되어 소위 수중 위어가 된다.

81 위어를 월류하는 유량 $Q = 400\text{m}^3/\text{s}$, 저수지와 위어 정부와의 수면차가 1.7m, 위어의 유량계수를 2라 할 때 위어의 길이 L은?

① 78m ② 80m
③ 90m ④ 96m

해설
$Q = CLH^{\frac{3}{2}}$
$400 = 2 \times L \times 1.7^{\frac{3}{2}}$
$L = \dfrac{400}{2 \times 1.7^{\frac{3}{2}}} = 90.09 ≒ 90\text{m}$

82 다음 중 응집기, 혼화기 등의 교반강도를 나타내는 속도경사(G)를 표시하는 인자와 관계가 적은 것은?

① 소비전력 ② 점성 계수
③ 혼화지의 체적 ④ 약품의 농도

해설
$G = \sqrt{\dfrac{P}{\mu} \times V}$
P : 소비전력($W = \text{N} \cdot \text{m/s}$)
μ : 점성 계수($\text{N} \cdot \text{s/m}^2$)
V : 혼화지 등의 체적(m^3)

정답 80 ④ 81 ③ 82 ④

83. 약품침전지 내의 평균유속의 표준으로 맞는 것은?
    ① 20cm/min 이하
    ② 30cm/min 이하
    ③ 40cm/min 이하
    ④ 50cm/min 이하

    해설 약품침전지 내의 유속은 침전된 슬러지를 재부상시키지 않는 것 등을 고려하여 평균유속으로 40cm/min 이하를 표준으로 하고 있다.

84. 다음 중 급속여과지 여과사의 유효경의 표준 범위는?
    ① 1.45~2.0mm
    ② 1.0~1.5mm
    ③ 2.0~2.5mm
    ④ 0.45~1.0mm

    해설 급속여과지 여과사의 유효경은 0.45~1.0mm의 범위 내에 있어야 하나, 최근에는 유효경을 1.0mm까지 크게 하고 있다.

85. 급속여과지의 여과사의 최대경은 다음 중 어느 것인가?
    ① 5mm 이내
    ② 3mm 이내
    ③ 4mm 이내
    ④ 2mm 이내

    해설 급속여과지의 최대경은 2mm 이내이어야 한다.

86. 송수관로를 설계할 때 고려해야 할 사항과 관련이 적은 것은?
    ① 송수관로의 공사비가 최소인 노선을 고려할 것
    ② 송수관로는 최소의 저항으로 송수할 수 있을 것
    ③ 송수관로는 되도록 급격한 굴곡이 없도록 설치할 것
    ④ 송수관로는 자연유하식보다 가압식을 적용할 것

    해설 ④ 유지관리비용을 고려하여 될 수 있으면 자연유하식이 되도록 설계하는 것이 좋다.

87 다음과 같이 펌프와 밸브가 설치되어 있다. 여기서 펌프의 토출량을 줄이기 위해 토출밸브의 개도 조정을 하였더니 압력계 a의 압력은 10kg/cm²이고 압력계 b의 압력은 8kg/cm²가 되었다. 압력계 a와 b지점 사이의 손실은 없고, 관경 및 관재질은 같다고 가정할 때 밸브의 손실계수는?(단, 유량은 5m³/min, 관경은 200mm이다)

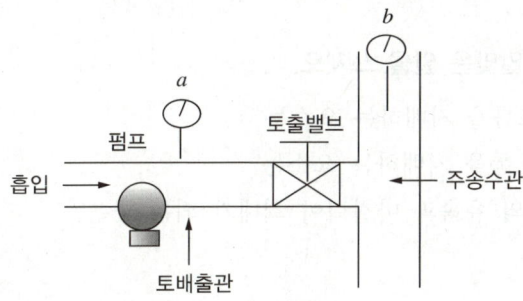

① 42.9m ② 38.3m
③ 46.9m ④ 56.2m

해설 밸브의 손실계수를 구하는 식은 다음과 같다.

$$H_L = K \times \frac{V^2}{2g} \rightarrow K = H_L \times \frac{2g}{V^2}$$

H_L : 손실수두, K : 밸브손실계수

유속 $V = \frac{Q}{A} = \frac{0.083}{0.0314} = 2.64 \text{m/s}$

$Q = 5\text{m}^3/\text{min} = 0.083\text{m}^3/\text{s}$, $A = \frac{3.14 \times 0.2^2}{4} = 0.0314\text{m}^2$

따라서 손실계수 $K = 20 \times \frac{2 \times 9.8}{2.64^2} = 56.2\text{m}$ 이다.

CHAPTER 02 적중예상문제(2차)

제4과목 정수시설 수리학

01 다음의 질문에 알맞은 말을 쓰시오.
    (1) 관수로의 흐름을 지배하는 요소는?
    (2) 개수로의 흐름을 지배하는 요소는?
    (3) 관수로에서의 유속과 마찰력이 최대가 되는 곳은?

02 직경이 4cm인 파이프 안으로 비중이 0.75인 물을 31.4kg/min의 유량으로 수송하면 파이프 안에서 흐르는 물의 평균속도는 몇 m/min인가?

03 마찰손실수두의 기본성질 3가지 이상을 쓰시오.

04 직사각형 개수로의 단위폭당의 유량이 5m³/s, 수심이 5m이면 프루드수 및 흐름의 종류는?

05 거리가 8,000m 떨어졌고 표고차가 60.00m인 두 저수지 사이를 0.55m³/s 유량을 송수하는 관로의 관경은?(용접강관을 부설하는 것으로 가정하며, C값은 120을 적용하고 $V = 0.35464\,CD^{0.63}$식을 이용)

06 우리나라의 상수도 관망계산에 주로 적용하는 공식은?

07 경심이 10m이고 동수경사가 1/100인 관로의 마찰손실계수 $f = 0.04$일 때 유속은?

08 직경이 1,000mm인 관에서 초당 1.2m³의 물을 공급할 때 관로 내 평균유속은?

09 콘크리트 벽의 직사각형 수로에서 폭이 4m, 수심이 3m이고, 에너지선의 경사가 0.0004일 때, 평균유속은?(단, $\eta = 0.017$, $C = 70$이고, Kutter 공식을 적용할 것)

10 한계구배(I_c)를 구하는 식을 쓰시오(단, n : 조도계수, α : 에너지 보정계수, R : 경심).

11 내경 60cm의 송수관 내에 유량이 2m³/s로 흐를 때 관 내의 평균유속은?

12 그림과 같은 작은 오리피스에서 유출할 때 에너지 손실이 없을 경우 유속과 유량은?(단, 오리피스의 단면적은 a이다)

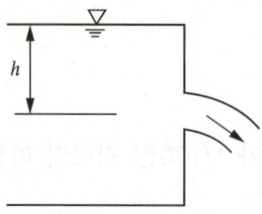

13 관단면적이 4m²인 관수로에서 물이 정지하고 있을 때 압력을 측정하니 5kg/cm²이었고 물을 흐르게 했을 때 압력을 측정하니 4.2kg/cm²이었다. 이때 유속(V)과 유량(Q)을 구한 값은?

14 수격작용에 의한 압력상승을 경감하는 방법을 3가지 이상 쓰시오.

15 개수로의 수심을 h, 평균유속을 V, 에너지 보정계수를 α라 할 때 비에너지(H_e)를 옳게 표시한 식은?

16 직사각형 수로의 단위폭당 유량이 2m³/s, 수심이 1m이다. α = 1.0일 때 비에너지는?

17 직사각형 단면 수로에서 한계 유속을 구하는 식을 쓰시오.

18 수로바닥 경사를 거의 무시할 수 있는 어떤 직사각형 수로에서 $Q = 6.4\text{m}^3/\text{s}$, 수심 0.8m, 폭 2m일 때 충력값을 구한 값은?(단, $\eta = 1$이다)

19 개수로에서 도수가 일어나는 한계를 각각 쓰시오.
    (1) 약도수
    (2) 동요도수
    (3) 정상도수
    (4) 강도수

20 베나 콘트렉터와 오리피스의 정의에 대해 약술하시오.

21 오리피스에서 수축계수 0.45, 유속계수 0.97이라고 할 때 유량계수는?

22 수조 횡단 면적이 1m²인 측벽에 공구면적이 20cm²인 구멍으로 수두 2m에서 1m로 하강하는 데 요하는 시간은?(단, 유량계수 $C = 0.6$)

23 다음 그림과 같은 노즐에서 유량을 구하기 위한 공식은?(단, C는 유속계수이다)

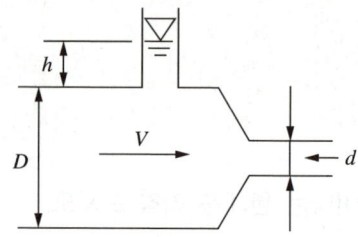

24 위어의 보편적인 사용 목적 3가지 이상을 쓰시오.

25 삼각위어에서 수두 h의 측정에 2%의 오차가 생기면 유량에는 몇 %의 오차가 생기는가?

26 직각 삼각위어(Weir)에서 월류수심이 1m이면 유량은?(단, $C = 0.59$이다)

27. 광정 위어에서 월류수심 $h = 0.5m$, 수로폭 1.0m, 접근유속이 0.4m/s일 때 월류량은 얼마인가? (단, $C = 1.1$이다)

28. 오리피스의 유량측정에서 3%의 수두(H)측정에 오차가 있었다면 유량(Q)에 미치는 오차는?

29. 오염 상황판단기준 중 급수정지에 해당되는 사항을 3가지 이상 쓰시오.

30. 다음과 같이 펌프와 밸브가 설치되어 있다. 여기서 펌프의 토출량을 줄이기 위해 토출밸브의 개도 조정을 하였더니 압력계 a의 압력은 1kg/cm²이고 압력계 b의 압력은 8kg/cm²이 되었다. 압력계 a와 b지점 사이의 손실은 없고, 관경 및 관재질은 같다고 가정할 때 밸브의 손실계수는?(단, 유량은 5m³/min, 관경은 200mm이다)

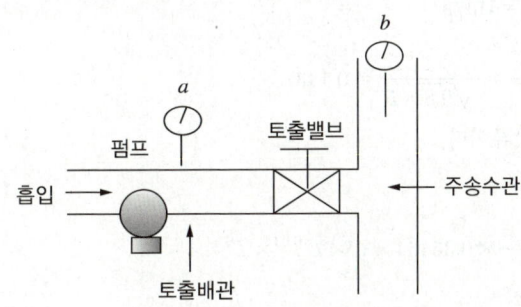

정답 및 해설

01 (1) 점성력과 관성력
(2) 중력과 마찰력
(3) 중심부에서 유속이 최대이고 마찰력은 벽면에서 최대가 된다.

02 $u = \dfrac{31.4}{(0.75 \times 1,000) \times \dfrac{\pi}{4} \times (4 \times 10^{-2})^2}$

$= 33.33 \text{m/min}$

03 • 속도수두에 비례한다.
• 관경에 반비례한다.
• 관의 길이에 비례한다.
• 유속의 자승에 비례한다.
• 관내의 조도에 비례한다.
• 물의 점성에 비례한다.

04 $V = \dfrac{Q}{A} = \dfrac{5}{1 \times 5} = 1 \text{m/s}$

$Fr = \dfrac{V}{C} = \dfrac{V}{\sqrt{gh}} = \dfrac{1}{\sqrt{9.8 \times 5}} = 0.143$

∴ $0.143 < 1$, 상류이다.

05 $Q = AV = \dfrac{\pi \times D^2}{4} \times 0.35464 \times C \times D^{0.63} \times I^{0.54}$

$0.55 = \dfrac{3.14 \times D^2}{4} \times 0.35464 \times 120 \times D^{0.63} \times \left(\dfrac{60}{8,000}\right)^{0.54}$

$D^{2.63} = \dfrac{0.55}{2.3786} = 0.2312$

$D = (0.2312)^{\frac{1}{2.63}} = 0.573 \text{m} = 573 \text{mm}$

∴ 알맞은 관로의 관경은 600mm이다.

06 관망의 유량계산법은 Hardy Cross법이 가장 많이 사용되고 있다. 그러나 우리나라의 상수도 관망계산에 주로 적용하는 공식은 Hazen-Williams공식이다.

07 $V = \sqrt{CRI}$, $C = \sqrt{\dfrac{8g}{f}}$ 이므로

$C = \sqrt{\dfrac{8 \times 9.8}{0.04}} = 44.27 \text{m/s}$

$V = 44.27\sqrt{10 \times 1/100} = 13.99 \text{m/s}$

08 $Q = AV$, $V = \dfrac{Q}{A} = \dfrac{1.2 \text{m}^3/\text{s}}{\dfrac{\pi \times 1^2 \text{m}^2}{4}} = 1.5 \text{m/s}$

09 $V = C\sqrt{RI}$

$R = \dfrac{A}{P} = \dfrac{4 \times 3}{4 + 2 \times 3} = 1.2$

$V = 70\sqrt{1.2 \times 0.0004} = 1.53 \text{m/s}$

10 한계동수구배

$I_c = \dfrac{g}{\alpha C^2}$

$C = \dfrac{1}{n} R^{\frac{1}{6}}$ 이므로 $I_c = \dfrac{n^2 g}{\alpha R^{\frac{1}{3}}}$

11 $Q = AV$

$2 = \dfrac{\pi 0.6^2}{4} \times V$

$V = 7.07 \text{m/s}$

12 실제유속, $V = Cr\sqrt{2gh}$ 에서 손실이 없으므로, $Cr = 1$

∴ $V = 2gh$, $Q = aV = a\sqrt{2gh}$

13
$$h = \frac{P}{W} = \frac{(5-4.2)\text{kg/cm}^3}{0.001\text{kg/cm}^3} = 800\text{cm}$$
$$\therefore V = \sqrt{2gh} = \sqrt{2 \times 980 \times 800} = 12.522\text{m/s}$$
$$Q = A \cdot V = 4 \times 12.522 = 50.088\text{m}^3/\text{s}$$

14
- 느린밸브 폐쇄
- 서지완화밸브 설치
- 토출관 쪽에 압력조절수조를 설치
- 측관의 설치
- 관내 유속 저하

15
$$H_e = h + \frac{\alpha V^2}{2g}$$

16
$$H_e = h + \alpha \frac{V^2}{2g}$$
$$= 1 + 1.0 \times \frac{1}{2 \times 9.8} \left(\frac{2}{1 \times 1}\right)^2 = 1.2\text{m}$$

17
$$Q = A \cdot V = b \cdot h_c \cdot V_c$$
$$\therefore V_c = \frac{Q}{b \cdot h_c}$$

18
$$M = \eta \frac{Q}{gV} + h_G \cdot A$$
$$= \eta \frac{Q^2}{gA} + h_G \cdot A$$
$$= \left(\frac{0.8}{2} \times 0.8 \times 2\right) + \left(1 \times \frac{6.4^2}{9.8 \times 0.8 \times 2}\right) = 3.25\text{m}^3$$

19
(1) 약도수 : $3 \leq Fr < 2.5$
(2) 동요도수 : $2.5 \leq Fr < 4.5$
(3) 정상도수 : $4.5 \leq Fr < 9.0$
(4) 강도수 : $9.0 \leq Fr$

20
- 베나 콘트렉터 : 오리피스 유출에 있어서 가장 작은 단면을 갖는 부분이다.
- 오리피스 : 베르누이 정리에서 위치수두가 모두 속도 수두로 전환된 것이다.

21 유량계수 = 유속계수 × 수축계수

$C = C_v \cdot C_a$
$= 0.97 \times 0.45 = 0.437$

22 오리피스의 배수시간

$T = \dfrac{2A}{Ca\sqrt{2g}}(H_1^{\frac{1}{2}} - H_2^{\frac{1}{2}})$

$= \dfrac{2 \times 1}{0.6 \times 20 \times 10^{-4} \times \sqrt{2 \times 9.8}}(2^{\frac{1}{2}} - 1^{\frac{1}{2}})$

$= 155.93 \text{s}$

23 노즐의 유량

$Q = Ca\sqrt{\dfrac{2gH}{1-\left(\dfrac{Ca}{A}\right)^2}} = Ca\sqrt{\dfrac{2gH}{1-C^2\left(\dfrac{d}{D}\right)^4}}$

24
- 유량측정
- 취수를 위한 수위증가
- 분 수
- 세굴방지

25 삼각위어의 유량공식

$Q = \dfrac{8}{15}C\sqrt{2g} \cdot \tan\dfrac{\theta}{2}h^{\frac{5}{2}}$

유량 Q와 수위 h의 관계

$\dfrac{dQ}{Q} = \dfrac{5}{2} = \dfrac{dh}{h}$

즉, 수위 오차 1%에 대한 유량오차는 2.5%가 되므로 수위오차가 2%일 때 유량오차는 0%이다.

26 삼각위어의 유량

$Q = \dfrac{8}{15} \times C\sqrt{2g} \times \tan\dfrac{\theta}{2} \times h^{\frac{5}{2}}$

$= \dfrac{8}{15} \times 0.59 \times \tan\dfrac{90}{2} \times \sqrt{2 \times 9.8} \times 1^{\frac{5}{2}}$

$= 1.39 \text{m}^3/\text{s}$

27 광정 위어의 월류량

$$Q = 1.7CbH^{\frac{3}{2}}$$

접근속도수두 $h_a = \dfrac{V_a^2}{2g} = \dfrac{0.4^2}{2 \times 9.8} = 8.16 \times 10^{-3}\text{m}$

$Q = 1.7 \times 1.1 \times 1.0 \times (0.5 + 0.00816)^{\frac{3}{2}} = 0.677\text{m}^3/\text{s}$

28 작은 오리피스의 유량오차

$\dfrac{1}{2} \times 3 = 1.5\%$

29
- 1급 상황이 3일 이상 연속될 경우
- 납, 수은 등 유·무기물질이 기준을 6시간 이상 초과할 경우
- 상수원수가 유기물질로 오염되어 정수처리능력에 한계로 수질기준 준수가 곤란하다고 판단될 경우
- 수도관 파손으로 위생적인 정수처리가 곤란하다고 판단될 경우

30 밸브의 손실계수를 구하는 식

$H_L = K \times \dfrac{v^2}{2g}$

$K = H_L \times \dfrac{2g}{v^2}$

H_L : 손실수두, K : 밸브손실계수

유속 V는

$V = \dfrac{Q}{A} = \dfrac{0.083}{0.0314} = 2.64\text{m/s}$

$Q = 5\text{m}^3/\text{min} = 0.083\text{m}^3/\text{s}$

$A = \dfrac{3.14 \times 0.2^2}{4} = 0.0314\text{m}^2$

따라서 손실계수는

$K = 20 \times \dfrac{2 \times 9.8}{2.64^2} = 56.2\text{m}$

CHAPTER 03 펌프의 종류와 수리적 특성

제4과목 정수시설 수리학

01 펌프와 수리학

1. 펌프의 종류 및 특성

(1) 펌프의 종류

터보형	원심펌프	벌류트펌프
		터빈펌프
		디퓨저펌프
	축류펌프	축류펌프
	사류펌프	벌류트 사류펌프
		사류펌프
용적형	회전펌프	기어펌프
		나사펌프
		베인펌프
		캠펌프
	왕복펌프	피스톤펌프
		플런저펌프
		다이어프램펌프
		윙펌프
특수형	-	와류펌프
		제트펌프
		에어리프트(기포)펌프
		수격펌프
		점성펌프
		전자펌프
		진공펌프

(2) 펌프의 구성

① 펌프의 Housing
② 회전차(Impeller) : Turbin형, Volute형, Propeller형, Screw형 등이 있다.
③ 회전축 : 회전차에 동력을 전달하기 위한 기구이다.
④ 동력장치 : 전동기, 엔진(Gasoline, Diesel, Gas 등), 자연력(수차, 풍차 등)이 있다.

⑤ 동작원리 : 회전차의 날개 형상에 의하여 조금씩 작동 원리는 다르지만 기본적으로 원심력을 이용하여 물을 양수하며, 이면에 발생하는 진공압을 이용하여 물을 흡입하는 원리를 이용한다.

[양수원리에 의한 펌프의 분류와 주용도]

명 칭	특 징	구조적인 분류 혹은 대표적 명칭	용 도
와권펌프	원리, 구조 및 운전 성능면에서 볼 때 다른 펌프와 비교, 우수한 장점이 많음. 광범위한 용도에 적당	벌류트, 터빈, 편흡입, 양흡입, 단단, 다단, 오픈익근, 크로스 익근, 수중모터펌프	우수, 오수, 슬러지배출, 슬러지반송, 시료채취, 약품주입, 압력수, 우물
사류펌프	고용량, 익근폭이 넓으므로 다소 이물이 혼입되는 물에도 사용	-	우수, 슬러지, 슬러지반송
축류펌프	저양정, 고용량	-	우 수
스크린펌프	구조가 간단하고 이물로 인한 막힘이 적음	아르키메데스펌프	-
왕복펌프	저용량, 고압, 정량성	플랜지펌프, 다이아프램펌프, 계량펌프	약품주입, 농축슬러지
회전펌프	저용량, 고압, 정량성	치차펌프, 비틀림펌프, 이모펌프, 루트펌프, 베인펌프	농축 석회석 이송
마찰펌프	소용량, 중양정	웨스코펌프, 와권펌프	농축 석회석 이송
분류펌프	운동하는 기계부분이 없기 때문에 고장이 적으나, 저효율	제트펌프, 이젝터(Ejector)	염소주입, 약품주입
기포펌프	기계부분이 없어서 고장이 적으나 공기 공급장치가 필요, 저효율	공기 리프트(Lift)	슬러지배출, 침사배제, 슬러지반송, 심정호
수격펌프	동력 불필요, 저용량	-	하천에서의 소규모 취수

2. 펌프의 성능 및 특성

(1) 원심펌프(Centrifugal Pump)

① 원심펌프의 원리

㉠ 원심펌프는 물을 회전시키는 회전차와 물을 회전차에 유도한 후에 토출구 쪽으로 토출시키는 케이싱의 두 주요부로 구성된다.

㉡ 원심펌프는 날개가 달려 있는 회전차로서 액체를 회전시키면 원심력에 의하여 액체가 압력을 가지면서 수송되는 장치인데, 액체의 입구는 원의 중심부가 되고 접선방향은 출구가 된다.

㉢ 회전차로부터 분출하는 물의 과대한 속도에너지를 유효하게 압력으로 전환하기 위하여 회전차의 출구와 나선 케이싱(Spiral Casing) 사이에 안내판을 삽입한 펌프를 터빈펌프라 하고, 안내판이 없는 것을 벌류트펌프라 한다.

② 원심펌프의 특징

㉠ 원심펌프는 구조가 간단하고 고장이 적으며 값이 싸다. 또 운전과 수리가 용이하다.

㉡ 흡입성능이 우수하고 공동현상이 잘 발생하지 않는다.

㉢ 회전차의 교환에 따라 특성이 변하며, 왕복운동보다는 회전운동을 한다.

② 일반적으로 효율이 높고 적용범위가 넓다.
⑩ 수중 베어링을 필요로 하지 않으므로 보수가 쉽다.
⑭ 적은 유량을 가감하는 경우 소요동력은 적어도 운전에 지장이 없다.
⊙ 날개는 견고하지만 원심력이 크고 반경 및 축방향으로도 장소를 차지한다.
⊙ 원심펌프에서 요구되는 양정은 펌프의 특성에 따라 다르다.
㉓ 배출밸브(Delivery Valve)나 흡입밸브(Suction Valve)가 없으므로 모래가 섞인 흙탕물이나 펄프(Pulp)의 걸쭉한 액체도 무방하며 유출량이 일정하여 왕복펌프와 같이 공기실이 필요 없다.
㉛ 전양정이 4m 이상인 경우에 적합하며 상·하수도용으로 많이 사용된다.

(2) 축류펌프(Axial Flow Pump)

① 축류펌프의 원리
  ㉠ 원심펌프는 그 형태가 크기 때문에 운반, 설치가 불편할 뿐만 아니라 펌프실과 기초공사에 다액의 시설비가 든다. 이 점을 개량한 것이 축류펌프이다.
  ㉡ 회전차나 나선 케이싱은 물의 통로가 짧으며 심한 굴곡부가 있고 구조가 간단하다.
  ㉢ 축류펌프는 원심펌프에 비해서 회전차의 회전을 약 1.5배 정도 빠르게 낼 수 있기 때문에 형태가 적어도 되며, 원동기를 직결하는 데 용이하다.

② 축류펌프의 특징
  ㉠ 형태가 작고 회전차의 회전수(원심펌프의 1.5배)가 빠르다.
  ㉡ 양정변화에 대해서 수량의 변화가 적고 효율의 저하도 저양정이므로 양정이 변하는 경우에 적합하다.
  ㉢ 3~5매의 소수의 깃을 가진 회전차를 고속도 원동기에 직결하여, 소형으로서 대용량의 송수가 가능하다.
  ㉣ 비교회전도가 크기 때문에 저양정에 대해서도 비교적 고속이고 원동기와 직결할 수 있다.
  ㉤ 회전수를 높게 할 수 있으므로 사류펌프보다 소형이며 총양정이 4m 이하인 경우에는 축류펌프가 경제적으로 유리하다.
  ㉥ 규정양정 이외의 양수에 대해서 그 효율의 변동이 비교적 적다.
  ㉦ 체절운전이 불가능하고, 흡입성능이 낮고 효율폭이 좁다.

(3) 사류펌프(Mixed Flow Pump)

① 사류펌프의 원리
  ㉠ 사류펌프는 원심펌프와 축류펌프의 중간 특성을 택해서, 즉 양자의 장점을 고려하여 만든 것으로서 회전차에서 나오는 유수가 방사류나 축류가 아니고 경사방향으로 흐르므로 사류펌프라 한다.

ⓛ 사류펌프는 회전차 내의 물흐름이 축에 대해서 경사진 것으로 회전차에서 나온 물의 속도에너지를 압력에너지로 변환하기 위해서 안내날개를 설치한 것이며 N_s는 700~1,200 정도이다.

② **사류펌프의 특징**
   ㉠ 운전 시 동력이 일정하고, 광범위한 양정변화에 대해서도 양수가 가능하다.
   ㉡ 원심펌프보다 소형이기 때문에 설치면적도 작고 기초공사비가 절약된다.
   ㉢ 흡입양정변화에 대하여 수량의 변동이 적고, 수량변동에 대해 동력의 변화도 적으므로 우수용 펌프 등 수위변동이 큰 곳에 적합하다.
   ㉣ 축류펌프보다 캐비테이션(Cavitation : 공동현상)이 적게 일어나며, 같은 양정일 때 흡입양정(Suction Head)을 크게 할 수 있다.
   ㉤ 흡입성능은 원심펌프보다 떨어지지만 축류펌프보다 우수하다.
   ㉥ 체절운전이 가능하고, 전동기 등 구동부가 상부에 설치되므로 침수우려가 없다.
   ㉦ 안내날개, 중간베어링이 있으므로 소구경에서는 폐쇄될 우려가 있다.
   ㉧ 회전차가 수중에 있어 기동은 용이하지만, 점검이나 수중베어링의 보수가 어렵다.

(4) 스크루펌프(Screw Pump)

① **스크루펌프의 원리**
   ㉠ 스크루펌프는 스크루형의 날개를 용접한 속이 빈 축을 상부 및 하부의 베어링으로 지지하고 수평에 대해 약 30~40도 경사인 U자형 드럼통 속에서 회전시켜 집수정에 유입된 하수를 토출정으로 양수하는 펌프이다.
   ㉡ 스크루펌프의 성능 중 최대양정은 양수량 190m³/min 정도에서 6~8m 이하이고, 효율은 평균 75~80% 정도이며 회전수가 낮아 100rpm 이하이다.
   ㉢ 흡입수면이 기준흡입수면보다 높은 경우는 토출량이 일정하고 효율과 축동력도 거의 일정하나, 기준흡입수면보다 낮게 되면 토출량, 효율 및 축동력이 급격히 저하된다.

② **스크루펌프의 장점**
   ㉠ 구조가 간단하고 개방형이어서 이물질이 함유된 하수를 이송할 때 막힐 염려가 없다.
   ㉡ 침사지시설을 스크루펌프 후단의 지상에 설치할 수 있어 운전 및 보수가 쉽다.
   ㉢ 회전수가 낮기 때문에 마모가 적어 무부하운전이 가능하다.
   ㉣ 수중의 협잡물이 물과 함께 떠올라 폐쇄가 적다.
   ㉤ 기동에 필요한 물채움장치나 밸브 등 부대시설이 없으므로 자동운전이 쉽다.
   ㉥ 유입량의 변동에 따른 대처 능력이 뛰어나다.

③ **스크루펌프의 단점**
   ㉠ 양정에 제한이 있다(최대 10m).
   ㉡ 일반 펌프에 비하여 설치면적이 크다.
   ㉢ 토출측의 수로를 압력관으로 할 수 없다.
   ㉣ 다른 펌프에 비해서 초기투자비가 다소 높다.

ⓜ 설치작업이 어렵고 설치가 잘못될 경우 펌프의 효율이 저하되고 하자가 발생할 수 있다.
ⓗ 오수의 경우 양수 시에 개방된 상태이므로 냄새가 발생한다.

3. 펌프의 압력과 양정 및 유효흡입수두

(1) 펌프압력의 구성요소
배관의 구성방법은 아래의 두 가지 방법으로 크게 대별할 수 있으며, 그에 따른 펌프의 소요 압력의 구성은 다음과 같다.

① Open Loop
  ㉠ 개요 : 수조에서 물을 흡입하여 일정 높이로 물을 양수하여, 즉 대기로 물을 방출하여 공급하는 방식이며 대표적으로 위생의 급수펌프, 소방용 펌프 등이 있다.
  ㉡ 압력구성 요소
    • 흡입수두 : 대기압의 압력의 영향을 받아 펌프의 회전차의 흡입부에서 진공의 부압으로 될 때까지의 압력으로 이론상으로 저항이 없다고 가정하면 10.02m까지는 흡입이 가능하다. 일반적으로 배관의 저항, 물의 밀도, 비중 등으로 최대 흡입양정은 6~7m 정도이다.
    • 낙차수두 : 물이 소요되는 위치로 양수하는 높이의 수두이다.
    • 배관 및 부속의 저항 : 물의 흐름에 의하여 발생되는 배관벽체와 물의 마찰저항에 의하여 발생되는 저항으로 배관부속에서는 미소저항 또는 국부저항이라 하여 배관의 마찰력에 의한 저항이다.
    • 대기로의 소요 방출압력 : 방출 노즐을 통하여 대기로 방출하는 압력에 따라 방사거리, 유량을 결정하는 압력이다.
  ㉢ 압력구성의 개략분포 : 수조가 펌프와 같은 위치에 있을 때와 수조가 펌프보다 낮은 경우가 있는데 대부분이 낙차수두에 의하여 결정되며 배관의 저항은 100m의 배관이라고 가정하면 2~5m 정도의 수두를 갖는다.

② Close Loop
  ㉠ 개요 : 대기와는 분리되어 하나의 계(System)로 이루어져 있는 것으로 물을 소모하는 것이 아닌 물의 열적 에너지를 이송하기 위한 방식으로 대표적으로 난방 및 냉방순환 펌프가 있다.
  ㉡ 압력의 구성요소
    • 흡입수두 및 낙차수두 : 배관이 닫혀 있는 상태로 Pascal의 원리에 의하여 배관의 압력은 평형을 이루므로 흡입수두 및 낙차수두는 고려하지 않는다.
    • 배관 및 부속의 저항 : 위의 Open Loop의 경우와 같다.
    • 열원장치 및 열방출장치의 운전저항 : 열교환을 위하여 열원장치 및 열방출장치는 코일(Coil)의 형태로 되어 있으며, 열교환을 용이하게 하기 위하여 열교환 표면적을 크게 하므로 표면의 마찰저항이 크다.

ⓒ 압력구성의 개략분포 : 배관 및 부속저항의 경우는 Open Loop와 같고, 열원장치 및 열방출장치에서의 저항이 크며, 배관의 길이에 따라 수두가 결정되나 장치에서는 보통 20~30m의 수두를 갖는다.

(2) 펌프양정의 구성

① **흡입수두** : 수조로부터 펌프까지의 배관상에 작용하는 낙차 및 배관, 부속, 기기의 저항
② **자연낙차** : 펌프로부터 말단 토출구의 높이에 의한 낙차
③ **배관의 저항** : 배관의 구경 및 배관 내 유체의 흐름 양에 의한 저항으로 두 가지 방식의 산정식으로 산출한다.

㉠ Darcy-Weisbach의 식

$$H = f\frac{L}{d} \cdot \frac{V^2}{2g}$$

- H : 배관 마찰손실수두(mAq)
- f : 배관 마찰계수
- d : 배관의 관경
- L : 배관의 길이(m)
- g : 중력 가속도(9.8m/s^2)
- V : 유속(m/s)

- 층류 : 유체의 흐름에 임의 층에서 미끄러짐이 있을 뿐 유체가 질서정연하게 흐르는 저속의 흐름을 갖는 유체에서 보인다.
- 난류 : 유체의 흐름에 일정한 층을 이루지 않고 와류현상을 보이며, 불규칙하고 무질서한 흐름을 보이며 고속의 흐름을 갖는 유체에서 보인다.
- 레이놀즈수 : 유체의 밀도, 점성과 동점성계수에 의하여 배관 내 흐르는 속도에 의한 층류와 난류의 경계를 표시하는 값으로 층류 $2,100 > Re > 2,100~4,000$ 난류이다.

㉡ Hazen-Williams의 식

$$P = 6.174 \times 10^5 \frac{Q^{1.85}}{C^{1.85} \times d^{4.87}} \times L$$

- P : 마찰손실압력(mH)
- C : 관 벽의 조도에 의한 계수
- d : 관경(mm)
- Q : 유량(LPM)
- L : 배관의 길이(Linear 및 상당 길이의 합)

ⓒ 미소손실에 의한 손실수두는 다음과 같이 정의된다.

$$H_L = K \frac{V^2}{2g}$$

- H_L : 미소손실수두
- K : 미소손실수두 계수
- $V^2/2g$: 속도수두

참고 M펌프의 양정

펌프가 물을 올릴 수 있는 높이를 양정(Pump Head)라 하는데 손실수두와 관 내의 유속에 의한 마찰손실 수두와의 총합을 전양정(Total Pump Head)이라 하고, 전양정에서 모든 손실수를 뺀 것을 실양정(Net Pump Head)이라 한다.

(3) 소요동력의 산출

$$P = \frac{0.163 \times Q \times H}{E} \times K$$

- P : 동력(kW)
- E : 펌프의 효율
- Q : 정격토출량(m^3/min)
- H : 양정(m)
- K : 축동력 계수

① **수동력, 축동력, 모터동력**
  ㉠ 수동력 : 유체(소화용수)에 주어지는 동력을 수동력(P_W)이라 한다.
  ㉡ 축동력 : 모터에 의해 펌프에 주어지는 동력을 축동력(P_S)이라 한다.
  ㉢ 모터동력 : 실제 운전에 필요한 실제 소요동력, 즉 '모터 자체의 동력'을 P라 하면 $P_W < P_S < P$가 되어야 한다.

  이때 $\frac{P_W}{P_S} = \eta$는 효율(Efficiency)이라 하며, $\frac{P}{P_S} = K$는 전달계수라 한다.

  따라서 모터의 동력 $P = K \times P_S = \frac{P_W}{\eta} \times K$가 된다.

② **전달계수** : 전달계수는 결국 모터에 의해 발생되는 동력이 축(Shaft)에 의해 펌프에 전달될 때 발생하는 손실을 보정한 것으로 전동기 직결의 경우 $K = 1.1$, 전동기 직결이 아닌 경우(내연기관 등) $K = 1.15 \sim 1.2$를 적용한다.

③ 펌프의 동력
  ㉠ 1HP = 76kg · m/s = 0.746kW
  ㉡ 1PS = 75kg · m/s = 0.7355kW
  ㉢ 수동력 : 펌프 양정 시의 이론동력

$$P_W = 0.163\gamma QH(\text{kW}) = 0.222\gamma QH(\text{PS})$$

  - P_W : 수동력(kW 또는 PS)
  - γ : 취급액의 비중(g/cm³)
  - Q : 펌프토출액(m³/mm)
  - H : 펌프전양정(m)

  ㉣ 펌프축 동력 : 펌프운전에 필요한 축동력은 펌프 내에 생기는 손실동력만큼 수동력보다 커진다.

$$P = \frac{P_W}{\eta_P} = \frac{0.163\gamma QH}{\eta_p}(\text{kW}) = \frac{0.222\gamma QH}{\eta_P}(\text{PS})$$

  - P : 펌프의 축동력(kW 또는 PS)
  - η_P : 펌프효율

4. 비속도(Specific Speed, 비교회전수)

(1) 개 념

① 펌프의 성능상태를 나타내는 방법으로써 일정한 유량 및 수두, 즉 1m³/min의 유량을 1m 양수하는 데 필요한 회전수를 비회전도 또는 비속도라 한다.
② 비속도는 회전차의 상사성 또는 펌프특성 및 형식 결정 등을 논하는 경우에 이용되는 값이다.
③ 회전차의 형상, 치수 등을 결정하는 기본요소는 펌프전양정, 토출량, 회전수 3가지가 있고, 비속도는 다음 식에서 구해진다.

$$N_s = N_{rpm} \times \frac{Q^{\frac{1}{2}}}{H^{\frac{3}{4}}}$$

- N_s : 비교 회전도
- N_{rpm} : 펌프의 회전수(rpm)
- H : 최고 효율점의 전양정(m) - 다단펌프의 경우는 1단에 해당하는 양정
- Q : 최고 효율점의 양수량(m³/min) - 양흡입의 경우에는 1/2로 한다.

(2) 비교회전도 N_s와 양정의 관계

① 비교회전도 N_s가 적을수록 수량은 적고 양정이 높은 펌프를 의미하며, N_s가 클수록 수량은 많고 양정은 작은 펌프를 의미한다. 그리고 수량과 양정이 동일하다면 회전수가 클수록 N_s가 커짐에 따라 소형이 되어 펌프의 값이 저렴해진다.
② N_s의 값이 어느 형식이든 임의로 취할 수 있을 경우엔 사용할 장소의 조건에 알맞은 최적의 것을 선택한다.
③ 토출량이 많고, 양정이 작은 펌프일수록 비교회전수(비속도)는 크다(축류펌프).
④ 양정이 높고 토출량이 적은 펌프에서는 대개 N_s가 작다(원심펌프).
⑤ N_s가 클수록 흡입성능이 나쁘고 공동현상이 발생하기 쉽다.
⑥ 터빈펌프 < 벌류트펌프 < 사류펌프 < 축류펌프의 순으로 비교회전수는 증가되고, 반면 양정은 감소된다.

(3) 펌프의 형식과 N_s와의 관계

① 와류펌프에서는 N_s치가 커질수록 회전차 외형에 대한 회전차 폭과 회전차 내경의 비율이 커지며 N_s가 더욱 증대하면 사류형이 축류형으로 이행한다. 그러므로 각 형식의 펌프는 그 구조상 또는 성능상 각기 적당한 N_s의 범위를 가지고 있으므로 그 범위를 벗어나는 펌프형식을 선택하는 것은 적절하지 않다.
② 비교회전도의 이론은 캐비테이션에 대한 안전에도 중요한 지표가 된다.
③ 비교회전도 N_s의 계산은 다단펌프에서는 1단당의 양정으로, 또 Double Suction Volute Pump에서는 펌프 양수량의 1/2의 수량(회전차의 편측을 흐르는 유량)으로 계산한다.

(4) 펌프의 상사법칙

① 개 념

서로 기하학적 상사인 펌프라면 회전차(Impeller) 부근의 유선방향, 즉 속도 삼각형도 상사로 되어 두 개의 펌프성능과 회전수, 회전차와 지름 사이에 다음 관계가 성립한다.

㉠ 토출량비

$$\frac{Q^2}{Q^1} = \left(\frac{N_2}{N_1}\right)^1 \times \left(\frac{D_2}{D_1}\right)^3$$

㉡ 전양정비

$$\frac{H^2}{H^1} = \left(\frac{N_2}{N_1}\right)^2 \times \left(\frac{D_2}{D_1}\right)^2$$

ⓒ 동력비

$$\frac{L_2}{L_1} = \left(\frac{N_2}{N_1}\right)^3 \times \left(\frac{D_2}{D_1}\right)^5 \times \left(\frac{\eta_{P2}}{\eta_{P1}}\right)$$

- L : 소요동력
- N : 펌프 회전수
- D : 회전차 외경
- η_P : 펌프효율

② 1대의 펌프를 다른 속도에서 운전시키는 경우 $\frac{D_2}{D_1} = 1$, $\frac{\eta_{p2}}{\eta_{p1}} = 1$ 이라 하면,

ⓐ 토출량

$$Q_2 = Q_1 \times \left(\frac{N_2}{N_1}\right)^1$$

ⓑ 전양정

$$H_2 = H_1 \times \left(\frac{N_2}{N_1}\right)^2$$

ⓒ 동 력

$$L_2 = L_1 \times \left(\frac{N_2}{N_1}\right)^3$$

5. 펌프의 특성곡선

(1) 펌프의 특성곡선

① 펌프의 회전속도를 일정하게 고정하고 토출관의 밸브를 조절하여 펌프용량을 변화시킬 때 나타나는 양정(H), 효율(η), 축동력(P)이 펌프용량(Q)의 변화에 따라 변하는 관계를 각기의 최대 효율점에 대한 비율로 나타낸(입력과 출력) 곡선을 펌프의 특성곡선(Characteristic Curve) 또는 펌프의 성능곡선(Performance Curve)이라 한다.
② 펌프의 양수량과 양정, 효율, 축동력 등의 관계를 나타내는 곡선이다.
③ 양수장에서 펌프를 선택할 때는 시스템 수두곡선(System Head Curve)과 함께 사용된다.
④ 일정한 속도에서 펌프의 성능을 결정하는 주요 인자들은 토출유량(Q)에 대한 전체수두(H), 입력동력(축동력 : P), 효율 등이며, 이를 그래프로 나타낸 것을 펌프의 성능곡선이라 한다.

⑤ 배출량을 가로축으로 하고 양정과 축마력 효율을 세로축으로 하여 그린 곡선으로서, 펌프의 특성을 한눈에 알아 볼 수 있도록 한 것이다.

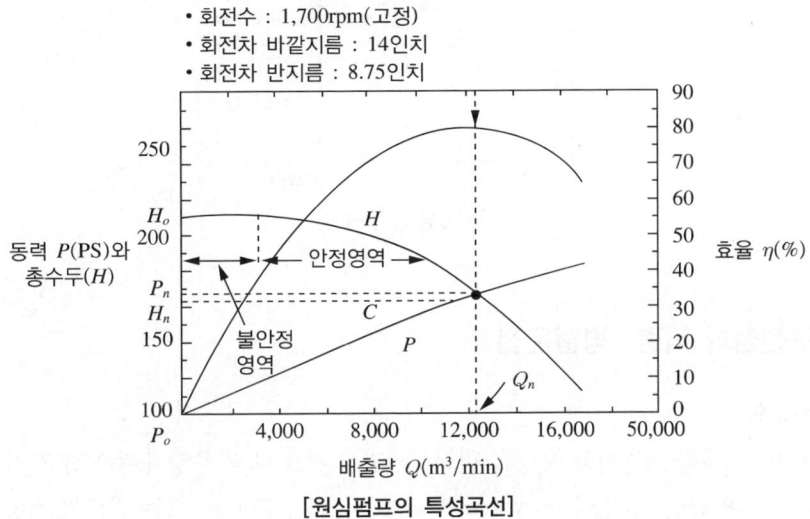

[원심펌프의 특성곡선]

(2) 시스템 수두곡선

① 시스템 수두곡선은 총동수두(Total Dynamic Head)와 양수량(Q) 간의 관계를 나타낸 것으로, 최소 시스템과 최소 정수두(H)의 차가 양수량 함수이고, 최대 시스템(Hf) 수두와 최소 시스템 수두와의 관계는 수위의 변화를 나타낸다.

> 습정의 수위변화 = (최대 정수두 − 최소 정수두)

② 펌프의 양정에는 여러 가지 종류가 있으므로 양정이라고 한 경우의 양정을 말하고 있는가를 분명하게 하지 않으면 안 된다.

③ 펌프의 양정을 알기 쉽게 설명하면 다음과 같다.

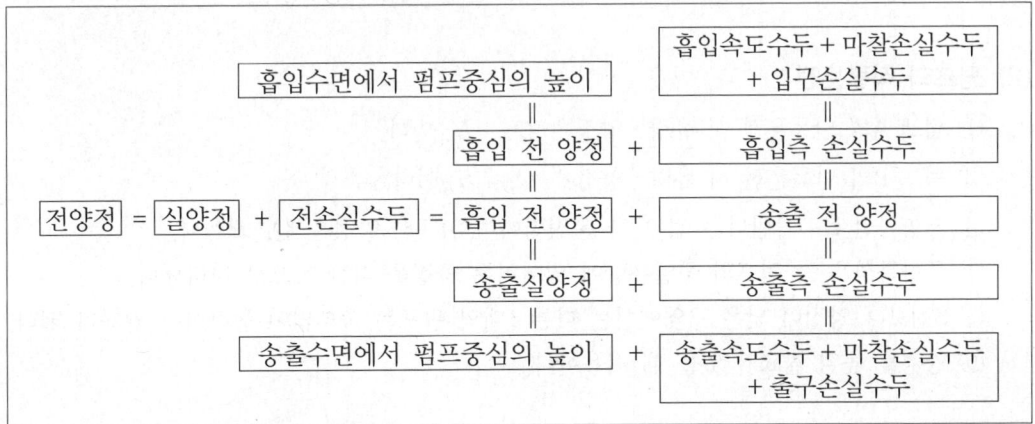

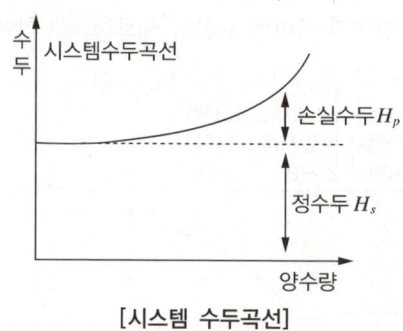

[시스템 수두곡선]

6. 펌프의 운전점과 직렬·병렬운전

(1) 펌프의 운전점

① 펌프의 회전속도를 고정하고 용량을 변화시키면서 관로 내의 용량과 총양정 간의 관계를 나타낸 곡선을 관로의 양정·용량곡선(System Head Capacity Curve) 또는 관로의 저항곡선이라 한다.

② 펌프의 양정·용량곡선과 관로의 양정·용량곡선의 교점을 펌프의 운전점(Operating Point)이라 한다.

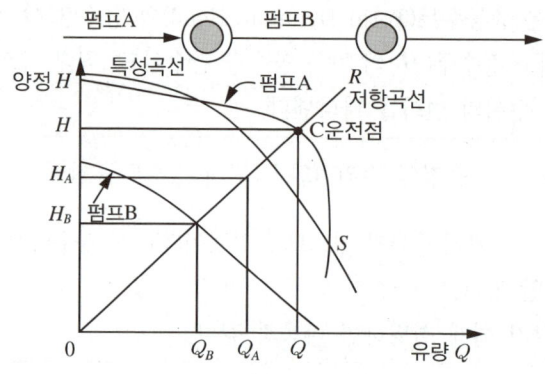

(2) 펌프의 직렬운전

① 펌프 A의 단독운전 시 유량·양정은 Q_A, H_A이다.
② 펌프 B의 단독운전 시 유량·양정은 Q_B, H_B이다.
③ 저항곡선 OR과 만나는 점 C가 운전점이며, 유량·양정은 Q, H이다.
④ 종합특성은 각 펌프의 동일유량에 있어서는 양정을 더한 것으로 나타낸다.
⑤ S점보다 양정이 낮은 구역에서는 다른 1대의 펌프는 쓸데없이 동작하는 결과가 된다.
⑥ 양정을 높일 필요가 있을 때 사용한다.

(3) 펌프의 병렬운전

① 펌프 A의 단독운전 시 유량·양정은 Q_A, H_A이다.
② 펌프 B의 단독운전 시 유량·양정은 Q_B, H_B이다.
③ 저항곡선 OR과 만나는 점 C가 운전점이며, 유량·양정은 Q, H이다.
④ 종합특성은 각 펌프의 동일 양정에 있어서의 유량을 더한 것으로 나타난다.
⑤ S점보다 유량이 적은 구역에서는 다른 1대의 펌프는 쓸데없이 움직이는 결과가 된다.
⑥ 유량을 증가시키고자 할 때 사용한다.

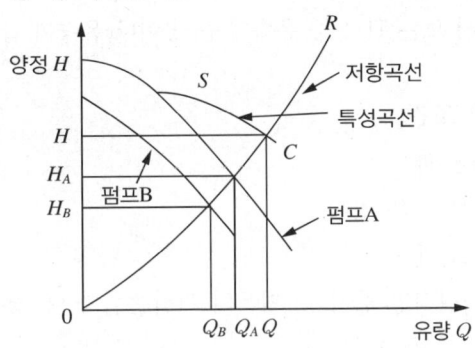

(4) 펌프의 직렬·병렬운전의 비교

펌프 1대로 양정이나 양수량이 부족한 경우 급수에 있어 수압, 수량에 변동이 요구되는 경우에 펌프 2대 이상을 직렬이나 병렬로 연결하여 운전함으로써 용량의 증가, 수압 및 수량을 조절할 수 있다.

① 펌프의 병렬운전인 경우 펌프의 운전점은 단독운전의 양수량의 2배 이하이다.
② 펌프의 병렬운전은 양정의 변화가 적고, 양수량의 변화가 큰 경우이다.
③ 특성이 서로 다른 펌프를 병렬운전할 때 양정은 거의 같고 펌프의 특성은 하강곡선인 경우가 좋다.
④ 특성이 전혀 다른 펌프의 병렬운전은 어렵기 때문에 펌프의 직렬운전의 경우 펌프의 운전점은 단독운전의 경우 양정을 2배로 하여 구한다.
⑤ 양정의 변화가 크고 양수량의 변화가 적은 경우에 펌프의 직렬연결이 된다.
⑥ 관로의 저항곡선의 비탈이 급한 곳에 사용할 때에는 병렬운전보다 직렬연결이 유리하다.

02 관로 내 수격현상

1. 펌프의 캐비테이션(Cavitation)

(1) 개념
① 펌프의 운전 중 펌프의 회전차 입구에서 유체의 압력이 그때의 수온에 대한 포화증기압 이하로 되었을 때 유체의 기화로 기포가 발생하고 유체 중에 공동이 생기는 현상이다.
② 펌프의 회전차 부근에서 또는 관로 중 유속이 큰 곳이나 유량이 급변하는 곳에서 일어나기 쉽다.

(2) 캐비테이션 현상의 발생 조건
① 과속으로 유량이 증대될 때
② 펌프의 흡입관경이 너무 작을 경우
③ 흡입양정이 지나치게 클 때
④ 흡입관 입구 등에서 마찰저항 증가 시(펌프의 마찰손실이 클 경우)
⑤ 펌프의 흡입측 수두가 클 경우
⑥ 이송하는 유체가 고온인 경우 또는 관로 내의 온도가 상승될 때
⑦ 펌프의 흡입압력이 유체의 증기압보다 낮은 경우
⑧ 회전차 속도가 지나치게 클 경우

(3) 캐비테이션 발생에 따라 일어나는 현상
① 펌프의 회전음이 부드럽지 못하고, 본체가 진동하기 시작하며 소음이 생긴다.
② 깃(Vane)에 심한 침식이 생긴다.
③ 토출량, 양정, 효율이 점차 감소한다.
④ 펌프의 성능은 저하되고 심하면 양수불능의 원인이 된다.
⑤ 심한 경우 회전차나 본체 내면이 깎이고 파여서 운전불능의 상태로 된다.
⑥ 캐비테이션이 장시간 계속되면 기포가 터질 때 생기는 충격의 반복에 의해 재료의 손상 즉, 점침식이 발생한다.

> **참고** 점침식 : 기포가 고압영역에서 파괴 시 체적축소에 따른 압력증가로 벽면이 침식(Erosion)된다.

(4) 캐비테이션의 방지대책
① 펌프의 설치 높이(흡수면에 가깝게)를 낮추어 흡입양정을 짧게 한다.
② 직립축 펌프를 사용하고 회전차를 물속에 전부 잠기게 한다.
③ 펌프의 회전수를 줄이고 흡입 비교회전도를 작게 한다.
④ 양쪽 흡입펌프를 사용하고, 2대 이상의 펌프를 사용한다.
⑤ 흡입관의 저항(마찰손실)은 가능한 작게 한다(흡입관 길이는 짧게, 휨은 적게, 관경은 굵게 선정).

⑥ 회전차 속도는 작게 하고, 지나치게 펌프의 양정을 높게 선정하지 않는다.
⑦ 계획 토출량보다 현저하게 벗어난 운전은 피한다(양정 변화가 큰 경우에는 저양정 영역에서의 NPSHre가 크게 되므로 캐비테이션에 주의해야 한다).
⑧ 펌프의 흡입측 밸브에서는 절대로 유량조절을 하지 않는다.
⑨ 펌프 설치위치를 낮추어도 흡입관의 손실수두나 흡입관에 부소되는 밸브와 관이음 기타에 의한 손실수두가 크면 실질상 흡입양정이 별로 짧게 되지 않으므로 이런 때에는 흡입관의 구경을 크게 하고 밸브·관이음의 수를 될 수 있는 대로 줄이는 배관을 선정하여 손실수두를 작게 할 필요가 있다.
⑩ 외적 조건으로 보아 캐비테이션을 피할 수 없을 때에는 회전차의 재질을 캐비테이션에 의한 괴식(점침식)에 대하여 강한 재질을 택한다.

2. 유효흡입수두(NPSH)

(1) 개 념

① 펌프의 흡입구 압력은 항상 흡입구에서의 포화증기압력 이상으로 유지되어야 캐비테이션이 일어나지 않는다. 즉, 캐비테이션이 일어나지 않는 유효흡입양정을 수주(水主)로 표시한 것을 펌프의 유효흡입양정(NPSH ; Net Positive Suction Head)이라 한다.
② 유효흡입양정은 펌프의 설치상태 및 유체의 온도 등에 따라 다르게 되는데 이것을 펌프설비에서 얻어지는 NPSHav(NPSH Available)라고 한다. 그런데 펌프는 그 자체가 필요로 하는 NPSHre(NPSH Required)가 있다. 따라서 NPSHav는 NPSHre보다 커야만 캐비테이션이 일어나지 않는다.

(2) 펌프설비에서 얻어지는 NPSHav

① 흡입전양정에서 그때 수온의 증기압을 뺀 값을 NPSHav라고 하며, 펌프가 흡입을 위해 필요한 흡입수두를 NPSHre라 한다.
② 이용 가능한 유효흡입양정의 계산식은 다음과 같다.

$$NPSHav = Hav = \frac{P_a}{\gamma} - \left(\frac{P_{vp}}{\gamma} \pm H_a + Hfs\right)$$

- Hav : 이용 가능한 유효흡입양정(m)
- γ : 유체의 비중량(kg/m^3)
- P_a : 흡입수면의 절대압력(kg/m^2)
- P_{vp} : 유체의 온도에 상당하는 포화증기압력(kg/m^2)
- H_a : 흡입양정으로서 흡상일 때(+), 압입일 때(-)(m)
- Hfs : 흡입손실수두(m)

(3) 펌프 자체가 필요로 하는 NPSHre

① $NPSHre$는 흡입비속도, 펌프 회전차의 회전수, 유량의 함수이다.

$$NPSHre = \left(\frac{N\sqrt{Q}}{S}\right)^{\frac{4}{3}}$$

- S : 흡입비속도
- N : 펌프의 회전수
- Q : 유량

② 펌프 자체가 필요로 하는 $NPSHre$는 펌프의 실험결과에서 얻어지게 되지만 실험결과의 이용이 불가능하면 Thoma의 캐비테이션계수 σ를 구하여 다음 식으로 한다.

$$NPSHre = \sigma \cdot H$$

- σ : 캐비테이션계수
- H : 양정

한편, 설비에서 얻어지는 $NPSHav$는 펌프 자체에서 필요로 하는 $NPSHre$에 약 30%의 여유를 갖도록 설치해야 한다. 즉, $NPSHav \geq 1.3 \times NPSHre$가 되도록 한다.
㉠ $Re\ NPSH = Av\ NPSH$일 때 캐비테이션이 발생한다.
㉡ $Re\ NPSH < Av\ NPSH$일 때 캐비테이션이 발생하지 않는다.

3. 펌프에서의 수격작용

(1) 개 념

① 관내를 흐르고 있는 물의 유속이 급격히 변화할 경우 물이 가지고 있는 관성 때문에 관내의 압력이 상승 또는 강하하여 배관과 펌프에 손상을 주는 현상이다.
② 펌프의 운전도중 정전 등으로 급히 정지하는 경우 또는 밸브의 급격한 개폐, 원심펌프의 시동 및 정지 시에 관내의 물이 역류하여 체크밸브(Check Valve)가 급폐쇄됨으로써 유체의 운동에너지가 압력에너지로 변하고 고압이 발생하여 이상한 음향과 진동을 수반하는 현상으로서 이를 수격작용이라 한다.

(2) 수격작용의 발생원인

① 먼저 제1단계에서 펌프의 압력강하가 생기므로 배관의 상태에 따라서도 다르나 관로의 일부에 큰 진공 부분이 생긴다. 다음에 수주에 의해 그 진공 부분을 채우려고 할 때 무리한 충돌을 일으켜 심한 수격작용(Water Hammering)을 발생시키는 경우가 있다.

② 제2단계에서 양액의 역류로 말미암아 생기는 압력상승으로 심한 수격이 발생한다. 압력 상승은 역류가 자유로운 경우에도 생기지만 특히, 역류를 완전히 방지할 경우에는 보다 큰 압력상승을 일으킨다.

(3) 펌프의 수격작용 방지법
① 펌프의 급정지를 피할 것
② 관 내 유속을 저하시킬 것
③ 펌프의 토출구 부근에 공기밸브를 설치할 것
④ 정·부 양방향의 압력변화에 대응하기 위한 압력조절 수조를 설치할 것
⑤ 압력상승을 방지하기 위하여 역지밸브를 설치하거나 관로에 안전밸브를 설치

4. 펌프의 제어법

(1) 고장의 처치
중대한 고장에 대하여는 펌프의 정지, 경미한 것에 대하여는 경보 또는 고장표시의 3단계로 나누어 행한다.

(2) 펌프의 제어방법
① 운전대수에 의한 제어 : 수량 변화가 단계적이지만 펌프대수와 펌프용량을 적당히 택한다면 제일 간단하고 비교적 효율적으로 운전이 된다.
② 밸브개방도에 의한 제어 : 펌프대수제어와 같이 간단하기 때문에 제일 일반적으로 행하여지며 펌프대수제어와 병용하는 일이 많다. 그러나 밸브의 조임에 의한 양정손실 때문에 운전효용은 떨어진다.
③ 회전수에 의한 제어 : 최근 유량의 자동제어가 이루어짐에 따라 밸브개방도 제어에 비하여 운전효율이 우수하며 동력비가 절감되므로 많이 쓰이게 되었다.
④ 기타의 방법 : 가동날개 축류펌프의 회전차 각도를 변하게 하여 토출량을 제어하는 경우도 있다.

5. 펌프의 고장원인 및 대처

(1) 물이 전혀 배출되지 않거나 불충분하게 배출되는 경우
① 펌프에 마중물(Priming Water)이 없음
② 속도가 너무 느림 : Motor의 손상 또는 전압, 전류의 부족
③ 유량수두가 너무 높음 : Pump Head의 부족
④ 흡입수두가 허용치보다 높음 : 수원과 Pump의 설치 높이가 6~7m 이상 이격

⑤ 회전차의 플러그가 빠짐 : 동력전달의 Coupling Bolt의 탈락, Key의 탈락
⑥ 회전차가 다른 방향으로 회전 : Motor의 극성을 바꾸어준다.
⑦ 유입구가 막힘
⑧ 유입 선에 공기누출이 있음 : Cavitation 현상
⑨ 기계적 고장(덮게 판, 회전차 등)
⑩ 풋 밸브가 너무 작음 : Cavitation 현상, 풋 밸브의 누수
⑪ 흡입여과기가 충분히 물에 잠기지 않음 : 갈수 현상

(2) 압력이 충분하지 못한 경우
① 흡입관에서 공기가 누출되어 물속으로 유입 : Cavitation 현상
② 펌프가 너무 작음
③ 속도가 너무 느림 : 전동기의 교체, 전원의 점검
④ 밸브 설치가 부정확 : 밸브의 개방 정도 점검 및 배관계의 재점검
⑤ 회전차의 손상 : 회전차의 교체
⑥ 케이싱의 손상 : Pump의 교체

(3) 작동이 불규칙한 경우
① 흡입 선에서의 누출 : 배관계통의 보수
② 축 배열의 부정확 : Pump의 수평 설치를 재점검
③ 물속에 공기가 존재 : 공기 발생원의 제거

(4) 펌프의 동력소모가 너무 큰 경우
① 지나친 고속 : 전동기의 극성 및 전원의 주파수를 재점검
② 펌프 선정의 오류 : 펌프선정의 전동기 동력의 산출 오류로 전동기 교체
③ 지나치게 낮은 수온 : 비중에 의한 동력소모로 펌프를 재선정
④ 기계적 손상 : Pump의 교체

(5) 진동과 소음이 발생할 경우
① 공동현상 : Cavitation 현상
② 엔진이나 전동축의 고장 : 펌프와 동력원의 축간의 수평설치 재점검
③ 베어링의 마모
④ 흡입관으로 저수지에서의 와류작용에 의한 공기유입 : 중간 차단막을 설치
⑤ 관로에서의 수격작용 : Water Hammer
⑥ 회전차의 손상에 의한 불균형 : 회전차의 교체

CHAPTER 03 적중예상문제(1차)

제4과목 정수시설 수리학

01 횡축형에 비해 입축형 펌프의 장점으로 옳지 않은 것은?

① 흡수고(吸水高)가 높은 장소에는 횡축형보다 유리하다.
② 캐비테이션에 대해 안전하다.
③ 기동이 간단해서 운전이 확실하다.
④ 구조가 간단하여 비교적 가격이 저렴하다.

해설 입축형과 횡축형의 비교

구 분	입축형(Vertical Type)	횡축형(Horizontal Type)
장 점	• 흡수고(吸水高)가 높은 장소에는 횡축형보다 유리하다. • 좁은 면적에 설치할 수 있다. • 기동이 간단해서 운전이 확실하며 효율이 좋다. • 캐비테이션에 대해 안전하고 자동운전이 편리하다.	• 펌프장 바닥에 설치하여 해체와 조립이 간단하다. • 펌프의 취급 및 내부점검과 수리가 용이하다. • 구조가 간단하여 비교적 가격이 저렴하다. • 설치건물의 높이가 낮다.
단 점	• 조립분해가 복잡하므로 내부의 점검, 수리가 어렵다. • 구조가 복잡하기 때문에 가격이 고가이다. • 주요부가 수중(水中)에 있어 부식되기 쉽다.	• 설치면적이 넓다. • 기동력이 부족하고 자동운전이 불편하다. • 캐비테이션에 대한 위험이 크다. • 흡수고가 높은 곳은 입축형보다 효율이 낮다.

02 다음 펌프 중 양정(揚程)의 높이가 가장 높은 것은?

① 원심펌프
② 터빈펌프
③ 사류펌프
④ 축류펌프

해설 펌프의 종류

구 분	전양정(m)	펌프의 구경(mm)	N_s(비교회전도)
원심펌프	4m 이상으로 양정이 가장 높다.	100 이상	100~750
사류펌프	3~12m로 중간형이다.	200 이상	250~1,200
축류펌프	4m 이하로 양정이 가장 낮다.	300 이상	1,200~2,000

정답 1 ④ 2 ①

03 다음 중 상수도의 펌프에 관한 설명으로 옳지 않은 것은?

① 양정이란 펌프가 물을 올릴 수 있는 높이를 말한다.
② 흡입구경은 토출량과 흡입구의 유속을 고려하여 정한다.
③ 효율은 일반적으로 토출량에 비례하여 낮아진다.
④ 흡입구의 유속은 1.5~3.0m/s를 표준으로 한다.

해설 ③ 펌프효율은 일정수준까지는 토출량에 정비례하여 높아진다.

04 원심펌프에서 실제적으로 입구 내 깃각도 β_1은 대략 얼마인가?

① $30° > \beta_1 > 25°$
② $60° > \beta_1 > 15°$
③ $60° > \beta_1 > 30°$
④ $50° > \beta_1 > 15°$

05 다음 중 비교회전도의 단위가 아닌 것은?

① rpm · m³/min · m
② rpm · L/min · m
③ rpm · m³/min · ft
④ rpm · m/s · m

해설 비속도(비교회전도)의 공식은 다음과 같이 펌프의 회전수, 유량, 양정으로 나타내므로 이에 해당되지 않는 것은 ④이다.

$$N_s = \frac{N\sqrt{Q/n}}{H^{\frac{3}{4}}}$$

• N : 펌프의 회전수(rpm)
• Q : 펌프의 토출유량(m³/min)
• n : 펌프의 흡입수(양흡입=2, 편흡입=1)
• H : 펌프의 전양정(m)

06 펌프운전의 제어방법에는 여러 가지 방법이 있다. 다음 중 유량제어방식에 포함되지 않는 것은?
① 펌프대수제어 ② 압력제어
③ 토출밸브제어 ④ 회전수제어

해설 펌프의 유량제어방법에는 펌프대수의 제어, 밸브의 개방도에 의한 제어, 날개회전수에 의한 제어, 가동날개 축류펌프의 날개각도제어(토출량제어) 등이 있다.

07 양수량이 12m³/min, 전양정 8m, 회전수 1,160rpm인 펌프의 형식으로 알맞은 것은?
① 축류펌프 ② 벌류트펌프
③ 사류펌프 ④ 터빈펌프

해설
$$N_s = N \times \frac{Q^{\frac{1}{2}}}{H^{\frac{3}{4}}} = 1,160 \times \frac{12^{\frac{1}{2}}}{8^{\frac{3}{4}}} = 844.8$$

- N_s : 비교회전도
- N : 펌프의 회전수(rpm)
- Q : 펌프의 양수량(m³/min)
- H : 펌프의 전양정(m)

종류	터빈펌프	벌류트펌프	사류펌프	축류펌프
N_s	100~250	100~750	250~1,200	1,200~2,000

∴ N_s < 1,200이므로 사류펌프가 적합하다.

정답 6 ② 7 ③

08 다음 중 펌프의 선정 시 고려해야 할 사항이 아닌 것은?

① 전양정이 6m 이하이고 구경이 200mm 이상인 경우에는 사류 또는 축류펌프를 선정함을 표준으로 한다.
② 전양정이 20m 이상이고 구경이 200mm 이하의 경우는 원심펌프를 선정함을 표준으로 한다.
③ 침수의 위험이 있는 장소에는 횡축펌프를 선정한다.
④ 심정호의 경우는 수중모터펌프 혹은 보아홀펌프를 사용한다.

해설 펌프가 침수되면 모터의 고장이 가장 치명적이므로, 침수의 위험이 있는 곳은 입축형 펌프를 사용해야 한다.

펌프의 선정 시 고려해야 할 사항
- 펌프선택 시 고려사항
  - 토출량이 많고 비교적 고양정이며, 효율이 높을 것
  - 양정의 변동이 용이하고 효율의 저하 및 운동력의 증감에 변화가 적을 것
  - 모래와 이토 등 혼입된 하수를 양수할 수 있을 것
  - 수질로부터 화학적 작용을 받아도 부식 등으로 인한 효율의 저하가 적을 것
  - 펌프 내부의 검사 및 청소에 편리한 구조일 것
  - 형상이 작아서 기초나 건물면적이 좁은 곳에서 쓸 수 있을 것
  - 구조가 간단해서 취급이 간편할 것
  - 고장 시 수리 및 수선이 쉬울 것
  - 고장이나 파손 등이 적고 운전이 확실하며 효율이 높고 수명이 길 것
- 사용목적에 따른 펌프형식
  - 취수용으로 전양정이 6m 이하로서 구경이 200mm 이상의 대형인 경우(사류 또는 축류펌프)
  - 전양정이 20m 이상이 되고 구경이 200mm 이하일 경우(와권펌프)
  - 흡입실양정이 6m 이상이고 구경이 1,500mm 이상일 경우(사류 또는 축류펌프를 입축형으로)
  - 침수가 될 우려가 있는 장소(입축형 펌프)
  - 심정호의 경우(수중 모터펌프 또는 보어올펌프를 사용)
  - 양정의 변동이 심한 장소(양흡입식 펌프)
  - 전양정이 비교적 높을 때(다단식 펌프 사용)
※ 취수·도수·송수용 펌프는 계획 1일 최대취수량 및 계획 1일 취대급수량을 기준으로 한다.

09 어느 하수처리장에서 400m³/day의 하수를 처리할 때 펌프장 내 습정의 부피를 얼마 정도로 하면 적당한가?(단, 습정의 체류시간은 20분이다)

① 10.55m³
② 15.55m³
③ 20.55m³
④ 5.55m³

해설 $Q = \dfrac{V}{t}$

부피(V) = 유량(Q) × 시간(t)

$= 400\text{m}^3/\text{day} \times \dfrac{1}{24 \times 60}\text{day/min} \times 20\text{min} = 5.56\text{m}^3$

10 펌프의 유속 1.81m/s 정도로 양수량 0.85m³/min을 양수할 때, 토출관의 지름은?

① 100mm
② 84mm
③ 62mm
④ 40mm

해설 펌프의 흡입구경

$$D = 146\sqrt{\frac{Q}{v}} = 146\sqrt{\frac{0.85}{1.81}} = 100\text{mm}$$

- Q : 펌프의 토출유량(m³/min)
- D : 펌프의 흡입구경(mm)
- v : 흡입구의 유속(m/s)

11 직경 300mm, 길이 10m인 주철관을 사용하여 0.15m³/s의 물을 20m 높이에 양수하기 위한 펌프의 소요동력은?(단, 주철관의 조도계수 n = 0.012, 마찰손실계수 f = 0.0268, 펌프의 효율은 70%이고, 마찰 이외의 손실은 무시함)

① 47.7HP
② 283.0HP
③ 28.3HP
④ 57.0HP

해설
- 직경(D) = 300mm = 0.3m
- $v = \dfrac{Q}{A} = \dfrac{0.15}{\dfrac{\pi \times 0.3^2}{4}} = 2.12\text{m/s}$
- $H_L = f \cdot \dfrac{l}{D} \cdot \dfrac{v^2}{2g} = 0.0268 \times \dfrac{10}{0.3} \times \dfrac{2.12^2}{2 \times 9.8} = 0.205\text{m}$

$$\therefore P_s = \dfrac{1{,}000\,Q(H+H_L)}{76\eta} = \dfrac{1{,}000 \times 0.15(20+0.205)}{76 \times 0.7} = 57.0\text{HP}$$

- Q : 펌프의 양수량(m³/s)
- H : 펌프의 전양정(m)
- η : 펌프의 효율(%)

12 펌프의 지름이 0.2m, 길이 50m의 주철관으로 하수유량 2.4m³/min을 15m의 높이까지 양수하려면 몇 마력이 필요한가?(단, 전체 손실수두는 0.9m이고, 펌프의 효율은 85%이다)

① 10HP
② 15HP
③ 20HP
④ 25HP

해설
- 양수량 $(Q) = 2.4 \text{m}^3/\text{min} = 2.4 \times \dfrac{1}{60} = 0.04 \text{m}^3/\text{s}$
- 펌프의 전양정 = 실양정 + 손실수두 + 관로 말단의 잔류 속도수두
  $= 15 + 0.9 + 0 = 15.9 \text{m}$
- $\therefore P_s = \dfrac{1,000 QH}{76\eta} = \dfrac{1,000 \times 0.04 \times 15.9}{76 \times 0.85} = 9.85 \text{HP}$

13 내경 10cm, 길이 60m의 강관으로 매초당 0.02m³의 물을 30m의 높이까지 양수하려면 펌프의 소요축동력(kW)은?(단, 마찰손실만 고려하고 마찰손실계수 $f = 0.035$, 펌프의 효율은 85%이다)

① 37kW
② 8.5kW
③ 7.6kW
④ 9.8kW

해설
- 관 내 유속 $v = \dfrac{Q}{A} = \dfrac{0.02}{\dfrac{\pi \times 0.1^2}{4}} = 2.55 \text{m/s}$
- $H_L = f \cdot \dfrac{l}{D} \cdot \dfrac{v^2}{2g} = 0.035 \times \dfrac{60}{0.1} \times \dfrac{2.55^2}{2 \times 9.8} = 6.97 \text{m}$
- 펌프의 전양정 = 실양정 + 손실수두 + 관로말단의 잔류 속도수두
  $= 30 + 6.97 + 0 = 36.97 \text{m}$
- $\therefore P_s = \dfrac{1,000 QH}{102\eta} = \dfrac{1,000 \times 0.02 \times 36.97}{102 \times 0.85} = 8.53 \text{kW}$

14 유량이 0.7m³/s인 물을 길이 100m, 직경 40cm, 마찰손실계수가 0.03인 관을 통하여 높이 30m까지 양수할 경우 필요한 동력은 몇 마력(HP)인가?(단, 펌프의 합성효율은 80%이고, 마찰 이외의 손실은 무시한다)

① 122HP　　　　　　　　② 244HP
③ 482HP　　　　　　　　④ 978HP

해설 펌프의 동력

- $\eta = 0.8$, $A = \dfrac{\pi \times D^2}{4} = \dfrac{\pi \times 0.4^2}{4} = 0.1257\text{m}^2$
- $v = \dfrac{Q}{A} = \dfrac{0.7}{0.1257} = 5.57\text{m/s}$
- $H = h + f \cdot \dfrac{l}{D} \cdot \dfrac{v^2}{2g} = 30 + 0.03 \times \dfrac{100}{0.4} \times \dfrac{5.57^2}{2 \times 9.8} = 30 + 11.87 = 41.87\text{m}$

$\therefore P_s = \dfrac{1{,}000\,QH}{76\eta} = \dfrac{1{,}000 \times 0.7 \times 41.87}{76 \times 0.8} = 482.1\text{HP}$

15 구경 400mm인 모터의 직결펌프에서 양수량이 10m³/min, 전양정이 40m, 회전수가 1,050rpm일 때 비교회전도(N_s)는?

① 209　　　　　　　　② 189
③ 168　　　　　　　　④ 148

해설

$N_s = N \cdot \dfrac{Q^{\frac{1}{2}}}{H^{\frac{3}{4}}} = 1{,}050 \times \dfrac{10^{\frac{1}{2}}}{40^{\frac{3}{4}}} = 208.8$

16 하루 동안 28,800m³의 물을 8.8m의 높이로 양수하려고 한다. 펌프의 효율을 80%, 축동력에 15%의 여유를 둘 때 원동기의 소요동력은 몇 kW인가?

① 41.3kW　　　　　　　② 35.9kW
③ 30.3kW　　　　　　　④ 29.8kW

해설

펌프의 동력 $P_s = \dfrac{9.8\,QH}{\eta} = \dfrac{9.8 \times \dfrac{28{,}800}{24 \times 60 \times 60} \times 8.8}{0.8} = 35.9\text{kW}$

소요동력 $= 35.9 + (35.9 \times 0.15) = 41.3\text{kW}$

정답 14 ③　15 ①　16 ①

17 원심력 펌프의 규정 회전수 N = 8회/s, 토출량 Q = 47m³/min, 전양정 H = 13m일 때 이 펌프의 비교회전도는?

① 약 37회　　　　　　　　② 약 147회
③ 약 239회　　　　　　　　④ 약 481회

해설 N = 8회/s = 480회/min

$$N_s = \frac{N \cdot Q^{\frac{1}{2}}}{H^{\frac{3}{4}}} = \frac{480 \times 47^{\frac{1}{2}}}{13^{\frac{3}{4}}} = 480.7 ≒ 481$$

18 상수도의 펌프시스템에 대한 설명으로 옳지 않은 것은?

① 캐비테이션의 발생장소는 펌프의 회전차부분, 관로 중 유속이 큰 곳 등이다.
② 캐비테이션을 방지하기 위해서는 유효흡입수두를 필요흡입수두보다 작게 해야 한다.
③ 수격작용(Water Hammering)은 펌프의 급가동 및 급중지 시 발생한다.
④ 압력조절수조(Surge Tank)를 설치하여 수격작용을 방지할 수 있다.

해설 ② 캐비테이션을 방지하기 위해서는 유효흡입수두를 필요흡입수두보다 크게 해야 한다.

19 송수관로에서 유량 Q = 0.15m³/s의 물을 하부수조에서 상부수조로 양수하는 데 필요한 펌프의 용량은?(단, 각종 손실수두의 합은 5.59m, 수조 간의 높이차는 15m, 펌프의 효율은 70%이다)

① 88.5HP　　　　　　　　② 118.0HP
③ 29.5HP　　　　　　　　④ 58HP

해설 펌프의 전양정 = 실양정 + 손실수두 + 관로말단의 잔류속도수두
　　　　　　 = 15 + 5.59 + 0 = 20.59m

$$P_s = \frac{1{,}000QH}{76\eta} = \frac{1{,}000 \times 0.15 \times 20.59}{76 \times 0.70} = 58.1\text{HP}$$

- Q : 펌프의 양수량(m³/s)
- H : 펌프의 전양정(m)
- η : 펌프의 효율(%)

20 관정의 펌프용 전동기 동력이 100kW, 펌프의 효율이 93%, 양정고 150m, 손실수두 10m일 때 펌프에 의한 양수량은?

① $0.02\text{m}^3/\text{s}$ ② $0.06\text{m}^3/\text{s}$
③ $0.12\text{m}^3/\text{s}$ ④ $0.15\text{m}^3/\text{s}$

해설 동력 $= \dfrac{9.8QH}{\eta}$ (kW)

$100 = 9.8 \times \dfrac{1}{0.93} \times Q \times (150+10)$

∴ $Q = 0.06\text{m}^3/\text{s}$

21 댐여수로 위로 물이 월류할 때 흐름이 댐에 가하는 단위폭당 수평성분의 힘은 얼마인가?(단, 단위폭당 유량 $Q = 3.5\text{m}^3/\text{s}$, 월류 전의 유속 $V_1 = 2.0\text{m/s}$, 월류 후의 유속 $V_2 = 4.5\text{m/s}$이다)

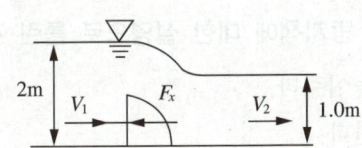

① 119.8kg   ② 157.5kg
③ 607.1kg   ④ 946.3kg

해설 $F = P_1 - P_2 - \dfrac{w}{g}Q(V_2 - V_1) = wh_{G1}A_1 - wh_{G2}A_2 - \dfrac{w}{g}Q(V_2 - V_1)$

$= 1 \times \dfrac{2}{2} \times 2 \times 1 - 1 \times \dfrac{1}{2} \times 1 \times 1 - \dfrac{1}{9.8} \times 3.5(4.5 - 2.0)$

$= 2.0 - 0.5 - 0.8929 = 0.6071\text{ton}$

∴ $F = 607.1\text{kg}$

22 다음 중 관로 내에 생기는 부압발생방지법이 아닌 것은?

① 펌프의 관성증대

② 서지탱크 설치

③ 밸브의 급폐쇄

④ 조압수조(Air Chamber)의 설치

해설 ③ 밸브를 급폐쇄하면 수격현상이 유발된다.
수격작용 완화방법 중 부압발생방지법
• 토출관 내의 유속이 작게 관경을 선정한다.
• 펌프의 급정지를 피한다.
• 펌프에 Flywheel을 설치한다.
• 토출관로에 공기실 또는 서지탱크를 설치한다.
• 토출밸브에 에어밸브를 설치한다.
• 완폐역지밸브를 설치한다.
• 역지밸브에 Bypass 밸브를 설치한다.

23 다음 중 캐비테이션의 방지책에 대한 설명으로 틀린 것은?

① 펌프의 회전수를 높여준다.

② 손실수두를 작게 한다.

③ 펌프의 설치위치를 낮게 한다.

④ 흡입관의 손실을 작게 한다.

해설 **캐비테이션 방지대책**
• 펌프의 설치위치를 가능한 한 낮게 하여 흡입양정을 작게 한다.
• 흡입관 내 손실수두를 가능한 감소시킨다(흡입관을 짧게 하고 확대관을 사용).
• 펌프 회전차의 속도를 작게 하고 회전차를 수중에 잠기도록 한다.
• 펌프의 흡입관경을 크게 하고 손실수두를 작게 한다.
• 펌프의 회전수를 감소시킨다.

24 Darcy의 법칙에서 지하수의 유속에 대한 설명으로 알맞은 것은?

① 수온에 비례한다.
② 수심에 비례한다.
③ 영향원의 반지름에 비례한다.
④ 동수경사에 비례한다.

해설 $V = ki = K\left(\dfrac{\Delta h}{L}\right)$
동수경사 i는 유속에 비례한다.

25 지하의 사질(砂質) 여과층에서 수두차가 0.4m이며, 투과거리 3m인 경우에 이곳을 통과하는 지하수의 유속은?(단, 투수계수는 0.2cm/s이다)

① 0.0135cm/s
② 0.0267cm/s
③ 0.0324cm/s
④ 0.0417cm/s

해설 $V = KI = K\Delta\dfrac{h}{L}$
$= 0.2 \times \dfrac{40}{300} = 0.0267\,\text{cm/s}$

26 하천모형 실험과 가장 관계가 큰 것은?

① Froude의 상사법칙
② Reynolds의 상사법칙
③ Weber의 상사법칙
④ Cauchy의 상사법칙

해설 ① 중력이 흐름을 주로 지배하고 다른 힘들은 영향이 작은 개수로, 하천 등에 사용된다.
② 점성 유체가 흐르는 경우 점성력이 흐름을 주로 지배하는 관수로 등에 사용된다.
③ 표면장력이 주로 흐름을 지배하는 파고가 작은 파동 등에 사용된다.
④ 압축성 유체가 유동할 때 탄성력이 주로 흐름을 지배하는 경우에 사용된다.

정답 24 ④ 25 ② 26 ①

27 그림과 같은 투수층 내를 흐르는 유량은?(단, 투수계수 $K = 1\text{m/day}$임)

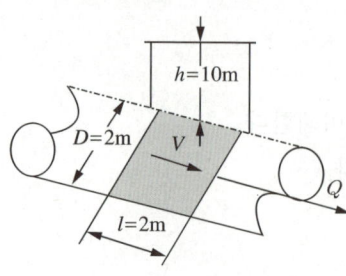

① $0.785\text{m}^3/\text{day}$
② $0.314\text{m}^3/\text{day}$
③ $0.157\text{m}^3/\text{day}$
④ $3.14\text{m}^3/\text{day}$

28 지하수의 흐름에서 상하류 두 지점의 수두차가 1.6m이고, 두 지점의 수평거리가 480m인 경우에 대수층(帶水層)의 두께 3.5m, 폭 1.2m일 때 지하수 유량은?(단, 투수계수 $K = 208\text{m/day}$이다)

① $2.91\text{m}^3/\text{day}$
② $3.82\text{m}^3/\text{day}$
③ $2.12\text{m}^3/\text{day}$
④ $2.08\text{m}^3/\text{day}$

해설 Darcy의 법칙

$$Q = K \frac{\Delta h}{l} A$$
$$= 208 \times \frac{1.6}{480} \times 3.5 \times 1.2 = 2.912\text{m}^3/\text{day}$$

29 다음 굴착정의 유량공식은?(단, C는 피압 대수층의 두께이고, K는 투수계수이다)

① $\dfrac{2\pi CK(H-h_0)}{2.3\ln\left(\dfrac{R}{r_0}\right)}$
② $\dfrac{2\pi CK(H-h_0)}{2.3\ln\left(\dfrac{r_0}{R}\right)}$
③ $\dfrac{2\pi CK(H+h_0)}{2.3\ln\left(\dfrac{r_0}{R}\right)}$
④ $\dfrac{2\pi CK(H+h_0)}{2.3\ln\left(\dfrac{R}{r_0}\right)}$

해설 굴착정
피압 대수층을 양수할 때의 유량

27 ③ 28 ① 29 ①

30 다음 중 심정호(Deep Well)에 대한 설명으로 옳은 것은?

① 지하 5m 이상 굴착한 정호
② 피압 투수층까지 굴착한 정호
③ 불투수층 위의 체수층 내에 자유 지하수면을 갖고 바닥이 불투수층에 도달한 정호
④ 지하 100m 이상 굴착한 정호

해설 심정호
불투수층까지 우물 바닥이 위치한 자유수면을 갖고 있는 우물

31 자유수면을 가지고 있는 깊은 우물에서 양수량 Q를 일정하게 퍼냈더니 최초의 수위 H가 h_0로 강하하여 정상흐름이 되었다. 우물의 반지름 r_0, 영향원의 반지름이 R이고 투수계수가 K일 때 Q의 값은?

① $Q = \dfrac{\pi K(H^2 - h_0^2)}{\ln\left(\dfrac{R}{r_0}\right)}$ ② $Q = \dfrac{2\pi K(H^2 - h_0^2)}{\ln\left(\dfrac{R}{r_0}\right)}$

③ $Q = \dfrac{\pi K(H^2 - h_0^2)}{2\ln\left(\dfrac{R}{r_0}\right)}$ ④ $Q = \dfrac{\pi K(H^2 - h_0^2)}{2\ln\left(\dfrac{r_0}{R}\right)}$

32 수평한 불투수층 위에 집수암거를 설치하여 지하수가 그 측벽의 양측으로부터 유입될 경우, 그 유입량을 구하는 식으로 옳은 것은?(단, K : 투수계수, H : 원래의 지하수위, H_o : 암거 내의 수심, l : 암거의 길이, R : 영향원의 반경)

① $Q = \dfrac{Kl(H^2 + H_0^2)}{R}$ ② $Q = \dfrac{Kl(H^2 - H_0^2)}{R}$

③ $Q = \dfrac{Kl(H^2 - H_0^2)}{2R}$ ④ $Q = \dfrac{2R(H^2 - H_0^2)}{K^2}$

해설 집수암거에 대해 $Q = \dfrac{Kl}{R} \cdot (H^2 - H_0^2)$

33 합성 단위 유량도(Synthetic Unit Hydrograph)의 공식 중에서 지체시간(Lag Time)에 영향을 주는 주요요소는?

① 첨두유량, 기저시간(Base Time), 강우지속시간
② 유역의 하천길이, 유역중심까지 하천의 길이
③ 강우량, 기저유량, 첨두유량
④ 수문곡선의 변곡점까지의 시간, 기저시간, 첨두유량이 발생하는 시간

해설 지체시간
$$t_p = C_t(L_{ca} \cdot L)^{0.3}$$

34 선행강수지수는 다음 중 어느 것과 관계되는 내용인가?

① 지하수량과 강우량의 상관관계를 표시하는 방법이다.
② 토양의 초기 함수조건을 양적으로 표시하는 방법이다.
③ 강우의 침투조건을 나타내는 방법이다.
④ 하천 유출량과 강우량과의 상관관계를 표시하는 방법이다.

해설 선행강수지수
토양의 초기 함수조건을 양적으로 표시하는 방법으로 강수가 있기 전 유역 내의 토양이 함유하고 있는 수분의 정도를 나타낸다. 이는 유역의 유출률과 깊은 관계가 있다.
$Pa = aP_0 + bP_1 + cP_2$
$a+b+c=1$

35 가능최대강수량(Probable Maximum Precipitation) 설명 중 가장 적합한 것은?

① 대규모 수공구조물의 설계홍수량을 결정하는 데 사용된다.
② 강우량의 장기 변동성향을 판단하는 데 사용된다.
③ 최대강우강도와 면적관계를 결정하는 데 사용된다.
④ 홍수량 빈도해석에 사용된다.

해설 가능최대강수량(Probable Maximum Precipitation)
• 어떤 지역에서 일어날 수 있는 가장 극심한 기상조건하에서 발생 가능한 호우로 인한 최대강수량을 PMP라 한다.
• 대규모 수공구조물을 설계할 때 기준으로 삼을 수 있는 우량이다.
• PMP로서 수공구조물의 크기(치수)를 결정한다.

36 누가우량곡선(Rainfall Mass Curve)의 특성으로 옳은 것은?

① 누가우량곡선의 경사가 클수록 강우강도가 크다.
② 누가우량곡선의 경사는 지역에 관계없이 일정하다.
③ 누가우량곡선은 자기우량 기록에 의하여 작성하는 것보다 보통 우량계의 기록에 의하여 작성하는 것이 더 정확하다.
④ 누가우량곡선으로 일정기간 내의 강우량을 산출할 수 없다.

해설 **누가우량곡선**
가로=시간, 세로=우량으로 시간에 따른 강우량의 크기를 알 수 있으며, 강우강도를 구할 수 있다.

37 다음 표와 같이 40분간 집중호우가 계속되었다면 지속기간 20분인 최대 강우강도는?

시간(분)	우량(mm)	시간(분)	우량(mm)
0~5	1	20~25	8
5~10	4	25~30	7
10~15	2	30~35	3
15~20	5	35~40	2

① $I = 49\text{mm/h}$
② $I = 89\text{mm/h}$
③ $I = 59\text{mm/h}$
④ $I = 69\text{mm/h}$

해설
• 20분 연속 최대강우량 : $5+8+7+3=23\text{mm}$
• 강우강도 : $I = \dfrac{23}{20} \times 60 = 69\text{mm/h}$

38. 4개 지점의 강우량 관측자료가 다음과 같을 경우, 강우강도가 최대가 되는 지점은?

> • A 지점 : $t_A = 10$분, $\gamma_A = 15$mm
> • B 지점 : $t_B = 30$분, $\gamma_B = 50$mm
> • C 지점 : $t_C = 45$분, $\gamma_C = 72$mm
> • D 지점 : $t_D = 80$분, $\gamma_D = 132$mm

① D지점   ② C지점
③ A지점   ④ B지점

해설 강우강도는 단위시간에 내린 강우량이므로

$I_A = \dfrac{15}{10} \times 60 = 90 \text{mm/h}$

$I_B = \dfrac{50}{30} \times 60 = 100 \text{mm/h}$

$I_C = \dfrac{72}{45} \times 60 = 96 \text{mm/h}$

$I_D = \dfrac{132}{80} \times 60 = 99 \text{mm/h}$

39. 면적 10km²의 지역에 1cm의 강우강도로 무한히 내릴 때 평형유량은?

① $9.72 \text{m}^3/\text{s}$ ② $9.26 \text{m}^3/\text{s}$
③ $8.94 \text{m}^3/\text{s}$ ④ $10.20 \text{m}^3/\text{s}$

해설 단위시간당 유량
$Q = IA$
$\dfrac{0.01}{3} \times \dfrac{1}{60 \times 60} \times 10 \times 10^6 = 9.26 \text{m}^3/\text{s}$

40 어느 유역에 그림과 같은 분포로 같은 시간에 같은 크기의 강우가 내렸을 때 어느 강우에 의한 홍수의 첨두유량이 가장 큰가?(단, 강우 손실량은 같다)

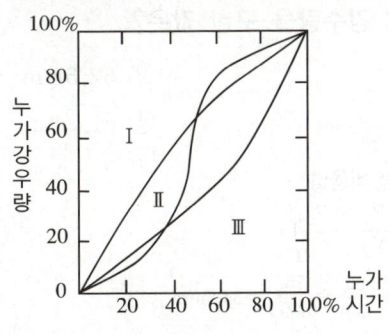

① Ⅰ
② Ⅱ
③ Ⅲ
④ 모두 같다.

해설 ④ 강우의 총량과 각 경우에 대한 손실우량이 같기 때문에 같은 시간에 있어서 첨두유량은 모두 같은 크기를 갖는다. 첨두유량은 모두 동일하다.

41 30년간의 평년강우량이 $N_A = 1,000$, $N_B = 850$, $N_C = 700$, $N_D = 900$이고 어느 해의 월강우량이 $P_A = 85$, $P_B = ?$, $P_C = 72$, $P_D = 80$일 때 B지점의 결측강우량은 얼마인가?

① 72.6mm
② 80.5mm
③ 62.3mm
④ 78.4mm

해설 정상 연강수량 비율법
$$P_B = \frac{N_B}{3}\left(\frac{P_A}{N_A} + \frac{P_C}{N_C} + \frac{P_D}{N_D}\right)$$
$$= \frac{850}{3}\left(\frac{85}{1,000} + \frac{72}{700} + \frac{80}{900}\right)$$
$$= 78.4\text{mm}$$

42 30년간의 연평균 강수량이 $N_A = 1,000$mm, $N_B = 900$mm, $N_C = 600$mm, $N_D = 800$mm이고, 어느 해의 강수량이 $P_A = 90$mm, $P_B = 80$mm, $P_C = $ 결측, $P_D = 75$mm일 때 정상 연강수량 비율법에 의한 C점의 강수량을 구한 값은?

① 50.0mm
② 52.5mm
③ 54.5mm
④ 61.7mm

해설 정상 연평균 강수량 비율법
$$P_C = \frac{N_C}{3}\left(\frac{P_A}{N_A} + \frac{P_B}{N_B} + \frac{P_D}{N_D}\right)$$
$$= \frac{600}{3}\left(\frac{90}{1,000} + \frac{80}{900} + \frac{75}{800}\right) = 54.5\text{mm}$$

43 그림과 같이 유역 내의 5개 우량 관측점에 기록된 우량이 표와 같을 때 Thiessen법으로 유역평균우량을 계산한 값은?(단, 각 관측점의 지배면적은 그림에 표시한 바와 같다)

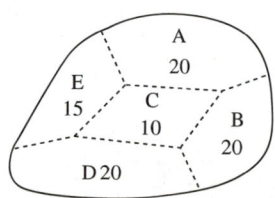

관측점	A	B	C	D	E
우량(mm)	20	30	40	35	40

① 33.0mm
② 33.8mm
③ 32.8mm
④ 31.8mm

해설 $P_m = \dfrac{\Sigma P_i A_i}{\Sigma A_i}$

P_i : 관측점에 기록된 강우량
A_i : 관측점의 지배 면적

$$P_m = \frac{(20 \times 20) + (20 \times 30) + (10 \times 40) + (20 \times 35) + (15 \times 40)}{20 + 20 + 10 + 20 + 15} = 31.8\text{mm}$$

44 연우량 2,000mm, 유출이 0.7일 때 100km²당의 연평균 우량은 다음 중 어느 것인가?

① 2.4m³/s ② 4.4m³/s
③ 6.2m³/s ④ 8.6m³/s

해설 실제 유량 $Q = 0.2778 \cdot C \cdot I \cdot A$
유출 계수 $C = 0.7$
강우강도 $I = \dfrac{2,000}{365 \times 24} = 0.2283 \text{mm/h}$
면적 $A = 100 \text{km}^2$
∴ $Q = 0.2778 \times 0.7 \times 0.2283 \times 100 = 4.4 \text{m}^3/\text{s}$

45 DAD곡선을 작성하는 데 올바른 것은?

① 면적은 종좌표, 강우량은 횡좌표, 지속시간은 매개 변수로 하여 그린다.
② 면적은 횡좌표, 강우량은 종좌표, 지속시간은 매개 변수로 하여 그린다.
③ 면적은 횡좌표, 지속시간은 종좌표, 강우량은 매개 변수로 하여 그린다.
④ 면적은 종좌표, 지속시간은 횡좌표, 강우량은 매개 변수로 하여 그린다.

46 수문학에서 저수위란 1년을 통하여 며칠은 이보다 저하하지 않는 수위를 말하는가?

① 105일 ② 185일
③ 275일 ④ 355일

해설 • 저수위 : 275일 이상 이보다 저하되지 않는 수위
• 평수위 : 1년 중에 185번째의 수위
• 갈수위 : 1년 중에 355번째의 수위

정답 44 ② 45 ① 46 ③

47 임의 온도에 있어서의 실제 증기압이 e이고, 포화 증기압이 e_s일 때 상대습도(h)는?

① $h = \dfrac{e}{e_s} \times 100\%$

② $h = \dfrac{e_s}{e} \times 100\%$

③ $h = e \cdot e_s \times 100\%$

④ $h = e \cdot e_s$

해설 상대습도(h)
포화증기압(e_s)에 대한 증기압(e)의 비
$h = \dfrac{e}{e_s} \times 100\%$

48 어떤 지역에 내린 총강우량 75mm의 시간적 분포가 다음 우량주상도로 나타났다. 이 유역의 출구에서 측정한 지표 유출량이 33mm였다면 ϕ-index는?

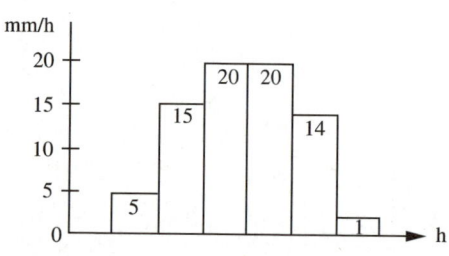

① 9mm/h
② 8mm/h
③ 7mm/h
④ 6mm/h

해설 유출량은 수평선 윗 부분
- 14mm에 수평선을 그으면 유출량은 13mm
- 20mm가 더 유출되어야 하므로 20 ÷ 4 = 5mm, 즉 14mm선에서 4개의 우량주상도에서 5mm씩 더 유출되면 된다(14 − 5 = 9mm).
∴ 9mm에 수평선을 그으면 지표 유출량이 33mm가 되므로 수평선에서 대응하는 9mm가 ϕ-index이다.

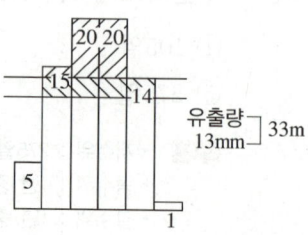

49 다음 물의 순환(循環) 중 필요한 것을 삽입하여야 할 것은?

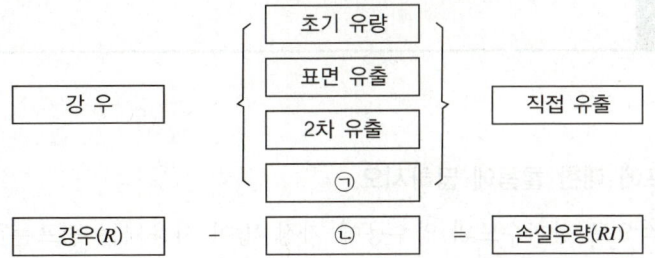

① ㉠ 기저 유출,   ㉡ 지하수 유출
② ㉠ 유효우량(Re), ㉡ 기저 유출
③ ㉠ 유효우량(Re), ㉡ 지하수 유출
④ ㉠ 기저 유출,   ㉡ 유효우량(Re)

해설 • 직접 유출 : 초과강수, 지표면 유출, 지표하 유출, 수로상 강수
• 기저 유출 : 지연지표하 유출, 지하수 유출

CHAPTER 03 적중예상문제(2차)

제4과목 정수시설 수리학

01 다음 펌프에 대한 물음에 답하시오.
    (1) 일반적으로 상하수도의 양수용에 가장 많이 사용되는 펌프는?
    (2) 펌프 중 양정(揚程)높이가 가장 높은 것은?
    (3) 펌프흡입구의 유속은 초당 몇 m를 기준으로 하는가?
    (4) 펌프가 흡입할 수 있는 이론상 최대 높이는 어느 것인가?
    (5) 펌프 중 과대유량으로 과부하가 발생하여 모터가 소손될 수 있는 펌프의 형식은?
    (6) 원심 펌프에서 실제적으로 입구 안내 깃 각도 β_1는 대략 얼마인가?
    (7) 원심 펌프에서 실제적으로 깃 출구 각도 β_2는 대략 얼마인가?

02 펌프 선정 시의 고려사항을 5가지 이상 쓰시오.

03 원심력 펌프의 특성을 5가지 이상 쓰시오.

04 어느 하수처리장에서 400m³/day의 하수를 처리할 때 펌프장의 습정의 부피를 얼마 정도로 하면 적당한가?(단, 습정의 체류시간은 20분이다)

05 양수량이 15.5m³/min일 때 적합한 펌프의 구경은 약 얼마인가?(단, 흡입구의 유속은 2m/s로 가정한다)

06 펌프의 지름이 0.2m, 길이 50m의 주철관으로 하수 유량 2.4m³/min을 15m의 높이까지 양수하려면 몇 마력이 필요한가?(단, 전체 손실수두는 0.9m이고, 펌프의 효율은 85%이다)

07 다음 조건이 주어질 때 소요동력은?($G = 700/s$, $\mu = 1.5 \times 10^{-3} \text{N} \cdot \text{s/m}^2$, $V = 27.4\text{m}^3$, $\eta = 75\%$이다)

08 펌프의 특성곡선의 정의, 펌프의 시스템 수두곡선의 정의를 서술하시오.

09 양수 발전소에서 상·하저수지의 수면차가 80m, 양수 관로 내의 손실수두가 5m, 펌프의 효율이 85%일 때 양수동력이 100,000HP이면 양수량은?

10 어떤 수평관 속에 물이 2.8m/s의 속도와 0.46kg/cm²의 압력으로 흐르고 있다. 이 물의 유량이 0.84m³/s일 때 물의 동력은?

11 유량(Q)이 45m³/h, 흡입구의 유속(V)이 3m/s일 때 펌프의 구경(D)은 몇 mm로 하여야 하는가?

12 양정고가 6m일 때 42마력의 펌프로 0.3m³/s만큼 양수했다면 이 펌프의 효율은?

13 양수량 20m³/s, 양정 100m의 양수발전소의 펌프용 전동기 동력(kW)은?(단, 펌프의 효율은 85%이다)

14 원관 속으로 물이 흐를 때 단면의 전단력은?

15 다음 중 관로 내에 생기는 부압발생 방지법을 5가지 이상 쓰시오.

16 펌프의 공동현상(Cavitation) 방지책을 5가지 이상 쓰시오.

CHAPTER 03 정답 및 해설

제4과목 정수시설 수리학

01
(1) 원심력(와권)펌프
(2) 원심력 펌프
(3) 1.5~3.0m/s
(4) 대기압하에서 완전 진공시킬 경우 수두는 10.33m이다.
(5) 원심펌프
유량-동력 곡선을 살펴보면, 원심펌프만이 유량이 증가할수록 동력이 증가하는 특징을 보이고, 축류·사류펌프는 유량이 증가할수록 동력이 오히려 감소하는 특징을 보인다.
(6) $50° > \beta_1 > 15°$
(7) $25° > \beta_2 > 20°$

02 펌프의 선정 시 고려해야 할 사항
- 토출량이 많고 비교적 고양정이며, 효율이 높을 것
- 양정의 변동이 용이하고 효율의 저하 및 운동력의 증감에 변화가 적을 것
- 모래와 니토 등 혼입된 하수를 양수할 수 있을 것
- 수질로부터 화학적 작용을 받아도 부식 등으로 인한 효율의 저하가 적을 것
- 펌프 내부의 검사 청소에 편리한 구조일 것
- 형상이 작아서 기초나 건물 면적이 좁은 곳에서 쓸 수 있을 것
- 구조가 간단해서 취급이 간편할 것
- 고장 시 수리 및 수선이 쉬울 것
- 고장이나 파손 등이 적고 또 운전이 확실하며 효율이 높고 수명이 길 것

03 원심력 펌프의 특성
- 제한된 압력을 발생시키므로 고압에 의한 피해의 염려가 적다.
- 대부분의 상하수도 양수용으로 가장 널리 사용된다.
- 임펠러와 하우징으로 구성되며, 유량이 적고 고양정에 적합하다.
- 비교적 작은 공간을 차지하고 최초시설비가 저렴하다.
- 운전과 수리가 용이하다.
- 효율이 높고 흡입성능이 우수하며 적용범위가 넓다.
- 왕복운동보다는 회전운동을 하며 공동현상이 잘 일어나지 않는다.
- 기계조작이 간단하다.

04 $Q = \dfrac{V}{t} \Leftrightarrow 부피(V) = 유량(Q) \times 시간(t)$

$부피(V) = 400\text{m}^3/\text{day} \times \dfrac{1}{24 \times 60}\text{day/min} \times 20\text{min} = 5.56\text{m}^3$

05 $D = 146\sqrt{\dfrac{Q}{v}} = 146\sqrt{\dfrac{15.5}{2}} = 406.4\text{mm}$
- Q : 펌프의 토출유량(m³/min)
- D : 펌프의 흡입구경(mm)
- v : 흡입구의 유속(m/s)

06 양수량$(Q) = 2.4\text{m}^3/\text{min} = 2.4 \times \dfrac{1}{60} = 0.04\text{m}^3/\text{s}$

펌프의 전양정 = 실양정 + 손실수두 + 관로 말단의 잔류 속도수두
$= 15 + 0.9 + 0 = 15.9\text{m}$

$P_s = \dfrac{1{,}000QH}{76\eta} = \dfrac{1{,}000 \times 0.04 \times 15.9}{76 \times 0.85} = 9.85\text{HP}$

- Q : 펌프의 양수량(m³/s)
- H : 펌프의 전양정(m)
- η : 펌프의 효율(%)

07 $G = \sqrt{\dfrac{P}{\mu \cdot v}}$

$G = 700\text{s}^{-1},\ \mu = 1.5 \times 10^{-3}\text{N}\cdot\text{s/m}^2,\ V = 27.4\text{m}^3,\ \eta = 75\%$

$700 = \sqrt{\dfrac{0.75P}{1.5 \times 10^{-3} \times 27.4}} \rightarrow P = \dfrac{700^2 \times 1.5 \times 10^{-3} \times 27.4}{0.75} = 26.8\text{kW}$

08 ① 펌프의 특성곡선 : 펌프의 양수량과 양정, 효율, 축동력 등의 관계를 그래프로 나타낸 곡선이다.
② 펌프의 시스템 수두곡선
- 총동수두(TDH ; Total Dynamic Head)와 양수량(q) 간의 관계를 나타낸 곡선이다.
- 속도수두와 총마찰손실수두가 양수량의 함수이고, 총정수두도 수위의 변화 등 여러 요인에 의해 변동된다.

09 양수동력

$$H_P = \frac{1{,}000\,QH_e}{76\xi}\,\text{HP}$$

$$Q = \frac{76\xi H_P}{1{,}000 H_e}$$

$$= \frac{76 \times 0.85 \times 100{,}000}{1{,}000 \times (80+5)} = 76\,\text{m}^3/\text{s}$$

10

$$E = \frac{1{,}000\,QH_e}{76}\,\text{HP}$$

$$H_e = \left(\frac{\rho}{\omega} + \frac{V^2}{2g}\right)$$

$$= \frac{4.6}{1} + \frac{2.8^2}{2 \times 9.8} = 5.0\,\text{m}$$

$$E = \frac{1{,}000 \times 0.84 \times 5}{76} = 55.3\,\text{HP}$$

11 펌프의 흡입구경 $D(\text{mm}) = 146\sqrt{\dfrac{Q\text{m}^3/\text{min}}{v\text{m/s}}} = 146\sqrt{\dfrac{(45/60)}{3}} = 73\,\text{mm}$

- Q : 펌프의 토출유량(m³/min)
- D : 펌프의 흡입구경(mm)
- v : 흡입구의 유속(m/s)

12 양수동력(HP)

$$E = \frac{13.33\,QH_p}{\eta}$$

$$42 = \frac{13.33 \times 0.3 \times 6}{\eta}$$

$$\eta = 0.57$$

13 펌프동력

$$E = \frac{9.8 \times Q \times H_e}{\eta}$$

$$= \frac{9.8 \times 20 \times 100}{0.85} = 23{,}058.8\,\text{kW}$$

14 관의 중심에서 0이고 관벽에서 가장 큰 직선 변화를 한다.

$$\tau = \tau_0 \left(\frac{r}{\tau_o} \right)$$

- τ_0 : 벽면에서의 전단력
- r : 관의 반경
- τ_o : 관 중심으로부터의 거리

15 **수격작용 완화방법 중 부압발생 방지법**
- 토출관 내의 유속이 작게 관경을 선정한다.
- 펌프의 급정지를 피한다.
- 펌프에 Flywheel을 설치한다.
- 토출관로에 공기실 또는 서지탱크를 설치한다.
- 토출밸브에 에어밸브를 설치한다.
- 완폐역지밸브를 설치한다.
- 역지밸브에 Bypass 밸브를 설치한다.

16 **공동현상 방지대책**
- 펌프의 설치위치를 가능한 한 낮게 하여 흡입양정을 작게 한다.
- 흡입관 내 손실수두를 가능한 감소시킨다(흡입관을 짧게 하고 확대관을 사용).
- 펌프 임펠러의 속도를 작게 하고 임펠러(Impeller)를 수중에 잠기도록 한다.
- 펌프의 흡입관경을 크게 하고 손실수두를 작게 한다.
- 펌프의 회전수를 감소시킨다.

정수시설운영관리사

특별부록

과년도 + 최근 기출문제

2020년 제27회~2023년 제34회　1·2·3급 기출문제

2024년 제35회~2024년 제36회　1·2·3급 기출문제

정수시설운영관리사

www.sdedu.co.kr

2020년 제27회 1급 과년도 기출문제

제1과목 수처리공정

01 응집에 관한 설명으로 옳지 않은 것은?
① 수온이 저하되면 응집효율은 증가한다.
② 황산알루미늄은 황산반토라고도 한다.
③ 응집제 및 응집보조제의 주입량은 처리수량 및 주입률로 산출한다.
④ 응집보조제의 주입지점은 실험으로 정하고 혼화가 잘되는 지점으로 한다.

02 정수장에서 응집약품 사용 및 관리방법으로 옳지 않은 것은?
① 수산화나트륨은 공기 중의 탄산가스를 흡수하여 그 효능이 감소되므로 밀폐식 구조로 보관해야 한다.
② 저장설비 용량의 경우 응집제는 14일분 이상, 응집보조제는 7일분 이상으로 한다.
③ 폴리염화알루미늄을 황산알루미늄과 혼합 사용하면 침전물이 발생하여 송액관을 막히게 하므로 혼합하여 사용하지 말아야 한다.
④ 저장설비의 용량은 계획정수량에 약품의 평균주입률을 곱하여 산정한다.

03 급속혼화시설에 관한 설명으로 옳지 않은 것은?
① 수류식이나 기계식, 펌프확산에 의한 방법은 급속혼화방식에 해당한다.
② 급속혼화조 내 체류시간이 길수록 요구되는 속도경사는 높아진다.
③ 응집제의 효율적인 혼합을 위해 혼화장치는 최대의 난류가 형성되는 곳에 약품을 주입한다.
④ 혼화장치의 교반정도는 속도경사(G)로 계산한다.

04 침전지와 비교한 용존공기부상(DAF) 공정에 관한 설명으로 옳지 않은 것은?
① 조류 및 고탁도 처리에 우수하다.
② 소요부지면적이 작다.
③ 에너지소요가 많다.
④ 고탁도(100NTU 이상)일 때 DAF 전에 전처리시설이 필요하다.

정답 1 ① 2 ② 3 ② 4 ①

05 전염소 및 중간염소처리에 관한 설명으로 옳지 않은 것은?
① 전염소처리는 철이온, 망간이온 및 암모니아성 질소처리를 목적으로 한다.
② 응집 및 침전 이전에 주입하는 것을 전염소처리라고 한다.
③ 원수 중에 부식질의 유기물이 존재하면 중간염소처리가 바람직하다.
④ 마이크로시스티스(*Microcystis*)는 중간염소처리보다 전염소처리가 바람직하다.

06 분말활성탄(PAC)을 이용하여 유량 1,000 m^3/day의 원수를 처리할 경우 하루에 필요한 PAC의 양(kg)은 약 얼마인가?(단, 확대 접근법에 의한 모형 칼럼은 3.0m^3/m^3 · h로 운전하며, PAC의 밀도는 400kg/m^3이다)
① 4,560
② 5,560
③ 6,560
④ 7,560

07 막여과에 관한 설명으로 옳은 것은?
① 막면적은 여과수량과 막여과 체류시간을 곱한 값이다.
② 순수 투과플럭스는 온도와는 무관하다.
③ 막에 부착된 유기물을 제거하기 위해서는 진한 황산을 사용한다.
④ 막여과설비의 운전은 자동운전을 원칙으로 한다.

08 액화염소의 저장실 조건으로 옳지 않은 것은?
① 눈에 쉽게 띄지 않는 장소에 설치한다.
② 실내온도는 10~35℃를 유지하는 것이 바람직하다.
③ 내화성으로 한다.
④ 방액제와 피트를 설치하여 누출된 액화염소의 확산을 방지하는 구조로 한다.

09 오존처리법에 관한 설명으로 옳은 것은?
① 강한 소독력과 잔류성을 가지고 있다.
② 타 소독시설에 비해 간단하다.
③ 가열분해법, 촉매분해법, 활성탄흡착분해법은 배오존처리법에 해당한다.
④ 오존은 불소보다 높은 전위차를 가진다.

10 급속여과지에 관한 설명으로 옳은 것은?
① 여과면적은 계획정수량을 체류시간으로 나눈 값이다.
② 여과지 1지의 여과면적은 250m^2 이하로 한다.
③ 급속여과에서 다층인 경우 여과속도는 80m/day를 표준으로 한다.
④ 모래층의 두께는 여과모래의 유효경이 0.45~0.7mm의 범위인 경우에는 60~70cm를 표준으로 한다.

11 염소가스의 안전관리에 관한 설명으로 옳지 않은 것은?
① 누설검지용 약품으로 수산화나트륨용액을 사용한다.
② 저장량 1,000kg 이상의 시설에서는 염소가스의 누출에 대비하여 가스누출검지경보설비, 중화반응탑, 중화제저장조, 배풍기 등을 갖춘 중화장치를 설치한다.
③ 염소주입기실 및 저장실 근처의 안전한 장소에 보안용구를 상비해야 된다.
④ 보안용구로는 방독마스크, 보호구 및 비상시 공구 등이 있다.

12 정수장 여과지의 유지관리를 위해서 매일 감시 및 측정해야 할 항목으로 옳은 것을 모두 고른 것은?

> ㄱ. 여과지 사층조사
> ㄴ. 유출수 탁도 및 색도
> ㄷ. 역세척 시 여재의 월류 여부
> ㄹ. 손실수두

① ㄱ, ㄷ
② ㄱ, ㄴ, ㄹ
③ ㄴ, ㄷ, ㄹ
④ ㄱ, ㄴ, ㄷ, ㄹ

13 정수처리공정에서 발생되는 슬러지의 탈수성에 관한 설명으로 옳지 않은 것은?
① 농축슬러지의 농도가 높으면 탈수효율이 향상된다.
② 응집제주입량/탁도(Al/T) 비가 높을수록 탈수성은 좋아진다.
③ 슬러지의 탈수성은 사계절 중 겨울철에 나빠진다.
④ 상수원의 부영양화로 유기물의 양이 증가하면 비저항치가 커져서 탈수성은 나빠진다.

14 여과지 하부집수장치의 구비조건으로 옳은 것을 모두 고른 것은?

> ㄱ. 여과지의 모든 부분에서 균등한 집수가 가능할 것
> ㄴ. 지지 자갈층의 두께가 클 것
> ㄷ. 내산 및 내구성이 좋을 것
> ㄹ. 여과수의 집수 또는 역세척 시 수두손실이 작을 것

① ㄱ, ㄷ
② ㄴ, ㄹ
③ ㄱ, ㄷ, ㄹ
④ ㄱ, ㄴ, ㄷ, ㄹ

15 정수처리 시 오존소독을 통해 크립토스포리디움이 0.5log 제거될 때 이를 제거율(%)로 나타내면 약 얼마인가?
① 51.4%   ② 58.4%
③ 61.4%   ④ 68.4%

16 막여과공정에서 막여과 유속(Flux) 설계 시 고려해야 할 사항으로 옳은 것을 모두 고른 것은?

> ㄱ. 막의 종류
> ㄴ. 전처리설비의 유무
> ㄷ. 입지조건과 설치공간
> ㄹ. 막세척 배출수 처리
> ㅁ. 막 공급 수질
> ㅂ. 최저수온

① ㄱ, ㄷ
② ㄴ, ㅁ, ㅂ
③ ㄱ, ㄴ, ㄷ, ㅁ, ㅂ
④ ㄴ, ㄷ, ㄹ, ㅁ, ㅂ

17 염소소독에 관한 설명으로 옳은 것을 모두 고른 것은?

> ㄱ. pH가 높으면 살균력이 약하다.
> ㄴ. 수온이 높으면 살균력이 강하다.
> ㄷ. 결합잔류염소는 HOCl 및 OCl⁻이다.
> ㄹ. THMs, HAAs와 같은 인체에 유해한 소독 부산물을 생성한다.

① ㄱ, ㄴ
② ㄷ, ㄹ
③ ㄱ, ㄴ, ㄹ
④ ㄴ, ㄷ, ㄹ

18 정수장의 배출수 처리시설에 관한 설명으로 옳지 않은 것은?

① 여과지 내 규조류 발생 시 배슬러지지 또는 농축조로 배출하는 것이 좋다.
② 배출수 처리시설은 일반적으로 조정, 농축, 탈수 및 최종처분의 단계로 구성된다.
③ 조정시설은 배출수지와 배슬러지지로 구성된다.
④ 침전슬러지는 순환되는 세척배출수와 혼합하여 처리하는 것이 약품 절감에 더 효과적이다.

19 여과지의 세척방법에 관한 설명으로 옳지 않은 것은?

① 표면세척으로 머드볼 현상을 감소시킬 수 있다.
② 역세척과 표면세척방법이 있으며, 이를 겸하는 것이 세척에 효과적이다.
③ 역세척 시 여과사의 팽창비는 50~55%가 좋다.
④ 역세척에는 염소가 잔류하고 있는 정수를 사용한다.

20 자외선 소독공정에 관한 설명으로 옳지 않은 것은?

① 관리요원의 안전성을 확보할 수 있다.
② THMs을 생성하지 않는다.
③ 염소에 비해 대중의 인식이 상대적으로 좋다.
④ 오존 소독공정에 비해 유지관리비가 높다.

제2과목 수질분석 및 관리

21 먹는물수질공정시험기준상 용어 정의로 옳지 않은 것은?

① 기체 중의 농도는 표준상태(0℃, 1기압)로 환산 표시한다.
② '약'이라 함은 기재된 양에 대하여 ±10% 이상의 차가 있어서는 안 된다.
③ 감압은 따로 규정이 없는 한 15mmHg 이하로 한다.
④ 시험조작 중 '즉시'란 60초 이내에 표시된 조작을 하는 것을 뜻한다.

22 먹는물수질공정시험기준상 다음에서 설명하는 항목은?

- 시료용기 : G(갈색)
- 보존방법 : 염화암모늄 첨가, 14일 이내 추출(추출액은 −10℃에서 보관하고 14일 이내 분석)
- 보존기간 : 14일

① 페니트로티온
② 할로아세틱에시드
③ 1,1,1-트라이클로로에탄
④ 자일렌

23 다음에서 설명하는 기체크로마토그래피(GC) 검출기는?

방사선 동위원소로부터 방출되는 β선이 운반가스를 전리하여 미소전류를 흘려 보낼 때 시료 중의 할로겐이나 산소와 같이 전류가 감소하는 것을 이용하는 방법으로 유기할로겐화합물, 나이트로화합물 및 유기금속화합물을 선택적으로 검출할 수 있다.

① 불꽃이온화 검출기(FID)
② 불꽃광도형 검출기(FPD)
③ 전자포획형 검출기(ECD)
④ 열전도도 검출기(TCD)

24 수질오염공정시험기준상 생물화학적 산소요구량(BOD) 시험에 사용되는 질산화억제 시약은?

① 황산마그네슘
② 염화철(Ⅲ)
③ 아황산나트륨
④ ATU(Allylthiourea)

정답 21 ④ 22 ② 23 ③ 24 ④

25 먹는물수질공정시험기준상 총대장균 시험방법에 관한 설명으로 옳지 않은 것은?

① 멸균된 시료용기를 사용하여 무균적으로 시료를 채취하고 즉시 시험하여야 한다. 즉시 시험할 수 없는 경우에는 빛이 차단된 4℃ 냉장 보관 상태에서 48시간 이내에 시험하여야 한다.
② 잔류염소를 함유한 시료를 채취할 때에는 시료채취 전에 멸균된 시료채취용기에 멸균한 티오황산나트륨용액을 최종농도 0.03% 되도록 투여한다.
③ 수도꼭지에서 시료를 채취할 경우에는 수도꼭지를 틀어 2~3분간 흘려버린 후 시료를 채취한다.
④ 먹는샘물, 먹는해양심층수 및 먹는염지하수 제품수는 병의 마개를 열지 않은 상태의 제품을 말하며, 병의 마개가 열린 것은 시료로 사용할 수 없다.

26 먹는물수질공정시험기준상 냄새 시험방법에 관한 설명으로 옳지 않은 것은?

① 항온수조는 ±1℃로 유지할 수 있어야 하고 냄새를 발생하지 않아야 한다.
② 유리기구류는 사용 직전에 새로 세척하여 사용한다.
③ 이 시험기준은 측정자 간 개인차가 심하므로 냄새가 있을 경우 5명 이상의 시험자가 측정하는 것이 바람직하나 최소한 3명이 측정해야 한다.
④ 이 시험기준에 의해 판단할 때 염소 냄새는 제외한다.

27 수질오염공정시험기준상 암모니아성 질소 분석방법 중 정량한계 수치(mg/L)가 작은 것부터 큰 것으로 나열한 것은?

① 자외선/가시선 분광법 → 이온전극법 → 적정법
② 이온전극법 → 자외선/가시선 분광법 → 적정법
③ 적정법 → 자외선/가시선 분광법 → 이온전극법
④ 이온전극법 → 적정법 → 자외선/가시선 분광법

28 먹는물 수질감시항목 운영 등에 관한 고시상 상수원의 조류경보제 발령단계 중 원·정수의 Microcystin-LR 검사주기를 바르게 나열한 것은?

구 분	검사주기
'관심' 단계	(ㄱ)
'경계' 단계	(ㄴ)
'조류대발생' 단계	(ㄷ)

① ㄱ : 주 1회, ㄴ : 주 2회, ㄷ : 주 3회
② ㄱ : 주 1회, ㄴ : 주 3회, ㄷ : 주 5회
③ ㄱ : 월 1회, ㄴ : 주 1회, ㄷ : 일 1회
④ ㄱ : 월 1회, ㄴ : 주 2회, ㄷ : 일 2회

29 A 정수장에서 소독조건이 다음과 같을 때 불활성화비 계산을 위한 $CT_{계산값}$(mg/L·min)은?

> • 정수장 조건
> - 시설용량 : 150,000m³/일
> - 여과방식 : 급속여과방식
> - 정수지 규격 : 12,000m³(폭 : 40m, 길이 : 60m, 높이 : 5m)
> - 정수지 장폭비(L/W)에 따른 환산계수 : 0.1
> • 정수장 정수지 일일 수질 및 유량측정 결과
> - 잔류염소 : 0.2~0.7mg/L
> - 통과유량 : 4,000~5,500m³/h
> - 수심 : 1.5~2.5m

① 0.79 ② 1.58
③ 1.96 ④ 3.93

30 정수장 급속여과지 여과효율 측정방법으로 옳지 않은 것은?
① 여과수 탁도 측정
② 여과지속시간 측정
③ 여과수량에 대한 역세척 수량의 비율 산정
④ 여과수 수소이온농도 측정

31 수처리제의 기준과 규격 및 표시기준상 입상 활성탄 성분규격 기준으로 옳지 않은 것은?
① 건조감량 : 10% 이하
② 염화물 : 0.5% 이하
③ 아연(Zn) : 50mg/kg 이하
④ 메틸렌블루 탈색력 : 150mL/g 이상

32 고도정수처리공정에서 막기능 시험방법 중 간접완전성 시험에 해당하는 것은?
① 압력손실시험(Pressure Decay Test)
② 부압손실시험(Vacuum Decay Test)
③ 확산성 기류시험(Diffusive Air Flow Test)
④ 탁도모니터링(Turbidity Monitoring)

33 고도정수처리공정에서 오존물질수지 산정을 위한 오존전달효율을 계산하는 공식은?
① (주입오존량 – 배오존량 – 잔류오존량) ×100 / 주입오존량
② (주입오존량 – 배오존량 + 잔류오존량) ×100 / 주입오존량
③ (주입오존량 + 배오존량 – 잔류오존량) ×100 / 주입오존량
④ (주입오존량 – 배오존량) ×100 / 주입오존량

34 먹는물관리법령상 시장·군수·구청장이 먹는물공동시설의 수질검사 결과를 매분기 종료 후 환경부장관에게 보고하여야 할 내용을 모두 고른 것은?

> ㄱ. 수질검사 결과
> ㄴ. 수질기준을 초과한 먹는물공동시설에 대한 조치 내용 또는 계획
> ㄷ. 먹는물공동시설 관리대상 현황
> ㄹ. 먹는물공동시설 주변 외부 오염원 현황

① ㄱ ② ㄱ, ㄴ
③ ㄱ, ㄴ, ㄷ ④ ㄴ, ㄷ, ㄹ

정답 29 ① 30 ④ 31 ① 32 ④ 33 ④ 34 ③

35. 다음은 지하수법에 관한 설명이다. ( )에 들어갈 내용으로 옳은 것은?

- 환경부장관은 대통령령으로 정하는 바에 따라 지하수 기초적인 조사를 완료한 지역에 대하여 (ㄱ)마다 보완조사를 실시하여야 한다.
- 지하수개발·이용허가의 유효기간은 (ㄴ)으로 한다.
- 시장·군수·구청장은 지하수개발·이용허가를 받은 자가 신청하면 유효기간의 연장을 허가할 수 있다. 이 경우 그 연장기간은 (ㄷ)으로 한다.

① ㄱ : 10년, ㄴ : 10년, ㄷ : 5년
② ㄱ : 5년, ㄴ : 10년, ㄷ : 3년
③ ㄱ : 10년, ㄴ : 5년, ㄷ : 5년
④ ㄱ : 5년, ㄴ : 5년, ㄷ : 3년

36. 먹는물 수질기준 및 검사 등에 관한 규칙상 수도시설(취수, 정수, 배수)에 종사하는 자가 정기적으로 건강진단을 받아야 하는 항목에 해당하지 않는 것은?
① 장티푸스 ② 파라티푸스
③ 세균성 이질 ④ 콜레라

37. 먹는물수질공정시험기준상 염소이온을 질산은 적정법으로 측정한 결과가 다음과 같을 때 염소이온 농도(mg/L)는?

- 분석시료량 : 100mL
- 소비된 질산은 용액(0.01M) : 4.5mL
- 정제수를 사용하여 바탕실험에 소비된 질산은 용액(0.01M)의 부피 : 0.5mL
- 질산은 용액(0.01M)의 농도계수 : 1

① 14.2 ② 28.4
③ 80.0 ④ 40.0

38. 먹는물 수질기준 및 검사 등에 관한 규칙상 먹는물 수질기준으로 옳은 것은?
① 대장균·분원성 대장균군은 250mL에서 검출되지 아니할 것
② 셀레늄은 0.03mg/L를 넘지 아니할 것
③ 톨루엔은 0.7mg/L를 넘지 아니할 것
④ 트라이클로로아세토나이트릴은 0.01mg/L를 넘지 아니할 것

39. 먹는물 수질기준 및 검사 등에 관한 규칙상 급수인구가 240,000명일 경우 검사대상 수도꼭지의 추출개수는?
① 48 ② 36
③ 34 ④ 30

40 불활성화비 계산방법 및 정수처리 인증 등에 관한 규정상 용어 정의로 옳지 않은 것은?

① '기타여과'라 함은 모래 등의 여과시설을 설치하지 않고 활성탄 등 다공성 여재만을 이용하여 여과하는 정수처리공정을 말한다.
② '직접여과'라 함은 응집제 등을 투여하고 혼화·응집·침전공정을 통해 원수를 전처리한 후 모래 등의 여과지를 이용하여 1일 120m 이상의 속도로 여과하는 정수처리공정을 말한다.
③ '막여과'라 함은 분리막을 여재로 이용하여 여과하는 정수처리공정을 말한다.
④ '소독'이라 함은 화학적 산화제 또는 이와 동등한 효능을 지닌 물질을 사용하여 물에서의 병원미생물을 일정 농도 이하로 불활성화시키는 처리공정을 말한다.

제3과목 설비운영 (기계·장치 또는 계측기 등)

41 다음에서 설명하는 여과지의 하부집수장치 방식은?

- 바닥판에 분산실과 송수실을 갖는다.
- 송수실의 단면 크기가 클수록 물 수송과정에서 균등압력이 유지된다.
- 여과지의 중앙이나 관랑 측에는 집수거를 설치하여 블록 사이에 물이 유출, 유입되게 한다.

① 유공블럭형 ② 스트레이너형
③ 유공관형   ④ 다공판형

42 가압수 확산에 의한 혼화방식에 관한 설명으로 옳지 않은 것은?

① 가압수 확산에 의한 혼화는 혼화강도를 조절할 수 없다.
② 직경 2,500mm 이상의 대형관이나 넓은 수로에는 사용하기 어렵다.
③ 응집제와 가압수에 있는 부유물로 노즐이 폐색될 우려가 있다.
④ 가압수는 정수장 내 급수용수관, 고양정 펌프의 토출수를 이용할 수 있다.

43 분말활성탄의 흡착설비에 대한 정수장 관리자(A~C)의 조치로 옳은 것을 모두 고른 것은?

- A관리자 : 분말활성탄의 운전방식과 수량을 고려하여 검수용 계량장치를 설치하였다.
- B관리자 : 건조된 저장조에 가교(Bridge) 결합에 대한 방지대책을 세웠다.
- C관리자 : 저장설비를 설치하는 건물을 내화성 구조로 하고, 방진 및 방화대책을 세웠다.

① A   ② A, C
③ B, C   ④ A, B, C

44 정수처리공정의 약품저장설비에 관한 설명으로 옳지 않은 것은?

① 응집보조제는 10일분 이상으로 한다.
② 응집제는 30일분으로 한다.
③ 저장설비 용량은 계획시간최대량에 각 약품의 평균주입률을 곱하여 산정한다.
④ 구조적으로 안전하고, 약품의 종류에 따라 적절한 재질로 한다.

45 정수장의 농축조 설비에 관한 설명으로 옳지 않은 것은?
① 상징수 배출장치가 연속방식일 경우 부자식 가동집수장치를 채택한다.
② 필요에 따라 상징수 회수펌프와 슬러지 배출펌프를 설치한다.
③ 농축성이 나쁜 슬러지가 유입될 경우 고분자응집제 주입시설을 설치한다.
④ 농축조에는 슬러지 수집기, 슬러지 배출관 등을 설치한다.

46 급속여과지의 자기역세척형 설비에 해당하는 것을 모두 고른 것은?

ㄱ. 역세척 탱크
ㄴ. 역세척 펌프
ㄷ. 배출수 밸브
ㄹ. 여과수 밸브
ㅁ. 역세척 사이펀설비

① ㄱ, ㄴ
② ㄷ, ㄹ, ㅁ
③ ㄱ, ㄴ, ㄷ, ㄹ
④ ㄱ, ㄴ, ㄷ, ㄹ, ㅁ

47 용존공기부상지(DAF)에 포함된 설비를 모두 고른 것은?

ㄱ. 플록큐레이터   ㄴ. 압력용기포화기
ㄷ. 공기압축기   ㄹ. 순환수펌프

① ㄱ, ㄷ
② ㄷ, ㄹ
③ ㄱ, ㄴ, ㄹ
④ ㄱ, ㄴ, ㄷ, ㄹ

48 계측제어설비에서 피뢰기 설치에 관한 설명으로 옳지 않은 것은?
① 피뢰기는 특별 제3종 접지공사 이상의 접지를 할 것(접지저항 10Ω 이하)
② 계기 접지단자와 피뢰기 접지단자와는 연접접지로 할 것
③ 신호전송 라인을 가공선로로 시설하는 경우 가능한 지표로부터 높게 시설할 것
④ 피뢰기는 가능한 피보호기기 가까이에 시설할 것

49 변압기 △-△ 결선방식에 관한 설명으로 옳지 않은 것은?
① 유도장해 및 통신장해가 적다.
② 지락사고 시 지락검출이 용이하다.
③ 1상의 권선에 고장이 발생해도 나머지 2대로 V결선하여 운전할 수 있다.
④ 각 상의 내부에 임피던스 차가 있으면 3상 부하가 평형되어 있어도 부하전류는 불평형이 된다.

50 3상 유도전동기의 속도제어법이 아닌 것은?
① 극수 변환에 의한 방법
② 자속 변화에 의한 방법
③ 전원 주파수 변환에 의한 방법
④ 2차 저항제어에 의한 방법

51 다음은 접지에 관한 설명이다. ( )에 들어갈 내용으로 옳은 것은?

> 전기설비의 접지계통과 건축물의 피뢰설비 및 통신설비 등의 접지극을 공용하는 ( ) 접지공사를 할 수 있다. 이 경우 낙뢰 등에 의한 과전압으로부터 전기설비 등을 보호하기 위해 과전압보호장치 또는 서지보호장치(SPD)를 설치하여야 한다.

① 공통   ② 통합
③ 연접   ④ 독립

52 금속제 수도관로를 접지공사의 접지극으로 사용할 경우 ( )에 들어갈 내용은?

> 접지선과 금속제 수도관로의 접속은 안지름 (ㄱ)mm 이상인 금속제 수도관의 부분 또는 이로부터 분기한 안지름 (ㄱ)mm 미만인 금속제 수도관의 분기점으로부터 (ㄴ)m 이내의 부분에서 한다.

① ㄱ : 60, ㄴ : 3
② ㄱ : 75, ㄴ : 3
③ ㄱ : 75, ㄴ : 5
④ ㄱ : 90, ㄴ : 5

53 보호계전기 정정에 관한 설명으로 옳지 않은 것은?

① OCR - 정격전류의 110%에 정정
② UVR - 정격전압의 80%에 정정
③ OVGR - 정정기준 정격전압의 20%에 정정
④ OVR - 정격전압의 110%에 정정

54 다음에서 설명하는 개폐기는?

> 정전 시에 큰 피해가 예상되는 수용가에 이중 전원을 확보하여 주전원 정전 시나 기준전압 이하로 떨어질 경우 예비전원으로 순간 자동 절환되는 개폐기

① ASS   ② ALTS
③ COS   ④ LBS

55 변압기에서 △-Y 결선법의 장점이 아닌 것은?

① 절연에 유리하다.
② Y결선의 중성점을 접지할 수 있다.
③ 어느 한 쪽이 △결선이므로 제3고조파의 장해가 없다.
④ 상전압이 선간전압의 $\frac{1}{\sqrt{3}}$ 배가 되어 절연이 용이하여 고전압 결선에 적합하다.

56 영상전압을 기준으로 지락고장전류의 크기 및 방향이 일정 범위 안에 있을 때 동작하는 계전기는?

① 결상계전기
② 비율차동계전기
③ 선택지락계전기
④ 지락방향계전기

정답 51 ② 52 ③ 53 ① 54 ② 55 ④ 56 ④

57 감시조작설비에 관한 설명으로 옳지 않은 것은?
① 데이터서버는 각 사업장의 운전현황을 종합적으로 감시하고 분석하는 역할을 한다.
② LCD Projector와 DLP Projector 방식은 Panel Board 방식에 해당된다.
③ 소규모 시설인 경우 중앙제어반(COS)설비가 엔지니어링반(EWS)기능을 겸용으로 운용할 수 있다.
④ 엔지니어링반(EWS)은 전체 시스템의 운영에 필요한 엔지니어링 데이터를 생성, 변경, 저장하는 것을 말한다.

58 산업안전보건법령상 안전관리자의 업무를 모두 고른 것은?

ㄱ. 위험성평가에 대한 지도·조언
ㄴ. 해당 사업장의 안전교육계획의 수립
ㄷ. 사업장 순회점검, 지도 및 조치 건의
ㄹ. 업무 수행 내용의 기록·유지
ㅁ. 산업재해 발생의 재발 방지 대책 수립

① ㄱ, ㄷ
② ㄴ, ㄹ, ㅁ
③ ㄱ, ㄴ, ㄷ, ㄹ
④ ㄱ, ㄴ, ㄷ, ㄹ, ㅁ

59 수도미터에 관한 설명으로 옳지 않은 것은?
① 접선류 임펠러식은 단갑식과 복갑식이 있다.
② 수직 월트만식과 수평 월트만식은 축류 임펠러식에 해당된다.
③ 바이패스식 수도미터는 대구경 수도미터에 소구경 수도미터를 병렬로 조합하여 사용한다.
④ 오리피스 분류관식은 관의 입구에서 관경이 조금씩 축소되고 노즐부분을 지나면서 원래 크기로 완만하게 확대되는 구조다.

60 산업안전보건법상 사업주는 사업장의 안전 및 보건 유지를 위해 안전보건관리규정을 작성한다. 이에 포함되지 않는 사항은?
① 안전보건교육에 관한 사항
② 사고 조사 및 대책 수립에 관한 사항
③ 안전 및 보건에 관한 관리조직과 그 직무에 관한 사항
④ 보건안전관리 계통도 및 운영방향

제4과목 정수시설 수리학

61 베르누이(Bernoulli) 정리에 관한 설명으로 옳은 것을 모두 고른 것은?

> ㄱ. 손실을 무시할 때, 압력수두, 속도수두, 위치수두의 합은 일정하다.
> ㄴ. 관수로 내 흐름의 질량보존법칙을 설명하는 이론이다.
> ㄷ. 관수로 흐름에 적용하려면 임의의 두 점이 같은 유선상에 있어야 한다.
> ㄹ. 비점성, 비압축성 유체의 흐름에 적용하기 위한 이론이다.

① ㄱ, ㄴ　　② ㄴ, ㄹ
③ ㄱ, ㄴ, ㄷ　　④ ㄱ, ㄷ, ㄹ

62 압력과 동력의 차원을 올바르게 나타낸 것은?

① 압력 : $[ML^{-1}T^{-2}]$, 동력 : $[FLT^{-1}]$
② 압력 : $[FL^{-2}]$, 동력 : $[ML^{-2}T^{-3}]$
③ 압력 : $[ML^2T^{-3}]$, 동력 : $[MLT^{-1}]$
④ 압력 : $[ML^{-2}T]$, 동력 : $[FL^3T^{-1}]$

63 직경이 0.25cm인 매끈한 유리관을 수온이 20℃인 물속에 세웠을 때, 유리관의 내부면과 물표면의 접촉각은 11°이다. 모세관 현상으로 인해 유리관에서 상승된 물의 높이(cm)는 약 얼마인가?(단, 20℃에서 물의 표면장력(T_{20})은 0.065gf/cm이고, 물의 단위중량은 1gf/cm³이다)

① 0.51　　② 1.02
③ 1.53　　④ 2.04

64 에너지선(Energy Line)과 동수경사선(Hydraulic Grade Line)의 차이는?

① 위치수두
② 압력수두
③ 속도수두
④ 마찰손실수두

65 개수로의 유량을 측정하는 장치에 해당하는 것을 모두 고른 것은?

> ㄱ. 위 어　　ㄴ. 벤투리미터
> ㄷ. 파샬플룸　ㄹ. 수 문

① ㄱ, ㄴ
② ㄷ, ㄹ
③ ㄱ, ㄴ, ㄹ
④ ㄱ, ㄷ, ㄹ

66 수면차가 25m인 2개의 수조가 직경이 40cm, 길이가 600m인 관으로 연결되어 있다. 이 관을 통해 흐르는 유량(m³/s)은 약 얼마인가?(단, 관로의 마찰손실계수는 0.02, 입구손실계수는 0.5, 출구손실계수는 1.0이며, 기타 미소손실은 무시한다)

① 0.495　　② 1.245
③ 2.502　　④ 3.943

정답　61 ④　62 ①　63 ②　64 ③　65 ④　66 ①

67 정수장 내 관로 및 유량측정 장치에 활용되는 계수에 관한 설명으로 옳은 것은?

① 유속계수(Velocity Coefficient) = 이론유속/실제유속
② 수축계수(Vena Contracta) = 수축단면의 단면적/오리피스의 단면적
③ 유량계수(Discharge Coefficient) = 수축계수/유속계수
④ 층류에서의 마찰손실계수 = 레이놀즈수(Re)/64

68 다음 그림과 같이 벤투리미터가 관로에 연결되어 있다. 벤투리미터 하부에 연결한 U자형 액주계의 눈금이 6.5cm의 차이를 보인다면, 이 관 내에 흐르는 물의 유량(m^3/s)은 약 얼마인가?

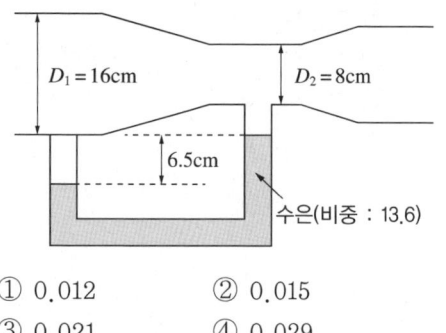

① 0.012   ② 0.015
③ 0.021   ④ 0.029

69 관수로 흐름에서 평균유속과 최대유속의 관계로 옳은 것은?(단, 관수로의 흐름은 층류이다)

① 최대유속은 평균유속의 2배이다.
② 최대유속은 평균유속의 3배이다.
③ 최대유속은 평균유속의 4배이다.
④ 최대유속은 평균유속의 5배이다.

70 관수로 내 층류에 적용하는 Hazen-Poiseuille 공식에 관한 설명으로 옳지 않은 것은?

① 유량은 관 내 압력 강하량(ΔP)에 반비례한다.
② 유량은 관 직경의 4제곱에 비례한다.
③ 유량은 점성계수에 반비례한다.
④ 유량은 관의 길이에 반비례한다.

71 유량이 $0.4m^3/s$인 송수관로의 단면적이 $0.03m^2$에서 $0.12m^2$로 급확대될 때, 단면 급확대로 인한 미소손실수두(m)는 약 얼마인가?

① 3.1   ② 5.1
③ 7.3   ④ 13.3

72 수심 3m인 수조 바닥에 직사각형 오리피스(2cm×3cm)가 설치되어 있다. 오리피스로부터 유출되는 물의 유량(m^3/s)은 약 얼마인가?(단, 유량계수는 1이다)

① 0.54   ② 0.06
③ 0.009   ④ 0.0046

73 개수로 내 흐름상태의 변화로 인하여 도수(Hydraulic Jump)가 발생하였다. 도수 전 수심이 2.5m이고 도수 후 수심이 5m일 때, 도수로 인한 에너지 손실(m)은 약 얼마인가?

① 0.10   ② 0.15
③ 0.31   ④ 0.42

74 수리상 유리한 단면에 관한 설명으로 옳은 것은?
① 동수반경을 최대로 하는 단면이다.
② 주어진 단면에서 윤변이 최대가 되는 단면이다.
③ 사다리꼴 단면에서는 동수반경이 수심과 같다.
④ 반원에 내접하는 단면이다.

75 Manning 공식의 조도계수(n)와 마찰손실계수(f)의 관계를 정의한 것으로 옳은 것은? (단, D는 원형 관로의 직경이다)

① $f = \dfrac{62.3n^2}{D^{\frac{1}{3}}}$

② $f = \dfrac{62.3n^2}{D^{\frac{1}{6}}}$

③ $f = \dfrac{124.6n^2}{D^{\frac{1}{3}}}$

④ $f = \dfrac{124.6n^2}{D^{\frac{1}{6}}}$

76 직경 2mm인 유리관 내에 층류상태로 유량 0.25cm³/s의 물이 흐르고 있다. 관의 길이가 1m일 때 발생하는 손실수두(cm)는 약 얼마인가?(단, 물의 동점성계수는 1.12×10^{-2} cm²/s이다.)

① 6.28 ② 7.28
③ 8.28 ④ 9.28

77 A 정수장의 침전지에서 비중 1.2, 지름 0.05mm인 입자의 침강속도는 0.03m/h이다. 동일한 조건에서 비중 2.5, 지름 0.1mm인 입자의 침강속도(m/h)는 약 얼마인가?(단, 물의 비중은 1.0이고, 입자의 침강은 Stokes 법칙에 따른다)

① 0.3 ② 0.6
③ 0.9 ④ 1.2

78 침전지의 제거효율을 향상시키기 위한 방법으로 옳은 것을 모두 고른 것은?

ㄱ. 침전지의 수심을 크게 한다.
ㄴ. 2층식 또는 경사판 침전지를 사용한다.
ㄷ. 유입유량을 적게 한다.
ㄹ. 플록의 침강속도를 작게 한다.

① ㄱ, ㄴ ② ㄱ, ㄷ
③ ㄴ, ㄷ ④ ㄴ, ㄹ

79 펌프의 동력을 산정하는 공식과 단위가 올바르게 연결되지 않은 것은?(단, γ는 물의 단위중량이다)

① 공식 : $\gamma \cdot Q \cdot H_e$, 단위 : [kgf·m/s]
② 공식 : $9.8 \cdot Q \cdot H_e$, 단위 : [kW]
③ 공식 : $13.33 \cdot Q \cdot H_e$, 단위 : [HP]
④ 공식 : $(\gamma \cdot Q \cdot H_e)/75$, 단위 : [kW]

80 유량 0.5m³/s의 물을 전양정 10m까지 양수하기 위한 펌프의 소요동력(kW)은 약 얼마인가?(단, 물의 단위중량은 1,000kgf/m³이며, 펌프의 효율은 80%이다)

① 22.85 ② 35.75
③ 55.35 ④ 61.25

정답 74 ① 75 ③ 76 ② 77 ③ 78 ③ 79 ④ 80 ④

2020년 제27회 2급 과년도 기출문제

제1과목 수처리공정

01 단층여과와 비교한 다층여과에 관한 설명으로 옳지 않은 것은?
① 내부여과 경향이 강하고 여과층 단위체적당 탁질 억류량이 크다.
② 단층여과지보다 여과속도를 작게 해야 한다.
③ 탁질억류량에 대한 손실수두가 작아서 여과지속시간이 길어진다.
④ 여과수량에 대한 역세척 수량의 비율이 작다.

02 급속혼화시설에 관한 설명으로 옳지 않은 것은?
① 급속혼화는 수류식이나 기계식 및 펌프확산에 의한 방법으로 달성할 수 있다.
② 기계식 급속혼화시설을 채택하는 경우에는 혼화지에 응집제를 주입한 다음 즉시 급속교반시킬 수 있는 혼화장치를 설치한다.
③ 혼화지는 수류 전체가 동시에 회전하거나 단락류를 발생하지 않는 구조로 한다.
④ 응집된 미소플록을 크게 성장시키기 위하여 기계식 교반이나 우류식 교반이 필요하다.

03 급속여과에 관한 설명으로 옳은 것은?
① 여과층에서 플록의 포착상태는 플록의 강도에 영향을 받지 않는다.
② 단위여과면적당 여재표면적은 여재입경과 여층두께의 함수관계이다.
③ 탁질당 응집제의 양(Al/T)이 낮으면 플록의 강도가 낮다.
④ 여재입자의 표면에 부착된 입자는 물의 전단력에 의해 파쇄되거나 누출되지 않는다.

04 내부여과에 관한 설명으로 옳은 것은?
① 공극률이 작은 여재를 사용하여 비교적 저속으로 여과하는 방법이다.
② 플록이 여층의 내부로 침투가 지나치면 누출되기 쉽다.
③ 플록의 억류가 여층 표면에 집중된다.
④ 플록 억류량이 적고 여층을 두껍게 하지 않아도 된다.

정답 1 ② 2 ④ 3 ② 4 ②

05 pH 조정제에 관한 설명으로 옳지 않은 것은?
① 주입률은 원수의 알칼리도, pH 및 응집제 주입률 등을 참고로 하여 정한다.
② pH 조정제를 용해 또는 희석하여 사용할 때의 농도는 주입량이 적절하고 취급이 용이하도록 정한다.
③ 주입량은 처리수량과 주입률로 산출한다.
④ 주입지점은 응집제 주입지점의 하류 측에 혼화가 잘 이루어지는 곳으로 한다.

06 자연평형형 여과지에 관한 설명으로 옳은 것은?
① 일시적으로 유입유량이 증가하더라도 여과지 수면이 급격히 상승하지 않아 유지관리가 용이하다.
② 여과지 손실수두 증가에 따라 여과지 수면이 상승하지 않고 일정하게 유지된다.
③ 여과지의 깊이는 일반 여과지보다 깊지 않다.
④ 각 여과지의 유입유량은 균등하지 않아도 된다.

07 염소 소독제에 관한 설명으로 옳은 것은?
① 차아염소산(HOCl)과 차아염소산이온(OCl⁻)의 살균력은 같다.
② 차아염소산(HOCl)과 차아염소산이온(OCl⁻)의 존재비는 pH에 영향을 받는다.
③ 차아염소산(HOCl)과 차아염소산이온(OCl⁻)은 결합잔류염소라고 한다.
④ 염소는 수중에서 오존과 반응하여 클로라민을 생성한다.

08 크립토스포리디움 난포낭 제거에 관한 설명으로 옳지 않은 것은?
① 여과수 탁도를 상시 감시하고 여과수 탁도를 가능한 낮게 유지해야 한다.
② 역세척 후 여과를 다시 시작할 때는 일정한 시간 동안 여과수를 배출하는 시동방수설비를 설치한다.
③ 탁질 유출을 방지하기 위해 여과지의 여과지속시간을 연장한다.
④ 오존처리는 효과적인 소독법이다.

09 중간염소처리에 관한 설명으로 옳지 않은 것은?
① 응집지와 침전지 사이에 주입한다.
② 철과 망간의 제거에 사용된다.
③ 암모니아성 질소와 유기물 등의 처리에 사용된다.
④ 맛과 냄새 제거에 사용된다.

10 정수지에 관한 설명으로 옳은 것은?
① 정수지의 유효용량은 1일평균용량과 소독접촉시간($C \cdot T$)용량을 주로 감안한다.
② 정수지 도류벽을 많이 설치할수록 장폭비 환산계수(T_{10}/T)가 감소한다.
③ 소독접촉시간($C \cdot T$)용량은 운전최저수위 이하에서의 용량으로 적절한 소독접촉시간($C \cdot T$)용량을 확보할 수 있어야 한다.
④ 도류벽이 많으면 정수지 내 수류의 정체부가 증가한다.

정답 5 ④ 6 ① 7 ② 8 ③ 9 ① 10 ③

11 처리유량이 5,000m³/day인 정수장에서 염소를 5mg/L 농도로 주입하고자 한다. 잔류염소 농도가 0.2mg/L일 때 염소요구량(kg/day)은?

① 24　　② 29
③ 30　　④ 34

12 입상활성탄과 비교한 분말활성탄의 특징으로 옳지 않은 것은?

① 비경제적이다.
② 필요량만 구입하여 사용할 수 있다.
③ 사용하고 버리므로 미생물의 번식 우려가 없다.
④ 기존시설을 활용하여 처리할 수 있다.

13 다음은 어떤 막여과법에 관한 설명인가?

> 이온물질을 제거하는 막여과법으로 해수 중에 염분을 제거하는 해수담수화 공법으로 활용되고 있다.

① 정밀여과법
② 한외여과법
③ 나노여과법
④ 역삼투법

14 오존처리공정에 관한 설명으로 옳지 않은 것은?

① 용존잔류오존은 강력한 산화력으로 후단 활성탄의 기계적 강도를 약화시킬 수 있다.
② 배오존이 대기 중에 방출되는 경우에는 노동안전위생 또는 환경상의 문제를 일으킬 우려가 있다.
③ 염소처리에 비하여 높은 살균효과를 얻을 수 있다.
④ 철, 망간에 대한 산화능력이 작다.

15 여과 모래의 중량통과 실험으로 다음과 같은 결과를 얻었다. 이 모래의 균등계수는?

중량통과율(%)	입경(mm)
5	0.15
10	0.20
20	0.22
30	0.23
40	0.27
50	0.29
60	0.30
70	0.35
80	0.39

① 1.3　　② 1.4
③ 1.5　　④ 1.6

정답　11 ①　12 ①　13 ④　14 ④　15 ③

16 슬러지처리 공정에 해당하는 것을 모두 고른 것은?

ㄱ. 조 정   ㄴ. 농 축
ㄷ. 탈 수   ㄹ. 건 조
ㅁ. 흡 착

① ㄱ
② ㄴ, ㄷ
③ ㄱ, ㄴ, ㄷ, ㄹ
④ ㄱ, ㄷ, ㄹ, ㅁ

17 유효수심이 5m이고, 체류시간이 4시간인 횡류식 침전지의 이론적 수면적부하율($m^3/m^2 \cdot day$)은?

① 30   ② 40
③ 50   ④ 60

18 맛·냄새 물질의 제거 공정으로 옳은 것을 모두 고른 것은?

ㄱ. 폭 기
ㄴ. 염소처리
ㄷ. 분말활성탄처리
ㄹ. 오존처리

① ㄱ
② ㄴ, ㄷ
③ ㄱ, ㄴ, ㄷ
④ ㄱ, ㄴ, ㄷ, ㄹ

19 배출수 및 슬러지 처리공정 운영에 관한 설명으로 옳지 않은 것은?

① 표류수를 취수하는 정수장의 슬러지는 강우특성과 계절에 따른 원수수질의 변화 또는 상수원의 오염 정도에 따라 성상과 발생량이 달라진다.
② 슬러지의 고형물 농도, 밀도, 농축특성 및 탈수성은 원수특성에 크게 영향을 받고 계절에 따라서도 변한다.
③ 고탁도일 때 발생하는 슬러지는 농축성과 탈수성이 나쁜 반면, 저탁도 또는 조류가 번성할 때 발생하는 슬러지는 침강·농축성 및 탈수성이 좋다.
④ 정수장의 슬러지 성분은 대부분 무기질로 구성되어 있으나, 오염된 하천수나 부영양화 된 호소수는 유기물질이 많이 포함되어 있다.

20 소독제에 관한 설명으로 옳지 않은 것은?

① 오존을 사용하였다면 최종적으로는 염소를 사용하지 않아도 된다.
② 염소의 장점은 소독효과가 우수하고 대량의 물에 대해서도 용이하게 소독이 가능하며 소독효과가 잔류하는 점 등을 들 수 있다.
③ 염소는 트라이할로메탄 등의 유기염소화합물을 생성하며 특정물질과 반응하여 냄새를 유발하기도 한다.
④ 오존은 매우 강력한 살균효과를 가지고 있어서 바이러스나 원생동물의 포낭을 쉽게 무력화 시킬 수 있다.

제2과목 수질분석 및 관리

21 수질오염공정시험기준상 단위가 옳지 않은 것은?

① 밀도 : g/cm³
② 동점성계수 : cm²/s
③ 압력 : dyne/cm³
④ 점성계수 : g/cm·s

22 먹는물관리법령상 먹는샘물의 수질관리를 위한 자동계측기의 운영·관리기준에 관한 설명으로 옳지 않은 것은?

① 수위, 수량, 탁도, 전기전도도, 온도, pH 항목에 대해 30분 간격으로 자동측정·기록·저장하여야 한다.
② 수위, 수량, 수질 자동계측기는 설치 후 매 2년마다 1회 이상 교정 및 오차시험을 받아야 한다.
③ 자동계측기의 측정항목별 센서, 연결케이블 등 자동계측기 운영과 관련된 설비에 대해 매반기 1회 이상 자가점검을 실시하여야 한다.
④ 자동계측기의 정확도에 대한 허용오차 범위는 수온은 ±0.25℃, pH는 ±0.2 이내이어야 한다.

23 고속응집침전지 선택 시 고려해야 할 조건으로 옳지 않은 것은?

① 원수탁도는 1NTU 이상이어야 한다.
② 최고탁도는 1,000NTU 이하인 것이 좋다.
③ 처리수량의 변동이 적어야 한다.
④ 탁도와 수온의 변동이 적어야 한다.

24 수도법령상 일반수도사업자가 수도시설을 갖추고자 할 때 안전 및 보안을 위한 시설기준으로 옳지 않은 것은?

① 취수장의 시설용량이 10,000m³/일 이상인 정수시설은 상수원에 유해 미생물이나 화학물질 등이 투입되는 것에 대비하기 위하여 취수장 및 정수장에 원수측정용 생물감시장치를 설치하여야 한다.
② 정수장의 시설용량이 10,000m³/일 이상인 정수시설은 정수장에 유해 미생물이나 화학물질이 투입되는 것에 대비하기 위하여 정수지 및 배수지에 수질자동측정장치를 설치하여야 한다.
③ 상수도시설에 대한 외부침투에 대비하기 위하여 폐쇄회로텔레비전(CCTV) 설비와 같은 시설보안을 강화하여야 한다.
④ 재해가 발생한 경우에도 인구 10만명 이상의 도시지역에 급수를 할 수 있도록 재해대비 급수시설을 설치하여야 한다.

25 수도법령상 상수도보호구역에 거주하는 주민 또는 농림·수산업 등에 종사하는 자에 관한 지원사업이 아닌 것은?
① 상수도개선을 위한 연구개발 사업
② 교육기자재, 학자금·장학금 지급 및 학교급식시설 지원
③ 도서관, 유치원, 통학차 및 문화시설 지원
④ 생산품공동저장소, 농작물재배시설 등 농림·수산업 관련 시설 지원

26 소독에 의한 불활성화비 계산방법에 관한 설명으로 옳지 않은 것은?
① 소독제와 물의 접촉시간은 1일 사용유량이 최대인 시간에 최초소독제 주입지점부터 정수지 유출지점까지 측정한다.
② 실제 소독제의 접촉시간을 측정하는 때에는 최초 소독제 주입지점에 투입된 추적자의 10%가 정수지 유출지점 또는 불활성화비의 값을 인정받는 지점으로 빠져 나올 때까지의 시간을 접촉시간으로 한다.
③ 이론적인 접촉시간을 이용할 경우는 정수지 구조에 따른 수리학적 체류시간 $\left(\dfrac{\text{정수지 사용 용량}}{\text{시간당 최대 통과 유량}}\right)$에 환산계수를 곱하여 소독제 접촉시간으로 한다.
④ 불활성화비가 0.5 이상 유지되는 경우에는 바이러스 및 지아디아 포낭이 소독공정에서 요구되는 불활성화율을 충족한 것으로 본다.

27 A 정수장에서 원수의 자-테스트 결과 PACl 주입률이 18mg/L이고 원수 유입량이 1,500 m^3/h일 때 1일 약품 투입량(kg/day)은?
① 27
② 270
③ 648
④ 840

28 정수처리시설에서 사용되는 오존처리법의 특징으로 옳지 않은 것은?
① 색도제거의 효과가 우수하다.
② 염소요구량을 증가시킨다.
③ 철·망간의 산화능력이 크다.
④ 유기물질의 생분해성을 증가시킨다.

29 활성탄의 흡착능력에 영향을 미치는 요인이 아닌 것은?
① 수소이온농도
② 미생물농도
③ 피흡착물질
④ 수 온

30 먹는물관리법상 염지하수란 물속에 녹아있는 염분 등 총용존고형물의 함량이 얼마 이상이어야 하는가?
① 500mg/L 이상
② 1,000mg/L 이상
③ 1,500mg/L 이상
④ 2,000mg/L 이상

31 하천법상 국가하천에 관한 설명으로 옳지 않은 것은?

① 유역면적 합계가 200km² 이상인 하천
② 다목적댐의 하류 및 댐 저수지로 인한 배수영향이 미치는 상류의 하천
③ 범람구역 안의 인구가 1만명 이상인 지역을 지나는 하천
④ 다목적댐, 하구둑 등 저수량 300만m³ 이상의 저류지를 갖추고 국가적 물이용이 이루어지는 하천

32 먹는물수질공정시험기준상 우라늄에 관한 설명으로 옳은 것은?

① 자연상태에서 2^+, 3^+, 4^+, 5^+, 7^+의 환원 상태로 존재한다.
② 2가가 가장 흔하며 자연계에서 2가우라늄은 보통 산소와 결합하여 우라닐 이온(UO_2^{2+})으로 존재한다.
③ 자연계에 존재하는 우라늄은 3가지 핵종(^{234}U, ^{235}U, ^{238}U)의 혼합물로 존재한다.
④ 지각 중에 1.6mg/kg 존재하며 먹는물에는 평균 0.1μg/L 이하, 샘물에는 0.7 μg/L 검출된다.

33 다음은 먹는물수질공정시험기준상 미생물 시험용 시료채취 및 보존에 관한 내용이다. ( )에 들어갈 내용을 바르게 나열한 것은?

> 미생물 시험용 시료를 채취 할 때에는 멸균된 시료용기를 사용하여 무균적으로 시료를 채취하여 빠른 시간 내에 분석하여야 한다. 그렇지 않을 경우에는 4℃ 냉암소에 보관한 상태에서 일반세균, 녹농균은 (ㄱ)시간 이내에, 분원성 연쇄상구균, 시겔라는 (ㄴ)시간 이내에 시험하여야 한다.

① ㄱ : 6, ㄴ : 12
② ㄱ : 12, ㄴ : 24
③ ㄱ : 24, ㄴ : 30
④ ㄱ : 30, ㄴ : 48

34 먹는물 수질기준 및 검사 등에 관한 규칙상 심미적 영향물질에 포함되지 않는 것은?

① 황산이온   ② 알루미늄
③ 수소이온농도   ④ 브롬산염

35 수질오염공정시험기준상 용기에 의한 유량측정 시 최대 유량이 1m³/min 미만인 경우 유량측정방법에 관한 설명으로 옳지 않은 것은?

① 유수를 용기에 받아서 측정한다.
② 용기의 용량은 20~50L인 것을 사용한다.
③ 유수를 채우는데 요하는 시간을 스톱워치로 잰다.
④ 용기에 물을 받아 넣는 시간을 20초 이상이 되도록 용량을 결정한다.

36 다음은 수처리제의 기준과 규격 및 표시기준상 내용이다. ( )에 공통으로 들어갈 수처리제는?

> • ( ) 0.5g에 물 5mL를 넣어 흔들어 섞고, 이에 적색 리트머스지를 담그면 리트머스지는 청색으로 변하고 다음에 퇴색한다.
> • ( ) 0.1g에 초산 2mL를 넣으면 가스를 발생하면서 녹는다. 이에 물 5mL를 넣어 여과한 액은 칼슘염의 반응을 나타낸다.

① 폴리황산규산알루미늄
② 차아염소산나트륨
③ 수산화칼륨
④ 고도표백분

37 수질오염공정시험기준상 시료 전처리방법 중 산분해법에 해당하지 않는 것은?

① 질산-염산법
② 질산-황산법
③ 질산-플루오린산법
④ 질산-과염소산법

38 물환경보전법령상 상수원구간에서 조류경계발령 시 취수장 및 정수장 관리자가 취해야 할 조치사항이 아닌 것은?

① 조류증식 수심 이하로 취수구 이동
② 정수의 독소분석 실시
③ 오존처리 등 정수처리 강화
④ 차단막 설치 등 오염물질 방제조치

39 먹는물공정시험기준상 미생물 항목 측정을 위한 시료채취 시 염소이온의 방해를 없애기 위해 넣어주는 용액은?

① 티오황산나트륨
② 이산화비소산나트륨
③ 중크롬산칼륨
④ 브로모티몰블루

40 $KMnO_4$의 그램 당량(g)은 얼마인가?(단, $KMnO_4$의 분자량은 158이다)

① 26.3   ② 31.6
③ 39.5   ④ 52.7

제3과목 설비운영 (기계·장치 또는 계측기 등)

41 막여과시설의 전처리설비를 모두 고른 것은?

> ㄱ. 스트레이너
> ㄴ. 오존주입설비
> ㄷ. 분말활성탄주입설비
> ㄹ. 응집제주입설비

① ㄱ, ㄹ
② ㄴ, ㄷ
③ ㄱ, ㄴ, ㄹ
④ ㄱ, ㄴ, ㄷ, ㄹ

정답 36 ④ 37 ③ 38 ④ 39 ① 40 ② 41 ④

42 정수처리시설의 농축조 설비에 관한 설명으로 옳은 것은?
① 연속식 농축조는 슬러지가 소량인 경우 채택하는 시설이다.
② 슬러지 농축은 자연침강이 원칙이므로 교반기가 필요 없다.
③ 회분식 농축조는 슬러지의 연속적 배출을 위한 시설이다.
④ 슬러지 재부상 방지를 위해 슬러지수집기의 주변속도는 0.6m/min 이하로 한다.

43 정수용 약품과 내식성 재료의 연결이 옳은 것은?
① 이산화탄소 - STS 304, 폴리에틸렌
② 소다회 - SCS 13, 염화비닐
③ 수산화나트륨 - SS, 폴리에틸렌
④ 황산알루미늄 - STS 304, 염화비닐

44 오존발생장치와 관련 있는 것은?
① 사일로
② 냉각장치
③ 회전식 수집기
④ 자외선 램프

45 침전지 슬러지의 배출설비에 관한 설명으로 옳지 않은 것은?
① 슬러지 배출이 원활하고 고장이 없을 것
② 슬러지 양에 알맞은 배출능력을 가질 것
③ 저농도로 많은 양의 슬러지를 배출할 수 있을 것
④ 수시 또는 일정한 간격으로 충분히 배출할 수 있을 것

46 급속여과지의 하부집수장치에 관한 설명으로 옳지 않은 것은?
① 장치유형에는 유공블록형과 스트레이너 블록형이 있다.
② 여재의 지지, 여과수의 집수, 역세척수의 균등배분의 기능을 가진다.
③ 균등하고, 유효하게 여과되어 세척될 수 있는 구조로 설치한다.
④ 물의 분배(세척)과정에서 통수관경을 크게 하고 통수저항을 작게 하도록 한다.

47 정수지의 유입관, 유출관 및 우회관에 설치하는 설비에 관한 설명으로 옳지 않은 것은?
① 유입관 및 유출관에는 각각 제수밸브를 설치한다.
② 정수지가 1지인 경우 우회관에는 제수밸브 설치가 필요 없다.
③ 유출관에는 필요에 따라 긴급차단장치를 설치하는 것이 바람직하다.
④ 관이 정수지의 벽체를 관통하는 장소는 수밀성에 주의한다.

정답 42 ④ 43 ① 44 ② 45 ③ 46 ④ 47 ②

48 탁도계에 관한 설명으로 옳은 것은?
① 변환기의 교정주기는 1개월 이내로 한다.
② 수평계를 사용하여 수평으로 설치한다.
③ 광원램프의 렌즈는 습하게 하지 말아야 한다.
④ 방적자립형이지만 보수 차원에서 실외에 설치하는 것을 권장한다.

49 전력퓨즈에 관한 설명으로 옳은 것은?
① 후비보호능력이 없다.
② 보호특성이 일정하다.
③ 한류형 퓨즈는 차단 시 소음이 크다.
④ 동작시간-전류특성 조정이 가능하다.

50 전로에 시설하는 기계기구의 철대 및 금속제 외함(외함이 없는 변압기 또는 계기용변성기는 철심)에 접지공사를 하지 않아도 되는 경우로 옳지 않은 것은?
① 사용전압이 교류 300V 이하인 기계기구를 건조한 곳에 시설하는 경우
② 철대 또는 외함의 주위에 적당한 절연대를 설치하는 경우
③ 저압용의 기계기구를 건조한 목재의 마루 기타 이와 유사한 절연성 물건 위에서 취급하도록 시설하는 경우
④ 물기 있는 장소 이외의 장소에 시설하는 저압용의 개별 기계기구에 전기를 공급하는 전로에 전기용품 및 생활용품 안전관리법의 적용을 받는 인체감전보호용 누전차단기(정격감도전류가 30mA 이하, 동작시간이 0.03초 이하의 전류동작형에 한한다)를 시설하는 경우

51 아몰퍼스변압기에 관한 설명으로 옳지 않은 것은?
① 가격이 고가이며 유입변압기에 비해 소형이고 경량이다.
② 절연물로는 난연성 에폭시 수지를 사용하므로 화재의 우려가 없다.
③ 무부하손을 기존 변압기 대비 75% 이상 절감한 고효율변압기이다.
④ 철(Fe), 붕소(B), 규소(Si) 등의 혼합물 등으로 만들어진 비정질 자성재료를 이용한 변압기이다.

52 정수장 수전설비에 설치된 변압기의 용량은 20MVA이고, %임피던스는 5%이다. 변압기 2차측에 설치할 차단기의 차단용량(MVA)은?
① 100 ② 200
③ 400 ④ 800

53 상수도시설에 사용되는 보호계전기에 관한 설명으로 옳지 않은 것은?
① 회로의 지속성 과전압이 생겼을 경우 과전압계전기가 동작된다.
② 선택지락전류계전기는 영상전압, 영상전류 등을 선택할 수 있어 지락과전압계전기와 보호협조가 용이하다.
③ 과전류계전기는 직접접지계통의 지락사고 시 지락보호를 목적으로 사용된다.
④ 비율차동계전기는 보호하고자 하는 기기의 입력전류와 출력전류의 비가 일정 비율 이상일 때 동작한다.

정답 48 ① 49 ② 50 ① 51 ② 52 ③ 53 ③

54 3상 유도전동기의 기동법이 아닌 것은?
① 직입기동법(전전압기동법)
② Y-△ 기동법
③ 콘덴서 기동법
④ 리액터에 의한 기동법

55 염소가스 누설검지기 설치 시 유의사항이 아닌 것은?
① 시료흡기관은 경질염화비닐 또는 동등품을 사용한다.
② 중화설비와 연동작동을 위한 제어설비를 설치한다.
③ 보수점검 작업에 충분한 조명설비를 설치한다.
④ 연소가스를 간헐적으로 검지 및 경보할 수 있는 검지기를 설치한다.

56 펌프 축수 및 축수통(Packing Box)의 과열 원인에 관한 설명으로 옳지 않은 것은?
① 조립설치 불량, 축심 불일치 시 과부하가 걸리고 발열량이 증가한다.
② 그리스 윤활의 경우 그리스량의 과다로 발열이 되는 경우가 있어 축수통 용량의 1/2~3/4이 적당하다.
③ 속도에 비해 그리스의 점도가 부적당하면 교반손실이 발생하는 경우가 있다.
④ 축과 축받이의 유격이 너무 작으면 회전간격이 작아져 발열하는 경우가 있다.

57 펌프에 관한 설명으로 옳지 않은 것은?
① 배수펌프는 수량의 시간적 변동에 적합한 용량과 대수로 한다.
② 펌프의 대수는 계획수량(최대, 최소, 평균) 및 고장 시를 고려하여 결정한다.
③ 취·송수펌프는 펌프효율이 높은 운전점에서 정해진 일정한 수량을 취·송수 가능한 용량과 대수로 정한다.
④ 흡상식 펌프에서 풋밸브를 설치하지 않는 경우에는 마중물용 펌프를 설치하지 않는다.

58 산업안전보건법상 유해인자별 노출 농도의 허용기준 산정과 관련되는 것을 모두 고른 것은?

| ㄱ. 시간가중평균값 |
| ㄴ. 단시간 노출값 |
| ㄷ. 평균노출농도 |

① ㄱ
② ㄱ, ㄷ
③ ㄴ, ㄷ
④ ㄱ, ㄴ, ㄷ

59 유량제어용 밸브는?
① 볼밸브
② 체크밸브
③ 풋밸브
④ 플랩밸브

60 산업안전보건법령상 안전검사대상기계 등에 해당하는 것을 모두 고른 것은?

> ㄱ. 전단기
> ㄴ. 정격 하중이 2ton 이상 크레인
> ㄷ. 압력용기
> ㄹ. 컨베이어
> ㅁ. 공기압축기

① ㄱ, ㄴ
② ㄱ, ㄷ, ㄹ
③ ㄱ, ㄴ, ㄷ, ㄹ
④ ㄴ, ㄷ, ㄹ, ㅁ

제4과목 정수시설 수리학

61 차원을 가지는 물리량에 해당하는 것을 모두 고른 것은?

> ㄱ. 동점성계수
> ㄴ. 프루드수
> ㄷ. 비중
> ㄹ. 마찰손실계수
> ㅁ. 투수계수
> ㅂ. 체적탄성계수

① ㄱ, ㄴ, ㄷ
② ㄱ, ㅁ, ㅂ
③ ㄴ, ㄹ, ㅂ
④ ㄷ, ㄹ, ㅁ

62 베르누이 정리에 관한 설명으로 옳은 것은?
① 질량보존법칙을 유체의 흐름에 적용한 것이다.
② 압력수두, 위치수두, 온도수두로 구성된다.
③ 관수로에서 발생하는 마찰손실은 고려할 수 없다.
④ 개수로에서 수문을 통과하는 유량의 계산에 적용할 수 있다.

63 수심 3m인 개수로에서 수면 아래 0.6m와 2.4m에서의 유속이 각각 1.4m/s와 0.6m/s인 경우, 평균유속(m/s)은?
① 0.5
② 1.0
③ 1.5
④ 2.0

64 $u = xy + x^2$일 때 2차원 비압축성 유체에 대한 연속방정식을 이용하여 v를 구하면? (단, $y = 0$일 때 $v = 1$이다)

① $v = -\dfrac{y^2}{2} - 2xy + 1$

② $v = -\dfrac{y^2}{4} + 2xy + 1$

③ $v = -\dfrac{xy^2}{2} - 2y + 1$

④ $v = \dfrac{y^2}{2} + 2xy + 1$

정답 60 ③ 61 ② 62 ④ 63 ② 64 ①

65 가로축을 속도경사, 세로축을 전단응력으로 하여 뉴턴유체(Newtonian Fluid)를 그리면 어떤 형상을 가지는가?
① 원점을 지나는 직선
② 원점을 지나지 않는 직선
③ 원점을 지나는 포물선
④ 원점을 지나지 않는 포물선

66 비중이 1.02인 바닷물에 전체 부피의 10%가 수면 밖으로 떠 있는 빙산이 있는 경우, 빙산의 비중은?
① 0.826
② 0.868
③ 0.918
④ 0.974

67 이상유체에서의 속도수두 $v^2/(2g)$를 실제 유체에 적용하기 위한 무차원 상수는?
① 에너지보정계수
② 운동량보정계수
③ 유량계수
④ 마찰손실계수

68 유량측정을 목적으로 사용할 수 없는 것은?
① 벤투리미터
② 오리피스
③ 위 어
④ 점도계

69 개수로에서 정상부등류를 표현한 것으로 옳은 것은?(단, V는 속도벡터이다)
① $\frac{\partial V}{\partial t} = 0,\ \frac{\partial V}{\partial s} = 0$
② $\frac{\partial V}{\partial t} \neq 0,\ \frac{\partial V}{\partial s} = 0$
③ $\frac{\partial V}{\partial t} = 0,\ \frac{\partial V}{\partial s} \neq 0$
④ $\frac{\partial V}{\partial t} \neq 0,\ \frac{\partial V}{\partial s} \neq 0$

70 Moody 도표로 관마찰계수의 크기를 결정하는 경우 주요 인자는?
① 마하수, 프루드수
② 마하수, 레이놀즈수
③ 상대조도, 프루드수
④ 상대조도, 레이놀즈수

71 통수단면적이 0.5m², 윤변이 5m, 동수경사(I)가 0.01이고 조도계수(n)가 0.02인 개수로 흐름에서 Manning 공식을 이용하여 구한 유속(m/s)은 약 얼마인가?(단, 경심을 R이라 할 때, Manning 공식의 유속은 $1/n \times R^{2/3} \times I^{1/2}$이다)
① 0.42
② 0.64
③ 0.86
④ 1.08

72 직경 1m의 관에 유량 0.3m³/s의 물이 4km를 이동할 때 마찰손실수두(m)는 약 얼마인가? (단, 마찰손실계수는 0.018이다)
① 0.24
② 0.53
③ 0.89
④ 1.26

73 폭 10m, 길이 40m, 깊이 3m인 침전지에 지름이 2m인 원형관을 통하여 평균 유속 1m/s로 물이 유입되고 있다. 이 침전지에서 100% 제거할 수 있는 입자의 최소 침강속도(m/day)는 약 얼마인가?
① 488.21
② 678.24
③ 822.35
④ 972.12

74 급속여과지에 관한 설명으로 옳지 않은 것은?
① 여재입경, 여과층의 구성, 여과조절방식, 역세척 빈도 등을 고려하여 설계하여야 한다.
② 공중에서 날아오는 오염물의 영향이 염려될 경우, 여과지 복개 등의 조치를 강구해야 한다.
③ 중력식과 압력식이 있으며, 압력식을 표준으로 사용한다.
④ 여과지 1지의 여과면적은 150m² 이하로 한다.

75 침전지에 유입되는 플록의 제거효율을 높이는 방법으로 옳지 않은 것은?
① 경사판 침전지를 사용한다.
② 플록의 침강속도를 증가시킨다.
③ 유량을 적게 한다.
④ 조압수조를 크게 한다.

76 Chick의 1차 소독 반응속도법칙을 이용하는 경우, 미생물의 농도가 초기에 비해 절반으로 줄어드는 데 걸리는 시간(day)은 약 얼마인가?(단, 살균속도상수(k)는 0.8/day이다)
① 0.623
② 0.866
③ 1.022
④ 1.287

77 펌프의 상사법칙에서 임펠러의 직경이 동일할 때, 양정(H)과 회전속도(N)의 관계는? (단, H_1은 N_1 회전 시의 양정, H_2는 N_2 회전 시의 양정이다)
① $N_2 = N_1 \left(\dfrac{H_2}{H_1}\right)^2$
② $N_2 = N_1 \left(\dfrac{H_1}{H_2}\right)^2$
③ $N_2 = N_1 \left(\dfrac{H_2}{H_1}\right)^{1/2}$
④ $N_2 = N_1 \left(\dfrac{H_1}{H_2}\right)^{1/2}$

78 A 펌프장에서 펌프의 토출량이 0.4m³/min, 흡입구의 유속을 1.6m/s로 양수할 때 토출관의 지름(mm)은?

① 42 ② 53
③ 62 ④ 73

79 A 펌프장이 다음의 조건으로 가동되는 경우 펌프의 효율(%)은 약 얼마인가?

- 동력 : 32kW
- 실양정 : 8.0m
- 펌프 흡입지름 : 600mm
- 손실수두 : 0.8m
- 흡입구 유속 : 1m/s

① 58.4 ② 64.8
③ 76.2 ④ 84.6

80 A 펌프장에서 최고효율점의 양수량이 600 m³/h, 전양정이 6m, 회전속도가 800rpm인 조건으로 운영되는 경우 펌프의 비속도는 약 얼마인가?

① 660 ② 770
③ 880 ④ 990

2020년 제27회 3급 과년도 기출문제

제1과목 수처리공정

01 응집제에 관한 설명으로 옳지 않은 것은?
① PACl은 Poly Aluminum Chloride를 의미한다.
② 황산알루미늄을 사용할 경우, 처리수 중의 잔류 알루미늄 농도의 허용치가 1.0 mg/L가 되도록 한다.
③ 알루미늄염을 물에 가하면 쉽게 가수분해되어 양전하로 하전된 중합체를 형성한다.
④ PACl은 황산알루미늄보다 적정 주입 pH의 범위가 넓으며 알칼리도의 감소가 적다.

02 배출수 처리공정의 순서로 옳은 것은?
① 조정 – 농축 – 탈수 – 건조
② 농축 – 조정 – 탈수 – 건조
③ 농축 – 조정 – 건조 – 탈수
④ 조정 – 농축 – 건조 – 탈수

03 계절 변화에 따른 처리수량에 대한 세척배출수의 비율은?
① 여름이 겨울에 비해 높다.
② 겨울이 여름에 비해 높다.
③ 여름과 겨울이 동일하다.
④ 계절에 상관없다.

04 액화염소 저장설비에 관한 설명으로 옳지 않은 것은?
① 내진 및 내화성으로 한다.
② 용기는 40℃ 이하로 유지한다.
③ 저장소는 2기 이상을 설치하고 그 중 1기는 예비로 한다.
④ 액화염소의 저장량은 1일 사용량의 30일분 이상으로 한다.

05 소독제의 특성에 관한 설명으로 옳지 않은 것은?
① 오존은 살균력이 매우 우수하다.
② 염소 소독은 pH에 따라 살균력이 변한다.
③ 물 속에 부유물이 있을 경우 자외선의 소독효과는 현저히 감소한다.
④ 염소의 살균력의 크기는 차아염소산 이온>차아염소산>클로라민 순서이다.

06 단층여과에서 상향류로 여과하는 방법에 관한 설명으로 옳은 것은?
① 여과속도가 증가되어도 여과층의 변화는 없다.
② 여과속도가 증가되어도 처리수 내 탁질의 변화는 없다.
③ 세척 시 세척배출수의 일부가 잔류한다.
④ 하부는 세립층, 상부는 조립층으로 구성된다.

정답 1 ② 2 ① 3 ② 4 ④ 5 ④ 6 ③

07 여재의 유효경이 0.07cm이고, 여층의 두께가 70cm인 여과지에서 여과속도가 15m/h일 때, 수온 20℃에서의 투수계수(k)는 약 얼마인가?(단, 다음 Hazen 공식에 따라 구하고 c = 124이다)

$$k = c(0.7 + 0.03t)D_e^2$$

① 0.49cm/s ② 0.59cm/s
③ 0.69cm/s ④ 0.79cm/s

08 플록형성지에 관한 설명으로 옳은 것은?
① 짧은 시간에 강한 교반을 하는 것이 효과적이다.
② 체류시간은 5분 이내로 짧게 하는 것이 좋다.
③ 단락류를 형성시키는 것이 플록형성에 효과적이다.
④ 플록형성지는 혼화지와 침전지 사이에 위치한다.

09 소독제인 클로라민에 관한 설명으로 옳은 것을 모두 고른 것은?

ㄱ. 유리잔류염소라고 한다.
ㄴ. 차아염소산보다 살균력이 강하다.
ㄷ. 결합잔류염소라고 한다.
ㄹ. 살균효과가 차아염소산에 비해 오래 지속된다.

① ㄱ, ㄴ ② ㄴ, ㄷ
③ ㄷ, ㄹ ④ ㄱ, ㄹ

10 여과지의 운영 및 관리에 관한 설명으로 옳지 않은 것은?
① 완속여과지의 여과속도는 4~5m/day를 표준으로 한다.
② 여과지의 수는 예비지를 포함하여 2지 이상으로 하고, 10지마다 1지 비율로 예비지를 둔다.
③ 여과자갈의 최대경은 60mm, 최소경은 3mm로 한다.
④ 여과지의 모래면 위의 수심은 150~200cm를 표준으로 한다.

11 전염소처리의 목적으로 옳지 않은 것은?
① 철, 망간을 환원시켜 제거한다.
② 페놀류 및 유기물을 산화시킨다.
③ 조류와 세균을 사멸시키고 번식을 방지한다.
④ 암모니아성 질소, 황화수소와 같은 무기물을 산화시켜 제거한다.

12 응집약품의 관리방법으로 옳은 것은?
① 황산과 같은 산제의 저장설비는 내식성이 높은 재료를 사용한다.
② 수산화나트륨은 강산이 아니므로 위험한 약품은 아니다.
③ 수산화나트륨은 물과 반응하여 급격한 흡열반응을 하므로, 저장용기는 온도변화에 견딜 수 있는 구조로 해야 한다.
④ 석회석은 쉽게 건조하여 소석회가 되므로 건조 상태의 석회석을 유지해야 한다.

정답 7 ④ 8 ④ 9 ③ 10 ④ 11 ① 12 ①

13 각종 염소제에 대한 미생물들의 $C \cdot T$ 값 중 가장 큰 것은?
① *E. coli* – 클로라민 pH 8~9
② *G. lamblia cysts* – 유리염소 pH 6~7
③ *G. lamblia cysts* – 클로라민 pH 8~9
④ *E. coli* – 유리염소 pH 6~7

14 급속혼화시설에 관한 설명으로 옳지 않은 것은?
① 인라인 고정식 혼화는 약품주입에 외부 동력이 불필요하다.
② 가압수 확산에 의한 혼화는 혼화강도를 조절할 수 있고, 소비전력이 기계식 혼화보다 크다.
③ 수류식 혼화장치에는 파샬플룸과 벤투리미터 등이 있다.
④ 기계식 혼화는 순간혼화가 어렵다.

15 배출수 처리방법 중 가장 넓은 부지가 필요하고 날씨 조건의 영향을 많이 받는 것은?
① 기계탈수법 ② 천일건조법
③ 열처리법 ④ 동결융해법

16 맛이나 냄새를 유발하는 생물학적 발생원(미생물)이 아닌 것은?
① 방선균 ② 남조류
③ 질산화균 ④ 황산염 환원균

17 15mg/L인 소독부산물을 입상활성탄으로 흡착처리 하여 5mg/L로 감소시키는 데 필요한 흡착제의 양(mg/L)은 약 얼마인가?(단, Freundlich 흡착 등온식을 사용하며, $K = 0.5$, $n = 0.6$이다)
① 1.17 ② 1.37
③ 5.31 ④ 7.31

18 소독제인 염소의 누출을 확인하기 위해 사용하는 것은?
① 암모니아수 ② 티오황산나트륨
③ 활성탄 ④ 황산

19 분말활성탄의 장점으로 옳은 것은?
① 재생할 수 있어 활성탄 폐기에 따른 문제가 없다.
② 누출에 따른 흑수현상이 없다.
③ 필요량만 사용하므로 경제적이다.
④ 생물활성탄으로 사용 가능하다.

20 소독부산물(THMs)의 처리 및 저감방안으로 옳지 않은 것은?
① 이온교환 ② 활성탄처리
③ 막여과 ④ 오존처리

제2과목 수질분석 및 관리

21 농도 100mg/L를 %로 환산한 값으로 옳은 것은?

① 0.001% ② 0.01%
③ 0.1%   ④ 1%

22 먹는물수질공정시험기준상 '항량으로 될 때까지 건조한다'라 함은 같은 조건에서 1시간 더 건조할 때 전후 차가 g당 몇 mg 이하일 때를 말하는가?

① 0.1 ② 0.2
③ 0.3 ④ 0.5

23 수질오염공정시험기준상 시료채취방법으로 옳지 않은 것은?

① 부유물질이 함유된 시료는 균일성을 유지하기 위해 침전물을 부상하여 혼입한다.
② 수소이온을 측정하기 위해서는 시료를 시료용기에 가득 채워야 한다.
③ 냄새를 측정하기 위한 시료채취 시 유리기구류는 사용 직전에 세척하여 사용한다.
④ 시료채취량은 보통 3~5L 정도로 한다.

24 수질오염공정시험기준상 수질시험의 용량법(적정법)에 해당하는 것은?

① 화학적 산소요구량
② n-Hexane 추출물질
③ 부유물질
④ 총유기탄소

25 먹는물수질공정시험기준상 맛 측정방법에 관한 설명으로 옳지 않은 것은?

① 결과보고는 맛을 측정하여 '있음', '없음'으로 구분한다.
② 측정자 간 개인차가 심하므로 5명 이상의 시험자가 바람직하나 최소한 3명이 필요하다.
③ 염소 맛을 제외하고 판단한다.
④ 시료 200mL를 비커에 넣고 온도를 40~50℃로 높인다.

26 다음은 먹는물수질공정시험기준상 잔류염소 – OT 비색법에 관한 설명이다. ( )에 들어갈 용어를 순서대로 나열한 것은?

> 먹는물 중에 잔류염소를 측정하는 방법으로서 시료의 pH를 ( ) 용액을 사용하여 ( )으로 조절한 후 o-톨리딘용액(o-tolidine hydrochloride, OT)으로 발색하여 잔류염소표준비색표와 비교하여 측정한다.

① 염산, 강산성
② 수산화나트륨, 강알칼리성
③ 탄산칼슘완충, 약알칼리성
④ 인산염완충, 약산성

정답: 21 ② 22 ③ 23 ① 24 ① 25 ② 26 ④

27 A 정수장의 정수지에서 잔류염소의 농도가 0.5mg/L이고 소독제의 접촉시간이 1시간이었다. 바이러스에 대한 $C \cdot T_{요구값}$이 6일 때 이 정수지에서 불활성화비는?

① 3 ② 5
③ 10 ④ 18

28 하루 100,000m³을 처리하는 정수장의 정수지 유입부에 염소를 120kg/day 주입할 때 정수지 유출부의 잔류염소농도가 0.8mg/L이었다. 이 물의 염소요구량(mg/L)은?

① 0.2 ② 0.3
③ 0.4 ④ 0.5

29 자-테스트를 실시하는 목적으로 옳지 않은 것은?

① 주입할 응집제의 종류 결정
② 응집제의 최적 주입량 결정
③ 응집 최적 pH 결정
④ 응집으로 발생되는 슬러지량 결정

30 정수의 혼화, 플록형성에서 속도경사(G) 값에 관한 설명으로 옳은 것은?

① 교반을 위하여 투입되는 에너지가 크면 작아진다.
② 수온이 높으면 작아진다.
③ 물의 점성계수가 크면 작아진다.
④ 혼화지의 부피가 크면 커진다.

31 정수지에 관한 설명으로 옳지 않은 것은?

① 여과수량과 송수량간의 불균형을 조절한다.
② 외부로부터 공기, 빗물 및 먼지가 들어가지 못하는 구조로 한다.
③ 적절한 소독접촉시간($C \cdot T$)을 확보해야 한다.
④ 정수지는 예상 홍수위보다 0.6m 이상 높게 해야 한다.

32 먹는물관리법에서 정의한 '먹는물'에 해당하는 것을 모두 고른 것은?

> ㄱ. 정제수
> ㄴ. 청정수
> ㄷ. 먹는염지하수
> ㄹ. 먹는해양심층수
> ㅁ. 자연 상태의 물을 먹기에 적합하도록 처리한 수돗물

① ㄱ, ㄴ, ㄷ
② ㄱ, ㄴ, ㅁ
③ ㄴ, ㄹ, ㅁ
④ ㄷ, ㄹ, ㅁ

33 지하수의 수질보전 등에 관한 규칙상 지하수를 생활용수로 이용하고자 하는 경우 일반오염물질로 수질검사를 받아야 할 항목은?

① 암모니아성 질소
② 염소이온
③ 부유물질
④ 탁 도

정답 27 ② 28 ③ 29 ④ 30 ② 31 ② 32 ④ 33 ②

34 물환경보전법령상 상수원 구간에서의 조류 경보 경계단계에서 취수장·정수장 관리자의 조치사항으로 옳지 않은 것은?
① 취수구와 조류가 심한 지역에 대한 차단막 설치 등 조류 제거조치 실시
② 조류증식 수심 이하로 취수구 이동
③ 정수의 독소분석 실시
④ 정수처리 강화(활성탄처리, 오존처리)

35 하천법령상 '가뭄의 장기화 등으로 하천수 사용 허가수량을 조정하지 아니하면 공공의 이익에 해를 끼칠 우려가 있는 경우'에 용수 배분의 우선 순위로 옳은 것은?
① 공업용수 → 농업용수 → 생활용수
② 농업용수 → 생활용수 → 공업용수
③ 생활용수 → 농업용수 → 공업용수
④ 생활용수 → 공업용수 → 농업용수

36 먹는물 수질기준 및 검사 등에 관한 규칙상 광역상수도 정수장에서 매일 1회 이상 수질검사를 실시하여야 하는 항목에 해당하지 않는 것은?
① 색 도
② 잔류염소
③ 총대장균군
④ 냄 새

37 수도법령상 정수시설에 유해 미생물이나 화학물질이 투입되는 것에 대비하기 위하여 정수지 및 배수지에 수질자동측정장치를 설치하여야 하는 정수장의 시설용량 기준으로 옳은 것은?
① 10,000m^3/day 이상
② 20,000m^3/day 이상
③ 50,000m^3/day 이상
④ 100,000m^3/day 이상

38 수도법령상 취수지점부터 정수장의 정수지 유출지점까지의 구간에서 정수처리기준에 관한 설명으로 옳은 것은?
① 급속여과지의 탁도가 매월 측정값의 95% 이상이 0.5NTU 이하일 것
② 바이러스를 99/100 이상 제거하거나 불활성화할 것
③ 크립토스포리디움 난포낭을 9,999/10,000 이상 제거할 것
④ 지아디아 포낭을 999/1,000 이상 제거하거나 불활성화할 것

39 수도법령상 일반수도사업자가 준수해야 할 정수처리기준 중 불활성화비 계산을 위해 연속측정장치로 측정해야 하는 항목은?
① 탁 도
② 수 온
③ 수소이온농도
④ 잔류소독제농도

40 먹는물 수질기준 및 검사 등에 관한 규칙상 대장균·분원성 대장균군의 수질기준에 해당하는 것으로 옳은 것은?(단, 샘물·먹는샘물 및 먹는해양심층수의 경우는 제외한다)
① 1mL에서 검출되지 아니할 것
② 10mL에서 검출되지 아니할 것
③ 100mL에서 검출되지 아니할 것
④ 250mL에서 검출되지 아니할 것

제3과목 설비운영 (기계·장치 또는 계측기 등)

41 가압탈수기의 여과포 선정 조건으로 틀린 것은?
① 폐색이 적고 탈수성이 양호할 것
② 케이크 부착성이 양호할 것
③ 사용중 팽창과 수축이 작을 것
④ 안정된 여과속도가 가능할 것

42 다음 밑줄 친 부분이 옳은 것을 모두 고른 것은?

약품주입시설에서 분말약품을 (ㄱ) 슬러리상으로 주입하는 습식방식에는 (ㄴ) 이젝터(Ejector) 주입방식, (ㄷ) 펌프주입방식이 있다.

① ㄱ
② ㄱ, ㄷ
③ ㄴ, ㄷ
④ ㄱ, ㄴ, ㄷ

43 침전지의 정류설비에 관한 설명으로 옳지 않은 것은?
① 정류벽을 유입단에서 1.0m 떨어져 설치한다.
② 유입부에 정류벽 등을 설치하여 지의 횡단면에 균등하게 유입되도록 한다.
③ 지 내에서 편류나 밀도류를 발생시키지 않고 제거율을 높이기 위한 설비이다.
④ 정류벽에서 정류공의 총면적은 유수단면적의 6%를 표준으로 한다.

44 정수처리 막여과 설비가 아닌 것은?
① 약품세정펌프
② 생물반응조
③ 공기저장조
④ 배수밸브

45 정수장의 염소실에 비치하여야 하는 품목을 모두 고른 것은?

ㄱ. 방독마스크
ㄴ. 안전모 2조 이상
ㄷ. 구강세척제
ㄹ. 자외선 램프

① ㄱ, ㄷ
② ㄴ, ㄹ
③ ㄱ, ㄴ, ㄷ
④ ㄱ, ㄴ, ㄹ

정답 40 ③ 41 ② 42 ④ 43 ① 44 ② 45 ③

46 여과지의 세척설비에 포함되는 것을 모두 고른 것은?

　　ㄱ. 세척탱크
　　ㄴ. 표면 및 역세척펌프
　　ㄷ. 교반기
　　ㄹ. 송풍기

① ㄱ, ㄷ　　② ㄱ, ㄴ, ㄹ
③ ㄴ, ㄷ, ㄹ　　④ ㄱ, ㄴ, ㄷ, ㄹ

47 전자식 유량계의 배관 설치 시 유의사항으로 옳지 않은 것은?
① 검출기를 수직으로 설치하는 경우에는 흐르는 방향이 아래에서 위로 되도록 한다.
② 유체가 유량계 검출기 내부에 만관이 되는 구조로 한다.
③ 전자식 유량계실 바이패스관의 양단에는 밸브를 설치한다.
④ 밸브를 1개만 설치할 경우 검출기의 상류쪽에 설치하는 것이 바람직하다.

48 주파수가 50Hz이고 극수가 2극일 때 유도전동기의 이론적 회전수(rpm)는?
① 1,000　　② 2,000
③ 3,000　　④ 4,000

49 전동기 절연진단법이 아닌 것은?
① 유중가스분석시험
② 직류전류시험
③ 교류전류시험
④ 부분방전시험

50 10A의 전류가 저항에 흐를 때 소비전력이 10kW이라면 저항의 크기(Ω)는?
① 20　　② 30
③ 100　　④ 1,000

51 측정액의 밀도변화에 영향을 받지 않고 파도나 흐름의 영향을 받는 수위계는?
① 초음파식 수위계
② 플로트식 수위계
③ 정전용량식 수위계
④ 차압식 수위계

52 유선으로 신호를 전송하는 방법은?
① VHF
② UHF
③ 자가전용선
④ 위성통신망

53 중성점 접지 시 제3고조파의 영향으로 통신선에 유도장해를 발생시키는 변압기 결선법은?
① Y-Y 결선   ② △-△ 결선
③ △-Y 결선   ④ Y-Y-△ 결선

54 상수도 계측제어설비 무인화에 관한 대책으로 옳지 않은 것은?
① 적절한 침입방지 대책을 강구한다.
② 사고 시에도 급배수에 영향을 최소화하도록 한다.
③ 원격감시할 수 있도록 계측제어설비를 설치하는 것을 표준으로 한다.
④ 개인정보보호법 등 관련 법규의 적용을 받지 않아 유연한 설계가 가능하다.

55 액화염소의 저장 또는 사용을 규제하는 법령은?
① 수도법
② 먹는물관리법
③ 고압가스안전관리법
④ 물환경보전법

56 펌프에서 축 추력을 경감시키는 방식이 아닌 것은?
① 스러스트 방식
② 밸런스 디스크 방식
③ 밸런스 방식
④ 후면깃 방식

57 산업안전보건법상 안전검사대상기계 등을 설치·이전하는 경우 안전인증을 받아야 하는 기계에 해당되지 않는 것은?
① 크레인   ② 프레스
③ 곤돌라   ④ 리프트

58 탁도계 측정방식이 아닌 것은?
① 투과산란광비교방식
② 표면산란광측정방식
③ 투과광측정방식
④ 표면광측정방식

59 다음은 중·대용량 전동기 선정 시 고려사항이다. ( )에 들어갈 내용으로 옳은 것은?

• 표준전동기보다 효율이 3~4% 이상 높은 (ㄱ)효율 전동기 사용을 검토한다.
• 전동기는 (ㄴ)상 유도전동기를 표준으로 한다.

① ㄱ : 고, ㄴ : 1
② ㄱ : 저, ㄴ : 3
③ ㄱ : 고, ㄴ : 3
④ ㄱ : 저, ㄴ : 1

60 산업안전보건법령상 유해·위험물질 규정량에서 염소의 제조·취급·저장의 규정량(kg) 기준은?
① 100kg 이상
② 500kg 이상
③ 1,000kg 이상
④ 1,500kg 이상

정답 53 ① 54 ④ 55 ③ 56 ① 57 ② 58 ④ 59 ③ 60 ④

제4과목 정수시설 수리학

61 베르누이(Bernoulli) 정리를 응용한 것이 아닌 것은?
① 토리첼리(Torricelli) 정리
② 운동량방정식(Momentum Equation)
③ 벤투리미터(Venturimeter)
④ 피토관(Pitot Tube)

62 점성계수를 [MLT]계 차원으로 나타낸 것은?
① L^2T^{-1}
② L^3T^{-1}
③ $ML^{-1}T^{-1}$
④ MLT^{-1}

63 물의 밀도에 관한 설명으로 옳지 않은 것은?
① 물의 밀도는 단위체적당 물의 무게를 말한다.
② 물의 밀도는 약 4℃에서 가장 크다.
③ 0℃에서 물의 밀도는 얼음의 밀도보다 크다.
④ 물의 동점성계수는 점성계수를 밀도로 나눈 것이다.

64 관수로에서 레이놀즈수의 계산식과 관계가 없는 항목은?
① 관의 길이
② 관의 직경
③ 유체의 점성계수
④ 관 내의 평균유속

65 관수로의 유량을 측정하는 유량계에 해당하는 것을 모두 고른 것은?

ㄱ. 벤투리미터
ㄴ. 파샬플룸
ㄷ. 오리피스
ㄹ. 위어

① ㄱ, ㄴ
② ㄱ, ㄷ
③ ㄴ, ㄷ
④ ㄴ, ㄹ

66 그림과 같이 수조의 벽에 작은 오리피스를 뚫어 물을 유출시킬 때, 수심(H)이 4배 증가하면 오리피스에서 유출되는 유속은 어떻게 변하는가?(단, 수조 내의 수심은 일정하게 유지하는 것으로 가정한다)

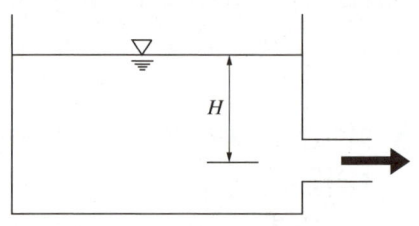

① 1/2로 감소
② 변함없음
③ 2배 증가
④ 4배 증가

67 A시는 취수장에서 정수장까지 도수관이 매설되어 있다. 도수관의 조도계수(n)가 2배로 증가할 때, 유량은 어떻게 변하는가?(단, Manning 공식을 이용하여 구한다)
① 1/2로 감소
② 변함없음
③ 1.4배 증가
④ 2배 증가

68 개수로 흐름에 관한 설명으로 옳지 않은 것은?
① 자유수면이 있는 흐름이다.
② 중력에 의한 흐름이다.
③ 대기압의 영향을 받지 않는다.
④ 오수유입의 우려가 있다.

69 직경 1m인 원형관에 물이 가득차서 흐를 때, 동수반경(m)은 얼마인가?
① 0.1   ② 0.25
③ 0.5   ④ 1.0

70 관수로 흐름에서 발생하는 미소손실이 아닌 것은?
① 관벽의 마찰로 인한 손실
② 관의 유입부 손실
③ 관로 단면 확대에 의한 손실
④ 관 내의 밸브로 인한 손실

71 반경 0.3m, 길이 300m인 관로에 유속 3m/s로 물이 흐를 때, 마찰손실수두(m)는 약 얼마인가?(단, 마찰손실계수는 0.01이다)
① 0.77   ② 1.5
③ 2.3   ④ 4.6

72 플록형성지에 관한 설명으로 옳지 않은 것은?
① 플록형성시간은 계획정수량에 대하여 20~40분간을 표준으로 한다.
② 교반설비는 수질변화에 따라 교반강도를 조절할 수 있는 구조로 한다.
③ 기계식교반에서 플록큐레이터의 주변속도는 15~80cm/s로 한다.
④ 플록형성지 내의 교반강도는 하류로 갈수록 점차 증가시키는 것이 바람직하다.

73 급속혼화의 방법으로 적합하지 않은 것은?
① 수류식 교반
② 펌프확산에 의한 방법
③ 기계식 교반
④ 플록큐레이터에 의한 교반

74 여과지에 유입되는 유량이 12,000m³/day이고 여과지 표면적이 100m²일 때, 여과속도(m/day)는 얼마인가?
① 100   ② 120
③ 140   ④ 150

75 $C \cdot T$ 값을 20mg/L·min로 설계한 장방형 정수지의 잔류염소농도가 0.5mg/L인 경우, 소독능을 만족하기 위한 정수지의 최소 체류시간(min)은?(단, T_{10}/T는 1.0으로 한다)
① 10   ② 20
③ 30   ④ 40

76 캐비테이션에 대하여 안전하기 위해서는 이용할 수 있는 유효흡입수두가 펌프에서 필요로 하는 유효흡입수두보다 커야 한다. 일반적으로 두 수두차(m)는 얼마 이상이 바람직한가?
① 0.1   ② 0.4
③ 0.7   ④ 1.0

77 펌프의 규정회전속도가 1,000rpm일 때 양정은 1m이다. 펌프의 회전속도를 1,200rpm으로 운전하는 경우 양정(m)은 얼마인가?
① 1.0   ② 1.2
③ 1.44 ④ 1.73

78 펌프의 회전수(N)가 1,000rpm, 토출량(Q)이 4m³/min, 전양정(H)이 4m인 펌프의 비속도(N_s)는 약 얼마인가?
① 500   ② 707
③ 1,000 ④ 1,414

79 펌프로 유량 1m³/s의 물을 전양정 20m 양수할 때, 요구되는 펌프의 축동력(kW)은 약 얼마인가?(단, 펌프의 효율은 80%이다)
① 4   ② 196
③ 245   ④ 5,868

80 수격작용을 경감하기 위해 사용하는 방법이 아닌 것은?
① 펌프에 플라이휠을 붙인다.
② 착수정을 설치한다.
③ 조압수조를 설치한다.
④ 압력수조를 설치한다.

75 ④ 76 ④ 77 ③ 78 ② 79 ③ 80 ②

2020년 제28회 1급 과년도 기출문제

제1과목 수처리공정

01 수처리제에 관한 설명으로 옳은 것을 모두 고른 것은?

> ㄱ. 응집제는 원수 중의 용존물질을 플록형 태로 응집시켜 침전되기 쉽고 여과지에 서 포착되기 쉽게 하기 위하여 사용한다.
> ㄴ. 응집보조제는 침전효율 및 여과효율 향상 을 위해 응집제와 함께 사용될 수 있다.
> ㄷ. 적정 주입률은 Jar-test로 결정하는 방 식이 일반적이다.
> ㄹ. pH조정제로서 원수의 pH가 중성보다 높은 경우에 수산화나트륨이 사용된다.

① ㄱ, ㄷ ② ㄱ, ㄹ
③ ㄴ, ㄷ ④ ㄷ, ㄹ

02 응집제의 저장에 관한 설명으로 ( )에 들어갈 내용을 순서대로 나열한 것은?

> 응집제 저장설비의 용량은 계획정수량에 각 약품의 ( )주입률을 곱하여 산정하고 ( ) 일분 이상으로 한다.

① 평균, 30
② 최대, 30
③ 평균, 10
④ 최대, 10

03 플록형성지에 관한 설명으로 옳지 않은 것은?

① 플록형성시간은 계획정수량에 대하여 20~40분간을 표준으로 한다.
② 표준형태는 직사각형이며 플록큐레이터 (Flocculator) 등을 설치한다.
③ 플록형성은 응집된 미소플록을 크게 성 장시키기 위하여 적당한 기계식 교반이 나 우류식 교반이 필요하다.
④ 교반설비는 수량변화에 따라 교반강도 를 조절할 수 있는 구조로 한다.

04 계획정수량이 180,000m³/day인 정수장에 서 여과속도를 150m/day로 할 경우 필요한 여과지의 수는?(단, 1지의 여과면적은 100m² 로 하고 예비지 설치는 고려하지 않는다)

① 8   ② 10
③ 12 ④ 18

05 급속여과지에서 여재 입경을 작게 할수록 나 타나는 특징에 관한 설명으로 옳은 것은?

① 플록저지율이 낮다.
② 표면여과의 경향이 약하다.
③ 머드볼(Mud Ball) 생성이 쉽다.
④ 손실수두 증가가 느리다.

정답 1 ③ 2 ① 3 ④ 4 ③ 5 ③

06 여과사의 균등계수가 1에 가까울 경우에 관한 설명으로 옳은 것은?
① 모래층의 공극률이 작아진다.
② 탁질억류가능량은 감소한다.
③ 손실수두가 작아진다.
④ 충분한 여과지속시간을 유지하기 어렵다.

07 랑게리아지수(LI)를 증가시킬 수 있는 방법으로 옳지 않은 것은?
① 수산화칼슘 주입
② 수산화나트륨 주입
③ 소석회 주입
④ 이산화탄소 주입

08 염소소독에 관한 설명으로 옳지 않은 것은?
① 수도꼭지에서 수돗물의 유리잔류염소는 0.1mg/L 이상 유지하여야 한다.
② 액화염소의 저장량은 항상 1일 사용량의 30일분 이상으로 한다.
③ 수도꼭지에서 수돗물의 유리잔류염소는 4.0mg/L를 넘지 않아야 한다.
④ 암모니아성 질소와 반응할 경우 소독효과를 약하게 한다.

09 전염소처리 및 중간염소처리의 목적에 관한 설명으로 옳은 것을 모두 고른 것은?

ㄱ. 원수 중의 일반세균이 1mL 중 5,000 CFU 이상 혹은 대장균군(MPN)이 100mL 중 2,500 이상 존재하는 경우에 여과 전에 세균을 감소시킨다.
ㄴ. 조류, 소형동물, 철박테리아 등이 다수 생식하고 있는 경우에는 이들을 사멸시키고 또한 정수시설 내에서 번식하는 것을 방지한다.
ㄷ. 원수 중에 철과 망간이 용존하여 후염소 처리 시 탁도나 색도를 증가시키는 경우에는 미리 전염소 또는 중간염소처리하여 불용해성 산화물로 존재 형태를 바꾸어 후속공정에서 제거한다.
ㄹ. 황화수소의 냄새, 하수의 냄새, 조류 등의 냄새 등을 제거한다.

① ㄱ, ㄴ   ② ㄱ, ㄷ
③ ㄴ, ㄷ, ㄹ   ④ ㄱ, ㄴ, ㄷ, ㄹ

10 염소제에 관한 설명으로 옳은 것을 모두 고른 것은?

ㄱ. 액화염소 중의 유효염소성분은 거의 100%이다.
ㄴ. 차아염소산나트륨은 액체로 산성이 강하다.
ㄷ. 차아염소산나트륨은 농도가 높은 것일수록 안정하다.
ㄹ. 차아염소산나트륨은 액화염소에 비하면 취급성이 좋다.

① ㄱ, ㄴ   ② ㄱ, ㄹ
③ ㄱ, ㄷ, ㄹ   ④ ㄴ, ㄷ, ㄹ

11 액화염소의 주입설비에 관한 설명으로 옳지 않은 것은?
① 사용량이 10kg/h 이상인 시설에는 원칙적으로 기화기를 설치한다.
② 염소주입기실은 가능한 주입지점에 가깝게 설치한다.
③ 염소주입기실은 실내온도를 항상 15~20℃로 유지되도록 간접보온장치를 설치한다.
④ 염소주입기실은 주입점의 수위보다 높은 실내에 설치한다.

12 차아염소산나트륨의 저장설비가 갖추어야 할 조건으로 옳지 않은 것은?
① 저장조 또는 용기로 저장하고 2기 이상 설치한다.
② 저장조에 온도 조절 장치를 설치하고, 조정실에는 난방장치를 설치한다.
③ 저장조 또는 용기에는 수소가스 배출이 원활하도록 통풍구(Vent) 또는 송풍기(Air Blower) 등을 설치한다.
④ 저장조 또는 용기는 직사일광이 닿지 않고 통풍이 좋은 장소에 설치한다.

13 염소누출에 대비한 제해설비에 관한 설명으로 옳은 것은?
① 염소저장량이 1,000kg 이상의 시설에서는 중화 및 흡수용 제거제를 상비해야 한다.
② 염소저장량이 1,000kg 미만의 시설에서는 중화반응탑 등의 중화장치를 설치해야한다.
③ 중화설비에 사용되는 수산화나트륨용액의 농도는 5~10%의 범위로 한다.
④ 중화반응탑에는 충전탑식, 회전흡수방식, 경사판방식이 있다.

14 슬러지의 탈수성에 관한 설명으로 옳은 것은?
① Al/T비가 낮을수록 비저항 값이 적다.
② 탈수성은 동절기에 향상된다.
③ 유기물이 증가하면 탈수성이 향상된다.
④ 리프테스트(Leaf Test)를 실시하여 슬러지의 침전성을 평가할 수 있다.

15 함수율 97%인 슬러지 210m³을 탈수하여 함수율을 79%로 하였을 때, 탈수케이크의 부피(m³)는?(단, 슬러지의 비중은 1로 한다)
① 10 ② 20
③ 30 ④ 40

16 수돗물에서 흑수 발생에 관한 설명으로 ( )에 들어갈 내용을 순서대로 나열한 것은?

> 수돗물에서 흑수 발생의 주요 원인물질은 ( )이며, 이 물질의 수돗물 수질 기준은 ( )mg/L 이하이다.

① 망간, 0.3
② 철, 0.3
③ 망간, 0.05
④ 철, 0.05

17 입상활성탄 처리공정에 관한 설명으로 옳지 않은 것은?

① 여과공정 전, 후에 위치하는 것이 일반적이며, 침전공정 이후에 흡착과 여과를 목적으로 F/A(Filter-Adsorber) 공정으로 운영할 수 있다.
② 일반적으로 친수성이 강하고 분자량이 큰 물질일수록 활성탄에 흡착되기 쉽다.
③ 맛・냄새물질, 소독부산물, 색도 등 다양한 유기물 제거 목적으로 사용할 수 있다.
④ 흡착방식은 기본적으로 고정상(Fixed Bed)식과 유동상(Fluidized Bed)식으로 분류된다.

18 고도산화법(AOP)에서 오존과 함께 사용할 수 있는 약품이나 방법으로 옳은 것은?

① 낮은 pH
② 이산화탄소
③ 자외선
④ 적외선

19 오존접촉지에 관한 설명으로 옳지 않은 것은?

① 구조는 밀폐식으로 하고 오존과 물의 혼화와 접촉이 효과적으로 이루어져서 흡수율이 높도록 한다.
② 효율적인 오존공정 제어를 위하여 처리수량, 오존 주입량, 잔류오존, 대기오존(누출오존) 농도를 상시 계측하여야 한다.
③ 오존주입 풍량, 재이용 풍량, 배오존 풍량 등은 풍량의 수지에 균형이 맞도록 설계한다.
④ 용량은 오존처리에 필요한 접촉시간과 반응시간이 충분하도록 하고 접촉지에는 우회관을 설치하지 않는다.

20 수도용 막의 여과법과 제거 가능 물질 간의 연결로 옳지 않은 것은?

① 한외여과법 - 칼슘이온, 황산이온
② 정밀여과법 - 세균, 바이러스
③ 나노여과법 - 농약, 합성세제
④ 역삼투법 - 염소이온, 금속이온

제2과목 수질분석 및 관리

21 먹는물수질공정시험기준상 시험용 시료 중 폴리에틸렌병에 채취해야 하는 항목은?

① 이온류 중 플루오린
② 유기인계 농약 중 다이아지논
③ 소독제 및 소독부산물 중 폼알데하이드
④ 휘발성 유기화합물 중 벤젠

22 먹는물수질공정시험기준상 미생물 시험방법과 사용되는 배지의 종류를 연결한 것으로 옳지 않은 것은?
① 저온일반세균-평판집락법 : R2A 한천
② 총대장균군-시험관법(확정시험) : BGLB
③ 분원성대장균군-시험관법(확정시험) : EC
④ 대장균-막여과법(확정시험) : BGLB

23 먹는물수질공정시험기준상 pH 범위로 옳지 않은 것은?
① 약산성 : 약 3~5
② 강산성 : 약 3 이하
③ 중성 : 약 6~8
④ 강알칼리성 : 약 11 이상

24 먹는물수질공정시험기준상 증발잔류물 시험방법에 관한 설명으로 옳지 않은 것은?
① 시료는 12시간 이내에 증발처리를 하여야 하나 최대 14일을 넘기지 말아야 한다.
② 눈에 보이는 이물질이 들어 있을 때에는 제거해야 한다.
③ 정량한계는 5mg/L이고, 정량범위는 5~20,000mg/L이다.
④ 시료를 103~105℃에서 건조하고 데시케이터에서 식힌 후 무게를 달아 증발접시의 무게차로부터 증발잔류물의 농도(mg/L)를 구한다.

25 먹는물수질공정시험기준상 시료의 보존방법 중 4℃ 냉암소에서 보관하였을 때 최대보존기간이 가장 긴 항목은?
① 세 제
② 플루오린
③ 폼알데하이드
④ 다이클로로메탄

26 먹는물의 병원성 생물체 존재를 확인하기 위한 지표미생물의 선정기준에 관한 설명으로 옳지 않은 것은?
① 검출이 빠르고 간단하며, 재현성이 있어야 한다.
② 개체수는 오염도와 관련이 있어야 한다.
③ 병원균에 비해 생존시간이 더 길거나 같아야 하고, 그 수도 많아야 한다.
④ 자연상태에서 잘 성장하여야 한다.

27. 수질오염공정시험기준상 총유기탄소-고온 연소산화법에 관한 설명으로 옳은 것을 모두 고른 것은?

> ㄱ. 정량방법은 무기성 탄소를 사전에 제거하여 측정하거나 무기성 탄소를 측정한 후 총탄소에서 감하여 총유기탄소의 양을 구하며, 정량한계는 0.3mg/L이다.
> ㄴ. '무기성 탄소(IC)'란 수중에 탄산염, 중탄산염, 용존이산화탄소 등 무기적으로 결합된 탄소의 합을 말한다.
> ㄷ. '용존성 유기탄소(DOC)'란 총유기탄소 중 공극 0.45μm의 여과지를 통과하는 유기탄소를 말한다.
> ㄹ. 총탄소 중 무기성 탄소 비율이 50% 미만인 시료는 비정화성 유기탄소(NPOC) 정량방법으로 정량한다.
> ㅁ. 높은 농도(수 mg/L 이상)의 휘발성 유기물질(VOC)이 존재하는 시료는 가감(TC-IC) 정량방법으로 정량한다.

① ㄱ, ㄴ
② ㄷ, ㄹ
③ ㄱ, ㄴ, ㄷ, ㅁ
④ ㄴ, ㄷ, ㄹ, ㅁ

28. 먹는물 수질감시항목 운영 등에 관한 고시상 정수에서의 수질 검사주기가 가장 짧은 항목은?

① Geosmin
② Styrene
③ Benzo(a)pyrene
④ 2,4-D

29. 먹는물 수질기준 및 검사 등에 관한 규칙상 먹는물 수질기준 중 건강상 유해영향 무기물질에 관한 기준이 옳지 않은 것은?

① 납은 0.01mg/L를 넘지 아니할 것
② 수은은 0.01mg/L를 넘지 아니할 것
③ 시안은 0.01mg/L를 넘지 아니할 것
④ 암모니아성 질소는 0.5mg/L를 넘지 아니할 것

30. 물환경보전법령상 수질오염경보 중 상수원 구간의 조류경보 단계 중 '경계' 단계의 발령 기준은?

① 2회 연속 채취 시 남조류 세포수가 1,000세포/mL 이상 10,000세포/mL 미만인 경우
② 2회 연속 채취 시 남조류 세포수가 10,000세포/mL 이상 1,000,000세포/mL 미만인 경우
③ 2회 연속 채취 시 남조류 세포수가 1,000,000세포/mL 이상인 경우
④ 2회 연속 채취 시 남조류 세포수가 1,000세포/mL 미만인 경우

31. 먹는물관리법령상 수질개선부담금의 용도에 해당하지 않는 것은?

① 먹는물관리법에 따른 샘물보전구역을 지정한 시·도지사에 대한 지원
② 수도법에 따른 상수원의 확보 및 상수원보호구역의 지정·관리
③ 지하수법에 따른 지하수보전구역의 지정을 위한 조사의 실시
④ 지하수자원의 개발·이용 및 보전·관리를 위한 기초조사와 복구사업의 실시

32 먹는물 수질기준 및 검사 등에 관한 규칙상 소독제 및 소독부산물질에 관한 기준(mg/L)의 값이 낮은 것부터 높은 것 순으로 바르게 나열된 것은?

① 폼알데하이드 < 총트라이할로메탄 < 클로로폼 < 트라이클로로아세토나이트릴
② 클로로폼 < 트라이클로로아세토나이트릴 < 폼알데하이드 < 총트라이할로메탄
③ 총트라이할로메탄 < 폼알데하이드 < 트라이클로로아세토나이트릴 < 클로로폼
④ 트라이클로로아세토나이트릴 < 클로로폼 < 총트라이할로메탄 < 폼알데하이드

33 우리나라 정수처리기준의 특징에 해당하지 않는 것은?

① 수돗물에 함유되어서는 안 되는 여러 가지 물질들에 대해, 사람의 건강 보호 측면에서 허용할 수 있는 최소농도를 정한 것이다.
② 수질관리측면에서의 최적의 운영을 위한 기준이다.
③ 병원성 미생물의 농도 대신 각 처리공정의 수질운영기준 준수 여부를 검사한다.
④ 수도꼭지가 아닌 정수처리가 이루어지는 각 공정에 적용되는 기준이다.

34 수도법령상 50,000m^3 이상 100,000m^3 미만 시설규모(일 기준)의 일반수도사업자가 배치해야 할 정수시설운영관리사 배치기준은?

① 1급 2명 이상, 2급 3명 이상, 3급 5명 이상
② 1급 1명 이상, 2급 3명 이상, 3급 4명 이상
③ 1급 1명 이상, 2급 2명 이상, 3급 3명 이상
④ 1급 1명 이상, 2급 1명 이상, 3급 2명 이상

35 상수도 정수시설의 배오존처리 등에 관한 설명으로 옳지 않은 것은?

① 배오존은 모래여과지나 활성탄흡착지에서의 농도는 낮지만 오존접촉지에서는 일시적으로 상당히 높은 농도의 오존이 배출되는 경우가 있다.
② 활성탄흡착분해법은 오존을 매우 효과적으로 파괴할 수 있으며, 배오존농도가 낮을 경우에 잘 이용된다.
③ 가열분해법은 350℃에서 1초 정도 체류시킴으로써 배오존을 충분히 파괴시킬 수 있다.
④ 촉매분해법은 오존의 열분해보다 고온에서 일어나므로 비용면에서 불리하며 특별한 경우에 한정되어 이용된다.

36 불활성화비 계산방법 및 정수처리 인증 등에 관한 규정상 정수시설의 여과방식 중 소독공정에서 요구되는 바이러스의 불활성화율이 큰 순서대로 바르게 나열된 것은?
① 정밀여과(MF) > 한외여과(UF) > 직접여과 > 급속여과
② 정밀여과(MF) > 직접여과 > 급속여과 > 한외여과(UF)
③ 정밀여과(MF) > 한외여과(UF) > 급속여과 > 직접여과
④ 정밀여과(MF) > 급속여과 > 직접여과 > 한외여과(UF)

37 정수장 일일유량이 45,000m³/day인 정수시설에서 배수구역 수도꼭지수의 잔류염소를 0.5mg/L로 유지하고자 한다. 다음 조건에서 정수장에 일일 투입되는 염소량(kg/day)은?

- 물과 접촉하는 시설에 의한 염소소비량 : 0.3mg/L
- 물의 염소요구량 : 1.2mg/L

① 18   ② 45
③ 63   ④ 90

38 막여과 정수시설의 설치기준상 수도용 막모듈의 성능기준 중 여과성능 0.05m³/m²·일 이상 및 염화나트륨 제거성능 93% 이상에 해당되는 막모듈은?
① 정밀여과막모듈
② 한외여과막모듈
③ 나노여과막모듈
④ 역삼투막모듈

39 먹는물수질공정시험기준상 이온크로마토그래피 방법으로 측정할 수 있는 수질 항목은?
① 망 간
② 질산성 질소
③ 카바릴
④ 1,4-다이옥산

40 상수도 정수시설의 활성탄흡착시설에서 입상활성탄처리의 장점에 해당하는 것은?
① 기존 처리시설을 사용하여 처리할 수 있다.
② 단기간 처리하는 경우 필요량만 구입하므로 경제적이다.
③ 활성탄 누출에 의한 흑수현상 문제의 염려가 거의 없다.
④ 사용하고 버리므로 원생동물이 번식할 우려가 거의 없다.

제3과목 설비운영 (기계·장치 또는 계측기 등)

41 정수장 탈수설비에 관한 내용으로 옳은 것은?
① 벨트프레스 탈수기는 연속식 슬러지처리설비로 대규모 정수장에 많이 사용된다.
② 가압압착형 필터프레스 탈수기의 경우 가압형 필터프레스에 비하여 설비구성이 간단하다.
③ 벨트프레스 탈수기는 슬러지성상에 따라 전처리 공정이 필요하지 않다.
④ 원심탈수기의 경우 드럼과 진공장치, 여과포로 구성된다.

42 수도시설에 사용되는 밸브 중에서 구조가 간단하며 개폐토크가 작고 유량특성이 우수하여 제어용으로 가장 널리 사용되는 밸브는?

① 플랩밸브
② 다공가변형 오리피스밸브
③ 버터플라이밸브
④ 슬루스밸브

43 배출수 및 슬러지 처리시설과 해당 운영설비의 연결이 옳지 않은 것은?

① 배슬러지지 – 여과기
② 배출수지 – 회수펌프
③ 탈수시설 – 가압탈수기
④ 농축시설 – 슬러지수집기

44 펌프의 유지관리를 위한 점검항목과 그 판정기준에 관한 내용으로 옳지 않은 것은?

① 압력계 및 진공계의 값을 통하여 펌프의 운전이 정격점 부근에서 운전하고 있는지 확인한다.
② 손을 대어 보아 이상진동이 느껴지는지 감지해 본다.
③ 그리스량이 과다하면 과열의 원인이 되므로 베어링 하우징의 1/3~1/2이면 충분하다.
④ 운전 시 전류값은 명판 전류값(정격전류) 이상이어야 한다.

45 다음에서 설명하고 있는 침전설비는?

- 원수 탁도 10NTU 이상의 조건에서 사용한다.
- 처리수량의 변동이 적은 안정적인 조건하에 운영하는 것이 바람직하다.
- 경사판 등의 침강장치의 설치가 필요할 경우 슬러지 계면의 상부에 설치한다.
- 기존 플록이 존재하는 중에 새로운 플록을 형성하여 응집침전의 효율을 향상시킨다.

① 경사판침전지
② 용존공기부상식 침전지
③ 고속응집침전지
④ 횡류식 침전지

46 정수장에 사용되는 약품주입설비의 운영에 관한 내용으로 옳은 것을 모두 고른 것은?

ㄱ. 분말약품의 경우 안정적인 주입을 위해서는 슬러리 형태로 건식주입방식을 이용한다.
ㄴ. 응집제의 경우 습식 또는 건식방식으로 주입한다.
ㄷ. 액체약품의 주입펌프에는 STS316 이상, 세라믹 또는 고무나 염화비닐의 라이닝을 한 재질을 적용한다.
ㄹ. 습식주입은 자연유하, 펌프주입, 이젝터 주입방식이 가능하다.

① ㄱ
② ㄷ, ㄹ
③ ㄱ, ㄴ, ㄹ
④ ㄴ, ㄷ, ㄹ

47 변압기의 병렬운전 조건으로 옳지 않은 것은?
① 극성이 같을 것
② 역률이 같을 것
③ 1차 및 2차의 정격전압이 같을 것
④ %임피던스 강하가 같을 것

48 상수도설계기준상 비상용 전원설비에 관한 설명이다. ( )에 들어갈 내용으로 옳은 것은?

> 중요한 수도시설에서는 정전의 영향을 피하기 위하여 (ㄱ) 수전방식을 채택하는 것이 바람직하다. 그러나 이러한 방식을 취하더라도 정전이 전혀 없도록 하는 것은 불가능하기 때문에 정전 시 단시간 내에 전원을 절체할 수 있도록 (ㄴ)을(를) 필요에 따라 설치한다.

① ㄱ : 1회선, ㄴ : 직류전원장치
② ㄱ : 2회선, ㄴ : 비상용 자가발전설비
③ ㄱ : 루프, ㄴ : 무정전전원장치
④ ㄱ : 스폿 네트워크, ㄴ : 절체개폐기

49 상수도설계기준상 상수도시설의 계측제어설비가 이상적인 제 기능을 충분히 발휘하기 위하여 기준에서 정하고 있는 현장 설치 시 고려해야 할 주요사항이 아닌 것은?
① 계측제어설비의 미관에 대한 고려사항
② 악조건 환경에 대한 고려사항
③ 발신기의 설치 위치에 대한 고려사항
④ 도압배관에 대한 주요 고려사항

50 직류전동기 중에서 복권전동기의 특성으로 옳지 않은 것은?
① 자여자 방식의 전동기이다.
② 속도와 토크는 직권전동기와 분권전동기의 중간 특성을 갖는다.
③ 계자전류를 변화시켜 속도를 제어할 수 있다.
④ 무부하에서 정격부하에 이르기까지 부하변동에 따른 속도의 변동이 전혀 없다.

51 역률 80%(지상)인 100kW의 부하를 역률 95%로 개선하기 위해 필요한 콘덴서의 용량(kVA)은 약 얼마인가?(단, 소수점 이하는 버린다)
① 38
② 42
③ 50
④ 58

52 수·변전설비용 기기 및 계기용 변성기와 주요기능의 연결이 옳지 않은 것은?
① 영상변류기(ZCT) - 선로 또는 기기의 영상전류를 감지
② 피뢰기(LA) - 외부의 이상전압 침입 시 전기기기 및 선로 보호
③ 계기용 변압기(PT) - 고압 또는 저압의 대전류가 흐르는 선로의 전류를 측정
④ 기중차단기(ACB) - 선로개폐 시 발생하는 아크를 대기 중에서 소호

47 ② 48 ② 49 ① 50 ④ 51 ② 52 ③

53. 상수도설계기준상 전기설비에 관한 설명으로 옳은 것은?
① 수·변전설비의 최대수요전력(kW)은 설비용량(kVA)보다 충분히 커야 한다.
② 전력설비는 감전사고를 방지하기 위하여 충분한 조치를 취하고, 접지에 의하여 오조작을 방지할 수 있어야 한다.
③ 배전설비의 배전용 개폐장치는 가스절연 방식으로만 해야 한다.
④ 역률개선을 위해 고압콘덴서를 설치할 때는 별도의 차단장치 없이 직렬로 연결하는 것을 원칙으로 한다.

54. 산업안전보건법령상 안전보건표지의 종류와 형태에서 '위험장소 경고'에 해당하는 것은?

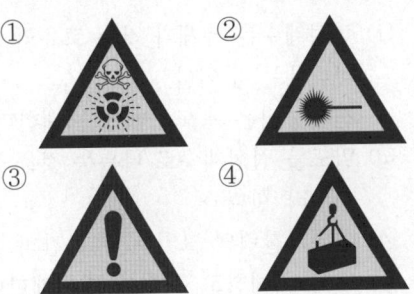

55. 산업안전보건법에서 정하고 있는 산업재해 예방을 위해 설치·운영하는 시설이 아닌 것은?
① 산업 안전 및 보건에 관한 지도시설, 연구시설 및 교육시설
② 안전보건진단 및 작업환경측정을 위한 시설
③ 노무를 제공하는 사람의 건강을 유지·증진하기 위한 시설
④ 그 밖에 환경부령으로 정하는 산업재해 예방을 위한 시설

56. 상수도설계기준상 자외선(UV) 소독작용의 주파장(nm)은?
① 213.7　② 235.7
③ 253.7　④ 273.7

57. 오존처리에서 유의해야 할 사항으로 옳지 않은 것은?
① 충분한 산화 반응을 진행시킬 접촉지가 필요하다.
② 전염소처리를 할 경우도 염소와 반응하여 잔류염소가 증가된다.
③ 배오존처리설비가 필요하다.
④ 설비의 사용재료는 충분한 내식성이 요구된다.

58 수도용 막의 종류와 분리경의 연결이 옳지 않은 것은?

① 정밀여과막 – 공칭공경 0.01μm 이상
② 한외여과막 – 분획분자량 100,000Dalton 이하
③ 나노여과막 – 염화나트륨 제거율 5~93% 미만
④ 해수담수화 역삼투막 – 염화나트륨 제거율 93% 미만

59 상수도설계기준상 다음에서 설명하고 있는 여과방식은?

> 응집제를 여과지에 유입되는 관로에 주입하는 방식으로 일반정수처리공정과 비교하여 응집공정 및 침전공정이 생략된 상태이다. 이러한 방식은 원수의 수질변화가 큰 원수나 최적응집제주입량이 과다한 원수에서는 사용이 어렵다.

① 인라인여과 ② 직접여과
③ 완속여과   ④ 자연평형형 여과

60 급속여과지의 여과면적과 지수 및 형상에 관한 설명으로 옳지 않은 것은?

① 여과면적은 계획정수량을 여과속도로 나누어 계산한다.
② 여과지 수는 예비지를 포함하여 2지 이상으로 한다.
③ 여과지 1지의 여과면적은 150m² 이하로 한다.
④ 형상은 원형을 표준으로 한다.

제4과목 정수시설 수리학

61 [MLT]계로 나타낸 물리량의 차원표시로 옳지 않은 것은?(단, [M]은 질량, [L]은 길이, [T]는 시간을 표시하는 차원이다)

① 비중량 : $[ML^{-2}T^{-1}]$
② 힘 : $[MLT^{-2}]$
③ 동점성계수 : $[L^2T^{-1}]$
④ 표면장력 : $[MT^{-2}]$

62 다음 중 무차원에 해당하는 것을 모두 고른 것은?

ㄱ. 레이놀즈수	ㄴ. 동점성계수
ㄷ. 프루드수	ㄹ. 비 중
ㅁ. 각속도	ㅂ. 표면장력

① ㄱ, ㄴ, ㄷ   ② ㄱ, ㄷ, ㄹ
③ ㄴ, ㄹ, ㅁ   ④ ㄹ, ㅁ, ㅂ

63 뉴턴(Newton)의 점성법칙에 관한 설명으로 옳지 않은 것은?

① 점성계수는 유체가 갖는 고유의 성질을 나타내는 값이다.
② 전단응력은 속도구배에 비례한다.
③ 밀도를 점성계수로 나누는 것을 동점성계수라 한다.
④ 내부마찰력의 크기는 두 층간의 상대속도에 비례하고 거리에 반비례한다.

64 베르누이 방정식에 관한 설명으로 옳지 않은 것은?

① 실제 유체에서 손실수두를 고려하면
$$z_1 + \frac{p_1}{\gamma} + \frac{v_1^2}{2g} = z_2 + \frac{p_2}{\gamma} + \frac{v_2^2}{2g} + h_L$$

② 두 점 사이에 펌프를 설치하면
$$z_1 + \frac{p_1}{\gamma} + \frac{v_1^2}{2g} = z_2 + \frac{p_2}{\gamma} + \frac{v_2^2}{2g} + E_p + h_L$$

③ 두 점 사이에 터빈을 설치하면
$$z_1 + \frac{p_1}{\gamma} + \frac{v_1^2}{2g} = z_2 + \frac{p_2}{\gamma} + \frac{v_2^2}{2g} + E_T + h_L$$

④ 베르누이의 정리를 압력항으로 사용할 때
$$p_1 + \frac{1}{2}\rho v_1^2 + \rho g z_1 = p_2 + \frac{1}{2}\rho v_2^2 + \rho g z_2$$

65 모세관 현상에 관한 설명으로 옳지 않은 것은?

① 액체와 고체의 벽면이 이루는 접촉각은 액체의 종류와 관계없이 동일하다.
② 물과 같이 부착력이 응집력보다 크면 유리관 속 액체가 자유수면보다 위로 올라간다.
③ 수은과 같이 응집력이 부착력보다 크면 유리관 속 액체가 자유수면보다 아래로 내려간다.
④ 액체와 벽면 사이의 부착력과 액체 분자 간 응집력의 상대적인 크기에 의해 영향을 받는다.

66 직경 1cm의 원형관에 10℃의 물이 흐를 때 한계 레이놀즈수(Re)가 2,320이면 한계유속(cm/s)은 약 얼마인가?(단, 10℃일 때 밀도 $\rho = 0.9997\text{g/cm}^3$, 점성계수 $\mu = 0.0131$ g/cm·s이다)

① 17.70 ② 20.40
③ 23.40 ④ 30.40

67 다음 그림의 A 수조에서 손실수두가 $3V^2/2g$일 때 관을 통한 유량(m³/s)은 약 얼마인가?(단, 접근유속은 무시하며, 수면은 변하지 않는다)

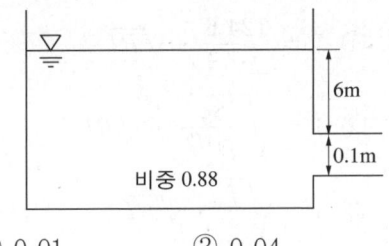

① 0.01 ② 0.04
③ 0.08 ④ 0.09

68 삼각위어(Weir)에 월류수심을 측정할 때 2%의 오차가 있었다면 유량의 오차(%)는?

① 2 ② 3
③ 4 ④ 5

69 다음 사다리꼴 인공수로의 단면적(A)과 경심(R)은 약 얼마인가?

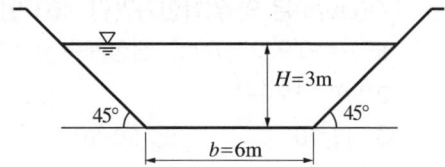

① $A = 18\text{m}^2$, $R = 1.86\text{m}$
② $A = 18\text{m}^2$, $R = 2.86\text{m}$
③ $A = 27\text{m}^2$, $R = 0.86\text{m}$
④ $A = 27\text{m}^2$, $R = 1.86\text{m}$

70 Darcy-Weisbach의 마찰손실 공식으로부터 Chezy의 평균유속을 정의한 것으로 옳은 것은?(단, D는 원형관로의 직경, R은 경심, I는 동수경사이다)

① $V = \dfrac{124.6}{D^{1/2}} \cdot \sqrt{RI}$
② $V = \sqrt{\dfrac{8g}{D^{1/2}}} \cdot \sqrt{RI}$
③ $V = \sqrt{\dfrac{f}{8}} \cdot \sqrt{RI}$
④ $V = \sqrt{\dfrac{8g}{f}} \cdot \sqrt{RI}$

71 수면차가 3m인 2개의 수조를 연결하는 길이 1,500m의 주철관에 유량 1.1m³/s를 송수하려면 관경(m)은 약 얼마인가?(단, Manning 공식을 이용하고, 마찰 이외의 손실은 무시하며 조도계수 $n = 0.014$이다)

① 1.04 ② 1.54
③ 2.04 ④ 2.54

72 A 정수장 모래여과지의 최소 여사층 높이는 60cm 이상이며, 충진 여사량의 높이는 80cm일 경우, 역류 세정 시 여사층 높이가 1,040mm로 상승하면 여사층의 팽창률(%)은?

① 20 ② 25
③ 30 ④ 35

73 급속여과지의 여과유량 조절방법 중 정속여과방식에 해당하지 않는 것은?

① 유량제어
② 수위제어
③ 감쇄여과
④ 자연평형형

74 정수장 횡류식 침전지의 침전제거율을 향상시키기 위한 방법으로 옳지 않은 것은?

① 침전지의 침강표면적(A)을 크게 한다.
② 유량(Q)을 작게 한다.
③ 플록의 침강속도(V)를 크게 한다.
④ 침강속도(V)를 표면부하율(V_0)보다 작게 한다.

75. 정수장 플록형성지에 관한 설명으로 옳지 않은 것은?
① 기계식 교반에서 플록큐레이터의 주변속도는 15~80cm/s로 한다.
② 미소플록을 성장시키기 위해서 교반이 필요하다.
③ 플록형성지 내의 교반강도는 하류로 갈수록 점차 증가시킨다.
④ 플록형성지는 혼화지와 침전지 사이에 위치한다.

76. 동력 20,000kW, 효율 88%인 펌프를 이용하여 150m 위의 수조로 물을 양수할 때, 유량(m³/s)은 약 얼마인가?(단, 손실수두는 10m이다)
① 10.2
② 11.2
③ 14.2
④ 15.2

77. A 관로의 관경 200mm, 길이 100m 주철관으로 유량 0.1m³/s의 물을 40m 높이까지 양수할 때 펌프의 동력(HP)은 약 얼마인가?(단, 펌프효율 100%, 마찰손실계수 0.03, 유출 및 유입손실계수는 각각 1.0과 0.5이다)
① 30
② 65
③ 70
④ 80

78. 펌프의 공동현상(Cavitation)을 방지하기 위한 방법으로 옳은 것은?
① 흡입구경을 증가시킨다.
② 펌프의 회전속도를 높게 한다.
③ 흡입관의 손실을 가능한 크게 한다.
④ 설치위치를 가능한 높게 한다.

79. A 저수지의 총낙차가 75m이고 발전유량이 8m³/s인 경우, 발전기의 이론출력은 약 얼마인가?(단, 총손실수두는 1.5m이다)
① 5,762kW 또는 7,838HP
② 5,880kW 또는 7,998HP
③ 6,890kW 또는 8,998HP
④ 7,838kW 또는 5,880HP

80. A 정수장의 응집침전처리 공정에서 속도경사 G는 $300s^{-1}$, 조의 용적 100m³일 때 교반기의 축동력(kW)은 약 얼마인가?(단, 점성계수는 1.31×10^{-2}g/cm·s, 효율은 60%이다)
① 11.79
② 13.79
③ 19.65
④ 21.65

2020년 제28회 2급 과년도 기출문제

제1과목 수처리공정

01 폭기처리의 효과로 볼 수 없는 것은?
① 휘발성 유기화합물 제거
② 용해성 철이온의 산화 촉진
③ 황화수소 등의 불쾌한 냄새물질 제거
④ pH가 높은 물의 유리탄산을 제거하여 pH를 낮춤

02 여과지 하부집수장치 채택 시 고려하여야 할 사항으로 옳지 않은 것은?
① 염소와 접촉되므로 내식성이 커야 한다.
② 급격한 수압변동에 견딜 수 있는 강도를 가져야 한다.
③ 균등하고 유효하게 여과되고 세척될 수 있는 구조로 한다.
④ 손실수두가 작은 하부집수장치 채택 시 유출 측의 수위변동이 큰 구조로 한다.

03 급속여과법에 비해 완속여과법을 적용하고자 하는 경우로 옳은 것은?
① 물의 용존산소 농도가 매우 낮은 경우
② 생물작용에 의한 정화기능이 요구되는 경우
③ 탁도가 높거나 플랑크톤과 같은 조류가 많은 경우
④ 휴믹산 등 안정한 화합물에 의한 색도가 있는 경우

04 정수지에 관한 설명으로 옳은 것은?
① 첨두수요대처용량은 운전최저수위 이하에서의 용량이다.
② 소독접촉시간용량은 운전최저수위 이상에서의 용량이다.
③ 정수지 유효용량은 첨두수요대처용량과 소독접촉시간용량을 고려하여 최소 3시간분 이상을 표준으로 한다.
④ 염소접촉조 부분은 지아디아의 불활성화를 위해 유리잔류염소의 농도가 1mg/L일 때 최소 30분의 순접촉시간을 가져야 한다.

정답 1 ④ 2 ④ 3 ② 4 ④

05 오존처리에 관한 설명으로 옳지 않은 것은?
① 대다수의 유기물질과 반응이 염소처리보다 느리다.
② 급수지역에서의 잔류성이 없어 미생물 증식에 의한 2차 오염의 우려가 있다.
③ 유기물과 반응하여 부산물을 생성하므로 활성탄처리를 병행하여야 한다.
④ 과도한 용존잔류오존은 후단 활성탄의 기계적 강도를 약화시킬 수 있다.

06 유입 슬러지량이 1,000m³/day이고, 농축 슬러지량이 250m³/day일 때, 농축조에서 청징조건을 만족하는 면적(m²)은?(단, 등속 침강구간에서의 계면침강속도는 0.2m/day 이다)
① 1,250
② 2,500
③ 3,750
④ 5,000

07 막여과시설 중 2가 양이온 또는 저분자량(용해성 유기물) 물질을 제거하기 위한 막여과법은?
① 정밀여과
② 한외여과
③ 나노여과
④ 마이크로스트레이너

08 막여과시설에서 처리대상물질에 따른 전처리설비 선정이 옳지 않은 것은?
① 협잡물 제거 – 스크린, 스트레이너설비
② 탁질 및 유기물 제거 – 분말활성탄주입설비
③ 철, 망간 등의 산화 – 전염소주입설비
④ 맛·냄새물질 등 미량 유기물 제거 – 분말활성탄주입설비

09 유량 10,000m³/day에 염소를 주입하고자 한다. 염소주입농도가 3mg/L일 때, 유효염소 10%를 함유하는 차아염소산나트륨의 용적주입량(L/day)은?(단, 차아염소산나트륨의 비중은 1.20이다)
① 250
② 500
③ 750
④ 1,000

10 처리대상물질과 전염소 또는 중간염소처리 간의 연결로 옳지 않은 것은?
① 멜라시나(Melosira), 시네드라(Synedra) : 전염소처리
② 부식질(Humic Substance) : 중간염소처리
③ 용존된 철과 망간 : 전염소 또는 중간염소처리
④ 마이크로시스티스(Microcystis) : 전염소처리

11 슬러지 침강·농축·탈수성에 관한 설명으로 옳은 것은?
① 비저항 값이 낮아지면 탈수성이 나쁘다.
② Al/T비가 낮을수록 탈수성이 양호하다.
③ 상수원의 부영양화로 유기물이 증가하면 비저항 값이 작아진다.
④ 슬러지의 침강·농축특성을 조사하기 위해 Leaf Test로 비저항 값을 구한다.

12 처리대상물질과 처리방식 간의 연결로 옳지 않은 것은?
① 조류 : 응집침전, 여과처리
② 음이온 계면활성제 : 활성탄처리, 생물처리
③ 침식성 유리탄산 : 이온교환법, 제올라이트법
④ 휘발성 유기화합물 : 폭기처리, 입상활성탄처리

13 막세척에 사용되는 약품 중 유기물 제거가 가능한 것은?
① 차아염소산나트륨
② 황산
③ 구연산
④ 옥살산

14 입상활성탄흡착설비의 설계인자에 관한 설명으로 옳은 것은?
① 선속도(LV)는 고정상인 경우 10~15 m/h이 일반적이다.
② 탄층의 두께(H)는 접촉시간(T)과 공간속도(SV)로 결정한다.
③ 공간속도(SV)는 일반적으로 10~20 m^3/$m^3 \cdot h$이다.
④ 공상접촉시간($EBCT$)은 고정상인 경우 5~10분이다.

15 슬러지량이 24,000kg-DS/day이고 여과속도(여과농도)가 25kg/$m^2 \cdot$h일 때, 가압탈수기의 여과면적(m^2) 및 소요대수는?(단, 탈수기 실가동시간은 8h/day이고, 대당 여과면적은 30m^2이다)
① 90, 3
② 120, 4
③ 180, 6
④ 240, 8

16 침전공정 관리에 관한 설명으로 옳지 않은 것은?
① 원수연간탁도가 30NTU 이상인 경우 응집처리시설을 설치해 두어야 한다.
② 원수 중에 조류의 번식으로 pH가 올라가는 경우 염소처리설비를 고려해 주어야 한다.
③ 저수지를 상수원으로 할 때, 원수탁도가 15NTU 이하인 경우 보통침전지를 생략할 수 있다.
④ 크립토스포리디움 등의 병원성 미생물로 상수원이 오염될 우려가 있는 경우 경사판 등을 고려할 수 있다.

17 유량이 32,000m³/day이고 지름이 40m인 원형침전지의 표면부하율(m³/m²·day)은?

① 25.46　　② 50.92
③ 101.85　　④ 266.67

18 응집약품저장설비용량에 관한 설명으로 옳지 않은 것은?

① 응집제 : 30일분 이상
② 응집보조제 : 10일분 이상
③ 알칼리제 : 연속주입 시 20일분 이상
④ 저장설비용량 : 계획정수량에 약품의 평균 주입률과 저장일수를 곱하여 산정

19 급속여과지에 요구되는 주요 기능으로 옳은 것을 모두 고른 것은?

ㄱ. 충분한 역세척
ㄴ. 탁질의 양적인 억류
ㄷ. 용해성 물질 제거
ㄹ. 기준을 만족시키는 여과수를 얻을 수 있는 정화

① ㄱ, ㄴ, ㄷ
② ㄱ, ㄴ, ㄹ
③ ㄱ, ㄷ, ㄹ
④ ㄴ, ㄷ, ㄹ

20 역세척방식 설계 시 여과층 내 탁질의 억류상태에 영향을 미치는 인자로 옳은 것을 모두 고른 것은?

ㄱ. 여과속도
ㄴ. 여과층 구성
ㄷ. 역세척빈도
ㄹ. 유입플록의 성상과 양

① ㄱ, ㄷ
② ㄱ, ㄴ, ㄹ
③ ㄴ, ㄷ, ㄹ
④ ㄱ, ㄴ, ㄷ, ㄹ

제2과목 수질분석 및 관리

21 먹는물 수질기준 및 검사 등에 관한 규칙상 먹는물의 수질기준으로 옳지 않은 것은?

① 수은은 0.001mg/L를 넘지 아니할 것
② 암모니아성 질소는 0.5mg/L를 넘지 아니할 것
③ 페놀은 0.005mg/L를 넘지 아니할 것
④ 클로로폼은 0.1mg/L를 넘지 아니할 것

정답　17 ①　18 ③　19 ②　20 ④　21 ④

22. 정수처리공정에서 자외선반응조 설계 시 고려해야 할 사항으로 옳지 않은 것은?

① 설계유량은 시간최대급수량으로 하고 여유율을 고려한다.
② 반응조의 치수는 설계 안전인자를 고려하여 UV 램프 모듈이 밀집하여 배치될 수 있고 적은 소요부지를 요하도록 설계한다.
③ 소독효과를 높이고 유지관리를 위해 두 개 이상의 뱅크를 설치한다.
④ 반응조는 관 또는 밀폐형 구조로 하되, 유지관리를 용이하게 한다.

23. 수질오염공정시험기준상 용어에 관한 설명으로 옳은 것은?

① 냉수는 15℃ 이하, 온수는 60~70℃, 열수는 약 100℃를 말한다.
② '감압 또는 진공'이라 함은 따로 규정이 없는 한 20mmHg 이상을 뜻한다.
③ '방울수'라 함은 25℃에서 정제수 20방울을 적하할 때, 그 부피가 약 1mL되는 것을 뜻한다.
④ 시험조작 중 '즉시'란 10초 이내에 표시된 조작을 하는 것이다.

24. 수도법령상 50,000m³/일 이상 100,000m³/일 미만 시설규모의 일반수도사업자가 배치하여야 하는 2급 정수시설운영관리사의 인원 기준은?

① 1명 이상   ② 2명 이상
③ 3명 이상   ④ 4명 이상

25. 수도법령상 지표수를 사용하는 일반수도사업자가 준수해야 할 정수처리기준 중 취수지점부터 정수장의 정수지 유출지점까지의 구간에서 지아디아 포낭(胞囊)의 제거 혹은 불활성화 기준은?

① 99/100 이상
② 999/1,000 이상
③ 9,999/10,000 이상
④ 99,999/100,000 이상

26. 먹는물수질공정시험기준상 총대장균군 시험방법으로 옳지 않은 것은?

① 평판집락법
② 효소기질이용법
③ 막여과법
④ 시험관법

27. 다음은 먹는물관리법상 용어의 정의이다. ( )에 알맞은 용어는?

( )이란 여러 사람에게 먹는물을 공급할 목적으로 개발했거나 저절로 형성된 약수터, 샘터, 우물 등을 말한다.

① 광역상수원
② 샘 물
③ 먹는물공동시설
④ 상수원

28 먹는물수질공정시험기준상 수소이온농도-유리전극법에 관한 설명으로 옳은 것을 모두 고른 것은?

> ㄱ. 유리전극은 일반적으로 용액의 색도, 탁도, 콜로이드성 물질들, 산화 및 환원성 물질들 그리고 염도에 의해 간섭을 받지 않는다.
> ㄴ. pH 10 이상에서 나트륨에 의해 오차가 발생할 수 있는데 이는 '낮은 나트륨 오차 전극'을 사용하여 줄일 수 있다.
> ㄷ. pH는 온도변화에 따라 영향을 받는다.
> ㄹ. 유리탄산을 함유한 시료의 경우에는 유리탄산을 제거한 후 pH를 측정한다.
> ㅁ. 유리전극은 사용하기 수시간 전에 정제수에 담가 두어야 하고, pH 측정기는 전원을 켠 다음 5분 이상 경과한 후에 사용한다.

① ㄱ, ㄴ, ㄷ   ② ㄱ, ㄹ, ㅁ
③ ㄴ, ㄷ, ㄹ   ④ ㄱ, ㄴ, ㄷ, ㄹ, ㅁ

29 막여과정수시설 설치 시 옳지 않은 것은?
① 막여과정수시설은 환경부에서 고시한 막여과정수시설의 설치기준에 따라 설치한다.
② 상수원관리규칙 제25조 제1항 '원수의 수질검사기준'에 따라 실시한 과거 5년간의 원수 수질검사 결과를 검토하여야 한다.
③ 계획 정수량은 계획 1일 최대급수량을 기준으로 하고, 그 외 작업용수와 기타용수 등을 고려하여 결정한다.
④ 막여과정수시설의 계열 수는 2계열 이상으로 구성하는 것을 원칙으로 하며, 각 계열 및 시설의 여과수에는 연속측정식 탁도계 등을 설치하여야 한다.

30 상수원관리규칙상 광역 및 지방상수도의 하천수 수질검사기준 중 매월 1회 이상 측정하는 항목으로 옳지 않은 것은?
① 암모니아성 질소
② 대장균군
③ 부유물질량
④ 생물화학적 산소요구량

31 111g/L $Ca(OH)_2$ 수용액의 노르말농도(N)는?(단, Ca, O, H의 원자량은 각각 40, 16, 1이며, $Ca(OH)_2$는 수용액상에서 완전 해리되는 것으로 가정한다)
① 1.5   ② 3
③ 6   ④ 12

32 먹는물 수질감시항목 운영 등에 관한 고시상 먹는물 수질감시항목과 시험방법을 연결한 것 중 옳은 것을 모두 고른 것은?

> ㄱ. 퍼클로레이트 : 이온크로마토그래피
> ㄴ. 마이크로시스틴 : 고성능액체크로마토그래피
> ㄷ. 클로레이트 : 이온크로마토그래피
> ㄹ. 염소소독부산물 : 기체크로마토그래피-전자포획검출법

① ㄱ, ㄷ   ② ㄴ, ㄹ
③ ㄱ, ㄴ, ㄹ   ④ ㄱ, ㄴ, ㄷ, ㄹ

33 수질오염공정시험기준상 시료의 보존방법 중 4℃ 보관하였을 때, 최대보존기간이 가장 짧은 항목은?
① 음이온 계면활성제
② 다이에틸헥실프탈레이트
③ 6가크롬
④ 질산성 질소

34 각종 소독제를 이용하여 5℃일 때에 *E. coli*를 99% 불활성화하기 위한 소독능($C \cdot T$값)으로 옳지 않은 것은?
① 유리염소 pH 6~7에서 $C \cdot T$값 0.034~0.05
② 클로라민 pH 8~9에서 $C \cdot T$값 95~180
③ 이산화염소 pH 6~7에서 $C \cdot T$값 15~30
④ 오존 pH 6~9에서 $C \cdot T$값 0.02

35 수질오염공정시험기준상 상수원수에서 분원성 대장균군을 막여과법으로 검출하여 다음 표와 같은 결과를 얻었다. 해당 상수원수에서 검출된 분원성 대장균군수(분원성 대장균군수/100mL)로 옳은 것은?

시료량(mL)	집락수
10	380
1	55
0.1	12
0.01	3

① 3,800
② 5,500
③ 12,000
④ 30,000

36 물환경보전법령상 다음은 수질오염감시경보의 어느 단계에 해당하는가?

> 생물감시 측정값이 생물감시 경보기준 농도를 30분 이상 지속적으로 초과하고, 전기전도도, 휘발성 유기화합물, 페놀, 중금속(구리, 납, 아연, 카드뮴 등) 항목 중 1개 이상의 항목이 측정항목별 경보기준을 3배 이상 초과하는 경우

① 관 심
② 주 의
③ 경 계
④ 심 각

37 정수처리 공정에서 트라이할로메탄(THM) 등의 소독부산물을 감소시키기 위한 수질관리 방안으로 옳지 않은 것은?
① 전염소 주입량을 증가시킨다.
② 분말활성탄 투입농도를 증가시킨다.
③ 응집침전설비와 중간염소처리를 조합시킨다.
④ 자유염소를 이용하여 처리하지 않고 결합염소를 이용하여 처리한다.

38 고도정수처리시설 도입 및 평가지침상 일반정수처리방법으로는 완전히 제거되지 않는 수돗물의 맛·냄새 유발물질, 미량유기오염물질, 내염소성 병원성 미생물 등을 제거하기 위한 고도정수처리시설의 도입 및 평가에 필요한 처리수의 수질검사 항목으로 옳지 않은 것은?
① TOC
② 탁 도
③ UV_{254}
④ BOD

39 염소요구량에 관한 내용으로 옳은 것은?
① 염소요구량 = 염소주입량 + 염소소모량
② 염소요구량 = 염소주입량 − 염소소모량
③ 염소요구량 = 염소주입량 + 잔류염소량
④ 염소요구량 = 염소주입량 − 잔류염소량

40 먹는물 수질기준 및 검사 등에 관한 규칙상 염지하수에 대하여 방사능 관련 검사 시행 시 측정해야 하는 항목으로 옳은 것을 모두 고른 것은?

> ㄱ. 세슘(Cs-137)
> ㄴ. 스트론튬(Sr-90)
> ㄷ. 삼중수소
> ㄹ. 아이오딘(I-131)

① ㄱ, ㄴ, ㄷ   ② ㄱ, ㄴ, ㄹ
③ ㄱ, ㄷ, ㄹ   ④ ㄴ, ㄷ, ㄹ

제3과목 설비운영 (기계·장치 또는 계측기 등)

41 수류식 혼화의 특징이 아닌 것은?
① 원수의 수질변화가 심한 정수시설에 효과적인 방식이다.
② 임의적으로 혼화강도를 조절할 방법이 없다.
③ 벤투리미터 또는 오리피스를 유입관로에 설치하여 유량계의 압력차를 이용하여 혼화할 수 있다.
④ 도수현상에 의하여 난류가 발생하며, 이를 혼화에 이용한다.

42 응집용 약품주입설비의 운영에 관한 내용으로 옳은 것을 모두 고른 것은?

> ㄱ. 응집제의 주입량 산정 시 처리수량과 주입률로 산출한다.
> ㄴ. 응집약품의 주입지점과 주입방법은 응집약품이 천천히 원수에 혼화되는 지점과 방법으로 선정한다.
> ㄷ. 응집제를 용해하거나 희석 시에는 되도록 희석배율은 높은 것이 바람직하며, 희석지점은 주입지점과 가까이 설치하는 것이 바람직하다.
> ㄹ. pH조정제의 주입지점은 응집제 주입지점의 하류 측이 일반적이다.

① ㄱ   ② ㄹ
③ ㄱ, ㄴ   ④ ㄷ, ㄹ

43 정수장 장방형 침전지에 사용되는 슬러지 수집기 형식이 아닌 것은?
① 주행브리지식
② 체인플라이트식
③ 수중대차식
④ 압력수분사식

44 정수공급설비인 펌프의 유지관리와 관련하여 일상점검 항목이 아닌 것은?
① 압력계 및 진공계의 지시치
② 임펠러의 부식 및 마모
③ 모터의 전류값
④ 진동 및 소음

정답 39 ④ 40 ① 41 ① 42 ① 43 ④ 44 ②

45 수도사업장에는 펌프의 이용목적에 따라 다양한 형식의 펌프가 적용된다. 수도용 송수·가압 목적으로 주로 사용하지 않는 펌프는?

① 벌류트펌프
② 디퓨저펌프
③ 용적펌프
④ 사류펌프

46 가압탈수기에 관한 내용으로 옳은 것은?

① 필터프레스 탈수기는 연속적 슬러지처리 방식이다.
② 벨트프레스 탈수기는 벨트속도를 빨리하면 함수율이 낮은 케익이 생산된다.
③ 가압형 필터프레스의 운전 시 최종 가압은 2.0~3.0MPa로 가압한다.
④ 벨트프레스 탈수기는 전처리가 필수적이다.

47 정수시설에 사용되는 밸브 용도와 종류의 연결이 옳지 않은 것은?

① 유량제어용 - 버터플라이밸브
② 압력제어용 - 플랩밸브
③ 차단용 - 제수밸브
④ 역류방지용 - 풋밸브

48 상수도설계기준상 소독설비의 안전성을 확보하기 위한 목적으로 저장실과 주입기실 등에 설치하는 것은?

① 잔류염소계
② 탁도계
③ 염소가스누출검지기
④ 슬러지밀도지표계

49 저항 R_1, R_2, R_3가 직·병렬로 연결된 회로에 18V의 전원을 연결하였다. 저항 R_3에서의 전압강하 V_3(V)와 전류 I_3(A)는?

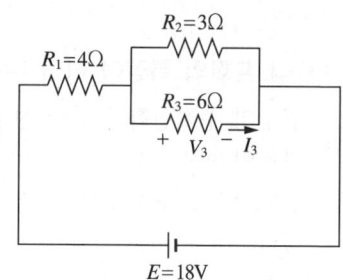

① $V_3 = 6V$, $I_3 = 1A$
② $V_3 = 9V$, $I_3 = 1.5A$
③ $V_3 = 12V$, $I_3 = 2A$
④ $V_3 = 18V$, $I_3 = 3A$

50 상수도설계기준상 펌프를 자동 또는 원격제어에 의하여 운전하는 경우에 유수검지장치를 설치하는 목적은?
① 펌프케이싱 내가 만수된 것을 검지하기 위해
② 펌프의 토출압력을 검지하기 위해
③ 펌프축봉수, 냉각수 및 윤활수 등의 흐름을 검지하기 위해
④ 토출밸브의 작동 확인과 보호를 위해

51 수·변전설비 설계과정에서 가장 먼저 이루어져야 하는 것은?
① 수전전압 및 수전방식 결정
② 부하설비용량 산출
③ 수전용량 산출
④ 배전방식 결정

52 직류전동기의 종류와 특성에 관한 설명으로 옳지 않은 것은?
① 타여자 전동기는 여자 전류를 전동기 자신의 유기기전력으로 공급하는 방식이다.
② 직권전동기는 계자권선과 전기자권선을 직렬 연결한다.
③ 분권전동기는 계자권선과 전기자권선을 병렬 연결한다.
④ 가동복권전동기는 직권 계자권선과 전기자권선의 기자력이 합해지도록 연결한다.

53 계측제어용 기기의 구성 중 상수도시설의 각 부분에서 수위, 압력, 수량 및 수질 등의 변화량을 검출하여 신호로 변환하는 장치는?
① 검출부   ② 표현부
③ 조절부   ④ 전송부

54 상수도설계기준상 수·변전설비에 관한 설명으로 옳은 것은?
① 고압용 개폐장치는 가스절연방식을 표준으로 한다.
② 주요한 변압기는 2뱅크 이상으로 구성하여 고장 시에도 완전히 분리할 필요가 없도록 한다.
③ 최대수요전력(kW)은 설비용량(kVA)보다 충분히 커야 한다.
④ 안전상의 책임한계점에는 구분개폐기로서 단로기 또는 부하개폐기(지락보호장치부)를 설치한다.

55 염소제의 주입지점이 침전지와 여과지 사이에서 주입하는 염소주입방식은?
① 전염소처리
② 후염소처리
③ 중간염소처리
④ 추가주입염소처리

정답 50 ③ 51 ② 52 ① 53 ① 54 ④ 55 ③

56 상수도설계기준상 ( )에 들어갈 용어로 옳은 것은?

> ( )란 정수시설을 구성하는 공정에서 소독공정을 제외한 각 단위공정의 처리수를 말한다.

① 농축수 ② 배출수
③ 희석수 ④ 공정수

57 다음은 상수도설계기준상 활성탄처리방식에 관한 설명이다. ( )에 들어갈 용어로 옳은 것은?

> 비상시 또는 단기간 사용할 경우에는 (ㄱ)처리가 적합하고 연간으로 연속 또는 비교적 장기간 사용할 경우에는 (ㄴ)처리가 유리하다고 알려져 있다.

① ㄱ : 분말활성탄, ㄴ : 입상활성탄
② ㄱ : 입상활성탄, ㄴ : 분말활성탄
③ ㄱ : 입상활성탄, ㄴ : 제올라이트
④ ㄱ : 제올라이트, ㄴ : 분말활성탄

58 오존 접촉지에 관한 설명으로 옳지 않은 것은?

① 접촉지에는 우회관을 설치한다.
② 용량은 오존처리에 필요한 접촉과 반응시간이 충분하도록 한다.
③ 오존주입 풍량, 재이용 풍량, 배오존 풍량 등은 풍량의 수지에 균형이 맞도록 설계한다.
④ 구조는 개방식으로 오존과 물의 혼화와 접촉이 효과적으로 이루어져서 흡수율이 높도록 한다.

59 급속여과지의 하부집수장치에서 물역세척(수세식) 방식으로만 짝지어진 것은?

① 휠러블록형, 스트레이너블록형(유럽형)
② 휠러블록형, 티피블록형
③ 유공블록형(한국형), 스트레이너블록형(유럽형)
④ 티피블록형, 유공블록형(미국형)

60 산업안전보건법령상 안전보건관리책임자 등에 대한 직무교육에 관한 내용이다. ( )에 들어갈 숫자로 옳은 것은?

> 법 제32조 제1항 각 호 외의 부분 본문에 따라 다음 각 호의 어느 하나에 해당하는 사람은 해당 직위에 선임(위촉의 경우를 포함한다. 이하 같다)되거나 채용된 후 3개월(보건관리자가 의사인 경우는 1년을 말한다) 이내에 직무를 수행하는 데 필요한 신규교육을 받아야 하며, 신규교육을 이수한 후 매 ( )년이 되는 날을 기준으로 전후 3개월 사이에 고용노동부장관이 실시하는 안전보건에 관한 보수교육을 받아야 한다.

① 1 ② 2
③ 3 ④ 5

제4과목 정수시설 수리학

61 [MLT]계로 표현한 물리량에 관한 차원 표시로 옳지 않은 것은?(단, [M]은 질량, [L]은 길이, [T]는 시간을 표시하는 차원이다)

① 유량 : $[L^3T^{-1}]$
② 속도 : $[LT^{-1}]$
③ 일 : $[ML^2T^{-2}]$
④ 표면장력 : $[MLT^{-2}]$

62 어떤 물체의 공기 중 무게는 10kgf이고, 수중 무게는 5kgf이다. 이 물체의 부피(m^3)는? (단, 물의 단위중량은 1,000kgf/m^3이다)

① 0.005 ② 0.010
③ 0.050 ④ 0.100

63 관수로의 마찰손실 및 마찰손실계수에 관한 설명으로 옳지 않은 것은?

① 마찰손실은 마찰손실계수에 선형으로 비례한다.
② 마찰손실이란 관수로의 유입부, 접합부, 단면의 변화, 만곡부 등으로 인해 에너지가 손실되는 것을 말한다.
③ 층류영역에서 마찰손실계수는 레이놀즈수에 의해 결정된다.
④ 완전난류영역에서 마찰손실계수는 관의 상대조도에 의해 결정된다.

64 A 지역 상수도관이 파손되어 물이 대기 중으로 40m/s의 속도로 분출되고 있다. 이때 관 내 수압(kgf/cm^2)은 약 얼마인가?(단, 모든 손실은 무시하고 물의 단위중량은 1,000 kgf/m^3, 중력가속도는 9.8m/s^2이다)

① 4.2 ② 6.2
③ 8.2 ④ 10.2

65 개수로에서 유량측정을 목적으로 사용할 수 있는 것을 모두 고른 것은?

> ㄱ. 사각위어
> ㄴ. 벤투리미터(Venturimeter)
> ㄷ. 관오리피스
> ㄹ. 광정위어
> ㅁ. 파샬플룸(Parshall Flume)

① ㄱ, ㅁ ② ㄴ, ㄷ
③ ㄱ, ㄴ, ㅁ ④ ㄱ, ㄹ, ㅁ

66 유체의 유동가시화(Flow Visualization)에 관한 설명으로 옳지 않은 것은?

① 유선(Stream Line)은 주어진 순간 모든 곳에서 속도 벡터에 접하는 선이다.
② 유적선(Path Line)은 한 유체 입자가 얼마의 시간 동안 운동한 실제 궤적이다.
③ 유관(Stream Tube)은 유선의 묶음으로 이루어지며, 유체는 유관의 경계를 통과할 수 없다.
④ 정상(Steady) 및 비정상(Unsteady) 유동에서 유선과 유적선은 서로 일치한다.

정답 61 ④ 62 ① 63 ② 64 ③ 65 ④ 66 ④

67 수조의 측벽에 설치된 오리피스의 수축계수는 0.7, 유속계수는 0.8인 경우 이 오리피스의 유량계수는?

① 0.56
② 0.70
③ 0.80
④ 1.50

68 Hardy-Cross 관망해석법의 기본가정에 관한 설명으로 옳은 것은?

① 초기유량을 가정할 필요가 없다.
② 에너지손실은 미소손실을 무시하고 마찰손실만 고려한다.
③ 보정유량은 음의 값을 가질 수 없다.
④ 각 폐합관 손실수두의 합은 경로에 따라 서로 다른 값을 가져야 한다.

69 관수로 흐름에서 마찰손실의 원인이 되는 물의 성질은?

① 압축성
② 점성
③ 표면장력
④ 단위중량

70 A 지역에 위치한 개수로의 유량을 Manning 공식으로 구했더니 $2m^3/s$였다. 다른 조건은 동일하고 수로의 경사만 4배로 증가시켰을 경우, 개수로에 흐르는 유량(m^3/s)은?(단, 수로에서 발생하는 흐름은 등류이다)

① 2
② 3
③ 4
④ 8

71 폭이 2m인 직사각형 단면 수로에 유량 $2m^3/s$이 흐르고 있다. 이 경우 최소의 비에너지(m)는 약 얼마인가?(단, 에너지보정계수는 1.0이고 중력가속도는 $9.8m/s^2$이다)

① 0.7
② 0.8
③ 0.9
④ 1.0

72 ( )에 들어갈 내용으로 옳은 것은?

- 염소를 물에 주입하면 가수분해를 하여 HOCl이나 OCl⁻가 생성되는데, 이를 (ㄱ)라 한다.
- 암모니아가 포함된 물에 염소를 주입하면 암모니아와 HOCl이 반응하여 (ㄴ)를 생성한다.
- (ㄴ)보다는 (ㄱ)를 이용하여 염소 소독하는 방법을 (ㄷ)이라 한다.

① ㄱ : 결합잔류염소
  ㄴ : 유리잔류염소
  ㄷ : 불연속점염소처리법
② ㄱ : 유리잔류염소
  ㄴ : 결합잔류염소
  ㄷ : 불연속점염소처리법
③ ㄱ : 결합잔류염소
  ㄴ : 유리잔류염소
  ㄷ : 연속점염소처리법
④ ㄱ : 유리잔류염소
  ㄴ : 결합잔류염소
  ㄷ : 연속점염소처리법

73 수위차가 2m인 2개의 수조를 직경 0.4m, 길이 200m의 직선관으로 연결하였을 경우, 관 내 유속(m/s)은 약 얼마인가?(단, 중력가속도는 9.8m/s², 관의 마찰손실계수는 0.025, 유입손실계수는 0.5, 출구손실계수는 1.0이며 다른 손실은 없다)
① 1.07　② 1.27
③ 1.47　④ 1.67

74 장방형 침전지를 이용하여 9,600m³/day의 유량을 정수처리 하고자 한다. 물 속에 포함된 침전입자의 침강속도가 1.0m/h인 경우, 입자의 완전제거를 위한 침전지의 표면적(m²)은?(단, 침전입자는 Stokes 법칙이 성립하는 제1형 침전(독립침전)을 따른다)
① 200　② 300
③ 400　④ 500

75 여재층의 두께와 평균투수계수가 각각 0.6m와 60m/day인 일방향 여과지를 이용하여 12,000m³/day의 유량을 정수처리 하고자 한다. 여재를 통과하기 전과 후의 수두차가 1.2m로 일정하게 유지될 경우, 여과지의 소요면적(m²)은?
① 10　② 30
③ 50　④ 100

76 A 정수장과 B 배수지의 수면표고는 각각 30m와 50m이고 정수장에서 배수지로 86,400 m³/day의 유량을 송수하고자 한다. 송수과정에서 발생하는 에너지손실이 10m이고 펌프의 효율이 70%인 경우, 소요동력(kW)은? (단, 물의 단위중량은 1,000kgf/m³이고 중력가속도는 9.8m/s²이다)
① 205.8　② 280.0
③ 420.0　④ 700.0

77 펌프의 급정지, 급가동 또는 밸브의 급폐쇄로 인해 관로 내 흐름의 운동에너지가 압력에너지로 변환되어 관 벽에 충격을 주는 현상은?
① 수격작용(Water Hammer)
② 공동현상(Cavitation)
③ 서징(Surging)
④ 도수현상(Hydraulic Jump)

78 취수장에서 펌프 1대를 운용하다가 동일 용량의 펌프 1대를 추가하여 2대를 병렬로 연결하였을 때 다음 설명으로 옳은 것은?
① 유량을 약 2배로 늘릴 수 있다.
② 유량이 약 1/2로 줄어든다.
③ 양정고를 약 2배로 늘릴 수 있다.
④ 양정고가 약 1/2로 줄어든다.

정답　73 ④　74 ③　75 ④　76 ③　77 ①　78 ①

79 펌프의 특성곡선에 관한 설명으로 옳지 않은 것은?
① 특정 펌프에 대하여 양정고-양정유량, 효율-양정유량, 동력-양정유량 등의 관계곡선을 특성곡선이라 한다.
② 펌프의 특성곡선은 사용하고자 하는 펌프 유형에 대한 효율 및 경제적 운영 수준을 살펴보는 데 이용될 수 있다.
③ 일정한 회전속도에서 양정유량이 증가할수록 펌프의 양정고는 감소한다.
④ 양정유량이 증가할수록 펌프시스템의 총수두손실은 감소한다.

80 펌프의 비교회전도(비속도)에 관한 설명으로 옳지 않은 것은?
① 비교회전도가 동일하면 펌프의 대소에 관계없이 펌프의 특성이 대체로 같게 된다.
② 비교회전도가 클수록 흡입성능은 좋아진다.
③ 비교회전도가 클수록 공동현상이 발생하기 쉽다.
④ 일반적으로 비교회전도가 크면 양수량이 많은 저양정의 펌프가 된다.

2020년 제28회 3급 과년도 기출문제

제1과목 수처리공정

01 응집약품의 사용방법으로 옳지 않은 것은?
① 약품저장설비에는 동결방지시설이 필요없다.
② 응집제의 희석배율은 낮을수록 좋다.
③ pH 조정제는 일반적으로 응집제 주입지점의 상류에 주입된다.
④ 응집보조제의 주입지점은 실험을 통해 결정한다.

02 응집용 약품주입에 관한 설명으로 옳은 것은?
① 완속여과는 고(高)탁도 시에도 약품주입이 불필요하다.
② 응집용 약품은 응집제, pH 조정제, 응집보조제로 구분된다.
③ 응집제는 여과효율에 영향을 주지 않는다.
④ 응집제는 처리수의 색도를 증가시켜도 사용이 가능하다.

03 활성탄처리에 관한 설명으로 옳은 것은?
① 분말활성탄과 입상활성탄의 흡착원리는 서로 다르다.
② 유기물은 활성탄에 흡착되어 새로운 물질로 바뀐다.
③ 분말활성탄은 재생해서 사용한다.
④ 입상활성탄을 이용한 흡착탑은 역세척이 필요하다.

04 정수장 슬러지의 최종 처분 방안으로 옳지 않은 것은?
① 시멘트 원료로 사용
② 해양 배출
③ 매립시설 복토재로 사용
④ 성토재로 사용

05 경도 유발 물질을 제거할 수 있는 공정만으로 연결된 것은?
① 정밀여과 - 한외여과
② 한외여과 - 나노여과
③ 나노여과 - 역삼투
④ 역삼투 - 정밀여과

정답 1 ① 2 ② 3 ④ 4 ② 5 ③

06 유량이 24,000m³/day이고 액화염소 주입률이 2.0mg/L일 때, 액화염소의 주입량(kg/h)은?
① 0.5   ② 1.0
③ 2.0   ④ 4.0

07 오존처리에 관한 설명으로 옳지 않은 것은?
① 맛, 냄새물질과 색도 제거에 효과가 없다.
② 잔류오존의 농도가 높으면 후단의 활성탄 공정에 문제가 된다.
③ 배오존이 방출되면 작업자의 보건안전에 위험이 된다.
④ 오존과 접촉하는 설비는 내식성이 요구된다.

08 정수처리의 소독 공정에 관한 설명으로 옳은 것은?
① 오존 소독은 추가적인 염소 소독이 필요 없다.
② 염소 주입률이 높으면 THMs의 생성이 방지된다.
③ 크립토스포리디움은 염소 소독으로 제거가 쉽지 않다.
④ 염소는 혼합이 잘되는 지점에 투입하지 않는다.

09 정수처리에서 소독제로 사용하지 않는 것은?
① 황산알루미늄
② 차아염소산나트륨
③ 오 존
④ 염소가스

10 염소처리 방식과 그 용도가 바르게 연결된 것을 모두 고른 것은?

| ㄱ. 전염소 – 원수에 일반세균이 다량 존재 |
| ㄴ. 중간염소 – 완속여과시설의 효율 향상 |
| ㄷ. 전염소 또는 중간염소 – 원수에 철, 망간이 다량 존재 |
| ㄹ. 전염소 – 원수에 부식질이 다량 존재 |

① ㄱ, ㄴ   ② ㄱ, ㄷ
③ ㄴ, ㄷ   ④ ㄷ, ㄹ

11 급속혼화 공정에 관한 설명으로 옳은 것은?
① 플록을 성장시키기 위해 천천히 교반한다.
② 수류식은 사용될 수 없다.
③ 단락류를 증가시켜야 한다.
④ 난류를 발생시켜 혼합시킨다.

12 염소가스의 누출 시 작동되는 중화반응탑에서 사용하는 약품으로 옳은 것은?
① 염 산   ② 황 산
③ 폴리머   ④ 수산화나트륨

13 플록형성지에 관한 설명으로 옳은 것은?
① 플록형성지는 침전지와 여과지 사이에 있다.
② 플록형성시간은 유량에 대해 10분 이하로 설정한다.
③ 하류로 갈수록 교반강도를 감소시켜야 한다.
④ 수질이 변동되어도 교반강도는 일정하게 유지한다.

14 급속여과에서 크립토스포리디움의 유출을 막기 위한 방법으로 옳은 것은?
① 여과지 유출수의 탁도를 1.0NTU 이하로 유지한다.
② 약품에 의한 응집을 여과 전에 실시한다.
③ 여과를 장시간 운영한다.
④ 여과 초기에 여과속도를 높였다가 점차 감소시킨다.

15 슬러지(함수율 99%)를 탈수하여 케이크(함수율 80%)로 만들었을 때, 탈수 후의 부피는 탈수 전 부피의 몇 %인가?(단, 고형물의 비중은 1이라고 가정한다)
① 5 ② 15
③ 25 ④ 35

16 급속여과의 운전에 관한 설명으로 옳지 않은 것은?
① 모래는 잘 마모되지 않는 것이 적합하다.
② 역세척 속도의 조정을 위해 역세척 유량을 변경할 수 있다.
③ 역세척은 표면세척이나 공기세척을 함께 한다.
④ 역세척에는 잔류염소가 없는 정수를 사용한다.

17 염소 저장설비에 관한 설명으로 옳은 것은?
① 액화염소의 저장량은 3일분을 초과하지 않는다.
② 액화염소 용기의 보관온도에는 제한이 없다.
③ 차아염소산나트륨 저장조의 바닥은 경사가 없이 설치한다.
④ 차아염소산나트륨 저장조의 주변에는 방액제나 피트를 설치한다.

18 상수원에서 맛과 냄새 문제를 유발시키는 원인 물질로 옳지 않은 것은?
① 남조류 ② 규조류
③ 알루미늄 ④ 철

정답 13 ③ 14 ② 15 ① 16 ④ 17 ④ 18 ③

19 급속여과에 관한 설명으로 옳은 것은?
① 약품으로 응집한 후에 여과층을 통과시키는 공정이다.
② 여재 입경을 크게 하면 체거름 효과가 크다.
③ 표면여과보다는 내부여과가 수두손실이 크다.
④ 응집제를 많이 사용하면 여재에 부착된 플록이 누출되지 않는다.

20 배출수처리시설에 관한 설명으로 옳지 않은 것은?
① 침전슬러지로부터 분리된 물은 착수정으로 보내지 않는다.
② 오염된 하천수를 처리하는 정수장의 슬러지에는 유기물도 포함되어 있다.
③ 침전슬러지와 역세척배출수를 혼합하여 처리하면 경제적이다.
④ 슬러지의 탈수성은 계절별로 다르다.

제2과목 수질분석 및 관리

21 수질오염공정시험기준상 다음 ( )에 들어갈 내용이 옳은 것은?

> '방울수'라 함은 20℃에서 정제수 (ㄱ)방울을 적하할 때, 그 부피가 약 (ㄴ)mL 되는 것을 뜻한다.

① ㄱ : 10, ㄴ : 1
② ㄱ : 15, ㄴ : 2
③ ㄱ : 20, ㄴ : 1
④ ㄱ : 30, ㄴ : 2

22 제타 전위(Zeta Potential) 측정 시 전기영동도를 계산하기 위한 인자가 아닌 것은?
① 시간(s)
② 전압(V)
③ 셀 길이(cm)
④ 수온(℃)

23 먹는물 수질기준 및 검사 등에 관한 규칙상 미생물에 관한 기준 중 일반세균에 관한 내용이다. ( )에 들어갈 내용은?

> 일반세균은 1mL 중 ( )CFU(Colony Forming Unit)를 넘지 아니할 것. 다만, 샘물 및 염지하수의 경우에는 저온일반세균은 20CFU/mL, 중온일반세균은 5CFU/mL를 넘지 아니하여야 하며, 먹는샘물, 먹는염지하수 및 먹는해양심층수의 경우에는 병에 넣은 후 4℃를 유지한 상태에서 12시간 이내에 검사하여 저온일반세균은 100CFU/mL, 중온일반세균은 20CFU/mL를 넘지 아니할 것

① 50
② 100
③ 250
④ 500

24 먹는물 수질감시항목 운영 등에 관한 고시상 상수원수의 감시항목은?
① Corrosion Index(LI)
② Geosmin
③ 라 돈
④ THMs

25 수도법상 수도의 정비에 관한 종합적인 기본계획(수도정비기본계획)의 수립 주기는?
① 1년 ② 2년
③ 5년 ④ 10년

26 수질오염공정시험기준상 화학적 산소요구량(산성 과망간산칼륨법)을 적정법으로 분석할 때 사용하는 시약이 아닌 것은?
① 과황산칼륨
② 황산은
③ 황산
④ 옥살산나트륨

27 오존처리에 관한 설명 중 옳지 않은 것은?
① 오존은 강한 산화력을 가진 불소와 OH 라디칼 다음으로 높은 전위차를 가지고 있다.
② 염소주입에 앞서 오존을 주입하면 염소의 소비량을 증가시킨다.
③ 철·망간의 산화능력이 크다.
④ 오존은 MIB, THMs과 같은 포화 탄화수소와의 반응이 느리거나 전혀 반응하지 않는 것이 일반적이다.

28 수도법령상 지표수를 사용하는 일반수도사업자가 준수해야 할 정수처리기준 중 병원성 미생물에 관한 설명이다. ( )에 들어갈 내용으로 옳은 것은?

> 취수지점부터 정수장의 정수지 유출지점까지의 구간에서 지아디아 포낭을 ( ) 이상 제거하거나 불활성화할 것

① 9/10
② 99/100
③ 999/1,000
④ 9,999/10,000

29 정수처리공정에서 원수의 pH를 높이기 위하여 일반적으로 사용하는 조정제가 아닌 것은?
① 탄산
② 소석회
③ 소다회
④ 액체가성소다(수산화나트륨)

30 물환경보전법상 점오염원이 아닌 것은?
① 공사장
② 폐수배출시설
③ 하수발생시설
④ 축사

정답 25 ④ 26 ① 27 ② 28 ③ 29 ① 30 ①

31 수질오염공정시험기준상 냄새 측정에 관한 설명으로 옳지 않은 것은?
① 고무 또는 플라스틱 재질의 마개는 사용하지 않는다.
② 냄새를 정확하게 측정하기 위하여 측정자는 5명 이상으로 하는 것이 바람직하다.
③ 냄새역치란 냄새를 감지할 수 있는 최대 희석배수를 말한다.
④ 냄새 측정 시 온도를 10~25℃로 유지하고 마개를 열면서 냄새를 맡아 판단한다.

32 처리수량이 10,000m³/day인 정수장에서 염소를 5mg/L로 주입할 때 잔류염소 농도가 0.2mg/L이었다면 염소요구량(kg/day)은? (단, 염소의 순도는 80%이다)
① 60   ② 70
③ 80   ④ 90

33 정수지의 수리학적 체류시간이 50분이고 장폭비 환산계수(T_{10}/T)가 0.1이다. 이 정수지의 유출부에서 측정한 잔류염소 농도가 0.3mg/L일 때 $CT_{계산값}$(mg/L·min)은?
① 0.5   ② 1.0
③ 1.5   ④ 2.0

34 먹는물관리법에서 정의한 '먹는물'이 아닌 것은?
① 먹는해양심층수
② 청정수
③ 먹는염지하수
④ 먹는샘물

35 수도법령상 일반수도사업자가 하여야 하는 위생상의 조치에서 수도꼭지에서 항상 유지하여야 할 먹는물 유리잔류염소의 농도기준(mg/L)은?(단, 병원성 미생물에 의하여 오염되었거나 오염될 우려는 없는 것으로 한다)
① 0.05 이상
② 0.1 이상
③ 0.5 이상
④ 1 이상

36 지하수법상 지하수의 보전·관리를 위하여 필요한 경우 지하수보전구역을 지정할 수 있는 사람은?
① 대통령
② 환경부장관
③ 시·도지사
④ 시장·군수·구청장

37 수도법령상 탁도 등의 기준, 검사의 항목, 주기 및 방법에서 탁도의 검사주기로 옳은 것은?

① 24시간 간격으로 1일 1회
② 12시간 간격으로 1일 2회
③ 8시간 간격으로 1일 3회
④ 4시간 간격으로 1일 6회

38 먹는물수질공정시험기준상 실온에 해당하는 온도범위는?

① 0~15℃
② 15~25℃
③ 1~35℃
④ 60~70℃

39 수질오염공정시험기준상 암모니아성 질소 분석용 시료에 잔류염소가 공존할 경우 첨가하는 시약은?

① 황산암모늄철
② 염화암모늄
③ 이산화비소산나트륨
④ 티오황산나트륨

40 먹는물 수질감시항목 운영 등에 관한 고시상 먹는샘물의 감시항목이 아닌 것은?

① 안티몬
② 폼알데하이드
③ 주 석
④ 몰리브덴

제3과목 설비운영 (기계·장치 또는 계측기 등)

41 정수장에 사용되는 약품주입설비의 운영에 관한 내용으로 옳은 것을 모두 고른 것은?

> ㄱ. 응집제의 주입량 산출 시 처리수량과 주입률로 산정한다.
> ㄴ. pH 조정제의 주입지점은 응집제 주입지점의 상류측이 일반적이다.
> ㄷ. 알칼리제의 저장설비의 용량은 연속 주입할 경우 10일분 이상으로 확보한다.

① ㄱ
② ㄷ
③ ㄱ, ㄴ
④ ㄴ, ㄷ

42 수도사업장에는 이용목적에 따라 다양한 형식의 펌프가 적용된다. 수도용 송수·가압 목적으로 주로 사용하는 펌프는?

① 원심펌프
② 수격펌프
③ 용적펌프
④ 왕복펌프

43 차단용으로 개폐빈도가 적고 지수(止水)가 장기간 유지될 필요가 있을 경우에 사용하는 밸브는?

① 제수밸브
② 체크밸브
③ 볼밸브
④ 콘밸브

정답 37 ④ 38 ③ 39 ④ 40 ③ 41 ③ 42 ① 43 ①

44 다음에서 설명하고 있는 급속혼화시설은?

- 혼화기에 의한 추가적인 손실수두가 없고 혼화강도의 조절이 가능하다.
- 소비전력이 기계식 혼화기보다 낮다.
- 침전수 또는 여과수를 펌프로 가압하여 사용한다.
- 응집제와 가압수에 의한 노즐 폐색의 우려가 있다.

① 인라인 고정식 혼화
② 수류식 혼화
③ 기계식 혼화
④ 가압수 확산식 혼화

45 침전지 슬러지 배출방식에 해당하는 것을 모두 고른 것은?

ㄱ. 침전지 청소방식
ㄴ. 슬러지 흡입방식
ㄷ. 농축 배출방식
ㄹ. 기계식 제거방식

① ㄴ
② ㄱ, ㄷ
③ ㄱ, ㄴ, ㄹ
④ ㄴ, ㄷ, ㄹ

46 정수장에서 사용되는 기계식 탈수방식이 아닌 것은?

① 벨트프레스
② 필터프레스
③ 진공탈수기
④ 천일건조상

47 운전 중인 펌프의 토출량을 제어하기 위한 방법이 아닌 것은?

① 펌프의 운전대수를 제어하는 방법
② 임펠러의 외경을 제어하는 방법
③ 펌프의 회전속도를 제어하는 방법
④ 밸브의 개도를 제어하는 방법

48 직류전동기의 종류가 아닌 것은?

① 직권전동기
② 분권전동기
③ 복권전동기
④ 유도전동기

49 정격 6.6kV, 300kVA인 부하의 역률이 90%일 때, 출력(kW)은?

① 270   ② 300
③ 330   ④ 360

50 상수도설계기준상 비상용 자가발전설비에 관한 설명으로 옳지 않은 것은?

① 발전기는 동기발전기로 한다.
② 여자방식은 브러시리스 여자방식 또는 정지 여자방식으로 한다.
③ 원동기는 가스터빈 또는 디젤기관을 표준으로 한다.
④ 디젤기관일 경우에는 공랭식 설비를 설치한다.

51 상수도설계기준상 역률개선 설비에 관한 설명으로 옳은 것은?
① 수·변전설비의 종합역률은 80~85% 정도 유지하는 것이 바람직하다.
② 저압전동기 및 고압 소용량 전동기회로에는 진상콘덴서를 직접 직렬로 설치한다.
③ 고압콘덴서는 별도의 차단장치 없이 병렬로 연결하는 것을 원칙으로 한다.
④ 대용량의 고압콘덴서군은 2군 이상으로 분할하여 제어할 수 있도록 한다.

52 상수도설계기준상 상수도시설의 계측제어를 위해 수위계 설치가 필요 없는 것은?
① 착수정 ② 소독설비
③ 정수지 ④ 막여과설비

53 수·변전설비의 계획 수립에 필요한 고려대상이 아닌 것은?
① 조작 및 취급이 간단할 것
② 수·변전실은 장래 부하증가에 대한 확장계획을 고려할 것
③ 가급적 수·변전실 내에 배관이 시설되도록 할 것
④ 건축물의 사용목적에 적합할 것

54 산업안전보건법령상 안전보건표지의 종류와 형태에서 '보행금지'에 해당하는 것은?

①  ②

③  ④

55 막여과시설에서 사용하는 여과법이 아닌 것은?
① 삼투법 ② 정밀여과법
③ 한외여과법 ④ 나노여과법

56 여과층의 세척효과가 불충분할 경우에 나타나는 현상이 아닌 것은?
① 여과지속시간 감소
② 여과수질 악화
③ 염소 소비량의 감소
④ 머드볼의 발생

57 산업안전보건법령상에서 규정한 산업재해에 관하여 조사하고 예방을 위해 정책수립 및 집행을 하는 자는?

① 보건복지부장관
② 환경부장관
③ 고용노동부장관
④ 농림축산식품부장관

58 다음은 여과지에 관한 설명이다. ( )에 들어갈 용어로 옳은 것은?

> ( )은(는) 균등하고 유효하게 여과되고 세척될 수 있는 구조로 하며, 그 종류에는 스트레이너형, 휠러블록형, 유공블록형, 티피블록형 등이 있다.

① 폭기설비
② 급속혼화시설
③ 슬러지배출설비
④ 하부집수장치

59 염소가스 저장시설에 염소가스 누출로 인한 중독을 방지하기 위해 설치하는 제해설비가 아닌 것은?

① 염소가스 중화 소석회 살포기
② 염소가스 계량설비
③ 염소가스 누출검지경보설비
④ 염소가스 중화장치

60 액화염소주입설비에 관한 설명으로 옳지 않은 것은?

① 사용량이 20kg/h 이상인 시설에서는 원칙적으로 기화기를 설치한다.
② 주입량과 잔량을 확인하기 위한 계량설비를 설치하지 않아도 된다.
③ 염소주입기실은 지하실이나 통풍이 나쁜 장소를 피하고 가능한 주입지점이 가깝고 주입점의 수위보다 높은 실내에 설치한다.
④ 염소주입기실은 한랭 시에도 실내온도를 15~20℃로 유지되도록 간접 보온장치를 설치한다.

제4과목 정수시설 수리학

61 [MLT]계로 표현되는 유량의 차원으로 옳은 것은?(단, [M]은 질량, [L]은 길이, [T]는 시간을 표시하는 차원이다)

① $[L^2]$
② $[LT^{-1}]$
③ $[L^3T^{-1}]$
④ $[LT^{-2}]$

62 유체의 특성에 관한 설명으로 옳지 않은 것은?
① 물의 경우, 고체, 액체, 기체로 분류할 수 있다.
② 물의 압축성은 주위의 압력과 온도에 따라서 변한다.
③ 밀도는 단위체적당의 무게이다.
④ 비중은 물체의 단위중량과 표준대기압을 받는 4℃ 물의 단위중량의 비이다.

63 유체의 에너지방정식을 다음과 같이 표기했을 때 ( ) 안에 들어갈 내용에 포함되지 않는 것은?

> 일정 = ( ) + ( ) + ( )
> (단, P(압력), γ(유체 단위중량), z(기준면부터 높이), V(속도), g(중력가속도), H(전수두)이다)

① P/γ
② H
③ $V^2/2g$
④ z

64 베르누이(Bernoulli) 방정식 유도 시 도입되는 가정으로 옳지 않은 것은?
① 압축성 유체
② 유선을 따르는 흐름
③ 정상류 흐름
④ 외력은 중력만 작용

65 Darcy-Weisbach 공식의 마찰손실계수에 관한 설명으로 옳지 않은 것은?
① 관의 재질에 따른 조도 높이 값은 동등하다고 가정한다.
② Moody 도표를 이용하여 마찰손실계수 산정이 가능하다.
③ 층류와 난류에 적용이 가능하다.
④ 층류에서 마찰손실계수는 레이놀즈수에 반비례한다.

66 수면차이가 10m인 두 곳의 저수지를 연결한 관의 지름이 0.2m, 길이가 1.0km일 때, 관로를 흐르는 유량(m³/s)은 약 얼마인가?(단, 마찰손실계수 f = 0.015, 미소손실은 무시한다)

① 0.01
② 0.05
③ 0.5
④ 5.0

67 A 지점의 개수로 유량측정을 위해서 유속-면적법을 이용할 때, 3점법으로 계산하는 식으로 옳은 것은?(단, V_m은 수심평균유속이고, V의 아래첨자는 수심이 1일 때 수면으로부터 유속을 측정한 지점이다)

① $V_m = \dfrac{V_{0.1} + 2V_{0.5} + V_{1.0}}{4}$
② $V_m = \dfrac{V_{0.1} + 2V_{0.6} + V_{0.8}}{4}$
③ $V_m = \dfrac{V_{0.2} + 2V_{0.5} + V_{1.0}}{4}$
④ $V_m = \dfrac{V_{0.2} + 2V_{0.6} + V_{0.8}}{4}$

68 지름이 40cm인 원형관에 물이 가득차서 흐를 때 동수반경(R)은?

① 0.4cm   ② 1cm
③ 4cm   ④ 10cm

69 관로의 마찰손실수두에 관한 설명으로 옳은 것을 모두 고른 것은?

> ㄱ. 마찰손실계수에 비례한다.
> ㄴ. 관로의 길이에 비례한다.
> ㄷ. 동수반경에 반비례한다.
> ㄹ. 속도의 제곱에 비례한다.

① ㄱ, ㄴ
② ㄷ, ㄹ
③ ㄱ, ㄴ, ㄹ
④ ㄱ, ㄴ, ㄷ, ㄹ

70 단면적이 20m², 유속이 4m/day인 하천 개수로의 유량(m³/day)은?

① 5   ② 20
③ 40   ④ 80

71 A 정수장의 침전공정에서 독립입자가 침전하는 속도를 Stokes 법칙을 적용하여 산정하고자 할 때 다음 설명으로 옳지 않은 것은?

① 입자의 침강속도는 입자의 밀도에 비례한다.
② 입자의 침강속도는 점성계수에 반비례한다.
③ 입자의 침강속도는 입자의 직경 제곱에 반비례한다.
④ 입자의 침강속도는 중력가속도를 고려한다.

72 정수장 침전지 유입량이 30,000m³/day이다. 침전지의 길이가 30m이고, 깊이는 5m, 폭이 10m라면 침전지의 표면부하율(m³/m²/day)은?

① 70   ② 80
③ 90   ④ 100

73 정수장 급속여과지의 표준 여과속도(m/day)로 옳은 것은?

① 10~40   ② 30~60
③ 60~90   ④ 120~150

74. 정수장 내 오존소독에 관한 설명으로 옳지 않은 것은?
① 바이러스 불활성화에 우수하다.
② 병원균에 대한 살균화가 크다.
③ 유기물의 생분해성을 감소시킨다.
④ 응집효과를 증대시킬 목적으로 전오존 처리가 가능하다.

75. 펌프의 특성 및 운전에 관한 설명으로 옳은 것은?
① 동일펌프를 2대 병렬로 연결할 경우 양정은 2배로 증가되나 양수량은 거의 변하지 않는다.
② 펌프의 크기는 구경으로 나타낸다.
③ 펌프 운영 시 예비펌프 설치는 가급적 피한다.
④ 캐비테이션에 대해서 안전하기 위해서 이용할 수 있는 유효흡입수두와 펌프에 필요로 하는 유효흡입수두를 일치시킨다.

76. 펌프의 축동력에 관한 설명으로 옳은 것은?
① 유량에 비례
② 전양정에 반비례
③ 펌프의 효율에 비례
④ 펌프 여유율에 반비례

77. 펌프의 비속도(N_s)에 관한 설명으로 옳은 것은?
① 비속도는 펌프 임펠러 형상을 나타내는 값이다.
② 비속도는 회전속도에 반비례한다.
③ 양정이 감소하면 비속도는 감소한다.
④ 유량이 증가하면 비속도는 감소한다.

78. 펌프 운전 시 유속의 급변으로 인해서 물이 기화되어 흐름 중에 공동이 발생하는 현상은?
① 수격현상   ② 캐비테이션
③ 수주분리   ④ 서징현상

79. 관수로의 마찰손실계수를 구할 때 필요한 것은?
① 프루드수   ② 레이놀즈수
③ 수축계수   ④ 운동량 보정계수

80. 펌프의 유효흡입 수두에 관한 설명으로 옳지 않은 것은?
① 토출량에 비례한다.
② 흡입 비속도에 반비례한다.
③ 회전속도에 반비례한다.
④ 펌프에 따라 고유한 값을 가진다.

정답 74 ③ 75 ② 76 ① 77 ① 78 ② 79 ② 80 ③

2021년 제29회 1급 과년도 기출문제

제1과목 수처리공정

01 응집제와 응집보조제의 주입에 관한 설명으로 옳지 않은 것은?

① 응집제의 주입량은 처리수량과 주입률로 산출한다.
② 응집제의 희석배율은 가능한 높은 것이 바람직하다.
③ 응집보조제의 주입률은 원수 수질에 따라 실험으로 정한다.
④ 응집보조제의 주입지점은 실험으로 정하고 혼화가 잘 되는 지점으로 한다.

02 플록형성지에 관한 설명으로 옳지 않은 것은?

① 플록형성지 내의 교반강도는 가급적 상하류가 동일하도록 한다.
② 플록형성시간은 계획정수량에 대하여 20~40분간을 표준으로 한다.
③ 플록형성지는 혼화지와 침전지 사이에 위치하고 침전지에 붙여서 설치한다.
④ 야간점검 시 플록형성상태를 확인할 수 있는 적절한 조명장치를 설치한다.

03 급속혼화시설에 관한 설명으로 옳은 것은?

① 급속혼화는 수류식이나 기계식 및 펌프확산에 의한 방법으로 달성할 수 있다.
② 기계식 급속혼화시설을 채택하는 경우 3분 이상의 체류시간을 갖는 혼화지에 응집제를 주입한다.
③ 혼화지는 단락류가 발생하는 구조로 한다.
④ 정수장의 경우 정상적인 조건에서 알럼(Alum)과 물의 비는 1 : 500,000 정도이다.

04 급속여과지에 관한 설명으로 옳은 것은?

① 여과면적은 계획정수량을 체류시간으로 나눈 값이다.
② 급속여과지의 형상은 원형을 표준으로 한다.
③ 급속여과에서 다층인 경우 여과속도는 80m/d를 표준으로 한다.
④ 모래층의 두께는 여과모래의 유효경이 0.45~0.7mm의 범위인 경우에는 60~70cm를 표준으로 한다.

정답 1 ② 2 ① 3 ① 4 ④

05 급속여과지의 자갈층 두께와 여과자갈에 관한 설명으로 옳지 않은 것은?
① 자갈층 여과층을 지지하며 세척면으로 보아 경질이고 구형인 것이 좋다.
② 세척탁도는 30NTU 이하로 한다.
③ 비중은 표면건조상태로 2.5 미만이어야 한다.
④ 자갈의 형상은 최장축이 최단축의 5배 이상인 것이 중량비로 2% 이하이어야 한다.

06 Mud Ball 현상에 관한 설명으로 옳은 것은?
① Mud Ball이 생길 경우 여층 표면이 불균일해지는 현상이 발생한다.
② 플록 억류시험결과 역세척 후 탁도가 60NTU 이하일 경우 Mud Ball 현상이 발생한다.
③ 세립자의 여과모래를 사용할수록 Mud Ball 생성이 어렵다.
④ 응집제를 과도하게 사용할 경우 Mud Ball이 제거된다.

07 급속여과지의 역세척에 관한 설명으로 옳지 않은 것은?
① 역세척에는 염소가 잔류하고 있는 정수를 사용한다.
② 일반적으로 동일한 팽창률로 되기 위한 역세척 속도는 여재의 입경이 커지면 빠르게 되며 수온이 낮을수록 느려진다.
③ 유효경 0.6mm, 균등계수 1.3인 모래층에서는 수온 20℃인 경우에 역세척 속도를 0.6m/분으로 하면 팽창률이 약 20%가 된다.
④ 수온차가 큰 지역에서 세척효과를 일정하게 유지하기 위해서는 수온이 낮을 때의 역세척유속을 기준으로 시설을 설계한다.

08 여과지의 수질을 관리하기 위한 설명으로 옳은 것을 모두 고른 것은?

> ㄱ. 여과지 수질이 의심스러울 경우 배출수관으로 시동방수를 배출시킨다.
> ㄴ. 다층여과지는 단층여과지에 비해 여과기능을 보다 합리적이고 효율적으로 발휘하기 위한 것으로 300m/d 이상의 여과속도를 표준으로 한다.
> ㄷ. 병원성 미생물에 대한 수질관리를 강화하기 위해 탁도 자동측정기로 1시간 이내 간격으로 실시간 측정 및 감시 운영을 한다.

① ㄱ, ㄴ ② ㄱ, ㄷ
③ ㄴ, ㄷ ④ ㄱ, ㄴ, ㄷ

09 중간염소처리에 관한 설명으로 옳지 않은 것은?
① 침전지와 여과지 사이에서 염소제를 주입하는 방식이다.
② 주입지점에 염소혼화지를 설치하는 방식이 바람직하다.
③ 새로이 염소혼화지를 설치하는 것이 불가능한 경우에는 주입한 염소제가 잘 혼화되는 장소를 선정해야 한다.
④ 트라이할로메탄과 곰팡이냄새의 생성을 최소화하는 데는 적합하지 않다.

10 결합잔류염소에 의한 소독에 관한 설명으로 옳은 것은?
① 세균이 적고 암모니아성 질소가 일정수준 존재할 경우에는 소독할 수 있다.
② 주입 후 사용될 때까지 가능한 접촉시간을 짧게 유지한다.
③ 유리잔류염소보다 소독효과가 높다.
④ 처리수의 소독방법이 유리형과 결합형으로 각각 다르게 되어 있으면 혼합시킨다.

11 원수 중에 망간이온이 2mg/L 포함되어 있고, 원수 유입량이 50,000m³/d인 경우 망간이온의 산화처리를 위해 필요한 최소 염소소요량(kg/d)은?(단, 망간이온 1mg/L당 염소 소요량 1.29mg/L로 가정한다)
① 64.5
② 129
③ 12,900
④ 64,500

12 전염소처리에 관한 설명으로 옳지 않은 것은?
① 이론상 철이온 1mg/L를 산화시키기 위해서는 0.63mg/L의 염소가 필요하다.
② 이론상 암모니아성 질소 1mg/L를 산화시키기 위해서는 7.6mg/L의 염소가 필요하다.
③ 여과수에서 망간처리를 목적으로 하면 0.1~0.2mg/L 정도의 잔류염소농도를 유지해야 한다.
④ 수중의 염소는 직사일광을 받으면 분해된다.

13 유량이 800m³/d인 상수 원수에 포함된 암모니아성 질소 2mg/L를 파괴점 염소주입법에 의하여 이론적으로 제거할 경우 필요한 염소소요량(kg/d)은?
① 1.52
② 3.04
③ 6.08
④ 12.16

14 염소가스 제해설비에 관한 설명으로 옳은 것을 모두 고른 것은?

> ㄱ. 염소가스 저장량 1,000kg 이상의 시설에 대해서만 누출에 대비한 방독이나 제해 조치를 강구한다.
> ㄴ. 누출방지대책의 일례로서 저장실 또는 주입기실 근처에 소석회를 비치하는 것이 바람직하다.
> ㄷ. 중화설비의 처리능력은 1시간 염소가스를 무해가스로 처리할 수 있는 양(kg/h)으로 표시한다.

① ㄱ, ㄴ
② ㄱ, ㄷ
③ ㄴ, ㄷ
④ ㄱ, ㄴ, ㄷ

15 정수장 배출수처리에 관한 설명으로 옳지 않은 것은?

① 조정시설은 배출량을 조정하는 과정이며 배출수지와 배슬러지지로 구성된다.
② 슬러지의 침강·농축특성을 조사하기 위해 통상 실린더-테스트를 실시한다.
③ 슬러지의 탈수성 조사는 리프테스트(Leaf Test)를 실시하여 구할 수 있다.
④ 응집제 주입량과 탁도의 비를 나타내는 Al/T비가 증가하면 비저항은 감소하여 탈수성이 향상된다.

16 배슬러지지에 관한 설명으로 옳지 않은 것은?

① 용량은 24시간 평균배슬러지량과 1회 배슬러지량 중에서 큰 것으로 한다.
② 유지관리의 용이성을 위해 지수는 2지 이상으로 하는 것이 바람직하다.
③ 배슬러지지에는 슬러지배출관을 설치하며, 관경은 100mm 이하로 해야 한다.
④ 유효수심은 2~4m, 여유고는 60cm 이상으로 한다.

17 처리대상물질과 처리방법이 올바르게 짝지어진 것은?

① 암모니아성 질소 - 급속여과
② THMs - 활성탄
③ 망간 - 생물처리
④ 경도 - 염소소독

18 액상의 농도와 흡착량과의 관계를 나타내는 Langmuir 식과 관련있는 인자를 모두 고른 것은?

> ㄱ. 포화농도
> ㄴ. 최소흡착량에 관한 상수
> ㄷ. 최대흡착량에 관한 상수
> ㄹ. 흡착에너지에 관한 상수

① ㄱ, ㄴ   ② ㄴ, ㄷ
③ ㄷ, ㄹ   ④ ㄱ, ㄷ, ㄹ

19 분말활성탄과 입상활성탄 처리의 장단점으로 적합한 것은?

① 분말활성탄의 장점은 누출에 의한 흑수현상 걱정이 없다.
② 입상활성탄의 장점은 여과지를 만들 필요가 없다.
③ 분말활성탄의 단점은 탄분이 포함된 흑색슬러지를 폐기 시 공해의 원인이 될 수 있다.
④ 입상활성탄의 단점은 재생할 수 없으므로 장기간 사용하기에 비경제적이다.

20 막 공정의 운영 시 100NTU 이상의 고탁도가 유입되었을 경우 감시 및 대처방법으로 옳은 것은?

① 응집제 투입량을 감소시킨다.
② 순환여과 방식보다는 전량여과 방식운전으로 전환한다.
③ 차아염소산, 황산 등으로 화학세척을 실시한다.
④ 여과 플럭스를 고속으로 운전한다.

정답 15 ④ 16 ③ 17 ② 18 ③ 19 ③ 20 ③

제2과목 수질분석 및 관리

21 오존 처리설비에서 오존주입률과 오존주입량의 결정방법으로 옳지 않은 것은?

① 오존주입률은 원수수질의 현황과 장래의 수질예측, 다른 수도시설에서의 실시예, 문헌, 실험결과 등을 근거로 하여 결정한다.
② 오존주입량은 처리수량에 주입률을 곱하여 산정한다.
③ 주입된 오존은 일부가 가스 상태로 배출되므로 개방형 연속식 실험장치를 이용한다.
④ 오존의 유효주입률은 주입오존농도와 배오존농도를 측정하여 수중에서 이용된 양을 산출한다.

22 정수처리공정에서 응집제 주입률 관련 시험 및 조사방법으로 옳지 않은 것은?

① 속도경사(G)값 산정
② 제타전위계(Zeta Potential Meter) 측정법
③ SCD(Streaming Current Detector) 측정법
④ 자-테스트

23 환경분야 시험·검사 업무처리규정에 따른 용어의 설명으로 옳은 것은?

① 시험·검사기관은 실험실을 갖추고 의뢰받은 환경시료만을 시험하는 기관 또는 부서
② 시료는 방류수, 먹는물, 폐기물 등에 대한 환경오염 여부를 시험·검사하기 위하여 그 대표성, 균질성 등을 확보하여 채취한 것
③ 시험기록부는 시험·검사 장비에서 출력된 표준용액, 바탕용액, 환경시료 등에 대한 측정결과의 기록물
④ 실험실정보관리시스템은 시험·검사결과에서 산출되는 데이터를 전자적인 형태로 기록·저장만 하는 장치

24 먹는물수질공정시험기준상 용량분석용 표준용액을 만드는 방법으로 옳은 것은?

① 0.002M-과망간산칼륨용액은 과망간산칼륨 0.316g을 100℃에서 1시간 건조한 다음 정제수에 녹여 1L로 한다.
② 0.01M-EDTA용액은 에틸렌다이아민테트라아세트산나트륨·2수화물 3.722g을 정제수에 녹여 1L로 한다.
③ 0.005M-옥살산나트륨용액은 수산나트륨 0.670g을 정제수에 녹여 1L로 한다.
④ 0.01M-염화나트륨용액은 염화나트륨(500~600℃에서 1시간 가열하고 데시케이터에서 식힌 것) 0.5844g을 정제수에 녹여 1L로 한다.

정답 21 ③ 22 ① 23 ② 24 ④

25 일반수도사업자가 하는 수질검사와 관련하여 옳지 않은 것은?

① 수원의 수질변화를 초기에 파악하고 처리체계를 정비하여 정수처리에 신속하게 대응하여야 한다.
② 취수장의 시설용량이 1,000m³/일 이상인 정수시설은 원수 감시용 생물감시장치를 설치하여야 한다.
③ 정수처리과정에서의 수질검사는 정수장의 유지관리와 운영에 필요하므로 정수처리시설에서는 반드시 수질검사를 통해 처리공정의 점검 및 감시가 수행되어져야 한다.
④ 정수처리의 최종 결과는 수돗물의 수질에 의하여 판명된다.

26 먹는물수질공정시험기준상 기구 및 기기의 설명으로 옳은 것은?

① 부피측정용 기구는 소급성이 적절하게 유지되는 것을 사용하여야 한다.
② 공정시험기준의 분석절차 중 일부 또는 전체를 자동화한 기기는 정도관리 목표수준에 적합한 국내 공인방법만 사용한다.
③ 연속측정 또는 현장측정 목적용 측정기기는 제조업체 등의 분석방법을 그대로 사용한다.
④ 분석용 저울은 0.01g까지 달 수 있는 것이어야 한다.

27 수처리제의 기준과 규격 및 표시기준상 입상활성탄의 규격 및 기준이 아닌 것은?

① 체잔류물은 KS 200호체(74μm)의 체잔류물 10% 이하
② 페놀가는 25 이하
③ 메틸렌블루 탈색력은 150mL/g 이상
④ 아이오딘흡착력은 950mg/g 이상

28 먹는물수질공정시험기준상 세제(음이온 계면활성제)를 자외선/가시선 분광법으로 측정할 때 ( )에 들어갈 용어를 순서대로 바르게 나열한 것은?

> 시료 중에 음이온 계면활성제와 ( )가 반응하여 생성된 청색의 복합체를 ( )(으)로 추출하여 흡광도를 측정하는 방법이다.

① 메틸렌블루, 클로로폼
② 메틸렌블루, 사염화탄소
③ 브로모티몰블루, 클로로폼
④ 브로모티몰안블루, 사염화탄소

29 먹는물 수질감시항목 운영 등에 관한 고시상 라돈의 측정방법으로 옳지 않은 것은?

① 라돈은 표준용액이 없어 모핵종인 라듐(^{226}Ra) 표준용액을 사용한다.
② 시료 채취 시 20mL 폴리에틸렌 또는 유리바이알을 준비하여 실험실에서 칵테일용액 12mL를 미리 담아 현장에 가져간다.
③ 바이알에 채취한 시료는 3시간 동안 암소에서 보관한 후, 액체 섬광계수기로 60분간 분석한다.
④ 최종결과는 국제표준단위인 pCi/L로 표기한다.

30 먹는물수질공정시험기준상 염소소독부산물을 기체크로마토그래피로 분석할 때 간섭물질에 관한 설명으로 옳지 않은 것은?

① 추출 용매 안에 함유하고 있는 불순물로 인해 간섭을 받을 경우 바탕시료나 시약 바탕시료를 분석하여 확인할 수 있다.
② 매트릭스로부터 추출되어 나오는 방해물질이 있는 경우 고순도 용매를 사용하여 해결할 수 있다.
③ 메틸삼차–뷰틸에터는 미량의 클로로폼, 트라이클로로에틸렌, 사염화탄소를 함유할 수 있으므로 2차 증류하여 불순물을 제거할 수 있다.
④ 용매추출법을 사용할 때에는 폭넓은 영역의 끓는점을 갖는 극성 및 비극성 유기물질이 함께 추출되어 분석물질을 방해한다.

31 먹는물수질공정시험기준상 분원성 대장균–효소기질이용법의 시험방법으로 옳은 것은?

① 수도꼭지에서 시료를 채취할 경우 연결된 부착물이 있는 상태로 수도꼭지 입구에서 바로 시료를 채취한다.
② 먹는물공동시설 시료의 경우 시료 250mL를 시험관에 넣고 44.5±0.2℃로 48시간 이상 배양 후 결과를 판정한다.
③ 모든 시험은 음성대조군 시험을 동시에 실시하며 음성대조군 시험결과는 음성으로 나왔을 경우에만 유효한 결과값으로 판정한다.
④ 위양성으로 추정되는 시료는 막여과법으로 확인할 수 있다.

32 수질오염공정시험기준상 클로로필 a의 측정에 관한 내용으로 옳지 않은 것은?

① 아세톤 용액을 이용하여 시료를 여과한 여과지로부터 클로로필 색소를 추출하고, 추출액의 흡광도를 측정한다.
② 750nm에서 흡광도 측정은 시료 안의 탁도를 평가하기 위해 시행된다.
③ 색소에 대한 정확도와 회수는 여과된 시료의 충분한 불림과 추출 용매 내에서 불린 시간에 관계한다.
④ 광합성 색소들은 빛과 온도 변화에 무관하다.

33 소독에 의한 불활성화비 계산에서 소독능계산값($CT_{계산값}$)을 산정하는 방법으로 옳은 것은?

① $CT_{계산값}$의 단위는 'mg/L·시간(h)'으로서 잔류소독제 농도에 소독제와 물의 접촉시간을 곱하여 산출한다.
② 잔류소독제 농도는 연속측정장치의 1일 평균값으로 한다.
③ 추적자시험을 통해 실제 소독제의 접촉시간을 측정하는 때에는 최초 소독제 주입지점에 투입된 추적자의 10%가 정수지 유출지점 또는 불활성비의 값을 인정받는 지점으로 빠져나올 때까지의 시간을 접촉시간으로 한다.
④ 이론적인 접촉시간을 이용할 경우는 정수지 구조에 따른 수리학적 체류시간에 장폭비(L/W)에 따른 환산계수를 곱하되, 장폭비가 50 이상인 경우에는 환산계수를 0.70으로 한다.

34 다음과 같은 조건의 정수장에서 필요한 염소량(kg/d)은?(단, 다른 염소필요량은 없고 염소의 순도는 고려하지 아니한다)

- 처리수량 20,000m³/d, 전염소처리 농도 1.0mg/L, 후염소처리 농도 3.5mg/L
- 먹는물수질공정시험기준상 잔류염소-DPD 분광법에 따라 처음 DPD 시약을 넣고 측정한 값은 0.1mg/L, 그 용액에 아이오딘화칼륨을 넣어 측정한 값은 0.3mg/L

① 72 ② 76
③ 92 ④ 96

35 먹는물관리법상 용어의 정의 중 다음에서 설명하고 있는 것은?

> 암반대수층 안의 지하수 또는 용천수 등 수질의 안전성을 계속 유지할 수 있는 자연 상태의 깨끗한 물을 먹는 용도로 사용할 원수를 말한다.

① 먹는물   ② 샘 물
③ 먹는샘물 ④ 먹는염지하수

36 먹는물 수질기준 및 검사 등에 관한 규칙상 유해영향 유기물질에 관한 기준항목이 아닌 것은?

① 페니트리티온
② 1,1-다이클로로에틸렌
③ 1,2-다이브로모-3-클로로프로판
④ 다이클로로아세토나이트릴

37 수도법상 수도정비기본계획에 포함되는 사항이 아닌 것은?

① 수도공급구역에 관한 사항
② 수도사업의 재원 조달 및 실시 순위
③ 수도시설의 정보화에 관한 사항
④ 수도 공급 목표 및 정책 방향

정답 33 ③ 34 ④ 35 ② 36 ④ 37 ④

38 먹는물 수질감시항목 운영 등에 관한 고시상 먹는샘물의 감시항목과 검사주기의 연결로 옳은 것은?

① 폼알데하이드 – 1회/년
② 안티몬 – 2회/년
③ 몰리브덴 – 1회/년
④ 부식성지수 – 4회/년

39 먹는물 수질감시항목 운영 등에 관한 고시상 정수의 감시항목별 감시기준으로 옳지 않은 것은?

① Geosmin : $0.02\mu g/L$
② Chlorophenol : $100\mu g/L$
③ Styrene : $20\mu g/L$
④ 2,4-D : $30\mu g/L$

40 하천법상 국가하천에 관한 내용으로 옳지 않은 것은?

① 유역면적 합계가 $200km^2$ 이상인 하천
② 다목적댐의 하류 및 댐 저수지로 인한 배수영향이 미치는 하류의 하천
③ 유역면적 합계가 $50km^2$ 이상이면서 $200km^2$ 미만인 하천으로서 다목적댐, 하구둑 등 저수량 500만m^3 이상의 저류지를 갖추고 국가적 물이용이 이루어지는 하천
④ 유역면적 합계가 $50km^2$ 이상이면서 $200km^2$ 미만인 하천으로서 상수원보호구역, 국립공원, 유네스코생물권보전지역, 문화재보호구역, 생태·습지 보호지역을 관류하는 하천

제3과목 설비운영 (기계·장치 또는 계측기 등)

41 산업안전보건법령상 안전검사대상기계 등에 해당하는 것을 모두 고른 것은?

ㄱ. 탈수기
ㄴ. 정격 하중이 2ton 이상인 크레인
ㄷ. 압력용기
ㄹ. 컨베이어
ㅁ. 공기압축기

① ㄱ, ㄴ, ㄷ
② ㄱ, ㄹ, ㅁ
③ ㄴ, ㄷ, ㄹ
④ ㄴ, ㄷ, ㅁ

42 상수도시설의 안정적 급수 확보를 위한 대책으로 옳은 것을 모두 고른 것은?

ㄱ. 복수 수계에서의 취수
ㄴ. 수계간 도·송·배수간선의 분리
ㄷ. 정수장의 예비력 확보
ㄹ. 기간시설의 집합배치
ㅁ. 배수블록화의 도입

① ㄱ, ㄴ, ㅁ
② ㄱ, ㄷ, ㄹ
③ ㄱ, ㄷ, ㅁ
④ ㄴ, ㄷ, ㄹ

43 공기밸브에 관한 설명으로 옳지 않은 것은?
① 관경 400mm 이상의 관에는 급속공기밸브 또는 쌍구공기밸브를 설치한다.
② 공기밸브의 설치 목적은 관 내의 공기를 배제하거나 흡입하기 위한 것이다.
③ 관로의 종단도상에서 상향 돌출부의 상단에 설치한다.
④ 공기밸브에는 보수용의 글로브밸브를 설치한다.

44 펌프의 흡입관 설치에 관한 설명으로 옳지 않은 것은?
① 흡입배관 내의 유속은 1.5m/s 이하로 한다.
② 펌프의 흡입관 공기가 갇히지 않도록 배관한다.
③ 펌프의 운전 상태를 알기 위해 흡입관에 압력계를 설치한다.
④ 흡입관의 길이는 가능한 한 짧게 한다.

45 펌프의 특성이 다음과 같을 때 펌프의 비속도 (rpm·m³/min·m)는 약 얼마인가?

- 펌프의 토출량(Q) : 10m³/min
- 전양정(H) : 55m
- 회전수 : 1,200rpm
- 양흡입펌프임

① 123
② 133
③ 143
④ 153

46 염소제해설비 중 가성소다와 염소가 접촉하여 중화하는 방식이 아닌 것은?
① 충전탑방식
② 경사판방식
③ 회전흡수방식
④ 유동상방식

47 계획 배출수 처리를 위해 계획 원수 탁도를 결정하고자 할 때 고려할 사항이 아닌 것은?
① 계획 정수량 및 응집제 주입량
② 침전지에 의한 슬러지의 저류가능량
③ 원수저류지에 의한 고탁도 시 탁도의 저감화 가능성
④ 2개 이상의 수원이 있는 경우, 도·송·배수시설의 상호융통 가능성

48 약품 저장 및 주입설비에 관한 설명으로 옳지 않은 것은?
① 폴리염화알루미늄 저장조는 합성수지 등으로 라이닝하거나 FRP제 저장조를 사용해야 한다.
② 소석회 슬러리는 저농도에서 품질의 열화가 빠르므로 고농도에서의 난용해성을 고려하여 10~15% 정도의 농도로 용해시켜 주입한다.
③ 수산화나트륨은 공기 중의 탄산가스를 흡수하여 그 효능이 감속하므로 밀폐식 구조로 해야 한다.
④ 액체황산알루미늄은 농도가 저장에 유리하나 5% 이상이면 점성이 높아져 주입에 지장을 초래한다.

정답 43 ④ 44 ③ 45 ② 46 ④ 47 ① 48 ④

49 급속여과지 역세척형 설비에 해당하지 않는 것은?

① 역세척 탱크
② 역세척 펌프
③ 공기압축기
④ 역세척 사이펀 설비

50 오존발생장치와 주입설비에 관한 설명으로 옳지 않은 것은?

① 오존제어방식에는 오존주입농도 제어방식, 잔류오존농도 제어방식, $C \cdot T$ 제어방식이 있다.
② 오존 접촉부분의 재질을 내오존 성능이 우수한 SS 400을 사용하여야 한다.
③ 오존투입방식은 오존 전달효율이 높은 인젝터방식이 주로 적용된다.
④ 오존발생기실과 주입점의 거리가 멀면 오존화공기배관의 누출가능성이 증가하므로 주입지점에 가까운 것이 바람직하다.

51 다음에서 설명하고 있는 급속혼화 방법은?

- 혼화강도를 조절할 수 있음
- 소비전력이 기계식 혼화보다 적게 소요
- 혼화기에 의한 추가적인 손실수두가 없음

① 수류식 혼화
② 인라인 고정식 혼화
③ 가압수 확산에 의한 혼화
④ 파이프 격자에 의한 혼화

52 막과 막모듈에 관한 설명으로 옳은 것은?

① 무기막은 유기막에 비하여 내열성이나 내약품성이 좋고 충격에 강하다.
② 막재질이 셀룰로스 계열인 것은 미생물 침식으로 열화의 우려가 있으므로 수산화나트륨을 주입하여 미생물을 억제하는 것이 필요하다.
③ 막 자체의 성능변화인 막의 열화는 성능이 회복될 수 있다.
④ 유기막모듈을 막여과 설비에 장착한 채로 장기간 운전을 중지하는 경우 차아염소산나트륨 용액을 봉입하여 막 오염을 방지한다.

53 침전지 정류설비에 관한 설명으로 옳지 않은 것은?

① 정류벽은 유입단에서 1.5m 이상 떨어져 설치한다.
② 정류벽에서 정류공의 총면적은 유수단 면적의 9% 정도를 표준으로 한다.
③ 침전지 내의 편류나 밀도류를 발생시키는 구조로 한다.
④ 침전지 내에는 필요에 따라 도류벽이나 중간 정류벽을 설치한다.

54 역률개선설비에 관한 설명으로 옳지 않은 것은?
① 저압전동기회로에는 진상용 콘덴서를 전원과 직렬로 설치하여 전력손실을 저감한다.
② 콘덴서 회로 개로 시 재기전압에 의한 아크에 주의하여야 한다.
③ 콘덴서 회로에서 개로 후 3분 이내에 75V 이하로 방전시키도록 방전코일을 설치한다.
④ 콘덴서 회로 개폐 시 콘덴서 용량의 6%에 상당하는 직렬리액터를 설치한다.

55 수변전설비의 개폐기에 관한 설명으로 옳은 것은?
① 자동고장구분개폐기는 지락사고 시 건전수용가의 피해를 최소화하기 위해 정식수전설비에 설치한다.
② 자동부하절체개폐기는 수용가의 이중전원 설비에 사용된다.
③ 고압 컷아웃스위치는 단락전류에 의해 차단 후 재투입이 가능한 개폐기이다.
④ 회로 보수 시 단로기 개방 후 차단기를 차단하여야 한다.

56 보호계전기에 관한 설명으로 옳지 않은 것은?
① 지락전류보호를 목적으로 과전류계전기를 사용한다.
② 보호계전 시스템은 검출부, 판정부, 동작부로 구성된다.
③ 과전압계전기는 정격전압의 110~130%에서 정정한다.
④ 부족전압계전기는 정격전압의 70~80%에서 정정한다.

57 전자식유량계 설치 시 유의할 사항으로 옳은 것은?
① 유량계 구경은 평균 유속이 0.5~1m/s의 사이에 있도록 선정하는 것이 바람직하다.
② 유량제어 밸브를 설치하는 경우에는 전자식유량계 전후에 필요한 직관부를 확보하고 하류측에 설치한다.
③ 수직으로 설치할 경우 흐름은 위쪽에서 아래쪽으로 향하도록 한다.
④ 약품주입지점의 직후에 설치하여야 측정의 신뢰성을 확보할 수 있다.

58 정수시설 중 pH계를 기본으로 설치하지 않아도 되는 장소는?
① 착수정
② 정수지
③ 배수지(10,000m^3/일 이상)
④ 가압장

59 다음과 같은 특징을 갖는 수위계로 옳은 것은?

- 정전용량식 및 다이어프램식이 있다.
- 정밀도는 ±0.2%이며, 측정범위는 0~0.1 mm…70m이다.
- 광범위한 액면변화를 연속적으로 측정할 수 있다.
- 밀폐된 압력용기 내의 액면 측정이 가능하다.

① 투입식 수위계
② 차압식 수위계
③ 초음파식 수위계
④ 정전용량식 수위계

60 수질계측기에 관한 설명으로 옳은 것은?

① 유막검지기는 기름의 반사율이 물보다 크기 때문에 반사광의 크기를 측정하여 유막 유무를 판단한다.
② 염소요구량계는 염소발생기의 양극부에 수산화나트륨이 석출되기 때문에 정기적인 청소가 필요하다.
③ 전기전도도계는 시료수에 전극을 담궈서 전극봉 간의 절연저항을 측정하며 직류전원이 사용된다.
④ 표면산란방식 고감도 탁도계는 진동에 강하고 입자경에 의한 영향이 작다.

제4과목 정수시설 수리학

61 [MLT]계로 나타낸 물리량의 차원으로 옳지 않은 것은?

① 동점성계수 : $[L^2T^{-1}]$
② 표면장력 : $[MLT^{-2}]$
③ 유량 : $[L^3T^{-1}]$
④ 일, 에너지 : $[ML^2T^{-2}]$

62 무차원에 해당하지 않는 것은?

① 레이놀즈수 ② 비 중
③ 프루드수   ④ 운동량

63 어떤 물체를 4℃의 물에 넣었더니 전체 부피의 10%가 물 밖으로 드러났다면, 이 물체의 비중은?

① 0.1   ② 0.9
③ 1.0   ④ 1.1

64 베르누이 방정식에 관한 설명으로 옳은 것은?

① 총수두는 압력수두, 위치수두, 속도수두의 합으로 표현된다.
② 비정상류 흐름으로 가정한다.
③ 질량보존의 법칙이 적용된다.
④ 관수로에만 적용 가능하다.

65. 물에 직경 D의 모세관을 세웠을 때, 물의 표면장력을 σ, 물의 단위중량을 γ, 접촉각을 θ라 할 때, 모세관현상에 의한 물의 상승높이를 나타내는 식은?

① $\dfrac{2\gamma\cos\theta}{\sigma D}$ ② $\dfrac{2\sigma\cos\theta}{\gamma D}$
③ $\dfrac{4\gamma\cos\theta}{\sigma D}$ ④ $\dfrac{4\sigma\cos\theta}{\gamma D}$

66. 내경 0.02m인 매끄러운 유리관에 물이 5cm³/s로 흐를 때, 관의 길이 500m 구간에서 발생하는 마찰손실수두(cm)는 약 얼마인가?(단, 물의 동점성계수는 1.12×10^{-2}cm²이다)

① 6.27 ② 7.27
③ 8.27 ④ 9.27

67. 뉴턴유체의 층류흐름에서 층간 접촉면에 작용하는 전단응력의 식으로 옳은 것은?(단, V는 유속, y는 층간거리, μ는 점성계수, ν는 동점성계수를 나타낸다)

① $\nu\dfrac{dV}{dy}$ ② $\nu\dfrac{dy}{dV}$
③ $\mu\dfrac{dV}{dy}$ ④ $\mu\dfrac{dy}{dV}$

68. 급속여과지에 관한 설명으로 옳은 것은?
① 급속여과지는 중력식과 압력식이 있으며 중력식을 표준으로 한다.
② 여과속도는 4~5m/d이다.
③ 여과면적은 여과속도를 계획정수량으로 나누어 계산한다.
④ 여과지 1지의 여과면적은 200m² 이상으로 한다.

69. 4,500m³의 물을 하루에 침전처리하기 위하여 직사각형 침전지를 설계하였다. 이 침전지의 표면부하율(mm/min)은 약 얼마인가? (단, 침전지의 규모는 폭 8m, 길이 32m, 유효깊이 3.5m이다)

① 12.2 ② 17.6
③ 27.6 ④ 32.2

70. 하천의 평균 유속을 3점법으로 계산하는 방법은?(단, V_m은 평균유속이고, $V_{0.2}$, $V_{0.6}$, $V_{0.8}$에서 아래첨자는 수심이 1일 때 수면으로부터 유속을 측정한 지점을 나타낸다)

① $V_m = V_{0.6}$
② $V_m = 0.5(V_{0.2} + V_{0.8})$
③ $V_m = 0.25(V_{0.2} + 2V_{0.6} + V_{0.8})$
④ $V_m = 0.5(V_{0.2} + V_{0.6} + V_{0.8})$

정답 65 ④ 66 ② 67 ③ 68 ① 69 ① 70 ③

71 관수로 내 흐름에서 손실에 관한 설명으로 옳지 않은 것은?

① 모든 손실수두는 속도수두에 비례한다.
② 흐름이 층류인 경우 마찰손실계수는 레이놀즈수에 영향을 받는다.
③ 마찰손실수두는 관의 지름에 반비례한다.
④ 모든 손실 가운데 유출손실이 가장 크게 발생한다.

72 관수로 흐름에 해당하지 않는 것은?

① 사이펀 흐름
② 운하 흐름
③ 역사이펀 흐름
④ 배수관망 흐름

73 지름 50cm, 길이 1,000m의 관으로 연결된 두 수조의 수면 차는 30m이다. 이때 관로의 유속(m/s)은 약 얼마인가?(단, 관로의 마찰손실계수는 0.03, 입구손실계수는 0.5, 출구손실계수는 1.0이다)

① 0.5 ② 1.1
③ 3.1 ④ 5.1

74 개수로 흐름에서 도수가 발생하였다. 도수 전의 수심이 2m, 도수 후의 수심이 8m이면, 도수로 인한 에너지 손실(m)은 약 얼마인가?

① 1.4 ② 3.4
③ 5.4 ④ 7.4

75 여재 유효경 0.58mm, 여층 두께 65cm인 여과지에서 여과속도는 6m/h이다. 수온이 20℃일 때 여과 시작시점의 단위표면적에 대한 초기손실수두(cm)는 약 얼마인가?(단, 초기손실수두 계산은 Darcy 법칙을 이용하고 투수계수 K는 다음 식으로 결정한다)

- $K = 124 \times (0.7 + 0.03t)d_e^2$
- K = 투수계수(cm/s), t = 수온(℃), d_e = 여재 유효경(cm)

① 20.0 ② 22.6
③ 24.0 ④ 26.6

76 펌프 양수량의 조절 방식으로 옳은 것을 모두 고른 것은?

ㄱ. 펌프 회전수를 바꾸는 방법
ㄴ. 토출부에서 흡입부로 우회관을 설치하는 방법
ㄷ. 흡입관의 길이를 연장하여 설치하는 방법
ㄹ. 왕복운동펌프에 있어서 플런저의 왕복운동을 바꾸는 방법

① ㄱ, ㄴ ② ㄷ, ㄹ
③ ㄱ, ㄴ, ㄹ ④ ㄴ, ㄷ, ㄹ

77 원심펌프가 1,300rpm의 회전각속도로 0.4 m³/s의 물을 양수하고 있으며 물의 단위무게당 20m의 수두를 증가시킨다. 펌프의 구동축에서 측정한 회전력(Torque)이 750N·m이면 펌프의 효율(%)은 약 얼마인가?

① 71.2　　② 76.8
③ 81.8　　④ 86.2

78 최고효율점의 양수량 600m³/h, 전양정 6m, 회전속도 1,400rpm인 펌프의 비속도는 약 얼마인가?

① 1,055　　② 1,108
③ 1,155　　④ 1,208

79 펌프시설계획에서 고려해야 할 내용으로 옳지 않은 것은?

① 수량 변화가 큰 경우, 회전속도제어 등에 의하여 토출량을 제어한다.
② 유지관리상 대수는 가능하면 적게 하고 동일한 용량의 것을 사용한다.
③ 펌프는 가능하면 최고 효율점 부근에서 운전하도록 용량과 대수를 정한다.
④ 펌프는 용량이 작을수록 효율이 높으므로 가능하면 소용량의 것으로 한다.

80 펌프의 최적 설계를 위하여 통상적으로 이용되는 펌프특성곡선을 통해 확인할 수 있는 항목이 아닌 것은?

① 양 정　　② 효 율
③ 축동력　　④ 손실수두

정답　77 ②　78 ③　79 ④　80 ④

2021년 제29회 2급 과년도 기출문제

제1과목 수처리공정

01 횡류식 침전지의 탁질 제거효율을 향상하기 위해 고려할 사항 중 옳지 않은 것은?
① 침전지의 침강면적을 크게 한다.
② 침강속도가 표면부하율보다 적게 한다.
③ 플록의 침강속도를 크게 한다.
④ 유량을 적게 한다.

02 응집을 위해 사용되는 급속혼화 시설 방식으로 옳지 않은 것은?
① 수류식
② 점감식
③ 기계식
④ 펌프확산방식

03 황산알루미늄 응집제의 특징에 관한 설명으로 옳은 것을 모두 고른 것은?

> ㄱ. 가격이 저렴하다.
> ㄴ. 부식성이 없어 취급이 용이하다.
> ㄷ. 부유물질에 대하여 유효하다.
> ㄹ. 폴리염화알루미늄(PACl)보다 적정 응집 pH 범위가 넓다.

① ㄱ, ㄴ
② ㄴ, ㄷ
③ ㄱ, ㄴ, ㄷ
④ ㄴ, ㄷ, ㄹ

04 급속여과지에 관한 설명으로 옳은 것은?
① 급속여과지는 압력식을 표준으로 한다.
② 여과지 1지의 여과면적은 200m² 이상으로 한다.
③ 고수위로부터 여과지 상단까지의 여유고는 10cm 정도로 한다.
④ 여과지의 탁도는 개별여과지에 대하여 연속측정장치를 사용하여 매 15분 간격으로 측정하는 것이 바람직하다.

05 모래의 입도가적곡선에서 중량통과율 60%에서의 입경은 0.3mm이고, 중량통과율 10%에서의 입경은 0.2mm일 때 이 모래의 균등계수는?
① 0.06
② 0.67
③ 1.5
④ 3.0

06 여과지의 여과지속시간이 감소되는 경우로 옳지 않은 것은?
① 여재의 유효경이 여과속도에 비하여 매우 큰 경우
② 여층이 오염되어 있거나 머드볼이 많을 경우
③ 응집보조제를 과잉 주입할 경우
④ Air Binding 현상이 발생한 경우

정답 1② 2② 3③ 4④ 5③ 6①

07 급속여과지에서 여과층 두께와 여재 등에 관한 설명으로 옳은 것은?
① 여과층의 필요 두께는 여재입경과 여과속도에 비례한다.
② 균등계수가 작을수록 여과지속시간이 짧아진다.
③ 유효경이 큰 사층일수록 여과지속시간이 짧아진다.
④ UFRV는 여과속도(m/min)를 여과지속시간(min)으로 나눈 값이다.

08 세척배출수거와 트로프에 관한 설명으로 옳지 않은 것은?
① 세척배출수거와 트로프의 크기는 최대배출수량에 약 20% 여유를 둔 수량을 배출할 수 있어야 한다.
② 트로프의 상단에서 완전히 월류하는 상태가 유지되는 용량이어야 한다.
③ 트로프는 내식성, 내구성 및 내압성이 큰 재질로 만들어야 한다.
④ 세척할 때에 여재가 유출되지 않도록 월류하는 트로프 상단의 간격은 2.0m 이상이어야 한다.

09 다음은 어떤 추적자 실험의 물질에 관한 설명인가?

• 비용이 저렴하고 분석이 간단하다.
• 가장 많이 사용하는 추적자 물질이다.
• 강산성으로 취급에 주의가 필요하다.

① 리튬　　　② 플루오린
③ Sodium　　④ Rhodamine WT

10 염소소독 공정에서 잔류염소 농도가 0.5 mg/L에서 3분 만에 90%의 세균이 살균된다면 99.5% 살균을 위해 필요한 시간은 약 몇 분인가?(단, 세균의 사멸은 Chick의 법칙을 따른다)
① 6.90　　　② 7.90
③ 8.91　　　④ 9.91

11 전염소처리법의 목적에 관한 설명으로 옳지 않은 것은?
① 원수 내의 철과 망간을 제거한다.
② 암모니아성 질소를 산화한다.
③ 소형동물을 사멸시키지 못한다.
④ 이취미의 원인인 유기물을 제거한다.

12 자외선 소독설비에 관한 설명으로 옳지 않은 것은?
① 소독부산물이 발생하지 않는다.
② 화학물질의 첨가를 필요로 하지 않는다.
③ 유지관리비가 오존 소독방식에 비해 높다.
④ 무독성이며 건물이 불필요하다.

13 염소소독 시 살균력이 증가되는 조건으로 옳은 것은?
① pH와 수온이 높을 때
② pH는 낮고 수온이 높을 때
③ pH는 높고 수온이 낮을 때
④ pH와 수온이 낮을 때

14 소독제의 저장 및 주입설비 기준에 관한 설명으로 옳지 않은 것은?

① 액화염소의 저장조는 비보랭식으로 하며, 밸브 등의 조작을 위한 조작대를 설치하여야 한다.
② 차아염소산나트륨 용액의 주입방식에는 자연유하식, 인젝터방식 및 펌프방식이 있다.
③ 염소 사용량이 5kg/h 이상인 시설에는 원칙적으로 기화기를 설치하여야 한다.
④ 염소제 주입설비는 기계 용량의 60~80% 범위 내로 운전하는 것이 안전하다.

15 배출수 처리시설 및 방법에 관한 설명으로 옳지 않은 것은?

① 상수도사업시설은 폐수배출시설의 분류에서 "한국표준산업분류 360"으로 정의되어 있다.
② 슬러지처리를 통하여 발생되는 케이크는 사업장폐기물이 아니다.
③ 정수능력 1,000m^3/d 이상의 시설은 배출수 처리시설을 설치하여야 한다.
④ 과거 부유물질 제거에 적합하도록 설치된 시설에 대하여는 강화된 법규준수를 위한 대책수립이 강구되어야 한다.

16 농축조의 유입 슬러지량은 15,240kg/d이고 유량은 2,553m^3/d일 때, 각 지의 면적(m^2)과 직경(m)은 약 얼마인가?(단, 농축조는 4지이며, 고형물 플럭스 실험 결과는 30kg/(m^2·d)이다)

① 면적 : 127, 직경 : 12.7
② 면적 : 157, 직경 : 15.7
③ 면적 : 175, 직경 : 17.5
④ 면적 : 197, 직경 : 19.7

17 자외선 소독효과에 영향을 미치는 것을 모두 고른 것은?

ㄱ. 여과수의 성질
ㄴ. 접촉시간
ㄷ. 온 도
ㄹ. 자외선 조사량

① ㄱ, ㄴ
② ㄱ, ㄷ
③ ㄴ, ㄷ, ㄹ
④ ㄱ, ㄴ, ㄷ, ㄹ

18 활성탄의 가열재생방법에 관한 설명 중 다음 ( )에 해당하는 것은?

사용종료탄을 700℃ 정도까지 가열하여 저비등점 유기물질을 탈락시키며, 고비등점 유기물질은 열분해로 일부가 저분자화되어 탈락되고 나머지는 세공 중에서 ( )된다.

① 건 조
② 활성화
③ 탄 화
④ 스크러버

19. 계획정수량이 100,000m³/d이고 오존주입률이 1.0mg/L일 때 필요한 오존량(kg/h)은?(단, 세척수량의 비는 5%이다)
   ① 1.375   ② 4.167
   ③ 4.375   ④ 5.167

20. 막여과 정수시설에 관한 설명으로 옳은 것은?
   ① 계획정수량은 1일 평균급수량을 기준으로 한다.
   ② 막면적은 막여과속도를 여과유량으로 나누어 구한다.
   ③ 막의 열화란 막 자체의 변화가 아니라 외적요인으로 막의 성능이 변화하는 것이다.
   ④ 막여과 회수율이란 막모듈의 세척에 사용되는 여과수량을 제외하여 백분율로 나타낸 값이다.

제2과목 수질분석 및 관리

21. 수처리제의 기준과 규격 및 표시기준상 활성탄 중 입상활성탄 체잔류물 규격 및 기준인 것은?
   ① KS 200호체(74μm)의 체잔류물 10% 이하
   ② KS 200호체(74μm)의 체잔류물 90% 초과
   ③ KS 8호체(2,380μm)를 통과하고 KS 35호체(500μm)에 남아있는 체잔류물 95% 미만
   ④ KS 8호체(2,380μm)를 통과하고 KS 35호체(500μm)에 남아있는 체잔류물 95% 이상

22. 환경분야 시험·검사 업무처리규정상 원 자료(Raw Data)에 포함되는 기록물이 아닌 것은?
   ① 시험·검사 결과의 산출과정과 방법
   ② 바탕용액에 대한 측정결과
   ③ 표준용액에 대한 측정결과
   ④ 환경시료 등에 대한 측정결과

정답 19 ③ 20 ④ 21 ④ 22 ①

23 먹는물수질공정시험기준상 기구 및 기기의 기준이 아닌 것은?

① 모든 유리기구는 KS L 2302 이화학용 유리기구의 모양 및 치수에 적합한 것 또는 이와 동등 이상의 것을 사용한다.
② 부피측정용 기구는 조용히 사용하여야 한다.
③ 연속측정 또는 현장측정 목적으로 사용하는 측정기기는 공정시험기준에 의한 측정치와 정확한 보정을 행한 후 사용할 수 있다.
④ 분석용 저울은 0.1mg까지 달 수 있는 것이어야 하며, 분석용 저울 및 분동은 국가 교정을 필한 것을 사용하여야 한다.

24 혼화지의 플록형성과 관련된 시험방법 또는 산정방법은?

① 자-테스트
② 제타전위계(Zeta Potential Meter) 측정
③ SCD(Streaming Current Detector) 측정
④ 속도경사(G)값 산정

25 오존 처리설비에서 오존주입률과 오존주입량을 결정하는 것으로 옳지 않은 것은?

① 오존주입량은 처리수량에 주입률을 곱하여 산정한다.
② 오존의 유효주입률은 직접 측정이 어려우므로 주입오존농도와 배오존농도를 측정하여 수중에서 이용된 양을 산출한다.
③ 이용률(또는 흡수율)(%) = [(주입오존량 - 대기오존량 - 배출오존량) / 주입오존량] × 100
④ 전달효율(%) = [(주입오존량 - 배출오존량) / 주입오존량] × 100

26 일반수도사업자가 실시하는 수질검사의 목적으로 옳지 않은 것은?

① 원수수질의 파악
② 정수처리의 적정한 운영과 감시
③ 배·급수계통의 안전성 확인
④ 상수원 수질사고의 예방

27 먹는물수질공정시험기준상 용량분석용 표준용액을 만들 때 시약 건조가 필요 없는 것은?

① 0.01M-EDTA용액
② 0.005M-옥살산나트륨용액
③ 0.01M-염화나트륨용액
④ 0.01M-질산은용액

28 수질오염공정시험기준상 클로로필 a의 측정에 관하여 옳은 것은?
① 노말헥산 용액으로 추출한다.
② PTFE 필터로 여과한다.
③ 여과지와 추출용매를 함께 마쇄한다.
④ 증류수를 대조용액으로 하여 시료의 흡광도를 측정한다.

29 먹는물수질공정시험기준상 염소소독부산물-기체크로마토그래피 분석에 사용되는 메틸삼차-뷰틸에터르에 포함된 간섭물질을 제거하는 방법은?
① 증류법 ② 여과법
③ 추출법 ④ 흡착법

30 먹는물수질공정시험기준상 세제(음이온 계면활성제)-자외선/가시선 분광법에서 음이온 계면활성제 표준원액 제조에 사용하는 물질은?
① 나이트로프루싯나트륨
② 도데실벤젠설폰산나트륨
③ 옥살산나트륨
④ 에틸렌다이아민테트라아세트산나트륨

31 먹는물 수질감시항목 운영 등에 관한 고시상 라돈 측정에 사용되는 칵테일용액에 관한 내용으로 옳은 것은?
① 소광현상을 유발시킨다.
② 방사성 붕괴를 지체시킨다.
③ 방사성 붕괴 시의 빛을 흡수한다.
④ 용매, 유화제, 형광제의 혼합물이다.

32 먹는물수질공정시험기준상 미생물항목 시험에서 효소기질이용법을 사용하지 않는 것은?
① 총대장균군
② 분원성 대장균군
③ 대장균
④ 살모넬라

33 다음은 염소요구량과 잔류염소량과의 관계에 관한 설명이다. ( )에 들어갈 용어를 순서대로 바르게 나열한 것은?

> 수중에 암모니아화합물이나 유기성 질소화합물을 함유한 물에 염소를 주입하면 ( )를 생성하며 주입된 염소량에 따라서 점차 증가한다. 그러나 어느 한도에 도달하면 염소주입률이 증가함에도 불구하고 잔류염소는 감소하여 영 또는 그에 가깝게 된다. 더욱 염소주입률을 증가시키면 주입된 염소량에 비례하여 ( )가 증가한다.

① 결합잔류염소, 결합잔류염소
② 결합잔류염소, 유리잔류염소
③ 유리잔류염소, 결합잔류염소
④ 유리잔류염소, 유리잔류염소

34 처리유량 60,000m³/d의 1,200m³ 용량을 가진 정수장에서 연속측정장치로 측정된 잔류소독제농도가 최솟값 0.4mg/L, 평균값 1.0mg/L, 최댓값 1.5mg/L이다. 이때 $CT_{계산값}$은?(단, 장폭비(L/W)에 따른 환산계수는 0.50이다)
① 5.76 ② 14.4
③ 21.6 ④ 28.8

정답 28 ③ 29 ① 30 ② 31 ④ 32 ④ 33 ② 34 ①

35 물환경보전법령상 비점오염저감시설 중 자연형시설을 모두 고른 것은?

ㄱ. 저류시설
ㄴ. 인공습지
ㄷ. 여과형 시설
ㄹ. 침투시설
ㅁ. 식생형 시설

① ㄱ, ㄴ
② ㄷ, ㄹ
③ ㄱ, ㄴ, ㄹ, ㅁ
④ ㄱ, ㄴ, ㄷ, ㄹ, ㅁ

36 먹는물 수질감시항목 운영 등에 관한 고시상 먹는샘물의 감시항목이 아닌 것은?

① 부식성지수
② 폼알데하이드
③ 안티몬
④ 몰리브덴

37 먹는물관리법상 샘물 또는 염지하수의 개발허가 등과 관련된 내용이다. ( )에 들어갈 단어로 옳은 것은?

대통령령으로 정하는 규모 이상의 샘물 또는 염지하수를 개발하려는 자는 환경부령으로 정하는 바에 따라 ( )의 허가를 받아야 한다.

① 국토교통부장관
② 환경부장관
③ 시·도지사
④ 시장·군수·구청장

38 먹는물관리법상 용어의 정의 중 다음에서 설명하고 있는 것은?

물속에 녹아있는 염분 등의 함량이 환경부령으로 정하는 기준 이상인 암반대수층 안의 지하수로서 수질의 안전성을 계속 유지할 수 있는 자연 상태의 물을 먹는 용도로 사용할 원수를 말한다.

① 샘 물
② 염지하수
③ 먹는염지하수
④ 먹는해양심층수

39 물환경보전법령상 수질오염 경보제에 관한 내용으로 옳지 않은 것은?

① 환경부장관 또는 시·도지사는 수질오염으로 하천·호소의 물의 이용에 중대한 피해를 가져올 우려가 있거나 주민의 건강·재산이나 동식물의 생육에 중대한 위해를 가져올 우려가 있다고 인정될 때에는 해당 하천·호소에 대하여 수질오염 경보를 발령할 수 있다.
② 환경부장관은 수질오염 경보에 따른 조치 등에 필요한 사업비를 예산의 범위에서 지원할 수 있다.
③ 수질오염 경보의 종류와 경보종류별 발령대상, 발령주체, 대상 항목, 발령기준, 경보단계, 경보단계별 조치사항 및 해제기준 등에 관하여 필요한 사항은 환경부령으로 정한다.
④ 환경부장관은 조류경보를 예측하기 위하여 조류발생예측시스템을 운영하고, 관계기관에 예측정보를 제공할 수 있다.

40 수도법령상 상수원보호구역의 상류지역으로서 공장설립의 제한과 관련된 내용이다. ( )에 들어갈 숫자로 순서대로 바르게 나열한 것은?

> 상수원보호구역이 지정·공고된 경우에는 취수시설의 용량이 1일 ( )만m³ 미만인 경우, 상수원보호구역의 경계구역으로부터 상류로 유하거리 ( )km 이내인 지역에서는 공장설립이 제한된다.

① 10, 10　　② 20, 10
③ 20, 20　　④ 30, 20

제3과목 설비운영 (기계·장치 또는 계측기 등)

41 산업안전보건법령상 유해·위험 방지를 위하여 방호조치가 필요하다고 정한 기계·기구는?

① 공기압축기　　② 크레인
③ 염소투입기　　④ 탈수기

42 탈수슬러지의 재활용 처분방법으로 옳지 않은 것은?

① 되메움재 이용
② 토지조성자재 이용
③ 시멘트원료 이용
④ 비료원료 이용

43 펌프, 밸브 등의 설치 또는 해체 시 사용하는 기계·기구가 아닌 것은?

① 호이스트　　② 곤돌라
③ 체인블럭　　④ 천정크레인

44 펌프실 토출구 측에 설치할 필요가 없는 밸브는?

① 체크밸브　　② 버터플라이밸브
③ 제수밸브　　④ 플랩밸브

45 염소중화설비의 구성장치가 아닌 것은?

① 순환펌프　　② 배풍기
③ 공기탱크　　④ 중화탑

46 펌프 소음·진동의 기계적 원인이 아닌 것은?

① 직결상태의 불량
② 기초의 불량
③ 회전체의 불평형
④ 공기의 혼입

정답　40 ②　41 ①　42 ④　43 ②　44 ④　45 ③　46 ④

47 A정수장에서 펌프의 운전조건이 다음과 같을 때 펌프의 축동력(kW)은 약 얼마인가?(단, 비중은 1이며, 여유율은 무시한다)

- 펌프의 토출량(Q) : 10m³/min
- 전양정(H) : 70m
- 효율 : 80%

① 123　　② 133
③ 143　　④ 153

48 펌프 가동 시 전동기 과부하 원인으로 옳지 않은 것은?

① 비속도가 큰 축류펌프에서는 양정 과대에 따른 과소 유량에서 과부하가 발생한다.
② 비속도가 작은 원심펌프에서는 양정 과대에 따른 과소 유량에서 과부하가 발생한다.
③ 임펠러가 케이싱에 닿거나 임펠러에 이물질이 걸린 경우 과부하가 발생한다.
④ 직결불량에 의해 베어링이나 패킹박스에 무리한 힘이 가해져 과부하가 발생한다.

49 다음에서 설명하고 있는 급속혼화 방법은?

- 가동부 없음
- 약품주입 시 외부동력 불필요
- 혼화정도와 혼화시간은 유량에 따라 변함

① 기계식 혼화
② 수류식 혼화
③ 인라인 고정식 혼화
④ 가압수 확산에 의한 혼화

50 막과 막모듈에 관한 설명으로 옳지 않은 것은?

① 수격으로 인한 충격을 받지 않도록 해야 한다.
② 동결 시 사용이 불가함으로 내한성을 고려하여야 한다.
③ 외적 요인으로 막의 성능이 변화되는 막오염은 성능이 회복될 수 있다.
④ 무기막은 소재에 따라 친수성과 소수성으로 구분된다.

51 배슬러지지에 관한 설명으로 옳은 것은?

① 용량은 24시간 평균 배슬러지량과 1회 배슬러지량 중에서 작은 것으로 한다.
② 지수는 소규모 정수장인 경우 1지 2구획 또는 1지로 할 수도 있다.
③ 슬러지 배출관을 설치하며, 관경은 100mm 이상으로 한다.
④ 유효수심은 2~4m, 여유고는 고수위에서 주변 상단까지 50cm 이상으로 한다.

52 급속여과지 역세척에 관한 설명으로 옳지 않은 것은?

① 수온차가 큰 지역에서는 수온에 따라 역세척 속도를 변경하는 것이 바람직하다.
② 동일한 팽창률에서 역세척 속도는 입경의 크기와 수온에 따라 변한다.
③ 역세척 속도를 0.9m/min 이상으로 하면 여재가 트로프로 배출될 우려가 있다.
④ 수온차가 큰 지역에서 역세척 시 동일한 팽창률을 얻을 수 있도록 수온이 낮을 때의 역세척 유속을 기준으로 시설을 설계한다.

53 오존발생장치와 주입설비에 관한 설명으로 옳지 않은 것은?
① 주입설비의 용량은 일최대주입량에 여유분을 고려하여 결정한다.
② 오존투입방식은 크게 산기관(디퓨저) 방식과 인젝터 방식으로 구분한다.
③ 보수, 점검, 수리를 위해 접촉지에는 우회관을 설치한다.
④ 접촉지에서 효율적인 오존공정제어를 위하여 상시 계측해야 하는 것은 처리수량, 오존 주입량, 잔류오존, 대기오존이다.

54 침전지의 정류 및 유출설비에 관한 설명으로 옳지 않은 것은?
① 횡류식 침전지의 위어부하는 $500m^3/m \cdot d$ 이하로 한다.
② 상향류식 경사판 침전지의 위어부하는 $350m^3/m \cdot d$ 이하로 한다.
③ 정류벽은 유입단에서 1.0m 이상 떨어지게 설치한다.
④ 정류벽에서 정류공의 총면적은 유수단면적의 6% 정도를 표준으로 한다.

55 철(F), 붕소(B), 규소(Si) 등의 혼합물을 이용하여 기존 규소강판 변압기 대비 무부하손을 75% 이상 절감한 고효율 변압기는?
① 몰드변압기
② 아몰퍼스변압기
③ 가스절연변압기
④ 3권선 지그재그변압기

56 역률개선 등에 관한 설명으로 옳지 않은 것은?
① 상수도시설의 전력부하는 대부분 지상 역률로 운영된다.
② 역률을 개선하면 부하전류가 감소한다.
③ 대용량 고압콘덴서군은 2군 이상으로 분할하여 제어한다.
④ 진상콘덴서에는 필요에 따라 병렬리액터를 설치한다.

57 다음과 같은 특징을 갖는 수위계로 옳은 것은?

- 불연속 검출에 사용이 가능하다.
- 측정범위는 0~1mm…150m이다.
- 도전성이나 비도전성, 액체나 분체 모두에 알맞다.
- 휘발성 분위기에서도 사용이 가능하다.

① 정전용량식 수위계
② 초음파식 수위계
③ 차압식 수위계
④ 투입식 수위계

58 기본적으로 탁도계를 설치하지 않아도 되는 정수시설은?
① 침전지 ② 여과지
③ 혼화지 ④ 정수지

59 상수도시설의 감시·제어 및 정보처리를 위한 신호변환방식으로 옳지 않은 것은?

① 저항–전류변환
② 전압–전류변환
③ 전압–유압변환
④ 전류–공기변환

60 보호계전기에 관한 설명으로 옳은 것은?

① 지락사고 또는 역률 과보상 등 원인에 의한 지속성 과전압이 생겼을 때 과전압계전기(OVR)를 사용하며 정격전압의 110~130%에서 정정한다.
② 직접접지 계통의 지락사고 시 지락전류 보호를 목적으로 과전류계전기(OCR)를 사용한다.
③ 보호계전 시스템은 검출부, 판정부, 동작부로 구성되며, 전력퓨즈(PF)나 배선용 차단기(MCCB)는 동작부에 해당된다.
④ 부족전압계전기(UVR)는 정전 시 전동기 또는 콘덴서분리용, 비상발전설비 시동용으로 사용되며 정격전압의 60~65%에서 정정한다.

제4과목 정수시설 수리학

61 표면장력의 차원을 [MLT]계로 나타낸 것은?

① $[MT^{-2}]$ ② $[LT^{-2}]$
③ $[MLT^{-2}]$ ④ $[M^2LT^{-2}]$

62 물의 밀도에 관한 설명으로 옳은 것은?

① 0℃에서 물의 밀도는 얼음의 밀도보다 작다.
② 약 25℃에서 물의 밀도가 가장 크다.
③ [MLT]계로 물의 밀도는 $[MLT^{-3}]$이다.
④ 물의 밀도는 단위부피당 물의 질량이다.

63 원형관에서 모세관현상의 상승고에 관한 설명으로 옳은 것은?

① 관의 직경에 비례한다.
② 액체의 단위중량에 비례한다.
③ 공액수심에 비례한다.
④ 액체의 표면장력에 비례한다.

64 동점성계수에 관한 설명으로 옳지 않은 것은?

① 힘의 단위를 갖는다.
② 점성계수를 밀도로 나눈 값이다.
③ 액체상태의 물은 온도가 상승할수록 작아진다.
④ 단위로는 m^2/s 또는 cm^2/s가 사용된다.

65 길이 1.5km, 지름 500mm인 원형관 평균유속 1m/s으로 물이 가득차서 흐르고 있다. 관의 마찰손실계수가 0.02일 때 마찰손실수두(m)는 약 얼마인가?
① 1 ② 2
③ 3 ④ 4

66 오리피스로 하루 8,640m³의 물을 유출시키고 있다. 오리피스의 폭이 50cm, 수심 1m인 경우 오리피스의 높이(m)는 약 얼마인가? (단, 유량계수는 0.2이다)
① 0.057 ② 0.113
③ 0.226 ④ 0.452

67 관수로의 마찰손실과 마찰손실계수에 관한 설명으로 옳은 것은?
① 관수로의 마찰손실은 마찰손실계수가 클수록 커진다.
② 층류영역에서 마찰손실계수는 관의 조도에 의해 결정된다.
③ 관수로의 마찰손실은 Darcy-Weisbach 공식을 이용하며 층류에만 적용될 수 있다.
④ Darcy-Weisbach 공식의 마찰손실계수는 손실수두와 압력수두의 관계를 나타내는 비례상수이다.

68 급속여과와 완속여과에 대한 설명으로 옳지 않은 것은?
① 급속여과의 여과속도는 120~150m/d이다.
② 완속여과의 여과속도는 4~5m/d이다.
③ 완속여과지의 모래층 두께는 70~90cm를 표준으로 한다.
④ 급속여과지는 중력식과 압력식이 있으며 압력식을 표준으로 한다.

69 하루에 4,000m³의 물을 침전처리하기 위하여 직사각형 침전지를 설계하였다. 이 침전지의 표면부하율(mm/min)은 약 얼마인가? (단, 침전지는 규모는 폭 12m, 길이 48m, 유효깊이 3.5m이다)
① 1.9 ② 2.8
③ 4.8 ④ 6.9

70 하천의 평균유속을 2점법으로 계산하는 방법은?(단, V_m은 평균유속이고, $V_{0.2}$, $V_{0.6}$, $V_{0.8}$에서 아래첨자는 수심이 1일 때 수면으로부터 유속을 측정한 지점을 나타낸다)
① $V_m = V_{0.6}$
② $V_m = 0.3(V_{0.2} + V_{0.8})$
③ $V_m = 0.5(V_{0.2} + V_{0.8})$
④ $V_m = 0.25(V_{0.2} + 2V_{0.6} + V_{0.8})$

정답 65 ③ 66 ③ 67 ① 68 ④ 69 ③ 70 ③

71. 개수로의 한계수심에 관한 설명으로 옳지 않은 것은?
   ① 유량이 일정할 때 최소 비에너지를 갖는 흐름의 수심이다.
   ② 프루드수가 2.0일 때의 수심이다.
   ③ 한계류에 해당하는 수심이다.
   ④ 비에너지가 일정할 때 유량이 최대인 흐름의 수심이다.

72. 원형관에 물이 가득차서 흐르고 있다. 단면 1에서 $D_1 = 80cm$, $V_1 = 1.3m/s$이고, 단면 2에서 $D_2 = 60cm$일 때, V_2(m/s)는 약 얼마인가?

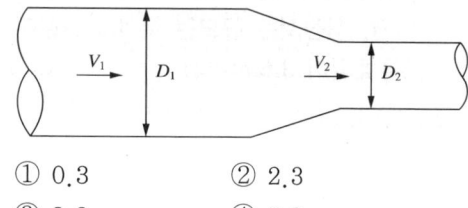

   ① 0.3
   ② 2.3
   ③ 3.3
   ④ 5.3

73. 개수로 흐름에 해당하는 것을 모두 고른 것은?

   ㄱ. 운하 흐름
   ㄴ. 하천 흐름
   ㄷ. 사이펀 흐름
   ㄹ. 역사이펀 흐름

   ① ㄱ
   ② ㄱ, ㄴ
   ③ ㄴ, ㄷ, ㄹ
   ④ ㄱ, ㄴ, ㄷ, ㄹ

74. 폭이 3m인 직사각형 단면수로에 유량 $3m^3/s$의 물이 흐르고 있다. 수심이 1.5m일 때, 이 흐름의 상태는?
   ① 상류
   ② 사류
   ③ 한계류
   ④ 급변류

75. 여층 두께 65cm, 여과속도 5m/h인 여과지에서 여과 시작시점에서의 단위표면적에 대한 초기손실수두(cm)는 약 얼마인가?(단, 초기손실수두 계산은 Darcy 법칙을 이용하고 투수계수 K는 0.54cm/s이다)
   ① 12.9
   ② 14.2
   ③ 16.9
   ④ 18.2

76. 펌프 양수량의 조절 방식이 아닌 것은?
   ① 펌프 회전수를 바꾸는 방법
   ② 흡입관의 길이를 연장하여 설치하는 방법
   ③ 토출부에서 흡입부로 우회관을 설치하는 방법
   ④ 왕복운동펌프에 있어서 플런저의 왕복운동을 바꾸는 방법

77. 80%의 효율을 가진 모터에 의해서 85% 효율의 펌프가 물을 200L/s로 30m 양수할 때 요구되는 동력(kW)은 얼마인가?(단, 나머지 손실수두와 여유율은 무시한다)
   ① 80.2
   ② 82.5
   ③ 84.2
   ④ 86.5

78 최고효율점의 양수량 540m³/h, 전양정 5m, 회전속도 1,300rpm인 펌프의 비속도는 약 얼마인가?
① 1,142 ② 1,166
③ 1,182 ④ 1,206

79 펌프시설계획에서 고려해야 할 내용으로 옳지 않은 것은?
① 수량변동이 심한 곳에서는 용량이 동일한 펌프를 설치하면 편리하다.
② 유지관리상 대수는 가능하면 적게 하고 동일한 용량의 것을 사용한다.
③ 펌프는 용량이 클수록 효율이 높으므로 가능하면 대용량의 것으로 한다.
④ 펌프는 가능하면 최고 효율점 부근에서 운전하도록 용량과 대수를 정한다.

80 펌프의 최적 설계를 위하여 통상적으로 이용되는 펌프특성곡선을 통해 확인할 수 있는 항목은?
① 공동지수 ② 손실수두
③ 레이놀즈수 ④ 축동력

정답 78 ② 79 ① 80 ④

2021년 제29회 3급 과년도 기출문제

제1과목 수처리공정

01 탈수기 운전 중 필요에 따라 케이크를 유용하게 이용하기 위해 설치하는 설비로 옳지 않은 것은?
① 파쇄설비와 조립설비
② 건조설비
③ 침전설비
④ 소성설비

02 배출수처리시설에 관한 설명으로 옳지 않은 것은?
① 침전지로부터 슬러지와 여과지의 역세척 배출수는 모두 배슬러지지로 이송된다.
② 세척배출수에서 발생된 슬러지와 정수공정의 침전지슬러지는 배출수처리시설의 농축조에서 농축처리한다.
③ 방류되는 농축조 상징수는 배출 허용기준 및 방류수 수질기준을 만족하여야 한다.
④ 슬러지처리시설은 정수처리시설에서 발생하는 슬러지를 처리하고 처분하는 데 충분한 기능과 능력을 갖추어야 한다.

03 응집제 주입량에 관한 설명으로 옳지 않은 것은?
① 주입률은 원수수질에 따라 실험에 의하며, 원수수질의 변화에 따라 적시에 적절하게 조정하는 것이 바람직하다.
② 응집제를 용해시키거나 희석하여 사용할 때의 농도는 주입량과 취급상 용이함을 고려하여 정한다.
③ 희석배율은 가능한 한 높은 것이 바람직하며, 희석지점은 가능한 한 주입지점과 멀리 설치하는 것이 바람직하다.
④ 주입량은 처리수량과 주입률로 산출한다.

04 Jar Test 결과 원수 400mL에 대하여 0.01%의 Alum용액 100mL를 첨가했을 때 침전율이 가장 좋았다면, Alum의 최적 주입농도(mg/L)는?
① 10
② 15
③ 20
④ 30

05 기계식 교반기에 사용되는 혼화기의 형태로 옳지 않은 것은?
① 패들형
② 프로펠러형
③ 터빈형
④ 믹스형

정답 1 ③ 2 ① 3 ③ 4 ③ 5 ④

06 보통침전지의 제거율에 영향을 미치는 인자로 옳지 않은 것은?
① 침전지 침강면적
② 입자의 침강속도
③ 유 량
④ 유입수의 pH

07 보통 침전지의 정기점검 항목으로 옳은 것은?
① 평균 유속
② 콘크리트 균열
③ 침전지 수위 확인
④ 플록 침강상황 감시(약품 주입 시)

08 완속여과지의 표준 여과속도로 옳은 것은?
① 1~2m/d   ② 4~5m/d
③ 10~11m/d ④ 14~15m/d

09 여과지의 유입 유량이 144m^3/d, 여과속도가 3m/h일 때 필요한 여과지 면적(m^2)은?
① 1   ② 2
③ 3   ④ 4

10 정수장에서 사용되는 탈염소제로 옳은 것은?
① 염화칼슘
② 티오황산나트륨
③ 염화제2철
④ 황산알루미늄

11 정수장의 추적자 시험에 사용되는 Tracer가 아닌 것은?
① 플루오린   ② 리 튬
③ 아르곤   ④ 나트륨

12 수도꼭지에서 유리잔류염소를 0.4mg/L(결합잔류염소 1.8mg/L) 이상으로 유지해야 하는 경우로 옳지 않은 것은?
① 수원부근 및 급수구역, 그 부근에 있어 소화기계 전염병이 유행하고 있을 때
② 평상시 수질관리가 필요할 때
③ 전 구역에 걸치는 광범위한 단수 후 급수를 개시할 때
④ 배수관의 대규모 공사나 수도시설이 현저히 오염될 것으로 예상될 때

정답 6 ④ 7 ② 8 ② 9 ② 10 ② 11 ③ 12 ②

13 역세척 과정에서 발생되는 역세척배출수와 고형물량에 관한 설명이다. ( )에 들어갈 내용을 순서대로 나열한 것은?

> 역세척 과정에서 발생하는 역세척배출수의 발생량은 정수생산량의 ( )% 정도이며, 고형물량은 정수공정에서 제거되는 전체 고형물의 ( )%를 차지한다.

① 1.0~5.0, 1.0~1.5
② 10.0~15.0, 10.0~20.0
③ 15.0~20.0, 10.0~15.0
④ 30.0~35.0, 30.0~40.0

14 정수장에서 사용되는 가압탈수기의 여과포 선정 조건으로 옳지 않은 것은?

① 여과포의 폐색이 적고 케이크의 탈착이 좋을 것
② 사용 중에 팽창과 수축이 클 것
③ 탈수여액에 청징도가 높을 것
④ 안정된 여과속도가 가능할 것

15 입상활성탄층을 통과하는 1시간당 처리수량을 입상활성탄의 용적으로 나눈 값으로 표시되는 흡착설비의 설계 요소는?

① 공상접촉시간($EBCT$)
② 체류시간(HRT)
③ 공간속도(SV)
④ 선속도(LV)

16 배오존처리방법으로 옳지 않은 것은?

① 활성탄흡착분해법
② 가열분해법
③ 촉매분해법
④ 자연희석분해법

17 수도용 한외여과막의 분리성능으로 옳은 것은?

① 분획분자량
② 공칭공경
③ SDI
④ MFI

18 해수담수화 역삼투막모듈에 관한 설명으로 옳지 않은 것은?

① 여과성능은 $0.01m^3/(m^2 \cdot d)$ 이상일 것
② 내압성은 누수, 파손 및 기타 외형에 이상이 없을 것
③ 미생물 제거성능은 시료수에 대해서 형성된 집락수가 시료수 1mL당 10개 이하일 것
④ 염화나트륨 제거성능이 93% 이상일 것

19 자외선소독 효과를 얻기 위한 자외선 투과율은 몇 % 이상 되어야 하는가?

① 40
② 50
③ 60
④ 70

20 바이러스 0.5log로 불활성화할 경우 제거율(%)은 약 얼마인가?
① 50.27 ② 68.38
③ 90.32 ④ 95.14

제2과목 수질분석 및 관리

21 먹는물수질공정시험기준상 ( )에 들어갈 것으로 옳은 것은?

> 분석용 저울은 ( )까지 달 수 있는 것이어야 하며, 분석용 저울 및 분동은 국가 교정을 필한 것을 사용하여야 한다.

① 0.1mg ② 10mg
③ 1g ④ 10g

22 수처리제의 기준과 규격 및 표시기준상 분말활성탄의 체잔류물시험을 위한 시험용체는?
① KS 8호체(2,380μm)
② KS 35호체(500μm)
③ KS 8호체(2,380μm)와 KS 35호체(500μm)
④ KS 200호체(74μm)

23 먹는물수질공정시험기준상 용량분석용 표준용액 중 갈색병에만 보존해야 하는 것은?
① 0.01M-염화나트륨용액
② 0.1M-티오황산나트륨용액
③ 0.01M-염화바륨용액
④ 0.01M-질산은용액

24 환경분야 시험·검사 업무처리규정상 ( )에 들어갈 용어로 옳은 것은?

> 시료는 방류수, 먹는물, 폐기물 등에 대한 환경오염 여부를 시험·검사하기 위하여 그 ( ), 균질성 등을 확보하여 채취한 것을 말한다.

① 통합성 ② 독립성
③ 대표성 ④ 편재성

25 상수도 정수시설 설계기준상 ( )에 들어갈 용어로 옳은 것은?

> 일반수도사업자의 ( ) 목적은 원수수질의 파악, 정수처리의 적정한 운영과 감시, 배·급수계통의 안전성 확인 및 수질사고의 처리 등으로 크게 나눈다.

① 수질검사
② 수질사고 예방
③ 정수장 운영관리
④ 수질관리

정답 20 ② 21 ① 22 ④ 23 ④ 24 ③ 25 ①

26 수질검사실에서 원수수질에 관한 응집제 투입률을 결정하는 시험방법은?
① 자-테스트
② 제타전위계(Zeta Potential Meter) 측정
③ SCD(Streaming Current Detector) 측정
④ COD 시험방법

27 오존처리시설에서 오존주입률을 결정하는 근거로 옳지 않은 것은?
① 수돗물 수질의 현황
② 장래의 수질예측
③ 다른 수도시설에서의 실시 예
④ 문 헌

28 수질오염공정시험기준상 클로로필 a의 추출에 사용되는 용액은?
① 염 산
② 아세톤
③ 수산화나트륨
④ 과산화수소

29 처리량 12,000 m^3/d의 정수장에서 염소의 주입량이 2.4kg/h일 때, 물의 염소요구량이 3.8mg/L라면 잔류염소농도(mg/L)는?
① 0.4   ② 0.8
③ 1.0   ④ 1.4

30 먹는물 수질감시항목 운영 등에 관한 고시상 정수의 자연방사성물질 감시항목과 표준단위의 연결로 옳은 것은?
① 우라늄 - Bq/L
② 우라늄 - pCi/L
③ 라돈 - Bq/L
④ 라돈 - Sv/L

31 소독에 의한 불활성화비 계산 방법에서 (   )에 들어갈 숫자로 옳은 것은?

> 추적자시험을 통해 실제 소독제의 접촉시간을 측정하는 때에는 최초 소독제 주입지점에 투입된 추적자의 (   )%가 정수지 유출지점 또는 불활성화비의 값을 인정받는 지점으로 빠져나올 때까지의 시간을 접촉시간으로 한다.

① 5   ② 10
③ 20   ④ 30

32 먹는물수질공정시험기준상 염소소독부산물 -기체크로마토그래피 분석에서 사용되는 검출기는?
① 열전도도검출기
② 불꽃이온화검출기
③ 광학검출기
④ 전자포획검출기

정답 26 ① 27 ① 28 ② 29 ③ 30 ③ 31 ② 32 ④

33. 먹는물수질공정시험기준상 세제(음이온 계면활성제)를 자외선/가시선 분광법으로 측정 시 반응물의 색은?
① 적색 ② 황색
③ 청색 ④ 자색

34. 먹는물관리법상 먹는물로 분류되는 것은?
① 샘물
② 수돗물
③ 염지하수
④ 해양심층수

35. 먹는물 수질감시항목 운영 등에 관한 고시상 상수원의 조류경보제 발령단계에 따라 실시하는 수질감시항목은?
① 안티몬(Antimony)
② 몰리브덴(Molybdenum)
③ 부식성지수(Corrosion Index)
④ 마이크로시스틴(Microcystin-LR)

36. 먹는물관리법상 시·도지사가 지정할 수 있는 샘물보전구역의 대상으로 옳은 것을 모두 고른 것은?

> ㄱ. 인체에 이로운 무기물질이 많이 들어있어 먹는샘물의 원수로 이용가치가 높은 샘물이 부존되어 있는 지역
> ㄴ. 샘물의 수량이 풍부하게 부존되어 있는 지역
> ㄷ. 그 밖에 샘물의 수질보전을 위하여 필요한 지역으로서 대통령령으로 정하는 지역

① ㄱ ② ㄱ, ㄷ
③ ㄴ, ㄷ ④ ㄱ, ㄴ, ㄷ

37. 물환경보전법령상 비점오염저감시설 중 자연형시설이 아닌 것은?
① 저류시설
② 인공습지
③ 스크린형 시설
④ 식생형 시설

38. 수도법령상 일반수도사업자가 지켜야 하는 취수지점부터 정수장의 정수지 유출지점까지의 구간에서의 정수처리기준 항목이 아닌 것은?
① 바이러스
② 지아디아 포낭
③ 크립토스포리디움 난포낭
④ 분원성 대장균군

정답 33 ③ 34 ② 35 ④ 36 ④ 37 ③ 38 ④

39 하천법상 지방하천의 하천관리청은?

① 국토교통부장관
② 환경부장관
③ 관할구역의 시·도지사
④ 관할구역의 시장, 군수, 구청장

40 수도법령에서 제시한 정수시설운영관리사의 직무범위로 옳은 것은?

① 상수도관망 운영·관리 계획의 수립 및 실행
② 상수도관망의 누수탐사·복구 등 누수관리
③ 상수도관망시설의 점검·정비
④ 정수시설의 운영과 관리 업무

제3과목 설비운영
(기계·장치 또는 계측기 등)

41 산업안전보건법령상 설치·이전을 하는 경우 안전인증을 받아야 하는 기계는?

① 크레인
② 양흡입펌프
③ 염소투입기
④ 공기압축기

42 상수도시설 누수 상황 발생 시 조치사항으로 옳지 않은 것은?

① 피해상황의 파악과 홍보
② 비상급수 활동 실시
③ 응급복구 공사 실시
④ 매뉴얼 작성 및 관망도 작성

43 산소결핍의 위험을 방지하기 위하여 착용하는 보호구는?

① 방진 마스크
② 방독 마스크
③ 송기 마스크
④ 방음 마스크

44 약품투입에 많이 사용하는 왕복식·용적형 펌프는?

① 다이어프램 펌프
② 디퓨저 펌프
③ 벌류트 펌프
④ 진공 펌프

45 해수담수화를 위한 역삼투막 설비의 구성으로 옳지 않은 것은?

① 스트레이너(보호필터)
② 고압펌프
③ 동력회수터빈
④ 유압실린더

정답 39 ③ 40 ④ 41 ① 42 ④ 43 ③ 44 ① 45 ④

46 펌프의 비속도를 표현하는 식과 관계없는 인자는?
① 회전속도
② 토출량
③ 펌프효율
④ 전양정

47 부등침하의 우려가 있는 펌프실 또는 밸브실 관로에 설치하는 것은?
① 신축이음관
② 이토관
③ 확대관
④ 편락관

48 염소주입제어 방법 중 처리수량과 염소 요구량이 거의 일정하고 연소적으로 염소를 주입하는 경우에 적합한 것은?
① 유량비례제어
② 수동정량제어
③ 피드백제어
④ 케스케이드제어

49 약품주입방식에 관한 설명으로 옳지 않은 것은?
① 액체황산알루미늄은 산화알루미늄(Al_2O_3) 농도가 6~8%인 것을 사용한다.
② 고형황산알루미늄은 수용액으로 주입한다.
③ 황산은 농도 98%를 30~50배 희석한 것을 사용한다.
④ 수산화나트륨은 일반적으로 20~25%로 희석하여 사용한다.

50 슬러지 공급방법이 연속적이 아닌 탈수기는?
① 진공탈수기
② 필터프레스
③ 벨트프레스
④ 원심분리기

51 급속혼화시설에서 가압수 확산에 의한 혼화에 관한 설명으로 옳은 것은?
① 직경 2,500mm 이상의 대형관에 주로 사용된다.
② 소비전력이 기계식 혼화에 비해 많이 소모된다.
③ 가동부가 없으며 약품주입에 외부동력이 불필요하다.
④ 혼화기에 의한 추가적인 손실수두가 없고 혼화강도를 조절할 수 있다.

정답 46 ③ 47 ① 48 ② 49 ③ 50 ② 51 ④

52 여과지 역세척 및 입상활성탄 처리시설의 배출수를 받아들이는 시설은?
① 농축조
② 여과지
③ 배출수지
④ 배슬러지지

53 정수장 슬러지가 무기성 오니에 해당하는 유기물 함량은?
① 40% 이하
② 45% 이하
③ 50% 이하
④ 55% 이하

54 오염된 막의 약품세척에서 유기물질 제거에 사용되는 약품은?
① 구연산
② 옥살산
③ 계면활성제
④ 수산화나트륨

55 전력용변압기의 진단 방법 중 절연유 진단법에 해당하는 것은?
① 절연저항 측정법
② 부분방전 시험법
③ 고유저항률 측정법
④ 누설전류 측정법

56 단로기에 관한 설명으로 옳지 않은 것은?
① 부하전류의 통전이 가능하다.
② 부하전류의 개폐가 가능하다.
③ 단락전류의 투입은 불가능하다.
④ 단락전류의 차단은 불가능하다.

57 전자식유량계의 설치 시 직관장에 관한 설명으로 옳은 것은?(단, D는 배관 내경이다)
① 설치 위치를 중심으로 통상적으로 상류측은 $10D$ 이상이다.
② 설치 위치를 중심으로 통상적으로 하류측은 $3D$ 이상을 권장한다.
③ 필요 직관장이 충분히 확보되지 않을 경우 하류측 직관장을 최우선적으로 확보한다.
④ 하류측 직관장은 전체 직관장의 30~20%로 한다.

58 전력용콘덴서를 회로에서 분리할 때 과도 전압, 전류 및 고조파 영향 등을 방지하기 위한 직렬리액터의 용량은?
① 전력용콘덴서 용량의 약 3%
② 전력용콘덴서 용량의 약 6%
③ 전력용콘덴서 용량의 약 10%
④ 전력용콘덴서 용량의 약 15%

59 유전율의 변화가 측정오차의 원인이 되는 수위계는?
① 차압식 수위계
② 초음파식 수위계
③ 정전용량식 수위계
④ 투입식 수위계

60 정수지에 설치하지 않아도 되는 수질계측기는?
① 탁도계
② 수온계
③ 잔류염소계
④ 알칼리도계

제4과목 정수시설 수리학

61 [MLT]계로 표현되는 유속의 차원에 해당하는 것은?(단, [M]은 질량, [L]은 길이, [T]는 시간을 표시하는 차원이다)
① [LT]
② [LT^{-1}]
③ [MLT]
④ [MLT^{-1}]

62 물에 관한 설명으로 옳지 않은 것은?
① 물의 비중은 단위체적당 물의 무게이다.
② 고체, 액체, 기체로 분류할 수 있다.
③ 물의 밀도는 단위부피당 물의 질량이다.
④ 물의 압축성은 주위의 온도와 압력에 따라서 변한다.

63 베르누이의 정리를 응용한 것을 모두 고른 것은?

> ㄱ. 벤투리미터
> ㄴ. 운동량 방정식
> ㄷ. 토리첼리 정리
> ㄹ. 피토관

① ㄱ, ㄴ
② ㄴ, ㄷ
③ ㄱ, ㄴ, ㄹ
④ ㄱ, ㄷ, ㄹ

64 베르누이 정리에서 위치수두와 압력수두의 합을 연결한 선에 해당하는 것은?
① 동수반경
② 동수경사선
③ 유 선
④ 수리특성곡선

65 지름 50cm, 길이 1,000m인 원형관에 평균 유량 0.1m³/s로 물이 흐르고 있을 때, 관의 마찰손실수두(m)는 약 얼마인가?(단, 관의 마찰손실계수는 0.02이고 $h_L = f \dfrac{L}{d} \dfrac{V^2}{2g}$ 이다)
① 0.53
② 0.83
③ 1.53
④ 1.83

정답 59 ③ 60 ④ 61 ② 62 ① 63 ④ 64 ② 65 ①

66. 관수로에서 흐름이 층류일 때 마찰손실계수에 관한 설명으로 옳지 않은 것은?(단, 마찰손실계수 $f = \dfrac{64}{Re}$ 이다)
   ① 물의 동점성계수에 반비례한다.
   ② 유속에 반비례한다.
   ③ 물의 점성계수에 비례한다.
   ④ 물의 밀도에 반비례한다.

67. 다음 중 무차원인 것은?
   ① 유량
   ② 동점성계수
   ③ 투수계수
   ④ 마찰손실계수

68. 급속여과지에 관한 설명으로 옳지 않은 것은?
   ① 급속여과지는 중력식과 압력식이 있으며 중력식을 표준으로 한다.
   ② 여과면적은 계획정수량을 여과속도로 나누어 계산한다.
   ③ 여과속도는 60~90m/d이다.
   ④ 여과지 1지의 여과면적은 150m² 이하로 한다.

69. 하루에 3,500m³의 물을 침전처리하기 위하여 직사각형 침전지를 설계하였다. 이 침전지의 표면부하율(m/d)은 약 얼마인가?(단, 침전지 규모는 폭 6m, 길이 24m, 유효깊이 3.5m이다)
   ① 11.6
   ② 24.3
   ③ 38.6
   ④ 51.6

70. 하천의 평균유속을 1점법으로 계산하는 방법은?(단, V_m은 평균유속이고, $V_{0.2}$, $V_{0.6}$, $V_{0.8}$에서 아래첨자는 수심이 1일 때 수면으로부터 유속을 측정한 지점을 나타낸다)
   ① $V_m = V_{0.5}$
   ② $V_m = V_{0.6}$
   ③ $V_m = 0.5(V_{0.2} + V_{0.8})$
   ④ $V_m = 0.25(V_{0.2} + 2V_{0.6} + V_{0.8})$

71. 정수 중에 침강하는 입자의 속도를 계산하는 법칙에 해당하는 것은?
   ① Reynolds 모형법칙
   ② Froude 모형법칙
   ③ Pascal 법칙
   ④ Stokes 법칙

72. 지름이 40cm인 원형관에 물이 가득차서 흐르고 있다. 관로의 유속이 2.5m/s일 때, 유량(m³/s)은 약 얼마인가?
   ① 0.3
   ② 1.3
   ③ 2.3
   ④ 3.3

73. 관수로 흐름에 해당하는 것은?
   ① 사이펀 흐름
   ② 하천 흐름
   ③ 운하 흐름
   ④ 댐 여수로 흐름

정답: 66 ① 67 ④ 68 ③ 69 ② 70 ② 71 ④ 72 ① 73 ①

74 유속이 2.5m/s, 수심이 4m인 개수로의 비에너지(m) 값은?(단, 에너지 보정계수는 1.1이다)
① 4.35 ② 5.35
③ 6.35 ④ 7.35

75 펌프의 최적 설계를 위하여 통상적으로 이용되는 펌프특성곡선을 통해 확인할 수 있는 항목은?
① 레이놀즈수 ② 효 율
③ 손실수두   ④ 공동지수

76 중력식 급속모래여과에서 표준 여과속도(m/d)는?
① 60~90   ② 90~120
③ 120~150 ④ 150~180

77 펌프의 병렬운전과 직렬운전에 관한 설명으로 옳지 않은 것은?
① 병렬운전인 경우 펌프 운전점의 양수량은 단독운전 양수량의 2배 보다 적다.
② 병렬운전은 양정의 변화가 적고 양수량의 변화가 큰 경우에 적합하다.
③ 관로 저항곡선의 구배가 급한 곳에는 병렬운전이 유리하다.
④ 직렬운전인 경우 펌프 운전점의 양정은 단독운전 양정의 2배로 하여 구한다.

78 80%의 효율을 가진 모터에 의해서 85% 효율의 펌프가 물을 0.5m³/s로 20m 양수할 때 요구되는 동력(kW)은 약 얼마인가?(단, 나머지 손실수두와 여유율은 무시한다)
① 124.1 ② 132.8
③ 144.1 ④ 152.8

79 최고 효율점의 양수량 60m³/h, 전양정 10m, 회전속도 1,000rpm인 펌프의 비속도는 약 얼마인가?
① 158 ② 162
③ 178 ④ 192

80 펌프시설계획에서 고려해야 할 내용으로 옳지 않은 것은?
① 유지관리상 대수는 가능하면 적게 하고 동일한 용량의 것을 사용한다.
② 수량변화가 큰 경우, 회전속도제어 등에 의하여 토출량을 제어한다.
③ 펌프는 용량이 클수록 효율이 높으므로 가능하면 대용량의 것으로 한다.
④ 펌프는 가능하면 최저 양수량 부근에서 운전하도록 용량과 대수를 정한다.

정답 74 ① 75 ② 76 ③ 77 ③ 78 ③ 79 ③ 80 ④

제1과목 수처리공정

01 응집제 특성에 관한 설명으로 옳지 않은 것은?
① 황산알루미늄은 취급이 용이하고 대부분의 탁질에 유효하다.
② 폴리염화알루미늄(PACl)은 일반적으로 황산알루미늄보다 적정주입 pH의 범위가 좁다.
③ 폴리염화알루미늄(PACl)은 물에 용해되면 가수분해가 촉진되므로 원액을 그대로 사용하는 것이 바람직하다.
④ 액체황산알루미늄은 겨울철에 산화알루미늄 농도가 높으면 송액관을 막히게 할 수 있다.

02 횡류식 침전지의 표면부하율은?(단, Q는 침전지에 유입되는 유량, L, B, H는 각각 침전지의 길이, 폭, 유효수심이다)
① $\dfrac{Q}{L \times H}$
② $\dfrac{Q}{B \times H}$
③ $\dfrac{Q}{L \times B \times H}$
④ $\dfrac{Q}{L \times B}$

03 용존공기부상법(DAF)에 관한 설명으로 옳지 않은 것은?
① 원수에 조류와 유기화합물과 같은 저농도 부유고형물이 포함되어 있는 경우에 적합하다.
② 발생슬러지의 고형물농도는 약품침전지에서 발생된 슬러지의 고형물농도보다 높다.
③ 전처리시설인 예비침전지는 약품침전지에 비해 상대적으로 낮은 표면부하율로 설계한다.
④ 일반적으로 유입원수의 탁도가 100NTU 이상인 경우, 약품침전공정이 DAF보다 효율적이다.

04 급속여과지에 관한 설명으로 옳은 것을 모두 고른 것은?

> ㄱ. 내부여과(체적여과)는 대량의 탁질을 여과층 내에서 억류할 수 있고 손실수두도 작지만 탁질누출의 우려가 있다.
> ㄴ. 단층여과에서 상향류여과방법은 여과속도를 크게 하면 여과층이 팽창되어 탁질이 누출되기 쉽다.
> ㄷ. 탁질당 응집제의 양(Al/T비)이 높은 플록은 강도가 낮고, 일단 여재입자의 표면에 부착되었더라도 물 흐름에 의한 전단력으로 파쇄되어 누출되기 쉽다.
> ㄹ. 여과지 1지의 면적은 150m² 이하로 하고, 여과속도는 120~150m/day를 표준으로 한다.

① ㄱ, ㄴ
② ㄷ, ㄹ
③ ㄴ, ㄷ, ㄹ
④ ㄱ, ㄴ, ㄷ, ㄹ

05 급속여과지의 여과층 두께와 여과모래에 관한 설명으로 옳은 것은?
① 모래의 균등계수는 1에 가까울수록 입경이 균일해지므로 모래층의 공극률이 커지고 탁질억류가능량은 증가한다.
② 여재의 유효경이 0.45~0.7mm의 범위인 경우에는 여과층의 두께를 120cm까지 증가시킬 수 있다.
③ 여재의 강열감량은 1% 이하, 염산가용률은 5% 이하이어야 한다.
④ 여재의 최대경은 4.0mm를 넘지 않아야 하고 최소경은 0.1mm를 내려가지 않아야 하며, 부득이한 경우라도 최대경을 넘는 것 또는 최소경을 밑도는 것이 1% 이하이어야 한다.

06 급속여과공정에서 크립토스포리디움 처리대책에 관한 설명으로 옳지 않은 것은?
① 여과수 탁도를 상시 감시하고 0.3NTU 이하로 유지
② 여과를 재개할 때에 여과속도의 단계적 감소
③ 약품에 의한 응집처리가 필요
④ 여과지속시간 단축

07 수도꼭지까지 잔류염소기준의 유지가 어려운 경우, 염소주입지점을 다점화하는 것이 바람직하다. 적정한 염소주입 지점을 모두 고른 것은?

| ㄱ. 정수지 | ㄴ. 배수지 |
| ㄷ. 배수관 | ㄹ. 수도꼭지 |

① ㄱ, ㄴ
② ㄷ, ㄹ
③ ㄱ, ㄴ, ㄷ
④ ㄴ, ㄷ, ㄹ

08 유량 2,000m^3/h에 염소를 주입하고자 한다. 염소주입농도가 2mg/L일 때, 유효염소 6%를 함유하는 차아염소산나트륨의 용적주입량(L/h)은?(단, 차아염소산나트륨의 비중은 1.10이다. 답은 소수점 첫째자리에서 반올림한다)
① 58   ② 61
③ 67   ④ 73

09 오존(O_3)소독에 관한 설명으로 옳은 것은?
① 잔류성이 있어 소독 후 미생물 증식에 의한 2차 오염위험이 없다.
② 소독부산물로 THMs를 생성한다.
③ 염소소독보다 소독력이 높다.
④ pH에 따라 소독력이 변화한다.

10 염소소독 후 미생물 재성장(Regrowth)을 억제하는 방법이 아닌 것은?
① 유·무기물질이 세균의 에너지원이 되지 않도록 처리한다.
② 배수 중 미생물의 에너지원이 유입되는 것을 방지한다.
③ 수도꼭지에서 0.1mg/L 이상 잔류염소 농도를 유지한다.
④ 수중의 포자형성균이 잘 성장할 수 있도록 재염소처리를 하지 않아야 한다.

11 염소소독에 관한 내용으로 옳은 것은?
① 소독능력은 온도가 높을수록 약하다.
② 염소와 암모니아성 질소가 결합하면 클로라민이 생성된다.
③ 소독능력은 HOCl < OCl⁻ < 클로라민 이다.
④ 소독능력은 pH가 높을수록 강하다.

12 정수공정에서 오존(O_3)처리 시 유의사항이 아닌 것은?
① 배오존 처리설비가 필요하다.
② 충분한 산화반응을 진행시킬 접촉지가 필요하다.
③ 전염소처리를 할 경우에 염소와 반응하여 잔류염소가 증가한다.
④ 설비의 사용재료는 충분한 내식성이 요구된다.

13 현장제조형 염소발생기에 관한 설명으로 옳은 것은?
① 염소발생방식은 포화소금물을 전기분해하여 차아염소산나트륨을 발생시키는 방법이다.
② 염소발생방식은 무격막방식으로만 가능하다.
③ 현장에서 생산된 차아염소산나트륨 용액은 클로레이트, 브로메이트 성분 등에 대한 성분규격기준이 없다.
④ 염소발생기 설비 선정 시 저조파 차단장치 등을 고려하여야 한다.

14 슬러지의 탈수성에 관한 설명으로 옳지 않은 것은?
① 탈수성은 겨울철에 저하되는 경향이 있다.
② 탈수성은 비저항 값이 클수록 양호하다.
③ 탈수성은 상수원의 유기물 농도가 증가하면 저하된다.
④ 리프테스트(Leaf Test)로 슬러지의 여과성을 평가할 수 있다.

15 슬러지의 기계식 탈수방법으로 옳은 것은?
① 승압여과
② 진공여과
③ 한외여과
④ 세립여과

16 배오존처리방법으로 옳지 않은 것은?
① 활성탄분해법
② 촉매분해법
③ 가열분해법
④ 증발분해법

17 처리수량이 24,000m³/day, 공상접촉시간이 15분일 경우 입상활성탄의 충전량(m³)은?
① 67
② 250
③ 360
④ 1,600

18 염소계 소독부산물의 활성탄처리에 관한 설명으로 옳은 것은?
① THMs는 강흡착성 물질이다.
② HAAs는 생물학적으로 분해가 어렵다.
③ HAAs는 입상활성탄공정에서 처리효율이 매우 높다.
④ CH는 입상활성탄공정에서 처리효율이 낮다.

19 막여과 유속(Flux)에 영향을 주는 사항을 모두 고른 것은?

ㄱ. 막의 종류	ㄴ. 막의 재질
ㄷ. 공 경	ㄹ. 수 온
ㅁ. 막 공급 수질	

① ㄱ, ㄴ
② ㄴ, ㄹ
③ ㄷ, ㄹ, ㅁ
④ ㄱ, ㄴ, ㄷ, ㄹ, ㅁ

20 급속여과지의 역세척에 관한 설명으로 옳지 않은 것은?
① 일반적으로 동일한 팽창률로 되기 위한 역세척속도는 수온이 낮을수록 빠르게 된다.
② 표면세척장치는 팽창된 여과층 중에 노즐이 묻히도록 한다.
③ 일반적으로 동일한 팽창률로 되기 위한 역세척속도는 여재의 입경이 커질수록 빠르게 된다.
④ 일반적으로 역세척수는 잔류염소가 존재하는 물을 사용한다.

제2과목 수질분석 및 관리

21 수질오염공정시험기준상 정도관리 요소에 관한 설명으로 옳지 않은 것은?
① 표준물첨가법(Standard Addition Method)은 시료와 동일한 매질에 일정량의 표준물질을 첨가하여 검정곡선을 작성하는 방법이다.
② 시약바탕시료(Reagent Blank)는 시료를 사용하지 않고 추출, 농축, 정제 및 분석 과정에 따라 모든 시약과 용매를 처리하여 측정한 것이다.
③ 방법검출한계(MDL ; Method Detection Limit)란 시험분석 대상물질을 기기가 검출할 수 있는 최소한의 농도 또는 양이다.
④ 정량한계(LOQ ; Limit Of Quantification)란 시험분석 대상을 정량화할 수 있는 측정값이다.

22 먹는물수질공정시험기준상 실험항목과 시험방법이 바르게 연결된 것을 모두 고른 것은?

> ㄱ. 염소이온 : 이온크로마토그래피
> ㄴ. 분원성 대장균군 : 효소기질이용법
> ㄷ. 구리 : 유도결합플라스마-질량분석법
> ㄹ. 카바릴 : 고성능액체크로마토그래피

① ㄱ, ㄷ ② ㄴ, ㄹ
③ ㄴ, ㄷ, ㄹ ④ ㄱ, ㄴ, ㄷ, ㄹ

23 먹는물수질공정시험기준상 시료 보존기간이 7일인 항목은?

① 증발잔류물
② 탁 도
③ 질산성 질소
④ 과망간산칼륨소비량(산성법)

24 정수처리공정에서 원수를 응집처리하기 위한 자-테스트(Jar-test)에 관한 설명으로 옳지 않은 것은?

① 원수 1L 또는 2L를 각 원형 자(Jar) 또는 4각형의 자(Jar)에 채우고 교반날개(임펠러)의 주변속도를 약 40cm/s로 조절한다.
② 단계적으로 주입률을 바꿔 자(Jar)에 응집제를 재빠르게 첨가하면서 주변속도 40cm/s의 급속교반을 1분간 한다.
③ 급속교반 후 주변속도 15cm/s로 10분간 완속교반을 계속한다.
④ 완속교반 후 즉시 상징수 500mL를 사이펀 또는 경사법으로 조용히 채취한다.

25 오존처리공정 중 오존주입량 5mg/L이고, 잔류오존량 0.5mg/L, 배출오존량 1mg/L일 때 오존전달효율(%)은?

① 70 ② 80
③ 90 ④ 95

26 고도정수처리시설의 오존처리공정에 관한 설명으로 옳지 않은 것은?

① 잔류성이 없기 때문에 오존살균 후 미생물이 증식할 수 있다.
② 오존처리 후 부산물인 저분자 화합물질이 형성되지 않는다.
③ 오존은 공기(또는 산소)와 전력이 있으면 필요량을 쉽게 만들 수 있다.
④ 용존오존은 짧은 시간(상온, 중성에서 15~30분)에 산소로 분해되므로 용존산소를 증가시킨다.

27 물환경보전법령상 검사기관에 오염도 검사를 의뢰하지 않고 현장에서 배출허용기준 등의 초과 여부를 판정할 수 있는 수질오염물질은?

① 생물화학적 산소요구량
② 수소이온농도
③ 경 도
④ 용존산소

28. 먹는물관리법령상 수질개선부담금의 용도로 옳은 것을 모두 고른 것은?

> ㄱ. 먹는물의 수질검사 실시 비용의 지원
> ㄴ. 지하수보전구역의 지정을 위한 조사의 실시
> ㄷ. 지하수자원의 개발·이용 및 보전·관리를 위한 기초조사와 복구사업의 실시

① ㄱ
② ㄷ
③ ㄱ, ㄴ
④ ㄱ, ㄴ, ㄷ

29. 물환경보전법상 시·도지사가 수립하는 오염총량관리기본계획 수립 시 포함되어야 할 내용이 아닌 것은?

① 해당 지역 개발계획의 내용
② 해당 지역 개발계획으로 인하여 추가로 배출되는 오염물질의 초과부과금 산정 계획
③ 지방자치단체별·수계구간별 오염부하량의 할당
④ 해당 지역 개발계획으로 인하여 추가로 배출되는 오염부하량 및 그 저감계획

30. 하천법령상 댐 등의 설치자 또는 관리자가 홍수에 대비하여 댐의 저수를 방류하려고 할 때 환경부장관의 승인을 받아야 할 내용이 아닌 것은?

① 방류량
② 방류 시작 시각
③ 방류장소
④ 방류기간

31. 수도법령상 상수원보호구역의 관리에 관한 설명으로 옳지 않은 것은?

① 상수원보호구역이 같은 특별시·광역시·도의 관할구역에 속하는 둘 이상의 시·군·구에 걸쳐 있어 관계 시장·군수·구청장이 협의한 결과 협의가 성립되지 아니한 경우에는 관할시·도지사가 지정하는 시장·군수·구청장이 관리한다.
② 상수원보호구역과 그 상수원으로부터 수돗물을 공급받는 지역이 둘 이상의 시·도에 걸쳐있는 경우에는 관계되는 시·도지사가 협의하여 결정하는 시·도지사 또는 시장·군수·구청장이 관리한다.
③ 상수원보호구역과 그 상수원으로부터 수돗물을 공급받은 지역이 같은 시·도의 관할구역에 속하는 둘 이상의 시·군·구에 걸쳐 있는 경우에는 관계되는 시장·군수·구청장이 협의하여 결정하는 시장·군수·구청장이 관리한다.
④ 상수원보호구역이 둘 이상의 시·도에 걸쳐 있어 관계 시·도지사가 협의한 결과 협의가 성립되지 아니한 경우에는 환경부장관이 시·도지사와 협의하여 지정하는 시·도지사 또는 시장·군수·구청장이 관리한다.

32. 먹는물 수질감시항목 운영 등에 관한 고시상 먹는샘물의 감시항목과 감시기준이 바르게 짝지어진 것을 모두 고른 것은?

> ㄱ. 폼알데하이드 − 500μg/L
> ㄴ. 몰리브덴 − 15μg/L
> ㄷ. 안티몬 − 70μg/L

① ㄱ　　　　　② ㄷ
③ ㄱ, ㄴ　　　④ ㄴ, ㄷ

33. 상수원관리규칙상 원수의 수질검사기준 중 강변여과수 수질검사 항목에 해당하지 않는 것은?

① 생물화학적 산소요구량
② 부유물질량
③ 질산성 질소
④ 과망간산칼륨소비량

34. 먹는물 수질감시항목 운영 등에 관한 고시상 정수에서 수질검사주기가 가장 짧은 항목은?

① 2-MIB(2-Methyl Isoborneol)
② Bromoform
③ Norovirus
④ Vinyl Chloride

35. 소독능 계산값($CT_{계산값}$)에 관한 설명으로 옳은 것을 모두 고른 것은?

> ㄱ. $CT_{계산값}$ = 잔류소독제 농도(mg/L) × 소독제 접촉시간(분)
> ㄴ. 잔류소독제 농도는 측정한 잔류소독제 농도값 중 최솟값을 택한다.
> ㄷ. 소독제와 물의 접촉시간은 1일 사용유량이 최대인 시간에 최초소독제 주입지점부터 정수지 유출지점까지 측정한다.
> ㄹ. 정수지의 소독제 접촉시간은 정수지를 통하는 물의 90%가 체류하는 시간으로 설정하고 있다.

① ㄱ, ㄷ　　　　② ㄴ, ㄹ
③ ㄴ, ㄷ, ㄹ　　④ ㄱ, ㄴ, ㄷ, ㄹ

36. 유입 유량이 40,000m³/day인 정수장에서 염소사용량이 80kg/day이고, 정수지 유출지점의 잔류염소농도가 0.5mg/L일 때, 물의 염소요구량(mg/L)은?

① 1.5　　　　② 1.8
③ 2.0　　　　④ 2.2

37 수질오염공정시험기준상 용존산소-적정법 중 시료의 전처리에 관한 설명으로 옳지 않은 것은?

① 시료가 착색 또는 현탁된 경우에는 칼륨명반용액과 암모니아수를 사용한다.
② 미생물 플록(Floc)이 형성된 경우에는 황산구리-설퍼민산용액을 사용한다.
③ 산화성 물질인 Fe(III)이 함유된 경우에는 아이오딘화칼륨용액과 황산을 사용한다.
④ 잔류염소가 함유된 경우에는 알칼리성 아이오딘화칼륨-아자이드화나트륨용액과 황산을 사용한다.

38 수질오염공정시험기준상 클로로필 a의 분석절차 중 전처리로 옳지 않은 것은?

① 시료 적당량을 유리섬유여과지(GF/F, 47mm)로 여과한다.
② 여과지와 황산(1+9) 적당량을 조직마쇄기에 함께 넣고 마쇄한다.
③ 마쇄한 시료를 마개 있는 원심분리관에 넣고 밀봉하여 4℃ 어두운 곳에 하룻밤 방치한다.
④ 하룻밤 방치한 시료를 20분간 원심분리하거나 혹은 용매-저항 주사기를 이용하여 여과한다.

39 먹는물수질공정시험기준상 과망간산칼륨소비량-산성법의 분석절차 일부이다. ( )에 들어갈 내용이 옳은 것은?

- 수개의 비등석을 넣은 삼각플라스크에 시료 100mL를 넣는다.
- 황산(1+2) 5mL와 과망간산칼륨용액(0.002M) 10mL를 넣어 (ㄱ)분간 끓인다.
- (ㄴ)용액(0.005M) 10mL를 넣어 탈색을 확인한 다음 곧 과망간산칼륨용액(0.002M)으로 엷은 홍색이 없어지지 않고 남을 때까지 적정한다.

① ㄱ : 5, ㄴ : 수산화나트륨
② ㄱ : 5, ㄴ : 옥살산나트륨
③ ㄱ : 10, ㄴ : 수산화나트륨
④ ㄱ : 10, ㄴ : 옥살산나트륨

40 정수처리시설에서 입상활성탄처리의 장점에 관한 내용으로 옳지 않은 것은?

① 장기간 처리하는 경우 : 탄층을 두껍게 할 수 있으며 재생하여 사용할 수 있으므로 경제적이다.
② 폐기 시 애로 : 재생 사용할 수 있어서 문제가 없다.
③ 누출에 의한 흑수현상 : 거의 염려가 없다.
④ 미생물의 번식 : 사용하고 버리므로 번식이 없다.

정답 37 ③ 38 ② 39 ② 40 ④

제3과목 설비운영 (기계·장치 또는 계측기 등)

41 전력회사와 수용가 간의 책임한계점에 시설해야 하는 기기는?
① 구분개폐기 ② 진공차단기
③ 변류기 ④ 과전류계전기

42 역률개선 설비 중 제5고조파를 제거하기 위해 설치하는 기기는?
① 진상콘덴서 ② 직렬리액터
③ 방전코일 ④ 전력퓨즈

43 수전전압이 22.9kV이고, 주 차단기 용량이 520MVA일 경우 고장전류의 크기는 약 몇 A인가?
① 11,908 ② 13,110
③ 16,057 ④ 22,707

44 수·변전설비에 관한 설명으로 옳지 않은 것은?
① 단로기는 부하전류를 개폐하지 않도록 인터록 장치를 설치한다.
② 몰드변압기는 난연성·비폭발성이다.
③ 가스차단기는 짧은 차단시간으로 성능이 우수하다.
④ 유입변압기는 불연성·비폭발성이다.

45 감시조작설비 중 현장의 단위공정제어를 위해 운전조작 및 데이터베이스 기능을 수행하며 모니터, 키보드, 마우스 등으로 구성된 것은?
① COS ② EWS
③ FCS ④ GUI

46 계측제어설비에 침입하는 낙뢰 및 플랜트 노이즈에 대한 보호대책으로 옳지 않은 것은?
① 전원과 신호 및 부하의 각각에 알맞은 서지보호기를 설치한다.
② 일반적인 유도노이즈에 대한 대책으로 동력선과 신호선을 용도별로 이격시켜 배선한다.
③ 메시접지 등에 의하여 접지 저항값을 높이는 것이 바람직하다.
④ 노이즈에 대한 대책으로 신호를 절연시키고 실드선을 사용한다.

47 접액 다이어프램을 수중에 설치하여 다이어프램에 걸리는 압력을 측정하여 통일된 신호로 변환하는 방식의 수위계는?
① 초음파식 ② 투입식
③ 플로트식 ④ 정전용량식

정답 41 ① 42 ② 43 ② 44 ④ 45 ③ 46 ③ 47 ②

48 급속여과지의 여과유량을 조절하는 방식에 관한 설명으로 옳은 것은?
① 여과를 개시할 때, 밸브를 조작하여 여과속도를 단계적으로 증가시키면 병원성 미생물의 누출이 우려된다.
② 유량제어방식은 여과를 개시할 때 유량조절장치에서의 손실수두를 최대한 낮춘다.
③ 자연평형방식은 유출측에 위어(Weir)를 여재 표면보다 높게 설치한다.
④ 정압여과방식은 여과층 상부의 수위를 일정하게 제어하여 여과유량의 변동을 방지한다.

49 탈수기에 관한 설명으로 옳은 것은?
① 가압탈수기의 전처리로 소석회를 주입하는 것은 탈수효율을 낮춘다.
② 가압형 필터프레스의 탈수 원리는 여과포에 의한 고액분리와 슬러지층의 필터작용이다.
③ 벨트프레스의 슬러지 주입량을 증가시키기 위해서는 벨트의 속도를 감소시켜야 한다.
④ 아크릴아미드의 배출을 방지하기 위해 고체보다는 액체 고분자응집보조제를 사용해야 한다.

50 오존 발생장치와 주입설비에 관한 설명으로 옳지 않은 것은?
① 대용량의 오존발생기는 고압 공기보다는 저압 또는 중압 공기를 공급 받는 방식을 주로 사용한다.
② PVC(경질염화비닐)는 배오존이나 오존수에 직접 접촉하는 설비의 재질로 적합하다.
③ 오존 접촉지는 오존주입, 재이용, 배오존의 각 풍량을 고려하여 접촉지의 내부를 부압으로 운전한다.
④ 산기관을 이용한 오존 투입 방식은 인젝터 방식보다 오존전달효율이 높다.

51 소독설비의 제어 방식에 관한 설명으로 옳지 않은 것은?
① 수동제어는 현장에서 유량계를 보고 주입을 직접 제어하는 방식이므로 원격으로 유량을 측정하고 주입을 제어하는 것을 포함하지 않는다.
② 정치제어는 소독제의 주입량을 목표치와 같이 일정하게 유지하는 방식이다.
③ 유량비례제어는 미리 설정한 염소주입률로 주입량을 제어하는 방식이다.
④ 피드백제어는 처리수량이 변화하며 염소요구량도 변화하는 경우에 잔류염소를 목표치로 설정하여 제어하는 방식이다.

정답 48 ③ 49 ② 50 ④ 51 ①

52. 액화염소의 안전한 저장을 위한 설명으로 옳은 것은?

① 액화염소를 100kg 이상 저장하고 소비하는 시설은 사용개시 7일 전까지 시장·군수·구청장에게 신고하여야 한다.
② 액화염소 용기는 항상 50℃ 이하로 유지시켜야 한다.
③ 염소 누출을 대비하기 위해 재해장치의 흡입구는 저장실의 바닥 하부에 설치한다.
④ 누출된 액체염소가 증발되는 것을 저감하기 위해서는 방액제(Dike)를 설치해야 한다.

53. 펌프의 고장과 관련된 사항으로 옳지 않은 것은?

① 고장 정도의 분류는 시설의 형태나 운전 관리체제에 따라 다르다.
② 운전원이 펌프의 운전에 영향을 주지 않는 고장이라고 판단하더라도 펌프는 반드시 정지되어야 한다.
③ 펌프의 베어링 과열을 보호하기 위한 기준 온도는 일반적으로 70℃ 이하이다.
④ 펌프 흡입수위의 비정상적인 저하를 방지하기 위해서는 공기흡입 개시 수위나 캐비테이션 발생 수위를 고려해야 한다.

54. 차아염소산나트륨 용액의 안전한 저장을 위한 설명으로 옳은 것은?

① 차아염소산나트륨은 용기를 사용하여 저장하면 안 된다.
② 저장조에는 수소가스의 배출이 원활하도록 통풍구를 설치한다.
③ 차아염소산나트륨은 알칼리성 물질과 반응하여 염소가스를 발생시킨다.
④ 차아염소산나트륨의 저장실은 유효염소를 보존하기 위하여 난방장치를 갖추어야 한다.

55. 약품주입설비에 관한 설명으로 옳은 것을 모두 고른 것은?

| ㄱ. 차아염소산나트륨용액의 주입방식 중 펌프방식은 펌프 흡입부에서 기포가 발생할 수 있으므로 주의해야 한다.
| ㄴ. 습식진공식 염소주입기는 대기압 이상의 압력에서 계량하고 제어한다.
| ㄷ. 소금물은 전기분해되어 양(+)극은 수소가스가 발생하고 음(-)극은 염소가스가 생성된다.
| ㄹ. 염소주입기는 일반적으로 건식진공식이 많이 사용된다.

① ㄱ
② ㄱ, ㄴ
③ ㄴ, ㄷ
④ ㄷ, ㄹ

56 응집제에 관한 설명으로 옳지 않은 것은?
① 알루미늄염을 물에 가하면 쉽게 분해되어 양(+)전하로 하전된 알루미늄수산기 중합체가 된다.
② 폴리아크릴산계 아크릴아미드와 아크릴산염의 공중합체 등의 폴리아크릴아미드계는 사용하는 것이 바람직하지 않다.
③ 처리수 중 잔류알루미늄 농도의 허용치가 0.2mg/L로 규제되므로 응집제 주입량의 최적화가 필요하다.
④ 철염계 응집제는 적용 pH의 범위가 좁아 플록이 침강하기 어렵다.

57 슬러지량 2,000kg-D.S./day, 여과농도 50kg-D.S./m²/h, 실가동시간 8h/day일 때 가압탈수기의 용량(m²)은?
① 0.2　② 5
③ 100　④ 320

58 입상활성탄 슬러리 이송배관의 설계 조건으로 옳지 않은 것은?
① 슬러리의 농도는 200kg/m³를 표준으로 한다.
② 고유속 5~10m/s를 표준으로 한다.
③ 유량은 펌프 희석수나 인젝터 압력수의 유량을 조절함으로써 조절되도록 한다.
④ 배관은 가능한 스테인리스강을 사용한다.

59 펌프의 캐비테이션을 방지하기 위한 대책으로 옳은 것은?
① 흡입관의 손실을 가능한 작게 하여 가용유효흡입수두를 크게 한다.
② 펌프의 회전속도를 높게 선정하여 필요유효흡입수두를 크게 한다.
③ 펌프의 설치위치를 가능한 낮추어 가용유효흡입수두를 작게 한다.
④ 토출량과 회전속도가 동일하면 한쪽흡입펌프가 양쪽흡입펌프보다 캐비테이션 현상 방지에 유리하다.

60 밸브의 구동장치에 관한 설명으로 옳지 않은 것은?
① 밸브의 구동장치로 전동식, 공기압식이 대부분 사용된다.
② 전동식 구동장치는 원거리에서 조작할 수 있으므로 널리 사용된다.
③ 공기압식 실린더 방식은 대구경 밸브의 조작 및 제어에 사용가능하다.
④ 공기압식 다이어프램 방식은 대용량의 제어용으로 사용되는 경우가 많다.

제4과목　정수시설 수리학

61 힘(F)의 차원을 [MLT]계와 [FLT]계로 표시한 것은?
① [LT^{-1}], [L^3]
② [LT^{-1}], [M]
③ [MLT^{-2}], [F]
④ [ML^{2}T^{-2}], [FL]

62. 실린더 내에서 압축된 액체가 압력 1,000 kgf/cm²에서는 체적 0.4m³이고, 압력 2,000 kgf/cm²에서는 체적 0.396m³이다. 이 액체의 체적탄성계수(kgf/cm²)는?
   ① 10^5
   ② 10^3
   ③ 10^2
   ④ 10

63. 비중량 100kgf/cm³인 유체가 지름 20cm인 원관 내를 중량유량 6.28kgf/s로 흐를 때 평균유속(m/s)은 약 얼마인가?
   ① 0.2
   ② 0.32
   ③ 2
   ④ 3.2

64. 베르누이 방정식에 관한 설명으로 옳은 것은?
   ① 관수로에서 에너지경사선은 관의 상단을 통과하는 선이다.
   ② 베르누이 방정식은 질량보존법칙을 흐름에 적용한 식이다.
   ③ 에너지경사선은 각 지점에서 압력수두와 위치수두의 합을 연결한 선이다.
   ④ 에너지손실을 무시할 때 속도수두, 압력수두, 위치수두의 합은 일정하다.

65. 에너지 보정계수 α, 평균유속 V, 중력가속도를 g로 표기할 때, $\alpha V^2/2g$의 단위는?
   ① Pa
   ② m
   ③ kg/m·s²
   ④ g/cm·s

66. 관수로 흐름에서 미소손실에 해당하지 않는 것은?
   ① 단면의 급확대에 의한 손실
   ② 단면의 급축소에 의한 손실
   ③ 체크밸브에 의한 손실
   ④ 마찰에 의한 손실

67. 유량측정방식으로 옳지 않은 것은?
   ① 라이다식
   ② 전자식
   ③ 초음파식
   ④ 차압식

68. 혼화지에서 속도경사(G)를 결정하는 요소가 아닌 것은?
   ① 물의 점성계수(μ)
   ② 항력계수(C_D)
   ③ 교반동력(P)
   ④ 혼화지의 부피(V)

69. 길이 15m, 폭 4m인 여과지에서 시간당 800m³의 물을 정수하고 있을 때, 여과속도(m/day)는?
   ① 80
   ② 160
   ③ 320
   ④ 400

70 완속여과공정에 관한 설명으로 옳지 않은 것은?
① 여과속도는 4~5m/day를 표준으로 한다.
② 여과지의 모래면 위의 수심은 90~120cm를 표준으로 한다.
③ 모래층 두께는 70~90cm를 표준으로 한다.
④ 고수위에서 여과지 상단까지의 여유고는 50cm 정도로 한다.

71 에너지보정계수(α)와 운동량보정계수(β)에 관한 내용으로 옳은 것은?
① 에너지보정계수(α)는 베르누이 방정식의 속도수두에 $1/\alpha$를 곱하여 보정하는 데 사용한다.
② 에너지보정계수(α)는 베르누이 방정식의 압력수두에 α를 곱하여 보정하는 데 사용한다.
③ 운동량보정계수(β)는 원관 내에서 층류일 경우 4/3의 값을 가진다.
④ 이상유체에 운동량방정식을 적용하기 위해 운동량보정계수(β)를 사용한다.

72 레이놀즈수가 1,000일 때 관의 마찰손실계수(f) 값은?
① 0.016 ② 0.032
③ 0.048 ④ 0.064

73 수심 2.5m, 폭 4m인 직사각형 단면수로를 통하여 송수하는 경우, 이 흐름이 상류(Subcritical Flow)가 되기 위한 최대유량(m^3/s)은 약 얼마인가?
① 49.5 ② 51.5
③ 78.3 ④ 80.3

74 침전지에서 제거율을 향상시키기 위한 설명으로 옳지 않은 것은?
① 다층침전지를 도입한다.
② 플록의 침강속도를 크게 한다.
③ 침전지의 침강면적을 적게 한다.
④ 유량을 적게 한다.

75 펌프의 직·병렬 운전에 관한 설명으로 옳지 않은 것은?
① 펌프의 직렬 운전은 양정의 변화가 적고, 양수량의 변화가 큰 경우에 적용한다.
② 펌프의 병렬 운전의 운전점은 단독운전의 양수량의 2배 이하이다.
③ 1대의 펌프로 양정이나 양수량이 부족한 경우, 수압 및 수량을 조절하기 위해 펌프 2대 이상 직렬 및 병렬 연결할 수 있다.
④ 특성이 다른 펌프를 병렬 운전할 때, 양정은 거의 같고 펌프의 특성은 하강곡선인 경우가 좋다.

정답 70 ④ 71 ③ 72 ④ 73 ① 74 ③ 75 ①

76. 펌프의 흡입구 지름이 500mm, 흡입구의 유속이 2m/s, 펌프의 전양정이 10m, 펌프의 효율이 80%일 때, 펌프의 축동력(kW)은 약 얼마인가?
   ① 4.1 ② 8.3
   ③ 24.1 ④ 48.1

77. 펌프의 공동현상(Cavitation)에 관한 설명으로 옳은 것을 모두 고른 것은?

   ㄱ. 펌프의 흡입관 지름이 너무 작을 경우 발생한다.
   ㄴ. 흡입측 펌프의 수두가 클 경우 발생한다.
   ㄷ. 공동현상으로 인해 토출량과 양정은 점차 증대되고 효율은 점차 감소한다.
   ㄹ. 방지대책으로 펌프의 회전수를 높이고 흡입 비교회전도를 크게 한다.
   ㅁ. 방지대책으로 가용유효흡입수두를 크게 하기 위해 펌프 설치 위치를 낮춘다.

   ① ㄱ, ㄴ, ㄷ ② ㄱ, ㄴ, ㅁ
   ③ ㄷ, ㄹ, ㅁ ④ ㄱ, ㄴ, ㄷ, ㄹ, ㅁ

78. 펌프의 수격작용을 방지하기 위한 주된 방법 중 하나인 압력상승 경감방법으로 옳지 않은 것은?
   ① 니들밸브에 의한 방법
   ② 펌프에 프라이휠을 붙이는 방법
   ③ 콘밸브에 의한 방법
   ④ 완폐식 체크밸브에 의한 방법

79. 다음에 설명하는 펌프의 형식으로 옳은 것은?

   - 베인의 양력작용에 의하여 임펠러 내의 물에 압력 및 속도에너지를 주고 가이드베인으로 속도에너지의 일부를 압력으로 변화하여 양수작용을 하는 펌프이다.
   - 주축의 방향이 수평면에 대하여 평행인 횡축펌프와 수직인 입축펌프가 있다.
   - 임펠러의 수가 1단으로 이루어진 단단펌프와 복수로 이루어진 다단펌프가 있다

   ① 스크루펌프 ② 사류펌프
   ③ 원심펌프 ④ 축류펌프

80. 길이 200m, 직경 30cm인 관을 통하여 10m³/min의 물을 공급하고 있을 때, 발생되는 손실수두(m)는 약 얼마인가?(단, 마찰손실계수는 0.02이다)
   ① 0.4 ② 3.8
   ③ 38.7 ④ 387

2021년 제30회 2급 과년도 기출문제

부록 과년도 + 최근 기출문제

제1과목 수처리공정

01 급속여과지에 관한 설명으로 옳지 않은 것은?
① 탁질당 응집제의 양(Al/T비)이 높은 플록은 강도가 높아 쉽게 누출되지 않는다.
② 내부여과는 대량의 탁질을 여과층 내에서 억류할 수 있고 손실수두도 작지만 탁질누출의 우려가 있다.
③ 상향류여과에서 여과속도를 크게 하면 여과층이 팽창되어 탁질이 누출되기 쉬운 결점이 있다.
④ 여과지의 탁도는 개별여과지에 대하여 연속측정장치를 사용하여 매 15분 간격으로 측정하는 것이 바람직하다.

02 응집제인 폴리염화알루미늄(PACl)에 관한 설명으로 옳은 것은?
① 일반적으로 황산알루미늄보다 적정주입 pH의 범위가 넓고 알칼리도의 감소가 적다.
② 황산알루미늄과 혼합 사용하면 침전물이 발생하지 않는다.
③ 희석하여 사용할 경우 희석지점은 주입지점에서 멀리 설치한다.
④ 장기간 저장하여도 변질될 가능성이 없다.

03 급속여과지의 여과층 두께와 여과모래에 관한 설명으로 옳은 것을 모두 고른 것은?

ㄱ. 모래의 유효경이 0.45~0.7mm의 범위인 경우에는 여과층의 두께를 120cm까지 증가시킬 수 있다.
ㄴ. 모래의 균등계수는 1에 가까울수록 입경이 균일해지므로 모래층의 공극률이 커지고 탁질억류가능량은 증가한다.
ㄷ. 유효경이 0.6~0.7mm인 모래의 경우, 실제 1.3~1.6 정도의 균등계수를 채택하고 있다.
ㄹ. 모래의 강열감량은 1% 이하, 염산가용률은 5% 이하이어야 한다.

① ㄱ, ㄴ ② ㄴ, ㄷ
③ ㄴ, ㄹ ④ ㄷ, ㄹ

04 침전지의 침전효율 향상 방법으로 옳지 않은 것은?
① 표면부하율을 작게 한다.
② 유량을 적게 한다.
③ 플록의 침강속도를 작게 한다.
④ 침강면적을 크게 한다.

정답 1 ① 2 ① 3 ② 4 ③

05 용존공기부상법(DAF)에 관한 설명으로 옳은 것은?
① 홍수기 고탁도기에 특히 좋은 부유물 제거 효율을 기대할 수 있다.
② 발생슬러지의 고형물농도는 약품침전공정에서 발생된 슬러지의 고형물농도보다 훨씬 낮다.
③ 플록형성에 소요되는 시간은 약품침전공정보다 길다.
④ 원수에 조류와 유기화합물과 같은 저농도 부유고형물이 포함되어 있는 경우에 적합하다.

06 염소소독부산물의 종류로 옳지 않은 것은?
① 총트라이할로메탄
② 클로로폼
③ 클로랄하이드레이트
④ 브롬산염

07 다음 조건에서 소요되는 여과지의 면적(m^2)은?

- 계획정수량 : 45,000m^3/day
- 여과층 투수계수 : 300m/day
- 여과층 두께 : 1.0m
- 여과층 손실수두 : 0.5m

① 150 ② 300
③ 450 ④ 600

08 염소소독의 장점으로 옳은 것은?
① UV소독보다 소독부산물의 발생량이 적다.
② 페놀이 존재하면 오존 처리보다 불쾌한 냄새를 유발하지 않는다.
③ 오존소독보다 원생동물의 포낭을 쉽게 불활성화시킬 수 있다.
④ 소독효과가 우수하고 대량의 물에서도 소독이 가능하며, 소독효과가 잔류한다.

09 염소주입제어 방식으로 옳지 않은 것은?
① 수동정량제어
② 무격막방식제어
③ 유량비례제어
④ 잔류염소제어

10 전염소처리에 관한 사항으로 옳지 않은 것은?
① 염소제를 침전지 이전에 주입하는 방법이다.
② 염소제 주입률은 처리목적에 따라 필요로 하는 원수의 염소요구량 등을 고려하여 산정한다.
③ 소독부산물 발생을 저감시킨다.
④ 염소제의 제해설비 등은 소독설비 기준에 적합하여야 한다.

11 염소소독 공정에서 소독능(CT값)에 관한 설명으로 옳은 것은?
① 염소의 주입량 조절 및 충분한 접촉시간이 되도록 반응조를 확보하여야 한다.
② 요구되는 CT값은 미생물의 종류와 상관없다.
③ 요구되는 CT값은 pH와 상관없다.
④ 요구되는 CT값은 수온과 상관없다.

12 처리수량이 2,000m³/h이고 액화염소 주입률이 3mg/L일 때, 주입되는 액화염소의 양(kg/h)은?
① 4   ② 6
③ 8   ④ 10

13 상수원수에 용존성 맛·냄새물질이 있는 경우 처리 방법으로 옳지 않은 것은?
① 오존처리
② 염소처리
③ 입상활성탄처리
④ 정밀여과(MF)처리

14 배슬러지지에 관한 설명으로 옳지 않은 것은?
① 지수는 2지 이상으로 하는 것이 바람직하다.
② 슬러지배출관을 설치해야 한다.
③ 용량은 24시간 평균배슬러지량과 1회 배슬러지량 중에서 큰 것으로 한다.
④ 회수펌프를 설치해야 한다.

15 슬러지(함수율 98%)를 탈수하여 케이크(함수율 80%)로 만들었을 때 탈수 후의 부피는 탈수 전 부피의 몇 %인가?(단, 고형물의 비중은 1이라고 가정한다)
① 5   ② 10
③ 15   ④ 20

16 염소처리와 비교하여 오존처리에 관한 내용으로 옳지 않은 것은?
① 색도제거 효과가 크다.
② 유기물질의 난분해성을 증대시킨다.
③ 망간의 산화능력이 크다.
④ 소독력이 크다.

17 활성탄흡착설비의 설계 요소 중 입상활성탄의 충전량을 처리수량으로 나눈 값은?
① 공상접촉시간   ② 공간속도
③ 선속도   ④ 탄층의 두께

18 한외여과막에서 분획분자량을 결정할 때 분자량을 알고 있는 물질의 배제율(%) 기준으로 옳은 것은?
① 70   ② 80
③ 90   ④ 99

정답 11 ① 12 ② 13 ④ 14 ④ 15 ② 16 ② 17 ① 18 ③

19 일반적인 상수처리용 활성탄 세공의 내부표면적(m^2/g)으로 옳은 것은?
① 7~14
② 70~140
③ 700~1,400
④ 7,000~14,000

20 여과지 성능을 평가할 때 사용되는 지표를 모두 고른 것은?

> ㄱ. 여과수 탁도
> ㄴ. 여과지속시간
> ㄷ. 역세척수량의 여과수량에 대한 비율
> ㄹ. 여재 손실량

① ㄱ, ㄹ
② ㄴ, ㄷ
③ ㄱ, ㄴ, ㄷ
④ ㄴ, ㄷ, ㄹ

제2과목 수질분석 및 관리

21 수질오염공정시험기준상 용어의 정의로 옳지 않은 것은?
① 무게를 "정확히 단다"라 함은 규정된 수치의 무게를 0.1mg까지 다는 것을 말한다.
② "감압 또는 진공"이라 함은 따로 규정이 없는 한 15mmHg 이하를 뜻한다.
③ "기밀용기"라 함은 취급 또는 저장하는 동안에 기체 또는 미생물이 침입하지 아니하도록 내용물을 보호하는 용기를 말한다.
④ "항량으로 될 때까지 건조한다"라 함은 같은 조건에서 1시간 더 건조할 때 전후 무게의 차가 g당 0.3mg 이하일 때를 말한다.

22 먹는물수질공정시험기준상 항목별 시료 보존기간이 바르게 연결되지 않은 것은?
① 증발잔류물 : 14일
② 색도 : 48시간
③ 질산성 질소 : 48시간
④ 과망간산칼륨소비량(산성법) : 2일

23 먹는물수질공정시험기준상 항목별 적용가능한 시험방법이 바르게 연결된 것은?
① 염소이온 : 자외선/가시선 분광법
② 분원성 대장균군 : 평판집락법
③ 셀레늄 : 기체크로마토그래피
④ 카바릴 : 고성능액체크로마토그래피

24 정수처리공정에서 응집제의 적정 주입량을 결정하기 위한 자-테스트(Jar-test)의 순서로 옳은 것은?
① 정치 – 급속교반 – 응집제 주입 – 완속교반 – 상징수 채취 후 분석
② 완속교반 – 응집제 주입 – 급속교반 – 정치 – 상징수 채취 후 분석
③ 응집제 주입 – 완속교반 – 급속교반 – 정치 – 상징수 채취 후 분석
④ 응집제 주입 – 급속교반 – 완속교반 – 정치 – 상징수 채취 후 분석

25 오존처리공정 중 오존주입량 5mg/L이고, 잔류오존량 0.5mg/L, 배출오존량 1mg/L일 때 오존이용률(오존흡수율)(%)은?
① 70   ② 80
③ 90   ④ 95

26 고도정수처리시설의 오존처리공정에 관한 설명으로 옳은 것은?
① 잔류성이 없기 때문에 오존살균 후 미생물이 증식할 수 있다.
② 오존처리 후 부산물인 저분자 화합물질이 형성되지 않는다.
③ 오존은 공기(또는 산소)와 전력이 있으면 필요량을 쉽게 만들 수 없다.
④ 용존오존은 짧은 시간(상온, 중성에서 15~30분)에 산소로 분해되므로 용존산소를 감소시킨다.

27 정수처리시설에서 분말활성탄처리의 장점에 관한 내용으로 옳지 않은 것은?
① 처리시설 : 기존시설을 사용하여 처리할 수 있다.
② 단기간 처리하는 경우 : 필요량만 구입하므로 경제적이다.
③ 누출에 의한 흑수현상 : 거의 염려가 없다.
④ 미생물의 번식 : 사용하고 버리므로 번식이 없다.

28 지하수의 수질보전 등에 관한 규칙상 지하수를 생활용수, 농·어업용수, 공업용수로 이용하는 경우 지하수를 이용하는 자가 수질검사를 받아야 하는 항목이 아닌 것은?
① 수소이온농도
② 용존산소
③ 질산성 질소
④ 총대장균군

29 하천법령상 댐 등의 설치자 또는 관리자가 홍수에 대비하여 댐의 저수를 방류하려고 할 때 환경부장관의 승인을 받아야 하는 것은?
① 저수위 높이
② 방류 시 월강우량
③ 방류장소
④ 방류기간

30 먹는물 수질기준 및 검사 등에 관한 규칙상 먹는물의 수질기준으로 옳지 않은 것은?
① 질산성 질소 : 10mg/L를 넘지 아니할 것
② 납 : 0.01mg/L를 넘지 아니할 것
③ 페놀 : 0.5mg/L를 넘지 아니할 것
④ 과망간산칼륨소비량 : 10mg/L를 넘지 아니할 것

정답 25 ① 26 ① 27 ③ 28 ② 29 ④ 30 ③

31. 수도법령상 상수원보호구역의 관리에 관한 설명으로 옳은 것은?
① 상수원보호구역이 같은 특별시·광역시·도의 관할구역에 속하는 둘 이상의 시·군·구에 걸쳐 있어 관계 시장·군수·구청장이 협의한 결과 협의가 성립되지 아니한 경우에는 국토교통부장관이 지정하는 시장·군수·구청장이 관리한다.
② 상수원보호구역과 그 상수원으로부터 수돗물을 공급받는 지역이 둘 이상의 시·도에 걸쳐있는 경우에는 관계되는 시·도지사가 환경부장관과 협의하여 결정하는 시·도지사 또는 시장·군수·구청장이 관리한다.
③ 상수원보호구역과 그 상수원으로부터 수돗물을 공급받은 지역이 같은 시·도의 관할구역에 속하는 둘 이상의 시·군·구에 걸쳐 있는 경우에는 관계되는 시장·군수·구청장이 협의하여 결정하는 시장·군수·구청장이 관리한다.
④ 상수원보호구역이 둘 이상의 시·도에 걸쳐 있어 관계 시·도지사가 협의한 결과 협의가 성립되지 아니한 경우에는 환경부장관이 도지사와 협의하여 지정하는 시·도지사 또는 시장·군수·구청장이 관리한다.

32. 먹는물수질공정시험기준상 냄새 측정방법 중 희석하는 데 사용한 시료의 양이 100mL일 때 역치값(TON)은?
① 1   ② 2
③ 4   ④ 8

33. 먹는물 수질감시항목 운영 등에 관한 고시상 먹는샘물의 감시항목에 해당되지 않는 것은?
① 안티몬
② 폼알데하이드
③ 에틸렌다이브로마이드
④ 몰리브덴

34. 먹는물관리법령상 수질개선부담금의 부과 제외대상에 해당되지 않는 것은?
① 먹는샘물을 수입하는 것
② 우리나라에 주재하는 외국군대에 먹는샘물을 납품하는 것
③ 환경영향심사를 위하여 취수한 샘물 등
④ 이재민의 구호를 위하여 먹는 샘물을 지원·제공하는 것

35. 수질오염공정시험기준상 수질 분석절차 중 다음 전처리 과정에 해당되는 항목은?

- 시료 적당량(100~2,000mL)을 유리섬유 여과지(GF/F, 47mm)로 여과한다.
- 여과지와 아세톤(9+1) 적당량(5~10mL)을 조직마쇄기에 함께 넣고 마쇄한다.
- 마쇄한 시료를 마개 있는 원심분리관에 넣고 밀봉하여 4℃ 어두운 곳에 하룻밤 방치한다.

① 노말헥산 추출물질
② 클로로필 a
③ 유기인
④ 플루오린화합물

정답 31 ③ 32 ② 33 ③ 34 ① 35 ②

36 수질오염공정시험기준상 용존산소-적정법 중 시료가 착색 또는 현탁된 경우에 시료를 전처리 하는 절차의 일부이다. ( )에 들어갈 내용이 옳은 것은?

- 시료를 마개가 있는 1L 유리병에 기울여서 기포가 생기지 않도록 조심하면서 가득 채운다.
- (ㄱ)용액 10mL와 암모니아수 1~2mL를 유리병의 위로부터 넣는다.
- 공기가 들어가지 않도록 주의하면서 마개를 닫고 조용히 상·하를 바꾸어가면서 1분간 흔들어 섞고 (ㄴ)분간 정치하여 현탁물을 침강시킨다.

① ㄱ : 황산망간, ㄴ : 10
② ㄱ : 황산망간, ㄴ : 30
③ ㄱ : 칼륨명반, ㄴ : 10
④ ㄱ : 칼륨명반, ㄴ : 30

37 먹는물수질공정시험기준상 과망간산칼륨 소비량-산성법의 분석절차 일부이다. ( )에 들어갈 내용이 옳은 것은?

- 수개의 비등석을 넣은 삼각플라스크에 시료 100mL를 넣는다.
- (ㄱ) 5mL와 과망간산칼륨용액(0.002M) 10mL를 넣어 5분간 끓인다.
- 옥살산나트륨용액(0.005M) 10mL를 넣어 탈색을 확인한 다음 곧 과망간산칼륨용액(0.002M)으로 엷은 (ㄴ)이 없어지지 않고 남을 때까지 적정한다.

① ㄱ : 염산(1+1), ㄴ : 청색
② ㄱ : 염산(1+1), ㄴ : 홍색
③ ㄱ : 황산(1+2), ㄴ : 청색
④ ㄱ : 황산(1+2), ㄴ : 홍색

38 소독능 계산값($CT_{계산값}$)에 관한 설명으로 옳지 않은 것은?

① $CT_{계산값}$ = 잔류소독제 농도(mg/L) × 소독제 접촉시간(분)
② 잔류소독제 농도는 측정한 잔류소독제 농도값 중 최솟값을 택한다.
③ 소독제와 물의 접촉시간은 1일 사용유량이 최대인 시간에 최초소독제 주입지점부터 정수지 유출지점까지 측정한다.
④ 정수지의 소독제 접촉시간은 정수지를 통하는 물의 50%가 체류하는 시간으로 설정하고 있다.

39 먹는물 수질감시항목 운영 등에 관한 고시상 정수에서 수질검사주기가 가장 긴 항목은?

① Antimony
② Geosmin
③ 2-MIB(2-Methyl Isoborneol)
④ Microcystin-LR

40 상수원관리규칙상 원수의 수질검사기준 중 하천수 수질검사 항목에 해당하는 것은?

① 생물화학적 산소요구량
② 경 도
③ 과망간산칼륨소비량
④ 증발잔류물

제3과목 설비운영 (기계·장치 또는 계측기 등)

41 정수장의 수·변전설비 중 역률을 개선하는 기기는?

① 진상콘덴서
② 서지흡수기
③ 누전차단기
④ 전력퓨즈

42 수·배전반에 설치하는 설비 중 대전류를 소전류로 변성하는 기기는?

① PT   ② VCB
③ CT   ④ LA

43 축전지설비의 충전방식 중 평상시 작은 부하는 충전용 기기로부터 공급하고, 일시적인 대전류 부하는 축전지로부터 공급하는 방식은?

① 급속충전
② 균등충전
③ 부동충전
④ 정전류충전

44 수도시설에 사용하는 무정전 전원설비에 관한 설명으로 옳지 않은 것은?

① 인버터를 구성하는 스위칭 소자의 전류(轉流)능력에는 한계가 있기 때문에 용량 결정 시 과부하가 되지 않도록 한다.
② 무정전 전원장치를 사용하는 경우 전원회로와 일반전등이나 전기기기 등의 회로를 분리하지 않는다.
③ 계측제어장치 등은 순간정전에도 영향을 받으므로 무정전 전원설비를 사용하는 것이 필수적으로 되고 있다.
④ 무정전 전원설비에서 공급되는 전원은 상용전원과 달리 장치나 소자로 인한 제약에 따라 접속할 수 있는 부하의 종류나 용량이 달라질 수 있다.

45 상수도 시설에 설치하는 감시조작설비에 관한 설명으로 옳지 않은 것은?

① 감시설비는 시설의 운전을 이해하기 쉬운 것으로 한다.
② 경보의 통지나 표시는 운전원에게 이해하기 쉽도록 한다.
③ 조작설비는 감시설비와 일체로 해서는 안 된다.
④ 기록방식은 기록의 목적과 내용에 적합한 것으로 한다.

정답 41 ① 42 ③ 43 ③ 44 ② 45 ③

46 계측제어설비에 대한 안전대책으로 옳지 않은 것은?
① 각종 계측기와 제어기의 설계, 제작 및 설치 시 내진성, 내약품성 등을 고려한다.
② 정보처리를 위한 데이터는 중요성에 따라 보호대책을 강구한다.
③ 전송로를 지중화해서는 안 되며, 서지 보호기 등을 설치하여 절연파괴를 방지한다.
④ 오동작이나 기기 고장으로 인한 비정상 상태를 대비하여 자동안전, 백업대책을 강구한다.

47 전자유량계를 설치할 때 유의사항으로 옳지 않은 것은?
① 검출기 내부를 점검하기 위하여 우회관(Bypass)을 설치하는 것이 바람직하다.
② 검출기는 유체의 도전율이 불균일하게 되는 곳은 피해야 한다.
③ 검출기와 변환기의 접지는 제2종 접지로 한다.
④ 약품계량용으로 사용하는 경우에는 내면을 적당하게 청소할 수 있도록 배관을 한다.

48 급속여과지의 운전 설비에 관한 설명으로 옳은 것은?
① 자연평형방식의 여과지는 전자유량계와 유량조절장치가 요구된다.
② 정압여과에는 유량제어방식, 수위제어방식, 자연평형방식이 있다.
③ 유량제어방식은 여과를 개시할 때 유량조절장치에서의 손실수두를 높여야 한다.
④ 자연평형방식은 유출측에 위어(Weir)를 여재 표면보다 낮게 설치해야 한다.

49 가압탈수기의 종류별 특성에 관한 설명으로 옳은 것은?
① 필터프레스와 벨트프레스는 원심탈수기의 일종이다.
② 벨트프레스는 슬러지 주입량을 증가시키기 위해 벨트의 속도를 증가시켜야 한다.
③ 필터프레스는 슬러지를 중단 없이 연속적으로 공급할 수 있다.
④ 벨트프레스는 전처리를 하지 않아도 탈수효율이 높다.

50 펌프의 고장 원인과 이에 대한 보호항목의 기준이 서로 옳지 않게 연결된 것은?
① 과부하 – 정격전류
② 펌프 흡입수위의 비정상 저하 – 펌프 토출압력
③ 토출압력의 비정상 저하 – 계획토출량에 대한 토출압력
④ 베어링 과열 – 베어링의 온도

정답 46 ③ 47 ③ 48 ③ 49 ② 50 ②

51 오존처리를 위한 설비와 관련된 설명으로 옳지 않은 것은?
① 공기와 산소는 오존 발생기의 원료이다.
② 오존접촉지는 우회관(Bypass)의 설치가 필요하다.
③ 인젝터 방식의 오존 투입은 산기관 방식보다 오존 전달효율이 높다.
④ SS400 재질은 오존과 직접 접촉하는 설비에 주로 사용된다.

52 액화염소의 안전한 저장과 관련된 설명으로 옳은 것은?
① 1,000kg 이상의 액화염소 저장시설을 설치하기 위해서는 시장·군수·구청장에게 신고를 하여야 한다.
② 액화염소 저장실은 습기가 낮은 장소를 피하고 외부로부터 개방되어 있는 구조로 설치한다.
③ 액화염소 용기를 저장하는 공간의 실내온도는 10~35℃를 유지해야 한다.
④ 염소의 누출에 대비하기 위해 제해장치의 흡입구는 저장실의 천장 상부에 설치한다.

53 차아염소산나트륨 용액의 안전한 저장을 위한 설명으로 옳은 것은?
① 차아염소산나트륨은 직사일광이 닿고 통풍이 좋은 장소에 설치한다.
② 차아염소산나트륨은 강한 산성 물질과 반응하여 염소가스를 발생시킨다.
③ 저장실의 바닥은 평평하게 설치하여 작업자가 안전하게 작업할 수 있도록 한다.
④ 차아염소산나트륨은 저장 중에 유효염소가 증가하므로 독성에 유의하여야 한다.

54 염소 소독설비의 제어에 관한 설명으로 옳지 않은 것은?
① 정치제어는 염소소독제의 주입률을 목표치와 같게 유지하는 제어이다.
② 피드백제어는 처리수량과 염소요구량이 변화하는 경우에 잔류염소농도를 목표치로 설정하여 제어하는 방식이다.
③ 계측제어기기의 재질은 염소에 대한 내식성을 고려해서 선정한다.
④ 수동제어방식은 현장에서 주입 유량계를 보면서 수동으로 밸브를 제어하는 방식이다.

51 ④ 52 ③ 53 ② 54 ①

55 DAF공정의 전처리 설비인 플록형성지와 관련된 설명으로 옳은 것은?
① 2지 이상 구분하고 수심은 2.0~3.5m, 폭은 부상지 폭의 2배로 한다.
② 속도경사 G값 120~240s^{-1} 정도의 교반에너지가 사용되도록 설계한다.
③ 격벽을 설치하여 교반시간을 일반적으로 30~60분 정도로 한다.
④ 유출부에는 수평면에 대하여 60~70°인 경사저류벽을 설치한다.

56 침전지의 정류설비와 유출설비에 관한 설명으로 옳지 않은 것은?
① 유출설비의 하단과 침강장치 상단과의 간격은 원칙적으로 30cm 이상으로 한다.
② 정류벽은 유입단에서 1.5m 이상 떨어져서 설치한다.
③ 횡류식 침전지의 정류벽에 설치하는 정류공의 총면적은 유수단면적의 16% 정도를 표준으로 한다.
④ 횡류식 침전지 유출설비의 위어(Weir) 부하는 500m³/d·m 이하로 한다.

57 염소 및 차아염소산나트륨 배관 등에 관한 설명으로 옳지 않은 것은?
① 완전히 건조된 염소는 상온에서 강이나 동 등 금속과 반응하지 않는다.
② 액화염소 용기로부터의 인출 배관은 동관을 사용한다.
③ 타이타늄은 습기를 포함하지 않은 염소와 반응하므로 사용할 수 없다.
④ 주입기가 고장일 때 역류하지 않도록 주입점보다 주입기의 위치를 낮게 한다.

58 응집보조제에 관한 설명으로 옳지 않은 것은?
① 응집제로서 황산알루미늄을 사용할 때 응집보조제가 필요하다.
② 활성규산은 여과지에서 손실수두를 빠르게 상승시키며 활성화 조작이 용이하다.
③ 알긴산나트륨은 순도가 높으면 점성이 커서 용해하는 데 시간이 걸린다.
④ 저수온이나 저농도로 응집하기 어려운 경우 10mg/L 정도의 카오린을 주입할 수 있다.

59 고도정수처리에서 다음 조건에 의한 활성탄층의 두께(m)는 얼마인가?

- 공상접촉시간($EBCT$) : 15min
- 선속도(LV) : 20m/h

① 0.75 ② 1.3
③ 5   ④ 300

60 캐비테이션의 발생 방지에 관한 설명이다. ( )에 들어갈 내용으로 옳은 것은?

- 펌프의 설치 위치를 가능한 (ㄱ) 가용유효 흡입수두를 (ㄴ) 한다.
- 흡입관의 손실을 가능한 (ㄷ) 하여 가용유효흡입수두를 (ㄴ) 한다.

① ㄱ : 낮추어, ㄴ : 크게, ㄷ : 작게
② ㄱ : 낮추어, ㄴ : 크게, ㄷ : 크게
③ ㄱ : 높여, ㄴ : 작게, ㄷ : 크게
④ ㄱ : 높여, ㄴ : 작게, ㄷ : 작게

제4과목 정수시설 수리학

61 힘(F)의 차원을 [MLT]계로 표시한 것은?
① [LT^{-1}] ② [LT^{-2}]
③ [MLT^{-2}] ④ [ML^{2}T^{-2}]

62 압축된 액체가 압력 500kgf/cm^{2}에서는 체적 0.404m^3, 압력 1,000kgf/cm^{2}에서는 체적 0.4m^{3}이다. 이 액체의 체적탄성계수(kgf/cm^2)는?(단, $E = -\dfrac{dP}{\dfrac{dV}{V_1}}$ 이다)
① 12,500 ② 25,000
③ 50,000 ④ 50,500

63 안지름 100mm인 원관에 비중 0.8인 기름이 평균속도 5m/s로 흐를 때 질량유량(kg/s)은 약 얼마인가?
① 6.28 ② 31.42
③ 39.27 ④ 62.83

64 베르누이 방정식에 관한 설명으로 옳지 않은 것은?
① 관수로에서 에너지경사선은 관저를 통과하는 선이다.
② 동수경사선은 각 지점에서 압력수두와 위치수두의 합을 연결한 선이다.
③ 에너지경사선은 속도수두, 압력수두, 위치수두의 합을 연결한 선이다.
④ 개수로에서 동수경사선은 수면과 일치한다.

65 에너지 보정계수 a, 평균유속 V, 중력가속도를 g로 표기할 때, $aV^2/2g$의 단위는?
① m ② m/s
③ kg ④ m/s^2

66 안지름 200mm인 원관에 물이 평균유속 3m/s으로 60m 이동할 때, 손실수두(m)는 약 얼마인가?(단, 마찰손실계수는 0.042이다)
① 1.16 ② 5.79
③ 11.58 ④ 137.86

67 유량측정에 적정하지 않은 것은?
① 사각위어 ② 전폭위어
③ 원뿔위어 ④ 삼각위어

정답: 61 ③ 62 ④ 63 ② 64 ① 65 ① 66 ② 67 ③

68 관수로 흐름에서 미소손실에 해당하지 않는 것은?
① 단면축소에 의한 손실
② 단면확대에 의한 손실
③ 마찰에 의한 손실
④ 밸브에 의한 손실

69 혼화지에서 속도경사(G)에 관한 설명으로 옳은 것은?
① 물의 점성계수(μ) 제곱근에 반비례한다.
② 동력 P의 제곱근에 반비례한다.
③ 영향인자인 P는 단위면적당 동력이다.
④ 항력계수(C_D)에 비례한다.

70 완속여과공정에 관한 설명으로 옳은 것은?
① 여과속도는 120m/day를 표준으로 한다.
② 여과지의 모래면 위의 수심은 50~70cm를 표준으로 한다.
③ 고수위에서 여과지 상단까지의 여유고는 50cm 정도로 한다.
④ 모래층 두께는 70~90cm를 표준으로 한다.

71 직경 400mm의 원관에 물이 흐를 때, 길이 200m를 유하하는 동안 발생한 손실 수두가 10m이다. Manning 공식을 이용하여 구한 유량(m³/s)은 약 얼마인가?(단, 조도계수는 0.012이다)
① 0.25   ② 0.50
③ 0.75   ④ 1.0

72 다음과 같은 작은 오리피스에서 수조의 수심(H)이 4배 증가하고 오리피스 직경(D)은 1/4로 축소될 때, 유량은 어떻게 변하는가? (단, 유속계수는 1로 가정한다)

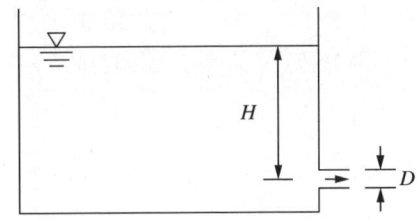

① 변함없음
② 1/8로 감소
③ 1/2로 감소
④ 2배 증가

73 급속여과지의 여과면적과 지수 및 형상에 관한 설명으로 옳지 않은 것은?
① 여과면적은 계획정수량을 여과속도로 나누어 계산한다.
② 여과지수는 예비지를 포함하여 2지 이상으로 하고 10지를 넘을 경우에는 여과지수의 1할 정도를 예비지로 설치하는 것이 바람직하다.
③ 여과지 1지의 여과면적은 120m² 이하로 한다.
④ 형상은 직사각형을 표준으로 한다.

74 침사지 내 유입유량이 10m³/min이고 입자의 침강속도가 0.6cm/s일 때, 이 입자를 완전히 제거하기 위한 침사지 표면적(m²)은 약 얼마인가?
① 8.4 ② 13.9
③ 16.7 ④ 27.8

75 펌프의 형식 및 운전에 관한 설명으로 옳지 않은 것은?
① 병렬연결 운전은 양수량 변화가 큰 경우이다.
② 성능이 동일한 펌프 2대를 직렬로 연결할 경우 양수량은 2배가 된다.
③ 펌프의 크기는 구경으로 나타낸다.
④ 펌프의 형상은 비속도와 관련이 있다.

76 펌프설비의 계획 및 펌프 수량에 관한 설명으로 옳은 것은?
① 취수펌프는 가능한 펌프의 효율이 낮은 운전점에서 일정한 수량을 양수하게 계획한다.
② 펌프 용량과 상관없이 예비기는 설치하지 않는다.
③ 배수펌프는 수량의 월별 변동에 적합한 용량과 대수로 한다.
④ 펌프의 대수는 최대, 최소와 평균 계획수량 및 고장 시를 고려하여 결정한다.

77 운전 중인 펌프의 토출량을 제어하기 위한 방법으로 옳은 것을 모두 고른 것은?

ㄱ. 밸브의 개도 제어
ㄴ. 회전속도 제어
ㄷ. 운전대수 제어

① ㄱ ② ㄱ, ㄴ
③ ㄴ, ㄷ ④ ㄱ, ㄴ, ㄷ

78 펌프의 공동현상 발생방지 대책으로 옳은 것은?
① 펌프의 설치 위치를 낮게 한다.
② 흡입관의 수두손실을 크게 한다.
③ 펌프의 회전속도를 높게 선정한다.
④ 한쪽 흡입펌프를 사용한다.

79 양정 100m에서 회전수 1,750rpm, 유량 14m³/min을 토출하는 펌프의 비속도(N_s)는 약 얼마인가?
① 51 ② 103
③ 207 ④ 414

80 펌프의 흡입구 유량이 0.4m³/s이고, 전양정이 5m, 효율이 85%일 때, 펌프의 축동력(kW)은 약 얼마인가?
① 0.24 ② 2.35
③ 23.06 ④ 46.12

2021년 제30회 3급 과년도 기출문제

제1과목 수처리공정

01 횡류식 침전지의 표면부하율은?(단, Q는 침전지에 유입되는 유량, A는 침전지 표면적이다)

① $\dfrac{A}{Q}$ ② $\dfrac{Q}{A}$
③ $A \times Q$ ④ $\dfrac{1}{A \times Q}$

02 응집제인 황산알루미늄에 관한 설명으로 옳지 않은 것은?
① 고형과 액체가 있으며, 최근에는 취급이 용이하므로 대부분의 경우 액체가 사용된다.
② 수용액은 산성이므로 취급에 주의해야 한다.
③ 철염에 비해 생성되는 플록이 무겁고 적정 pH의 폭이 넓다.
④ 결정은 부식성, 자극성이 없고 취급이 용이하다.

03 용존공기부상법(DAF)에 관한 설명으로 옳은 것을 모두 고른 것은?

ㄱ. 원수에 조류와 유기화합물과 같은 저농도 부유고형물이 포함되어 있는 경우에 적합하다.
ㄴ. 발생슬러지의 고형물농도는 약품침전지에서 발생된 슬러지의 고형물농도보다 높다.
ㄷ. 전처리시설인 예비침전지는 약품침전지에 비해 상대적으로 낮은 표면부하율로 설계한다.
ㄹ. 일반적으로 원수의 탁도 35NTU가 DAF와 약품침전공정의 효율적인 선택을 구분 짓는 경계이다.

① ㄱ, ㄴ   ② ㄷ, ㄹ
③ ㄱ, ㄴ, ㄷ   ④ ㄱ, ㄴ, ㄷ, ㄹ

04 고속응집침전지에 관한 설명으로 옳은 것은?
① 처리수량의 변동이 큰 경우에 유리하다.
② 경사판을 설치하는 경우에는 슬러지 계면의 경계에 설치한다.
③ 일반적으로 약품침전지에 비해 고농도 슬러지가 발생한다.
④ 원수의 탁도는 10NTU 이상이어야 하며, 최고 탁도는 1,000NTU 이하인 것이 바람직하다.

정답 1 ② 2 ③ 3 ① 4 ④

05 다음 조건에서 1지에 소요되는 여과지의 면적(m^2)은?

- 계획정수량 : 60,000m^3/day
- 여과속도 : 5m/h
- 여과지 수 : 4지(예비지 설치는 고려하지 않는다)

① 50 ② 75
③ 100 ④ 125

06 여과지의 성능을 평가할 때 사용되는 지표에 해당하지 않는 것은?
① 여과수량
② 여과수 탁도
③ 여과지속시간
④ 여과지속시간동안에 처리된 여과지의 단위면적당 여과수량(UFRV)

07 전염소처리의 목적으로 옳지 않은 것은?
① 철 제거
② 망간 제거
③ 암모니아성 질소 제거
④ 트라이할로메탄 제거

08 처리유량이 4,000m^3/day인 정수장에서 염소를 3mg/L의 농도로 주입한다. 잔류 염소 농도가 0.5mg/L일 때 염소요구량(kg/day)은?
① 6 ② 8
③ 10 ④ 12

09 염소소독에 관한 설명으로 옳지 않은 것은?
① 가스, 액체, 분말 형태로 이용이 가능하다.
② 소독부산물이 발생하지 않는다.
③ 다른 소독제에 비해 가격이 저렴한 편이다.
④ 잔류성이 있다.

10 정수처리공정에서 조류를 제거하는 방법으로 옳지 않은 것은?
① 염소제 및 황산구리 등의 살조제 처리
② 마이크로스트레이너로 기계적 여과
③ 침전처리 및 여과지층에서 제거
④ 이온교환처리

11 수돗물의 맛·냄새 원인 물질이 아닌 것은?
① 방선균
② 조 류
③ 원생동물
④ 황산염 환원균

12 중간염소처리 시 염소제 주입지점으로 옳은 것은?
① 취수시설
② 도수관로
③ 침전지와 여과지 사이
④ 착수정 및 혼화지

13 수도꼭지에서 유리잔류염소농도를 0.4mg/L 이상으로 강화하여야 하는 경우로 옳은 것은?
① 소화기계 수인성전염병 유행 시 또는 광범위하게 단수 후 재급수 시
② 원수에 조류가 대단위 발생 시
③ 산성우로 인해 원수의 pH가 7 이하일 때
④ 수온이 4℃ 이하일 때

14 정수장 슬러지가 무기성 오니에 해당하기 위한 유기물 함량(%)의 기준은?
① 20 이하 ② 30 이하
③ 40 이하 ④ 50 이하

15 슬러지의 기계식 탈수법으로 옳지 않은 것은?
① 가압여과 ② 진공여과
③ 한외여과 ④ 조립탈수

16 배출수지에 대한 설명으로 옳지 않은 것은?
① 지수는 2지 이상으로 하는 것이 바람직하다.
② 유효수심은 2~4m로 한다.
③ 회수수관을 설치해야 한다.
④ 고수위에서 주벽 상단까지 여유고는 30cm 이상으로 한다.

17 고도산화법(AOP)에서 오존과 함께 사용할 수 있는 약품이나 방법으로 옳지 않은 것은?
① 높은 pH
② 과산화수소
③ 자외선
④ 원적외선

18 활성탄흡착설비의 설계 요소 중 처리수량을 흡착지의 면적으로 나눈 값은?
① 선속도
② 공간속도
③ 공상접촉시간
④ 체류시간

19 부유물질을 주요 제거대상물질로 하는 정수처리 방법은?
① 정밀여과법
② 나노여과법
③ 역삼투법
④ 이온교환법

20 급속여과지의 여과방식 중 정압여과방식에 해당하는 것은?
① 유량제어방식
② 수위제어방식
③ 자연평형방식
④ 감쇠여과방식

정답 13 ① 14 ③ 15 ③ 16 ④ 17 ④ 18 ① 19 ① 20 ④

제2과목 수질분석 및 관리

21 먹는물수질공정시험기준상 pH 범위로 옳지 않은 것은?

① 강산성 : 약 3 이하
② 약산성 : 약 3~5
③ 중성 : 약 5~9
④ 약알칼리성 : 약 9~11

22 수질오염공정시험기준상 용어에 관한 설명이다. ( )에 들어갈 내용은?

"항량으로 될 때까지 건조한다"라 함은 같은 조건에서 1시간 더 건조할 때 전후 무게의 차가 g당 ( )mg 이하일 때를 말한다.

① 0.1   ② 0.2
③ 0.3   ④ 0.4

23 먹는물수질공정시험기준상 질산성 질소 분석을 위한 시료의 보존기간은?

① 48시간   ② 7일
③ 14일   ④ 28일

24 정수처리공정에서 응집제의 적정 주입량을 결정하기 위한 자-테스트(Jar-test)의 순서로 옳은 것은?

① 정치 – 급속교반 – 응집제 주입 – 완속교반 – 상징수 채취 후 분석
② 완속교반 – 응집제 주입 – 급속교반 – 정치 – 상징수 채취 후 분석
③ 응집제 주입 – 완속교반 – 급속교반 – 정치 – 상징수 채취 후 분석
④ 응집제 주입 – 급속교반 – 완속교반 – 정치 – 상징수 채취 후 분석

25 수처리제의 기준과 규격 및 표시기준상 살균·소독제가 아닌 것은?

① 폴리염화알루미늄
② 이산화염소
③ 차아염소산나트륨
④ 오 존

26 정수시설에서 급속여과방식의 정수처리 과정을 순서대로 나열한 것은?

① 착수정 – 응집지 – 침전지 – 급속여과지 – 정수지
② 착수정 – 침전지 – 응집지 – 급속여과지 – 정수지
③ 착수정 – 응집지 – 급속여과지 – 침전지 – 정수지
④ 착수정 – 급속여과지 – 응집지 – 침전지 – 정수지

27 물환경보전법령상 수질오염경보 중 상수원 구간에서의 조류경보 단계별 순서로 옳은 것은?
① 경계 – 관심 – 심각 – 해제
② 관심 – 경계 – 심각 – 해제
③ 관심 – 조류대발생 – 심각 – 해제
④ 관심 – 경계 – 조류대발생 – 해제

28 물환경보전법령상 수생태계 현황조사 계획 수립 시 포함되어야 할 내용이 아닌 것은?
① 조사시기
② 조사인원
③ 조사항목
④ 조사지점

29 하천법령상 관리규정을 정하여야 하는 하천시설이 아닌 것은?
① 운하 및 갑문
② 하천관리청이 지정하는 보조댐 및 저수지
③ 하천관리청이 지정하는 보·수문 및 배수펌프장
④ 댐·하구둑·홍수조절지·방수로 및 저류지

30 수도법령상 수돗물이 건강을 해할 우려가 있어 수돗물의 공급을 정지할 때 일반수도사업자가 주민에게 공지하여야 하는 사항이 아닌 것은?
① 수도사업자의 행동요령
② 오염에 따른 건강상 위해 가능성
③ 담당자의 연락처
④ 문제 해결을 위한 조치계획

31 먹는물수질공정시험기준상 냄새 측정방법 중 희석하는 데 사용한 시료의 양이 50mL일 때 역치값(TON)은?
① 1   ② 2
③ 4   ④ 8

32 지하수법의 목적으로 옳은 것을 모두 고른 것은?

ㄱ. 적정한 지하수개발·이용을 도모
ㄴ. 지하수오염을 예방
ㄷ. 공공의 복리증진과 국민경제의 발전에 이바지

① ㄱ   ② ㄷ
③ ㄱ, ㄴ   ④ ㄱ, ㄴ, ㄷ

33 먹는물 수질기준 및 검사 등에 관한 규칙상 심미적 영향물질이 아닌 것은?
① 경 도   ② 염소이온
③ 플루오린   ④ 탁 도

정답 27 ④ 28 ② 29 ② 30 ① 31 ③ 32 ④ 33 ③

34 먹는물 수질기준 및 검사 등에 관한 규칙상 건강상 유해영향 무기물질은?

① 철(Fe)
② 아연(Zn)
③ 수은(Hg)
④ 망간(Mn)

35 먹는물수질공정시험기준상 잔류염소-DPD 비색법에 관한 설명으로 옳지 않은 것은?

① 먹는물 중에 잔류염소 0.05~2.0mg/L의 농도범위에서 적절하다.
② 먹는물 중에 0.05mg/L의 정량한계를 갖는다.
③ 시료가 색이나 탁도를 띄면 처리 전의 시료를 사용하여 색을 보정한다.
④ 유리잔류염소 농도에서 결합잔류염소 농도를 빼서 총잔류염소 농도를 구한다.

36 불활성비 계산방법 및 정수처리 인증 등에 관한 규정상 소독에 의한 병원성 미생물 불활성화비 계산식으로 옳은 것은?

① 불활성화비 = (잔류소독제 농도 × 소독제 접촉시간)/$CT_{요구값}$
② 불활성화비 = 잔류소독제 농도/($CT_{요구값}$ × 소독제 접촉시간)
③ 불활성화비 = $CT_{요구값}$/(잔류소독제 농도 × 소독제 접촉시간)
④ 불활성화비 = 소독제 접촉시간/(잔류소독제 농도 × $CT_{요구값}$)

37 먹는물수질공정시험기준상 옥살산나트륨용액(0.005M)이 사용되는 시험방법은?

① 과망간산칼륨소비량-산성법
② 과망간산칼륨소비량-알칼리성법
③ 잔류염소-DPD 비색법
④ 잔류염소-OT 비색법

38 수도법상 수도정비기본계획의 수립 시 포함되어야 할 사항이 아닌 것은?

① 광역상수원 개발에 관한 사항
② 지방상수도의 수요 전망 및 개발계획
③ 수돗물의 수질 개선에 관한 사항
④ 상수원의 확보 및 상수원보호구역의 지정·관리

39 수도법령상 급속여과를 하는 정수장의 정수처리기준에 관한 설명으로 옳지 않은 것은?

① 탁도 기준 : 매월 측정된 시료 수의 95% 이상이 0.3NTU이고, 각각의 시료에 대한 측정값이 1NTU 이하일 것
② 탁도 검사주기 : 4시간 간격으로 1일 6회
③ 불활성화비(병원성 미생물이 소독에 의하여 사멸되는 비율) 기준 : 1 이상일 것
④ 불활성화비 산정을 위한 잔류소독제농도 검사주기 : 1일 1회 이상

40 상수원관리규칙상 원수의 수질검사기준 중 하천수 수질검사 항목에 해당하지 않는 것은?
① 생물화학적 산소요구량
② 수소이온농도
③ 부유물질량
④ 노말헥산추출물질 함유량

제3과목 설비운영 (기계·장치 또는 계측기 등)

41 제5고조파를 제거하기 위한 직렬리액터의 용량은 이론적으로는 역률개선용 콘덴서 용량의 4%를 적용하나 실제 현장에서는 몇 %의 용량으로 적용하는가?
① 1   ② 2
③ 3   ④ 6

42 과전류계전기의 영문 약어는?
① OCR   ② OVR
③ SGR   ④ DFR

43 특고압 계통에서 사용할 수 없는 차단기는?
① 가스차단기
② 진공차단기
③ 공기차단기
④ 기중차단기

44 계측제어설비에 영향을 주는 낙뢰나 플랜트 노이즈에 대한 보호용으로 설치하는 기기는?
① 서지보호기   ② 누전차단기
③ 방전코일   ④ 전력퓨즈

45 컴퓨터 제어방식 중 집중제어방식에 관한 설명으로 옳지 않은 것은?
① 시퀀스제어나 피드백제어는 물론이고 복합제어나 고도의 연산을 필요로 하는 제어도 가능하다.
② 시퀀스제어 등은 소프트웨어로 대처할 수 있기 때문에 릴레이제어반에 비하여 회로변경이 용이하다.
③ 설비단위로 제어장치가 배치되어 있기 때문에 위험이 분산되고 신뢰성도 우수하다.
④ 컴퓨터의 고장은 시스템 전체를 정지시킬 수 있기 때문에 백업대책이 필요하다.

46 상수도시설의 계측제어설비에 관한 설명으로 옳지 않은 것은?
① 계측제어용 기기는 현장 계측기기와 판넬 계측기기로 구분된다.
② 계측제어설비는 상수도시설을 원활하게 관리하기 위한 설비이다.
③ 계측제어설비를 적절하게 계획함으로써 수질, 수량 및 수압 등의 품질관리 향상 효과를 기대할 수 있다.
④ 계측제어설비의 보안감시장치에는 유량계, 수위계, 압력계 등이 있다.

정답 40 ④ 41 ④ 42 ① 43 ④ 44 ① 45 ③ 46 ④

47 수위계측에 관한 설명으로 옳지 않은 것은?

① 수위를 계측하는 계기는 측정조건, 측정범위, 정밀도 등을 고려하여 선정한다.
② 수위계를 설치할 때에는 설치조건 및 환경조건에 유의한다.
③ 검출기나 변환기를 설치할 때에는 낙뢰의 영향 및 유도장애가 발생하지 않도록 고려해야 한다.
④ 차압식 수위계는 액체 중에 전극을 삽입하여 정전용량이 액면의 높이에 비례하는 성질을 이용한 것이다.

48 급속여과지를 유량제어방식으로 운전하여 수질을 안정적으로 확보하기 위해 여과지유출부에 설치하는 장치로서 옳지 않은 것은?

① 전자식 유량계
② 버터플라이 밸브
③ 위어(Weir)
④ 탁도계

49 막분리 설비의 막이 유기물로 오염되었을 때 주로 사용하는 세척용 약품은?

① 염산
② 구연산
③ 옥살산
④ 차아염소산나트륨

50 가압탈수기의 여과포를 선정할 때 고려하는 사항으로 옳지 않은 것은?

① 내산성과 내알칼리성이 강해야 한다.
② 고탄력성 재질로써 내구성이 좋아야 한다.
③ 탈수여액의 청징도가 높아야 한다.
④ 케이크의 탈착이 좋아야 한다.

51 염소 소독설비의 제어방식 중에서 처리수의 유출부에 잔류염소계를 설치하여 목표치를 잔류염소농도로 설정하여 염소를 주입하는 방식은?

① 피드백제어
② 유량비례제어
③ 정치제어
④ 수동제어

52 액화염소를 안전하게 유지관리하기 위한 설명으로 옳지 않은 것은?

① 1ton의 액화염소 용기를 사용할 경우에는 기중기(리프트)를 설치한다.
② 액화염소 용기는 통풍과 환기가 잘 되는 장소에 보관한다.
③ 액화염소 용기의 주위 습도를 낮추기 위하여 직사일광이 용기에 닿도록 한다.
④ 액화염소 용기를 고정시키기 위해 용기가대를 설치한다.

53 수질시험실의 폐액 처리에 관한 설명으로 옳은 것은?
① 폐액은 착수정으로 반송시킨다.
② 정수장 수질시험실은 물환경보전법에 따라 폐수배출시설에 해당한다.
③ pH 2 이하의 산 폐액이 소량 발생한다면 일반폐기물로 처분할 수 있다.
④ 산, 알칼리, 중금속, 유기용제 등의 폐액은 동일한 폴리에틸렌 탱크에 혼합하여 저장한다.

54 산업재해의 원인을 직접적 원인과 간접적 원인으로 구분할 때, 간접적 원인으로 옳은 것은?
① 소음의 과도한 발산
② 불충분한 안전교육
③ 부적당한 조명과 온도
④ 안전장치의 미설치

55 다음에서 설명하고 있는 액화염소 주입방식은?

> 용기 중의 액화염소를 염소가스로 유출시켜 계량한 후 진한 염소수를 제조하여 처리할 수중에 주입하는 방식

① 습식 진공식
② 습식 압력식
③ 자연 유하식
④ 인젝터 방식

56 액화염소 저장설비 및 저장실에 관한 설명으로 옳지 않은 것은?
① 저장조는 보랭식으로 하고 밸브 조작대를 설치한다.
② 저장조 본체는 관련 법령에 따라 검사에 합격하여야 한다.
③ 액화염소를 저장조에 넣기 위한 공기공급장치를 설치해야 한다.
④ 저장실의 실내온도는 10~35℃를 유지한다.

57 가압수 확산에 의한 혼화의 장점으로 옳지 않은 것은?
① 혼화기에 의한 추가적인 손실수두가 없다.
② 혼화강도를 조절할 수 있다.
③ 소비전력이 기계식 혼화의 절반 이하이다.
④ 응집제와 가압수에 있는 부유물로 노즐이 폐색될 우려가 없다.

58 펌프와 부속설비 설치에 관한 사항으로 옳지 않은 것은?
① 펌프의 토출관은 마찰손실이 작도록 고려하고 체크밸브와 제어밸브를 설치한다.
② 펌프 흡입구가 작은 경우 편락관을 설치한다.
③ 흡입배관 내의 유속은 1.5m/s 이하를 표준으로 한다.
④ 펌프 흡수정은 펌프의 설치위치에 가까이 만들고 층류가 일어나지 않도록 한다.

정답 53 ② 54 ② 55 ② 56 ① 57 ④ 58 ④

59 B정수장에서 직선관로의 조건이 다음과 같을 때 Darcy-Weisbach 공식을 적용한 관손실수두(m)는 약 얼마인가?

- 마찰손실계수(f) : 0.02
- 관 길이(L) : 400m
- 관경(D) : 2m
- 관 내 유속(v) : 8m/s
- 중력가속도(g) : 9.8m/s²

① 3 ② 13
③ 23 ④ 33

60 펌프설비의 흡입측 수직배관 끝에 설치하여 펌프 정지 시 흡입관로의 만수상태를 유지시키는 밸브는?

① 콘밸브 ② 풋밸브
③ 볼밸브 ④ 릴리프밸브

제4과목 정수시설 수리학

61 중량(W)의 차원을 [MLT]계로 표시한 것은?

① [LT^{-1}] ② [LT^{-2}]
③ [MLT^{-2}] ④ [ML^{2}T^{-2}]

62 밀도(ρ) 850kg/m³인 글리세린의 비중(S)은?

① 0.85 ② 1
③ 1.176 ④ 1.7

63 물이 안지름 400mm인 원관에 유속 3m/s의 평균속도로 흐를 때, 유량(m³/s)은 약 얼마인가?

① 0.09 ② 0.19
③ 0.38 ④ 380

64 베르누이 방정식에 관한 설명으로 옳지 않은 것은?

① 에너지경사선은 속도수두, 압력수두, 위치수두의 합을 연결한 선이다.
② 동수경사선은 압력수두와 위치수두의 합을 연결한 선이다.
③ 관수로에서 에너지경사선은 지면을 통과하는 선이다.
④ 개수로에서 동수경사선은 수면과 일치한다.

65 마찰손실계수에 관한 설명으로 옳은 것은?

① 레이놀즈수(Re)가 매우 적은 층류에서 마찰손실계수는 상대조도만의 함수가 된다.
② 레이놀즈수(Re)가 2,000 이하의 층류에서 마찰손실계수는 64/Re를 적용할 수 있다.
③ 레이놀즈수(Re)가 2,000 이하의 층류에서 마찰손실계수는 레이놀즈수 및 상대조도의 함수가 된다.
④ 레이놀즈수(Re)가 3,000 이하의 난류에서 마찰손실계수는 64/Re를 적용할 수 있다.

66 마찰손실에 관한 설명으로 옳은 것은?
① 이상유체에서 발생한다.
② 마찰에 의해 유체의 운동에너지가 열에너지로 변화한다.
③ 유출에 의한 손실이다.
④ 유입에 의한 손실이다.

67 유량 측정에 적정하지 않은 것은?
① 원뿔위어
② 사각위어
③ 초음파식유량계
④ 전자식유량계

68 관수로 흐름에서 발생하는 손실수두에 관한 설명으로 옳은 것은?
① 마찰손실수두는 길이에 반비례한다.
② 국부적 손실수두는 유입, 유출, 밸브, 곡관 등에서 발생할 수 없다.
③ 마찰손실수두는 유속의 제곱에 반비례한다.
④ 마찰손실수두는 관경에 반비례한다.

69 혼화지의 속도경사(G)에 관한 설명으로 옳지 않은 것은?
① 물의 점성계수에 영향을 받는다.
② 혼화지의 부피에 영향을 받는다.
③ 단위는 cm/s이다.
④ 교반강도를 나타내는 수치이다.

70 여과속도에 관한 설명으로 옳지 않은 것은?
① 완속여과지의 여과속도는 4~5m/day를 표준으로 한다.
② 급속여과지의 여과속도는 120~150m/day를 표준으로 한다.
③ 다층여과지의 여과속도는 240m/day 이하를 표준으로 한다.
④ 여과면적을 여과유량으로 나누어 구한다.

71 반경 40cm인 원관에 물이 가득차서 흐를 때, 동수반경(m)은?
① 0.1 ② 0.2
③ 0.3 ④ 0.4

72 개수로 흐름에서 상류와 사류의 분류기준으로 옳은 것은?
① 자유수면
② 수격현상
③ 레이놀즈수
④ 프루드수

73 침전지에서 제거율을 향상시키기 위한 설명으로 옳은 것은?
① 플록의 침강속도를 적게 한다.
② 침전지의 침강면적을 크게 한다.
③ 유량을 크게 한다.
④ 물의 점성계수를 크게 한다.

정답 66 ② 67 ① 68 ④ 69 ③ 70 ④ 71 ② 72 ④ 73 ②

74 길이 20m, 폭 4m인 여과지에서 10m³/min로 물을 정수하고 있을 때, 여과속도(m/day)는?
  ① 180   ② 240
  ③ 300   ④ 360

75 펌프의 출력에 관한 설명으로 옳은 것은?
  ① 펌프의 효율에 반비례한다.
  ② 전양정에 반비례한다.
  ③ 토출량에 반비례한다.
  ④ 전동기의 경우 여유율은 100~115%이다.

76 펌프의 토출량이 4m³/min이고, 흡입구 유속이 1m/s일 때, 펌프의 구경(mm)은?(단, 구경 $D = 146\sqrt{\dfrac{Q}{V}}$ 이다)
  ① 36   ② 72
  ③ 146   ④ 292

77 펌프의 공동현상 방지 대책에 관한 설명으로 옳은 것을 모두 고른 것은?

  ㄱ. 펌프의 회전수를 줄인다.
  ㄴ. 펌프의 설치 높이를 가급적 높이고 흡입 양정을 길게 한다.
  ㄷ. 양쪽 흡입펌프를 사용한다.
  ㄹ. 비교회전도를 크게 한다.

  ① ㄱ, ㄷ   ② ㄱ, ㄹ
  ③ ㄴ, ㄷ   ④ ㄷ, ㄹ

78 펌프의 비속도(N_s)에 관한 설명으로 옳지 않은 것은?
  ① 회전속도에 비례한다.
  ② 전양정에 비례한다.
  ③ 토출량의 제곱근에 비례한다.
  ④ N_s는 펌프 임펠러의 형상을 나타내는 값이다.

79 펌프의 급가동 및 토출측 밸브를 급격히 개폐할 경우에 발생되는 현상은?
  ① 서징현상   ② 공동현상
  ③ 맥동현상   ④ 수격작용

80 직경 20cm, 길이 100m인 관로에 물이 가득 차서 흐르고 있다. 관로 내의 한 지점에서 압력수두 4m, 속도수두 5m, 위치수두가 8m일 때, 총수두(m)는?
  ① 5   ② 9
  ③ 17   ④ 117

2022년 제31회 1급 과년도 기출문제

제1과목 수처리공정

01 완속여과지의 여과층 두께와 여과모래에 관한 설명으로 옳지 않은 것은?

① 작업상 및 경제적 관점에서 모래유효경은 0.3~0.45mm가 바람직하다.
② 최대경은 2mm 이내로 최소경은 0.18mm로 하며 그 입경을 초과하는 것이 10% 이하이어야 한다.
③ 삭취만으로 여과기능을 계속하기 위한 모래층의 최초 두께 또는 보사 후의 두께는 70~90cm가 적당하다.
④ 여과수의 수질을 저하시키지 않는 모래층의 최소두께는 약 40cm가 한계이다.

02 응집제, pH조정제 및 응집보조제에 관한 설명으로 옳은 것은?

① 응집제 희석배율은 가능한 크게 하고, 희석지점은 가능한 주입지점과 가까이 설치하는 것이 바람직하다.
② pH조정제 주입지점은 응집제 주입지점의 하류측에 혼화가 잘되는 장소로 한다.
③ 알루미늄염은 건강상 위해를 고려하여 처리수의 잔류알루미늄 허용치가 0.4 mg/L로 규제된다.
④ 저장설비의 용량은 계획정수량에 각 약품의 평균주입률을 곱하여 산정한다.

03 응집제 특성에 관한 설명으로 옳은 것은?

① 철염계 응집제는 플록이 쉽게 침강하는 장점이 있지만, 적용 pH 범위가 좁고 과잉 주입 시 물이 착색된다.
② 폴리염화알루미늄(PACl)을 황산알루미늄과 혼합 사용하면 침전물이 발생하여 송액관을 막히게 한다.
③ 폴리염화알루미늄은 적정주입 pH 범위가 넓으며, 알칼리도 감소가 큰 특징이 있다.
④ 액체황산알루미늄은 겨울철에 산화알루미늄 농도가 낮으면 결정이 석출된다.

04 급속혼화시설에 관한 설명으로 옳지 않은 것은?

① 급속혼화시간은 계획정수량에 대하여 20~30분을 표준으로 한다.
② 기계교반방식의 혼화지는 원형조보다 사각형조가 유리하다.
③ 혼화지는 수류 전체가 동시에 회전하거나 단락류를 발생시키지 않는 구조로 한다.
④ 기계식 혼화, 수류식 혼화, 가압수확산에 의한 혼화 등의 방법이 있다.

정답 1 ② 2 ④ 3 ② 4 ①

05 용존공기부상(DAF)에 관한 설명으로 옳지 않은 것은?
① 취수원에서 과잉 발생된 조류 제거에 적합하다.
② 100NTU 이상의 원수가 유입되는 경우에는 DAF 전단에 예비침전지를 둔다.
③ 기포플록덩어리가 잘 제거될 수 있도록 플록형성지 유출부의 수평면에 대하여 40~50°인 경사저류벽을 설치하여야 한다.
④ 재래식 침전지보다 수리적 표면부하율이 크다.

06 다음 여과지에 요구되는 여과속도($m^3/m^2 \cdot h$)는?

- 1지 여과면적 : $50m^2$
- 계획정수량 : $55,000m^3/d$
- 1일 역세척 횟수 : 4회
- 1회 역세척 소요시간 : 30min
- 여과지 수 : 10지

① 4.0 ② 4.5
③ 5.0 ④ 5.5

07 급속여과지에 관한 설명으로 옳지 않은 것은?
① 원수가 저탁도일 때는 응집제 사용을 생략할 수 있다.
② Al/T비가 낮고 강한 교반으로 생성된 플록은 강도가 높고 쉽게 누출되지 않는다.
③ 여재 입경분포 폭을 작게 하고 입도를 크게 하면 내부여과를 기대할 수 있다.
④ 역세척 후 여과층 구조를 유지하기 위해 상층보다 하층 여재의 침강속도를 크게 해야 한다.

08 여과층의 세척효과가 불충분할 경우에 발생되는 장애요인을 모두 고른 것은?

> ㄱ. 머드볼(Mud Ball) 발생
> ㄴ. 여과층의 균열
> ㄷ. 여과층 표면의 불균일
> ㄹ. 측벽과 여과층 간에 간극 발생

① ㄱ, ㄴ ② ㄷ, ㄹ
③ ㄱ, ㄴ, ㄷ ④ ㄱ, ㄴ, ㄷ, ㄹ

09 차아염소산나트륨의 저장에 관한 설명으로 옳은 것은?
① 차아염소산나트륨은 온도 상승 시 유효염소농도가 높아진다.
② 저장실의 바닥은 평평하게 내식성 모르타르 등으로 시공한다.
③ 저장조 주위에는 방액제 또는 피트를 설치한다.
④ 수소가스가 차아염소산나트륨과 분리되어 대기 중으로 배출되지 않도록 확산방지에 유의한다.

10 염소저장시설에서 염소가스 누출을 방지하는 제해설비에 관한 설명으로 옳은 것은?
① 배풍기는 누출된 염소가스를 신속히 대기 중으로 확산·희석하기 위해 설치되며 염소누출속도와 실내유효용적 등을 고려하여 용량을 결정한다.
② 중화반응탑은 염소가스를 묽은 황산으로 중화시키는 장치이다.
③ 방출염소가스농도는 정수장 등의 경계선에서 1.0mg/L 이하로 하는 예가 있다.
④ 누출된 염소가스가 설정된 농도에 달하면 경보가 발령되고 모든 제해장치가 작동되어야 한다.

11 정수지에 관한 설명으로 옳지 않은 것은?
① 여과수량과 송수량의 불균형을 조절하고 완화시킨다.
② 정수지는 정수장의 정지고나 예상 홍수위보다 0.6m 이상 높게 한다.
③ 환산계수는 장폭비가 큰 완전혼합 흐름에서 최댓값 1.0을 갖는다.
④ 정수지 바닥은 저수위보다 15cm 이상 낮게 해야 한다.

12 병원성 미생물 제거율 및 불활성화비 계산방법에 관한 설명으로 옳지 않은 것은?
① 불활성화비는 $CT_{계산값}$을 $CT_{요구값}$으로 나눈 값이다.
② $CT_{계산값}$은 잔류소독제 농도(mg/L)와 소독제 접촉시간(분)을 곱한 것이다.
③ 추적자 시험의 경우 투입된 추적자의 10%가 정수지 유출지점 또는 불활성화비의 값을 인정받는 지점으로 빠져 나올 때까지의 시간을 접촉시간으로 한다.
④ 이론적 접촉시간을 이용할 경우 정수지 구조에 따른 수리학적 체류시간 $\left(\dfrac{정수지\ 사용용량}{시간당\ 최소\ 통과유량}\right)$에 환산계수를 곱해 소독제 접촉시간으로 한다.

13 생산량 100,000m³/d인 정수장에서 염소 240kg/d가 요구된다. 잔류염소 농도를 0.4mg/L로 유지하고자 할 때 염소주입량(kg/d)은?(단, 주입 염소의 순도는 80%로 가정한다)
① 300 ② 350
③ 400 ④ 450

14 차아염소산나트륨 저장 시 증가하는 물질은?
① 클로레이트
② 알데하이드
③ HAAs(Haloacetic Acids)
④ HANs(Haloacetonitriles)

15 정수처리기준에 관한 설명으로 옳은 것을 모두 고른 것은?

> ㄱ. 병원성 미생물의 직접 수질검사는 경제적, 기술적으로 어렵다.
> ㄴ. 여과공정의 탁도와 소독공정의 불활성화비를 충족하여야 한다.
> ㄷ. $CT_{요구값}$은 관계법령에서 산출값이 주어진다.
> ㄹ. $CT_{계산값}$에서 정수지 수위는 최고치를 적용한다.

① ㄱ, ㄴ
② ㄷ, ㄹ
③ ㄱ, ㄴ, ㄷ
④ ㄱ, ㄴ, ㄷ, ㄹ

16 역세척배출수 침전시설에 관한 설명이다. ( )에 들어갈 내용으로 옳은 것은?

> 역세척배출수의 침전은 사용되는 단위공정에 따라 다르지만, 처리공정은 플록 형성 (ㄱ)분, 표면부하율 2~6m/h의 침전지에서 (ㄴ)시간으로 한다.

① ㄱ : 20, ㄴ : 0.5~2
② ㄱ : 20, ㄴ : 1~4
③ ㄱ : 30, ㄴ : 0.5~2
④ ㄱ : 30, ㄴ : 1~4

17 방류수의 TMS(Tele-Monitoring System) 구축을 위한 수질자동 측정기기(항목)의 종류로 옳지 않은 것은?

① 총질소(T-N)
② 총유기탄소(TOC)
③ 생물화학적 산소요구량(BOD)
④ 총인(T-P)

18 수도시설에서 망간에 관한 설명으로 옳지 않은 것은?

① 관망에서 흑수(黑水)의 원인이 될 수 있다.
② 이론상 망간 1mg/L의 산화를 위해 1.29 mg/L의 염소가 필요하다.
③ 산화, 망간사 여과 등으로 처리한다.
④ 강변여과수는 표류수에 비해 망간 농도가 낮다.

19 유충이나 미생물막 제거에 효과적인 입상활성탄 처리공정은?

① Adsorber(활성탄 단독공정)
② Pre-Adsorber(여과 전 흡착)
③ Post-Adsorber(여과 후 흡착)
④ Filter-Adsorber(여과·흡착 단일공정)

20 상수도관의 부식성 개선에 관한 설명으로 옳은 것은?

① '랑게리아지수(LI) = 물의 pH – pHs'로 나타낸다.
② LI가 양(+)의 값으로 커질수록 부식성은 강해진다.
③ 부식성이 강한 경우 녹물 발생 가능성이 낮아진다.
④ 부식성 개선을 위해서는 소석회 등을 주입하여 pH, 알칼리도 등을 감소시킨다.

제2과목 수질분석 및 관리

21 수질오염공정시험기준상 시료의 보존방법 중 4℃ 보관하였을 때, 최대보존기간이 가장 긴 항목은?

① 탁 도
② 수소이온농도
③ 온 도
④ 용존산소(전극법)

22 먹는물수질공정시험기준상 총칙에 관한 내용으로 옳은 것은?

① 시험은 따로 규정이 없는 한 실온에서 조작한다.
② 실험에서 사용하는 시약은 따로 규정한 것 이외는 모두 2급 이상을 쓴다.
③ 염산(1 → 2)이라고 되어 있을 때에는 염산 1mL와 물 2mL를 혼합하여 조제한 것을 말한다.
④ 표준온도는 20℃이다.

23 먹는물수질공정시험기준상 항목별 기기분석법 연결이 옳은 것을 모두 고른 것은?

ㄱ. 카바릴 : 고성능액체크로마토그래피
ㄴ. 플루오린이온 : 이온크로마토그래피
ㄷ. 붕소 : 자외선/가시선 분광법
ㄹ. 휘발성 유기화합물 : 퍼지·트랩-기체크로마토그래피

① ㄴ, ㄷ
② ㄷ, ㄹ
③ ㄱ, ㄴ, ㄹ
④ ㄱ, ㄴ, ㄷ, ㄹ

24 먹는물수질공정시험기준상 총대장균군(막여과법)의 결과보고 시 결과표기에 관한 내용이다. (   )에 들어갈 내용으로 모두 옳은 것은?

> 수돗물, 먹는물공동시설에 대한 시험결과는 총대장균군이 검출되지 않은 경우는 '불검출/(ㄱ)'로, 검출된 경우는 '검출/(ㄱ)'로 표기하고, 샘물, 먹는샘물에 대한 시험결과는 총대장균군이 검출되지 않은 경우는 '불검출/(ㄴ)'로, 검출된 경우는 '검출/(ㄴ)'로 표기한다.

① ㄱ : 10mL, ㄴ : 20mL
② ㄱ : 25mL, ㄴ : 50mL
③ ㄱ : 50mL, ㄴ : 100mL
④ ㄱ : 100mL, ㄴ : 250mL

25 먹는물수질공정시험기준상 탁도 표준용액에 관한 설명이다. (   )에 들어갈 내용으로 옳은 것은?

> 황산하이드라진용액 5.0mL와 헥사메틸렌테트라아민용액 5.0mL를 섞어 실온에서 24시간 방치한 다음 정제수를 넣어 100mL로 한 것을 표준원액이라고 한다. 이 용액 1mL는 탁도 (   )NTU에 해당한다.

① 100
② 200
③ 400
④ 800

26 상수원관리규칙상 원수의 수질검사방법에 관한 설명으로 옳은 것은?

① 원수가 하천수인 경우에는 화학적 산소요구량은 매월 1회 이상 검사한다.
② 원수가 호소수인 경우에는 총유기탄소는 매월 1회 이상 검사한다.
③ 하천수 등의 표류수의 경우에는 취수구에 흘러든 직후의 지점에서 채수한다.
④ 복류수 및 강변여과수의 경우에는 취수구에서 가장 먼 지점에서 1회, 착수정에서 1회를 취수하여 각각 검사한다.

27 먹는물 수질감시항목 운영 등에 관한 고시상 먹는물 수질감시항목에 관한 설명으로 옳지 않은 것은?

① 먹는샘물의 감시항목은 폼알데하이드, 안티몬, 몰리브덴이며, 검사주기는 2회/년이다.
② 상수원수 조류경보 '경계' 단계 발령 시 Geosmin 검사주기는 2회/주이다.
③ Perchlorate는 유해영향 유기물질이다.
④ 라돈의 단위는 Bq/L이다.

28 물환경보전법령상 수질오염경보제 대상 남조류로 옳지 않은 것은?

① 마이크로시스티스
② 아나베나
③ 아파니조메논
④ 보 도

29 8,000m³ 용량의 정수장에서 최대통과유량이 8,000m³/h이고, 장폭비(L/W)에 따른 환산계수가 0.2이다. 이때 $CT_{계산값}$은?(단, 연속측정장치로 측정된 잔류소독제 농도는 최솟값 0.2mg/L, 평균값 0.8mg/L, 최댓값 1.2mg/L이다)

① 60
② 12
③ 9.6
④ 2.4

30 수도법령상 일반수도사업자가 준수해야 할 정수처리된 물의 탁도 등의 기준에 관한 설명이다. ( )에 들어갈 내용으로 옳은 것은?

> 탁도 : 매월 측정된 시료 수의 (ㄱ)% 이상이 (ㄴ)NTU(완속여과를 하는 정수시설의 경우에는 (ㄷ)NTU) 이하이고, 각각의 시료에 대한 측정값이 1NTU 이하일 것

① ㄱ : 95, ㄴ : 0.3, ㄷ : 0.5
② ㄱ : 95, ㄴ : 0.5, ㄷ : 0.3
③ ㄱ : 98, ㄴ : 0.3, ㄷ : 0.5
④ ㄱ : 98, ㄴ : 0.5, ㄷ : 0.3

31 막여과 정수시설의 설치기준상 용어로, 정밀여과막의 공경을 직접 측정하는 것이 곤란하여 버블포인트법, 수은압입법, 지표균 등을 이용한 간접법으로 분리성능을 마이크로미터(μm) 단위로 나타낸 것은?

① 공칭공경
② 분획분자량
③ 막여과 회수율
④ 유효경

정답 26 ② 27 ③ 28 ④ 29 ④ 30 ① 31 ①

32 수처리제의 기준과 규격 및 표시기준상 활성탄의 pH 측정법으로 옳지 않은 것은?

① 활성탄을 115±5℃에서 3시간 건조한다.
② 정밀히 측정한 활성탄 약 30g을 500mL의 마개 달린 삼각플라스크에 물 300mL를 사용하여 씻어주면서 옮겨준다.
③ 여지 5종C로 여과하여 최초의 여액 약 30mL는 버리고 나머지 여액을 시험용액으로 한다.
④ pH 미터를 이용하여 상온에서 유리전극법으로 pH 값을 측정한다.

33 고도정수처리공정에서 오존이용률(또는 흡수율) 산출 공식으로 옳은 것은?

① [(주입오존량 − 잔류오존량 − 배출오존량) ÷ 주입오존량] × 100
② [(주입오존량 − 배출오존량) ÷ 주입오존량] × 100
③ [(주입오존량 + 잔류오존량 − 배출오존량) ÷ 주입오존량] × 100
④ [(주입오존량 + 잔류오존량 + 배출오존량) ÷ 주입오존량] × 100

34 먹는물관리법상 환경부장관이 지정한 검사기관 준수사항이다. ( )에 들어갈 내용으로 옳은 것은?

> 검사수수료는 ( )이 정하여 고시한 기준에 따른다.

① 유역지방환경청장
② 시도보건환경연구원장
③ 지방자치단체장
④ 국립환경과학원장

35 지하수법상 명시된 용어의 정의이다. ( )에 공통으로 들어갈 내용으로 옳은 것은?

> ( )(이)란 ( ) 대상인 시설 또는 토지에 오염물질의 유입을 막고 사람의 보건 및 안전에 위험을 주지 아니하도록 해당 시설을 해체하거나 토지를 적절하게 되메우는 것을 말한다.

① 지하수보전
② 지하수정화
③ 원상복구
④ 원상회복

36 물환경보전법상 수질오염사고 대응에 관한 설명이다. ( )에 들어갈 내용으로 모두 옳은 것은?

> 환경부장관은 공공수역의 수질오염사고에 신속하고 효과적으로 대응하기 위하여 (ㄱ)를 운영하여야 한다. 이 경우 환경부장관은 대통령령으로 정하는 바에 따라 (ㄴ)에 (ㄱ)의 운영을 대행하게 할 수 있다.

① ㄱ : 수질오염방제센터,
　ㄴ : 시도보건환경연구원
② ㄱ : 수질오염방제센터,
　ㄴ : 한국환경공단
③ ㄱ : 수질오염신고센터,
　ㄴ : 시도보건환경연구원
④ ㄱ : 수질오염신고센터,
　ㄴ : 한국환경공단

37 먹는물수질공정시험기준상 일반항목에 관한 설명으로 옳은 것을 모두 고른 것은?

> ㄱ. 맛 측정은 5명 이상의 시험자가 바람직하나 최소한 2명이 필요하다.
> ㄴ. pH 측정 시 유리탄산을 함유한 경우에는 유리탄산을 제거한 후 측정한다.
> ㄷ. 색도 측정 시 탁도물질은 제거하여야 한다.
> ㄹ. 시료가 색을 띠는 경우 탁도가 높아진다.

① ㄱ, ㄴ
② ㄷ, ㄹ
③ ㄱ, ㄴ, ㄷ
④ ㄱ, ㄴ, ㄷ, ㄹ

38 먹는물수질공정시험기준 과망간산칼륨소비량-산성법으로 분석한 결과가 다음과 같을 때 과망간산칼륨소비량(mg/L)은?

> • 시료량 : 100mL
> • 적정에 사용된 과망간산칼륨용액(0.002M) 농도계수 : 1.000
> • 시료에 소비된 과망간산칼륨용액량(0.002M) : 2.1mL
> • 바탕시험에 소비된 과망간산칼륨용액량(0.002M) : 0.1mL

① 4.0　② 6.3
③ 20.0　④ 21.0

39 수도법령상 일반수도사업자가 지켜야 할 정수처리기준 중 지아디아 포낭에 관한 기준이다. ( )에 들어갈 내용으로 옳은 것은?

> 취수지점부터 정수장의 (ㄱ) 유출지점까지의 구간에서 (ㄴ) 이상 제거하거나 불활성화할 것

① ㄱ : 정수지, ㄴ : 9,999/10,000
② ㄱ : 정수지, ㄴ : 999/1,000
③ ㄱ : 여과지, ㄴ : 9,999/10,000
④ ㄱ : 여과지, ㄴ : 999/1,000

40 수도법상 명시된 용어의 정의이다. ( )에 들어갈 내용으로 옳은 것은?

> '상수원'이란 음용·공업용 등으로 제공하기 위하여 ( )을 설치한 지역의 하천·호소·지하수·해수 등을 말한다.

① 취수시설
② 정수시설
③ 전용상수도시설
④ 광역상수도시설

42 응집을 위한 급속혼화시설의 가압수확산에 의한 혼화에 관한 설명으로 옳은 것은?

① 직경 2,500mm 이상의 대형관이나 넓은 수로에 적합하다.
② 혼화기에 의한 추가적인 손실수두가 없고 혼화효과가 좋다.
③ 가압수의 탁도는 5NTU 이상이 되어야 한다.
④ 응집용 알루미늄용액은 1% 이하로 묽게 해야 한다.

43 오존 주입설비에 관한 설명으로 옳은 것은?

① 설비용량은 일최대주입량에 여유분을 고려하여 결정한다.
② 오존재이용시설은 이용효율을 높이기 위한 것으로 필수이다.
③ 오존 주입농도제어는 주입률을 설정하고 처리수량에 비례하여 주입하는 방식이다.
④ HDPE는 발생오존, 배오존 및 오존수에 사용할 수 있는 재료이다.

제3과목 설비운영 (기계·장치 또는 계측기 등)

41 응집용 약품 저장설비의 용량에 관한 설명으로 옳은 것은?

① 응집제는 30일분 이하로 한다.
② 알칼리제는 연속 주입할 경우 10일분 이하로 한다.
③ 알칼리제는 간헐 주입할 경우 30일분 이상으로 한다.
④ 응집보조제는 10일분 이상으로 한다.

44 수도용 한외여과막모듈의 성능기준으로 옳은 것은?

① 25℃, 막차압 100kPa의 조건에서 보정한 여과 성능 $0.5m^3/m^2 \cdot$일 이상
② 25℃, 유효압력 1MPa의 조건에서 보정한 여과 성능 $0.05m^3/m^2 \cdot$일 이상
③ 탁도 제거성능 0.1NTU 이하
④ 염화나트륨 제거성능 93% 이상

45. 슬러지 처리시설의 농축조에 관한 설명으로 옳은 것을 모두 고른 것은?

> ㄱ. 고형물부하가 20kg/m²·d 이상 되어야 농축분리가 잘 이루어진다.
> ㄴ. 슬러지 인출관은 200mm 이상 되어야 청소작업이 용이하다.
> ㄷ. 슬러지 수집기 주변속도는 0.6m/min 이상 되어야 재부상을 피할 수 있다.

① ㄱ　　　　② ㄴ
③ ㄱ, ㄷ　　　④ ㄴ, ㄷ

46. 입상활성탄 슬러리 이송배관의 설계조건으로 옳지 않은 것은?
① 배관은 가능한 한 스테인리스강을 사용한다.
② 1~2m/s의 저유속을 표준으로 한다.
③ 용이한 세척을 위하여 체류부를 둔다.
④ 슬러리의 농도는 200kg/m³을 표준으로 한다.

47. 다음 그림은 펌프형식에 따른 양정곡선이다. 곡선 1이 표시하는 펌프의 형식은?

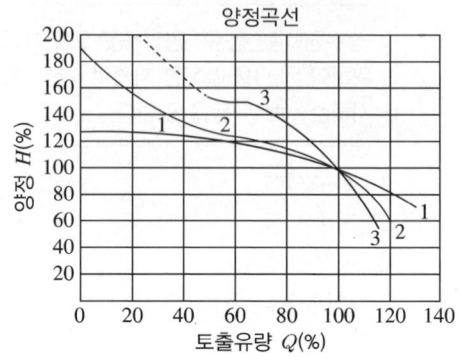

① 왕복펌프　　② 벌류트펌프
③ 사류펌프　　④ 축류펌프

48. 필터프레스의 가압압착에 필요한 기기는?
① 스크루　　　② 진공드럼
③ 다수의 롤러　④ 다이어프램

49. 제수밸브(슬루스밸스) 작동 시 유의사항으로 옳은 것은?
① 급격한 개폐는 대시포트와 스프링에 악영향을 미치므로 피한다.
② 과도한 전폐는 스토퍼와 스프링을 파손하게 하므로 피한다.
③ 충수 시에는 플로트의 공기압에 의한 압착에 유의한다.
④ 디스크를 반개(半開)로 사용하면 진동과 침식의 원인이 되므로 피한다.

50 원심펌프의 회전수 제어에 관한 설명으로 옳은 것은?
① 초기설비비가 많이 들지만, 미세한 제어가 가능하다.
② 기준회전수 ±20% 정도의 작은 변화에도 펌프효율의 변화는 크다.
③ 동력은 회전수의 2승에 비례하여 변한다.
④ 동력손실이 크므로 운전비가 많이 든다.

51 전동식 밸브의 안전한 조작과 보호를 위한 장치가 아닌 것은?
① 스트로크 리밋스위치
② 토크 리밋스위치
③ 인터로크 스위치
④ 파이널 리밋스위치

52 차아염소산나트륨의 안전한 저장관리를 위한 설비가 아닌 것은?
① 누액검지장치
② 난방장치
③ 환기장치
④ 세척용 급수설비

53 산업안전보건기준에 관한 규칙상 밀폐공간 내 작업 시 조치사항으로 옳은 것은?
① 환기하기가 곤란한 경우에는 공기호흡기 또는 방독마스크를 착용한다.
② 추락할 우려가 있는 경우에는 안전대와 보안면을 착용한다.
③ 작업시작 후 밀폐공간의 산소 및 유해가스 농도를 측정한다.
④ 밀폐공간 외부에 감시인을 배치하여 작업 상황을 감시한다.

54 다음은 한국전기설비규정(KEC)상 전로의 절연저항 및 절연내력에 관한 설명이다. ( )에 들어갈 내용을 순서대로 옳게 나열한 것은?

> 사용전압이 저압인 전로의 절연성능은 기술기준 제52조를 충족하여야 한다. 다만, 저압 전로에서 정전이 어려운 경우 등 절연저항 측정이 곤란한 경우 (ㄱ)의 누설전류가 (ㄴ) 이하이면 그 전로의 절연성능은 적합한 것으로 본다.

① ㄱ : 저항성분, ㄴ : 1mA
② ㄱ : 저항성분, ㄴ : 2mA
③ ㄱ : 용량성분, ㄴ : 1mA
④ ㄱ : 용량성분, ㄴ : 2mA

정답 50 ① 51 ④ 52 ② 53 ④ 54 ①

55 변전소나 차단기(CB)나 배전선로의 리클로저(Recloser)와 협조하여 1회 순간 정전 후 고장 구간을 자동으로 분리하는 개폐기로 300kVA 이상, 1,000kVA 이하 특별고압 간이수전설비의 인입구 측에 설치하여야 하는 전력장치는?

① 자동부하절체개폐기(ALTS)
② 고압컷아웃스위치(COS)
③ 파워퓨즈(PF)
④ 자동고장구분개폐기(ASS)

56 상수도설계기준에 따른 역률개선 설비에 관한 설명으로 옳은 것을 모두 고른 것은?

> ㄱ. 수변전설비에서 종합역률은 90~95% 정도 유지하는 것이 바람직하다.
> ㄴ. 역률개선용 진상콘덴서는 선로와 직렬로 설치한다.
> ㄷ. 진상전류에 의한 선로손실 방지를 위해 진상콘덴서 용량의 약 6%에 상당하는 직렬리액터를 설치한다.
> ㄹ. 콘덴서를 회로에서 분리 시 발생할 수 있는 감전사고를 예방하기 위해 방전코일을 설치한다.
> ㅁ. 대용량 고압콘덴서군은 역률을 조정하기 위해 몇 개의 군으로 분할하여 설치하는 것이 바람직하다.

① ㄱ, ㄴ
② ㄷ, ㄹ
③ ㄱ, ㄹ, ㅁ
④ ㄴ, ㄷ, ㅁ

57 수전설비 3상 차단기의 정격전압이 7.2kV, 정격차단전류가 20kA일 경우 차단기의 정격차단용량(MVA)은 약 얼마인가?

① 150 ② 200
③ 250 ④ 300

58 상수도설계기준에 따른 수변전설비 설치기준으로 옳지 않은 것은?

① 설비운영의 경제성 확보를 위해 설비용량(kVA)은 최대수요전력(kW)을 초과하지 않도록 산정한다.
② 안전상의 책임한계점에는 단로기 또는 부하개폐기(지락보호장치부)를 설치한다.
③ 변압기 용량은 적정한 여유율을 가져야 하며 주요 변압기는 2뱅크 이상으로 구성한다.
④ 외부로부터 침입하는 이상전압(Surge)에 대하여 효율적으로 보호할 수 있도록 피뢰기를 설치한다.

59 농형 유도전동기의 기동방식 중 기동전류가 가장 큰 것은?

① 전전압(직입) 기동방식
② 스타델타 기동방식
③ 기동보상기 기동방식
④ 리액터 기동방식

60 다음 그림에서 다이오드로 구성된 OR 게이트의 출력단자에서 나타나는 전압(V)은?

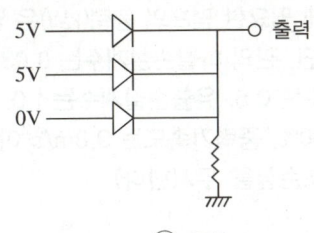

① 0
② 2.5
③ 5
④ 10

제4과목 정수시설 수리학

61 개수로 흐름에 관한 설명으로 옳지 않은 것은?
① 자유수면에서 최대 유속이 발생한다.
② 흐름 단면적을 윤변으로 나눈 값이 동수반경이다.
③ 자유수면에서 수로바닥까지의 연직거리가 수심이다.
④ 수로바닥면을 기준면으로 정하면 수위와 수심은 일치하게 된다.

62 관수로에서 레이놀즈수(Reynolds Number)에 관한 설명으로 옳은 것은?
① 관성력과 중력의 비로 나타낸다.
② 상류와 사류를 구분할 때 이용된다.
③ 한계 레이놀즈수는 관입구의 모양에 영향을 받지 않는다.
④ 레이놀즈수의 정의는 $Re = \dfrac{\rho VD}{\mu}$ 이다.
여기서, μ : 점성계수, ρ : 유체의 밀도, V : 단면 평균유속, D : 관경이다.

63 관수로 흐름에서 손실수두에 관한 설명으로 옳은 것은?
① 가장 큰 손실은 단면 점확대 손실이다.
② 매끈한 관에서 곡관에 의한 손실은 거친 관에서의 손실보다 더 크다.
③ 단면 점축소로 인한 손실은 축소각이 클수록 작다.
④ 층류의 경우 마찰손실계수는 관 표면의 조도계수의 영향을 받지 않는다.

64 관로길이 500m, 지름이 100mm인 매끈한 원형관에 40℃의 물이 유량 8.64m³/d로 흐르고 있다. 이때 마찰손실수두(m)는 약 얼마인가?(단, 중력가속도는 9.8m/s², 40℃ 물의 동점성계수는 0.7×10^{-6} m²/s이다)
① 1.44×10^{-5}
② 1.44×10^{-3}
③ 2.88×10^{-5}
④ 2.88×10^{-3}

65 침전지 바닥 중앙에 위치한 유입부의 반경이 1m, 침전지의 반경이 10m인 원형 침전지의 표면부하율이 200m/d일 때, 이 침전지의 유입유량(m³/h)은 약 얼마인가?
① 259
② 2,592
③ 2,620
④ 26,200

66 직경이 5m이고, 일 여과량이 1,000m³/d인 여과지에서 매일 10L/m²/s로 10분씩 역세를 실시할 때, 역세척 수량(m³/d)은 약 얼마인가?

① 10.58   ② 11.78
③ 105.8   ④ 117.8

67 상수도설계기준상 막여과유속(Flux)을 설정할 때 고려할 항목으로 명시된 것을 모두 고른 것은?

ㄱ. 막의 종류
ㄴ. 막공급의 수질
ㄷ. 전처리설비의 유무
ㄹ. 후처리설비의 방법

① ㄱ, ㄴ
② ㄷ, ㄹ
③ ㄱ, ㄴ, ㄷ
④ ㄱ, ㄴ, ㄷ, ㄹ

68 펌프의 양수량이 0.2m³/s, 전양정이 40m, 회전속도가 1,000rpm일 때, 펌프의 비속도는 약 얼마인가?

① 28   ② 218
③ 4,591 ④ 8,265

69 관경이 30cm, 길이 100m인 관을 통해 실양정 35m 위로 유량 0.2m³/s의 물을 송수하는 데 필요한 펌프의 동력(kW)은 약 얼마인가? (단, 관의 마찰손실계수는 0.03, 유입손실계수는 0.5, 유출손실계수는 1.0, 펌프 효율은 80%, 중력가속도는 9.8m/s²이고, 그 외 미소손실을 무시한다)

① 86   ② 97
③ 122   ④ 137

70 캐비테이션(공동현상)에 관한 설명으로 옳지 않은 것은?

① 펌프에서는 임펠러의 입구에서 발생하기 쉽다.
② 캐비테이션을 피하기 위해 가용유효흡입수두, 필요유효흡입수두, 캐비테이션 대책에 대하여 검토한다.
③ 펌프의 내부에서 물이 기화되면서 흐름 중에 공동이 생기는 현상이다.
④ 캐비테이션을 방지하기 위해서는 펌프의 설치위치를 가능한 높게 한다.

71 부압(수주분리) 발생 방지법에 관한 설명으로 옳지 않은 것은?

① 완폐식 체크밸브를 설치한다.
② 펌프에 플라이휠을 설치한다.
③ 토출측 관로에 조압수조(Surge Tank)를 설치한다.
④ 압력수조(Air-Chamber)를 설치한다.

72 펌프를 규정 회전속도 이외의 회전속도로 운전하는 경우, 토출량(Q)과 회전속도(N)의 관계식으로 옳은 것은?(단, N_1은 규정 회전속도, N_2는 규정 이외의 회전속도, Q_1은 규정 회전 시 토출량, Q_2는 규정 이외의 회전 시 토출량이다)

① $Q_2 = Q_1 \times \dfrac{N_2}{N_1}$

② $Q_2 = Q_1 \times \dfrac{N_1}{N_2}$

③ $Q_2 = Q_1 \times \left(\dfrac{N_2}{N_1}\right)^2$

④ $Q_2 = Q_1 \times \left(\dfrac{N_1}{N_2}\right)^2$

73 펌프 운전에 관한 설명으로 옳은 것은?
① 펌프의 운전점은 양정곡선과 펌프효율곡선과의 교점으로 구해진다.
② 2대의 병렬운전인 경우, 펌프 운전점의 양수량은 단독운전 양수량의 2배 이상이다.
③ 2대의 직렬운전인 경우, 펌프 운전점의 양정은 단독운전 양정의 2배로 하여 구한다.
④ 병렬운전의 양정의 변화가 크고, 양수량의 변화가 적은 경우에 적합하다.

74 수로 바닥 폭이 b, 수심이 y인 사다리꼴 개수로가 수리상 유리한 단면을 갖는 경우, 수로바닥 폭과 수심의 관계식으로 옳은 것은?

① $b = \dfrac{1}{2}y$

② $b = \dfrac{2\sqrt{3}}{3}y$

③ $b = 2\sqrt{3}\,y$

④ $b = 2y$

75 u를 국부유속, V를 단면평균유속, A를 단면적이라 할 때, 운동량 보정계수(β)를 나타낸 식으로 옳은 것은?

① $\dfrac{1}{AV}\displaystyle\int_A u\,dA$

② $\dfrac{1}{AV}\displaystyle\int_A u^2\,dA$

③ $\dfrac{1}{AV^2}\displaystyle\int_A u\,dA$

④ $\dfrac{1}{AV^2}\displaystyle\int_A u^2\,dA$

76 베르누이 방정식에 관한 설명으로 옳지 않은 것은?
① 압축성 유체에 적용할 수 있다.
② 동수경사선은 각 지점에서 압력수두와 위치수두의 합을 연결한 선이다.
③ 손실을 무시하면 압력수두와 속도수두, 위치수두의 합이 일정하다.
④ 비점성 유체의 흐름에 적용할 수 있다.

정답 72 ① 73 ③ 74 ② 75 ④ 76 ①

77 유량계의 원리 및 적용에 관한 설명으로 옳지 않은 것은?

① 파샬플룸은 개수로 중간에 한계류 발생을 유도하여 유량을 측정하는 장치이다.
② 벤투리미터는 관수로의 흐름단면을 축소하여 유량을 측정하는 장치이다.
③ 위어를 이용하여 관수로 흐름의 유량을 측정할 수 있다.
④ 오리피스는 작은 구멍을 관 내에 설치하고, 그 전후의 에너지 수두차를 이용하여 유량을 측정하는 기구이다.

78 $u = 2xy + x^2$일 때 비압축성 유체의 2차원 연속방정식을 이용하여 v를 구하면?(단, u, v는 각각 x, y 방향의 속도이고, $y=0$일 때 $v=1$이다)

① $v = -y^2 - 2xy + 1$
② $v = -y + 2xy + 1$
③ $v = -2y^2 - xy + 1$
④ $v = -2y^2 + xy + 1$

79 점성이 $0.5 N \cdot s/m^2$인 유체가 평판 위를 $u = 20y - 1,000y^2$의 유속으로 흐를 때, $y=5mm$ 지점에서의 전단응력(Pa)은?(단, y는 바닥으로부터 유체 방향의 연직 방향 좌표이다)

① 1 ② 3
③ 5 ④ 7

80 관의 길이가 20m이고 관경이 300mm인 관로에서 속도수두가 마찰손실수두의 1/2이라면 마찰손실계수는?

① 0.02 ② 0.03
③ 0.04 ④ 0.05

2022년 제31회 2급 과년도 기출문제

제1과목 수처리공정

01 응집제 주입에 관한 설명으로 옳지 않은 것은?
① 폴리염화알루미늄은 희석하여 사용하는 것이 바람직하다.
② 희석지점은 주입지점 가까이 설치하는 것이 바람직하다.
③ 고형황산알루미늄은 중량비로 5~10% 용액으로 사용하는 것이 바람직하다.
④ 액체황산알루미늄은 결정석출의 우려가 있는 경우 산화알루미늄으로서 6~8%로 희석한다.

02 다음 플록형성지에서의 속도경사(G, s^{-1})는 약 얼마인가?

- 소요동력 : 500W
- 물의 점성계수 : $1.1 \times 10^{-3} N \cdot s/m^2$
- 응집지 크기 : 길이 10m × 폭 10m × 깊이 4m

① 23.71 ② 33.71
③ 43.71 ④ 53.71

03 슬러지량이 6,000kg-D.S./d이고 여과농도(여과속도)가 10kg-D.S./$m^2 \cdot h$인 가압 탈수기의 여과면적(m^2/대)은?(단, 실가동시간은 10h/d이고, 탈수기는 2대 운영함)
① 30 ② 45
③ 60 ④ 75

04 횡류식 침전지에 관한 설명으로 옳지 않은 것은?
① 직사각형 침전지에서 길이에 비해 폭을 크게 하면 정체부가 많아지고 단락류가 발생하여 용량효율이 떨어진다.
② 직사각형 침전지에서 중간 정류벽을 설치하는 경우 장폭비를 3~5배 정도로 하는 것이 일반적이다.
③ 약품침전지 내의 평균유속은 4m/min 이하를 표준으로 한다.
④ 침전지 형상은 직사각형으로 하고 길이는 폭의 3~8배 이상으로 한다.

05 여과지의 비정상상태로 인해 불량 여과수가 발생한 경우가 아닌 것은?
① 여과되고 있는 동안에 표면세척기나 공기교반시설이 우발적으로 작동된 경우
② 여과지의 자갈층이나 하부집수장치를 보수한 경우
③ 강한 지진으로 여과층이 액상화된 경우
④ 전처리를 잘못한 경우

정답 1 ③ 2 ② 3 ① 4 ③ 5 ④

06 급속여과지에 관한 설명으로 옳은 것은?
① 여과층 내 Al/T비가 높은 플록은 강도가 높고 쉽게 누출되지 않는다.
② 입경이 작은 여재인 경우 역세척 속도를 높이거나 여재층을 두껍게 한다.
③ 원수가 저탁도일 때는 응집제 사용을 생략할 수 있다.
④ 여재 입경분포 폭을 작게 하고 입도를 크게 하면 내부여과를 기대할 수 있다.

07 직접여과에 관한 설명으로 옳지 않은 것은?
① 탁도, 색도 및 미생물 수가 낮은 원수에 적합한 방식이다.
② 침전공정이 생략된 방식이다.
③ 응집제를 여과지 유입관로에 주입하는 방식으로 응집제 주입량이 과다한 원수에 적합하다.
④ 원수 수질이 양호하고 안정적인 경우 설치비와 운영비가 적게 소요된다.

08 다음 설명의 여과지 지표는?

- 여과지 성능을 나타내는 성과지표
- 여과속도(m/min)와 여과지속시간(min)의 곱
- 410㎥/㎡을 초과하면 여과지 성능이 양호

① LV ② UFRV
③ SV ④ EBCT

09 병원성 미생물 제거율 및 불활성화비 계산방법에 관한 설명으로 옳은 것은?
① 지아디아 포낭의 최소 제거 및 불활성화 기준이 99.9%인 경우 여과에서 99% 제거율이면 소독에서 요구되는 제거율은 90%이다.
② 불활성화비는 $CT_{요구값}$을 $CT_{계산값}$으로 나눈 값이다.
③ 장폭비(L/W)가 클수록 환산계수가 작아진다.
④ 추적자 시험의 경우 투입된 추적자의 50%가 정수지에서 유출되는 시간을 접촉시간으로 한다.

10 염소저장시설의 재해설비에 관한 설명으로 옳지 않은 것은?
① 누출된 염소가스가 설정된 농도에 달하면 경보가 발령되고 모든 제해장치가 작동되어야 한다.
② 방출염소가스농도는 정수장 등의 경계선에서 1.0mg/L 이하로 하는 예가 있다.
③ 중화반응탑은 수산화나트륨으로 염소가스를 중화시키는 장치이다.
④ 배풍기는 누출된 염소가스를 신속히 대기 중으로 확산·희석하기 위한 목적으로 설치된다.

11 플루오린에 관한 설명으로 옳지 않은 것은?
① 수돗물 수질기준은 1.5mg/L 이하이다.
② 부족하면 반상치(반점치)를 일으킬 수 있다.
③ 플루오린화사업 시행 시 주민의견을 수렴해야 한다.
④ 플루오린 주입 시 플루오린화나트륨이나 플루오린화규소산 등을 사용한다.

12 정수지에 관한 설명으로 옳지 않은 것은?
① 정수를 저류하는 정수장의 최종단계 시설이다.
② 정수지는 정수장의 정지고나 예상 홍수위보다 0.6m 이상 높게 한다.
③ 환산계수는 완전혼합 흐름에서 최댓값을 갖는다.
④ 한랭지나 혹서 시 수온 유지가 필요할 때 보온대책을 강구해야 한다.

13 생산량 120,000m³/d인 정수장에서 망간이 0.5mg/L로 유입된다. 망간을 산화처리하기 위한 염소소비량(kg/d)은?(단, 망간이온 1mg당 염소소비량은 1.29mg으로 가정한다)
① 21.5 ② 38.7
③ 60.0 ④ 77.4

14 차아염소산나트륨에 관한 설명으로 옳은 것은?
① 액화염소에 비해 안정성과 취급성이 나쁘다.
② 정수장에서 소독제로서 사용이 증가하고 있다.
③ 차아염소산나트륨은 온도 상승 시 유효염소농도가 증가된다.
④ 저장 시 부산물이 발생되지 않는다.

15 역세척배출수 침전시설에 관한 설명이다. ( )에 들어갈 내용으로 옳은 것은?

역세척배출수의 침전은 표면부하율 (ㄱ) m/h의 침전지에서 (ㄴ)시간으로 한다.

① ㄱ : 1~4, ㄴ : 0.5~2
② ㄱ : 1~4, ㄴ : 1~3
③ ㄱ : 2~6, ㄴ : 0.5~2
④ ㄱ : 2~6, ㄴ : 1~3

16 방류수의 TMS(Tele-Monitoring System) 구축을 위한 측정기기(항목)에 해당하지 않는 것은?
① 생물화학적 산소요구량(BOD)
② 자료수집기(Data Logger)
③ 용수적산유량계
④ 용존산소농도(DO)

정답 11 ② 12 ③ 13 ④ 14 ② 15 ③ 16 ①, ④

17 부식성과 랑게리아지수(LI)에 관한 설명으로 옳은 것은?

> ㄱ. 부식성이 강한 경우 녹물 발생 가능성이 높아진다.
> ㄴ. 부식성 개선을 위해 부식억제제나 알칼리제를 주입한다.
> ㄷ. LI가 양(+)의 값으로 커질수록 부식성은 강해진다.
> ㄹ. 시설용량 50,000ton/일 이상인 정수장의 LI는 주기적으로 평가한다.

① ㄱ, ㄴ, ㄷ　② ㄱ, ㄴ, ㄹ
③ ㄱ, ㄷ, ㄹ　④ ㄴ, ㄷ, ㄹ

18 전염소처리를 적용하는 조류의 종류로 옳은 것은?
① 시네드라(*Synedra*)
② 아나베나(*Anabaena*)
③ 마이크로시스티스(*Mycrocystis*)
④ 포르미디움(*Phormidium*)

19 경도 물질의 처리방법으로 옳지 않은 것은?
① 이온교환
② 나노여과
③ 역삼투
④ 폭 기

20 막여과법을 정수처리에 적용하는 이유로 옳지 않은 것은?
① 부지면적이 적게 소요된다.
② 자동 운전이 용이하다.
③ 맛, 냄새 제거에 적합하다.
④ 건설공사 기간이 짧다.

제2과목 수질분석 및 관리

21 수질오염공정시험기준상 4℃ 보관 시 시료의 최대보존기간이 가장 짧은 것은?
① 색 도
② 음이온 계면활성제
③ 질산성 질소
④ 6가크롬

22 먹는물수질공정시험기준상 정도보증/정도관리에 관한 설명으로 옳은 것을 모두 고른 것은?

> ㄱ. 절대검정곡선법은 시료의 농도와 지시값과의 상관성을 검정곡선식에 대입하여 작성하는 방법이다.
> ㄴ. 정밀도는 시험분석 결과가 참값에 얼마나 근접하는가이다.
> ㄷ. 정확도란 시험분석 결과의 반복성을 나타내는 것이다.

① ㄱ　　　　② ㄴ
③ ㄱ, ㄴ　　④ ㄱ, ㄴ, ㄷ

23 먹는물수질공정시험기준상 염소이온을 질산은적정법으로 분석한 결과가 다음과 같을 때 염소이온 농도(mg/L)는?

- 분석에 사용된 시료량 : 100mL
- 시료에 소비된 질산은용액량(0.01M) : 5.0 mL
- 바탕시험에 소비된 질산은용액량(0.01M) : 0.2mL
- 질산은용액(0.01M)의 농도계수 : 1.000

① 9.6 ② 17.0
③ 34.1 ④ 96.0

24 수질오염공정기준상 식물성 플랑크톤-현미경계수법으로 정량시험 시 중배율방법(200~500배율 이하)만으로 나열한 것은?

ㄱ. 혈구계수기 이용 계수
ㄴ. 스트립 이용 계수
ㄷ. 팔머-말로니 체임버 이용 계수
ㄹ. 격자 이용 계수

① ㄱ, ㄴ ② ㄱ, ㄷ
③ ㄴ, ㄹ ④ ㄷ, ㄹ

25 먹는물수질공정시험기준상 맛에 관한 내용이다. ( )에 들어갈 내용으로 옳은 것은?

시료를 비커에 넣고 온도를 ( )로 높여 맛을 보아 판단한다.

① 15~20℃ ② 25~30℃
③ 30~40℃ ④ 40~50℃

26 물환경보전법령상 상수원구간의 조류경보 '관심단계'에서 관계 기관별 조치사항으로 옳지 않은 것은?

① 수면관리자 : 취수구와 조류가 심한 지역에 대한 차단막 설치 등 조류 제거 조치 실시
② 취수장·정수장 관리자 : 정수 처리 강화 (활성탄 처리, 오존 처리)
③ 4대강 물환경연구소장 : 관심경보 발령
④ 한국환경공단이사장 : 환경기초시설 수질자동측정자료 모니터링 실시

27 먹는물 수질감시항목 운영 등에 관한 고시상 먹는물 수질감시항목인 Corrosion Index (랑게리아지수, LI)가 해당되는 것은?

① 소독부산물
② 심미적 영향물질
③ 유해영향 무기물질
④ 유해영향 유기물질

28 먹는물 수질감시항목 운영 등에 관한 고시상 상수원수의 수질감시항목으로 옳은 것은?

① 2-MIB
② Antimony
③ Perchlorate
④ Norovirus

29. 1,600m³ 용량의 정수장에서 최대통과유량이 8,000m³/h이고, 장폭비(L/W)에 따른 환산계수가 0.1이다. 이때 $CT_{계산값}$은?(단, 잔류소독제 농도는 0.2mg/L로 한다)

① 1.0
② 2.4
③ 12
④ 60

30. 자외선 소독의 영향인자에 해당하지 않는 것은?

① 부유물 농도
② 총경도
③ 용존산소 농도
④ 유 량

31. 응집제 주입량 결정을 위한 자-테스트(Jar-Test) 순서로 옳은 것은?

| ㄱ. 급속교반 |
| ㄴ. 완속교반 |
| ㄷ. 응집제 주입 |
| ㄹ. 플록 침강 |
| ㅁ. 상징수 분석 |

① ㄱ-ㄴ-ㄷ-ㄹ-ㅁ
② ㄱ-ㄷ-ㄴ-ㄹ-ㅁ
③ ㄷ-ㄱ-ㄴ-ㄹ-ㅁ
④ ㄷ-ㄴ-ㄱ-ㄹ-ㅁ

32. 수처리제의 기준과 규격 및 표시기준상 활성탄의 pH 측정법에 관한 설명이다. ( )에 들어갈 내용으로 옳은 것은?

1. 115±5℃에서 (ㄱ)시간 건조한 다음 약 (ㄴ)g을 정밀히 달아 500mL의 마개 달린 삼각플라스크에 물 300mL를 사용하여 씻어주면서 옮겨준다.
2. 이 액을 진탕기에서 30분간 진탕한다.
3. 여지 (ㄷ)로 여과하여 최초의 여액 약 30mL는 버리고 나머지 여액을 시험용액으로 한다.
4. pH 미터를 활용하여 상온에서 유리전극법으로 pH 값을 측정한다.

① ㄱ : 2, ㄴ : 2, ㄷ : 5종A
② ㄱ : 3, ㄴ : 3, ㄷ : 5종A
③ ㄱ : 2, ㄴ : 2, ㄷ : 5종C
④ ㄱ : 3, ㄴ : 3, ㄷ : 5종C

33. 물환경보전법령상 수질오염경보제에 관한 설명으로 옳지 않은 것은?

① 조류경보제는 남조류 세포수와 클로로필-a 농도로 관리한다.
② 발령주체는 강우예보 등 기상상황을 고려하여 조류경보를 발령 또는 해제하지 않을 수 있다.
③ 상수원 구간은 4단계로 관리한다.
④ 친수활동 구간은 3단계로 관리한다.

34 먹는물관리법상 환경부장관이 지정한 검사기관 준수사항으로 옳은 것은?

① 검사기관 외의 자에게 검사기관의 명의로 검사업무를 하게 할 수 있다.
② 검사기관은 기술인력을 다른 분야·업종에 근무하게 하여서는 아니된다.
③ 정수기 성능검사기관은 성능검사를 의뢰받은 날부터 15일 이내에 정수기 성능검사 결과를 통지하여야 한다.
④ 검사수수료는 지방자치단체장이 정한 기준에 따른다.

35 지하수법상 명시된 용어의 정의이다. ( )에 들어갈 내용으로 옳은 것은?

> '원상복구'란 원상복구 대상인 시설 또는 토지에 오염물질의 유입을 막고 ( ) 해당 시설을 해체하거나 토지를 적절하게 되메우는 것을 말한다.

① 지하수 수질 개선을 위하여
② 주변지역에 미치는 영향을 최소화하기 위하여
③ 지하수 개발 및 이용을 위하여
④ 사람의 보건 및 안전에 위험을 주지 아니하도록

36 물환경보전법상 수질오염사고 대응에 관한 설명이다. ( )에 들어갈 내용으로 모두 옳은 것은?

> 환경부장관은 공공수역의 수질오염사고에 신속하고 효과적으로 대응하기 위하여 (ㄱ)를 운영하여야 한다. 이 경우 환경부장관은 대통령령으로 정하는 바에 따라 (ㄴ)에 (ㄱ)의 운영을 대행하게 할 수 있다.

① ㄱ : 수질오염사고대응센터,
　　ㄴ : 시도보건환경연구원
② ㄱ : 수질오염방제센터,
　　ㄴ : 시도보건환경연구원
③ ㄱ : 수질오염사고대응센터,
　　ㄴ : 한국환경공단
④ ㄱ : 수질오염신고센터,
　　ㄴ : 한국환경공단

37 먹는물수질공정시험기준상 항목별 간섭물질에 관한 설명으로 옳지 않은 것은?

① 수소이온농도 측정 시 유리전극은 일반적으로 용액의 염도에 의해 간섭을 받는다.
② 경도-EDTA 적정법은 콜로이드성 유기물질이 존재할 때 종말점을 간섭할 수 있다.
③ 과망간산칼륨소비량-산성법은 염소이온의 농도가 500mg/L 이상이면 방해를 받는다.
④ 잔류염소-OT 비색법은 10mg/L 이하의 구리는 EDTA를 사용하여 간섭을 제거할 수 있다.

정답 34 ② 35 ④ 36 ④ 37 ①

38 먹는물 수질기준 및 검사 등에 관한 규칙상 먹는물 수질기준으로 옳은 것은?

> ㄱ. 플루오린 : 1.2mg/L 이하
> ㄴ. 사염화탄소 : 0.002mg/L 이하
> ㄷ. 폼알데하이드 : 0.5mg/L 이하
> ㄹ. 망간 : 0.2mg/L 이하(수돗물은 0.5mg/L 이하)

① ㄱ, ㄴ
② ㄱ, ㄷ
③ ㄴ, ㄷ
④ ㄷ, ㄹ

39 수도법령상 병원성 미생물로부터의 안전성 확보를 위해 일반수도사업자가 지켜야 할 정수처리기준 항목이 아닌 것은?

① 바이러스
② 지아디아 포낭
③ 크립토스포리디움 난포낭
④ 박테리아

40 수도법상 명시된 용어의 정의로 옳은 것은?

① '광역상수원'이란 지방자치단체에 공급되는 상수원을 말한다.
② '수도사업자'란 일반 전용수도를 공급하는 상업자를 말한다.
③ '전용수도'란 전용상수도와 전용공업용수도를 말한다.
④ '상수원'이란 음용으로 제공하기 위한 하천·호소를 말한다.

제3과목 설비운영 (기계·장치 또는 계측기 등)

41 응집제 저장설비 용량의 표준으로 옳은 것은?

① 7일분 이상
② 10일분 이상
③ 14일분 이상
④ 30일분 이상

42 응집을 위한 급속혼화시설에 사용되는 수류식 혼화장치가 아닌 것은?

① 워터젯
② 파샬플룸
③ 벤투리미터
④ 위 어

43 액체산소공급방식의 오존발생설비에 관한 설명으로 옳은 것은?

① 오존발생효율 향상을 위해 2~3%의 질소를 첨가한다.
② 액체산소공급방식의 오존발생농도는 1~4.5%이다.
③ 전력량으로 산정한 에너지효율은 11~20kW/kg으로 낮다.
④ 액체로 공급하여 기화시키면 산소농도는 약 21%이다.

44 막분리설비에서 수도용 한외여과막의 분리경으로 옳은 것은?

① 분획분자량 100,000Dalton 이하
② 공칭공경 0.01μm 이상
③ 탁도제거율 90% 이상
④ 염화나트륨제거율 93% 이상

45 역세척 배출수 침전시설에 관한 설명으로 옳은 것을 모두 고른 것은?

ㄱ. 응집제, 양이온 폴리머 등을 수질에 따라 적절히 주입한다.
ㄴ. 전처리공정으로 세척배출수 저류조(배출수지)를 설치해야 한다.
ㄷ. 상징수는 농축조로 이송한다.
ㄹ. 소독설비를 설치하는 것이 바람직하다.

① ㄱ, ㄴ, ㄷ
② ㄱ, ㄴ, ㄹ
③ ㄱ, ㄷ, ㄹ
④ ㄴ, ㄷ, ㄹ

46 입상활성탄 이송설비에서 슬러리 상태로 이송하는 수력이송방식이 아닌 것은?

① 자연유하방식
② 컨베이어이송방식
③ 이젝터압송방식
④ 압력조압송방식

47 다음 그림은 펌프형식에 따른 축동력곡선이다. 곡선 3이 표시하는 펌프의 형식은?

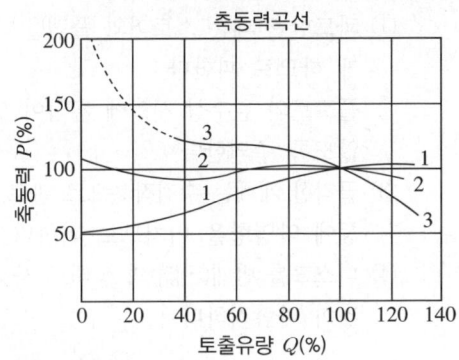

① 원심펌프
② 혼류펌프
③ 사류펌프
④ 축류펌프

48 다음 그림과 같은 공정으로 슬러지를 처리하는 탈수기는?

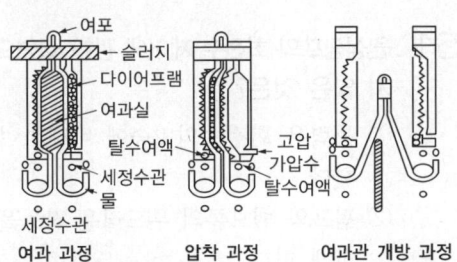

① 벨트프레스
② 필터프레스
③ 진공탈수기
④ 조립탈수기

정답 44 ① 45 ② 46 ② 47 ④ 48 ②

49. 제수밸브(슬루스밸브) 작동 시 유의사항으로 옳은 것은?
① 과도한 전폐는 스토퍼와 플랩을 파손하게 하므로 피한다.
② 플로트와 원추상 시트에 흠집이 생기지 않도록 주의한다.
③ 급격한 개폐는 수격작용으로 관로, 펌프 등에 악영향을 미치므로 피한다.
④ 디스크를 반개(半開)의 상태로 사용하는 것이 바람직하다.

50. 원심펌프의 안전한 운전과 보호를 위한 장치가 아닌 것은?
① 압력검지장치
② 만수검지장치
③ 유수검지장치
④ 누액검지장치

51. 원심펌프의 회전수 제어에 관한 설명으로 옳지 않은 것은?
① 동력은 회전수의 2승에 비례하여 변화한다.
② 펌프와 밸브류의 부드러운 작동을 가능하게 한다.
③ 효율저하를 최소로 하고 동력손실을 적게 한다.
④ 펌프의 성능을 효율적으로 변화시킬 수 있는 방법이다.

52. 액화염소 저장실에 안전한 관리를 위한 시설이 아닌 것은?
① 방액제(防液堤)
② 피트(Pit)
③ 배가스 덕트
④ 기화기

53. 산업안전보건기준에 관한 규칙상 밀폐공간 내 작업 시 조치사항으로 옳지 않은 것은?
① 밀폐공간 근처에 출입을 금지하는 표지판을 게시한다.
② 작업시작 전 밀폐공간의 산소 및 유해가스 농도를 측정한다.
③ 밀폐공간 내부에 감시인을 배치하여 작업 상황을 감시한다.
④ 작업을 입장시킬 때와 퇴장시킬 때마다 인원을 점검한다.

54. 상수도설계기준에 따른 전동기의 선정기준에 관한 설명으로 옳지 않은 것은?
① 전동기는 3상 유도전동기를 표준으로 선정한다.
② 설치환경이나 사용목적에 따라 적절한 형식으로 선정한다.
③ 표준 전동기보다 효율이 3~4% 이상 높은 고효율 전동기로 선정한다.
④ 전동기는 압력방폭구조(EX p)인 형식으로 선정한다.

정답 49 ③ 50 ④ 51 ① 52 ④ 53 ③ 54 ④

55 전력시설의 경제적 설계를 위해 필요한 절연협조 검토 시 기준충격절연강도(BIL)가 가장 낮아야 하는 전력설비는?
① 선로애자 ② 피뢰기
③ 변압기   ④ 차단기

56 누전차단기를 시설하지 않아도 되는 경우에 해당되지 않는 것은?
① 사용전압이 250V 이하인 기계기구를 물기가 없는 곳에 시설하는 경우
② 전기용품 및 생활용품 안전관리법의 적용을 받는 이중절연구조의 기계기구를 시설하는 경우
③ 기계기구를 건조한 곳에 시설하는 경우
④ 기계기구가 고무, 합성수지 기타 절연물로 피복된 경우

57 다음의 병렬회로에서 I_1, I_2에 흐르는 전류는 각각 얼마인가?

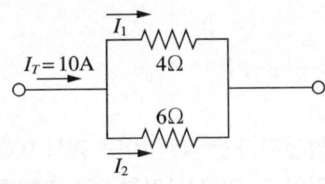

① $I_1 = 2A$, $I_2 = 3A$
② $I_1 = 3A$, $I_2 = 2A$
③ $I_1 = 4A$, $I_2 = 6A$
④ $I_1 = 6A$, $I_2 = 4A$

58 개폐 시에 발생하는 아크를 불활성 가스인 SF_6를 분사하여 소호하는 방식의 차단기는?
① VCB   ② OCB
③ GCB   ④ ACB

59 다음의 3상4선식 배전계통에서 상전압(kV)은 약 얼마인가?

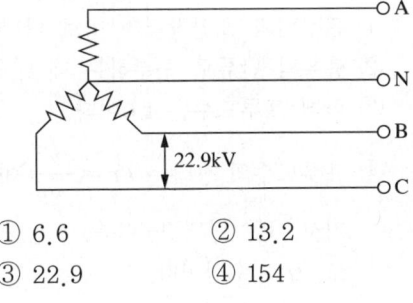

① 6.6   ② 13.2
③ 22.9   ④ 154

60 수도시설의 감시제어용으로 사용되는 수위계 종류에 해당하지 않는 것은?
① 투입식
② 초음파식
③ 부르동관식
④ 정전용량식

제4과목 정수시설 수리학

61 관수로 흐름에 관한 설명으로 옳은 것은?
① 층류흐름에서 마찰손실계수는 프루드수(Froude Number)의 함수이다.
② 마찰손실수두는 속도수두에 비례한다.
③ 최대유속은 벽에서 가까운 곳에서 발생한다.
④ 동수반경은 관경에 반비례한다.

62 개수로에서 프루드수(Froude Number)에 관한 설명으로 옳은 것은?
① 관성력과 표면장력의 비로 나타낸다.
② 층류와 난류로 구분하는 데 이용된다.
③ 한계 프루드수는 1.0이다.
④ 프루드수의 정의는 $Fr = \dfrac{V^2}{gy}$ 이다. 여기서, V : 단면평균유속, g : 중력가속도, y : 수심이다.

63 관수로 흐름에서 손실수두에 관한 설명으로 옳지 않은 것은?
① 무디 선도(Moody Diagram)는 레이놀즈수(Reynolds Number)와 마찰손실계수와의 관계를 나타낸 그래프이다.
② 층류흐름에서 레이놀즈수가 증가함에 따라 마찰손실계수는 감소한다.
③ 전손실수두는 입구, 연결부분 또는 단면변화 등으로 인해 발생하는 미소손실과 마찰로 인한 주손실의 합이다.
④ 완전발달된 층류흐름에서 압력강하는 해석적으로 구할 수 없다.

64 관로길이 500m, 관경(D)이 50cm인 주철관에 0.5m³/s의 유량이 흐를 때 발생하는 마찰손실수두(m)는 약 얼마인가?(단, 마찰손실계수 $f = \dfrac{124.6 \times n^2}{D^{1/3}}$, 중력가속도는 9.8 m/s², 주철관의 Manning 계수 $n = 0.013$ 이다)
① 0.026 ② 0.63
③ 2.6 ④ 8.8

65 침전지 형식이 나머지와 다른 것은?
① 다층 횡류식
② 슬러지 순환형
③ 슬러지블랑키트형
④ 복합형 고속응집침전지

66 침전지와 연결된 바닥 경사 0.001, 폭 10m, 깊이 3m인 직사각형 개수로에 물이 1m³/s로 흐를 때, 한계 수심(m)은?(단, 중력가속도는 9.8m/s², 에너지보정계수는 1이다)
① 0.1 ② 0.3
③ 1.0 ④ 3.0

정답 61 ② 62 ③ 63 ④ 64 ④ 65 ① 66 ①

67 사다리꼴 개수로의 수리상 유리한 단면에서 수로 바닥 폭 b와 윤변 P의 관계식으로 옳은 것은?

① $b = \dfrac{P}{3}$ ② $b = \dfrac{P}{2}$
③ $b = P$ ④ $b = 2P$

68 비속도가 250인 펌프의 회전속도가 1,000 rpm이고 전양정이 30m일 때, 펌프의 양수량(m^3/min)은 약 얼마인가?

① 3.2 ② 7.5
③ 10.3 ④ 657

69 관경 30cm, 길이 500m인 관을 통해 실양정 20m 위로 유량 $0.1m^3$/s의 물을 송수하는 데 필요한 펌프의 동력(kW)은 약 얼마인가?(단, 관의 마찰손실계수는 0.045, 펌프 효율은 80%, 중력가속도는 $9.8m/s^2$이고, 그 외 미소손실을 무시한다)

① 24 ② 34
③ 42 ④ 46

70 캐비테이션(공동현상) 방지대책으로 옳지 않은 것은?

① 펌프의 설치위치를 낮춘다.
② 흡입관의 손실을 작게 한다.
③ 펌프의 회전속도를 낮게 선정한다.
④ 흡입측 밸브를 닫아서 유량을 조절한다.

71 펌프의 수격작용에 관한 설명으로 옳은 것은?

① 펌프 운전 중 주기적으로 압력계기의 눈금이 큰 진폭으로 흔들림과 동시에 토출량의 변동이 발생한다.
② 펌프의 내부에서 물이 기화되면서 공동이 생기는 현상이다.
③ 수격현상은 관 내 유속이 낮을수록 일어나기 쉽다.
④ 펌프 급정지 시 등 관 내 물의 속도가 급격히 변할 때 일어난다.

72 펌프의 상사법칙에서 임펠러 직경이 동일할 때, 축동력(P)과 회전속도(N)의 관계식으로 옳은 것은?(단, P_1은 N_1 회전 시의 축동력, P_2는 N_2 회전 시의 축동력이다)

① $P_2 = P_1 \times \left(\dfrac{N_2}{N_1}\right)^2$

② $P_2 = P_1 \times \left(\dfrac{N_1}{N_2}\right)^2$

③ $P_2 = P_1 \times \left(\dfrac{N_2}{N_1}\right)^3$

④ $P_2 = P_1 \times \left(\dfrac{N_1}{N_2}\right)^3$

정답 67 ① 68 ③ 69 ② 70 ④ 71 ④ 72 ③

73 특성이 같은 펌프 2대의 연결에 관한 설명으로 옳은 것은?
① 병렬운전인 경우 펌프의 운전점은 단독운전의 양수량의 2배 이상이다.
② 병렬운전은 양정의 변화가 적고, 양수량의 변화가 큰 경우에 적합하다.
③ 관로 저항곡선의 경사가 급한 곳에서는 병렬연결이 유리하다.
④ 직렬로 사용하는 경우 실제 양정은 단독운전 시의 2배 이상이다.

74 $[FL^{-1}]$의 차원을 가지는 물리량은?(단, F는 힘, L은 길이, T는 시간의 차원이다)
① 비 중   ② 단위중량
③ 표면장력 ④ 점성계수

75 운동량 보정계수(β)를 산정하는 데 포함되지 않는 것은?
① 단면적   ② 단면 평균유속
③ 국부유속 ④ 압 력

76 베르누이 방정식에 관한 설명으로 옳은 것은?
① 동수경사선은 각 지점에서 압력수두와 위치수두의 합을 연결한 선이다.
② 비압축성 유체에 적용할 수 있다.
③ 서로 다른 유선상의 임의의 두 점에 적용할 수 있다.
④ 점성 유체의 흐름에 적용할 수 있다.

77 개수로 중간에 한계류 발생을 유도하여 유량을 측정하는 장치는?
① 벤투리미터 ② 피토관
③ 파샬플룸   ④ 오리피스

78 비압축성 유체의 2차원 연속방정식을 만족하는 것은?(단, u, v는 각각 x, y 방향의 속도이다)
① $u = 2x^2 + 4y,\ v = -4xy + 2$
② $u = 2x^2 + 4xy,\ v = -4xy + 2$
③ $u = -2x^2 + 4y + 2,\ v = 4xy + 2$
④ $u = 2x^2 + 2x + 4y,\ v = 4xy + 2$

79 유체가 평판 위를 $u = 20y - 1,000y^2$의 유속으로 흐를 때 $y = 5mm$ 지점에서의 전단응력이 5Pa이었다면, 이 유체의 점성(N·s/m²)은?(단, y는 바닥으로부터 유체 방향의 연직 방향 좌표이다)
① 0.1   ② 0.3
③ 0.5   ④ 0.7

80 관의 길이가 관경의 2,000배이고 마찰손실수두가 속도수두보다 20배 크다면 마찰손실계수는?
① 0.005   ② 0.010
③ 0.015   ④ 0.020

2022년 제31회 3급 과년도 기출문제

제1과목 수처리공정

01 플록형성지에 관한 설명으로 옳지 않은 것은?
① 교반강도는 하류로 갈수록 점감시킨다.
② 플록형성속도는 플록농도가 클수록 효과이다.
③ 플록의 성장속도는 입경이 클수록 증가한다.
④ 플록형성시간은 계획정수량에 대하여 20~40초이다.

02 침전 제거율을 향상시킬 수 있는 방안으로 옳지 않은 것은?
① 침강면적을 작게 한다.
② 유량을 작게 한다.
③ 플록의 침강속도를 크게 한다.
④ 침전지 중간에 경사판을 설치한다.

03 원수의 탁질 중에서 침강이 어려운 $1\mu m$ 이하의 입자는?
① 모 래
② 플 록
③ 콜로이드
④ 자 갈

04 생산량이 120,000m^3/d, 여과속도 5m/h일 때, 필요한 여과지 면적(m^2)은?
① 500
② 1,000
③ 1,500
④ 2,000

05 급속여과의 핵심적인 기능이 아닌 것은?
① 충분한 역세척
② 탁질의 양적인 억류
③ 미량유기물질 흡착
④ 수질과 수량 변동에 대한 완충

06 여과지 성능 평가지표로 옳지 않은 것은?
① 여과지속시간
② 여과수 탁도
③ 여과지 단위면적당 여과수량
④ 여재입경

07 급속여과지의 정속여과 제어방식이 아닌 것은?
① 유량제어형
② 감쇠여과형
③ 수위제어형
④ 자연평형형

정답 1 ④ 2 ① 3 ③ 4 ② 5 ③ 6 ④ 7 ②

08 염소제 관리에 관한 설명으로 옳지 않은 것은?
① 액화염소를 저장조에 넣기 위한 공기공급장치를 설치한다.
② 액화염소 저장 용기는 50℃ 이하로 유지한다.
③ 차아염소산나트륨 저장조는 직사일광이 닿지 않는 장소에 설치한다.
④ 액화염소 저장 용기는 법령에 의한 각종 검사에 합격하고 등록증명서가 첨부되어야 한다.

09 액화염소 주입설비에 관한 설명으로 옳은 것은?
① 사용량이 10kg/h 이상인 주입 시설에는 기화기를 설치해야 한다.
② 염소주입기실은 한랭 시 별도의 보온장치가 필요치 않다.
③ 염소주입기실은 주입지점에서 멀고 주입점의 수위보다 높은 곳에 설치한다.
④ 주입량과 잔량을 확인하기 위하여 계량 설비를 설치한다.

10 병원성 미생물 제거율 및 불활성화비 계산에 관한 설명으로 옳은 것은?
① 나노여과(NF)나 역삼투(RO)여과가 바이러스 제거율이 가장 높다.
② 막여과를 제외하고 직접여과의 바이러스 제거율이 가장 높다.
③ 잔류소독제 농도는 측정한 농도값 중 최댓값을 택한다.
④ 불활성화비는 $CT_{요구값}$을 $CT_{계산값}$으로 나눈 값이다.

11 정수지의 구조와 수위에 관한 설명으로 옳지 않은 것은?
① 위생적으로 안전하게 해야 한다.
② 최고수위는 취수장과의 낙차를 고려하여 결정해야 한다.
③ 바닥은 저수위보다 15cm 이상 낮게 해야 한다.
④ 고수위로부터 정수지 상부 슬래브까지는 30cm 이상의 여유고를 가져야 한다.

12 함수율 96%인 100m³의 슬러지를 탈수하여 함수율 80%가 되었을 때 탈수케이크의 부피(m³)는?(단, 슬러지의 비중은 1이라고 가정한다)
① 10   ② 15
③ 20   ④ 25

13 중간염소의 주입지점으로 옳은 것은?
① 취수시설
② 도수관로
③ 정수지
④ 침전지와 여과지 사이

14 방류수의 TMS 구축을 위한 측정기기(항목)에 해당하는 것은?
① 총유기탄소
② 전기전도도
③ 부유물질량
④ 용존산소농도

15 배슬러지 농축조에 관한 설명이다. ( )에 들어갈 내용으로 옳은 것은?

> 농축조는 고수위로부터 주벽 상단까지의 여유고는 (ㄱ)cm 이상으로 하고 바닥면의 경사는 (ㄴ) 이상으로 한다.

① ㄱ : 30, ㄴ : 1/10
② ㄱ : 30, ㄴ : 1/20
③ ㄱ : 60, ㄴ : 1/10
④ ㄱ : 60, ㄴ : 1/20

16 배출수 및 슬러지 처리시설에 관한 설명으로 옳지 않은 것은?
① 역세척배출수를 침전처리하는 경우, 플록형성과 침전시설 및 소독시설을 구비하여야 한다.
② 역세척배출수와 침전슬러지는 혼합처리하는 것이 원칙이다.
③ 슬러지처리 시 발생되는 케이크는 폐기물관리법에 따라 적정하게 수집, 운반 및 처분되어야 한다.
④ 역세척배출수는 침전처리 후 상징수를 재이용할 수 있다.

17 비상시 또는 단기간 사용에 적합한 활성탄으로 옳은 것은?
① 분말활성탄
② 입상활성탄
③ 생물활성탄
④ 안트라사이트

18 수돗물의 부식성에 관한 설명으로 옳지 않은 것은?
① 부식성이 강한 경우 녹물발생 우려가 크다.
② 랑게리아지수(LI)를 대표적으로 사용한다.
③ LI가 양(+)의 값일 때 부식성이 크다.
④ 부식억제제는 고시 품목만 사용한다.

19 질산성 질소의 처리방법으로 옳지 않은 것은?
① 이온교환
② 역삼투
③ 생물학적 탈질
④ 침 전

20 고도산화법(AOP)에 공통으로 이용되는 산화제는?
① 자외선(UV)
② 오존(O_3)
③ 과산화수소(H_2O_2)
④ 수산화나트륨(NaOH)

정답 15 ① 16 ② 17 ① 18 ③ 19 ④ 20 ②

제2과목 수질분석 및 관리

21 먹는물수질공정시험기준상 다음 수식이 정의하는 것으로 옳은 것은?

> 표준편차 / 평균값

① 정확도
② 정밀도
③ 정량한계
④ 방법검출한계

22 수질오염공정시험기준상 시료의 채취방법에 관한 설명으로 옳지 않은 것은?

① 부유물질 등이 함유된 시료는 균일성 있게 채수한다.
② 휘발성 유기화합물은 운반 중 공기와의 접촉이 없도록 시료 용기에 가득 채운 후 빠르게 뚜껑을 닫는다.
③ 생태독성 시료 용기로 폴리에틸렌 재질을 사용하는 경우 멸균 채수병 사용을 권장하며, 깨끗이 씻은 후 재사용할 수 있다.
④ 식물성 플랑크톤은 정성채집과 정량채집을 병행한다.

23 수질오염공정시험기준상 총칙에 관한 내용으로 옳지 않은 것은?

① 무게를 '정확히 단다.'라 함은 규정된 수치의 무게를 0.1mg까지 다는 것을 말한다.
② 방울수는 20℃에서 정제수 20방울을 적하할 때, 그 부피는 약 1mL 되는 것이다.
③ '약'이라 함은 기재된 양에 대하여 ±10% 이상의 차가 있어서는 안 된다.
④ 감압은 따로 규정이 없는 한 10mmHg 이하이다.

24 상수원관리규칙상 광역 및 지방상수도의 하천수 수질검사기준 중 매월 1회 이상 측정하는 항목으로 옳은 것은?

① 카드뮴
② 생물화학적 산소요구량
③ 유기인
④ PCB

25 먹는물수질공정시험기준상 탁도에 관한 설명이다. ( )에 들어갈 내용으로 옳은 것은?

> 황산하이드라진용액 5.0mL와 헥사메틸렌테트라아민용액 5.0mL를 섞어 실온에서 24시간 방치한 다음 정제수를 넣어 100mL로 한 것을 ( )이라고 한다. 이 용액 1mL는 탁도 400NTU에 해당한다.

① 바탕용액
② 바탕원액
③ 표준용액
④ 표준원액

정답 21 ② 22 ③ 23 ④ 24 ② 25 ④

26. 먹는물 수질감시항목 운영 등에 관한 고시상 먹는물 수질감시항목 중 정수의 자연방사성 물질 항목에 해당하는 것은?
① 라돈 ② 벤젠
③ 비소 ④ 알루미늄

27. 하루에 100,000m³을 처리하는 정수장의 정수지 유입부에 염소를 150kg/d 주입하였다. 정수지 유출부의 잔류염소농도가 0.6mg/L일 때 염소요구량(mg/L)은?
① 0.9 ② 1.0
③ 1.2 ④ 1.5

28. 환경정책기본법령상 용존산소가 풍부하고 오염물질이 없는 청정상태의 생태계로 여과·살균 등 간단한 정수처리 후 생활용수로 사용할 수 있는 상태 등급은?
① 매우 좋음 ② 좋음
③ 약간 좋음 ④ 보통

29. 수용액의 농도 0.025W/V%를 mg/L로 환산한 값은?
① 2.5 ② 25
③ 250 ④ 2,500

30. 수도법령상 일반수도사업자가 준수해야 할 정수처리된 물의 탁도 등의 기준이다. ( )에 들어갈 내용으로 옳은 것은?

> 탁도 : 매월 측정된 시료 수의 95% 이상이 ( )NTU(완속여과를 하는 정수시설의 경우에는 0.5NTU) 이하이고, 각각의 시료에 대한 측정값이 1NTU 이하일 것

① 0.1 ② 0.3
③ 0.7 ④ 1.0

31. 혼화지 설계 시 필요한 G값(속도경사)을 구할 때 고려인자로 옳지 않은 것은?(단, 속도경사식 기준이다)
① 응집제 농도
② 혼화지 부피
③ 소요동력
④ 물의 점성

32. 응집제 주입량 결정을 위한 자-테스트(Jar-Test) 순서로 옳은 것은?
① 응집제 주입 – 급속교반 – 플록 침강 – 완속교반 – 상징수 분석
② 응집제 주입 – 급속교반 – 완속교반 – 플록 침강 – 상징수 분석
③ 응집제 주입 – 완속교반 – 급속교반 – 플록 침강 – 상징수 분석
④ 응집제 주입 – 완속교반 – 플록 침강 – 급속교반 – 상징수 분석

정답 26 ① 27 ① 28 ① 29 ③ 30 ② 31 ① 32 ②

33 하천법상 명시된 '하천공사' 용어의 정의로 옳은 것은?
① 하천의 기능을 높이기 위하여 하천의 신설·증설·개량 및 보수 등을 하는 공사를 말한다.
② 하천의 기능을 정상적으로 유지하기 위하여 하천의 신설·증설·개량 및 보수 등을 하는 공사를 말한다.
③ 하천의 기능을 높이기 위하여 실시하는 점검·정비 등의 공사를 말한다.
④ 하천의 기능을 정상적으로 유지하기 위하여 실시하는 점검·정비 등의 공사를 말한다.

34 지하수법상 명시된 '지하수정화업' 용어의 정의로 옳은 것은?
① 지하수 내 오염물질 유입을 방지하거나 제거하여 수질을 정화하는 사업을 말한다.
② 지하수에 들어 있는 오염물질을 제거하여 수질을 향상시키는 사업을 말한다.
③ 지하수에 들어 있는 오염물질을 제거·분해 또는 희석하여 지하수의 수질을 개선하는 사업을 말한다.
④ 지하수에 들어 있는 오염물질을 정수시설을 이용하여 정화하는 사업을 말한다.

35 먹는물관리법상 환경부장관이 지정한 검사기관 준수사항으로 옳은 것은?
① 검사기관 외의 자에게 검사기관의 명의로 검사업무를 하게 할 수 있다.
② 검사기관은 기술인력을 다른 분야·업종에 근무하게 할 수 있다.
③ 정수기 성능검사기관은 성능검사가 완료된 즉시 정수기 성능검사 결과를 통지하여야 한다.
④ 검사수수료는 국립환경과학원장이 정하여 고시한 기준에 따른다.

36 물환경보전법상 수질오염사고 대응에 관한 설명이다. ( )에 들어갈 내용으로 모두 옳은 것은?

> 환경부장관은 공공수역의 수질오염사고에 신속하고 효과적으로 대응하기 위하여 수질오염방제센터를 운영하여야 한다. 이 경우 환경부장관은 대통령령으로 정하는 바에 따라 ( )에 수질오염방제센터의 운영을 대행하게 할 수 있다.

① 시도보건환경연구원
② 한국수자원공사
③ 한국환경공단
④ 국립환경과학원

37 물환경보전법령상 상수원 구간의 조류경보 '관심단계'에서 취수장·정수장 관리자의 조치사항으로 옳은 것은?
① 정수 처리 강화(활성탄 처리, 오존 처리)
② 관심경보 발령
③ 주요 오염원에 대한 지도·단속
④ 환경기초시설 수질자동측정자료 모니터링 실시

38 수질오염공정기준상 취급 또는 저장하는 동안에 밖으로부터의 공기 또는 다른 가스가 침입하지 않도록 내용물을 보호하는 용기는?
① 밀폐용기   ② 차광용기
③ 밀봉용기   ④ 기밀용기

39 먹는물 수질감시항목 운영 등에 관한 고시상 Geosmin과 2-MIB의 평상시 검사주기 기준으로 옳은 것은?
① 1회/주   ② 2회/주
③ 1회/월   ④ 2회/월

40 수도법상 명시된 용어이다. ( )에 들어갈 내용으로 해당되지 않는 것은?

> '일반수도'란 ( )를 말한다.

① 광역상수도   ② 도시상수도
③ 지방상수도   ④ 마을상수도

제3과목 설비운영 (기계·장치 또는 계측기 등)

41 응집용 약품의 저장설비 산정방법으로 옳은 것은?
① 계획정수량에 각 약품의 평균주입률을 곱한다.
② 계획정수량에 각 약품의 평균주입률을 더한다.
③ 계획정수량에 각 약품의 평균주입률을 나눈다.
④ 계획정수량에 각 약품의 평균주입률을 뺀다.

42 응집을 위한 급속혼화 방법에 해당하지 않는 것은?
① 우류식   ② 수류식
③ 기계식   ④ 펌프확산

43 오존주입설비에서 오존 주입량을 제어하는 방식이 아닌 것은?
① 오존주입농도 제어방식
② 압력비례 제어방식
③ 잔류오존농도 제어방식
④ $C \cdot T$ 제어방식

정답 37 ① 38 ④ 39 ③ 40 ② 41 ① 42 ④ 43 ②

44 막분리설비의 막모듈에서 농축으로 난용성 물질이 용해도를 초과하여 막면에 석출된 오염층은?

① 케이크층 ② 겔 층
③ 스케일층 ④ 흡착층

45 배출수 처리시설에 관한 설명으로 옳은 것을 모두 고른 것은?

> ㄱ. 침전지로부터 슬러지와 역세척 배출수는 혼합하여 처리한다.
> ㄴ. 역세척 배출수를 재활용하는 경우에는 상징수를 정수시설의 착수정으로 반송한다.
> ㄷ. 정수공정의 침전지슬러지는 배출수처리시설의 농축조에서 농축처리한다.

① ㄱ ② ㄴ
③ ㄱ, ㄷ ④ ㄴ, ㄷ

46 입상활성탄 흡착설비에 관한 내용으로 옳지 않은 것은?

① 흡착지의 면적은 계획정수량을 선속도로 나누어 계산한다.
② 흡착지의 형상은 원형을 표준으로 한다.
③ 흡착지의 탄층에서 편류가 없도록 집수장치의 기능을 갖추어야 한다.
④ 흡착지에서 수서생물의 유충이 유입되지 못하도록 해야 한다.

47 다음 그림은 원심펌프의 성능곡선도이다. (1)이 표시하는 곡선은?

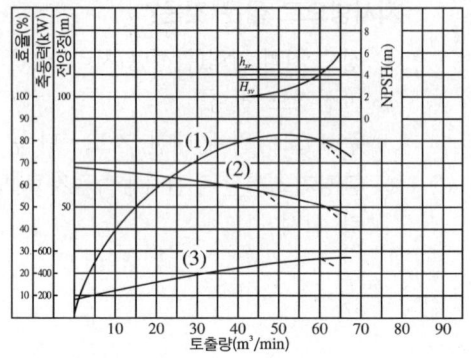

① 효 율 ② 양 정
③ 축동력 ④ 회전수

48 다음 그림과 같은 공정으로 슬러지를 처리하는 탈수기는?

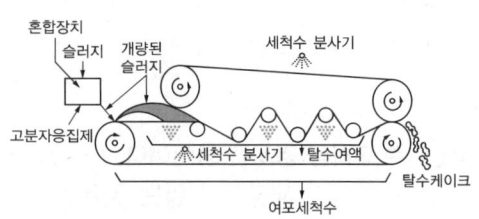

① 필터프레스
② 진공탈수기
③ 벨트프레스
④ 조립탈수기

49 제수밸브(슬루스밸스) 작동 시 유의사항으로 옳지 않은 것은?
① 밸브개폐를 급속하게 하지 않는다.
② 밸브를 전개 또는 전폐할 때에는 과도한 개폐를 피한다.
③ 밸브 개폐 시 회전방향을 확인하여야 한다.
④ 플로트와 원추상 시트에 흠집이 생기지 않도록 주의한다.

50 원심펌프의 회전수 제어에 관한 설명으로 옳은 것은?
① 펌프와 밸브에 소음을 발생하게 한다.
② 효율저하가 크므로 운전비용이 고가이다.
③ 펌프의 성능을 효율적으로 변화시킬 수 없는 방법이다.
④ 유량은 회전수에 비례하여 변한다.

51 산업안전보건기준에 관한 규칙상 크레인의 안전을 확보하기 위한 장치가 아닌 것은?
① 과부하방지장치
② 낙하방지장치
③ 비상정지장치
④ 권과방지장치

52 염소가스 누출 시 안전한 처리를 위한 설비는?
① 세척펌프
② 전해조
③ 중화반응탑
④ 공기탱크

53 산업안전보건기준에 관한 규칙상 밀폐공간에서 산소결핍으로 인하여 추락할 우려가 있는 경우 착용해야 하는 보호구가 아닌 것은?
① 안전대
② 공기호흡기
③ 송기마스크
④ 보안면

54 농형 유도전동기의 기동방식이 아닌 것은?
① 소프트스타트
② 전전압기동
③ 스타델타기동
④ 2차저항기동

55 한국전기설비규정(KEC)상 욕실 또는 화장실 등 인체가 물에 젖어있는 상태에서 전기를 사용하는 장소에 콘센트를 시설하는 경우 설치하여야 하는 누전차단기의 정격감도전류는?
① 10mA 이하
② 15mA 이하
③ 20mA 이하
④ 30mA 이하

정답 49 ④ 50 ④ 51 ② 52 ③ 53 ④ 54 ④ 55 ②

56 다음 그림에서 A-B 간의 합성저항(Ω)은?

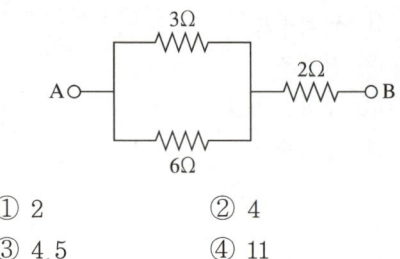

① 2   ② 4
③ 4.5 ④ 11

57 진공상태에서의 높은 절연내력과 아크 생성물이 진공 중으로 급속히 확산하는 성질을 이용하여 소호하는 방식의 차단기는?
① 유입차단기
② 가스차단기
③ 진공차단기
④ 자기차단기

58 상수도설계기준상 초음파 유량계에 관한 설명으로 옳지 않은 것은?
① 측정원리는 패러데이의 전자유도 법칙을 응용한 것이다.
② 초음파의 발신부와 수신부가 관 벽에 부착되어 있기 때문에 압력손실이 생기지 않는다.
③ 초음파의 전파를 방해하는 거품이나 이물질 등이 혼입되면 측정오차가 생긴다.
④ 검출기는 강전기기의 근방이나 부식성 가스가 발생하는 장소에는 설치하지 않는다.

59 우리나라의 전력시스템은 교류방식을 채택하고 있는데 직류방식과 비교 시 교류방식의 장점이 아닌 것은?
① 전압의 변성이 쉽다.
② 회전자계를 얻기 쉽다.
③ 감전의 위험성이 적다.
④ 운용의 합리성을 기할 수 있다.

60 정전 시 정상적인 전원을 부하측에 공급하기 위해 설치하는 예비전원설비로 정류기, 인버터, 축전지 등으로 구성되는 설비의 명칭은?
① AVR   ② LBS
③ ATS   ④ UPS

제4과목 정수시설 수리학

61 개수로 흐름에 관한 설명으로 옳은 것은?
① 윤변은 단면적을 동수반경으로 나눈 값이다.
② 수심은 평균해수면으로부터 자유수면까지의 연직거리이다.
③ 수리평균심은 바닥 폭에 대한 흐름 단면적의 비이다.
④ 최대유속은 수로 중심부의 바닥 근처에서 발생한다.

62 레이놀즈수(Reynolds Number)에 관한 설명으로 옳지 않은 것은?
① 관수로 흐름에서 레이놀즈수가 5,000이면 난류이다.
② 관성력과 점성력의 비로 나타낸다.
③ 레이놀즈수의 정의는 $Re = \dfrac{VD}{\nu}$ 이다.
여기서, ν: 동점성계수, V: 단면평균유속, D: 관경이다.
④ 한계 레이놀즈수는 1.0이다.

63 하젠-포아쥴레(Hagen-Poiseuille) 식에 관한 설명으로 옳지 않은 것은?
① 층류에 적용 가능하다.
② 뉴턴의 점성법칙을 따른다.
③ 식의 형태는 $Q = \dfrac{\pi \Delta p D^4}{128 \mu L}$ 이다. 여기서, Q: 유량, Δp: 압력변화, D: 관경, μ: 점성계수, L: 관 길이이다.
④ 평균유속은 최대유속과 거의 같다.

64 관경이 100mm인 수로 내에서 물의 유속이 0.01m/s일 때, 마찰손실계수는?(단, 물의 동점성계수는 $1.0 \times 10^{-6} m^2/s$이다)
① 0.001   ② 0.006
③ 0.015   ④ 0.064

65 폭 10m, 길이 24m, 유효수심 5m인 직사각형 침전지의 표면부하율이 200m/d일 때, 이 침전지의 유입유량(m^3/h)은?
① 1,000   ② 2,000
③ 4,000   ④ 8,000

66 횡류식 침전지에 연결된 폭 B인 직사각형 개수로에 유입유량 Q로 물이 흐른다. 비에너지가 최소일 때, 수심은?(단, g는 중력가속도이고, 에너지보정계수는 1이다)
① $\left(\dfrac{Q}{gB}\right)^{\frac{1}{2}}$ ② $\left(\dfrac{Q}{gB^2}\right)^{\frac{1}{2}}$
③ $\left(\dfrac{Q^2}{gB^2}\right)^{\frac{1}{3}}$ ④ $\left(\dfrac{Q^3}{gB}\right)^{\frac{1}{3}}$

67 막면적 $100m^2$, 막여과유속 0.1m/d인 막여과시설에서 여과수량(m^3/min)은?
① 10   ② 100
③ 1,440   ④ 14,400

68 펌프의 양수량이 $9m^3/min$, 전양정이 16m, 회전속도가 1,000rpm일 때 펌프의 비속도는?
① 375   ② 563
③ 1,125   ④ 1,778

정답 62 ④ 63 ④ 64 ④ 65 ② 66 ③ 67 전항정답 68 ①

69 효율이 80%인 펌프의 흡입구 유량이 0.4 m³/s이고 전양정이 40m일 때, 축동력(kW)은?

① 157 ② 196
③ 213 ④ 267

70 캐비테이션(공동현상) 방지대책으로 옳은 것은?

① 펌프의 설치위치를 높게 한다.
② 펌프의 회전수를 낮춘다.
③ 흡입측 밸브를 닫는다.
④ 흡입관의 마찰손실을 크게 한다.

71 펌프 운전 중에 주기적으로 압력계기의 눈금이 큰 진폭으로 흔들림과 동시에 토출량의 변동이 발생하고, 흡입 및 토출배관의 진동과 소음을 수반하는 현상은?

① 수격현상
② 공동현상
③ 맥동현상
④ 도수현상

72 펌프의 상사법칙에서 임펠러 직경이 동일할 때, 전양정(H)과 회전속도(N)의 관계식으로 옳은 것은?(단, H_1은 N_1 회전 시의 전양정, H_2는 N_2 회전 시의 전양정이다)

① $H_2 = H_1 \times \dfrac{N_2}{N_1}$

② $H_2 = H_1 \times \dfrac{N_1}{N_2}$

③ $H_2 = H_1 \times \left(\dfrac{N_2}{N_1}\right)^2$

④ $H_2 = H_1 \times \left(\dfrac{N_1}{N_2}\right)^2$

73 펌프를 직렬로 연결하여 운전하기 적합한 경우는?

① 양정 증가가 필요한 경우
② 유량 증가가 필요한 경우
③ 동일한 양정이 필요한 경우
④ 동일한 유량이 필요한 경우

74 여과층의 두께가 60cm, 수두차가 1.2m인 급속경과지의 여과속도가 120m/d일 때, 여과층의 투수계수(m/d)는?(단, 여과층의 투수계수는 Darcy의 법칙을 적용하여 구한다)

① 30 ② 60
③ 90 ④ 120

75 단위가 없는 물리량을 모두 고른 것은?

> ㄱ. 비중
> ㄴ. 프루드수
> ㄷ. 레이놀즈수
> ㄹ. 단위중량

① ㄱ, ㄴ
② ㄷ, ㄹ
③ ㄱ, ㄴ, ㄷ
④ ㄱ, ㄷ, ㄹ

76 관수로의 손실, 마찰손실수두 및 마찰손실계수에 관한 설명으로 옳지 않은 것은?

① 미소손실이란 관수로의 유입부, 접합부, 만곡부, 단면축소부 등에서 에너지가 손실되는 것을 의미한다.
② 층류에서 마찰손실계수는 레이놀즈수에 반비례한다.
③ 완전 난류영역에서 마찰손실계수는 관의 상대조도에 의해 결정된다.
④ 마찰손실수두는 동수반경에 비례한다.

77 동수경사선(Hydraulic Grade Line)에 관한 설명으로 옳지 않은 것은?

① 위치수두와 압력수두의 합이다.
② 관수로에서 동수경사선은 관저를 통과하는 선이다.
③ 저수지에서 동수경사선은 수면과 일치한다.
④ 에너지선보다 속도수두만큼 아래에 위치한다.

78 작은 구멍을 관 내에 설치하고, 그 전후의 에너지 수두차를 이용하여 유량을 측정하는 기구는?

① 파샬플룸
② 벤투리미터
③ 오리피스
④ 위어

79 비압축성 유체의 3차원 연속방정식으로 옳은 것은?(단, u, v, w는 각각 x, y, z 방향의 속도이다)

① $\dfrac{\partial u}{\partial x} + \dfrac{\partial v}{\partial y} + \dfrac{\partial w}{\partial z} = 0$

② $\dfrac{dx}{u} = \dfrac{dy}{v} = \dfrac{dz}{w}$

③ $u\dfrac{\partial u}{\partial x} + v\dfrac{\partial v}{\partial y} + w\dfrac{\partial w}{\partial z} = 0$

④ $\dfrac{1}{2}\left(\dfrac{\partial w}{\partial y} - \dfrac{\partial v}{\partial z}\right)\vec{i} + \dfrac{1}{2}\left(\dfrac{\partial u}{\partial z} - \dfrac{\partial w}{\partial x}\right)\vec{j} = 0$

80 관의 길이가 관경의 50배인 관로에서 속도수와 마찰손실수두가 같다면 마찰손실계수는?

① 0.01 ② 0.02
③ 0.03 ④ 0.04

제1과목 수처리공정

01 정수처리에 응용될 수 있는 고도산화법(AOP)에서 오존과 함께 사용할 수 있는 약품이나 방법으로 옳은 것은?

① Low pH
② Carbon Dioxide
③ UV(Ultraviolet)
④ IR(Infrared)

02 슬러지처리시설에 관한 설명으로 옳지 않은 것은?

① 슬러지의 농도가 높으면 탈수효율 향상이 기대된다.
② 농축조는 탈수기가 간헐적으로 운전되는 경우에는 슬러지의 저류기능도 한다.
③ 비저항치가 크면 탈수성이 좋다는 의미이다.
④ 슬러지 저류조에서는 공기식 또는 기계식 교반기를 설치해야 한다.

03 최적 역세척을 위한 세척속도와 여층의 최적 팽창률에 관한 설명으로 옳지 않은 것은?

① 표면세척장치는 팽창된 여과층 중에 노즐이 묻히도록 한다.
② 최적의 유동상태를 위한 여층의 팽창률은 20~30% 정도이다.
③ 동일한 팽창률을 유지하기 위해 여재 입경이 커지면 역세척 속도를 증가시켜야 한다.
④ 동일한 팽창률을 유지하기 위해 수온이 낮을 때의 역세척 유속을 기준으로 설계한다.

04 액화염소의 저장설비에 관한 설명으로 옳지 않은 것은?

① 액화염소의 저장용기는 40℃ 이하로 유지한다.
② 액화염소를 저장조에 넣기 위한 공기공급장치를 설치해야 한다.
③ 저장조는 2기 이상 설치하고 그 중 1기는 예비로 한다.
④ 액화염소의 저장량은 항상 1일 사용량의 5일분 이상으로 한다.

정답 1③ 2③ 3④ 4④

05 분말활성탄의 주입방법과 효과에 관한 설명으로 옳지 않은 것은?
① 분말활성탄은 통상 응집, 침전 이전에 투입하고 접촉시간은 10분이 적당하다.
② 일반적으로 친수성이고 분자량이 작은 물질일수록 흡착되기 쉽다.
③ 급속여과의 역세척 주기가 길어질 경우, 여과수 중에 활성탄이 누출될 수 있다.
④ 활성탄 1mg은 염소 2mg을 소비한다.

06 기계식 급속혼화의 단점으로 옳지 않은 것은?
① 순간 혼화가 어렵다.
② 단락류가 많이 발생한다.
③ 금속염 응집제에 대해서 혼화시간이 짧다.
④ 응집효과에 나쁜 영향을 미칠 수 있는 Back-mixing이 발생한다.

07 정수처리공정의 염소요구량에 관한 설명으로 옳지 않은 것은?
① 염소의 수중 용해 시 생성된 차아염소산을 제외한 차아염소산이온만 유리잔류염소에 해당한다.
② 암모니아는 염소와 반응하여 클로라민을 형성하고, 암모니아 중의 질소성분은 질소가스로 전환되어 공기 중으로 날아간다.
③ 수중 유기물의 일부가 염소화유기물이 되어 트라이할로메탄을 형성한다.
④ 배수관의 관 벽에 유기물이나 미생물 등이 부착되어 있으면 염소요구량을 증가시킨다.

08 오염물질이 함유된 정수처리에 관한 설명으로 옳지 않은 것은?
① 용해성 전구물질은 응집침전으로 제거하고, 현탁성 전구물질은 분말활성탄 또는 입상활성탄 처리로 제거한다.
② 휴믹산 및 펄빅산의 색도를 활성탄으로 처리할 경우 휴믹산에 대한 제거능은 펄빅산에 대한 제거능보다 작다.
③ 휘발성 유기화합물을 저감시키기 위하여 폭기장치나 입상활성탄을 사용한다.
④ 질산성 질소는 이온교환법, 생물처리법, 역삼투막법 등으로 제거한다.

09 입상활성탄 처리공정에 관한 설명으로 옳은 것은?
① 흡착될 수 있는 최대량은 피흡착물질이 접촉 가능한 세공 내 비표면적의 크기에 반비례한다.
② 철, 망간 제거에 효과적이며, 효율 향상을 위해 염소와 활성탄을 반응기 내에 동시에 주입하는 것이 바람직하다.
③ 생물활성탄은 겨울철에 유입수의 수온이 낮을 때는 제거효율이 낮다.
④ 활성탄의 오염물질 제거능력은 오염물질에 따라 큰 차이가 없다.

10 응집제에 관한 설명으로 옳은 것은?
① 폴리염화알루미늄은 Alum보다 알칼리도의 감소폭이 크다.
② Alum과 폴리염화알루미늄을 혼합 사용하면 침전물 발생을 예방할 수 있어 효과적이다.
③ 철염계 응집제는 플록의 침강성이 불량하고, 적용 pH 범위가 좁아 제한적으로 사용된다.
④ 폴리염화알루미늄은 액체로서 그 액체 자체가 가수분해되어 중합체로 되어 있으므로 일반적으로 Alum보다 적정주입 pH 범위가 넓은 편이다.

11 다음에서 설명하는 급속여과지의 하부집수장치는?

- 바닥판에 분산실과 송수실을 병렬로 연결한 것이다.
- 평면적으로 균등한 여과와 역세척 효과를 기대할 수 있다.
- 압력실을 필요로 하지 않으므로 구조를 얕게 할 수 있다.

① 유공블록형 ② 스트레이너형
③ 휠러형 ④ 유공관형

12 계획정수량이 500,000m³/d인 정수장에서 여과속도를 120m/d로 할 경우 필요한 여과지 수는?(단, 1지의 여과면적은 140m²로 하고 예비지 설치는 고려하지 않는다)
① 24 ② 26
③ 28 ④ 30

13 소독제에 관한 설명으로 옳은 것은?
① 염소제의 장점은 소독효과가 우수하고 대량의 물에 대해서도 용이하게 소독이 가능하며 소독효과가 잔류하는 점 등을 들 수 있다.
② 염소제는 크립토스포리디움 등 병원성 미생물에 의한 오염문제가 없어 완전한 소독제이다.
③ 오존은 잔류효과로 인해 수중의 유기물질과 반응하여 유해한 소독부산물을 생성할 가능성이 없다.
④ 자외선은 오존과 마찬가지로 잔류효과가 있다.

14 정수처리공정에서 발생되는 슬러지의 탈수성에 관한 설명으로 옳지 않은 것은?
① 리프테스트(Leap Test)에서 비저항치를 알 수 있다.
② 응집제주입량/탁도비(Al/T)가 높을수록 탈수성은 좋아진다.
③ 상수원의 부영양화로 유기물이 증가하면 비저항치가 커져서 탈수성이 나빠진다.
④ 고탁도일 때에 발생하는 슬러지는 탈수성과 농축성이 좋다.

15 1일 5,000m³의 원수를 처리하는 정수장의 응집제[$Al_2(SO_4)_3 \cdot 18H_2O$] 주입률은 20 mg/L이다. 1일 소요 알칼리도로서 필요한 $Ca(HCO_3)_2$의 양(kg)은?(단, 분자량은 $Al_2(SO_4)_3 \cdot 18H_2O = 666$, $Al_2(SO_4)_3 = 342$, $Ca(HCO_3)_2 = 162$이다)

$$Al_2(SO_4)_3 + 3Ca(HCO_3)_2 \rightleftarrows 2Al(OH)_3 + 3CaSO_4 + 6CO_2$$

① 24.3　　② 51.4
③ 73.0　　④ 142.0

16 유량 3,000m³/h에 염소를 주입하고자 한다. 염소주입농도가 2mg/L일 때, 유효염소 6%를 함유하는 차아염소산나트륨의 용적주입량(L/h)은?(단, 차아염소산나트륨의 비중은 1.1이다)

① 61　　② 91
③ 122　　④ 182

17 염소가스 제해설비 및 배관설비 등에 관한 설명으로 옳지 않은 것은?

① 염소가스 누출은 암모니아수를 이용하면 알 수 있다.
② 염소는 습기가 있을 경우 대부분의 금속을 부식시킨다.
③ 완전 건조 염소는 상온에서 강(鋼)이나 동(銅) 등의 금속과 잘 반응한다.
④ 중화반응탑은 수산화나트륨용액과 염소가스를 기액반으로 중화시키는 장치이다.

18 급속여과지에서 과도한 여재 유실을 발생시킬 수 있는 경우가 아닌 것은?

① 여과층 팽창률이 낮은 경우
② 역세척속도를 과도하게 증가시키는 경우
③ 표면세척과 역세척을 필요 이상으로 길게 하는 경우
④ 트로프(Trough)의 높이가 너무 낮은 경우

19 여과층 폐색, 부압발생의 원인과 대책에 관한 설명으로 옳지 않은 것은?

① 여과층의 폐색과 부압의 발생은 표면여과에서 많이 발생한다.
② 유출측의 수위를 여재표면보다 높게 한다.
③ 여재 세척이 불량한 경우 공기병용세척이나 표면세척을 병용한다.
④ 균등계수를 높여 공극률을 작게 하고 여과저항을 감소시킨다.

20 전염소처리 및 중간염소처리의 목적에 관한 설명으로 옳은 것을 모두 고른 것은?

ㄱ. 암모니아성 질소, 아질산성 질소, 황화수소, 페놀류, 기타 유기물 등을 산화
ㄴ. 조류, 소형동물, 철박테리아 등이 다수 생식하고 있는 경우, 이들을 사멸하고 정수시설 내에서 번식하는 것을 방지
ㄷ. 원수 중 철과 망간이 용존하여 후염소처리 시 탁도나 색도를 증가시키는 경우, 미리 전염소 또는 중간염소처리하여 존재 형태를 바꾸어 후속공정에서 제거
ㄹ. 황화수소의 냄새, 하수의 냄새, 조류 등의 냄새 제거

① ㄱ, ㄴ　　② ㄱ, ㄷ
③ ㄴ, ㄷ, ㄹ　　④ ㄱ, ㄴ, ㄷ, ㄹ

제2과목 수질분석 및 관리

21 [OH⁻]농도가 0.005mol/L인 수용액의 pH는 약 얼마인가?
① 8.5
② 9.7
③ 10.5
④ 11.7

22 수도법령상 크립토스포리디움 난포낭 등의 분포실태 조사방법으로 옳지 않은 것은?
① 정수에서는 원수의 수질조사 결과 원수 중 크립토스포리디움 난포낭 또는 지아디아 포낭이 10개체/100L 이상 확인되는 경우에 실시하며, 확인된 시점부터 2개월간 월 1회 이상 검사하여야 한다.
② 원수에서 크립토스포리디움 난포낭은 소독제가 투입되기 이전의 지점에서 시료를 채취해서 조사하여야 하며, 취수구에 유입되기 직전의 지점에서 채취하는 것을 원칙으로 한다.
③ 정수에서 크립토스포리디움 난포낭은 정수장 유출수를 조사하거나 불활성화비를 인정받는 지점에서 시료를 채취하여 조사한다.
④ 시설용량이 일일 5,000m³ 이상인 정수장은 조사대상이 된다.

23 응집에 관한 내용을 옳은 것을 모두 고른 것은?

> ㄱ. 응집보조제는 침강성이 약한 플록을 형성한다.
> ㄴ. 응집제에 의해 입자 간 반발력이 증가되어 쉽게 침전한다.
> ㄷ. 응집제의 희석배율은 가능한 한 적은 것이 바람직하다.
> ㄹ. 응집제에 의해 콜로이드 제타전위가 감소된다.

① ㄱ, ㄴ
② ㄱ, ㄷ
③ ㄴ, ㄹ
④ ㄷ, ㄹ

24 먹는물관리법에서 정의하고 있는 '먹는물'에 해당하지 않는 것은?
① 먹기에 적합하게 처리한 수돗물
② 샘 물
③ 먹는염지하수
④ 먹는해양심층수

25 석회-소다회법으로 경도를 제거할 때 소석회($Ca(OH)_2$) 및 소다회(Na_2CO_3)를 모두 필요로 하는 경도물질은?
① $Ca(HCO_3)_2$
② $Mg(HCO_3)_2$
③ $CaSO_4$
④ $MgSO_4$

26 소독제로 사용되는 이산화염소에 관한 설명으로 옳지 않은 것은?
① 페놀화합물을 분해하며 정수의 맛·냄새와 색도제거에 효과적이다.
② THM의 생성반응을 일으키지 않으나 아염소산이온(ClO_2^-) 등의 무기음이온이 생성되어 유해하다.
③ pH에 따라 소독특성이 달라지며 잔류성이 없다.
④ 염소로부터 생성된 황화수소(H_2S)나 R-SH 등 황화합물로 인한 냄새제거가 가능하다.

27 수도법령상 일반수도사업자는 수돗물이 수질기준에 위반된 경우나 그 밖에 대통령령으로 정하는 사유에 해당하는 경우에는 그 위반 내용 등을 관할 구역의 주민에게 알리고 수질개선을 위하여 필요한 조치를 하여야 한다. 그러한 경우에 해당하지 않는 것은?
① 정수지 유출부에서 분원성(糞原性) 대장균군이 검출되는 경우
② 탁도가 1NTU를 초과하여 24시간 이상 지속되는 경우
③ 잔류염소농도가 정수지 유출부에서 0.1mg/L(결합잔류염소의 경우에는 0.4mg/L) 미만으로 1시간 이상 지속되는 경우
④ 소독에 따라 요구되는 불활성화비 값이 1 미만인 경우로서 24시간 동안 지속되는 경우

28 먹는물의 병원성 생물체 존재를 확인하기 위한 지표미생물의 선정기준에 관한 설명으로 옳지 않은 것은?
① 검출이 빠르고 간단하며, 재현성이 있어야 한다.
② 개체수는 오염도와 관련이 있어야 한다.
③ 병원균에 비해 생존시간이 더 길거나 같아야 하고, 그 수도 많아야 한다.
④ 자연상태의 물에서 잘 성장하여야 한다.

29 먹는물수질공정시험기준상 과망간산칼륨소비량(산성법) 실험을 통해 다음과 같은 결과를 얻었다. 이때 과망간산칼륨소비량(mg/L)은 약 얼마인가?

- 사용 시료량 : 100mL
- 시료의 과망간산칼륨소비량 : 1.8mL
- 정제수를 사용하여 시료와 같은 방법으로 시험할 때에 소비된 과망간산칼륨소비량 : 0.3mL
- 과망간산칼륨용액(0.002M)의 농도계수 : 1

① 1.56   ② 4.74
③ 15   ④ 47

30 먹는물 수질기준 및 검사 등에 관한 규칙상 먹는물 수질기준으로 옳은 것은?
① 유리잔류염소는 5.0mg/L를 넘지 아니할 것
② 총트라이할로메탄은 0.1mg/L를 넘지 아니할 것
③ 동은 3.0mg/L를 넘지 아니할 것
④ 색도는 10도를 넘지 아니할 것

31. 지하수법령상 규정된 항목으로 옳지 않은 것은?
① 환경부장관은 지하수관리기본계획을 10년 단위로 수립하여야 한다.
② 지하수를 개발·이용하려는 자는 대통령령으로 정하는 바에 따라 미리 시장·군수·구청장의 허가를 받아야 한다.
③ 지하수개발·이용허가 유효기간은 5년이다.
④ 지하수 수질검사 항목은 생활용수인 경우 먹는물관리법에 따른 수질기준 설정 항목이다.

32. 다음은 오존처리의 전달효율 산출식이다. ( )에 들어갈 내용으로 옳은 것은?

$$전달효율(\%) = \frac{(A)-(B)}{(A)} \times 100$$

① (A) : 주입오존량, (B) : 잔류오존량
② (A) : 잔류오존량, (B) : 배출오존량
③ (A) : 배출오존량, (B) : 잔류오존량
④ (A) : 주입오존량, (B) : 배출오존량

33. 먹는물수질공정시험기준상 총칙에 관한 설명으로 옳은 것은?

ㄱ. 각각의 시험은 따로 규정이 없는 한 실온에서 조작하고 조작 직후에 그 결과를 관찰한다.
ㄴ. '약'이라 함은 기재된 양에 대해서 ±5% 이상의 차가 있어서는 안 된다.
ㄷ. 시험에 쓰는 물은 따로 규정이 없는 한 증류수 또는 정제수로 한다.
ㄹ. 시험조작 중 '즉시'란 30초 이내에 표시된 조작을 하는 것을 뜻한다.
ㅁ. 감압은 따로 규정이 없는 한 15mmHg 이하로 한다.
ㅂ. '바탕시험을 하여 보정한다'라 함은 시료에 대한 처리 및 측정을 할 때, 시료를 사용하지 않고 같은 방법으로 조작한 측정치를 더하는 것을 뜻한다.

① ㄱ, ㄴ, ㄷ
② ㄱ, ㅁ, ㅂ
③ ㄴ, ㄹ, ㅂ
④ ㄷ, ㄹ, ㅁ

34. 시료의 양이온 농도를 측정한 결과가 다음과 같을 때, 총경도(mg CaCO₃/L)는?(단, Na^+, Mg^{2+}, K^+, Ca^{2+}의 원자량은 각각 23, 24, 39, 40으로 한다)

Na^+ = 46mg/L, Mg^{2+} = 36mg/L,
K^+ = 39mg/L, Ca^{2+} = 40mg/L

① 200
② 250
③ 300
④ 350

35 다음은 자-테스트(Jar-Test)를 무작위로 나열한 것이다. 일반적 순서를 올바르게 배열한 것은?

> ㄱ. 플록형성과 침전상태를 관찰한다.
> ㄴ. 약 10분간 정지시킨 후 상징수를 조용히 채취한다.
> ㄷ. 시료 적당량을 자(Jar)에 주입한 후 급속 교반시킨다.
> ㄹ. 완속교반시킨다.
> ㅁ. 빠른 시간 내 응집제를 주입하고 용액의 pH를 조정한다.

① ㄷ → ㄹ → ㅁ → ㄱ → ㄴ
② ㄷ → ㅁ → ㄹ → ㄱ → ㄴ
③ ㄹ → ㅁ → ㄷ → ㄱ → ㄴ
④ ㄹ → ㅁ → ㄷ → ㄴ → ㄱ

36 수질오염공정시험기준상 구리 시험방법으로 옳지 않은 것은?

① 양극벗김전압전류법
② 자외선/가시선 분광법
③ 원자흡수분광광도법
④ 유도결합플라스마-원자발광분광법

37 먹는물 수질감시항목 시험방법 중 부식성 지수인 랑게리아 지수(LI ; Langerlier Index) 계산에 필요한 측정값을 모두 고른 것은?

> ㄱ. pH   ㄴ. 수 온
> ㄷ. 알칼리도   ㄹ. Ca^{2+} 농도

① ㄷ, ㄹ   ② ㄱ, ㄴ, ㄷ
③ ㄱ, ㄴ, ㄹ   ④ ㄱ, ㄴ, ㄷ, ㄹ

38 수도법상 전용상수도의 정의이다. ( )에 들어갈 숫자를 순서대로 옳게 나열한 것은?

> '전용상수도'란 ( )명 이상을 수용하는 기숙사, 임직원용 주택, 요양소 및 그 밖의 시설에서 사용되는 자가용의 수도와 수도사업에 제공되는 수도 외의 수도로서 ( )명 이상 ( )명 이내의 급수인구(학교·교회 등의 유동인구를 포함한다)에 대하여 원수나 정수를 공급하는 수도를 말한다.

① 50, 50, 100
② 50, 100, 1,000
③ 100, 100, 5,000
④ 100, 100, 10,000

39 맛·냄새 원인물질 중 생물학적 발생원에 관한 설명으로 옳지 않은 것은?

① 방선균은 혐기성 및 호기성으로 구분된 생태주기를 갖는데, 호기성일 때 맛·냄새를 발산하는 것으로 알려져 있다.
② 남조류에 의해 생성되는 냄새는 종과 밀도, 생존 여부 등에 따라 차이가 있지만, 주로 흙/곰팡이 냄새, 풀냄새 혹은 부패 냄새이다.
③ 황산염 환원균은 그람 음성의 혐기성 세균으로 육수와 해수, 유기물이 풍부한 토양, 지하수와 기름 및 천연가스 유정, 하수 등에 널리 분포한다.
④ 일반적으로 방선균은 포자 형태로 존재할 때 가장 높은 냄새를 유발한다.

정답 35 ② 36 ① 37 ④ 38 ③ 39 ④

40 막여과 정수시설의 설기기준상 수도용 막모듈의 성능기준 중 여과성능 0.05m³/m²·일 이상 및 염화나트륨 제거성능 93% 이상에 해당되는 막모듈은?
① 정밀여과 막모듈
② 한외여과 막모듈
③ 나노여과 막모듈
④ 역삼투 막모듈

42 펌프실 등 동일구조물에 감시실이 있는 경우 진동·소음방지 대책으로 옳지 않은 것은?
① 펌프와 전동기 등의 기계진동을 전하지 않도록 독립기초의 중량을 기계중량의 약 3배 이상으로 한다.
② 소형기기는 고무, 스프링 등을 사용한 방진 베드에 의하여 진동을 절연한다.
③ 펌프배관이 건물의 측벽을 관통하는 경우에는 신축이음관을 사용하여 건물과 절연한다.
④ 펌프로부터 발생하는 압력맥동의 기본주파수가 배관계의 고유진동수와 일치하도록 회전속도를 제어한다.

43 유기물 함량이 40%를 초과한 정수장 슬러지를 관리형 매립시설에 매립 시, 탈수된 슬러지 수분함량 기준은?
① 40% 이하
② 65% 이하
③ 75% 이하
④ 85% 이하

제3과목 설비운영 (기계·장치 또는 계측기 등)

41 분말활성탄의 건조탄 저장조에서 가교(Bridge) 결합을 방지하기 위한 대책이 아닌 것은?
① 저장조 내면에 평평한 활성탄 부착방지용 라이닝을 부설한다.
② 진동장치를 측벽에 설치한다.
③ 통기장치를 측벽에 설치한다.
④ 저장조 출구 크기를 작게 한다.

44 약품 주입 시 건식 또는 습식의 혼용으로 주입할 수 있는 약품은?
① 소다회
② 액체황산알루미늄
③ 고형황산알루미늄
④ 활성규산

45 수직형 응집기 중 하이드로포일형 응집기에 관한 설명으로 옳지 않은 것은?
① 회전축에 평행하게 여러 개의 날개가 부착된다.
② 응집효율이 좋고, 사각지대 발생이 적다.
③ 유체 전단율이 우수하고 동력소모가 적다.
④ 임펠러 제작이 다소 까다롭다.

46 정수장의 배출수 및 슬러지 처리시설 중 다음에 해당하는 시설은?

- 용량은 계획슬러지량의 24~48시간분
- 고형물부하는 10~20kg/($m^2 \cdot d$)를 표준
- 고수위로부터 주벽 상단까지의 여유고는 30cm 이상, 바닥면의 경사는 1/10 이상
- 슬러지수집기와 슬러지배출관, 상징수배출장치 등을 설치

① 조정조   ② 배출수지
③ 농축조   ④ 배슬러지지

47 연구실 안전환경 조성에 관한 법령상 중대연구실사고 등의 보고에 관한 사항으로 ( )에 들어갈 내용으로 옳은 것은?

중대연구실사고가 발생한 경우에는 연구주체의 장은 지체 없이 ( )에게 전화, 팩스, 전자우편이나 그 밖의 적절한 방법으로 보고하여야 한다.

① 과학기술정보통신부장관
② 고용노동부장관
③ 환경부장관
④ 각 지방자치단체의 장

48 산업안전보건법령상 안전인증대상기계 등 및 안전검사대상기계 등에 공통으로 해당하는 것을 모두 고른 것은?

ㄱ. 탈수기   ㄴ. 리프트
ㄷ. 압력용기 ㄹ. 곤돌라
ㅁ. 컨베이어

① ㄱ, ㄴ, ㄷ   ② ㄱ, ㄹ, ㅁ
③ ㄴ, ㄷ, ㄹ   ④ ㄴ, ㄷ, ㅁ

49 주입오존량 50mg/L, 잔류오존량 10mg/L, 배출오존량이 5mg/L일 때, 이용률(%)은?
① 94   ② 90
③ 80   ④ 70

50 완속여과지에서 여과모래의 선정표준으로 옳은 것은?
① 유효경 : 2~3mm
② 유효경 : 0.3~0.45mm
③ 모래층 두께 : 15~30cm
④ 모래층 두께 : 10~15cm

정답 45 ① 46 ③ 47 ① 48 ③ 49 ④ 50 ②

51. 공기밸브 설치에 관한 내용으로 옳지 않은 것은?
① 관로 종단도상에 설치할 경우 전체 관로를 통한 중간지점에 설치한다.
② 관경 400mm 이상의 본관에는 급속공기밸브 또는 쌍구공기밸브를 설치한다.
③ 한랭지에서는 공기밸브의 동결을 방지하기 위하여 매설관의 공기밸브실 뚜껑을 이중구조로 한다.
④ 공기밸브에는 보수용의 제수밸브를 설치한다.

52. 현장의 단위공정제어에 운전조작 기능과 데이터베이스 기능을 수행하며 모니터 화면과 키보드, 마우스 등으로 구성된 감시제어설비로서 정수장 내의 탈수기동, 취수장, 가압장 등에 주로 설치하는 것은?
① 데이터서버(Data Server)
② 중앙제어반(Central Operation Station)
③ 현장제어반(Field Control Station)
④ 엔지니어링반(Engineering Work Station)

53. 전자유량계 설치 시 유의사항으로 옳지 않은 것은?
① 구경은 평균유속이 1~3m/s 사이에 있도록 선정하는 것이 바람직하다.
② 검출기를 수직 또는 비스듬히 설치할 경우에는 흐름은 아래쪽에서 위쪽으로 향하도록 하고 전극은 수평방향으로 되도록 설치한다.
③ 유량제어밸브를 설치할 경우에는 검출기의 상류측에 설치한다.
④ 검출기는 항상 유체가 관 내를 충만하도록 설치하되, 충만시키는 것이 어려운 경우에는 비만수형 전자유량계를 검토한다.

54. KEC에 의한 전선식별에 관한 설명으로 옳은 것은?
① L1 - 갈색
② L2 - 회색
③ L3 - 흑색
④ N - 녹색

55. 전력계통의 중성점 직접접지방식에 관한 설명으로 옳지 않은 것은?
① 지락사고 시 지락전류가 크다.
② 계통의 절연을 낮게 할 수 있다.
③ 지락사고 시 중섬점 전위가 높다.
④ 변압기에 단절연을 할 수 있다.

56 원심펌프의 소음·진동원인 중 기계적 원인이 아닌 것은?

① 직결상태의 불완전
② 회전체 불평형
③ 공기 흡입
④ 베어링 손상

57 TM(Tele-Metering)/TC(Tele-Control) 장치 구성 방식과 특징 중 1:N 대향 시스템에 관한 설명으로 옳은 것은?

① 기지국이 고장이라도 단말국의 N국 전체를 감시조작하는 것이 가능하다.
② N개소의 단말국을 1개소로 된 기지국 공통설비를 거쳐서 관리되는 형태이다.
③ 2국 이하의 소규모 시설에 알맞다.
④ 신호의 전송속도는 다른 방식에 비하여 빠른 편이다.

58 수도시설 계측제어 시스템 중 플록형성지에서 사용되는 계측기의 계측항목에 해당하는 것을 모두 고른 것은?

ㄱ. pH   ㄴ. BOD(UV)
ㄷ. 유량   ㄹ. 조류

① ㄱ, ㄷ   ② ㄴ, ㄷ
③ ㄴ, ㄹ   ④ ㄷ, ㄹ

59 수중 임의의 점에서 정압력이 그 지점에서 수면까지의 거리, 밀도 및 중력가속도의 곱에 반비례하는 원리를 이용하여 수위를 측정하는 방식은?

① 차압식   ② 정전용량식
③ 투입식   ④ 플로트식

60 다음은 전동기의 기동방식에 관한 설명이다. ( )에 들어갈 내용으로 옳은 것은?

> 전동기의 Y-△기동은 기동전류 및 기동회전력이 직입기동 시의 (ㄱ)이 되고 Y결선 상전압은 △접속의 (ㄴ)이 되므로 기동전류 및 기동토크는 전전압의 (ㄷ)이 된다.

① ㄱ : 1/3,   ㄴ : $1/\sqrt{3}$,   ㄷ : $1/\sqrt{3}$
② ㄱ : $1/\sqrt{3}$,   ㄴ : 1/3,   ㄷ : $1/\sqrt{3}$
③ ㄱ : 1/3,   ㄴ : $1/\sqrt{3}$,   ㄷ : 1/3
④ ㄱ : $1/\sqrt{3}$,   ㄴ : 1/3,   ㄷ : 1/3

제4과목 정수시설 수리학

61 용수 공급용 고가수조의 수표면으로부터 수심 2m인 곳에 설치된 원형 오리피스의 유량이 $4.88 \times 10^{-3} m^3/s$이고 오리피스의 지름이 4cm일 때, 유량계수(C)는?(단, 고가수조의 수표면은 일정하게 유지됨)

① 0.32   ② 0.42
③ 0.52   ④ 0.62

62 펌프 운용 시 공동현상(Cavitation) 발생에 관한 설명으로 옳지 않은 것은?
① 동일한 토출량과 동일한 회전속도이면 일반적으로 양쪽흡입펌프가 한쪽흡입펌프보다 캐비테이션 현상에서 유리하다.
② 유체가 포화증기압 아래로 압력이 떨어져 부압이 형성되면 발생한다.
③ 펌프에서는 임펠러 입구에서 발생하기 쉽다.
④ 유효흡입수두는 펌프 공동현상의 발생 방지와는 상관없다.

63 흐름에 관한 다음 설명으로 옳은 것은?
① 점성이 있는 유체를 이상유체라 한다.
② 연속(Continuity) 방정식은 Newton의 제2법칙으로부터 유도된다.
③ 운동량(Momentum) 방정식은 질량보존의 법칙으로부터 유도된다.
④ 베르누이(Bernoulli) 방정식은 비압축성 유체로 가정하여 유도된다.

64 엘보를 등가관으로 나타낼 때, 이 등가관의 길이(L_e)를 옳게 표현한 식은?(단, K는 엘보의 손실계수, d는 등가관의 지름, f는 등가관의 마찰손실계수이다)
① $\dfrac{K \cdot f}{d}$　② $\dfrac{K}{f \cdot d}$
③ $\dfrac{K \cdot d}{f}$　④ $\dfrac{f \cdot d}{K}$

65 어느 펌프의 정격 운전 중 펌프 전후 A, B지점의 압력수두가 각각 −3.5m 및 40m이고 두 지점 간의 수직거리가 50cm일 때, 이 펌프의 전양정(m)은?(단, 흡입관과 송출관의 직경은 같다)
① 32　② 37
③ 44　④ 51

66 동일특성을 갖는 펌프의 병렬운전에 관한 설명으로 옳지 않은 것은?
① 양수량은 단독펌프 양수량의 2배가 된다.
② 전양정은 단독펌프 양정과 같다.
③ 운전점에서 유량은 2배 이하이다.
④ 저항이 큰 관로에 유리하다.

67 다음 그림과 같은 사다리꼴 인공수로의 단면적(A)과 경심(R)은 약 얼마인가?

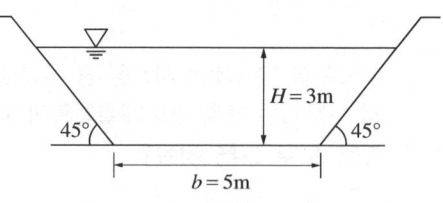

① $A = 18\text{m}^2$, $R = 0.78\text{m}$
② $A = 18\text{m}^2$, $R = 1.78\text{m}$
③ $A = 24\text{m}^2$, $R = 0.78\text{m}$
④ $A = 24\text{m}^2$, $R = 1.78\text{m}$

68 Manning 공식의 조도계수(n)와 마찰손실 계수(f)의 관계를 정의한 것으로 옳은 것은? (단, D는 원형 관로의 직경이다)

① $f = \dfrac{62.3n^2}{D^{\frac{1}{3}}}$ ② $f = \dfrac{62.3n^2}{D^{\frac{1}{6}}}$

③ $f = \dfrac{124.6n^2}{D^{\frac{1}{3}}}$ ④ $f = \dfrac{124.6n^2}{D^{\frac{1}{6}}}$

69 배수관이 서로 연결되어 폐합회로(Loop)로 관망(Pipe Network)을 형성할 때 적용되는 가정 또는 그 설명으로 옳지 않은 것은?

① 관망 내의 모든 교차점에서는 연속방정식을 만족해야 한다.
② 관망해석은 각 관로의 수두손실을 가정한 후 반복보정하여 Einstein-Brown 공식을 사용한다.
③ 관망을 형성하는 개개 교차점에서는 유입되는 유량의 합과 유출되는 유량의 합이 동일해야 한다.
④ 관망상의 임의의 두 교차점 사이에서 발생되는 에너지 손실의 크기는 두 교차점을 연결하는 경로에 관계없이 일정하다.

70 정수장 횡류식 침전지의 침전제거율 향상 방법으로 옳지 않은 것은?

① 침전지의 침강표면적(A)을 크게 한다.
② 유량(Q)을 적게 한다.
③ 플록의 침강속도(V)를 크게 한다.
④ 표면부하율(V_0)을 침강속도(V)보다 크게 한다.

71 가로 50m, 세로 20m, 높이 5m인 직육면체 정수지에서 최저수심을 2m로 운영한 결과 염소소독에 의한 불활성화비가 0.8이었다. 최저 운영수심을 높이는 방법만으로 불활성화비를 만족시킬 수 있는 최저 정수지 운영수심(m)은?(단, 나머지 운영조건은 동일하다)

① 2.2 ② 2.4
③ 2.6 ④ 2.8

72 단위폭당 유량이 4m³/s로 흐르고 있는 직사각형 단면수로에서 수심은 4m였다. 이때 프루드수와 흐름 상태는?

① 0.16, 상류 ② 0.16, 사류
③ 0.64, 상류 ④ 0.64, 사류

73 길이 50m, 유효수심 3m, 폭 6m의 제원을 갖는 침전지에 3m³/min의 유량이 유입되는 경우 체류시간(h)은?

① 3 ② 4
③ 5 ④ 6

74 벤투리미터를 사용하여 관수로 흐름의 유량을 측정하고 있다. 시차액주계의 수두차가 5cm일 때의 관로 유량이 1m³/s라면, 시차액주계의 수두차가 20cm일 경우의 유량(m³/s)은?(단, 벤투리미터의 유량계수와 유속계수는 유량에 관계없이 일정하다고 가정한다)

① 0.5 ② 2
③ 4   ④ 8

정답 68 ③ 69 ② 70 ④ 71 전항정답 72 ① 73 ③ 74 ②

75 관수로 흐름의 마찰손실계수에 관한 설명으로 옳은 것을 모두 고른 것은?

ㄱ. 층류의 경우 마찰손실계수는 레이놀즈수에 반비례한다.
ㄴ. 천이영역의 경우 레이놀즈수가 증가할수록 마찰손실계수는 커진다.
ㄷ. 난류의 경우 레이놀즈수가 동일하다면 상대조도가 커질수록 마찰손실계수는 커진다.
ㄹ. Moody 도표는 레이놀즈수와 상대조도에 따른 마찰손실계수의 변화 관계를 도시한 것이다.

① ㄱ, ㄴ, ㄷ   ② ㄴ, ㄷ, ㄹ
③ ㄱ, ㄴ, ㄹ   ④ ㄱ, ㄷ, ㄹ

76 상수도설계기준에서 수로를 이용하여 도수거를 설계할 때 손실수두나 지형, 유속을 고려한 동수경사의 범위로 적합한 것은?

① 1/500~1/1,000
② 1/1,000~1/3,000
③ 1/3,000~1/5,000
④ 1/5,000~1/8,000

77 펌프의 유입구 유량 1.2m³/s, 유속이 2m/s일 때, 흡입 구경(mm)은 약 얼마인가?

① 113   ② 350
③ 721   ④ 876

78 동력과 압력의 차원을 올바르게 나타낸 것은?
① 동력 : [FLT⁻¹], 압력 : [ML⁻¹T⁻²]
② 동력 : [ML⁻²T⁻³], 압력 : [FL⁻²]
③ 동력 : [MLT⁻¹], 압력 : [ML²T⁻³]
④ 동력 : [FL³T⁻¹], 압력 : [ML⁻²T]

79 그림과 같이 두 수조에 지름(D) 250mm, 길이(L) 200m인 단일 직선관로가 연결되어 있다. 관의 마찰손실계수가 0.03, 두 수조의 수면차(H)가 4m, 미소손실계수의 합이 1.5일 때, 흐르는 유량(m³/s)은 약 얼마인가?

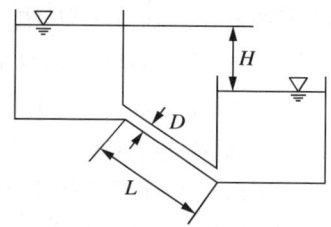

① 0.056   ② 0.066
③ 0.076   ④ 0.086

80 수도용 펌프에서 펌프를 규정속도 이외의 회전속도로 운전하는 경우 전양정의 변화를 나타낸 것으로 옳은 것은?(단, H는 규정회전 시의 전양정(m), N은 규정회전속도(rpm), H'은 N' 회전 시의 전양정(m), N'은 규정 이외의 회전속도(rpm)이다)

① $H' = H \times \left(\dfrac{N'}{N}\right)$

② $H' = H \times \left(\dfrac{N'}{N}\right)^2$

③ $H' = H \times \left(\dfrac{N'}{N}\right)^3$

④ $H' = H \times \left(\dfrac{N'}{N}\right)^4$

2022년 제32회 2급 과년도 기출문제

제1과목 수처리공정

01 pH 조정제가 아닌 것은?
① 소석회
② 황 산
③ 액체수산화나트륨
④ 황산알루미늄

02 응집제의 급속혼화 방법으로 옳은 것을 모두 고른 것은?

ㄱ. 인라인 고정식 혼화
ㄴ. 전기분해식 혼화
ㄷ. 기계식 혼화
ㄹ. 흡착식 혼화

① ㄱ, ㄴ
② ㄱ, ㄷ
③ ㄱ, ㄷ, ㄹ
④ ㄴ, ㄷ, ㄹ

03 처리유량이 120,000m³/d, 유효수심 4m, 체류시간이 3시간인 횡류식 침전지의 소요면적(m²)은?
① 1,250
② 3,750
③ 5,000
④ 10,000

04 단층 급속여과지의 표준 여과속도(m/d)는?
① 120 이하
② 120~150
③ 150~200
④ 200~300

05 급속여과지에서 세척효과가 불충분할 경우에 나타나는 현상이 아닌 것은?
① 여과지속시간의 감소
② 머드볼의 발생
③ 여과층 표면의 균일
④ 여과수질의 악화

06 급속여과지에 관한 설명으로 옳지 않은 것은?
① 여과지 1지의 여과면적은 200m² 이상으로 한다.
② 여과지 수는 예비지를 포함하여 2지 이상으로 한다.
③ 형상은 직사각형을 표준으로 한다.
④ 여과지 수가 10지를 넘을 경우 여과지 수의 1할 정도를 예비지로 한다.

정답 1 ④ 2 ② 3 ② 4 ② 5 ③ 6 ①

07 급속여과지의 기능에 관한 설명으로 옳지 않은 것은?
① 이온물질에 대한 억류기능
② 탁질의 양적인 억류기능
③ 수질과 수량의 변동에 대한 완충기능
④ 충분한 역세척기능

08 맛이나 냄새를 유발하는 생물학적 발생원이 아닌 것은?
① 방선균
② 조 류
③ 황산염 환원균
④ 질산화균

09 크립토스포리디움 난포낭 제거에 관한 대책으로 옳지 않은 것은?
① 여과수 탁도를 상시 감시하고 가능한 낮게 유지해야 한다.
② 역세척 후 여과를 다시 시작할 때는 일정한 시간동안 여과수를 배출하는 시동방수설비를 설치한다.
③ 탁질 유출을 방지하기 위해 여과지속시간을 연장한다.
④ 오존처리는 효과적인 소독법이다.

10 고도산화법(AOP)에서 오존(O_3)과 함께 사용할 수 있는 방법이나 약품으로 옳지 않은 것은?
① 활성탄
② High pH
③ H_2O_2
④ UV

11 병원성 미생물 제거율 및 불활성화비 계산방법에 관한 설명으로 옳은 것은?
① 정수처리기준에서 바이러스 3log(99.9%), 지아디아 포낭 4log(99.99%) 제거가 요구된다.
② 불활성화비는 $CT_{요구값}$을 $CT_{계산값}$으로 나눈 값이다.
③ CT값을 향상시키기 위해 정수지 도류벽 추가설치 및 정수지 수위를 높게 유지한다.
④ 추적자 시험의 경우 투입된 추적자의 20%가 정수지에서 유출되는 시간을 접촉시간으로 한다.

12 처리유량이 100,000 m^3/d, 염소요구량이 0.5mg/L일 때 주입되는 염소의 양이 100 kg/d이면 잔류염소농도(mg/d)는?
① 0.2
② 0.5
③ 1.0
④ 2.0

13 배오존 처리방법을 모두 고른 것은?

　　ㄱ. 활성탄흡착분해법
　　ㄴ. 가열분해법
　　ㄷ. 촉매분해법

① ㄱ, ㄴ
② ㄱ, ㄷ
③ ㄴ, ㄷ
④ ㄱ, ㄴ, ㄷ

14 염소의 주입 및 제해설비에 관한 설명으로 옳은 것은?
① 중화반응탑은 일반적으로 수산화나트륨 40% 이상 농도를 사용하여 염소가스를 중화시킨다.
② 염소용 배관은 내압력, 내약품성 재료를 사용하고 있으므로 예비 배관은 필요하지 않다.
③ 액화염소 사용량이 20kg/h 이상인 경우 원칙적으로 기화기를 사용한다.
④ 배풍기는 누출된 염소가스를 신속히 대기로 확산·희석하기 위한 목적으로 설치된다.

15 오염물질 처리에 관한 설명으로 옳지 않은 것은?
① 침식성 유리탄산을 많이 포함한 경우에는 폭기처리나 산처리를 한다.
② 플루오린을 감소시키기 위하여 응집침전, 활성알루미나, 골탄, 전해 등의 처리를 한다.
③ 비소를 제거하기 위하여 응집처리를 한다.
④ 휘발성 유기화합물을 저감시키기 위하여 입상활성탄처리를 한다.

16 함수율이 90%인 침전슬러지 150m^3을 탈수하여 함수율 75%를 얻었다. 탈수 후 슬러지 부피(m^3)는?(단, 슬러지의 비중은 1이며, 탈수 전후 변하지 않는다)
① 40
② 50
③ 60
④ 70

17 정수장에서 발생되는 배출수 및 슬러지의 처리방법으로 옳은 것을 모두 고른 것은?

　　ㄱ. 자연건조
　　ㄴ. 여과
　　ㄷ. 기계탈수
　　ㄹ. 하수처리장 이송처리
　　ㅁ. 소독
　　ㅂ. 탈수·열건조

① ㄴ, ㄷ, ㄹ
② ㄴ, ㄹ, ㅁ
③ ㄱ, ㄷ, ㄹ, ㅂ
④ ㄱ, ㄷ, ㅁ, ㅂ

정답　13 ④　14 ③　15 ①　16 ③　17 ③

18 소독부산물의 생성 및 제어에 관한 설명으로 옳은 것은?

① 자외선은 잔류효과가 없으며, 유해한 소독부산물을 생성하지 않는다.
② 소독부산물은 고도정수처리설의 처리대상 수질항목에 해당되지 않는다.
③ 오존은 유해한 소독부산물을 생성할 가능성이 없다.
④ 소독부산물 전구물질의 저감을 위하여 후염소처리를 한다.

19 입상활성탄 흡착설비에 관한 설명으로 옳지 않은 것은?

① 흡착탑 또는 흡착지에 입상활성탄을 충전하고 여기에 처리할 물을 통과시킨다.
② 입상활성탄 공정은 혼화공정 전후에 위치하는 것이 일반적이다.
③ 입상활성탄은 맛·냄새물질 등 다양한 유기물을 제거할 목적으로 사용할 수 있다.
④ 흡착방식은 고정상식과 유동상식으로 분류된다.

20 막여과 정수시설의 원수 전처리시설이 아닌 것은?

① 협잡물 제거를 위한 스크린 또는 스트레이너설비
② 철, 망간 등의 산화를 위한 전염소 또는 전오존 주입설비
③ 탁질 및 유기물 제거를 위한 응집, 침전, 여과설비
④ 맛·냄새물질 등 미량유기물 등을 제거를 위한 입상활성탄 주입설비

제2과목 수질분석 및 관리

21 먹는물수질공정시험기준상 분석항목과 분석방법이 옳게 연결된 것은?

① 경도 - EDTA 적정법
② 증발잔류법 - 유리전극법
③ 세제(음이온 계면활성제) - OT 비색법
④ 유기인계 농약 - 자외선/가시선 분광법

22 먹는물수질공정시험기준상 총대장균군-시험관법 중 확정시험에 관한 설명이다. ( )에 들어갈 내용으로 옳은 것은?

> 추정시험에서 기체가 발생하였을 때에는 기체가 발생한 모든 시험관으로부터 배양액을 1백금이씩 취하여 확정시험용 배지가 (ㄱ) mL씩 들어 있는 시험관(다람시험관이 들어 있는 시험관)에 각각 접종시켜 (ㄴ)℃에서 (48±3)시간 이내 배양한다.

① ㄱ : 10, ㄴ : 35.0±0.5
② ㄱ : 25, ㄴ : 24.0±0.5
③ ㄱ : 35, ㄴ : 44.5±0.5
④ ㄱ : 50, ㄴ : 36.0±0.5

23 먹는물 시료 100mL를 분석절차를 거쳐 0.002M 과망간산칼륨 용액으로 적정하여 15mL 소비되었다. 정제수를 사용하여 시료와 같은 방법으로 시험할 때 과망간산칼륨 용액이 0.1mL 소비되었다면 시료의 과망간산칼륨 소비량(mg/L)은 약 얼마인가?(단, 0.002M 과망간산칼륨 용액의 농도계수 f는 0.95이다)

① 35.4
② 44.7
③ 51.8
④ 63.7

24 수질오염공정시험준상 클로로필 a 분석절차 과정 중 전처리에 관한 설명으로 옳은 것은?

① 시료 적당량을 Gelman여과지(GF/E, $0.2\mu m$)로 여과한다.
② 여과지와 염산(2 + 8) 적당량을 조직마쇄기에 함께 넣고 마쇄한다.
③ 마쇄한 시료를 마개 있는 원심분리관에 넣고 밀봉하여 10℃ 어두운 곳에서 방치한다.
④ 하룻밤 방치한 시료를 500g의 원심력으로 20분간 원심분리하거나 혹은 용매-저항 주사기를 이용하여 여과한다.

25 먹는물수질공정시험기준상 시료채취와 보존에 관한 내용으로 옳은 것은?

① 암모니아성 질소, 염소이온 : 최대 28일 이내에 시험
② 시안 : 입상 수산화나트륨을 넣어 pH 10 이상의 알칼리성으로 하고 냉암소에 보관, 최대 보관기간은 10일이며, 7일 이내에 시험
③ 질산성 질소, 세제, 탁도 : 최대 4시간 이내에 시험
④ 페놀 : 48시간 이내에 시험하지 못할 때 pH를 약 4로 하고 냉암소에 보존하여, 최대 14일 이내에 시험

26 먹는물수질공정시험기준상 용어에 관한 설명이다. (　)에 들어갈 내용은?

시험조작 중 '즉시'란 (　)초 이내에 표시된 조작을 하는 것을 뜻한다.

① 15
② 30
③ 45
④ 60

27 입상활성탄의 세척 빈도에 영향을 미치는 인자로 옳은 것을 모두 고른 것은?

ㄱ. 처리수량
ㄴ. 입상활성탄 입자의 크기
ㄷ. 트로프(Trough) 높이
ㄹ. 활성탄층 깊이

① ㄱ, ㄴ, ㄷ
② ㄱ, ㄴ, ㄹ
③ ㄱ, ㄷ, ㄹ
④ ㄴ, ㄷ, ㄹ

28. 가압수확산에 의한 급속혼화 방법의 장점으로 옳지 않은 것은?
① 혼화기에 의한 추가적인 손실수두가 없다.
② 혼화강도를 조절할 수 있다.
③ 응집제와 가압수에 있는 부유물로 노즐이 폐색될 우려가 없다.
④ 소비전력이 기계식 혼화의 절반 이하이다.

29. 고도정수처리공정에서 오존 흡수율(%)을 계산하는 공식은?

① $\dfrac{주입오존량 - 잔류오존량 - 배출오존량}{주입오존량} \times 100$

② $\dfrac{주입오존량 - 잔류오존량 + 배출오존량}{주입오존량} \times 100$

③ $\dfrac{주입오존량 + 잔류오존량 - 배출오존량}{주입오존량} \times 100$

④ $\dfrac{주입오존량 + 잔류오존량 + 배출오존량}{주입오존량} \times 100$

30. 후오존처리 공정 중 오존제어방식으로 적당하지 않은 것은?
① 오존주입농도 제어방식
② $C \cdot T$ 제어방식
③ 잔류오존농도 제어방식
④ 인라인 고정식 제어방식

31. 먹는물수질공정시험기준상 채취된 시료에서 소독제 및 소독부산물의 보존방법이 다른 것은?
① 클로랄하이드레이트
② 1,2-다이브로모-3-클로로프로판
③ 폼알데하이드
④ 트라이클로로아세토나이트릴

32. 먹는물수질공정시험기준상 총칙에 관한 설명으로 옳은 것은?
① 찬 곳이라 함은 따로 규정이 없는 한 0~10℃의 장소를 뜻한다.
② 분석용 저울은 0.01g까지 달 수 있는 것이어야 한다.
③ 감압은 따로 규정이 없는 한 10mmHg 이하로 한다.
④ 방울수라 함은 20℃에서 정제수 20방울을 적하할 때, 그 부피가 약 1mL 되는 것을 뜻한다.

33. 5% 수산화나트륨(NaOH) 용액의 농도(N)는?(단, 나트륨, 산소, 수소의 원자량은 각각 23, 16, 1이다)
① 1.00
② 1.25
③ 2.00
④ 2.25

34 수도법령과 불활성화비 계산방법 및 정수처리 인증 등에 관한 규정에 대한 내용으로 옳은 것은?
① 탁도기준을 준수한 막여과 방식 중 한외여과 바이러스 제거율이 가장 낮다.
② 병원성 미생물의 불활성화비 정수처리 기준은 1 미만이다.
③ 정수처리 인증을 받고자 하는 수도사업자는 환경부장관의 인증을 받아야 한다.
④ 불활성화비 검사를 위한 수소이온농도의 검사 주기는 1일 1회 이상이다.

35 먹는물 수질기준 및 검사 등에 관한 규칙상 심미적 영향물질에 관한 기준 항목으로 옳지 않은 것은?
① 알루미늄
② 동
③ 붕 소
④ 과망간산칼륨 소비량

36 먹는물관리법에서 정의한 먹는물이 아닌 것은?
① 샘 물
② 먹는염지하수
③ 수돗물
④ 먹는해양심층수

37 수도법상 일반수도에 해당하는 것을 모두 고른 것은?

ㄱ. 광역상수도	ㄴ. 전용상수도
ㄷ. 마을상수도	ㄹ. 공업용수도
ㅁ. 지방상수도	ㅂ. 소규모 급수시설

① ㄱ, ㄴ, ㄹ
② ㄱ, ㄷ, ㅁ
③ ㄴ, ㄷ, ㅂ
④ ㄹ, ㅁ, ㅂ

38 먹는물 수질감시항목에 대한 평상시 검사주기가 가장 긴 항목은?
① Microcystin-LR
② Geosmin
③ Antimony
④ Perchlorate

39 수도법령상 정수처리기준에 관한 설명으로 옳은 것은?
① 공업용 수도사업자는 수돗물이 병원성 미생물로부터 안전성이 확보되도록 환경부령으로 정하는 정수처리기준을 지켜야 한다.
② 정수처리기준의 적용구간은 착수정부터 정수장의 배수지 유출지점까지이다.
③ 최초 인증 이후 정수처리기준의 인증주기는 3년이다.
④ 소독에 의한 불활성화비의 검사 항목은 잔류소독제농도, 수소이온농도, 탁도이다.

40 먹는물수질공정시험기준상 미생물 시험에서 막여과법을 사용하지 않는 항목은?
① 시겔라 ② 여시니아균
③ 대장균 ④ 중온일반세균

제3과목 설비운영 (기계·장치 또는 계측기 등)

41 침전지 배출수 및 슬러지 배출에 관한 설명으로 옳지 않은 것은?
① 슬러지 배출밸브는 다이어프램밸브나 편심밸브 등이 사용된다.
② 배출관의 관경은 최소 150mm 이상으로 한다.
③ 배출수 및 슬러지 배출은 반드시 펌프를 설치하여 배출한다.
④ 배수관의 상단은 바닥보다 관경의 2배 이상 낮게 설치한다.

42 수류식 혼화방법에 관한 설명으로 옳은 것을 모두 고른 것은?

ㄱ. 수류식 혼화장치에는 파샬플룸, 벤투리미터, 위어 등이 있다.
ㄴ. 단점으로 응집제와 가압수에 있는 부유물질로 노즐이 폐색된다.
ㄷ. 혼화강도를 조절할 방법이 없다.
ㄹ. 약품을 확산시킬 때에 압력은 70kPa 이상으로 한다.

① ㄱ, ㄴ ② ㄱ, ㄷ
③ ㄱ, ㄴ, ㄷ ④ ㄴ, ㄷ, ㄹ

43 플록의 충돌결합회수에 관한 설명으로 옳은 것은?
① 플록입자수의 2승에 비례한다.
② 큰 플록을 형성시키기 위해 플록농도가 적을수록 효과적이다.
③ 캠프(Camp)와 스타인(Stein)의 식은 난류층의 입자충돌에 관하여 유도된 것이다.
④ 입자경의 3승에 반비례한다.

44 수도법상 수도꼭지에서의 먹는물의 잔류염소농도 규정 중 평상시 유리잔류염소(A)와 결합잔류염소(B)의 농도기준(mg/L)은?
① A : 0.1 이상, B : 0.4 이상
② A : 0.1 이상, B : 0.5 이상
③ A : 0.2 이상, B : 0.5 이상
④ A : 0.3 이상, B : 0.1 이상

45 응집용 약품저장설비에 관한 설명으로 옳지 않은 것은?
① 콘크리트제, 강제, 강화플라스틱(FRP)제 등으로 구조상 안전해야 한다.
② 설치장소는 옥내·외를 막론하고 누출액을 발견하기 쉽고 검사와 관리가 용이한 구조로 한다.
③ 약품은 주로 강한 산성이나 알칼리성으로 내식성의 재질로 해야 한다.
④ 저장설비의 용량은 계획정수량에 평균 주입률을 더하여 산정한다.

정답 40 ④ 41 ③ 42 ② 43 ① 44 ① 45 ④

46 가압탈수기의 여과포 선정조건이 아닌 것은?
① 내산성, 내알칼리성
② 강도, 내구성이 클 것
③ 사용 중에 팽창과 수축이 클 것
④ 탈수여액의 청징도가 높을 것

47 정수시설의 감시제어설비 및 계측제어기기에 관한 설명으로 옳지 않은 것은?
① 급속충전방식은 충전기가 부담하기 어려운 일시적인 대전류 부하를 축전지가 부담하는 방식이다.
② 환경보전대책이나 생애주기비용을 감안하여 합리적이고 효율적인 설비로 한다.
③ 전자유량계는 패러데이의 전자유도법칙을 이용한다.
④ 원격지에 설치되어 있는 펌프장은 무인화를 원칙으로 한다.

48 변류기 2차 단자간에 접속된 부하가 소비하는 피상전력(VA)은?
① 과전류강도
② 오차계급
③ 과전류정수
④ 부담

49 정수시설에 적용되는 계측제어설비 및 기기에 관한 설명으로 옳지 않은 것을 모두 고른 것은?

> ㄱ. 계측제어기기의 조작부는 상수도시설의 각 부분에서 수위, 압력, 수량 및 수질 등의 변화량을 검출하여 신호로 변환하는 장치이다.
> ㄴ. 차압식 유량계는 유량에 반비례하는 차압을 발생시키는 조임기구와 이 차압을 전기신호로 변환하는 차압전송기로 구성된다.
> ㄷ. 염소를 주입하기 전에 잔류염소계, 염소요구량계 등의 측정치로부터 주입량을 설정하고 편차가 생기기 전에 염소주입량을 조절하는 소독약품 주입 제어 방식은 피드포워드제어 방식이다.

① ㄱ
② ㄱ, ㄴ
③ ㄴ, ㄷ
④ ㄱ, ㄴ, ㄷ

50 용량이 10, 20, 30μF인 콘덴서가 직렬 접속된 회로에 110V의 직류전압이 인가되었을 때, 콘덴서 합성용량(μF)은 약 얼마인가?

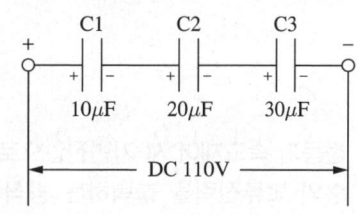

① 5.5
② 8.5
③ 20.0
④ 60.0

정답 46 ③ 47 ① 48 ④ 49 ② 50 ①

51 영상전압을 검출하는 전기설비는?
① CT ② ZCT
③ PT ④ GPT

52 정수장에서 컴퓨터를 사용하는 제어방식에 관한 설명으로 옳지 않은 것은?
① 집중제어방식은 시퀀스제어나 피드백제어는 물론이고 복합제어나 고도의 연산을 필요로 하는 제어도 가능하다.
② 정수장 같이 취수, 침전 및 여과 등 복수 처리 기능을 갖는 경우 분산제어방식이 적합하지 않다.
③ 집중제어방식에서 컴퓨터의 고장은 시스템 전체를 정지시킬 수 있으므로 백업대책이 필요하다.
④ 분산제어방식은 고장범위가 한정되어 위험이 분산되고 신뢰성도 우수하다.

53 전동기 속도제어 시 가변전압으로 가변주파수의 교류전력을 출력하는 방식은?
① ELB ② VVVF
③ LBS ④ CVCF

54 초음파 유량계 설치 시 유의사항으로 옳지 않은 것은?
① 측정관의 재질은 강관, 주철관 등으로 내면에 라이닝이 있더라도 지장이 없다.
② 측정방식은 전반속도차법과 Doppler법이 있다.
③ 액의 밀도에 의한 보정이 필요하다.
④ 정밀한 측정을 위해서 배관 내는 항상 유체가 충만되어야 한다.

55 다음에서 설명하고 있는 밸브는?

정·역류의 유체력에 의하여 개폐되고 설치한 다음에 운전자가 임의로 조작하기 어려운 밸브

① 역류방지용 밸브
② 차단용 밸브
③ 방류용 밸브
④ 제어용 밸브

56 산업안전보건법령상 물질안전보건자료 대상물질을 제조하거나 수입하려는 자의 기재사항으로 옳지 않은 것은?
① 제품명
② 안전 및 보건상의 취급 주의 사항
③ 건강 및 환경에 대한 유해성, 물리적 위험성
④ 물리·화학적 특성 등 환경부령으로 정하는 사항

정답 51 ④ 52 ② 53 ② 54 ③ 55 ① 56 ④

57 정수 공정별 수질계측기의 기본 설치항목의 연결로 옳지 않은 것은?
① 취수장 - 탁도계
② 착수정 - 전기전도도계
③ 침전지 - 알칼리도계
④ 정수지 - 잔류염소계

58 감시조작설비 중 전체 시스템의 운영에 필요한 엔지니어링 데이터를 생성, 변경, 저장하는 설비는?
① ESS   ② EWS
③ FCS   ④ COS

59 펌프설치에 관한 설명으로 옳지 않은 것은?
① 펌프의 흡입관은 공기가 갇히지 않도록 배관한다.
② 펌프의 토출관은 마찰손실이 작도록 고려한다.
③ 펌프 흡수정은 펌프의 설치위치에 가급적 가까이 만들고 난류와 와류가 일어나지 않는 형상으로 한다.
④ 펌프의 흡입관에는 체크밸브와 제어밸브를 설치한다.

60 산업안전보건법령상 '중대재해'에 관한 설명으로 옳은 것은?
① 2개월 이상의 요양이 필요한 부상자가 동시에 2명 이상 발생한 재해
② 부상자가 동시에 5명 이상 발생한 재해
③ 직업성 질병자가 동시에 10명 이상 발생한 재해
④ 산업재해 중 사망 등 재해 정도가 심한 것으로서 대통령령으로 정하는 재해

제4과목 정수시설 수리학

61 [MLT]계로 표현되는 점성계수의 차원으로 옳은 것은?
① $[ML^{-2}T^{-2}]$
② $[ML^{-1}T^{-1}]$
③ $[L^2T^{-1}]$
④ $[L^3T^{-1}]$

62 원형관에서 모세관현상의 상승고에 관한 설명으로 옳지 않은 것은?
① 액체의 표면장력에 비례한다.
② 모세관의 지름에 반비례한다.
③ 액체의 단위중량에 비례한다.
④ 물의 경우 수은 증가에 반비례한다.

63 지름 1.5cm인 관로에 유량 210cm³/min의 물이 흐를 때, 관의 레이놀즈수(Re)는 약 얼마인가?(단, 동점성계수는 1.12×10^{-2} cm²/s이다)

① 133
② 265
③ 2,600
④ 15,916

64 다음과 같이 저수지에서 오리피스를 통해 물이 흘러가고 있다. 저수지의 수심(H)이 10m이고 오리피스의 지름(D)이 10cm일 때 오리피스를 통해 흘러가는 물의 유속(m/s)은 약 얼마인가?(단, 오리피스의 총손실수두는 $\dfrac{3V^2}{2g}$이다)

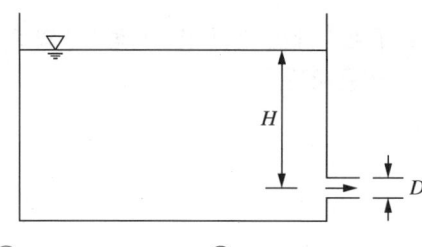

① 7
② 9
③ 11
④ 14

65 지름 15cm인 관 속을 0.85m/s의 속도로 액체가 흐르고 있을 때 관의 마찰계수(f)는 약 얼마인가?(단, 액체의 동점성계수는 1.1×10^{-4}m²/s이다)

① 0.022
② 0.033
③ 0.044
④ 0.055

66 관수로의 유량측정장치에 관한 설명으로 옳은 것은?

① 자기식 유량측정기에서 유량은 자속밀도에 비례한다.
② 벤투리미터는 관로 도중에 단면축소부를 두어 단면 간의 수두차를 측정하여 유량을 계산하는 방식이다.
③ 자기식 유량측정기는 고형물질이 많은 관수로의 유량측정에는 이용할 수 없다.
④ 위어로 유량을 측정하는 경우 벽의 마찰에 영향을 받지 않는다.

67 다음 식에 관한 설명으로 옳지 않은 것은?

$$\dfrac{p}{\gamma} + \dfrac{V^2}{2g} + z = H = \text{constant}$$

① 베르누이(Bernoulli) 방정식을 나타낸 것으로 오일러(Euler) 에너지식을 적분하여 얻을 수 있다.
② 베르누이 방정식을 적용하고자 하는 임의의 두 점은 항상 같은 유선상에 있어야 한다.
③ $\dfrac{p}{\gamma}$를 압력수두, $\dfrac{V^2}{2g}$을 속도수두, z를 위치수두라 한다.
④ 베르누이 방정식은 정상흐름, 비압축성 유체, 비점성 유체, 동일한 유선상의 흐름 중 한가지 이상을 만족하는 흐름에 대해 적용할 수 있다.

68 혼화지에서 속도경사(G)에 관한 설명으로 옳지 않은 것은?
① 수온에 따라 변동한다.
② 속도경사(G)의 차원은 [T^{-1}]이다.
③ 점성계수(μ)의 1/2승에 반비례한다.
④ 동력(P)의 1/2승에 반비례한다.

69 길이 1km, 지름 500mm인 원형관에 평균유속 1m/s로 물이 가득차서 흐르고 있다. 관의 마찰손실계수가 0.02일 때 마찰손실수두(m)는 약 얼마인가?
① 1 ② 2
③ 3 ④ 4

70 개수로 흐름에 관한 설명으로 옳은 것은?
① 한계수심은 일정 유량이 흐를 때 비에너지가 최대인 수심이다.
② 수심이 한계수심보다 큰 흐름은 사류이다.
③ 상류는 프루드수가 1보다 큰 흐름이다.
④ 흐름이 사류에서 상류로 급격히 변할 때 도수현상이 발생한다.

71 물이 가득차서 흐르는 원형관의 동수반경이 15cm일 때, 관의 직경(m)은?
① 0.3 ② 0.4
③ 0.6 ④ 0.8

72 에너지경사선과 동수경사선을 구분하는 수두는?
① 속도수두
② 압력수두
③ 위치수두
④ 마찰손실수두

73 정수장에서 침전지의 제거효율 향상 방법으로 옳은 것을 모두 고른 것은?

ㄱ. 유량을 적게 한다.
ㄴ. 경사판 침전지를 사용한다.
ㄷ. 플록의 침강속도를 적게 한다.
ㄹ. 표면적 부하율을 크게 한다.

① ㄱ, ㄴ
② ㄱ, ㄷ
③ ㄱ, ㄴ, ㄷ
④ ㄴ, ㄷ, ㄹ

74 계획급수인구가 50,000명이고, 계획1인1일 최대급수량이 150L인 A도시의 정수장에 여과속도 120m/d인 급속여과지를 설치하려고 한다. 여과지의 소요면적(m^2)은?
① 31.5 ② 50
③ 62.5 ④ 75

정답 68 ④ 69 ② 70 ④ 71 ③ 72 ① 73 ① 74 ③

75 펌프의 제원결정에 검토되는 항목으로 옳지 않은 것은?
① 전양정 ② 토출량
③ 비력   ④ 구경

76 펌프의 비속도(N_s)를 나타내는 식은?(단, N : 분당 회전수, Q는 최고 효율점의 양수량, H는 최고 효율점의 전양정이다)
① $N_s = N\dfrac{Q^{1/2}}{H^{5/4}}$
② $N_s = N\dfrac{Q^{1/2}}{H^{3/4}}$
③ $N_s = N\dfrac{Q^{1/4}}{H^{5/4}}$
④ $N_s = N\dfrac{Q^{1/4}}{H^{3/4}}$

77 개수로와 관수로 흐름에서 가장 지배적인 영향인자의 연결로 옳은 것은?
① 개수로 - 중력, 관수로 - 압력
② 개수로 - 대기압, 관수로 - 비에너지
③ 개수로 - 레이놀즈수, 관수로 - 대기압
④ 개수로 - 압력, 관수로 - 비력

78 사이펀(Siphon)에 관한 설명으로 옳은 것은?
① 만곡부에서 부압(-)이 발생한다.
② 한계수심이 발생한다.
③ 상류에서 사류로 변환되는 장치이다.
④ 펌프의 일종이다.

79 펌프의 축동력이 5kW일 때, 유량 0.1m³/s를 양수할 수 있는 전양정(m)은 약 얼마인가? (단, 물의 단위중량은 1,000kgf/m³, 펌프 효율은 75%, 손실은 무시한다)
① 1.1   ② 2.9
③ 3.8   ④ 5.1

80 유량 0.6m³/s의 물을 전양정 12m까지 양수하기 위한 펌프의 소요동력(kW)은 약 얼마인가?(단, 물의 단위중량은 1,000kgf/m³, 펌프의 효율은 75%, 손실은 무시한다)
① 32.5   ② 54.6
③ 70.5   ④ 94.1

2022년 제32회 3급 과년도 기출문제

제1과목 수처리공정

01 응집제 저장설비의 용량기준은 얼마 이상으로 하는가?
① 5일분　　② 10일분
③ 20일분　　④ 30일분

02 응집지에 급속혼화방법으로 옳은 것은?
① 산화식 혼화
② 기화식 혼화
③ 냉각식 혼화
④ 기계식 혼화

03 처리유량이 240,000m³/d, 여과속도가 8m/h일 경우 필요한 여과지 면적(m³)은?(단, 예비지 설치는 고려하지 않는다)
① 1,250　　② 3,000
③ 30,000　　④ 60,000

04 침전효율을 향상시키는 방법으로 옳은 것은?
① 경사판은 설치하지 않는다.
② 플록의 침강속도를 크게 한다.
③ 유입 유량을 크게 한다.
④ 침강면적을 작게 한다.

05 입자의 직경이 가장 작은 것은?
① 실트　　② 모래
③ 점토　　④ 자갈

06 급속여과지의 하부집수장치 방식이 아닌 것은?
① 유공블록형
② 집수매거형
③ 유공관형
④ 다공판형

07 급속여과지의 성능평가 지표가 아닌 것은?
① 여과지속시간
② 여과수탁도
③ 질산성 질소 제거율
④ 역세척수량의 여과수량에 대한 비율

08 여과지 폐색을 일으키는 규조류는?
① 마이크로시스티스
② 시네드라
③ 아나베나
④ 오실라토리아

정답　1 ④　2 ④　3 ①　4 ②　5 ③　6 ②　7 ③　8 ②

09 잔류효과가 없고 유해 소독부산물을 생성하지 않으며 원생동물을 효과적으로 불활성화하는 처리방법은?
① 자외선(UV) 소독
② 염소 소독
③ 오존 처리
④ 활성탄 처리

10 오존 처리에 관한 설명으로 옳지 않은 것은?
① 병원성 미생물에 대한 소독시간이 단축된다.
② 염소와의 반응으로 냄새를 유발하는 페놀류 등을 제거하는 데 효과적이다.
③ 오존을 주입하면 염소 소비량을 증대시킨다.
④ 철·망간의 산화능력이 크다.

11 원수의 전구물질과 염소가 반응하여 생성되는 소독부산물질은?
① 마이크로시스티스
② 2-MIB
③ 지오스민
④ HAAs

12 소독처리에 사용되는 자외선의 주된 파장(nm)은?
① 150   ② 254
③ 384   ④ 450

13 처리유량이 10,000m^3/d이고 염소주입량이 30kg/d일 때 염소요구량이 1.2mg/L이면, 잔류염소농도(mg/L)는?
① 0.2   ② 0.8
③ 1.8   ④ 3.0

14 염소제의 장단점으로 옳지 않은 것은?
① 소독효과가 잔류하지 않는다.
② 트라이할로메탄을 생성한다.
③ 냄새를 유발한다.
④ 암모니아성 질소와 반응한다.

15 정수시설에서 발생하는 폐수의 종류가 아닌 것은?
① 활성슬러지
② 침전슬러지
③ 역세척배출수
④ 배출수처리시설로 유입되는 월류수

16 다음 ( )에 들어갈 내용으로 옳은 것은?

• 배슬러지지의 슬러지 체류시간은 (ㄱ)시간 이내로 하는 것이 바람직하다.
• 농축조의 슬러지 체류시간은 (ㄴ)시간 이내로 하는 것이 바람직하다.

① ㄱ : 12, ㄴ : 24
② ㄱ : 12, ㄴ : 48
③ ㄱ : 24, ㄴ : 48
④ ㄱ : 24, ㄴ : 72

17 정수장 배출수처리시설로 옳지 않은 것은?
① 농축시설 ② 소화시설
③ 탈수시설 ④ 건조시설

18 맛·냄새물질에 관한 설명으로 옳은 것은?
① 맛·냄새 문제는 지표수에서 발생하고 지하수에서는 발생하지 않는다.
② 지표수는 계절에 따른 맛·냄새 변동폭이 작다.
③ 맛·냄새 문제는 원인물질이 다양하지 않으며, 이들의 생성경로도 단순하다.
④ 맛·냄새의 종류에 따라 분말 또는 입상활성탄처리, 오존처리 및 오존·입상활성탄처리 등을 한다.

19 색도를 제거하는 방법으로 옳지 않은 것은?
① 응집·침전처리
② 오존처리
③ 활성탄처리
④ 탈기처리

20 오존처리의 목적으로 옳지 않은 것은?
① 잔류염소 제거
② THMs 전구물질 저감
③ 색도 제거
④ 소독부산물 저감

제2과목 수질분석 및 관리

21 먹는물수질공정시험기준상 냄새 측정 시 200mL로 묽히는 데 사용한 시료의 양이 100mL일 때 역치값(TON)은?
① 1 ② 2
③ 4 ④ 8

22 먹는물수질공정시험기준상 총대장균군의 시험법으로 옳지 않은 것은?
① 현미경계수법
② 막여과법
③ 효소기질이용법
④ 시험관법

23 먹는물수질공정시험기준상 암모니아성 질소 분석법에 해당하지 않는 것은?
① 자외선/가시선 분광법
② 이온크로마토그래피
③ 연속흐름법
④ DPD 비색법

정답 17 ② 18 ④ 19 ④ 20 ① 21 ② 22 ① 23 ④

24 수질오염공정시험기준상 생물화학적 산소요구량(BOD) 측정에 관한 설명으로 옳지 않은 것은?

① 5일의 저장기간 동안 산소의 소비량이 70~90% 범위 안의 희석 시료를 선택하여 초기 용존산소량과 5일간 배양한 다음 남아 있는 용존산소량과의 차로부터 BOD를 계산한다.
② 공장폐수나 혐기성 발효의 상태에 있는 시료는 호기성 산화에 필요한 미생물을 식종하여야 한다.
③ BOD용 식종수는 하수를 사용할 경우 5~10mL를 취하고 희석수를 넣어 1,000mL로 한다.
④ pH가 6.5~8.5의 범위를 벗어나는 시료는 염산용액 또는 수산화나트륨 용액으로 시료를 중화하여 pH 7.0~7.2로 맞춘다.

25 먹는물수질공정시험기준상 용어에 관한 설명이다. ( )에 들어갈 내용은?

> 무게를 '정확히 단다.'라 함은 규정된 수치의 무게를 ( )mg까지 다는 것을 말한다.

① 0.001   ② 0.01
③ 0.1   ④ 1.0

26 정수장에서 원수의 pH를 높이기 위하여 사용되는 pH 조정제가 아닌 것은?

① 소석회
② 액체수산화나트륨
③ 소다회
④ 황산알루미늄

27 250m³/h의 원수가 폭 10m, 길이 40m, 깊이 4m 침전지로 유입될 경우 표면부하율(m³/m²·d)은?

① 10   ② 15
③ 20   ④ 25

28 응집제 주입량 결정을 위한 자-테스트(Jar-Test) 시험에서 상징수분석 항목이 아닌 것은?

① 탁 도   ② 알칼리도
③ pH   ④ BOD

29 먹는물수질공정시험기준상 ( )에 들어갈 내용은?

> 찬 곳이라 함은 따로 규정이 없는 한 (ㄱ)~(ㄴ)℃의 장소를 뜻한다.

① ㄱ : 0, ㄴ : 10
② ㄱ : 0, ㄴ : 15
③ ㄱ : 1, ㄴ : 10
④ ㄱ : 1, ㄴ : 15

30 먹는물수질공정시험기준상 다음의 이온류 중 채취된 시료의 보존기간이 가장 짧은 항목은?

① 시 안
② 암모니아성 질소
③ 황산이온
④ 브롬산염

31. 먹는물수질공정시험기준상 십억분율을 표시하는 단위는?
   ① μg/L
   ② mg/L
   ③ g/kg
   ④ ng/kg

32. 수도법령상 병원성 미생물로부터 안전성 확보를 위해 지켜야 할 정수처리기준 항목이 아닌 것은?
   ① 바이러스
   ② 지아디아 포낭
   ③ 분원성 대장균군
   ④ 크립토스포리디움 난포낭

33. 수도법령상 정수처리기준에 관한 설명으로 옳은 것은?
   ① 마을상수도는 정수처리기준을 지켜야 한다.
   ② 탁도의 검사주기는 1일 1회 이상이다.
   ③ 불활성화비 검사는 정수지 유입부에서 시료를 채취한다.
   ④ 병원성 미생물 제거율과 불활성화율은 여과공정과 소독공정에 적용한다.

34. 정수시설에서 소독에 의한 불활성화비 계산에 관한 내용으로 옳지 않은 것은?
   ① $CT_{요구값}$은 잔류소독제 농도와 소독제 접촉시간의 곱이다.
   ② 불활성화비는 계산된 소독능값과 이론적으로 요구되는 소독능값의 비이다.
   ③ 잔류소독제 농도는 측정한 잔류소독제 농도값 중 최솟값을 택한다.
   ④ 정수지의 수리학적 체류시간은 정수지 사용용량과 시간당 최대 통과유량의 비이다.

35. 먹는물 수질기준 및 검사 등에 관한 규칙상 지방상수도의 수도관 노후지역 수도꼭지에서 검사할 항목이 아닌 것은?
   ① 일반세균
   ② 암모니아성 질소
   ③ 색 도
   ④ 잔류염소

36. 먹는물관리법령상 소독제 및 소독부산물질에 해당하는 먹는물 수질기준 항목은?
   ① 총대장균군
   ② 다이클로로메탄
   ③ 1,2-다이옥산
   ④ 총트라이할로메탄

37 먹는물관리법상 먹는물에 해당하는 것을 모두 고른 것은?

| ㄱ. 먹는샘물 | ㄴ. 해양심층수 |
| ㄷ. 염지하수 | ㄹ. 수돗물 |

① ㄱ, ㄴ ② ㄱ, ㄹ
③ ㄴ, ㄷ ④ ㄷ, ㄹ

38 먹는물 수질기준 및 검사 등에 관한 규칙상 광역상수도 정수장에서 매주 1회 이상 검사해야 할 항목은?

① 경도
② 염소이온
③ 증발잔류물
④ 총트라이할로메탄

39 상수원수 하천의 생활환경기준에서 여과, 침전, 활성탄 투입, 살균 등 고도의 정수처리 후 생활용수로 이용하는 수질의 등급은?

① 좋음
② 약간 좋음
③ 보통
④ 약간 나쁨

40 먹는물 수질감시항목 중 상수원수에 적용되지 않는 항목은?

① 부식성지수
② Norovirus
③ Geosmin
④ 2-MIB

제3과목 설비운영 (기계·장치 또는 계측기 등)

41 다음에서 설명하는 급속혼화시설은?

- 혼화장치에는 파샬플룸, 벤투리미터, 위어 등이 있다.
- 와류의 정도가 처리수량에 좌우된다.
- 혼화강도의 조절이 어렵다.
- 원수가 개수로를 통하여 유입될 때 도수현상이 발생된다.

① 수류식
② 가압수 확산식
③ 인라인 고정식
④ 파이프 격자식

42 슬러지 배출설비의 설계원칙에 관한 설명으로 옳지 않은 것은?

① 저농도로 대량의 슬러지를 배출할 수 있을 것
② 슬러지 양에 알맞은 배출능력을 가질 것
③ 슬러지 배출이 원활할 것
④ 슬러지 배출밸브는 정전 등의 사고가 있을 때 '열림' 상태로 되지 않을 것

43. 플록큐레이터를 설계할 때 고려할 사항이 아닌 것은?
① 후단으로 갈수록 회전속도를 낮추어서 주변속도를 느리게 한다.
② 가변속 전동기를 사용하는 경우 기동 시의 속도설정은 가능한 높게 한다.
③ 플록형성지 위에는 추락방지용 안전난간 등을 설치한다.
④ 플록형성지 내의 교반은 원칙으로 플록이 크게 성장함에 따라 그 강도를 낮출 필요가 있다.

44. 액화염소 저장설비에 관한 설명으로 옳지 않은 것은?
① 액화염소 저장실 실온은 10~35℃를 유지한다.
② 용기 1ton을 사용할 경우는 용기의 반·출입을 위한 리프트장치를 설치한다.
③ 액화염소의 저장량은 1일 사용량을 고려하지 않는다.
④ 용기는 40℃ 이하로 유지하고 직접 가열해서는 안 된다.

45. 응집제 중 폴리염화알루미늄(PACl)의 특성에 관한 설명으로 옳지 않은 것은?
① -20℃ 이하에서는 결정이 석출되므로 보온장치가 필요하다.
② 황산알루미늄보다 적정주입 pH의 범위가 넓다.
③ 6개월 이상 저장하면 변질될 가능성이 있다.
④ 낮은 수온에 대해서도 응집효과가 좋으며 황산알루미늄과 혼합하여 사용해도 된다.

46. 저탁도 원수를 대상으로 소량의 응집제를 주입한 후 플록형성과 침전처리를 하지 않고 여과하는 방식은?
① 급속여과
② 완속여과
③ 직접여과
④ 기타여과

47. 정수장에서 발생되는 슬러지를 처리하는 가압형 탈수기가 아닌 것은?
① 스크루프레스
② 필터프레스
③ 원심탈수기
④ 벨트프레스

정답 43 ② 44 ③ 45 ④ 46 ③ 47 ③

48 3상 단권변압기를 사용하는 농형 유도전동기의 기동방식은?
① 스타델타 기동
② 기동보상기 기동
③ 리액터 기동
④ 2차저항 기동

49 과부하 전류 또는 외부의 단락사고 시에 동작하는 보호계전기는?
① OCR   ② OVR
③ UVR   ④ OCGR

50 다음 그림에서 A-B 간의 합성저항(Ω)은?

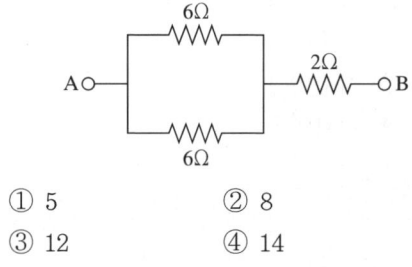

① 5   ② 8
③ 12   ④ 14

51 전기설비 중 ZCT의 사용 목적은?
① 영상전압 검출
② 역상전류 검출
③ 영상전류 검출
④ 과전압 검출

52 정수시설의 계측제어설비에 관한 설명으로 옳지 않은 것은?
① 계측제어설비에 사용되는 광케이블은 광대역으로 고속 대용량 전송이 가능하다.
② 계측제어 전원으로 직류전원도 사용한다.
③ 계측제어설비를 도입하면 수질, 수량 및 수압 등의 품질관리 향상을 기대할 수 있다.
④ 계측제어설비의 통신방식 중 UHF 방식은 유선으로 신호를 전송하는 방법이다.

53 상수도시설의 계측제어용 기기에서 제어 목적을 달성하기 위하여 작동하는 장치는?
① 조작부   ② 검출부
③ 전송부   ④ 표현부

54 펌프의 유량제어 중 전동기 자체의 회전속도 제어방식이 아닌 것은?
① 2차저항 제어방식
② 전자커플링방식
③ 셀비우스 제어방식
④ 1차주파수 제어방식

55 정수시설 중 알칼리도계를 기본항목으로 설치해야 하는 공정으로 옳은 것은?
① 취수장   ② 착수정
③ 혼화지   ④ 여과지

56 정수지에서 배수지로 송수하는 펌프는?
① 취수펌프
② 송수펌프
③ 배수펌프
④ 급수펌프

57 차압식 수위계 설치 시 유의사항으로 옳지 않은 것은?
① 차압전송기의 설치위치는 최저수위보다 낮게 설치한다.
② 액의 밀도에 의한 보정이 필요하다.
③ 동결될 우려가 있는 경우에는 도압배관에 보온장치를 시공한다.
④ 도압배관은 공기고임을 만들지 않게 되도록 곡선배관으로 한다.

58 화학물질관리법령상 화학물질의 관리에 관한 기본계획 중 ( )에 들어갈 내용으로 옳은 것은?

(ㄱ)은 유해성·위해성이 있는 화학물질을 효율적으로 관리하기 위하여 (ㄴ)년마다 화학물질의 관리에 관한 기본계획을 수립하여야 한다.

① ㄱ : 고용노동부장관, ㄴ : 3
② ㄱ : 고용노동부장관, ㄴ : 5
③ ㄱ : 환경부장관, ㄴ : 3
④ ㄱ : 환경부장관, ㄴ : 5

59 산업안전보건법령상 물질안전보건자료의 작성 시 물리·화학적 특성 등 고용노동부령으로 정하는 사항으로 옳지 않은 것은?
① 폭발·화재 시의 대처방법
② 독성에 관한 정보
③ 응급조치 요령
④ 유통경로 및 구매자 정보

60 산업안전보건법령상 안전보건표지의 종류와 형태에서 '화기금지'에 해당하는 것은?

①  ②

③  ④

제4과목 정수시설 수리학

61 관수로 내의 흐름에서 마찰손실수두(h_L)에 관한 설명으로 옳은 것은?
① 관의 직경에 반비례한다.
② 속도수두에 반비례한다.
③ 관의 길이에 반비례한다.
④ 프루드수에 비례한다.

62. [MLT]계로 표현되는 동점성계수의 차원으로 옳은 것은?(단, M은 질량, L은 길이, T는 시간을 표시하는 차원이다)
① $[ML^{-2}T^{-2}]$ ② $[ML^{-1}T^{-1}]$
③ $[L^2T^{-1}]$ ④ $[L^3T^{-1}]$

63. 모세관 내 물의 상승높이에 관한 설명으로 옳은 것은?
① 모세관의 지름에 반비례한다.
② 표면장력에 반비례한다.
③ 액체의 단위중량에 비례한다.
④ 온도에 비례한다.

64. 저수지의 수심 10m 지점에서 지름 10cm의 노즐을 통해 물이 외부로 유출되고 있다. 이때 노즐을 통해 흘러가는 물의 유속(m/s)은 약 얼마인가?(단, 에너지 손실은 무시한다)
① 8   ② 10
③ 12   ④ 14

65. 무디 선도(Moody Diagram)를 이용한 마찰계수 결정 시 이용되는 인자로 옳은 것은?
① 프루드수, 레이놀즈수
② 상대조도, 레이놀즈수
③ 상대조도, 프루드수
④ 절대조도, 프루드수

66. 유량측정용 위어(Weir)로 옳지 않은 것은?
① 직사각형 위어
② 원뿔 위어
③ 사다리꼴 위어
④ 삼각형 위어

67. 베르누이(Bernoulli) 방정식이 성립하기 위한 조건으로 옳지 않은 것은?
① 압축성 유체로 가정한다.
② 비점성 유체로 가정한다.
③ 정상흐름으로 가정한다.
④ 임의의 두 점은 동일한 유선상에 있다.

68. 물이 가득차서 흐르는 원형관의 직경이 40cm일 때, 관의 동수반경(cm)은?
① 5   ② 10
③ 20   ④ 40

69. 관수로 흐름에서 발생하는 미소손실에 관한 설명으로 옳지 않은 것은?
① 관의 유입부 및 유출부 손실은 미소손실이다.
② 단면 급축소 및 급확대에 의해 발생한다.
③ 단면변화에 의해 발생하는 속도수두에 비례한다.
④ 밸브, 부속물 및 만곡부에서 물의 점성 변화에 의해 발생한다.

70 그림과 같은 수조의 벽에서 작은 오리피스로 물을 유출시킬 때, 유속을 2배 증가시켰다. 수심(H)은 어떻게 변하는가?(단, 주어진 조건 이외는 동일조건으로 가정한다)

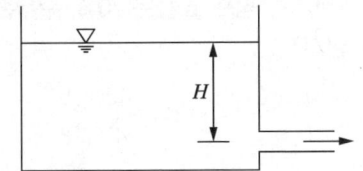

① 변화 없음
② 1/2 감소
③ 2배 증가
④ 4배 증가

71 물이 가득 찬 원형관의 유속을 2배로 증가시켰다. 동일조건에서 마찰손실수두는 어떻게 변하는가?

① 1/2 감소
② 2배 증가
③ 4배 증가
④ 8배 증가

72 에너지경사에 관한 다음 ( )에 들어갈 내용으로 옳은 것은?

에너지경사 = 동수경사 + ( )

① 단면확대손실수두
② 위치수두
③ 압력수두
④ 속도수두

73 혼화지에서 속도경사(G)를 결정하는 영향인자가 아닌 것은?

① 항력계수(C_D)
② 교반동력(P)
③ 혼화지의 부피(V)
④ 물의 점성계수(μ)

74 펌프와 부속설비의 설치에 관한 내용으로 옳은 것은?

① 펌프의 흡입관은 공기가 갇히도록 배관한다.
② 펌프의 토출관에는 체크밸브와 제어밸브를 설치한다.
③ 펌프의 토출관은 마찰손실이 크도록 고려한다.
④ 펌프 흡수정은 펌프의 설치위치에 가급적 멀리 만든다.

75 단층인 급속여과지의 표준 여과속도(m/d)는?

① 1~10
② 30~50
③ 70~100
④ 120~150

76 최고효율점의 양수량이 15m³/min, 전양정이 10m, 회전속도가 950rpm인 펌프의 비속도는 약 얼마인가?

① 235
② 419
③ 654
④ 836

정답 70 ④ 71 ③ 72 ④ 73 ① 74 ② 75 ④ 76 ③

77 다음에서 설명하는 현상은?

> 펌프의 내부에서 유속이 급변하거나 와류 발생, 유로장애 등에 의하여 유체의 압력이 저하되어 포화수증기압에 가까워진다. 이때 물속에 용존되어 있는 기체가 액체 중에서 분리되어 기포로 되고 포화수증기압 이하로 되면 물이 기화되어 흐름 중에 공동이 발생된다.

① 도수현상
② 캐비테이션
③ 모세관현상
④ 사이펀

78 펌프의 운전에 관한 설명으로 옳지 않은 것은?

① 관로저항곡선은 유속에 비례하므로, 1차 직선 형태가 된다.
② 관로저항곡선은 실양정과 토출량에 따른 관로계의 손실수두를 더한 곡선이다.
③ 펌프의 운전점은 양정곡선과 관로저항곡선과의 교점으로 구해진다.
④ 양정유량이 증가할수록 펌프시스템의 총 수두손실은 증가한다.

79 유량이 0.08m³/s인 물을 높이 5m까지 양수하는 데 필요한 펌프의 동력(kW)은?(단, $P = \dfrac{9.8 \times Q \times H_e}{\eta}$, 물의 단위중량은 1,000 kgf/m³, 펌프 효율은 70%, 수두손실은 무시한다)

① 1.6   ② 3.6
③ 5.6   ④ 7.6

80 펌프의 제원 결정에 검토되는 항목을 모두 고른 것은?

> ㄱ. 전양정   ㄴ. 토출량
> ㄷ. 원동기출력   ㄹ. 비에너지

① ㄱ, ㄴ
② ㄴ, ㄹ
③ ㄱ, ㄴ, ㄷ
④ ㄱ, ㄷ, ㄹ

2023년 제33회 1급 과년도 기출문제

제1과목 수처리공정

01 응집제, pH 조정제 및 응집보조제의 특성에 관한 내용으로 옳은 것은?
① pH조정제는 원수수질에 따라 주로 여과의 효과를 높이는 데 사용된다.
② 응집보조제는 원수수질에 따라 흡착 효과를 높이는 데 사용된다.
③ 응집보조제 주입량은 원수수질에 따라 실험으로 정한 주입률과 처리수량으로 산출한다.
④ 응집제 주입지점은 pH조정제 주입지점의 상류측에 혼화가 잘되는 지점으로 한다.

02 경사판 침전지에 관한 설명으로 옳은 것은?
① 횡류식 경사판 침전지의 표면부하율은 4~9mm/min을 표준으로 한다.
② 횡류식 및 상향류식 경사판 침전지의 경사각은 45~50°로 한다.
③ 상향류식 경사판 침전지의 표면부하율은 8~13mm/min을 표준으로 한다.
④ 상향류식 경사판 침전지 내의 평균상승 유속은 150mm/min 이하를 표준으로 한다.

03 유량이 20,000m³/d인 급속혼화지에서 체류시간 50s, 평균속도경사(G) 400/s인 기계식 교반장치에 필요한 소요동력(kg·m²/s³)은?(단, μ는 10^{-3}N·s/m², 교반모터의 효율은 85%이다)
① 765 ② 896
③ 1,236 ④ 2,179

04 여과방식의 정수처리에서 응집과 같은 전처리가 필요 없는 경우는?
① 급속여과공정의 경우
② 저탁도 원수 내 콜로이드성 입자가 존재하는 경우
③ 완속여과 시 원수 탁도가 20NTU인 경우
④ 크립토스포리디움 등의 미생물로 원수가 오염된 경우

05 직접여과와 인라인여과에 관한 설명으로 옳지 않은 것은?
① 직접여과는 원수의 수질이 양호하고 수질변화가 적은 경우에 적용된다.
② 인라인여과는 원수의 수질변화가 큰 경우에 적용된다.
③ 직접여과는 침전공정이 생략된 방식이다.
④ 인라인여과는 응집 및 침전공정이 생략된 방식이다.

정답 1 ③ 2 ① 3 ④ 4 ③ 5 ②

06 급속여과지 설계 시 고려하여야 할 사항을 모두 고른 것은?

> ㄱ. 여재입경
> ㄴ. 여층두께를 포함한 여과층의 구성
> ㄷ. 여과속도와 그 조절방식
> ㄹ. 여과층의 역세척방식과 역세척빈도

① ㄱ, ㄴ
② ㄷ, ㄹ
③ ㄱ, ㄷ, ㄹ
④ ㄱ, ㄴ, ㄷ, ㄹ

07 완속여과가 적용될 수 있는 경우에 해당되는 것은?

① 휴믹산 등 천연의 안정한 화합물에 의해 색도가 유발된 경우
② 유입수의 탁도가 10NTU를 초과하거나 조류가 많은 경우
③ 철, 망간 및 페놀 등이 제거되도록 양호한 수질의 호기성 상태가 유지되는 경우
④ 여과층 내부 혐기성 박테리아의 생존을 위협할 정도로 용존산소의 농도가 낮은 경우

08 급속여과지 하부집수장치에 관한 설명으로 옳지 않은 것은?

① 여과수거 등 유출 측의 수위변동이 작은 구조로 하여야 한다.
② 역세척과정에서는 통수공경을 줄이고 통수저항을 작게 하여야 한다.
③ 여과과정에서는 수두손실을 적게 하고 여과면적의 수압이 균일하게 유지되어야 한다.
④ 손실수두가 작고 단면이 작은 것이 경제적이다.

09 잔류염소 농도 0.5mg/L에서 5분간 90%의 세균이 사멸되었다면 같은 농도에서 99.9% 살균을 위해 필요한 시간은?(단, 사멸속도는 1차반응이다)

① 5분
② 10분
③ 15분
④ 20분

10 차아염소산나트륨에 관한 설명으로 옳은 것은?

① 전해법으로 자가생성하여 사용하는 경우도 있다.
② 유효염소가 15~20% 정도인 무색 액체이다.
③ 농도가 높을수록 안정하고, 저장 중에도 유효염소농도가 감소하지 않는다.
④ 액화염소에 비하면 저장과 취급이 용이하지 않다.

11 미생물 기준에 관한 내용이다. ( )에 들어갈 내용으로 옳게 나열한 것은?

> 원수 중의 일반세균이 (ㄱ)mL 중 5,000 CFU 이상 혹은 대장균군이 (ㄴ)mL 중 2,500MPN 이상 존재하는 경우에 여과 전에 세균을 감소시켜 안전성을 높여야 하고 또 침전지나 여과지의 내부를 위생적으로 유지하여야 한다.

① ㄱ : 1, ㄴ : 100
② ㄱ : 10, ㄴ : 250
③ ㄱ : 100, ㄴ : 100
④ ㄱ : 100, ㄴ : 250

12. 소독제 접촉시간에 관한 내용이다. ( )에 들어갈 내용으로 옳은 것은?

> 소독제의 접촉시간을 산정할 경우 추적자 실험을 통하여 측정하는 경우에는 실험용으로 주입된 추적자(불소 또는 리튬클로라이드)의 ( )%가 정수지의 유출부 또는 불활성화비를 인정받는 지점으로 빠져나올 때까지의 시간

① 5
② 10
③ 15
④ 20

13. 염소가스 저장시설의 제해설비에 관한 설명으로 옳지 않은 것은?

① 누출된 염소가스를 충분히 중화하여 무해하게 할 수 있어야 한다.
② 저장량 1,000kg 미만의 시설에서는 염소가스 누출에 대비하여 중화 및 흡수용 제해제를 상비하고 가스누출검지경보설비를 설치하는 것이 바람직하다.
③ 중화설비에 사용되는 중화제는 일반적으로 수산화나트륨 용액이 사용된다.
④ 중화설비의 처리능력은 10시간에 염소가스를 무해가스로 처리할 수 있는 양(m^3/h)으로 표시한다.

14. 액화염소의 저장설비에 관한 설명으로 옳지 않은 것은?

① 용기를 고정시키기 위하여 용기가대를 설치한다.
② 액화염소의 저장량은 항상 1일 사용량의 7일분 이상으로 한다.
③ 용기는 40℃ 이하로 유지하고 직접 가열해서는 안 된다.
④ 50kg, 100kg, 1ton의 용기를 사용한다.

15. 정수장의 배출수 처리시설에 관한 설명으로 옳은 것을 모두 고른 것은?

> ㄱ. 농축슬러지의 농도가 높으면 탈수효율이 향상된다.
> ㄴ. 조정시설은 배출수지와 배슬러지지로 구성된다.
> ㄷ. 기계식 탈수방법에는 가압여과, 진공여과, 원심분리, 조립탈수 등이 있다.
> ㄹ. 여과지 내 규조류 발생 시 착수정으로 반송하는 것이 좋다.

① ㄱ, ㄴ
② ㄱ, ㄷ
③ ㄱ, ㄴ, ㄷ
④ ㄴ, ㄷ, ㄹ

정답   12 ②   13 ④   14 ②   15 ③

16. 농축조 설계 고려요소에 관한 설명으로 옳은 것은?
   ① 고형물부하는 20~40kg/m² · d를 표준으로 한다.
   ② 고수위로부터 주벽 상단까지의 여유고는 60cm 이상으로 한다.
   ③ 용량은 계획슬러지량의 24~48시간분으로 한다.
   ④ 바닥면의 경사는 1/100 이상으로 한다.

17. 정수처리에서 발생하는 소독부산물(THMs)에 관한 설명으로 옳지 않은 것은?
   ① THMs란 메탄의 수소원자 3개가 할로겐 원자(염소, 브롬, 아이오딘)로 치환된 물질의 총칭이다.
   ② 수소이온농도 증가 시 THMs 생성량이 감소한다.
   ③ THMs 중에는 클로로폼 농도가 매우 높게 나타난다.
   ④ THMs는 생성반응속도가 느려서 급배수관말에서 발생 가능성이 높다.

18. 입상활성탄 처리공정에 관한 설명으로 옳은 것은?
   ① 여과공정 전후에 위치하는 것이 일반적이며, 침전공정 이후에 흡착과 여과를 목적으로 F/A(Filter-Adsorber) 공정으로 운영할 수 있다.
   ② 맛·냄새물질, 소독부산물, 색도 등 다양한 무기물 제거 목적으로 사용할 수 있다.
   ③ 활성탄의 흡착능력은 pH가 산성이거나 온도가 낮을수록 작아진다.
   ④ 일반적으로 친수성이 강하고 분자량이 큰 물질일수록 활성탄에 흡착되기 쉽다.

19. 고도산화법(AOP ; Advanced Oxidation Process)에 관한 설명으로 옳은 것을 모두 고른 것은?

   ㄱ. 유기물질(지오스민, THMs)과 반응이 느린 오존처리의 단점을 보완한 것이다.
   ㄴ. 오존과 산화제 등을 동시에 반응시켜 OH라디칼의 생성을 가속화하여 처리한다.
   ㄷ. 오존/낮은 pH, 오존/과산화수소, 오존/자외선 등의 방법이 있다.

   ① ㄱ, ㄴ   ② ㄱ, ㄷ
   ③ ㄴ, ㄷ   ④ ㄱ, ㄴ, ㄷ

20 해수담수화시설에 관한 설명으로 옳은 것은?
① 해수 중에 보론(B)이 60~70mg/L 정도가 함유되어 있어 총트라이할로메탄 생성량이 증가한다.
② 해수담수화시설 중 상불변방식은 다중효용법, 용매추출법, 전기투석법이 있다.
③ 역삼투막을 이용한 해수담수화의 전처리설비에 요구되는 SDI(Silt Density Index)는 5.0 이하가 되도록 한다.
④ 막투과수에 의한 관재료의 부식을 방지하기 위해 Ca^{2+}를 추가하고 CO_2를 퍼징한다.

제2과목 수질분석 및 관리

21 먹는물수질공정시험기준상 총칙에 관한 설명으로 옳은 것은?
① "수욕 상 또는 수욕 중에서 가열한다."라 함은 따로 규정이 없는 한 수온 100℃에서 가열함을 뜻하고 증기욕은 해당하지 않는다.
② 무게를 "정확히 단다."라 함은 규정된 수치의 무게를 0.1mg까지 다는 것을 말한다.
③ "정확히 취하여"라 하는 것은 규정한 양의 액체를 메스실린더로 눈금까지 취하는 것을 말한다.
④ "항량으로 될 때까지 건조한다." 또는 "항량으로 될 때까지 강열한다."라 함은 같은 조건에서 1시간 더 건조하거나 또는 강열할 때 전후 차가 g당 0.3mg 미만일 때를 말한다.

22 먹는물수질공정시험기준상 유기인계농약 항목의 시료 보존 규정으로 옳지 않은 것은?
① 시료용기 : 유리(Glass) 재질
② 보존방법 : 4℃ 냉암소 보관
③ 보존시약 : 염화암모늄 10mg 및 염산(6M) 1~2방울 첨가
④ 보존기간 : 7일 이내 추출 시 40일

23 먹는물수질공정시험기준상 금속류-원자흡수분광광도법에서의 기체에 관한 사항으로 옳은 것을 모두 고른 것은?

ㄱ. 수소-공기와 아세틸렌-공기는 거의 대부분의 원소 분석에 유효하게 사용할 수 있다.
ㄴ. 프로판-공기 불꽃은 불꽃의 온도가 높기 때문에 불꽃 중에서 해리하기 어려운 내화성산화물을 만들기 쉬운 원소의 분석에 적당하다.
ㄷ. 아세틸렌-아산화질소 불꽃은 불꽃온도가 낮고 일부 원소에 대하여 높은 감도를 나타낸다.

① ㄱ
② ㄱ, ㄴ
③ ㄴ, ㄷ
④ ㄱ, ㄴ, ㄷ

24 정수처리 공정에서 곰팡이냄새나 음이온 계면활성제의 처리방법으로 옳지 않은 것은?
① 활성탄처리
② 오존처리
③ 생물처리
④ 막여과처리

25. 응집용 약품주입률을 결정하기 위한 자-테스트(Jar-test)의 방법으로 옳은 것은?
① 급속교반 시 임펠러의 주변속도는 약 55 cm/s로 한다.
② 완속교반 시 임펠러의 주변속도는 약 25cm/s로 한다.
③ 급속교반을 1분간, 그리고 10분간 완속교반을 계속한다.
④ 30분간 정치 후 상징수를 채취한다.

26. 오존처리 공정에서의 잔류오존량(kg/d)은?

- 수돗물 생산량 24,000m³/d
- 오존전달률 95%
- 주입오존량 6.0mg/L
- 배오존량 0.1mg/L

① 0.2 ② 2.4
③ 4.8 ④ 13.4

27. 수처리제의 기준과 규격 및 표시기준상 활성탄의 메틸렌블루 탈색력 시험방법으로 옳지 않은 것은?
① 시료에 메틸렌블루 용액을 가하여 30분간 진탕 후, 흡착하는 메틸렌블루의 양을 구한다.
② 메틸렌블루는 건조하면 성상이 변화되므로 미리 건조감량을 구하고 이 수치를 이용해서 건조하지 않은 메틸렌블루의 양을 건조중량으로 환산한다.
③ 시료를 건조시킨 후 분쇄하지 않고 건조중량 0.2g을 여러 개의 100mL 마개 달린 삼각플라스크에 넣는다.
④ 진탕 후, 여과한 여액을 셀에 취하여 분광광도계를 이용하여 654nm 부근에서 흡광도를 측정한다.

28. 먹는물수질공정시험기준상 탁도의 측정 방법에 관한 설명으로 옳지 않은 것은?
① 시료가 색을 띠는 경우 빛을 흡수하므로 탁도가 높아질 수 있다.
② 먹는물수질기준은 수돗물일 경우 0.5 NTU 이하이다.
③ 시험에 사용되는 정제수는 0.02NTU 이하를 사용해야 한다.
④ 시험결과 표시자릿수는 소수점 둘째자리까지이다.

29. 먹는물수질공정시험기준상 미생물 측정 항목에 관한 확정시험용 배지와 배양온도가 옳게 짝지어진 것은?
① 분원성대장균군-시험관법 : EC 배지, (44.5±0.2)℃
② 분원성연쇄상구균-시험관법 : EC-MUG 배지, (36.0±1.0)℃
③ 총대장균군-막여과법 : DRCM 배지, (35.0±0.5)℃
④ 총대장균군-시험관법 : m-Endo 배지, (35.0±0.5)℃

30. 상수원의 조류경보 중 관심단계 발령 시 먹는물 수질감시항목에 대한 검사 주기가 옳은 것은?
① 2-MIB : 1회/일
② Geosmin : 1회/주
③ Microcystin-LR : 1회/일
④ Corrosion Index : 1회/주

31. 먹는물수질공정시험기준상 염소이온을 질산은적정법으로 측정하였을 때 염소이온 농도(mg/L)는?

- 분석시료량 : 100mL
- 소비된 질산은용액(0.01M)량 : 8.5mL
- 정제수를 사용하여 바탕실험 할 때에 소비된 질산은용액(0.01M)량 : 0.3mL
- 질산은용액(0.01M)의 농도계수 : 1.00

① 28.70 ② 29.11
③ 30.18 ④ 31.24

32. 먹는물수질공정시험기준상 유기인계농약의 기체크로마토그래피-질량분석법 측정 조건으로 옳지 않은 것은?
① 운반기체는 부피백분율 99.999% 이상의 헬륨(또는 질소)을 사용한다.
② 유량은 0.5~4mL/min으로 한다.
③ 시료도입부온도는 120~150℃로 한다.
④ 컬럼온도는 40~280℃로 사용한다.

33. 염소소독 시 영향인자에 관한 내용으로 옳지 않은 것은?
① pH, 온도와 같은 환경변수의 영향을 받는다.
② 포낭형태의 미생물은 염소소독에 저항력이 강하다.
③ $CT_{계산값}$의 소독제 접촉시간은 최대유량 기준으로 한다.
④ $CT_{계산값}$은 상수이므로 단위가 없다.

34 물환경보전법령상 폐수처리업자의 준수사항에 관한 설명으로 옳지 않은 것은?

① 수탁한 폐수는 정당한 사유 없이 5일 이상 보관하여서는 아니 된다.
② 폐수처리와 관련한 각종 기록은 정확하게 유지·관리하여야 하며, 그 기록문서 또는 전산자료는 3년간 보관하여야 한다.
③ 폐수처리시설을 16시간 이상 가동할 경우에는 해당 처리시설의 현장근무 2년 이상의 경력자를 작업현장에 책임 근무하도록 하여야 한다.
④ 수탁한 보관폐수의 전체량이 저장시설 저장능력의 90% 이상 되게 보관하여서는 아니 된다.

35 지하수법상 지하수개발·이용허가의 유효기간에 관한 내용이다. ( )에 들어갈 내용은?

- 지하수개발·이용허가의 유효기간은 (ㄱ)년으로 한다.
- 시장·군수·구청장은 지하수개발·이용허가를 받은 자가 유효기간 연장을 신청하면 (ㄴ)년간 유효기간의 연장을 허가할 수 있다.

① ㄱ : 3, ㄴ : 3
② ㄱ : 3, ㄴ : 5
③ ㄱ : 5, ㄴ : 3
④ ㄱ : 5, ㄴ : 5

36 먹는물 수질감시항목 운영 등에 관한 고시상 정수의 검사주기가 같은 항목끼리 짝지어진 것은?

① Vinyl Chloride - Chloroethane
② Ethylendibromide - Norovirus
③ Radon - Benzo(a)pyrene
④ Styrene - Chlorate

37 먹는물수질공정시험기준상 샘물, 먹는해양심층수, 먹는염지하수에 존재하는 저온 일반세균을 분석하는 데 사용되는 시험방법은?

① 평판집락법
② 막여과법
③ 효소기질이용법
④ 시험관법

38 수도법령상 수도시설의 기술진단에 관한 설명으로 옳지 않은 것은?

① 지방환경관서의 장은 기술진단 결과에 대한 기술적 검토를 한국수자원공사에 의뢰하여 의견을 들을 수 있다.
② 수도사업자는 수도시설의 관리상태를 점검하기 위하여 3년마다 기술진단을 실시하고, 시설개선계획을 수립하여 시행하여야 한다.
③ 수도사업자는 기술진단에 관한 업무를 사단법인 대한토목학회에 대행하게 할 수 있다.
④ 수도사업자는 수도시설에 대한 기술진단 결과를 기술진단 실시 후 60일 이내에 인가관청에 알려야 한다.

39 수도법령상 지정·공고된 상수원보호구역에서 관할 특별자치시장·특별자치도지사·시장·군수·구청장의 허가를 받아야 하는 행위는?

① 수해 등 천재지변으로 손괴된 건축물과 공작물의 원상복구
② 농업개량시설의 보수나 농지개량 등을 위한 복토 등 토지의 형질변경
③ 상하수도시설·환경오염방지시설 및 상수원보호구역관리시설을 제외한 건축물이나 공작물의 제거
④ 입목 및 대나무의 재배 또는 벌채

40 수도법령상 저수조의 설치기준에 관한 설명으로 옳지 않은 것은?

① 소화용수가 저수조에 역류되는 것을 방지하기 위한 역류방지장치가 설치되어야 한다.
② 옥상에 설치한 저수조를 제외한 저수조 내부의 높이는 최소 1m 80cm 이상으로 하여야 한다.
③ $5m^3$를 초과하는 저수조는 청소·위생점검 등 유지관리를 위하여 1개의 저수조를 둘 이상의 부분으로 구획하거나 저수조를 2개 이상 설치하여야 한다.
④ 물의 유출구는 유입구의 반대편 밑부분에 설치하되, 저수조 안의 물이 한곳에 고이도록 물칸막이 등을 설치하여야 한다.

제3과목 설비운영 (기계·장치 또는 계측기 등)

41 소독설비의 안전성을 확보하기 위하여 염소 저장실과 주입기실에 필요한 설비는?

① 유량계
② 수위계
③ 잔류염소계
④ 염소가스누출검지기

42 응집용 약품의 검수 및 저장설비에 관한 설명으로 옳지 않은 것은?

① 응집약품을 납품받고 저장하기 위하여 적절한 검수용 계량장비를 설치한다.
② 약품저장설비는 구조적으로 안전하고 응집제가 누출되는 경우를 대비하여야 한다.
③ 응집보조제의 저장설비 용량은 7일분 이상으로 한다.
④ 저장설비의 용량은 계획정수량에 각 약품의 평균주입률을 곱하여 산정한다.

43 침전지 슬러지 배출방식으로 옳은 것을 모두 고른 것은?

```
ㄱ. 기계식 제거방식
ㄴ. 침전지 바닥 전체에 호퍼를 설치하는
   방식
ㄷ. 슬러지 흡입방식
ㄹ. 침전지를 비우고 청소하는 방식
```

① ㄱ, ㄴ
② ㄷ, ㄹ
③ ㄱ, ㄴ, ㄷ
④ ㄱ, ㄴ, ㄷ, ㄹ

44 횡류식 침전지 내에서 편류나 밀도류를 발생시키지 않고 플록 제거율을 높이기 위하여 유입부에 설치하는 시설은?

① 정류벽   ② 경사판
③ 호퍼   ④ 배출수관

45 급속여과지의 자갈층 두께와 여과자갈에 관한 설명으로 옳지 않은 것은?

① 여과자갈의 입경과 자갈층의 두께는 하부집수장치에 적합하도록 결정한다.
② 여과자갈은 그 형상이 구형(球形)에 가깝고 경질이며 청정하고 균질인 것이 좋다.
③ 자갈층은 조립여과자갈을 상층에, 세립여과자갈을 하층에 배치하는 것을 표준으로 한다.
④ 여과자갈은 불순물을 포함하지 않아야 하고 모래층을 충분히 지지할 수 있어야 한다.

46 막여과설비 및 운전제어에 관한 설명으로 옳지 않은 것은?

① 막여과방식은 수질이나 막의 종별 등을 고려하여 선정한다.
② 운전제어방식은 구동압이나 막의 종류, 배수(配水)조건 등을 고려하여 선정한다.
③ 막여과설비의 운전은 수동운전을 원칙으로 한다.
④ 막모듈은 점검과 교환이 용이한 것으로 한다.

47 역세척배출수 침전시설의 전처리공정 설비로 옳은 것은?

① 저류조   ② 배슬러지지
③ 농축조   ④ 라군

48 펌프의 규정회전속도가 1,800rpm일 때 전양정이 100m라면, 펌프의 회전수가 1,500rpm으로 운전될 때 전양정(m)은?

① 64.25   ② 69.44
③ 72.25   ④ 76.44

49 밸브의 구조에 따라 개도와 유량의 관계가 등간격눈금의 도표상에서 직선으로 나타나는 특성을 가진 밸브는?

① 인라인형 슬리브밸브
② 볼밸브
③ 콘밸브
④ 제수밸브

50 펌프설치와 부속설비에 관한 설명으로 옳지 않은 것은?

① 펌프 흡입배관 내 유속은 3m/s 이하로 한다.
② 펌프 흡입구가 작은 경우에 편락관을 설치한다.
③ 펌프 토출구에서 유속이 큰 경우 단면확대관을 붙여 관내 유속은 3m/s 이하로 한다.
④ 흡상식 펌프에서 풋밸브를 설치하지 않는 경우 진공펌프를 설치한다.

51 변압기 병렬운전에 관한 설명으로 옳지 않은 것은?

① 1, 2차 정격전압 및 극성이 일치하지 않으면 과대한 순환전류에 의해 과열 및 소손된다.
② 3상의 경우 상회전방향 및 위상변위가 같지 않으면 단락이 되어 과대전류가 흐른다.
③ 권수비가 같지 않으면 동손의 증가로 변압기가 과열된다.
④ %임피던스 전압강하 및 저항, 리액턴스비가 다른 경우 모든 변압기가 과부하가 된다.

52 수변전설비에서 전력용콘덴서를 부하와 병렬로 설치 시 얻는 효과로 옳지 않은 것은?

① 배전선 및 변압기 손실 경감
② 변압기 임피던스 감소
③ 전압강하 개선
④ 계통의 여유도 증가

53 한국전기설비규정(KEC)상 피뢰시스템 적용 범위는 다음과 같다. ( )에 들어갈 내용은?

- 전기전자 설비가 설치된 건축물·구조물로서 낙뢰로부터 보호가 필요한 것 또는 지상으로부터 높이가 ( )m 이상인 것
- 전기설비 및 전자설비 중 낙뢰로부터 보호가 필요한 설비

① 12
② 15
③ 18
④ 20

정답 49 ① 50 ① 51 ④ 52 ② 53 ④

54 전자식유량계 설치 시 유의할 사항으로 옳은 것은?
① 구경은 평균유속이 3~5m/s 사이에 있도록 선정하는 것이 바람직하며, 3m/s 미만이면 기전력이 작고 정밀도상 문제가 생기기 쉽다.
② 검출기 설치 전후에 필요한 직관부를 확보하고, 유량제어밸브를 설치할 경우에는 검출기 하류측에 설치한다.
③ 검출기를 수직 또는 경사지게 설치할 경우 흐름은 위쪽에서 아래쪽으로 향하도록 한다.
④ 검출기는 유체의 도전율이 불균일한 약품주입지점의 직후에 설치한다.

55 정수시설의 중앙감시제어설비 중 게이트웨이(Gateway)에 관한 설명으로 옳은 것은?
① 다른 구조로 구축되는 네트워크들을 상호 접속하는 데 이용되는 설비로 서로 다른 네트워크로 패킷을 전송하기 위한 주소와 프로토콜의 변환을 수행한다.
② 둘 이상의 네트워크 간 데이터 전송을 위해 최적 경로를 설정해 주며 데이터를 해당 경로에 따라 통신할 수 있도록 하는 접속장비이다.
③ 장비와 네트워크의 연결, 다른 네트워크와의 연결, 네트워크 장비와 연결 등의 역할을 하는 접속장비이다.
④ 장거리 전송을 위하여 전송신호의 감쇠를 보상하거나 출력 전압을 높여주는 장비로 전송신호 재생 중계장치이다.

56 정수장의 정수지 및 배수지에 설치하는 수질계측기가 아닌 것은?
① 탁도계
② 잔류염소계
③ 알칼리도계
④ pH계

57 배전변전소 송전단 전압이 23,400V, 정수장 수변전설비의 수전전압은 22,950V이다. 이 경우 전압강하율(%)은?
① 1.48
② 1.96
③ 2.32
④ 2.48

58 산업안전보건법령상 근로자 정기교육 내용에 해당하지 않는 것은?
① 표준안전 작업방법 및 지도 요령에 관한 사항
② 산업안전 및 사고 예방에 관한 사항
③ 산업보건 및 직업병 예방에 관한 사항
④ 건강증진 및 질병 예방에 관한 사항

59 산업안전보건법령상 안전인증대상기계 또는 설비에 해당하지 않는 것은?
① 프레스
② 크레인
③ 리프트
④ 건조기

60 화학물질의 분류·표시 및 물질안전보건자료에 관한 기준상 물질안전보건자료 작성 시 포함되어야 할 항목으로 옳지 않은 것은?

① 화학제품과 회사에 관한 정보
② 유해성·위험성
③ 생물학적 특성
④ 폐기 시 주의사항

제4과목 정수시설 수리학

61 비누풍선 속 내부와 외부의 압력 차이를 p라 하고 비누풍선의 반경을 r이라고 한다면, 표면장력을 이 두 개의 항으로 표시했을 때 옳은 것은?

① pr ② $\dfrac{pr}{2}$
③ $\dfrac{pr^2}{2}$ ④ $\dfrac{p^2r^2}{4}$

62 다음 중 무차원인 것을 모두 고른 것은?

ㄱ. 탄성계수	ㄴ. 프루드수
ㄷ. 동점성계수	ㄹ. 레이놀즈수
ㅁ. 비중	ㅂ. 에너지

① ㄱ, ㄴ
② ㅁ, ㅂ
③ ㄱ, ㄷ, ㄹ
④ ㄴ, ㄹ, ㅁ

63 완전유체(이상유체)에 관한 설명으로 옳지 않은 것은?

① 마찰효과가 발생한다.
② 비압축성이다.
③ 에너지 손실이 발생하지 않는다.
④ 비점성이다.

64 고가수조를 사용하여 유량 $0.1m^3/s$를 송수하고자 한다. 지표면을 기준으로 건물의 위치가 고가수조보다 30m 높으며, 사용되는 관로 길이는 200m, 관경은 200mm이다. 관로상에서 발생하는 손실수두는 8m라 할 때 건물과 고가수조에 연결된 관수로에서의 마찰손실계수는?

① 0.006   ② 0.009
③ 0.015   ④ 0.027

65 원형관 내 물의 흐름에서 에너지보정계수(α)에 관한 설명으로 옳은 것은?

① 실체유체의 흐름일 경우 α는 1보다 작은 값을 가진다.
② 이상유체의 흐름이 균일 유속분포일 때 α는 1보다 작다.
③ 이상유체의 흐름이 균일 유속분포일 때 α는 1보다 크다.
④ α는 속도수두를 보정하기 위한 무차원 상수이다.

정답 60 ③ 61 ② 62 ④ 63 ① 64 ③ 65 ④

66. 다음 베르누이(Bernoulli) 방정식에 관한 설명으로 옳지 않은 것은?

$$\frac{p}{\gamma}+\frac{V^2}{2g}+z=H=\text{constant}$$

① 전수두를 연결하는 에너지선은 기준면과 평행하다.
② $\frac{p}{\gamma}$를 압력수두, $\frac{V^2}{2g}$를 속도수두, z를 위치수두라 한다.
③ 베르누이 방정식을 적용하고자 하는 임의의 두 점은 각각 다른 유선상에 있어야 한다.
④ 베르누이 방정식은 정상류이고 마찰에 의한 에너지손실이 없는 유체흐름으로 가정한다.

67. 그림과 같이 수심 6m의 수조에 직경 100mm인 사이펀이 설치되어 있다. 관의 최하단은 수조의 바닥 기준면과 같은 높이이다. 유출구 B로부터 사이펀의 정점 A까지의 높이가 8m일 때 사이펀을 통해 흐르는 유량(m³/s)은? (단, 에너지손실은 무시한다)

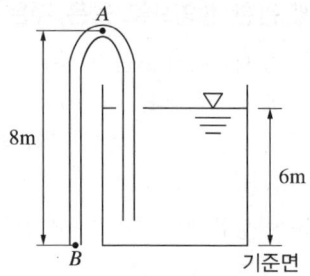

① 0.021   ② 0.043
③ 0.085   ④ 0.171

68. 수평하게 설치된 직경 300mm인 원형관에 물이 흐르고 있다. 200m를 흐르는 동안 0.1MPa의 압력강하가 발생했다면, 관벽에서의 마찰응력(N/m²)은?
① 20.5   ② 37.5
③ 75.0   ④ 100.0

69. 유량이 일정한 개수로 흐름에 관한 설명으로 옳은 것은?
① 사류(Supercritical Flow)에서 상류(Subcritical Flow)로 흐름이 전환될 때, 도수(Hydraulic Jump)현상을 수반한다.
② 사류(Supercritical Flow)에서는 수심이 증가할수록 비에너지가 증가한다.
③ 상류(Subcritical Flow)에서는 수심이 증가할수록 비에너지가 감소한다.
④ 등류(Uniform Flow)란 일정한 유량에 대해 비에너지가 최소인 흐름이다.

70. 관수로 흐름의 에너지손실에 관한 설명으로 옳지 않은 것은?
① 단면점확대손실계수는 1.0보다 작은 범위의 값을 가진다.
② 관수로의 유입부, 유출부, 접합부, 만곡부, 밸브 등에서 발생하는 에너지손실을 미소손실이라 한다.
③ 관수로의 출구부가 저수지나 수조로 연결되는 경우, 단면급확대손실계수는 1.0이다.
④ 마찰손실은 유체의 점성 때문에 발생하며 주손실이라고도 한다.

71 입자의 제1형 독립침전과 관련된 스토크스(Stokes)의 법칙에 관한 설명으로 옳지 않은 것은?
① 입자의 항력계수가 입자의 모양에 관계없이 레이놀즈수만의 영향을 받는 경우에 적용할 수 있다.
② 침강속도는 입자 직경의 제곱에 비례한다.
③ 침강속도는 입자와 액체의 비중 차에 비례한다.
④ 수온이 높을수록 침강속도는 느려진다.

72 길이 50m, 폭 20m, 유효수심 4m의 제원을 갖는 장방형침전지를 이용하여 20,000m^3/d의 유량을 정수처리하고 있다. 물속에 포함된 입자의 침강속도가 1cm/min인 경우, 입자의 제거율(%)은?(단, 침전입자는 스토크스(Stokes) 법칙이 성립하는 제1형 독립침전을 따른다)
① 48   ② 60
③ 72   ④ 84

73 직경 200mm의 관로가 직경 500mm로 점확대될 때, 유량이 0.2m^3/s라면 단면점확대로 인한 손실수두(m)는?(단, 단면점확대손실계수는 0.8, 중력가속도는 9.8m/s^2이다)
① 0.04   ② 0.75
③ 1.17   ④ 1.65

74 수면차가 20m인 두 수조가 길이 200m, 직경 300mm의 단일관으로 연결되어 있을 때, 관을 통해 흐르는 유량(m^3/s)은?(단, 관로의 마찰손실계수는 0.025, 단면급 확대손실계수와 단면급축소손실계수는 각각 1.0과 0.5, 중력가속도는 9.8m/s^2이다)
① 0.16   ② 0.33
③ 1.14   ④ 2.28

75 펌프의 수격작용을 방지하기 위한 주된 방법 중 하나인 압력상승 경감방법으로 옳지 않은 것은?
① 압력수조(Air-chamber)를 설치하는 방법
② 콘밸브에 의한 방법
③ 니들밸브에 의한 방법
④ 완폐식 체크밸브에 의한 방법

76 펌프의 흡입구 지름이 400mm, 흡입구의 유속이 2.0m/s, 펌프의 전양정이 15m, 펌프의 효율이 80%일 때, 펌프의 축동력(kW)은?
① 8.7   ② 19.8
③ 28.6   ④ 46.2

정답 71 ④ 72 ③ 73 ③ 74 ② 75 ① 76 ④

77. 펌프의 비교회전도(비속도)에 관한 설명으로 옳은 것은?
① 비교회전도가 클수록 공동현상이 발생하기 쉽다.
② 비교회전도가 달라도 펌프의 대소에 관계없이 펌프의 특성이 대체로 같게 된다.
③ 일반적으로 비교회전도가 작으면 양수량이 많은 저양정의 펌프가 된다.
④ 비교회전도가 클수록 흡입성능은 좋아진다.

78. 여과지 면적 150m²인 중력식 모래여과지에 물을 여과하고자 한다. 여재 유효경 0.52mm, 여층두께 70cm, 사면상 수심과 유출부의 수위차는 30cm일 때, 여과량(m³/h)은?(단, 수온은 5℃이고 투수계수 K는 아래 식으로 결정한다)

• $K = 118 \times (0.7 + 0.03t) \times d_e^2$
여기서, K = 투수계수(cm/s)
t = 수온(℃)
d_e = 여재 유효경(cm)

① 323   ② 628
③ 789   ④ 890

79. 펌프특성(성능)곡선과 운전에 관한 설명으로 옳지 않은 것은?
① 펌프특성(성능)곡선이란 양정, 효율, 축동력이 토출유량(Q)에 따라 변하는 관계를 나타낸 곡선이다.
② 펌프 실양정은 전양정에서 각종 손실수두를 뺀 값이다.
③ 펌프는 효율이 가장 높은 점에서 운전되도록 한다.
④ 펌프의 운전점은 관로의 저항곡선과 효율곡선의 교점을 말한다.

80. 펌프의 공동현상(Cavitation) 방지 대책으로 옳지 않은 것은?
① 흡입측 밸브를 완전히 개방하고 펌프를 운전한다.
② 펌프의 설치 위치를 가능한 높게 한다.
③ 흡입관의 손실을 가능한 작게 하여 가용유효흡입수두를 크게 한다.
④ 펌프의 회전속도를 낮게 선정하여 펌프의 필요유효흡입수두를 작게 한다.

2023년 제33회 2급 과년도 기출문제

제1과목 수처리공정

01 응집제, pH 조정제 및 응집보조제의 특성에 관한 내용으로 옳지 않은 것은?

① 응집제 희석비율은 가능한 한 적은 것이 바람직하다.
② pH조정제 주입률은 응집제 주입률만 고려하여 정한다.
③ 응집제 및 응집보조제 주입량은 처리수량과 주입률로 산출한다.
④ 응집제 희석지점은 가능한 한 주입지점과 가까이 설치하는 것이 바람직하다.

02 여과방식에서 응집 전처리가 요구되는 경우에 해당되지 않는 것은?

① 완속여과에서 원수탁도가 30NTU 이상인 경우
② 원수 중의 부유하는 현탁물질이 쉽게 침전되거나 여과층에 억류되는 경우
③ 저탁도이더라도 급속여과지에서 콜로이드성 입자가 충분히 제거될 것으로 기대할 수 없는 경우
④ 저탁도이더라도 급속여과지에서 크립토스포리디움 등의 병원성 미생물로 원수가 오염될 우려가 있는 경우

03 고속응집침전지 선택 시 고려하여야 할 사항과 구조에 관한 내용으로 옳지 않은 것은?

① 처리수량의 변동이 클 경우에 적용한다.
② 원수의 탁도는 10NTU 이상이어야 한다.
③ 표면부하율은 40~60mm/min을 표준으로 한다.
④ 용량은 계획정수량의 1.5~2.0시간분으로 한다.

04 여과방식 중 급속여과를 적용하여야 하는 경우로 옳지 않은 것은?

① 탁도가 높은 경우
② 조류가 많은 경우
③ 미생물군에 의하여 부유물질 및 용해성 물질 등을 산화하는 경우
④ 휴믹산 등 안정한 화합물에 의한 색도유발물질을 제거하는 경우

05 일반적인 정수처리공정과 비교할 때 침전공정이 생략된 방식으로 수질변화가 적고 양호한 수질일 때 적용되는 여과방식은?

① 자연평형형여과
② 인라인여과
③ 다층여과
④ 직접여과

정답 1② 2② 3① 4③ 5④

06 유입 슬러지량이 1,000m³/d, 농축 슬러지량이 200m³/d일 때, 청징조건을 만족시키는 농축조 면적(m²)은?(단, 등속구간에서의 계면침강속도는 0.2m/d이다)
① 2,000　② 3,000
③ 4,000　④ 5,000

07 급속여과지에서 역세척 방식을 적용하고자 할 때 고려하여야 할 사항을 모두 고른 것은?

ㄱ. 유입플록의 성상과 양
ㄴ. 여과층 구성
ㄷ. 여과속도
ㄹ. 여과지속시간

① ㄱ, ㄴ
② ㄷ, ㄹ
③ ㄱ, ㄷ, ㄹ
④ ㄱ, ㄴ, ㄷ, ㄹ

08 급속여과지 하부집수장치 채택 시 고려하여야 할 사항으로 옳지 않은 것은?
① 역세척 시 염소와 접촉되므로 내식성이 커야 한다.
② 여과수거 등 유출 측의 수위변동이 큰 구조로 하여야 한다.
③ 역세척과정에서는 통수공경을 줄이고 통수저항을 크게 하여야 한다.
④ 여재의 중량 및 급격한 수압변동에 견딜 수 있는 강도를 가져야 한다.

09 소독제 등에 대한 $C \cdot T$값 비교에 사용되지 않는 미생물은?
① 대장균($E.\ coli$)
② 비브리오균($Vibrio\ comma$)
③ 지아디아 포낭($Giardia\ lamblia\ cysts$)
④ 크립토스포리디움 난포낭($Cryptosporidium\ parvum\ oocysts$)

10 처리유량 1,000m³/h, 염소요구농도 5mg/L, 잔류염소농도 0.5mg/L일 때 하루에 주입하는 염소의 양(kg/d)은?
① 66　② 132
③ 198　④ 264

11 전염소·중간염소처리에 관한 설명으로 옳은 것은?
① 중간염소처리에서 염소제 주입지점은 침전지와 여과지 사이에서 잘 혼화되는 장소로 한다.
② 전염소처리는 통상 질산성 질소를 제거할 목적으로 처리하는 경우가 많다.
③ 원수 중에 마이크로시스티스가 존재하는 경우에는 중간염소처리를 전염소처리로 바꾸는 것이 좋다.
④ 전염소처리 시 망간처리를 목적으로 할 경우 여과수에서 유지해야 할 잔류염소 농도는 1mg/L 정도이다.

12 염소제에 관한 내용이다. ( )에 들어갈 내용이 옳게 연결된 것은?

> 차아염소산나트륨은 유효염소 농도가 (ㄱ)% 정도의 (ㄴ) 액체로 (ㄷ)이 강하다.

① ㄱ : 5~12, ㄴ : 담황색, ㄷ : 알칼리성
② ㄱ : 5~12, ㄴ : 무색, ㄷ : 산성
③ ㄱ : 10~15, ㄴ : 적색, ㄷ : 알칼리성
④ ㄱ : 10~15, ㄴ : 담황색, ㄷ : 산성

13 액화염소의 저장설비에 관한 설명으로 옳은 것은?
① 예비주입기는 필요 없다.
② 한랭 시에도 실내온도가 항상 20~25℃로 유지되도록 직접보온장치를 설치한다.
③ 주입량과 잔량을 확인하기 위하여 계량설비를 설치한다.
④ 사용량이 10kg/h 이상인 시설에는 원칙적으로 기화기를 설치한다.

14 염소주입제어 방식을 모두 고른 것은?

> ㄱ. 비례적분제어   ㄴ. 유량비례제어
> ㄷ. 잔류염소제어   ㄹ. 수동정량제어

① ㄱ, ㄷ
② ㄴ, ㄹ
③ ㄱ, ㄴ, ㄷ
④ ㄴ, ㄷ, ㄹ

15 배슬러지지에 관한 설명으로 옳지 않은 것은?
① 용량은 24시간 평균 배슬러지량과 1회 배슬러지량 중에서 큰 것으로 한다.
② 유지관리의 용이성을 위해 지수는 2지 이상으로 하는 것이 바람직하다.
③ 유효수심은 1~3m, 여유고는 30cm 이상으로 한다.
④ 슬러지배출관을 설치하며, 관경은 150mm 이상으로 해야 한다.

16 배출수 및 슬러지 처리공정에 관한 설명으로 옳은 것은?
① 표류수를 취수하는 정수장의 슬러지는 원수수질의 변화 또는 상수원의 오염정도에 따라 성상은 다르나 발생량이 동일하다.
② 슬러지의 고형물 농도, 밀도, 농축특성 및 탈수성은 원수 특성에 크게 영향을 받지 않는다.
③ 저탁도 또는 조류가 번성할 때 발생하는 슬러지는 침강·농축성 및 탈수성이 나쁘다.
④ 정수장의 슬러지 성분은 대부분 유기질로 구성되어 있다.

17 유량이 96m³/d이고, 막 투과유속이 0.01m/h인 경우, 모듈당 막 면적이 40m²인 막 모듈의 최소 필요 개수는?(단, 막 여과장치의 하루 가동시간은 12시간이다)
① 5   ② 10
③ 20   ④ 40

정답 12 ① 13 ③ 14 ④ 15 ③ 16 ③ 17 ③

18. 강변여과수 내 망간 제거공정에 관한 설명으로 옳지 않은 것은?

① 염소 산화 후 응집침전 여과
② 염소 산화 후 망간사 처리
③ 과망간산칼륨 산화 후 응집침전 여과
④ 폭기 후 응집침전 여과

19. 소독부산물(THMs) 발생 특성에 관한 설명으로 옳지 않은 것은?

① TOC 농도가 높을 때 THMs 농도가 증가한다.
② 처리수의 pH가 낮을 때 THMs 생성량이 증가한다.
③ 온도가 높을 때 THMs 농도가 증가한다.
④ 급배수관말에서 THMs 발생 가능성이 높다.

20. 역삼투막을 이용한 해수담수화의 전처리설비에 요구되는 SDI(Silt Density Index)는?

① 4.0 이하
② 5.0 이하
③ 6.0 이하
④ 7.0 이하

제2과목 수질분석 및 관리

21. 먹는물수질공정시험기준상 총칙에 관한 설명으로 옳지 않은 것은?

① 각각의 시험은 따로 규정이 없는 한 상온에서 조작하고 조작 직후에 그 결과를 관찰한다.
② 시험조작 중 "즉시"란 10초 이내에 표시된 조작을 하는 것을 뜻한다.
③ "약"이라 함은 기재된 양에 대하여 ±10% 이상의 차가 있어서는 안 된다.
④ 감압은 따로 규정이 없는 한 15mmHg 이하로 한다.

22. 먹는물수질공정시험기준상 시료를 4°C 냉암소에 보관하지 않는 것은?

① 세 제
② 불 소
③ 암모니아성 질소
④ 파라티온

23. 먹는물수질공정시험기준상 상대검정곡선법에서 내부표준물질을 이용하여 보정하기 위한 오차에 해당하지 않는 것은?

① 매질에서 발생하는 오차
② 시험분석 절차에서 발생하는 오차
③ 기기변동으로 발생하는 오차
④ 시스템의 변동으로 발생하는 오차

정답 18 ④ 19 ② 20 ① 21 ② 22 ③ 23 ①

24 정수처리공정에서 생물처리로 처리할 수 있는 항목으로 옳지 않은 것은?
① 곰팡이 냄새
② 음이온 계면활성제
③ 휘발성유기물
④ 암모니아성질소

25 유입원수량이 1,000m³/h인 정수장에서 용해율 96%인 응집제의 자-테스트(Jar-test) 결과 주입률이 20mg/L일 때, 응집제 투입량(kg/d)은?
① 19
② 21
③ 461
④ 500

26 오존처리 공정의 오존전달효율이 80%이다. 주입오존량이 5.0mg/L, 잔류오존량이 0.2mg/L일 때, 배오존량(mg/L)은?
① 0.80
② 1.25
③ 3.80
④ 3.84

27 활성탄 역세척에 관한 설명으로 옳은 것은?
① 입상활성탄의 팽창률은 수온과는 무관하다.
② 활성탄지의 적정 역세척 속도는 모래여과지보다 높다.
③ 활성탄지에서 미생물과 미소동물 번식을 고려하여 세척빈도를 높일 경우 활성탄 처리효과가 현저히 저하된다.
④ 물에 의한 역세척만으로 불충분할 경우 공기세척을 병용하는 방식이 효과적이다.

28 먹는물수질공정시험기준상 총대장균군-효소기질이용법 결과표기에 대한 내용이다. ( )에 들어갈 내용은?

• 수돗물, 먹는물공동시설에 대한 시험결과는 총대장균군이 검출되지 않은 경우는 '불검출/(ㄱ)'로, 검출된 경우는 '검출/(ㄱ)'로 표기한다.
• 샘물, 먹는샘물, 먹는 해양심층수, 염지하수 및 먹는염지하수에 대한 시험결과는 총대장균군이 검출되지 않은 경우는 '불검출/(ㄴ)'로, 검출된 경우는 '검출/(ㄴ)'로 표기한다.

① ㄱ : mL, ㄴ : 100mL
② ㄱ : mL, ㄴ : 250mL
③ ㄱ : 100mL, ㄴ : 100mL
④ ㄱ : 100mL, ㄴ : 250mL

29 먹는물수질공정시험기준에서 분석항목과 측정방법이 옳게 연결된 것은?
① 붕소 - 자외선/가시선 분광법
② 비소 - 양극벗김전압전류법
③ 카바릴 - 질산은 적정법
④ 납 - EDTA 적정법

30 먹는물 수질감시항목 운영 등에 관한 고시상 상수원수의 항목 중 평상시 검사주기가 가장 긴 것은?
① Corrosion Index
② Microcystin-LR
③ Geosmin
④ 2-MIB

정답 24 ③ 25 ④ 26 ① 27 ④ 28 ④ 29 ① 30 ②

31 광역상수도인 정수장에서 수질검사 항목과 검사 횟수가 옳게 연결된 것은?
① 잔류염소 – 매일 1회 이상
② 과망간산칼륨 소비량 – 매월 1회 이상
③ 총트라이할로메탄 – 매분기 1회 이상
④ 망간 – 매반기 1회 이상

32 소독설비에서 소독능 계산값($CT_{계산값}$)에 관한 설명으로 옳지 않은 것은?
① 재염소투입으로 $CT_{계산값}$이 감소되는 효과가 있다.
② 잔류소독제의 농도와 접촉시간에 비례한다.
③ $CT_{계산값}$은 미생물의 종에 따라 달라진다.
④ $CT_{계산값}$은 상수이다.

33 상수원수의 수질자료를 해석하는 방법으로 주기특성의 해석 및 시계열의 해석방법이 아닌 것은?
① Power Spectrum
② 자기상관계수
③ Cluster 분석
④ Fourier 해석

34 먹는물관리법령상 시·도지사가 샘물보전구역을 지정 또는 변경지정을 하고자 할 때 고려하여야 할 사항으로 옳지 않은 것은?
① 샘물의 수질 특성 및 오염 상태
② 샘물의 부존 특성 및 이용 실태
③ 해당 지역의 지질 특성 및 지하수 이동 속도
④ 해당 지역 주민거주 현황

35 하천법상 국가하천으로 지정받을 수 있는 하천은?
① 유역면적 합계가 100km²인 하천
② 다목적댐의 하류 및 댐 저수지로 인한 배수영향이 미치는 상류의 하천
③ 유역면적 합계가 50km²인 하천으로서 인구 10만 명인 도시를 관류하는 하천
④ 유역면적 합계가 30km²인 하천으로서 범람구역 안의 인구가 1만 명인 지역을 지나는 하천

36 먹는물 수질기준 및 검사 등에 관한 규칙상 검사결과 보존에 관한 내용이다. ( )에 들어갈 내용은?

> - 일반수도사업자, 전용상수도 설치자 및 소규모급수시설을 관할하거나 먹는물 공동시설을 관리하는 시장·군수·구청장은 정수장 및 수도꼭지 등에서 수질검사를 실시하여야 하며, 수질검사결과를 (ㄱ)년간 보존하여야 한다.
> - 일반수도사업자는 취수, 정수 또는 배수시설에서 업무에 종사하는 사람 및 그 시설 안에서 거주하는 사람에 대하여 건강검진을 실시하여야 하며, 건강검사결과를 (ㄴ)년간 보존하여야 한다.

① ㄱ : 2, ㄴ : 3
② ㄱ : 3, ㄴ : 2
③ ㄱ : 3, ㄴ : 3
④ ㄱ : 5, ㄴ : 5

37 수질오염공정시험기준상 인산염인 분석방법이 아닌 것은?
① 아스코르빈산환원법
② 이온전극법
③ 자외선/가시선 분광법
④ 이염화주석환원법

38 수도법상 수도시설의 관리에 관한 교육 대상자로 옳지 않은 것은?
① 저수조청소업자
② 일반수도사업자
③ 공업용수도사업자
④ 상수도관망관리대행업자

39 수도법령상 수도시설의 세부 시설기준에 관한 설명으로 옳지 않은 것은?
① 지표수의 취수시설은 연중 계획된 1일 최대취수량을 취수할 수 있어야 한다.
② 저수시설은 갈수기에는 계획된 1일 최대급수량을 취수할 수 있는 저수용량을 갖추지 않아도 된다.
③ 송수시설은 이송과정에서 정수된 물이 외부로부터 오염되지 아니하도록 관수로 등의 구조로 하여야 한다.
④ 정수시설은 소독제로 액화염소를 사용하는 경우에는 중화설비를 설치하여야 한다.

40 수도법령상 일반수도사업자가 수돗물의 공급규정을 정하여 인가관청에 승인신청을 받고자 할 때 신청서에 포함되어야 할 내용으로 옳지 않은 것은?
① 원가계산
② 수요예측
③ 급수절차
④ 수질검사성적서

정답 36 ③ 37 ② 38 ③ 39 ② 40 ④

제3과목 설비운영 (기계·장치 또는 계측기 등)

41 배출수 및 슬러지 처리에 관한 설명으로 옳은 것은?

① 슬러지처리를 통하여 발생되는 케이크는 일반폐기물에 해당된다.
② 정수장에 인접한 하수처리시설이 있는 경우 관련 부서와 협의하여 하수처리시설로 이송하여 처리할 수 있다.
③ 배슬러지지의 상징수는 정수공정으로 반송하여 재이용한다.
④ 상수도 시설에서 발생되는 슬러지의 기본적인 처리방법은 위생매립이다.

42 침전지 슬러지 배출설비에 관한 설명으로 옳지 않은 것은?

① 슬러지 배출설비는 침전지의 구조와 유지관리 등을 고려하여 선정한다.
② 배출밸브는 정전 등의 사고가 있을 때 열림 상태가 되도록 한다.
③ 슬러지 배출방식에는 기계식 제거방식, 슬러지 흡입방식 등이 있다.
④ 고속응집침전지의 슬러지 배출설비는 침전지 내의 잉여슬러지를 수시 또는 일정한 간격으로 배출할 수 있는 구조로 한다.

43 가압탈수설비의 여과포 선정 시 고려할 사항으로 옳은 것을 모두 고른 것은?

ㄱ. 강도	ㄴ. 재생가능 여부
ㄷ. 내산성	ㄹ. 내알칼리성
ㅁ. 내구성	ㅂ. 여과속도

① ㄱ, ㄴ, ㄷ
② ㄷ, ㄹ, ㅁ, ㅂ
③ ㄱ, ㄴ, ㄹ, ㅁ, ㅂ
④ ㄱ, ㄴ, ㄷ, ㄹ, ㅁ, ㅂ

44 정수공정별 설비의 제어에 관한 설명으로 옳지 않은 것은?

① 배슬러지는 수동 배슬러지제어를 원칙으로 한다.
② 분말활성탄 흡착설비의 계측제어기기와 주입기기는 방진성, 방폭성 등을 고려한다.
③ 용존공기부상지 설비는 자동운전을 가능하게 한다.
④ 역삼투설비의 운전제어는 전처리와 본처리 등과 연동할 수 있도록 한다.

45 막여과 정수시설의 후처리설비로 옳은 것은?

① 오존·입상활성탄 설비
② 스크린설비
③ 응집, 침전설비
④ 전염소 주입설비

46 플록형성지에 관한 설명으로 옳지 않은 것은?
① 교반설비는 수질변화에 따라 교반강도를 조절할 수 있는 구조로 한다.
② 미소플록을 성장시키기 위한 기계식 교반설비가 필요하다.
③ 교반강도는 하류로 갈수록 점차 증가시키는 것이 바람직하다.
④ 야간에 플록형성상태를 감시할 수 있는 적절한 조명장치를 설치한다.

47 분말활성탄설비에 관한 설명으로 옳은 것은?
① 주입설비실은 가능한 주입장소와 멀리 떨어진 곳에 설치한다.
② 주입량은 처리수량을 주입률로 나누어 결정한다.
③ 저장설비를 설치하는 건물은 내화성 구조로 한다.
④ 슬러리농도는 10~15%(건조환산한 값)를 표준으로 한다.

48 베인(Vane)의 양력작용에 의하여 임펠러 내의 물에 압력과 속도에너지를 주고 가이드베인으로 속도에너지의 일부를 압력으로 변환하여 양수작용을 하는 펌프로 옳은 것은?
① 원심펌프
② 축류펌프
③ 사류펌프
④ 벌류트펌프

49 정수시설의 슬러지배출용 밸브로 옳지 않은 것은?
① 다이아프램밸브
② 공기밸브
③ 편심밸브
④ 핀치밸브

50 펌프의 규정속도(N)를 규정 이외의 회전속도(N')로 변경할 경우 이에 관한 설명으로 옳지 않은 것은?
① 유량은 회전수 비(N'/N)에 비례한다.
② 양정은 회전수 비(N'/N)의 2승에 비례한다.
③ 축동력은 회전수 비(N'/N)의 3승에 비례한다.
④ 실제 적용 시 규정 이외의 회전속도는 규정회전속도의 1.5~3배의 범위이다.

51 전자식유량계 설치 시 유의할 사항으로 옳지 않은 것은?
① 구경은 평균유속이 3~5m/s 사이에 있도록 선정하는 것이 바람직하며, 3m/s 미만이면 기전력이 작고 정밀도상 문제가 생기기 쉽다.
② 검출기 설치 전후에 필요한 직관부를 확보하고, 유량제어밸브를 설치할 경우에는 검출기 하류측에 설치한다.
③ 검출기를 수직 또는 경사지게 설치할 경우 흐름은 아래쪽에서 위쪽으로 향하도록 한다.
④ 검출기는 유체의 도전율이 불균일한 약품주입지점의 직후는 피해야 한다.

52 감시조작설비에 관한 설명으로 옳지 않은 것은?

① 데이터서버(Data Server)는 운전 감시에 필요한 모든 정보를 화면상에 임의로 표시하는 기능을 수행한다.
② 중앙제어반(Central Operation Station)은 운전조작 기능과 데이터베이스 기능을 수행한다.
③ 현장제어반(Field Control Station)은 현장의 단위공정 제어에 운전조작 기능과 데이터베이스 기능을 수행한다.
④ 엔지니어링반(Engineering Work Station)은 운전 감시에 필요한 전체 시스템 운영에 필요한 엔지니어링 데이터를 생성, 변경, 저장하는 스테이션이다.

53 지시·기록용 기기를 선정하고 설치할 때 유의사항으로 옳지 않은 것은?

① 구조나 원리가 간단하고 교정보수가 용이한 기기를 선정한다.
② 기록방식은 사용목적이나 유지관리를 고려하여 선정한다.
③ 설치장소는 진동이나 충격이 없고 전기적 유도장해가 충분한 곳이 바람직하다.
④ 지시계와 기록계의 전원방식은 통일하여야 한다.

54 정수시설의 감시제어설비에서 장비와 네트워크의 연결, 다른 네트워크와의 연결, 신호 증폭 기능 등의 역할을 하는 접속장비는?

① 라우터(Router)
② 게이트웨이(Gateway)
③ 허브(Hub)
④ 리피터(Repeater)

55 수변전설비 중 직류전원장치에 관한 설명으로 옳지 않은 것은?

① 차단기 등의 제어 전원으로 사용된다.
② 보호계전기, 표시등, 비상조명용 전원으로 사용된다.
③ 충전장치는 부동충전방식을 사용하고 적당한 고조파 방지대책을 수립한다.
④ 용도별, 뱅크별, 동력별로 구분하여 설치한다.

56 3상 변압기의 병렬운전이 가능한 결선 조합은?

① $\Delta-\Delta$와 $\Delta-Y$
② $\Delta-\Delta$와 $Y-\Delta$
③ $Y-Y$와 $\Delta-\Delta$
④ $Y-Y$와 $\Delta-Y$

57 22.9kV, 600kVA, 지상역률 75%의 부하설비를 지상역률 95%로 개선하려고 할 때 소요되는 전력용콘덴서 용량(kVar)은?

① 216.48
② 248.95
③ 287.62
④ 332.93

58 고압가스안전관리법령상 안전설비로 옳지 않은 것은?

① 독성가스 검지기
② 독성가스 스크러버
③ 펌프
④ 밸브

59 산업안전보건법령상 안전보건표지의 종류로서 옳은 것을 모두 고른 것은?

| ㄱ. 주의표시 | ㄴ. 경고표시 |
| ㄷ. 금지표시 | ㄹ. 지시표시 |

① ㄱ, ㄴ
② ㄱ, ㄷ
③ ㄱ, ㄴ, ㄷ
④ ㄴ, ㄷ, ㄹ

60 산업안전보건법령상 "중대재해"에 해당하는 사례를 모두 고른 것은?

ㄱ. 사망자가 2명 발생한 재해
ㄴ. 1개월의 요양이 필요한 부상자가 1명 발생한 재해
ㄷ. 부상자가 동시에 20명 발생한 재해
ㄹ. 직업상 질병자가 동시에 20명 발생한 재해

① ㄴ
② ㄴ, ㄹ
③ ㄱ, ㄷ, ㄹ
④ ㄴ, ㄷ, ㄹ

제4과목 정수시설 수리학

61 직경이 200mm이고 길이는 100m인 관에 2m/s의 평균유속으로 물이 흐를 때, 마찰손실수두가 5m이었다. 마찰손실계수(f)와 마찰속도(u_*)는?(단, 중력가속도는 9.8m/s² 이다)

① $f = 0.049$, $u_* = 0.16$m/s
② $f = 0.074$, $u_* = 0.19$m/s
③ $f = 0.098$, $u_* = 0.22$m/s
④ $f = 0.147$, $u_* = 0.32$m/s

62 다음 중 FLT계 차원과 MLT계 차원이 같은 것은?

ㄱ. 가속도	ㄴ. 표면장력
ㄷ. 동점성계수	ㄹ. 운동량
ㅁ. 압력	ㅂ. 에너지

① ㄱ, ㄷ
② ㄱ, ㄹ
③ ㄴ, ㅁ
④ ㄷ, ㅂ

63 지름이 3cm인 비누풍선 속의 내부와 외부의 압력 차이가 0.09gf/cm²일 때, 비누풍선의 표면장력(gf/cm)은?

① 0.0338
② 0.0675
③ 0.1010
④ 0.1350

64 관수로 흐름의 마찰손실수두와 관련하여 옳지 않은 것은?

① 속도수두에 비례한다.
② 관경에 비례한다.
③ 관로 길이에 비례한다.
④ 마찰손실계수에 비례한다.

65 그림과 같이 수심 A인 수조에 직경 12cm인 사이펀(Syphon)이 설치되어 있다. 관의 최하단은 수조의 바닥 기준면과 같은 높이이다. 유출구 Q로부터 사이펀의 정점까지의 높이가 B일 때, 다음 중 사이펀을 통해 흐르는 유속이 가장 큰 경우는?(단, 에너지손실은 무시한다)

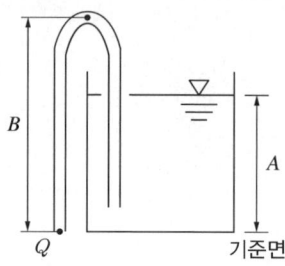

① $A = 3$m, $B = 5$m
② $A = 5$m, $B = 7$m
③ $A = 7$m, $B = 9$m
④ $A = 6$m, $B = 12$m

66 에너지보정계수(α)와 운동량보정계수(β)에 관한 설명으로 옳지 않은 것은?

① 이상유체의 흐름이 균일 유속분포일 때 α는 1이다.
② 실제유체의 흐름일 경우 β는 1보다 큰 값을 가진다.
③ β는 속도수두를 보정하기 위한 무차원 상수이다.
④ 실제유체의 흐름일 경우 α는 1보다 큰 값을 가진다.

67 유량계에 관한 설명으로 옳지 않은 것은?
① 벤투리미터는 축소 전후 단면 간의 압력수두차를 측정하여 유량을 계산하는 데 사용된다.
② 엘보미터에서는 90° 만곡관 내측과 외측에서 압력수두차를 측정하여 유량을 계산한다.
③ 오리피스 유량계는 관내 흐름 단면을 축소시켜 그 전후의 압력차를 이용해 유량을 측정하는 기구이다.
④ 노즐은 벤투리미터와 유사하지만 확대부가 없어서 비경제적인 단점이 있다.

68 입자의 제1형 독립침전과 관련된 스토크스(Stokes)의 법칙에 관한 설명으로 옳은 것은?
① 입자의 항력계수가 입자의 모양과 레이놀즈수의 영향을 동시에 받는 경우에 적용할 수 있다.
② 침강속도는 입자와 액체의 비중 차에 반비례한다.
③ 수온이 높을수록 침강속도는 느려진다.
④ 침강속도는 입자 직경의 제곱에 비례하고, 액체의 점성에는 반비례한다.

69 관수로 흐름의 에너지손실에 관한 설명으로 옳지 않은 것은?
① 마찰손실은 유체의 점성 때문에 발생하며 미소손실이라고도 한다.
② 관수로의 출구부가 저수지나 수조로 연결되는 경우, 단면급확대손실계수는 1.0이다.
③ 밸브는 관로의 유량을 조절하기 위한 부속물로 밸브의 종류 및 개방 정도에 따라 에너지손실이 다양하게 나타난다.
④ 단면점확대손실계수는 1.0보다 큰 값을 가질 수도 있다.

70 길이 50m, 폭 20m, 유효수심 4m의 제원을 갖는 장방형침전지를 이용하여 정수처리하고 있다. 물속에 포함된 입자의 침강속도가 2cm/min인 경우, 입자의 완전제거를 위한 유량(m^3/d)은?(단, 침전입자는 스토크스(Stokes) 법칙이 성립하는 제1형 독립침전을 따른다)
① 480 ② 2,000
③ 14,400 ④ 28,800

정답 67 ④ 68 ④ 69 ① 70 ④

71 개수로 흐름에 관한 설명으로 옳은 것은?
① 일정한 비에너지에 대해 한계류(Critical Flow)에서 유량이 최대이다.
② 사류(Supercritical Flow)에서는 수심이 증가할수록 비에너지가 증가한다.
③ 상류(Subcritical Flow)에서는 수심이 증가할수록 비에너지가 감소한다.
④ 상류(Subcritical Flow)에서 사류(Supercritical Flow)로 흐름이 전환될 때, 도수(Hydraulic Jump)현상을 수반한다.

72 수면차가 20m인 두 수조가 길이 200m, 직경 300mm의 단일관으로 연결되어 있을 때, 관로의 단면평균유속(m/s)은?(단, 관로의 마찰손실계수는 0.025, 단면급확대손실계수와 단면급축소손실계수는 각각 1.0과 0.5, 중력가속도는 $9.8m/s^2$이다)
① 2.33　　② 4.65
③ 9.30　　④ 16.17

73 직경 200mm의 관로가 직경 500mm로 급확대될 때, 유량이 $0.2m^3/s$라면 단면급확대로 인한 손실수두(m)는?(단, 중력가속도는 $9.8m/s^2$이다)
① 0.04　　② 0.74
③ 1.46　　④ 2.14

74 수평하게 설치된 직경 300mm인 원형관에 물이 흐르고 있다. 벽면에서 마찰응력이 $20N/m^2$이라면, 200m를 흐르는 동안 벽면 마찰로 인한 압력강하량(kPa)은?
① 13.33　　② 26.67
③ 53.33　　④ 106.67

75 A 정수장과 B 배수지의 수면표고는 각각 20m와 50m이고 정수장에서 배수지로 $86,400 m^3/d$의 유량을 송수하고자 한다. 송수과정에서 발생하는 에너지손실이 12m이고 펌프의 효율이 75%인 경우, 소요동력(kW)은? (단, 물의 단위중량은 $1,000kgf/m^3$이고 중력가속도는 $9.8m/s^2$이다)
① 290.2　　② 372.0
③ 474.1　　④ 548.8

76 계획급수인구가 80,000명이고, 계획 1인 1일 최대급수량이 180L인 A 도시의 정수장에 여과속도 120m/d인 급속여과지를 설치하려고 한다. 여과지의 소요면적(m^2)은?
① 40　　② 60
③ 90　　④ 120

정답　71 ①　72 ②　73 ③　74 ③　75 ④　76 ④

77 A 펌프장에서 최고 효율점의 양수량이 660 m³/h, 전양정이 10m, 회전속도가 1,000rpm인 조건으로 운영되는 경우 펌프의 비속도는?
① 480
② 590
③ 660
④ 880

78 펌프계의 수격작용에 관한 설명으로 옳은 것은?
① 펌프 급정지, 급가동 또는 밸브 급폐쇄로 인해 관내 물의 속도가 급격히 변할 때 일어난다.
② 수격현상은 관경이 클수록 일어나기 쉽다.
③ 펌프의 내부에서 물이 기화되면서 공동이 생기는 현상이다.
④ 수격작용을 경감시키기 위해 착수정을 설치한다.

79 펌프의 공동현상(Cavitation) 방지 대책으로 옳지 않은 것은?
① 흡입관의 손실을 작게 한다.
② 펌프의 설치위치를 낮춘다.
③ 펌프의 회전속도를 높게 선정한다.
④ 흡입측 밸브를 완전히 개방하여 펌프를 운전한다.

80 펌프특성곡선에서 확인할 수 없는 항목은?
① 전양정
② 레이놀즈수
③ 효 율
④ 축동력

정답 77 ② 78 ① 79 ③ 80 ②

2023년 제33회 3급 과년도 기출문제

제1과목 수처리공정

01 pH 조정제 주입률을 정하고자 할 때 고려 인자가 아닌 것은?
① 부유물질 농도
② 응집제 주입률
③ 수소이온농도
④ 알칼리도

02 다음 설명에 해당하는 여과방식은?

- 일반적인 정수처리공정과 비교할 때 응집 공정 및 침전공정이 생략된 방식
- 수질변화가 크거나 최적응집제주입량이 과다한 원수에는 적용이 어려움
- 여과지에 유입되는 관로에 응집제를 주입하는 방식

① 직접여과
② 인라인여과
③ 자연평형형여과
④ 다층여과

03 침전지의 침강효율을 향상시킬 수 있는 방법으로 옳지 않은 것은?
① 침전지 중간에 경사판 2장을 설치한다.
② 응집제 및 응집보조제를 사용하여 무거운 플록을 형성한다.
③ 체류시간 증대를 위해 침전지 수심을 깊게 한다.
④ 유량을 작게 하기 위해 침전지 중간에서 상징수를 유출시킨다.

04 응집약품 저장설비의 용량에 관한 내용으로 옳지 않은 것은?
① 응집제는 30일분 이상으로 한다.
② 응집보조제는 10일분 이상으로 한다.
③ 알칼리제는 간헐주입 시 10일분 이상으로 한다.
④ 알칼리제는 연속주입 시 20일분 이상으로 한다.

05 완속여과 시 응집용 약품주입설비가 요구되는 원수의 탁도는?
① 20NTU 미만
② 20NTU 이상
③ 30NTU 미만
④ 30NTU 이상

정답 1 ① 2 ② 3 ③ 4 ④ 5 ④

06 완속여과가 급속여과에 비해 가지는 장점으로 옳은 것은?
① 여과층 내 미생물군에 요구되는 용존산소 농도가 매우 낮은 물도 여과가 가능하다.
② 여과층 내 용존산소농도가 매우 낮은 상태에서도 철, 망간의 처리가 가능하다.
③ 여과층 표면에 증식하는 미생물군에 의하여 부유물질 및 용해성물질 등의 처리가 가능하다.
④ 여과지 유입수의 탁도가 20NTU를 초과하는 경우에도 여과가 가능하다.

07 급속여과지에서 역세척 방식을 적용하고자 할 때 고려하여야 할 사항으로 옳지 않은 것은?
① 유입플록의 성상과 양
② 유입 유기탄소 농도
③ 여과속도
④ 여과지속시간

08 소화기계 수인성감염병 유행 시 수도꼭지에서 유지하여야 하는 최소 결합잔류염소(mg/L)는?
① 0.1
② 0.4
③ 1.0
④ 1.8

09 전염소처리를 위한 염소제 주입지점으로 옳은 것을 모두 고른 것은?

| ㄱ. 여과지 | ㄴ. 도수관로 |
| ㄷ. 취수시설 | ㄹ. 침전지 |

① ㄱ, ㄷ
② ㄱ, ㄹ
③ ㄴ, ㄷ
④ ㄴ, ㄹ

10 수돗물을 하루에 70,000m^3 생산하는 정수장의 급속여과지 1지당 필요한 여과지 면적(m^2)은?(단, 여과속도는 100m/d, 여과지는 10지를 운영한다. 예비지 설치는 고려하지 않는다)
① 70
② 140
③ 350
④ 700

11 살균력이 가장 큰 유리잔류염소는?
① HOCl
② OCl$^-$
③ NHCl$_2$
④ NH$_2$Cl

12 염소가스 누출시 일반적으로 사용하는 중화제는?
① 황산알루미늄
② 황산
③ 수산화나트륨
④ 염화나트륨

정답 6 ③ 7 ② 8 ④ 9 ③ 10 ① 11 ① 12 ③

13. 액화염소 저장설비에 관한 설명으로 옳지 않은 것은?
   ① 저장조는 2기 이상 설치하고 그중 1기는 예비로 한다.
   ② 용기는 20℃ 이하로 유지한다.
   ③ 액화염소의 저장량은 항상 1일 사용량의 10일분 이상으로 한다.
   ④ 저장조는 비보냉식으로 하고 밸브 등의 조작을 위한 조작대를 설치한다.

14. 배출수 처리방법 중 기계식 탈수방법이 아닌 것은?
   ① 벨트프레스
   ② 진공여과
   ③ 천일건조법
   ④ 조립탈수

15. 슬러지(함수율 95%)를 탈수하여 케이크(함수율 80%)로 만들었을 때 탈수 후의 부피는 탈수 전 부피의 몇 %인가?(단, 슬러지의 비중은 1이라고 가정한다)
   ① 15   ② 25
   ③ 30   ④ 40

16. 농축조에 관한 설명이다. ( )에 들어갈 내용으로 옳은 것은?

   > 농축조의 용량은 계획슬러지량의 (ㄱ)시간분, 고형물부하는 (ㄴ)kg/m² · d를 표준으로 한다.

   ① ㄱ : 12~24, ㄴ : 5~15
   ② ㄱ : 12~24, ㄴ : 10~20
   ③ ㄱ : 24~48, ㄴ : 5~15
   ④ ㄱ : 24~48, ㄴ : 10~20

17. 정수처리공정에서 비소를 제거하기 위한 방법이 아닌 것은?
   ① 전염소처리
   ② 응집처리
   ③ 활성알루미나 흡착처리
   ④ 이산화망간 흡착처리

18. 정수처리에서 발생하는 소독부산물(THMs)의 화합물이 아닌 것은?
   ① $CHCl_3$
   ② $CHBr_3$
   ③ $CHClBr_2$
   ④ CH_2Cl_2

19. 해수담수화 방식 중 이온에 대하여 선택투과성을 갖는 양이온교환막과 음이온교환막을 교대로 다수 배열하고 전류를 통과시켜 농축수와 희석수를 교대로 분리시키는 방법은?
   ① 역삼투법
   ② 전기투석법
   ③ 다중효용법
   ④ 다단플래시법

20. 입상활성탄에 관한 설명으로 옳은 것은?
   ① 흡착탑 등 별도의 시설이 필요하다.
   ② 미생물의 번식 가능성이 없다.
   ③ 재생하여 사용할 수 없다.
   ④ 활성탄 유출에 의해 흑수가 자주 발생한다.

제2과목 수질분석 및 관리

21. 먹는물수질공정시험기준상 '찬 곳'에 해당하지 않는 것은?
   ① 4℃의 냉장고
   ② 10~15℃의 어두운 곳
   ③ 18±1℃의 항온항습기
   ④ 0~10℃의 항온수조

22. NaOH 용액 0.1N 200mL와 0.1M 100mL에 녹아 있는 NaOH의 질량(g)을 순서대로 옳게 나열한 것은?(단, NaOH의 분자량은 40이다)
   ① 0.4, 0.4
   ② 0.4, 0.8
   ③ 0.8, 0.4
   ④ 0.8, 0.8

23. 먹는물수질공정시험기준상 시료의 보존기간이 서로 다른 항목끼리 짝지어진 것은?
   ① 페놀류 - 불소
   ② 색도 - 탁도
   ③ 아연 - 알루미늄
   ④ 암모니아성 질소 - 질산성 질소

24. 소독능 계산값($CT_{계산값}$) 산정을 위해 소독제 접촉시간을 이론적으로 구할 경우 필요한 항목이 아닌 것은?
   ① 정수지사용용량
   ② 시간당최대통과유량
   ③ 장폭비에 따른 환산계수(T_{10}/T)
   ④ 추적자 시험결과

25. 자-테스트(Jar-test)에 관한 설명으로 옳은 내용을 모두 고른 것은?

> ㄱ. 원수 1L 또는 2L를 각 원형 자(Jar) 또는 4각형의 자(Jar)에 채우고 교반날개(임펠러)의 주변속도를 약 40cm/s로 조절한다.
> ㄴ. 단계적으로 주입률을 바꿔 자(Jar)에 응집제를 천천히 첨가하면서 급속교반을 1분간, 이후 10분간 완속교반을 계속한다.
> ㄷ. 좋은 응집효과를 얻지 못하였을 때에는 사용한 응집제의 최댓값을 주입률계산에 사용한다.
> ㄹ. 폴리염화알루미늄을 희석한 용액은 시간이 경과함에 따라 가수분해되어 백탁(白濁)으로 되므로 올바른 응집효과를 판단할 수 없다.

① ㄱ, ㄴ ② ㄱ, ㄹ
③ ㄴ, ㄷ ④ ㄷ, ㄹ

26. 제타전위(Zeta Potential)에 관한 설명으로 옳지 않은 것은?
① 용액에 존재하는 입자 자체의 전하량으로서 입자의 크기에 상관없이 일정하다.
② 입자를 전해질 용액에 넣고 용액에 전류를 통하게 하여 측정한다.
③ 용액 구성성분의 성질에 따라 변화하므로 한계가 있다.
④ 정수장의 원수 수질 변화에 따라 응집제 주입률을 자동보정하기 위해 사용할 수 있다.

27. 수처리제의 기준과 규격 및 표시기준상 건조감량의 분석절차에서 시료를 넣은 평형 칭량병을 건조하는 온도 범위와 시간이 옳은 것은?
① 105~110℃에서 2시간
② 105~110℃에서 3시간
③ 110~120℃에서 2시간
④ 110~120℃에서 3시간

28. 광역상수도인 정수장에서 수질 검사 횟수가 매일 1회 이상인 항목이 아닌 것은?
① 냄새
② 맛
③ 잔류염소
④ 총트라이할로메탄

29. 먹는물수질공정시험기준상 맛·냄새의 측정에 관한 설명으로 옳지 않은 것은?
① 지오스민, 2-MIB는 맛·냄새에 영향을 미친다.
② 분석시료는 40~50℃에서 측정한다.
③ 측정하는 사람은 맛·냄새에 극히 예민한 사람이 적합하다.
④ 소독으로 인한 맛·냄새는 제외한다.

30 다음 조건에 따를 경우 염소요구량(mg/L)은?

- 처리수량 : 10,000m³/d
- 염소주입량 : 50kg/d
- 잔류염소농도 : 1.0mg/L

① 2　　② 4
③ 8　　④ 12

31 먹는물수질공정시험기준상 잔류염소의 측정방법으로 옳은 것은?
① DPD 분광법
② 색도계법
③ EDTA 적정법
④ 연속흐름법

32 먹는물수질공정시험기준상 총칙에 관한 설명으로 옳은 것은?
① 용액의 농도를 (1 → 10)으로 표시할 경우 용액 전체 양을 10mL로 하는 비율을 표시한 것이다.
② 십억분율을 표시할 때는 ppb, mg/L, mg/kg의 기호를 쓴다.
③ 분석용 저울은 1.0mg까지 달 수 있는 것이어야 한다.
④ 절대온도 0K는 273℃로 한다.

33 먹는물관리법령상 샘물 또는 염지하수의 개발허가를 받은 자가 허가받은 사항 중 일부를 변경하고자 할 때 변경허가 사항이 아닌 것은?
① 샘물 등의 개발의 위치
② 샘물 등의 개발의 면적
③ 주된 영업소의 소재지
④ 취수계획량

34 지하수법상 지하수관리의 기본원칙에 관한 설명으로 옳지 않은 것은?
① 지하수는 현재와 미래 세대를 위한 공적 자원이다.
② 지하수는 수질보전, 수량확보뿐만 아니라, 사회·경제·자연환경 등을 종합적으로 고려하여 관리되어야 한다.
③ 지하수는 지표수를 제외한 다른 수자원과 상호 균형을 이루도록 관리되어야 한다.
④ 지하수는 공공이익의 증진에 적합하도록 보전·관리되어야 한다.

35 지하수법상 지하수개발·이용허가의 유효기간은?
① 1년　　② 2년
③ 3년　　④ 5년

정답　30 ②　31 ①　32 ①　33 ③　34 ③　35 ④

36 지하수법령상 지하수를 개발·이용하는 자가 시설 및 토지에 대하여 원상복구를 할 필요가 없는 경우는?

① 지형 여건상 원상복구할 필요가 없다고 시장·군수·구청장이 인정하는 경우
② 지하수의 개발·이용을 종료한 경우
③ 신고한 날부터 3개월 이내에 정당한 사유 없이 공사를 시작하지 아니하여 지하수 개발·이용 신고의 효력이 상실한 경우
④ 수질불량으로 지하수를 개발·이용할 수 없는 경우

37 먹는물 수질기준 및 검사 등에 관한 규칙상 염지하수의 수질기준에서 방사능에 관한 기준 항목은?

① 토륨(Th-90)
② 세슘(Cs-137)
③ 라듐(Ra-88)
④ 셀레늄(Se-78)

38 수도법의 목적과 책무에 관한 설명으로 옳지 않은 것은?

① 수도에 관한 종합적인 계획을 수립하고 수도를 적정하고 합리적으로 설치·관리하여 공중위생을 향상시키고 생활환경을 개선하게 하는 것을 목적으로 한다.
② 광역시의 군수는 관할 구역의 수도사업자에게 기술적·재정적 지원을 하여야 한다.
③ 일반수도사업자는 수도를 계획적으로 정비하고 수도사업을 합리적으로 경영하여야 한다.
④ 공업용수도사업자는 수돗물을 안전하고 적정하게 공급하도록 노력하여야 한다.

39 수도법령상 일반수도사업자가 수돗물의 공급을 정지하였을 때에 주민에게 공지하여야 하는 사항이 아닌 것은?

① 수질측정자료
② 주민의 행동요령
③ 오염에 따른 건강상 위해 가능성
④ 담당자의 연락처

40 수도법령상 상수도관망 중점관리지역의 수질측정항목이 아닌 것은?

① 암모니아성질소
② 색 도
③ 아 연
④ 염소이온

정답: 36 ① 37 ② 38 ② 39 ① 40 ②

제3과목 설비운영 (기계·장치 또는 계측기 등)

41 응집용 약품주입설비 중 자연유하식 정량주입설비에 이용하는 것은?
① 플런저펌프(Plunger Pump)
② 오리피스
③ 원심력펌프
④ 이젝터(Ejector)

42 응집을 위한 급속혼화방식으로 옳지 않은 것은?
① 수류식
② 기계식
③ 펌프확산식
④ 중력식

43 역세척효과가 충분하지 않을 때 나타나는 현상은?
① 여과지속시간 증가
② 여과수질 향상
③ 머드볼(Mud Ball) 발생
④ 여과층표면의 균일화

44 배출수지에 관한 설명으로 옳은 것을 모두 고른 것은?

> ㄱ. 지수는 2지 이상으로 한다.
> ㄴ. 유효수심은 5~8m로 한다.
> ㄷ. 고수위에서 주벽 상단까지 여유고는 50 cm 이하로 한다.
> ㄹ. 1지의 용량은 1회의 여과지 및 입상활성탄흡착지의 역세척배출수량을 합한 수량 이상으로 한다.

① ㄱ, ㄴ
② ㄱ, ㄹ
③ ㄴ, ㄷ
④ ㄷ, ㄹ

45 가압탈수기의 여과포선정 시 고려할 사항으로 옳은 것은?
① 여과포의 폐색이 적을 것
② 강도, 내구성이 작을 것
③ 사용 중에 팽창과 수축이 클 것
④ 탈수여액의 청징도가 낮을 것

46 배출량을 조정하는 시설 중 침전슬러지가 단시간에 유입되는 시설은?
① 농축조
② 탈수기
③ 배슬러지지
④ 혼화지

정답 41 ② 42 ④ 43 ③ 44 ② 45 ① 46 ③

47 오존주입량을 제어하기 위해 필요한 계측항목으로 옳지 않은 것은?
① 오존주입농도
② 잔류오존농도
③ 처리수량
④ 경 도

48 긴급차단밸브에 사용하는 공기압식 구동장치로 옳은 것은?
① 감속기
② 에어모터
③ 유압모터
④ 스트로크 리밋스위치

49 펌프의 제원 결정 시 검토사항으로 옳지 않은 것은?
① 전양정
② 구 경
③ 용량계수
④ 회전속도

50 정수처리 된 물을 정수지에서 배수지로 이송하는 펌프는?
① 취수펌프
② 송수펌프
③ 배수펌프
④ 가압펌프

51 상수도용 밸브 중 감압용 밸브에 해당하지 않는 것은?
① 버터플라이밸브
② 콘밸브
③ 볼밸브
④ 체크밸브

52 시료수를 증발시켜 용해되어 있는 휘발성 물질을 기화시키고, 기화된 물질을 가스크로마토그래피에 의해 각 성분의 농도를 측정하는 수질계기는?
① VOC계
② 유막검지기
③ 유분모니터
④ 입자계수기

53 22.9kV, 600kVA인 수변전설비에서 부하의 역률이 95%일 때, 유효전력(kW)은?
① 187
② 570
③ 595
④ 632

47 ④ 48 ② 49 ③ 50 ② 51 ④ 52 ① 53 ②

54 보호계전시스템에 관한 설명으로 옳지 않은 것은?
① 검출부는 CT, PT, ZCT, GPT 등으로 전기적 상태를 측정한다.
② 보호계전기는 계통의 사고 제거 등의 조치를 수행하는 요소이다.
③ 과전류계전기는 일정 값 이상의 전류가 흘렀을 때 동작하며 단락사고 또는 과부하 검출에 사용된다.
④ 보호계전시스템은 정확성, 신속성, 선택성의 기능이 요구된다.

55 수변전설비 인입구 개폐기로 전력퓨즈 용단 시 결상을 방지할 목적으로 사용되는 개폐기는?
① 고장구간자동개폐기
② 부하개폐기
③ 자동재폐로개폐기
④ 자동부하절환개폐기

56 수질변화가 적고 염소요구량이 일정할 경우 미리 설정된 염소주입률로 주입량을 제어하는 방식은?
① 유량비례제어
② 캐스케이드제어
③ 피드포워드제어
④ 피드백제어

57 고감도 탁도계가 아닌 것은?
① 투과산란광(Laser)식
② 투과산란광(가시광)식
③ 표면산란광식
④ 입자계수기식

58 다음 특성을 가진 TM/TC장치의 구성 방식은?

- 시스템의 기본형이고, 기지국이 고장나면 시스템이 정지된다.
- 소규모시설에 알맞다.

① 1 : 1 대향
② (1 : 1)N 대향
③ 1 : N 대향
④ N : 1 대향

59 유해화학물질 실내 보관시설 설치 및 관리에 관한 고시상 부속설비로 옳지 않은 것은?
① 밸브·관·펌프 등 이송 관련 설비
② 온도·압력·유량 등을 지시·기록하는 자동제어 관련 설비
③ 정전기 제거장치
④ 소음방지설비

정답 54 ② 55 ② 56 ① 57 ④ 58 ① 59 ④

60 산업안전보건법령상 안전보건표지 중 급성 독성물질 경고표지로 옳은 것은?

①    ②

③    ④

제4과목 정수시설 수리학

61 개수로 유량측정 장치로 옳지 않은 것은?
① 예연위어
② 파샬 플룸(Parshall Flume)
③ 노 즐
④ 광정위어

62 유량측정에 사용되는 도구와 방법에 관한 설명이 옳은 것을 모두 고른 것은?

> ㄱ. 관 오리피스에서 오리피스계수는 통상 1보다 큰 값을 사용하게 된다.
> ㄴ. 벤투리미터는 흐름의 단면을 축소시켜 축소 전후 단면 간의 압력수두차를 측정하여 유량을 계산하는 데 사용된다.
> ㄷ. 예연위어는 위어상에서 등류수심이 발생하도록 하여 관수로 내 유량을 측정하는 도구이다.
> ㄹ. 컵형 유속계와 프로펠러형 유속계는 관수로 흐름의 점유속을 측정하는 도구이다.
> ㅁ. 엘보미터는 엘보관 내·외측의 압력수두차를 측정하여 유량을 계산하는 데 사용된다.

① ㄱ, ㄷ   ② ㄴ, ㅁ
③ ㄱ, ㄴ, ㅁ ④ ㄷ, ㄹ, ㅁ

63 그림과 같이 수심 H_1인 수조에 직경 D인 사이펀(Syphon)이 설치되어 있다. 관의 최하단 유출구 E는 수조의 바닥 기준면과 같은 높이이고 유출구 E로부터 사이펀 정점까지의 높이가 H_2일 때, 다음 중 사이펀을 통해 흐르는 유속으로 옳은 것은?(단, 에너지손실은 무시한다)

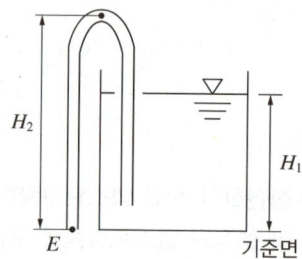

① $\sqrt{2gH_1}$
② $\sqrt{2gH_2}$
③ $\sqrt{2g(H_2 - H_1)}$
④ $\sqrt{2g(H_2 + H_1)}$

64 관로 길이가 150m이고 관경이 150mm인 관수로에서 평균유속 4.9m/s으로 물이 흐르고 있다. 마찰손실계수가 0.015일 때, 발생하는 마찰손실수두(m)는?(단, 중력가속도는 9.8 m/s^2이다)
① 18.375 ② 27.563
③ 41.345 ④ 55.126

65 에너지의 MLT계 차원으로 옳은 것은?
① MT^{-2} ② MLT^{-1}
③ ML^2T^{-1} ④ ML^2T^{-2}

66 비누풍선의 크기는 변함이 없는 상태에서 비누풍선의 내부와 외부의 압력 차이가 2배 증가한다면, 비누풍선 표면장력의 변화는?
① 25% 감소 ② 50% 감소
③ 2배 증가 ④ 4배 증가

67 평균유속이 3m/s이고 마찰손실계수가 0.08인 관수로 흐름에서, 마찰속도(m/s)는?
① 0.2 ② 0.3
③ 0.6 ④ 0.8

68 관수로 흐름에 대한 내용이다. ( )에 들어갈 내용은?

> Chezy 평균유속공식은 ( )에서 직접 유도할 수 있다.

① Bernoulli의 에너지방정식
② Euler의 운동방정식
③ 질량보존의 법칙인 연속방정식
④ Darcy-Weisbach의 마찰손실공식

69 한계류(Critical Flow)에 관한 설명으로 옳은 것은?
① 일정한 유량에 대해 비에너지가 최소인 흐름
② 프루드수가 1.0보다 큰 흐름
③ 흐름특성이 시간에 따라 변하는 흐름
④ 흐름특성이 공간에 따라 변하는 흐름

70 직경 200mm인 관로의 단면평균유속이 4m/s이다. 관로의 직경이 400mm로 확대될 경우, 단면평균유속(m/s)은?(단, 유량은 일정하다)
① 1.0 ② 2.0
③ 4.0 ④ 8.0

정답 64 ① 65 ④ 66 ③ 67 ② 68 ④ 69 ① 70 ①

71. 길이 50m, 폭 20m, 유효수심 4m의 제원을 갖는 장방형침전지를 이용하여 15,000m³/d의 유량을 정수처리하고 있다. 이 침전지의 표면부하율(mm/min)은?(단, 침전입자는 스토크스(Stokes) 법칙이 성립하는 제1형 독립침전을 따른다)

① 6.4　　② 8.4
③ 10.4　　④ 12.4

72. 수평하게 설치된 직경 300mm인 원형관에 물이 흐르고 있다. 벽면에서 마찰응력이 60N/m²라면, 벽면에서 10cm 떨어진 곳의 마찰응력(N/m²)은?(단, 관로에서의 흐름은 하젠-포아쥴레(Hagen-Poiseuille)의 법칙을 따른다)

① 0　　② 20
③ 40　　④ 60

73. 입자의 제1형 독립침전과 관련된 스토크스(Stokes)의 법칙에 관한 설명으로 옳은 것은?

① 침강속도는 입자와 액체의 비중 차에 반비례한다.
② 침강속도는 액체의 점성에 비례한다.
③ 침강속도는 입자 직경의 제곱에 반비례한다.
④ 입자의 항력계수가 입자의 모양에 관계없이 레이놀즈수만의 영향을 받는 경우에 적용할 수 있다.

74. 직경 500mm의 관로가 직경 200mm로 급축소될 때, 유량이 0.2m³/s라면 단면 급축소로 인한 손실수두(m)는?(단, 단면급축소손실계수는 0.3, 중력가속도는 9.8m/s²이다)

① 0.02　　② 0.32
③ 0.62　　④ 0.92

75. 펌프의 공동현상(Cavitation)을 방지하는 방법으로 옳은 것은?

① 펌프의 회전수를 크게 한다.
② 흡입관의 직경을 작게 한다.
③ 흡입측 밸브를 닫아서 유량을 조절한다.
④ 펌프의 설치 위치를 낮게 하고 흡입수두를 작게 한다.

76. 최고 효율점의 양수량이 74m³/h, 전양정이 11m, 회전속도가 1,000rpm인 펌프의 비속도는?

① 184　　② 199
③ 216　　④ 228

77 펌프의 병렬운전과 직렬운전에 관한 설명으로 옳은 것은?

① 병렬운전은 양정의 변화가 크고 양수량의 변화가 작은 경우에 적합하다.
② 병렬운전인 경우 펌프 운전점의 양수량은 단독운전 양수량의 2배보다 크다.
③ 관로 저항곡선의 구배가 급한 곳에는 병렬운전이 유리하다.
④ 직렬운전인 경우 펌프 운전점의 양정은 단독운전 양정의 2배로 하여 구한다.

78 수격작용에서 부압발생의 방지법에 관한 설명으로 옳은 것은?

① 완폐형 체크밸브를 사용한다.
② 토출측 관로에 한방향형 조압수조(One-way Surge Tank)를 설치한다.
③ 송수관에 물을 역류시키는 방법을 사용한다.
④ 부관(By-pass)부 체크밸브를 사용한다.

79 소독 공정에 적용되는 Chick-Watson식에 포함된 변수를 모두 고른 것은?

ㄱ. 미생물개체수
ㄴ. 소독제농도
ㄷ. 온 도
ㄹ. 접촉시간

① ㄱ, ㄴ
② ㄴ, ㄹ
③ ㄱ, ㄴ, ㄹ
④ ㄱ, ㄷ, ㄹ

80 펌프의 축동력에 관한 설명으로 옳지 않은 것은?

① 전양정에 비례
② 유량에 반비례
③ 펌프의 효율에 반비례
④ kW나 HP를 단위로 사용

정답 77 ④ 78 ② 79 ③ 80 ②

2023년 제34회 1급 과년도 기출문제

제1과목 수처리공정

01 슬러지의 탈수성에 관한 설명으로 옳지 않은 것은?

① 탈수성은 겨울철에 저하되는 경향이 있다.
② 상수원의 유기물질 농도가 증가하면 탈수성이 저하된다.
③ 응집제주입량과 탁도의 비인 Al/T가 낮을수록 탈수성이 좋아진다.
④ 농축슬러지의 고형물 농도가 높으면 탈수 케이크의 함수율이 높아진다.

02 응집제의 주입 특성에 관한 설명으로 옳지 않은 것은?

① 철염계 응집제는 적용 pH 범위가 넓으며 플록이 침강하기 쉽다.
② 응집제 주입량 결정에 제타퍼텐셜미터나 SCD 등의 측정기기로 보정할 수 있다.
③ 황산알루미늄은 폴리염화알루미늄에 비해 알칼리도 감소가 적다.
④ 황산알루미늄은 겨울철에 10℃ 전후를 경계로 플록형성이 나빠진다.

03 침전지의 설계기준으로 옳은 것을 모두 고른 것은?

> ㄱ. 횡류식 보통침전지의 표면부하율은 5~10mm/min, 평균유속은 0.3m/min 이하로 한다.
> ㄴ. 횡류식 경사판침전지의 경사각은 45° 이하로 한다.
> ㄷ. 약품침전지의 바닥에는 인력 배출 시 배수구를 향하여 1/200~1/300 정도의 경사를 두는 것이 바람직하다.
> ㄹ. 고속응집 침전지의 원수탁도는 10NTU 이상 1,000NTU 이하가 바람직하다.

① ㄱ, ㄴ
② ㄱ, ㄷ, ㄹ
③ ㄴ, ㄷ, ㄹ
④ ㄱ, ㄴ, ㄷ, ㄹ

04 맛·냄새 물질의 제거에 관한 설명으로 옳지 않은 것은?

① 세포성 형태의 지오스민은 용존성보다 기존 정수처리공정에서 제거효율이 낮다.
② 지오스민과 2-MIB의 탈기에 의한 제거효율은 클로로폼보다 낮다고 알려져 있다.
③ 동일한 오존 주입율에서 지오스민 제거율이 2-MIB에 비해서 높은 것으로 보고된다.
④ 석탄계 활성탄이 지오스민과 2-MIB의 최대 흡착량이 우수한 것으로 보고된다.

정답 1 ④ 2 ③ 3 ② 4 ①

05 침전지의 길이 70m, 폭 10m, 유효수심 4.8m이고 체류시간이 4h일 때, 표면부하율(mm/min)은?
① 10   ② 20
③ 40   ④ 80

06 분말활성탄의 주입방법과 효과에 관한 설명으로 옳은 것은?
① 분말활성탄은 응집침전 이전에 주입하며 접촉시간은 적어도 10분 이상으로 한다.
② 슬러리 농도는 10~25%(건조환산한 값)를 표준으로 한다.
③ 야자계 활성탄은 비교적 내부표면적이 크기 때문에 저분자량 물질제거가 쉽다.
④ 분말활성탄은 처리 시 별도의 주입작업이 필요 없다.

07 배출수 및 슬러지처리시설의 농축조에 관한 설명으로 옳은 것은?
① 용량은 24시간 평균배슬러지량과 1회 배슬러지량 중에서 큰 것으로 한다.
② 고형물부하는 30~40kg/m² · d를 표준으로 한다.
③ 고수위로부터 주벽 상단까지의 여유고는 20cm 이상으로 한다.
④ 농축조의 슬러지체류시간은 72시간 이내로 하는 것이 바람직하다.

08 소독제의 저장설비에 관한 설명으로 옳은 것은?
① 액화염소 저장실은 외부로부터 밀폐시킬 수 있는 구조로 하며 두 방향에 출입문을 설치하고 환기장치를 설치한다.
② 액화염소저장조의 저장설비는 보냉식으로 하며 밸브 등의 조작을 위한 조작대를 설치한다.
③ 차아염소산나트륨 저장실의 바닥은 내식성 모르타르 등으로 시공하여 평평하도록 한다.
④ 저장조 또는 용기에는 수소가스 배출이 원활하도록 통풍구(Vent) 또는 송풍기(Air Blower) 등을 설치하되, 수소가스가 건물 외부 대기 중으로 노출되지 않도록 한다.

09 수인성 질병을 일으키는 원생동물로만 구성된 것으로 옳은 것은?
① *Giardia lamblia, Salmonella typhosa*
② *Pasteurella tularensis, Giardia lamblia*
③ *Cryptosporidium parvum, Giardia lamblia*
④ *Reovirus, Vibrio comma*

정답 5② 6③ 7④ 8① 9③

10 정수지의 용량에 관한 설명으로 옳지 않은 것은?

① 정수지의 유효용량은 첨두수요대처용량과 소독접촉시간($C \cdot T$)용량을 주로 감안한다.
② 정수지의 장폭비(L/W)가 클수록 환산계수(T_{10}/T)가 증가한다.
③ 소독접촉시간용량은 운전최저수위 이하에서의 용량으로 적절한 소독접촉시간($C \cdot T$)을 확보할 수 있는 용량이어야 한다.
④ 도류벽이 많으면 정수지 내 수류의 정체부가 증가한다.

11 오존발생장치와 주입설비에 관한 설명으로 옳지 않은 것은?

① 오존제어방식 중 오존주입농도 제어방식은 주입률을 설정하고 처리수량에 비례하여 주입하는 방식이다.
② 오존접촉지는 효율적인 오존공정 제어를 위하여 처리수량, 오존 주입량, 잔류오존, 대기오존(누출오존) 농도를 상시 계측하여야 한다.
③ 오존접촉조 내부의 라이닝 코팅으로 에폭시계가 사용 가능하다.
④ 오존발생용 원료가스공급장치 중 액체산소(LOX) 공급방식은 오존발생효율을 향상시키기 위해 소량의 질소를 첨가하여 사용하기도 한다.

12 소독에 의한 불활성화비 계산에 관한 설명으로 옳지 않은 것은?

① 실제(현장) 소독능값($CT_{계산값}$)은 잔류소독제 농도(mg/L)와 소독제 접촉시간(분)을 곱한 것이다.
② 잔류소독제 농도는 정수지 유출부나 잔류소독제 농도측정지점에서 측정한 잔류소독제 농도값의 평균값을 택한다.
③ 정수시설의 한 지점에서만 소독하는 경우 잔류 소독제 농도 측정지점에서 불활성화비 $\left(\dfrac{CT_{계산값}}{CT_{계산값}}\right)$를 결정하고 소독에 의한 처리기준 준수 여부를 판정한다.
④ 계산된 불활성화비 값이 1.0 이상이면 99.99%의 바이러스 및 99.9%의 지아디아 포낭의 불활성화가 이루어진 것으로 한다.

13 소독부산물에 관한 설명으로 옳지 않은 것은?

① 오존은 염소와 같은 잔류효과는 없으나, 수중의 유기물질과 반응하여 유해한 소독부산물을 생성할 가능성은 있다.
② 트라이할로메탄(THM), 할로초산(HAAs) 등의 소독부산물은 정수처리공정에서 주입되는 염소와 원수 중에 존재하는 브롬, 유기물 등의 전구물질과 반응하여 생성되는 것이다.
③ 소독부산물 전구물질을 다량으로 함유한 경우에는 저감을 위하여 활성탄처리 또는 전염소처리를 대신하여 중간염소 처리 등을 한다.
④ 소독부산물의 용해성 전구물질 제거는 응집침전에 의하고, 현탁성 전구물질 제거는 분말활성탄처리나 입상활성탄처리 등으로 한다.

14 감쇠여과방식에 관한 설명으로 옳지 않은 것은?
① 정속여과의 전형적인 방식이다.
② 기구가 단순하고 필요한 수두가 작다.
③ 여과층 폐색에 따라 자연적으로 유량이 감소되므로 탁질 누출의 위험이 적은 것이 장점이다.
④ 여과지의 수가 적은 경우에는 여과지의 운전 중지와 복귀에 따른 여과속도나 수위 변동이 크게 된다.

15 여과지의 역세척에 관한 설명으로 옳은 것은?
① 세척효과가 불충분할 경우에는 여과층의 균열, 여과층 표면의 불균일 등이 발생한다.
② 역세척에는 염소가 잔류하지 않은 재이용수를 사용한다.
③ 여과층의 세척은 표면세척과 공기세척을 조합한 방식을 표준으로 한다.
④ 충분한 역세척 효과를 얻기 위해서는 역세척속도의 조정은 하지 않아야 한다.

16 급속모래여과지가 갖추어야 할 기능으로 옳지 않은 것은?
① 탁질의 양적인 억류기능
② 수질과 수량의 변동에 대한 완충기능
③ 맛·냄새물질 농축기능
④ 수도법의 정수처리기준 규정을 만족하는 여과수를 얻을 수 있는 정화기능

17 여과지 성능을 평가할 때 사용되는 지표로 옳지 않은 것은?
① 여과수탁도
② 여과지속시간
③ 역세척수량의 여과수량에 대한 비율
④ 여과지속시간 내에 처리된 여과지의 단위부피당 여과수량

18 균등계수에 관한 설명으로 옳은 것은?
① 상수도설계기준상 균등계수의 상한은 2.0이다.
② 모래의 입도가적곡선에서 10% 통과입경/60% 통과입경으로 구한다.
③ 1에 가까울수록 입경이 균일해지므로 모래층의 공극률이 작아져서 탁질억류 가능량은 증가한다.
④ 균등계수를 작게 할수록 원사(原沙)로부터 얻는 여과모래의 양이 적어진다.

19 막여과 정수시설에 관한 설명으로 옳은 것을 모두 고른 것은?

| ㄱ. 막여과 정수시설의 계열 수는 2계열 이상으로 구성하는 것을 원칙으로 한다.
| ㄴ. 계획정수량은 계획 1일 평균급수량을 기준으로 하고, 그 외 작업용수와 기타용수 등을 고려하여 결정한다.
| ㄷ. 막여과 정수시설은 막모듈을 이용하여 여과하는 공정과 소독제를 이용하여 소독하는 공정을 기본공정으로 구성한다.

① ㄱ, ㄴ ② ㄱ, ㄷ
③ ㄴ, ㄷ ④ ㄱ, ㄴ, ㄷ

정답 14 ① 15 ① 16 ③ 17 ④ 18 ④ 19 ②

20 여과수량이 24m³/h이고 막면적이 288m²일 때, 막여과시설의 막여과유속(m³/m²·d)은 얼마인가?
① 1.5
② 2.0
③ 2.5
④ 3.0

제2과목 수질분석 및 관리

21 먹는물수질공정시험기준상 용어에 관한 설명이다. ( )에 들어갈 내용을 순서대로 옳게 나열한 것은?

> 기기검출한계(IDL ; Instrument Detection Limit)란 시험분석 대상물질을 기기가 검출할 수 있는 최소한의 농도 또는 양으로서 일반적으로 S/N 비의 (ㄱ) 농도 또는 바탕시료를 반복 측정 분석한 결과의 표준편차에 (ㄴ)한 값 등을 말한다.

① ㄱ : 2~5배, ㄴ : 3배
② ㄱ : 2~5배, ㄴ : 5배
③ ㄱ : 3~7배, ㄴ : 3배
④ ㄱ : 3~7배, ㄴ : 5배

22 먹는물수질공정시험기준상 용어의 정의로 옳지 않은 것은?
① 감압은 따로 규정이 없는 한 15mmHg 이하로 한다.
② 방울수라 함은 20℃에서 정제수 20방울을 적하할 때, 그 부피가 약 1mL 되는 것을 뜻한다.
③ "약"이라 함은 기재된 양에 대하여 ±10% 이상의 차가 있어서는 안 된다.
④ 시험조작 중 "즉시"란 60초 이내에 표시된 조작을 하는 것을 뜻한다.

23 수질오염공정시험기준상 투명도 측정에 관한 설명으로 옳은 것을 모두 고른 것은?

> ㄱ. 투명도판은 측정에 앞서 상판에 이물질이 없도록 깨끗하게 닦아 주고, 측정시간은 오전 10시에서 오후 4시 사이에 측정한다.
> ㄴ. 날씨가 맑고 수면이 잔잔할 때 측정하고, 직사광선을 피하여 배의 그늘 등에서 투명도판을 조용히 보이지 않는 깊이로 넣은 다음 천천히 끌어 올리면서 보이기 시작한 깊이를 반복해서 측정한다.
> ㄷ. 투명도는 일기, 시각, 개인차 등에 의하여 약간의 차이가 있을 수 있으므로 측정조건을 기록해 두어야 한다.
> ㄹ. 강우 시나 수면에 파도가 격렬하게 일 때는 정확한 투명도를 얻을 수 없으므로 측정하지 않는 것이 좋다.

① ㄱ, ㄴ
② ㄱ, ㄷ, ㄹ
③ ㄴ, ㄷ, ㄹ
④ ㄱ, ㄴ, ㄷ, ㄹ

24 먹는물 수질감시항목 운영 등에 관한 고시상 먹는물 수질감시항목 중 검사주기가 가장 짧은 것은?

① Vinyl Chloride
② Perchlorate
③ Styrene
④ Chlorophenol

25 불활성화비 계산방법 및 정수처리 인증 등에 관한 규정상 다음 용어에 해당하는 것은?

"( )"(이)라 함은 화학적 산화제 또는 이와 동등한 효능을 지닌 물질을 사용하여 물에서의 병원미생물을 일정농도 이하로 불활성화 시키는 처리공정을 말한다.

① 소 독   ② 갱 생
③ 여 과   ④ 정 화

26 수처리제의 기준과 규격 및 표시기준상 살균·소독제에 해당되지 않은 것은?

① 수산화칼슘
② 오 존
③ 현장제조염소
④ 고도표백분

27 불활성화비 계산방법 및 정수처리 인증 등에 관한 규정상 급속여과방식에서 소독에 의한 병원성 미생물 제거율 및 불활성화비에 관한 내용이다. ( )에 들어갈 내용으로 옳지 않은 것은?

[여과에 의한 병원성 미생물 제거율]

여과방식	제거율		
	바이러스	지아디아 포낭	크립토스포리디움 난포낭
급속여과	(ㄱ)	99.68% (2.5log)	99%(2.0log)
직접여과	90% (1.0log)	(ㄴ)	99%(2.0log)
완속여과	(ㄷ)	99% (2.0log)	(ㄹ)

① ㄱ : 99%(2.0log)
② ㄴ : 99%(2.0log)
③ ㄷ : 99%(2.0log)
④ ㄹ : 90%(1.0log)

28 먹는물수질공정시험기준상 총대장균군의 측정 방법으로 옳지 않은 것은?

① 시험관법
② 막여과법
③ 효소기질이용법
④ 평판집락법

정답 24 ② 25 ① 26 ① 27 ④ 28 ④

29 화학적산소요구량 측정법 중 산성 과망간산칼륨법에 관한 설명으로 옳지 않은 것은?
① 지표수, 하수, 폐수 등에 적용한다.
② 염소이온의 간섭을 제거하기 위해 황산은을 첨가한다.
③ 아질산염의 방해가 우려되면 아질산염 질소 1mg당 10mg의 설퍼민산을 넣어 간섭을 제거한다.
④ 반응시료의 염소이온 농도가 2,000mg/L 이상으로 알칼리성 과망간산칼륨법으로 분석할 수 없는 경우에 적용한다.

30 수질오염공정시험기준상 물벼룩을 이용한 급성독성시험법에 관한 설명으로 옳은 것은?
① 하수, 하천수, 호소수 등에 적용할 수 있으나, 산업폐수에는 적용이 불가하다.
② 투입 시험생물의 50%가 치사 혹은 유영저해를 나타낸 농도를 반수치사농도(LC_{50} 값)라고 한다.
③ 독성시험이 정상적인 조건에서 수행되는지를 주기적으로 확인하기 위하여 표준독성물질로 다이크롬산포타슘을 이용한다.
④ 일정 희석 비율로 준비된 시료에 물벼룩을 투입하여 24시간 경과 후 시험용기를 손으로 살짝 두드려 주고, 15초 후 관찰했을 때 독성물질에 의해 영향을 받아 움직임이 명백하게 없는 상태를 '유영저해'라고 판정한다.

31 제타 전위(Zeta Potential) 계산 시 필요한 전기영동도(전기이동도, Electrophoretic Mobility)의 크기에 관한 설명으로 옳지 않은 것은?
① 격자 간 거리에 비례한다.
② 전압에 비례한다.
③ 전기영동셀의 길이에 비례한다.
④ 시간에 반비례한다.

32 자-테스트(Jar-test)에 관한 설명으로 옳지 않은 것은?
① 응집제와 응집보조제 등 약품의 적정 투입량을 파악하기 위하여 사용된다.
② 응집제 주입 → 완속교반 → 급속교반 → 플록침강 → 상징수분석으로 진행된다.
③ 상징수를 채취하여 알칼리도, 탁도, pH 등을 측정한다.
④ 폴리염화알루미늄의 희석액은 시간이 경과함에 따라 백탁되므로, 이와 같은 용액을 이용한 자-테스트로는 올바른 응집효과를 판단하기 어렵다.

33 상수도설계기준에서 정한 배오존설비의 종류에 해당되지 않은 것은?
① 가압부상법
② 가열촉매법
③ 촉매분해법
④ 활성탄흡착분해법

34. 오염물질의 종류에 따른 오존주입률에 관한 설명으로 옳지 않은 것은?
   ① Geosmin과 같은 맛·냄새물질은 오존주입률 증가에 비례하여 처리효율이 높다.
   ② 전염소처리에 의해 이미 생성된 트라이할로메탄은 오존처리에 의해 거의 제거되지 않는다.
   ③ 이론적 당량비로 표시하였을 때, 철을 제거하기 위한 오존주입량은 망간을 제거하기 위한 오존주입량에 비해 크다.
   ④ 오존은 염소로 살균하기 어려운 원생동물 등 병원성 미생물의 불활성화에 용이하다.

35. 먹는물 수질기준 및 검사 등에 관한 규칙상 염지하수에 적용되는 방사능에 관한 기준으로 옳은 것은?
   ① 스트론튬(Sr-90)은 3.0Bq/L를 넘지 아니할 것
   ② 세슘은 Cs-134 농도를 적용할 것
   ③ 라듐(Ra-226)은 4.0Bq/L를 넘지 아니할 것
   ④ 삼중수소는 6.0Bq/L를 넘지 아니할 것

36. 먹는물관리법령상 자동계측기의 설치 및 운영·관리 기준에 관한 설명으로 옳지 않은 것은?
   ① 자동계측기의 정확도에 대한 허용오차 범위는 온도 ±0.25℃, 수량 ±5% R.D 이내이어야 한다.
   ② 수위, 수량, 전기전도도, 온도 및 수소이온농도(pH) 등을 1시간 간격으로 자동으로 측정·기록·저장하여야 한다.
   ③ 수위, 수량, 수질 자동계측기는 설치 후 매 2년마다 1회 이상 교정 및 오차시험을 받아야 한다.
   ④ 자동계측기의 측정항목별 센서 연결케이블 등 자동계측기 운영과 관련된 설비에 대하여 매반기 1회 이상 자가점검을 실시하여야 한다.

37. 먹는물 수질감시항목 운영 등에 관한 고시상 먹는샘물의 감시항목이 아닌 것은?
   ① 폼알데하이드(Formaldehyde)
   ② 지오스민(Geosmin)
   ③ 안티몬(Antimony)
   ④ 몰리브덴(Molybdenum)

38 수도법령상 바이러스 분포실태 조사방법에 관한 설명이다. ( )에 들어갈 내용으로 옳은 것은?

> 시설용량이 일일 (ㄱ)m³ 미만 정수장의 경우에는 원수의 대장균을 월 (ㄴ)회 이상 조사하여, 원수의 대장균 조사결과 연간 기하평균 농도가 50/100mL(하천수의 경우) 또는 10/100mL(호소수·지하수의 경우)를 초과하는 경우 바이러스 분포실태 조사를 실시한다.

① ㄱ : 10,000, ㄴ : 2
② ㄱ : 10,000, ㄴ : 1
③ ㄱ : 5,000, ㄴ : 2
④ ㄱ : 5,000, ㄴ : 1

39 수도법령상 5만m³ 이상 10만m³ 미만 시설규모의 정수장에 배치해야 할 정수시설 운영관리사의 배치기준으로 옳은 것은?

① 1급 2명 이상, 2급 3명 이상, 3급 5명 이상
② 1급 1명 이상, 2급 3명 이상, 3급 4명 이상
③ 1급 1명 이상, 2급 2명 이상, 3급 3명 이상
④ 1급 1명 이상, 2급 1명 이상, 3급 2명 이상

40 먹는물관리법상 다음 용어에 해당하는 것은?

> 물속에 녹아 있는 염분(鹽分) 등의 함량(含量)이 환경부령으로 정하는 기준 이상인 암반대수층 안의 지하수로서 수질의 안전성을 계속 유지할 수 있는 자연 상태의 물을 먹는 용도로 사용할 원수를 말한다.

① 샘 물
② 먹는샘물
③ 염지하수
④ 먹는염지하수

제3과목 설비운영 (기계·장치 또는 계측기 등)

41 침전지 정류설비 설치 시 고려하는 사항으로 옳지 않은 것은?

① 정류벽에서 정류공의 총면적은 유수단면적의 6% 정도를 표준으로 한다.
② 정류벽은 유입단에서 1.5m 이상 떨어져서 설치한다.
③ 정류공 사이의 사구역이 적도록 정류공의 수를 적게 해야 한다.
④ 정류공의 직경은 10cm 전후, 통과 시 손실수두는 약 0.3~0.9mm의 범위로 해야 한다.

42 응집용 약품주입설비에 관한 설명으로 옳지 않은 것은?

① 응집용약품은 응집제, pH조정제, 응집보조제로 크게 구분된다.
② 약품주입률은 자-테스트(Jar-test)로 결정하는 방식이 일반적이다.
③ 폴리염화알루미늄(PACl)은 액체로서 그 액체 자체가 가수분해되어 중합체로 되어 있다.
④ 폴리염화알루미늄을 황산알루미늄과 혼합하여 사용하여도 된다.

43 여과지 내의 트로프(Trough)에 관한 설명으로 옳은 것은?

① 트로프(Trough)의 크기는 최대배출수량에 약 40% 여유를 둔 수량을 배출할 수 있어야 한다.
② 여재가 유출되지 않도록 트로프(Trough) 상단의 간격은 2.5m 이하로 한다.
③ 여재가 유출되지 않도록 여과모래층의 표면으로부터 높이는 40~70cm로 한다.
④ 트로프(Trough)의 상단과 바닥은 경사를 두는 방법이 좋다.

44 유공블록형 하부집수장치에 관한 설명으로 옳지 않은 것은?

① 바닥판에 분산실과 송수실을 갖는 성형 블록을 병렬로 연결한 것이다.
② 송수실의 단면의 크기가 클수록 물 수송 과정에서 균등압력이 유지된다.
③ 여과지의 중앙이나 관랑 측에는 집수거를 설치하여 블록 사이에 물이 유출입하게 한다.
④ 직경이 몇 mm의 입상물질을 성형한 판으로 저판상에 지벽을 설치하여 압력실로 한다.

45 여재의 유효경 0.5mm, 공극률 0.45이고 비중이 2.65인 모래층 25cm와 유효경 1.0mm, 공극률 0.50이며 비중이 1.65인 안트라사이트층 55cm로 구성된 2층여과지에서 표면세척시설을 갖추고 있을 경우 알맞은 역세척조건에서 손실수두(cm)는 약 얼마인가?(단, 모래층 팽창률 37%, 안트라사이트층 팽창률 25%, 팽창된 여과층의 공극률 0.6이다.)

① 40.5　　② 50.5
③ 60.5　　④ 70.5

정답　42 ④　43 ③　44 ④　45 ①

46 상수도설계기준상 액화염소 저장설비에 관한 설명으로 옳은 것은?
① 용기는 60℃ 이하로 유지한다.
② 액화염소의 저장량은 항상 1일 사용량의 30일분 이상으로 한다.
③ 저장조는 3기 이상 설치하고 그중 2기는 예비로 해야 한다.
④ 실온은 10~35℃를 유지하고 출입구 등을 통하여 직사일광이 용기에 직접 닿지 않는 구조로 한다.

47 자외선(UV)소독설비에 관한 설명으로 옳지 않은 것은?
① 설계 유량은 일최대급수량으로 한다.
② 중압램프의 경우 1초 내외로 하며 소독의 안전성 확보를 위하여 가급적 접촉시간이 길수록 유리하다.
③ 자외선 투과율은 50% 이상을 표준으로 한다.
④ 유량은 접촉시간을 결정하게 되며 유지시간 및 자외선의 강도에 따라 자외선 조사량이 결정된다.

48 다음의 조건에서 펌프 효율은 약 얼마인가?

- 수동력(L_w) : 120kW
- 전동기 입력(L) : 200kW
- 전동기 효율 (η_m) : 0.85

① 0.6 ② 0.7
③ 0.8 ④ 0.9

49 펌프의 서징 현상 및 방지대책에 관한 설명으로 옳지 않은 것은?
① 펌프의 유량-양정 곡선이 오른쪽으로 하향 구배 특성을 갖는 펌프를 선정하여 서징현상을 방지한다.
② 유량을 조절하는 밸브의 위치를 펌프 송출구 직후로 하여 서징 현상을 방지한다.
③ 송출압력과 송출유량 사이에 주기적인 변동이 일어나는 현상이다.
④ 서징은 양수량과 관계되며, 양수량이 규정 값보다 많은 경우 발생한다.

50 펌프의 고효율 운전법으로 옳은 것은?
① 원단위 전력량을 증가시키도록 노력한다.
② 펌프는 송출측 밸브를 부분적으로 폐쇄하여 운전하는 것이 바람직하다.
③ 흡수정 수위를 가급적 높게 운전한다.
④ 병렬운전 시 송출 총유량은 펌프가동 대수에 정비례하여 증가한다.

51 고압간선에 표와 같은 A, B 수용가가 있다. A, B 각 수용가의 개별 부등률은 1.0이고 A, B 간 상호 부등률은 1.30이라고 할 때 고압간선에 걸리는 최대 부하용량(kVA)은 약 얼마인가?

회선	부하설비(kW)	수용률(%)	역률(%)
A	200	60	90
B	100	70	90

① 146 ② 162
③ 231 ④ 256

52 다음 그림에서 $A-B$ 간의 합성 인덕턴스 (mH)는?(단, 상호 인덕턴스는 무시한다)

$A \circ\!-\!\text{0000}\!-\!\text{0000}\!-\!\circ B$
　　　$1mH$　$1mH$

① 1　② 2
③ 3　④ 4

53 3상 3선식 선로에서 수전단 전압 6,600V, 지상역률 90%, 100kVA의 3상 평형 부하가 연결되어 있다. 선로 임피던스가 $R=10\Omega$, $X=50\Omega$인 경우 송전단전압(V)은 약 얼마인가?

① 6,600　② 6,713
③ 6,940　④ 7,067

54 전압계, 전류계 그리고 전력계에 관한 설명으로 옳은 것은?

① 전압계는 부하와 직렬로 연결하고 전류계는 부하와 병렬로 연결한다.
② 전압계의 내부저항은 매우 적다.
③ 전류계의 내부저항은 매우 크다.
④ 전력계는 부하의 소비 전력을 측정한다.

55 상수도설계기준상 정수장의 컴퓨터를 사용하는 제어방식은 집중제어방식과 분산제어방식으로 크게 나눌 수 있다. 분산제어방식에 관한 설명으로 옳지 않은 것은?

① 위험이 분산되고 신뢰성도 우수하다.
② 설비증설이나 확장성에서 우수하다.
③ 시스템 전체를 정지하지 않고 보수 점검할 수 있다.
④ 컴퓨터 1대로 전루프를 제어한다.

56 상수도설계기준상 계측 기기에서 발생하는 오차의 원인이 되는 노이즈 중에서 정전유도 노이즈와 전자유도 노이즈에 관한 설명으로 옳은 것은?

① 정전유도 노이즈는 신호회로 주변에 존재하는 정전용량이나 분포용량에 의해 발생하는 것으로 대전류 회로에 흐르는 전류와 신호회로 간의 전자유도에 의해서 잡음전압이 유도된다.
② 정전유도 노이즈는 신호회로 주변에 존재하는 정전용량이나 분포용량에 의해 발생하는 것으로 대전류 회로에 흐르는 전류와 신호회로 간의 정전유도에 의해서 잡음전압이 유도된다.
③ 전자유도 노이즈는 신호회로와 그 주위의 자계와의 결합에 의해 발생하는 것으로 대전류 회로에 흐르는 전류와 신호회로 간의 전자유도에 의해서 잡음전압이 유도된다.
④ 전자유도 노이즈는 신호회로와 그 주위의 자계와의 결합에 의해 발생하는 것으로 대전류 회로에 흐르는 전류와 신호회로 간의 정전유도에 의해서 잡음전압이 유도된다.

정답　52 ②　53 ④　54 ④　55 ④　56 ③

57 차압식유량계 설치 시 유의할 사항으로 옳지 않은 것은?

① 차압전송기와 도압관에는 동결방지대책을 강구한다.
② 차압전송기는 계량기실내에 설치하는 것을 피한다.
③ 차압전송기의 설치 위치는 부압으로 되도록 한다.
④ 조임기구로부터 차압전송기까지의 도압관은 수평배관을 피하고 $\frac{1}{10}$ 이상의 경사로 설치한다.

58 산업안전보건법령상 유해하거나 위험한 기계·기구·설비로서 안전검사대상인 것은?

① 산업용 원심기
② 이동식 국소배기장치
③ 밀폐형 롤러기
④ 정격 하중 1.5ton 크레인

59 산업안전보건법령상 안전보건관리책임자 등에 대한 교육 내용이다. ( ) 안에 들어갈 내용으로 옳은 것은?

교육대상	교육시간	
	신규교육	보수교육
안전보건관리 책임자	(ㄱ)시간 이상	6시간 이상
안전관리자, 안전관리전문 기관의 종사자	34시간 이상	(ㄴ)시간 이상
안전보건관리 담당자	–	8시간 이상

① ㄱ : 6, ㄴ : 24
② ㄱ : 24, ㄴ : 6
③ ㄱ : 8, ㄴ : 34
④ ㄱ : 34, ㄴ : 8

60 산업안전보건법령상 유해·위험 기계기구의 방호조치로 옳지 않은 것은?

① 예초기 – 날접촉 예방장치
② 원심기 – 회전체 접촉 예방장치
③ 금속절단기 – 구동부 방호 연동장치
④ 지게차 – 백레스트

제4과목 정수시설 수리학

61 동점성계수의 차원을 [FLT]계로 표시한 것은?

① $[LT^{-2}]$
② $[L^2T^{-1}]$
③ $[FL^{-1}]$
④ $[FL^{-2}]$

62. 원형관에서 모세관현상의 상승고에 관한 설명으로 옳은 것은?
① 액체의 표면장력에 반비례한다.
② 관의 직경에 반비례한다.
③ 액체의 단위중량에 비례한다.
④ 액체의 프루드수에 비례한다.

63. 지름 100cm인 관에 3.5m/s의 유속으로 물이 가득차서 흐르고 있다. 이 관로의 200m 구간 마찰손실수두가 5m일 때 마찰손실계수는 얼마인가?
① 0.01   ② 0.02
③ 0.04   ④ 0.08

64. 레이놀즈수에 관한 설명으로 옳지 않은 것은?
① 관성력과 점성력의 비로 나타낸다.
② 관수로 흐름에서 레이놀즈수가 1,000이면 층류이다.
③ 레이놀즈수 공식은 $Re = \dfrac{VD}{\nu}$ 이다. 여기서, ν = 동점성계수, V = 단면평균유속, D = 관경이다.
④ 한계 레이놀즈수는 1.0이다.

65. 하천의 평균 유속을 1점법으로 계산하는 방법은?(단, V_m은 평균유속이고, $V_{0.2}$, $V_{0.6}$, $V_{0.8}$에서 아래첨자는 수심이 1일 때 수면으로부터 유속을 측정한 지점을 나타낸다)
① $V_m = V_{0.6}$
② $V_m = 0.5 V_{0.6}$
③ $V_m = 0.5(V_{0.2} + V_{0.8})$
④ $V_m = 0.25(V_{0.2} + 2V_{0.6} + V_{0.8})$

66. 그림과 같이 수조의 측벽에 설치된 직경 10cm의 오리피스를 통하여 물이 분출될 때, 분출되는 유량(L/s)은 약 얼마인가?(단, 수조 내 수심은 일정하게 유지되며, 손실은 무시한다)

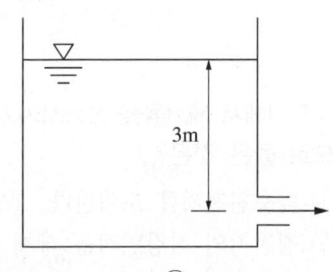

① 10.74   ② 60.20
③ 115.38 ④ 184.65

67. 그림과 같은 관수로에 1.0m³/s의 유량이 가득 차서 흐르고 있다. 각 단면에서의 유속(m/s)은 약 얼마인가?(단, 관의 직경 D_1 = 100cm, D_2 = 70cm, 흐름은 정상류이며, 손실은 무시한다)

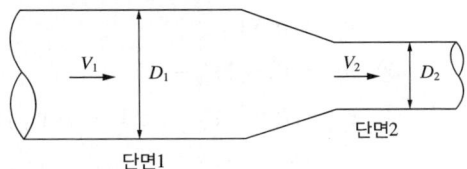

① $V_1 = 0.51$, $V_2 = 1.08$
② $V_1 = 1.27$, $V_2 = 2.60$
③ $V_1 = 3.45$, $V_2 = 5.38$
④ $V_1 = 5.10$, $V_2 = 7.46$

68. 침전지의 깊이가 3m, 표면적이 3m², 유량이 36m³/d일 때 체류시간(h)은?
① 4   ② 5
③ 6   ④ 9

69. 침전지에서 제거율을 향상시키기 위한 설명으로 옳은 것은?
① 다층침전지를 도입한다.
② 침전지의 침강면적을 작게 한다.
③ 플록의 침강속도를 작게 한다.
④ 유량을 많게 한다.

70. 관수로의 층류 흐름에서 마찰손실계수(f)에 관한 설명으로 옳은 것은?
① 레이놀즈수의 함수로 나타난다.
② 상대조도의 함수로 나타난다.
③ 프루드수의 함수로 나타난다.
④ 항상 일정한 값으로 나타난다.

71. 관수로 흐름에서 발생하는 손실수두에 관한 설명으로 옳은 것을 모두 고른 것은?

ㄱ. 관수로에서 마찰손실계수는 무차원이다.
ㄴ. 관경이 2배로 커지면 마찰손실수두는 2배로 증가한다.
ㄷ. 마찰손실수두는 유속의 제곱에 비례한다.
ㄹ. 관의 길이가 2배로 커지면 마찰손실수두는 4배로 증가한다.

① ㄱ, ㄷ
② ㄱ, ㄹ
③ ㄴ, ㄷ, ㄹ
④ ㄱ, ㄴ, ㄷ, ㄹ

72. 조도계수 0.014, 동수경사 0.01, 관경 400mm일 때 이 관로의 유량(m³/s)은?(단, 만관 기준이며, Manning 공식에 따른다)
① 0.08   ② 0.12
③ 0.15   ④ 0.19

73 부피가 5,000m³인 탱크에서 G(속도경사) 값을 30/s로 유지하기 위해 필요한 이론적 소요동력(W)은 약 얼마인가?(단, 물의 점성계수는 $1.139 \times 10^{-3} N \cdot s/m^2$이다)
① 5,126 ② 7,651
③ 8,543 ④ 9,218

74 여과지의 입도 분석 결과로, 중량통과율 10%의 입경 0.2mm, 20%의 입경 0.4mm, 40%의 입경 0.6mm, 60%의 입경 0.8mm일 때, 여과지의 균등계수는 얼마인가?
① 4 ② 3
③ 2 ④ 1

75 효율이 85%, 동력이 25,000kW인 펌프를 이용하여 100m 위의 수조로 물을 양수할 때, 유량(m³/s)은 약 얼마인가?(단, 손실수두는 10m이다)
① 5.7 ② 10.7
③ 15.7 ④ 19.7

76 전양정 4m, 양수량 600m³/h, 회전속도 1,200 rpm인 펌프의 비교회전도는 약 얼마인가?
① 1,142 ② 1,282
③ 1,342 ④ 1,442

77 펌프의 캐비테이션(공동현상) 방지대책으로 옳지 않은 것은?
① 펌프의 회전속도를 낮게 선정한다.
② 펌프 설치 위치를 가능한 낮추어 운전한다.
③ 흡입쪽 밸브를 완전히 개방하고 운전한다.
④ 가용유효흡입수두를 가능한 작게 한다.

78 펌프의 특성곡선에 관한 설명으로 옳지 않은 것은?
① 펌프에 관한 양정고-양정유량, 효율-양정유량, 동력-양정유량 등의 관계곡선을 펌프특성곡선이라 한다.
② 양정유량이 증가할수록 펌프시스템 총 수두손실은 증가한다.
③ 일정한 회전속도 내에서 양정유량이 증가할수록 양정고도 함께 증가한다.
④ 펌프특성곡선은 필요한 펌프 유형에 대한 효율 및 경제적 운영에 사용될 수 있다.

정답 73 ① 74 ① 75 ④ 76 ③ 77 ④ 78 ③

79 A 정수장의 펌프가 1,000rpm으로 전양정 80m, 유속 1.0m/s로 유량을 보낼 시 축동력은 20kW이다. 펌프의 상사법칙에 따라 회전차의 지름이 2배인 펌프가 500rpm으로 운전된다면 축동력(kW)은 얼마인가?

① 20 ② 40
③ 60 ④ 80

80 펌프가 동력을 잃고 수격현상이 발생되는 경우에 관한 설명으로 옳지 않은 것은?

① 펌프는 갑자기 동력을 잃으면 즉시 회전을 멈춘다.
② 관내의 물은 지금까지의 유속과 같은 운동을 하고자 하기 때문에 펌프출구쪽에서 압력은 떨어진다.
③ 체크밸브가 없는 경우에는 펌프가 역회전하기 시작하여 수차상태로 된다.
④ 정지된 물은 역류하기 시작하며 펌프의 회전속도는 점점 더 떨어진다.

2023년 제34회 2급 과년도 기출문제

제1과목 수처리공정

01 맛·냄새의 생물학적인 발생원에 관한 설명으로 옳은 것은?

> ㄱ. 동일한 오존 주입률에서 2-MIB 제거율이 지오스민에 비해서 높은 것으로 보고된다.
> ㄴ. 황산염환원균은 혐기성 세균으로 황화수소(H_2S)를 발생한다.
> ㄷ. 편모조류가 발생하면 주로 물고기 비린내가 난다.
> ㄹ. 규조류는 여과지폐색의 원인이 되나 냄새는 일으키지 않는다.

① ㄱ, ㄴ ② ㄴ, ㄷ
③ ㄱ, ㄷ, ㄹ ④ ㄴ, ㄷ, ㄹ

02 Jar-test 결과 원수 2L에 대하여 0.1w/v%의 PAHCS 용액 10mL를 첨가했을 때 침전율이 가장 높았다면, PAHCS의 최적 주입농도(mg/L)는 약 얼마인가?

① 5 ② 10
③ 20 ④ 50

03 토양에 널리 분포하며 흙냄새의 원인으로 알려진 미생물은?

① 녹조류 ② 질화세균
③ 방선균 ④ 철세균

04 침전지 유출부에서 플록이 떠오르는 현상에 관한 설명으로 옳은 것은?

① 이러한 현상을 파과(Breakthrough)라고 한다.
② 침전지의 표면부하율보다 입자의 침강속도가 큰 플록이 떠오른다.
③ 다층침전지, 경사판식 침전지는 플록 유출 방지에 효과적이다.
④ 밀도류나 단락류가 있으면 플록 유출이 감소한다.

05 정수장의 배출수지 및 배슬러지지에 관한 설명으로 옳지 않은 것은?

① 배슬러지지의 용량은 24시간 평균배슬러지량과 1회 배슬러지량 중에서 큰 것으로 한다.
② 배출수지의 고수위에서 주벽 상단까지의 여유고는 60cm 이상으로 한다.
③ 배출수지의 상징수는 정수공정으로 회수할 수 있다.
④ 배슬러지지의 슬러지 체류시간은 48시간 이내로 하는 것이 바람직하다.

정답 1 ② 2 ① 3 ③ 4 ③ 5 ④

06 정수장에서 사용되는 가압탈수기의 여과포 선정조건으로 옳지 않은 것은?
① 여과포의 폐색이 적고 케이크의 탈착이 좋을 것
② 사용 중에 팽창과 수축이 클 것
③ 탈수여액의 청징도가 높을 것
④ 재생이 가능할 것

07 정수처리에서 수처리제로 사용하는 폴리아민에 관한 설명으로 옳지 않은 것은?
① 정수처리를 위해 폴리아민을 사용할 경우 20mg/L 이하로 사용해야 한다.
② 폴리아민의 성분규격에서 에피클로로하이드린 기준은 20mg/L 이하이다.
③ 폴리아민을 사용하는 정수장은 매월 1회 이상 정수 중의 에피클로로하이드린의 함량을 측정하여야 한다.
④ 폴리아민은 무색 내지 엷은 황갈색의 액체이다.

08 병원성 미생물 제거율 및 불활성화비 계산방법에 관한 설명으로 옳지 않은 것은?
① 잔류소독제 농도는 측정한 농도값 중 최솟값을 택한다.
② 불활성화비는 $CT_{계산값}$을 $CT_{요구값}$으로 나눈 값이다.
③ 장폭비(L/W)가 클수록 환산계수(T_{10}/T)가 작아진다.
④ 추적자 시험의 경우 투입된 추적자의 10%가 정수지에서 유출되는 시간을 접촉시간으로 한다.

09 병원성 미생물에 관한 설명으로 옳지 않은 것은?
① 콜레라, 장티푸스는 박테리아에 의한 수인성 전염병이다.
② 바이러스는 소독에 대한 저항성이 크고, 크기가 작은 미생물로 분류된다.
③ 시스트(Cysts)라 불리우는 *Giardia*의 포낭은 염소소독에 대한 저항이 박테리아보다 훨씬 강하다.
④ *Salmonella typhosa*는 수인성 전염병을 일으키는 원생동물이다.

10 소독공정에서 염소소독 효과를 향상시키는 방법으로 옳은 것은?
① 차아염소산에 의한 소독효과를 높이기 위해 pH를 높인다.
② 도류벽을 제거하여 체류시간을 짧게 한다.
③ 잔류염소 농도를 가급적 낮게 유지한다.
④ 정수지의 수위를 높게 유지한다.

11 염소소독제의 저장과 보관에 관한 설명으로 옳은 것은?
① 액화염소 보관용기는 40℃ 이하로 유지한다.
② 액화염소 저장량은 1일 사용량의 7일분 이상으로 한다.
③ 차아염소산나트륨 저장실의 바닥은 내식성 모르타르 등으로 시공하여 평평하게 한다.
④ 차아염소산나트륨 저장조 또는 용기에서 발생되는 수소가스가 외부 대기 중으로 노출되지 않도록 한다.

12 전염소처리에 관한 설명으로 옳지 않은 것은?
① 원수 내 암모니아성 질소를 산화한다.
② 조류 및 박테리아의 사멸에는 효과가 있으나, 소형동물은 사멸시키지 못한다.
③ 소독을 목적으로 하는 경우 여과수에서 유지해야 할 잔류염소농도는 0.1~0.2 mg/L 정도이다.
④ 망간처리를 위해 여과수에서 유지해야 할 잔류염소농도는 0.5mg/L 정도이다.

13 염소가스의 안전관리에 관한 설명으로 옳지 않은 것은?
① 저장량 1,000kg 이상의 시설에서는 염소가스의 누출에 대비하여 가스누출 검지 경보설비, 중화반응탑, 중화제 저장조, 배풍기 등을 갖춘 중화장치를 설치한다.
② 누설검지용 약품으로 수산화나트륨용액을 사용한다.
③ 염소가스 저장시설의 제해설비는 누출된 염소가스를 충분히 중화하여 무해하게 할 수 있어야 한다.
④ 보안용구로는 방독마스크, 보호구 및 비상시 공구 등이 있으며, 격리식 방독마스크는 3개 이상 구비되어야 한다.

14 역세척효과를 높이기 위한 방법으로 옳은 것은?
① 표면세척장치는 팽창된 여과층 중에 노즐이 묻히도록 한다.
② 역세척수량과 수압 및 시간 중 어느 하나를 줄여 역세척효과가 충분하도록 한다.
③ 역세 시 여과층이 유동상태가 되지 않도록 역세척속도를 설정한다.
④ 수온차가 높은 지역에서는 계절별로 동일한 팽창률을 얻을 수 있도록 수온이 낮을 때의 역세척유속을 기준으로 시설을 설계한다.

15 급속여과지의 자갈층두께와 여과자갈에 관한 설명으로 옳지 않은 것은?
① 여과자갈의 입경과 자갈층의 두께는 하부집수장치에 적합하도록 설계한다.
② 여과자갈은 형상이 구형(球形)에 가깝고 경질이며 청정하고 균질인 것이 좋다.
③ 여과자갈은 모래층을 충분히 지지할 수 있어서 안정적이고 효율적으로 세척할 수 있어야 한다.
④ 조립여과자갈을 상층에, 세립여과자갈을 하층에 배치하는 것을 표준으로 한다.

16 역세척효과가 불충분할 경우에 발생하는 현상으로 옳은 것은?
① 여과층 표면이 균일하게 된다.
② 머드볼(Mud Ball)이 발생되지 않는다.
③ 여과지속시간이 감소한다.
④ 측벽과 여과층간에 간극이 발생되지 않는다.

정답 12 ② 13 ② 14 ① 15 ④ 16 ③

17. 막여과에 관한 설명으로 옳은 것을 모두 고른 것은?

> ㄱ. 정밀여과와 한외여과가 있으며, 제거대상물질은 주로 용해성물질이다.
> ㄴ. 정수처리 및 해수담수화와 초순수 제조의 전처리공정에 주로 사용되고 있다.
> ㄷ. 막을 여재로 사용하여 물을 통과시켜서 원수 중의 불순물질을 분리제거하고 깨끗한 여과수를 얻는 정수방법이다.
> ㄹ. 나노여과 및 역삼투법의 주 제거대상물질은 불용해성 물질과 콜로이드성 물질이며 단독 또는 고도정수처리와의 조합으로 적용된다.

① ㄱ, ㄴ
② ㄱ, ㄹ
③ ㄴ, ㄷ
④ ㄷ, ㄹ

18. 여과층에서 현탁물질을 제거하는 1단계의 기작으로 옳지 않은 것은?

① 저지작용
② 체거름작용
③ 중력침강작용
④ 응집침전작용

19. 막여과시설의 막여과유속이 $1.8m^3/m^2 \cdot d$ 이고 여과수량이 $24m^3/1$일 때, 막면적(m^2)은?

① 300
② 320
③ 340
④ 360

20. 여과지의 하부집수장치 기능에 관한 설명으로 옳지 않은 것은?

① 여과지를 하부집수실과 상부여과실로 분리시킨다.
② 여과수 및 공기를 상부여과실로부터 하부집수실로 분출시켜 여과재를 깨끗이 세척시킨다.
③ 침전지 월류수를 상부 여과실에서 여과시켜 하부집수실로 보낸다.
④ 역세척수 및 공기를 여과실 전체에 균등 압력으로 균일하게 분포시켜서 세척의 효과를 높인다.

제2과목 수질분석 및 관리

21. 먹는물수질공정시험기준상 용어의 정의로 옳지 않은 것은?

① 감압은 따로 규정이 없는 한 15mmHg 이하로 한다.
② 방울수라 함은 20℃에서 정제수 20방울을 적하할 때, 그 부피가 약 1mL 되는 것을 뜻한다.
③ 무게를 "정확히 단다."라 함은 규정된 수치의 무게를 0.01mg까지 다는 것을 말한다.
④ "항량으로 될 때까지 건조한다." 함은 같은 조건에서 1시간 더 건조할 때 전후차가 g당 0.3mg 이하일 때를 말한다.

22 수질오염공정시험기준상 용존산소-적정법에 사용하는 시약으로 옳지 않은 것은?
① 전분용액
② 옥살산나트륨용액
③ 황산망간용액
④ 티오황산나트륨용액

23 먹는물수질공정시험기준상 수질검사 항목 중 보존방법에 따라 보관하였을 때 보존 기간이 가장 짧은 것은?
① 암모니아성 질소
② 질산성 질소
③ 황산이온
④ 증발잔류물

24 정수지 출구에서 유리잔류염소농도를 측정한 결과 0.5mg/L이었다. 소독공정에서 $CT_{요구값}$이 5일 때 정수지에서 염소소독공정의 불활성화비는?(단, 염소소독제 접촉시간은 20분이다)
① 0.5 ② 1
③ 1.5 ④ 2

25 24,000m³/d을 생산하는 정수장에서 여과지 통과 후 시간당 1.5kg/h의 염소를 주입한 결과, 정수지 유출수의 잔류염소 농도가 0.5mg/L일 때 염소요구량(mg/L)은?
① 0.5 ② 1.0
③ 1.5 ④ 2.0

26 불활성화비 계산방법 및 정수처리 인증 등에 관한 규정상 급속여과방식에서 소독에 의한 병원성 미생물 제거율 및 불활성화비에 관한 설명으로 옳지 않은 것은?
① 여과공정에 의한 바이러스 제거율 99%
② 여과공정에 의한 지아디아 포낭 제거율 99.68%
③ 소독공정에서 요구되는 바이러스 불활성화율 99%
④ 소독공정에서 요구되는 지아디아 포낭 불활성화율 90%

27 정수장에서 원수 유입 유량이 5,000m³/h이고, 자-테스트(Jar-test) 결과 응집제의 적정 주입농도가 10mg/L일 때, 정수장의 1일 응집제 주입량(kg/d)은?
① 500 ② 1,000
③ 1,200 ④ 2,400

28 침전지에서 플록의 제거율에 관한 설명으로 옳지 않은 것은?
① 침강면적을 작게 하면 제거율이 향상된다.
② 플록의 침강속도를 크게 하면 제거율이 향상된다.
③ 유량을 적게 하면 제거율이 향상된다.
④ 침강속도(V)가 표면부하율(V_0)보다 작은 플록은 V/V_0의 부분제거율을 나타낸다.

29 오존처리설비에서 오존의 전달효율을 계산하는 방법으로 옳은 것은?

① $\dfrac{주입오존량 - 잔류오존량 - 배출오존량}{주입오존량} \times 100$

② $\dfrac{주입오존량 - 잔류오존량 + 배출오존량}{주입오존량} \times 100$

③ $\dfrac{주입오존량 - 배출오존량}{주입오존량} \times 100$

④ $\dfrac{주입오존량 - 잔류오존량}{주입오존량} \times 100$

30 자-테스트(Jar-Test)에서 플록 형성 후 채취된 상징수에서 분석하는 항목이 아닌 것은?
① 수소이온농도(pH)
② 탁 도
③ 알칼리도
④ 용존산소

31 수질오염공정시험기준상 효소이용정량법을 사용하여 총대장균군수를 측정할 때, 적용되는 효소의 종류는?
① 아밀레이스(Amylase)
② 프로테아제(Protease)
③ 포스파타아제(Phosphatase)
④ 베타-갈락토시다제(β-galactosidase)

32 먹는물수질공정시험기준상 유리전극법을 사용하여 수소이온농도(pH)를 측정할 때 사용되는 표준액의 pH값을 순서대로 옳게 나타낸 것은?
① 수산염 표준액 < 인산염 표준액 < 탄산염 표준액
② 수산염 표준액 < 탄산염 표준액 < 인산염 표준액
③ 탄산염 표준액 < 인산염 표준액 < 수산염 표준액
④ 탄산염 표준액 < 수산염 표준액 < 인산염 표준액

33 먹는물 수질감시항목 중 Geosmin과 2-MIB를 측정하는 기기로 옳은 것은?
① 이온크로마토그래프
② 기체크로마토그래프
③ 액체크로마토그래프
④ 유도결합플라즈마

34 먹는물관리법령상 수위, 수량, 수질 자동계측기의 교정 및 오차시험 주기로 옳은 것은?
① 설치 후 매 6개월마다 1회 이상
② 설치 후 매 1년마다 1회 이상
③ 설치 후 매 2년마다 1회 이상
④ 설치 후 매 3년마다 1회 이상

35 먹는물 수질기준 및 검사 등에 관한 규칙상 염지하수에 적용되는 방사능에 관한 기준으로 옳은 것은?

- 세슘(Cs-137)은 (ㄱ)mBq/L를 넘지 아니할 것
- 스트론튬(Sr-90)은 (ㄴ)mBq/L를 넘지 아니할 것
- 삼중수소는 (ㄷ)Bq/L를 넘지 아니할 것

① ㄱ : 5.0, ㄴ : 3.0, ㄷ : 5.0
② ㄱ : 4.0, ㄴ : 4.0, ㄷ : 6.0
③ ㄱ : 3.0, ㄴ : 3.0, ㄷ : 5.0
④ ㄱ : 4.0, ㄴ : 3.0, ㄷ : 6.0

36 먹는물 수질감시항목 운영 등에 관한 고시상 상수원수의 수질감시항목 중 Microcystin-LR의 검사주기로 옳은 것은?

① 평상시 1회/월, 조류경보 발령 시 1~3회/월
② 평상시 1회/월, 조류경보 발령 시 1~3회/주
③ 평상시 1회/반기, 조류경보 발령 시 1~3회/주
④ 평상시 1회/반기, 조류경보 발령 시 1~3회/월

37 먹는물 수질감시항목 운영 등에 관한 고시상 먹는샘물의 폼알데하이드, 안티몬, 몰리브덴의 검사주기로 옳은 것은?

① 1회/2년 ② 1회/년
③ 2회/년   ④ 3회/년

38 수도법령상 바이러스 분포실태 조사방법에 관한 설명이다. ( )에 들어갈 내용으로 옳은 것은?

정수의 수질조사 시기 : 원수의 수질조사 결과 원수 중에서 바이러스가 (ㄱ) 이상 검출이 확인되는 경우에 실시하며, 확인된 분기 및 그다음 분기에 분기별 (ㄴ) 검사할 것

① ㄱ : 100개체/100L, ㄴ : 1회
② ㄱ : 50개체/100L, ㄴ : 1회
③ ㄱ : 100개체/100L, ㄴ : 2회
④ ㄱ : 50개체/100L, ㄴ : 2회

39 수도법령상 50만㎡ 이상 시설규모의 정수장에 배치해야 할 정수시설운영관리사의 배치기준으로 옳은 것은?

① 1급 2명 이상, 2급 3명 이상, 3급 5명 이상
② 1급 1명 이상, 2급 3명 이상, 3급 4명 이상
③ 1급 1명 이상, 2급 2명 이상, 3급 3명 이상
④ 1급 1명 이상, 2급 1명 이상, 3급 2명 이상

40 먹는물관리법상 다음 용어에 해당하는 것은?

암반대수층(岩盤帶水層) 안의 지하수 또는 용천수 등 수질의 안전성을 계속 유지할 수 있는 자연 상태의 깨끗한 물을 먹는 용도로 사용할 원수(原水)를 말한다.

① 염지하수   ② 샘물
③ 먹는염지하수 ④ 먹는샘물

제3과목 설비운영 (기계·장치 또는 계측기 등)

41 약품주입설비에 관한 설명으로 옳은 것은?
① 고형황산알루미늄은 중량비로 5~10% 용액으로 사용하는 것이 편리하다.
② pH조정제의 주입지점은 응집제 주입지점의 하류측이 일반적이다.
③ pH조정제의 주입률은 알칼리도와는 상관없다.
④ 응집제 주입량은 처리수량에 응집제 주입률을 나누어 산정한다.

42 상수도설계기준상 막여과설비의 주요 감시항목으로 옳지 않은 것은?
① 유 량 ② 압 력
③ 교 반 ④ 온 도

43 염소 소독 시 생성되는 염소성분 중 살균력이 가장 강한 것은?
① 차아염소산이온(OCl^-)
② 차아염소산($HOCl$)
③ 다이클로라민($NHCl_2$)
④ 모노클로라민(NH_2Cl)

44 중간염소처리에 관한 설명으로 옳지 않은 것은?
① 침전지와 여과지 사이에 염소제를 주입하는 방식이다.
② 트라이할로메탄의 생성을 최소화하기 위하여 채택한다.
③ 곰팡이냄새의 생성을 최소화하기 위하여 채택한다.
④ 염소제 주입지점은 착수정, 혼화지 등으로 교반이 잘 일어나는 지점으로 한다.

45 여과지 성능평가 방법에 관한 설명으로 옳은 것은?
① 단위면적당의 여과수량(UFRV)은 여과속도를 여과지속시간으로 나눈 값이다.
② 여과지 성능평가 시 역세척수량의 여과수량에 대한 비율과는 상관없다.
③ 단위면적당의 여과수량(UFRV) 값이 410 m^3/m^2 이하이면 여과지 성능이 양호하다고 본다.
④ 단위면적당의 여과수량(UFRV) 값이 610 m^3/m^2 이상이면 재래식 정수공정에서는 여과 성능이 좋다고 본다.

정답 41 ① 42 ③ 43 ② 44 ④ 45 ④

46 활성탄흡착설비에 관한 설명으로 옳지 않은 것은?
① 비상시 또는 단기간 사용할 경우에는 입상활성탄처리가 유리하다.
② 저장조 등의 밀폐용기 내에서는 산소가 고갈될 우려가 있으므로 점검 시 주의가 필요하다.
③ 일반적으로 소수성이 강하고 분자량이 큰 물질일수록 활성탄에 흡착되기 쉽다.
④ 분말활성탄은 수증기 활성화법으로 제조되며 입도는 200mesh 간격의 체로 통과하지 않은 양의 10% 이하인 것이 좋다.

47 슬러지 배출설비의 설계원칙으로 옳지 않은 것은?
① 슬러지 배출이 원활할 것
② 슬러지 양에 알맞은 배출능력을 가질 것
③ 슬러지 성상을 고려하지 않을 것
④ 고농도로 소량의 슬러지를 배출할 수 있을 것

48 펌프의 비속도에 관한 설명으로 옳은 것은?
① 비속도가 작아짐에 따라 임펠러 외경에 대한 임펠러의 폭은 커진다.
② 비속도는 유량의 $\frac{1}{2}$ 승에 반비례한다.
③ 비속도가 크면 토출량이 많은 저양정의 펌프로 된다.
④ 토출량과 전양정이 동일하면 회전속도가 클수록 비속도는 작아진다.

49 펌프의 조건이 다음과 같을 때 전양정(m)은 약 얼마인가?

- 실양정(h_a) : 10m
- 관로마찰손실수두(h_l) : 0.3m
- 토출관 유출속도(v_d) : 12m/s
- 중력가속도(g) : 9.8m/s²

① 12.6   ② 15.6
③ 17.6   ④ 20.6

50 펌프의 분해 점검 시 점검 항목으로 옳은 것은?
① 축봉부 누수 및 온도
② 베어링 온도
③ 진 동
④ 임펠러의 마모, 부식

51 공장별 일부하곡선이 그림과 같을 경우 각 공장 상호 간의 부등률은?

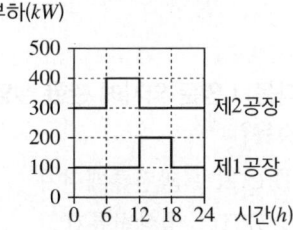

① 1.1   ② 1.2
③ 1.3   ④ 1.4

52 다음 그림에서 A-B 간의 합성 커패시턴스 (μF)는?

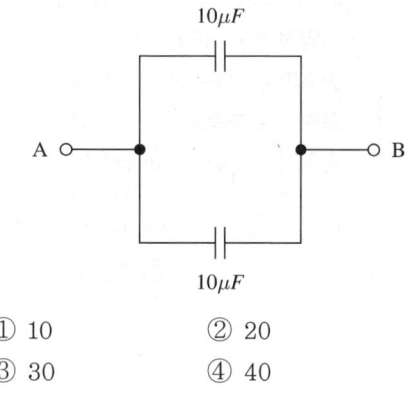

① 10
② 20
③ 30
④ 40

53 전압 변동률(%)의 정의로 옳은 것은?

① $\dfrac{\text{무부하 시 수전단전압} - \text{전부하 시 수전단전압}}{\text{전부하 시 수전단전압}} \times 100$

② $\dfrac{\text{무부하 시 수전단전압} - \text{전부하 시 수전단전압}}{\text{무부하 시 수전단전압}} \times 100$

③ $\dfrac{\text{송전단전압} - \text{수전단전압}}{\text{수전단전압}} \times 100$

④ $\dfrac{\text{송전단전압} - \text{수전단전압}}{\text{송전단전압}} \times 100$

54 다음의 영문 약자에 관한 설명 중 옳지 않은 것은?

① OCR : 과전류계전기
② ZCT : 영상변류기
③ OCB : 유입차단기
④ MOF : 몰드오일변성기

55 상수도설계기준상 정수장의 제어방식은 컴퓨터를 사용하는 제어방식과 컴퓨터를 사용하지 않는 제어방식으로 크게 나눌 수 있다. 이에 관한 설명으로 옳지 않은 것은?

① 컴퓨터를 사용하는 제어방식 중 분산제어방식은 위험이 분산되고 신뢰성도 우수하다.
② 컴퓨터를 사용하지 않는 제어방식은 소규모시설에서 비경제적이다.
③ 컴퓨터를 사용하는 제어방식 중 집중제어방식에서 컴퓨터의 고장은 시스템 전체를 정지시키므로 백업대책이 필요하다.
④ 컴퓨터를 사용하는 제어방식 중 분산제어방식은 설비증설이나 확장성에서 우수하다.

56 계측 기기에는 전자소자가 들어 있기 때문에 계측기 주변의 대전류, 임피던스, 서지 등은 유도장해인 노이즈를 발생시켜 오차의 원인이 된다. 상수도설계기준상 노이즈에 관한 설명으로 옳지 않은 것은?

① 정전유도 노이즈는 신호회로 주변에 존재하는 정전용량이나 분포용량에 의해 발생한다.
② 전자유도 노이즈는 신호회로와 그 주위의 자계와의 결합에 의해 발생한다.
③ 정전유도 노이즈는 고압전원과 신호회로 간의 정전유도에 의해서 잡음전압이 유도된다.
④ 전자유도 노이즈는 대전류 회로에 흐르는 전류와 신호회로 간의 정전유도에 의해서 잡음전압이 유도된다.

57 잔류염소계와 조합하여 일정한 잔류염소량으로 되도록 비율설정신호로 보정하는 방법으로 비율제어계의 잔류염소계에 의한 보정신호를 가하는 제어방식은?

① 정치제어
② 유량비례제어
③ 피드백제어
④ 캐스케이드제어

58 산업안전보건법령상 안전인증대상 보호구로 옳지 않은 것은?

① 절연용 방호구
② 용접용 보안면
③ 안전장갑
④ 방음용 귀마개

59 산업안전보건법령상 물질안전보건자료대상물질을 담은 용기에는 경고표시를 하여야 한다. 경고표지 내용으로 옳지 않은 것은?

① 제품 명칭
② 유해·위험문구
③ 예방조치 문구
④ 취급자 정보

60 고압가스안전관리법상 용어의 정의로 옳지 않은 것은?

① "저장소"란 고압가스를 저장하기 위한 것으로서 일정한 위치에 고정 설치된 것을 말한다.
② "용기"란 고압가스를 충전하기 위한 것으로서 이동할 수 있는 것을 말한다.
③ "냉동기"란 고압가스를 사용하여 냉동을 하기 위한 기기로서 산업통상자원부령으로 정하는 냉동능력 이상인 것을 말한다.
④ "특정설비"란 저장탱크와 산업통상자원부령으로 정하는 고압가스 관련 설비를 말한다.

제4과목 정수시설 수리학

61 단위중량의 차원을 [MLT]계와 [FLT]계로 표시한 것은?

① $[ML^{-3}]$, $[FL^{-4}T^{-2}]$
② $[ML^2T^{-2}]$, $[FL]$
③ $[ML^{-1}T^{-2}]$, $[FL^{-2}]$
④ $[ML^{-2}T^{-2}]$, $[FL^{-3}]$

62 그림과 같은 원형관에 물이 가득 차서 흐르고 있다. 단면 1에서 직경 D_1 = 30cm, 유속 V_1 = 3.0m/s, 단면 2에서 직경 D_2 = 50 cm일 때, 단면 2의 유속(m/s)과 유량(m^3/s)은 각각 얼마인가?(단, 흐름은 정상류이며, 손실은 무시한다)

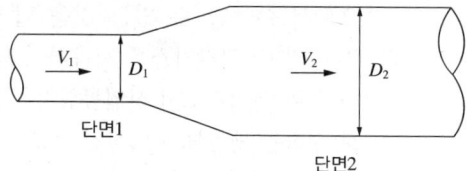

① V_2 = 0.52, Q = 0.14
② V_2 = 1.08, Q = 0.21
③ V_2 = 1.84, Q = 0.35
④ V_2 = 2.51, Q = 0.57

63 단위가 없는 물리량을 모두 고른 것은?

| ㄱ. 비중 | ㄴ. 체적탄성계수 |
| ㄷ. 프루드수 | ㄹ. 레이놀즈수 |

① ㄱ, ㄴ
② ㄷ, ㄹ
③ ㄱ, ㄴ, ㄷ
④ ㄱ, ㄷ, ㄹ

64 베르누이 방정식이 성립하기 위한 조건으로 옳지 않은 것은?
① 비압축성 유체로 가정한다.
② 임의의 두 점은 같은 유선상에 있어야 한다.
③ 비점성 유체로 가정한다.
④ 부정류(Unsteady Flow)로 가정한다.

65 관의 길이 100m, 관경 1,000mm인 관로에서 속도수두와 마찰손실수두가 같다면 마찰손실계수는?
① 0.01
② 0.03
③ 0.06
④ 0.09

66 지름 150cm인 관에 3.0m/s의 유속으로 물이 가득 차서 흐르고 있다. 이 관로의 500m 구간 마찰손실수두가 8m일 때 마찰손실계수는 약 얼마인가?
① 0.027
② 0.052
③ 0.084
④ 0.117

67 물에 직경 D의 모세관을 세웠을 때, 물의 표면장력 T, 물의 단위중량 w, 접촉각 θ라 할 때, 모세관 현상에 의한 물의 상승 높이를 나타내는 식은?
① $\dfrac{2w\cos\theta}{TD}$
② $\dfrac{2T\cos\theta}{wD}$
③ $\dfrac{4w\cos\theta}{TD}$
④ $\dfrac{4T\cos\theta}{wD}$

68 폭 9m의 직사각형 수로에 16.2m^3/s의 유량이 92cm의 수심으로 흐르고 있다. 이때 프루드수와 흐름 상태는?
① 0.652, 상류
② 0.652, 사류
③ 1.533, 상류
④ 1.533, 사류

69. Manning 공식을 적용할 때 고려해야 할 인자로 옳지 않은 것은?
   ① 조도계수
   ② 윤변
   ③ 동수경사
   ④ 유속계수

70. 원형 관수로에서 물의 흐름에 따른 마찰손실수두가 가장 작은 것은?(단, 만관 기준이며, 마찰손실계수와 수로의 길이는 일정하다)
   ① 유속(m/s) : 2, 관경(m) : 0.5
   ② 유속(m/s) : 3, 관경(m) : 1.0
   ③ 유속(m/s) : 4, 관경(m) : 1.5
   ④ 유속(m/s) : 5, 관경(m) : 2.5

71. 원형관 내의 흐름상태를 판단하기 위한 레이놀즈수(Re)의 산출식으로 옳은 것은?(단, R은 경심, D는 관의 직경, V는 유속, μ는 점성계수, ν는 동점성계수, ρ는 밀도이다)
   ① $Re = \dfrac{4RV}{\nu}$
   ② $Re = \dfrac{DV\mu}{\rho}$
   ③ $Re = \dfrac{DV\rho}{\nu}$
   ④ $Re = \dfrac{RV}{4\mu}$

72. 침전지로의 유입 유량 100m³/min, 침전지 용량 8,000m³, 침전지의 유효수심 4m일 때 이 침전지의 표면부하율(m³/m²/d)은?
   ① 18
   ② 36
   ③ 54
   ④ 72

73. 관수로의 층류영역에서 사용 가능한 마찰손실계수 식은?(단, Re은 레이놀즈수이다)
   ① $\dfrac{1}{Re}$
   ② $\dfrac{4}{Re}$
   ③ $\dfrac{24}{Re}$
   ④ $\dfrac{64}{Re}$

74. 혼화지에서 속도경사(G)를 결정하는 요소가 아닌 것은?
   ① 물의 점성계수
   ② 표면부하
   ③ 교반동력
   ④ 혼화지의 부피

75. 급속여과지에 관한 설명으로 옳은 것은?
   ① 여과속도는 120~150m/d를 표준으로 한다.
   ② 중력식과 압력식이 있으며 압력식을 표준으로 한다.
   ③ 여과면적은 계획정수량을 일최대정수량으로 나누어 계산한다.
   ④ 형상은 원형을 표준으로 한다.

정답 69 ④ 70 ① 71 ① 72 ④ 73 ④ 74 ② 75 ①

76 펌프장에서 흡입구의 유속 1.6m/s, 펌프의 양수량 0.02m³/s일 때, 토출관의 지름(mm)은 약 얼마인가?

① 16 ② 56
③ 86 ④ 126

77 수격작용에 관한 설명으로 옳은 것은?
① 토출측 밸브를 천천히 개폐할 경우 발생한다.
② 펌프에 플라이휠을 제거하여 수격작용을 방지한다.
③ 토출측 관로에 표준형 조압수조를 설치하여 수격작용을 예방할 수 있다.
④ 수격작용은 배관의 길이가 길수록 일어나기 어렵다.

78 펌프의 효율 85%, 흡입구 지름 500mm, 흡입구 유속 2m/s일 때, 5m 양정을 위한 펌프의 축동력(kW)은 약 얼마인가?

① 22.6 ② 32.6
③ 42.6 ④ 52.6

79 임펠러의 직경이 동일할 때, 펌프의 상사법칙에서 동력(P)과 분당 회전수(N)의 관계식으로 옳은 것은?(단, P_1은 N_1일 때 동력, P_2는 N_2일 때 동력이다)

① $P_2 = P_1 \left(\dfrac{N_1}{N_2}\right)^3$

② $P_2 = P_1 \left(\dfrac{N_2}{N_1}\right)^3$

③ $P_2 = P_1 (N_1 N_2)^3$

④ $P_2 = P_1$

80 수격작용의 압력파 전파속도를 산정하기 위해 필요한 인자로 옳지 않은 것은?
① 관의 지름
② 관재료의 탄성 계수
③ 관의 두께
④ 관재료의 체적탄성률

정답 76 ④ 77 ③ 78 ① 79 ② 80 ④

2023년 제34회 3급 과년도 기출문제

제1과목 수처리공정

01 완속여과지의 전처리로 사용되는 침전지로 옳은 것은?
① 약품침전지
② 보통침전지
③ 경사판식 침전지
④ 고속응집침전지

02 자테스트(Jar-test)에 관한 설명으로 옳지 않은 것은?
① 자-테스트는 자-테스터(Jar-tester)를 사용하여 시험한다.
② 응집제를 서서히 첨가하면서 완속교반 후 급속교반을 실시한다.
③ 10분간 정치한 후 상징수를 사이펀 또는 경사법으로 조용히 채취한다.
④ 플록형성과 침전상태를 종합적으로 판단하여 적정주입률을 결정한다.

03 알칼리도를 높이기 위하여 사용하는 수처리제로 옳지 않은 것은?
① 소석회
② 이산화탄소
③ 소다회
④ 수산화나트륨

04 수돗물에서 흑수 발생의 원인물질과 수질기준(mg/L)의 연결로 옳은 것은?
① 철(Fe) - 0.05
② 망간(Mn) - 0.05
③ 철(Fe) - 0.3
④ 망간(Mn) - 0.3

05 생산량이 14,000m³/d인 정수장에서 길이 70m, 폭 10m, 유효수심이 4m인 침전지의 체류시간(h)은?
① 1.4
② 2.8
③ 3.4
④ 4.8

06 액화염소의 주입방식으로 옳은 것은?
① 자연유하식
② 슬러리주입방식
③ 습식진공식
④ 펌프방식

07 소독설비에 관한 설명으로 옳지 않은 것은?
① 염소주입제어에는 수동정량, 유량비례, 잔류염소제어가 있다.
② 염소가스 중화설비의 중화제는 일반적으로 수산화나트륨이 사용된다.
③ 100kg 이상 염소가스 저장시설에는 중화장치를 설치해야 한다.
④ 소독설비 배관에는 유체명을 표시해야 한다.

08 전염소 및 중간염소처리에 관한 설명으로 옳지 않은 것은?
① 세균제거, 철과 망간의 제거, 암모니아성질소의 처리, 맛과 냄새의 제거가 목적이다.
② 전염소처리 주입점은 취수시설, 도수관로, 착수정, 혼화지 등 교반이 잘 일어나는 지점으로 한다.
③ 여과수에서 유지해야 할 잔류염소 농도는 소독을 목적으로 할 경우 0.5mg/L 정도로 한다.
④ 중간염소처리 주입점은 침전지와 여과지 사이에서 혼화가 잘되는 지점으로 한다.

09 박테리아에 의한 수인성 전염병으로 옳지 않은 것은?
① 세균성 이질
② B형 간염
③ 콜레라
④ 파라티푸스

10 유해 소독부산물을 생성하는 소독방법만을 나열한 것은?
① 오존처리, 중간염소처리
② 오존처리, 자외선처리
③ 자외선처리, 전염소처리
④ 자외선처리, 중간염소처리

11 고도정수처리에 의한 처리대상물질과 처리방법의 연결이 옳은 것은?
① 트라이할로메탄 전구물질 – 탈수
② 곰팡이 냄새 – 활성탄처리
③ 휘발성 유기물 – 응집·침전
④ 질산성 질소 – 염소처리

12 고도산화법(AOP)으로 옳은 것은?
① 오존/과산화수소
② 염소/자외선
③ 오존/낮은 pH
④ 오존/활성탄

13 소독부산물에 관한 설명으로 옳지 않은 것은?
① 소독부산물 전구물질을 다량으로 함유한 경우 활성탄처리 또는 중간염소처리 등을 한다.
② 용해성 전구물질 제거는 분말활성탄처리나 입상활성탄처리로 한다.
③ 원수를 오존처리하는 경우 트라이할로메탄의 생성능이 증가하는 경우가 있다.
④ 결합염소로 소독하면 트라이할로메탄의 생성을 증가시킬 수 있다.

14 소독제의 특성에 관한 설명으로 옳지 않은 것은?
① 유리잔류염소는 결합잔류염소보다 소독효과가 적다.
② 염소 소독은 pH에 따라 살균력이 변한다.
③ 물속에 부유물이 있을 경우 자외선의 소독효과는 현저히 감소한다.
④ 오존은 강력한 소독제로 염소로 살균하기 어려운 병원성 미생물의 불활성화에 용이하다.

15 처리슬러지량이 48,000kg-D.S./d이고 여과농도가 200kg-D.S./m²·h일 때, 탈수기 소요대수(대)는?(단, 실가동시간은 12h/d이고 탈수기의 여과면적은 5m²/대이다)
① 4 ② 5
③ 6 ④ 7

16 여과지의 필요한 기능을 모두 고른 것은?

ㄱ. 충분한 역세척기능
ㄴ. 탁질의 양적인 억류기능
ㄷ. 수질과 수량의 변동에 대한 완충기능
ㄹ. 수도법의 정수처리기준 규정을 만족하는 여과수를 얻을 수 있는 정화기능

① ㄱ ② ㄱ, ㄴ
③ ㄴ, ㄷ, ㄹ ④ ㄱ, ㄴ, ㄷ, ㄹ

17 밀도가 다른 여러 여재를 이용한 여과방식에 해당하는 것은?
① 완속여과 ② 단층여과
③ 다층여과 ④ 모래여과

18 여과지에서의 크립토스포리디움 대책으로서 옳지 않은 것은?
① 여과지속시간 단축
② 여과재개 시 여과속도의 급격한 증가
③ 시동방수설비 설치
④ 여과수 탁도의 상시감시

19 여과층의 하부에서 공기를 불어 넣어 여재에 부착된 탁질을 박리시키는 세척방법은?
① 공기세척방식
② 표면세척방식
③ 역세척(물세척)방식
④ 약품세척방식

정답 13 ④ 14 ① 15 ① 16 ④ 17 ③ 18 ② 19 ①

20 슬러지에 고분자응집보조제 등을 첨가하여 회전드럼 내에서 회전시키며 슬러지 중의 입자를 응집하여 크게 하고, 입자 간의 수분을 중력으로 드럼의 외부로 배출시키는 탈수기는?

① 가압탈수기
② 원심탈수기
③ 조립탈수기
④ 진공탈수기

제2과목 수질분석 및 관리

21 먹는물수질공정시험기준상 용어의 정의에 관한 설명이다. ( )에 들어갈 내용을 순서대로 옳게 나열한 것은?

- 감압은 따로 규정이 없는 한 (ㄱ) 이하로 한다.
- 방울수라 함은 20℃에서 정제수 20방울을 적하할 때, 그 부피가 (ㄴ) 되는 것을 뜻한다.

① ㄱ : 15mmHg, ㄴ : 약 1mL
② ㄱ : 15mmHg, ㄴ : 약 2mL
③ ㄱ : 10mmHg, ㄴ : 약 1mL
④ ㄱ : 10mmHg, ㄴ : 약 2mL

22 먹는물수질공정시험기준상 수질검사 항목 중 증발잔류물 분석을 위한 시료 최대보존기간으로 옳은 것은?(단, 시료보관 온도 0~4℃)

① 24시간
② 48시간
③ 7일
④ 14일

23 먹는물수질기준 및 검사 등에 관한 규칙상 수돗물의 경도에 관한 기준으로 옳은 것은?

① 100mg/L를 넘지 아니할 것
② 200mg/L를 넘지 아니할 것
③ 300mg/L를 넘지 아니할 것
④ 400mg/L를 넘지 아니할 것

24 먹는물 수질감시항목 운영 등에 관한 고시상 평상시 Geosmin의 검사 주기로 옳은 것은?

① 1회/주
② 2회/주
③ 3회/주
④ 1회/월

25 불활성화비 계산방법 및 정수처리 인증 등에 관한 규정상 $CT_{계산값}$으로 옳은 것은?

① $CT_{계산값}$ = 잔류소독제 농도(mg/L) × 소독제 접촉시간(min)
② $CT_{계산값}$ = 잔류소독제 농도(mg/L) ÷ 소독제 접촉시간(min)
③ $CT_{계산값}$ = 잔류소독제 농도(mg/L) × 소독제 접촉시간(h)
④ $CT_{계산값}$ = 잔류소독제 농도(mg/L) ÷ 소독제 접촉시간(h)

26 먹는물수질공정시험기준상 냄새 항목 분석에 관한 설명이다. ( )에 들어갈 내용을 순서대로 옳게 나열한 것은?

> 이 시험기준은 개인차가 심하므로 냄새가 있을 경우 (ㄱ)명 이상의 시험자가 측정하는 것이 바람직하나 최소한 (ㄴ)명이 측정해야 한다.

① ㄱ : 5, ㄴ : 3
② ㄱ : 5, ㄴ : 2
③ ㄱ : 4, ㄴ : 3
④ ㄱ : 4, ㄴ : 2

27 수도법령상 일반수도사업자가 준수해야 할 정수처리기준 중 병원성 미생물에 관한 설명이다. ( )에 들어갈 내용으로 옳은 것은?

> 취수지점부터 정수장의 정수지 유출지점까지의 구간에서 지아디아 포낭(包囊)을 ( ) 이상 제거하거나 불활성화할 것

① 90/1,000
② 99/1,000
③ 999/1,000
④ 9,999/10,000

28 먹는물 수질감시항목 중 액체크로마토그래피와 기체크로마토그래피 모두 적용 가능한 항목은?

① 퍼클로레이트
② 휘발성유기화합물
③ 페놀류
④ 벤조(a)피렌

29 정수장에서 응집제 주입량을 결정하기 위한 방법으로 옳지 않은 것은?

① 자-테스트(Jar-test)
② 랑게리아지수(Langelier Index)
③ 제타퍼텐셜미터(Zeta Potential Meter)
④ SCD(Streaming Current Detector)

30 입상활성탄 처리법의 특징으로 옳지 않은 것은?

① 단기간 처리하는 경우에 분말활성탄에 비해 비경제적이다.
② 원생동물이 번식할 우려가 있다.
③ 겨울철에 누출에 의한 흑수현상이 일어날 가능성이 높다.
④ 장기간 처리하는 경우 재생하여 사용할 수 있으므로 분말활성탄에 비해 경제적이다.

31 먹는물 수질기준에서 분원성 대장균군에 관한 기준이 적용되는 것은?

① 수돗물
② 먹는샘물
③ 먹는염지하수
④ 먹는해양심층수

정답 26 ② 27 ③ 28 ④ 29 ② 30 ③ 31 ①

32. 먹는물 수질감시항목 운영 등에 관한 고시상 먹는샘물에 적용되는 감시항목이 아닌 것은?

① 폼알데하이드(Formaldehyde)
② 안티몬(Antimony)
③ 몰리브덴(Molybdenum)
④ 노로바이러스(Norovirus)

33. 먹는물 수질기준 및 검사 등에 관한 규칙상 광역상수도 및 지방상수도의 정수장에서 매일 1회 이상 측정해야 하는 항목이 아닌 것은?

① 탁도
② 용존산소
③ 수소이온농도
④ 잔류염소

34. 먹는물관리법령상 수위, 수량, 전기전도도, 온도 및 수소이온농도(pH) 등을 자동으로 측정·기록·저장하여야 하는 주기로 옳은 것은?

① 30분 간격
② 1시간 간격
③ 2시간 간격
④ 3시간 간격

35. 수도법령상 바이러스 분포실태 조사방법에 관한 설명이다. ( )에 들어갈 내용으로 옳은 것은?

> 대상시설로는 시설용량이 일일 5,000m³ 이상인 정수장으로, 과거 3년간 원수의 분원성 대장균군(또는 총대장균군) 평균이 환경정책기본법 시행령 별표 1 제3호에 따른 ( )에 해당하는 경우에는 조사를 실시하지 아니할 수 있다.

① Ⅰa등급
② Ⅰb등급
③ Ⅱ등급
④ Ⅲ등급

36. 수도법령상 시설규모 50만m³/일 이상의 정수장에 배치해야 할 정수시설운영관리사 3급의 배치기준으로 옳은 것은?

① 2명 이상
② 3명 이상
③ 4명 이상
④ 5명 이상

37 수도법상 소규모급수시설에 관한 정의 중 ( )에 들어갈 내용을 순서대로 옳게 나열한 것은?

> "소규모급수시설"이란 주민이 공동으로 설치·관리하는 급수인구 (ㄱ) 미만 또는 1일 공급량 (ㄴ)m^3 미만인 급수시설 중 특별시장·광역시장·특별자치시장·특별자치도지사·시장·군수(광역시의 군수는 제외한다)가 지정하는 급수시설을 말한다.

① ㄱ : 100명, ㄴ : 20
② ㄱ : 200명, ㄴ : 40
③ ㄱ : 500명, ㄴ : 100
④ ㄱ : 1,000명, ㄴ : 200

38 물환경보전법령상 수질오염경보 중 상수원 구간에서 2회 연속 채취 시 남조류 세포수가 1,000세포/mL 이상 10,000세포/mL 미만인 경우 발령되는 경보단계로 옳은 것은?
① 관 심 ② 주 의
③ 경 계 ④ 조류대발생

39 물환경보전법상 점오염원에 해당하는 것은?
① 농 지 ② 도 로
③ 축 사 ④ 공사장

40 수도법상 정수장에 유해 미생물이나 화학물질이 투입되는 것에 대비하기 위하여 정수지 및 배수지에 수소이온농도(pH), 온도, 잔류염소 등을 측정할 수 있는 수질 자동측정장치를 설치하여야 하는 시설용량 기준으로 옳은 것은?
① 5,000m^3/일 이상
② 10,000m^3/일 이상
③ 50,000m^3/일 이상
④ 100,000m^3/일 이상

제3과목 설비운영 (기계·장치 또는 계측기 등)

41 정수처리 시 침전지와 여과지 사이에 염소제를 주입하는 방식은?
① 전염소처리
② 중간염소처리
③ 후염소처리
④ 이중염소처리

42 염소성분 중 유리잔류염소는?
① 차아염소산(HOCl)
② 모노클로라민(NH_2Cl)
③ 다이클로라민($NHCl_2$)
④ 트라이클로라민(NCl_3)

정답 37 ④ 38 ① 39 ③ 40 ② 41 ② 42 ①

43 계획급수인구 50,000인, 1인 1일 최대급수량 300L, 여과속도 100m/d로 설계하고자 할 때, 급속여과지의 면적(m^2)은?

① 150　② 200
③ 250　④ 300

44 플록형성지 운영평가 시 플록형성에 영향을 주는 인자를 모두 고른 것은?

| ㄱ. 수 온 | ㄴ. pH |
| ㄷ. 교반조건 | ㄹ. 알칼리도 |

① ㄱ, ㄹ
② ㄱ, ㄴ, ㄷ
③ ㄴ, ㄷ, ㄹ
④ ㄱ, ㄴ, ㄷ, ㄹ

45 하부집수장치의 주요기능을 모두 고른 것은?

ㄱ. 여재를 지지한다.
ㄴ. 여과수를 집수한다.
ㄷ. 역세척수를 균등배분한다.

① ㄱ, ㄴ
② ㄱ, ㄷ
③ ㄴ, ㄷ
④ ㄱ, ㄴ, ㄷ

46 가압형 탈수방식이 아닌 것은?

① 필터프레스
② 벨트프레스
③ 스크루프레스
④ 원심분리기

47 정수장 배출수 처리의 일반적인 순서로 옳은 것은?

① 농축 → 조정 → 탈수 → 처분
② 농축 → 탈수 → 조정 → 처분
③ 조정 → 농축 → 탈수 → 처분
④ 조정 → 탈수 → 농축 → 처분

48 다음에서 설명하는 펌프는?

베인의 양력작용에 의하여 임펠러 내의 물에 압력 및 속도에너지를 주고 가이드베인으로 속도에너지의 일부를 압력으로 변환하여 양수작용을 하는 펌프

① 원심펌프
② 사류펌프
③ 축류펌프
④ 피스톤펌프

49 유량제어용 밸브가 아닌 것은?

① 콘밸브
② 버터플라이밸브
③ 볼밸브
④ 플랩밸브

50 펌프의 일상점검 항목이 아닌 것은?
① 슬리브의 손상도
② 전동기 전류치
③ 베어링 온도
④ 절연 저항

53 전압 강하율(%)의 정의로 옳은 것은?
① $\dfrac{\text{무부하 시 수전단전압} - \text{전부하 시 수전단전압}}{\text{전부하 시 수전단전압}} \times 100$
② $\dfrac{\text{무부하 시 수전단전압} - \text{전부하 시 수전단전압}}{\text{무부하 시 수전단전압}} \times 100$
③ $\dfrac{\text{송전단전압} - \text{수전단전압}}{\text{수전단전압}} \times 100$
④ $\dfrac{\text{송전단전압} - \text{수전단전압}}{\text{송전단전압}} \times 100$

51 일부하곡선이 그림과 같을 경우 일부하율(%)은 약 얼마인가?

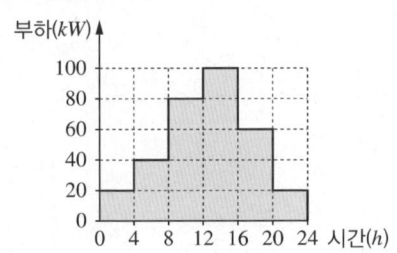

① 33.3
② 43.3
③ 53.3
④ 63.3

54 부하의 전압과 전류를 측정하기 위한 전압계와 전류계의 연결 방법으로 옳은 것은?
① 전압계는 부하와 병렬로 연결하고 전류계는 부하와 직렬로 연결한다.
② 전압계는 부하와 직렬로 연결하고 전류계는 부하와 병렬로 연결한다.
③ 전압계와 전류계는 모두 부하와 직렬로 연결한다.
④ 전압계와 전류계는 모두 부하와 병렬로 연결한다.

55 다음과 같은 특징을 갖는 수위계는?

• 보수가 간단하고 용이하다.
• 심한 흐름이 있는 장소에는 주의를 요한다.
• 정밀도는 ±0.3%이며, 측정범위는 0∼0.1mm … 100m이다.
• 원리는 차압식과 같다.

① 초음파식 수위계
② 정전용량식 수위계
③ 플로트식 수위계
④ 투입식 수위계

52 다음 그림에서 $A - B$ 간의 합성저항(Ω)은?

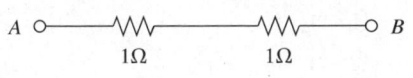

① 1
② 2
③ 3
④ 4

56 상수도설계기준상 정수장의 컴퓨터를 사용하는 제어방식에 관한 설명으로 옳지 않은 것은?
① 집중제어방식에서 컴퓨터의 고장은 시스템 전체를 정지시키므로 백업대책이 필요하지 않다.
② 집중제어방식에서는 제어 기능이 전부 컴퓨터에 집중되므로 보수 점검이 용이하지 않다.
③ 분산제어방식은 위험이 분산되고 신뢰성도 우수하다.
④ 분산제어방식은 설비증설이나 확장성에서 우수하다.

57 계측 기기에는 전자소자가 들어 있기 때문에 계측기 주변의 대전류, 임피던스, 서지 등은 유도장해인 노이즈를 발생시켜 오차의 원인이 된다. 상수도설계기준상 노이즈의 종류로 적절하지 않은 것은?
① 정전유도 노이즈
② 전자유도 노이즈
③ 다점접지와 임피던스 결합 노이즈
④ 소음에 의한 노이즈

58 정수용 약품 중 황산에 사용되는 내식성 재료로 옳지 않은 것은?
① FRP   ② 테프론
③ STS316 ④ 천연고무

59 고압가스안전관리법상 다음 ( ) 안에 들어갈 내용으로 옳은 것은?

> 사업자 등은 그 사업의 개시나 저장소의 사용 전에 고압가스의 제조·저장·판매의 시설 또는 용기 등의 제조시설의 안전유지에 관하여 ( )으로 정하는 사항을 포함한 안전관리규정을 정하고 이를 허가관청·신고관청 또는 등록관청에 제출하여야 한다.

① 고용노동부령
② 과학기술정보통신부령
③ 국토교통부령
④ 산업통상자원부령

60 산업안전보건법령상 안전인증대상 기계 또는 설비를 모두 고른 것은?

> ㄱ. 크레인   ㄴ. 산업용로봇
> ㄷ. 압력용기   ㄹ. 리프트

① ㄱ, ㄴ
② ㄱ, ㄷ, ㄹ
③ ㄴ, ㄷ, ㄹ
④ ㄱ, ㄴ, ㄷ, ㄹ

제4과목 정수시설 수리학

61 힘의 차원을 [MLT]계와 [FLT]계로 표시한 것은?
① $[MLT^{-2}]$, $[F]$
② $[ML^{-3}]$, $[FL^{-4}T^2]$
③ $[ML^{-1}T^{-1}]$, $[FL^{-2}T]$
④ $[ML^{-2}T^{-2}]$, $[FL^{-3}]$

62 완전유체(이상유체)에 관한 설명으로 옳지 않은 것은?
① 현실에서는 존재하지 않는다.
② 비압축성이다.
③ 에너지 손실이 발생하지 않는다.
④ 점성을 고려한다.

63 반경 0.5m, 길이 500m인 관로에 유속 2.5 m/s로 물이 흐를 때, 마찰손실계수는 약 얼마인가?(단, 마찰손실수두는 5.0m이다)
① 0.016
② 0.031
③ 0.065
④ 0.097

64 베르누이 방정식에 관한 설명으로 옳은 것은?
① 정상류로 가정한다.
② 압축성 유체로 가정한다.
③ 질량보존의 법칙이 적용된다.
④ 압력수두와 온도수두의 합으로 구성된다.

65 원형관로에서 관경의 50%로 물이 흐르고 있을 때 동수반경(Hydraulic Radius)은?(단, D는 원형관로의 직경이다)
① D
② $\dfrac{D}{2}$
③ $\dfrac{D}{4}$
④ $\dfrac{D}{8}$

66 수로의 유속과 유량 계산에 관한 공식으로 옳지 않은 것은?
① Ganguillet-Kutter 공식
② Manning 공식
③ Hazen-Williams 공식
④ Deutsch-Anderson 공식

67 입자의 제1형 독립침전과 관련된 스토크스의 법칙에 관한 설명으로 옳은 것은?
① 침전속도는 중력가속도에 반비례한다.
② 침전속도는 입자 지름에 반비례한다.
③ 침전속도는 물의 점성에 반비례한다.
④ 침전속도는 입자와 물의 밀도차에 반비례한다.

정답 61 ① 62 ④ 63 ② 64 ① 65 ③ 66 ④ 67 ③

68 관수로에서 레이놀즈수의 계산식과 관계가 없는 항목은?
① 관의 길이
② 유체의 점성계수
③ 관의 직경
④ 관내의 평균유속

69 정수장 침전지 유입량 20,000m³/d, 침전지 길이 20m, 깊이 5m, 폭 10m라면 침전지의 표면부하율(m³/m²/d)은?
① 80 ② 100
③ 200 ④ 400

70 혼화지의 속도경사(G)에 관한 설명으로 옳은 것은?
① 교반강도를 나타내는 수치이다.
② 단위는 m/s이다.
③ 혼화지의 부피에 영향을 받지 않는다.
④ 물의 점성계수에 영향을 받지 않는다.

71 계획 정수량 5,000m³/d, 여과면적 40m²일 때, 여과속도(m/d)는 얼마인가?
① 125 ② 75
③ 45 ④ 25

72 펌프의 비교회전도에 관한 설명으로 옳지 않은 것은?
① 비교회전도 값은 펌프 임펠러의 형상을 나타낸다.
② 비교회전도 값은 전양정과 관련이 있다.
③ 비교회전도 값은 토출량과 관련이 있다.
④ 비교회전도 값이 클수록 공동현상을 예방할 수 있다.

73 서징(Surging)현상에 관한 설명으로 옳지 않은 것은?
① 서징현상 방지법으로 배관 중에 물탱크 또는 기체상태인 부분이 존재하지 않도록 배관한다.
② 서징현상 발생 시, 흡입 및 토출관의 주기적인 진동과 소음을 수반하게 된다.
③ 서징현상을 방지하기 위해서는 유량조절 밸브 위치를 펌프토출측 직전에 위치시킨다.
④ 펌프의 양정곡선이 상승부에서 운전할 때 발생한다.

74 펌프의 직렬 및 병렬 운전에 관한 설명으로 옳은 것을 모두 고른 것은?

> ㄱ. 특성이 전혀 다른 펌프의 경우 병렬운전을 택한다.
> ㄴ. 병렬운전인 경우 펌프 운전점의 양수량은 단독운전 양수량의 2배를 초과한다.
> ㄷ. 병렬운전은 양정의 변화가 적고, 양수량의 변화가 큰 경우이다.
> ㄹ. 경사가 급한 곳에 사용할 때에는 병렬운전보다 직렬운전이 유리하다.

① ㄱ, ㄴ ② ㄱ, ㄹ
③ ㄴ, ㄷ ④ ㄷ, ㄹ

75 펌프의 수격작용을 예방하기 위한 방법 중 압력상승 경감방법으로 옳지 않은 것은?
① 콘밸브에 의한 방법
② 완폐식 체크밸브에 의한 방법
③ 니들밸브에 의한 방법
④ 펌프에 플라이휠을 붙이는 방법

76 캐비테이션(공동현상) 방지대책으로 옳은 것은?
① 펌프의 회전속도를 크게 설정한다.
② 펌프의 설치 위치를 가능한 낮춘다.
③ 펌프의 회전수를 늘리고 흡입비교회전도를 크게 한다.
④ 흡입쪽 밸브를 완전히 패쇄하고 펌프를 운전한다.

77 펌프장에서 흡입구의 유속 1.5m/s, 펌프의 양수량 $0.5m^3$/min일 때, 토출관의 지름 (mm)은 약 얼마인가?
① 44
② 64
③ 84
④ 104

78 원형관에서 모세관 현상의 상승고에 관한 설명으로 옳지 않은 것은?
① 모세관의 지름에 반비례한다.
② 액체의 단위중량에 반비례한다.
③ 액체의 비에너지에 비례한다.
④ 액체의 표면장력에 비례한다.

79 그림과 같이 수조의 측벽에 설치된 오리피스를 통하여 물이 분출될 때, 분출되는 유속 (m/s)은 약 얼마인가?(단, 수조 내 수심은 일정하게 유지되며, 손실은 무시한다)

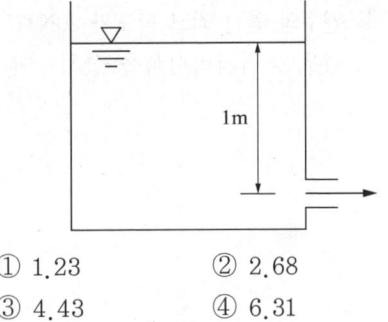

① 1.23
② 2.68
③ 4.43
④ 6.31

80 관수로의 마찰손실계수를 구할 때 필요한 인자는?
① 레이놀즈수
② 프루드수
③ 대응수심
④ 공액수심

2024년 제35회 1급 최근 기출문제

제1과목 수처리공정

01 침전지에 관한 설명으로 옳지 않은 것은?
① 저수지나 지하수를 상수원으로 할 때, 원수 탁도가 10NTU 이하인 경우 보통침전지를 생략할 수 있다.
② 침전지는 탁질량의 변동을 흡수하여 여과지 부담을 가능한 한 일정하게 유지되도록 하는 기능을 가지고 있다.
③ 상수원이 병원성 미생물로 오염될 우려가 있는 경우 경사판을 고려할 수 있다.
④ 원수의 연간 최고 탁도가 20NTU 이상인 경우 응집처리시설을 설치해야 한다.

02 정수처리용 약품에 관한 설명으로 옳지 않은 것은?
① 황산은 진한 황산을 구입하여 사용할 목적에 따른 농도로 희석한 후 사용하는 것이 일반적이다.
② 수산화나트륨이 결정으로 석출되는 것을 방지하기 위하여 20~25% 농도를 유지한다.
③ 소석회와 소다회는 건식으로 공정에 주입할 수 있다.
④ 소석회를 사용하면 완속여과지의 운영에 문제를 발생시킬 수 있다.

03 표면부하율이 30m³/m²·d인 횡류식 침전지에서 침강속도가 10mm/min인 입자의 이론적 제거율(%)은?
① 33
② 48
③ 67
④ 96

04 횡류식 침전지의 제거율을 향상시키기 위한 설명으로 옳은 것을 모두 고른 것은?

ㄱ. 침전지의 표면적을 크게 한다.
ㄴ. 플록의 침강속도를 크게 한다.
ㄷ. 침전지 유입 유량을 적게 한다.
ㄹ. 침전지의 표면부하율을 크게 한다.

① ㄱ, ㄴ
② ㄴ, ㄷ
③ ㄱ, ㄴ, ㄷ
④ ㄱ, ㄷ, ㄹ

05 급속여과지에 관한 설명으로 옳지 않은 것은?
① 급속여과지는 중력식과 압력식이 있으며 중력식을 표준으로 한다.
② 탁질부하와 완충능력(부하변동 흡수)에 맞추어서 설계해야 한다.
③ 여과층의 세척이 충분하게 이루어질 수 있어야 한다.
④ 용존성 오염물질의 제거가 원활하도록 설계해야 한다.

정답 1 ④ 2 ① 3 ② 4 ③ 5 ④

06 여과작용에 관한 설명으로 옳지 않은 것은?
① 강한 교반으로 생성된 플록은 쉽게 누출되지 않는다.
② 탁질당 응집제의 양(Al/T비)이 높은 플록은 강도가 높다.
③ 체적여과에서는 공극률이 큰 여재를 사용하여 플록을 내부로 침투시킬 수 있다.
④ 여재입경을 작게 할수록 억류효과가 높아진다.

07 급속여과지에서 세립자의 여과 모래를 사용할수록 나타나는 특징으로 옳은 것은?
① 손실수두가 빨리 증가한다.
② 여과모래층의 두께를 줄일 수 없다.
③ 머드볼(Mud Ball)이 생성되지 않는다.
④ 표면여과의 경향이 약하다.

08 여과공정만으로 수도법상 정수처리기준에서 정한 병원성 미생물의 최소제거 및 불활성화 기준을 충족하는 여과 방식으로 옳은 것은?
① 정밀여과
② 나노여과
③ 급속여과
④ 한외여과

09 염소가스 저장시설에서 염소가스 누출로 인한 중독을 방지하기 위하여 설치하는 제해설비 중 중화설비에 관한 내용으로 옳지 않은 것은?
① 일반적으로 널리 사용되는 중화제는 수산화나트륨용액이다.
② 중화반응탑은 충전탑식, 회전흡수방식, 경사판방식 등이 있다.
③ 중화설비의 처리능력은 1시간에 염소가스를 무해가스로 처리할 수 있는 양(kg/h)으로 표시한다.
④ 염소가스 저장량이 1,000kg 미만인 시설에서는 중화반응탑을 설치해야 한다.

10 수도법령상 정수처리기준을 준수하기 위하여 정수처리된 물의 탁도에 관한 기준으로 옳지 않은 것은?
① 검사주기 : 6시간 간격으로 1일 4회 실시
② 탁도 : 매월 측정된 시료 수의 95% 이상이 0.3NTU 이하(급속여과를 하는 정수시설의 경우)
③ 탁도 : 매월 측정된 시료 수의 95% 이상이 0.5NTU 이하(완속여과를 하는 정수시설의 경우)
④ 검사방법 : 모든 여과지에서 각각 시료를 채취하여 검사(모든 여과지의 유출수가 혼합된 지점에서 시료를 채취할 수 없는 경우)

11 소독설비 중 액화염소 저장실에 관한 설명으로 옳지 않은 것은?
   ① 누출된 염소가스를 중화하는 제해장치의 흡인구는 상부에 설치한다.
   ② 누출된 액화염소가 증발되고 기화되는 것이 적도록 하기 위하여 피트(pit)를 설치해야 한다.
   ③ 저장실의 측구(側溝)는 외부와 관통되어서는 안 된다.
   ④ 저장실은 주입기실과 동일한 실에 두지 않고 분리시키는 것이 바람직하다.

12 수도법령상 소독 공정에서 요구되는 불활성화비를 충족하기 위한 잔류소독제 농도(mg/L)의 최솟값은 얼마인가?(단, $CT_{요구값}$ = 25, 소독제 접촉시간 = 10분)
   ① 0.5 ② 1.0
   ③ 2.5 ④ 4.0

13 수도법령상 일반수도사업자가 병원성 미생물에 의하여 오염되었거나 오염될 우려가 있는 경우에 수도꼭지의 먹는물에서 유지해야 하는 유리잔류염소의 최소농도(mg/L)는?
   ① 0.1 ② 0.2
   ③ 0.4 ④ 1.0

14 수도법령상 정수처리기준에서 정한 병원성 미생물로 옳은 것을 모두 고른 것은?

   ㄱ. 지아디아 포낭
   ㄴ. 크립토스포리디움 난포낭
   ㄷ. 바이러스
   ㄹ. 살모넬라
   ㅁ. 분원성 연쇄상구균
   ㅂ. 여시니아균

   ① ㄱ, ㄴ ② ㄱ, ㄴ, ㄷ
   ③ ㄷ, ㄹ, ㅁ ④ ㄹ, ㅁ, ㅂ

15 슬러지 처리 공정에 관한 설명으로 옳지 않은 것은?
   ① 배출량을 조정하는 시설은 배출수지와 배슬러지지이다.
   ② 배출수지에는 여과지의 역세척배출수가 유입된다.
   ③ 배슬러지지의 상징수는 재이용을 위해 정수공정으로 반송된다.
   ④ 배슬러지지는 침전지의 슬러지체류능력이 충분하면 1지만 설치할 수 있다.

16 슬러지 농축조에 관한 설명으로 옳은 것은?
   ① 농축조의 설계용량은 계획슬러지량의 24~48시간분으로 한다.
   ② 고형물 부하를 20kg/m² · d 이상 유지시키면 농축 효과가 더 높아진다.
   ③ 농축조의 바닥면 경사는 1/10 이하로 한다.
   ④ 발암 문제를 방지하기 위해 아크릴아미드 성분의 고분자 응집제는 액상을 사용한다.

정답 11 ② 12 ③ 13 ③ 14 ② 15 ③ 16 ①

17 오존 처리에 관한 설명으로 옳지 않은 것은?
① 원수의 색도가 높으면 원수에 오존을 직접 주입할 수 있다.
② 원수에 오존을 투입하면 응집 효과를 향상시킬 수 있다.
③ 오존처리는 유기물과 반응하여 부산물을 발생시키므로 활성탄처리와 병행되는 것이 좋다.
④ 오존은 트라이할로메탄을 효과적으로 제거할 수 있다.

18 자외선 소독 공정에 영향을 미치는 인자로 옳은 것을 모두 고른 것은?

| ㄱ. 부유물 농도 | ㄴ. 용존 유기물 농도 |
| ㄷ. 경 도 | ㄹ. 유입 유량 |

① ㄱ
② ㄴ, ㄷ
③ ㄱ, ㄴ, ㄹ
④ ㄱ, ㄴ, ㄷ, ㄹ

19 막여과 시설에서 발생하는 막모듈의 비가역적 열화 현상이 아닌 것은?
① 용해성 고분자로 인한 겔(gel) 층의 형성
② pH나 온도에 의한 화학적 분해
③ 장기적인 압력 부하에 의한 막 구조의 압밀화
④ 미생물의 분비물에 의한 생화학적 변화

20 폭기처리를 통해 제거할 수 있는 것은?
① 질산성 질소
② 음이온계면활성제
③ 트라이클로로에틸렌
④ 경도 물질

제2과목 수질분석 및 관리

21 수질오염공정시험기준상 정도관리에 관한 설명으로 옳은 것은?
① 방법검출한계(MDL)란 시험분석 대상물질을 기기가 검출할 수 있는 최소한의 농도 또는 양이다.
② 정량한계(LOQ)란 시험분석 대상을 정량화할 수 없는 측정값이다.
③ 내부표준법(Internal Standard Calibration)은 시료와 동일한 매질에 일정량의 표준물질을 첨가하여 검정곡선을 작성하는 방법이다.
④ 시약바탕시료(Reagent Blank)는 시료를 사용하지 않고 추출, 농축, 정제 및 분석 과정에 따라 모든 시약과 용매를 처리하여 측정한 것이다.

22 수질오염공정시험기준상 금속류-유도결합플라스마-원자발광분광법에서 간섭물질에 관한 설명으로 옳지 않은 것은?
① 플라스마의 기체 성분에서 유래하는 분광학적 요인에 의해 원래의 방출선의 세기 변동이 있을 수 있다.
② 알칼리 금속이 시료에 공존할 시 방출선의 세기를 크게 할 수 있다.
③ 시료의 물리적 성질이 다르면 플라스마로 흡입되는 원소의 양이 달라져 방출선의 세기에 차이가 생긴다.
④ 플라스마의 높은 온도와 비활성으로 화학적 간섭의 발생 가능성이 높다.

23 수질오염공정시험기준상 시료의 보존방법 중 4℃에서 보관하였을 때, 최대보존기간이 가장 긴 항목은?

① 색 도
② 전기전도도
③ 부유물질
④ 생물화학적 산소요구량

24 정수처리 공정에서 원수의 응집처리에 관한 설명으로 옳지 않은 것은?

① 자-테스트(Jar-test)는 원수 1L 또는 2L를 각 원형 자(jar) 또는 4각형의 자(jar)에 채우고 교반날개(임펠러)의 주변속도를 약 40cm/s로 조절한다.
② 폴리염화알루미늄은 물에 5~10w/v%로 용해하여 사용하는 것이 바람직하다.
③ 응집보조제 저장설비의 용량은 10일분 이상으로 한다.
④ 자-테스트 방법은 각 정수장의 조건에 따라 달라질 수 있다.

25 정수시설의 입상활성탄 세척에 관한 설명으로 옳은 것을 모두 고른 것은?

ㄱ. 세척의 목적은 탄층의 통수능력을 회복시키는 것이다.
ㄴ. 동일 입경의 경우 활성탄지 적정 역세척 속도는 모래여과지보다 높다.
ㄷ. 활성탄지에서 미생물과 미소동물 번식을 고려하여 세척빈도를 높일 경우 활성탄 처리효과가 현저히 저하된다.
ㄹ. 세척배출수는 배출수지에서 침전시킨 후 평균화하여 착수정으로 반송하는 것이 바람직하다.

① ㄱ, ㄷ
② ㄱ, ㄹ
③ ㄴ, ㄷ
④ ㄴ, ㄹ

26 다음은 오존처리의 이용률 산출식이다. ( )에 들어갈 내용은?

$$이용률(\%) = \frac{주입오존량 - (\quad)}{주입오존량} \times 100$$

① 잔류오존량
② 배출오존량
③ 잔류오존량 - 배출오존량
④ 잔류오존량 + 배출오존량

27 오존처리 공정에서의 잔류오존량(kg/d)은?

- 수돗물 생산량 : 50,000m³/d
- 주입오존량 : 5.0mg/L
- 배출오존량 : 0.1mg/L
- 오존이용률 : 90%

① 18
② 20
③ 22.5
④ 24.5

28 먹는물수질공정시험기준상 냄새 측정에 관한 설명으로 옳지 않은 것은?

① 티오황산나트륨 용액을 사용할 때에는 바탕실험을 병행하는 것이 좋다.
② 이 시험기준에 의해 판단할 때 염소 냄새는 제외한다.
③ 측정자간 개인차가 심하므로 냄새가 있을 경우 5명 이상의 시험자가 측정하는 것이 바람직하나 최소한 2명이 측정해야 한다.
④ 염소 냄새가 날 때 사용하는 티오황산나트륨의 양은 시료 1,000mL에 잔류염소가 1mg/L 존재할 때 티오황산나트륨용액 0.5mL를 가한다.

29 정수장의 유량이 10,000m³/d일 때, 염소제(유효염소 50wt%)를 이용하여 소독할 경우, 염소제 5mg/L 투입 시 잔류염소 농도는 0.5mg/L가 되었다. 잔류염소농도를 0.2mg/L로 유지하기 위해 투입해야 하는 염소제의 양(kg/d)은?

① 22　　② 44
③ 66　　④ 88

30 먹는물수질공정시험기준상 총대장균군-시험관법에 관한 설명으로 옳은 것을 모두 고른 것은?

ㄱ. 즉시 시험할 수 없는 경우에는 빛이 차단된 4℃ 냉장보관 상태에서 30시간 이내에 시험하여야 한다.
ㄴ. 고리의 안 지름이 약 3mm인 백금이를 사용한다.
ㄷ. 배양온도를 40±0.5℃로 유지할 수 있는 배양기를 사용한다.
ㄹ. 수도꼭지에서 시료를 채취할 경우에는 수도꼭지를 틀어 5~10분간 흘려 버린 후 시료를 채취한다.

① ㄱ, ㄴ　　② ㄱ, ㄹ
③ ㄴ, ㄷ　　④ ㄷ, ㄹ

31 수질오염공정시험기준상 용존 유기탄소-고온연소산화법에 관한 설명으로 옳은 것은?

① 용존성 유기탄소(DOC)란 총 유기탄소 중 공극 $0.60\mu m$의 여과지를 통과하는 유기탄소를 말한다.
② 이 시험기준의 정량한계는 1.0mg/L이다.
③ 무기성 탄소(IC)란 수중에 탄산염, 중탄산염, 용존 이산화탄소 등 무기적으로 결합된 탄소의 합을 말한다.
④ 가감법으로 정량한 경우 "용존 유기탄소(DOC) = 총 용존 탄소(TDC) - 용존 비정화성 유기탄소(DNPOC)"로 나타낸다.

정답　28 ④　29 ②　30 ①　31 ③

32 먹는물수질공정시험기준상 항목별 기기분석법 연결이 옳은 것은?

① 카바릴 : 고성능액체크로마토그래피
② 1,4-다이옥산 : 마이크로용매추출/기체크로마토그래피-질량분석법
③ 휘발성유기화합물 : 고상추출/기체크로마토그래피-질량분석법
④ 유기인계농약 : 헤드스페이스-기체크로마토그래피-질량분석법

33 소독에 의한 불활성화비 계산에 관한 설명으로 옳은 것은?

① 추적자시험을 통해 실제로 소독제의 접촉시간을 측정할 때 최초소독제 주입지점에 투입된 추적자의 30%가 정수지 유출지점으로 빠져나올 때까지의 시간을 접촉시간으로 한다.
② 이론적인 접촉시간을 이용할 경우 정수지 구조에 따른 수리학적 체류시간 $\left(\frac{정수지사용용량}{시간당최대통과유량}\right)$에 환산계수를 곱하여 소독제 접촉시간으로 한다.
③ 잔류소독제 농도는 정수지 유출부나 잔류소독제 농도측정지점에서 측정한 잔류소독제농도값 중 최대값을 택한다.
④ 소독제와 물의 접촉시간은 1시간 사용유량이 최대인 시간에 최초소독제 주입지점부터 배수지 유출지점까지 측정한다.

34 먹는물 수질감시항목 운영 등에 관한 고시상 상수원에서 '조류대발생' 단계 발령 시 원·정수의 Geosmin, 2-MIB 검사주기로 옳은 것은?

① 1회/주   ② 2회/주
③ 3회/주   ④ 4회/주

35 먹는물수질공정시험기준상 불소 분석을 위한 시료용기로 옳은 것은?

① P(Polyethylene)
② PP(Polypropylene)
③ PTFE(Polytetrafluoroethylene)
④ G(Glass)

36 먹는물 수질기준 및 검사 등에 관한 규칙상 먹는물의 수질기준 중 심미적 영향물질에 관한 기준으로 옳지 않은 것은?

① 색도는 5도를 넘지 아니할 것
② 아연은 5mg/L를 넘지 아니할 것
③ 동은 1mg/L를 넘지 아니할 것
④ 알루미늄은 0.2mg/L를 넘지 아니할 것

37 먹는물관리법상 샘물 등의 개발허가를 받은 자에게 징수한 수질개선부담금의 용도로 옳은 것을 모두 고른 것은?

ㄱ. 먹는물의 수질관리시책 사업비의 지원
ㄴ. 먹는물의 수질검사 실시 비용의 지원
ㄷ. 먹는물공동시설의 관리를 위한 비용의 지원
ㄹ. 공공의 지하수 자원을 보호하기 위하여 환경부령으로 정하는 용도

① ㄱ, ㄴ, ㄷ
② ㄱ, ㄴ, ㄹ
③ ㄱ, ㄷ, ㄹ
④ ㄴ, ㄷ, ㄹ

38 수도법상 상수원보호구역 관리 및 상수원보호구역에 대한 수질관리계획에 관한 설명으로 옳지 않은 것은?
① 상수원보호구역은 해당 구역을 관할하는 특별자치시장·특별자치도지사·시장·군수·구청장이 관리한다.
② 환경부장관은 수립된 수질관리계획의 추진실적을 5년마다 평가한다.
③ 환경부장관은 수립된 수질관리계획의 타당성 등을 검토하여 필요한 경우 보완을 요구할 수 있다.
④ 환경부장관은 상수원보호구역의 관리상태를 환경부령으로 정하는 바에 따라 평가한다.

39 수도법상 수도시설의 관리에 관한 설명으로 옳지 않은 것은?
① 일반수도의 수도시설관리권은 일반수도사업자가 가진다.
② 일반수도사업자는 대통령령으로 정하는 기준에 맞는 자를 수도시설관리자로 임명하여야 한다.
③ 급수설비의 검사 기준 및 절차 등 필요한 사항은 대통령령으로 정한다.
④ 일반수도사업자는 대통령령으로 정하는 기준에 따라 상수도관망시설운영관리사를 배치하여 관리하도록 하여야 한다.

40 물환경보전법상 국가 물환경관리기본계획의 수립 주체와 수립 주기를 옳게 연결한 것은?
① 대통령 - 5년
② 대통령 - 10년
③ 환경부장관 - 5년
④ 환경부장관 - 10년

제3과목 설비운영 (기계·장치 또는 계측기 등)

41 약품 종류에 따른 약품저장설비의 재질 또는 보완대책을 짝지은 것으로 옳지 않은 것은?
① 액상황산알루미늄 - 에폭시수지 라이닝
② 폴리염화알루미늄 - 스테인리스
③ 수산화나트륨 - 밀폐식 구조
④ 소다회 - 방습구조

42 급속혼화시설 가운데 수류식 혼화장치에 관한 설명으로 옳지 않은 것은?
① 위어는 하류에 난류를 발생시킨다.
② 파샬플룸을 사용하면 도수현상과 함께 심한 난류를 발생시킨다.
③ 벤투리미터를 설치하면 유량계의 압력차를 이용하여 혼화시킬 수 있다.
④ 바스켓스트레이너(Basket Strainer)를 설치하면 노즐이 막힐 수 있다.

43 침전지 슬러지 배출설비 중 슬러지 흡입방식에 관한 설명으로 옳은 것은?
① 침전지 규모가 크고 고농도의 슬러지 배출이 필요한 경우에는 고정식 수집기가 유리하다.
② 보수점검에 필요한 기기류가 수중에 존재하여 유지관리 부담이 크다.
③ 고농도 슬러지를 배출하는 경우에는 슬러지의 유동성을 높여 수집이 쉽도록 고려하여야 한다.
④ 슬러지 퇴적량은 침전지의 유입측에서 유출측으로 향하며 많아진다.

정답 38 ② 39 ③ 40 ④ 41 ② 42 ④ 43 ③

44 침전지의 슬러지 배출관에 관한 설명으로 옳은 것은?
① 슬러지 수집기와는 별도로 배수관을 침전지 상부에 설치한다.
② 슬러지 배출관의 관경은 1회 배출량을 처리할 수 있는 양보다 작게 설계한다.
③ 관로가 긴 경우에는 경사를 작게 하여 일정한 양으로 균일한 배출이 되도록 한다.
④ 필요한 경우에는 맨홀을 설치하는 것이 바람직하다.

45 급속여과지의 역세척 설비 중 세척탱크에 관한 설명으로 옳은 것은?
① 용량은 1지를 여러 번 나누어 세척할 수 있도록 가급적 작게 한다.
② 수심은 가능한 한 깊게 하여 수압을 높이는 것이 좋다.
③ 유출관은 공기가 혼입되는 것을 방지하여야 한다.
④ 세척탱크의 양수펌프는 90분 이내에 탱크를 가득 채울 수 있는 성능으로 1대를 설치해야 한다.

46 액화염소용 배관에 사용되는 재료로 옳지 않은 것은?
① 압력배관용 탄소강관
② 용기인출용 동관
③ 저장조용 타이타늄관
④ 수입배관용 탄소강강관

47 다음 조건에서 가압탈수기의 소요대수(대)는?

- 슬러지량 : 1,200kg-D.S./day
- 여과농도 : 20kg-D.S./m^2/h
- 실가동시간 : 6h/day
- 탈수기의 여과면적 : 5m^2/대

① 1 ② 2
③ 3 ④ 4

48 3상 유도전동기에 속하는 것은?
① 농형 유도전동기
② 분산기동형 전동기
③ 콘덴서기동형 전동기
④ 반발기동형 전동기

49 전동기에 관한 설명으로 옳은 것은?
① 유도전동기는 전동기 중에서 가격이 비싸고 구조가 복잡하지만 보수와 점검이 용이하다.
② 동기전동기에는 타여자 전동기와 자여자 전동기가 있다.
③ 직류전동기는 정류자의 보수 점검이 단순하며 속도제어 등 자동제어가 쉬워서 각종 산업의 동력용 전동기로 사용된다.
④ 동기전동기는 회전속도가 일정하고 역률이 좋으나 자극을 여자하기 위해 직류전원이 필요하다.

50 수·변전설비에 관한 설명으로 옳지 않은 것은?
① 설비용량은 평균전력에 충분히 대응할 수 있어야 한다.
② 안전상의 책임한계점에는 구분개폐기로서 단로기 또는 부하개폐기(지락보호장치부)를 설치한다.
③ 책임한계점의 부하측 수전설비에는 부하전류와 고장전류를 안전하게 투입하고 차단할 수 있는 주차단기를 설치한다.
④ 고압용 개폐장치는 진공절연 소호방식과 스위치기어방식을 표준으로 한다.

51 비접지 계통의 영상전류는 무엇으로 검출하는가?
① CT
② ZCT
③ GR
④ OCGR

52 변압기 병렬운전에 관한 설명으로 옳지 않은 것은?
① 저항과 리액턴스의 비율이 같지 않을 경우 부하의 역률에 따라서는 변압기의 부하분담이 변화하여 소손할 염려가 있다.
② 임피던스 전압이 서로 다르면 변압기 용량에 비례한 분담을 하지 않고 임피던스 전압이 낮은 쪽이 과부하되어 소손된다.
③ 1차, 2차 전압이 같지 않으면 변압기 간의 순환전류가 흘러 출력은 증가하나 소손될 우려가 있다.
④ 각 변위가 다르면 변압기 간의 순환전류가 흘러 권선 온도의 상승으로 고장의 원인이 된다.

53 역률 85%(지상)인 300kW의 부하를 역률 95%(지상)로 개선하기 위한 콘덴서 용량(kVar)은 약 얼마인가?
① 87.3
② 92.4
③ 95.8
④ 103.5

54 현장조작반이나 중앙관리실의 감시반 등에 배치되는 지시계 및 기록계의 방식과 그 동작원리의 연결이 옳지 않은 것은?
① 기계식-부르동관식
② 전기식-다이어프램식
③ 전기식-가동코일형
④ 전자식-자동평형형

55 관에 표준단극전위가 낮은 금속(Magnesium 등)을 양극으로 설치하고 양극과 관과의 전위차를 이용하여 이종금속전지를 형성시켜서 방식(防蝕)전류를 얻는 방법은?
① 유전양극법
② 외부전원법
③ 선택배류법
④ 강제배류법

56 초음파유량계 측정방법 중 관내에 편류가 있을 경우 정밀도가 높은 측정방법은?
① Z-법
② X-법
③ V-법
④ 2V-법

57 수위 측정에 관한 설명으로 옳은 것은?
① 수위 측정 데이터는 정수장 운전에서 필수적이지는 않지만 참고 자료로 사용할 수 있다.
② 수위 측정 방식에는 플로트식, 차압식, 초음파식 등이 있다.
③ 초음파식은 닫힌 저수조 내부의 수위 측정을 위해서만 사용 가능하다.
④ 차압식은 정수처리 분야에서 자주 사용되지는 않지만 탱크 중간 높이에서 압력을 측정하여 수위를 읽을 수 있는 장점이 있다.

58 유량계에 관한 설명으로 옳지 않은 것은?
① 차압유량계는 벤투리관이나 오리피스 등의 축관에 의한 차압을 이용한다.
② 터빈형유량계는 측정하려는 액체의 점성이 높지 않은 경우에 적합하다.
③ 초음파유량계는 입자나 기포가 포함된 물에서 효과적이다.
④ 와류유량계는 점성이 크거나 오염된 유체에서는 잘 작동하지 않는다.

59 화학물질의 분류·표시 및 물질안전보건자료에 관한 기준상 물질안전보건자료의 작성원칙으로 옳은 것은?
① 화학물질명, 외국기관명도 한글로 작성하여야 한다.
② 시험결과를 반영하고자 하는 경우에는 국제기구의 결과를 우선적으로 고려하여야 한다.
③ 작성단위는 미국환경보호청(EPA)의 기준에 따른다.
④ 구성 성분의 함유량을 기재하는 경우에는 함유량의 ±5퍼센트포인트(%P) 내에서 범위(하한값~상한값)로 함유량을 대신하여 표시할 수 있다.

60 유해화학물질 실내 보관시설 설치 및 관리에 관한 고시상 기계에 의하여 하역하는 구조로 된 운반용기로서 금속제 용기, 플라스틱 내용기 부착의 용기, 경질플라스틱제의 용기 중 용적이 450L 초과 3,000L 이하인 용기의 기술기준에 관한 설명으로 옳지 않은 것은?
① 용기는 부식, 열화 등의 손상에 대하여 적절히 보호되어야 한다.
② 용기는 수납하는 물질의 내압 및 취급, 운반 시의 하중에 의하여 당해 용기에 생기는 응력에 대하여 안전하여야 한다.
③ 용기 본체가 틀로 둘러싸인 용기는 용기 본체가 항상 틀 내에 보호되어 있어야 한다.
④ 상부에 배출구가 있는 용기의 배출구에는 압력계가 설치되어 있어야 한다.

56 ④ 57 ② 58 ③ 59 ④ 60 ④

제4과목 정수시설 수리학

61 물의 성질에 관한 설명으로 옳지 않은 것은?

① 물의 단위 중량은 4℃, 1기압에서 1,000 kgf/m³이다.
② 액체상태의 물은 수온이 상승하면 점성계수는 작아진다.
③ 수격작용을 해석할 경우, 물의 압축성을 고려해야 한다.
④ 물의 밀도는 0℃에서 가장 크다.

62 개수로에서 유량측정을 위해 직각삼각형 예연위어를 사용하고 있다. 월류수심의 측정에 2%의 오차가 있다면 측정 유량에 발생하는 오차(%)는 얼마인가?(단, 위어의 유량계수는 상수이다)

① 3 ② 5
③ 7 ④ 9

63 상용관의 마찰손실계수를 산정하기 위해 사용되는 Moody 도표에 관한 설명으로 옳은 것은?

① 천이영역에서 상대조도가 일정하다면 레이놀즈수가 증가할수록 마찰손실계수는 작아진다.
② 천이영역과 난류영역에서 적용 가능하지만 층류영역에서는 적용할 수 없다.
③ 층류영역에서 마찰손실계수는 레이놀즈수에 비례한다.
④ 관의 조도 높이(mm)와 레이놀즈수에 따른 마찰손실계수의 변화 관계를 도표로 나타낸 것이다.

64 그림과 같은 물탱크에서 수심(h)이 4m인 위치에 작은 오리피스가 설치되어 있다. 수면 위 공기층의 계기압력(p)을 30kPa로 유지시킬 때, 오리피스에서의 토출유속(m/s)은 약 얼마인가?(단, 오리피스의 유속계수는 0.7, 물의 밀도는 1,000kg/m³, 중력가속도는 9.8m/s²이다)

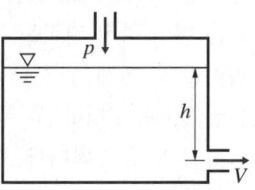

① 5.23
② 6.23
③ 7.23
④ 8.23

65 [MLT]계로 나타낸 물리량의 차원 표시로 옳은 것을 모두 고른 것은?

ㄱ. 밀도 : [ML⁻³]
ㄴ. 힘 : [MLT⁻²]
ㄷ. 유량 : [MT⁻¹]
ㄹ. 표면장력 : [MT⁻²]

① ㄱ, ㄴ
② ㄷ, ㄹ
③ ㄱ, ㄴ, ㄹ
④ ㄱ, ㄴ, ㄷ, ㄹ

정답 61 ④ 62 ② 63 ① 64 ④ 65 ③

66 흐름의 분류와 유동가시화(Flow Visualization)에 관한 설명으로 옳지 않은 것은?

① 임의의 지점에서 흐름 특성(속도, 압력 등)이 시간에 따라 변하는지 여부에 따라 등류(Uniform Flow)와 부등류(Nonuniform Flow)로 구분할 수 있다.
② 유립선(Streak Line)은 일정 시간 동안 흐름 내의 특정 지점을 통과한 모든 유체 입자들의 현재 위치를 연결한 선이다.
③ 유선(Stream Line)은 특정 시간에 유체 입자들의 유속벡터에 접하는 접선들을 연결한 선이다.
④ 유적선(Path Line)은 특정 입자가 이동해 간 경로를 추적하여 연결한 선, 즉 입자의 움직인 경로를 나타낸다.

67 유량 0.3m³/s의 물이 수평관로를 가득 채운 상태로 일정하게 흐르고 있다. 상류측 관경이 400mm, 하류측 관경이 200mm이고 상류측 관로의 압력이 200kPa일 때, 하류측 관로의 압력(kPa)은 약 얼마인가?(단, 에너지손실은 무시하고 물의 밀도는 1,000kg/m³, 중력가속도는 9.8m/s²이다)

① 137
② 157
③ 177
④ 197

68 최적수리단면에 관한 설명으로 옳지 않은 것은?

① 동수반경을 최소로 하는 단면이다.
② 직사각형 단면에서는 수심이 수로폭의 절반일 때이다.
③ 수로의 경사 및 조도가 주어질 때 주어진 유량이 흐르기 위한 최소의 흐름단면이다.
④ 주어진 면적에서 윤변이 최소가 되는 단면이다.

69 플록형성지에서 교반강도(G)에 관한 설명으로 옳지 않은 것은?

① 플록형성지 내의 교반강도는 하류로 갈수록 점차 감소시키는 것이 바람직하다.
② 물의 점성계수의 제곱근에 반비례한다.
③ 동력의 제곱근에 반비례한다.
④ 수온에 따라 변동한다.

70 개수로 흐름상태를 나타내는 프루드수(Froude Number)에 관한 설명으로 옳은 것을 모두 고른 것은?

> ㄱ. 중력에 대한 관성력의 비로 나타낸다.
> ㄴ. 한계상태의 흐름은 프루드수가 1일 때이다.
> ㄷ. 층류와 난류를 구분하는 데 이용된다.
> ㄹ. 프루드수의 정의는 $F_r = \left(\dfrac{V^2}{gh}\right)$이다.
> 여기서, V = 단면평균유속, g = 중력가속도, h = 수심이다.

① ㄹ
② ㄱ, ㄴ
③ ㄱ, ㄴ, ㄷ
④ ㄱ, ㄴ, ㄷ, ㄹ

정답 66 ① 67 ② 68 ① 69 ③ 70 ②

71 관수로 흐름에서 발생하는 손실수두에 관한 설명으로 옳은 것은?
① 모든 손실수두는 속도수두에 반비례한다.
② 관경이 커지면 마찰손실수두는 증가한다.
③ 관의 길이가 길어지면 마찰손실수두는 증가한다.
④ 단면점축소로 인한 손실은 축소각이 클수록 작다.

72 직경 4m인 원통형 여과지의 하루 여과량이 2,000m³/d인데, 역세척은 매일 20L/m²/s로 5분 동안 실시할 때, 역세척수량(m³/d)은 약 얼마인가?
① 15.4 ② 35.4
③ 55.4 ④ 75.4

73 길이 100m, 직경 20cm인 관을 통하여 5m³/min의 물을 공급하고 있을 때, 발생하는 마찰손실수두(m)는 약 얼마인가?(단, 마찰손실계수는 0.015, 중력가속도는 9.8m/s² 이다)
① 1.69 ② 2.69
③ 3.69 ④ 4.69

74 직경 500mm인 관수로에서 물이 1,000m를 흐르는 동안 30m의 손실수두가 발생했다면 이 관로의 유량(m³/s)은 약 얼마인가?(단, Manning 공식을 따르고 조도계수는 0.012 이다)
① 0.309 ② 0.509
③ 0.709 ④ 0.909

75 침전이론에서 자주 사용되는 스토크스(Stokes) 법칙에 관한 설명으로 옳은 것은?
① 응결성이 있고 높은 농도의 입자들에 대한 침전에 적용할 수 있다.
② 침강속도는 입자직경의 제곱에 반비례한다.
③ 침강속도는 입자와 액체의 비중차에 비례한다.
④ 수온이 높을수록 침강속도는 느려진다.

76 펌프의 용량과 대수 결정에 관한 설명으로 옳은 것을 모두 고른 것은?

ㄱ. 송수펌프는 펌프의 효율이 높은 운전점에서 정해진 일정한 수량을 양수하는 운전이 가능한 용량과 대수로 정한다.
ㄴ. 배수펌프는 수량의 시간적 변동에 적합한 용량과 대수로 정한다.
ㄷ. 펌프의 대수는 계획수량(최대, 최소, 평균) 및 고장 시를 고려하여 정한다.
ㄹ. 펌프는 예비기를 설치한다. 다만, 펌프가 정지되더라도 급수에 지장이 없는 경우에는 예비기를 두지 않는다.

① ㄱ
② ㄴ, ㄷ
③ ㄱ, ㄴ, ㄷ
④ ㄱ, ㄴ, ㄷ, ㄹ

정답 71 ③ 72 ④ 73 ② 74 ③ 75 ③ 76 ④

77 펌프의 수격작용을 방지하기 위한 주된 방법 중 하나인 압력상승 경감방법으로 옳지 않은 것은?

① 급폐식 체크밸브에 의한 방법
② 압력수조를 설치하는 방법
③ 콘밸브에 의한 방법
④ 완폐식 체크밸브에 의한 방법

78 다음 ( )에 들어갈 내용으로 옳은 것은?

| 펌프의 양수량이 0.3m³/s, 전양정이 44m, 회전속도가 1,000rpm일 때, 펌프의 비속도는 약 (ㄱ)이며, 여기에 적절한 펌프는 (ㄴ)이다. |

① ㄱ : 32, ㄴ : 원심펌프
② ㄱ : 32, ㄴ : 사류펌프
③ ㄱ : 248, ㄴ : 원심펌프
④ ㄱ : 248, ㄴ : 사류펌프

79 효율이 85%, 동력이 9,500kW인 펌프를 이용하여 110m 위의 수조로 물을 양수할 때, 유량(m³/s)은 약 얼마인가?(단, 중력가속도는 9.8m/s², 물의 단위중량은 1,000kgf/m³, 손실수두는 10m이다)

① 6.87
② 7.49
③ 8.24
④ 9.16

80 다음 조건의 모터 소요동력(kW)은 약 얼마인가?(단, 중력가속도는 9.8m/s², 물의 단위중량은 1,000kgf/m³이다)

- 펌프의 흡입구 지름이 400mm
- 흡입구의 유속이 2.0m/s
- 펌프의 전양정이 14m
- 펌프의 효율이 80%
- 모터의 효율이 88%

① 34.5
② 39.2
③ 43.1
④ 49.0

2024년 제35회 2급 최근 기출문제

제1과목 수처리공정

01 횡류식 침전지에서 침강속도가 V인 입자의 제거율은?(단, V는 표면부하율보다 작고, Q는 침전지에 유입되는 유량이며, L, B, H는 각각 침전지의 길이, 폭, 유효수심이다)

① $\dfrac{Q}{H \times L \times B}$

② $\dfrac{H \times L \times B}{Q}$

③ $\dfrac{Q}{V \times L \times B}$

④ $\dfrac{V \times L \times B}{Q}$

02 플록형성지에 관한 설명으로 옳은 것을 모두 고른 것은?

ㄱ. 표준형태는 직사각형이며 플록큐레이터(Flocculator)를 설치한다.
ㄴ. 플록형성은 응집된 미소플록을 크게 성장시키기 위하여 적당한 기계식교반이나 우류식교반이 필요하다.
ㄷ. 교반설비는 수질변화에 따라 교반강도를 조절할 수 있는 구조로 한다.
ㄹ. 플록형성지 내의 교반강도는 상류로 갈수록 점차 감소시키는 것이 바람직하다.

① ㄱ, ㄴ
② ㄴ, ㄷ
③ ㄱ, ㄴ, ㄷ
④ ㄱ, ㄷ, ㄹ

03 수산화나트륨 약품이 겨울에 결정화되지 않도록 보관하기 위한 농도(%)는?(단, 최저 기온을 −20℃로 가정한다)

① 10
② 20
③ 30
④ 45

04 여과지의 운영 및 관리에 관한 설명으로 옳지 않은 것은?

① 급속여과지의 여과속도는 120~150m/d를 표준으로 한다.
② 완속여과지의 여과속도는 4~5m/d를 표준으로 한다.
③ 여과면적은 계획정수량에 여과속도를 곱하여 계산한다.
④ 여과지의 수는 예비지를 포함하여 2지 이상으로 하고, 10지마다 1지 비율로 예비지를 둔다.

05 급속여과지의 역세척에 관한 설명으로 옳지 않은 것은?

① 수온차가 큰 지역에서는 수온이 높을 때의 역세척 유속을 기준으로 시설을 설계한다.
② 역세척에는 염소가 잔류하고 있는 정수를 사용한다.
③ 유속과 팽창률의 관계는 여재의 종류와 수온에 따라 차이가 있다.
④ 표면세척장치는 팽창된 여과층 중에 노즐이 묻히지 않도록 조심한다.

정답 1 ④ 2 ③ 3 ② 4 ③ 5 ④

06 하향류 여과 시설의 여과층에 따른 탁질억류량 분포가 다음 그림과 같은 여과층의 형식은?

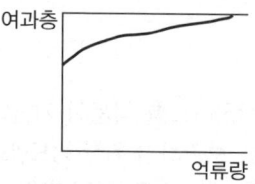

① 단일 여과층
② 입도 분포를 상부 조립에서 하부 세립으로 점진적으로 구성한 여과층
③ 2층 여과층
④ 3층 여과층

07 급속여과에서 사용할 수 있는 신규 여과모래의 특성으로 옳지 않은 것은?
① 균등계수의 상한을 1.7로 한다.
② 균등계수가 1에 가까울수록 모래층의 공극률이 작아진다.
③ 세척 탁도는 30NTU 이하로 한다.
④ 강열감량은 0.75% 이하로 한다.

08 여과모래의 균등계수가 1.50이고, 입도가적곡선에서 파악한 중량통과율 60%와 80%에 해당하는 여과모래의 입경이 각각 0.75mm와 1.20mm이었다. 중량통과율 10%에 해당하는 여과모래의 입경(mm)은?
① 0.3
② 0.4
③ 0.5
④ 0.6

09 염소가스 저장시설에서 염소가스 누출로 인한 중독을 방지하기 위하여 설치되는 제해설비에 관한 설명으로 옳은 것은?
① 중화반응탑은 충전탑식, 회전흡수방식, 경사판방식 등이 있다.
② 누출 염소에 대한 흡수제는 소석회를 주로 사용하고, 중화제로는 염화나트륨 용액이 주로 사용된다.
③ 염소가스 저장량이 1,000kg 미만인 시설에서는 중화반응탑을 설치해야 한다.
④ 소석회는 낮은 습도에서는 유효성분의 저하와 분말의 고결이 예상되므로 충분한 습기가 제공되는 장소에 보관해야 한다.

10 오존 접촉지에 관한 설명으로 옳은 것을 모두 고른 것은?

ㄱ. 접촉지에는 우회관을 설치한다.
ㄴ. 구조는 개방형으로 하여 오존과 물의 혼화와 접촉이 효과적으로 이루어져서 흡수율이 높도록 한다.
ㄷ. 효율적인 오존공정 제어를 위하여 처리수량, 오존 주입량, 잔류오존, 대기오존 농도를 상시 계측하여야 한다.

① ㄱ, ㄴ
② ㄱ, ㄷ
③ ㄴ, ㄷ
④ ㄱ, ㄴ, ㄷ

11 액화염소 저장설비에 관한 설명으로 옳지 않은 것은?
① 저장조 본체는 보냉식(保冷式)으로 한다.
② 액화염소를 저장조에 넣기 위한 공기공급장치를 설치해야 한다.
③ 저장조는 2기 이상 설치하고 그 중 1기는 예비로 한다.
④ 액화염소의 저장량은 항상 1일 사용량의 10일분 이상으로 한다.

12 먹는물 수질기준 중 미생물 기준에 관한 설명으로 옳은 것은?
① 먹는샘물에서 대장균은 100mL에서 검출되지 아니할 것
② 수돗물에서 총대장균군은 100mL에서 검출되지 아니할 것
③ 먹는샘물에서 분원성 대장균군은 100mL에서 검출되지 아니할 것
④ 먹는염지하수에서 총대장균군은 100mL에서 검출되지 아니할 것

13 수도법령상 정수처리기준에서 정한 병원성 미생물이 아닌 것은?
① 바이러스
② 지아디아 포낭
③ 분원성 연쇄상구균
④ 크립토스포리디움 난포낭

14 잔류소독제 농도가 1.5mg/L이고 소독제 접촉시간이 0.5시간일 때, 소독능 계산값(CT 계산값)은?
① 0.75 ② 3
③ 20   ④ 45

15 탈수기의 가동 중 슬러지가 연속적으로 공급되지 않으면서 운전되는 것은?
① 진공탈수기   ② 원심분리기
③ 벨트프레스   ④ 필터프레스

16 슬러지 농축조의 계획 유입유량이 100m³/d이고 슬러지의 체류시간이 48시간일 때, 농축조의 설계용량(m³)은?
① 100 ② 200
③ 400 ④ 600

17 막여과 공정의 약품세척에서 사용되는 약품과 일반적인 제거 대상 물질이 바르게 짝지어진 것은?
① 수산화나트륨 – 무기물
② 황산 – 유기물
③ 구연산 – 무기물
④ 차아염소산나트륨 – 무기물

정답 11 ② 12 ② 13 ③ 14 ④ 15 ④ 16 ② 17 ③

18 오존처리에 관한 설명으로 옳은 것은?
① 맛과 냄새를 유발하는 물질의 제거에 효과적이다.
② 오존은 염소보다 산화력이 약하다.
③ 오존접촉지의 배오존은 대기에 확산되도록 해야 한다.
④ 철과 망간은 오존에 의해 용존성 물질로 산화된다.

19 자외선 소독 공정에 관한 설명으로 옳지 않은 것은?
① 자외선의 소독 효율은 부유물의 농도에 의해 영향을 받는다.
② 자외선 조사량은 자외선 강도와 접촉시간에 의해 결정된다.
③ 석영유리는 자외선 램프의 유리관 재질로 사용된다.
④ 자외선 소독에 가장 적합한 파장은 400 nm이다.

20 일반적으로 질산성질소를 제거할 수 있는 공정이 아닌 것은?
① 활성탄흡착처리
② 이온교환처리
③ 생물처리
④ 막처리

제2과목 수질분석 및 관리

21 수질오염공정시험기준상 용어의 설명으로 옳은 것은?
① "방울수"라 함은 20℃에서 정제수 10방울을 적하할 때, 그 부피가 약 1mL 되는 것을 뜻한다.
② 무게를 "정확히 단다."라 함은 규정된 수치의 무게를 0.01mg까지 다는 것을 말한다.
③ "감압 또는 진공"이라 함은 따로 규정이 없는 한 30mmHg 이하를 뜻한다.
④ 시험 조작 중 "즉시"란 30초 이내에 표시된 조작을 하는 것이다.

22 수질오염공정시험기준상 정도관리에 관한 설명으로 옳지 않은 것은?
① 표준물첨가법(Standard Addition Method)은 시료와 동일한 매질에 일정량의 표준물질을 첨가하여 검정곡선을 작성하는 방법이다.
② 시약바탕시료(Reagent Blank)는 시료를 사용하지 않고 추출, 농축, 정제 및 분석 과정에 따라 모든 시약과 용매를 처리하여 측정한 것이다.
③ 정량한계(LOQ)란 시험분석 대상을 정량화할 수 있는 측정값이다.
④ 기기검출한계(IDL)란 시료와 비슷한 매질 중에서 시험분석 대상물질을 검출할 수 있는 최소한의 농도 또는 양이다.

23 수질오염공정시험기준상 금속류-유도결합플라스마-원자발광분광법에 관한 설명으로 옳지 않은 것은?

① 시료를 아르곤 플라스마에 주입하여 고온에서 원자가 방출하는 발광선 및 발광광도를 측정한다.
② 점성이 있거나 입자상 물질이 존재하는 시료는 동심축 분무기(Concentric Nebulizer)를 사용한다.
③ 알칼리 금속이 시료에 공존할 시 방출선의 세기를 크게 할 수 있다.
④ 라디오고주파(RF) 발생기 주파수는 27.12 MHz 또는 40.68MHz를 사용한다.

24 응집용 약품주입에 관한 설명으로 옳지 않은 것은?

① 원수 탁도가 높으면 완속여과시설에서는 응집용 약품주입설비가 필요 없다.
② 원수가 저탁도라도 급속여과지에서 약품에 의한 응집 후 여과가 필수적이다.
③ 약품 사용 후 수질이 외관이나 독성 등 위생적으로 지장이 없어야 한다.
④ 약품주입률은 자-테스트(Jar-test)로 결정하는 방식이 일반적이다.

25 오존처리 공정에서 오존주입량 4mg/L이고, 배출오존량 1mg/L, 잔류오존량 0.5mg/L일 때 오존전달효율(%)은?

① 62.5
② 75
③ 85.7
④ 87.5

26 정수시설의 입상활성탄 세척빈도에 영향을 주는 인자를 모두 고른 것은?

ㄱ. 미소동물의 생명주기
ㄴ. 흡착방식(고정상, 유동상)
ㄷ. 활성탄의 비중

① ㄱ
② ㄱ, ㄴ
③ ㄴ, ㄷ
④ ㄱ, ㄴ, ㄷ

27 오존처리 공정에서의 주입오존량(kg/d)은?

• 수돗물 생산량: 100,000m^3/d
• 잔류오존량: 1.0mg/L
• 배출오존량: 0.2mg/L
• 오존이용율: 80%

① 420
② 480
③ 500
④ 600

28 수질오염공정시험기준상 화학적산소요구량 측정법 중 산성과망간산칼륨법에 관한 설명으로 옳은 것은?

① 분석결과는 1.0mg/L까지 표기한다.
② 반응시료(100mL)의 염소이온 농도가 2,000mg/L 초과인 경우에 적용한다.
③ 염소이온의 간섭을 제거하기 위하여 황산은을 첨가한다.
④ 시료를 황산산성으로 하여 과망간산칼륨 일정 과량을 넣고 120분간 수욕상에서 가열 반응시킨다.

29. 10,000m³/d을 생산하는 정수장에서 여과지 통과 후 20kg/d의 염소를 주입한 결과 정수지 유출수의 잔류염소 농도가 0.2mg/L 이었을 때, 염소요구량(mg/L)은?
① 0.9   ② 1.8
③ 9   ④ 18

30. 먹는물수질공정시험기준상 (중온) 일반세균 –평판집락법에 관한 설명이다. ( )에 들어갈 숫자가 옳은 것은?

즉시 시험할 수 없는 경우에는 빛이 차단된 4℃ 냉장보관 상태에서 ( )시간 이내에 시험하여야 한다.

① 12   ② 24
③ 36   ④ 48

31. 먹는물수질공정시험기준상 탁도 측정에 관한 설명으로 옳지 않은 것은?
① 먹는물, 샘물 및 염지하수의 탁도 측정에 적용한다.
② 시료 중에 탁도의 정량한계는 0.02NTU 이다.
③ 탁도를 측정하는 용기가 더럽거나 미세한 기포는 탁도에 영향을 줄 수 있다.
④ 시료가 색을 띠는 경우 빛을 반사하므로 탁도가 높아질 수 있다.

32. 소독에 의한 불활성화비 계산에 관한 설명으로 옳은 것은?
① 잔류소독제 농도는 정수지 유출부나 잔류소독제 농도측정지점에서 측정한 잔류소독제 농도값 중 최소값을 택한다.
② 소독제와 물의 접촉시간은 1시간 사용유량이 최대인 시간에 최초 소독제 주입지점부터 정수지 유출지점까지 측정하여야 한다.
③ 계산된 불활성화비 값이 1.0 이상이면 99.99% 이상의 지아디아 포낭의 불활성화가 이루어진 것으로 한다.
④ 추적자시험을 통하여 실제로 소독제의 접촉시간을 측정할 때에는 최초 소독제 주입지점에 투입된 추적자의 30%가 정수지 유출지점으로 빠져나올 때까지의 시간을 접촉시간으로 한다.

33. 먹는물수질공정시험기준상 총칙에 관한 설명으로 옳지 않은 것은?
① 열수는 약 100℃를 말한다.
② 시험에 쓰는 물은 따로 규정이 없는 한 증류수 또는 정제수로 한다.
③ "약"이라 함은 기재된 양에 대하여 ±5% 이상의 차가 있어서는 안 된다.
④ 용액이라고 기재하고 특히, 그 용제를 표시하지 아니한 것은 수용액을 말한다.

34. 먹는물수질공정시험기준상 시료용기로 유리를 사용할 수 없는 항목은?
① 맛   ② 냄새
③ 불소 ④ 벤젠

35 먹는물관리법상 먹는샘물 등, 수처리제 또는 그 용기를 수입하려는 자가 시·도지사에게 신고한 경우, 시·도지사가 할 수 있는 검사방법을 모두 고른 것은?

　ㄱ. 추적검사　　ㄴ. 관능검사
　ㄷ. 정밀검사　　ㄹ. 서류검사

① ㄱ, ㄴ, ㄷ
② ㄱ, ㄴ, ㄹ
③ ㄱ, ㄷ, ㄹ
④ ㄴ, ㄷ, ㄹ

36 먹는물 수질기준 및 검사 등에 관한 규칙상 먹는물의 수질기준 중 미생물에 관한 기준으로 옳지 않은 것은?
① 샘물 및 염지하수의 경우에는 저온일반세균은 50CFU/mL를 넘지 아니할 것
② 샘물 및 염지하수의 경우에는 중온일반세균은 5CFU/mL를 넘지 아니할 것
③ 먹는샘물의 경우에는 병에 넣은 후 4℃를 유지한 상태에서 12시간 이내에 검사하여 저온일반세균은 100CFU/mL를 넘지 아니할 것
④ 먹는샘물의 경우에는 병에 넣은 후 4℃를 유지한 상태에서 12시간 이내에 검사하여 중온일반세균은 20CFU/mL를 넘지 아니할 것

37 먹는물 수질감시항목 운영 등에 관한 고시의 적용 대상으로 옳지 않은 것은?
① 수돗물
② 상수원수
③ 염지하수
④ 먹는해양심층수

38 수도법상 상수원보호구역 지정 등에 관한 권한을 가지고 있는 사람은?
① 국무총리
② 국토교통부장관
③ 환경부장관
④ 대통령

39 수도법령상 저수조의 설치기준에 관한 설명으로 옳은 것은?
① 저수조의 맨홀 부분은 건축물(천장 및 보 등)로부터 100cm 이상 떨어져야 한다.
② 물의 유출구는 유입구의 반대편 윗부분에 설치한다.
③ 침전 찌꺼기의 배출구를 저수조의 중간 부분에 설치한다.
④ 저수조의 바닥은 배출구를 향하여 1/10 이상의 경사를 두어 설치한다.

40 물환경보전법령상 상수원 구간에서 "2회 연속 채취 시 남조류 세포수가 10,000세포/mL 이상 1,000,000세포/mL 미만인 경우"에 발령되는 조류경보 단계는?
① 관 심
② 경 계
③ 조류대발생
④ 해 제

제3과목 설비운영 (기계·장치 또는 계측기 등)

41 응집용 약품 저장설비의 용량 기준으로 옳은 것은?
① 계획정수량 × 약품의 최대주입률
② 응집보조제는 10일분 이상
③ 알칼리제는 간헐 주입할 경우 7일분 이상
④ 응집제는 15일분 이상

42 가압수확산에 의한 혼화 방식에 관한 설명으로 옳지 않은 것은?
① 혼화기에 의한 추가적인 손실수두가 없다.
② 혼화효과가 좋다.
③ 혼화강도를 조절할 수 없다.
④ 소비전력이 기계식 혼화의 절반 이하이다.

43 침전지의 슬러지를 기계적으로 제거하는 슬러지 수집기 형식이 아닌 것은?
① 공기압식
② 체인플라이트식
③ 수중대차식
④ 중심축회전식

44 현장제조형 염소발생기의 전기분해조 음(-)극에서 발생하는 현상으로 옳지 않은 것은?
① 염소가 발생한다.
② 수산이온이 생성된다.
③ 수산화나트륨(NaOH)이 생성된다.
④ 수소가스가 발생한다.

45 가압탈수기에 관한 설명으로 옳은 것은?
① 전처리로 소석회를 주입하는 방법은 탈수효율이 좋지 않지만 발생한 케이크를 간편하게 매립할 수 있다.
② 필터프레스는 여과포에 의한 고액분리, 슬러지층의 필터작용으로 탈수하며 가압한다.
③ 벨트프레스는 벨트의 속도가 빨라지면 탈수시간이 짧아지고 함수율이 줄어든다.
④ 스크루프레스는 스크루압착에 의한 간단한 방식이지만 슬러지를 간헐적으로 공급하여야 하고 전처리가 필수적이다.

46 역세척배출수의 침전시설에 관한 설명으로 옳은 것을 모두 고른 것은?

> ㄱ. 세척배출수 저류조는 배출수지를 겸할 수 있다.
> ㄴ. 정수장보다 높은 위치에 설치하여 자연유하로 착수정에 반송되도록 하는 것이 이상적이다.
> ㄷ. 용존공기부상지(DAP) 예비침전지를 활용할 수 있다.

① ㄱ, ㄴ   ② ㄱ, ㄷ
③ ㄴ, ㄷ   ④ ㄱ, ㄴ, ㄷ

47 오존발생용 원료가스 공급장치 중 PSA(가압교대흡착방식), VPSA(진공가압 교대흡착방식), VSA(진공교대 흡착방식) 등을 사용하는 것은?
① 저압 및 중압 공기공급방식
② 고압 공기공급방식
③ 산소발생기식
④ 액체산소 공급방식

48 전동기를 제동시키기 위하여 공급 전원을 끊고 발전기로 동작시킴으로써 운동에너지를 줄열로 변화시키는 제동 방식은?
① 회생제동 ② 발전제동
③ 역전제동 ④ 와류제동

49 유도전동기에 해당하는 것은?
① 직권전동기
② 분권전동기
③ 복권전동기
④ 분상기동형전동기

50 한국전기설비규정상 고압 및 특고압의 전로 중 피뢰기를 시설하여야 하는 장소로 옳지 않은 것은?
① 발전소·변전소 또는 이에 준하는 장소의 가공전선 인입구 및 인출구
② 가공전선로와 가공전선로가 접속되는 곳
③ 고압 및 특고압 가공전선로로부터 공급을 받는 수용장소의 인입구
④ 특고압 가공전선로에 접속하는 배전용 변압기의 고압측 및 특고압측

51 최대수용전력이 200kW이고 총 부하설비용량이 400kW일 때, 수용률(%)은?
① 33 ② 50
③ 67 ④ 200

52 변압기 Y-Y 결선 방식에 관한 설명으로 옳지 않은 것은?
① 중성점을 접지할 수 있으므로 단절연방식을 채택할 수 있다.
② 상전압이 선간전압의 $1/\sqrt{3}$이 되어 절연이 용이하고 고전압 결선에 적합하다.
③ 변압기 1대 고장 시 V결선으로 송전이 가능하고 대전류 부하에 적합하다.
④ 유도기전력이 제3고조파를 함유하여 중성점을 접지하면 통신에 유도장해를 준다.

53 비접지계통의 영상전류는 ZCT를 통하여 검출한다. ZCT의 1차측 정격전류(mA)는?
① 50 ② 100
③ 150 ④ 200

54 액체 중에 전극을 삽입하여 수위를 측정하는 방식은?
① 정전용량식 ② 차압식
③ 초음파식 ④ 투입식

55 유량측정장치를 선정할 때 고려해야 할 요소로 옳지 않은 것은?
① 측정할 유체가 액체 또는 기체인지 여부
② 유량의 크기
③ 유량 변동의 범위
④ 유체의 투명도

정답 48 ② 49 ④ 50 ② 51 ② 52 ③ 53 ④ 54 ① 55 ④

56 상수도 시설의 감시조작설비가 아닌 것은?
① FCS(Field Control Station)
② COS(Central Operation Station)
③ LAS(Lightning Arrester Station)
④ EWS(Engineering Work Station)

57 전자유량계를 설치할 때 유의해야 할 사항으로 옳지 않은 것은?
① 구경은 평균유속이 1~3m/s의 사이에 있도록 선정하는 것이 바람직하다.
② 평균유속이 1m/s 미만이면 기전력이 작고 정밀도상의 문제가 생기기 쉽다.
③ 흐름을 균일하게 하기 위하여 검출기의 설치 전후에 필요한 직관부를 확보하고 유량제어밸브를 설치해야 하는 경우에는 검출기의 상류측에 설치한다.
④ 검출기를 수직 또는 비스듬히 설치할 경우에는 흐름은 아래쪽에서 위쪽으로 향하도록 하고 전극은 수평 방향으로 되도록 설치한다.

58 탈포조와 탁도계 사이의 배관에 밸브를 설치해야 하는 경우 사용하는 밸브는?
① 볼밸브
② 체크밸브
③ 풋밸브
④ 플랩밸브

59 화학물질의 분류·표시 및 물질안전보건자료에 관한 기준상 용어의 정의로 옳지 않은 것은?
① "화학물질"이란 원소와 원소 간의 화학반응에 의하여 생성된 물질을 말한다.
② "혼합물"이란 두 가지 이상의 화학물질로 구성된 물질 또는 용액을 말한다.
③ "반제품용기"란 같은 사업장 내에서 상시적이지 않은 경우로서 공정간 이동을 위하여 화학물질 또는 혼합물을 담은 용기를 말한다.
④ "포장"이란 화학물질 또는 혼합물을 담는 것을 말한다.

60 유해화학물질 실외 보관시설 설치 및 관리에 관한 고시상 실외 보관시설 설치에 관한 기술기준으로 옳지 않은 것은?
① 종류가 다른 유해화학물질을 같은 보관시설 안에 보관하는 경우에는 화학물질 간의 반응성을 고려하여 칸막이나 바닥의 구획선 등으로 구분하여 보관해야 한다.
② 유해화학물질을 용기에 수납하여 보관하는 시설은 습기가 없고 배수가 잘되는 장소에 설치하고 주위에는 표시를 하여 명확하게 구분해야 한다.
③ 눈·비 등을 피하거나 차광 등을 위하여 보관시설에 캐노피 또는 지붕을 설치하는 경우에는 환기에 지장을 주지 아니하는 구조로 하며, 벽을 설치하여야 한다.
④ 유해화학물질 보관시설에는 필요한 경우 조명 설비를 갖추어야 한다.

제4과목 정수시설 수리학

61 물의 성질에 관한 설명으로 옳은 것은?
① 물의 단위중량은 4℃, 1기압에서 1,000 kgf/m³이다.
② 액체상태의 물은 수온이 상승하면 점성계수는 커진다.
③ 수격작용을 해석할 경우, 물의 압축성을 고려할 필요가 없다.
④ 물의 밀도는 0℃에서 가장 크다.

62 오리피스를 이용한 유량측정에서 수두 측정에 3%의 오차가 있다면 측정 유량에 발생하는 오차(%)는 얼마인가?(단, 오리피스의 유량계수는 상수이다)
① 1.0 ② 1.5
③ 3.0 ④ 4.5

63 [MLT]계로 나타낸 물리량의 차원표시로 옳지 않은 것을 모두 고른 것은?

ㄱ. 밀도 : [ML⁻³]
ㄴ. 가속도 : [LT⁻¹]
ㄷ. 유량 : [MT⁻¹]
ㄹ. 표면장력 : [MT⁻²]

① ㄱ, ㄴ ② ㄱ, ㄹ
③ ㄴ, ㄷ ④ ㄷ, ㄹ

64 그림과 같은 물탱크에서 수심(h)이 4m인 위치에 작은 오리피스가 설치되어 있다. 오리피스에서의 토출유속(m/s)은 약 얼마인가? (단, 오리피스의 유속계수는 0.7, 중력가속도는 9.8m/s²이다)

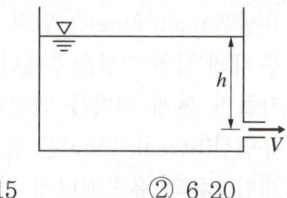

① 5.15 ② 6.20
③ 7.50 ④ 8.95

65 관수로 흐름의 에너지선과 동수경사선의 차이가 1m일 때, 관로의 단면평균유속(m/s)은 약 얼마인가?(단, 중력가속도는 9.8m/s²이다)
① 3.85
② 4.43
③ 5.24
④ 5.67

66 상용관의 마찰손실계수를 산정하기 위해 사용되는 Moody 도표에 관한 설명으로 옳지 않은 것은?
① 관의 상대조도와 레이놀즈수에 따른 마찰손실계수의 변화 관계를 도표로 나타낸 것이다.
② 층류와 난류영역에서 모두 적용 가능하다.
③ 완전난류영역에서 마찰손실계수는 관의 상대조도에 의해 결정된다.
④ 층류영역에서 마찰손실계수는 레이놀즈수에 비례한다.

67. 흐름의 분류와 유동가시화(Flow Visualization)에 관한 설명으로 옳은 것은?
   ① 유적선(Path Line)은 특정 입자가 이동해 간 경로를 추적하여 연결한 선, 즉 입자의 움직인 경로를 나타낸다.
   ② 유선(Stream Line)은 일정 시간 동안 흐름 내의 특정 지점을 통과한 모든 유체입자들의 현재 위치를 연결한 선이다.
   ③ 유맥선(Streak Line)은 특정 시간에 유체입자들의 유속벡터에 접하는 접선들을 연결한 선이다.
   ④ 임의의 지점에서 흐름 특성(속도, 압력 등)이 시간에 따라 변하는지 여부에 따라 등류(Uniform Flow)와 부등류(Non-uniform Flow)로 구분할 수 있다.

68. 직경 200mm인 원형관에 2m³/min 유량의 물이 200m 흐를 때 발생하는 마찰손실수두(m)는 약 얼마인가?(단, 마찰손실계수는 0.01, 중력가속도는 9.8m/s²이다)
   ① 0.57   ② 3.57
   ③ 5.57   ④ 7.57

69. 관수로 흐름에서 발생하는 미소손실에 관한 설명으로 옳지 않은 것은?
   ① 관내 유체의 수온 변화에 의해 발생한다.
   ② 관의 유입부 및 유출부에서 흐름 변화로 발생한다.
   ③ 단면 급축소 및 급확대에 의해 발생한다.
   ④ 단면 변화에 의해 발생하는 속도수두에 비례한다.

70. 일정한 단면적을 가진 직사각형 개수로에서 최적수리단면에 관한 설명으로 옳지 않은 것은?
   ① 주어진 경사와 조도에서 최대의 유량이 흐를 수 있는 단면이다.
   ② 동수반경을 최대로 하는 단면이다.
   ③ 윤변이 최소가 되는 단면이다.
   ④ 수심이 수로폭의 2배인 단면이다.

71. 개수로 흐름에 관한 설명으로 옳은 것은?
   ① 자유수표면에서 최대 유속이 발생한다.
   ② 동수반경은 흐름단면적에 윤변을 더한 값이다.
   ③ 관성력과 중력이 평형을 이루는 흐름상태가 한계류이다.
   ④ 관성력보다 중력이 지배적인 흐름상태가 사류이다.

72. 직경 200mm인 관에 물이 가득 차서 흐를 때 유량(m³/s)은 약 얼마인가?(단, Manning 공식을 따르며 조도계수는 0.012, 동수경사는 0.025이다)
   ① 0.016   ② 0.056
   ③ 0.16   ④ 0.56

73. 개수로의 흐름상태를 나타내는 프루드수(Froude Number)에 관한 설명으로 옳은 것은?
   ① 중력에 대한 관성력의 비로 나타낸다.
   ② 층류와 난류의 구분에 이용된다.
   ③ 평균유속에 반비례한다.
   ④ 수온에 비례한다.

74 폭 8m, 길이 15m, 유효수심 4m인 장방형 침전지의 유입유량이 20m³/min일 때, 이 침전지의 표면부하율(m³/m²·d)은 얼마인가?
① 100 ② 140
③ 200 ④ 240

75 혼화지에서 속도경사(G)를 결정하는 요소에 해당하는 것을 모두 고른 것은?

ㄱ. 물의 점성계수
ㄴ. 교반동력
ㄷ. 혼화지의 부피
ㄹ. 표면부하율

① ㄱ, ㄴ, ㄷ
② ㄱ, ㄴ, ㄹ
③ ㄱ, ㄷ, ㄹ
④ ㄴ, ㄷ, ㄹ

76 펌프의 형식 및 운전에 관한 설명으로 옳지 않은 것은?
① 병렬연결 운전은 양수량 변화가 큰 경우에 적절하다.
② 성능이 동일한 펌프 2대를 병렬로 연결할 경우 양수량은 2배보다 약간 적다.
③ 펌프의 형식은 비속도와 관련이 있다.
④ 펌프의 크기는 양수량과 양정으로 나타낸다.

77 펌프의 흡입구 지름이 600mm, 흡입구의 유속이 2.0m/s, 펌프의 실양정이 14m, 펌프의 효율이 86%이고, 총손실수두가 3.5m일 때, 펌프의 소요동력(kW)은 약 얼마인가?(단, 중력가속도는 9.8m/s², 물의 단위중량은 1,000kgf/m³이다)
① 67.7 ② 90.2
③ 112.8 ④ 135.4

78 펌프의 비속도(N_s)가 작은 것부터 큰 순서로 올바르게 나열한 것은?
① 사류펌프 → 축류펌프 → 원심펌프
② 사류펌프 → 원심펌프 → 축류펌프
③ 원심펌프 → 사류펌프 → 축류펌프
④ 축류펌프 → 원심펌프 → 사류펌프

79 펌프의 성능곡선에 관한 설명으로 옳은 것은?
① 효율에 대한 전양정, 축동력, 토출량을 나타낸 곡선이다.
② 토출량에 대한 전양정, 축동력, 효율을 나타낸 곡선이다.
③ 축동력에 대한 전양정, 토출량, 효율을 나타낸 곡선이다.
④ 전양정에 대한 축동력, 토출량, 효율을 나타낸 곡선이다.

80 효율이 85%, 동력이 500kW인 펌프를 이용하여 110m 위의 수조로 물을 양수할 때, 유속이 1.5m/s라면 계산관경(mm)은 약 얼마인가?(단, 중력가속도는 9.8m/s², 물의 단위중량은 1,000kgf/m³, 손실수두는 10m이다)
① 0.554 ② 0.607
③ 554 ④ 607

2024년 제35회 3급 최근 기출문제

제1과목 수처리공정

01 플록형성지에 관한 설명으로 옳지 않은 것은?
① 직사각형이 표준형태이다.
② 교반강도는 하류로 갈수록 점차 증가시키는 것이 바람직하다.
③ 교반설비는 수질 변화에 따라 교반 강도를 조절할 수 있는 구조로 한다.
④ 플록형성시간은 계획정수량에 대하여 20~40분간을 표준으로 한다.

02 침전지에 관한 설명으로 옳지 않은 것은?
① 제거율을 높이기 위해 침전지 중간에 경사판을 설치하는 것을 고려한다.
② 활성이 있는 미세플록을 기성 플록과 적극적으로 접촉시키면 제거율이 향상된다.
③ 다층침전지는 용지점용면적의 비율보다 큰 용량의 침전지를 만들 수 있다.
④ 침전지 중간에서 상징수를 유출시키면 제거율이 저하된다.

03 침전지 제거율이 낮아지는 경우는?
① 유입 유량 증가
② 표면부하율 감소
③ 플록의 침강속도 증가
④ 침전지 표면적 증가

04 표면부하율이 20mm/min으로 설계된 횡류식 침전지에서 침강속도가 40mm/min인 입자의 예상되는 제거율(%)은?
① 20   ② 40
③ 80   ④ 100

05 입도분포 실험에서 중량통과율 10%, 30%, 40%, 60%, 80%에 해당하는 여과모래의 입경이 각각 0.5mm, 0.6mm, 0.7mm, 0.8mm, 0.9mm이었다. 여과모래의 균등계수는?
① 1.2   ② 1.4
③ 1.6   ④ 1.8

06 완속여과법을 선택하여야 하는 경우로 옳은 것은?
① 생물반응에 의한 산화와 분해가 필요한 경우
② 여과속도를 130m/d로 운전해야 하는 경우
③ 휴믹산 등의 화합물에 의한 색도가 있는 경우
④ 탁도가 높거나 조류가 많은 경우

정답 1 ② 2 ④ 3 ① 4 ④ 5 ③ 6 ①

07 하향류 여과 시설의 여과층에 따른 탁질억류량 분포가 다음 그림과 같은 여과층의 형식은?

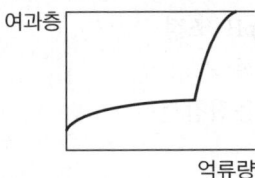

① 단일 여과층
② 입도 분포를 상부 조립에서 하부 세립으로 점진적으로 구성한 여과층
③ 2층 여과층
④ 3층 여과층

08 염소소독제의 특성 및 살균력에 관한 설명으로 옳지 않은 것은?
① 차아염소산이온에 비해 차아염소산의 살균력이 강하다.
② 차아염소산나트륨과 차아염소산이온을 유리염소 또는 유리잔류염소라고 한다.
③ pH가 낮아질수록 차아염소산의 존재 비율이 높아지므로 소독 효과가 커진다.
④ 결합잔류염소에 비하여 유리잔류염소의 살균력이 강하다.

09 염소가스 저장시설의 제해설비 중, 흡수용 제해제와 중화제로 가장 널리 사용되는 것을 순서대로 바르게 나타낸 것은?
① 소석회 – 수산화나트륨
② 소석회 – 염화나트륨
③ 생석회 – 수산화나트륨
④ 생석회 – 염화나트륨

10 수도법령상 일반수도사업자가 병원성 미생물에 의하여 오염되었거나 오염될 우려가 있는 경우에 수도꼭지의 먹는물에서 유지해야 하는 결합잔류염소의 최소농도(mg/L)는?
① 0.2 ② 0.4
③ 1.0 ④ 1.8

11 여과공정만으로 수도법령상 정수처리기준에서 정한 병원성미생물의 최소제거 및 불활성화 기준을 충족하는 여과 방식으로 옳은 것을 모두 고른 것은?

| ㄱ. 정밀여과 | ㄴ. 한외여과 |
| ㄷ. 나노여과 | ㄹ. 역삼투 |

① ㄱ, ㄴ ② ㄱ, ㄷ
③ ㄴ, ㄹ ④ ㄷ, ㄹ

12 소독 공정에서 요구되는 $CT_{요구값}$의 산출에 필요한 항목이 아닌 것은?
① pH
② 수 온
③ 잔류 소독제 농도
④ 소독제의 종류

13 먹는물 수질기준 중 분원성 연쇄상구균과 살모넬라 기준이 적용되지 않는 것은?
① 먹는샘물
② 수돗물
③ 먹는염지하수
④ 먹는해양심층수

14 슬러지 처리시설 중 슬러지의 유량 조정이 주요 기능인 시설만으로 연결된 것은?
① 배출수지 - 배슬러지지
② 배출수지 - 농축조
③ 배슬러지지 - 농축조
④ 농축조 - 탈수기

15 슬러지의 탈수가 여과포의 압착력과 전단력으로 이루어지는 것은?
① 진공탈수기
② 원심분리기
③ 필터프레스
④ 벨트프레스

16 농축조의 슬러지 처리량이 100kg/d이고 고형물부하율이 20kg/($m^2 \cdot d$)일 때, 농축조의 표면적(m^2)은?
① 0.2
② 5
③ 120
④ 2,000

17 막여과 공정의 약품세척에서 무기물을 제거하기 위해 일반적으로 사용되는 약품이 아닌 것은?
① 염 산
② 황 산
③ 차아염소산나트륨
④ 산 세제

18 색도가 높은 원수를 처리하는 데 적합한 공정은?
① 모래여과
② pH 조정
③ 폭 기
④ 응집침전

19 모래여과지의 처리수에 오존을 주입하는 공정은?
① 전오존
② 중오존
③ 후오존
④ 배오존

20 자외선 소독 공정에서 조사량에 미치는 영향 인자 중 접촉시간과 관련된 것은?
① 경 도
② 부유물 농도
③ 유입 유량
④ 자외선 램프의 사용기간

제2과목 수질분석 및 관리

21 수질오염공정시험기준상 수질 시료 채취에 관한 설명으로 옳지 않은 것은?
① 시료채취와 보존은 법적인 요구 사항이므로 규정에 따라 실시한다.
② 수동시료채취의 경우 30분 이상 간격으로 2회 이상 채취하여 단일시료로 한다.
③ 부득이한 사유로 6시간 이상 간격으로 채취한 시료는 각각 측정분석한 후 산술평균하여 측정분석값을 산출한다.
④ 자동시료채취기로 채취한 경우는 6시간 이내에 1시간 이상 간격으로 2회 이상 채취하여 단일시료로 한다.

22 0.5N NaOH 용액 400mL와 2M NaOH 용액 300mL에 포함된 NaOH 질량(g)의 합은 얼마인가?(단, NaOH의 분자량은 40이다)
① 20
② 24
③ 28
④ 32

23 수질오염공정시험기준상 총칙의 내용으로 옳은 것은?
① 시험조작 중 "즉시"란 60초 이내에 표시된 조작을 하는 것을 뜻한다.
② 감압은 따로 규정이 없는 한 15mmHg 이하로 한다.
③ "약"이라 함은 기재된 양에 대하여 ±5% 이상의 차가 있어서는 안 된다.
④ 기체 중의 농도는 표준상태(25℃, 1기압)로 환산 표시한다.

24 정수시설의 입상활성탄 세척빈도에 영향을 주는 인자가 아닌 것은?
① 미소동물의 생명주기
② 입상활성탄의 비중
③ 흡착방식(고정상, 유동상)
④ 입상활성탄 입자의 크기

25 정수처리공정에서 응집용 약품주입에 관한 설명으로 옳지 않은 것은?
① 원수가 저탁도이더라도 급속여과지에서 약품에 의한 응집 후 여과가 필수적이다.
② 약품주입률은 자-테스트(Jar-test)로 결정하는 방식이 일반적이다.
③ 자-테스트 방법은 각 정수장의 조건에 따라 달라질 수 있다.
④ 응집제와 응집보조제 저장설비의 용량은 각각 10일분 이상으로 한다.

26 오존처리 공정에서 오존주입량 5mg/L이고, 배출오존량 1mg/L, 잔류오존량 0.5mg/L일 때 오존이용률(또는 흡수율)(%)은?
① 70
② 80
③ 87.5
④ 90

27 정수지에서 잔류염소 농도가 0.5mg/L이고 소독제의 접촉시간이 30분이었다. 바이러스에 대한 소독제의 불활성화비가 5일 때 이 정수지의 $CT_{요구값}$은 얼마인가?
① 3
② 6
③ 9
④ 12

28 먹는물수질공정시험기준상 증발잔류물 측정에 관한 내용이다. ( )에 공통으로 들어갈 내용으로 옳은 것은?

> 이 시험기준의 정량한계는 ( )mg/L이고, 정량범위는 ( )~20,000mg/L이다.

① 1
② 2
③ 5
④ 10

29 먹는물수질공정시험기준상 냄새 항목 분석에 관한 설명으로 옳지 않은 것은?

① 시료는 온도를 40~50℃로 높여 관능적으로 냄새를 맡아서 판단한다.
② 이 시험기준에 의해 판단할 때 염소 냄새는 제외한다.
③ 냄새를 측정하는 사람과 시료를 준비하는 사람은 다른 사람이어야 한다.
④ 고무, 콕 및 플라스틱 마개는 사용 가능하다.

30 먹는물수질공정시험기준상 암모니아성 질소의 측정방법이 아닌 것은?

① 자외선/가시선 분광법
② 질산은 적정법
③ 이온크로마토그래피
④ 연속흐름법

31 소독에 의한 불활성화비 계산에 있어 ( )에 들어갈 숫자로 옳은 것은?

> 계산된 불활성화비 값이 ( ) 이상이면 99.9%의 지아디아 포낭 불활성화가 이루어진 것으로 한다.

① 0.01
② 0.1
③ 1.0
④ 10

32 먹는물 수질기준 및 검사 등에 관한 규칙상 먹는물의 수질기준 중 건강상 유해영향 유기물질에 해당하는 것은?

① 다이브로모아세토나이트릴
② 클로로폼
③ 페 놀
④ 스트론튬(Sr-90)

33 먹는물 수질기준 및 검사 등에 관한 규칙상 광역상수도 정수장에서 매일 1회 이상 검사해야 하는 항목이 아닌 것은?

① 냄 새
② 증발잔류물
③ 색 도
④ 탁 도

34 먹는물관리법상 먹는물에 해당하는 것을 모두 고른 것은?

> ㄱ. 샘물
> ㄴ. 염지하수
> ㄷ. 먹는해양심층수
> ㄹ. 수돗물

① ㄱ, ㄴ
② ㄱ, ㄷ
③ ㄴ, ㄹ
④ ㄷ, ㄹ

35 수도법령상 정수처리기준에 따라 정수된 물의 탁도 검사주기로 옳은 것은?

① 2시간 간격으로 1일 12회
② 3시간 간격으로 1일 8회
③ 4시간 간격으로 1일 6회
④ 6시간 간격으로 1일 4회

36 물환경보전법상 점오염원에 해당하는 것은?

① 축 사
② 산 지
③ 농 지
④ 공사장

37 수도법령상 시설규모가 20,000m³/일 이상 50,000m³/일 미만인 경우 일반수도사업자가 배치해야 할 정수시설운영관리사 배치기준은?

① 1급 1명 이상, 2급 1명 이상, 3급 2명 이상
② 1급 1명 이상, 2급 2명 이상, 3급 3명 이상
③ 1급 1명 이상, 2급 3명 이상, 3급 4명 이상
④ 1급 2명 이상, 2급 3명 이상, 3급 5명 이상

38 수도법령상 지표수를 사용하는 일반수도사업자가 준수해야 할 정수처리기준 중 취수지점부터 정수장의 정수지 유출지점까지의 구간에서 바이러스의 제거 혹은 불활성화 기준은?

① 9/10 이상
② 99/100 이상
③ 999/1,000 이상
④ 9,999/10,000 이상

39 수도법상 일반수도가 아닌 것은?

① 광역상수도
② 지방상수도
③ 전용상수도
④ 마을상수도

40 지하수법상 지하수보전구역으로 지정할 수 있는 지역에 해당하지 않는 것은?

① 지하수의 개발·이용으로 인하여 주변 생태계에 심각한 악영향을 미치거나 미칠 우려가 있는 지역
② 지하수의 수량이나 수질을 보전하기 위하여 필요한 지역으로서 환경부령으로 정하는 지역
③ 주된 용수공급원이 되는 지하수가 상당히 부존된 지층이 있는 지역
④ 지하수개발·이용량이 기본계획 또는 지역관리계획에서 정한 지하수개발 가능량에 비하여 현저하게 높다고 판단되는 지역

정답 34 ④ 35 ③ 36 ① 37 ① 38 ④ 39 ③ 40 ②

제3과목 설비운영 (기계·장치 또는 계측기 등)

41 습기가 있으면 밀착, 고결되어 물에 녹지 않게 되므로 저장실을 완전한 방습구조로 하여야 하는 약품은?
① 황산알루미늄 ② 수산화나트륨
③ 소다회 ④ 황 산

42 순간혼화가 어렵고 단락류가 많이 발생하며 Back-mixing이 발생할 수 있는 급속 혼화방식은?
① 가압수확산식 ② 인라인 고정식
③ 수류식 ④ 기계식

43 침전지 슬러지의 배출 방식이 아닌 것은?
① 자연유하식
② 기계적 제거방식
③ 슬러지 흡입방식
④ 침전지를 비우고 청소하는 방식

44 필요에 따라 진동장치를 설치할 수 있는 슬러지 케이크 배출방법은?
① 컨베이어벨트로 직접 트럭에 적재
② 호퍼에 저류 후 배출
③ 케이크 저장소(평지)에 저류 후 배출
④ 현장에 매립

45 역세척을 위한 세척탱크에 설치하는 설비로서 중심을 저수위로부터 관경의 2배 이상 얕게 하거나 벽을 설치하는 등의 방법으로 공기 혼입을 방지해야 하는 것은?
① 유입관 ② 유출관
③ 월류관 ④ 배수관

46 염소가스 저장량 1,000kg 이상의 저장시설에 설치하는 제해설비에 관한 설명으로 옳은 것은?
① 40% 이상 농도의 수산화나트륨을 사용
② 처리능력은 kg/day로 표시
③ 누출가스를 중화반응탑에 송풍하는 배풍기 설치
④ 송액펌프의 용량은 이론치의 2배 이상

47 오존주입설비의 발생오존과 접촉하는 부위에 사용할 수 있는 수지는?
① PVC ② PTFE
③ PVDF ④ HDPE

48 밸브를 선정할 때 고려해야 하는 사항이 아닌 것은?
① 통과하는 액체나 기체의 부식성
② 통과하는 액체나 기체의 온도와 유량변동 범위
③ 밸브 전후의 최대 차압치
④ 통과하는 액체나 기체의 투명도

49 구조가 견고하고 운전과 보수가 용이하여 상수도용 펌프에 주로 사용되는 전동기는?
① 3상 유도전동기
② 동기전동기
③ 직류전동기
④ 차동복권전동기

50 수요 제계수에 있어서 수요 설비가 동시에 사용되는 정도를 나타내는 값으로 사용되는 계수는?
① 부등률
② 부하율
③ 수용률
④ 설비평형률

51 전력설비 보호를 위해 단로기가 오조작에 의하여 개폐되지 않도록 설치하는 것은?
① 자동부하절환개폐기
② 자동재폐로장치
③ 인터록장치
④ 구분개폐기

52 한국전기설비규정상 전로에 시설하는 기계기구의 철대 및 금속제 외함에 접지공사를 하지 않아도 되는 예외규정이 아닌 것은?
① 사용전압이 직류 150V 또는 교류 대지전압이 300V 이상인 기계기구를 건조한 곳에 시설하는 경우
② 저압용의 기계기구를 건조한 목재의 마루 기타 이와 유사한 절연성 물건 위에서 취급하도록 시설하는 경우
③ 외함이 없는 계기용변성기가 고무·합성수지 기타의 절연물로 피복한 것일 경우
④ 철대 또는 외함의 주위에 절연대를 설치하는 경우

53 전력퓨즈에 관한 설명으로 옳지 않은 것은?
① 릴레이나 변성기가 불필요하다.
② 소형 경량이고 구조가 간단하다.
③ 차단용량이 크다.
④ 동작시간-전류특성 조절이 가능하다.

54 5A의 전류가 저항에 흐를 때 소비전력이 10kW일 경우, 저항(Ω)은?
① 200
② 400
③ 1,000
④ 2,000

정답 49 ① 50 ③ 51 ③ 52 ① 53 ④ 54 ②

55 대기에 노출되어 있는 분말재료의 저류조 계면높이 측정에 적합한 측정기는?
① 플로트식 측정기
② 차압식 측정기
③ 정전용량식 측정기
④ 초음파식 측정기

56 취수장에 설치하여야 하는 기본계측기는?
① 수온계
② 탁도계
③ pH계
④ 알칼리도계

57 뇌(雷)에 의해 전송선로에 유기된 이상전압으로부터 발신기나 수신기를 보호하기 위한 피해방지기기는?
① 제너배리어(Zener Barrier)
② 아이소레이터(Isolator)
③ 피뢰기(Lightning Arrester)
④ 절연변환기(Isolation Converter)

58 와류 유량계에 관한 설명으로 옳은 것은?
① 초음파의 펄스가 액체의 흐름을 거슬러서 배관이나 수로의 대각선 방향으로 가로지르는 데 소요되는 시간을 기반으로 유량을 측정한다.
② 액체 흐름이 장애물과 충돌하여 발생하는 소용돌이의 빈도가 유속에 비례하는 원리로 유량을 측정한다.
③ 액체 흐름 속에 잠겨있는 프로펠러의 회전수가 유속에 비례하는 원리로 유량을 측정한다.
④ 배관 주위에 감겨진 고정자기코일이 액체의 흐름과 직각 방향으로 자장을 발생시키는 원리를 이용하여 유량을 측정한다.

59 화학물질의 분류·표시 및 물질안전보건자료에 관한 기준상 물질안전보건자료 작성 시 포함되어야 할 항목이 아닌 것은?
① 응급조치요령
② 노출방지 및 개인보호구
③ 운송에 필요한 정보
④ 유통사에 관한 정보

60 고압가스 안전관리법상 사업자 등과 특정고압가스 사용신고자가 그의 시설이나 제품과 관련하여 사람이 사망한 사고가 발생한 경우 즉시 통보하여야 하는 기관은?
① 한국가스안전공사
② 가스 생산 및 판매기관
③ 가스사고조사위원회
④ 산업통상자원부

제4과목 정수시설 수리학

61 유체의 동점성계수(v), 점성계수(μ), 밀도(ρ)의 관계를 옳게 나타낸 것은?

① $v = \dfrac{\mu}{\rho}$ ② $v = \rho \times \mu$

③ $v = \dfrac{\rho}{\mu}$ ④ $v = \dfrac{1}{\rho\mu}$

62 유선(Stream Line)에 관한 설명으로 옳은 것은?

① 특정 입자가 이동해 간 경로를 추적하여 연결한 선이다.
② 일정 시간 동안 흐름 내의 특정 지점을 통과한 모든 유체입자들의 현재 위치를 연결한 선이다.
③ 특정 시간, 특정 단면에서 일직선을 이루는 유체입자들의 시간별 위치를 연결한 선이다.
④ 특정 시간에 유체입자들의 유속벡터에 접하는 접선들을 연결한 선이다.

63 개수로에서 유량측정을 위해 직사각형 예연위어를 사용하고 있다. 월류수심의 측정에 2%의 오차가 있다면 측정 유량에 발생하는 오차(%)는 얼마인가?(단, 위어의 유량계수는 상수이고 단면수축은 없다)

① 1 ② 2
③ 3 ④ 5

64 상류측 관경이 400mm, 하류측 관경이 200mm인 관로에서 상류측 관로의 단면평균 유속이 2m/s라면, 하류측 관로의 단면평균 유속(m/s)은 얼마인가?(단, 관로의 유량은 관을 가득 채운 상태로 일정하게 흐르고 있다)

① 2 ② 4
③ 8 ④ 10

65 관수로 내의 마찰로 인한 에너지손실을 산정할 수 있는 공식은?

① Francis 공식
② Darcy 공식
③ Dupuit 공식
④ Darcy-Weisbach 공식

66 물탱크에 설치된 작은 오리피스에서 단면수축계수(C_a), 유속계수(C_v), 유량계수(C_d)의 관계를 옳게 표현한 것은?

① $C_d = C_a + C_v$
② $C_d = C_a \times C_v$
③ $C_d = \dfrac{C_a}{C_v}$
④ $C_d = \dfrac{C_v}{C_a}$

정답 61 ① 62 ④ 63 ③ 64 ③ 65 ④ 66 ②

67 [MLT]계로 나타낸 물리량의 차원 표시로 옳지 않은 것을 모두 고른 것은?

> ㄱ. 밀도 : [ML^{-3}]
> ㄴ. 가속도 : [LT^{-1}]
> ㄷ. 면적 : [L^2]
> ㄹ. 유량 : [MT^{-1}]

① ㄱ, ㄴ ② ㄱ, ㄷ
③ ㄴ, ㄹ ④ ㄷ, ㄹ

68 관로길이 10m, 관경 0.1m인 관수로에서 평균유속 1m/s로 물이 흐르고 있을 때 마찰손실 수두(m)는 약 얼마인가?(단, 마찰손실계수는 0.01, 중력가속도는 9.8m/s^{2}이다)

① 0.015 ② 0.051
③ 0.12   ④ 0.55

69 계획 정수량 1,000m^3/d인 여과지의 여과면적이 50m^{2}일 때, 여과속도(m/d)는 얼마인가?

① 2   ② 5
③ 10 ④ 20

70 폭 5m, 길이 10m, 유효수심 5m인 장방형 침전지의 표면부하율이 50m/d일 때, 이 침전지의 유입유량(m^3/d)은 얼마인가?

① 500   ② 1,500
③ 2,500 ④ 3,500

71 직사각형 단면의 개수로에서 최적수리단면의 수심(h)과 수로폭(b)의 관계를 올바르게 나타낸 것은?

① $h = \sqrt{b}$ ② $h = \dfrac{b}{2}$
③ $h = b$ ④ $h = 2b$

72 관수로에서 레이놀즈(Reynolds)수에 관한 설명으로 옳지 않은 것은?

① 무차원 변수이다.
② 관성력과 점성력의 비로 나타낸다.
③ 관성력과 중력의 비로 나타낸다.
④ 층류, 천이류, 난류로 구분할 때 이용된다.

73 관수로 흐름에서 발생하는 미소손실에 관한 설명으로 옳지 않은 것은?

① 관내 마찰에 의한 손실이다.
② 체크밸브에 의한 손실이다.
③ 단면의 급축소에 의한 손실이다.
④ 단면의 급확대에 의한 손실이다.

74 개수로에서 프루드수(Froude Number)에 관한 설명으로 옳지 않은 것은?

① 관성력과 점성력의 비로 나타낸다.
② 프루드수가 1이면 한계류이다.
③ 프루드수가 1보다 크면 사류이다.
④ 프루드수가 1보다 작으면 상류이다.

75 혼화지의 속도경사(G)에 관한 설명으로 옳지 않은 것은?
① 교반강도를 나타내는 수치이다.
② 혼화지의 부피에 영향을 받는다.
③ 물의 수온에 영향을 받는다.
④ 물의 점성계수에 영향을 받지 않는다.

76 수격현상을 경감시키는 방법이 아닌 것은?
① 역지밸브를 설치한다.
② Flywheel을 설치한다.
③ 최저압력이 증기압보다 작아지도록 유지한다.
④ 큰 관을 사용한다.

77 11.5m의 전양정으로 0.5m³/s의 수량을 양수하려 한다. 펌프의 효율이 80%라면, 펌프에 필요한 동력(kW)은 약 얼마인가?(단, 중력가속도는 9.8m/s², 물의 단위 중량은 1,000 kgf/m³이다)
① 39.2   ② 45.1
③ 61.3   ④ 70.4

78 펌프의 비속도(N_s)를 올바르게 나타낸 것은?(단, N은 회전속도, Q는 토출량, H는 전양정이다)
① $N_s = N\dfrac{Q^{1/2}}{H^{4/3}}$
② $N_s = N\dfrac{H^{4/3}}{Q^{1/2}}$
③ $N_s = N\dfrac{H^{3/4}}{Q^{1/2}}$
④ $N_s = N\dfrac{Q^{1/2}}{H^{3/4}}$

79 펌프에 사용되는 물리량인 동력에 관한 설명으로 옳지 않은 것은?
① 차원은 [MLT⁻¹]이다.
② 단위로 kW를 사용한다.
③ 단위시간에 사용하는 에너지의 양이다.
④ 단위로 Hp(마력)을 사용한다.

80 운전 중인 펌프의 토출량을 제어하기 위한 방법이 아닌 것은?
① 펌프의 회전속도 제어
② 펌프의 압력 제어
③ 펌프의 운전대수 제어
④ 밸브의 개도 제어

정답 75 ④ 76 ③ 77 ④ 78 ④ 79 ① 80 ②

제1과목 수처리공정

01 응집제에 관한 설명으로 옳지 않은 것은?
① 황산알루미늄(alum)은 취급이 용이한 액체가 많이 사용된다.
② 폴리아크릴아미드계 응집제는 정수처리에 사용하는 것이 바람직하지 않다.
③ 고탁도나 저수온기에는 철염계 응집제를 사용하는 것이 바람직하다.
④ 폴리염화알루미늄(PACl)은 황산알루미늄보다 적정주입 pH의 범위가 넓다.

02 유량이 50,000m³/d이고, 표면부하율은 24 m³/m²·d이며, 체류시간이 6시간일 때 침전지의 깊이(m)는?(단, 깊이와 폭의 비는 2 : 1 이다)
① 3
② 6
③ 9
④ 12

03 급속혼화시설에 관한 설명으로 옳은 것은?
① 파이프격자식은 응집제 주입 후 급속혼화장치를 설치한다.
② 기계식 혼화는 정수장에서 가장 많이 사용되고 있는 혼화방식이다.
③ 인라인고정식의 일반적인 설계기준은 $G=300s^{-1}$, 혼화시간은 10~30초이다.
④ 수류식은 모형실험에 사용하고 실제 설계에는 고려하지 않는 것이 좋다.

04 급속여과지에 관한 설명으로 옳은 것을 모두 고른 것은?

ㄱ. 단층 여과 속도 : 120~150m/d
ㄴ. 여과지 1지의 여과면적 : 300m² 이상
ㄷ. 형상 : 정사각형이 표준
ㄹ. 여과지 수 : 예비지를 포함하여 2지 이상

① ㄱ, ㄷ
② ㄱ, ㄹ
③ ㄴ, ㄷ
④ ㄴ, ㄹ

05 급속여과지의 여과용 자갈에 관한 설명으로 옳은 것은?
① 자갈의 형상은 최장축이 최단축의 5배 이하인 것이 중량비로 1% 이하일 것
② 염산가용률은 5% 이상일 것
③ 비중은 표면건조상태로 2 이하일 것
④ 세척탁도는 30NTU 이하로 할 것

06 급속여과지의 세척에 관한 설명으로 옳은 것은?
① 역세척은 염소가 잔류하고 있는 정수를 사용할 수 없다.
② 유효경 0.6mm, 균등계수 1.3인 모래층에서는 수온 20℃인 경우 역세척속도가 약 0.1m/분이면 팽창되기 시작한다.
③ 부착된 탁질의 박리나 분리는 여과층을 20~30% 팽창시켰을 때 가장 효과적이다.
④ 동일한 역세척률에서 여름철에는 여층 팽창률이 겨울의 2배 정도가 된다.

07 역세척설비에서 트로프에 관한 설명으로 옳지 않은 것은?
① 트로프의 크기는 최대배출수량에 약 10% 여유를 둔 수량을 배출할 수 있어야 한다.
② 세척할 때에 월류하는 트로프 상단의 간격은 1.5m 이하로 한다.
③ 트로프의 크기는 트로프의 상단에서 완전히 월류하는 상태가 유지되는 용량이어야 한다.
④ 트로프의 상단은 완전히 수평으로 동일한 높이로 견고하게 설치한다.

08 전염소 또는 중간염소처리와 처리대상물질 간의 연결로 옳지 않은 것은?
① 중간염소처리 - 철과 망간
② 전염소처리 - 마이크로시스티스(Microcystis)
③ 전염소처리 - 멜로시라(Melorsira), 시네드라(Synedra)
④ 중간염소처리 - 부식질(Humic Substance)

09 자외선 소독장치에 관한 설명이다. ( )에 들어갈 내용을 순서대로 나열한 것은?

자외선 소독장치의 장치능력은 ( )에 의하여 정하며, 자외선투과율은 ( )% 이상을 표준으로 한다.

① 일평균급수량, 50
② 일평균급수량, 70
③ 일최대급수량, 50
④ 일최대급수량, 70

10 정수지에 관한 설명으로 옳지 않은 것은?
① 여과수량과 송수량의 변동을 조절하고 완화하는 기능을 한다.
② 유효용량은 최소 1시간분을 표준으로 한다.
③ 장폭비는 실제 물흐름 길이(L)와 물흐름 폭(W)의 비를 의미한다.
④ 염소접촉조의 지아디아 불활성화는 1 mg/L의 유리잔류염소일 때 최소 30분의 순접촉시간을 가져야 한다.

11 추적자 실험에서 추적자 선택 시 고려되어야 할 요건을 모두 고른 것은?

  ㄱ. 반응성이 없을 것
  ㄴ. 투입과 검출(측정)이 용이할 것
  ㄷ. 저렴하고 다루기 용이할 것
  ㄹ. 원수 중에 포함되어 있을 것

① ㄱ, ㄴ, ㄷ
② ㄱ, ㄴ, ㄹ
③ ㄱ, ㄷ, ㄹ
④ ㄴ, ㄷ, ㄹ

12 잔류농도 1.0mg/L인 염소소독 공정에서 5분 만에 90.0%의 세균이 살균된다면 99.0% 살균을 위하여 필요한 시간(min)은?(단, 세균의 사멸은 Chick의 법칙에 따른다)

① 8
② 10
③ 12
④ 15

13 염소가스 저장시설에 설치하는 제해설비에 관한 설명으로 옳지 않은 것은?

① 제해설비는 염소가스 누출로 인한 중독을 방지하기 위해 설치한다.
② 저장량 1,000kg 미만의 시설에서는 중화 및 흡수용 제해제를 상비한다.
③ 중화반응탑은 충전탑식, 회전흡수방식, 경사판방식이 있다.
④ 중화제는 일반적으로 탄산나트륨이 사용된다.

14 액화염소 주입설비에 관한 설명으로 옳은 것은?

① 사용량이 20kg/h 이상인 시설에는 원칙적으로 기화기를 설치한다.
② 염소주입기실은 가능한 주입지점에서 멀게 설치하여 사고의 위험을 방지한다.
③ 염소주입기실은 가능한 주입점의 수위보다 낮은 실내에 설치한다.
④ 염소주입기실은 한랭 시에도 실내온도를 항상 20℃ 이상으로 유지되도록 한다.

15 배출수 처리공정에 관한 설명으로 옳은 것은?

① 역세척배출수의 침전 상징수는 착수정으로 직접 반송하지 못한다.
② 침전지슬러지와 여과지의 역세척배출수는 병합하여 처리해야 한다.
③ 침전지슬러지와 입상활성탄흡착지의 역세척배출수는 구분하여 처리해야 한다.
④ 침전지슬러지 농축조의 상징수는 재활용하는 경우에는 착수정으로 직접 반송한다.

16 배슬러지지를 개선한 폭기공정에서 망간농도 저감에 관한 설명으로 옳은 것은?
① 망간은 공급된 환원과정을 거치면서 제거된다.
② 망간이 문제가 되는 시기는 동절기이다.
③ pH를 5~6으로 낮추면 장시간 망간용출을 제어할 수 있다.
④ 망간제거효율은 유기물량 등에 의존한다.

17 입상활성탄의 맛·냄새물질에 관한 설명으로 옳지 않은 것은?
① 지오스민은 저분자 자연유기물질(NOM)과 직접적인 경쟁 관계에 있다.
② 분자량 600 정도의 유기물들은 세공막힘 현상을 일으킨다.
③ 활성탄세공 내에서는 농도 차이에 따라 흡착과 탈착이 반복된다.
④ 동절기의 지오스민은 하절기의 2-MIB 보다 제거하기가 쉽다.

18 해수담수화 공정에서 역삼투 막모듈의 세척에 관한 설명으로 옳지 않은 것은?
① 장기간 운전정지 시 과망간산나트륨용액을 사용하여 보관한다.
② 고속류의 저압플러싱(0.2~2MPa)과 약품세척 등을 조합하는 방식이 일반적이다.
③ 약품세척액은 일반적으로 1~2% 정도의 구연산이 사용된다.
④ 막세척은 막차압이 200kPa 정도 이상일 때 실시한다.

19 막오염의 부착층 중 케이크층에 관한 설명으로 옳은 것은?
① 현탁물질이 막 면상에 축적되어 형성되는 층이다.
② 막 면에 형성된 겔(gel)상의 비유동성층이다.
③ 난용해성 물질이 용해도를 초과하여 막 면에 석출된 층이다.
④ 흡착성이 큰 물질이 막 면상에 흡착되어 형성된 층이다.

20 오존 기반 고도산화공정(AOP)에 관한 설명이다. ( )에 들어갈 내용을 순서대로 나열한 것은?

오존으로부터 ( )라디칼의 생성을 향상시키기 위해 과산화수소를 주입하거나(O_3/H_2O_2, Peroxone), 주파장이 ( )nm인 자외선을 조사하는 방법(O_3/UV)이 대표적이다.

① O, 254
② O, 452
③ OH, 254
④ OH, 452

제2과목 수질분석 및 관리

21 먹는물수질공정시험기준상 총칙에 관한 내용으로 옳지 않은 것은?

① 공정시험기준 이외의 방법이라도 측정결과가 같거나 그 이상의 정확도가 있다고 국내외에서 공인된 방법은 이를 사용할 수 있다.
② 표준온도는 25℃, 상온은 1~35℃, 실온은 15~25℃를 뜻한다.
③ 표준원액과 표준용액의 농도계수를 보정하는 시약은 특급을 쓴다.
④ 열수는 약 100℃를 말한다.

22 먹는물수질공정시험기준상 시안시험용 시료의 시료채취 및 보존방법으로 옳은 것을 모두 고른 것은?

> ㄱ. 미리 정제수로 잘 씻은 유리용기 또는 폴리에틸렌병에 시료를 채취한다.
> ㄴ. 시료를 채취하고 곧 입상의 수산화나트륨을 넣어 pH 12 이상의 알칼리성으로 하고 냉암소에 보관한다.
> ㄷ. 최대 보관기간은 28일이며 가능한 한 즉시 시험한다.
> ㄹ. 잔류염소를 함유한 경우에는 채취 후 곧 티오황산나트륨용액을 넣어 잔류염소를 제거한다.

① ㄱ, ㄴ
② ㄱ, ㄹ
③ ㄴ, ㄷ
④ ㄷ, ㄹ

23 수질오염공정시험기준상 클로로필a 시료의 보존방법으로 옳지 않은 것은?

① 시료를 즉시 여과할 수 없다면 시료를 빛이 차단된 암소에서 4℃ 이하로 냉장하여 보관한다.
② 냉장 보관된 시료는 채수 후 24시간 이내에 여과하여야 한다.
③ 시료를 즉시 여과하여 여과한 여과지는 건조하여 찬 곳에서 보관한다.
④ 여과한 여과지는 상온에서 3시간까지 보관할 수 있으며 냉동 보관 시에는 25일까지 가능하다.

24 먹는물수질공정시험기준상 탁도의 정량한계로 옳은 것은?

① 0.01NTU
② 0.02NTU
③ 0.03NTU
④ 0.05NTU

25 먹는물수질공정시험기준상 적정법으로 염소이온을 측정한 결과가 다음과 같을 때 염소이온의 농도(mg/L)는?

> • 시료량 : 100mL
> • 소비된 질산은용액(0.01M)의 부피 : 6.5mL
> • 바탕시험에 소비된 질산은용액(0.01M)의 부피 : 0.5mL
> • 질산은용액(0.01M)의 농도계수 : 1

① 21.3
② 30.8
③ 42.5
④ 55.1

26. 먹는물 수질감시항목 운영 등에 관한 고시상 나이트로사민류 측정에 관한 설명으로 옳지 않은 것은?

① 시설용량 50,000ton/일 이상인 정수장의 나이트로사민류 분석주기는 1회/분기이다.
② 먹는물 중에 N-나이트로소다이메틸아민(NDMA), N-나이트로소다이에틸아민(NDEA)을 측정한다.
③ 잔류염소를 포함하고 있는 경우는 티오황산나트륨을 넣어 잔류염소를 제거한다.
④ 먹는물 중에 질소계 소독부산물인 나이트로사민류를 액체크로마토그래프-질량분석기로 분석하는 방법이다.

27. 먹는물 수질감시항목 운영 등에 관한 고시상 라돈(Radon)에 관한 설명으로 옳지 않은 것은?

① 먹는물, 샘물 및 염지하수 등의 라돈을 액체섬광계수기를 사용하여 측정한다.
② 보정된 표준물질에 비해 시료의 성상이 크게 다를 경우 측정효율의 차이가 발생할 수 있다.
③ 물 시료와 칵테일 용액이 혼합된 시료는 햇빛에 의해 측정값을 감소시킬 수 있기 때문에 암소에서 보관해야 한다.
④ 최종결과는 국제표준단위인 Bq/L로 표기한다.

28. 소독제 접촉시간 산정을 위한 정수지와 환산계수에 관한 설명으로 옳은 것을 모두 고른 것은?

ㄱ. 전통적으로 정수지는 단락류 등으로 수리학적 체류시간의 20% 정도만 인정하고 있다.
ㄴ. 관 흐름(Pipeline Flow)인 경우의 환산계수는 1.0으로 한다.
ㄷ. 일정 간격으로 도류벽이 설치되지 않은 경우 추적자 시험결과에 따라 환산계수를 산출한다.
ㄹ. 장폭비가 40 이하인 경우에는 추적자 시험에 의해 정수지 체류시간을 산출한다.

① ㄱ, ㄴ
② ㄱ, ㄹ
③ ㄴ, ㄷ
④ ㄷ, ㄹ

29. 정수처리공정 진단을 위한 추적자 시험에 관한 설명이다. 설명된 추적물질로 옳은 것은?

• 공기 중에서 수분을 즉시 흡수한다.
• 사용 전에 건조 후 계량한다.
• 비용이 고가이며 현장 on-line 분석이 불가하다.

① Sodium
② Lithium
③ Fluoride
④ Rhodamine WT

30 여과지에서 탁도 감시기능의 강화를 위하여 활용할 수 있는 수질계측기로 옳은 것은?
① 입자계수기
② 전기전도도계
③ 알칼리도계
④ TOC 측정기

31 수돗물 생산량이 5,000m³/h인 정수장에서 염소주입량이 300kg/d이고, 정수지 유출지점의 잔류염소농도가 0.8mg/L일 때, 염소요구량(mg/L)은?
① 1.5
② 1.7
③ 2.0
④ 2.5

32 수처리제의 기준과 규격 및 표시기준상 입상 활성탄 성분규격 기준으로 옳지 않은 것은?
① 페놀가 : 25 이하
② 건조감량 : 50% 이하
③ 메틸렌블루탈색력 : 150mL/g 이상
④ 아이오딘흡착력 : 950mg/g 이상

33 막여과 정수시설의 막오염지수에 관한 설명으로 옳지 않은 것은?
① SDI(Silt Density Index) 또는 MFI(Modified Fouling Index)는 막오염지수라고 한다.
② 막오염지수는 공경 0.45μm의 멤브레인 필터를 사용하여 여과할 때의 소요시간으로 계산한다.
③ 최근에는 케이크 여과 이론에 바탕을 둔 MFI의 사용이 증가하고 있다.
④ 전처리설비는 SDI가 5.0 이상이 되도록 안정적으로 처리할 수 있는 설비로 한다.

34 먹는물관리법령상 검사기관 준수사항으로 옳지 않은 것은?(단, 위임·위탁 규정은 고려하지 않는다)
① 시료채취기록부 및 검사기록부 등의 서류를 사실대로 기록하여 3년 동안 보관해야 한다.
② 검사결과의 기록을 거짓으로 작성한 경우 6개월 이내의 기간을 정하여 업무정지 처분을 할 수 있다.
③ 환경부장관은 업무정지처분 기간 중 검사업무를 대행한 경우 지정을 취소하여야 한다.
④ 검사수수료는 국립환경과학원장이 정하여 고시한 기준에 따른다.

정답 30 ① 31 ② 32 ② 33 ④ 34 ②

35 먹는물 수질기준 및 검사 등에 관한 규칙상 총대장균군의 수질기준에 관한 내용이다. ( )에 들어갈 내용으로 옳은 것은?

> 총대장균군은 100mL에서 검출되지 아니할 것. 다만, 급수과정별 시설 및 수도꼭지에서의 검사에서 매월 또는 매 분기 실시하는 총대장균군의 수질검사 시료(試料) 수가 20개 이상인 정수시설의 경우에는 검출된 시료 수가 ( )%를 초과하지 아니하여야 한다.

① 5　　　② 10
③ 15　　 ④ 20

36 먹는물 수질감시항목 운영 등에 관한 고시상 원수의 감시항목에 해당되지 않는 것은?
① Microcystins
② Geosmin, 2-MIB
③ Corrosion Index(LI)
④ Norovirus

37 먹는물 수질기준 및 검사 등에 관한 규칙상 정수장별 수도관 노후지역 수도꼭지에 대한 검사항목으로 옳지 않은 것은?
① 암모니아성 질소
② 염소이온
③ 잔류염소
④ 알루미늄

38 수도법령상 수돗물평가위원회의 업무 및 조직과 운영에 관한 사항으로 옳지 않은 것은?
① 수돗물평가위원회는 위원장을 포함하여 15명 이내의 위원으로 구성한다.
② 연 2회 이상 정기적으로 개최하여야 한다.
③ 수도 관련 업무를 담당하는 소속 공무원은 위원으로 위촉될 수 없다.
④ 수돗물의 정기적 검사 실시 및 공표업무를 포함한다.

39 수도법령상 일반수도사업자가 외부기관에 의뢰·위탁할 수 없는 검사를 모두 고른 것은?

> ㄱ. 매일 1회 검사
> ㄴ. 매주 1회 검사
> ㄷ. 수도꼭지 수질검사
> ㄹ. 수돗물 급수과정별 시설에서의 수질검사

① ㄱ, ㄴ　　② ㄱ, ㄷ
③ ㄴ, ㄷ, ㄹ　④ ㄱ, ㄴ, ㄷ, ㄹ

40 수도법령상 수도시설의 관리에 관한 교육 규정에 따라 2년마다 35시간 교육을 받아야 하는 대상자를 모두 고른 것은?

> ㄱ. 저수조청소업자
> ㄴ. 일반수도사업자
> ㄷ. 수도시설의 운영요원
> ㄹ. 상수도관망관리대행업자

① ㄱ, ㄴ　　② ㄱ, ㄹ
③ ㄴ, ㄷ　　④ ㄷ, ㄹ

정답　35 ①　36 ④　37 ④　38 ③　39 ①　40 ③

제3과목 설비운영 (기계·장치 또는 계측기 등)

41 차아염소산나트륨의 저장에 관한 설명으로 옳지 않은 것은?

① 차아염소산나트륨은 보존 중 유효염소가 감소한다.
② 저장실에는 냉방장치를 설치하는 것이 바람직하다.
③ 차아염소산나트륨은 강한 산성과 산화작용으로 대부분의 물질을 부식시킨다.
④ 저장조는 직사일광이 닿지 않도록 실내에 설치한다.

42 혼화기에 의한 추가적인 손실수두가 없고 혼화효과가 좋으며 혼화강도를 조절할 수 있는 혼화방법은?

① 가압수확산에 의한 혼화
② 수류식 혼화
③ 기계식 혼화
④ 파이프 격자에 의한 혼화

43 횡류식 침전지 슬러지의 배출방식으로 옳은 것을 모두 고른 것은?

> ㄱ. 슬러지 흡입방식
> ㄴ. 침전지를 비우고 청소하는 방식
> ㄷ. 기계식 제거방식
> ㄹ. 침전지 바닥 전체에 호퍼를 설치하는 방식

① ㄱ, ㄴ
② ㄷ, ㄹ
③ ㄱ, ㄷ, ㄹ
④ ㄱ, ㄴ, ㄷ, ㄹ

44 염소가스 중화장치의 구성요소가 아닌 것은?

① 중화반응탑
② 중화제 저장조
③ 배풍기
④ 기화기

45 하부집수장치의 기능이 아닌 것은?

① 여재의 지지
② 여재의 세척
③ 여과수의 집수
④ 역세척수의 균등배분

46 배오존 방법으로 옳지 않은 것은?

① 활성탄분해법
② 촉매분해법
③ 가열분해법
④ 전기집진법

정답 41 ③ 42 ① 43 ④ 44 ④ 45 ② 46 ④

47 플록형성지에 관한 설명으로 옳지 않은 것은?
① 플록형성시간은 계획정수장에 대하여 10~15분간을 표준으로 한다.
② 교반강도는 하류로 갈수록 점차 감소시키는 것이 바람직하다.
③ 플록형성지에서 발생한 슬러지나 스컴이 쉽게 배출 또는 제거될 수 있는 구조로 한다.
④ 플록형성지는 직사각형이 표준이다.

48 펌프의 캐비테이션 방지 대책으로 옳은 것은?
① 펌프의 전양정에 가능한 많은 여유를 갖도록 한다.
② 펌프의 설치 위치를 가능한 낮게 하여 가용유효흡입수두를 크게 한다.
③ 펌프의 회전속도를 가능한 높게 하여 필요유효흡입수두를 작게 한다.
④ 흡입관의 손실을 가능한 작게 하여 가용유효흡입수두를 필요유효흡입수두보다 작게 한다.

49 다음은 원심펌프의 원리에 관한 설명이다. ( )에 들어갈 내용을 순서대로 옳게 나열한 것은?

> 원심펌프는 중심에 있는 ( )의 유체가 원심력에 의하여 바깥쪽으로 ( )으로 흘러간다. 이 후 액체가 덮개로 들어가면 그 속도는 ( )하고, 액체의 압력은 ( )하게 된다.

① 고속 - 저속 - 감소 - 증가
② 고속 - 저속 - 증가 - 감소
③ 저속 - 고속 - 감소 - 증가
④ 저속 - 고속 - 증가 - 증가

50 밸브의 공기압식 구동장치가 아닌 것은?
① 솔레노이드식 구동장치
② 에어모터식 구동장치
③ 다이어프램식 구동장치
④ 실린더식 구동장치

51 펌프의 유지관리를 위하여 평상시 준비해 두어야 하는 예비품이 아닌 것은?
① 라이너링(Liner Ring)
② 차동기어(Differential Gear)
③ 메카니칼실(Mechanical Seal)
④ 패킹부품(Packing Parts)

52 3상 3선식 저압배전 선로에서 부하까지의 거리가 45m이고, 부하의 최대 사용전류는 100A이다. 부하의 전압강하를 4V로 하려면 전선의 최소 단면적(mm^2)은 약 얼마인가?
① 35
② 45
③ 55
④ 65

53 변압기를 V결선하여 3상 운전을 하는 경우 변압기 이용률(%)은?
① 57.7   ② 65.2
③ 72.5   ④ 86.6

54 변전소 내 전력기기를 낙뢰로부터 보호하는 기기는?
① SC   ② ELB
③ LA   ④ MOF

55 소독설비에서 소독제의 주입제어에 관한 설명으로 옳지 않은 것은?
① 수동제어는 주입량계를 보면서 인위적으로 조절밸브를 조작하는 방식이다.
② 정치제어는 미리 설정된 염소주입률로 주입량을 제어하는 방식이다.
③ 피드백제어는 처리수량이 변화하며 염소요구량도 변화하는 경우에 잔류염소를 목표치로 설정하고 제어하는 방식이다.
④ 피드포워드제어는 염소를 주입하기 전에 잔류염소계, 염소요구량계 등의 측정치로부터 주입량을 설정하고 편차가 생기기 전에 염소주입량을 조절하는 방식이다.

56 상수도용 제어설비에 관한 설명으로 옳지 않은 것은?
① 제어설비 고장으로 인한 영향을 최소화하기 위하여 백업 기능 및 위험분산 기능을 고려하여야 한다.
② 집중제어방식은 제어기능을 1대의 컴퓨터에 집약하여 제어하는 형태로 동일한 컴퓨터로 제어기능과 감시기능을 수행하는 방식이다.
③ 분산제어방식은 설비 단위로 제어장치가 배치되어 있어 신뢰성이 우수하다.
④ 전송로의 백업방식은 일반적으로 광케이블을 사용하며, 동축케이블을 사용하지 않는다.

57 전자식유량계에 관한 설명으로 옳지 않은 것은?
① 구경은 평균유속이 1~3m/s의 사이에 있도록 선정하는 것이 바람직하다.
② 신호케이블은 독립배선으로 하며, 고압케이블과 평행으로 배선한다.
③ 검출기 내부를 점검하기 위하여 우회관을 설치하는 것이 바람직하다.
④ 검출기를 수직으로 설치하는 경우에는 흐름을 아래에서 위로 되도록 한다.

정답 53 ④ 54 ③ 55 ② 56 ④ 57 ②

58 수량, 수위, 수질 등을 조절하는 조절기기에 관한 설명으로 옳지 않은 것은?

① 계측신호와 설정치를 연산기에 의하여 비교하고, 그 편차가 영(0)이 되도록 조작신호를 출력한다.
② 자동제어계는 오프셋이 작아야 한다.
③ 멀티루프와는 달리 원루프 컨트롤러는 마이크로프로세서를 사용하지 않는다.
④ 아날로그조절계는 저항과 콘덴서 등으로 연산회로를 구성한다.

59 산업안전보건법 시행령에서 정하는 안전인증대상 기계를 모두 고른 것은?

| ㄱ. 롤러기 | ㄴ. 압력용기 |
| ㄷ. 사출성형기 | ㄹ. 곤돌라 |

① ㄱ, ㄴ
② ㄷ, ㄹ
③ ㄱ, ㄷ, ㄹ
④ ㄱ, ㄴ, ㄷ, ㄹ

60 산업안전보건법 법령상 근로자 안전보건교육의 정기교육에 해당하지 않는 것은?

① 건강증진 및 질병 예방에 관한 사항
② 직무스트레스 예방 및 관리에 관한 사항
③ 직장 내 괴롭힘, 고객의 폭언 등으로 인한 건강장해 예방 및 관리에 관한 사항
④ 기계·기구의 위험성과 작업의 순서 및 동선에 관한 사항

제4과목 정수시설 수리학

61 물의 성질에 관한 설명으로 옳은 것은?

① 물 분자는 산소 및 탄소 원자로 구성되어 있는 안정된 화합물이다.
② 물의 온도가 상승함에 따라 포화증기압은 점점 커지게 된다.
③ 물의 포화증기압은 100℃에서 1,000 kgf/m^{2}이다.
④ 액체상태로부터 이탈하는 분자가 액체상태로 들어오는 분자보다 많으면 응결현상이 발생한다.

62 표면장력과 동점성계수를 [MLT]계 차원으로 나타낸 것은?(단, [M]은 질량, [L]은 길이, [T]는 시간을 표시하는 차원이다)

① 표면장력 : $[L^2T^{-1}]$, 동점성계수 : $[MT^{-2}]$
② 표면장력 : $[L^2T]$, 동점성계수 : $[MT^{-1}]$
③ 표면장력 : $[MT^{-2}]$, 동점성계수 : $[L^2T^{-1}]$
④ 표면장력 : $[MT^{-1}]$, 동점성계수 : $[L^2T]$

정답 58 ③ 59 ④ 60 ④ 61 ② 62 ③

63 유량측정에 사용되는 도구와 방법에 관한 설명으로 옳은 것을 모두 고른 것은?

> ㄱ. 개수로의 유량측정 장치로는 플룸, 오리피스, 위어, 벤투리미터 등이 있다.
> ㄴ. 위어는 수로를 횡단하여 축조되는 수공구조물로서 월류하는 수두를 측정하여 유량을 산출한다.
> ㄷ. 벤투리미터는 관 확대부의 길이를 증가시킴으로써 관 축소 전과 후의 에너지손실을 증가시킬 수 있다.
> ㄹ. 오리피스는 단면적을 축소시키면 유속이 증가하면서 압력이 저하되는 원리를 통해 유량을 측정한다.

① ㄱ, ㄷ
② ㄴ, ㄹ
③ ㄱ, ㄷ, ㄹ
④ ㄱ, ㄴ, ㄷ, ㄹ

64 위어(Weir) 폭 3.0m, 위어 높이 1.5m, 월류수심 0.5m일 때 월류량(m³/s)은 약 얼마인가? (단, 단수축은 없고, 접근 유속은 무시하며, Francis 공식을 사용한다)

① 0.883
② 1.952
③ 2.208
④ 3.477

65 유체의 특성에 관한 설명으로 옳은 것은?

① 물의 경우 1기압, 4℃에서 최대 밀도를 갖는다.
② 체적탄성계수는 유체의 압축성에 관한 계수로 $[FL^{-3}]$차원을 가지고 있다.
③ 비중은 무차원량이며 동일한 중력가속도가 발생하는 경우, 물의 단위중량을 액체의 단위중량으로 나누어 구할 수 있다.
④ 점성은 온도 상승에 따라 분자 간의 응집력과 움직임에 대한 저항력이 높아지므로 점성도 증가한다.

66 베르누이 방정식에 관한 설명으로 옳지 않은 것은?

① 에너지 방정식이라고도 하며 에너지 보존법칙을 유체 흐름에 적용한 것이다.
② 방정식의 각 항의 차원은 [L](길이)이고, 각 항은 수두라 한다.
③ 관수로에만 적용 가능하다.
④ 중력장 내에서 정상상태의 완전 유체로 가정한다.

67 관수로의 마찰손실계수(f)에 관한 설명으로 옳지 않은 것은?(단, 관수로의 흐름은 층류이다)

① f는 무차원이다.
② f는 유속에 반비례한다.
③ 관 표면의 조도에 영향을 많이 받는다.
④ f는 $\dfrac{64}{Re}$를 적용하여 구한다.

68. 다음 조건으로 구성된 2층 여과지에서 표면세척을 할 경우 손실수두(cm)는 약 얼마인가?(단, 모래층의 팽창률은 37%, 안트라사이트층의 팽창률은 25%, 팽창된 모든 여과층의 공극률은 0.6이다)

- 모래층 - 유효경 : 0.5mm, 공극률 : 0.45, 비중 : 2.65, 높이 : 35cm
- 안트라사이트층 - 유효경 : 1.0mm, 공극률 : 0.5, 비중 : 1.65, 높이 : 60cm

① 31　　② 41
③ 51　　④ 61

69. 원형관의 직경이 200mm, 길이가 1,000m인 관수로의 입구와 출구의 압력차가 0.1kgf/cm²일 때 유속(m/s)은 약 얼마인가?(단, 중력가속도는 9.8m/s², 마찰손실계수는 0.03, 기타 손실은 무시한다)

① 0.12　　② 0.24
③ 0.36　　④ 0.48

70. 랑게리아지수(LI)에 관한 설명으로 옳지 않은 것은?

① pH, 칼슘경도, 알칼리도를 증가시킴으로써 개선할 수 있다.
② 지수가 양(+)의 값으로 절대치가 클수록 탄산칼슘의 석출이 일어나기 어렵다.
③ 이론적 pH는 총 용존고형물 농도와 관련이 있다.
④ 지수가 음(-)의 값일 경우 탄산칼슘 피막은 형성되지 않는다.

71. 수면차가 15m인 두 수조를 길이 20m의 원형관으로 연결하여 0.6m³/s의 유량으로 흐르게 하기 위한 관의 직경(m)은 약 얼마인가?(단, Manning의 평균유속공식을 사용하고, 관의 조도계수(n)는 0.012, 손실은 무시한다)

① 0.887　　② 0.659
③ 0.475　　④ 0.257

72. 혼화지에서 속도경사(G)를 결정하는 요소가 아닌 것은?

① 물의 점성계수
② 교반동력
③ 플록의 입자수
④ 표면부하율

73. 고속응집침전지에 관한 설명으로 옳은 것은?

① 슬러지 블랑키트형은 일반적으로 순환류가 있다.
② 용량은 계획정수량의 3.0~5.0시간으로 한다.
③ 원수 탁도는 5NTU 이상이어야 한다.
④ 표면부하율은 40~60mm/min을 표준으로 한다.

정답 68 ③ 69 ③ 70 ② 71 ④ 72 ④ 73 ④

74 전양정 30m, 회전속도 900rpm, 최고효율점의 양수량 300m³/h으로 운영되는 펌프의 비속도(Ns)는 약 얼마인가?
① 157 ② 357
③ 557 ④ 757

75 동력 15,000kW, 효율 80%인 펌프를 이용하여 30m 위의 저수지로 물을 양수하려고 한다. 총 손실수두가 5m일 때, 양수량(m³/s)은 약 얼마인가?(단, 중력가속도는 9.8m/s², 물의 단위중량은 1,000kgf/m³이다.)
① 35   ② 85
③ 135 ④ 185

76 펌프의 운전에 관한 내용으로 옳지 않은 것은?
① 병렬운전인 경우 펌프 운전점의 양수량은 단독운전 양수량의 3배 이상이다.
② 병렬운전은 양정의 변화가 적고 양수량의 변화가 큰 경우에 적합하다.
③ 직렬운전인 경우 펌프 운전점의 양정은 단독운전 양정의 2배로 한다.
④ 관로 저항곡선의 구배가 급한 곳에서는 직렬운전이 유리하다.

77 유량 2m³/s의 물을 양정 10m의 높이로 양수하는 데 필요한 펌프의 동력(HP)은?(단, 펌프 효율은 85%, 마찰손실수두 2m, 중력가속도는 9.8m/s², 물의 단위중량은 1,000kgf/m³, 기타 손실은 무시한다)
① 176 ② 376
③ 576 ④ 776

78 펌프의 설치에 관한 설명으로 옳지 않은 것은?
① 유지관리상 대수는 가능하면 적게 하고 동일한 용량의 것을 사용한다.
② 펌프는 가능하면 최고 효율점 부근에서 운전하도록 용량과 대수를 정한다.
③ 펌프는 용량이 클수록 효율이 낮으므로 가능한 소용량의 것으로 설치한다.
④ 펌프의 대수는 계획수량(최대, 최소, 평균) 및 고장 시를 고려하여 결정한다.

79 펌프의 제원 결정과 관계없는 것은?
① 전양정   ② 토출량
③ 원동기출력 ④ 비에너지

80 지름이 80cm인 원형관에 물이 가득 차서 흐르고 있다. 관로의 유속이 2.2m/s일 때, 유량(m³/s)은 약 얼마인가?
① 1.11 ② 3.11
③ 5.11 ④ 7.11

2024년 제36회 2급 최근 기출문제

제1과목 수처리공정

01 응집보조제에 관한 설명으로 옳지 않은 것은?
① 저수온이나 저농도 시 분말활성탄을 응집보조제로 주입하는 방법도 있다.
② 활성규산은 응집보조제로서의 기능은 우수하지만 활성화 조작에 어려움이 있다.
③ 폴리염화알루미늄을 사용할 때에는 응집보조제가 필요하지 않은 경우가 많다.
④ 알긴산나트륨은 액상으로 된 제품을 보통 사용한다.

02 계획 정수량이 50,000m³/d인 정수장에서 여과속도를 5m/h로 할 경우 필요한 최소 여과지 수는?(단, 1지의 여과면적은 60m²로 하고 예비지 설치는 고려하지 않는다)
① 6 ② 7
③ 8 ④ 9

03 응집제와 응집보조제의 주입에 관한 설명으로 옳지 않은 것은?
① 응집제의 주입량은 응집제의 농도와 밀도로 산출한다.
② 응집제의 희석배율은 가능한 한 적게 하고 희석지점은 주입지점과 가까이 하는 것이 바람직하다.
③ 응집보조제의 주입률은 원수 수질에 따라 실험으로 정한다.
④ 응집보조제의 주입지점은 실험으로 정하고 혼화가 잘되는 지점으로 한다.

04 급속혼화방식에 해당하지 않는 것은?
① 인라인 기계식
② 가압수확산
③ 파이프 격자
④ 휠러

05 여과지 성능을 나타내는 성과지표를 모두 고른 것은?

> ㄱ. 여과수탁도
> ㄴ. 여과지속시간
> ㄷ. 역세척수량
> ㄹ. 여과지속시간 내에 처리된 여과지의 단위면적당 여과수량

① ㄱ, ㄴ, ㄷ   ② ㄱ, ㄴ, ㄹ
③ ㄱ, ㄷ, ㄹ   ④ ㄴ, ㄷ, ㄹ

정답 1 ④ 2 ② 3 ① 4 ④ 5 ②

06 직접여과에 관한 설명으로 옳은 것은?
① 원수 수질이 양호하고 장기적으로 안정되어 있는 경우 설치비와 운영비가 적게 소요된다.
② 고수온이고 고탁도의 원수를 대상으로 하여 응집제를 투입한 다음 여과하는 방식이다.
③ 응집제 주입량은 통상 주입량의 5~10% 정도만 주입하여 플록을 형성시킨다.
④ 생성되는 플록은 입경과 침강속도는 크지만 밀도와 강도가 적다.

07 역세척 효과가 불충분할 경우 발생하는 현상으로 옳지 않은 것은?
① 여과지속시간이 감소한다.
② 측벽과 여과층 간에 간극이 발생하지 않는다.
③ 머드볼(Mud Ball)이 발생한다.
④ 여과층 표면이 불균일하게 된다.

08 오존처리와 병행하는 고급산화법(AOP) 종류가 아닌 것은?
① 오존 + 높은 pH
② 오존 + 자외선
③ 오존 + NaOCl
④ 오존 + H_2O_2

09 맛이나 냄새를 유발하는 생물학적 발생원이 아닌 것은?
① 방선균
② 황산염 환원균
③ 조 류
④ 질산화균

10 염소 주입 시 미생물의 불활성화 비율을 증가시키는 인자에 관한 설명으로 옳은 것은?
① 온도가 낮을 때
② 접촉시간이 짧을 때
③ pH와 탁도가 낮을 때
④ 혼합 정도가 저조할 때

11 오존소독 방법에 관한 설명으로 옳지 않은 것은?
① 맛·냄새 물질의 제거가 가능하다.
② 오존투입방식은 산기관과 압력관 방식이 있다.
③ 오존주입량은 처리수량에 주입률을 곱하여 산정한다.
④ 화학적 잔류오존제거제로 과산화수소(H_2O_2)가 사용된다.

12 지아디아 포낭이 3log로 불활성화할 경우 제거율(%)은?
① 90.0%   ② 99.0%
③ 99.9%   ④ 99.99%

정답 6 ① 7 ② 8 ③ 9 ④ 10 ③ 11 ② 12 ③

13 오존주입량의 제어방식이 아닌 것은?
① 오존주입농도 제어방식
② 잔류오존농도 제어방식
③ 오존분해거동 제어방식
④ $C \cdot T$ 제어방식

14 액화염소 저장실에 관한 설명으로 옳지 않은 것은?
① 실온은 10~35℃로 유지하고, 직사일광이 용기에 직접 닿지 않는 구조로 한다.
② 저장소가 설치된 저장실 출입구는 기밀구조로 하고 이중출입문을 설치한다.
③ 염소주입기실과 분리하고 용기의 반출입이 편리한 위치로 감시하기 쉬운 위치에 설치한다.
④ 누출가스를 중화하는 제해장치의 흡인구는 벽면 상부에 설치한다.

15 역세척배출수 침전공정에 관한 설명으로 옳은 것은?
① 입상활성탄흡착지의 역세척배출수를 침전 시 상징수는 하천에 방류할 수 없다.
② 처리공정은 플록형성 20분, 표면부하율 2~6m/h의 침전지에서 0.5~2시간으로 운전한다.
③ 배출수지는 전처리공정으로서 세척배출수 저류조를 겸할 수 없다.
④ 정수시설의 DAF 예비침전지는 배출수 침전지를 활용할 수 없다.

16 배출수 처리시설의 방류 TMS 수질자동측정기기를 구축해야 되는 경우는?
① 방류수 배출신고량이 700m³/d인 정수장의 경우
② 방류수 전량을 폐수종말처리시설 또는 공공하수처리시설에 유입시키는 경우
③ 원폐수의 농도가 항상 배출허용기준 이하인 경우
④ 폐수 배출신고량이 4~5종 사업장인 경우

17 미량 물질의 특성에 관한 설명으로 옳은 것을 모두 고른 것은?

ㄱ. 지하수 중 비소는 3가의 아비산 형태로 존재하는 경우가 많다.
ㄴ. 휴믹산의 분자량은 펄빅산보다 크다.
ㄷ. 음이온계면활성제가 수중에 유입되면 거품이 생긴다.
ㄹ. 질산성 질소는 대부분 자연적인 오염에 기인한다.
ㅁ. 수중의 경도를 구성하는 성분은 2가의 금속이온이다.

① ㄱ, ㄴ, ㄷ
② ㄱ, ㄹ, ㅁ
③ ㄴ, ㄷ, ㄹ
④ ㄷ, ㄹ, ㅁ

18 정수처리용 활성탄의 세공(pore)에 관한 설명으로 옳지 않은 것은?

① 입상활성탄에는 0.1~수 μm 크기의 대세공(macropore)이 존재한다.
② 분말활성탄은 지름 1~20nm 정도의 세공이 많다.
③ 세공의 내부표면적은 700~1,400m^2/g 이다.
④ 야자계 활성탄은 석탄계에 비해 30nm 이상의 세공이 많다.

19 해수담수화 공정에서 역삼투 막모듈에 관한 설명으로 옳은 것은?

① 해수온도가 높게 되면 염분투과율이 증가하여 투과수의 염분농도가 하강한다.
② 막공급수의 수온, 수질 및 회수율을 일정하게 하여 역삼투설비를 운전하면 막투과수량은 운전압력에 거의 비례하여 증감한다.
③ 회수율을 높게 하는 것은 일정량의 막투과수량에 대한 막공급수량의 증가로 이어진다.
④ 막모듈의 성능저하는 일반적으로 막투과수량의 감소와 염분제거율의 상승으로 나타난다.

20 막분리공정에서 유량이 24,000m^3/d이고, 막 투과유속이 50LMH(L/m^2·h)인 경우, 모듈당 막 면적이 50m^{2}인 막모듈의 최소 필요 개수는?(단, 막 여과장치의 하루 가동시간은 8시간이다)

① 400 ② 800
③ 1,200 ④ 1,600

제2과목 수질분석 및 관리

21 수질오염공정시험기준상 폴리에틸렌 시료 용기를 사용하며 최대 보존기간이 가장 긴 항목은?

① 부유물질 ② 불 소
③ 질산성 질소 ④ 전기전도도

22 수질오염공정시험기준상 용어의 정의에 관한 설명이다. ( )에 들어갈 내용으로 옳은 것은?

• 시험조작 중 "즉시"란 (ㄱ)초 이내에 표시된 조작을 하는 것을 뜻한다.
• "항량으로 될 때까지 건조한다"라 함은 같은 조건에서 1시간 더 건조할 때 전후 무게의 차가 g당 (ㄴ)mg 이하일 때를 말한다.

① ㄱ : 30, ㄴ : 0.3
② ㄱ : 30, ㄴ : 0.5
③ ㄱ : 60, ㄴ : 0.3
④ ㄱ : 60, ㄴ : 0.5

23 0.02M NaOH 용액의 농도(mg/L)와 이 용액 500mL에 녹아 있는 NaOH의 질량(g)을 각각 순서대로 옳게 나열한 것은?(단, NaOH의 분자량은 40이다)

① 800, 0.4 ② 800, 0.8
③ 1,600, 0.4 ④ 1,600, 0.8

24 물환경보전법령상 수질오염경보제에 관한 내용이다. ( )에 들어갈 내용으로 옳은 것은?

> 수소이온농도 항목이 경보기준을 초과하는 것은 (ㄱ) 이하 또는 11 이상이 (ㄴ)분 이상 지속되는 경우를 말한다.

① ㄱ : 4, ㄴ : 30
② ㄱ : 4, ㄴ : 60
③ ㄱ : 5, ㄴ : 30
④ ㄱ : 5, ㄴ : 60

25 먹는물수질공정시험기준상 맛에 관한 설명으로 옳지 않은 것은?

① 시료를 비커에 넣고 온도를 40~50℃로 높여 맛을 보아 판단한다.
② 시료는 유리재질의 병과 플라스틱 재질의 마개를 사용한다.
③ 분석에 사용되는 항온수조는 ±1℃로 유지할 수 있어야 하고 냄새를 발생하지 않아야 한다.
④ 맛을 측정하여 '있음', '없음'으로 구분한다.

26 먹는물수질공정시험기준상 냄새의 측정방법에 관한 설명으로 옳지 않은 것은?

① 측정자간 개인차가 심하므로 냄새가 있을 경우 5명 이상의 시험자가 측정하는 것이 바람직하나 최소한 2명이 측정해야 한다.
② 소독제인 염소 냄새가 날 때에는 티오황산나트륨을 가하여 염소를 제거한 후 측정한다.
③ 냄새를 측정하는 사람은 냄새에 극히 예민한 사람이 적절하다.
④ 냄새를 측정하는 사람과 시료를 준비하는 사람은 다른 사람이어야 한다.

27 정수지가 10,000m³ 용량일 때, 최대통과유량이 5,000m³/h이고, 장폭비(L/W)에 따른 환산계수가 0.3이다. 이때 $CT_{계산값}$은?(단, 연속측정장치로 측정된 잔류소독제 농도는 최솟값 0.3mg/L, 평균값 0.9mg/L, 최댓값 1.4mg/L이다)

① 3.6   ② 7.2
③ 10.8   ④ 14.4

28 상수원관리규칙상 원수의 수질검사방법 중 측정횟수에 관한 설명으로 옳은 것은?

① 원수가 강변여과수인 경우에는 용존산소량은 매월 1회 이상 검사한다.
② 원수가 하천수인 경우에는 부유물 질량은 분기마다 1회 이상 검사한다.
③ 원수가 호소수인 경우에는 암모니아성 질소는 매월 1회 이상 검사한다.
④ 원수가 지하수인 경우에는 철은 분기마다 1회 이상 검사한다.

정답 24 ③ 25 ② 26 ③ 27 ③ 28 ①

29. 수도법령상 일반수도사업자가 하여야 하는 위생상의 조치에서 수도꼭지에서의 먹는 물의 잔류염소 농도의 규정에 관한 설명이다. ( )에 들어갈 내용으로 옳은 것은?

> 수도꼭지의 먹는물 유리잔류염소가 항상 0.1mg/L(결합잔류염소는 0.4mg/L) 이상이 되도록 할 것. 다만, 병원성 미생물에 의하여 오염되었거나 오염될 우려가 있는 경우에는 유리잔류염소가 (ㄱ)mg/L[결합잔류 염소는 (ㄴ)mg/L] 이상이 되도록 할 것

① ㄱ : 0.2, ㄴ : 1.2
② ㄱ : 0.2, ㄴ : 1.8
③ ㄱ : 0.4, ㄴ : 1.2
④ ㄱ : 0.4, ㄴ : 1.8

30. 정수장 혼화공정에서 인라인 혼화방식에 관한 설명으로 옳은 것은?

① 장치가 간단하고 고장이 거의 없는 등 시공 및 운영, 유지관리가 용이하다.
② 순간혼화방식이 이루어지므로 많은 동력을 필요로 한다.
③ 유입유량이 낮을 경우에도 혼화효율이 높다.
④ Mixer에서 손실수두가 발생하지 않는다.

31. 배오존 처리방법으로 옳지 않은 것은?

① 가열분해법
② 활성탄흡착분해법
③ 촉매분해법
④ 산세정분해법

32. 정수장에서 입상활성탄 공정의 역세척에 관한 설명으로 옳은 것은?

① 역세척의 목적은 탄층에 누적된 미생물막과 현탁물질을 제거하여 통수능력을 회복시키는 것이다.
② 고정상식에서 물 역세척속도는 사용하는 입상활성탄의 종류에 따라 다르며 탄층팽창률은 수온의 영향을 받지 않는다.
③ 탄층팽창률은 5~15%(평균 10%)가 되도록 역세척한다.
④ 물에 의한 역세척만으로도 세척이 충분하므로 공기세척을 병용하는 방식은 고려하지 않는다.

33. 오존처리 공정에서의 잔류오존량(kg/d)은?

> • 수돗물 생산량 : 10,000m³/d
> • 주입오존량 : 5.0mg/L
> • 오존이용률 : 90%
> • 배출오존량 : 0.2mg/L

① 1.0
② 2.0
③ 3.0
④ 4.0

정답 29 ④ 30 ① 31 ④ 32 ① 33 ③

34 지하수법령상 지하수를 먹는물로 이용하는 경우의 수질기준에서 일반오염물질에 포함되는 항목은?
① 용존산소농도(DO)
② 부유물질
③ 철
④ 질산성질소

35 먹는물 수질기준 및 검사 등에 관한 규칙상 염지하수에 적용되는 방사능에 관한 기준으로 옳지 않은 것은?
① 세슘(Cs-137)은 4.0mBq/L를 넘지 아니할 것
② 우라늄은 30.0Bq/L를 넘지 아니할 것
③ 스트론튬(Sr-90)은 3.0mBq/L를 넘지 아니할 것
④ 삼중수소는 6.0Bq/L를 넘지 아니할 것

36 먹는물 수질감시항목 운영 등에 관한 고시상 Norovirus의 검사주기로 옳은 것은?
① 1회/월
② 1회/분기
③ 1회/반기
④ 1회/년

37 먹는물수질공정시험기준상 총대장균군-시험관법의 시료채취 및 관리에 관한 설명으로 옳지 않은 것은?
① 멸균된 시료용기를 사용하여 무균적으로 시료를 채취하고 즉시 시험하여야 한다.
② 수도꼭지에서 시료를 채취할 경우에는 수도꼭지를 틀어 오염되기 전에 즉시 채취한다.
③ 잔류염소를 함유한 시료를 채취할 때에는 시료채취 전에 멸균된 시료채취용기에 멸균한 티오황산나트륨용액을 최종 농도 0.03% 되도록 투여한다.
④ 먹는샘물, 먹는해양심층수 및 먹는염지하수 제품수는 병의 마개를 열지 않은 상태의 제품을 말한다.

38 수도법령상 상수도관망 중점관리지역 지정 등에 따른 중점관리지역의 수질측정방법 및 주기에서 수질측정 항목이 아닌 것은?
① 일반세균
② 암모니아성 질소
③ 탁도
④ 알루미늄

정답 34 ④ 35 ② 36 ④ 37 ② 38 ④

39. 수도법상 용어의 정의로 옳지 않은 것은?
① "수도공사"란 수도시설을 신설하는 공사만을 말한다.
② "정수(淨水)"란 원수를 음용·공업용 등의 용도에 맞게 처리한 물을 말한다.
③ "일반수도"란 광역상수도·지방상수도 및 마을상수도를 말한다.
④ "공업용수도"란 공업용수도사업자가 원수 또는 정수를 공업용에 맞게 처리하여 공급하는 수도를 말한다.

40. 수도법령상 지표수를 사용하는 일반수도사업자가 준수해야 할 정수처리기준 중 취수지점부터 정수장의 정수지 유출지점까지의 구간에서 지아디아 포낭의 제거 혹은 불활성화 기준은?
① 9/10 이상
② 99/100 이상
③ 999/1,000 이상
④ 9,999/10,000 이상

제3과목 설비운영 (기계·장치 또는 계측기 등)

41. 용기 중의 액화염소를 염소가스로 유출시켜 계량하고 이를 진한 염소수로 한 다음 처리할 수중에 주입하는 방식의 장치는?
① 습식압력식 염소주입기
② 건식압력식 염소주입기
③ 습식진공식 염소주입기
④ 건식진공식 염소주입기

42. 응집용 약품 저장설비의 용량 기준으로 옳은 것은?
① 응집제는 20일분 이상으로 한다.
② 응집보조제는 10일분 이상으로 한다.
③ 알칼리제는 연속 주입할 경우 20일분 이상으로 한다.
④ 알칼리제는 간헐 주입할 경우 5일분 이상으로 한다.

43. 횡류식 침전지에서 사용되는 기계적 슬러지 수집기 형식이 아닌 것은?
① 공기압식
② 수중대차식
③ 체인플라이트식
④ 주행브리지식

44 급속여과지에 사용되는 하부집수장치가 아닌 것은?
① 휠러블록형
② 스트레이너블록형
③ 체인블록형
④ 티피블록형

45 염소제를 침전지 이전에 주입하는 방법은?
① 전염소처리
② 중간염소처리
③ 후염소처리
④ 재염소처리

46 가압형 탈수기의 종류가 아닌 것은?
① 필터프레스
② 진공탈수기
③ 벨트프레스
④ 스크루프레스

47 분말활성탄 주입설비에 관한 설명으로 옳은 것은?
① 주입설비실은 가능한 주입장소에서 먼 곳에 설치한다.
② 주입방식으로는 습식과 건식이 있다.
③ 주입량은 처리수량을 주입률로 나누어 결정한다.
④ 슬러리농도는 10~20%(건조환산한 값)를 표준으로 한다.

48 3상 농형 유도전동기의 기동방식이 아닌 것은?
① 전전압 기동방식
② 2차저항 기동방식
③ 소프트스타터 기동방식
④ Y-Δ 기동방식

49 상수도시설에서 사용하는 밸브의 용도와 사용 가능한 밸브의 연결이 옳지 않은 것은?
① 유량제어용 - 콘밸브
② 압력제어용 - 버터플라이밸브
③ 차단용 - 볼밸브
④ 역류방지용 - 다공가변형 오리피스 밸브

50 펌프용량과 대수의 결정에 관한 설명으로 옳은 것은?
① 취수펌프와 송수펌프는 펌프효율이 낮은 운전점에서 정해진 일정한 수량을 양수하는 운전이 가능한 용량과 대수로 정한다.
② 배수펌프는 시간적 변동과 상관없이 일정 수량에 적합한 용량과 대수로 한다.
③ 펌프의 대수는 계획수량의 두 배가 되도록 결정한다.
④ 펌프가 정지되어도 급수에 지장이 없는 경우에는 예비기를 두지 않을 수 있다.

정답 44 ③ 45 ① 46 ② 47 ② 48 ② 49 ④ 50 ④

51 서징현상에 관한 설명으로 옳은 것은?
① 펌프의 입구와 출구의 진공계와 압력계의 바늘이 흔들리고, 동시에 송출 유량이 변화하는 현상이다.
② 펌프에서 기포가 발생하여 펌프를 손상시키는 현상이다.
③ 관로 내에 공기 포켓이 존재하여 통수능력이 저하된 현상이다.
④ 관로 내의 유속이 급격히 변화하여 관을 때리는 것 같은 소리가 나는 현상이다.

52 역률개선 전력설비에서 발생하는 제5고조파를 제거하기 위해 설치하는 기기는?
① 전력용 콘덴서
② 방전코일
③ 직렬리액터
④ 전력퓨즈

53 무정전공급이 가능한 수전방식은?
① 1회선 수전방식
② 평행 2회선 수전방식
③ 예비선 수전방식
④ 스폿 네트워크 수전방식

54 용량환산시간(K)이 1.8, 방전전류(I)가 100A인 정전류 부하에 필요한 축전지의 용량(Ah)은?(단, 보수율(L)은 0.80이다)
① 225
② 180
③ 144
④ 44

55 상수도시설의 감시·제어 및 정보처리를 위한 신호변환용 기기에 관한 설명으로 옳지 않은 것은?
① 신호변환에는 저항-전류, 전압-전류 등이 있다.
② 프로세스신호변환기, 직선화변환기, 교류전압변환기 등이 주로 사용된다.
③ 입출력 간을 절연하면 신호변환 시 장애가 발생한다.
④ 외부에서 노이즈의 영향을 받지 않는 회로 구성으로 한다.

56 상수도시설의 계측제어설비에 관한 설명으로 옳지 않은 것은?
① 신뢰성과 안전성을 유지하기 위하여 보호장치와 백업장치를 구비하여야 한다.
② 서지보호기를 설치하여 뇌해로부터 보호하며, 전송로를 지중화해서는 안 된다.
③ 각종 계측기는 내진성 및 내약품성 등을 고려하여야 한다.
④ 공조설비 등을 설치하여 환경을 양호하게 유지하여야 한다.

57 유량계에 관한 설명으로 옳지 않은 것은?
① 유량계 선택 시 측정장소가 관수로 흐름인지 개수로 흐름인지를 고려한다.
② 전자유량계는 전자유도법칙을 응용한다.
③ 차압유량계는 벤투리관이나 오리피스 등의 축관에 의한 차압을 이용한다.
④ 초음파유량계는 전파를 방해하는 거품이나 이물질이 포함된 유체에서도 효과적이다.

58 화학물질의 분류·표시 및 물질안전보건자료에 관한 기준상 경고표지의 양식에 포함되어야 하는 항목이 아닌 것은?
① 신호어
② 유해-위험 문구
③ 예방조치 문구
④ 제조사 정보

59 산업안전보건법상 중대재해가 발생한 사실을 사업주가 알게 된 경우, 지체없이 보고해야 할 대상은?
① 국토교통부장관
② 고용노동부장관
③ 환경부장관
④ 국무총리

60 산업안전보건법령상 표지와 설명으로 옳지 않은 것은?

①  - 급성독성물질

②  - 화기금지

③  - 보행금지

④  - 물체이동금지

제4과목 정수시설 수리학

61 점성계수의 [MLT]계 차원은?
① $[ML^{-2}T^{-2}]$
② $[ML^{-2}T^{-1}]$
③ $[ML^{-1}T^{-2}]$
④ $[ML^{-1}T^{-1}]$

62 물의 성질에 관한 설명으로 옳은 것은?
① 물의 단위중량은 4℃, 1기압에서 1,000 kgf/m³이다.
② 물은 1기압, 4℃에서 최소밀도를 갖는다.
③ 액체상태의 물은 온도가 상승할수록 동점성계수가 커진다.
④ 물은 모세관에서 응집력이 부착력보다 큰 유체에 해당한다.

63 베르누이 정리에 관한 설명으로 옳은 것을 모두 고른 것은?

ㄱ. 손실을 무시할 때, 압력수두, 속도수두, 위치수두의 합은 일정하다.
ㄴ. 관수로 내 흐름의 에너지보존법칙을 설명하는 이론이다.
ㄷ. 관수로 흐름에 적용하려면 임의의 두 점이 동일 유선상에 있어야 한다.
ㄹ. 비점성, 비압축성 유체의 흐름에 적용하기 위한 이론이다.

① ㄱ, ㄴ　　② ㄴ, ㄷ
③ ㄴ, ㄷ, ㄹ　④ ㄱ, ㄴ, ㄷ, ㄹ

64 관수로의 유량측정장치에 관한 설명으로 옳지 않은 것은?
① 관수로의 유량측정 방법에는 노즐, 엘보우미터 등이 있다.
② 벤투리미터는 관로 도중에 단면축소부를 두어 단면 간의 수두차를 측정하여 유량을 계산하는 방식이다.
③ 수중 오리피스는 물에 잠긴 정도에 따라 수직 오리피스와 수평 오리피스로 구분한다.
④ 위어에 흐르는 유량은 주로 월류수두가 영향을 미친다.

65 폭이 5.0m, 수심이 2.0m인 직사각형 단면수로에 유량 20m³/s의 물이 흐르고 있을 때 프루드수와 흐름 상태는?
① 0.102, 상류
② 0.452, 상류
③ 0.102, 사류
④ 0.452, 사류

66 비압축성 흐름의 3차원 연속방정식으로 옳은 것은?(단, u, v, w는 각각 x, y, z 방향의 속도이다)
① $\frac{\partial u}{\partial x} + \frac{\partial v}{\partial y} + \frac{\partial w}{\partial z} = 0$
② $\frac{dx}{u} = \frac{dy}{v} = \frac{dz}{w}$
③ $u\frac{\partial u}{\partial x} + v\frac{\partial v}{\partial y} + w\frac{\partial w}{\partial z} = 0$
④ $\frac{1}{2}\left(\frac{\partial w}{\partial y} - \frac{\partial v}{\partial z}\right)\vec{i} + \frac{1}{2}\left(\frac{\partial u}{\partial z} - \frac{\partial w}{\partial x}\right)\vec{j} = 0$

67 유량측정용 위어(Weir)로 옳지 않은 것은?
① 사각위어
② 전폭위어
③ 원뿔위어
④ 삼각위어

68 개수로에서 프루드수에 관한 설명으로 옳지 않은 것은?
① 관성력과 점성력의 비로 나타낸다.
② 한계 프루드수는 1.0이다.
③ 프루드수가 1.0보다 크면 흐름의 상태는 사류이다.
④ 프루드수가 1.0보다 작으면 흐름의 상태는 상류이다.

69 침전지의 제거효율 향상방법으로 옳은 것을 모두 고른 것은?

ㄱ. 침전지의 침강면적을 크게 한다.
ㄴ. 플록의 침강속도를 크게 한다.
ㄷ. 유량을 적게 한다.
ㄹ. 표면부하율을 작게 한다.

① ㄱ, ㄷ
② ㄴ, ㄹ
③ ㄴ, ㄷ, ㄹ
④ ㄱ, ㄴ, ㄷ, ㄹ

70 관로길이 500m, 관경이 300mm인 주철관에 물이 가득 차서 흐를 때 발생하는 마찰손실수두(m)는 약 얼마인가?(단, 마찰손실계수 $f = \dfrac{124.6 \times n^2}{D^{1/3}}$, 동수경사는 0.002, 중력가속도는 9.8m/s², 주철관의 Manning계수(n) = 0.012이다)

① 0.1
② 1.0
③ 2.0
④ 3.0

71 지름 400mm인 원형관에 0.2m³/s의 유량이 흐르고 있다. 수온이 20℃일 때 레이놀즈수(Re)는 약 얼마인가?(단, 수온 20℃일 때 동점성계수(v)는 1.003×10^{-6}m²/s이다)

① 635,000
② 535,000
③ 435,000
④ 335,000

72 계획급수인구가 40,000명이고, 계획 1인 1일 최대급수량이 150L인 정수장의 여과속도는 120m/d일 때 여과지의 소요면적(m²)은?

① 50
② 100
③ 250
④ 500

73 여과지의 기능에 관한 설명으로 옳지 않은 것은?

① 탁질의 양적인 억류기능
② 수질과 수량의 변동에 대한 완충기능
③ 응집제를 골고루 확산시키는 기능
④ 충분한 역세척기능

74 혼화지에서 속도경사(G)에 관한 설명으로 옳은 것은?

① 점성계수(μ)의 1/2승에 비례한다.
② 플록입자수의 2승에 반비례한다.
③ 동력(P)의 1/2승에 비례한다.
④ 플록의 충돌횟수는 입자경의 3승에 반비례한다.

75 펌프의 축동력이 20kW일 때, 유량 0.2m³/s를 양수할 수 있는 전양정(m)은 약 얼마인가?(단, 펌프 효율은 73%, 물의 단위중량은 1,000kgf/m³, 중력가속도는 9.8m/s²이다)

① 2.5
② 7.5
③ 12.5
④ 17.5

76 A 펌프장에서 펌프의 토출량이 3.0m³/min, 흡입구의 유속을 1.5m/s로 양수할 때 토출관의 지름(mm)은 약 얼마인가?

① 206 ② 406
③ 606 ④ 806

77 펌프특성곡선을 통해 확인할 수 있는 항목을 모두 고른 것은?

| ㄱ. 효율 | ㄴ. 양정 |
| ㄷ. 축동력 | ㄹ. 비에너지 |

① ㄱ, ㄴ
② ㄱ, ㄴ, ㄷ
③ ㄱ, ㄷ, ㄹ
④ ㄴ, ㄷ, ㄹ

78 펌프를 설치하는 경우 고려해야 할 내용으로 옳지 않은 것은?

① 펌프는 용량이 클수록 효율이 높으므로 가능하면 대용량의 것으로 한다.
② 유지관리상 대수는 가능하면 적게 하고 동일한 용량의 것을 사용한다.
③ 펌프의 대수는 계획수량(최대, 최소, 평균) 및 고장 시를 고려하여 결정한다.
④ 펌프는 가능하면 최소 효율점 부근에서 운전하도록 용량과 대수를 정한다.

79 전양정 80m, 회전속도 1,500rpm, 최고효율점의 양수량 20m³/min을 토출하는 펌프의 비속도(N_s)는 약 얼마인가?

① 51 ② 251
③ 451 ④ 651

80 펌프의 직렬운전과 병렬운전에 관한 내용으로 옳지 않은 것은?

① 병렬운전은 양정의 변화가 적고 양수량의 변화가 큰 경우에 적합하다.
② 병렬운전인 경우 펌프 운전점의 양수량은 단독운전 양수량의 2배보다 적다.
③ 직렬운전인 경우 펌프 운전점의 양정은 단독운전 양정의 2배로 하여 구한다.
④ 관로 저항곡선의 구배가 급한 곳에서는 병렬운전이 유리하다.

2024년 제36회 3급 최근 기출문제

제1과목 수처리공정

01 응집제에 관한 설명으로 옳지 않은 것은?
① 황산알루미늄은 대부분의 경우 액체가 사용된다.
② 철염계 응집제는 플록이 침강하기 어렵다.
③ 폴리염화알루미늄은 분말활성탄과 구분하기 위하여 PACl이라고 표시한다.
④ 폴리염화알루미늄은 황산알루미늄보다 적정주입 pH 범위가 넓다.

02 응집보조제에 관한 설명으로 옳은 것은?
① 주입량은 처리수량과 주입률로 산출한다.
② 알긴산나트륨은 액상을 주로 사용한다.
③ 활성규산은 응집보조제로서 활성화 조작이 쉽다.
④ 주입지점은 혼화가 어려운 지점으로 한다.

03 플록형성지에 관한 설명으로 옳은 것은?
① 플록형성지는 직사각형이 표준이다.
② 교반강도는 하류로 갈수록 증가시킨다.
③ 플록형성시간은 계획정수량에 대하여 20~40초이다.
④ 플록형성지는 침전지와 떨어지게 설치한다.

04 pH 조정제로 사용되지 않는 것은?
① 소다회
② 소석회
③ 수산화나트륨
④ 규산나트륨

05 급속여과지의 성능평가 지표가 아닌 것은?
① 여과수탁도
② 여과지속시간
③ 역세척수량의 여과수량에 대한 비율
④ 손실수두

06 완속여과지의 표준 모래층 두께(cm)는?
① 10~30   ② 40~60
③ 70~90   ④ 100~120

정답 1 ② 2 ① 3 ① 4 ④ 5 ④ 6 ③

07 급속여과지의 하부집수 방식이 아닌 것은?
① 블랑키트블록형
② 휠러블록형
③ 스트레이너블록형
④ 유공블록형

08 자외선 소독에 관한 설명으로 옳지 않은 것은?
① 살균력을 갖는 가장 적합한 파장은 253.7 nm이다.
② 타 소독에 비해 무독성이다.
③ THM 생성, 높은 유지관리비 등의 단점이 있다.
④ 영향인자는 수질, 램프의 상태 등이 있다.

09 염소소독에 관한 설명으로 옳은 것은?
① 유리염소는 차아염소산(HOCl)과 차아염소산이온(OCl^-)을 말한다.
② 차아염소산보다 차아염소산이온이 살균작용이 강하다.
③ 클로라민은 염소가 수중의 인화합물과 반응하여 형성한다.
④ 결합염소는 모노클로라민(NH_2Cl), 다이클로라민($NHCl_2$), 트라이클로라민(NCl_3)을 말한다.

10 전염소 및 중간염소처리의 목적으로 옳은 것을 모두 고른 것은?

ㄱ. 세균 제거
ㄴ. 1,4-다이옥산 제거
ㄷ. 철과 망간 제거
ㄹ. 맛과 냄새 제거

① ㄱ, ㄴ, ㄷ
② ㄱ, ㄴ, ㄹ
③ ㄱ, ㄷ, ㄹ
④ ㄴ, ㄷ, ㄹ

11 염소의 살균력에 관한 설명이다. ( )에 들어갈 내용을 순서대로 나열한 것은?

동일한 접촉시간으로 동등한 소독효과를 달성하기 위해서는 결합잔류염소는 유리잔류염소에 비하여 ( )배의 양을 필요로 하고, 동일한 양을 사용하여 동등한 효과를 올리기 위해서는 약 ( )배의 접촉시간이 필요하다.

① 5, 30   ② 15, 50
③ 25, 100 ④ 50, 150

12 유량이 10,000 m^3/d인 처리수에 평균 6mg/L의 비율로 염소를 주입시켰다. 이때 잔류염소량이 2mg/L인 경우 이 처리수의 염소요구량(kg/d)은?
① 24   ② 30
③ 36   ④ 40

13 배오존처리방법에 해당하지 않는 것은?
① 가열분해법
② 촉매분해법
③ 증발분해법
④ 활성탄흡착분해법

14 액화염소의 저장설비에 관한 설명으로 옳은 것은?
① 저장량은 항상 1일 사용량의 3~5일분이다.
② 저장용기는 50kg, 100kg, 1ton을 사용한다.
③ 저장용기는 40℃ 이상으로 유지한다.
④ 저장용기는 직접 가열해도 무방하다.

15 배출수처리공정에 관한 설명으로 옳은 것은?
① 발생한 배출수는 전량 처리하는 것이 경제적이다.
② 계획탁도는 고탁도 시의 취수 회피를 고려하여 결정한다.
③ 계획처리고형물량은 표면부하율을 기초로 하여 산정한다.
④ 슬러지 케이크는 하수도법에 따라 적정하게 처분되어야 한다.

16 배출수처리시설의 배출신고량이 1~3종에 해당하는 경우 부착해야 할 TMS 수질자동측정기기에 해당하지 않는 것은?
① 탁 도
② 수소이온농도
③ 총질소
④ 총 인

17 미량 오염물질과 처리방법 간의 연결로 옳지 않은 것은?
① 비소 - 이산화망간 흡착처리
② 소독부산물 전구물질 - 중간염소처리
③ 트라이클로로에틸렌 - 입상활성탄처리
④ 음이온계면활성제 - 폭기처리

18 해수담수화용 폴리아미드계 역삼투막에 관한 설명으로 옳은 것은?
① 비교적 무른 지지층으로 쉽게 압밀화된다.
② 온도가 높을수록 물의 투과율과 염분투과율 모두 커지는 경향이 있다.
③ 염소 등의 산화제에 대한 내성이 크다.
④ 셀룰로스 아세테이트계 막에 비해 유기물 제거성이 낮다.

19 막모듈의 하부로부터 블로어를 사용하여 막의 1차 측에서 기액혼합류로 세척하는 방식은?
① 역압수세척
② 에어스크러빙
③ 역압공기세척
④ 기계진동

20 입상활성탄 흡착공정 설계인자 중 입상활성탄층을 통과하는 1시간당 처리수량을 입상활성탄의 용적으로 나눈 값은?
① 공간속도(SV)
② 공상접촉시간(EBCT)
③ 선속도(LV)
④ 흡착능력(AC)

제2과목 수질분석 및 관리

21 먹는물수질공정시험기준상 따로 조제방법을 기재하지 아니한 20% 수산화나트륨 용액에 녹아 있는 용질의 g수는?(단, 용액의 부피는 200mL이다)

① 10
② 20
③ 40
④ 60

22 수질오염공정시험기준상 색도 계산 시 각 파장(nm)에서 각 농도별 색도 표준용액에 대해 먼저 측정하여야 하는 것은?

① 입사광도
② 산란광도
③ 흡광도
④ 투과율

23 먹는물수질공정시험기준상 산성 또는 알칼리성의 정도를 개략적으로 표시한 pH 범위로 옳은 것은?

① 강산성 : 약 2 이하
② 약산성 : 약 3~5
③ 강알칼리성 : 약 12 이상
④ 약알칼리성 : 약 8~10

24 수질오염공정시험기준상 배출허용기준 적합여부를 판정하기 위해 복수시료를 채취하는 경우 단일시료로 합쳐서 측정해도 되는 항목은?

① 부유물질
② 시안(CN)
③ 대장균군
④ 노말헥산추출물질

25 다음이 설명하는 시험방법에 해당되는 심미적 영향물질은?

> 암모니아 완충용액을 넣어 pH 10으로 조절한 다음 적정에 의해 소비된 EDTA 용액으로부터 탄산칼슘의 양으로 환산하여 구함

① 세 제
② 탁 도
③ 경 도
④ 잔류염소

26 정수지에서 잔류염소의 농도가 0.6mg/L, 소독제의 접촉시간이 50min, 정수지에서의 불활성화비가 6일 때, $CT_{요구값}$은?

① 4
② 5
③ 6
④ 7

27 먹는물 수질감시항목 운영 등에 관한 고시상 상수원수의 Geosmin 및 2-MIB에 의한 조류경보 발생 단계에 따른 검사주기로 옳지 않은 것은?
① 평상시 : 1회/반기
② 관심단계 : 1회/주
③ 경계단계 : 2회/주
④ 조류대발생단계 : 3회/주

28 먹는물수질공정시험기준상 잔류염소의 측정방법이 아닌 것은?
① DPD 비색법
② OT 비색법
③ DPD 분광법
④ 연속흐름법

29 먹는물 수질기준 및 검사 등에 관한 규칙상 광역 및 지방상수도의 정수장에서 매일 1회 이상 수질검사를 하여야 하는 항목에 해당되지 않는 것은?
① 맛
② 냄새
③ 잔류염소
④ 일반세균

30 원수의 수질 변화나 수온, 탁도, pH, 알칼리도 등에 의해 달라지는 응집제 주입율을 결정하는 방법 등에 해당되지 않는 것은?
① 자-테스트(Jar-test)
② 제타포텐셜 미터(Zeta Potential Meter)
③ 수류식 혼화(Hydraulic Mixing)
④ 흐름전위측정(Streaming Current Detector)

31 먹는물관리법상 먹는물공동시설에 해당되지 않는 것은?
① 하천수
② 약수터
③ 샘 터
④ 우 물

32 유량이 2,000㎥/d이고, 수심 5m, 길이 40m, 폭 8m인 침전지에서 침전효율을 나타내는 표면부하율(m/d)은?
① 1.25
② 6.25
③ 10.0
④ 50.0

33 물환경보전법상 비점오염원에 해당되지 않는 것은?
① 축사 연결 수로
② 도 로
③ 산 지
④ 공사장

34. 지하수법상 지하수 보전구역으로 지정할 수 있는 지역에 해당하지 않는 것은?
   ① 지하수의 지나친 개발·이용으로 인하여 지하수의 고갈 현상이 발생한 지역
   ② 지하수의 지나친 개발·이용으로 인하여 지반침하 현상이 발생한 지역
   ③ 지하수의 지나친 개발·이용으로 하천이 마르는 현상이 발생할 우려가 있는 지역
   ④ 지하수개발·이용량이 기본계획에서 정한 지하수개발 가능량에 비해 현저하게 낮다고 판단되는 지역

35. 하천법상 가뭄의 장기화 등으로 하천수 사용 허가수량을 조정하지 않으면 공공의 이익에 해를 끼칠 우려가 있는 경우에 하천수 사용자의 사용을 제한할 수 있는 결정권자는?
   ① 관할 구역의 군수, 구청장
   ② 관할 구역의 시·도지사
   ③ 국토교통부장관
   ④ 환경부장관

36. 먹는물 수질기준 및 검사 등에 관한 규칙상 염지하수의 방사능 수질기준에 해당되지 않는 항목은?
   ① 세슘(Cs-137)
   ② 스트론튬(Sr-90)
   ③ 셀레늄(Se-78)
   ④ 삼중수소

37. 수도법상 수도사업자가 일반 수요자에게 원수나 정수를 공급하기 위한 급수설비에 해당하지 않는 것은?
   ① 저수조   ② 계량기
   ③ 수도꼭지 ④ 배수관

38. 수도법령상 정수처리 된 물의 불활성화 기준이 적합한지를 확인하기 위한 검사항목에 해당되지 않는 것은?
   ① 색 도
   ② 수 온
   ③ 잔류소독제 농도
   ④ 수소이온농도(pH)

39. 수도법령상 상수도관망시설의 규모가 1,000km 이상 1,500km 미만인 경우 일반수도사업자가 배치하여야 할 상수도관망시설운영관리사의 배치기준은?
   ① 2급 2명 이상
   ② 2급 4명 이상
   ③ 1급 1명 이상, 2급 2명 이상
   ④ 1급 3명 이상, 2급 3명 이상

40. 막여과 정수시설의 설치기준상 막여과 정수시설에 사용되는 수도용 막의 염화나트륨 제거율이 93% 미만이고 이온이나 저분자량 물질을 제거하는 데 적합한 여과법은?
   ① 정밀여과법
   ② 나노여과법
   ③ 한외여과법
   ④ 역삼투법

제3과목 설비운영 (기계·장치 또는 계측기 등)

41 응집제 저장설비의 표준 용량은 며칠 분 이상으로 하는가?
① 5
② 10
③ 15
④ 30

42 횡류식 침전지의 정류설비에 관한 설명으로 옳지 않은 것은?
① 정류벽 등을 설치하여 유입수가 침전지의 횡단면에 균등하게 유입되도록 한다.
② 정류벽을 유입단에서 0.5m 이상 떨어져 설치한다.
③ 정류벽에서 정류공의 총면적은 유수단면적의 6% 정도를 표준으로 한다.
④ 침전지 내에서 편류나 밀도류를 발생시키지 않고 제거율을 높이기 위한 설비이다.

43 다음에서 설명하는 급속혼화시설은?

- 혼화강도의 조절이 어렵다.
- 와류의 정도가 처리수량에 좌우된다.
- 혼화장치에는 파샬플룸, 벤투리미터 등이 있다.

① 수류식 혼화
② 기계식 혼화
③ 인라인 고정식 혼화
④ 파이프 격자에 의한 혼화

44 침전지 이전에 염소제를 주입하는 방식은?
① 전염소처리
② 중간염소처리
③ 후염소처리
④ 재염소처리

45 급속여과지에서 역세척 효과가 불충분할 경우에 나타날 수 있는 현상이 아닌 것은?
① 여과지속시간의 감소
② 여과수질의 악화
③ 머드볼의 발생
④ 여과층 표면의 균일

46 배출수처리시설에서 침전슬러지를 받아들이는 시설은?
① 배출수지
② 배슬러지지
③ 농축조
④ 여과지

47 정수장 배출수 처리의 일반적인 순서로 옳은 것은?
① 조정 → 농축 → 탈수 → 처분
② 조정 → 탈수 → 농축 → 처분
③ 농축 → 탈수 → 조정 → 처분
④ 농축 → 조정 → 처분 → 탈수

정답 41 ④ 42 ② 43 ① 44 ① 45 ④ 46 ② 47 ①

48 하천수나 지하수를 착수정까지 양수하기 위해 설치하는 펌프는?
① 취수펌프   ② 배수펌프
③ 가압펌프   ④ 고양정펌프

49 역류방지용 밸브가 아닌 것은?
① 스윙식 체크밸브
② 풋밸브
③ 콘밸브
④ 플랩밸브

50 구조가 견고하고 가격이 저렴하며 운전과 보수가 용이해서 펌프 구동용으로 가장 일반적으로 사용되는 전동기는?
① 영구자석형 전동기
② 직류전동기
③ 분권전동기
④ 3상 유도전동기

51 펌프를 선정할 때 사용하는 대푯값으로 계획수량, 동수압, 관로특성 등을 고려해서 사용하는 값은?
① 회전속도   ② 비속도
③ 토출량   ④ 전양정

52 한국전기설비규정(KEC)에서 정한 중성선의 색상은?
① 갈색   ② 녹색
③ 회색   ④ 청색

53 광도 I가 400cd인 광원으로부터 2m 떨어진 곳의 법선조도 E(lx)는?
① 100   ② 200
③ 566   ④ 800

54 피뢰기에 관한 설명으로 옳지 않은 것은?
① 피뢰기는 보호대상기기와 가능하면 가깝게 설치한다.
② 피뢰기 제한전압은 실효치로 표시한다.
③ 직렬갭은 속류를 차단한다.
④ 특성요소는 비직선 저항체로 이상전압의 파고치를 저감시킨다.

55 소독설비에서 미리 설정된 염소주입률로 주입량을 제어하는 방식은?
① 정치제어
② 피드백제어
③ 케스케이드제어
④ 유량비례제어

정답 48 ① 49 ③ 50 ④ 51 ② 52 ④ 53 ① 54 ② 55 ④

56 상수도시설에서 계측제어용 기기에 관한 설명으로 옳지 않은 것은?
① 계측제어기기는 일반적으로 검출부, 표현부, 조절부, 조작부 및 전송부로 나누어진다.
② 표현부는 수위, 압력, 수량 및 수질 등의 변화량을 검출하여 신호로 변환하는 장치이다.
③ 조작부는 조절부로부터 조작신호를 받아 제어목적을 달성하기 위하여 작동하는 장치이다.
④ 전송부는 검출부, 표현부, 조절부 및 조작부의 상호 간에 신호를 전달하는 장치이다.

57 감시조작설비 중 현장제어반을 나타내는 것은?
① COS
② FCS
③ EWS
④ DS

58 패러데이 법칙을 응용한 유량계는?
① 초음파유량계
② 차압식유량계
③ 전자식유량계
④ 위어식유량계

59 산업안전보건법령상 안전인증대상기계 등의 안전인증의 전부 또는 일부를 면제받을 수 있는 요건이 아닌 것은?
① 연구·개발을 목적으로 제조·수입하거나 수출을 목적으로 제조하는 경우
② 고용노동부장관이 정하여 고시하는 외국의 안전인증기관에서 인증을 받은 경우
③ 다른 법령에 따라 안전성에 관한 검사나 인증을 받은 경우로서 고용노동부령으로 정하는 경우
④ 3년 이상 해당 사업장에서 사용하여 안전이 입증된 경우

60 안전보건표지가 의미하는 것은?

① 산화성 물질 경고
② 폭발성 물질 경고
③ 인화성 물질 경고
④ 화기 금지 경고

제4과목 정수시설 수리학

61 베르누이 방정식에 관한 설명으로 옳지 않은 것은?
① 총수두는 압력수두, 위치수두, 속도수두의 합으로 표현된다.
② 개수로에서 동수경사선은 수면과 일치한다.
③ 동수경사선은 압력수두와 위치수두의 합을 연결한 선이다.
④ 비정상류 흐름으로 가정한다.

62 관의 길이가 30m이고 관경이 500mm인 관로에서 속도수두가 마찰손실수두의 1/4이라면 마찰손실계수는?
① 0.033
② 0.037
③ 0.067
④ 0.075

63 압력의 차원을 [MLT]계로 옳게 나타낸 것은?
① $[ML^{-1}T^{-2}]$
② $[ML^{-2}T^{-3}]$
③ $[ML^{-2}T]$
④ $[ML^{2}T^{-3}]$

64 물의 밀도에 관한 설명으로 옳지 않은 것은?
① 0℃에서 물의 밀도는 얼음의 밀도보다 크다.
② 물의 동점성계수는 점성계수를 밀도로 나눈 값이다.
③ [MLT]계로 물의 밀도는 $[MLT^{-3}]$이다.
④ 물의 밀도는 약 4℃, 1기압에서 가장 크다.

65 다음 ( )에 들어갈 내용으로 옳은 것은? [단, P(압력), γ(단위중량), z(임의의 기준으로부터의 높이), V(유속), g(중력가속도), H(전수두)이다]

> 유체의 에너지방정식
> : 일정(Constant) = z + (ㄱ) + (ㄴ)

① ㄱ : H, ㄴ : P^2/γ
② ㄱ : P/γ, ㄴ : $V^2/2g$
③ ㄱ : P/γ^2, ㄴ : $V/(2g)^2$
④ ㄱ : $(P/\gamma)^2$, ㄴ : $(V/2g)^2$

66 개수로의 흐름에서 프루드수(Fr)에 관한 설명으로 옳지 않은 것은?(단, $Fr = \dfrac{V}{\sqrt{gh}}$)
① $\sqrt{gh} = V$: 한계류
② $\sqrt{gh} < V$: 사류
③ $\sqrt{gh} > V$: 상류
④ 관성력과 점성력의 비로 나타낸다.

67 정수장 내 오존소독에 관한 설명으로 옳지 않은 것은?
① 맛·냄새 물질을 제거한다.
② 소독부산물을 다량 발생시킨다.
③ 색도의 제거가 가능하다.
④ 오존주입량은 처리수량에 주입률을 곱하여 산정한다.

정답 61 ④ 62 ③ 63 ① 64 ③ 65 ② 66 ④ 67 ②

68 완속여과지의 표준 여과속도(m/d)는?
① 4~5 ② 50~100
③ 120~150 ④ 240~300

69 침전지에서 침전효율을 나타내는 기본적인 지표로 옳은 것은?
① 표면부하율 ② 불활성비
③ 속도경사 ④ 오존주입률

70 물이 가득 차서 흐르는 원형관의 직경이 60cm일 때, 관의 동수반경(cm)은?
① 5 ② 10
③ 15 ④ 20

71 관수로의 흐름에서 마찰손실수두(h_L)에 관한 설명으로 옳지 않은 것은?
① 관의 직경에 비례한다.
② 속도수두에 비례한다.
③ 관의 길이에 비례한다.
④ 마찰손실계수에 비례한다.

72 관로길이가 100m이고 관경이 100mm인 관수로에서 평균유속이 5.0m/s로 물이 흐르고 있다. 마찰손실계수가 0.015일 때, 발생하는 마찰손실수두(m)는 약 얼마인가?(단, 중력가속도는 9.8m/s^{2}이다)
① 7.5 ② 10.5
③ 15.4 ④ 19.1

73 레이놀즈(Reynolds)수가 400일 때, 개수로의 흐름상태로 옳은 것은?
① 층 류 ② 와 류
③ 상 류 ④ 난 류

74 밸브의 급폐쇄 또는 급가동으로 인하여 관로 내 흐름의 운동에너지가 압력에너지로 변환되어 관로벽에 충격을 주는 현상은?
① 양력작용
② 모세관현상
③ 수격작용
④ 도수현상

75 전양정이 5m일 때, 5.0kW의 펌프로 0.07 m³/s의 물을 양수했다면, 이 펌프의 효율은 약 얼마인가?(단, 물의 단위중량은 1,000 kgf/m³, 중력가속도는 9.8m/s²이며, 손실수두는 무시한다)

① 0.29 ② 0.49
③ 0.69 ④ 0.89

76 펌프특성곡선을 통해 확인할 수 있는 항목이 아닌 것은?

① 효율 ② 축동력
③ 양정 ④ 프루드수

77 펌프의 토출량이 13.5m³/min이고, 흡입구 유속이 1.5m/s일 때, 펌프의 흡입구경(mm)은?(단, 흡입구경 $D = 146\sqrt{\dfrac{Q}{V}}$ 이다)

① 138 ② 238
③ 338 ④ 438

78 8m³/s의 물을 총양정 20m의 높이로 양수하는 데 필요한 펌프의 동력(HP)은 약 얼마인가?(단, 펌프 효율은 85%, 손실수두는 무시하며, 중력가속도는 9.8m/s², 물의 단위중량은 1,000kgf/m³이다)

① 742 ② 2,509
③ 4,239 ④ 6,381

79 펌프의 운전에 관한 설명으로 옳은 것을 모두 고른 것은?

ㄱ. 병렬운전은 양정의 변화가 적고 양수량의 변화가 큰 경우에 적합하다.
ㄴ. 직렬운전인 경우 펌프 운전점의 양정은 단독운전 양정의 2배로 하여 구한다.
ㄷ. 병렬운전인 경우 펌프 운전점의 양수량은 단독운전 양수량의 2배보다 적다.
ㄹ. 관로 저항곡선의 구배가 급한 곳에서는 직렬운전이 유리하다.

① ㄱ, ㄴ ② ㄱ, ㄷ
③ ㄴ, ㄷ, ㄹ ④ ㄱ, ㄴ, ㄷ, ㄹ

80 펌프의 비속도(N_s)를 나타내는 식은?(단, N은 분당 회전수, H는 최고효율점의 전양정, Q는 최고효율점의 양수량이다)

① $N_s = N\dfrac{Q^{1/2}}{H^{4/3}}$

② $N_s = N\dfrac{Q^{1/3}}{H^{4/3}}$

③ $N_s = N\dfrac{Q^{1/2}}{H^{3/4}}$

④ $N_s = N\dfrac{Q^{1/3}}{H^{3/4}}$

참 / 고 / 문 / 헌

제1과목 수처리공정

- 김갑진·이상준, 상하수도공학, 성안당, 2009
- 한국상하수도협회, 정수장시설운영관리사 3등급
- 김동윤, 상수도공학, 동화기술, 2007
- 장준영, 수질환경공학요론, 성안당, 2007
- 국립환경과학원, 폐수배출시설 세분류 및 오염부하 원단위, 국립환경과학원, 2006
- 김이호·윤제용 외, 정수기술가이드라인, 한국상하수도협회, 2005
- 국립환경과학원, 수돗물에서의 미량유해물질 관리방안연구 1, 2005
- 조항문, 상수원에 조류 이상 증식시 대응 방안, 서울시정개발연구원, 2005
- 환경부, 정수처리기준의 보완 및 정수장 관리제도 개선방안 마련을 위한 연구, 2004
- 김형수, 상수도공학, 동화기술교역, 2004
- 한국수자원공사 수자원연구원, DAF 적용 정수장의 선진 정수기술 최적화 방안, 2004
- 추태호, 정수처리 일반, 성화, 2003
- 이성우, 고도상수처리(원리 및 응용), 동화기술교역, 2003
- 한국수자원공사, 수자원 업무편람 : 물, 자연 그리고 사람, 한국수자원공사, 2006
- 윤제용 외, 국내 정수장 고도정수시설의 설계 및 운영상의 문제점과 제언, 상하수도학회지 제19권 제3호, 2005
- American Water Works Association, Water Treatment Plant Design, McGraw-Hill, 2004
- Frank R. Spellman, Water and Wastewater Treatment Plant Operations, CRC, 2003

제2과목 수질분석 및 관리

- 공장폐수시험방법 KS M ISO 10523 : 2008, 수질-pH 측정방법, 한국표준협회, 2008
- 수질오염공정시험기준, 국립환경과학원고시 제2018-65호, 2018
- KS M 9124, 수질관련용어, 한국표준협회, 2003
- 공장폐수시험방법 KS M 9124, 수질관련용어, 한국표준협회, 2003
- 환경관리공단, BOD 연속자동측정기 신뢰성 확인시험 결과보고서, 2006
- 환경관리공단, 폐수배출업소 원격감시체계 구축방안 수립, 2005
- 이중석, 생물학적 처리를 통한 암모니아성 질소제거에 관한 연구, 밀양대 산업대학원, 2006
- 김대성, 상수도관망 블록화가 잔류염소농도에 미치는 영향, 인하대 대학원, 2004
- 양승도, 고도수처리 환경에 노출된 방수·방식재의 침식평가에 관한 실험적 연구 : 오존(O_3)
- 한국수자원공사, 수자원업무편람 : 물, 자연 그리고 사람, 한국수자원공사, 2006
- 윤제용 외, 국내 정수장 고도정수시설의 설계 및 운영상의 문제점과 제언, 상하수도학회지, 제19권 제3호, 2005
- Monitoring Certification Scheme, Part 2, Continuous Water Monitoring Equipment, ASTM D 1193 Standard Specification for Reagent Water ASTM, West Conshocken PA 19428-2959, 2001

제3과목 설비운영

- 김갑진·이상준, 상하수도공학, 성안당, 2009
- 강치구, 환경과 인간, 동화기술교역, 2008
- 추태호, 정수처리 일반, 성화, 2003
- 표영평, 최신 상수도공학 동화기술교역, 2001
- World Water Assessment Programme, Water : A Shared Responsibility, Berghahn Books, 2006
- AWWA, Operational Control of Coagulation and Filtration Processes, American Water Works Association, 2000
- James B. Rishel, Water Pumps System McGraw-Hill, 2002

제4과목 정수시설 수리학

- 김갑진·이상준, 상하수도공학, 성안당, 2009
- 한국상하수도협회, 정수장시설운영관리사 3등급
- 김동윤, 상수도공학, 동화기술, 2007
- 장준영, 수질 환경공학요론, 성안당, 2007
- 이원환, 수리학, 문운당, 2006
- 신문섭, 연안수리학, 일광, 2005
- 연규방, 수리학, 북스힐, 2005
- 김형수, 상수도공학, 동화기술교역, 2004
- 김운중, 수리실험, 조선대학교출판부, 2004
- 토목공학연구회, 수리학(그림으로 된), 일광, 2004
- 이성우, 고도상수처리(원리 및 응용), 동화기술교역, 2003
- 이지원 외, 수리학 해설, 신기술, 2003
- 이길성, Foundations of Theoretical Hydraulics with Elementary Numerical, 새론, 2003
- 윤태훈, 생태환경수리학, 청문각, 2003
- 유동훈, 최신 수리학, 새론, 2003
- 정상옥, 기초수리학, 형설출판사, 2003
- 김성택, 모형실험을 통한 댐 구조물의 수리학적 현상 연구, 대진대 대학원, 2006
- 김경희, 기존 정수장 침전지의 효율평가 및 개선에 관한 연구, 창원대 대학원, 2005
- John E. Gribbin, Introduction To Hydraulics & Hydrology, Thomson Delmar Learning, 2006
- Ram S. Gupta, Hydrology and Hydraulic Systems, Waveland Press, 2001
- Roberson, Hydraulic Engineering, John Wiley & Sons, 2001Andrew Parr, Hydraulics and Pneumatics : A Technicians and Engineers Guide (Paperback), Butterworth-Heinemann, 1999
- Ernest F. Brater, Horace W. King, James E. Lindell, and C. Y. Wei, Handbook of Hydraulics, McGraw-Hill Professional, 1996
- Ned H.C. Hwang, Robert J. Houghtalen, Fundamentals of Hydraulic Engineering Systems, Prentice Hall, 1995

정수시설운영관리사 한권으로 끝내기

개정13판1쇄 발행	2025년 04월 10일 (인쇄 2025년 02월 20일)
초 판 발 행	2008년 01월 15일 (인쇄 2007년 10월 20일)
발 행 인	박영일
책 임 편 집	이해욱
편 저	최영희 · 김수호 외 정수처리교육연구원
편 집 진 행	윤진영 · 김지은
표지디자인	권은경 · 길전홍선
편집디자인	정경일 · 심혜림
발 행 처	(주)시대고시기획
출 판 등 록	제10-1521호
주 소	서울시 마포구 큰우물로 75 [도화동 538 성지 B/D] 9F
전 화	1600-3600
팩 스	02-701-8823
홈 페 이 지	www.sdedu.co.kr
I S B N	979-11-383-8682-1(13530)
정 가	49,000원

※ 저자와의 협의에 의해 인지를 생략합니다.
※ 이 책은 저작권법의 보호를 받는 저작물이므로 동영상 제작 및 무단전재와 배포를 금합니다.
※ 잘못된 책은 구입하신 서점에서 바꾸어 드립니다.

국가기술자격검정답안지

수험자 유의사항

1. 시험 중에는 통신기기(휴대전화·소형 무전기 등) 및 전자기기(초소형 카메라 등)를 소지하거나 사용할 수 없습니다.
2. 부정행위 예방을 위해 시험문제지에도 수험번호와 성명을 반드시 기재하시기 바랍니다.
3. 시험시간이 종료되면 즉시 답안작성을 멈춰야 하며, 종료시간 이후 계속 답안을 작성하거나 감독위원의 답안카드 제출지시에 불응할 때에는 당해 시험이 무효처리 됩니다.
4. 기타 감독위원의 정당한 지시에 불응하여 시험에 방해가 될 경우 퇴실조치 될 수 있습니다.

답안카드 작성 시 유의사항

1. 답안카드 기재·마킹 시에는 반드시 검정색 사인펜을 사용해야 합니다.
2. 답안카드를 잘못 작성했을 시에는 카드를 교체하거나 수정테이프를 사용하여 수정할 수 있습니다.
   그러나 불완전한 수정처리로 인해 발생하는 전산자동판독불가 등 불이익은 수험자의 귀책사유입니다.
   - 수정테이프 이외의 수정액, 스티커 등은 사용 불가
   - 답안카드 왼쪽(성명·수험번호 등)을 제외한 '답안란' 만 수정테이프로 수정 가능
3. 성명란은 수험자 본인의 성명을 정자체로 기재합니다.
4. 해당차수(교시)시험을 기재하고 해당 란에 마킹합니다.
5. 시험문제지 형별기재란은 시험문제지 형별을 기재하고, 우측 형별마킹란은 해당 형별을 마킹합니다.
6. 수험번호란은 숫자로 기재하고 아래 해당번호에 마킹합니다.
7. 시험문제지 형별 및 수험번호 등 마킹착오로 인한 불이익은 전적으로 수험자의 귀책사유입니다.
8. 감독위원의 날인이 없는 답안카드는 무효처리 됩니다.
9. 상단과 우측의 검은색 띠(▌▌) 부분은 낙서를 금지합니다.

부정행위 처리규정

시험 중 다음과 같은 행위를 하는 자는 당해 시험을 무효처리하고 자격별 관련 규정에 따라 일정기간 동안 시험에 응시할 수 있는 자격을 정지합니다.

1. 시험과 관련된 대화, 답안카드 교환, 다른 수험자의 답안·문제지를 보고 답안 작성, 대리시험을 치르거나 치르게 하는 행위, 시험문제 내용과 관련된 물건을 휴대하거나 이를 주고받는 행위
2. 시험장 내외로부터 도움을 받아 답안을 작성하는 행위, 공인어학성적 및 응시자격서류를 허위기재하여 제출하는 행위
3. 통신기기(휴대전화·소형 무전기 등) 및 전자기기(초소형 카메라 등)를 휴대하거나 사용하는 행위
4. 다른 수험자와 성명 및 수험번호를 바꾸어 작성·제출하는 행위
5. 기타 부정 또는 불공정한 방법으로 시험을 치르는 행위

국가기술자격검정답안지

수험자 유의사항

1. 시험 중에는 통신기기(휴대전화·소형 무전기 등) 및 전자기기(초소형 카메라 등)를 소지하거나 사용할 수 없습니다.
2. 부정행위 예방을 위해 시험문제지에도 수험번호와 성명을 반드시 기재하시기 바랍니다.
3. 시험시간이 종료되면 즉시 답안작성을 멈춰야 하며, 종료시간 이후 계속 답안을 작성하거나 감독위원의 답안카드 제출지시에 불응할 때에는 당해 시험이 무효처리 됩니다.
4. 기타 감독위원의 정당한 지시에 불응하여 타 수험자의 시험에 방해가 될 경우 퇴실조치 될 수 있습니다.

답안카드 작성 시 유의사항

1. 답안카드 기재·마킹 시에는 반드시 검정색 사인펜을 사용해야 합니다.
2. 답안카드를 잘못 작성했을 시에는 카드를 교체하거나 수정테이프를 사용하여 수정할 수 있습니다.
 그러나 불완전한 수정처리로 인해 발생하는 전산자동판독불가 등 불이익은 수험자의 귀책사유입니다.
 - 수정테이프 이외의 수정액, 스티커 등은 사용 불가
 - 답안카드 왼쪽(성명·수험번호 등)을 제외한 '답안란'만 수정테이프로 수정 가능
3. 성명란은 수험자 본인의 성명을 정자체로 기재합니다.
4. 해당차수(교시)시험을 기재하고 해당 란에 마킹합니다.
5. 시험문제지 형별기재란은 시험문제지 형별을 기재하고, 우측 형별마킹란은 해당 형별을 마킹합니다.
6. 수험번호란은 숫자로 기재하고 아래 해당번호에 마킹합니다.
7. 시험문제지 형별 및 수험번호 등 마킹착오로 인한 불이익은 전적으로 수험자의 귀책사유입니다.
8. 감독위원의 날인이 없는 답안카드는 무효처리 됩니다.
9. 성단과 우측의 검은색 띠(∥∥) 부분은 낙서를 금지합니다.

부정행위 처리규정

시험 중 다음과 같은 행위를 하는 자는 당해 시험을 무효처리하고 자격별 관련 규정에 따라 일정기간 동안 시험에 응시할 수 있는 자격을 정지합니다.

1. 시험과 관련된 대화, 답안카드 교환, 다른 수험자의 답안·문제지를 보고 답안 작성, 대리시험을 치르거나 치르게 하는 행위, 시험문제 내용과 관련된 물건을 휴대하거나 이를 주고받는 행위
2. 시험장 내외로부터 도움을 받아 답안을 작성하는 행위, 공인어학성적 및 응시자격서류를 허위기재하여 제출하는 행위
3. 통신기기(휴대전화·소형 무전기 등) 및 전자기기(초소형 카메라 등)를 휴대하거나 사용하는 행위
4. 다른 수험자와 성명 및 수험번호를 바꾸어 작성·제출하는 행위
5. 기타 부정 또는 불공정한 방법으로 시험을 치르는 행위

더 이상의 화학·환경 시리즈는 없다!

▶ 최신 출제기준을 바탕으로 꼭 필요한 내용만 정리한 **핵심이론**
▶ 시험의 출제유형과 난이도를 철저히 분석·반영한 **적중예상문제**
▶ **최신 개정법령 및 국립환경과학원 고시** 반영
▶ 오랜 현장 실무경험을 바탕으로 한 **저자의 합격 노하우** 제시

시대에듀가 신뢰와 책임의 마음으로 수험생 여러분에게 다가갑니다.